Motorkraftstoffe

Erster Band

Kraftstoffe aus Erdöl und Naturgas

Von

Dr.-Ing. habil. Maximilian Marder
Dozent an der Technischen Hochschule Berlin
Institut für Braunkohlen- und Mineralölforschung

Mit 161 Textabbildungen

Berlin
Springer-Verlag
1942

ISBN-13: 978-3-642-98414-3 e-ISBN-13: 978-3-642-99227-8
DOI: 10.1007/978-3-642-99227-8

Softcover reprint of the hardcover 1st edition 1942

Vorwort.

Die sich von Jahr zu Jahr mehr und mehr verstärkende Motorisierung in aller Welt hat einen ständig wachsenden Verbrauch von Mineralölerzeugnissen zur Folge. So stieg die Förderung an Erdöl, das heute noch den weitaus größten Teil des Weltbedarfes an Betriebsstoffen deckt, allein in den Jahren 1933 bis 1940 um rund 100 Millionen t, d. h. um etwa 50% der Welterzeugung von 1933. Dabei ist man in zahlreichen Ländern erst im Ausbau des Kraftverkehrs begriffen. Demgegenüber sind die nachgewiesenen Weltvorräte an Erdöl gering. Die nach den heutigen Fördermethoden gewinnbaren Anteile der Erdölvorkommen werden, selbst wenn man die derzeitige jährliche Förderung nicht überschreitet, in mutmaßlich einigen Jahrzehnten erschöpft sein.

Das in naher Zukunft drohende Versiegen der Erdölquellen ist für die Entwicklung der Erdölindustrie bestimmend geworden. Größte Ausnutzung aller dem Erdöl innewohnenden Energien durch Erzielung höchstmöglicher Ausbeuten an hochwertigen Motorbetriebsstoffen ist das Grundbestreben der neuzeitlichen Erdölverarbeitung. Zwei im Grundgedanken verschiedene, in der Ausführung aber gleiche Entwicklungsrichtungen streben diesem Ziele zu. Das sind die Erhöhung der Ausbeuten durch Aufarbeiten auch solcher Erdöl- und Naturgasbestandteile, die als Betriebsstoffe unmittelbar nicht brauchbar sind, und die Verbesserung der Betriebsstoffeigenschaften, insbesondere der Klopffestigkeit der Leichtkraftstoffe, zwecks Steigerung der Motorleistung. Beide Richtungen führten zu einer weitgehenden chemischen Umwandlung der Erdölinhaltsstoffe. Eine fast unübersehbare Fülle technisch-chemischer Verfahren zur Steigerung der Ausbeuten und zur Verbesserung der Eigenschaften von Betriebsstoffen wurde entwickelt. In ihnen werden nahezu alle Arbeitsweisen des organischen Chemikers angewandt. Chemische Umwandlungen durch Spalten, Isomerisieren, Zyklisieren, Aromatisieren, Hydrieren, Oxydieren, Polymerisieren, Depolymerisieren, Kondensieren, Alkylieren und viele andere Arbeitsweisen werden großtechnisch durchgeführt. Bereits heute gelingt es, Roherdöle und Naturgase durch Änderung der Molekülgröße und der chemischen Struktur der Kohlenwasserstoffe nahezu völlig in Betriebsstoffe bester motorischer Eignung umzuwandeln. Allein mit Hilfe der Druckwärmespaltung wurde die aus Erdölen im Mittel gewinnbare

Benzinausbeute um mehr als das Doppelte heraufgesetzt. Aber trotz der außerordentlichen Erfolge, die die Erdölindustrie auf diesem und anderen Gebieten aufzuweisen hat, ist das Versiegen der Erdölquellen unausbleiblich; bestenfalls läßt sich der Zeitpunkt der Erschöpfung um ein oder zwei Jahrzehnte hinauszögern.

Andere Rohstoffe als Erdöl und Naturgas müssen für die Betriebsstoffgewinnung nutzbar gemacht werden. Als solche kommen alle kohlenstoff- und wasserstoffhaltigen Naturstoffe, in erster Linie Steinkohle, Braunkohle und Ölschiefer in Frage. Die Weltvorräte an Kohle sind bedeutend größer als die an Erdöl und Naturgas. Die deutschen Verfahren der Kohlenschwelung, der Hochdruck- und der Kohlenoxydhydrierung werden deshalb unaufhaltsam in den Vordergrund rücken. Aber auch für sie sind die zahlreichen Möglichkeiten der Kohlenwasserstoffumwandlung von größter Bedeutung. Trotz der Vielzahl der auf diesem Gebiet bereits ausgearbeiteten Verfahren stehen diese erst am Anfang ihrer Entwicklung. Aber weder für sie noch für die „Kohleverflüssigungs"-Verfahren findet sich im Schrifttum eine umfassende, ins einzelne gehende Darstellung.

Das vorliegende Buch hat den Zweck, die bestehenden Lücken wenigstens zu einem Teil auszufüllen und den deutschen organischen Chemiker, der vielfach noch abseits steht, zur Mitarbeit an den zahlreichen noch ausstehenden Problemen der Mineralölchemie anzuregen. Es versucht, eine möglichst klare Übersicht über alle technischen Verfahren der Kraftstoffherstellung und über die Eigenschaften der nach ihnen gewonnenen Kraftstoffe zu geben. Der erste Band befaßt sich mit den Kraftstoffen aus Erdöl und Naturgas und behandelt gleichzeitig die Verfahren der thermischen und katalytischen Umwandlung von Kohlenwasserstoffen in solche anderer Struktur. Der zweite Band umfaßt die Kraftstoffe aus der Kohle- und Ölschieferschwelung, aus der Kohleverkokung, der Hochdruck- und der Kohlenoxydhydrierung sowie Kraftstoffe aus sonstigen Rohstoffen. Von allen Kraftstoffen werden die Herstellungsverfahren, die Eigenschaften und die Verwendungsmöglichkeiten eingehend erörtert. Im Hinblick auf mehrere in den letzten Jahren erschienene Werke, die die Kraftstoffprüfung in den Vordergrund stellen, wurde bewußt auf eine Behandlung der Prüfverfahren verzichtet. Zahlreiche Schrifttumshinweise geben Gelegenheit, die beschriebenen Verfahren in der meist ausführlicheren Originalliteratur nachzulesen. Alle Zahlenangaben wurden, sofern das Verständnis der aus dem Schrifttum übernommenen Diagramme nicht beeinträchtigt wurde, auf metrische Maße abgestellt. Den deutschen Fachausdrücken wurden zur Erleichterung des Lesens der Originalarbeiten die ausländischen, vornehmlich amerikanischen Bezeichnungen beigefügt.

Für wertvolle Ratschläge und Ergänzungen habe ich zahlreichen Fachgenossen zu danken. Insbesondere gilt mein Dank den Herren Prof. Dr. A. Bentz, Beauftragter des Reichsmarschalls Ministerpräsidenten Hermann Göring für die Erdölgewinnung und Präsident der Deutschen Gesellschaft für Mineralölforschung, Prof. Dr. R. Heinze, Direktor des Institutes für Braunkohlen- und Mineralölforschung, Technische Hochschule Berlin, Dipl.-Ing. H. Kahno, geschäftsführendes Vorstandsmitglied der Deutschen Gesellschaft für Mineralölforschung, Prof. Dr. E. Kirschbaum, Direktor des Institutes für Apparatebau, Technische Hochschule Karlsruhe, Dipl.-Ing. H. B. Mücklich, Fliegeroberstabsingenieur im Reichsluftfahrtministerium, Dozent Dr. habil. G. R. Schultze, Kommiss. Direktor des Institutes für Technische Chemie, Technische Hochschule Braunschweig, und Dr. O. Widmaier, Gruppenleiter am Institut für Kraftfahrzeuge und Fahrzeugmotoren, Technische Hochschule Stuttgart.

Für die wohlwollende und verständnisvolle Anteilnahme an diesem Buche, dessen Hauptteil am Westwall vor Beginn des Frankreich-Feldzuges geschrieben wurde, bin ich meinen damaligen Vorgesetzten und Kameraden, den Herren Oberst i. G. Freiherr v. Hanstein, Major Müller, Major Ruccas, Hauptmann i. G. Weninger, Oberinspektor Brandt, Oberinspektor Koopmann, Inspektor Dürbeck und Leutnant Riehl zu aufrichtigem Dank verpflichtet.

Ein wesentlicher Teil des Abschnittes „Destillation von Erdöl und Erdölfraktionen" wurde von Dr.-Ing. K. Schneider verfaßt. Die Umrechnung ausländischer in deutsche Maße stammt von Chemotechniker H. Anger, der Entwurf eines großen Teiles der Zeichnungen von cand. chem. K. H. Klasske. Auch ihnen danke ich für ihre Mitarbeit. Nicht zuletzt gilt mein Dank dem Verlage, der allen meinen Wünschen bei der Drucklegung des Buches in großzügiger Weise entgegenkam. Zum Schluß sei es mir gestattet, auch in der Öffentlichkeit meiner Frau, Johanna Marder, meinen herzlichen Dank auszusprechen, deren freudiger Verzicht auf viele schönere Stunden und Tage es mir überhaupt ermöglichte, den vorliegenden ersten Band meines Buches trotz der außerordentlichen dienstlichen Inanspruchnahme während des Krieges abzuschließen.

Berlin-Charlottenburg, im September 1941.

M. Marder.

Inhaltsverzeichnis.

A. Erdöl.

B. Destillation von Erdöl und Erdölfraktionen.

Unter Mitarbeit von Dr. Kurt Schneider, Berlin.

C. Destillatkraftstoffe.

D. Naturgas und Naturgasbenzin.

E. Herstellung von Kraftstoffen durch Kracken.

F. Kraftstoffe aus Krackverfahren.

G. Pyrolyse-, Polymerisierungs- und Alkylierungsverfahren zur Herstellung klopffester Kraftstoffe aus Kohlenwasserstoffgasen.

H. Hochleistungskraftstoffe.

J. Umrechnungstafeln.

A. Erdöl.

1. Geschichte, Entstehung, Geologie.

Der Hauptausgangsstoff für die Herstellung von Motorkraftstoffen ist das Erdöl, das zur Zeit noch in ungeheuren Mengen jährlich gewonnen wird. Es gehört zur Klasse der natürlich vorkommenden bitumischen Stoffe und ist bereits seit Tausenden von Jahren bekannt. Schon in den ältesten Zeiten wurde es zu Brenn-, Leucht- und Heizzwecken verwendet. Die alten Ägypter benutzten Erdpech zum Einbalsamieren, die Phönizier dichteten ihre Boote mit Asphalt ab. Eine Ölquelle bei Susa in Persien wird erstmalig von Herodot um 450 v. Chr. erwähnt. Nach einem chinesischen Bericht wurden bereits 221 v. Chr. Tiefbohrungen auf Salz und Öl angesetzt. Gegen die Kreuzfahrer (1196—1200) wurde bei der Eroberung von Konstantinopel brennendes Öl geschleudert. Im 15. Jahrhundert wird die Verwendung von Erdöl als Heilmittel in Deutschland bekannt. Man vertreibt das sog. St. Quirinus-Öl von Tegernsee. Die erste Erdölquelle in Nordamerika wurde im Jahre 1627 aufgefunden. Bis zur Entstehung einer Erdölindustrie sollte es jedoch noch lange dauern. Erst 1859 setzte Colonel Drake die erste fündige Erdölbohrung bei Titusville in Pennsylvanien an, die zum Ausgangspunkt der heute mächtigen amerikanischen Erdölindustrie wurde. Zunächst gewann man in kleinen Destillationsanlagen Leuchtöl. Alle nicht als Leuchtöl verwendbaren Erdölbestandteile wurden verworfen. Erst ab 1885 begann die Erzeugung von Schmieröl und ab 1900 die von Benzin. Die dauernd steigende Nachfrage nach Benzin als Motorkraftstoff führte etwa ab 1913 zur Entwicklung der Krack (Druckwärme-Spalt)-Verfahren, nach denen eine Umwandlung hochsiedender Erdölanteile in niedrigsiedende Kohlenwasserstoffe von Benzincharakter bewirkt wird. Von 1920 an beginnt die Umstellung von Kraftanlagen, besonders der Seeschiffahrt, auf Heizöl. Die Einführung der stetig betriebenen Vakuumdestillationsanlagen und der selektiven Lösungsmittel zur Raffination an Stelle von Schwefelsäure und Natronlauge führte zu einer außerordentlichen Verbesserung der Schmierölqualität. Die stetig steigenden Ansprüche an die Klopffestigkeit der Leichtkraftstoffe hatten die Entwicklung der Dampfphasenspaltung (ab 1929) sowie der Pyrolyse-, Polymerisations- und Alkylierungsverfahren zur Erzeugung hochklopffester Kraftstoffe aus gasförmigen Kohlenwasserstoffen wie Krack- und Naturgasen zur Folge.

Unabhängig davon wurden in Deutschland die Verfahren der Hochdruck- und der Kohlenoxydhydrierung zur Umwandlung von Kohle in Kraft- und Schmierstoffe (Bd. II) entwickelt.

Zur Erklärung der *Entstehung des Erdöls* wurden im wesentlichen drei Theorien aufgestellt:

1. Nach MENDELEJEFF ist das Erdöl durch Einwirkung überhitzten Wasserdampfes auf Karbide entstanden. Die Verschiedenartigkeit der Kohlenwasserstoffe im Erdöl wird auf die Wirksamkeit von Katalysatoren bei den unter verschiedenen Reaktionsbedingungen erfolgenden Umsetzungen zurückgeführt. Die neuerdings nachgewiesene Anwesenheit hochmolekularer organischer Stoffe wie der Sterine, Hormone und Porphyrine im Erdöl[1] macht diese anorganische Entstehungsweise unwahrscheinlich; denn solche komplizierten Stoffe können durch Synthese aus Karbiden nicht entstanden sein. Sie sind unzweifelhaft organischer Herkunft.

2. Die heute geltende Ansicht von der *biologischen* Entstehung des Erdöls geht auf die klassische Theorie von ENGLER-HÖFER zurück.

Erdöl ist nach HÖFER aus tierischen und pflanzlichen Organismen, z. B. aus Fettalgen, entstanden, deren Verwesung durch Abschluß von der Luft verhindert wurde. Die Umwandlung in Erdöl erfolgte in Anwesenheit von Enzymen oder Fermenten ohne Einwirkung höherer Temperaturen oder Drucke. Voraussetzung für die Ansammlung solcher derartig umgewandelter organischer Stoffe ist das Vorhandensein eines großporigen Sedimentgesteins (Dolomit, Kalk, Sandstein). Aus diesen primären Lagerstätten ist das Erdöl zum Teil in sekundäre Lagerstätten gewandert (Migration).

Nach ENGLER sind die Fettstoffe tierischer und pflanzlicher Lebewesen Ausgangsstoffe für die Erdölbildung. Nachdem die übrigen organischen Bestandteile der Lebewesen durch Fäulnis und Verwesung zersetzt waren, wandelten sich die Fettstoffe je nach den herrschenden Bedingungen zu verschiedenartigen Kohlenwasserstoffen um. Die Umsetzungen traten zum Teil bei höheren Temperaturen und Drucken ein, sie wurden durch die Anwesenheit von Wasser und von Fermenten beeinflußt. Tatsächlich gelang es ENGLER, Fischreste in einem Autoklaven bei erhöhter Temperatur und unter erhöhtem Druck zu einem künstlichen Erdöl umzusetzen.

Die Auffassung von ENGLER-HÖFER sowie die Auffindung hochmolekularer organischer, teilweise optisch aktiver[2] Verbindungen im Erdöl sind die Grundlage für die heutige Ansicht über die Entstehung des Erdöls. Nach KREJCI-GRAF, H. und R. POTONIÉ, POMPECKI und WASMUND sind als Ausgangsstoffe für die Bildung von Erdöl Fettalgen

[1] TREIBS, A.: Angew. Chem. **1940**, Beiheft Nr 37.
[2] WALDEN: Chemiker-Ztg. **28**, 574 (1904).

sowie schwimmende und schwebende Kleinorganismen anzusehen. Ausschlaggebend für die Erhaltung der organischen Substanz nach dem Ableben der Organismen ist der Sauerstoffgehalt des Wassers. In sauerstoffarmem Wasser wird die völlige Oxydation (Verwesung) verhindert. Ein Teil der organischen Substanz bleibt als solche erhalten, setzt sich am Boden nieder und wird durch Schlickfresser und Würmer zur sog. *Gyttja*, die später in Faulschlammgestein übergeht, verarbeitet. In sauerstofffreiem Wasser vermögen nur anaerobe Bakterien (Schwefelbakterien) zu leben; denn die ohne Anwesenheit von Sauerstoff verfaulende Substanz entwickelt aus den Eiweißverbindungen Schwefelwasserstoff, der alle übrigen Lebewesen abtötet. Als Erzeugnis entsteht Sapropel oder Faulschlamm als Erdölmuttergestein, das sich bei Temperaturen unter 200° C[1] und bei Drucken von 500 bis 1000 at[2] zu Urbitumen umsetzt. Aus dem Urbitumen bilden sich die verschiedenen Erdölarten unter dem Einfluß unterschiedlicher Umsetzungsbedingungen.

Erdöl kommt in fast allen geologischen Formationen vom Quartär bis zum Kambrium vor. Es findet sich entweder primär in flachen Lagern oder Flözen oder in sekundären Lagerstätten, die es durch Abwanderung (Migration) aus den Primärlagerstätten, z. B. unter dem Einfluß des Erdgasdruckes oder seiner eigenen Schwere, eingenommen hat. Der größte Teil des heute geförderten Erdöles entstammt sekundären Lagerstätten. Erdölspeichergesteine, z. B. Kalkstein, Sandstein, Dolomit und Sand, besitzen stets Poren oder Hohlräume. Eruptivgesteine enthalten Erdöl nicht. Sättel oder Kuppen (Antiklinalen) sind erdölhöffig, Mulden (Synklinalen) nicht. Manche Erdöllagerstätten, u. a. in Deutschland und Texas, treten in Verbindung mit Salzstöcken oder Salzdomen auf. Es handelt sich dabei um Salzvorkommen, die, durch Gebirgsdruck plastisch geworden, pilzartig hochgewölbt sind und an ihren Flanken häufig erdölhaltige Schichten führen.

Aus der folgenden Aufstellung geht hervor, in welchem Maße sich die Lagerstätten der wichtigsten Erdölfelder auf die verschiedenen geologischen Formationen verteilen[3].

2. Erdöllagerstätten.

a) Känozoikum.

Während das Quartär Erdöl fast nicht führt, wurden zahlreiche Erdöllagerstätten im Tertiär gefunden. Die vom Wiener Becken über Galizien nach Rumänien verlaufenden Erdölfelder führen das Öl im Miozän und Pliozän, die Felder am Kaukasus (Grosny, Maikop) im Mio-

[1] Vgl. G. R. Schultze: Angew. Chem. **49**, 286 (1936).

[2] Krejci-Graf, K.: Erdöl, S. 126. Berlin 1936.

[3] von Waterschoot van der Gracht, W. A. I. M.: The Science of Petroleum **1**, 61 (1938).

zän und die jenseits des Kaspischen Meeres (Cheleken) im Pliozän. Der Rheintalgraben (Pechelbronn) ist fündig im Oligozän.

In Neuguinea, in Tarakan, Kamtschatka und Sachalin findet sich das Öl im Pliozän, in Sumatra und Ost-Borneo im Pliozän und Miozän, im westlichen Iran und Irak (Kirkuk) hauptsächlich im Miozän. Die Ölsande in Indien und Burma reichen vom Miozän bis zum Eozän. Bemerkenswerte amerikanische Felder im Känozoikum sind die Salzdome in der Küstenzone von Texas und Louisiana (Miozän bis Eozän), die kalifornischen Ölsande (Pliozän bis Eozän), das untere Rio Grande-Becken von Süd-Texas und Nord-Mexiko sowie die Felder von Venezuela, Kolumbien, Ost-Argentinien, Peru, Ekuador und Trinidad.

Zahlentafel 1a.

Entwicklung der Erdölerzeugung seit 1870[1] (Angaben in 1000 t).

Land	1870	1880	1890	1900	1905	1910	1915
USA.	720	3600	6276	8714	18454	28705	38506
USSR.	23	406	3702	9841	7499	9597	9353
Mexiko	—	—	—	—	38	545	4938
Venezuela	—	—	—	—	—	—	—
Niederländisch-Indien	—	—	—	300	1064	1496	1644
Rumänien	11	16	42	225	615	1352	1588
Iran	—	—	—	—	—	—	438
Indien	—	—	20	152	582	863	1153
Ehem. Polen	—	32	92	326	802	1763	730
Peru	—	—	—	38	51	172	353
Kolumbien	—	—	—	—	—	—	—
Argentinien	—	—	—	—	—	3	73
Trinidad	—	—	—	—	—	9	139
Japan und Formosa	—	4	8	118	200	234	422
Sarawak und Brunei	—	—	—	—	—	—	56
Irak	—	—	—	—	—	—	—
Kanada	32	45	102	91	82	41	28
Deutschland	—	*1*	*15*	*50*	*79*	*145*	*99*
Ägypten	—	—	—	—	—	—	30
Sachalin	—	—	—	—	—	—	—
Ekuador	—	—	—	—	—	—	—
Frankreich	—	—	—	—	—	—	—
Italien	—	—	6[2]	2	6	7	6
Protektorat Böhmen und Mähren	—	—	—	—	—	—	—
Bolivien	—	—	—	—	—	—	—
Gesamt	786	4104	10263	19857	29472	44932	59556

[1] Nach G. Sell: The Science of Petroleum **1**, 22 (1938).

[2] Einschließlich der Produktion von 1860—1890.

b) Mesozoikum.

Erdöl aus dem Mesozoikum findet sich an den Flanken der norddeutschen Salzdome (Kreide, Jura), im Emba-Gebiet Rußlands sowie in den Feldern von Galizien (Kreide).

In Asien wird Erdöl in dieser Formation wenig gefunden.

Amerika besitzt im Jura ebenfalls nur geringe Vorkommen in Alberta, Montana, Wyoming und Kolorado; dagegen wurden in der Kreideformation zahlreiche ertragreiche Felder erbohrt, so im Rocky Mountains-Gebiet von Alberta, Montana, Wyoming und Kolorado, in Ost-Texas, Louisiana, Süd-Arkansas, Mississippi und Mexiko sowie in Südamerika längs des Ostabhanges der Kordilleren, in Bolivien und Argentinien.

Zahlentafel 1a (Fortsetzung).

Land	1920	1925	1930	1935	Insgesamt bis 1935	Proz. der Welterzeugung[1]
USA.	60675	104622	123117	136156	2408571	63,782
USSR.	3832	7295	18612	24140	464628	12,304
Mexiko	23566	17332	5931	6014	266680	7,062
Venezuela	70	2998	20154	21928	168493	4,462
Niederländisch-Indien	2365	3066	5532	6082	92139	2,440
Rumänien	1109	2317	5744	8385	90708	2,402
Iran	1680	4573	6034	7600	86413	2,290
Indien	1177	1163	1249	1297	35558	0,942
Ehem. Polen	766	812	663	515	33547	0,889
Peru	386	1265	1705	2307	25424	0,673
Kolumbien	—	142	2866	2478	23529	0,623
Argentinien	236	855	1286	2042	19680	0,521
Trinidad	289	609	1308	1622	16150	0,428
Japan und Formosa	322	273	279	300	9953	0,264
Sarawak und Brunei	151	613	702	690	9710	0,257
Irak	—	—	42	3600	4839	0,128
Kanada	25	43	196	184	4816	0,127
Deutschland	*35*	*79*	*170*	*427*	*4466*	*0,118*
Ägypten	148	180	285	170	4239	0,112
Sachalin	—	13	267	400	2685	0,071
Ekuador	8	23	219	244	1945	0,051
Frankreich	55	66	76	75	1185	0,031
Italien	5	8	8	17	313	0,008
Protektorat Böhmen und Mähren	10	23	23	30	295	0,008
Bolivien	—	—	7	21	70	0,002
Gesamt	96910	148370	196475	226874	3776227	100,000[2]

[1] Diese Zahlen geben die Gesamterzeugung der genannten Länder bis 1935 einschließlich an.

[2] Ein Rest von 0,005% verteilt sich auf andere Länder.

c) Paläozoikum.

Kleine Erdölmengen aus dem Paläozoikum (Zechstein) werden am Südabhang des Harzes (Volkenroda) gewonnen. Erdölhöffig ist auch die Karbon- und Permformation in Westfalen und Holland.

Asien besitzt paläozoisches Erdöl am Ural (Tschussovaija).

In Amerika wurden zum Teil sehr ergiebige Felder in allen Formationen des Paläozoikums mit Ausnahme des Kambriums aufgefunden. Die bekanntesten Felder sind

im *Perm:* das große Salzbecken von West-Texas und Ost-Neumexiko,

im *Karbon:* die unteren Horizonte der Appalachischen Felder, ein großer Teil der Vorkommen in Missouri, Illinois, Kansas, Oklahoma sowie in Utah, Kolorado und Wyoming im Rocky Mountains-Gebiet,

im *Silur:* die Medina- und Guelph-Dolomiten in Ontario,

im *Ordovizium:* Felder in Ohio, Ost-Indiana, Kentucky, Tennessee, Michigan, Kansas, Oklahoma und Mittel-Texas.

3. Erzeugung und Verbrauch von Erdöl.

Das Erdöl ist fast über die ganze Welt verbreitet. Das weitaus wichtigste Erdölgebiet ist USA., das im Jahre 1939 insgesamt 60,26% der Welterzeugung an Erdöl bestritt. Der Anteil des gesamten amerikanischen Kontinentes betrug 77,13%, wovon Venezuela 10,76% lieferte. Die europäische Förderung nahm 1939 nur 2,79% der Weltförderung ein, Rumänien allein erzeugte 2,19%. Asien hatte eine Erzeugung von 19,82% der Weltgewinnung; daran war Rußland mit 10,40, der Iran mit 3,65, Niederländisch-Indien mit 2,80 und der Irak mit 1,45% beteiligt.

Die Entwicklung der Erdölgewinnung der einzelnen Länder ist aus den beiden Zahlentafeln 1a und 1b ersichtlich. Da die Zahlentafeln aus verschiedenen Quellen stammen, weichen die doppelt angegebenen Produktionszahlen des Jahres 1935 bis zu einem gewissen Grade voneinander ab.

Der Verbrauch an Erdölerzeugnissen in den wichtigsten Ländern der Welt nach umgerechneten Angaben von Garfias und Whetsel ist in Zahlentafel 2 für die Jahre 1933, 1935 und 1939[1] zusammengestellt. Die Verbrauchsziffern sind naturgemäß in einer dauernden Steigerung begriffen. Die jährliche Zunahme ist jedoch in den verschiedenen Ländern keineswegs gleich. Vor allem in Deutschland verursacht die außerordentliche Förderung der Motorisierung eine bedeutend stärkere Verbrauchserhöhung als in anderen Ländern.

---

[1] Siehe auch Thümen, K. H. v.: Jhrbch. der deutschen Mineralölwirtschaft, Ffm. 1940.

Zahlentafel 1b. Rohölgewinnung der Welt 1933—1939 nach World Petroleum in 1000 t.

	1933	1934	1935	1936	1937	1938	1939
USA.	122601	122914	134912	148708	172823	164346	171053
USSR.	21330	24093	25241	27385	27867	28859	29530
Venezuela	17293	20112	21990	22945	27734	27845	30534
Iran	7200	7658	7608	8329	10330	10358	10367
Niederl. Indien:							
Sumatra	2999	3535	3759	4115	4490	4663	5320
Borneo	2014	1924	1816	1774	1740	1720	1680
Java	483	510	465	499	960	934	841
Molucca	38	37	42	50	72	82	107
Rumänien	7387	8473	8394	8704	7153	6603	6228
Mexiko	5049	5667	5974	6091	6897	5716	5794
Irak	148	1048	3724	4079	4126	4345	4116
Kolumbien	1834	2416	2453	2614	2845	3008	3068
Trinidad	1346	1533	1642	1863	2182	2473	2711
Argentinien	1950	1998	2037	2202	2330	2433	2651
Peru	1757	2162	2261	2331	2314	9100	1799
Bahrein	4	39	173	636	1059	1131	1034
Burma	982	1005	991	1048	1083	1040	1087
Kanada	145	178	183	190	378	880	997
Brunei	291	386	472	471	577	707	768
Groß-Deutschland:							
Altreich	239	318	427	445	453	552	647
Ostmark	1	4	7	7	33	63	110
Böhmen u. Mähren .	18	26	20	19	18	19	18
Ehem. Polen	551	529	615	511	501	505	523
Japan	213	267	327	342	341	356	379
Brit. Indien	225	265	281	273	298	322	322
Ekuador	230	232	245	275	306	320	307
Arabien (Saudarab.) .	—	—	—	2	8	67	536
Sarawak	315	278	254	221	217	200	171
Ägypten	232	215	176	177	166	223	658
Ital. Imperium:							
Albanien	2	3	6	33	53	65	208
Italien	27	20	16	16	14	13	11
Frankreich	110	98	74	75	71	72	70
Ungarn.	—	—	—	0,1	14	43	103
Bolivien	14	20	21	13	15	13	12
Andere Länder . . .	8	9	5	5	10	34	82
Insgesamt	197036	207972	226611	246448	279482	279110	283842

Zahlentafel 2. Weltverbrauch an

Land	Leichtkraftstoff			Leuchtöl		
	1933	1935	1939	1933	1935	1939
USA.	60661	69204	65007	6111	7552	7887
USSR.	1405	2166	3300	3930	4540	5736
Großbritannien	5281	5954	5505	871	956	913
Frankreich	3381	3529	3149	242	300	222
Kanada	2387	2647	2824	256	278	91
Deutschland [2]	1976	2513	2888 [2]	134	161	104 [2]
Argentinien	843	908	894	169	188	169
Japan	898	1132	941	160	180	196
Mexiko	281	334	412	93	97	104
Rumänien	115	126	164	201	219	194
Britisch-Indien	331	366	318	938	986	939
Italien [3]	477	725	671 [3]	180	239	130 [3]
Holländisch-Ostindien	238	254	176	362	380	261
China	118	164	165	709	424	378
Iran	107	113	76	204	219	169
Holland	523	542	459	233	267	274
Venezuela	81	83	135	3	3	5
Brasilien	319	382	341	100	119	117
Schweden	466	509	565	114	119	117
Spanien	482	588	306	34	24	26
Belgien	412	423	506	48	39	46
Dänemark	293	364	342	108	108	111
Ägypten	67	89	100	328	334	287
Kuba	80	89	94	18	12	13
Süd-Afrika	342	445	506	72	113	65
Norwegen	142	154	188	42	43	52
Philippinen	142	143	118	94	95	59
Ehemalige Tschechoslowakei	304	326	—	56	87	—
Schweiz	264	301	212	30	32	23
Hawai-Inseln	145	149	141	21	21	26
Neuseeland	253	302	282	19	19	26
Ehemaliges Polen	124	130	—	150	165	—

4. Welterdölfelder.

Die wichtigsten und bekanntesten Erdölfelder sind im folgenden zusammengestellt:

a) Amerika.

α) USA. besitzt 11 große Erdölgebiete:

das *Appalachische Gebiet* erstreckt sich über den Südwesten des Staates Neuyork, den Westen von Pennsylvanien und West-Virginia und den Osten von Ohio und Kentucky,

[1] 1933 und 1935 umgerechnet nach Garfias und Whetsel, 1939 nach Öl und Kohle **36**, Mineralölberichte 229 (1940).

[2] Für 1939 Mengenangaben von Großdeutschland.

[3] Für 1939 Mengenangaben von Italien und Albanien.

Erdölerzeugnissen[1] in 1000 m³.

Gas-, Diesel-, Heizöl			Schmieröl			Andere Erzeugnisse			Insgesamt		
1933	1935	1939	1933	1935	1939	1933	1935	1939	1933	1935	1939
51095	55071	68025	2713	3164	3566	17181	20175	5871	137761	155166	150356
8238	8921	9514	973	1296	1450	636	2685	2987	15182	19608	22987
3482	4117	4246	467	428	438	386	337	898	10487	11792	12000
2002	2259	2700	321	335	332	184	318	597	6130	6741	7000
2149	2337	2414	120	132	619	304	269	679	5216	5663	6627
1022	1407	2570[2]	318	423	574[2]	301	320	964[2]	3742	4824	7100[2]
2016	2178	2485	45	51	83	145	135	258	3218	3560	3889
1237	2194	1704	235	255	272	75	194	285	2605	3955	3398
1763	1812	1803	19	25	30	346	410	190	2502	2678	2539
1602	1892	1337	31	35	25	258	270	65	2207	2542	1785
538	588	596	139	151	151	146	172	190	2092	2263	2194
1160	1208	1732[3]	102	98	151[3]	38	264	258[3]	1957	2534	2942[3]
733	779	880	86	86	38	186	235	203	1605	1734	1558
347	479	249	42	45	45	15	18	54	1231	1130	891
518	572	852	105	97	68	224	240	367	1158	1242	1532
317	335	582	68	64	76	22	129	163	1163	1337	1554
782	143	1136	4	4	6	60	826	41	930	1059	1323
468	509	639	26	27	42	3	8	20	916	1045	1159
318	300	525	47	57	68	18	67	109	963	1052	1384
239	397	227	28	35	24	57	68	19	840	1112	602
155	191	213	38	63	53	17	18	61	670	734	879
259	286	398	29	34	35	1	41	34	690	833	920
239	342	412	26	30	38	11	22	68	671	817	905
452	604	682	7	7	6	6	13	19	563	725	814
89	97	256	24	33	45	23	29	54	550	717	926
332	356	398	15	12	20	10	14	27	541	579	685
285	302	327	16	17	26	14	19	19	551	576	549
113	129	—	34	38	—	5	29	—	512	609	—
161	181	199	22	23	24	2	4	14	479	541	472
258	280	355	7	8	21	9	10	14	440	468	557
124	197	199	11	12	15	11	16	27	418	546	549
64	59	—	49	65	—	60	59	—	447	478	—

der *Cincinnati-Bogen* umfaßt den Südosten von Michigan, den Westen von Ohio, den Nordosten von Indiana, Zentral-Kentucky und -Tennessee, den Nordwesten von Alabama und den Nordosten von Mississippi. Die wichtigsten Felder in diesem Gebiet sind der Lima-, der Indiana- und der *Cumberland*-Sattel-Distrikt,

das *Michigan-Becken*, in der südlichen Halbinsel von Michigan gelegen. Das Becken ist von langen schmalen Antiklinalen von Südosten nach Nordwesten durchzogen, deren wichtigste die *Howell-Broomfield*-Antiklinale ist,

das *östliche Innere Kohlenbecken* in Illinois, Nordwest-Kentucky und Südost-Indiana. Die bedeutendsten Ölquellen dieses Gebietes liegen in der *La Salle*-Antiklinalen und in der *Rough-Creek-fault-Zone*, das *westliche Innere Kohlenbecken* überdeckt Kansas, Nord-Oklahoma und kleine Teile von Nebraska, Missouri, Arkansas, Texas und Kolorado. Die reichsten Ölfelder dieser Ölprovinz befinden sich am *Barton-* und am *Chautauqua-Bogen*,

das *Wichita-Amarillo-Berggebiet* zieht sich in einem schmalen Streifen über Nord-Texas und Süd-Oklahoma hin und reicht bis in den Staat Arkansas hinein. Der bekannteste und ertragreichste Distrikt ist das *Panhandle-Gebiet*,

die *Bend-Arch-Erdölprovinz* liegt in Nord- und Mittel-Texas. Die größte Produktion hat die Grafschaft Stephens (*Breckinridge* und *Ivan Dom*),

das *Golfbucht-Gebiet* umfaßt Louisiana, Süd-Arkansas, Ost-Texas und West-Mississippi mit den Distrikten *Balcones Bruch* (Ost-Mittel-Texas), *Sabine-Ouachita Hebungszone* (Nord-Louisiana, Süd-Arkansas und Nordost-Texas), *Reynosa Stufe* (Süd-Texas), Ost-Texas (auskeilende Sande) und dem Salzdom-Distrikt (Süd-Texas und Süd-Louisiana),

das *West-Texas-Becken* mit den sehr ergiebigen Feldern *Yates*, *Hendricks*, *Big Lake* und *Chalk* breitet sich über Nordwest-Texas und Südost-Neumexiko aus,

das *Rocky Mountain-Geosynklinal-Gebiet* ist hauptsächlich über die Staaten Montana, Wyoming, Kolorado, Utah und Neumexiko ausgebreitet. Die wichtigsten Felder, und zwar *Salt Creek*, *Grass Creek*, *Big Muddry*, *Lost Soldier* und *Rock Creek*, liegen in Wyoming,

das *Pazifik-Geosynklinal-Gebiet* liegt westlich der Sierra Nevada in Kalifornien und zum Teil in Washington und Oregon. Der Hauptanteil der Produktion entfällt auf Kalifornien, das 4 große Erdöldistrikte besitzt: *San Joaquin*, *Santa Maria*, *Ventura* und *Los Angeles*. Die bekanntesten Felder sind *Kettleman Hills*, *Midway-Sunset*, *Ventura Avenue* und *Santa Fé*.

An ergiebigen Ölfeldern besonders reich sind die Staaten Texas, Kalifornien und Oklahoma. Diese 3 Staaten lieferten noch 1929 insgesamt 83,8% der USA.-Förderung. Ihr Anteil ist jedoch im Rückgang begriffen, 1927 war er bereits auf 76,9% gesunken[1] (vgl. Zahlentafel 3). Bemerkenswert ist die außerordentlich hohe Förderung in Texas, die seit 1932 nahezu unverändert rund 39% beträgt.

β) **Kanada** gewinnt Erdöl in den verschiedensten Teilen des Landes, und zwar in Neu-Braunschweig (*Stony Creek*), Ontario (*Sarnia*, *Plympton*, *Petrolia*, *Oil Springs*, *Mosa* u. a.), Alberta (mit dem wichtigsten kanadischen Feld *Turner Valley*) und in den Nordwest-Territorien.

γ) **Mexiko** besitzt ein nördliches Erdölgebiet mit den Feldern *Panuco*, *Ebano*, *Cacalilao*, *Corcovado*, *Topila*, *Altamira westlich* von *Tampico* und ein südliches Gebiet (*Golden Lane*), das in einem Bogen von *Dos*

[1] J. Wash. Acad. Sci. **29**, 14 (1939).

Bocas über *San Geronimo, Tepetate, Zacamixtle, Toteco, Cerro Viejo, Alamo* u. a. bis nach *San Isidro* verläuft. Gesondert von diesen Feldern liegen *Poza-Rica, Furbero* und andere kleinere Quellen.

δ) **Kolumbien** erzeugt Erdöl im oberen *Magdalenen-Tal* im Staate Santander (Felder La Cira und Infantas) und östlich der Anden (Barco).

ε) **Venezuela** und *Trinidad.* In Venezuela wird sowohl im *Maracaibo-Becken* (westlich des Maracaibo-Sees: *Amana, La Paz, Totumo, Conception;* östlich des Sees: *La Rosa* und *Ambrosio, Benitez, Tia Juana, Lagunillas, Bachaquero* und *Mene Grande*) als auch im Osten des Landes Erdöl gefunden. An Feldern im östlichen Venezuela sind zu nennen: *Quiriquire, Guanoco* und *Pedernales.*

Zahlentafel 3.
Anteil der einzelnen Staaten an der USA.-Förderung nach HEINZE[1].

	1929	1932	1935	1937
Texas	29,5	39,8	39,4	38,7
Kalifornien	29,0	22,7	19,5	19,5
Oklahoma	25,3	19,5	18,7	18,7
Summe von 3 Staaten	83,8	82,0	78,9	76,9
Kansas	4,3	4,4	5,5	5,3
Louisiana	2,0	2,8	5,0	7,3
Neumexiko	0,2	1,6	2,1	2,5
Michigan	0,4	0,9	1,5	1,0
Pennsylvanien	1,2	1,6	1,6	1,5
Arkansas	2,5	1,5	1,1	1,0
Alle übrigen Staaten	5,6	5,2	4,3	4,5
	100,0	100,0	100,0	100,0

Besonders reich an Erdöl ist das Venezuela vorgelagerte *Trinidad.* Die sich über den ganzen südlichen Teil der Insel erstreckenden Ölfelder sind: Tabaquite, Parrylands, Vessigny, Brighton, Fyzabad, Los Bajos, Palo Seco, Barrackpore, Pt. Fortin und Guayaguayare.

ζ) **Peru** fördert Öl an der Küste (Talara), am Titicacasee und neuerdings auch östlich der Anden.

η) **Ekuador** führt Öl an der pazifischen Küste auf der Halbinsel *Santa Elena.* Im *Ancon*-Feld wird Öl aus zwei Horizonten gebohrt.

ϑ) **Argentinien** hat seit etwa 1920 eine wesentliche Erdölförderung; seine Produktionsstätten liegen in erster Linie in den Provinzen *Salta* (*San Pedro y San Pablo, Aguas Blancas*) und *Mendoza* (*Cacheuta, Cerro Aequitran, Tupungato Camp*) und in den Territorien *Neuquén* (Plaza Huincul) und *Chubut* (Comodoro Rivadavia).

[1] HEINZE, R., in B. NEUMANN: Lehrbuch der Chemischen Technologie und Metallurgie, S. 809. 1939.

b) Asien.

α) **USSR.** Ölfelder finden sich in der USSR. weit über das Land verbreitet. Die bemerkenswerten Ölgebiete liegen im Kaukasus an der Ostküste des Kaspischen Meeres, im *Ferghana-Becken*, im Westen des Urals, in der Ural-Emba-Region und auf Sachalin.

Das Hauptgebiet der sowjetischen Erdölproduktion ist der *Kaukasische Gürtel*, der bei einer Länge von 1100 km von der Halbinsel *Taman* nach Ostsüdost bis zur Halbinsel *Apsheron* verläuft. Auf Apsheron liegt der Baku-Distrikt mit den Erdölfeldern *Bibi Eybat*, *Lok Batan*, *Puta*, *Ker-Gez*, *Mount Atashka*, *Shubany*, *Khurdalany*, *Binagady*, *Fatmay*, *Balakhany-Sabunchy-Romany*, *Surakhany*, *Kara Shukhur*, *Kala* und *Holy-Island*. Westlich von Baku sind zu nennen: *Cheil-Dag* und in etwas größerer Entfernung (80 km) *Pirsagat* und *Nefte Chala*. Nördlich Baku am Kaspischen Meer findet sich Erdöl bei *Khosh*, *Menzil* und *Berekei*. In der Provinz Terek nördlich des Kaukasus liegt der *Grosny*-Distrikt mit den Hauptfeldern *Alt-* und *Neu-Grosny*, *Vosnesenski* und *Malgobek*. Der Nordwest-Kaukasus-Distrikt besitzt die Felder *Maikop* (Neftjanaja Shirvanskaja), *Kaluzkaja* und *Ilsk*. Kleinere Vorkommen finden sich auf den Halbinseln Taman (*Varenikov*) und Kertch. Südlich des Kaukasus wird Öl im Kutais-Becken an zahlreichen Orten, z. B. *Korischi*, *Supsa*, *Maghele*, *Narudja* und *Notanebi* gefunden, ebenso bei *Tiflis* in *Chatma*.

Im *Transkaspischen Bezirk* wird Erdöl im südwestlichen Teil der Insel *Cheleken* sowie im *Nefte-Dag* und *Boya-Dag* gewonnen.

Das *Ferghana-Becken*, südlich des Aral- und des Balkash-Sees, führt Erdöl in *Chimion*, *Sel Rokho* und *Shor Su*.

Der zwischen den Flüssen Ural und Emba gelegene *Ural-Emba-Distrikt* besitzt außerordentlich große Erdölreserven, die aber wegen ihrer erheblichen Entfernung von den Industriezentren und wegen der herrschenden Transportschwierigkeiten noch wenig ausgenutzt werden. Das Hauptfeld ist *Dossor*, andere Felder sind bei *Tass-Kuduk*, *Novo Bogatinsk*, *Guriev*, *Koschagyl*, *Iskine*, *Djusa* und *Karatschungul*. In den letzten Jahren kamen hinzu: *Beichunas*, *Iman Kara* und *Shubar Kuduk*.

Im *West-Ural-Bezirk*[1] zwischen dem Uralgebirge und der Wolga („Zweites Baku“) sind ebenfalls große Erdölreserven vorhanden. Ein reiches Feld wurde hier bei *Ishimbaevo* (*Sterlitamak*-Gebiet) erschlossen. Weitere bemerkenswerte Vorkommen, die von Jahr zu Jahr an Bedeutung gewinnen, finden sich bei *Krasnokamsk* und *Polasna*, bei *Knibischew*, *Sysran*, *Stawropol* und *Buguruslan*.

Eine kleine Menge Erdöl wird im Norden von *Sachalin* gefunden, und zwar am *Okha*-Fluß und im *Paromai-Kydylani*-Feld.

---

[1] Polutoff, N.: Öl u. Kohle **36**, 113, 137 (1940).

Einen Eindruck von der heutigen Bedeutung der verschiedenen russischen Erdölbezirke vermittelt die folgende Zahlentafel 4.

Zahlentafel 4. Geschätzte Vorräte und Förderung der sowjetrussischen Erdölbezirke[1].

Bezirk	Vorräte am 1. 1. 1938 in Millionen t	Förderung in 1000 t 1913	Förderung in 1000 t 1938	Geplante Förderung 1942 in 1000 t
Baku	2565	7627	22119 (Baku und Georgien)	27000 (Baku und Georgien)
Georgien	177	—		
Grosny	655	1007	2657	4100
Maikop	237	88	2161	3700
Sonst. Schwarzmeer-Gebiet	—	—	182	600
Emba	1172	118	649	2020
Ural-Wolga („zweites Baku")	2704	—	1292	7000
Mittelasien	812	152	660	1710
Sonstige	318	141	362	2370
Insgesamt	8640	9133	30082	48500

Von den in Spalte 2 aufgeführten Erdölvorräten werden von den russischen Erdölgeologen nur etwa 10%, nämlich 883 Millionen t als „sichtbar aufgeschlossen" angegeben. Die restlichen Mengen sind „wahrscheinliche und vermutete" oder „erhoffte" Vorräte. Aber selbst wenn man nur die erstgenannten 883 Millionen t als einigermaßen fest nachgewiesene Vorräte annimmt, so sind die russischen Reserven wesentlich höher anzusetzen, als von amerikanischer Seite 1935 geschätzt wurde (vgl. S. 22).

β) Die Erdölfelder des **Iran** sind *Masjid-i-Suleiman*, *Haft Kel*, Gach-i-Qaraghuli und die an der Irak-Grenze liegenden Felder *Naft Khauch* und *Naft-i-Shah*. Neuerdings wurde bei *Gach Saran* ein weiteres großes Feld entwickelt.

γ) Der **Irak** besitzt ein ergiebiges Feld in *Kirkuk* und ein noch nicht produzierendes Feld in *Qaijarah*.

δ) Das Haupterdölgebiet der **Bahreininseln** liegt am *Djebel Dukhan*.

ε) **Saudi-Arabien** führt Erdöl an der Ostküste am *Damman Dom* und bei *Abu Hadrya*.

ζ) **Indien mit Birma und Assam.** In Birma liegen die meisten Ölfelder längs des Irawadi-Chindwin-Tales u. a. *Padankpin Yenanma*, *Petpi*, *Yethaya*, *Palangon*, *Minbu*, *Yenang-Yaung*, *Singu*, *Lanywa*, *Yenangyat* und *Sabe*. Abseits von diesen Feldern ist *Indaw* gelegen. Ölquellen in *Assam* sind *Digbol* und *Badarpur*.

In *Nordwest-Indien* (Punjab) findet man Ölfelder bei *Chharat* und *Jaba* im *Attock*-Distrikt, bei *Kundal*, *Khattan* und *Sind* in der Nähe von *Sukkur*.

[1] Öl u. Kohle **36**, 168 (1940).

η) Produzierende Ölfelder im **Ostindischen Archipel** sind
Rembang und *Surabaya* in Ost-Java,
Atjeh und *Langket* in Nord-Sumatra,
Palembang und *Djambi* in Süd-Sumatra, *Boela* auf Celam,
Koetei, *Tarakan*, *Sarawak* und *Brunei* auf Borneo.

Mit Ausnahme von *Brunei* und *Sarawak* gehören sämtliche Felder zu Holländisch-Ostindien.

ϑ) Die Zentren der wirtschaftlich unbedeutenden Erdölvorkommen in **Neuguinea** sind *Aitape* im Norden und *Upoia* im Süden.

ι) **China** besitzt zahlreiche erdölhöffige Gebiete. In den Provinzen **Szechuan** und **Shensi** wurde man an mehreren Orten, z. B. in *Ninhuachi* (Szechuan) und in *Yenchang* (Shensi) fündig.

κ) **Japans** Ölfelder verteilen sich im wesentlichen auf die Provinzen Hokkaido (*Ishikari*, *Atsuma*), *Akitaken* (*Toyokawa*, *Asahikawa*, *Nakano-Oguni*, *Inai*) und Niigata-Ken (*Niitsu*, *Kariha*, *Nishiyama*, *Takamachi*, *Higashiyama*, *Omo*).

λ) **Neuseeland** besitzt eine kleine Produktion in *Muturoa*, Neu-Plymouth.

c) Europa[1].

α) **Rumänien.** Man unterscheidet drei Hauptgewinnungszonen: das Transsylvanische Becken, die südliche subkarpathische und die östliche karpathische *Flysch*-Zone (Bacau-Distrikt, Moldau).

Das Erdölgasgebiet in *Transsylvanien* ist durch Salzdome beherrscht. Produktive Dome sind *Sarmasel*, *Moinesti*, *Sincai*, *Saros*, *Bazna*, *Nades*, *Daia* und *Copsa Mica*. Öl ist hier bisher nicht bekannt.

Im *südlichen Subkarpathengebiet* befinden sich zwei Öldistrikte: der Dambovita-Prahova- und der Buzau-Distrikt.

Die bekanntesten Felder im wichtigsten rumänischen Erdölgebiet *Dambovita-Prahova* (Walachei) sind *Campina*, *Runcu*, *Bordeni*, *Boldesti*, *Bucşani*, *Teis-Viforata*, *Filipesti*, *Baicoi* und *Tintea*.

Der Buzau-Distrikt hat eine kleine Produktion in *Sarata-Monteoru* und *Arbanasi*.

Die *östliche karpathische Zone* (Bacau-Distrikt) weist zwei ausgesprochene Züge längs der Flüsse Trotus und Tazlau auf. Erdölfelder sind in *Solunti*, *Stanesti*, *Tetcani*, *Moinesti*, *Lucacesti*, *Tazlau* und *Zemes*.

β) **Ehemaliges Polen.** Der Haupterdöldistrikt ist *Borislaw-Tustanowice-Mraznica*, der etwa 70% der polnischen Erdölgewinnung aufbringt. 10% werden in dem in der Nähe gelegenen *Schodnica*-Feld gewonnen. Die restlichen 20% verteilen sich auf mehr als 40 andere Felder mit kleiner Produktion, u. a. *Dominikowice*, *Lipinki*, *Kobijlanka*, *Daszawa*, *Wankowa*, *Roztoki*, *Potok*, *Grabownica*, *Bitkow* und *Pasieczna*.

[1] Zukünftige Mineralölversorgung Europas: C. KRAUCH, Vierjahresplan **5**, 46 (1941). — F. FRIEDENSBURG, Öl und Kohle (Mineralölberichte) **37**, 219 (1941).

Die Produktion in Ostgalizien ist bereits seit 1910 in einem fast ununterbrochenen Abfall begriffen, während die Felder Westgaliziens einen zwar langsamen, aber stetigen Anstieg zu verzeichnen haben[1].

Zahlentafel 5. Erdölgewinnung in Ostgalizien und Westgalizien (Generalgouvernement) 1920—1938 (angenähert).

Jahr	Ostgalizien		Westgalizien	
	Bohrmeterleistung in 1000 m	Förderung in 1000 t	Bohrmeterleistung in 1000 m	Förderung in 1000 t
1920	44	700	20	50
1922	74	650	22	55
1924	81	740	22	58
1926	68	730	19	64
1928	68	630	31	74
1930	62	590	39	83
1932	33	450	27	96
1934	39	430	38	95
1936	40	380	46	107
1938	73	360	77	136

Trotz reger Bohrtätigkeit konnte der Produktionsabfall in Ostgalizien nicht aufgehalten werden; dagegen drückt sich die Steigerung der Bohrmeterleistung in Westgalizien in einer erheblichen Förderzunahme aus.

γ) **Großdeutschland.** Deutsche Erdöllager[2] finden sich

1. im Zechsteinbecken von Nord- und Mitteldeutschland,
2. im Rheintalgraben,
3. im alpinen Vorland und im Wiener Becken.

1. In den Außenzonen des Zechsteinbeckens tritt das Öl im Zechstein auf. Das bekannteste Vorkommen in diesem Bezirk ist das unterhalb eines Kalibergwerkes erschlossene Feld *Volkenroda* bei Mühlhausen in Thüringen. Andere Bohrungen mit geringerem Erfolg wurden niedergebracht bei Mühlhausen, Zimmern, Langensalza und Kirchenheiligen. Eine kleine Produktion wurde an der *Fallstein*-Antiklinale nördlich des Harzes erzielt. Erdölhöffig ist u. a. auch der Bentheim-Distrikt, der bei Ochtrup ein schweres Öl ergab.

Im inneren Zechstein-Becken liegen die deutschen Haupterdölfelder. Sie werden in Verbindung mit Salzstöcken und -domen gefunden. Zu diesem Gebiet gehören *Nienhagen*, *Wietze*, *Ölheim-Edesse-Berkhöpen*, *Oberg* und *Mölme*, sämtlich in der Nähe von Hannover gelegen. Das ergiebigste Feld ist Nienhagen, das an der Westflanke des Hänigsen-Wathlingen-Salzstockes liegt. Die nördlichsten Vorkommen im Zech-

[1] MAYER-GÜRR, A.: Öl u. Kohle **36**, 251 (1940).

[2] Näheres über deutsche Rohöle und deren Verarbeitung siehe J. WELLER, Glückauf **72**, 1156 (1936). — A. W. SCHMIDT u. W. MÜLLER, Petroleum **28**, Nr. 39, 1 (1932).

steinbecken sind *Heide* in Holstein und *Reitbrook* bei Hamburg. Kleinere Vorkommen sind weiterhin *Gifhorn*, *Horst-Wipshausen* und *Hordorf* bei Braunschweig, *Rodewald*, *Hope* und *Lehrte* bei Hannover.

2. Der Rheintalgraben erstreckt sich von Basel bis Mainz. Das wichtigste Ölfeld ist *Pechelbronn* im Elsaß. Auf altdeutschem Boden wurden kleine Felder in *Bruchsal* und *Weingarten* in Baden gefunden.

3. Im alpinen Vorland liegt das bereits im Mittelalter bekannte älteste deutsche Vorkommen *Wiessee* bei Tegernsee, das jedoch nur kleine Produktionsziffern aufzuweisen hat. Durch den Anschluß der Ostmark erhielt das Reich ein weiteres nennenswertes Erdölgebiet, und zwar die Vorkommen im Wiener Becken am Steinberg bei *Zistersdorf*.

Die folgende Zahlentafel gibt die deutsche Erdölförderung in den Jahren 1933 bis 1938 wieder. Aus ihr ist ersichtlich, daß der Hauptteil der Gewinnung auf den hannoverschen Bezirk entfällt. Besonders seit 1938 machen sich die Erfolge der im Rahmen des Vierjahresplanes auf Grund erdölgeologischer Forschungen[1] angesetzten Bohrungen bemerkbar.

Zahlentafel 6. Deutsche Erdölförderung in den Jahren 1933—1938 (Altreich).

Jahr	Nienhagen	Wietze	Oberg	Andere Felder	Gesamtförderung
1933	174980	53800	32910	5810	237500
1934	240730	51870	20250	1750	314600
1935	331210	50270	27880	20320	429680
1936	333270	46840	23130	41420	444640
1937	346810	44770	21410	40460	453450
1938	358190	43450	16900	133530	552070

Das 1932 aufgefundene ostmärkische Feld Zistersdorf nahm ebenfalls eine gute Entwicklung. Folgende Fördermengen wurden bis 1938 erzielt:

Zahlentafel 7. Erdölförderung in Zistersdorf.

Jahr	Förderung in t	Jahr	Förderung in t
1932	73	1936	7473
1933	804	1937	33009
1934	4124	1938	56580
1935	6658		

Auf die mit dem Zistersdorfer Feld in enger Verbindung stehenden slowakischen Felder Gbely und Hodonin entfiel bis 1938 zusätzlich eine jährliche Produktion von etwa 20000 t.

[1] U. a. A. Bentz: Dtsch. Geol. Ges. **84**, 369 (1932). — A. Bentz u. H. Closs: Öl u. Kohle **16/35**, 731 (1939). — O. Barsch: Öl u. Kohle **13**, 641 (1937). — H. Reich: Öl u. Kohle **16/35**, 23 (1939). — R. v. Zwerger: Öl u. Kohle **16/35**, 744 (1939).

Das nach dem Feldzug in Frankreich 1940 an Deutschland zurückgefallene elsässische Revier von Pechelbronn hatte in den letzten Jahren vor dem Kriege eine nahezu gleichbleibende Jahresförderung. Seit dem Beginn der Ausbeutung (etwa 1845) bis Ende 1939 wurden insgesamt rund 2240000 t Erdöl gewonnen. Die jährlichen Produktionszahlen seit 1850 sind[1]:

Zahlentafel 8. Erdölförderung im Elsaß (Pechelbronner Bezirk).

Jahr	Förderung in t	Jahr	Förderung in t	Jahr	Förderung in t
1850	70	1922	70109	1931	73266
1870	167	1923	70695	1932	74122
1880	1053	1924	70869	1933	78828
1890	12977	1925	63650	1934	78079
1900	22598	1926	62347	1935	75416
1910	33412	1927	68643	1936	70109
1915	43176	1928	71724	1937	70250
1917	46910	1929	71662	1938	71807
1919	47255	1930	73806	1939	69559
1921	55575				

δ) Italien und Albanien. Fast alle italienischen Erdölvorkommen sind mit dem das Land beherrschenden Gebirge, dem Apennin, verbunden. Man unterscheidet mehrere ausgesprochene Bezirke:

den Emilian-Belt (Nord-Appenin),
das Mittel- und Süd-Apennin-Gebiet und
Sizilien.

Der Emilian-Belt dehnt sich von Pavia und Voghera bis in die Gegend von Bologna aus. Im Apennin-Gebiet liegen *Velleia* und *Montechino*, *Valezza* und *Salsomaggiore*, im Subapennin-Gebiet *Podenzano*, *Carpaneto* und *Fontevivo*.

Das Mittel- und Süd-Apennin-Gebiet enthält Öl- und Asphaltvorkommen bei *Gubbio*, in den Hochabruzzen bei *Roccasecca*, im Benevento-Apennin bei *Lioni*, *Montemarano*, *Casallbore* u. a. Orten sowie bei *Tramutola* und *Cersosimo*.

Eine Anzahl Untersuchungsbohrungen wurden auf Sizilien angesetzt, so in *Bivona*, *Petrolia*, *Paterno*, *Palagonia* und *Pachino*. Asphalt-Vorkommen finden sich bei *Ragusa*.

Erdölvorkommen in *Albanien* werden am Oberlauf des *Devoli*-Flusses ausgebeutet.

ε) Frankreich. Nach dem Verlust des elsässischen *Pechelbronn* besitzt Frankreich nur kleine Erdöllager im *Savoy-*, *Limagne-* und *Alès-Becken* sowie das *Gabian-Feld*.

[1] W. Richter: Öl u. Kohle **36**, 367 (1940); siehe auch O. Stutzer: Die wichtigsten Lagerstätten der Nichterze. Berlin 1931.

d) Afrika.

Auf der ägyptischen Seite des Golfes von Suez befinden sich drei Erdölquellen: *Hurghada*, *Gemsa* und *Ras Gharib*. Im nördlichen Afrika wurden Bohrungen z. B. bei *Bou Drâa* und *Ain Hamra* niedergebracht, die zeitweise zu einer kleinen Produktion führten. Ein kleines Feld wurde in *Tliouanet* (Algerien) gefunden. Ölanzeichen finden sich bei *Ain Zeft* (Algerien), *Ain Rhelal*, *Slougia* (Tunis), bei *Duala* (Kamerun), *Gabun*, *Pointe Noire*, *Dande* und *Calumbo* an der Westküste. In Belgisch-Kongo und Uganda sind *Kibiku*, *Kibero* und *Mswa* wegen des dort gefundenen Erdöls bekannt. In Portugiesisch-Ostafrika wurde Öl bei *Lorenço Marques* und bei *Inyaminga* gefunden.

Auf *Madagaskar* sind Ölanzeichen bei *Cap St. André*, *Bemolanga*, *Folakara* und *Maroboaly* vorhanden.

e) Australien.

Die Erdölgewinnung in Australien ist bis heute unbeträchtlich, obwohl Bohrungen seit mehr als 25 Jahren angesetzt werden.

5. Aufsuchen und Fördern von Erdöl.

Man setzt Ölbohrungen in erster Linie an solchen Orten an, die schon an der Erdoberfläche Anzeichen von Erdöl erkennen lassen. Solche Anzeichen sind neben Austritt von wirklichem Erdöl z. B. Asphaltlager, Teerkuhlen, Schlammvulkane (Salsen) und Erdgasfunde. Heute lassen sich erdölhöffige Gebiete, z. B. die Flanken von Salzstöcken und die Scheitelzonen von Antiklinalen, an Hand der geologischen Schichtenbildung bestimmen. Die Tätigkeit des Geologen wird unterstützt durch geophysikalische Meßmethoden, z. B. durch Schweremessungen mittels der Drehwaage und durch seismische Messungen, in denen die Laufzeit künstlich erzeugter Erdbebenwellen festgestellt wird. Methoden zur unmittelbaren Bestimmung von Erdölvorkommen im Untergrund, mit Ausnahme der Bohrmethoden, sind nicht bekannt.

Die älteste Art der Erdölgewinnung ist, abgesehen von dem bereits im Mittelalter angewandten Schöpfbetrieb, der Schachtbau. Schachtbaubetriebe befinden sich z. B. in Deutschland bei Wietze und bei Pechelbronn sowie in Rumänien, Galizien und Japan. Obwohl der Schachtbau die Gewinnung nahezu des gesamten im Untergrund vorhandenen Erdöls gestattet, während dies im Bohrbetrieb nur teilweise der Fall ist, spielt er praktisch keine Rolle.

Das Bohren[1] auf Erdöl erfolgt nach zwei grundsätzlich unterschiedenen Verfahren, durch das ältere Schlag und das neuere Drehbohrverfahren. Beim Schlagbohrverfahren kann der Meißel an einem Seil

[1] Siehe z. B. Schulz, W., Baedekers Bergkalender 74, 239 (1929).

(pennsylvanisches Verfahren), an einem Vollgestänge (kanadisches Verfahren) oder an einem Hohlgestänge mit einem oberen Seil (Seilschlagmethode) befestigt sein. Das Bohrgestänge oder das Bohrseil ist mit einem waagerechten, auf dem „Bohrkran“ befindlichen Schwengel verbunden. Der Schwengel wird mittels Kurbelantrieb dauernd auf und ab bewegt. Das Bohrgestänge mit dem am unteren Ende befindlichen Meißel wird bei jeder Kurbelumdrehung etwa 30 bis 60 cm hochgehoben. Durch die Aufundabbewegung des Meißels wird das Bohrloch stetig vertieft. Von Zeit zu Zeit wird das angereicherte losgelöste Gestein und Erdreich aus dem Bohrloch entfernt. Zu diesem Zweck wird das Bohrgestänge mit dem Meißel zutage gefördert. Alsdann wird der „Schlammlöffel“ in das Bohrloch gesenkt und mit ihm das Bohrloch gesäubert. Die mit Hohlgestänge arbeitende Bohrmethode stellt eine Verbesserung gegenüber diesem Trockenbohrverfahren dar, weil die umständliche Säuberung des Bohrloches mit dem Schlammlöffel entfällt. Bei dieser besonders in Deutschland angewandten Arbeitsweise preßt man während der Schlagarbeit Wasser durch das Hohlgestänge und durch den mit einem Kanal versehenen Meißel in das Bohrloch. Das Wasser tritt mit beträchtlichem Druck an der Bohrlochsohle aus und führt beim Hochsteigen außerhalb des Bohrgestänges den Bohrschlamm mit.

Das in USA. um die Jahrhundertwende entwickelte Drehbohr- oder Rotaryverfahren verwendet einen mit dem Hohlgestänge fest verbundenen Fischschwanz- oder Rollmeißel, dessen Schneiden zur Herabsetzung des Verschleißes meist Hartmetallkanten besitzen. Der Meißel wird durch eine Antriebsvorrichtung in drehende Bewegung versetzt. Er bohrt sich dabei in die Tiefe. Zur Spülung benutzt man gewöhnlich eine Mischung von Wasser mit Ton oder ähnlichen Zusätzen (Dickspülung). Man kann dadurch wesentlich größere Strecken abteufen, bevor das Bohrloch mit Schutzrohren (casings) zur Verhütung von Zuschüttungen ausgekleidet werden muß; denn die Spülung dringt in das Gestein an der Bohrlochsohle ein, verkittet es und macht es standfest. Zu einer Rotaryeinrichtung gehört ein etwa 30 bis 45 m hoher Stahlturm, ein Hebewerk, ein Drehtisch, eine Antriebsmaschine und zwei Spülpumpen. Der Drehtisch ist durch eine Vierkantstange mit dem Bohrgestänge und dem Meißel verbunden. Dieses sog. Bohrzeug hängt an einem Bohrhaken und einem Flaschenzug im Bohrturmkopf; von hier aus führt ein Seil zum Hebewerk, das mit einer Bremsvorrichtung gesteuert wird. Durch Lüften der Bremse wird das Bohrzeug von Zeit zu Zeit in dem Maße, wie der Meißel in die Erde eindringt, nachgelassen. Nach Erreichung des Ölhorizontes wird der Bohrlochmund mit einem Sicherheitsschieber versehen, der die geregelte Ableitung des Öles und Gases sicherstellt.

Meist steigt das Öl unter mehr oder weniger starkem Druck von selbst an die Oberfläche. Dieser Druck wird durch das mit dem Öl vergesellschaftete Naturgas, das zum Teil im Öl gelöst ist, hervorgerufen. Durch die hohe Gewalt, mit der das Öl auf manchen Ölfeldern aus dem Bohrloch gedrückt wird, werden gelegentlich Gesteinsstücke mitgerissen, die beim Anprall an das Stahlgerüst des Turmes Funken erzeugen und das Öl in Brand setzen. Es ist sehr schwierig, solche Ölbrände zu löschen; in manchen Fällen ist es überhaupt nicht gelungen. Zur Vermeidung der Brände bringt man heute rechtzeitig sog. Eruptionsköpfe am Bohrlochmund an. Durch diese Köpfe wird der Druck gedrosselt und für die geregelte Förderung des Öles nutzbar gemacht. Ist ein Eigendruck nicht vorhanden, oder hat er während der Förderung erheblich nachgelassen, so greift man zu künstlichen Förderungsmitteln. In vielen kleinen Erdölfeldern, deren Ölhorizonte ziemlich nahe unter der Erdoberfläche liegen, wird das Öl mittels sog. Schöpflöffel oder Förderbüchsen zutage gefördert. Als Schöpflöffel benutzt man 8 bis 12 m lange Eisenrohre, an deren unterem Ende ein Fußventil oder ein sich nach oben öffnendes Klappenventil angebracht ist. Das Ventil öffnet sich beim Herablassen des Rohres in das Bohrloch und schließt sich beim Hochziehen des mit Öl gefüllten Rohres selbsttätig. Dieses verhältnismäßig primitive Verfahren ist zeitraubend und häufig unwirtschaftlich. Man ist deshalb fast allgemein dazu übergegangen, das Öl hochzupumpen. Man verwendet dabei hauptsächlich *Gestängepumpen* mit Antrieb über Tage und in untergeordnetem Maße auch Tiefpumpen mit Antrieb unter Tage. Benutzt man Gestängepumpen, so wird in das verrohrte Bohrloch ein Steigrohr gesenkt, das am unteren Ende durch einen Pumpenzylinder mit durchlöchertem Saugrohr abgeschlossen wird. Ein massives Gestänge verbindet den an der Bohrlochsohle befindlichen Pumpenkolben mit der Antriebsmaschine über Tage. Die Gestängelast wird durch Gegengewichte möglichst ausgeglichen. Der Kraftbedarf der Antriebsmaschine ist verhältnismäßig gering. Der Verschleiß der Pumpen hängt von der Art der vom Öl mitgeführten Beimengungen ab, beim Fördern sandhaltiger Öle ist er besonders hoch. Bei den *Tiefpumpen* sind Pumpe und Motor in einen torpedoartigen Senkkörper eingebaut, der am unteren Ende des Steigrohres angebracht ist. Vor den Gestängepumpen haben sie den Vorteil eines geringeren Kraftbedarfes, weil die Mitbewegung des Gestänges fortfällt.

Eine weitere Möglichkeit, die Eigenförderung des Öles anzuregen oder zu heben, besteht darin, daß man Druckluft (air-lift) oder entbenziniertes Naturgas (gas-lift) in das völlig abgedichtete Bohrloch einpreßt und dadurch in dem oben offenen Steigrohr hochtreibt. Statt mit Überdruck kann man auch mit Unterdruck arbeiten. Im Bradford-Feld (Nordamerika) schwemmt man ölhaltige Sande durch Wasservortrieb aus. Durch Zusatz kapillaraktiver Stoffe zum Verdrängungswasser wird dabei die Grenzflächenspannung des Öles gegen den Sand günstig beeinflußt.

6. Erdölvorräte.

Die in der Erde noch lagernden Vorratsmengen an Erdöl können an Hand der zur Verfügung stehenden Suchmethoden nicht im entferntesten festgestellt werden. Es ist lediglich möglich, einen ganz rohen Näherungswert derjenigen Erdölvorräte anzugeben, die als sicher nachgewiesen werden können. Voraussichtlich stellen diese Mengen jedoch nur einen geringen Bruchteil der wirklich noch vorhandenen Vorräte dar. In USA. wurden z. B. in den Jahren 1921—1925 jährlich im Mittel etwa 93 Mio t Roherdöl gewonnen, neu entdeckt wurden in demselben Zeitraum jährlich im Mittel ungefähr 120 Mio t. In den folgenden 5 Jahren stieg der jährliche Bedarf auf durchschnittlich 128 Mio t. Die jährlich neu aufgefundenen Vorräte bezifferten sich aber auf etwa 290 Mio t. Erstmalig in der Zeitspanne von 1931—1934 unterschritt die jährliche Entdeckung neuer Erdölmengen von rund 83 Mio t den Verbrauch, und zwar um etwa 40 Mio t[1]. Welche neuen Erdölfunde in den nächsten Jahren und Jahrzehnten gemacht werden, ist heute noch gar nicht abzusehen, so daß irgend welche Angaben über die mutmaßlichen Erdölvorräte der Welt einen sehr fraglichen Wert besitzen. Außerdem ist zu berücksichtigen, daß nur ein Teil (etwa 25% im Durchschnitt) des in der Erde lagernden Öles nach den heutigen Gewinnungsmethoden an die Erdoberfläche befördert wird. In Hinblick auf die neuzeitliche Umwandlung von Naturgas in Pyrolyse- und Polymerbenzin sind auch die an Naturgas zur Verfügung stehenden Reserven in Rechnung zu setzen. Bis heute bleiben noch ungefähr 25% des ausströmenden Naturgases ungenutzt.

Anfang Januar 1935 wurden die Erdölvorräte der Welt auf 3492 Mio t geschätzt, das sind etwa 92,5% der bis zu diesem Zeitpunkt auf der Welt geförderten Rohölmengen von 3776 Mio t. Bei einem angenommenen jährlichen Verbrauch von 240 Mio t reichen diese Vorräte noch 15 Jahre, also bis 1950. Bedenkt man aber, daß es sich hierbei nur um die fest nachgewiesenen Ölmengen handelt, die sich durch Neufunde stetig erhöhen, so kann man den Schluß ziehen, daß der Eintritt der Verknappung von Rohöl noch nicht angegeben werden kann, daß aber die bis 1950 benötigten Erdölmengen als völlig gesichert angenommen werden können. Zu welchem Zeitpunkt nach diesem Termin der Mangel an Erdöl eintreten wird, hängt völlig von dem Erfolg der in den nächsten Jahrzehnten angesetzten Bohrungen ab. Die Beteiligung der Haupt-

[1] Garfias, V. R., u. R. V. Whetzel: The Science of Petroleum **1**, 532 (1938).

erdölländer an den Weltvorräten wurde von GARFIAS und WHETSEL, umgerechnet in 1000 m³, wie folgt angegeben:

Zahlentafel 9. Nachgewiesene Erdölvorräte 1935 in 1000 m³.

USA.	1681214 [1]
Texas	675665
Kalifornien	651818
Oklahoma	111286
Pennsylvanien, Neuyork	77900
Wyoming	36565
Kansas	31001
Louisiana	39745
Andere Staaten	41335
Rußland	449913
Irak	393476
Iran	341807
Venezuela	214623
Rumänien	100634
Niederländisch-Ostindien	71541
Mexiko	66772
Kolumbien	43720
Peru	21939
Britisch-Indien	17647
Argentinien	14626
Trinidad	14467
Andere Staaten	59618
Gesamtmenge	3491996

Wie ungenau Voraussagen über den Zeitpunkt der Erschöpfung des Erdöls sind, geht beispielsweise auch aus den Schätzungen der Erdölvorräte der USA. für den 1. Januar 1938 und den 1. Januar 1939 hervor:

Zahlentafel 10 [2]. Erdölvorräte der USA. in 1000 m³ nach Schätzungen in den Jahren 1938—1939.

	Nachgewiesene Vorräte 1. Jan. 1938	Neuentdeckungen 1938	Vorräte und Neuentdeckungen 1938	Geschätzte Produktion 1938 [3]	Nachgewiesene Vorräte 1. Jan. 1939	Zu- oder Abnahme der Vorräte
Kalifornien	475320	26710	502030	39520	462510	—12810
Felsengebirge	60980	14150	75130	4050	71080	+10100
Mittel- und Südstaaten	1628210	176590	1804800	136930	1667870	+39660
Weststaaten	57350	35290	92640	12510	80130	+22780
Gesamt	2221860	252740	2474600	193010	2281590	+59730

[1] 1 Erdölbarrel (amer.) = 158,98 l.

[2] La Revue Pétrolifère **1939**, Nr 824, 181.

[3] Diese Werte weichen von der wirklichen Erzeugung wesentlich ab (vgl. Zahlentafel 1).

In diesem Zusammenhange ist auch die folgende Zahlentafel 11 interessant:

Zahlentafel 11. Statistisches und Wirtschaftliches[1].

Nr.		1932	1933	1934	1935	1936
1	Welterdölerzeugung in Mio t[2]	187,1	205,8	217,5	236,4	255,7
2	Gewinnung in USA. in Mio t	112,2	129,5	129,7	142,4	156,8
3	2 in % von 1	60	63	60	60	61
4	Wert der Erzeugung am Bohrloch in USA. in Mio $.	680,5	608,0	904,8	961,4	1150,0
5	Durchschnittspreis am Bohrloch in $/t	6,09	4,69	7,00	6,79	7,35
6	Zahl aller Sonden in USA. .	321500	326850	333070	340990	350000
7	Zahl der neuen Sonden je Jahr	10444	8068	12512	15108	17800
8	Benzinerzeugung in USA. in Mio t.	57,14	58,28	60,57	66,85	73,64
9	8 in %, bez. auf 2	44,7	43,7	43,4	44,2	44,1
10	Anzahl der Erdöl-Destillationsanlagen in USA. . .	505	591	631	638	nicht bekannt
11	Durchsatzmöglichkeit von 10 in Mio t je 24 h	0,56	0,56	0,58	0,59	nicht bekannt
12	Durchschnittlicher Benzinpreis je l[3]	3,29	3,07	3,28	3,18	3,33
13	Erzeugung von Naturgasbenzin in Mio t	5,18	4,83	5,22	5,61	6,01

7. Lagerung und Transport von Erdöl und Erdölerzeugnissen.

Das aus einer Sonde geförderte Öl wird zunächst einem Separator zugeführt, in dem eine grobe Trennung von Öl und Gas vorgenommen wird. Als Separatoren verwendet man dabei stehende Eisenblechzylinder, die mit dachartigen Einbauten und Stoßflächen versehen sind (vgl. Abb. 59). Vom Separator gelangt das Öl, bevor es den Destillationsanlagen zugeleitet wird, in große Sammelbehälter. In USA. stehen z. B. über 143 Mio m³ Tankraum, davon 100 Mio m³ zur Lagerung von Rohöl, zur Verfügung. Dazu treten noch etwa 50000 m³ Fassungsraum an hölzernen Lagerbehältern. In manchen erdölreichen Gegenden Amerikas läßt man trotzdem wegen Mangel an Tankraum große Rohölmengen in nichtausgekleideten Erdölgruben lagern. Diese Lagerart wird besonders dann angewandt, wenn beim Anbohren sog. „Springer“ plötzlich große Rohölmengen anfallen.

[1] Heinze, R.: a. a. O.

[2] Die Welterdölerzeugung wird von verschiedenen Autoren in etwas verschiedener Höhe angegeben (vgl. Zahlentafel 1).

[3] Preis in Dollarcent, unverzollt, bei Bezug im Tankwagen (Mittelwert aus Angaben von 50 USA.-Städten).

Die heute in allgemeinem Gebrauch befindlichen Tanks sind die bekannten, aus geschweißten oder genieteten Platten zusammengesetzten Stahlzylinder mit konischem Dach. Neben diesen Tanks werden in untergeordnetem Maße auch Betonbehälter gebaut. So gibt es in Kalifornien rund 300 Betontanks mit einem Gesamtfassungsraum von über 12 Mio m³; darunter befindet sich ein solcher, in dem allein etwa 540000 m³ Rohöl eingelagert werden können. Die Betonbehälter haben vor den zylindrischen Stahltanks wesentliche Vorteile. Sie sind korrosionsfest und benötigen deshalb keinen Schutz gegen korrodierende Agenzien in den Ölen. Ihre Größe ist im Gegensatz zu der der Stahltanks nicht begrenzt. Die geringe Wärmeleitfähigkeit des Betons schützt das Öl gegen die starken Verdampfungsverluste an niedrigsiedenden Bestandteilen, wie sie durch große Temperaturschwankungen, z. B. in den Tropen, verursacht werden. Die Dächer der Betontanks sind praktisch gasdicht, die Brandgefahr wird dadurch erheblich herabgesetzt. Der Nachteil gegenüber den zylindrischen Stahltanks liegt darin, daß man ihren Standort nicht wechseln kann, wie es bei den letzteren der Fall ist.

Die beim Lagern von Rohöl, insbesondere von Benzin, in den Stahltanks auftretenden *Verdampfungsverluste* werden durch die drei folgenden Faktoren bestimmt[1]:

1. die Größe der Öloberfläche,
2. die über die Oberfläche streifende Luftmenge,
3. den Benzinsättigungsgrad der den Tank verlassenden Luft.

Die Größe der Öloberfläche ist durch die Ausmessungen des Tanks gegeben. Sie kann dadurch vermindert werden, daß man den Tankdurchmesser zugunsten der Höhe verkleinert. Diese Möglichkeit kann jedoch nur in engen Grenzen ausgenutzt werden; denn durch Herabsetzung des Tankdurchmessers um einen bestimmten Betrag steigt die Höhe des Tanks verhältnismäßig viel stärker, wenn man den Fassungsraum konstant halten will. Soll z. B. die Oberfläche eines zylindrischen Tanks mit einem Durchmesser von 30 m und einer Höhe von 3 m ohne Änderung des Rauminhaltes auf den zehnten Teil verkleinert werden, so fällt der Durchmesser auf 9,5 m, gleichzeitig steigt aber die Höhe auf etwa 30 m, d. h. auf das Zehnfache.

Die eigentliche Ursache der Verdampfungsverluste ist das sog. *Atmen* der Tanks. Bei niedrigen Außentemperaturen (in der Nacht) zieht sich die oberhalb des Öles in den Tanks enthaltene Luft zusammen. Frischluft wird von außen angesaugt. Tagsüber steigt die Temperatur, die mit Benzindampf mehr oder weniger gesättigte Luft in den Tanks dehnt sich aus und wird zu einem Teil an die Außenluft abgegeben. Die Menge der bei diesen Vorgängen angesaugten und ausgestoßenen

[1] FLEMING: Nat. Petr. News **19**, 34 (1927).

Luft hängt im wesentlichen von dem über der Öloberfläche befindlichen Tankraum, d. h. von dem Füllungsgrad des Tanks sowie von dem Grad und der Häufigkeit der Temperaturschwankungen im Dampfraum ab. Der Sättigungsgrad der austretenden Luft mit leichten Öl- oder Benzinanteilen ist vom Dampfdruck des Öles und von der Zeitdauer abhängig, während der die Luft im Tank verbleibt.

Um den Verdampfungsverlust in Tanks auf ein Minimum herabzudrücken, sind die Öloberfläche, der Dampfraum, die Temperatur des Tankinhaltes und die Temperaturschwankungen innerhalb des Tanks so klein wie möglich zu halten. Auch auf die Gasdichtigkeit des Daches und der Nebeneinrichtungen ist dauernd zu achten.

Die in gewöhnlichen Tanks beim Füllen, Entleeren und Atmen eintretenden Verdampfungsverluste werden bei Anwendung des von WIGGINS angegebenen Schwebedaches weitgehend vermieden. Dieses Dach besteht aus einem runden Stahldeckel, der unmittelbar auf der Öloberfläche aufliegt und mit ihr auf und ab steigt. Rund um den Innenraum des Tanks befindet sich auf dem Deckel ein Doppelboden, der den Abschluß des Öles von der Außenluft gewährleistet. Nur der Zwischenraum zwischen den beiden Böden steht mit der Öloberfläche in Verbindung. Da dieser Raum aber sehr klein im Verhältnis zum Gesamttankraum ist, wird der durch das Atmen verursachte Verdampfungsverlust auf einen sehr kleinen Wert herabgesetzt. Die Füll- und Entleerverluste werden nahezu völlig beseitigt.

Ein ebenfalls von WIGGINS konstruiertes Tankdach vermag die Atembewegungen des oberhalb des Tankinhaltes befindlichen Benzin-Luft-Gemisches mitzumachen. Je nach der durch die Außentemperatur bedingten Expansion oder Kontraktion dieses Gemisches hebt und senkt sich das Dach selbsttätig, so daß irgendwelche Verluste durch Atmen nicht mehr eintreten können. Die Benzindampfverluste beim Füllen des Tankes werden jedoch nicht vermieden.

Der *Horton-Sphäroid*, der die Gestalt eines auf dem Boden liegenden Quecksilbertropfens besitzt, verhindert auch diese Verluste größtenteils. Er ist so gebaut, daß er einen ziemlich hohen Innendruck aushalten kann, und ist mit je einem Auslaß- und Einlaßventil versehen. Wird ein bestimmter Innendruck, der je nach dem Tankinhalt festgelegt wird, überschritten, so öffnet sich das Auslaßventil und läßt so viel Luft-Benzin in die Außenluft entweichen, bis der zugelassene Maximaldruck wieder erreicht ist. Sinkt andererseits der Druck unter einen bestimmten Wert, so tritt das Einlaßventil in Tätigkeit und verhindert ein weiteres Absinken des Druckes. Das Ausdehnen und Zusammenziehen des Benzindampf-Luft-Gemisches äußert sich im Horton-Sphäroid einfach in einem Anstieg oder Abfall des Druckes. Ein Ansaugen von Luft oder ein Ausstoßen von Benzindampf und Luft findet in der Regel nicht statt. War der Tank einmal völlig gefüllt, so treten in der Folge auch beim Entleeren oder Füllen Verdampfungsverluste nicht mehr auf.

Nimmt man z. B. an, das Druckventil sei auf 2, das Vakuumventil auf 0,8 at eingestellt, so wird beim Ablassen des Tankinhaltes eine Druckverminderung eintreten, die sich aber sofort durch Verdampfung niedrigsiedender Anteile ausgleicht. Ist Luft nicht vorhanden, so würde der sich einstellende Druck gleich dem Dampfdruck des Tankinhaltes sein. Liegt dieser über oder bei 0,8 at, so wird Luft durch das Vakuumventil nicht angesaugt. Füllt man den Tank wieder, so wird der Druck, da Luft nicht anwesend ist, konstant gleich dem Dampfdruck des Tankinhaltes bleiben. Beträgt der Dampfdruck des neuen Tankinhaltes jedoch nur 0,5 statt 0,8 at, so wird zu Beginn des Füllens eine kleine Menge Luft durch das Vakuumventil in den Tank eintreten, bis 0,8 at wieder erreicht sind. Sodann wird der Druck, der sich aus dem Dampfdruck des Benzins und dem sehr kleinen Partialdruck der Luft additiv zusammensetzt, proportional der mit dem Füllen einsetzenden Verdichtung der Luft zunehmen, während der Dampfdruck des Tankinhaltes konstant bleibt. Der Druck wird infolgedessen den zulässigen Höchstdruck von 2 at erst erreichen, wenn der Tank nahezu gefüllt ist. Das Auslaßventil öffnet sich, und die im Tank befindliche Luft wird mit einem kleinen Teil Benzindampf ausgestoßen. Füllt man den Tank nur so weit, daß der Druck im Tankinnern 2 at nicht überschreitet, so geht Benzindampf überhaupt nicht verloren. Beim Entleeren eines so gefüllten Tanks wird Luft von außen nicht in den Tank gelangen, da der Druck niemals unter 0,8 at fallen kann. Allerdings ist der Einfachheit halber bei diesen Überlegungen angenommen, daß Temperaturschwankungen nicht auftreten. Im praktischen Betrieb muß natürlich die Temperaturabhängigkeit des Dampfdruckes mit in Rechnung gesetzt werden. Am besten arbeitet der Horton-Sphäroid, der auch in anderen Formen gebaut wird, wenn man ihn mit leichten Destillaten von hohem Dampfdruck füllt.

Da der Dampfdruck mit steigender Temperatur logarithmisch anwächst, ist es zweckmäßig, die Temperatur im Tank möglichst niedrig zu halten. Man kann dabei in verschiedener Weise vorgehen. Man benutzt entweder besondere Anstrichfarben, die die Wärmeabsorption verringern, oder besprüht die Tanks mit Wasser. In anderen Fällen isoliert man sie durch Einkleiden mit Stoffen von geringer Wärmeleitfähigkeit.

Beim Auswählen der Anstrichfarben ist darauf zu achten, daß nicht nur die sichtbaren, sondern auch die infraroten Strahlen reflektiert werden müssen. Ein geeigneter Anstrich ist Aluminiumfarbe. Als noch wirksamer hat sich das Aufbringen dünner Schichten metallischen

Aluminiums auf den Tank erwiesen. Das Aluminium wird dabei als Folie oder durch Verspritzen des verflüssigten Metalls aus einer Pistole auf die Oberfläche des Tanks aufgetragen. Diese Verfahren sind jedoch verhältnismäßig kostspielig.

Eine gute Kühlung des Tankinhaltes erzielt man auch durch Besprühen des Tankdaches mit Wasser, dessen Kühlwirkung durch die gesteigerte Verdampfungsgeschwindigkeit auf den großen Tankflächen noch erhöht wird. Die Berieselung ist jedoch nur dort anwendbar, wo genügende Mengen Wasser dauernd zur Verfügung stehen.

Ein Wärmeschutz durch Isolierstoffe wirkt sich in zweifacher Hinsicht aus. Er vermindert einerseits die Wirkung der Sonneneinstrahlung, verhindert aber andererseits auch die Auskühlung der Tanks während der Nachtkühle. Ein wärmeisolierter Tank macht also die äußeren Temperaturschwankungen wenig oder gar nicht mit. In ihm herrscht eine nahezu gleichbleibende mittlere Temperatur, die etwa gleich der Tagesdurchschnittstemperatur ist.

Beim *Transport von Erdöl* und Erdölerzeugnissen sind besondere Vorsichtsmaßnahmen zu treffen. Der Transport über See erfolgt in sog. Tankern, die zum Teil ein sehr hohes Fassungsvermögen (bis zu 20000 t) besitzen (siehe auch Zahlentafel 12). Sie sind besonders daran erkenntlich, daß sich die Antriebsmaschinen, meist Dieselmotoren, im Heck befinden. Der eigentliche Laderaum ist durch Schlingerwände in einzelne Abteile geteilt. Die Tanker haben genaue Vorschriften, besonders beim Anlaufen von Häfen, einzuhalten, deren wichtigste im folgenden kurz wiedergegeben sind:

Jedes Tankschiff, das sich einem Hafen nähert, setzt tagsüber eine rote Flagge mit weißem Kreis und bei Nacht ein nach allen Seiten sichtbares rotes Licht. Der Hafenmeister ist unmittelbar nach der Ankunft über die Art und Menge der Erdölerzeugnisse und über die Art der Gebinde zu unterrichten. Der dem Tanker angewiesene Ankerplatz darf ohne Anweisung der Hafenbehörde nicht gewechselt werden. Der Platz und die Zeit des Ladens und Entladens werden dem Tankschiff genau vorgeschrieben. Vor Sonnenaufgang und nach Sonnenuntergang wird im allgemeinen nicht geladen oder entladen. Künstliches Licht oder Feuer darf auf den Tankern nicht geführt werden. Dasselbe gilt für die Lade- und Entladekais der Häfen. Wird das Laden oder Entladen unterbrochen, so sind die Behälter sofort zu schließen. Die Entfernung zwischen zwei Tankschiffen muß mindestens 30,5 m (100 feet) betragen. In einzelnen Punkten weichen die Bestimmungen in den Häfen voneinander ab. Von den Hafenplätzen gelangen das Öl oder die Fertigerzeugnisse auf Küstentankern, Tankbarken, Tankleichtern und Schleppkähnen sowie mit der Eisenbahn in Kesselwagen ins Landinnere. Die Verteilung an die Tankstellen besorgen Straßentankwagen.

Zahlentafel 12. Die Tankerflotte der Welt 1939[1].

Land	Zahl der Tankschiffe	Wasserverdrängung in Bruttoregistertonnen	Wasserverdrängung in % der Welttonnage
Großbritannien	435	2919500	25,53
USA.	421	2800780	24,48
Norwegen	272	2117380	18,51
Holland	107	537560	4,70
Panama	54	469660	4,11
Japan	47	424790	3,76
Italien	84	426000	3,73
Frankreich	50	317910	2,78
Deutschland	37	256090	2,24
Britische Dominien	32	215160	1,88
Schweden	19	158820	1,38
USSR.	28	132850	1,16
Kanada	31	129510	1,13
Argentinien	25	123040	1,08
Dänemark	14	106470	0,95
Spanien	15	70650	0,61
Belgien	9	65560	0,57
Venezuela	23	63450	0,55
Andere Länder	28	96620	0,85
	1731	11436800	100,00

Sind große Erdölmengen aus küstenfernen Ölgebieten an die Küste zu befördern, so baut man häufig Rohrleitungen[2], sog. pipe lines, durch die das Öl zum Teil unter hohem Druck gepumpt wird. Man verwendet dabei Rohre aus Stahl oder Schmiedeeisen von 13 bis 25 cm Durchmesser. Die in ihnen auftretenden Drucke betragen bis zu 100 at. In USA. wurden insgesamt etwa 150000 km Rohrleitung verlegt, in denen täglich über 100 Mio t Erdöl gefördert werden können. Die Ölleitungen werden meist geradlinig, häufig an Eisenbahndämmen lang, gebaut. In die Leitungen sind in bestimmten Abständen Pumpstationen eingebaut, die je nach der Art des Geländes, des zu fördernden Öles und der äußeren Bedingungen 3 bis 150 km. voneinander entfernt liegen. Die Druckleistung der benutzten Pumpen beträgt 80 bis 100 at. Die Transportkosten von Öl in Rohrleitungen sind rund 4- bis 5mal so niedrig wie die in Tankwagen oder Fässern. Neben den großen, viele km langen Stammleitungen (trunk pipe lines) werden auf größeren Ölfeldern kleine Sammelleitungen gebaut, die das in den einzelnen Sonden gewonnene Öl den zentral gelegenen Sammelbehältern zuführen.

[1] La Revue Pétrolifère **1939**, Nr 849, 1037.
[2] Siehe z. B. M. Bösch, u. R. vom Feld, Öl und Kohle **36**, 212 (1940).

8. Erdölarten.

Das an unzähligen Orten der Erde gefundene Erdöl besitzt keineswegs die gleiche Zusammensetzung. Im Gegenteil, es gibt fast ebensoviel Erdölarten wie Erdölfelder. Die Zusammensetzung des Erdöls entscheidet aber über die Art der zu gewinnenden Fertigerzeugnisse und damit auch über die zu wählende Aufarbeitungsweise.

Man hat daher, um wenigstens einen Überblick über den Grundcharakter eines Erdöls zu erhalten, eine Klassifizierung der Erdöle je nach der Art der überwiegend vorhandenen Inhaltsstoffe vorgenommen. Nach den Vorschlägen des amerikanischen *Bureau of Mines*[1] unterscheidet man zwischen paraffin-, gemischt- und naphthenbasischen Rohölen. Will man eine genauere Einteilung durchführen, so treten zu den genannten drei Hauptklassen die paraffin-gemischt-, die gemischt-paraffin-, die gemischt-naphthen- und die naphthen-gemischt-basischen Rohöle. Sehr selten sind letzten Endes paraffin-naphthen- und naphthen-paraffin-basische Öle. Eine etwaige Anwesenheit von festem Paraffin wird häufig durch den Zusatz „paraffinhaltig" angedeutet. Das Wort „basisch" geht auf den vielfach in der Pharmazie gebrauchten Ausdruck „Basis" zurück. Die Basis einer Salbe z. B. ist die Fettgrundlage wie Lanolin oder Petrolatum, die als Träger der eigentlich wirksamen medizinischen Präparate dient. In Anlehnung hieran bezeichnete man frühzeitig diejenigen Rohöle, die zur Ausscheidung festen Paraffins neigen, als paraffinbasische Öle. Später lernte man Öle kennen, die an Stelle von Paraffin Asphalt enthielten; entsprechend nannte man sie asphaltbasische Öle. Dieser Ausdruck ist jedoch insofern unglücklich gewählt, als die besseren Sorten solcher Rohöle trotz sonst gleicher Eigenschaften gar keinen Asphalt enthalten[2]. Aus diesem Grunde wurde die Bezeichnung „asphaltbasisch" durch „naphthenbasisch" ersetzt.

a) Bestimmung der Basis eines Roherdöles.

Vergleicht man das spez. Gewicht gleicher Fraktionen von Rohölen verschiedener Basis, so stellt man eine Zunahme in der Richtung paraffin-, gemischt-, naphthenbasisch fest. Die Bestimmung der Rohölbasis erfolgt deshalb durch Ermittlung der Siedepunkt-Dichte-Kurve. Einfacher arbeitet man nach der folgenden Methode[2]:

1. Man bestimmt das spez. Gewicht der Schlüsselfraktion 1 bei 15,6°; Schlüsselfraktion 1 ist die bei Normaldruck zwischen 250 und 275° übergehende Rohölfraktion.

[1] LANE, E. C., u. E. L. GARTON: U. S.-Bur. Min., Rept. of Investigations 3279, S. 12ff. (1935).

[2] KRAEMER, A. J., u. E. C. LANE: U. S.-Bur. Min. Bull. **401** (1937).

2. Man bestimmt das spez. Gewicht der Schlüsselfraktion 2 bei 15,6°; Schlüsselfraktion 2 ist die bei 40 mm Hg-Druck zwischen 275 und 300° übergehende Rohölfraktion.

Nach der Schlüsselfraktion 1 werden die leichten, nach der Schlüsselfraktion 2 die schweren Rohölfraktionen beurteilt. Je nachdem, ob das spez. Gewicht der Schlüsselfraktion 1 unter 0,825 (40° API), zwischen 0,825 und 0,8602 oder über 0,8602 (33° API) liegt, sind die niedrigsiedenden Ölfraktionen als paraffin-, gemischt- oder naphthenbasisch zu bezeichnen. Ebenso werden die höhersiedenden Ölfraktionen nach dem spez. Gewicht der Schlüsselfraktion 2 eingeteilt. Als Grenzen des spez. Gewichtes für gemischtbasische höhere Ölfraktionen gelten 0,8762 (30° API) und 0,934 (20° API). Für paraffinbasische Öle werden niedrigere, für naphthenbasische höhere Werte des spez. Gewichtes gemessen. Durch Auswertung des spez. Gewichtes der Schlüsselfraktionen werden die Rohöle in eine der folgenden 9 Klassen eingeteilt:

1. Paraffinbasische Öle: alle Destillate sind paraffinisch.
2. Paraffin-gemischt-basische Öle: leichte Fraktionen paraffin-, schwere Fraktionen gemischtbasisch.
3. Gemischt-paraffin-basische Öle: leichte Fraktionen gemischt-, schwere Fraktionen paraffinbasisch.
4. Gemischtbasische Öle: alle Ölanteile sind gemischtbasisch.
5. Gemischt-naphthen-basische Öle: leichte Fraktionen gemischt-, schwere Fraktionen naphthenbasisch.
6. Naphthen-gemischt-basische Öle: leichte Fraktionen naphthen-, schwere Fraktionen gemischtbasisch.
7. Paraffin-naphthen-basische Öle: leichte Fraktionen paraffin-, schwere Fraktionen naphthenbasisch.
8. Naphthen-paraffin-basische Öle: leichte Fraktionen naphthen-, schwere Fraktionen paraffinbasisch.
9. Naphthenbasische Öle: leichte und schwere Fraktionen naphthenbasisch.

Als Destillationsmethode zur Gewinnung der Schlüsselfraktionen wird vom *Bureau of Mines* die modifizierte Hempel-Methode[1] angewandt.

b) Kennzeichnung von Roherdölen.

Um ein Bild von der Grundzusammensetzung und des Wertes eines Rohöles zu gewinnen, werden die folgenden Analysendaten gemessen[2].

Das *spez. Gewicht* ist ein angenähertes Maß für den Charakter eines Rohöles. In manchen Ländern wird das spez. Gewicht sogar als Grundlage für die Preisbewertung von Ölen verwendet. Eine sichere Be-

---

[1] DEAN, E. W., H. H. HILL, N. A. C. SMITH u. W. A. JACOBS: U. S.-Bur. Min. Bull. **207**, 82ff. (1922).

[2] SMITH, N. A. C., u. E. C. LANE: U. S.-Bur. Min. Bull. **291**, 71 (1928).

urteilung der Rohölqualität allein an Hand des spez. Gewichtes ist jedoch nicht möglich, da paraffin- und naphthenbasische Öle gleicher Qualität verschiedene spez. Gewichte aufweisen.

Die bei der Siedeanalyse in der Hempel-Apparatur gewählte Einteilung in Fraktionen wird je nach den Marktbedürfnissen verändert. Das Bureau of Mines wendet z. B. folgende Unterteilung an:

1. Alle bis 100° destillierenden Rohölanteile in Vol.-% geben den Prozentgehalt an Leichtbenzin an.

2. Der Gesamtanteil aller bei Normaldruck bis 200° übergehenden Kohlenwasserstoffe in Vol.-% stellt den Prozentgehalt des Rohöles an Gesamtbenzin dar. Voraussetzung ist jedoch, daß das spez. Gewicht aller destillierten Kohlenwasserstoffe den Wert 0,825 nicht überschreitet. Diejenigen bis 200° siedenden Fraktionen, deren spez. Gewicht höher als 0,825 liegt, werden der Gasölfraktion zugezählt.

3. Als Kerosindestillat[1] werden alle bei Normaldruck zwischen 200 und 275° destillierenden Ölanteile bezeichnet, deren spez. Gewicht höchstens 0,825 erreicht.

4. Die Summe der bei Normaldruck unter 275° übergehenden Fraktionen mit einem spez. Gewicht über 0,825 und der Unterdruckdestillate mit einer unter 50 sec Saybolt (1,60° Engler) bei 100° F (37,8° C) liegenden Viskosität ist die *Gasölfraktion.*

5. Die durch Unterdruckdestillation gewonnenen *Schmieröldestillate* werden in nichtviskose, mittelviskose und viskose Schmieröldestillate eingeteilt. Als nichtviskose Schmieröldestillate gelten solche mit 50 bis 100 Saybolt-Sekunden (1,60 bis 2,94° Engler) bei 100° F (37,8° C). Mittelviskose Destillate besitzen Viskositäten zwischen 100 und 200 Saybold-Sekunden (2,94 und 5,75° E) bei 100° F. Destillate mit einer Viskosität über 200 Saybolt-Sekunden sind viskose Schmieröldestillate. Die Volumenprozentgehalte an diesen Destillaten werden dadurch ermittelt, daß man die Viskositäten und spez. Gewichte der einzelnen Teilfraktionen in einem Diagramm gegen den Volumenprozentgehalt aufträgt und feststellt, wo die 50-, 100- und 200-Sekunden-Punkte den auf der Abszisse angegebenen Volumenprozentgehalt an Vakuumdestillat schneiden. Die den so abgegrenzten Intervallen zugehörigen mittleren spez. Gewichte werden als spez. Gewichte der Schmierölfraktionen angegeben.

Nach der Destillation eines Rohöles verbleibt ein *Rückstand* im Destillationskolben. Der Kohlenstoffgehalt des Rückstandes, der sog. fixe Kohlenstoff, ist bemerkenswert, weil er eine angenäherte Aussage über den Asphaltgehalt des Rohöles zu machen gestattet. Öle mit hohem Kohlenstoffrückstand sind schwieriger zu raffinieren als solche mit niedrigem Kohlenstoffrückstand. Z. B. haben Öle mit hohem Schwefelgehalt meist auch einen hohen Gehalt an fixem Kohlenstoff im Rückstand.

[1] Kerosindestillat ist die Leuchtöl- bzw. Traktorenkraftstofffraktion.

Der *Kohlenstoffrückstand des Rohöles* wird berechnet, indem man den Kohlenstoffrückstand des Destillationsrückstandes mit dem Prozentgehalt dieses Rückstandes am Rohöl multipliziert und durch 100 dividiert. Häufig ist der Destillationsrückstand des Rohöles so klein, daß es nicht möglich ist, die Bestimmung des Kohlenstoffrückstandes praktisch durchzuführen. In diesem Falle errechnet man den Kohlenstoffrückstand aus dem Gehalt des im Öl gelösten Hartasphaltes. Dividiert man diesen durch 2,5, so erhält man angenähert den Wert des Kohlenstoffrückstandes.

Zur physikalischen Kennzeichnung eines Rohöles werden meist auch die *Farbe*, der *Stockpunkt*, die *Viskosität* und der *Schwefelgehalt* des rohen Öles angegeben.

Die *Farbe* wechselt je nach Herkunft von fast wasserhell bis schwarz. Bei durchsichtigen Ölen geschieht die Farbbezeichnung nach der ASTM-Farbskala. Die meisten Rohöle sind jedoch fast undurchsichtig; ihre Farbe wird deshalb in der folgenden Weise festgelegt: Ist das Öl im reflektierten Licht klar, so wird es je nach der Färbung als „grün", „dunkelgrün" oder „grünschwarz" bezeichnet. Erscheint es unter diesen Bedingungen schmutzig-trübe oder bräunlich, so ist es „braungrün" oder „braunschwarz".

Der *Stockpunkt* gibt einen Maßstab dafür, wie sich ein Rohöl während des Transportes oder des Lagerns verhalten wird. Öle mit Stockpunkten über 10° (50° F) neigen dazu, sich während des Winters in Lagertanks oder Rohrleitungen zu verfestigen.

Die *Viskosität* vermittelt einen Hinweis auf den Gehalt an leichten und schweren Anteilen im Rohöl. An niedrigsiedenden Fraktionen arme Öle und solche mit hohem Asphaltgehalt besitzen z. B. eine hohe Viskosität. Durch Festlegung der Viskosität-Temperatur-Abhängigkeit ist man in der Lage, die Temperatur anzugeben, bei der das Öl beim Pumpen durch Ölleitungen Schwierigkeiten zu machen beginnt.

Die Kenntnis des *Schwefelgehaltes* ermöglicht in Verbindung mit der der Rohölbasis die Beurteilung der Raffinationsfähigkeit eines Öles. So steht der Schwefelgehalt in einer gewissen Beziehung zum Asphaltgehalt. Ein hoher Schwefelgehalt entspricht meist einem hohen Asphaltgehalt und einem entsprechend hohen Gehalt an Kohlenstoffrückstand. Für die Bewertung der Raffinationsfähigkeit ist jedoch nicht die absolute Höhe des Schwefelgehaltes allein maßgeblich, die Basis des Öles ist gleichzeitig zu berücksichtigen. Während z. B. 0,3 Gew.-% Schwefel in einem naphthenbasischen Öl keine Schwierigkeiten bei der Raffination verursachen, wird derselbe Prozentgehalt in paraffinbasischen Ölen als verhältnismäßig hoch erachtet.

Die Zugehörigkeit eines Rohöles zu einer bestimmten Basis sagt nichts über einen etwaigen Gehalt an *festem Paraffin* aus. Die meisten

Öle, deren Schlüsselfraktion 2 paraffinisch oder gemischt ist, enthalten Paraffin. In Einzelfällen, meist in gemischtbasischen Ölen, wird kein Paraffingehalt gefunden. Manche gemischt-naphthen- und naphthen-gemischt-basischen Öle und die meisten naphthenbasischen Öle enthalten kein Paraffin. Paraffinbasische, paraffinfreie Öle sind selten. Um die Gegenwart oder Abwesenheit von Paraffin festzustellen, ermittelt man den Trübungspunkt der Schlüsselfraktion 2. Liegt dieser unter —15° (5° F), so ist Paraffin nicht vorhanden; liegt er darüber, so enthält das Öl Paraffin.

Alle Öle, unabhängig von ihrer Basis, sind Gemische aus zahlreichen Kohlenwasserstoffen verschiedener Zusammensetzung. Beispielsweise besteht ein paraffinbasisches Öl nicht ausschließlich aus Paraffinkohlenwasserstoffen. Diese Kohlenwasserstoffe sind bestenfalls vorherrschend. Das spez. Gewicht der niedrigsiedenden Fraktionen rein paraffinischer Öle müßte wie dasjenige des nach FISCHER-TROPSCH gewonnenen Synthese-Primärbenzins um 0,650 liegen. Natürliche Öle, deren untere Fraktionen so niedrige spez. Gewichte aufweisen, sind jedoch nicht bekannt. Würden die höher siedenden Fraktionen der paraffinbasischen Öle nur aus paraffinischen Kohlenwasserstoffen bestehen, so würden sie Schmierölfraktionen gar nicht enthalten; denn alle über etwa 320° siedenden rein paraffinischen Kohlenwasserstoffe sind bei Raumtemperatur bereits fest. Aromatische Kohlenwasserstoffe werden meist nur in untergeordneten Mengen in Rohölen gefunden. Das spez. Gewicht der Schlüsselfraktion 2 eines Rohöles, das ausschließlich aus aromatischen Kohlenwasserstoffen aufgebaut ist, müßte höher als 1,000 liegen. Allgemein ist also der Schluß zu ziehen, daß die Ausdrücke paraffin-, gemischt-, naphthenbasisch usw. nur den Rohölen, nicht aber irgendwelchen Rohölanteilen zugeordnet werden können.

9. Analysen von Roherdölen aus verschiedenen Weltteilen.

In Zahlentafel 13 und 14 sind die Analysen von 315 Rohölen aus Feldern, die sich über die ganze Welt verteilen, zusammengestellt. Die Analysen wurden nach den früher beschriebenen Richtlinien angefertigt. Sie vermitteln ein Bild von der Grundzusammensetzung der Rohöle aus den wichtigsten Erdölfeldern. Die wiedergegebenen Analysendaten wurden von KRAEMER und LANE[1] aus eigenen Untersuchungsergebnissen und solchen von SMITH und LANE[2], KRAEMER und CALKIN[3] und KRAEMER[4] zusammengestellt. Die Öle wurden nach ihrer Basis eingeordnet. Aus den angeführten Werten wurden mittlere Analysendaten für jede

[1] KRAEMER, A. J., u. E. C. LANE: U.S.-Bur. Min. Bull. **401** (1937).
[2] SMITH, N. A. C., u. E. C. LANE: U.S.-Bur. Min. Bull. **291** (1928).
[3] KRAEMER, A. J., u. L. P. CALKIN: U.S.-Bur. Min., Techn. Paper **346** (1925).
[4] KRAEMER, A. J.: U.S.-Bur. Min., Rep. of Investigations **2807** (1927).

Zahlentafel 13. Eigenschaften von Roherdölen verschiedener Herkunft nach U. S.-Bureau of Mines.

Probe Nr.	Land	Staat oder Provinz	Feld oder Distrikt	Zone oder geologische Formation	Fundtiefe m	Spez. Gew. bei 15,6° C	Schwefelgeh. Gew.-%	Viskosität bei 37,8° C cSt	Viskosität bei 37,8° C ° E	Fließpunkt ° C
30402	Albanien		Pathos	Miozän	270—914	0,974	5,60	803,5	105,7	[1]
30403	,,		Kuchowa	,,	500	0,928	4,11	49,4	6,56	[1]
31074	Slowakei		Egbell (Gbely)	,,	256	0,933	0,16	45,4	6,00	[1]
29666	Protektorat Böhmen-Mähren	Mähren	Göding (Hodonin)	,,	132	0,944	0,10	33,0	4,47	[1]
29670	Frankreich	Herault	Gabian	Trias	141	0,848	0,34	11,8	2,00	18
24339	,, [4]	Niederrhein	Pechelbronn		438	0,884	0,42	81,0	10,65	24
29667	,,	,,	,,	Unt. Oligozän	500	0,870	0,38	22,9	3,20	27
24337	,,	,,	,,		445	0,887	0,68	27,4	3,76	16
29668	,,	,,	,,	Mittl. Jura	405	0,852	0,45	7,13	1,57	2
24340	,,	,,	,,			0,879	0,59	19,6	2,83	4
23338	,,	,,	,,		335	0,957	0,95	583	76,7	2
29677	Deutschland	Hannover	Oberg	Mittl. Jura	220—500	0,852	0,36	8,39	1,69	[1]
29674	,,	,,	Zentral-Wietze	Unt. Trias	260—304	0,881	0,65	17,5	2,59	[1]
29675	,,	,,	Hänigsen	Ob. Trias oder Unt. Jura	100—150	0,905	0,84	39,7	5,30	[1]
29676	,,	,,	Nienhagen	Unt. Kreide	303—799	0,910	0,78	53,8	7,11	[1]
29671	,,	,,	Wietze	Ob. Kreide	130—203	0,932	1,22	103,7	13,63	[1]
29673	,,	,,	,,	Ob. Dogger-Sandst. (Mittl. Jura)	140—302	0,938	1,24	151,2	19,9	[1]
29672	,,	,,	,,	Wealden Sandstein (Unt. Kreide)	150—280	0,951	1,38	481,7	63,3	[1]
23051	England	Edinburghshire	Midlothian	Unt. Carbon Kalkst.	550	0,819	[2]	6,50	1,52	13
29669	,,	Derbyshire	Midland	Carbon Kalkstein	904	0,823	0,35	10,1	1,84	—12
30185	Italien	Emilia	Neviano dei Rossi	Pliozän	250—300	0,777	[2]	[3]	[3]	[1]
30187	,,	,,	Rallio Montechiaro	,,	250—300	0,788	[2]	[3]	[3]	[1]
30184	,,	,,	Tabiano	,,	100—150	0,817	[2]	1,70	1,09	[1]
30186	,,	,,	Ozzano-Ricco	,,	150—200	0,826	[2]	[3]	[3]	[1]

1194	Ehem. Polen	Ost-Galizien	Bitkow	Unt. Oligozän	300—700	0,797	0,17	1,70	1,09	[1]
1196	,,	Galizien	Boryslaw		1200—1700	0,867	0,33	8,37	1,69	18
30502	,,	,,	,,	,,	1425—1435	0,851	0,45	6,17	1,50	18
1193	,,	,,	Schodnica	.	230—500	0,865	0,27	5,83	1,46	[1]
1195	,,	,,	,,		300—600	0,879	0,24	6,50	1,52	[1]
1152	Rumänien	Prahova	Moreni	Pliozän	750	0,852	0,23	7,75	1,62	1
1151	,,	,,	,,	,,	384	0,837	0,22	2,87	1,21	[1]
1150	,,	,,	,,	,,	—	0,873	0,22	6,17	1,50	[1]
1158	,,	,,	Bustenari	,,	173	0,870	0,16	4,83	1,38	[1]
1159	,,	,,	Baicoi	,,	640	0,853	[2]	3,17	1,24	[1]
1160	,,	,,	,,	,,	518	0,879	0,33	5,83	1,46	[1]
30301	,,	,,	Tintca	,,	244—561	0,860	0,26	6,17	1,50	[1]
1157	,,	,,	Campina	,,	474	0,859	0,31	6,80	1,55	2
30300	,,	,,	Runcu	,,	450—675	0,836	0,14	2,87	1,21	[1]
1156	,,	,,	,,	,,	567	0,850	0,17	4,17	1,33	[1]
30298	,,	,,	,,	,,	450—675	0,825	0,15	2,87	1,21	[1]
1154	,,	,,	Filipesti	,,	925	0,846	0,16	5,83	1,46	1
30297	,,	,,	Chiciura	Miozän	610—733	0,837	0,17	3,50	1,27	[1]
30299	,,	,,	Bordeni	Pliozän	—	0,802	0,12	1,70	1,09	[1]
30294	,,	Dambovita	Ochiuri-Rasvad	,,	—	0,846	0,18	5,50	1,44	7
1153	,,	,,	Gura-Ocnitei	,,	427	0,898	0,32	10,7	1,90	[1]
1161	,,	Buzau	Arbanasi	,,	504	0,825	0,16	2,87	1,21	—15
30295	,,	,,	,,	,,	362—540	0,827	0,16	2,87	1,21	—15
30296	,,	Bacau	Moinesti-Stanesti	,,	—	0,843	0,21	3,50	1,27	[1]
30249	Jugoslawien	Savi Banorina	Selnica	Pliozän	—	0,860	0,12	4,17	1,33	16
29678	Griechenland	—	Zante	—	—	0,979	4,98	133,9	17,61	[1]
31067	Rußland	Ural	Chusovskii-Gorodki	Ob. Carbon	—	0,943	4,91	14,0	2,22	[1]
31068	,,	,,	,,	,,	—	0,939	4,87	11,0	1,93	[1]
31049	,,	Kasp. Becken	Neu-Grosny		1054	0,845	0,12	6,80	1,55	16
31050	,,	,,	,,		967	0,845	0,13	6,80	1,55	16
31051	,,	,,	Vosnesenski		493	0,924	0,33	79,9	10,51	[1]

[1] Unter —15° C. [2] Weniger als 0,10%. [3] Weniger als 1,70 cSt (1,09° E). [4] Seit 1940 wieder deutsch.

Zahlentafel 13 (Fortsetzung).

Probe Nr.	Land	Staat oder Provinz	Feld oder Distrikt	Zone oder geologische Formation	Fundtiefe m	Spez. Gew. bei 15,6° C	Schwefelgeh. Gew.-%	Viskosität bei 37,8° C cSt	Viskosität bei 37,8° C ° E	Fließpunkt ° C
31052	Rußland	Kasp. Becken	Vosnesenski		531	0,928	0,36	84,2	11,07	[1]
30232	,,	Baku	Surakany	Zone 4 und 5	896	0,856	[2]	7,75	1,63	—12
30235	,,	,,	Binagadi	Sand und Kalkstein	419	0,914	0,31	26,3	3,62	—15
27372	,,	,,	Bibi-Eibat		—	0,885	0,19	13,7	2,19	[1]
27371	,,	,,	Balakany		—	0,891	0,16	20,1	2,89	[1]
30233	,,	,,	,,		433	0,847	0,11	4,83	1,38	[1]
30234	,,	,,	Sabunchi		447	0,866	0,10	9,85	1,81	[1]
30373	,,	,,	Ramani		—	0,869	0,11	10,4	1,87	[1]
30236	,,	,,	,,	Sand	411	0,865	[2]	9,85	1,81	[1]
30247	,,	Emba-Becken	Dossor	2. Horizont	—	0,859	0,16	7,43	1,60	[1]
30246	,,	,,	,,	3. Horizont	—	0,882	[2]	15,5	2,38	[1]
30248	,,	,,	Makat	1. Jura	—	0,900	0,32	60,5	7,95	[1]
30245	,,	Ferghana	Chimion	Horizont N	403	0,870	0,34	11,6	1,98	—12
30244	,,	,,	,,	Horizont M	305	0,889	0,28	20,3	2,91	— 1
30237	,,	,,	Sel Rokho	1. Horizont	477	0,846	0,26	5,50	1,44	[1]
30238	,,	,,	,,	2. Horizont	235	0,840	0,26	5,50	1,44	[1]
30242	,,	,,	,,	4. Horizont	256	0,899	0,69	28,6	3,91	— 7
30243	,,	,,	Shor-Su	Horizont N	201	0,910	0,88	51,6	6,83	16
32119	,,	Ural	Sachalin		—	0,918	0,35	24,0	3,35	[1]
32121	,,	,,	,,		—	0,935	0,44	39,7	5,30	[1]
30317	Iran		Masjid-i-Sulaiman	Unt. Miozän	647	0,836	0,95	3,83	1,29	—12
30318	,,		Maidan-i-Naftak	,,	274	0,836	0,99	3,50	1,27	[1]
30319	,,		Haft-Kel	,,	1007	0,842	1,12	3,83	1,29	—15
30320	Irak		Kirkuk		—	0,847	1,97	5,17	1,40	— 9
23225	Indien	Birma	Yenanggyaung	Miozän	91—914	0,844	0,13	5,17	1,40	24
23219	,,	,,	Singu	2. Zone	609	0,824	[2]	2,55	1,17	18
23222	,,	,,	Yenangyat	—	238	0,836	[2]	2,87	1,21	27
23224	,,	,,	Minbu	—	313—518	0,934	0,20	29,7	4,05	18

23216	,,	Ober-Assam	Digboi	Tertiär	—	0,851	0,10	5,17	1,40	24
23221	,,	Assam	Badarpur	—	244	0,970	0,12	16,5	2,48	—15
23220	,,	,,	,,	—	366	0,942	[2]	4,83	1,38	[1]
23223	,,	Punjab	Attock	—	610—488	0,873	0,23	7,13	1,57	[1]
30205	Japan	Ishikari	Ishikari	Ob. Miozän	—	0,808	0,10	[3]	[3]	[1]
30206	,,	Hokkaido	Masuhoro	,,	—	0,875	[2]	8,07	1,66	— 4
975	,,	Akita	Toyokawa	Miozän	—	0,968	0,63	384,5	50,6	— 1
973	,,	,,	Kurokawa	,,	—	0,943	0,80	97,2	12,8	—12
30207	,,	,,	Michikawa	Unt. Miozän	—	0,965	0,79	447,1	58,8	— 7
30208	,,	,,	Iwase	—	—	0,971	0,82	725,7	95,4	— 1
30209	,,	Honshu	Yuri	—	—	0,874	0,72	8,37	1,69	—15
974	,,	,,	Katsurane	—	—	0,870	0,52	6,17	1,50	[1]
30210	,,	Akita	Kokuni (Oguni)	—	—	0,887	0,58	12,1	2,03	[1]
972	,,	Echigo	Niitsu	Ob. Miozän	366	0,943	0,52	70,2	9,23	—12
30211	,,	,,	Kanatsu	,,	—	0,943	0,70	84,2	11,1	[1]
30212	,,	,,	Omo	,,	914—1067	0,877	0,36	5,50	1,44	—15
971	,,	,,	Higashiyama	—	305—475	0,890	0,66	8,07	1,66	[1]
30213	,,	,,	Nanukaichi	—	—	0,938	0,27	39,7	5,30	—15
970	,,	,,	Nishiyama	Tertiär	1067—1219	0,865	[2]	3,17	1,24	[1]
976	,,	,,	Kubiki	Unt. Miozän	—	0,829	[2]	1,98	1,12	[1]
30214	,,	,,	Maki	—	—	0,822	0,10	1,70	1,09	[1]
969	,,	Taiwan	Shukkoko	Tertiär	762—794	0,846	[2]	1,70	1,09	10
25329	Ostindien, Borneo	Sarawak	Miri	105 Sand	610	0,819	[2]	1,98	1,12	2
30396	,,	,,	,,	—	650	0,845	[2]	1,70	1,09	[1]
25330	,,	,,	,,	T Sand	305—335	0,852	[2]	2,27	1,15	[1]
23052	,,	,,	,,	—	—	0,897	[2]	3,83	1,29	[1]
25331	,,	,,	,,	C Sand	305—381	0,894	0,19	3,83	1,29	[1]
25332	,,	,,	,,	Pujut Sand	137	0,943	0,20	19,2	2,77	[1]
1248	,,	—	Tarakan	Pliozän	300	0,950	0,12	33,1	4,47	—12
30397	,,	—	,,	,,	368—460	0,928	0,14	15,3	2,35	—15
1247	,,	—	Sanga-Sanga	Miozän	441	0,854	[2]	2,27	1,15	2
30395	,,	—	,,	,,	450—500	0,854	[2]	2,27	1,15	21

[1] Unter —15° C. [2] Weniger als 0,10%. [3] Weniger als 1,70 cSt (1,09° E).

Zahlentafel 13 (Fortsetzung).

Probe Nr.	Land	Staat oder Provinz	Feld oder Distrikt	Zone oder geologische Formation	Fundtiefe m	Spez. Gew. bei 15,6° C	Schwefelgeh. Gew.-%	Viskosität bei 37,8° C cSt	Viskosität bei 37,8° C ° E	Fließpunkt ° C
1248	Ostindien/Borneo	—	Sanga-Sanga	Miozän	250—350	0,866	[2]	1,97	1,12	[1]
30394	,,	—	,,	,,	308	0,854	[2]	1,70	1,09	[1]
30398	Ostind./Sumatra	Ost-Küste	Nord-Sumatra	—	300—1107	0,789	[2]	[3]	[3]	[1]
1245	,,	Atjeh	Perlak	—	518	0,772	[2]	[3]	[3]	[1]
1244	,,	Ost-Sumatra	Pangkalan Soesoe	—	551	0,781	[2]	[3]	[3]	[1]
1249	,,	Palembang	Palembang	—	100—150	0,943	0,15	20,1	2,89	—12
1251	,,	,,	Nord-Palembang	—	160—231	0,838	[2]	2,55	1,18	[1]
1252	,,	,,	Babat	Miozän	337	0,776	[2]	[3]	[3]	[1]
1250	,,	,,	Batoe Kras	5. Horizont	337—368	0,769	[2]	[3]	[3]	[1]
1255	,,	,,	Talang-Akar	—	583	0,868	[2]	—	—	—
30315	,,	,,	,,	Gomei-Schiefer	701—762	0,846	[2]	6,50	1,52	27
30399	,,	,,	Süd-Sumatra	—	600—800	0,784	[2]	[3]	[3]	[1]
1240	Ostindien/Java	Rembang	Ledok	6. Horizont	314	0,825	0,16	2,55	1,18	7
1254	,,	,,	Petak	Unt. Miozän	735	0,829	[2]	3,50	1,27	7
30400	,,	,,	—	,,	600	0,864	0,21	5,50	1,44	24
1241	,,	,,	Dandangilo	,,	274	0,894	0,37	9,27	1,77	— 1
1243	,,	,,	Semanggi	,,	536	0,837	[2]	3,17	1,24	[1]
1242	,,	,,	Ngrajoeng	,,	189	0,947	0,13	53,8	7,12	—15
30314	Neuseeland	Moturoa	New Plymouth	Miozän	671	0,834	[2]	2,87	1,21	27
29664	Algerien	Oran	Tliouanet	Mittl. Miozän	123	0,791	[2]	[3]	[3]	[1]
996	Ägypten	—	Hurghada	—	—	0,932	3,12	92,9	12,2	13
30401	,,	—	,,	Sand	600	0,930	1,77	97,2	12,8	16
997	,,	—	Gemsah	—	—	0,885	0,44	5,17	1,40	—12
994	,,	—	Abu Durba	—	—	0,870	0,96	6,80	1,55	2
995	,,	—	Farsan	—	—	0,869	0,65	6,80	1,55	— 9
533	Angola	—	—	—	—	0,994	0,43	[4]	[4]	—
534	,,	—	—	—	—	0,999	0,44	[4]	[4]	—

[1] Unter —15° C. [2] Weniger als 0,10%. [3] Weniger als 1,70 cSt (1,09° E). [4] Mehr als 1296 cSt (170,4° E).

Rohölbasis abgeleitet (vgl. Zahlentafel 15). Die charakteristischen Eigenschaften der Rohöle verschiedener Basis, wie sie sich aus der Aufstellung in Zahlentafel 13 und 14 ergeben, sind im folgenden kurz zusammengefaßt.

a) Paraffinbasische und paraffin-gemischt-basische Rohöle.

Paraffinbasische Rohöle finden sich in größeren Mengen nur in den Vereinigten Staaten, in Kanada sowie in Pechelbronn. Die Vorkommen in England und Schottland sind unbedeutend.

Die in Zahlentafel 7 aufgenommenen paraffin- und paraffin-gemischt-basischen Öle lassen sich in zwei Klassen, solche mit niedrigem (um 0,1 bzw. 0,25%) und solche mit verhältnismäßig hohem Schwefelgehalt (um 0,35 bzw. 0,85%) einteilen. Im Mittel ist der Schwefelgehalt der paraffinbasischen Öle mit 0,22 Gew.-% sehr gering, der der paraffin-gemischt-basischen Öle liegt etwas höher bei 0,50 Gew.-%.

Das durchschnittliche spez. Gewicht ($d^{15\,0}_{15\,0}$) der Schlüsselfraktion 1 wurde bei den paraffinbasischen Ölen mit 0,811, bei den paraffin-gemischt-basischen Ölen mit 0,822 errechnet. Ein entsprechender Unterschied ergibt sich bei den spez. Gewichten der Schlüsselfraktion 2, die für paraffinbasische Öle im Mittel bei 0,862 und für paraffin-gemischt-basische Öle bei 0,887 liegen.

Der Gehalt an Gesamtbenzin ist bei den paraffin-gemischt-basischen Ölen merklich höher (durchschnittlich 6,3 Vol.-%) als bei den paraffinbasischen. Die übrigen Fraktionen sind in beiden Rohölarten in etwa gleichen Mengen vertreten. Hochviskose Ölanteile sind in ihnen nicht enthalten. Eine Ausnahme bildet nur die Probe 259 aus dem Richlandfeld in Texas, die 2,1 Vol.-% hochviskose Schmierölbestandteile aufweist.

b) Gemischt-paraffin-basische Rohöle.

Gemischt-paraffin-basische Öle sind verhältnismäßig selten. Sie zeichnen sich durch einen besonders niedrigen Schwefelgehalt aus (Mittelwert 0,19 Gew.-%). Das spez. Gewicht der einzelnen Fraktionen ändert sich über den gesamten Siedebereich ziemlich wenig. Das kommt auch in dem geringen Unterschied zwischen den mittleren spez. Gewichten der Schlüsselfraktionen 1 (0,836) und 2 (0,871) zum Ausdruck, der nicht mehr als 0,035 beträgt. Das spez. Gewicht der Schlüsselfraktion 1 liegt zudem nur wenig unter dem derselben Fraktion der gemischt-basischen, paraffinhaltigen Öle. Der eigentliche Unterschied dieser beiden Ölarten tritt daher besser in der Schlüsselfraktion 2 hervor. Hinsichtlich der Ausbeuten an den Einzelfraktionen stehen die gemischt-paraffinbasischen Öle den gemischtbasischen Ölen näher als den paraffinbasischen. Ebenso wie diesen fehlt ihnen jedoch die hochviskose Schmierölfraktion.

Zahlentafel 14. Eigenschaften der Destillate

Probe Nr.	Land	Staat oder Provinz	Feld oder Distrikt	Schwefelgehalt des Rohöls	Spez. Gew. bei 15,6° C der Schlüsselfraktionen		Trübungspunkt der Schlüsselfraktion 2
				Gew.-%	1	2	° C
							Paraffinbasisch
109	USA.	Kentucky	Olympia	0,23	0,817	0,872	21
131	,,	Ohio	Corning	0,10	0,816	0,871	29
138	,,	Oklahoma	Arbuckle	[2]	0,815	0,874	32
202	,,	Pennsylvanien	Allegheny County	0,19	0,800	0,828	35
208	,,	,,	Venango County	[2]	0,818	0,870	29
251	,,	Texas	Panhandle	0,59	0,821	0,874	38
282	,,	West-Virginia	Blue Creek	0,11	0,810	0,862	35
283	,,	,,	Cabin Creek	0,19	0,809	0,856	35
23049	Kanada	Neu-Braunschweig	Stony Creek	[2]	0,808	0,857	38
23050	,,	,,	,,	0,10	0,812	0,853	35
24339	Frankreich[5]	Niederrhein	Pechelbronn	0,42	0,812	0,875	32
29667	,,	,,	,,	0,38	0,812	0,869	35
23051	England	Edinburghshire	Midlothian	[2]	0,804	0,853	38
29669	,,	Derbyshire	Midland	0,35	0,798	0,851	32
				Paraffin- oder paraffin-gemischt-			
924	Kanada	Alberta	Calgary	0,11	0,823	—	27
				Paraffin- oder paraffin-gemischt-basisch			
125	USA.	Montana	Cat Creek	0,33	0,824	—	—
129	,,	Neu-Mexiko	Hogback	[2]	0,824	—	—
178	,,	Oklahoma	Madill	[2]	0,821	—	—
922	Kanada	Alberta	Calgary	0,13	0,804	—	—
					Paraffin-gemischt-basisch		
74	USA.	Kolorado	Florence	0,17	0,818	0,893	32
76	,,	,,	Rangely	[2]	0,820	0,880	35
78	,,	Indiana	Lima	0,48	0,825	0,885	29
97	,,	Kansas	Potwin	0,14	0,825	0,890	29
117	,,	Louisiana	Caddo	0,21	0,810	0,884	38
121	,,	,,	Homer	0,63	0,825	0,893	29
133	,,	Ohio	Nord-Lima	0,55	0,825	0,890	29
182	,,	Oklahoma	Okmulgee	0,13	0,825	0,878	30
190	,,	,,	Shamrock	0,18	0,822	0,889	27
259	,,	Texas	Richland	0,26	0,815	0,891	32
264	,,	,,	Somerset	0,42	0,825	0,898	32
310	,,	Wyoming	Pilot Butte	0,22	0,825	0,884	21
927	Kanada	Ontario	Petrolia	0,92	0,824	0,885	27
928	,,	,,	Oil Springs	0,75	0,825	0,882	27
929	,,	,,	Bothwell	1,05	0,819	0,879	27
930	,,	,,	Mosa	0,85	0,825	0,881	27
24337	Frankreich[5]	Niederrhein	Pechelbronn	0,68	0,823	0,892	32
1194	Ehem. Polen	Ost-Galizien	Bitkow	0,17	0,822	0,885	38

[1] Destillationsverlust auf 1,0% geschätzt. [2] Schwefel, weniger als 0,10%.
als Kerosindestillat sind. [5] Seit 1940 wieder deutsch.

on Roherdölen nach U.S.-Bureau of Mines.

‚eicht-benzin	Gesamt-benzin	Kerosin-destillat	Gasöl	Schmierölfraktion Vol.-%			Rückstand	Kohlenstoff-rückstand d. Rückstandes	Spez. Gew. bei 15,6° C			
				nicht-viskos	mittel	viskos			Gesamt-benzin	Kerosin	Gasöl	Rück-stand
ʼol.-%	Vol.-%	Vol.-%	Vol.-%				Vol.-%	Gew.-%				
ɔaraffinhaltig).												
—	11,2	24,5	11,3	12,1	7,4	—	32,5 [1]	5,7	0,757	0,804	0,842	—
6,8	27,8	17,0	8,7	10,7	7,1	—	27,7 [1]	7,4	0,740	0,805	0,835	—
16,2	46,2	17,8	7,9	7,8	5,3	—	14,0 [1]	2,2	0,726	0,804	0,839	—
5,8	23,8	16,8	11,5	17,8	2,0	—	27,1 [1]	0,6	0,736	0,792	0,828	—
4,8	24,4	16,4	13,7	12,3	5,8	—	26,4 [1]	2,0	0,761	0,811	0,827	—
7,0	22,3	16,1	8,0	13,5	4,9	—	34,2 [1]	5,1	0,741	0,814	0,840	—
12,9	40,2	18,0	9,3	9,9	3,7	—	17,9 [1]	1,4	0,727	0,797	0,832	—
12,2	40,5	24,3	5,9	8,6	3,3	—	16,4 [1]	1,2	0,730	0,801	0,830	—
5,4	19,3	11,6	11,2	13,3	1,6	—	42,0 [1]	3,2	0,730	0,797	0,824	—
5,4	18,8	12,1	10,2	12,2	1,7	—	44,0 [1]	3,2	0,734	0,802	0,825	—
—	—	13,8	15,9	19,3	11,5	—	39,5	10,9	—	0,812	0,839	0,948
0,2	39	15,9	14,8	18,5	8,4	—	36,4	9,8	0,757	0,803	0,832	0,947
7,0	23,6	16,6	15,0	15,7	3,0	—	25,9	3,9	0,727	0,792	0,826	0,909
1,1	14,7	23,9	12,0	12,8	5,9	—	30,4	1,4	0,738	0,786	0,818	0,893
asisch (paraffinhaltig).												
25,5	71,6	13,3	4,0	—	8,8 [3]	—	—	—	0,737	0,808	0,852	—
ırm an hochsiedenden Fraktionen).												
9,7	60,1	25,9	—	13,0 [1,4]	—	—	—	—	0,746	0,809	—	—
37	70,8	12,1	—	16,1 [1,4]	—	—	—	—	0,701	0,810	—	—
9,1	85,5	10,5	—	3,2 [1,4]	—	—	—	—	0,748	0,806	—	—
12,4	90,1	4,0	—	5,6 [1,4]	—	—	—	—	0,754	0,804	—	—
ɔaraffinhaltig).												
—	8,9	14,5	13,7	14,1	10,0	—	37,8 [1]	6,0	0,758	0,808	0,843	—
5,9	34,7	20,5	10,9	12,3	6,1	—	14,5 [1]	2,0	0,750	0,810	0,847	—
4,2	26,0	19,2	12,4	8,9	6,6	—	25,9 [1]	6,0	0,753	0,817	0,846	—
14,9	45,0	17,1	9,2	8,4	4,4	—	14,9 [1]	9,6	0,730	0,813	0,851	—
—	35,2	22,4	9,4	10,0	6,8	—	15,2 [1]	7,3	0,748	0,795	0,840	—
7,6	30,2	15,5	9,0	10,1	7,3	—	25,9 [1]	8,2	0,736	0,812	0,854	—
6,7	31,0	19,2	12,0	7,6	6,5	—	22,7 [1]	6,2	0,749	0,815	0,846	—
3,0	17,3	17,3	11,1	14,3	9,6	—	29,4 [1]	3,0	0,759	0,815	0,846	—
11,4	38,0	19,1	9,5	8,9	6,1	—	17,4 [1]	4,4	0,729	0,809	0,852	—
3,9	33,0	24,1	10,7	9,0	5,4	2,1	14,7 [1]	10,2	0,738	0,798	0,842	—
10,5	38,8	18,3	8,4	10,4	5,2	—	17,9 [1]	10,8	0,735	0,812	0,851	—
1,7	24,0	19,7	11,7	13,4	6,8	—	23,4 [1]	5,5	0,765	0,815	0,847	—
4,0	22,2	16,1	7,5	13,4	5,7	—	34,9	6,4	0,751	0,812	0,846	0,929
6,5	28,8	16,7	7,8	11,7	4,8	—	30,0	5,2	0,745	0,810	0,848	0,928
2,6	24,1	18,6	11,2	12,0	5,7	—	28,7	4,4	0,750	0,809	0,843	0,920
3,6	19,4	17,7	9,8	14,0	7,0	—	29,7	4,9	0,750	0,815	0,845	0,956
5,0	16,1	16,6	7,3	10,6	5,8	—	41,0	15,8	0,744	0,810	0,850	0,993
4,8	47,5	27,2	10,1	8,8	2,7	—	3,1	10,5	0,756	0,808	0,844	0,979

Enthält alle Anteile, die schwerer als Gasöl sind. [4] Enthält alle Anteile, die schwerer

Zahlentafel 1·

Probe Nr.	Land	Staat oder Provinz	Feld oder Distrikt	Schwefelgehalt des Rohöls Gew.-%	Spez. Gew. bei 15,6° C der Schlüsselfraktionen 1	2	Trübungspunkt der Schlüsselfraktion ° C
				Paraffin-gemischt-basiscl			
31049	Rußland	Kaspisches Becken	Neu-Grosny	0,12	0,824	0,880	35
31050	,,	,,	,,	0,13	0,823	0,881	35
30317	Iran	—	Masjid-i-Sulaiman	0,95	0,825	0,899	32
30320	Irak	—	Kirkuk	1,97	0,821	0,902	32
				Gemischt-paraffin-basiscl			
118	USA.	Louisiana	Cotton Valley	0,34	0,851	0,874	32
209	,,	Pennsylvanien	Franklin	[2]	0,844	0,876	—1
210	,,	Texas	Amarillo	0,36	0,828	0,874	35
255	,,	,,	Pioneer	0,18	0,828	0,876	27
302	,,	Wyoming	Lance Creek	0,10	0,831	0,870	38
29670	Frankreich	Herault	Gabian	0,34	0,830	0,859	35
1161	Rumänien	Buzau	Arbanasi	0,16	0,827	0,868	38
30295	,,	,,	,,	0,16	0,829	0,875	35
30315	Sumatra	Palembang	Talang Akar	[2]	0,846	0,867	[4]
30314	Neuseeland	Muturoa	New Plymouth	[2]	0,850	0,868	[4]
				Gemischtbasiscl			
5	USA.	Arkansas	Irma	2,70	0,849	0,919	[5]
7	,,	,,	Smackover	2,10	0,852	0,920	18
8	,,	,,	,,	2,00	0,846	0,909	24
12	,,	Kalifornien	Bardsdale	0,83	0,844	0,916	32
19	,,	,,	Coalinga	0,67	0,854	0,911	32
27	,,	,,	Dominguez	0,93	0,847	0,911	27
31	,,	,,	Half Moon Bay	0,19	0,845	0,931	24
32	,,	,,	Huntington Beach	1,42	0,844	0,916	24
65	,,	,,	Simi	0,68	0,847	0,921	24
66	,,	,,	South Mountain	1,73	0,845	0,914	32
68	,,	,,	Torrance	1,62	0,853	0,924	29
96	,,	Kansas	Peru	0,24	0,848	0,899	27
104	,,	,,	Yates Center	0,46	0,843	0,897	27
110	,,	Kentucky	Ragland	0,31	0,837	0,898	24
113	,,	,,	Wayne County	0,49	0,853	0,898	32
127	,,	Montana	Kevin Sunburst	1,47	0,857	0,919	27
134	,,	Ohio	South Lima	0,55	0,827	0,889	32
153	,,	Oklahoma	Chickasha	0,58	0,829	0,882	24
163	,,	,,	Fox	0,90	0,838	0,895	29
166	,,	,,	Graham	0,94	0,833	0,902	29
168	,,	,,	,,	1,13	0,850	0,905	27
169	,,	,,	Healdton	0,72	0,835	0,901	29
184	,,	,,	Owasso	3,66	0,839	0,894	27
189	,,	,,	Sayre	0,77	0,832	0,894	32

[1] Destillationsverlust auf 1,0% geschätzt. [2] Schwefel, weniger als 0,10%.
den Trübungspunkt bestimmen zu können.

(Fortsetzung).

Leicht-benzin	Gesamt-benzin	Ke-rosin-destillat	Gasöl	Schmierölfraktion Vol.-%			Rück-stand	Kohlenstoff-rückstand d. Rückstandes	Spez. Gew. bei 15,6° C			
Vol.-%	Vol.-%	Vol.-%	Vol.-%	nicht-viskos	mittel	viskos	Vol.-%	Gew.-%	Gesamt-benzin	Kerosin	Gasöl	Rück-stand
(paraffinhaltig).												
5,5	24,9	16,5	11,7	11,4	6,9	—	27,4	7,1	0,744	0,813	0,843	0,941
6,3	25,3	16,3	11,2	12,6	6,7	—	27,8	7,3	0,741	0,812	0,843	0,945
9,2	32,3	17,5	9,6	10,0	7,2	—	22,6	10,4	0,737	0,812	0,856	0,970
9,9	32,7	17,1	9,0	9,8	6,5	—	24,5	14,8	0,732	0,809	0,853	0,996
(paraffinhaltig)												
—	1,9	—	27,8	20,5	10,4	—	38,4 [1]	6,7	0,825	—	0,850	—
—	6,0	—	29,9	13,4	10,4	—	39,3 [1]	2,2	0,819	—	0,845	—
12,2	30,9	8,0	14,8	10,9	3,8	—	30,6 [1]	8,0	0,730	0,806	0,840	—
12,9	40,8	11,6	14,8	10,1	4,4	—	17,3 [1]	3,2	0,740	0,811	0,848	—
—	15,7	13,4	24,2	17,9	4,4	—	23,4 [1]	1,2	0,782	0,816	0,846	—
—	—	7,1	33,2	29,2	12,7	—	17,3	1,7	—	0,815	0,838	0,886
4,7	29,1	15,4	29,1	—	15,4 [3]	—	11,0	4,7	0,767	0,812	0,838	0,938
5,7	29,6	17,4	26,2	11,1	3,3	—	12,2	5,1	0,769	0,815	0,837	0,938
10,0	28,4	9,4	19,4	—	16,4 [3]	—	24,2	6,7	0,744	0,810	0,845	0,959
10,7	37,1	6,2	29,2	—	17,0 [3]	—	10,0	7,1	0,774	0,817	0,852	0,960
(paraffinhaltig).												
—	—	—	12,1	8,4	8,6	7,9	62,0 [1]	17,0	—	—	0,856	—
2,0	13,9	3,5	17,0	10,2	9,5	—	44,9 [1]	14,6	0,765	0,824	0,859	—
2,0	13,4	8,6	13,7	12,2	8,1	—	43,0 [1]	12,9	0,751	0,816	0,856	—
4,8	26,8	5,1	20,0	9,3	7,3	2,3	28,2 [1]	9,9	0,762	0,817	0,844	—
1,8	19,8	—	34,1	9,4	6,2	1,7	27,8 [1]	10,4	0,775	—	0,863	—
10,2	34,5	5,0	16,6	7,8	4,2	3,6	27,3 [1]	11,5	0,762	0,824	0,851	—
16,4	60,4	6,1	14,6	4,9	3,0	3,9	6,1 [1]	9,5	0,751	0,817	0,846	—
3,8	18,4	3,7	15,6	9,2	5,2	5,0	41,9 [1]	14,6	0,750	0,817	0,846	—
6,9	32,9	5,2	18,9	7,4	4,6	5,4	24,6 [1]	9,9	0,759	0,820	0,853	—
6,5	25,5	4,5	16,9	8,7	7,0	2,1	34,3 [1]	15,5	0,753	0,817	0,848	—
2,3	14,6	—	21,5	10,0	5,1	4,3	43,5 [1]	15,1	0,774	—	0,853	—
1,0	12,6	5,0	22,4	14,0	9,3	1,9	33,8 [1]	8,0	0,791	0,825	0,854	—
—	7,8	—	31,1	14,9	9,4	—	35,8 [1]	10,4	0,808	—	0,846	—
2,3	12,6	9,3	12,7	11,8	6,0	1,9	44,7 [1]	17,7	0,768	0,818	0,845	—
12,3	35,9	5,7	19,4	12,0	6,7	—	19,3 [1]	6,4	0,751	0,825	0,852	—
6,0	21,6	4,5	19,3	11,7	7,2	4,1	30,6 [1]	7,0	0,741	0,824	0,863	—
5,0	27,0	12,4	20,6	7,5	6,7	—	24,8 [1]	6,3	0,758	0,813	0,837	—
—	16,8	13,3	15,4	11,8	8,1	—	33,6 [1]	11,0	0,775	0,812	0,840	—
3,5	19,5	10,7	14,0	8,9	13,0	—	32,9 [1]	7,9	0,765	0,820	0,845	—
5,4	24,8	10,0	11,9	7,8	8,8	3,0	32,7 [1]	9,7	0,751	0,810	0,844	—
0,6	5,2	—	22,7	13,0	12,4	3,5	42,2 [1]	10,2	0,800	—	0,853	—
7,1	22,3	9,7	13,9	10,1	8,1	3,1	31,8 [1]	9,0	0,753	0,818	0,850	—
5,0	26,9	12,3	16,1	11,4	7,9	0,7	23,7 [1]	7,5	0,761	0,819	0,850	—
9,1	34,0	11,1	15,7	9,1	6,0	0,9	22,2 [1]	10,3	0,738	0,808	0,844	—

[3] Enthält alle Schmieröldestillate. [4] Trübungspunkt über 37,8° C. [5] Zu dunkel, um

Zahlentafel 14

Probe Nr.	Land	Staat oder Provinz	Feld oder Distrikt	Schwefelgehalt des Röhöls	Spez. Gew. bei 15,6° C der Schlüsselfraktionen		Trübungspunkt der Schlüsselfraktion 2
				Gew.-%	1	2	° C
						Gemischtbasisch	
192	USA.	Oklahoma	Slick	0,44	0,845	0,910	24
193	„	„	Tonkawa	0,24	0,834	0,893	35
200	„	„	Wild Cat Jim	1,47	0,858	0,912	27
227	„	Texas	Electra	0,28	0,832	0,899	29
242	„	„	Kosse	0,30	0,833	0,878	32
246	„	„	Powell	0,39	0,852	0,905	7
261	„	„	Santa Ana	0,16	0,834	0,885	29
265	„	„	Somerset	1,40	0,839	0,911	27
269	„	„	South Electra	0,38	0,842	0,899	29
270	„	„	„	0,31	0,838	0,900	32
293	„	Wyoming	Elk Basin	0,44	0,844	0,897	35
295	„	„	Grass Creek	0,14	0,834	0,881	35
299	„	„	Hamilton Dome	2,38	0,840	0,917	29
300	„	„	„	3,26	0,842	0,927	29
306	„	„	Maverick Springs	2,46	0,839	0,924	29
307	„	„	Mule Creek	0,14	0,831	0,882	32
313	„	„	Poison Spider	3,21	0,855	0,923	32
923	Kanada	Alberta	Calgary	6,10	0,830	0,897	32
925	„	„	„	0,17	0,833	0,894	32
926	„	„	„	0,17	0,837	0,890	32
931	„	Nordwest-Territorien	Fort Norman	0,33	0,838	0,907	27
949	Trinidad	—	Tabaquite	0,30	0,829	0,880	32
954	„	—	Brigthon	2,63	0,854	0,929	21
955	„	—	Tabaquite	0,30	0,832	0,883	38
1020	Mexiko	—	Tierra Blanca	3,08	0,831	0,918	32
1021	„	—	Chapapote Nunez	3,20	0,831	0,913	32
1022	„	—	Cerro Azul	3,61	0,832	0,912	32
1023	„	—	„	3,75	0,832	0,916	32
1024	„	—	Potrero del Llano	3,61	0,828	0,912	35
1025	„	—	„	3,53	0,832	0,914	32
1026	„	—	Toteco	3,79	0,831	0,917	32
1027	„	—	„	3,72	0,833	0,917	32
990	„	—	Alamo	2,95	0,831	0,916	32
991	„	—	Topila	4,55	0,847	0,927	27
915	Argentinien	Chubut	Comodoro Rivadavia	0,17	0,851	0,920	10
1037	„	„	„	0,24	0,855	0,919	16
916	„	Neuquén	Mendoza	0,19	0,829	0,897	32
1038	„	„	Plaza Huincul	0,29	0,827	0,897	27
933	Peru	—	Lobitos	[3]	0,834	0,901	24
26273	Venezuela	Zulia	La Conception	0,88	0,838	0,901	27
26276	„	„	La Rosa	1,69	0,851	0,923	27

[1] Destillationsverlust auf 10% geschätzt.

Fortsetzung).

Leichtbenzin	Gesamtbenzin	Kerosindestillat	Gasöl	Schmierölfraktion Vol.-%			Rückstand	Kohlenstoffrückstand d. Rückstandes	Spez. Gew. bei 15,6° C			
Vol.-%	Vol.-%	Vol.-%	Vol.-%	nichtviskos	mittel	viskos	Vol.-%	Gew.-%	Gesamtbenzin	Kerosin	Gasöl	Rückstand
paraffinhaltig).												
7,4	22,9	4,5	16,1	8,5	7,1	4,8	35,1 [1]	13,2	0,746	0,819	0,849	—
14,8	43,2	12,0	14,9	8,9	5,2	—	14,8 [1]	4,8	0,728	0,813	0,848	—
0,7	10,5	3,8	17,7	9,9	6,2	4,6	4,6 [1]	12,3	0,780	0,822	0,854	—
15,0	38,2	10,3	15,2	8,5	4,7	—	22,1 [1]	9,7	0,729	0,806	0,848	—
—	5,0	9,7	26,2	18,2	6,8	—	33,1 [1]	6,8	0,782	0,820	0,843	—
—	10,3	6,4	25,4	14,0	8,4	3,1	31,4 [1]	7,2	0,800	0,821	0,856	—
—	15,3	4,4	27,9	15,7	6,2	—	29,5 [1]	4,1	0,782	0,819	0,844	—
7,5	31,0	10,7	14,6	8,4	7,4	—	26,9 [1]	11,8	0,746	0,818	0,854	—
15,3	38,8	10,1	13,9	8,6	5,6	—	22,0 [1]	13,2	0,737	0,817	0,853	—
14,8	38,7	11,5	13,1	10,3	4,3	—	21,1 [1]	9,0	0,735	0,818	0,848	—
13,1	52,3	10,1	11,8	7,0	3,1	—	14,7 [1]	8,8	0,751	0,816	0,858	—
15,7	42,6	13,3	16,5	9,4	4,5	—	12,7 [1]	4,6	0,741	0,814	0,845	—
3,6	18,0	9,3	16,5	11,8	9,8	0,4	33,2 [1]	16,6	0,743	0,814	0,857	—
3,9	16,5	8,1	15,4	11,0	6,9	2,6	38,5 [1]	14,6	0,738	0,812	0,860	—
—	8,6	9,0	14,5	13,2	7,6	3,0	43,1 [1]	17,9	0,765	0,813	0,854	—
—	11,7	9,8	18,0	16,3	8,4	—	34,8 [1]	4,8	0,768	0,812	0,842	—
—	8,3	3,6	20,8	11,9	9,1	—	45,3 [1]	20,3	0,774	0,814	0,862	—
19,3	62,9	10,3	9,0	5,3	2,7	1,0	8,8	7,1	0,738	0,812	0,840	0,954
9,6	53,1	12,0	12,8	6,8	4,9	—	11,2	6,2	0,754	0,810	0,843	0,954
9,9	30,9	9,8	15,1	10,0	7,9	—	24,9	4,5	0,735	0,817	0,848	0,943
7,9	33,4	11,6	14,5	9,0	5,2	4,2	21,3	2,8	0,747	0,817	0,851	0,964
13,6	48	12,9	15,2	10,4	4,3	—	8,4	2,4	0,741	0,805	0,839	0,916
3,9	21,6	4,3	14,0	7,3	4,2	5,7	42,3	13,6	0,757	0,818	0,954	1,008[2]
13,7	48,7	13,3	14,2	9,5	4,4	—	8,8	2,6	0,747	0,812	0,844	0,913
4,2	17,4	7,7	10,8	9,0	7,9	—	45,6	20,4	0,740	0,804	0,845	1,026[2]
2,5	15,9	8,1	10,2	9,2	8,8	—	47,3	20,4	0,741	0,803	0,842	0,973
3,0	15,0	7,5	10,9	9,7	7,9	—	48,1	21,9	0,742	0,807	0,850	0,972
3,5	16,5	6,4	10,3	9,0	8,7	—	47,9	22,8	0,744	0,806	0,847	0,966
3,9	16,6	7,7	11,3	9,3	7,5	1,0	45,6	21,4	0,739	0,801	0,855	0,971
3,5	15,9	7,6	9,1	9,5	9,3	—	46,5	21,6	0,741	0,808	0,899	0,964
3,1	15,9	7,7	9,7	10,8	9,3	—	44,6	22,4	0,741	0,807	0,847	0,963
3,4	16,7	6,2	10,6	9,3	9,3	—	46,1	22,8	0,744	0,807	0,848	0,965
4,5	17,5	7,4	11,3	9,0	7,5	—	45,7	20,9	0,742	0,807	0,850	1,025[2]
—	8,3	3,4	14,4	7,0	9,5	2,8	51,3	21,4	0,762	0,807	0,853	1,037[2]
—	4,9	1,7	10,9	6,6	4,7	7,9	63,2	10,5	0,756	0,798	0,852	0,963
—	6,2	2,1	10,7	8,4	5,9	6,7	59,0 [1]	9,9	0,767	0,817	0,854	—
—	17,5	11,9	15,8	11,5	7,1	4,5	31,7	8,6	0,766	0,804	0,846	0,959
5,2	25,1	10,1	16,6	10,3	6,3	—	25,4 [1]	9,9	0,752	0,808	0,837	—
8,4	43,6	12,8	13,2	7,8	5,0	3,1	14,7	6,3	0,754	0,814	0,854	0,923
3,3	21,0	11,6	17,1	12,1	8,4	—	29,3	9,0	0,762	0,819	0,851	0,932
3,6	18,9	3,4	15,5	9,4	6,9	3,6	42,1	14,9	0,749	0,812	0,855	0,988

[2] Extrapoliert aus der Gleichung $°\mathrm{API} = \dfrac{141{,}5}{d\,\dfrac{15{,}6}{15{,}6}} - 131{,}5.$ [3] Schwefel, weniger als 0,10%

Zahlentafel 14

Probe Nr.	Land	Staat oder Provinz	Feld oder Distrikt	Schwefelgehalt des Rohöls	Spez. Gew. bei 15,6° C der Schlüsselfraktionen		Trübungspunkt der Schlüsselfraktion 2
				Gew.-%	1	2	° C
						Gemischtbasisch	
24338	Frankreich[5]	Niederrhein	Pechelbronn	0,95	0,856	0,917	16
24340	,,	,,	,,	0,59	0,826	0,897	29
29668	,,	,,	,,	0,45	0,831	0,897	32
29674	Deutschland	Hannover	Zentral-Wietze	0,65	0,836	0,897	27
29675	,,	,,	Hänigsen	0,84	0,845	0,917	[1]
29676	,,	,,	Nienhagen	0,78	0,854	0,912	4
29677	,,	,,	Oberg	0,36	0,827	0,895	32
1193	Ehem. Polen	Galizien	Schodnica	0,27	0,851	0,919	27
1196	,,	,,	Boryslaw-Tustanowice	0,33	0,830	0,884	38
30502	,,	,,	Boryslaw	0,45	0,832	0,880	35
1152	Rumänien	Prahova	Moreni	0,23	0,830	0,897	32
1154	,,	,,	Filipesti	0,16	0,826	0,885	27
1157	,,	,,	Campina	0,31	0,833	0,893	29
30294	,,	Dambovita	Ochiuri-Rasvad	0,18	0,833	0,898	29
30249	Jugoslawien	Savi Banovina	Selnica	0,12	0,850	0,893	35
30232	Rußland	Baku	Surakany	[2]	0,839	0,888	13
30237	,,	Ferghana	Sel Rokho	0,26	0,828	0,887	32
30238	,,	,,	,,	0,26	0,827	0,889	32
30242	,,	,,	,,	0,69	0,846	0,904	29
30243	,,	,,	Shor-Su	0,88	0,850	0,909	27
30244	,,	,,	Chimion	0,28	0,849	0,893	32
30245	,,	,,	,,	0,34	0,830	0,889	32
30318	Iran	—	Maidan-i-Naftak	0,99	0,826	0,901	32
30319	,,	—	Haft-Kel	1,12	0,827	0,902	32
23216	Indien	Ober-Assam	Digboi	0,10	0,849	0,897	46
29219	,,	Burma	Singu	[2]	0,844	0,893	49
23222	,,	,,	Yenangyat	[2]	0,851	0,888	46
23225	,,	,,	Yenangyaung	0,13	0,852	0,889	41
974	Japan	Honshu	Katsurane	0,52	0,851	0,928	24
30209	,,	,,	Yuri	0,72	0,844	0,915	29
1244	Sumatra	Ost-Sumatra	Pangkalan Soesoe	[2]	0,830	0,925	29
1245	,,	Atjeh	Perlak	[2]	0,838	0,916	35
1255	,,	Palembang	Talang-Akar	[2]	0,842	0,880	46
30398	,,	Ost-Küste	Nord-Sumatra	[2]	0,845	0,905	35
30400	Java	Rembang	—	0,21	0,853	0,883	[4]
1240	,,	,,	Ledok	0,16	0,843	0,890	40
1241	,,	,,	Dandangilo	0,37	0,858	0,905	40
1254	,,	,,	Petak	[2]	0,827	0,901	38
25329	,,	Sarawak	Miri	[2]	0,852	0,908	40
29664	Algeria	Oran	Tliouanat	[2]	0,830	0,890	38
994	Ägypten	—	Abu Durba	0,96	0,842	0,899	35

[1] Zu dunkel, um den Trübungspunkt bestimmen zu können. [2] Schwefel, weniger als 0,10%.
[5] Seit 1940 wieder deutsch.

'ortsetzung).

eicht- enzin	Gesamt- benzin	Ke- rosin- destillat	Gasöl	Schmierölfraktion Vol.-%			Rück- stand	Kohlenstoff- rückstand d. Rückstandes	Spez. Gew. bei 15,6° C			
				nicht- viskos	mittel	viskos			Gesamt- benzin	Kerosin	Gasöl	Rück- stand
'ol.-%	Vol.-%	Vol.-%	Vol.-%				Vol.-%	Gew.-%				
)araffinhaltig).												
—	—	—	16,4	13,4	8,5	3,9	57,8	16,8	—	—	0,857	0,995
2,8	18,5	8,8	16,8	12,0	8,1	—	35,8	14,3	0,745	0,802	0,846	0,985
8,1	25,5	10,1	16,7	11,4	8,0	0,5	27,5	8,9	0,734	0,807	0,843	0,964
1,6	13,7	9,9	18,1	13,1	8,6	—	36,1	8,1	0,758	0,817	0,847	0,956
1,3	12,5	3,3	17,5	10,0	8,2	8,7	38,1	9,4	0,767	0,812	0,849	0,978
0,5	7,6	3,3	18,0	10,4	7,7	4,1	48,7	8,2	0,763	0,825	0,859	0,967
5,8	24,1	9,7	16,3	10,4	7,9	—	30,9	5,1	0,739	0,807	0,842	0,949
3,1	26,8	5,1	24,9	10,7	5,8	5,1	21,6	8,7	0,763	0,814	0,857	0,970
1,1	19,9	10,1	21,5	13,4	6,5	—	29,0	7,6	0,767	0,811	0,848	0,937
5,6	24,9	10,1	18,4	13,2	5,7	—	26,9	7,6	0,751	0,811	0,845	0,957
3,4	27,3	12,2	17,2	10,7	6,2	—	26,1	7,8	0,760	0,812	0,844	0,955
4,0	27,3	12,2	18,9	10,8	6,1	—	24,5	7,1	0,756	0,806	0,846	0,951
—	19,0	13,7	22,6	13,5	7,0	0,6	23,6	5,8	0,778	0,816	0,848	0,949
7,7	29,1	10,9	17,0	8,9	6,8	—	27,1	9,7	0,744	0,812	0,847	0,955
—	13,2	—	51,2	17,6	8,2	—	9,6	4,3	0,803	—	0,850	0,943
1,9	19,0	5,6	26,1	12,6	7,7	1,2	27,6	1,8	0,781	0,825	0,845	0,912
10,2	31,6	9,8	15,2	9,2	5,9	—	29,5	10,7	0,736	0,810	0,843	0,965
11,1	32,6	9,2	15,6	9,2	6,2	—	26,7	10,7	0,735	0,810	0,842	0,965
1,1	14,3	3,5	19,1	10,8	9,4	—	42,5	11,9	0,777	0,821	0,851	0,970
1,1	15,1	—	15,9	8,1	6,9	3,5	50,3	17,7	0,777	—	0,853	0,973
3,1	14,7	—	22,6	12,6	8,5	—	41,5	11,7	0,768	—	0,852	0,963
3,4	19,4	9,5	17,5	11,9	8,1	—	33,4	12,3	0,756	0,814	0,844	0,962
10,9	34,8	10,5	16,0	9,8	7,6	—	21,2	10,4	0,736	0,805	0,845	0,971
8,8	33,2	10,9	15,9	10,6	6,7	—	22,5	11,9	0,743	0,806	0,843	0,975
7,9	29,4	3,7	24,1	—	20,3 [3]	—	22,3	7,9	0,764	0,820	0,853	0,943
9,5	40,9	5,9	24,3	7,7	11,0	—	9,7	4,6	0,762	0,813	0,846	0,945
5,4	34,9	6,9	30,7	—	18,4 [3]	—	9,0	2,9	0,775	0,818	0,852	0,904
6,8	33,8	—	34,1	—	21,2 [3]	—	10,8	4,3	0,768	—	0,850	0,954
3,3	30,0	5,9	22,6	7,7	6,3	5,9	21,6	13,9	0,771	0,824	0,859	0,995
2,4	26	6,2	21,7	10,0	5,2	6,6	24,0	14,8	0,775	0,822	0,849	0,995
13,4	61,9	15,4	13,1	4,3	1,7	0,8	2,0	5,1	0,745	0,802	0,847	1,013 [4]
22,2	67,6	11,8	11,7	4,5	1,4	1,4	1,4	5,9	0,732	0,813	0,855	0,978
5,1	22,2	9,4	19,7	—	19,3 [3]	—	28,7	6,0	0,758	0,814	0,847	0,957
17,0	66,2	12,1	11,3	3,7	1,9	0,6	3,5	5,4	0,752	0,816	0,856	0,987
2,1	15,8	4,9	37,2	—	23,8 [3]	—	18,1	6,8	0,781	0,818	0,856	0,960
8,6	38,9	13,4	21,9	—	14,3 [3]	—	10,8	5,5	0,754	0,818	0,856	0,966
0,4	8,2	—	40,1	—	27,9 [3]	—	23,5	7,5	0,787	—	0,865	0,948
4,8	32,2	15,3	25,5	10,1	7,0	—	9,4	7,3	0,748	0,802	0,840	1,012 [4]
13,0	47,8	—	34,8	—	11,9 [3]	—	4,6	2,5	0,764	—	0,855	0,969
12,7	55,6	14,8	15,0	—	8,9 [3]	—	4,0	11,7	0,755	0,811	0,839	0,975
0,4	21,9	6,6	29,3	12,2	7,7	—	22,1	10,7	0,788	0,817	0,847	0,996

[3] Enthält alle Schmieröldestillate. [4] Extrapoliert aus der Gleichung $°API = \frac{141,5}{d\frac{15,6}{15,6}} - 131,5$.

Zahlentafel 1

Probe Nr.	Land	Staat oder Provinz	Feld oder Distrikt	Schwefelgehalt des Rohöls	Spez. Gew. bei 15,6° C der Schlüsselfraktionen		Trübungspunkt der Schlüssel-
				Gew.-%	1	2	° C
				Gemischt-basisc			
995	Ägypten	—	Farsan	0,65	0,846	0,891	24
996	,,	—	Hurghada	3,12	0,843	0,913	27
30401	,,	—	,,	1,77	0,837	0,916	35
				Gemischtbasisch (arm a			
70	USA.	Kalifornien	Ventura	0,47	0,829	—	—
71	,,	,,	West Elk Hills	0,17	—	—	—
243	,,	Texas	Markham	0,12	0,855	—	—
920	Kanada	Alberta	Calgary	0,12	0,831	—	—
921	,,	,,	,,	0,13	0,829	—	—
30185	Italien	Emilia	Neviano dei Rossi	[5]	0,848	—	—
30187	,,	,,	Rallio Montechiaro	[5]	0,854	—	—
				Gemischt-basisch			
132	USA.	Ohio	Mekka	0,13	0,854	0,899	[7]
932	Peru	—	Lobitos	0,12	0,849	0,920	[7]
948	Trinidad	—	Tabaquite	0,35	0,859	0,922	[7]
1040	Kolumbia	Santander	Infantas	0,69	0,846	0,911	[7]
29671	Deutschland	Hannover	Wietze	1,22	0,859	0,924	[7]
29672	,,	,,	,,	1,38	0,857	0,927	[7]
29673	,,	,,	,,	1,24	0,858	0,926	[7]
30297	Rumänien	Prahova	Chiciura	0,17	0,839	0,914	[7]
30298	,,	,,	Runcu	0,15	0,851	0,922	[7]
30299	,,	,,	Bordeni	0,12	0,852	0,918	[7]
30300	,,	,,	Runcu	0,14	0,840	0,917	[7]
1156	,,	,,	,,	0,17	0,849	0,920	[7]
27371	Rußland	Baku	Balakany	0,16	0,859	0,919	[7]
27372	,,	,,	Bibi-Eibat	0,19	0,859	0,921	[7]
27373	,,	,,	Ramani	0,11	0,844	0,909	[7]
30233	,,	,,	Balakany	0,11	0,843	0,900	[7]
30234	,,	,,	Sabunchi	0,10	0,846	0,899	[7]
30236	,,	,,	Ramani	[5]	0,847	0,898	[7]
30247	,,	Emba-Becken	Dossor	0,16	0,850	0,891	[7]
				Gemischt-naphthen-basisch			
289	USA.	Wyoming	Dallas	2,42	0,835	0,935	21
1243	Java	Rembang	Semanggi	[5]	0,845	0,947	27
30399	Sumatra	Palembang	Süd-Sumatra	[5]	0,838	0,939	27
				Gemischt-naphthen-basisch			
17	USA.	Kalifornien	Casmalia	2,80	0,847	0,974	[7]
18	,,	,,	Cat Canyon	4,10	0,857	0,943	[7]
30210	Japan	Akita	Kokuni	0,58	0,857	0,938	[7]

[1] Enthält alle Schmieröldestillate. [2] Extrapoliert aus der Gleichung

Anteile, die schwerer als Gasöl sind. [5] Schwefel, weniger als 0,10%. [6] Zu dunkel,

(Fortsetzung).

Leichtbenzin	Gesamtbenzin	Kerosindestillat	Gasöl	Schmierölfraktion Vol.-%			Rückstand	Kohlenstoffrückstand d. Rückstandes	Spez. Gew. bei 15,6° C			
Vol.-%	Vol.-%	Vol.-%	Vol.-%	nichtviskos	mittel	viskos	Vol.-%	Gew.-%	Gesamtbenzin	Kerosin	Gasöl	Rückstand
(paraffinhaltig).												
—	26,6	7,3	28,0	—	12,6 [1]	—	22,3	12,0	0,788	0,816	0,847	0,973
2,4	13,6	7,6	13,7	11,0	5,8	—	47,7	14,0	0,756	0,815	0,852	1,014[2]
3,0	13,1	6,7	13,2	7,5	11,4	—	47,6	19,5	0,760	0,812	0,856	1,025[2]
hochsiedenden Fraktionen).												
10,8	64,4	15,9	8,1	1,8	8,8 [3,4]	—	—	—	0,757	0,812	0,843	—
15,5	81,1	5,1	—	—	12,8 [3,4]	—	—	—	0,754	0,816	—	—
—	50,2	9,3	20,5	—	19,0 [3,4]	—	—	—	0,782	0,809	0,845	—
13,2	70,5	13,2	3,7	—	12,6 [4]	—	—	—	0,754	0,813	0,831	—
11,4	70,5	11,7	4,1	—	14,4 [4]	—	—	—	0,755	0,810	0,829	—
27,3	81,0	4,8	7,4	6,5 [6]	—	—	—	—	0,756	0,817	0,840	—
17,3	83,4	—	14,4	2,1 [6]	—	—	—	—	0,776	—	0,842	—
(paraffinfrei).												
—	—	—	10,8	7,0	6,6	5,4	69,2 [3]	1,6	—	—	0,856	—
8,6	42,3	5,9	17,1	8,3	5,1	5,2	16,7	7,2	0,752	0,819	0,850	0,953
10,5	50,7	5,8	16,9	8,3	2,6	3,5	9,6	4,9	0,751	0,823	0,860	0,955
4,2	23,9	8,9	14,1	7,8	6,2	4,4	34,7	9,4	0,753	0,818	0,856	0,963
0,6	6,4	2,8	15,1	9,8	8,8	8,6	46,9	11,8	0,774	0,822	0,863	0,987
—	0,6	1,0	13,3	10,8	8,2	6,7	59,0	11,6	0,817	0,822	0,863	0,990
—	2,9	2,7	15,4	10,0	8,0	6,2	54,3	9,8	0,771	0,809	0,864	0,980
10,2	38,7	12,4	13,9	6,9	4,2	2,4	21,2	9,6	0,745	0,810	0,855	0,952
14,0	46,8	5,3	16,9	6,1	3,4	2,4	17,8	8,6	0,743	0,808	0,855	0,963
14,7	57,4	6,5	16,1	4,2	1,4	3,2	9,9	8,1	0,748	0,809	0,851	0,957
7,8	39,0	12,9	14,6	7,4	3,8	2,8	19,3	8,1	0,754	0,813	0,856	0,950
2,4	35,4	7,3	21,7	9,1	4,9	3,1	18,5	7,2	0,768	0,811	0,852	0,958
6,4	11,7	—	26,6	12,1	6,6	7,6	34,8	4,0	0,789	—	0,855	0,936
1,8	17,6	—	30,6	9,1	5,0	6,4	31,0	6,0	0,790	—	0,855	0,948
1,0	17,7	5,7	25,4	10,7	7,1	4,7	28,7	3,7	0,787	0,825	0,849	0,928
3,8	32,7	7,1	22,7	6,5	4,4	4,1	22,3	4,9	0,777	0,821	0,846	0,932
1,2	17,8	5,6	25,0	10,5	0,3	5,7	28,9	3,3	0,781	0,823	0,849	0,920
1,9	19,7	5,8	23,1	11,6	6,2	3,7	29,7	2,8	0,781	0,825	0,851	0,921
1,5	15,8	6,3	28,8	15,7	8,3	4,4	20,5	2,8	0,773	0,822	0,854	0,912
(paraffinhaltig).												
2,7	12,8	8,7	14,3	10,5	9,0	4,5	39,2 [3]	18,9	0,772	0,821	0,857	—
7,1	36,9	14,1	21,8	5,9	3,4	4,9	12,2	6,3	0,749	0,813	0,861	1,014[2]
18,0	64,6	13,3	11,9	2,8	1,0	2,1	3,8	6,9	0,743	0,809	0,852	1,007[2]
(paraffinfrei).												
—	—	—	26,8	2,0	12,7	7,6	49,9 [3]	35,9	—	—	0,842	—
—	9,8	—	25,5	5,6	5,6	7,8	44,7 [3]	15,6	0,781	—	0,854	—
2,8	23,9	—	28,4	7,9	4,9	6,9	27,8	13,4	0,771	—	0,856	0,994

$$°API = \frac{141,5}{d\,\frac{15,6}{15,6}} - 131,5.$$

[3] Destillationsverlust auf 1,0% geschätzt.

[4] Enthält alle … um den Trübungspunkt bestimmen zu können.

[7] Unter —15° C.

Zahlentafel 14

Probe Nr.	Land	Staat oder Provinz	Feld oder Distrikt	Schwefelgehalt des Rohöls	Spez. Gew. bei 15,6° C der Schlüsselfraktionen		Trübungspunkt der Schlüsselfraktion 2
				Gew.-%	1	2	° C
				Naphthen-gemischt-basisch			
52	USA.	Kalifornien	Nord-Belridge	0,69	0,863	0,933	[1]
58	,,	,,	Richfield	1,09	0,860	0,923	27
90	,,	Kansas	Jola	0,66	0,865	0,923	−4
123	,,	Louisiana	Pine Island	0,42	0,877	0,909	21
234	,,	Texas	Hull	0,35	0,862	0,925	13
250	,,	,,	Orange	0,45	0,878	0,928	38
30296	Rumänien	Bacau	Moinesti-Stanesti	0,21	0,861	0,922	27
23223	Indien	Punjab	Attock	0,23	0,861	0,919	21
976	Japan	Echigo	Kubiki	[3]	0,864	0,929	29
30206	,,	Hokkaido	Masuhoro	[3]	0,874	0,903	27
989	,,	Taiwan	Shukkoko	[3]	0,871	0,879	43
1247	Borneo	—	Sanga-Sanga	[3]	0,842	0,895	43
30395	,,	—	,,	[3]	0,880	0,893	[1]
				Naphthen-gemischt-basisch			
4	USA.	Arkansas	El Dorado	2,20	0,868	0,931	[1]
9	,,	,,	Smackover	2,20	0,873	0,925	[1]
10	,,	,,	Woodley	1,90	0,865	0,929	[1]
211	,,	Texas	Barbers Hill	0,67	0,863	0,915	[1]
247	,,	,,	Nacogdoches	0,39	0,876	0,918	[1]
278	,,	,,	West-Kolumbia	0,18	0,900	0,919	[1]
317	,,	Wyoming	Shannon	0,20	0,871	0,909	[1]
1039	Kolumbia	Santander	Infantas	0,70	0,868	0,931	[1]
30246	Rußland	Emba-Becken	Dossor	[3]	0,862	0,897	[1]
30248	,,	,,	Makat	0,32	0,868	0,902	[1]
31051	,,	Kaspisches Becken	Vosnesenski	0,33	0,868	0,918	[1]
31052	,,	,,	,,	0,36	0,865	0,926	[1]
				Naphthenbasisch			
21	USA.	Kalifornien	Coalinga	0,45	0,874	0,934	21
62	,,	,,	Santa Maria	2,63	0,862	0,937	21
248	,,	Texas	North Dayton	0,50	0,896	0,941	13
287	,,	Wyoming	South Casper Creek	4,72	0,864	0,949	16
26274	Venezuela	Falcon	El Mene	0,38	0,894	0,964	27
26275	,,		Ambrosio	2,02	0,865	0,939	32
31067	Rußland	Ural	Chusovskii Gorodki	4,91	0,895	1,001	27
31068	,,	,,	,,	4,87	0,890	1,000	29
32119	,,	,,	Sachalin	0,35	0,868	0,939	13
23224	Indien	Burma	Minbu	0,20	0,884	0,957	32
971	Japan	Echigo	Higashiyama	0,66	0,861	0,952	18
1251	Sumatra	Palembang	Nord-Palembang	[3]	0,871	0,941	18

[1] Unter −15° C. [2] Destillationsverlust auf 1,0% geschätzt. [3] Schwefel, weniger

der Gleichung $°\mathrm{API} = \dfrac{141{,}5}{d\,\frac{15{,}6}{15{,}6}} - 131{,}5$.

Fortsetzung).

.eicht-benzin	Gesamt-benzin	Ke-rosin-destillat	Gasöl	Schmierölfraktion Vol.-%			Rück-stand	Kohlenstoff-rückstand d. Rückstandes	Spez. Gew. bei 15,6° C			
Vol.-%	Vol.-%	Vol.-%	Vol.-%	nicht-viskos	mittel	viskos	Vol.-%	Gew.-%	Gesamt-benzin	Kerosin	Gasöl	Rück-stand
paraffinhaltig).												
2,8	34,5	—	24,7	6,3	4,4	6,1	23,0 [2]	11,9	0,785	—	0,855	—
2,1	14,7	—	21,0	7,9	6,4	5,0	44,0 [2]	18,6	0,788	—	0,859	—
—	—	2,1	13,7	13,4	6,6	7,2	56,0 [2]	13,0	—	0,800	0,868	—
—	—	—	29,9	16,1	8,1	3,4	37,5 [2]	5,1	—	—	0,871	—
6,5	26,6	—	27,3	10,4	7,0	7,7	20,0 [2]	6,7	0,762	—	0,858	—
—	—	—	31,9	13,6	9,7	8,0	35,8 [2]	8,0	—	—	0,869	—
12,6	39,1	5,4	20,4	8,3	4,8	2,7	18,9	12,9	0,750	0,820	0,863	0,985
2,9	22,8	—	28,9	13,0	6,4	6,5	21,2	4,4	0,782	—	0,856	0,948
5,5	53,1	—	31,5	6,0	2,0	1,9	5,0	9,7	0,781	—	0,859	0,977
0,7	10,0	—	40,2	15,5	10,4	5,1	18,6	0,7	0,787	—	0,871	0,912
0,7	49,8	—	36,4	—	10,6 [4]	—	3,0	3,5	0,800	—	0,869	0,948
1,2	35,2	—	43,6	—	13,6 [4]	—	7,6	6,7	0,798	—	0,864	0,959
5,8	35,4	—	38,1	—	16,9 [4]	—	9,3	4,3	0,791	—	0,873	0,971
paraffinfrei).												
—	—	—	17,2	9,5	9,3	7,0	56,0 [2]	13,4	—	—	0,869	—
—	5,5	—	17,5	10,4	10,4	2,5	52,7 [2]	14,5	0,789	—	0,866	—
4,2	7,1	—	23,2	10,4	5,9	4,6	47,8 [2]	12,7	0,787	—	0,864	—
6,9	31,0	5,5	18,6	8,0	4,7	5,9	25,3 [2]	5,6	0,757	0,825	0,854	—
—	—	—	19,5	14,9	12,6	8,8	43,2 [2]	7,4	—	—	0,877	—
—	2,5	—	44,5	17,1	9,3	7,8	17,8 [2]	5,4	0,792	—	0,889	—
—	—	—	21,9	18,2	8,8	5,7	44,4 [2]	5,1	—	—	0,869	—
7,3	25,7	—	17,6	8,3	6,4	7,0	32,6	12,9	0,757	—	0,856	1,020 [4]
—	5,6	—	31,7	19,6	10,1	9,4	23,3	3,2	0,791	—	0,859	0,916
—	—	—	20,4	16,6	10,3	10,4	41,2	3,0	—	—	0,867	0,919
—	2,4	—	17,4	14,8	9,1	8,5	47,1	7,5	0,808	—	0,868	0,962
—	1,9	—	18,1	14,2	10,3	7,9	47,1	8,5	0,807	—	0,866	0,954
araffinhaltig).												
1,8	14,7	—	29,4	10,2	5,8	7,7	31,2 [2]	10,8	0,782	—	0,870	—
3,5	21,8	—	21,2	6,6	4,5	5,7	39,2 [2]	15,5	0,768	—	0,856	—
—	9,8	—	45,5	11,8	7,2	8,6	16,1 [2]	3,3	0,796	—	0,884	—
—	6,4	2,5	14,8	8,2	7,8	4,4	54,9 [2]	19,2	0,759	0,817	0,870	—
16,3	47,4	—	21,8	6,6	4,5	4,6	14,4	15,2	0,756	—	0,881	1,006 [5]
2,2	13,2	—	16,9	9,0	5,4	5,8	48,9	17,8	0,757	—	0,858	0,991
10,5	25,7	—	23,1	8,8	3,5	6,5	31,6	29,6	0,766	—	0,877	1,124 [5]
9,9	28,4	—	21,0	7,3	3,8	4,6	33,0	25,9	0,772	—	0,886	1,106
0,5	10,2	—	27,9	12,1	6,9	10,5	31,9	10,0	0,780	—	0,868	0,996
—	—	—	29,7	18,9	10,2	14,5	26,7	6,3	—	—	0,882	0,983
0,8	25,7	—	28,1	9,4	4,0	8,1	24,7	14,0	0,781	—	0,858	1,007 [5]
12,9	46,6	—	22,9	8,2	3,9	7,2	11,0	7,2	0,754	—	0,863	0,979

s 0,10%. [4] Zu dunkel, um den Trübungspunkt bestimmen zu können. [5] Extrapoliert aus

Zahlentafel 14

Probe Nr.	Land	Staat oder Provinz	Feld oder Distrikt	Schwefelgehalt des Rohöls	Spez. Gew. bei 15,6° C der Schlüsselfraktionen		Trübungspunkt der Schlüsselfraktion 2
				Gew.-%	1	2	° C
				Naphthen-gemischt-basisch			
30394	Borneo	—	Sanga-Sanga	[1]	0,894	0,954	27
30397	,,	—	Tarakan	0,14	0,893	0,966	32
997	Ägypten	—	Gemsah	0,44	0,883	0,953	29
				Naphthenbasisch			
3	USA.	Arkansas	El Dorado	1,80	0,862	0,934	[3]
6	,,	,,	Smackover	2,40	0,861	0,936	[3]
11	,,	Kalifornien	Arroyo Grande	1,30	0,882	0,958	[3]
13	,,	,,	Belridge	0,86	0,887	0,954	[3]
14	,,	,,	Brea	3,00	0,885	0,967	[3]
15	,,	,,	Buena Vista	0,50	0,868	0,942	[3]
16	,,	,,	,,	0,59	0,871	0,942	[3]
24	,,	,,	Coalinga	0,71	0,876	0,955	[3]
25	,,	,,	Conejo	0,52	0,889	0,954	[3]
29	,,	,,	Elk Hills	0,61	0,870	0,941	[3]
33	,,	,,	Huntington Beach	2,22	0,868	0,944	[3]
35	,,	,,	Kern River	1,07	0,880	0,956	[3]
40	,,	,,	Lost Hills	0,85	0,879	0,964	[3]
45	,,	,,	Maricopa Flat	1,29	0,889	0,969	[3]
46	,,	,,	McKittrick	1,38	0,882	0,975	[3]
47	,,	,,	,,	0,91	0,882	0,968	[3]
48	,,	,,	Midway	1,00	0,888	0,965	[3]
51	,,	,,	Nord-Belridge	0,79	0,864	0,940	[3]
57	,,	,,	Ojai	1,63	0,880	0,957	[3]
59	,,	,,	Salt Lake	2,73	—	0,957	[3]
72	,,	,,	West Elk Hills	1,06	0,865	0,945	[3]
119	,,	Louisiana	Edgerly	0,68	0,883	0,963	[3]
122	,,	,,	Jennings	0,37	0,893	0,939	[3]
124	,,	,,	Vinton	0,33	0,891	0,957	[3]
213	,,	Texas	Blue Ridge	0,45	0,898	0,964	[3]
214	,,	,,	,,	0,39	0,875	0,949	[3]
223	,,	,,	Damon Mound	0,28	0,895	0,945	[3]
229	,,	,,	Goose Creek	0,22	0,891	0,946	[3]
237	,,	,,	Humble	2,40	0,887	0,957	[3]
245	,,	,,	Mirando	0,25	0,904	0,961	[3]
253	,,	,,	Pierce Junction	0,29	0,890	0,954	[3]
266	,,	,,	Sour Lake	0,43	0,879	0,937	[3]
271	,,	,,	Spindletop	2,31	0,886	0,950	[3]
273	,,	,,	Terry	0,34	0,885	0,936	[3]
312	,,	Wyoming	Poison Spider	4,61	0,867	0,948	[3]
946	Trinidad	Morne L'Enfer	Lot no. 1	1,81	0,892	0,961	[3]

[1] Schwefel, weniger als 0,10%. [2] Extrapoliert aus der Gleichung $°\text{API} = \frac{141{,}5}{d\,\frac{15{,}6}{15{,}6}} - 131{,}5$

Fortsetzung).

Leicht-benzin	Gesamt-benzin	Ke-rosin-destillat	Gasöl	Schmierölfraktion Vol.-%			Rück-stand	Kohlenstoff-rückstand d. Rückstandes	Spez. Gew. bei 15,6° C			
Vol.-%	Vol.-%	Vol.-%	Vol.-%	nicht-viskos	mittel	viskos	Vol.-%	Gew.-%	Gesamt-benzin	Kerosin	Gasöl	Rück-stand
paraffinfrei).												
11,0	46,6	—	32,1	5,4	2,8	4,3	8,0	6,3	0,791	—	0,882	0,985
—	1,9	—	42,6	16,5	8,0	12,2	18,6	7,7	0,812	—	0,888	1,010[2]
0,7	24,0	—	39,0	9,4	4,9	7,8	14,9	8,1	0,787	—	0,874	0,993
paraffinfrei).												
1,7	11,5	—	19,3	9,4	7,2	5,8	45,8[4]	11,3	0,784	—	0,866	—
—	7,3	—	17,8	10,6	6,9	5,6	50,8[4]	13,4	0,778	—	0,864	—
—	5,3	—	17,3	6,2	4,2	11,9	54,1[4]	15,2	0,805	—	0,872	—
3,2	23,8	—	21,0	5,5	5,0	11,4	32,3[4]	10,9	0,776	—	0,872	—
—	6,6	—	19,4	6,5	3,0	16,4	47,1[4]	18,8	0,805	—	0,875	—
8,9	36,0	—	21,8	5,7	3,7	6,9	24,9[4]	9,9	0,761	—	0,862	—
4,7	28,0	—	23,4	6,5	6,5	6,7	27,9[4]	10,1	0,778	—	0,864	—
0,4	2,2	—	18,7	12,0	7,7	8,3	50,1[4]	11,1	0,808	—	0,873	—
—	—	—	11,0	8,4	7,6	20,7	51,3[4]	10,2	—	—	0,885	—
2,3	24,0	—	25,0	7,1	5,7	6,9	30,3[4]	9,8	0,787	—	0,872	—
—	2,1	—	17,8	6,7	5,6	8,0	58,8[4]	15,3	0,806	—	0,867	—
—	—	—	14,0	6,1	5,3	15,1	58,5[4]	11,4	—	—	0,868	—
—	5,1	—	19,0	8,8	5,5	12,4	48,2[4]	13,2	0,798	—	0,868	—
—	—	—	16,6	5,3	5,0	18,3	53,8[4]	14,2	—	—	0,879	—
—	—	—	14,5	6,6	6,6	19,9	51,4[4]	14,9	—	—	0,878	—
0,3	11,1	—	22,3	7,1	5,9	14,4	38,2[4]	12,0	0,796	—	0,874	—
—	—	—	15,4	7,6	5,4	17,4	53,2[4]	13,7	—	—	0,844	—
4,6	33,4	—	22,0	6,1	3,8	7,3	26,4[4]	11,2	0,781	—	0,854	—
1,4	13,0	—	18,6	6,5	4,6	10,9	45,4[4]	17,8	0,780	—	0,869	—
—	8,3	—	12,8	6,0	7,1	13,5	51,3[4]	17,1	0,793	—	0,868	—
4,1	12,2	—	29,7	7,2	3,3	9,8	36,8[4]	11,0	0,783	—	0,858	—
—	—	—	25,9	15,0	8,0	14,2	35,9[4]	9,8	—	—	0,879	—
—	—	—	40,5	12,4	7,5	13,6	25,0[4]	7,0	—	—	0,880	—
—	—	—	22,9	13,8	8,2	16,8	37,3[4]	8,0	—	—	0,884	—
—	—	—	21,8	11,4	7,6	18,1	40,1[4]	5,3	—	—	0,883	—
3,1	16,2	—	23,7	12,7	5,9	11,2	29,3[4]	6,4	0,784	—	0,867	—
—	—	—	36,9	14,9	8,4	14,1	24,7[4]	3,1	—	—	0,886	—
—	—	—	28,5	14,2	8,3	15,3	32,7[4]	5,5	—	—	0,887	—
—	3,7	—	24,9	14,4	7,7	10,6	37,7[4]	8,0	0,823	—	0,882	—
—	—	—	49,8	14,0	4,5	14,8	13,9[4]	4,7	—	—	0,893	—
—	—	—	36,2	16,4	5,8	13,8	26,8[4]	4,8	—	—	0,880	—
—	16,7	—	30,6	10,6	6,0	9,4	25,7[4]	5,5	0,765	—	0,874	—
—	—	—	28,5	13,8	8,6	17,8	28,3[4]	9,7	—	—	0,880	—
—	—	—	27,0	13,6	7,2	16,0	35,2[4]	6,4			0,880	—
—	7,5	2,9	16,7	9,8	8,8	5,7	47,6[4]	22,1	0,765	0,819	0,876	—
—	10,5	—	17,1	6,0	6,0	10,1	49,8	16,9	0,788	—	0,877	1,024[2]

[3] Unter —15° C. [4] Destillationsverlust auf 1,0% geschätzt.

Zahlentafel 14

Probe Nr.	Land	Staat oder Provinz	Feld oder Distrikt	Schwefelgehalt des Rohöls	Spez. Gew. bei 15,6° C der Schlüsselfraktionen		Trübungspunkt der Schlüsselfraktion 2
				Gew.-%	1	2	° C
						Naphthen-basisch	
947	Trinidad	Morne L'Enfer	Lot no. 4	1,97	0,888	0,965	[1]
950	,,	—	Barrackpore	0,54	0,900	0,967	[1]
951	,,	—	Fyzabad	0,95	0,897	0,967	[1]
952	,,	—	Point Fortin	1,36	0,882	0,954	[1]
953	,,	Morne L'Enfer	Parry Lands	1,47	0,885	0,953	[1]
956	,,	—	Tabaquite	0,39	0,867	0,929	[1]
992	Mexiko	—	Zurita	5,09	0,875	0,944	[1]
993	,,	—	Gonzalo	5,29	0,869	0,949	[1]
998	Venezuela	—	Lake Maricaibo	2,51	0,880	0,954	[1]
23539	,,	—	Mene Grande	2,65	0,879	0,959	[1]
30402	Albanien	—	Patos	5,60	0,871	0,966	[1]
30403	,,	—	Kuchova	4,11	0,871	0,960	[1]
31074	Slowakei	—	Egbell (Gbely)	0,16	0,888	0,955	[1]
29666	Protektorat Böhmen u. Mähren	Mähren	Göding (Hodonin)	0,10	0,900	0,977	[1]
1195	Ehem. Polen	Galizien	Schodnica	0,24	0,871	0,937	[1]
1150	Rumänien	Prahova	Moreni	0,22	0,895	0,952	[1]
1151	,,	,,	,,	0,22	0,885	0,954	[1]
30301	,,	,,	Tintea	0,26	0,867	0,936	[1]
1158	,,	,,	Bustenari	0,16	0,878	0,944	[1]
1159	,,	,,	Baicoi	[4]	0,882	0,946	[1]
1160	,,	,,	,,	0,33	0,889	0,962	[1]
1153	,,	Dambovita	Gura Ocnitei	0,32	0,891	0,965	[1]
29678	Griechenland	—	Zante	4,98	0,874	0,988	[1]
30235	Rußland	Baku	Binagadi	0,31	0,881	0,938	[1]
32121	,,	—	Sakhalin	0,44	0,875	0,962	[1]
23220	Indien	Assam	Bardarpur	[4]	0,943	1,035[2]	[1]
23221	,,	,,	,,	0,12	0,921	1,035[2]	[1]
973	Japan	Akita	Kurokawa	0,80	0,872	0,952	[1]
975	,,	,,	Toyokawa	0,63	0,870	0,959	[1]
30207	,,	,,	Michikawa	0,79	0,878	0,955	[1]
30208	,,	,,	Iwase	0,82	0,871	0,951	[1]
30211	,,	Echigo	Kanatsu	0,70	0,875	0,953	[1]
30213	,,	,,	Nanukaichi	0,27	0,885	0,961	[1]
970	,,	,,	Nishiyama	[4]	0,867	0,936	[1]
972	,,	,,	Niitsu	0,52	0,871	0,958	[1]
30396	Borneo	Sarawak	Miri	[4]	0,887	0,977	[1]
23052	,,	,,	,,	[4]	0,906	0,991	[1]
25330	,,	,,	,,	[4]	0,883	0,991	[1]
25331	,,	,,	,,	0,19	0,899	0,998	[1]
25332	,,	,,	,,	0,20	0,894	1,001	[1]

[1] Unter −15° C. [2] Extrapoliert aus der Gleichung $°API = \frac{141,5}{d\frac{15,6}{15,6}} - 131,5$.

(Fortsetzung).

Leicht-benzin	Gesamt-benzin	Kerosin-destillat	Gasöl	Schmierölfraktion Vol.-%			Rück-stand	Kohlenstoff-rückstand d. Rückstandes	Spez. Gew. bei 15,6° C			
Vol.-%	Vol.-%	Vol.-%	Vol.-%	nicht-viskos	mittel	viskos	Vol.-%	Gew.-%	Gesamt-benzin	Kerosin	Gasöl	Rück-stand
(paraffinfrei).												
—	12,1	—	17,4	6,7	4,0	13,4	42,4	16,0	0,791	—	0,877	1,027[2]
2,7	18,1	—	33,4	11,3	5,0	11,8	20,2	9,2	0,777	—	0,877	1,004[2]
—	11,6	—	29,7	10,3	4,3	9,5	34,6	10,2	0,777	—	0,877	1,012[2]
—	14,8	—	20,4	7,9	4,6	11,2	41,1	12,8	0,781	—	0,873	1,007[2]
2,6	21,3	—	17,9	7,7	5,1	9,7	38,3	12,1	0,773	—	0,875	1,011[2]
11,7	52,6	—	22,9	6,0	5,5	2,6	9,2	3,2	0,757	—	0,859	0,946
—	6,8	—	15,5	6,3	5,0	1,8	67,9	22,1	0,767	—	0,866	1,003[2]
—	7,6	2,6	13,8	5,0	6,7	0,9	62,4	24,1	0,771	0,822	0,871	1,058[2]
3,4	14,6	—	15,2	7,5	4,2	11,8	46,6	22,4	0,766	—	0,863	1,035[2]
—	9,2	—	16,6	7,4	6,7	5,0	54,9 [3]	19,1	0,787	—	0,868	—
4,6	13,8	3,2	19,5	4,3	7,7	6,9	43,1	10,4	0,741	0,823	0,869	1,092[2]
6,8	23,4	3,2	13,2	6,2	9,1	7,0	35,8	13,4	0,738	0,820	0,872	1,060[2]
—	—	—	26,4	18,0	7,8	19,6	26,9	6,6	—	—	0,885	0,982
—	—	—	27,9	15,6	10,9	25,7	19,6	3,4	—	—	0,897	0,991
3,5	29,8	—	24,9	9,3	5,7	5,7	24,3	8,9	0,773	—	0,865	0,975
13,0	38,0	—	21,5	3,7	3,4	11,4	21,7	11,9	0,767	—	0,878	0,986
21,4	53,5	—	15,2	4,9	1,8	8,8	15,5	15,6	0,743	—	0,870	0,995
14,2	39,9	3,8	12,7	5,5	3,0	4,9	29,3	13,1	0,743	0,821	0,866	0,991
7,5	36,4	—	22,7	7,1	4,3	6,5	22,7	9,1	0,765	—	0,871	0,977
11,5	48,2	—	19,8	5,3	3,8	7,4	15,5	14,9	0,764	—	0,871	0,994
9,6	38,3	—	19,4	6,9	2,1	10,4	22,7	11,7	0,771	—	0,877	0,998
5,3	30,3	—	20,2	6,8	4,8	8,4	29,0	10,0	0,772	—	0,881	0,998
6,3	12,8	3,4	14,1	6,7	4,7	9,1	47,7	22,0	0,761	0,820	0,874	1,074[2]
—	11,1	—	27,8	8,3	6,3	9,4	36,8	7,9	0,793	—	0,875	0,971
—	7,0	—	26,3	13,2	5,5	13,9	33,5	10,6	0,799	—	0,872	1,006[2]
0,7	16,0	—	47,6	12,6	5,2	14,3	4,3	9,2	0,795	—	0,920	1,052[2]
—	3,3	—	36,0	14,5	9,4	22,4	14,4	10,8	0,805	—	0,901	1,081[2]
—	8,7	—	22,1	10,9	4,1	10,5	43,3	17,0	0,800	—	0,867	1,013[2]
—	—	—	18,9	10,3	7,8	13,6	49,0	17,9	—	—	0,873	1,023[2]
—	—	—	20,4	11,3	5,9	15,6	46,6	12,4	—	—	0,876	1,020[2]
—	—	—	17,4	9,1	6,5	13,7	52,8	20,6	—	—	0,872	1,026[2]
—	2,5	—	23,8	13,8	8,0	11,7	40,0	12,1	0,822	—	0,873	0,998
—	—	—	32,1	15,9	6,0	16,4	29,4	9,6	—	—	0,880	0,994
1,2	36,8	—	31,1	10,5	4,4	7,6	9,6	8,6	0,787	—	0,860	0,982
—	—	—	26,1	16,5	6,9	14,4	36,0	14,2	—	—	0,870	1,008[2]
10,7	50,8	—	29,3	5,6	1,5	6,8	5,7	4,7	0,776	—	0,876	1,010[2]
1,9	20,1	—	47,8	9,9	2,3	11,0	8,8	5,1	0,783	—	0,887	1,027[2]
8,6	45,3	—	31,2	7,9	2,9	7,9	4,4	5,6	0,774	—	0,876	1,029[2]
1,3	20,8	—	49,0	9,5	3,0	10,5	7,2	5,9	0,784	—	0,884	1,043[2]
—	—	—	36,9	16,9	9,2	23,1	13,3	4,1	—	—	0,887	1,033[2]

[3] Destillationsverlust auf 1,0% geschätzt. [4] Schwefel, weniger als 0,10%.

Zahlentafel 14

Probe Nr.	Land	Staat oder Provinz	Feld oder Distrikt	Schwefelgehalt des Rohöls	Spez. Gew. bei 15,6° C der Schlüsselfraktionen		Trübungspunkt der Schlüsselfraktion 2
				Gew.-%	1	2	° C
						Naphthenbasisch	
1246	Borneo	—	Sanga-Sanga	[1]	0,904	0,971	[2]
1248	,,	—	Tarakan	0,12	0,899	0,982	[2]
1249	Sumatra	Palembang	Palembang	0,15	0,897	0,982	[2]
1250	,,	,,	Batoe Kras	[1]	0,865	0,971	[2]
1252	,,	,,	Babat	[1]	0,860	0,947	[2]
1242	Java	Rembang	Ngrajoeng	0,13	0,882	0,987	[2]
				Naphthenbasisch (arm an			
53	USA.	Kalifornien	Midway	1,63	—	0,966	[2]
533	Angola	—	—	0,43	—	0,946	[2]
534	,,	—	—	0,44	—	0,950	[2]
				Naphthenbasisch (arm an			
23	USA.	Kalifornien	Coalinga	0,10	0,911	—	—
30184	Italien	Emilia	Tabiano	[1]	0,872	—	—
30186	,,	,,	Ozano-Ricco	[1]	0,887	—	—
30205	Japan	Ishikari	Ishikari	0,10	0,863	—	—
30214	,,	Echigo	Maki	0,10	0,868	—	—

[1] Schwefel, weniger als 0,10%. [2] Unter −15° C. [3] Extrapoliert aus der

c) Paraffinhaltige gemischtbasische Rohöle.

Etwa ein Drittel (111) der untersuchten Ölproben gehören zur Klasse der paraffinhaltigen gemischtbasischen Öle. Sie sind ebenso wie die paraffinbasischen Öle in solche mit hohem und solche mit niedrigem Schwefelgehalt zu unterteilen. 30 Proben (27%) haben einen Schwefelgehalt von 1 Gew.-% und höher, die restlichen 79 Proben (73%) besitzen im Mittel 0,39 Gew.-% Schwefel. Hinsichtlich ihrer Eigenschaften stehen die paraffinhaltigen gemischtbasischen Öle etwa zwischen den paraffinhaltigen paraffinbasischen und den paraffinfreien naphthenbasischen Ölen.

In diese Gruppe von Ölen fallen auch die Rohöle von Nienhagen, Hänigsen, Oberg und Zentral-Wietze.

d) Paraffinfreie gemischtbasische Rohöle.

Öle dieser Art werden hauptsächlich auf der östlichen Erdhalbkugel (Europa, Asien) gefunden. Auch ein Teil der deutschen Wietze-Öle gehört hierzu. Mit Ausnahme dieser Öle besitzen die paraffinfreien gemischtbasischen Öle einen niedrigen Schwefelgehalt von durchschnittlich 0,19 Gew.-%.

ᵢortsetzung).

ˌeicht-benzin	Gesamt-benzin	Ke-rosin-destillat	Gasöl	Schmierölfraktion Vol.-%			Rück-stand	Kohlenstoff-rückstand d. Rückstandes	Spez. Gew. bei 15,6° C			
ᵢol.-%	Vol.-%	Vol.-%	Vol.-%	nicht-viskos	mittel	viskos	Vol.-%	Gew.-%	Gesamt-benzin	Kerosin	Gasöl	Rück-stand
paraffinfrei).												
6,5	37,3	—	41,3	4,8	2,8	5,5	8,3	8,6	0,790	—	0,881	1,002 [3]
—	—	—	33,8	16,7	7,4	20,2	21,5	8,1	—	—	0,893	1,015 [3]
—	—	—	41,1	18,8	5,3	17,9	16,5	12,1	—	—	0,893	1,022 [3]
18,2	73,5	3,7	10,4	2,0	0,7	2,0	0,7	9,3	0,747	0,813	0,859	—
27,2	70,0	5,7	12,7	3,7	1,3	2,1	3,0	7,6	0,734	0,819	0,861	0,985
—	—	—	34,8	16,6	3,7	18,5	25,7	5,3	—	—	0,875	1,024 [3]
ıiedrigsiedenden Fraktionen).												
—	—	—	10,2	7,7	5,4	19,9	55,8	16,6	—	—	0,887	—
—	—	—	3,7	3,6	3,9	35,8	52,9	26,0	—	—	0,893	1,039 [3]
—	—	—	3,7	4,9	4,4	20,9	65,4	21,3	—	—	0,888	1,027 [3]
ıochsiedenden Fraktionen).												
9,8	53,0	—	36,8	5,9 [4]	—	—	—	—	0,788	—	0,886	—
13,4	52,8	—	30,4	16,6 [4]	—	—	—	—	0,768	—	0,850	—
12,5	32,0	—	31,0	16,8 [4]	—	—	—	—	0,771	—	0,858	—
20,0	60,6	—	18,3	—	20,2 [4]	—	—	—	0,758	—	0,847	—
13,8	55,6	—	21,8	—	22,4 [4]	—	—	—	0,774	—	0,851	—

ᴣleichung $°API = \frac{141,5}{d\frac{15,6}{15,6}} - 131,5.$

[4] Enthält alle Anteile, die schwerer als Gasöl sind.

Die Wietzer Öle dieser Gruppe fallen völlig aus diesem Rahmen. Ihr Schwefelgehalt beträgt 1,22 bis 1,38 Gew.-%, ihre sonstigen Eigenschaften liegen hart an der Grenze der gemischt- zu den naphthenbasischen Ölen.

Der Kerosingehalt der paraffinfreien gemischtbasischen Öle ist im allgemeinen sehr gering (im Mittel 5,4 Vol.-%).

e) Gemischt-naphthen-basische Rohöle.

Gemischt-naphthen-basische Öle werden nur in geringer Zahl gefunden. Von den 315 untersuchten Rohölen gehörten nur 6 (1,9%) zu dieser Gruppe. Sie sind zum Teil paraffinhaltig, zum Teil paraffinfrei. Ihr Schwefelgehalt ist stark unterschiedlich. Bei den beschriebenen Proben wechselt er zwischen fast 0,0 bis 4,1 Gew.-%.

Wie bei allen übrigen Ölklassen, deren niedrig- oder hochsiedende Anteile naphthenbasisch sind, ist der Kerosingehalt gering und der Gasölanteil verhältnismäßig hoch. Auszunehmen sind nur die paraffinhaltigen Öle dieser Gruppe.

Zahlentafel 15. Mittlere Eigenschaften der Erdölklassen (Durchschnittswerte der Zahlentafel 14)[5].

Klasse	Zahl der Proben	Schwefelgehalt des Rohöls Gew.-%	Spez. Gew. bei 15,6° C der Schlüsselfraktionen		Leichtbenzin	Gesamtbenzin	Kerosindestillat	Gasöl	Schmierölfraktion Vol.-%			Spez. Gew. bei 15,6° C		
			1	2	Vol.-%	Vol.-%	Vol.-%	Vol.-%	nichtviskos	mittel	viskos	Gesamtbenzin	Kerosindestillat	Gasöl
Paraffinbasisch, paraffinhaltig	14	0,22	0,811	0,862	6,1	22,6	17,5	11,0	13,2	5,1	—	0,739	0,801	0,830
Paraffin-gemischt-basisch, paraffinhaltig	24	0,50	0,822	0,887	5,8	28,9	18,5	10,1	11,0	6,4	—	0,745	0,811	0,847
Gemischt-paraffin-basisch, „	10	0,19	0,836	0,871	5,6	21,9	8,8	24,9	16,2[1]	7,1[1]	—	0,771	0,814	0,843
Gemischtbasisch, paraffinhaltig	111	1,00	0,840	0,913	5,4	25,9	7,5	18,2	10,1[2]	6,9[2]	3,4[3]	0,757	0,814	0,850
„ paraffinfrei	19	0,36	0,850	0,914	4,5	25,1	5,4	19,4	9,0	5,6	4,8	0,769	0,818	0,854
Gemischt-naphthen-basisch, paraffinhalt.	3	—	0,840	0,940	9,3	38,1	12,0	12,0	6,4	4,5	3,8	0,755	0,814	0,857
„ „ paraffinfrei.	3	—	0,854	0,951	—	11,2	—	26,9	5,2	7,7	7,4	0,776	—	0,850
Naphthen-gemischt-basisch, paraffinhalt.	13	0,35	0,868	0,914	3,3	24,7	—	29,8	11,0[4]	6,6[4]	5,4[4]	0,782	—	0,865
„ „ paraffinfrei.	11	0,80	0,870	0,918	—	6,8	—	22,3	13,5	8,9	7,1	0,786	—	0,867
Naphthenbasisch, paraffinhaltig	15	1,50	0,880	0,955	4,7	21,5	—	27,7	9,9	5,6	7,5	0,775	—	0,873
„ paraffinfrei	82	1,07	0,883	0,959	2,9	15,1	—	24,3	9,5	5,6	11,5	0,778	—	0,875

[1] 7 Proben. [2] 99 Proben. [3] 46 Proben. [4] 10 Proben.

[5] Umrechnung der englischen und amerikanischen Maße in den Zahlentafeln 1 bis 15 von H. Anger.

f) Naphthen-gemischt-basische Rohöle.

Unter diesen Ölen finden sich ebenfalls paraffinhaltige und paraffinfreie Öle. Ihre Eigenschaften sind sehr uneinheitlich. Z. B. wechselt der Schwefelgehalt zwischen etwa 0,0 und 2,2 Gew.-%. Sieben Proben besitzen keine unter 200° siedenden Anteile, während andere Proben sogar einen besonders hohen Benzingehalt aufweisen. Beispielsweise enthält eine japanische Rohölprobe von Kubiki 53,1 Vol.-% Gesamtbenzin. Auch die spez. Gewichte der einzelnen Fraktionen zeigen erhebliche Unterschiede.

g) Paraffinhaltige naphthenbasische Rohöle.

Naphthenbasische Öle enthalten im allgemeinen kein Paraffin. Von den 97 als naphthenbasisch identifizierten Ölproben waren dementsprechend nur 15 paraffinhaltig. Der Hauptteil dieser Öle (10) besitzt einen mittleren Schwefelgehalt von 0,33 Gew.-%, bei den restlichen 5 Ölen wurde ein außerordentlich hoher mittlerer Schwefelgehalt von 3,83 Gew.-% gefunden. Eine Kerosinfraktion ist in allen Ölen mit nur einer Ausnahme nicht enthalten.

h) Paraffinfreie naphthenbasische Öle.

Diese Gruppe ist verhältnismäßig groß. Zu ihr gehören 82 (26%) von 315 in die Untersuchungen einbezogenen Rohölproben. 26 von diesen Ölen, hauptsächlich solche aus der westlichen Erdhalbkugel, enthalten mehr als 1 Gew.-% Schwefel (im Mittel 2,58 Gew.-%). Im Durchschnitt ist der Schwefelgehalt der paraffinfreien naphthenbasischen Öle von der östlichen Erdhalbkugel bedeutend geringer als der der Öle von der westlichen Halbkugel.

8 der untersuchten Proben enthalten zwar kleine Mengen von Kerosin; trotzdem sind die naphthenbasischen Rohöle als Ausgangsstoffe für die Herstellung von Kerosindestillaten nicht geeignet. Dagegen ist der Anteil an hochviskosen Schmieröldestillaten verhältnismäßig groß.

10. Eigenschaften der Roherdöle.

a) Physikalische Eigenschaften.

Rohes Erdöl ist meistens braungrün bis braunschwarz, selten hellbraun bis rotbraun gefärbt. Im reflektierten Licht zeigt es eine dunkelgrüne bis bläuliche Fluoreszenz. Bei gewöhnlicher Temperatur ist es dünnflüssig, dickflüssig oder salbenartig, je nach seinem Gehalt an leichten und schweren Öl- sowie an festen Paraffinanteilen (s. S. 30ff.).

Der Geruch wird in erster Linie durch die Art der leichtflüchtigen Bestandteile gegeben. Sind Schwefelverbindungen nicht oder wenig vorhanden, so findet man meist einen angenehmen, für Kohlenwasserstoffe charakteristischen Geruch. Schwefel- und stickstoffreiche Öle riechen penetrant.

Das *spez. Gewicht* der Rohöle schwankt zwischen etwa 0,73 und 1,00, bei einzelnen Ölen, z. B. manchen mexikanischen, steigt es bis zu 1,06. Die Höhe des spez. Gewichtes hängt einerseits von dem Verhältnis der niedrig- und hochsiedenden Bestandteile im Öl, andererseits von der Art der vorliegenden Kohlenwasserstoffe ab. Mit zunehmendem Siedepunkt erhöht sich das spez. Gewicht der Kohlenwasserstoffe gleicher Klasse. Außerdem steigt es in der Richtung Paraffine, Olefine, Naphthene, Aromaten. Aus diesem Grunde deutet ein hohes spez. Gewicht entweder einen geringen Gehalt an leichten Anteilen (Benzin, Leuchtöl) oder einen hohen Gehalt an naphthenischen oder aromatischen Kohlenwasserstoffen an.

Der *Ausdehnungskoeffizient* liegt zwischen etwa 0,00065 bis 0,00085. Unterhalb des Trübungspunktes, d. h. solange festes Paraffin vorhanden ist, findet man bedeutend kleinere Ausdehnungskoeffizienten, die häufig sogar negativ sind.

Der *obere Heizwert* der Roherdöle wird meist mit 10000 bis 11000 kcal/kg gemessen, in Ausnahmefällen steigt er bis 11500 oder fällt er bis 9500 kcal/kg.

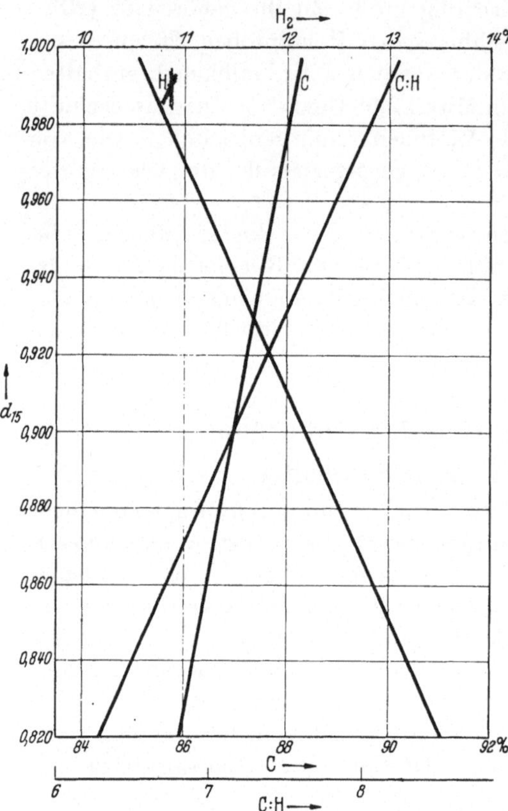

Abb. 1. Der Kohlenstoff-[1] und Wasserstoffgehalt sowie das Kohlenstoff-Wasserstoff-Verhältnis von Roherdölen in Abhängigkeit vom spez. Gewicht bei 20°.

Die *spez. Wärme* beträgt 0,4 bis 0,5 cal/g und Grad.

Der *Flammpunkt* richtet sich hauptsächlich nach dem Benzin- und Leuchtölgehalt. Benzinreiche Öle entflammen bereits unterhalb der gewöhnlichen Außentemperaturen, schwere benzinfreie Öle besitzen hohe Flammpunkte (bis zu etwa 80°).

Neben festen Stoffen wie Sand und Salz enthalten die Roherdöle fast immer *Wasser*, das zum Teil aus den mit dem Öl gemeinschaftlich vorkommenden Salzsolen, zum Teil aus der bei der Förderung angewandten Spülung stammt.

Die meisten physikalischen Kenndaten der Roherdöle und besonders ihrer Destillate stehen in enger Beziehung zum spez. Gewicht. Die Höhe des spez. Gewichtes gibt deshalb in Verbindung mit der Siedeanalyse einen ersten Anhaltspunkt über die übrigen physikalischen Eigenschaften und auch über die chemische Grundzusammensetzung der Rohöle[2]. Eine Anzahl analytischer Werte der Roköldestillate, so der Heizwert und die Elementarzusammensetzung, können unmittelbar aus dem spez. Gewicht angenähert angesagt werden (vgl. Abb. 1).

[1] Je 1% Schwefel sind 1% Kohlenstoff von den in Abb. 1 ablesbaren Werten des Kohlenstoffgehaltes abzuziehen.

[2] LOCHMANN, C.: Petroleum **30**, Nr. 46, 2 (1934). — FREUND, M.: Petroleum **31**, Nr 19, 3 (1935). — MARDER, M.: Öl u. Kohle **12**, 1061, 1087 (1937).

b) Chemische Eigenschaften.

Die Erdöle bestehen in der Hauptsache aus Kohlenwasserstoffen. Neben Kohlenstoff und Wasserstoff läßt die Elementaranalyse einen wechselnden, meist kleinen Gehalt an Schwefel-, Sauerstoff- und Stickstoffverbindungen erkennen.

Zahlentafel 16. Mittlere Elementarzusammensetzung von Roherdölen in Gew.-%.

Kohlenstoff	81—87
Wasserstoff	10—14
Schwefel	0,0—6,0
Sauerstoff	0,0—7,0
Stickstoff	0,0—1,2

Ein geringer Aschegehalt der Erdöle stammt im wesentlichen aus mechanischen Verunreinigungen. Bei der Ascheanalyse finden sich u. a. Natrium, Kalium, Kalzium, Magnesium, Aluminium, Eisen, Kupfer, Nickel, Molybdän und Vanadium. In den Erdölwässern wird gelegentlich auch Radium nachgewiesen.

Die im Erdöl vorkommenden Kohlenwasserstoffklassen sind

a) Paraffinische oder aliphatische Kohlenwasserstoffe, geradlinige oder verzweigte gesättigte Kohlenwasserstoffe der allgemeinen Formel C_nH_{2n+2}. Die untersten Glieder der Paraffinreihe (Methan CH_4, Äthan $CH_3—CH_3$, Propan $CH_3—CH_2—CH_3$, Normal-Butan $CH_3—CH_2—CH_2—CH_3$ und iso-Butan: $CH_3—CH(CH_3)_2$) sind bei gewöhnlicher Temperatur gasförmig. Die geradlinigen und die verzweigten Paraffinkohlenwasserstoffe mit 5 bis 16 Kohlenstoffatomen sind unter normalen Bedingungen flüssig. Die geradkettigen Paraffine mit mehr als 16 Kohlenstoffatomen im Molekül haben Schmelzpunkte, die oberhalb der gewöhnlichen Außentemperaturen (20°) liegen. Die verzweigten Paraffine besitzen sämtlich niedrigere Schmelz- und Siedepunkte als die zugehörigen Normal-Paraffine.

b) Naphthen-Kohlenwasserstoffe, Zykloparaffine, Hydroaromaten oder zyklische Polymethylene. Es handelt sich um gesättigte zyklische Verbindungen der allgemeinen Formel C_nH_{2n}. Beispiele solcher Verbindungen sind:

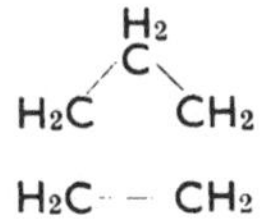

Zyklopentan 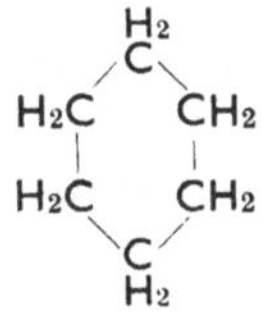 — Zyklohexan 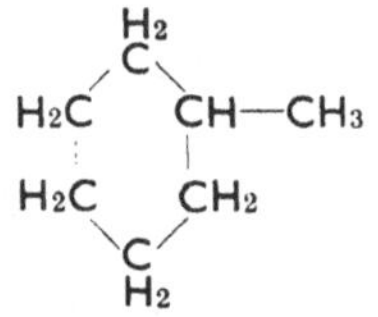 — Methylzyklohexan

Gegenüber den Paraffinen und Naphthenen treten die beiden übrigen Kohlenwasserstoffklassen im Erdöl zurück.

c) Aromatische Kohlenwasserstoffe. Diese wegen ihres Geruches so genannten Kohlenwasserstoffe sind ungesättigte zyklische Verbindungen. Ihr Aufbau ist aus folgenden Beispielen ersichtlich:

Benzol — Toluol — o-Xylol

d) Ungesättigte Kohlenwasserstoffe. Sie kommen in natürlichen Erdölen wenig vor, entstehen aber bei der Druckwärmebehandlung (Kracken) von Erdöl oder Erdöldestillaten in beträchtlichen Mengen. Man unterscheidet je nach der Zahl der in den Molekülen enthaltenen Doppelbindungen Mono- und Diolefine. Außerdem gibt es Kohlenwasserstoffe mit Dreifachbindungen (Azetylene):

$CH_2{=}CH \cdot CH_2 \cdot CH_2 \cdot CH_2 \cdot CH_3$ 1-Hexen — $CH_2{=}CH \cdot CH{=}CH \cdot CH_2 \cdot CH_3$ 1,3-Hexadien — $CH \equiv CH$ Azetylen

An *Sauerstoff*verbindungen sind Naphthensäuren, Fettsäuren, harz- und asphaltartige Stoffe, Ester der organischen Säuren und Phenole im Erdöl enthalten[1].

Ein angenähertes Bild der Verteilung der Kohlenwasserstoffklassen in einigen Erdölen vermittelt Zahlentafel 17. Ungesättigte Kohlenwasserstoffe wurden nicht oder nur in unwesentlichen Mengen gefunden.

Zahlentafel 17. Gehalt der bis 300° siedenden Fraktionen einiger Roherdöle an Paraffinen (P), Naphthenen (N) und Aromaten (A) in Vol.-% nach Sachanen und Wirabianz[2].

Siedegrenzen der Fraktionen in ° C	Bibi Eybat USSR.			Dossor USSR.			Mexia Texas			Tonkawa Oklahoma			Davenport Oklahoma			Huntington Kalifornien		
	P	N	A	P	N	A	P	N	A	P	N	A	P	N	A	P	N	A
60— 95	57	40	3	68	29	3	54	17	29	68	26	6	74	21	5	65	31	4
95—122	45	52	3	46	52	2	57	22	21	58	34	8	65	28	7	46	48	6
122—150	27	66	7	35	61	4	58	23	19	45	43	12	55	33	12	25	64	11
150—200	19	69	12	24	69	7	63	21	16	39	41	20	55	29	16	22	61	17
200—250	27	51	22	24	67	9	68	20	12	44	34	22	52	31	17	30	45	25
250—300	29	41	30	26	61	13	59	29	12	46	29	25	51	32	17	31	40	29

Legt man die Untersuchungsergebnisse von Sachanen und Wirabianz zugrunde, so nimmt der Gehalt an Paraffinen im allgemeinen mit steigenden Siedegrenzen zugunsten dem der Naphthene und Aromaten ab. Es ist dabei jedoch zu berücksichtigen, daß man größere Kohlen-

[1] Braun, J. v.: Chem. Ztg. **59**, 485 (1935) — Öl u. Kohle **13**, 799 (1937). — C. D. Nenitzescu, D. A. Isacescu u. T. A. Volrap: Ber. dtsch. Chem. Ges. **71**, 2056 (1938).

[2] Sachanen, A. N., u. R. Wirabianz: Petroleum **25**, 881 (1929).

wasserstoffmoleküle häufig nicht mehr zu einer ausgesprochenen Kohlenwasserstoffklasse zählen kann, weil sie aus Bestandteilen zusammengesetzt sind, die zu verschiedenen Kohlenwasserstoffklassen gehören. Eine solche Verbindung ist z. B. Hexyl-Benzol, das gleichzeitig als paraffinisch und als aromatisch angesprochen werden kann. Bei der üblichen Aromatenbestimmung durch Ausschütteln mit Schwefelsäure wird diese Verbindung aber als Aromat identifiziert (siehe auch unter Benzineigenschaften S. 136ff.).

Der *Schwefel* wird als freier Schwefel, Schwefelwasserstoff, Merkaptan sowie als aliphatisches oder hydrozyklisches Sulfid gefunden[1].

Stickstoff kommt in Form von Pyridin-, Hydropyridin-, Chinolin- und Hydrochinolinbasen vor.

11. Vorbehandlung der Roherdöle.

Beim Austritt aus dem Bohrloch enthält das Rohöl Beimengungen wie Salzwasser, Sand und Bohrschlamm. Diese Verunreinigungen müssen entfernt werden, bevor das Öl zur Destillation gelangt.

Das Wasser bildet mit dem Öl häufig sehr beständige Emulsionen, da die Rohöle zum Teil sehr wirksame Emulgatoren, z. B. Harz- und Asphaltstoffe sowie naphthensaure Salze (Naphthenseifen), enthalten. Diese Stoffe setzen die Grenzflächenspannung Öl-Wasser stark herab und begünstigen somit die Emulsionsbildung. Die Zerstörung der Emulsionen erfolgt in verschiedener Weise, u. a. durch Erwärmen oder Druckerwärmen in großen Behältern, durch Zentrifugieren, durch Zusatz kapillaraktiver Stoffe, durch Druckfilterung oder vermittels Elektrolyse unter hohen Spannungen. Mit dem Wasser setzen sich auch die übrigen Verunreinigungen aus dem Rohöl ab.

Beim Entwässern durch Erwärmen wird vielfach eine gleichzeitige Entfernung der leicht siedenden Rohölanteile („Toppen") vorgenommen. Das geschieht besonders dann, wenn das Öl vor der Destillation noch gelagert wird. Man vermeidet auf diese Weise Gas- und Benzinverluste beim Lagern.

Heute benutzt man zum Toppen (auch reducing oder skimming) an Stelle der früher verwendeten Destillierblasen Röhrenerhitzer mit nachgeschalteten Fraktioniertürmen und Kondensatoren. Die größte europäische Toppanlage wurde von der *Compagnie Française de Raffinage* in Le Havre gebaut[2]. Die Anlage ist für einen Tagesdurchsatz von 3000 t vorgesehen.

Das Rohöl wird zunächst durch Wärmeaustauscher geleitet, in denen es durch die Rückwärme des bereits getoppten Öles auf 120° vorgewärmt

[1] Schmeling, F.: Mitt. Ges. Braunk.- u. Mineralölforschung, T. H. Berlin. Heft 11, 64 (1935).

[2] Mayer, N.: Öl u. Kohle 1, 163 (1933).

wird. Bei dieser Temperatur und unter einem Druck von 12 bis 15 at durchfließt es in langsamem Strom große Absitzbehälter und scheidet das enthaltene Wasser nebst etwaigen anderen Verunreinigungen ab. Das vorgereinigte Rohöl wird in Röhrenerhitzern auf etwa 150° erhitzt und in den angeschlossenen Fraktionierturm überführt. Die am Kopf des Turmes abziehenden leichten Kohlenwasserstoffdämpfe werden unter einem Druck von 4 bis 5 at kondensiert. Mit den leichten Anteilen wird den Rohölen auch der zu starken Korrosionen Anlaß gebende Schwefelwasserstoff entzogen, der größtenteils mit den nichtkondensierbaren Gasen aus den Kondensatoren entweicht. Das Kondensat wird im Hochdruckstabilisator von restlichen Gasen befreit und nach der Raffination als Motorbenzin oder Gemischteilnehmer von Motorkraftstoffen verwendet.

Das getoppte Rohöl fließt am Boden des Fraktionierturmes ab. Es gelangt zur Lagerung und späteren Destillation. Ist die Wirtschaftslage für höhersiedende Erdölerzeugnisse nicht günstig oder ist das getoppte Öl für die Weiterverarbeitung nicht geeignet, so wird es, besonders in Amerika, unmittelbar als Heizöl oder als Ausgangsstoff für die Herstellung von Straßenbaubitumen abgesetzt (vgl. auch S. 124).

B. Destillation von Erdöl und Erdölfraktionen.

Unter Mitarbeit von Dr. **Kurt Schneider**, Berlin.

I. Theoretische und praktische Grundlagen.

1. Verhalten von Zweistoffgemischen bei der fraktionierten Destillation.

Unter fraktionierter Destillation versteht man das Zerlegen eines Flüssigkeitsgemisches in Gemische anderer Zusammensetzung mittels Destillation, bei der das flüssige Destillat entsprechend den sich ändernden Siedetemperaturen in getrennten Teilen (Fraktionen) in Vorlagen aufgefangen wird[1]. Im allgemeinen schließt die fraktionierte Destillation z. B. einer Erdölfraktion die folgenden Operationen ein: Erhitzen, Verdampfen, Kondensieren und Kühlen. Es handelt sich um rein physikalische Vorgänge. Chemische Reaktionen treten nur als Folgeerscheinung der Wärmezufuhr auf und sind meist unerwünscht. Betrachtet man die Vorgänge während der Verdampfung, so ergibt sich folgendes Bild:

[1] Din E 7052; E. Kirschbaum: Chem. Fa. **14**, 95 (1941).

Die Zufuhr von Wärmeenergie erhöht die Molekularbewegung und damit die Neigung der Moleküle, die Flüssigkeit zu verlassen. Der Dampfdruck der leichtsiedenden, niedrigmolekularen Teilnehmer ist bei einer bestimmten Temperatur größer als der der höhersiedenden. Infolgedessen werden sich die ersteren gegenüber den letzteren im Dampfraum über der Flüssigkeit anreichern. Es stellt sich ein von den Molekelarten, dem Druck und der Temperatur abhängiges Gleichgewicht der molaren Zusammensetzung im Dampfraum ein, das durch dauernden Austausch zwischen den in der Flüssigkeit und im Dampfraum befindlichen Molekülen aufrechterhalten wird.

Eine völlige Trennung der Teilnehmer eines Flüssigkeitsgemisches durch Destillation erscheint nach dieser Überlegung als praktisch unmöglich. Die neuzeitliche Destillationstechnik hat jedoch einen so hohen Stand erreicht, daß man, wenn nicht eine molekulare, so doch eine für alle technischen und die meisten wissenschaftlichen Zwecke ausreichende Trennung von Stoffgemischen durch Destillation erzielen kann.

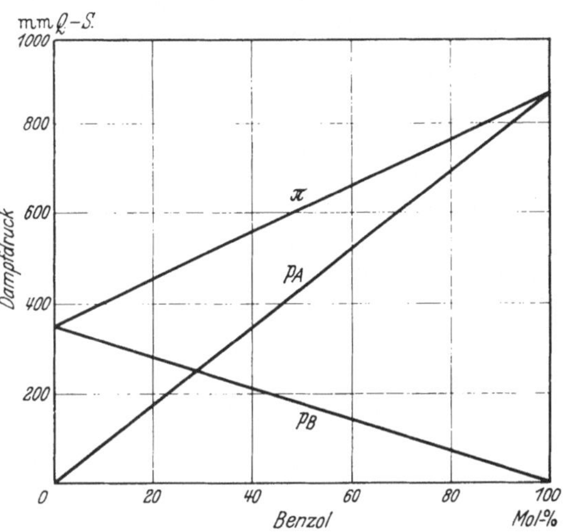

Abb. 2. Teildampfdrucke und Gesamtdampfdruck eines flüssigen Zweistoffsystems in Abhängigkeit vom Mischungsverhältnis der Teilnehmer (Fall 1: Der Gesamtdampfdruck π ergibt sich additiv aus den Teildrucken p_A und p_B).

Betrachtet man den Gesamtdampfdruck flüssiger Zweistoffsysteme, deren Gemischteilnehmer völlig miteinander mischbar sind, in Abhängigkeit vom Mischungsverhältnis der beiden Teilnehmer, so gelangt man zwangsläufig zu einer einfachen Unterteilung solcher Systeme.

Fall 1: Der Gesamtdampfdruck π des Gemisches ergibt sich nahezu additiv aus den nach RAOULT-DALTON (4) errechneten Teildrucken p_A und p_B der Gemischteilnehmer (Ideales Gemisch, Beispiel: Benzol-Toluol, Abb. 2).

Fall 2: Der Gesamtdampfdruck π besitzt ein Minimum (Beispiel: Chloroform-Azeton, Abb. 3).

Fall 3: Der Gesamtdampfdruck π durchläuft ein Maximum (Beispiel: Schwefelkohlenstoff-Azeton, Abb. 4).

a) Ideale Gemische.

Im Falle 1 gilt das Gesetz von DALTON, nach dem der Gesamtdruck eines Gasgemisches gleich der Summe der Partialdrucke der Gemischteilnehmer ist:

$$\pi = p_A + p_B. \tag{1}$$

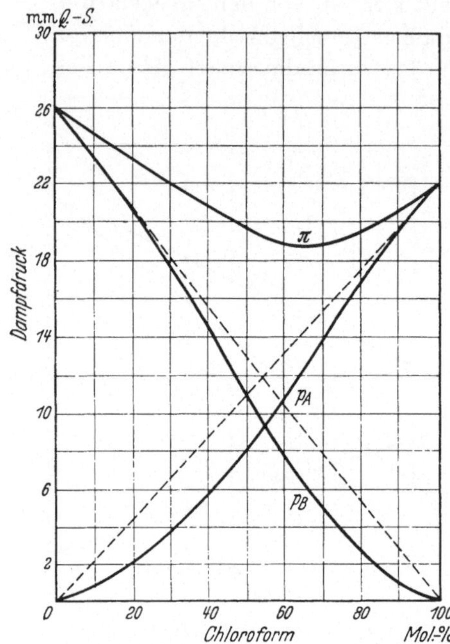

Abb. 3. Teildampfdrucke und Gesamtdampfdruck eines flüssigen Zweistoffsystems in Abhängigkeit vom Mischungsverhältnis der Teilnehmer (Fall 2: Gesamtdampfdruckkurve mit Minimum).

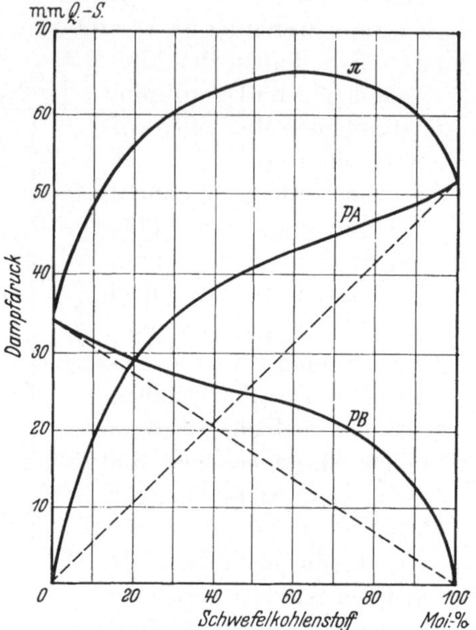

Abb. 4. Teildampfdrucke und Gesamtdampfdruck eines flüssigen Zweistoffsystems in Abhängigkeit vom Mischungsverhältnis der Teilnehmer (Fall 3: Gesamtdampfdruckkurve mit Maximum).

Die Partialdrucke p_A und p_B sind durch den Mol- bzw. Vol.-%-Gehalt y_A und y_B der Gemischteilnehmer A und B in der Dampfphase gegeben.

Es gilt

$$p_A = \pi \cdot y_A, \tag{2}$$

$$p_B = \pi \cdot y_B.$$

Der Partialdruck der Mischteilnehmer errechnet sich ebenfalls aus den bei derselben Temperatur herrschenden Dampfdrucken P_A und P_B und den Mol-%-Gehalten x und $(1 - x)$ dieser reinen Mischteilnehmer in der Flüssigkeit:

$$p_A = P_A \cdot x, \tag{3}$$

$$p_B = P_B \cdot (1 - x).$$

Aus den Gleichungen (1) bis (3) ergibt sich das RAOULT-DALTONsche Gesetz

$$\pi \cdot y_A = P_A \cdot x ,$$

$$\pi \cdot y_B = P_B \cdot (1 - x) ,$$

allgemein:

$$\pi \cdot y = P \cdot x . \tag{4}$$

Mit Hilfe der Gleichung (4) läßt sich für einen festgelegten Druck, z. B. Atmosphärendruck, die Abhängigkeit der Zusammensetzung der flüssigen und dampfförmigen Phase von der Siedetemperatur aufstellen [vgl. Gleichung (6) und (7)]. Abb. 5 gibt ein solches Siedepunktdiagramm für das Zweistoffgemisch Benzol-Toluol wieder. Erhitzt man ein Gemisch der Zusammensetzung a auf die Temperatur t_3, so beginnt es zu sieden. Der entstehende Dampf hat die Zusammensetzung b. Der Dampf enthält also einen größeren Anteil des flüchtigeren Benzols als das Ausgangsgemisch. Man ersieht hieraus, daß schon durch einfaches Verdampfen und Kondensieren die leichten Bestandteile im Destillat angereichert werden können (vgl. auch S. 79).

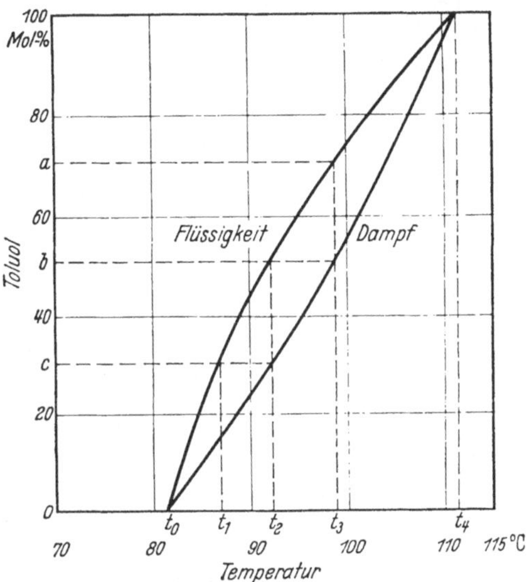

Abb. 5. Flüssigkeits- und Dampfzusammensetzung bei der Destillation eines flüssigen Zweistoffsystems mit geradliniger Gesamtdampfdruckkurve (Fall 1).

Bei den Gemischen des Falles 1 sind die zwischen gleichnamigen Molekülen auftretenden Anziehungskräfte größenordnungsmäßig etwa gleich denjenigen, die zwischen verschiedenartig zusammengesetzten Molekülen wirken. Geradlinige Gesamtdampfdruckkurven werden infolgedessen in erster Linie bei Gemischen aus ähnlich gebauten oder chemisch indifferenten Teilnehmern, z. B. bei Gemischen aus Kohlenwasserstoffen gleicher oder ähnlicher Struktur, beobachtet.

b) Gemische mit Siedepunktmaximum oder -minimum.

Sind die Anziehungskräfte zwischen den beiden Molekülarten eines Zweistoffgemisches wesentlich größer als die zwischen gleichnamigen Molekülen wirkenden, so werden die Moleküle viel stärker in der Flüssigkeit zurückgehalten. Ihr Teildruck fällt demgemäß ab. Das Gesetz von RAOULT-DALTON (4) verliert seine Gültigkeit. Man erhält Abhängigkeiten, wie sie in Abb. 3 dargestellt sind. Die nach RAOULT-DALTON errechneten Teil- und Gesamtdrucke (gestrichelte Linien in Abb. 3) sind durchweg zu hoch. Die Gesamtdampfdruckkurve durchläuft ein Minimum, dem beim Destillieren ein Siedepunktmaximum entspricht (Fall 2).

In Abb. 6 ist die für konstanten Druck geltende Abhängigkeit der Siedetemperatur von der Zusammensetzung der flüssigen und dampfförmigen Phase für ein Gemisch mit *Dampfdruckminimum* (Chloroform-Azeton) dargestellt. Innerhalb eines bestimmten Temperaturbereiches besitzen je zwei Gemische verschiedener Zusammensetzung denselben Siedepunkt. Bei dem einen hat die flüssige Phase, bei dem anderen die Gasphase einen höheren Gehalt an Chloroform. Lediglich beim Siedepunktmaximum ist die Zusammensetzung der Flüssigkeit und des koexistierenden Dampfes gleich. Bei dieser Temperatur verhält sich das Gemisch (azeotropisches Gemisch) wie ein Einstoffsystem, vorausgesetzt, daß der Druck keine Änderung erfährt. Jedes beliebige Gemisch mit Siedepunktmaximum strebt bei der Destillation unter Temperaturanstieg der Zusammensetzung dieses *konstant siedenden Gemisches* zu. Je nach der Zusammensetzung der Ausgangsmischung und der Lage des Maximums wird der eine oder der andere Teilnehmer im Destillat angereichert, so daß es durch fraktionierte Destillation gelingt, *einen Teil* der *einen* Komponente des Gemisches im Destillat rein abzutrennen. Im Rückstand erhält man das konstant siedende Gemisch. Eine weitere Trennung des Gemisches durch Destillation ist bei gleichem Druck nicht möglich.

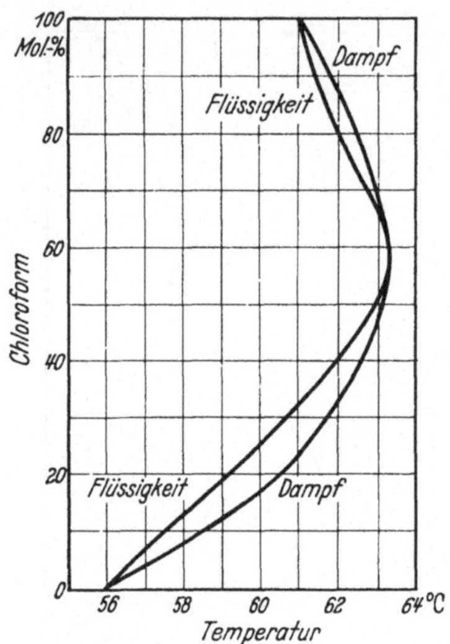

Abb. 6. Flüssigkeits- und Dampfzusammensetzung bei der Destillation eines Zweistoffsystems mit Dampfdruckminimum (Fall 2).

Sind, wie es in der Praxis häufiger vorkommt, die Anziehungskräfte zwischen gleichnamigen Molekülen stärker als die zwischen verschiedenartigen Molekülen eines Gemisches auftretenden, so wird die Verdampfung erleichtert. Die Teildrucke der beiden Stoffarten und damit auch der Gesamtdruck erhöhen sich. Man findet ein Maximum in der Gesamtdampfdruckkurve (Fall 3).

Abb. 7 zeigt die Abhängigkeit der Dampf- und Flüssigkeitszusammensetzung von der Siedetemperatur bei einem Gemisch mit *Dampfdruckmaximum* (Siedepunktminimum). Der nach RAOULT-DALTON errechnete Teildruck der Komponenten läßt wie bei den Gemischen mit Dampfdruckminimum keine Berechnung des Gesamtdampfdruckes zu. Ebenso ist die Gemischzusammensetzung durch die Siedetemperatur nicht eindeutig festgelegt. Über einen weiten Temperaturbereich gibt es zwei Gemische verschiedener Zusammensetzung mit demselben Siedepunkt. Die flüssige und die dampfförmige Phase sind bei allen Gemischen verschieden zusammengesetzt, nur im Scheitelpunkt, dem Minimumsiedepunkt, berühren sich die Kurven für die Flüssigkeits- und Dampfzusammensetzung. Man erhält auch hier ein konstant siedendes (azeotropisches) Gemisch. Im Gegensatz zu den Gemischen mit Dampfdruckminimum bleibt beim Destillieren jedoch nicht das konstant siedende Gemisch, sondern ein Teil einer der beiden Komponenten rein zurück. Im Destillat reichert sich der zweite Bestandteil an. Durch mehrfache fraktionierte Destillation des Destillates, die zweckmäßig jedesmal bis zur Erreichung der Siedetemperatur des ersten Teilnehmers durchgeführt wird, läßt sich der zweite Teilnehmer im Destillat schließlich so anreichern, daß die Destillatzusammensetzung der des konstant siedenden Gemisches entspricht. Eine weitere Destillation führt dann zu keiner weiteren Trennung der Komponenten. Also auch im Falle 3 kann lediglich ein Teil eine der beiden Teilnehmer durch Destillation abgetrennt werden.

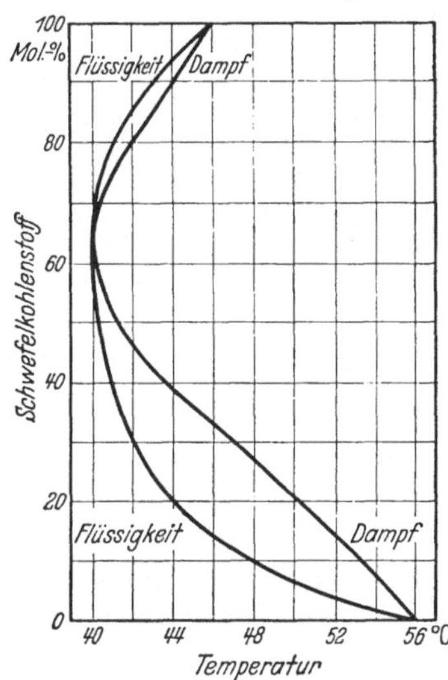

Abb. 7. Flüssigkeits- und Dampfzusammensetzung bei der Destillation eines Zweistoffsystems mit Dampfdruckmaximum (Fall 3, Schwefelkohlenstoff-Azeton).

2. Verhalten von Mehrstoffgemischen bei der Destillation.

Führt man in das Zweistoffsystem einen dritten Teilnehmer ein, so wird die Trennung der Komponenten durch Destillation je nach den dabei neu auftretenden zwischenmolekularen Kräften entweder vereinfacht oder erschwert. In manchen Fällen gelingt es, ein bestehendes Siedepunktminimum oder -maximum durch Zusatz eines dritten Stoffes zu beseitigen und dadurch eine Trennung der Gemischteilnehmer durch fraktionierte Destillation zu erreichen (Benzolzusatz bei der Alkoholdestillation).

Bei Erdölen oder Erdölfraktionen ist die Zahl der Gemischteilnehmer meist so außerordentlich groß, daß man selbst durch scharfe Fraktionierung eine nahezu kontinuierlich aufsteigende Siedekurve innerhalb der einzelnen Fraktionen erhält. Die nahe chemische Verwandtschaft und die verhältnismäßig große chemische Indifferenz der Erdölinhaltsstoffe untereinander ermöglichen aber bis zu einem gewissen Grade die Anwendung der RAOULT-DALTONschen Gesetzmäßigkeiten für Gemische mit geradliniger Gesamtdampfdruckkurve. Nach NASH und HOWES[1] beträgt der Fehler der auf das RAOULT-DALTONsche Gesetz gestützten Berechnungen für Erdölfraktionen 5 bis 15%. Der Fehler nimmt mit dem Druck und der Temperatur zu, und zwar um so stärker, je mehr man sich dem kritischen Punkt nähert[2]. Aus diesem Grunde wird angeraten, bei Drucken über etwa 4 at das Gesetz von HENRY anzuwenden, nach dem

$$y = K \cdot x \tag{5}$$

ist.

y = Mol-% des Teilnehmers im Dampf,
x = Mol-% des Teilnehmers in der Flüssigkeit.

Die Konstante K [3] ist temperatur- und druckabhängig und muß experimentell bestimmt werden.

3. Differential- und Gleichgewichtsverdampfung.

Bei der Destillation wendet man zur Verdampfung zwei grundsätzlich voneinander abweichende Arbeitsweisen, die Differential- und die Gleichgewichtsverdampfung, an.

Die *Differentialverdampfung* findet in der Industrie bei der Blasendestillation angenähert Anwendung, sofern ohne Rückfluß gearbeitet wird. Durch Zuführung von Wärmeenergie verdampft ein Teil des zu destillierenden Flüssigkeitsgemisches, und zwar gehen in früher (S. 65) beschriebener Weise neben den leichtersiedenden Bestandteilen schwerere Anteile mit in den Dampfraum oberhalb der Flüssigkeit. *Die jeweils gebildeten Dämpfe werden sofort abgezogen* und in getrennten Teilen kondensiert. Das Gleichgewicht zwischen Dampf und Flüssigkeit wird also laufend gestört. Der Verdampfungs- und Kondensationsprozeß kann so lange fortgeführt werden, bis die gesamte Flüssigkeit in Dampfform übergegangen ist, sofern nicht vorher eine thermische Zersetzung hochsiedender Anteile erfolgt. Die bei dieser Destillationsart erzielte Trennung in die einzelnen Bestandteile ist sehr unvollkommen. Eine technisch brauchbare Trennwirkung erhält man in den Destillierblasen erst dann, wenn man Fraktionieraufsätze benutzt.

Die *Gleichgewichtsverdampfung* findet bei der neuzeitlichen Destillation im Röhrenofen Anwendung. Zum Unterschied von der Differen-

[1] NASH, A. W., u. D. A. HOWES: The Principles of Motor Fuel Preparation and Application, 2. Aufl., London 1938.

[2] BROWN, G. G., u. M. SAUDERS: Oil and Gas J. **31** (Nr. 5), 34 (1932).

[3] Werte für K in Abhängigkeit von der reduzierten Temperatur (Verhältnis der absoluten Temperatur zu der absoluten kritischen Temperatur) und vom Gesamtdruck siehe: The Science of Petroleum **2**, 1544. London 1938.

tialverdampfung wird der während des Erhitzens entstehende Dampf bei der Gleichgewichtsverdampfung nicht abgezogen, sondern er *bleibt in engstem Kontakt mit der restlichen Flüssigkeit.* Erst nach Einstellung der jeweils gewünschten Endtemperatur tritt das Flüssigkeit-Dampfgemisch aus dem Erhitzer in den Verdampfungsraum der angeschlossenen Kolonne ein, in der eine fraktionierte Kondensation des verdampften Ölanteiles vorgenommen wird. Die höhersiedenden Ölanteile werden als Rückstand im Sumpf der Kolonne gesammelt.

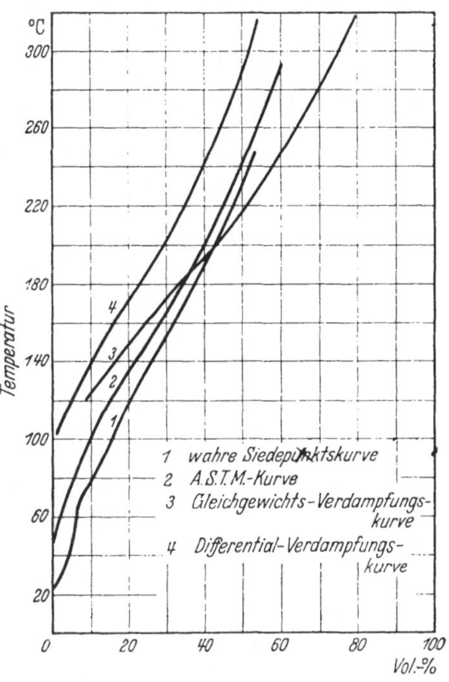

Abb. 8. Destillation von Cabin Creek-Roherdöl nach verschiedenen Verfahren[1].

Da die Molekulargeschwindigkeit u durch

$$u = \sqrt{\frac{3RT}{M}},$$

R = Gaskonstante,
T = abs. Temperatur,
M = Molekulargewicht,

gegeben ist, erlangen die Moleküle der leichten Ölfraktionen bei den angewandten hohen Endtemperaturen eine sehr große Molekulargeschwindigkeit. Entsprechend steigt auch die der Molekulargeschwindigkeit direkt proportionale Zahl der Molekülzusammenstöße im Dampfraum. Bei den Zusammenstößen findet ein lebhafter Energieaustausch zwischen allen im Dampfraum befindlichen Molekülen statt. Die mittlere Energie der leichten Fraktionen wird dabei zugunsten derjenigen der schweren Fraktionen herabgesetzt. Die Folge ist, daß die Siedetemperatur der leichten Fraktionen bei der Gleichgewichtsverdampfung gegenüber der bei der Differentialverdampfung heraufgesetzt wird. Ebenso wie der Siedepunkt der leichten Ölfraktionen ansteigt, fällt der Siedepunkt der schweren Fraktionen. Daher kommt es, daß die Gleichgewichts-Siedekurve, die sog. Flash-Kurve, einen viel flacheren Verlauf als die nach irgendeinem anderen Destillationsverfahren erhaltene Siedekurve nimmt (Abb. 8). Man gewinnt dadurch den Vorteil, daß

[1] Leslie, E. H., u. A. J. G. Good: Industr. Engng. Chem. **19**, 453 (1927). — Neuartige übersichtlichere Darstellungsarten der Siedeanalyse wurden kürzlich von F. W. Meier-Grolman u. F. Wesolowsky sowie von H. Mallison entwickelt (vgl. auch S. 139).

man bei allen Verdampfungstemperaturen etwa oberhalb des 30- oder 40%-Siedepunktes eine größere Destillatmenge als bei anderen Verfahren erhält oder zur Erzielung gleicher Destillatmengen eine niedrigere Verdampfungstemperatur wählen kann. Man spart also an Wärmeenergie und vermindert gleichzeitig die Gefahr einer unerwünschten thermischen Spaltung der Kohlenwasserstoffe.

Um das Verhalten von Mineralölen oder deren Fraktionen bei der technischen Destillation voraussagen zu können, werden Destillationsanalysen im Laboratorium durchgeführt.

4. Mineralöldestillation im Laboratorium.

Engler-Ubbelohde- und ASTM-Siedeanalyse.

Den Ergebnissen der technischen Blasendestillation kommt man am nächsten, wenn man nach ENGLER-UBBELOHDE[1] oder nach der *ASTM.* (*American Society for Testing Materials*)-Arbeitsweise[2] destilliert. In beiden Fällen wird eine fast reine Differentialverdampfung vorgenommen, bei der jedoch eine kleine Menge Rückfluß durch den kühleren Hals des Destillationskolbens erzeugt wird (s. S. 70). Zur Erhöhung der Reproduzierbarkeit der Ergebnisse arbeitet man bei beiden Destillationsverfahren in genormten Apparaturen in genau festgelegter Weise. Trägt man das übergegangene Destillat in Vol.-% in Abhängigkeit von der Siedetemperatur auf, so erhält man die Siedekurve. Die Engler-Ubbelohde- oder die ASTM.-Siedekurve vermögen wegen der unvollkommenen Trennung, die bei der Destillation in diesen Apparaten eintritt, ein genaues Bild über die Zusammensetzung oder über den wahren Siedeverlauf von Ölen nicht zu geben.

„Wahre Siedepunkts"-Analyse.

Zur Ermittlung des „wahren Siedeverlaufes" von Ölen bedient man sich anderer Apparaturen, die sich in der Hauptsache durch die Verwendung wirksamer Fraktionieraufsätze von den genannten Apparaten unterscheiden. Destillationsgeräte dieser Art, deren Verwendbarkeit meist nur auf einen verhältnismäßig engen Siedebereich beschränkt ist, wurden von zahlreichen Forschungsstellen[3] entwickelt. Im folgenden

[1] UBBELOHDE, L.: Mitt. Mat.-Prüf.-Amt. **25**, 261 (1907).

[2] ASTM.-Verfahren D 285—30 T, Ber. 1932 des Comm. D 2, S. 80.

[3] U. a. PETERS JR., W. A., u. T. BAKER: Industr. Engng. Chem. **18**, 69 (1926). — COOPER, C. M., u. E. V. FASCE: Industr. Engng. Chem. **20**, 420 (1928). — PODBIELNIAK, W. J.: Industr. Engng. Chem., Analyt. Edit. **3**, 177 (1931). — FENSKE, M. R., D. QUIGGLE u. C. O. TONGBERG: Industr. Engng. Chem. **24**, 408, 542 (1932); Analyt. Edit. **9**, 466 (1934). — BRÜCKNER, H.: Gas- u. Wasserfach **77**, 58 (1934): hierzu vgl. H. MACURA u. H. GROSZE-OETRINGHAUS: Brennst.-Chemie **19**, 437 (1938). — RALL, T. H., u. H. M. SMITH: Industr. Engng. Chem., Analyt. Edit. **6**, 373 (1935). — BRAGG, L. B.: Industr. Engng. Chem. **31**, 283 (1939). — HAMMERICH, TH.: Öl u. Kohle **35**, 778 (1939). — KOEPPEL, C.: Öl. u. Kohle **36**, 194 (1940).

soll eine der bekannten Apparaturen von PODBIELNIAK kurz beschrieben werden.

Die Apparatur (Abb. 9) besteht im wesentlichen aus einem Destillationskolben mit Fraktionieraufsatz, die beide von einem Vakuummantel umgeben sind. Zur Erhöhung der Wärmeisolierung ist der Vakuummantel mit einem Silberspiegel versehen, der zur Beobachtung des Kolben- und Kolonneninhaltes zwei sich gegenüberliegende freie Streifen aufweist. Der Destillationskolben endigt nach unten in ein Kühlerrohr, das beim Einfüllen leicht verdampfbarer Flüssigkeiten in ein Kühlbad getaucht wird. Die Fraktionierkolonne hat einen Durchmesser von 3,8 und eine Länge von 770 mm. Sie ist mit einer Spezialpackung von der in der Abbildung angedeuteten Art gefüllt. Die Packung ist so ausgeführt, daß sich während der Destillation nur eine äußerst geringe Flüssigkeitsmenge in der Kolonne befindet.

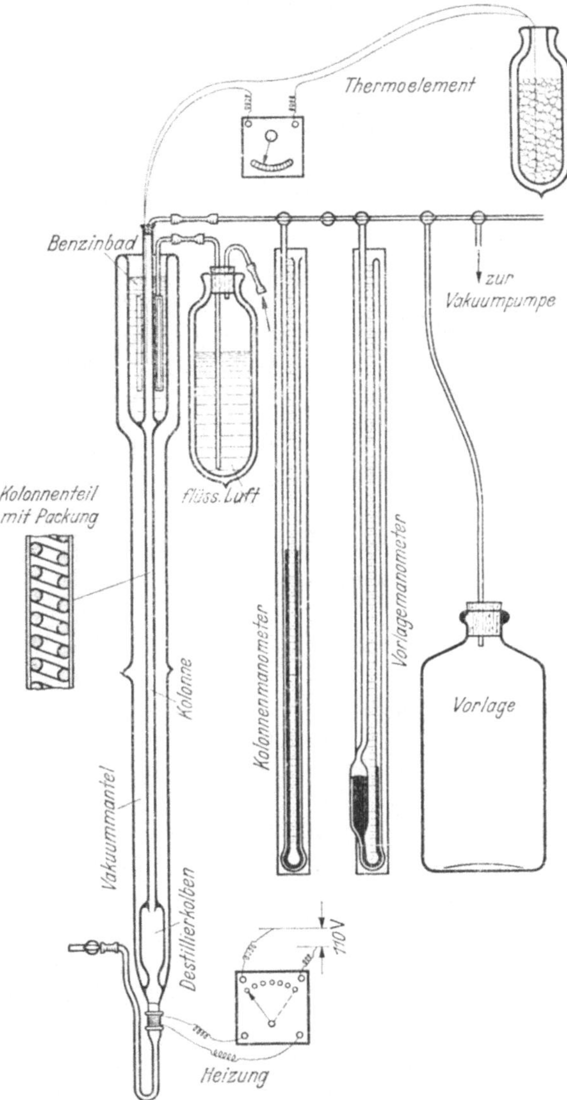

Abb. 9. Feinfraktionierapparatur nach PODBIELNIAK.

Der oberste Teil des Vakuummantels ist in der Art eines Dewargefäßes erweitert. Die in ihm befindliche Kühlflüssigkeit wird durch Einführen von flüssiger Luft bei konstanter Temperatur gehalten. Der untere Teil der Kolonne ist mit einem Tropfenzähler versehen, so daß die Rückflußmenge ständig kontrolliert werden kann. In dem Dämpferohr zwischen Kolonne und Auffanggefäß sind zwei Manometer angebracht, die den Druck in der Kolonne und im Auffanggefäß zu messen gestatten. Die Temperatur im Kopf der Kolonne wird durch ein empfindliches Thermoelement laufend überprüft. Vor Beginn der Destillation werden die Auffanggefäße evakuiert. Die Destillatmenge wird aus dem bekannten Fassungsvermögen des Auffanggefäßes und dem stattfindenden Druckanstieg berechnet.

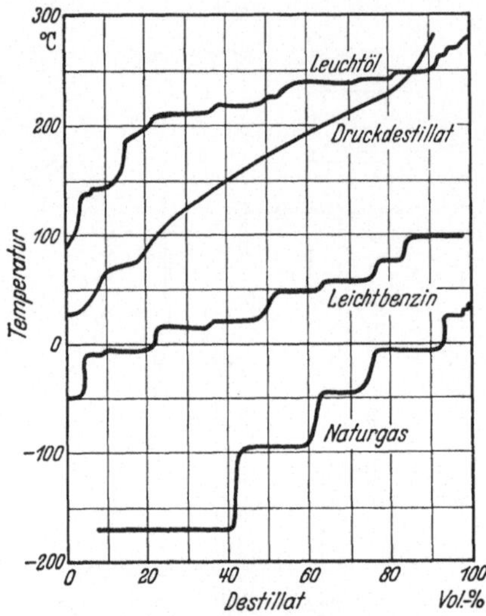

Abb. 10. „Wahre Siedepunkts"-Destillationskurven.

In der beschriebenen Apparatur können alle leichten Naturgas- und Erdölbestandteile vom Methan bis zum Heptan destilliert werden. Nur ist der Druck in der Kolonne bei den höher als Butan siedenden Bestandteilen herabzusetzen. In anderen Apparaturen, z. B. in der von Peters und Baker beschriebenen, lassen sich wahre Siedepunktanalysen auch für Benzine und höhersiedende Erdölfraktionen durchführen.

Einige „wahre" Siedepunkts (W.Sp.)-Kurven, wie man sie beim Destillieren nach Podbielniak u. a. erhält, sind in Abb. 10 dargestellt. Solche Naturgas- oder Erdölfraktionen, die nur wenige Kohlenwasserstoffe enthalten, lassen sich, wie aus dem stufenförmigen Verlauf einiger Kurven zu ersehen ist, mühelos in die Gemischteilnehmer zerlegen.

Gleichgewichts (Flash)-Siedeanalyse.

Die Verhältnisse bei der in Röhrenerhitzern vorgenommenen Gleichgewichtsverdampfung werden durch die Ergebnisse der genannten Laboratoriums-Destillationsverfahren nicht wiedergegeben. Die nach diesen Destillationsweisen gewonnenen Siedekurven sind deshalb für das Verhalten von Rohölen oder deren Fraktionen bei der Gleichgewichtsverdampfung im Röhrenerhitzer nicht maßgeblich.

Zur Beurteilung des unter bestimmten Bedingungen eintretenden Verdampfungsgrades eines Öles im Röhrenerhitzer wird vielmehr die sog. *Gleichgewichtssiede (Flash)-Kurve* herangezogen. Diese gibt die Abhängigkeit der verdampften Volumenanteile von der Temperatur unter der Voraussetzung an, daß Flüssigkeit und Dampf bis zur Erreichung der jeweiligen Verdampfungstemperatur (Flash-Temperatur) nicht getrennt werden.

Eine einfache Apparatur zur Ausführung der Gleichgewichtssiedeanalyse soll im folgenden kurz beschrieben werden[1].

Der Hauptteil der Apparatur (Abb. 11) ist der mit Lessing-Ringen gefüllte Verdampfer *V*, der durch eine Reguliervorrichtung kontinuierlich mit einer in der Zeiteinheit konstanten Menge des Destillationsgutes

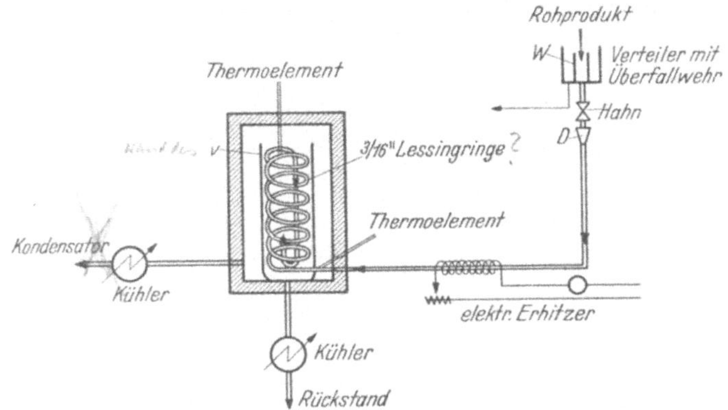

Abb. 11. Apparatur zur Ermittlung der Gleichgewichtssiede (Flash)-Kurve.

gespeist wird. Der gleichmäßige Stoffdurchsatz wird durch den Einbau eines Überfallrohres *W* und einer auswechselbaren Düse *D* in die Zuführungsleitung gewährleistet. Vor dem Eintritt in den Verdampfer wird das zu destillierende Öl durch elektrische Heizung auf eine stets gleichbleibende Temperatur erhitzt; bei der hierbei einsetzenden Gleichgewichtsverdampfung werden ein Destillat und ein Rückstand gebildet, die je für sich abgezogen, gekühlt und aufgefangen werden.

Berechnung der Gleichgewichtssiedekurve.

Da eine Gleichgewichts-Verdampfungsapparatur in vielen praktischen Fällen nicht zur Verfügung steht, hat man versucht, Verfahren auszuarbeiten, nach denen die Gleichgewichtssiedekurve aus dem Verlauf anderer Siedepunktskurven berechnet werden kann. Tatsächlich kann man nach MURRAY[2] aus der W.Sp.-Kurve und nach PIROMOOV und BEISWENGER[3] aus der ASTM.-, der Engler-Ubbelohde- oder der W.Sp.-Kurve die Gleichgewichtssiedekurve angenähert ableiten.

Grundlage der letztgenannten Arbeitsweise ist der praktische Befund, daß die Gleichgewichtssiedekurve in einer einfachen, leicht erfaßbaren Beziehung zu den übrigen Siedekurven steht. Diese Beziehung kommt dann zum Ausdruck, wenn man die Neigung der verschiedenen Destil-

---

[1] NELSON, W. L.: Petroleum Refinery Engineering, S. 86. New York 1936.
[2] MURRAY, W. J.: Industr. Engng. Chem. **21**, 917 (1929).
[3] PIROMOOV u. BEISWENGER: A. P. I.-Bull. **10**, Nr 2, 52 (1929). — NELSON, W. L., u. M. SOUDERS JR.: Petr. Engng. **3**, 131 (1931).

lationskurven vergleicht. Die Neigung ist dabei definiert als der Temperaturanstieg, der zur Erhöhung des verdampften Anteils um 1 Vol.-% benötigt wird. Nach den Ermittlungen von PIROMOOV und BEISWENGER an Destillationskurven zahlreicher Öle und Ölfraktionen stellt die mittlere Neigung zwischen dem 10%- und dem 70%-Punkt ein gutes Mittel für die gesamten Kurven dar. Man errechnet sie nach folgender Gleichung:

$$n = \frac{t_{70} - t_{10}}{60}$$

(n = mittlere Neigung 10/70, t_{70} = 70%-Siedepunkt in °C, t_{10} = 10%-Siedepunkt in °C).

Für die mittlere Neigung 10/70 gelten die in den Abb. 12 und 13 dargestellten Abhängigkeiten, die die Neigung 10/70 der Engler-

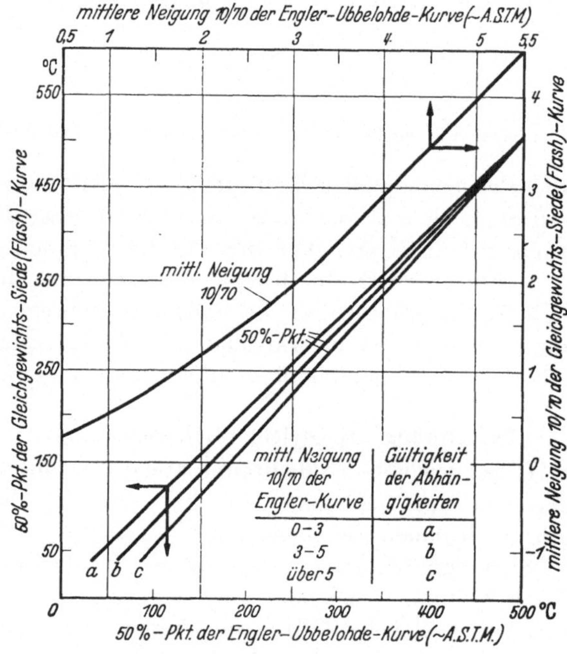

Abb. 12. Diagramm zur Ermittlung der mittleren Neigung 10/70 und des 50%-Punktes der Gleichgewichtssiedekurve aus der Engler-Ubbelohde- oder aus der ASTM.-Siedekurve.

Ubbelohde-[1] bzw. der W.Sp.-Kurve zu der der Gleichgewichtssiede-(Flash-)Kurve unmittelbar in Beziehung setzen. Ist eine der beiden erstgenannten Kurven gegeben, so läßt sich die mittlere Neigung 10/70 der Gleichgewichtssiedekurve aus den Abb. 12 oder 13 ablesen. Die

[1] Das Diagramm in Abb. 12 gilt angenähert auch für die Berechnung der Gleichgewichtssiedekurve aus der ASTM.-Kurve.

Diagramme setzen voraus, daß der zwischen dem 10%- und dem 70%-Punkt liegende Teil der Kurven angenähert geradlinig ist. Diese Voraussetzung ist im allgemeinen erfüllt, jedoch bei Gemischen aus Ölfraktionen verschiedener Siedegrenzen nicht zutreffend.

Die Zugehörigkeit der Koordinaten in den Diagrammen der Abb. 12 und 13 ist durch die an den Kurven angebrachten Pfeile kenntlich gemacht. So sind für die Berechnung der mittleren Neigung 10/70 die obere Abszisse und die auf der rechten Seite angegebene Ordinate einander zugeordnet.

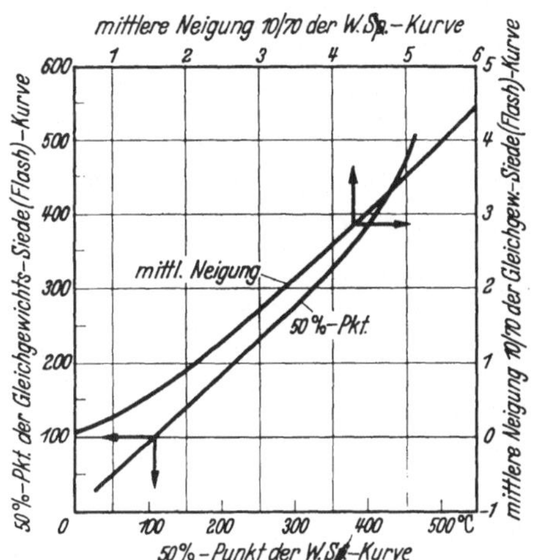

Abb. 13. Diagramm zur Ermittlung der mittleren Neigung 10/70 und des 50%-Punktes der Gleichgewichtssiedekurve aus der „wahren Siedepunktskurve".

Die Abb. 12 und 13 enthalten noch eine zweite Beziehung, und zwar die Abhängigkeit des 50%-Siedepunktes der Gleichgewichtssiedekurve von dem der Engler-Ubbelohde- bzw. der W. Sp.-Kurve. Hat man mit Hilfe dieser Diagramme aus dem bekannten 50%-Punkt der Engler-Ubbelohde- oder W. Sp.-Kurve den 50%-Punkt der Gleichgewichtssiedekurve ermittelt, so errechnen sich deren 0%- und 100%-Punkt nach:

$$0\%\text{-Punkt} = 50\%\text{-Punkt} - 50 \cdot n\,,$$
$$100\%\text{-Punkt} = 50\%\text{-Punkt} + 50 \cdot n\,,$$

dabei ist n gleich der ebenfalls aus den Diagrammen entnommenen mittleren Neigung der Gleichgewichtssiedekurve. Bei dieser Rechnung erhält man eine Gerade, die die Krümmung der wirklichen Gleichgewichtssiedekurve nicht berücksichtigt, in den häufigsten Fällen aber als Berechnungsgrundlage ausreicht. Einen dem tatsächlichen näher kommenden Verlauf der Kurve erreicht man, wenn man in folgender Weise vorgeht:

Man entwickelt die Gleichgewichtssiedekurve vom 50%-Punkt ausgehend in kleinen Abschnitten, z. B. für den zwischen dem 40%- und dem 60%-Punkt liegenden Bereich:

$$\frac{n_{F_{10/70}}}{n_{E_{10/70}}} = \frac{n_{F_{40/60}}}{n_{E_{40/60}}} = a\,,$$
$$t_{F_{60}} = t_{F_{50}} + 10 \cdot a \cdot n_{E_{40/60}}\,,$$
$$t_{F_{40}} = t_{F_{50}} - 10 \cdot a \cdot n_{E_{40/60}}\,.$$

Hierin bedeuten:

$n_{E_{10/70}}$ die mittlere Neigung der Engler-Ubbelohde-Kurve zwischen dem 10%- und dem 70%-Punkt,

$n_{F_{10/70}}$ die mittlere Neigung der Gleichgewichtssiedekurve zwischen dem 10%- und dem 70%-Punkt,

$n_{E_{40/60}}$ und $n_{F_{40/60}}$ die entsprechenden Neigungen zwischen dem 40%- und dem 60%-Punkt,

$t_{F_{60}}$ der 60%-Punkt und

$t_{F_{40}}$ der 40%-Punkt der Gleichgewichtssiedekurve.

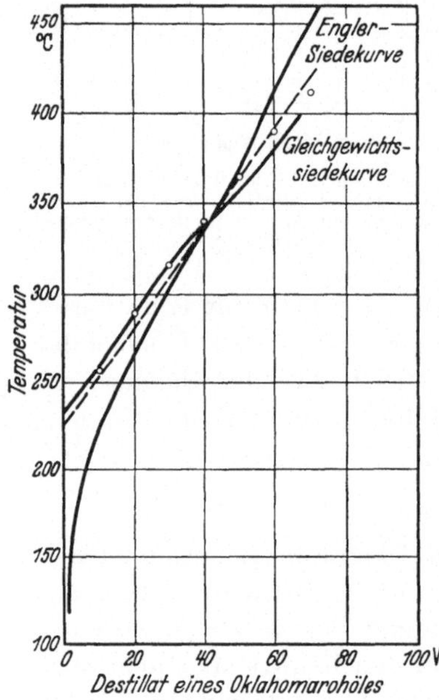

Abb. 14. Praktisch ermittelte und berechnete Destillationskurven eines Rohöles.

Der 30%- und der 20%-Punkt usw. werden in entsprechender Weise ermittelt. Ein Beispiel soll die Berechnung der Gleichgewichtssiedekurve aus der Engler-Ubbelohde-Kurve näher erläutern.

Beispiel: Die Engler-Ubbelohde-Siedekurve ist gegeben (Abb. 14), die zugehörige Gleichgewichtssiedekurve ist zu berechnen.

Die mittlere Neigung 10/70 und der 50%-Punkt der Engler-Ubbelohde-Kurve sind

$$n_{E_{10/70}} = \frac{t_{70} - t_{10}}{60} = \frac{450 - 221}{60} = 3{,}82\,,$$

$$t_{E_{50}} = 370\,.$$

Daraus ergeben sich die mittlere Neigung 10/70 und der 50%-Punkt der Gleichgewichtssiedekurve nach Abbildung 12 zu

$$n_{F_{10/70}} = 2{,}75; \quad t_{F_{50}} = 365\,.$$

Zur Entwicklung der Gleichgewichtssiedekurve vom 50%-Punkt aus sind folgende Gleichungen anzusetzen:

$$0\%\text{-Punkt} = 365 - 2{,}75 \cdot 50 = 227{,}5\,,$$

$$100\%\text{-Punkt} = 365 + 2{,}75 \cdot 50 = 502{,}5\,.$$

Die aus diesen Punkten abgeleitete Siedegerade ist in Abb. 14 gestrichelt gezeichnet. Führt man die Berechnung der Gleichgewichtssiedekurve vom 50%-Punkt ausgehend in kleinen Abschnitten durch, so erhält man folgende Ergebnisse:

$$a = \frac{n_{F_{10\,70}}}{n_{E_{10\,70}}} = \frac{2,75}{3,82} = 0,72\,,$$

$$n_{E_{40\,60}} = \frac{410 - 337}{20} = 3,65\,,$$

$$\begin{aligned} t_{F_{60}} &= t_{F_{50}} + 10 \cdot a \cdot n_{E_{40,60}} \\ &= 365 + 10 \cdot 0,72 \cdot 3,65 \\ &= 391\,, \end{aligned}$$

$$\begin{aligned} t_{F_{40}} &= t_{F_{50}} - 10 \cdot a \cdot n_{E_{40\,60}} \\ &= 339\,. \end{aligned}$$

$$\begin{aligned} t_{F_{30}} &= t_{F_{50}} - 20 \cdot a \cdot n_{E_{30\,50}} \\ &= 365 - 20 \cdot 0,72 \cdot \frac{370 - 304}{20} \\ &= 317,5\,. \end{aligned}$$

Die vorstehend und in entsprechender Weise für den 10%- und den 70%-Punkt der Gleichgewichtssiedekurve errechneten Werte sind in Abb. 14 als Kreise eingezeichnet. Der durch diese Kreise gekennzeichnete Verlauf der Gleichgewichtssiedekurve stimmt mit dem experimentell ermittelten (ausgezogene Kurve) ziemlich gut überein.

5. Fraktionierung.

Unter Fraktionierung versteht man bei Mehrstoffgemischen die destillative Zerlegung in die Bestandteile. Bei Vielstoffgemischen begnügt man sich meist schon mit einer Zerlegung in Fraktionen mit einem mehr oder weniger weiten Siedebereich. Die Fraktionierung wird technisch je nach den zu verarbeitenden Mengen in unterbrochener oder stetiger Arbeitsweise durchgeführt. Kleine Ölmengen werden in unterbrochen arbeitenden Destillationsblasen, die häufig mit Fraktionieraufsätzen versehen sind, destilliert (siehe S. 118). Die Verarbeitung größerer Ölmengen erfolgt fast ausschließlich durch Erhitzen in Röhrenerhitzern, denen Fraktionierkolonnen mit Glockenböden oder Füllkörpern nachgeschaltet sind.

a) Fraktionierung in Kolonnen mit Austauschböden.

Kondensiert man den beim Sieden des Zweistoffgemisches a (Abb. 5) entstehenden Dampf, so erhält man eine Flüssigkeit mit der Zusammensetzung b, deren Siedetemperatur um den Wert $t_3 - t_2$ unterhalb des Siedepunktes des Ausgangsgemisches liegt. Durch Verdampfen und Kondensieren des Destillates gelangt man zu einem Gemisch c mit dem noch niedrigeren Siedepunkt t_1. Wiederholt man dieses Verfahren noch mehrere Male, so gewinnt man schließlich ein Destillat mit der Siedetemperatur t_0, das nur noch aus dem niedrigersiedenden Gemischteilnehmer Benzol besteht.

In den mit Glockenböden versehenen Fraktionierkolonnen bzw. -türmen findet in jedem einzelnen durch Böden voneinander getrennten Kolonnenabteil (siehe Abb. 15 und 16) unter der Annahme eines unendlich großen Rückflusses[1] (siehe S. 81) einer der vorbeschriebenen Teildestillationsvorgänge statt. Diese Darstellung weicht insofern von der Praxis ab, als man im Destillationsbetrieb mit endlichem Rückfluß arbeitet. Sie dient lediglich zur grundsätzlichen Erklärung des Fraktioniervorganges (Betriebsverhältnisse siehe S. 88ff.).

Abb. 15. Ansicht eines Glockenbodens.

Auf den einzelnen Glockenböden der Fraktioniertürme[2] sammelt sich Flüssigkeit in einer Höhe, die durch die Überfallwehre W und W' bestimmt wird. Die Verbindung der einzelnen Böden untereinander wird durch seitlich angebrachte Verbindungsrohre A für den Rückfluß sowie durch Dampfdurchlässe D hergestellt. Diese bestehen aus kurzen unten und oben offenen Steigrohren mit Glockenkappen G (Abb. 26). Die Glockenkappen sind in ihrem unteren Teil, der in die Flüssigkeit eintaucht, mit Schlitzen oder Zähnen versehen. Der von unten aufsteigende Dampf V wird durch die Kappen zu einem Richtungswechsel gezwungen und dann in viele kleine Blasen zerteilt, die mit der Flüssigkeit auf dem Boden in innige Berührung kommen. Auf diese Weise wird eine weitgehende Gleichgewichtseinstellung zwischen der Zusammensetzung der Flüssigkeit und der des aufsteigenden Dampfes erzielt. Zwischen dem Dampf

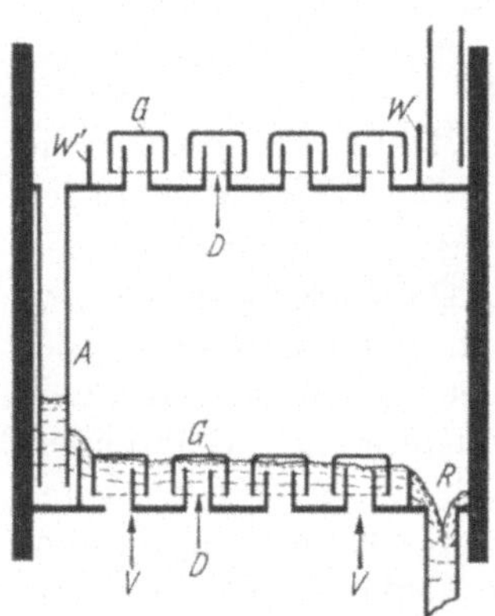

Abb. 16. Schematische Darstellung des Innenaufbaus einer Fraktionierkolonne mit Glockenböden.

[1] Man gibt das gesamte Destillat zwecks Gleichgewichtseinstellung auf den Kolonnenkopf zurück.

[2] Vgl. auch C. H. BORRMANN, Öl u. Kohle 37, 26 (1941).

und der Flüssigkeit findet ein Wärmeaustausch statt, die frei werdende Kondensationswärme der höhersiedenden Dampfanteile bringt die niedrigersiedenden Anteile des Flüssigkeitsgemisches zur Verdampfung. Jeder Glockenboden stellt also gleichzeitig einen idealen Kondensator und Verdampfer dar. Theoretisch sollte die Flüssigkeit auf jedem Boden mit dem über ihr befindlichen Dampf im Gleichgewicht stehen: man würde in diesem Falle einen Bodenwirkungsgrad von 100% erreichen. Praktisch liegt der Bodenwirkungsgrad (Verhältnis des eingestellten Gleichgewichtes zum theoretisch geforderten) je nach der Glockenbodenkonstruktion, der Dampfgeschwindigkeit, der Rückflußmenge (s. unten) und je nach der Art und Zusammensetzung des Destillationsgutes zwischen 55 und 80%: denn die höchstsiedenden Bestandteile des aufsteigenden Dampfes werden in der Flüssigkeit des nächsthöheren Bodens nur zum Teil kondensiert. Der Dampf über der Flüssigkeit jedes Abteils setzt sich deshalb aus zwei Teilen, dem von unten zuströmenden, nichtkondensierten Dampf und dem Dampf aus der Flüssigkeit selbst, zusammen.

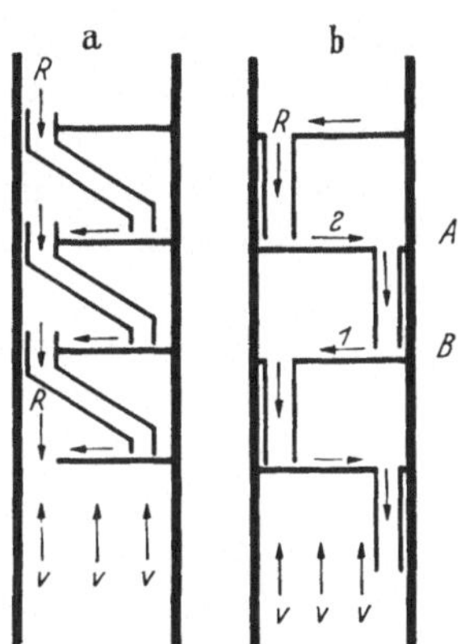

Abb. 17. Flüssigkeitsführung in Fraktionierkolonnen: gleichsinnige (*a*) und wechselseitige (*b*) Anordnung der Ablaufrohre.

Die auf den einzelnen Böden befindliche Flüssigkeit verarmt beim Sieden an den flüchtigeren Gemischteilnehmern. Der Austausch zwischen dem aufsteigenden Dampf und der Bodenflüssigkeit geht allmählich zurück und hört schließlich auf: eine Fraktionierung ist nicht mehr möglich. Dieser Erscheinung tritt man dadurch wirksam entgegen, daß man auf den Kopf der Kolonne einen Teil des Destillates als *Rückfluß* pumpt. Dieser fließt durch den Ablauf *A* (s. Abb. 16) von Boden zu Boden, seine Zusammensetzung wird dabei entsprechend der jeweiligen Zusammensetzung der Bodenflüssigkeit mehr und mehr zur Seite der höhersiedenden Gemischteilnehmer verschoben. Um ein Aufsteigen des Dampfes durch das Ablaufrohr zu unterbinden, taucht das Rohr tief in die Flüssigkeit des nächsten Bodens ein.

Für die Fraktionierwirkung ist die Anordnung der Ablaufrohre nicht gleichgültig. Nach KIRSCHBAUM[1] ist eine gleichsinnige Flüssigkeitsführung von Boden zu Boden (s. Abb. 17a) am günstigsten. Die Fließrichtung der Flüssigkeit ist in diesem Falle auf allen Böden gleich. Dadurch tritt der aufsteigende Dampf auf dem nächsthöheren Boden mit einer Flüssigkeit in Berührung, deren Zusammensetzung von der soeben durchströmten stark verschieden ist.

[1] KIRSCHBAUM, E.: Z. VDI, Beihefte Verfahrenstechnik Nr 3 (1936).

Abb. 17b dagegen zeigt die früher übliche Flüssigkeitsführung, bei der die Flüssigkeitszusammensetzung an den Stellen *A* und *B* die gleiche ist. Der an dieser Stelle den Boden *1* verlassende Dampf wird auf dem Boden *2* kaum noch fraktioniert, da ein Austausch der Bestandteile bereits stattgefunden hat. Der Wirkungsgrad des Bodens verschlechtert sich dementsprechend.

b) Fraktionierung in Füllkörpersäulen.

Neben Fraktionierkolonnen oder -aufsätzen mit Austauschböden werden bei der Erdölverarbeitung in untergeordnetem Maße auch sog. Füllkörpersäulen verwendet. Der ganze Innenraum solcher Säulen ist mit Füllkörpern angefüllt, die von einem Rost getragen werden. Die Füllkörper haben ebenso wie die Austauschböden den Zweck, einen möglichst vollständigen Wärme- und Stoffaustausch zwischen den aufsteigenden Dämpfen und der abfließenden Flüssigkeit durch Schaffung großer Berührungsflächen hervorzurufen. Werden die Füllkörper von der Flüssigkeit völlig benetzt, so ist ihre Oberfläche unmittelbar ein Maß für diese Berührungsfläche. Zum Vergleich der Wirkung von Füllkörpersäulen mit der von Kolonnen mit Austauschböden gibt man die *vergleichsmäßige theoretische Bodenzahl* an. Man versteht darunter diejenige Anzahl von Glockenböden, die unter der Voraussetzung von Flüssigkeitsdurchmischung und vollkommenem Austausch dieselbe Wirkung wie eine gegebene Schichthöhe von Füllkörpern hat. Zu ihrer Bestimmung errechnet man die Anzahl von theoretischen Böden, die erforderlich ist, um eine Fraktionierung des Ausgangsgemisches in das in der Füllkörpersäule erhaltene Endgemisch hervorzurufen (vgl. S. 98)[1].

Bei Verwendung von Füllkörpersäulen ist darauf zu achten, daß sich der Flüssigkeitsstrom in ihnen gern bevorzugte Wege aussucht. In diesem Falle bilden sich Flüssigkeitskanäle, so daß eine ungenügende Berührung zwischen Dampf und Flüssigkeit und damit eine schlechte Fraktionierung eintritt. Bei großen Kolonnendurchmessern (etwa über 500 mm) macht sich eine besondere Neigung der Flüssigkeit bemerkbar, von der Kolonnenmitte nach außen zu strömen, um schließlich an der Kolonnenwand abzufließen. Diesem Übelstand kann man durch Einbau geeigneter Sammler abhelfen[2]. Einfacher erreicht man dieses Ziel durch Anwendung eines kürzlich von Weber entwickelten Verfahrens, das die Ablenkung der Berieselungsflüssigkeit von vornherein durch ein besonderes System der Füllkörperschichtung vermeidet[3].

[1] Eine eingehende Beschreibung des Aufbaues und der Wirkung von Füllkörpersäulen, u. a. auch der Berechnung der vergleichsmäßigen theoretischen Bodenzahl gibt E. Kirschbaum in seinem Werk: Destillier- und Rektifiziertechnik. Berlin 1940.

[2] Kirschbaum, E.: Z. Ver. dtsch. Ing. **75**, 1212 (1931).

[3] Schneider, G.: Chem. Fa. **14**, 111 (1941).

Füllkörpersäulen finden hauptsächlich zur Destillation von Ölen mit stark korrodierenden Inhaltstoffen oder wegen ihrer Billigkeit in kleinen Anlagen Verwendung. Sie sind außerdem vorzuziehen, wenn der Druckabfall in der Kolonne wegen großer Zersetzlichkeit des Destillationsgutes niedrig gehalten werden soll. Der gegenüber dem in Kolonnen mit Austauschböden bedeutend geringere Druckverlust in Füllkörpersäulen fällt besonders beim Destillieren bei Unterdruck ins Gewicht.

c) Fraktionierung von Zweistoffgemischen.

Um den Grad der Fraktionierung in einer Kolonne berechnen zu können, ist es nötig, die Zusammensetzung der bei verschiedenen Temperaturen im Gleichgewicht stehenden Flüssigkeits- und Dampfmengen zu ermitteln. Als Grundlage dient das kombinierte Raoult-Daltonsche Gesetz (4). Betrachtet man ein Zweistoffsystem mit den Teilnehmern 1 und 2, so ergibt sich für konstante Temperatur:

$$\pi \cdot y_1 = P_1 \cdot x_1$$
$$\pi \cdot y_2 = P_2 \cdot x_2$$
$$\pi \cdot (y_1 + y_2) = P_1 \cdot x_1 + P_2 \cdot x_2 .$$

Da aber $y_1 + y_2 = 1$ und $x_2 = 1 - x_1$ ist, folgt:

$$x_1 = \frac{\pi - P_2}{P_1 - P_2}; \quad x_2 = \frac{\pi - P_1}{P_2 - P_1}; \tag{6}$$

$$y_1 = \frac{P_1 \cdot x_1}{\pi}; \quad y_2 = \frac{P_2 \cdot x_2}{\pi}. \tag{7}$$

Hieraus errechnet sich die nach Einstellung des Gleichgewichtes herrschende Dampf- und Flüssigkeitszusammensetzung von Zweistoffgemischen in Abhängigkeit von der Temperatur. In Zahlentafel 17 wurde eine solche Rechnung für ein Propan-Butan-Gemisch bei einem Gesamtdruck von $\pi = 10$ ata durchgeführt. Die durch Anwendung des Raoult-Daltonschen Gesetzes beschränkte Genauigkeit der Ergebnisse genügt für die meisten technischen Berechnungen (siehe S. 70).

Zahlentafel 18. Berechnung der Gleichgewichtszusammensetzung eines Propan-n-Butan-Gemisches bei verschiedenen Temperaturen ($\pi = 10$ ata).

Temp. °C	C_3H_8 P_1, ata	n-C_4H_{10} P_2, ata	$\pi - P_2$	$P_1 - P_2$	Mol-% Propan in der Flüssigkeit x_1	$P_1 x_1$	Mol-% Propan im Dampf y_1
30	11,5	3,0	7,0	8,5	82,4	9,46	94,6
35	13,0	3,5	6,5	9,5	68,4	8,89	89,0
40	14,1	4,0	6,0	10,1	59,4	8,38	83,8
50	18,0	5,2	4,8	12,8	37,5	5,75	67,5
60	22,0	6,8	3,2	15,2	21,0	4,63	46,3
70	26,5	8,5	1,5	18,0	8,3	2,20	22,0
75	29,0	9,5	0,5	19,5	2,5	0,73	7,3

Die in Zahlentafel 18 angegebenen Werte der Flüssigkeits- und Dampfzusammensetzung sind in Abb. 18a in Abhängigkeit von der Temperatur dargestellt. Man erhält ein dem Diagramm in Abb. 5 entsprechendes Bild.

Eine zweite Darstellungsart der Gleichgewichtsbeziehungen zwischen Flüssigkeit und Dampf ist in Abb. 18b wiedergegeben. Die zugehörigen Mol-%-Gehalte des Dampfes (y) und der Flüssigkeit (x) an dem leichter flüchtigen Teilnehmer (Propan) wurden gegeneinander aufgetragen. Das Diagramm dient als Grundlage für die graphische Berechnung von Fraktionierkolonnen (s. S. 88).

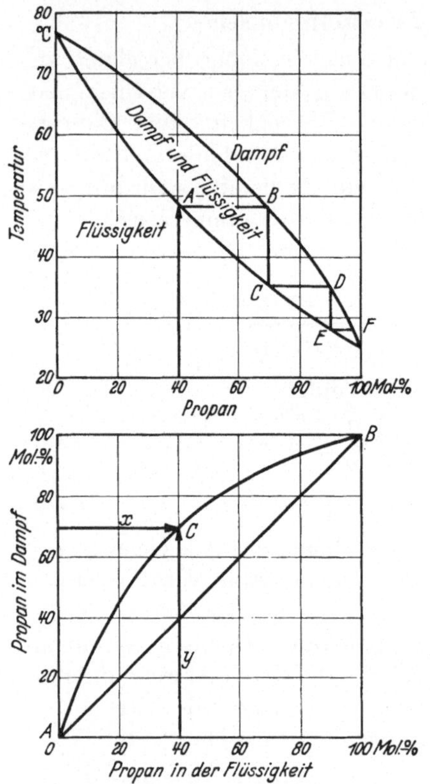

Abb. 18. Beziehung zwischen Dampf- und Flüssigkeitszusammensetzung bei der Destillation eines Propan-Butan-Gemisches in verschiedener Darstellung.

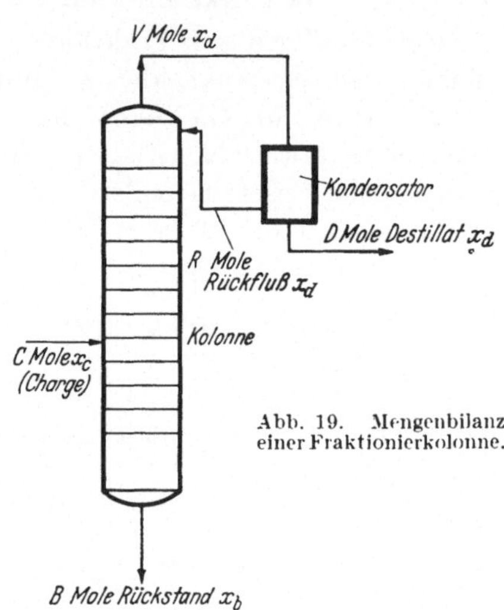

Abb. 19. Mengenbilanz einer Fraktionierkolonne.

d) Wirkung des Rückflusses.

Führt man der in Abb. 19 schematisch gezeichneten Kolonne C Mole eines Zweistoffgemisches von der Zusammensetzung x_c in Mol-% des niedrigersiedenden Teilnehmers (der Mol-%-Anteil des höhersiedenden Teilnehmers am Gemisch beträgt $1 - x_c$) zu, so erhält man am Boden der Kolonne B Mole Rückstand der Zusammensetzung x_b, während am Kopf der Kolonne V Mole Dampf von der Zusammensetzung x_d abgenommen und im Kondensator niedergeschlagen werden. Von den V Molen des Kondensates werden R Mole als Rückfluß in die Kolonne zurückgegeben, die restlichen D Mole werden als Destillat abgezogen.

Da sich sowohl die *Gesamt*menge der Kolonnenbeschickung als auch der Anteil der einzelnen Gemischteilnehmer in der Summe von Rückstands- und Destillatmenge wiederfinden muß, gilt:

$$C = B + D \tag{8}$$

und

$$C \cdot x_c = B \cdot x_b + D \cdot x_d . \tag{9}$$

Die Destillatmenge D ist um so größer, je kleiner der Rückstand B am Boden der Kolonne ist; um so mehr gleicht sich aber auch die Zusammensetzung des Destillates x_d der des Ausgangsgemisches x_c an. Fällt die Rückstandsmenge auf Null, so wird

$$C \cdot x_c = D \cdot x_d ,$$

d. h. das Destillat entspricht hinsichtlich seiner Menge und Zusammensetzung dem Ausgangsgemisch. Die Fraktionierwirkung wird gleich Null.

Durch Division der Gleichungen (8) und (9) erhält man

$$B = D \cdot \frac{x_d - x_c}{x_c - x_b} . \tag{10}$$

Gleichung (10) läßt sich sinngemäß auch auf die einzelnen Glockenböden einer Kolonne anwenden. Nimmt man an, daß von einem bestimmten Boden D Mole Destillat der Zusammensetzung x_d aufsteigen, während zum darunterliegenden Boden B Mole Rückfluß der Zusammensetzung x_b abfließen, so ist Gleichung (10) unmittelbar gültig. x_c ist in diesem Falle die Zusammensetzung der auf dem oberen Boden befindlichen Flüssigkeit. Die Trennwirkung der Kolonne ist um so größer, je stärker sich die Zusammensetzung der Destillate x_d und x_c voneinander unterscheidet.

Löst man Gleichung (10) nach x_b auf, so ergibt sich

$$x_b = x_c - \frac{D(x_d - x_c)}{B} .$$

Da x_d stets größer als x_c, der Zähler $D(x_d - x_c)$ also stets positiv ist, so steigt x_b, der Mol-%-Anteil des niedrigsiedenden Teilnehmers am Rückfluß, mit zunehmender Rückflußmenge B an. Entsprechend verschiebt sich auch die Zusammensetzung der auf den einzelnen Böden befindlichen Flüssigkeit und des von ihr aufsteigenden Dampfes zugunsten des flüchtigeren Teilnehmers. Die Trennwirkung der Kolonne ist demnach um so größer, je größer die angewandte Rückflußmenge ist.

Die Wirkung des Rückflusses ist um so stärker, je mehr seine Zusammensetzung zur Seite des niedrigersiedenden Gemischteilnehmers verschoben ist. Um eine Kontrolle über die Rückflußmenge zu haben, arbeitet man in der Praxis so, daß man eine Kondensation innerhalb der Kolonne durch ausreichende Wärmeisolierung möglichst vermeidet und als Rückfluß einen Teil des kondensierten Destillates laufend in die Kolonne zurückleitet. Die Wirksamkeit der Kolonne steigt dabei mit zunehmendem Rückflußverhältnis, d. h. mit dem Verhältnis der Rückflußmenge zur Menge des abgenommenen Destillates. In der Mineralölindustrie wird als Rückflußverhältnis häufig auch der Quotient aus Rückflußmenge und Destillat- einschließlich Rückflußmenge verwendet.

Diese zunächst für Zweistoffsysteme angestellten Überlegungen gelten angenähert auch für Vielstoffsysteme, z. B. für Roherdöle. Bei der Destillation von Erdölen begnügt man sich jedoch mit der Fraktionierung in eine Anzahl marktgängiger Siedeabschnitte, deren leichteste am Kopf und deren schwerste am Boden der Kolonne abgenommen wird. Die mittleren Fraktionen werden je nach den gewünschten Siedegrenzen in verschiedenen Höhen der Kolonne abgezogen.

e) Berechnung von Fraktionierkolonnen für Zweistoffgemische.

Grundlage für die Berechnung von Fraktionierkolonnen für Zweistoffsysteme sind die sich aus dem Gesetz der Erhaltung der Masse ergebenden Stoffbilanzen in den Gleichungen (8) und (9) sowie die im folgenden aus demselben Gesetz hergeleiteten Gleichungen.

In Übereinstimmung mit früheren Ableitungen werden folgende Bezeichnungen gewählt:

V = Mole Dampf am Kolonnenkopf.
D = Mole des flüssigen Destillates beim Siedepunkt,
R = Mole des in die Kolonne zurückgeführten flüssigen Rückflusses beim Siedepunkt,
C = Mole des flüssigen Ausgangsgemisches beim Siedepunkt,
B = Mole des am Kolonnenboden abgezogenen flüssigen Rückstandes,
x = Mol-% des niedrigersiedenden Teilnehmers in der Flüssigkeit,
y = Mol-% des niedrigersiedenden Teilnehmers im Dampf.

Die beigefügten Indizes haben folgende Bedeutung:

d = Destillat,
c = Ausgangsgemisch (Charge),
b = Rückstand,
n = irgendein Glockenboden oberhalb des Kolonneneintritts,
$n + 1$ = Boden über der $n$ten Platte,
$n - 1$ = Boden unter der $n$ten Platte,
t = oberster Boden in der Kolonne,
$t - 1$ = Boden unter der obersten Platte,
m = irgendein Boden unterhalb des Kolonneneintritts,
s = Sumpf der Kolonne (Rückstand).

Bei den nachfolgenden Ableitungen[1] soll angenommen werden, daß bei der auf den einzelnen Böden stattfindenden Kondensation und Verdampfung je 1 Mol Kondensat 1 Mol erzeugten Dampf entspricht, daß also die molare Verdampfungswärme der Gemischteilnehmer gleich ist. Vereinfachend wird vorausgesetzt, daß ein Temperaturabfall innerhalb der Kolonne nicht stattfinden würde, da sonst eine bestimmte Menge Rückfluß zur Kühlung des am Kopf der Kolonne übergehenden Produktes V von der Kolonneneintrittstemperatur auf die Austrittstemperatur am Kolonnenkopf verbraucht würde.

Bei der Destillation von Zweistoffgemischen, deren Teilnehmer nur geringe Unterschiede im Molekulargewicht und in der Siedetemperatur aufweisen, sind diese Voraussetzungen annähernd erfüllt. Bei Mineralöldestillationen muß jedoch der große Unterschied zwischen den Siedepunkten des leichtesten und des schwersten Ölbestandteiles bei der Berechnung des molaren Rückflusses berücksichtigt werden.

Die Beziehungen zwischen dem am Kopf der Kolonne übergehenden Dampf (V), dem abgenommenen Destillat (D) und dem in die Kolonne zurückgegebenen Rückfluß (R) sind durch die folgenden Gleichungen gegeben:

$$V = D + R, \tag{11}$$

$$V \cdot y_t = D x_d + R x_d. \tag{12}$$

Sinngemäß gelten die Gleichungen (11) und (12) ebenso wie (8) und (9) auch für die einzelnen Böden innerhalb der Kolonne. Nur auf den Böden unterhalb des Kolonneneintrittes treten andere Verhältnisse ein. Bezeichnet man mit V' die Mole Dampf über dem Kolonnensumpf s und mit R' die Mole Rückfluß von dem untersten Boden $s + 1$, so gilt:

$$V' = R' - B \tag{13}$$

und

$$V' \cdot y_s = R' x_{s+1} - B \cdot x_b.$$

Die Änderung der Flüssigkeits- und Dampfzusammensetzung von Boden zu Boden wird entsprechend durch die folgende Gleichung gegeben:

$$V \cdot y_n + R \cdot x_n = V \cdot y_{n-1} + R \cdot x_{n+1}. \tag{14}$$

Diese Gleichung läßt sich nach jeder der enthaltenen Größen auflösen und ermöglicht deren Berechnung, wenn man die Werte aller übrigen Größen festgelegt hat. Z. B. erhält man aus (14):

$$\frac{R}{V} = \frac{y_n - y_{n-1}}{x_{n+1} - x_n}, \tag{15}$$

$$y_n = y_{n-1} + \frac{R}{V}(x_{n+1} - x_n). \tag{16}$$

[1] Nelson, W. L.: Petroleum Refinery Engineering, S. 280. 1936.

Will man die zur Fraktionierung eines bestimmten Zweistoffgemisches benötigte Glockenbodenzahl errechnen, so ist zunächst das anzuwendende Rückflußverhältnis und der gewünschte Reinheitsgrad der beiden Endstoffe festzulegen.

Die Ermittlung der zur Erreichung einer bestimmten Trennwirkung benötigten Bodenzahl kann rechnerisch[1] oder graphisch erfolgen. Im folgenden soll die einfachere, von McCabe und Thiele[2] angegebene graphische Bestimmungsweise erläutert werden.

Wendet man Gleichung (15) auf den obersten Boden der Kolonne an, so erhält man

$$\frac{R}{V} = \frac{y_t - y_{t-1}}{x_d - x_t}.$$

Da die Zusammensetzung des Dampfes über dem obersten Boden y_t gleich derjenigen des Destillates x_d, und da D gleich $V - R$ zu setzen ist, gilt:

$$\frac{R}{V} = \frac{x_d - y_{t-1}}{x_d - x_t},$$

$$y_{t-1} = x_d - \frac{R}{V}(x_d - x_t)$$

$$= \frac{R \cdot x_t + V x_d - R \cdot x_d}{V}$$

$$= \frac{R \cdot x_t + (V - R) \cdot x_d}{V}$$

$$= \frac{R}{V} \cdot x_t + \frac{D}{V} \cdot x_d. \tag{17}$$

Diese Gleichung gibt die Beziehung zwischen der Zusammensetzung des flüssigen und des dampfförmigen Zustandes für beliebige Rückfluß- und Destillatmengen an. Sie wird durch eine Gerade, die sog. Operationslinie, dargestellt, deren Neigung durch R/V und deren Schnittpunkt mit der Ordinaten durch den Wert $a = (D/V) \cdot x_d$ festgelegt ist (vgl. Abb. 20). Bei unendlich großem Rückfluß wird, da in diesem Falle $D =$ Null und $R = V$ ist, y_{t-1} gleich x_t, d. h. die Zusammensetzung von Dampf und Flüssigkeit ist durch die Diagonale AD (Abb. 20) gegeben. Wählt man ein kleineres Rückflußverhältnis, so fällt die Neigung R/V ab, während der Ordinatenabschnitt a von Null auf endliche Werte ansteigt. Hat man die Operationslinie durch Wahl der Destillat- und der Rückflußmenge festgelegt, so ergibt sich eine einfache Möglichkeit, die zur Erzielung eines gewünschten Trennungsgrades notwendige Glockenbodenzahl einer Fraktionierkolonne graphisch zu ermitteln.

---

[1] Nelson, W. L.: a. a. O.

[2] McCabe, W. L., u. E. W. Thiele: Industr. Engng. Chem. **17**, 605 (1925).

Soll beispielsweise ein Gemisch aus 40 Mol-% Propan und 60 Mol-% n-Butan bei einem Rückflußverhältnis R/V gleich 1,5 so fraktioniert werden, daß der Reinheitsgrad der Endstoffe 98 Mol-% beträgt, so errechnet man zunächst den Ordinatenschnittpunkt a der Operationslinie [s. Gleichung (17) und Abb. 20]. Unter Zugrundelegung einer Destillatmenge von 1 Mol gilt:

$$a = \frac{D}{V} \cdot x_d$$

$$= \frac{D}{D + R} \cdot x_d$$

$$= \frac{x_d}{1 + R/D}$$

$$= \frac{98}{2,5} = 39,2 .$$

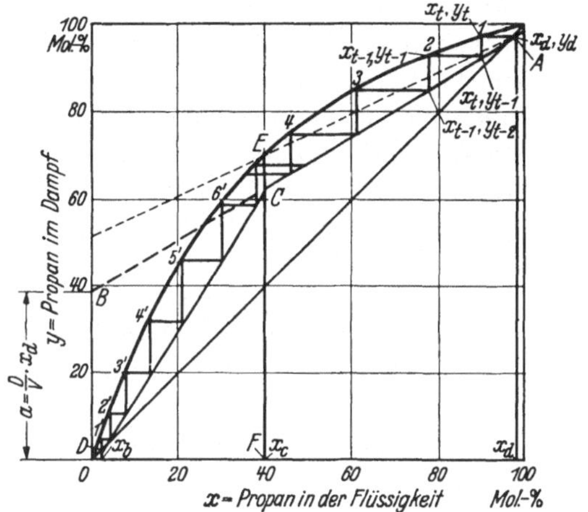

Abb. 20. Diagramm nach McCabe und Thiele zur graphischen Ermittlung der Bödenzahl von Fraktionierkolonnen.

Man trägt a sodann auf der Ordinate des Gleichgewichtsdiagrammes ab und verbindet den so erhaltenen Punkt B ($y = a$, $x = 0$) mit dem Punkt A ($y_d = 98$; $x_d = 98$), der die Zusammensetzung des Destillat-Endproduktes angibt.

Zur Bestimmung der benötigten Bodenzahl geht man nun in der Weise vor, daß man vom Punkt A (Abb. 20) aus eine Waagerechte bis zum Schnittpunkt mit der aus Abb. 18b übertragenen Gleichgewichtskurve zieht. Man erhält den Punkt *1* mit den Koordinaten x_t und y_t. Vom Punkt *1* zieht man eine Senkrechte bis zum Schnittpunkt (x_t; y_{t-1}) mit der Operationslinie. Das Verfahren wird so lange fortgesetzt, bis eine Waagerechte die Linie EF, die durch die Zusammensetzung des Ausgangsgemisches (40 Mol-% Propan; 60 Mol-% n-Butan) festgelegt ist, schneidet. Man durchläuft dabei die Punkte x_{t-1}, y_{t-1}; x_{t-1}, y_{t-2} usw. Jede bei diesem Verfahren erhaltene Stufe entspricht einer Destillationsstufe, d. h. einem theoretischen Fraktionierboden. Bis zum Schnitt mit der Linie EF werden vier Stufen gezählt. Um ein 98 Mol-% Propan enthaltendes Destillat aus dem gegebenen Ausgangsgemisch zu gewinnen, sind also vier theoretische Böden, d. h. solche mit einem Wirkungsgrad von 100%, einzusetzen. Damit ist jedoch erst die Bodenzahl der sog. *Verstärkersäule* bestimmt. Die Forderung, ein Endprodukt von bestimmtem Reinheitsgrad (98 Mol-% n-Butan, 2 Mol-% Propan) am Boden der Kolonne abzunehmen, wird erst durch Einsatz einer weiteren Anzahl von Böden, der sog. *Abtreibersäule*, erfüllt.

Zur Errechnung der Austauschbodenzahl der Abtreibersäule wendet man das schon bei der Berechnung der Verstärkersäule benutzte Verfahren an. Man geht von der geforderten Endzusammensetzung des Rückstandes (Punkt D mit den Koordinaten $x = 2$ und $y = 2$) aus und zieht senkrechte und waagerechte Linien innerhalb der zwischen der Operationslinie und der Gleichgewichtskurve gelegenen Fläche bis zum Schnitt mit der Linie EF. Die Operationslinie der Abtreibersäule ist dabei die Verbindungslinie zwischen D und C. Der Punkt C ist der Schnittpunkt der bereits bekannten Operationslinie AB mit der Linie EF. Für die praktische Auslegung einer Kolonne bleiben die sich ergebenden Überlappungen der Abtreiber- und der Verstärkersäule unberücksichtigt. Die Gesamtkolonne besteht demnach für das angeführte Beispiel aus sechs Böden der Abtreiber- und aus vier Böden der Verstärkersäule bei einem Bodenwirkungsgrad von 100%. Zwischen Abtreiber- und Verstärkersäule wird das Ausgangsgemisch in die Kolonne eingeführt.

Führt man dieselbe Stufenkonstruktion unter Zugrundelegung verschiedener Rückflußverhältnisse durch, so ergeben sich die folgenden Werte für die Bodenzahl der Kolonne:

Zahlentafel 19. **Abhängigkeit der Austauschbodenzahl von dem bei der Fraktionierung eines Propan-n-Butan-Gemisches angewandten Rückflußverhältnis** ($\pi = 10$ ata; Ausgangspropangehalt: 40 Mol-%).

Ordinatenabschnitt a	Rückflußverhältnis	Glockenbodenzahl		
		Abtreibersäule	Verstärkersäule	Gesamtkolonne
51,2	0,92	∞	∞	∞
49,0	1,0	8,2	6,8	15,0
39,2	1,5	6,2	4,7	10,9
32,7	2,0	5,3	4,1	9,4
24,5	3,0	5,0	3,8	8,8
19,6	4,0	4,5	3,7	8,2
16,3	5,0	4,1	3,6	7,7
0,0	∞	3,9	3,0	6,9

Die Ergebnisse dieser Rechnungen sind in Abb. 21 graphisch dargestellt. Es zeigt sich, daß die Steigerung des Rückflußverhältnisses über einen bestimmten Wert keinen wesentlichen Einfluß auf den Gesamtwirkungsgrad mehr nimmt. Dagegen steigt die zur Erzielung der gleichen Trennwirkung erforderliche Bodenzahl bei Unterschreitung des Rückflußverhältnisses 2 außerordentlich stark an.

Für die endgültige Wahl der Bodenzahl sind in der Praxis wirtschaftliche Überlegungen maßgeblich. Die einmaligen Anschaffungskosten einer größeren Kolonne sind gegen die laufenden Kosten abzuwägen, die durch Verwendung einer größeren Rückflußmenge entstehen. Neben diesen Kosten sind die Mehrausgaben für eine größere Rückflußpumpe sowie für eine höhere Energieaufwendung für die Pumpe und für die Verdampfung einer größeren Rückflußmenge in Rechnung zu setzen.

In Abb. 22 sind die Operationslinien für die in Zahlentafel 19 angegebenen Rückflußverhältnisse eingezeichnet. Die gestrichelten Geraden AB und AC geben die Operationslinien für das kleinst- (0,92) und das höchstmögliche (∞) Rückflußverhältnis wieder. Dem ersten Fall entspricht eine unendlich große, dem zweiten die kleinste, gerade noch mögliche Bodenzahl, um den geforderten Trennungsgrad zu erreichen (Zahlentafel 19). Erniedrigt man das Rückflußverhältnis unter 0,92, so ist auch bei Einsatz einer unendlich großen Bodenzahl ein Reinheitsgrad der Endstoffe von 98 Mol-% nicht mehr erzielbar. Kolonnen mit weniger als 6,9 theoretischen Böden (vgl. Zahlentafel 19) können im vorliegenden Beispiel ebenfalls selbst bei Benutzung unendlich großer Rückflußmengen nicht zu dem gewünschten Trennungsgrad führen.

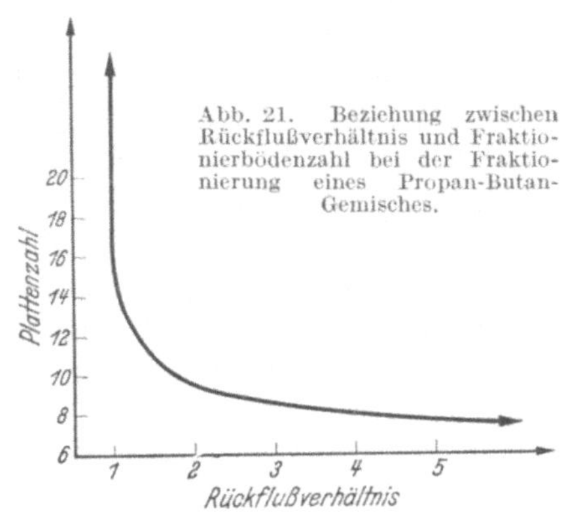

Abb. 21. Beziehung zwischen Rückflußverhältnis und Fraktionierbödenzahl bei der Fraktionierung eines Propan-Butan-Gemisches.

Praktisch wählt man ein Rückflußverhältnis, das um 1,5 liegt. Die Zahl der einzubauenden Böden ist dadurch festgelegt.

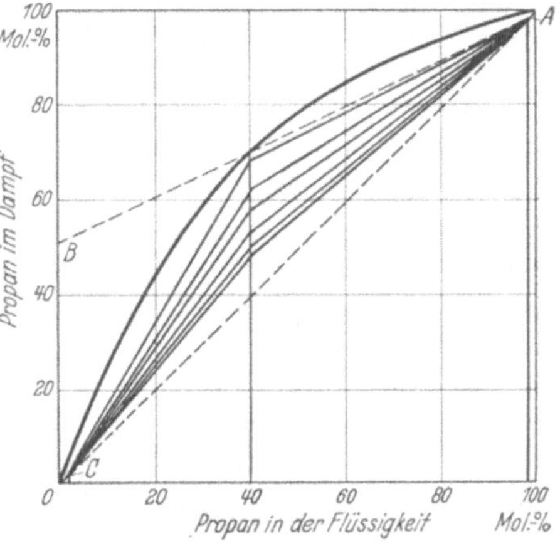

Abb. 22. Operationslinien zur Berechnung der Bodenzahl von Fraktionierkolonnen bei verschiedenen Rückflußverhältnissen.

f) Fraktionierung von Mehrstoff- und Vielstoffgemischen.

Je größer die Anzahl der zu trennenden Einzelstoffe wird, um so schwieriger gestaltet sich die Berechnung der Fraktionierung. Schon bei einem Dreistoffgemisch ist eine einfache graphische Lösung nicht mehr möglich, und man ist gezwungen, eine langwierige Berechnung von Boden zu Boden durchzuführen. Erste Voraussetzung für die Durchführung der Rechnungen ist die Kenntnis der Zusammensetzung des Ausgangsgemisches und der zu gewinnenden Fertigerzeugnisse. Man ist dann in der Lage, in ähnlicher Weise wie für Zweistoffgemische unter

Zugrundelegung der Gleichungen (15) bis (17) die Kolonnenberechnung vorzunehmen. Diese Art der Berechnung findet in der chemischen Industrie Anwendung, wenn die Aufgabe gestellt ist, Mehrstoffgemische bekannter Zusammensetzung zu trennen. In der Mineralölindustrie benutzt man sie zur Berechnung der Fraktionierung von Gemischen leichter Kohlenwasserstoffe, die in den letzten Jahren steigende Bedeutung durch den zunehmenden Bedarf an Flüssiggas und durch den Bau von Anlagen zur Erzeugung von Polymerbenzin gewonnen haben.

Die Ausführung der Berechnung soll im folgenden skizzenhaft angedeutet werden. Eine vollständige Beschreibung würde über den gestellten Rahmen hinausgehen. Zur Erleichterung der Berechnung wird meistens angenommen, daß sich die gesamte Menge des Ausgangsgemisches im dampfförmigen Zustand befindet. Da es sich in der Praxis herausgestellt hat, daß eine Anlage leichter zu fahren ist, wenn man als Rückfluß nicht ein Teilkondensat, sondern das Endkondensat der Kopfdämpfe benutzt, hängt der Druck in der Kolonne von der Temperatur des zur Verfügung stehenden Kühlwassers ab, d. h. der Druck muß so hoch sein, daß das gesamte Kopfprodukt bei der Kühlwassertemperatur kondensiert wird. Die Kopfdämpfe, deren Temperatur beim Verlassen der Kolonne durch ihren Taupunkt bestimmt ist, stehen im Gleichgewicht mit der gesamten kondensierten Flüssigkeit, von der ein Teil als Rückfluß abgezogen wird. Mittels des RAOULT-DALTONschen Gesetzes (4) kann man deshalb den Druck in der Kolonne und die Zusammensetzung des Rückflusses errechnen. Legt man nun eine bestimmte Rückflußmenge auf Grund praktischer Erfahrungen fest, so läßt sich die tatsächliche Molprozentzusammensetzung der Kopfdämpfe angeben. Mit diesen Kopfdämpfen befindet sich die Flüssigkeit auf dem obersten Boden unter der Voraussetzung eines Bodenwirkungsgrades von 100% im Gleichgewicht. Man errechnet nun die Flüssigkeitszusammensetzung von Boden zu Boden. Ähnlich wird die Rechnung vom Kolonnensumpf aus vorgenommen, da ja die Zusammensetzung des Rückstandes bekannt ist. Beide Rechnungen werden so weit durchgeführt, bis sich die gefundenen Bodentemperaturen etwa treffen. Diese Stelle gibt gleichzeitig den Eintritt des Ausgangsgemisches in die Kolonne an.

Erfordert die Berechnung der Zusammensetzung der Flüssigkeit von Boden zu Boden schon bei den Mehrstoffgemischen eine erhebliche Arbeit, so ist sie bei den Vielstoffgemischen, wie sie die Rohöle oder deren handelsübliche Fraktionen darstellen, theoretisch in einwandfreier Weise nicht mehr durchführbar. Die Anzahl der vorhandenen Einzelstoffe ist so groß, daß es nicht möglich ist, sie nach Art und Menge zu bestimmen. Man geht darum von der „wahren Siedepunktskurve" aus (laboratoriumsmäßige Ausführung s. S. 72), die ein angenähertes Bild der Gemischzusammensetzung gibt. Ist es nicht möglich, diese Kurve zu bestimmen, so genügt für technische Berechnungen besonders bei größeren Siedebereichen die Engler-Ubbelohde- oder die ASTM.-Siedekurve.

Liegt eine dieser Siedekurven vor, so teilt man sie in bestimmte Abschnitte, deren Länge in der Regel durch Siedepunkte der n-paraffinischen Kohlenwasserstoffe des von dem Ausgangsstoff überspannten Siedebereiches gegeben ist. Man geht dabei von der Erfahrung aus, daß der Dampfdruck der Kohlenwasserstoffe fast unabhängig von ihrem chemischen Aufbau (Paraffine, Olefine, Naphthene oder Aromaten) im wesentlichen von der Lage des Siedepunktes abhängig ist. Es erscheint daher bis zu einem gewissen Grade gerechtfertigt, die verschiedene chemische Struktur der Inhaltsstoffe eines Rohöles außer acht zu lassen und dieses als ein Gemisch von Kohlenwasserstoffen ein und derselben Art aufzufassen. Da die n-Paraffine im allgemeinen einen wesentlichen Teil der Rohöle ausmachen, betrachtet man die Rohöle einfach als ein Gemisch von n-Paraffin-Kohlenwasserstoffen der verschiedensten Molekulargröße. Praktisch geht man so vor, daß man durch die Rohöl-Siedekurve in der Höhe der Siedepunkte bestimmter n-Paraffinkohlenwasserstoffe waagerechte Linien zieht. Diese werden durch senkrechte Linien miteinander verbunden, die so gezogen werden, daß der Inhalt der durch die Siedekurve und die Konstruktionslinien begrenzten Flächen auf beiden Seiten der Kurve gleich groß ist.

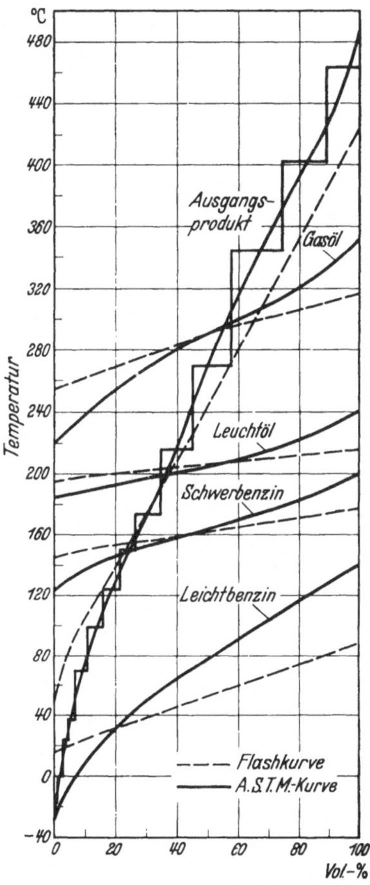

Abb. 23. ASTM.- und Flash-Kurven eines Irak-Rohöles und der aus ihm durch Destillation gewonnenen Erzeugnisse.

In Abb. 23 ist beispielsweise neben anderen Kurven die ASTM.-Siedekurve eines *Irak*-Rohöles ($d_{20} = 0{,}845$) eingezeichnet. Die Gesamtkurve wurde den Siedepunkten einer Anzahl der in dem überdeckten Bereich siedenden n-Paraffinkohlenwasserstoffe entsprechend in 14 Abschnitte geteilt. Demgemäß setzt man die Kolonnenberechnung so an, als bestände das Rohöl nicht aus einer sehr großen Zahl von

Einzelstoffen, sondern aus einem Mehrstoffgemisch von 14 Teilnehmern. Man beschreitet nun den im vorhergehenden angedeuteten Rechnungsweg und legt den von Boden zu Boden durchgeführten Rechnungen die physikalischen Eigenschaften der zu den einzelnen Siedeabschnitten gehörigen Paraffinkohlenwasserstoffe zugrunde.

Vielfach wurden Versuche unternommen, die Kolonnenberechnung für die Rohöldestillation zu vereinfachen. Eine übersichtliche Zusammenstellung dieser Versuche wurde von UNDERWOOD[1] herausgegeben. Die Berechnungsabwandlungen sind größtenteils ebenfalls sehr zeitraubend. Zum Teil werden durch vereinfachende Annahmen weitere Fehlerquellen geschaffen.

In der Praxis ist es nicht immer nötig, den umständlichen Weg der Rechnung zu gehen. Auf Grund von Erfahrungen liegt die Glockenbodenzahl der Fraktionierkolonnen für die Herstellung bestimmter marktgängiger Erdölfraktionen bereits fest. So setzt man z. B. für die Gewinnung von Schmieröldestillaten im Vakuum zwei bis vier Böden ein, während die Bodenzahl bei atmosphärischen Destillationsanlagen für die höhersiedenden Fraktionen meist vier, für die niedriger siedenden sechs bis acht beträgt. Mit steigenden Anforderungen an die Trennschärfe erhöht sich die Bodenzahl.

6. Aufbau und Wirkungsweise von Fraktionierkolonnen.

a) Inneneinrichtung von Kolonnen.

Im Innern der Kolonnen befinden sich entweder Siebplatten, Glockenböden oder Füllkörper. Diese Einbauten haben den Zweck, für einen innigen Kontakt zwischen Flüssigkeit und Dampf zu sorgen.

Siebplatten werden in der Öldestillation trotz ihrer niedrigen Herstellungskosten kaum noch verwendet, weil ihre Nachteile gegenüber den Glockenböden zu groß sind. Sie besitzen sehr kleine Dampfdurchlässe, die leicht verschmutzen und verkoken. Bei wechselnder Kolonnenbeschickung ändert sich die Flüssigkeitshöhe auf der Platte, das Kolonnengleichgewicht muß sich neu einstellen. Ein mit Siebplatten ausgerüsteter Fraktionierturm ist deshalb viel stärkeren Schwankungen als Türme mit Glockenböden oder Füllkörpern ausgesetzt. Beim Einbau ist darauf zu achten, daß die Siebplatten vollkommen waagerecht liegen. Schon kleine Unterschiede in der Flüssigkeitshöhe machen sich insofern unangenehm bemerkbar, als der aufsteigende Dampf die Platte nur an der Stelle des geringsten Widerstandes durchströmt. Der Gesamtwirkungsgrad wird dadurch erheblich vermindert.

Die günstigste Lösung für den Einbau von Austauschflächen ist der bereits in seiner Wirkungsweise beschriebene *Glockenboden* (s. S. 80).

[1] UNDERWOOD: Trans. Inst. Chem. Eng. (London) 112 (1932).

Abb. 24 zeigt die Einzelheiten einer Glockenbodenkonstruktion, zu deren Zusammenbau weder Maschinenarbeit noch Packungsmaterial nötig ist. Da es heute möglich ist, einen dünnen und einwandfreien Eisenguß herzustellen, wählt man als Baustoff meist Gußeisen, das sich als besonders korrosionsfest bewährt hat. In dem dargestellten Beispiel wurden längliche ovale Dampfdurchlässe mit entsprechenden Kappen verwendet. Die Eintauchtiefe der Kappen wird mit Hilfe von Bolzen nach dem Einbau der Glockenböden genau eingestellt. Die oberen Ränder der Abfallrohre enthalten V-Kerben, damit kleine Schwankungen in der Flüssigkeitshöhe keine wesentliche Änderung der abfließenden Flüssigkeitsmenge verursachen. In Abb. 25 ist eine Glockenkappe üblicher Bauart gezeichnet. Der Weg der aufsteigenden Dämpfe ist durch eine gestrichelte Linie angedeutet. Unterhalb des Bodens befindet sich ein Flüssigkeitsabscheider, der es gestatten soll, im freien Kolonnenquerschnitt Dampfgeschwindigkeiten bis zu etwa 1,5 m/sec anzuwenden. Die Zahnung der Glokkenkappe wird häufig durch versetzt angeordnete Schlitze ersetzt. Um eine möglichst gute Zerteilung der Dampfblasen zu erreichen, werden des öfteren äußere

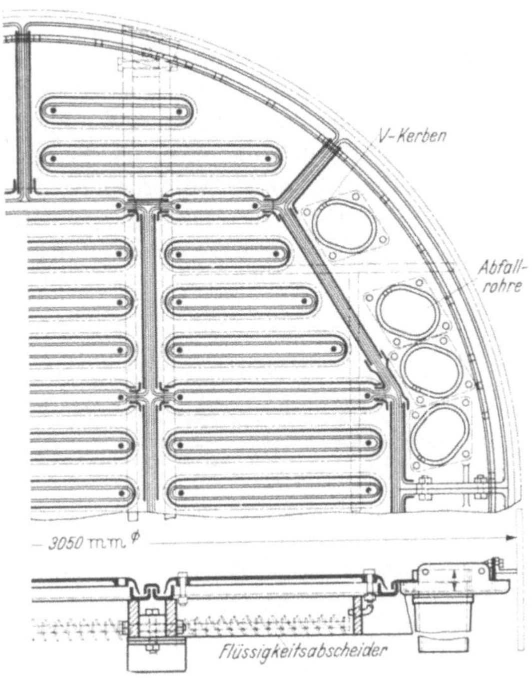

Abb. 24. Glockenboden mit länglichen Kappen nach CHILLAS und WEIR.

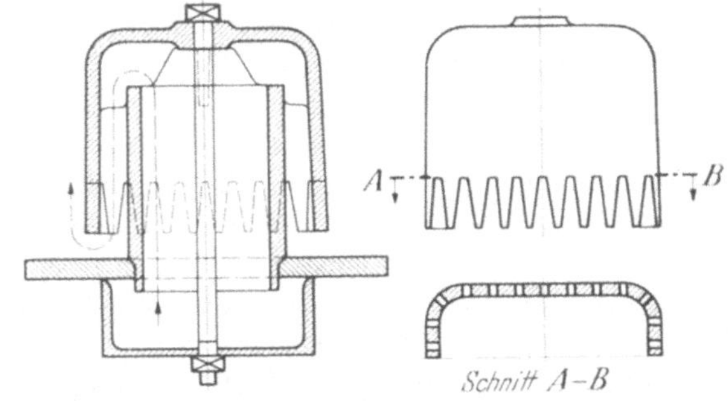

Abb. 25. Aufbau einer Glockenkappe nach FARNER[1].

[1] FARNER, R. H.: Petr. Engng. 51 ff. (1938).

Kränze an der Kappe angebracht. Neben der länglichen Glockenbauart sind auch Rundkappen verbreitet, deren Dampfdurchlaßfläche einen kreisrunden Querschnitt hat. Eine Anzahl von Glockenkappen verschiedener Bauart, wie sie von der *Stainless Steel Co.* hergestellt werden, sind in Abb. 26 veranschaulicht.

Der Glockenboden begrenzt das Fassungsvermögen einer Kolonne in zweifacher Hinsicht, und zwar durch die maximale Flüssigkeitsmenge, die als Rückfluß über die einzelnen Böden nach unten strömen kann, und durch die maximale Dampfmenge, die ein Glockenboden zu verarbeiten in der Lage ist. Die Flüssigkeitsmenge wird durch die Wehre und Ablaßrohre oder durch den Widerstand, den die Flüssigkeit dem Dampf entgegensetzt, begrenzt. Die größtmögliche Dampfmenge wird durch den Gesamtwiderstand der Böden oder durch die Menge an mit-

Abb. 26. Glockenkappen verschiedener Bauart (Stainless Steel).

gerissener Flüssigkeit bestimmt. Dieses Hochreißen kleiner Flüssigkeitsteilchen muß auf jeden Fall vermieden werden, da es, abgesehen von einer Farbverschlechterung der Destillate, einen erheblichen Abfall des Bodenwirkungsgrades verursacht. Die Aufgabe eines Bodens besteht ja darin, die Zusammensetzung des aufsteigenden Dampfes zugunsten der leichtersiedenden Anteile zu ändern. Je mehr Flüssigkeitsteilchen mitgerissen werden, um so schlechter wird diese Aufgabe erfüllt. Das Mitreißen von Flüssigkeitsteilchen durch den Dampf hängt ab von der Massengeschwindigkeit des Dampfes, von der Dichte der Flüssigkeit und des Dampfes sowie vom Durchmesser der Teilchen. Letzterer ist wiederum durch die Oberflächenspannung der Flüssigkeit und die Dampfdichte gegeben. Das Hochreißen der Flüssigkeitsteilchen findet bevorzugt an den Dampfblasen-Austrittsstellen der Glockenkappen statt. Dieser Umstand beeinflußt den zu wählenden Bodenabstand weitgehend. Die Berechnung des günstigsten Bodenabstandes kann in verschiedener Weise[1] durchgeführt werden. Aus baulichen und preislichen Gründen

[1] SOUDERS, M., u. G. G. BROWN: Industr. Engng. Chem. **26**, 98 (1934). — HOLBROOK, G. E., u. E. M. BAKER: Industr. Engng. Chem. **26**, 1063 (1934). — RHODES, F. H.: Industr. Engng. Chem. **26**, 1333 (1934).

wählt man ihn so klein wie möglich. Er muß jedoch, um die Gleichgewichtseinstellung erreichen zu können, so groß sein, daß ein Mitreißen von Flüssigkeit vermieden wird. Eine weitere Maßnahme zur Verhütung der Flüssigkeitsübertragung durch den Dampf ist der Einbau von Flüssigkeitsabscheidern (vgl. Einbau in Abb. 24). Bei atmosphärischen Kolonnen liegt der Glockenbodenabstand in der Größenordnung von 450 bis 600 mm. In Unterdruckkolonnen ist er wegen der höheren Geschwindigkeit der Dämpfe meist größer. Zur Vermeidung betrieblicher Schwierigkeiten sollte der Abstand auf jeden Fall so groß sein, daß man ein Mannloch zum Einbau und Reinigen der Böden anbringen kann.

Die Dampfdurchlaßfläche nimmt bei einem in der üblichen Weise konstruierten Boden 10 bis 12% des Querschnittes ein. Versieht man auch die Peripherie des Bodens mit einer Ringglocke, so kann man den Anteil der Dampfdurchlaßfläche auf 18 bis 22% steigern, ohne daß man die für die Einordnung der Zulauf- und Ablaufrohre benötigte Fläche herabsetzt. Diese Konstruktion erweist sich bei Kolonnendurchmessern unter 900 mm als besonders günstig.

Große Aufmerksamkeit ist der Flüssigkeitsführung auf den Böden zu schenken, um zu verhindern, daß nur ein Teil der Kappen wirksam wird. In größere Böden werden darum meist Dämme eingebaut, um die Flüssigkeit zu zwingen, bestimmte Wege einzuhalten und Flüssigkeitsstauungen an einzelnen Glockenkappen auszuschalten.

Als Kolonneneinbauten sind in diesem Zusammenhang noch die *Umlenkbleche* zu erwähnen. Man verwendet sie bei der partiellen Kondensation leicht zur Verkokung neigender oder verschmutzter Kohlenwasserstoffgemische, wie sie z. B. bei der Verarbeitung von Kohleteeren auftreten. Sie setzen den Druckabfall in der Kolonne herab und werden besonders dann eingebaut, wenn weniger Wert auf eine scharfe Fraktionierung als auf eine gute Durchmischung zum Zwecke des Wärmeaustausches gelegt wird.

Die Gesamtfraktionierkolonne wird, wie bereits beschrieben, durch den Einlaßstutzen in die untere Abtreiber- und die obere Verstärkersäule geteilt. Die Ausdrücke Abtreiber- und Verstärkersäule stammen aus der Alkoholdestillation, die schon viel früher als die Erdöldestillation, besonders in Deutschland, hoch entwickelt war. Die Ölfraktionierkolonnen besitzen häufig an Stelle der Abtreibersäule nur einen Abstreifer. Die Trennung in die einzelnen Schnitte geht dann nur in der Verstärkersäule vor sich. Da dem Verdampfungsraum der Kolonne meist ein Flüssigkeit-Dampf-Gemisch mit hoher Geschwindigkeit zugeführt wird, ist der Einlaßstutzen zur Vermeidung von Erosion tangential angeordnet. Ein Umlenkblech im Innern der Kolonne schützt die Kolonnenwand und fördert die Trennung der nach unten fließenden Flüssigkeit und des nach oben strömenden Dampfes.

Die gelegentlich an Stelle von Austauschböden verwendeten *Füllkörper* werden so geformt, daß die über sie nach unten fließende Flüssigkeit dem nach oben strömenden Dampf eine möglichst große Oberfläche je Raumeinheit bietet. Der Druckabfall in der Kolonne ist von der Form der Füllkörper abhängig. Die günstigsten Bedingungen erhält man nach RASCHIG bei zylindrischen Füllkörpern (Raschig-Ringen) dann, wenn Durchmesser und Höhe der Zylinder gleich sind. Die in diesem Falle eintretende Unordnung in der Füllkörperschichtung bewirkt eine starke Verlängerung des Weges der gegeneinander strömenden Phasen.

In der Industrie werden zahlreiche Arten von Füllkörpern verwendet. Zu nennen sind u. a. *Raschig-Ringe*, *Prym-Ringe*, Sattelfüllkörper, Vollkörper, Hohlkugeln und Drahtspiralen (vgl. Abb. 27). Die Oberfläche nimmt bei jeder Füllkörperart mit zunehmender Größe der Einzelkörper ab. So wird für Raschig-Ringe 15 × 15 mm (Wandstärke 2 mm) eine Oberfläche von 330 m² je m³, für Ringe der Größe 50 × 50 mm (Wandstärke 4 mm) eine solche von 110 m²/m³ angegeben. Die Füllkörper werden aus den verschiedensten Baustoffen hergestellt. U. a. kommen Porzellan, Steinzeug, Glas, Metalle und Gummi in Frage. Die Wahl der Baustoffe ist wegen der Gestehungskosten von der Füllkörperart bis zu einem gewissen Grade abhängig. Es macht jedoch keine Schwierigkeit, Füllkörperart und -baustoff so zu wählen, daß Korrosionsangriffe durch das Destillationsgut ausgeschaltet werden. Insbesondere haben sich Füllkörper aus Porzellan oder Steinzeug als angriffsbeständig erwiesen.

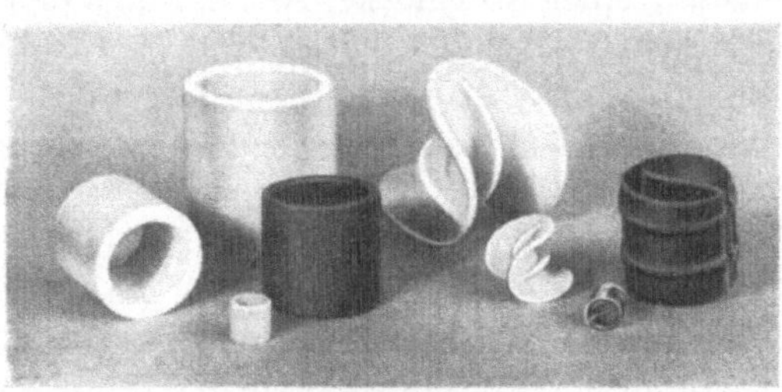

Abb. 27. Verschiedene Arten von Füllkörpern nach KIRSCHBAUM[1].

Obwohl das Dampfvolumen in den einzelnen Kolonnenhöhen verschieden ist, baut man die Kolonnen aus praktischen Gründen zylindrisch. Eine Ausnahme macht man meist bei Unterdruckanlagen. Da die sich im unteren Teil solcher Kolonnen befindenden Dampfmengen sehr klein sind, verjüngt man die Kolonne nach unten zu. Dadurch werden die Bodendurchmesser herabgesetzt und ein besserer und gleichmäßigerer Flüssigkeit-Dampf-Austausch erzielt. Bei Stabilisieranlagen, die am Fuße der Kolonne einen Rückverdampfer haben, ist das Dampfvolumen und damit die Dampfgeschwindigkeit im unteren Teil der Kolonne meistens am größten. Um in dieser Zone das Mitreißen von Flüssigkeitsteilchen zu vermeiden, vergrößert man den Abstand der Böden.

[1] KIRSCHBAUM, E.: Destillier- und Rektifiziertechnik. Berlin 1940.

b) Rückflußarten.

Eine Fraktionierung findet nur statt, wenn dem nach oben strömenden Dampf eine Flüssigkeit entgegenfließt, die einen Austausch der schweren und leichten Kohlenwasserstoffe ermöglicht. Zu diesem Zweck beschickt man den Turmkopf mit einem Rückfluß. In der Regel kondensiert man die gesamten aus dem Kolonnenkopf entweichenden Dämpfe und zieht einen Teil als Destillat ab, während man den Rest als Rückfluß auf den Turm zurückfördert (s. S. 84). Benutzt man eine durch partielle Kondensation der Kopfdämpfe gewonnene Flüssigkeit als Rückfluß, so ergeben sich insofern betriebliche Schwierigkeiten, als Schwankungen in der Kolonne eine laufende Änderung der Rückflußzusammensetzung bewirken.

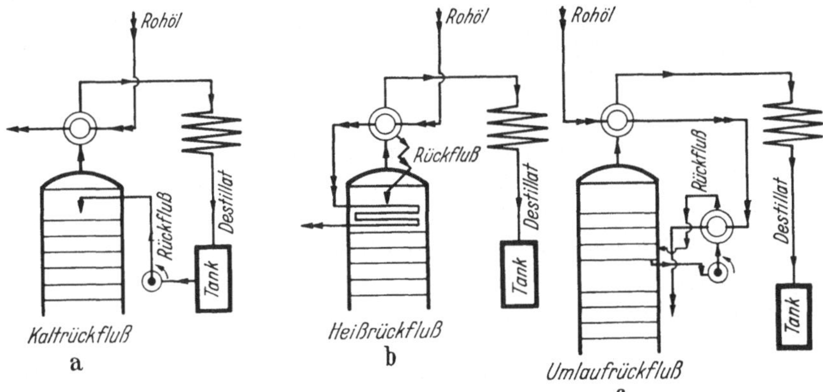

Abb. 28. Schematische Darstellung der verschiedenen Rückflußarten.

Man unterscheidet in der Technik „*kalten*", „*heißen*" und „*umlaufenden*" Rückfluß (vgl. Abb. 28).

Als „*kalten Rückfluß*" bezeichnet man die Einführung von Kondensat am Kopf der Kolonne bei einer Temperatur, die unterhalb der dort herrschenden Temperatur liegt. Je Gewichtseinheit des Rückflusses werden den im Turm aufsteigenden Dämpfen so viel Wärmeeinheiten entzogen, wie zur Aufheizung des Rückflusses auf die Kolonneneintrittstemperatur und zur Verdampfung benötigt werden. Kalter Rückfluß erfordert einen erhöhten Bedarf an Kühlmitteln, bietet aber den Vorteil einer ausgezeichneten Kontrolle und Regulierung mit Hilfe der Rückflußpumpe.

Von „*heißem Rückfluß*" spricht man, wenn der Rückfluß dieselbe Temperatur wie die auf dem jeweiligen Kolonnenboden befindliche Flüssigkeit besitzt. In diesem Falle wirkt der Rückfluß nur durch die bei der Verdampfung gebundene latente Wärme. Die zur Erzielung der gleichen Wirkung benötigte Menge heißen Rückflusses ist deshalb größer als die erforderliche Kaltrückflußmenge. Heißer Rückfluß wird besonders dann angewandt, wenn genügende Kühlmittelmengen zur Erzeugung ausreichenden kalten Rückflusses nicht vorhanden sind. Die von den einzelnen Kolonnenböden durch den Überlauf zum nächst tieferen Boden abfließende Rückflußmenge (vgl. Abb. 16) ist z. B. heißer Rückfluß; denn seine Temperatur liegt stets beim Siedepunkt. Dieser in der Kolonne auftretende Rückfluß wird auch als „innerer Rückfluß" bezeichnet.

Im Gegensatz zu den übrigen Rückflußarten ist beim *„umlaufenden Rückfluß"* lediglich fühlbare spezifische, aber keine latente Wärme wirksam. Ein Teil der auf einem Kolonnenboden befindlichen Flüssigkeit wird seitlich abgezogen und nach Abkühlung in einem Wärmeaustauscher quantitativ zurückgeführt.

c) Stoff- und Wärmegleichgewicht in Fraktionierkolonnen.

Während sich die benötigte Rückflußmenge bei Zweistoffgemischen auf Grund der McCabe-Thiele-Ableitung leicht ermitteln läßt, muß man bei Vielstoffgemischen, z. B. bei Roherdölen, eine Wärmebilanz über die gesamte Kolonne aufstellen, um die Mindestmenge an Rückfluß angeben zu können. Um eine solche Rechnung durchzuführen, ist es erforderlich, die in verschiedenen Höhen der Kolonne herrschenden Temperaturen zu bestimmen.

Die *Eintrittstemperatur* läßt sich leicht aus der Gleichgewichtssiedekurve ermitteln; denn für das jeweils vorliegende Problem sind die Ölanteile, die als Enderzeugnisse am Kolonnenkopf oder an der Kolonnenseite abzunehmen sind, bekannt. Damit liegt der beim Eintritt zu verdampfende Mindestölanteil fest; die am Kolonneneintritt einzustellende Temperatur ist einfach diejenige, bei der ein entsprechender, aus der Gleichgewichtssiedekurve abzulesender Volumenanteil Dampf erzeugt wird. Es ist jedoch zu berücksichtigen, daß man unter diesen Umständen vom untersten Seitenstrom ab keinen Rückfluß, also keine Fraktionierung, hat. Die tatsächliche Eintrittstemperatur wird deshalb meist um einige Grade höher gewählt.

Die *Kolonnenkopftemperatur* ergibt sich aus der einfachen Überlegung, daß sich die der Kolonne entweichenden Dämpfe bei ihrer Taupunktstemperatur befinden müssen. Wird diese Temperatur überschritten, so gehen auch höhersiedende Ölanteile in das Destillat über. Fällt die Temperatur unter den Taupunkt der höchstsiedenden Anteile des gewünschten Destillates, so werden diese Anteile schon vor dem Erreichen des Kolonnenkopfes kondensieren und als Bestandteil des obersten Seitenstromes erscheinen. Die Kopftemperatur ist mithin durch den Taupunkt des am Kolonnenkopf abzuziehenden Destillates, d. h. durch den 100%-Punkt der Gleichgewichtssiedekurve dieses Destillates (vgl. Abb. 23), gegeben. Wird Wasserdampf zugeführt, so ist ein Berichtigungswert für die dadurch bedingte Druckerniedrigung in Rechnung zu setzen (siehe S. 104).

Ist man nicht in der Lage, die Gleichgewichtssiedekurve des Destillates aufzustellen, so wählt man als Annäherungswert den 50- oder 60%-Punkt der Engler-Ubbelohde-Kurve, der ungefähr dem 100%-Punkt der Gleichgewichtssiedekurve entspricht. Voraussetzung ist, daß die üblichen Abstreifdampfmengen nicht überschritten werden (max. 50 kg/m³ Durchsatz). Wird kein Wasserdampf zugesetzt, so nimmt man an Stelle des 50- oder 60%-Punktes den 75%-Punkt der Engler-Ubbelohde-Kurve.

Die *Seitenstromtemperatur* ist durch den 0%-Punkt der Gleichgewichtssiedekurve des jeweiligen Seitenstromes (vgl. Abb. 23) gegeben, da ja alle abzuziehenden Ölanteile kondensiert werden müssen. Steht die Gleichgewichtssiedekurve nicht zur Verfügung, so wählt man den 5%-Punkt der Engler-Ubbelohde-Kurve als Annäherungswert. Die Berechnung der Austrittstemperatur der Seitenströme ist deshalb ungenau, weil die Partialdruckerniedrigung an der Entnahmestelle nicht genau bestimmt werden kann: denn neben den meist verwendeten Wasserdämpfen wirken auch die leichtersiedenden Kohlenwasserstoffe, die ja durch die Seitenstromentnahmeplatten hochsteigen müssen, partialdruckerniedrigend. Bei der Berechnung der tatsächlichen Austrittstemperaturen berücksichtigt man daher auch die Wirkung der nach oben strömenden Kohlenwasserstoffdämpfe.

Die *Temperatur des Rückstandes* liegt immer unter der Öleintrittstemperatur, da Wärme durch Abstrahlung verlorengeht und die beim Wasserdampfeinblasen erzeugte Partialdruckerniedrigung eine Verdampfung der leichtsiedenden Bestandteile verursacht. Die dazu nötige Verdampfungswärme wird dem Rückstand entzogen. Da als Abstreiferdampf (S. 104) häufig der Abdampf der Pumpen ohne vorherige Überhitzung benutzt wird, muß noch zusätzlich Wärme aufgebracht werden, um den Dampf auf die Rückstandstemperatur zu erhitzen. Diese Wärme wird ebenfalls dem Rückstand entnommen. Die genaue Berechnung der Rückstandstemperatur ist also ziemlich umständlich. Man setzt deshalb als solche je nach der verwendeten Dampfmenge eine um 10 bis 50° unter der Eintrittstemperatur liegende Temperatur ein.

Hat man die in den verschiedenen Kolonnenhöhen herrschenden Temperaturen bestimmt, so ist man in der Lage, das Wärmegleichgewicht der Kolonne aufzustellen, vorausgesetzt, daß der Wärmeinhalt der ein- und austretenden dampfförmigen und flüssigen Fraktionen bekannt ist. Als Grundlage benutzt man z. B. die von Eaton und Weir aufgestellten Abhängigkeiten, die den Wärmeinhalt gasförmiger und flüssiger Fraktionen eines Mid-Continent-Rohöles in Abhängigkeit

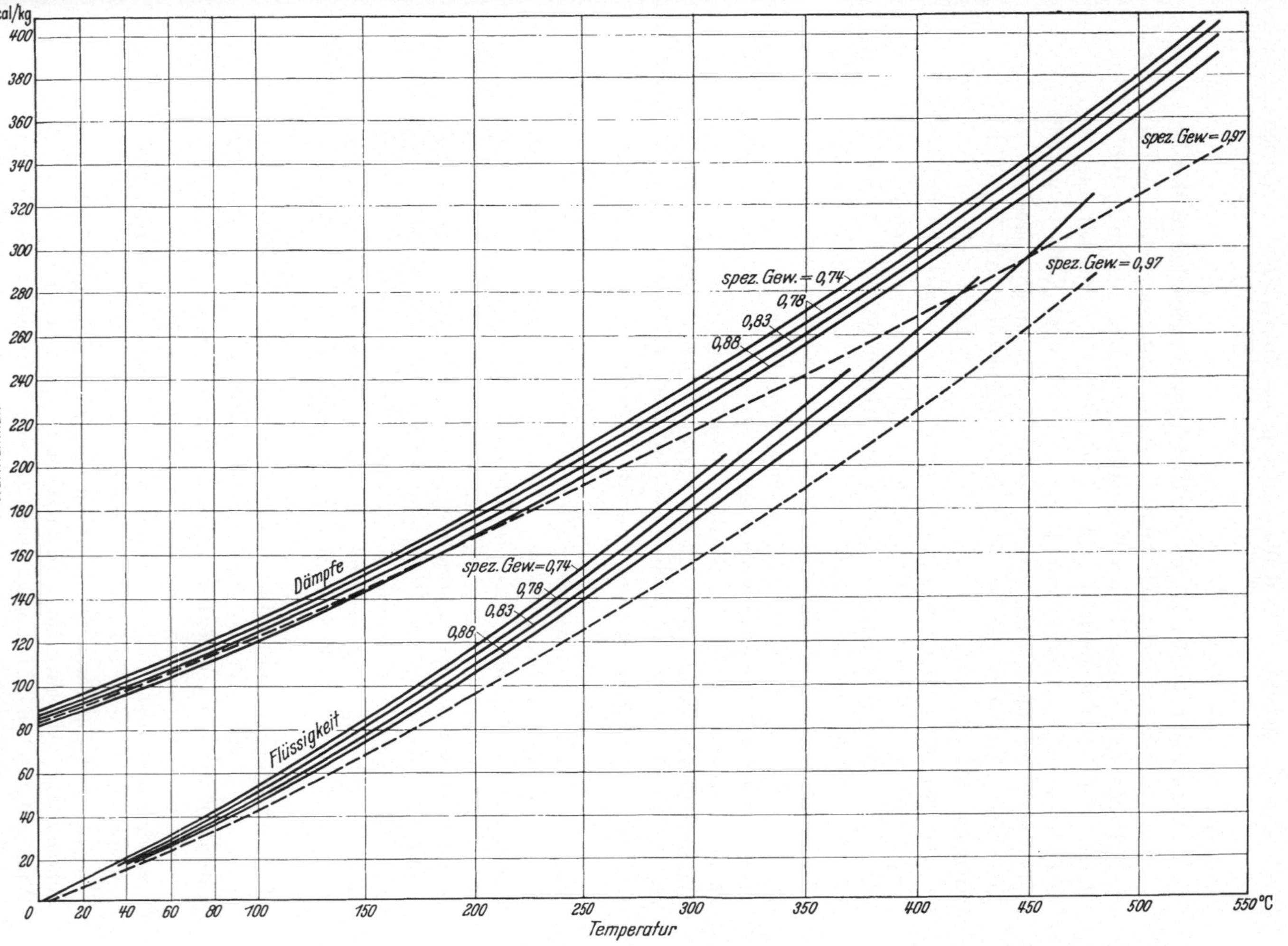

Abb. 29. Wärmeinhalt von Fraktionen eines Mid-Continent-Rohöles. Nach EATON und WEIR: Industr. Engng. Chem. **24**, 211 (1932).

von der Temperatur und vom spez. Gewicht wiedergeben (Abb. 29). Der Überschuß der der Kolonne zugeführten über die abgeführte Wärme ermöglicht die Berechnung der Mindestmenge an Rückfluß; denn der Wärmeüberschuß ist durch den Rückfluß zu binden.

Zahlentafel 20. Stoff- und Wärmegleichgewicht einer Fraktionierkolonne in Anlehnung an CHILLAS und WEIR[1].

Stoffe	Stoffgleichgewicht, t/h		Temperatur, °C		Wärmeeinheiten über 15,6°		
					kcal/kg	Millionen kcal/h	
	Zufuhr	Abfuhr	Eintr.	Austr.		Zufuhr	Abfuhr
Rohöl	25,128		427		dampff. 388 flüss. 288	8,37	
Rückstand . . .		2,463		315	„ 186,3		0,46
Schw. Schmieröl.		2,000		380	„ 244,6		0,49
Paraffindestillat		6,740		315	„ 186,3		1,25
Dieselkraftstoff .		2,608		245	„ 130,7		0,34
Leuchtöl		5,094		180	„ 86,2		0,44
Benzin.		6,223		110	dampff. 119,5 flüss. 44,5		0,74
Dampf.	2,000	2,000				0,57	0,57
							0,21[2] Strahlung
							4,44 Differenz
	27,128	27,128				8,94	8,94

Die Differenz von 4,44 Millionen kcal/h ist durch den am Kopf der Kolonne aufgegebenen Rückfluß abzuführen. Seine Menge errechnet sich unter Zuhilfenahme des Diagrammes in Abb. 29. Nach ihm beträgt der Unterschied des Wärmeinhaltes von dampfförmigen Kohlenwasserstoffen bei 110° und flüssigen bei 60° (angenommenes spez. Gewicht des Destillates 0,74 bei 15,6°)

$$134{,}5 - 31{,}0 = 103{,}5 \text{ kcal/kg}.$$

Demnach sind 4440000 : 103,5 = 42900 kg Rückfluß nötig, um die überschüssige Wärme abzuführen.

Der innere Rückfluß ist entsprechend der Wärmemenge größer, die nötig ist, um 42900 kg Rückfluß von 60 auf 110°, die Temperatur des Kolonnenkopfes, zu erwärmen:

$$42900 \cdot (60 - 31) = 1244000 \text{ kcal}.$$

Unter Berücksichtigung der Verdampfungswärme beläuft sich danach der zusätzliche innere Rückfluß auf:

$$\frac{1244000}{134{,}5 - 60} = 16700 \text{ kg}.$$

d) Zusammenwirken von Fraktionierkolonnen und Nebenanlagen.

Abb. 30 zeigt die schematische Ansicht einer bei Atmosphärendruck arbeitenden Fraktionierkolonne mit den dazugehörigen Nebenapparaten. Der untere Teil der Kolonne enthält zumeist vier Böden zum Abstreifen der leichtsiedenden Bestandteile aus dem Rückstand. Die einzelnen Seitenströme werden von den durch Zahlen gekennzeichneten Böden,

[1] CHILLAS, R. B., u. H. M. WEIR: Industr. Engng. Chem. 22, 206 (1930).

[2] Die durch Strahlung verlorengehende Wärme wird allgemein mit 2,5% der gesamten Wärmeabfuhr angegeben.

deren Gesamtzahl in diesem Falle 30 beträgt, entnommen. Häufig sind für einen Seitenstrom wahlweise zwei bis vier benachbarte Entnahmeböden vorgesehen (vgl. Abb. 50). Die Kolonne gewinnt dadurch eine größere Anpassungsfähigkeit. Die Kopfdämpfe strömen durch den Nebelabscheider F und werden in den Kondensatoren K_1 und K_2 niedergeschlagen und gekühlt: von dort gelangen sie in den Rückfluß-Sammelbehälter RB, der gleichzeitig als Wasserabscheider dient. Ein Teil des hier anfallenden Leichtbenzins wird als Rückfluß dem Kolonnenkopf wieder zugepumpt, der Rest wird als Destillat abgezogen.

Die Menge der in den einzelnen Seitenströmen abzunehmenden Fraktionen wird entweder mit einem verstellbaren Überfallwehr von Hand oder mit einem Regelventil[1] (*Re*) vom Instrumentenraum aus gesteuert. Die einzelnen Fraktionen gelangen jede für sich in die Abstreiferkolonnen A, die meist drei bis vier Böden enthalten. Den von oben nach unten fließenden Fraktionen strömt der am Boden eingeblasene Dampf entgegen. Seltener finden an Stelle von Wasserdampf inerte Gase Verwendung. Die jeweils leichtestsiedenden Anteile der Fraktionen werden verdampft und der Kolonne in der Regel zwei Böden über der Entnahmestelle wieder zugeführt. Durch Veränderung der Abstreiferdampfmenge gelingt es so, den Anfangssiedepunkt der Seitenströme in gewissen Grenzen einzustellen; dagegen wird der Endsiedepunkt nur durch die Trennung in der Kolonne festgelegt.

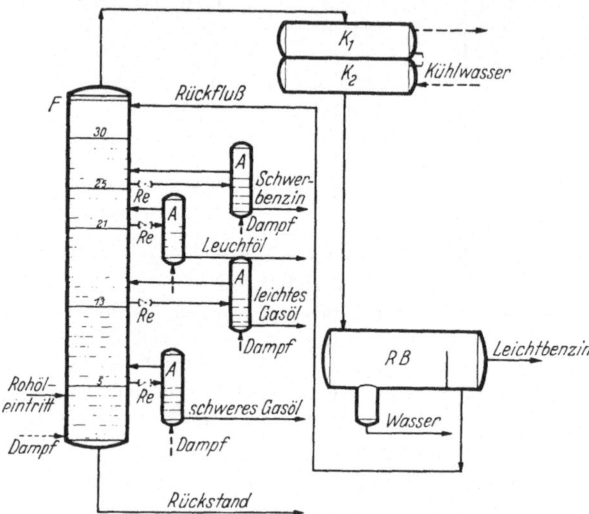

Abb. 30. Schematische Darstellung des Verfahrensganges in einem Fraktionierturm mit Zubehör.

e) Abstreiferdampf.

Durch das Einblasen von Wasserdampf wird der Mol-%- bzw. Vol.-%-Gehalt der Dampfphase an Kohlenwasserstoffen verkleinert. Der Siedepunkt der Kohlenwasserstoffe wird herabgesetzt, da sich der Partialdruck des Wasserdampfes zu dem der Kohlenwasserstoffe addiert. Der Wasserdampfzusatz wirkt demnach ebenso wie eine Druckverminderung.

[1] Über Regler in Erdölraffinerien siehe: A. Thau nach D. J. Bergman: Öl u. Kohle **15/35**, 675 (1939). — Kramer, H.: ebenda **36**, 22 (1940).

Die zur Erzielung einer bestimmten Siedepunktserniedrigung benötigte Wasserdampfmenge errechnet sich aus den folgenden Proportionen:

$$\frac{K}{K+W} = \frac{p_k}{\pi},$$

$$\frac{W}{K+W} = \frac{p_w}{\pi}.$$

K = Mole Kohlenwasserstoffdampf,
W = Mole Wasserdampf,
p_k = Partialdruck der Kohlenwasserstoffe,
p_w = Partialdruck des Wasserdampfes,
π = Gesamtdruck.

Durch Division erhält man:

$$\frac{K}{W} = \frac{p_k}{p_w}; \qquad W = \frac{K \cdot p_w}{p_k}.$$

Da nach DALTON $p_k + p_w = \pi$ ist, läßt sich W, die Zahl der anzuwendenden Mole Wasserdampf, bei einem gegebenen Gesamtdruck π, für jeden Kohlenwasserstoff-Partialdruck p_k angeben.

Nach NELSON[1] beträgt der durchschnittliche Bedarf an Abstreiferdampf etwa 12 bis 14 kg/m³. Mit steigendem Siedepunkt der Fraktionen wächst der Wasserdampfverbrauch erheblich. So setzt man bei der Gasölfraktion 36 bis 72, bei der Heizölfraktion schon 48 bis 96 kg/m³ zu.

Die *Dampfgeschwindigkeit* im freien Turmquerschnitt ist von vielen Faktoren wie Druck, Temperatur, Abstreiferdampfmenge, Bodenabstand und Bodenkonstruktion abhängig. Nach Schrifttumsangaben schwankt sie in atmosphärischen Anlagen etwa zwischen 0,35 und 1,2 m/sec. Bei der Vakuumdestillation werden dem niedrigeren Druck entsprechend noch viel höhere Geschwindigkeiten erreicht.

7. Wärmeaustauscher, Kondensatoren und Kühler.

In Destillationsanlagen steht zur Rückgewinnung die Wärme des dampfförmig entweichenden Kopfproduktes, der flüssigen Seitenströme und des Rückstandes zur Verfügung. Man nutzt diese Wärmeenergien dadurch aus, daß man den zur Destillation gelangenden Ausgangsstoff vor dem Eintritt in den Ofen im Gleich- oder Gegenstrom zu den einzelnen Fertigerzeugnissen durch Wärmeaustauscher führt. Die Frage, ob ein Wärmeaustauscher einzubauen ist, läßt sich stets nur an Hand der herrschenden Bedingungen beantworten. Erste Voraussetzung für den Einsatz von Wärmeaustauschern ist, daß die zur Verfügung stehende Wärmeenergie genügend groß ist, um den Austausch wirtschaftlich

[1] NELSON, W. L.: a. a. O.

durchzuführen. Ferner ist festzustellen, ob nicht das Ausgangsöl durch die Vorwärmung so stark erhitzt wird, daß dadurch die Wärmeenergie der Abgase vom Ofen ungenügend ausgenutzt wird. Da der Wärmeaustausch auf der Gasseite des Röhrenofens verhältnismäßig ungünstig ist, soll die Abgastemperatur etwa 100° höher sein als die Eintrittstemperatur des zu erhitzenden Gutes. Ist der Unterschied geringer, so heizt man das Gut unter Verwendung teurer Wärmeaustauscher vor, um auf der anderen Seite einen hohen Schornsteinverlust in Kauf zu nehmen.

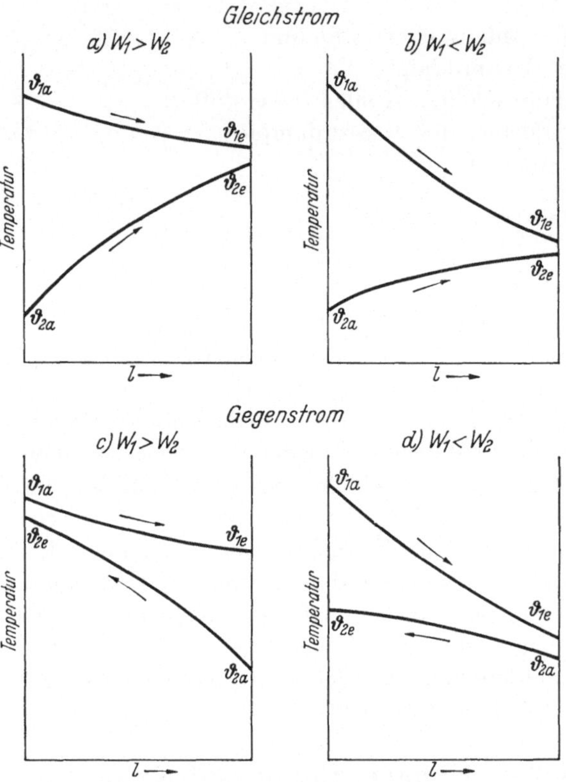

Abb. 31. Temperaturverlauf in Gleichstrom- und Gegenstromwärmeaustauschern.

Grundsätzlich kann man die Flüssigkeiten zum Wärmeaustausch miteinander oder gegeneinander strömen lassen. Man unterscheidet dementsprechend Gleichstrom- und Gegenstromwärmeaustauscher.

Der unterschiedliche Temperaturverlauf in Gleich- und Gegenstromaustauschern kommt in Abb. 31 zum Ausdruck.

Die mittlere Temperaturdifferenz längs der Heizfläche ändert sich beim Gegenstrom weniger als beim Gleichstrom. Die Belastung der Heizfläche ist beim Gegenstrom, da die je m² übertragene Wärmemenge überall nahezu dieselbe ist, gleichmäßiger. Hervorzuheben ist außerdem, daß die Austrittstemperatur des heißen Mediums ϑ_{1e} beim Gegenstrom unterhalb der Austrittstemperatur des kalten Mediums ϑ_{2e} liegen kann. Vorausgesetzt, daß die Eintrittstemperatur des kalten Mediums ϑ_{2a} in beiden Fällen die gleiche ist, kann man also in Gegenstromaustauschern eine größere Wärmemenge als in Gleichstromaustauschern abnehmen.

Man unterscheidet, je nachdem, ob das Destillationsgut durch nichtkondensierende Dämpfe, kondensierende Dämpfe oder durch Flüssigkeiten vorgewärmt wird, *Dämpfewärmeaustauscher, Dämpfekondensatoren* und *Wärmeaustauscher*. Wird die Wärmeenergie den flüssigen Produkten durch Wasser entzogen, so spricht man von *Kühlern*. Die letzteren werden, abgesehen von Sonderausführungen, im wesentlichen als offene Kühlerkästen oder als geschlossene Röhrenkühler, die Austauscher und Kondensatoren meist nur als geschlossene Röhrenapparate gebaut.

Die *Kühlerkästen* bestehen aus Rohrschlangen in großen Wannen. Infolge der geringen Wassergeschwindigkeit ist die Wärmeübertragung auf der Wasserseite äußerst ungünstig. Man benutzt sie daher nur dann, wenn schlechtes Wasser zur Verfügung steht, das leicht zu Ansätzen neigt, da man diese Kühlerart während des Betriebes leicht reinigen kann. Außerdem werden Kühlerkästen verwendet, wenn heiße Rückstände zu kühlen sind und wenn mit einem gelegentlichen Ausfall der Kühlwasserzufuhr zu rechnen ist. Die in den Wannen befindliche große Wassermenge reicht meistens aus, um bis zum Abstellen der Anlage das durch die Röhren fließende heiße Produkt so weit zu kühlen, daß es ohne Gefahr dem Tank zugeleitet werden kann.

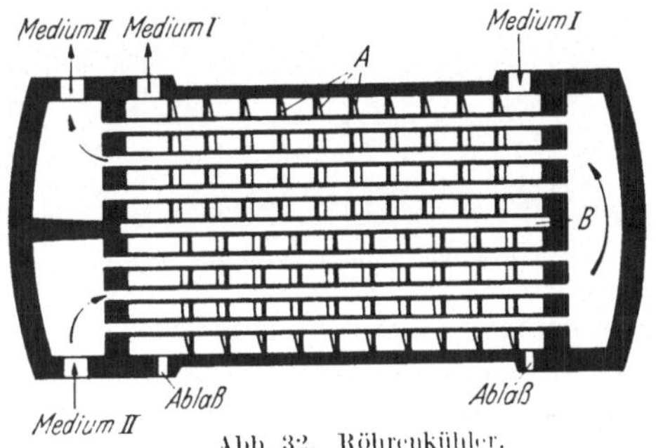

Abb. 32. Röhrenkühler.

Röhrenkühler, -Kondensatoren und -Wärmeaustauscher bestehen aus einem in zwei Rohrböden eingewalzten oder eingeschweißten Rohrbündeln (siehe Abb. 32). Diese Bauart hat vor den Kühlerkästen den Vorteil, daß eine gleich große Wärmeaustauschfläche auf einem kleineren Raum untergebracht werden kann. Andererseits ist die Konstruktion erheblich komplizierter und die Reinigung entschieden schwieriger. Ist die Temperaturdifferenz zwischen den beiden Medien sehr groß, so treten, besonders wenn die beiden Rohrböden fest angeordnet sind, starke Spannungen in den Rohren auf. Aus diesem Grunde baut man die Röhrenkühler, -Wärmeaustauscher und -Kondensatoren so, daß sich das Röhrenbündel im Betrieb ausdehnen und zusammenziehen kann. Entweder bringt man an der einen Seite eine Stopfbuchse an, oder man benutzt den sog. schwimmenden Kopf, wie ihn die Abb. 33 und 34 zeigen. Häufig werden die Röhrenbündel sogar in mehrere schwimmende Köpfe unterteilt. Eine solche Apparatur bedarf einer sorgfältigen Wartung: von Zeit zu Zeit sind die Dichtungsflächen zu überprüfen und, um einen guten Wärmedurchgang aufrechtzuerhalten, die Rohre innen und außen von Ansätzen wie Kesselstein, Algen, Koksteilchen und Rost zu befreien.

Der größte Wärmewiderstand liegt nicht in der Leitung durch die Metallwände, sondern in den sich an die Metallwände anschließenden

Abb. 33. Röhrenkühler mit schwimmendem Kopf vor dem Zusammenbau.

gasförmigen oder flüssigen Grenzschichten. Man muß deshalb bestrebt sein, die Seite des größten Wärmewiderstandes in den Apparaten nach Möglichkeit so zu bauen, daß die Wärmeübergangszahl der einen Seite der der anderen weitgehend angeglichen wird. Wird also z. B. die Außenseite der Rohre eines Wärmeaustauschers mit nicht kondensieren-

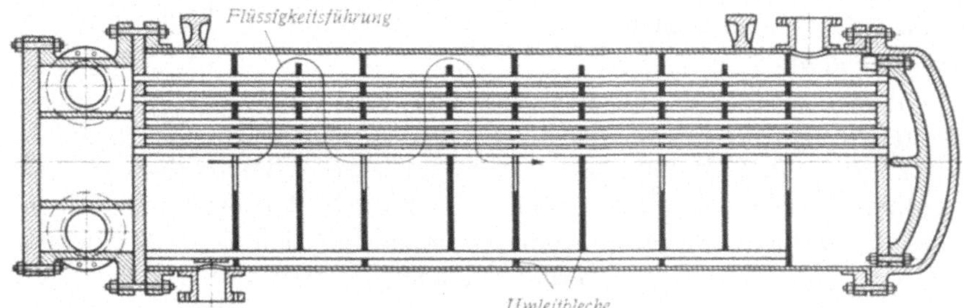

Abb. 34. Wärmeaustauscher mit schwimmendem Kopf.

den Gasen beschickt, während im Rohrinnern die Flüssigkeit strömt, so wählt man eine hohe Gasgeschwindigkeit. Fließen innen und außen Flüssigkeiten mit annähernd gleichen spezifischen Wärmen, so ist die Geschwindigkeit auf beiden Seiten etwa gleich zu halten. Zu diesem Zweck leitet man die innerhalb der Rohre fließende Flüssigkeit durch Einbau von Umkehrkammern mehrmals im Wärmeaustauscher hin und zurück.

Abb. 35 zeigt den Grundriß eines Mehrstrom-Wärmeaustauschers. Das innerhalb der Rohre befindliche Medium fließt in allen Kammern mit ungeraden Nummern in derselben, in den Kammern mit geraden

Nummern in der entgegengesetzten Richtung. Je nach der benötigten Austauschfläche und nach der gewünschten Geschwindigkeit der beiden Medien ist die Aufteilung des Rohrbodens verschieden. Der dargestellte Austauscher besitzt acht Rohrgruppen. Im allgemeinen sieht man jedoch nicht mehr als vier Rohrgruppen vor. Um die Geschwindigkeit außerhalb der Rohre zu erhöhen, werden Umleitbleche (s. Abb. 34) eingebaut, die die Flüssigkeit so führen, daß sie nach Möglichkeit senkrecht zu den Rohren strömt. Man erreicht dadurch eine stärkere Turbulenz, vermindert die Dicke der Grenzschicht und verbessert den Wärmeübergang.

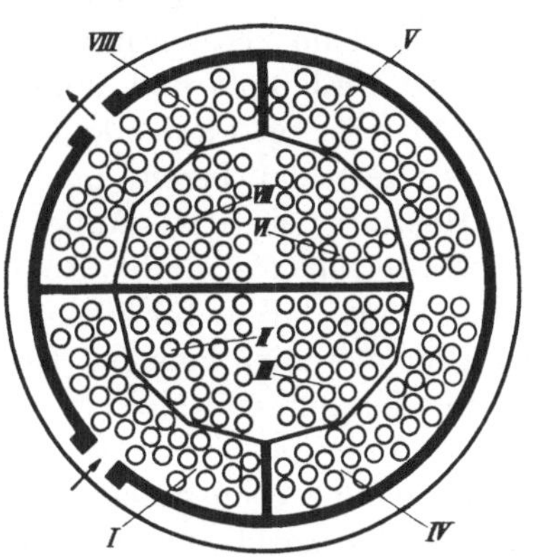

Abb. 35. Rohranordnung in einem Mehrstromvorwärmer.

Die Frage, welche von zwei Flüssigkeiten innerhalb und welche außerhalb der Rohre fließen soll, läßt sich allgemein nicht beantworten. Nach Möglichkeit leitet man durch das Innere der Rohre die Flüssigkeit mit dem höheren Druck, da es leichter und billiger ist, druckfeste Rohre herzustellen, als den gesamten Mantel druckfest auszubilden. Das gleiche gilt sinngemäß für Metalle angreifende oder Koks und Schmutz absetzende Flüssigkeiten. Da Wasser beim Erwärmen stets Kesselstein ansetzt, wird es der leichteren Reinigungsmöglichkeit wegen fast immer durch das Innere der Rohre geleitet. Im Gegensatz dazu werden Dämpfe in den Mantel der Wärmeaustauscher oder Kondensatoren geführt.

Erhöhung der Geschwindigkeit bewirkt eine Verbesserung des Wärmeüberganges. Maßgeblich für die eintretende Verbesserung ist jedoch nur die Geschwindigkeitssteigerung in der Grenzschicht. Man erreicht eine solche besonders gut, wenn man das Innere der Rohre so ausführt, daß die durchgeleitete Flüssigkeit einen starken Drall erhält. Aus diesem Grund lenkt man z. B. bei Kondensatoren die Dampfströme rechtwinklig auf die Wärmeübertragungsflächen.

Die Schwierigkeit bei der Auslegung der Größe von Wärmeaustauscher- und Kühleraggregaten besteht darin, die günstigste Wärmedurchgangszahl zu berechnen. Je nachdem, ob Gase, sich teilweise oder ganz kondensierende Dämpfe oder Flüssigkeiten als Wärmeüberträger in Frage kommen, ändert sich diese erheblich. Hinzu kommt, daß sich die Wärmeübergangszahlen bei vielen Austauschern und Kühlern durch eintretende Verschmutzungen dauernd ändern. Die Art der Ansätze spielt insofern eine Rolle, als poröse und lose Ablagerungen die Ausbildung dicker Grenzschichten stark fördern.

8. Röhrenerhitzer[1].

Einen bedeutenden Fortschritt erfuhr die Technik der Erdölverarbeitung durch die in den zwanziger Jahren erfolgte Einführung des Röhrenerhitzers. Im Gegensatz zu der lang dauernden Erhitzung in Blasen wird das Heizgut, z. B. ein Roherdöl, in ihnen durch einmalige kurzfristige Wärmezufuhr in stetigem Durchlauf auf eine bestimmte Endtemperatur gebracht (s. Gleichgewichtsverdampfung S. 70). Die Temperatur wird so gewählt, daß ein bestimmter, vorher festgelegter Rohölanteil im Verdampfungsraum der dem Erhitzer nachgeschalteten Kolonne verdampft und durch fraktionierte Kondensation in Einzelfraktionen zerlegt werden kann. In anderen Fällen wird die Temperatur so gesteigert, daß bereits im Ofen eine teilweise oder völlige Spaltung des Heizgutes einsetzt. Außer durch zahlreiche andere Vorzüge (siehe S. 120) zeichnen sich die Röhrenerhitzer vor den Destillationsblasen dadurch aus, daß sie für alle technisch in Betracht kommenden Leistungen gebaut werden können. Der tägliche Durchsatz der Röhrenöfen an Destillationsgut schwankt je nach der Größe der Raffinerien zwischen etwa 100 und 5000 m^3. Der von ihnen und der angeschlossenen Fraktionierkolonne beanspruchte Platzbedarf (Abb. 44) ist gegenüber dem von Destillationsblasenanlagen gleicher Leistung gering (etwa $^1/_5$ bis $^1/_{10}$).

Der Röhrenerhitzer besteht aus einem Heizrohrsystem, einem inneren feuerfesten Mauerwerk und einem das Ganze tragenden Stahlgerüst mit äußerem Mauerwerk. Zur besseren Ausnutzung der aufgewendeten Wärmeenergie teilt man das Innere der Öfen in der Regel in eine Konvektions- (k) und eine Strahlungszone (s), die durch eine sog. Feuerbrücke aus feuerfesten Steinen voneinander getrennt sind (Abb. 36). Die Feuerbrücke schützt die Rohre der Konvektionszone gegen die Strahlung der Feuerung. Die Wärmeübertragung findet in dieser Zone hauptsächlich durch Konvektion und Leitung statt. Die Strahlung ist nur insofern zu berücksichtigen, als auch die Wände und die heißen Feuergase Strahlungsenergie aussenden. Die Rohre der Strahlungszone sind unmittelbar der Strahlungsenergie der Flammen ausgesetzt. Um die Strahlung möglichst gleichmäßig auf die Rohre zu verteilen, sind diese in einiger Entfernung von den Flammen eingebaut. Das Destillationsgut gelangt zunächst in die Konvektions- und dann in die Strahlungszone. Letztere enthält im Gegensatz zur ersteren meist nur eine, zwei oder höchstens drei Rohrreihen, da die Aufnahme der Strahlungsenergie mit der Zahl der hintereinander angeordneten Rohrreihen stark abnimmt. Während der ersten

[1] Eine ausführliche Behandlung aller den Röhrenerhitzer betreffenden Fragen der Bauart und Wirkungsweise findet sich z. B. bei K. THORMANN: Chem. Apparatur **27**, 97, 113, 131 (1940).

Entwicklungszeit der Röhrenerhitzer wurde der größte Teil der Energie in der Konvektionsstufe übertragen, weil man noch nicht genügend Erfahrung gesammelt hatte, stellenweise Überhitzungen in der Strahlungsstufe auszuschließen. Zur Vermeidung zu hoher Temperaturen an den Heizflächen der Rohre erhöhte man entweder den Luftüberschuß oder ließ einen Teil der Abgase umlaufen. In letzterem Falle saugt man einen bestimmten Teil der Abgase aus der Konvektionszone mittels eines Ventilators an und leitet ihn in die Verbrennungskammer zurück

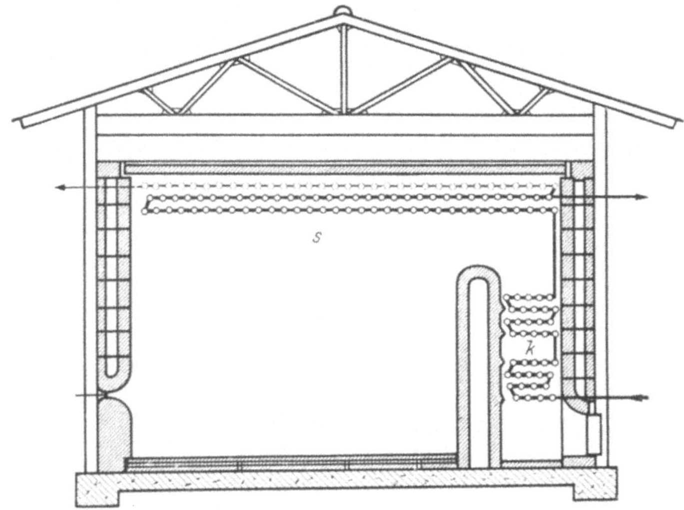

Abb. 36. Einfacher Röhrenerhitzer mit Konvektions- (k) und Strahlungszone (s).

(Abb. 37). Dabei entsteht im Strahlungsraum eine entsprechend der umlaufenden Abgasmenge niedrigere Mischtemperatur. Durch Regelung der Umlaufgasmenge ist man in der Lage, die Erhitzungskurve des Heizgutes wesentlich zu beeinflussen. Eine Strahlungszone ist bei der in Abb. 37 skizzierten Anlage nicht vorgesehen.

Die große Bedeutung, die der Röhrenerhitzer für die gesamte Mineralölindustrie erlangte, brachte es mit sich, daß man unablässig an der Vervollkommnung der Erhitzer arbeitete. Die Anordnung der Heizflächen wurde in mannigfacher Weise abgewandelt. So ordnete man die Strahlungs- und Konvektionszone getrennt durch eine waagerechte Wand übereinander an. In anderen Bauarten werden Heizrohre sowohl an der Decke als auch am Boden und an den Seitenwänden des Strahlungsraumes eingebaut, um den durch Strahlung übertragenen Energieanteil zu vergrößern: denn durch eingehendes Studium der Strahlungsgesetze kam man zu der Erkenntnis, daß die Wärmeübertragung durch Strahlung wärmewirtschaftlich bedeutend vorteilhafter ist. In den neuesten Bauarten beträgt der Anteil der Strahlungs- an der insgesamt übertragenen Energie bis zu 80 gegenüber 25% in den zuerst gebauten Erhitzern.

Die in Erdölraffinerien verwendeten Erhitzer lassen sich in drei Hauptgruppen einteilen:

1. Erhitzer, in denen lediglich eine Erhitzung, dagegen keine Spaltung des zugeführten Gutes angestrebt wird (Erhitzungsart 1).

2. Erhitzer, in denen zusätzlich zur Erhitzung auch eine Druckwärmespaltung des Gutes vorgenommen wird (Erhitzungsart 2).

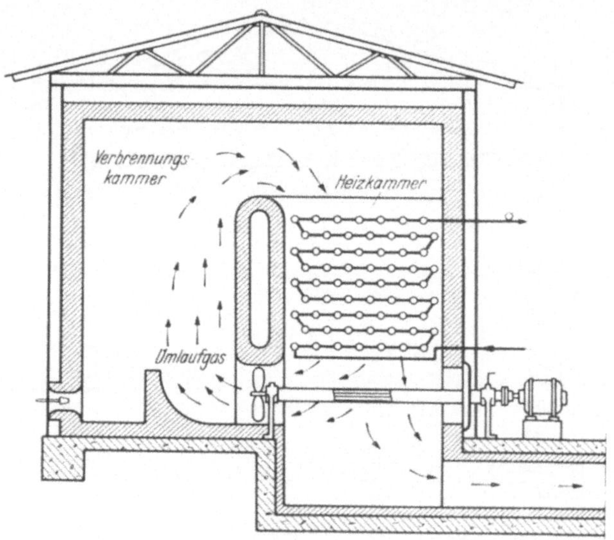

Abb. 37. Röhrenofen mit Abgasumlauf.

3. Erhitzer, in denen das Heizgut nur zum Teil gespalten wird; die eigentliche Spaltreaktion findet erst in der nachgeordneten Reaktionskammer statt (Erhitzungsart 3).

In Öfen der ersten Art wird die Anordnung der Heizrohre so gewählt, daß die Erhitzungskurve, d. h. die Abhängigkeit der Temperatur von der durchlaufenen Rohrlänge, einen kontinuierlichen Verlauf bis zur Erreichung der Endtemperatur nimmt (Abb. 38a). Reine Destillationen bei Normal- oder Unterdruck werden in dieser Erhitzerart ausgeführt. Ein typischer Erhitzer für Destillationsoperationen ist der in Abb. 36 dargestellte, wenn das Heizgut zuerst die obere, dann die untere der beiden ausgezogenen Rohrreihen der Strahlungszone durchläuft.

Erhitzer der zweiten Art werden so gebaut, daß man einen möglichst steilen Temperaturanstieg erhält. Die Endtemperatur wird bereits vor dem Erreichen des Erhitzeraustritts eingestellt (Abb. 38b). In manchen Fällen sinkt die Temperatur wegen der zusätzlich aufzubringenden Spalt-Reaktionswärme gegen Ende der Rohrlänge sogar wieder ab.

Erhitzer der genannten Art eignen sich in erster Linie zum Spalten von Destillaten, bei denen eine gesonderte Spaltreaktionskammer nicht benötigt wird.

Am schwierigsten gestaltet sich der Entwurf der zum Kracken von Rückständen oder von hochsiedenden Ölen benutzten Erhitzer der dritten Gruppe. Die Erhitzungskurve ist bei ihnen in Anpassung an das Ausgangsgut so zu wählen, daß man das Absetzen des beim Spalten hochmolekularer Kohlenwasserstoffe leicht entstehenden Kokses in den

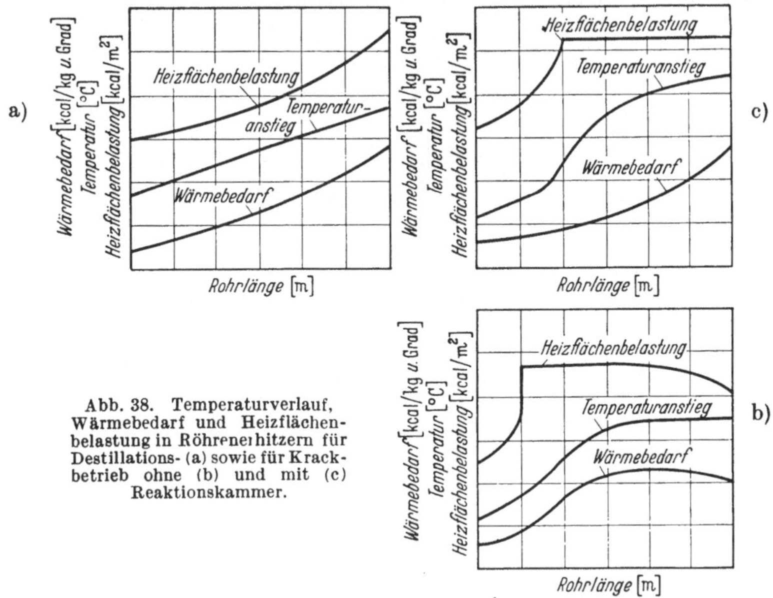

Abb. 38. Temperaturverlauf, Wärmebedarf und Heizflächenbelastung in Röhrenerhitzern für Destillations- (a) sowie für Krackbetrieb ohne (b) und mit (c) Reaktionskammer.

Heizrohren vermeidet. Andererseits ist eine möglichst hohe Endtemperatur am Erhitzeraustritt einzustellen, um der im allgemeinen nicht beheizten Reaktionskammer die zum vollständigen Ablauf der angestrebten Krackumsetzungen benötigte Wärme zuzuführen. Die mit der Rohrlänge zunehmenden Größen des Wärmebedarfes in kcal/kg und Grad, der Heizflächenbelastung in kcal/m^2 und h sowie der Temperatur in °C verlaufen in solchen Erhitzern etwa, wie in Abb. 38c angegeben ist.

Der in Abb. 36 skizzierte einfache Ofen läßt sich, je nachdem, wie das Heizgut durch das Rohrsystem geführt wird, für alle drei Erhitzungsarten einsetzen. Leitet man das Heizgut nach dem Verlassen der Konvektionszone zuerst durch die obere, dann durch die untere Rohrreihe der Strahlungszone, so nimmt die Erhitzungskurve einen für die Durchführung von Destillationen geeigneten Verlauf (Abb. 38a). Schaltet man die untere, den Brennern zugekehrte Rohrreihe vor die obere, so wird die Erhitzungskurve steiler, um gegen Ende abzuflachen (Abb. 38c). Man erhält also eine Erhitzung, wie sie für das Spalten mit Reaktionskammern angewendet wird (Erhitzungsart 3). Läßt man das Heizgut anschließend noch durch eine dritte hinter der zweiten liegende Rohrreihe fließen, so wird die Erhitzungskurve gegen Ende noch mehr abgeflacht (Abb. 38b). Es wird dann möglich, die Spaltumsetzungen völlig im Erhitzer vorzunehmen (Erhitzungsart 2).

Von den in neuzeitlichen Raffinerien verwendeten zahlreichen Erhitzerbauarten sollen nur einige bemerkenswerte beschrieben werden.

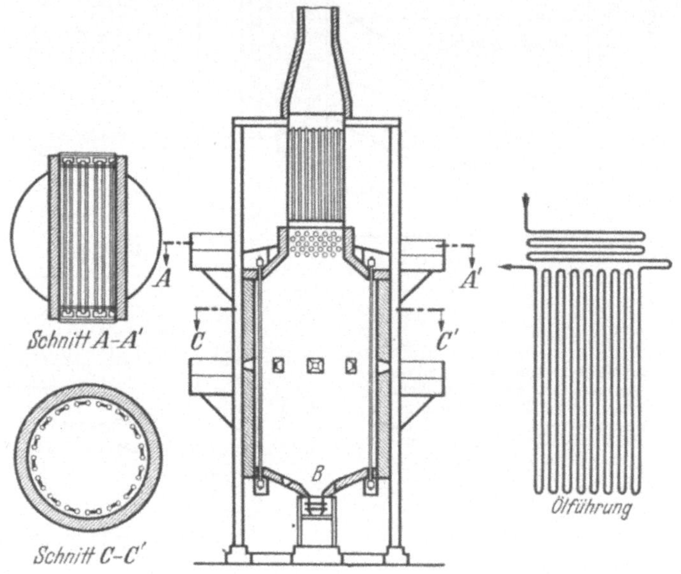

Abb. 39. Von unten beheizter Röhrenofen mit stehenden Heizrohren, Bauart de Florez.

Unter ihnen ist zunächst der de Florez-Erhitzer zu nennen. Im de Florez-Ofen[1] sind die Heizrohre im Gegensatz zu anderen Bauarten senkrecht an der Innenwand eines feuerfesten zylindrischen Gehäuses, meist in zwei Reihen, gleichmäßig angeordnet. Der Abstand der Rohre ist so gewählt, daß ein Teil der Strahlung die Wand trifft, die ihrerseits die absorbierte Energie an die kühleren Rohre abgibt. Die strahlende Wärme wird so fast vollständig ausgenutzt. Durch die senkrechte Anordnung der Rohre wird ein Durchbiegen vermieden; zudem wird das Reinigen und Auswechseln der Rohre erleichtert. Da verhältnismäßig niedrige Ofentemperaturen bei geringem Luftüberschuß angewandt werden, ist die Wärmewirtschaftlichkeit des Ofens hoch. Er findet bevorzugte Verwendung beim Kracken mit Reaktionskammern

[1] Fruhwirt, A., nach J. C. Leslie: Öl u. Kohle **35**, 786 (1939).

(Erhitzungsart 3) z. B. nach dem de Florez- und dem Holmes-Manley-Verfahren.

Je nachdem, ob die Brenner im unteren oder oberen Teil des Ofens angebracht sind, unterscheidet man zwei Arten von de Florez-Öfen. Bei der ersten Art befinden sich die Brenner (*B*) am Boden des zylindri-

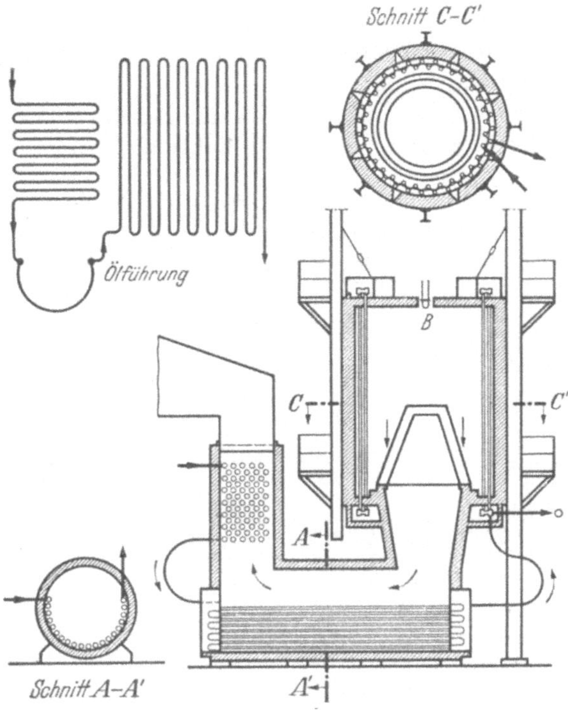

Abb. 40. Von oben beheizter Röhrenofen mit stehenden Heizrohren, Bauart de Florez.

schen Heizraumes (Abb. 39). Die Strahlungsenergie wirkt zum größten Teil unmittelbar auf die Heizrohre ein, die wegen der zylindrischen Ausführung der Ofenkammer sehr gleichmäßig beheizt werden. Aus dem Strahlungsraum gelangen die Verbrennungsgase in einen kleinen Konvektionsraum und anschließend über einen kurzen Schornstein ins Freie.

Bei der zweiten Bauart der de Florez-Erhitzer (Abb. 40) sind die Brenner im oberen Teil des Ofens eingebaut. Die heißen Verbrennungsgase werden konzentrisch abwärts gegen die Rohre gelenkt. Die Konvektionszone wird meist nur sehr klein bemessen. Je nach dem gewünschten Verlauf der Erhitzungskurve führt man das Öl in verschiedener Weise durch den Ofen. Im allgemeinen strömt das Heizgut zunächst durch die inneren, d. h. die den Brennern zugekehrten Rohre, und wird dann dem äußeren Rohrkreis zugeleitet. Bei dem in Abb. 40

dargestellten Ofen wurden die Heizrohre so verbunden, daß das Öl abwechselnd die Rohre der inneren und der äußeren Reihe durchläuft. Häufig ist die Mitte des Ofens mit einem Ziegelkegel versehen, der die gleichmäßige Verteilung der Wärmeenergie fördert. Zwischen den Brennern und den Rohrenden wird bei beiden Bauarten ein genügender Abstand gelassen, um Schwierigkeiten infolge des hohen Temperaturunterschiedes zwischen Flamme und Rohren zu vermeiden. Zur Erhöhung der Wärmewirtschaftlichkeit wird die Abgashitze in Luftvorwärmern ausgenutzt.

In neuzeitlichen Krackanlagen tritt das Selektivkracken mehr und mehr in den Vordergrund. Man teilt dabei das Ausgangsgut in eine

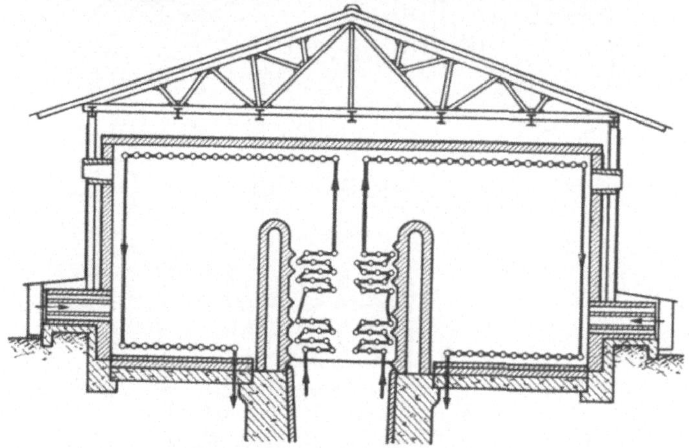

Abb. 41. Ofen mit Doppelfeuerung.

Anzahl von Fraktionen, die jede für sich unter den jeweils günstigsten Bedingungen aufgespalten werden. Würde man die bisher beschriebenen Ofenarten dazu benutzen, so würde man für jede Einzelfraktion einen eigenen Röhrenofen brauchen. In kombinierten Anlagen würden weitere Erhitzer für die dort durchgeführten Destillations-, Isomerisations- und Alkylierungsmaßnahmen benötigt. Man war deshalb bestrebt, die Öfen so zu bauen, daß sie die gleichzeitige Erhitzung einer Anzahl verschiedener Stoffe in getrennten Rohrsystemen unter Erzielung verschiedener Erhitzungskurven und Endtemperaturen ermöglichen.

Der erste in dieser Richtung entwickelte Erhitzer war der sog. Doppelofen (Abb. 41). Er besitzt zwei gesondert beheizte Strahlungszonen, die durch eine in der Mitte des Ofens befindliche und durch Feuerbrücken abgeschlossene Konvektionszone voneinander getrennt sind. Der Ofen kann entweder mit zwei verschiedenen Ausgangsstoffen im Parallelstrom (Abb. 41) oder mit einem einzigen Stoff (Abb. 42) beschickt werden. Er kommt weniger als Erhitzer für Destillations-

als für Krackanlagen ohne und mit Reaktionskammer in Frage (Erhitzungsart 2 und 3).

Den Anforderungen der heutigen Großraffinerien werden am besten die sog. Equiflux-Erhitzer gerecht. Abgesehen davon, daß sie in eine beliebige Anzahl von gesondert erhitzbaren Abteilen unterteilt werden können, ist ihre Wärmewirtschaftlichkeit noch höher als z. B. die des de Florez-Ofens. Der Anteil der durch Strahlung übertragenen Wärme am Gesamtwärmeaufwand wird dadurch wesentlich erhöht, daß man die Rohre in der Mitte der Kammern anordnet und von beiden Seiten bestrahlt (vgl. Abb. 43). Außerdem hat man den Verlauf der Erhitzungskurven

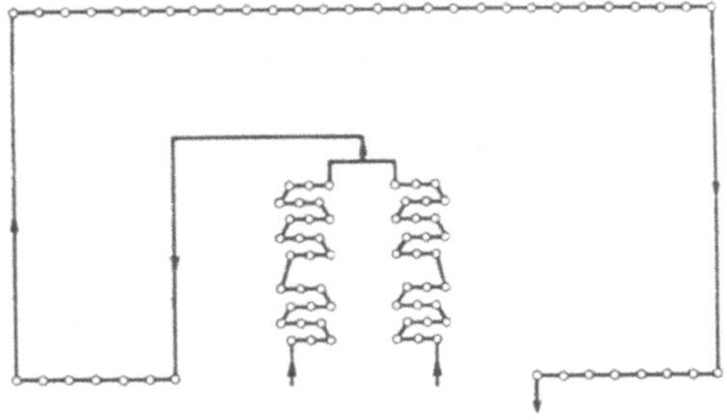

Abb. 42. Ölführung im Doppelofen bei Verwendung eines einzigen Ausgangsstoffes.

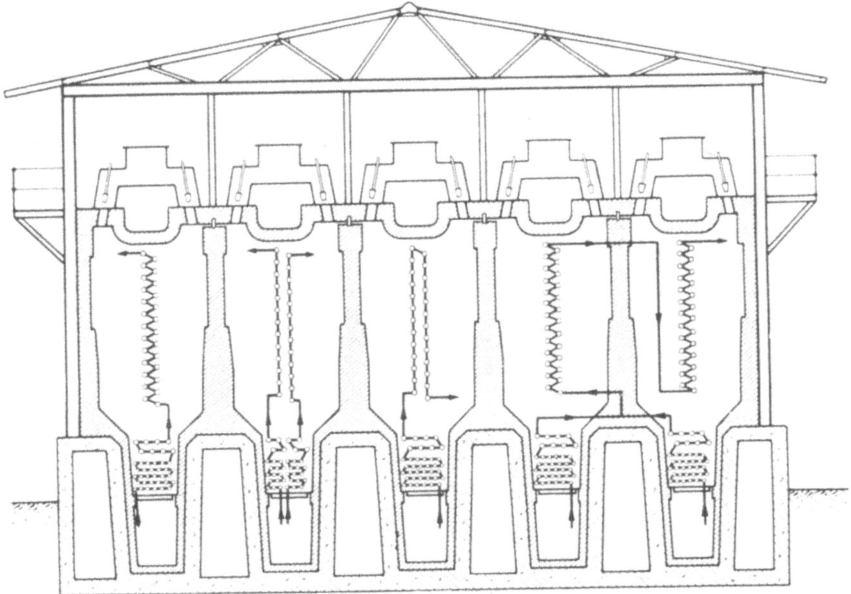

Abb. 43. Fünfzelliger Equiflux-Erhitzer nach MEKLER.

durch Veränderung der Flüssigkeitsführung in den Heizrohren völlig in der Hand. Eine Andeutung der zahlreichen Möglichkeiten der Flüssigkeitsführung gibt der in Abb. 43 dargestellte 5zellige Equiflux-Erhitzer.

Neben dieser meist benutzten Bauart wird in untergeordnetem Maße eine zweite Erhitzerart gebaut, bei der die Konvektionszonen der Einzelzellen in einem großen Konvektionsraum zusammengefaßt sind. In einer dritten Bauart wird im Gegensatz zu den beiden anderen Arten von unten geheizt. Die Konvektionszone befindet sich dementsprechend über dem Strahlungsraum.

II. Destillationsverfahren der Erdölindustrie.

1. Stetige Blasendestillation.

In der ersten Zeit der Erdölverarbeitung benutzte man zur Destillation eiserne Blasen ohne jeden Dephlegmator; später versah man die Blasen mit Aufbauten, die bereits eine gewisse Fraktionierung ermöglichten. Zur Erhöhung des wärmetechnischen Wirkungsgrades ging man in der Folgezeit dazu über, mehrere Blasen hintereinander zu schalten. Man gelangte dadurch zu der lange Zeit allgemein üblichen stetigen Blasendestillation in Batteriesystemen (Kaskadendestillation).

Die Destillation aus Blasen wird in den Batteriesystemen dadurch in eine stetige umgewandelt, daß man das zunächst durch Wärmeaustauscher geleitete Rohöl eine Anzahl zylindrischer Flammrohrkessel, von denen jeder eine höhere Temperatur als der vorhergehende hat, der Reihe nach durchfließen läßt. Die aus den einzelnen Kesseln aufsteigenden Dämpfe werden entweder durch einen als Wärmeaustauscher ausgebildeten Dampfdom mit angeschlossenen Kühlern oder in gesonderten Aggregaten kondensiert und abgekühlt. Um einen stetigen Durchfluß des Öles zu gewährleisten, werden die Kessel stufenförmig so zueinander angeordnet, daß der erste Kessel die höchste, der letzte die tiefste Lage einnimmt. Das Öl fließt infolgedessen durch eigene Schwere von einer Blase zur anderen. Mitunter drückt man es mittels Pumpen von Kessel zu Kessel. Die Fließgeschwindigkeit wird häufig durch Einspritzen von Wasserdampf erhöht. Die Destillation der höhersiedenden Fraktionen in den letzten Blasen wird zur Vermeidung von Spaltreaktionen unter Wasserdampfzusatz, bei Unterdruck oder unter Anwendung beider Maßnahmen durchgeführt.

Der Arbeitsgang bei der Batteriedestillation ist im Fließdiagramm Abb. 45 schematisch wiedergegeben. Das Rohöl tritt in den Wärmeaustauscher des zweiten Kessels ein, erwärmt sich durch die frei werdende Kondensationswärme der im Mantel befindlichen Destillatdämpfe und durchläuft unter stetiger Temperatursteigerung die Wärmeaustauscher sämtlicher Kessel. In einem weiteren Wärmeaustauscher nimmt es die Wärme des aus dem letzten Destillationskessel abfließenden Rückstandes auf, um sodann den Destillationsstufen in den einzelnen

Kesseln zugeführt zu werden. Der letzte Wärmeaustauscher wird ausgeschaltet, wenn auf Koks gearbeitet wird.

Abb. 44. Die Grundanlagen der neuzeitlichen Mineralölraffinerie: Röhrenerhitzer und Fraktionierturm mit Abstreiferturm und Kondensationsapparaten.

Da die abzunehmenden Benzinmengen häufig sehr klein sind und die Destillattemperatur sehr niedrig liegt, lohnt es sich meist nicht, den Benzinkondensator als Wärmeaustauscher auszubilden.

Eine bedeutende Erhöhung des Durchsatzes unter gleichzeitiger Herabsetzung der Ölüberhitzungsgefahr wird durch den Einbau von

Zentrifugalpumpen in die Kessel erzielt. Der Antrieb der Pumpen erfolgt durch Motore, die auf dem Kessel angebracht und mit den im Kesselinnern befindlichen Pumpen unter Verwendung von Stopfbüchsen verbunden sind.

Zur Gewinnung enggeschnittener marktfähiger Erzeugnisse werden die aus den einzelnen Kesseln erhaltenen Destillate einer Redestillation in gesonderten Kesseln, die zum Teil ebenfalls stetig betrieben werden, unterworfen. In den Redestillationsanlagen arbeitet man im Gegensatz zu den mit direktem Feuer geheizten Erstdestillationskesseln besonders bei den leichten Fraktionen häufig mit Hochdruckdampf.

Gegenüber den mit Röhrenerhitzern und Fraktioniertürmen arbeitenden neuzeitlichen Anlagen haben die Batterie-Destillationsbetriebe wesentliche Nachteile. Diese sind u. a. (vgl. auch S. 110):

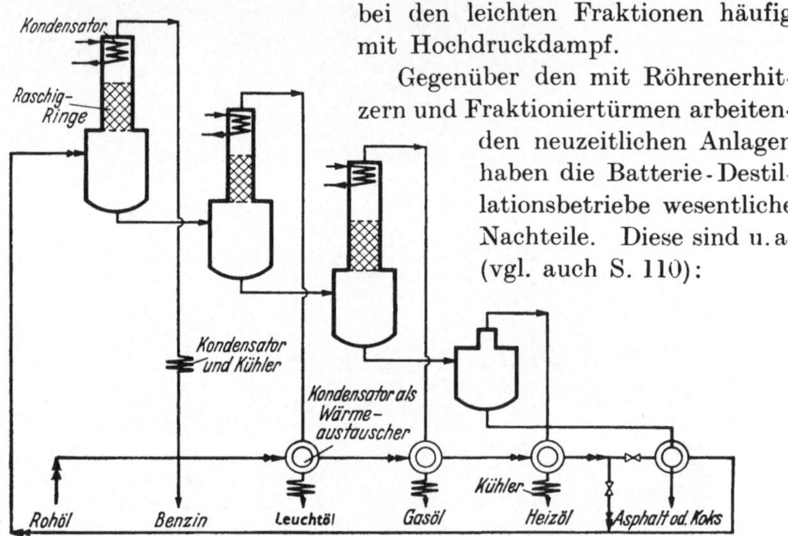

Abb. 45. Arbeitsgang bei der Batteriedestillation.

bedeutend höhere Anschaffungskosten, bezogen auf die Verarbeitung gleicher Rohölmengen,

höhere Betriebskosten, besonders hinsichtlich der aufzuwendenden Wärmeenergie,

unerwünscht starke Überhitzung des Destillationsgutes unter Eintritt von Zersetzungserscheinungen (Gas- und Koksbildung)

sowie gesteigerte Feuersgefahr.

Zudem lassen sich Röhrenerhitzer unter hohen Temperaturen und Drucken betreiben, so daß sie gleichzeitig zur Erhitzung des Ausgangsgutes von Krack-, Polymerisations-, Alkylierungsverfahren usw. eingesetzt werden. Die dauernd gleichbleibende Beheizung ermöglicht eine leichte Bedienung und Überwachung von einer Zentralstelle aus, in der alle Meß- und Regelinstrumente untergebracht sind. Durch die Vermeidung von Redestillationen und von thermischen Zersetzungen werden Destillations- und Raffinations-Arbeitsgänge eingespart.

Neue Batteriebetriebe werden deshalb nicht mehr erstellt, jedoch werden viele alte Anlagen in Verbindung mit Röhrenofenanlagen betrieben. Einzelne Blasen werden noch gebaut, wenn absatzweise geringe Mengen zu verarbeiten sind, wie es in kleinen Raffinerien der Fall ist.

2. Röhrenofen-Destillationsanlagen.

Die heute angewandten Destillationsarbeitsweisen wurden erst in den zwanziger Jahren entwickelt. Eine umwälzende Wirkung hatte vor allem die Einführung des Röhrenerhitzers gegen Mitte der zwanziger Jahre. Ohne

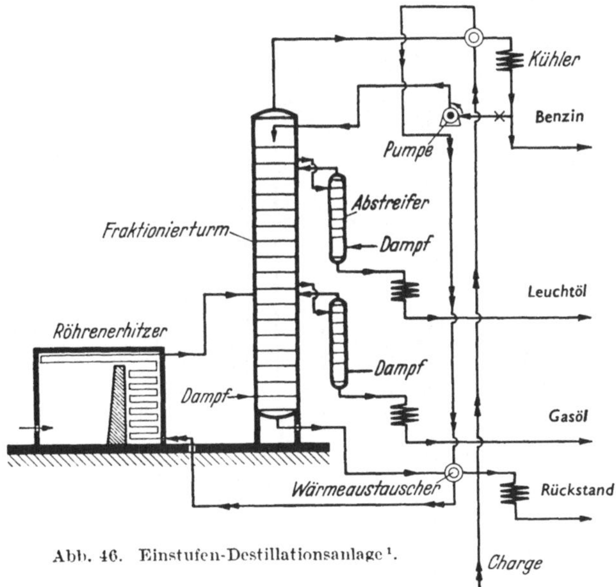

Abb. 46. Einstufen-Destillationsanlage[1].

die gleichzeitige Entwicklung des Fraktionierturmes hätte der Röhrenerhitzer jedoch niemals die heutige Bedeutung erlangt; denn durch einfache partielle Kondensation der aus dem Röhrenofen austretenden Öldämpfe erhält man keine den neuzeitlichen Anforderungen entsprechende Fraktionierung (siehe S. 70). Erst die Verbindung des Röhrenerhitzers mit dem Fraktionierturm zu einer Destillationseinheit gewährleistet die Herstellung eng und scharf geschnittener Fraktionen (Abb. 44).

a) Einstufenanlagen.

Die einfachste und zugleich am weitesten verbreitete Destillationseinheit ist die *Einstufen*anlage. Sie besteht aus einem Röhrenerhitzer mit angeschlossenem Fraktionierturm, dessen Wirkung häufig durch Dampfabstreifer erhöht wird (Abb. 46). Die Einstufendestillation

[1] Je nach der Rohölart und der Fahrweise wechselt die Art und Menge der an den einzelnen Entnahmestellen abgenommenen Erzeugnisse.

wird hauptsächlich in mittelgroßen Betrieben durchgeführt, in denen die zur Erhitzung des Destillationsgutes benötigte Temperatur etwa 380° nicht überschreitet (vgl. auch Abb. 44).

Die Einstufenanlage wird auch mit zwei Fraktioniertürmen (Einstufen-Zweiturm-Anlage) betrieben (Abb. 47). Das Ausgangsöl wird nach dem Erhitzen im ersten Turm ohne Wasserdampfzusatz verdampft. Die leichtestsiedende Fraktion wird am Kopf des Turmes abgenommen. Zwei weitere Fraktionen und der Rückstand werden in den zweiten

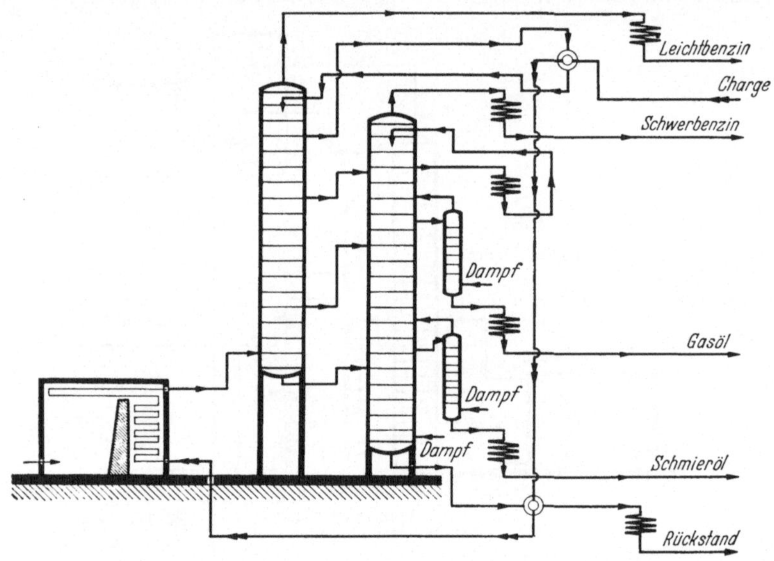

Abb. 47. Beispiel einer Einstufen-Zweiturm-Destillationsanlage.

Turm überführt und dort unter Verwendung von Dampfabstreifern weiter fraktioniert. Diese Anlage hat besonders dann Vorteile vor der Einturmanlage, wenn der Anteil des Rückstandes am Gesamtöl hoch ist.

Eine Weiterentwicklung der Einstufendestillation ist die Einstufen-Zweiturm-Destillation mit doppelter Gleichgewichtsverdampfung (Abb. 48). Das durch Vorwärmung aufgeheizte Rohöl wird in den ersten Turm eingeführt. Die leichtesten Anteile werden am Kopf der Kolonne abgenommen (Vordestillation). Das Restöl fließt am Kolonnenboden ab und gelangt über den Erhitzer in den zweiten Turm, in dem die eigentliche Fraktionierung unter Zugabe von Wasserdampf und unter Verwendung von Dampfabstreifern vorgenommen wird. Die Dampfabstreifer werden häufig aus baulichen Gründen in den Fraktioniertürmen untergebracht. Man erspart dadurch einen Teil der Kosten und den Platz für den Bau gesonderter Abstreiferkolonnen.

Um eine genügend große Wärmemenge zum Abtreiben der leichtesten Fraktion am Kopf des ersten Turmes stets zur Verfügung zu haben, wird ein Teil des vom Vordestillationsturm abfließenden getoppten Öles durch einige Rohre des Erhitzers geführt und im unteren Teil des ersten Turmes verdampft. Die Einstufen-Zweiturm-Anlage mit doppelter Gleichgewichtsverdampfung hat manche Vorzüge; z. B. wird durch Abtrennung der niedrigstsiedenden Fraktion vor dem Durchgang durch den Röhrenerhitzer der Gegendruck für die Ofenchargenpumpe herabgesetzt.

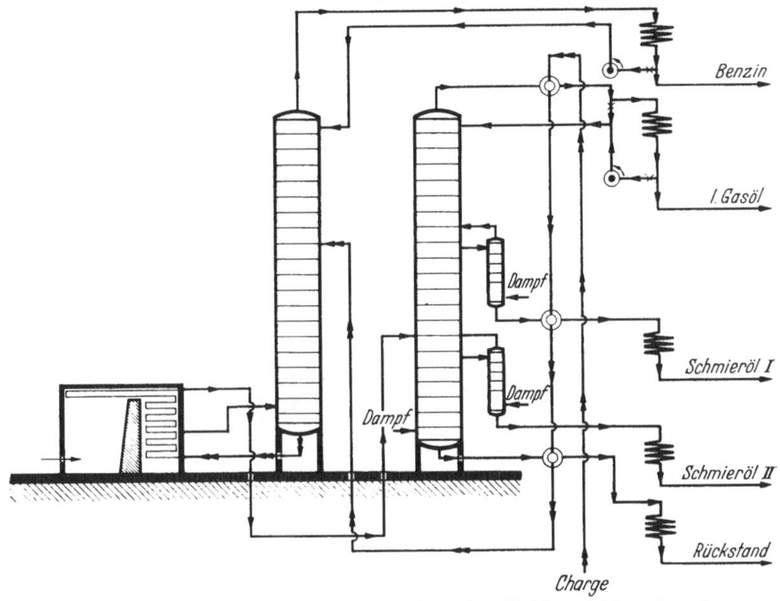

Abb. 48. Einstufen-Zweiturm-Anlage mit doppelter Gleichgewichtsverdampfung.

Da der Vordestillationsturm unter Druck gefahren werden kann, werden auch die leichtersiedenden Bestandteile kondensiert und eine schärfere Fraktionierung ermöglicht. Man kann den Druck im Vordestillationsturm infolgedessen so einstellen, daß eine bestimmte Menge an Propan, Butanen und anderen leichtersiedenden Kohlenwasserstoffen kondensiert wird, so daß der Dampfdruck des Destillatbenzins eingestellt werden kann; die nachträgliche Stabilisierung kann also wegfallen. Die Behandlungskosten für das Benzin werden herabgesetzt, da die im Rohöl enthaltenen Metallkorrosion verursachenden Verbindungen (meist leichtsiedende organische und anorganische Schwefelverbindungen, Säuren usw.) ohne Gegenwart von Wasserdampf größtenteils entfernt werden. Allerdings ist es erforderlich, daß das Wasser vorher aus dem Rohöl mittels wirksamer Wasserabscheider abgetrennt wurde. Eine andere Möglichkeit, die sauren Rohölbestandteile unschädlich zu machen, besteht darin, Ammoniak, Alkalihydroxyd, Kalk oder Triäthanolamin zuzusetzen.

b) Rohölstabilisieranlagen.

Ähnliche Verfahren zur Vorstabilisierung von Rohölen, z. B. das der *Foster Wheeler Corp.*, haben in letzter Zeit an Bedeutung gewonnen. Sie verfolgen den Zweck, die Verluste beim Lagern und auf dem Transport sowie die Feuersgefahr auf ein Mindestmaß herabzudrücken (vgl. auch S. 63).

Das Rohöl wird nach dem Durchgang durch Wärmeaustauscher 45 Minuten lang zur Abscheidung von Wasser, Salzen und festen Fremdstoffen in unter Druck stehende Absitztanks gebracht (Abb. 49). Anschließend wird es einer Vordestillationskolonne zur Verdampfung der

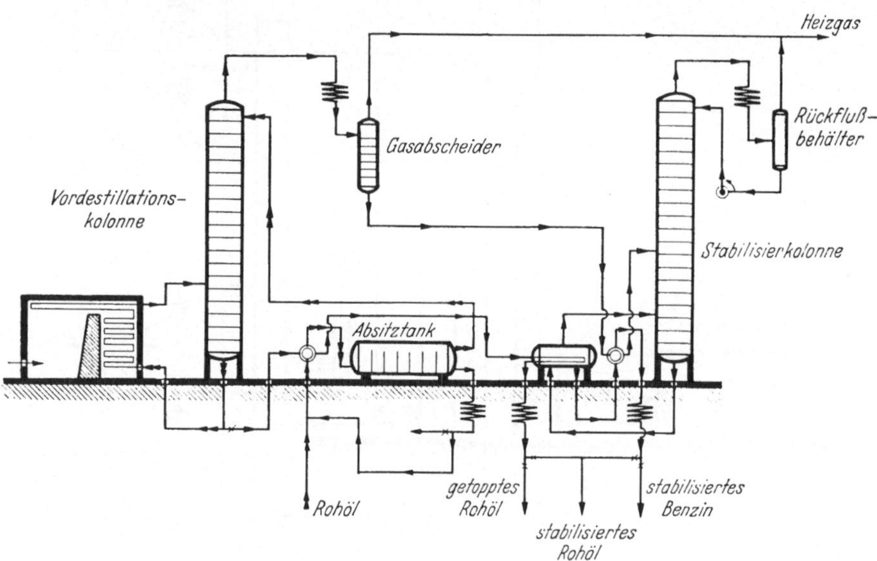

Abb. 49. Anlage zur Vorstabilisierung von Rohölen (FOSTER-WHEELER).

leichtsiedenden Anteile zugeführt. Die dafür notwendige Wärme wird wie bei der vorher beschriebenen Vordestillation durch Umwälzen eines Teiles des stabilisierten Rohöles durch einen Erhitzer aufgebracht. Man kann dadurch die Temperatur in der Kolonne je nach dem zu verdampfenden Ölanteil einstellen. Das stabilisierte Rohöl wird über einen Wärmeaustauscher als mittelbares Heizmittel dem Rückverdampfer der Stabilisierkolonne und von dort über einen Kühler dem Lagertank zugepumpt. Häufig wird es vorher in Mischern mit dem stabilisierten Benzin wieder vereinigt. Das Kopfprodukt gelangt nach der Kondensation in einen Gasabscheider, in dem Flüssigkeit und Gas getrennt werden. Die Flüssigkeit tritt über einen Wärmeaustauscher in eine Stabilisierkolonne üblicher Bauart. Das stabilisierte Benzin aus dem Rückverdampfer der Kolonne wird gekühlt und gegebenenfalls nach dem Mischen mit dem getoppten Rohöl in die Lagertanks gepumpt.

Das hier angewandte Rückverdampfer- (Reboiler-) Prinzip ist allgemein bekannt. Die Rückerhitzung des am Boden der Kolonne abfließenden Rückstandes erfolgt zur Erhöhung des Rückflusses und damit der Fraktionierwirkung. Sie bewirkt außerdem eine Herabsetzung des Gehaltes an leichten Bestandteilen im Rückstand.

Durch Rohölstabilisierung erzielt man folgende Verbesserungen:

1. Wasser, wasserlösliche Salze und feste Fremdstoffe werden weitgehend entfernt und können nicht mehr zu Wasserschäden oder zur Verstopfung der Erhitzer führen.

2. Die Verdampfungsverluste der Rohöle beim Lagern, Umpumpen und auf dem Transport werden ebenso wie die Feuersgefahr bedeutend vermindert.

3. Durch die Abtrennung korrodierend wirkender niedrigsiedender Verbindungen, besonders von Schwefelwasserstoff, wird die in den Lagertanks auftretende Korrosion zurückgedrängt; die Unterhaltungskosten der Tanks ermäßigen sich.

4. Die Raffinationskosten für das Destillatbenzin werden herabgesetzt.

c) Zweistufenanlagen mit Normal- und Unterdruckbetrieb.

Da die Temperatur, bis zu der ein Rohöl ohne Zersetzung erhitzt werden kann, begrenzt ist, erhält man bei der Destillation stets einen mehr oder minder großen Rückstand. Will man die Rückstandsmenge möglichst niedrig halten, so arbeitet man entweder mit Wasserdampf, bei Unterdruck oder unter Anwendung beider Hilfsmittel. Der Wasserdampfdruck addiert sich zum Partialdruck der Öldämpfe und bewirkt infolgedessen eine Herabsetzung der Siedetemperaturen (vgl. S. 104). Für die Dampfeinführung sind zwei Wege üblich; man leitet den Dampf entweder in die Kolonne oder in die Rohre der Strahlungszone des Ofens ein. Eine Wasserzugabe zum Rohöl vor dem Eintritt in den Erhitzer ist nicht üblich, da die zuzuführenden Mengen an flüssigem Wasser zu gering sind, um eine genaue Regulierung zuzulassen (siehe S. 128).

Dieselbe Wirkung wie durch Wasserdampfzusatz kann durch Erniedrigung des äußeren Druckes erreicht werden. Die Anwendung von Unterdruck bei der Rohöldestillation in einer Einstufenanlage ist jedoch nicht möglich; denn die Kondensation der niedrigsiedenden Anteile gelingt im Vakuum bei den zur Verfügung stehenden Kühlwassertemperaturen nicht; zudem würde man zur Kondensation der Schwerbenzine sehr große Kondensatorflächen benötigen. Hat man aber die leichten Fraktionen in einer ersten Stufe entfernt, so läßt sich der restliche Teil der Rohöle bis zu den höchsten Fraktionen ohne Schwierigkeit in einer zweiten Stufe im Vakuum destillieren (Abb. 50). Eine solche Zweistufenanlage hat unter normalen Verhältnissen einen geringeren

Heizölverbrauch als der Einstufenbetrieb, da in der letzteren das Gesamtöl bis auf die zur Verdampfung der höchstsiedenden Anteile benötigte Temperatur erhitzt werden muß, während der erste Röhrenofen der Zweistufenanlage mit Normal- und Unterdruckbetrieb bei wesentlich niedrigerer Temperatur gefahren werden kann.

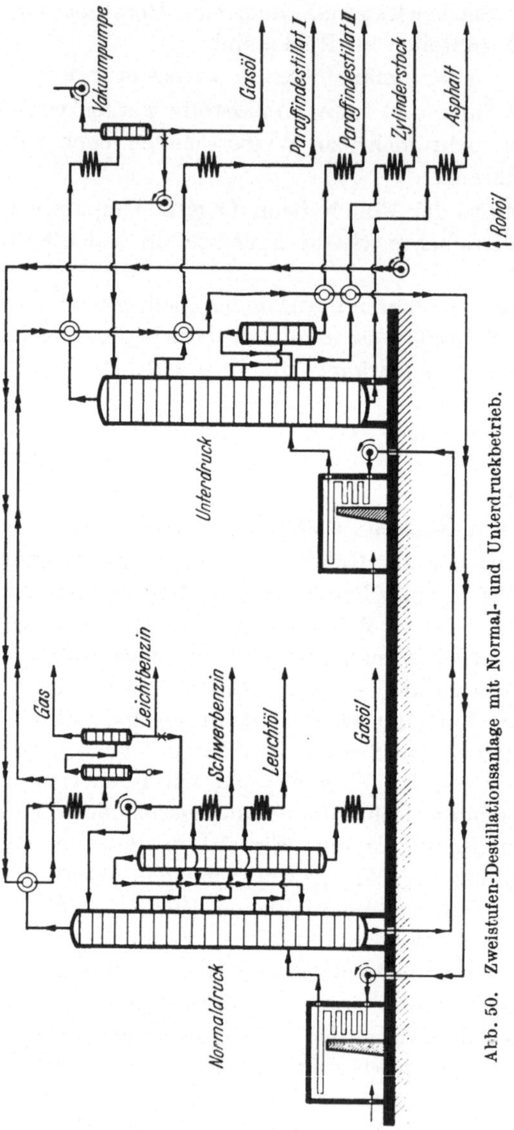

Abb. 50. Zweistufen-Destillationsanlage mit Normal- und Unterdruckbetrieb.

Bei der Destillation in der Einstufenanlage werden die höhermolekularen Ölanteile häufig so stark zersetzt, daß die Viskosität und damit auch die Güte der Schmierölfraktionen[1] erheblich absinken. Auch die Farbe und die Lagerbeständigkeit der leichteren Fraktionen verschlechtern sich durch die dabei eintretende Zunahme des Gehaltes an ungesättigten Verbindungen. Bis zu welcher Temperatur ein Öl in einer atmosphärischen Anlage verarbeitet werden kann, hängt von seiner Temperaturbeständigkeit ab. Im allgemeinen sind 400 bis 425° als oberste Grenze anzusehen. Die Erstellung von Unterdruck-Destillationsanlagen hängt jedoch in erster Linie von wirtschaftlichen Erwägungen ab. Die Kosten der Anlagen, der Betriebsmittel und der Schmierölraffination sowie die Ausbeuten, die Qualität der gewinnbaren Er-

[1] Über die neuzeitliche Destillation der Mineralölschmieröle siehe u. a. E. H. KADMER: Petroleum **35**, 16 (1939).

zeugnisse und andere Faktoren sind dabei in Rechnung zu setzen. Der Dampfverbrauch einer atmosphärischen Destillationsanlage liegt in der Größenordnung von 50 bis 60 kg/m³ Durchsatz. In kleineren Raffinerien überschreitet man diese Mengen häufig erheblich, wenn absatzweise kleine Rückstandsmengen zu verarbeiten sind. Um die hohen Investierungskosten einer Unterdruckanlage zu sparen, werden gelegentlich sogar an sich unwirtschaftlich hohe Dampfmengen eingesetzt.

Der technisch übliche Druck in einer Unterdruckanlage beträgt bei Verwendung von Dampfstrahlpumpen mit barometrischem Kondensator etwa 40 mm Q.-S. Er hängt stark von der Temperatur des Kühlwassers ab. Anlagen, die ohne Dampfzufuhr (trocken) gefahren werden, arbeiten ohne Schwierigkeiten bei einem Druck von 2 bis 3 mm Q.-S. Bei trockener Arbeitsweise können der Durchmesser des Turmes und die Ausmaße des Kondensators verkleinert werden. Der Druck kann auch bei Dampfzufuhr auf 10 bis 20 mm Q.-S. erniedrigt werden, wenn man vor dem barometrischen Kondensator eine zweite Dampfstrahlpumpe (booster ejector) anordnet. Es muß jedoch berücksichtigt werden, daß ein niedriger Druck große Dampfmengen zum Betreiben der Dampfstrahlpumpe erfordert.

Die Frage des Druckabfalles zwischen dem Verdampfungsraum in der Kolonne (Öleintritt) und dem barometrischen Kondensator ist von großer Wichtigkeit; denn es ist wesentlich, daß die Druckerniedrigung gerade an der Stelle vorhanden ist, an der die Verdampfung stattfindet. Ist der Druckabfall in der Kolonne und im Kondensator hoch, so sind unwirtschaftlich hohe Dampfmengen nötig. Aus diesem Grunde zielen viele Sonderkonstruktionen von Glockenböden darauf hin, eine niedrige Flüssigkeitshöhe auf den Platten und damit einen kleinen Druckabfall in der Kolonne zu erreichen. Um den Druckverlust in der Dämpfeleitung zu verringern, setzt man den Kondensator so dicht wie möglich an die Kolonne oder baut ihn sogar in das Innere des Turmkopfes ein. In diesem Falle ist jedoch das hohe Gewicht des Kondensators bei der Turmberechnung zu veranschlagen.

Die übliche Glockenbodenzahl zwischen den einzelnen Seitenströmen der Unterdruckanlage beträgt meistens nur zwei bis vier, da die Anforderungen an die Trennschärfe der Schmierölfraktionen nicht sehr hoch sind. Zudem ist die Trennung bei kleinem Druck und niedriger Temperatur schärfer als bei höherem Außendruck; denn in niedrigen Druck- und Temperaturbereichen ist das Verhältnis der Dampfdruckunterschiede zwischen den einzelnen Ölbestandteilen größer als in höheren.

Zur Abtrennung des Gasöles finden meistens sechs bis acht Platten Verwendung. Bei atmosphärischen Anlagen entsteht kein großer Nachteil, wenn man ein oder zwei Böden mehr als nötig einbaut, um eine bestimmte Trennschärfe zu erzielen; denn in ihnen spielt der Druckabfall keine so wesentliche Rolle. Außerdem sind die Kosten der Böden für atmosphärische Türme meist geringer als die für Vakuumtürme.

Der Druckabfall zwischen Turm und Kondensator liegt in der folgenden Größenordnung:

4 mm Q.-S. bei trockener Destillation,
7 mm Q.-S. bei Destillation mit Kerosin,
10 mm Q.-S. bei Destillation mit Wasserdampf.

Der Druckabfall je Boden beträgt etwa 1 bis 3 mm.

Die Unterdruckanlagen können in sehr verschiedener Weise gefahren werden. Man kann grundsätzlich den Druck und die Temperatur in weiten Grenzen verändern. Maßgeblich für die Wahl des Druckes und der Temperatur ist stets die Wirtschaftlichkeit, die bei jeder Anlage und bei jedem Rohprodukt neu überprüft werden muß. Der gleiche Gesichtspunkt ist bei der Festsetzung der zu verwendenden Wasserdampfmenge ausschlaggebend. Die Stelle, an welcher der Dampf dem Destillationsgut zugesetzt wird, ist ebenfalls von Einfluß auf den Wirkungsgrad der Kolonne. Die besten Ausbeuten werden erzielt, wenn man den Dampf in die Rohre der Strahlungszone einführt. Die Wasserdampfzugabe in die Rohrleitung zwischen Röhrenofen und Fraktionierturm erwies sich als ungünstiger (siehe S. 125).

Die Destillation bei Unterdruck findet außer bei der erwähnten Verarbeitung schwerer Rohölanteile Verwendung zur Redestillation säurebehandelter Druckdestillate. Bei der chemischen Behandlung der meist sehr dunklen und schlecht riechenden Druckdestillate bilden sich wärmeempfindliche Alkylsulfate, die sich während der Redestillation leicht zersetzen und neben einer Verschlechterung der Farbe die Bildung harzartiger Stoffe verursachen. Durch Anwendung eines genügend großen Unterdruckes wird diese Zersetzung größtenteils oder völlig hintangehalten.

Ein typischer Zweistufenbetrieb ist die im Fließdiagramm Abb. 50 wiedergegebene Normal- und Unterdruckanlage. Das Rohöl wird vor dem Eintritt in den Röhrenerhitzer der ersten Stufe durch die Wärmeaustauscher der atmosphärischen und der Unterdruckstufe geführt. Aus dem Röhrenerhitzer der ersten Stufe gelangt es in den unter Normaldruck arbeitenden Fraktionierturm, in dem es unter Verwendung von Dampfabstreifern in Gas, Leichtbenzin, Schwerbenzin, Leuchtöl, Gasöl und einen am Kolonnenboden abfließenden Rückstand zerlegt wird. Der Rückstand wird über den Röhrenerhitzer dem Fraktionierturm der Unterdruckstufe zugeleitet. Das am Kopf des Turmes übergehende Gasöl wird im Vakuum kondensiert. Vom Turm werden zwei Paraffindestillatfraktionen und ein Zylinderstock wiederum unter Verwendung außerhalb des Turmes arbeitender Dampfabstreifer abgenommen. Der vom Unterdruckturm abfließende Rückstand wird, gegebenenfalls nach dem Viskositätsbrechen, als Heizöl verwendet oder zu Asphalt aufgearbeitet.

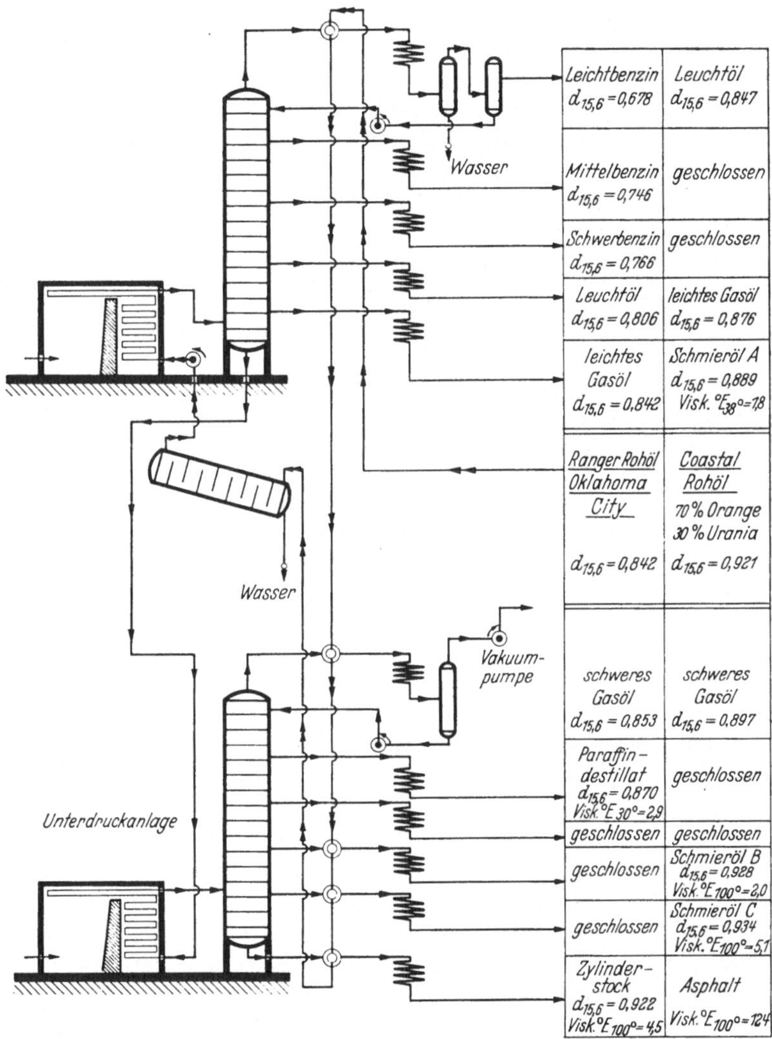

Abb. 51. Aufarbeitungsschema für zwei Rohöle in einer Zweistufen-Destillationsanlage (FOSTER-WHEELER).

Die neuzeitlichen Zweistufenanlagen kommen den heutzutage immer größer werdenden Anforderungen an die Anpassungsfähigkeit an Rohöle verschiedener Herkunft und an die Umstellbarkeit auf verschiedene gerade marktfähige Erzeugnisse in jeder Weise nach.

Das Fließdiagramm einer Foster-Wheeler-Anlage in Abb. 51 zeigt beispielsweise die Aufarbeitungsschemen für die Destillation zweier besonders unterschiedlicher Rohöle, und zwar für das paraffinbasische Rohöl von Oklahoma City (Pennsylvania) und das naphthenbasische Coastal-Rohöl. Im ersten Falle werden in der Normaldruckstufe fünf Fraktionen abgenommen: Leicht-, Mittel-, Schwerbenzin, Leuchtöl und leichtes Gasöl. Der Rückstand wird in der Unterdruckstufe in ein schweres Gasöl, ein Paraffindestillat und einen Zylinderstock als Rückstand aufgeteilt. Das Coastal-Rohöl ergibt in der ersten Stufe Leuchtöl,

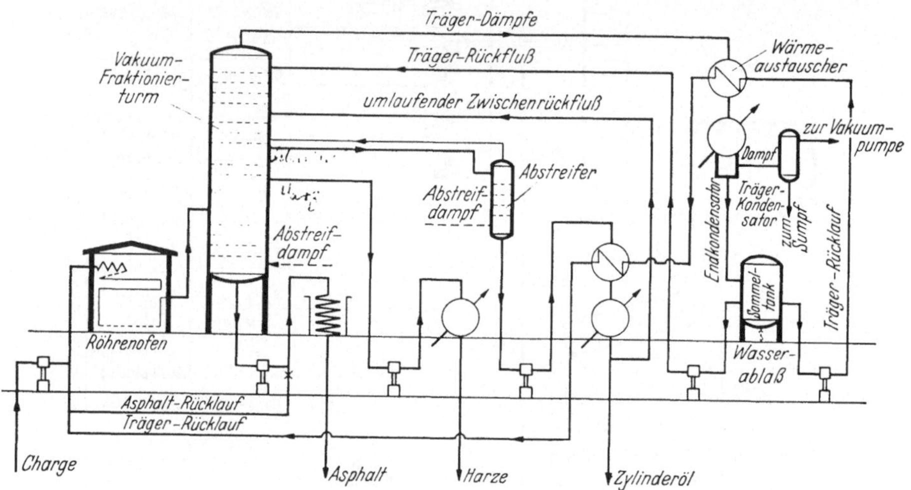

Abb. 52. Schema des Coubrough-Destillationsverfahrens mit Trägerdämpfen.

leichtes Gasöl und leichtes Schmieröldestillat, während in der zweiten Stufe außer einem schweren Gasöl noch zwei Schmieröldestillate gewonnen werden. Als Rückstand bleibt Asphalt.

d) Destillation mit Trägerdämpfen.

Die Benutzung leichtsiedender Fraktionen wie Leuchtöl als Träger (carrier) bei der Destillation wird besonders für die Aufarbeitung schwerer Rückstände vorgeschlagen (Coubrough-Verfahren)[1]. Dabei soll das Siedeende des verwendeten Trägers zur Erleichterung der Abtrennung etwa 30° unter dem Siedebeginn der Charge liegen. Als weitere Eigenschaften werden ein niedriges Molekulargewicht und eine unter den technisch erreichbaren Mindestdrücken leichte Kondensationsfähigkeit gefordert. Die eingesetzte Menge an Trägerdestillat wird bei der Destillation zurückgewonnen und von neuem verwendet.

Das Schema in Abb. 52 veranschaulicht den Arbeitsgang in einer mit Trägerdestillat arbeitenden Anlage. Der zu destillierende Rückstand

[1] KRAFT, W. W., u. W. J. BLOOMER: Nat. Petr. News, Refin. Technol. **31**, 58 (1939).

wird zusammen mit dem Destillat dem Röhrenofen zugepumpt. Das erhitzte Gemisch gelangt in den Fraktionierturm. Die nichtverdampften Bestandteile fließen nach unten und werden als Fertigasphalt abgezogen. Bei Bedarf kann ein Teil des Endrückstandes der Charge zugemischt werden. In den Sumpf der Kolonne leitet man, falls nötig, Wasserdampf zum Abstreifen ein. Von dem zweiten Boden oberhalb des Verdampfungsraumes werden die harzartigen Bestandteile abgezogen, der oberste Seitenstrom ist ein Schmieröldestillat, das zum Teil als Zwischenrückfluß zurückgeführt wird. Am Turmkopf wird das Trägerdestillat abgezogen, das, mit frischem Ausgangsstoff vermischt, erneut als Träger dient. Ein kleiner Teil wird als Rückfluß in die Kolonne zurückgeleitet. Der Vorteil der als Träger verwendeten leichten Kohlenwasserstoffdestillate vor dem sonst üblichen Wasserdampf besteht darin, daß sie bei solchen Temperaturen kondensiert werden, bei denen ein Teil der Wärme durch Austauscher zurückgewonnen werden kann. Das Mengenverhältnis Ausgangsstoff zum Trägerdestillat hängt von dem Dampfdruck der zu destillierenden Ölbestandteile ab.

Vorteilhafte Anwendung findet das Coubrough-Verfahren auch dann, wenn infolge schlechter Wasserverhältnisse Dampf nicht oder unzureichend zur Verfügung steht. Ist der zu verarbeitende Ausgangsstoff stark schwefelhaltig, so bewirkt die Abwesenheit von Wasserdampf außerdem eine Herabsetzung der Korrosionserscheinungen.

e) Überdruckanlagen.

Neben den beschriebenen Destillationsbetrieben gibt es in der Ölindustrie mehrere Anlagearten, die unter Überdruck gefahren werden. Es handelt sich um Anlagen, die leichte Kohlenwasserstoffe verarbeiten, deren Kondensation bei den herrschenden Kühlwassertemperaturen unter Normaldruck nicht möglich ist. So werden die unter gewöhnlichen Bedingungen gasförmigen Kohlenwasserstoffe Propan und Butan zur Einstellung eines bestimmten Dampfdruckes zum Teil aus dem Benzin entfernt. Diese als Kopfprodukt anfallenden Gase werden kondensiert und einer weiteren Destillationsanlage zur Aufarbeitung zugeführt. Sie finden als Flüssiggas, Lösungsmittel oder als Ausgangsstoffe für Dehydrierungs-, Pyrolyse-, Polymerisations- und Alkylierungsverfahren Verwendung.

Die Einstellung des Dampfdruckes der Benzine erfolgt in sog. Stabilisieranlagen. Abb. 53 zeigt das Schema einer einfachen Stabilisieranlage unter Angabe von Betriebszahlen. Das Rohbenzin wird im Gegenstrom zum stabilisierten Endbenzin vorgewärmt und gelangt meist über einen Vorerhitzer in die Kolonne. Die nach unten fließende Flüssigkeit wird in einem Rückverdampfer so hoch erhitzt, wie zur Erreichung des festgelegten Dampfdruckes des Enderzeugnisses nötig ist. Wegen der geforderten scharfen Trennung ist die Plattenzahl in den Stabilisierkolonnen sehr groß, sie beträgt etwa 40. Aus dem gleichen Grunde wird auch ein hohes Rückflußverhältnis gewählt. Da die Zusammensetzung der Charge in den meisten Raffinerien wechselt, müssen die Anlagen eine große Anpassungsfähigkeit besitzen. Deshalb werden zur

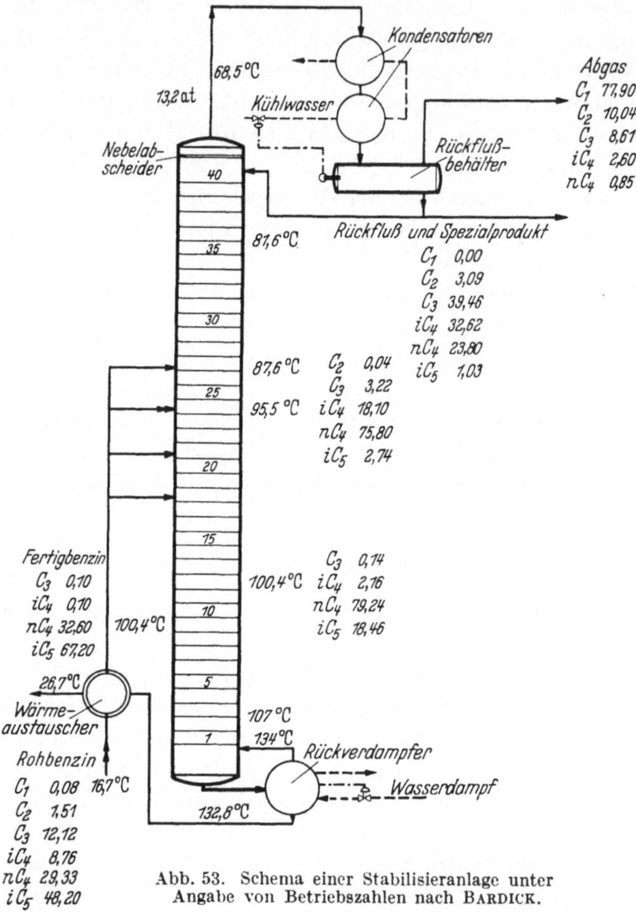

Abb. 53. Schema einer Stabilisieranlage unter Angabe von Betriebszahlen nach BARDICK.

Beschickung der Kolonne meist mehrere Einlaßstutzen in verschiedener Höhe vorgesehen.

Der Druck, unter dem die Anlage gefahren wird, hängt von der Temperatur des zur Verfügung stehenden Kühlwassers und von der Zusammensetzung der abzudestillierenden Bestandteile ab. In neuerer Zeit entnimmt man der Kolonne einen Seitenstrom, dessen Zusammensetzung den Lieferbedingungen von Flaschengas entspricht. Infolge des ständig wachsenden Anfalles an leichten Kohlenwasserstoffen sind die Ansprüche an die Trennung der leichten Kohlenwasserstoffe in den letzten Jahren immer mehr gestiegen. Eine den neuzeitlichen Anforderungen gerecht werdende Fraktionieranlage beschreiben TURNES und RUBAY[1]. In dieser Anlage (Abb. 54) ist eine sog. Feinfraktionierung der niedrigsiedenden Kohlenwasserstoffe vorgesehen. In einer ersten Kolonne (K_1) werden die leichtesten Bestandteile einschließlich Propan am Kolonnenkopf abgezogen. In der Nähe des Kolonnenkopfes kann nach Bedarf ein verkaufsfähiges Flaschengas (Propan-Butan-Gemisch),

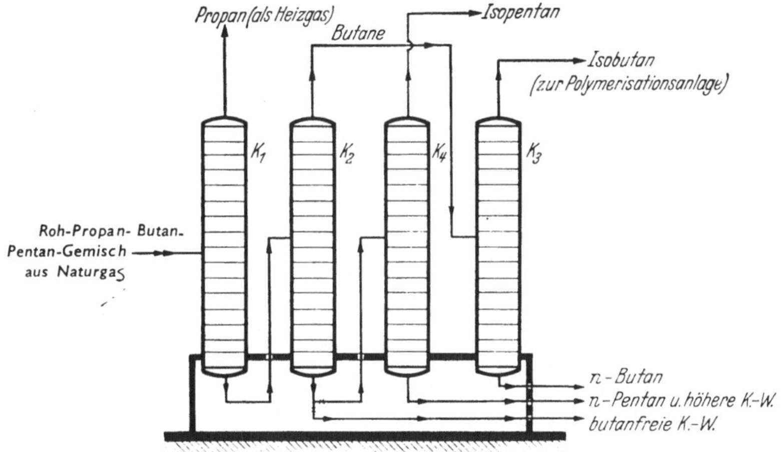

Abb. 54. Feinfraktionieranlage für niedrigsiedende Kohlenwasserstoffe.

das auch als Lösungsmittel zwecks Entasphaltierung oder Entparaffinierung von Schmieröl Verwendung findet, abgenommen werden. Als Kopfprodukte einer zweiten Kolonne (K_2) werden die Butane gewonnen, die in dem Fraktionierturm K_3 in iso- und n-Butan zerlegt werden. K_4 dient zur Zerlegung des Restgemisches in Isopentan und Pentan nebst höheren Kohlenwasserstoffen. Die einzelnen Kohlenwasserstoffe werden in großer Reinheit gewonnen. Besondere Bedeutung besitzen die technischen Feinfraktionieranlagen für die Gewinnung der Ausgangsstoffe von Selektiv-Polymerisations- und Alkylierungsverfahren.

Die Entwicklung auf dem Destillationsgebiet wird in den nächsten Jahren voraussichtlich einen weiteren Ausbau der Feinfraktionierung bringen. Wie bisher werden die Bestrebungen dahin gehen, eine Verbesserung des Erhitzerwirkungsgrades wie überhaupt eine möglichst günstige Wärmewirtschaft zu erzielen. Für Deutschland dürfte die Frage der Umstellung der Röhrenofenbeheizung von Heizöl auf Kohle oder Koks in den Vordergrund treten.

[1] TURNES u. RUBAY: Chem. metall. Engng. **45**, 363 (1938).

C. Destillatkraftstoffe.

Die Zahl und die Kapazität der Raffinerien der Welt ist in einer ständigen, dem wachsenden Verbrauch von Betriebsstoffen entsprechenden Steigerung begriffen. Zahlentafel 21 vermittelt einen Eindruck von der Zahl der Raffinerien und deren Kapazität in den einzelnen Ländern nach dem Stande von 1936:

Zahlentafel 21.

Zahl und Kapazität der Raffinerien der Welt[1] (Stand 1936).

	Zahl der Raffinerien	Tägliche Rohölkapazität[2] 1000 m³	Raffinerien mit Krackbetrieb	Tägliche Krackkapazität[3] 1000 m³
USA.	496	606,58	211	333,15
USSR.	10	82,24	7	10,41
Venezuela	6	3,98	—	—
Rumänien	42	38,16	7	6,18
Iran	2	26,71	1	10,41
Niederländisch-Indien .	12	77,50	6	19,71
Mexiko	8	16,90	3	2,70
Irak	2	0,40	—	—
Kolumbia	1	1,43	—	—
Peru	2	2,70	1	1,08
Argentinien	16	12,72	8	5,41
Trinidad	5	6,23	1	1,59
Britisch-Indien	7	5,49	3	1,05
Ehemaliges Polen . .	16	3,30	2	0,32
Bahrein-Inseln	—	—	—	—
Deutschland	29	7,31	4	12,27
Japan	13	4,58	7	12,27
Ekuador	5	0,14	—	—
Kanada	42	25,34	14	11,63
Ägypten	2	1,83	1	0,32
Frankreich	17	19,48	14	8,90
Ehem. Tschechoslow. .	11	1,63	1	0,18
Bolivien	2	0,06	—	—
Italien	9	5,41	4	1,70
Großbritannien	13	12,50	4	1,83
Ehem. Österreich . . .	8	1,30	—	—
Belgien	7	1,21	3	0,36
Ungarn	4	1,05	—	—
Australien	3	0,81	1	0,13
Mandschukuo.	2	0,10	1	0,14
Jugoslawien	2	0,54	1	0,16
Chile	2	0,08	—	—
Uruguay	1	0,80	1	0,19
Kuba	1	0,80	1	0,29
Kanar. Inseln.	1	0,80	1	0,32
Spanien	1	0,24	—	—
Schweden	1	0,19	1	0,10
Norwegen	1	0,16	—	—
Südafrikan. Union. . .	1	0,16	—	—
Belgisch-Kongo . . .	1	0,04	1	0,02
	804	970,90	310	442,82

Fußnoten siehe S. 135.

Der Verbrauch an Erdölerzeugnissen in den wichtigsten Ländern der Welt ist in Zahlentafel 2 (S. 8 u. 9) wiedergegeben. Er ist bis zu einem gewissen Grade ein Ausdruck der mehr oder weniger stark durchgeführten Motorisierung der angegebenen Länder. Der Verbrauch in Deutschland ist nach 1935 dank der außerordentlichen Steigerung der Motorisierung durch den Führer weit stärker als in anderen Ländern gewachsen, so daß sich die Verbrauchszahlen besonders Deutschland betreffend seit diesem Zeitpunkt erheblich vergrößert haben (vgl. Abb. 55).

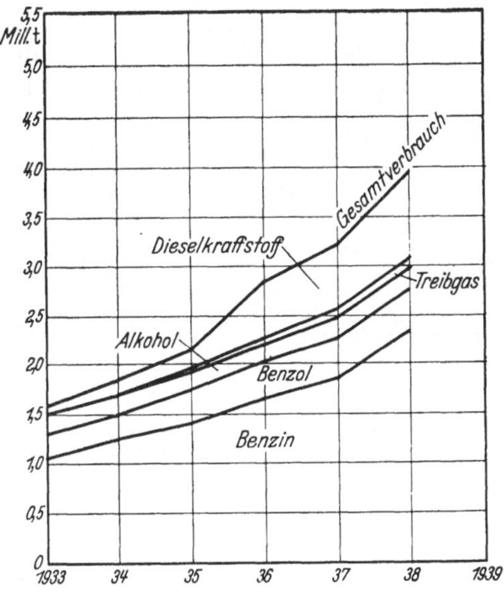

Abb. 55. Der deutsche Kraftstoffverbrauch von 1928 bis 1938 nach JANTZSCH.

Die durchschnittlichen Ausbeuten an den verschiedenen Erdölerzeugnissen aus u. s.-amerikanischen Rohölen sind in Zahlentafel 22 angegeben.

Zahlentafel 22. Mittlere Ausbeuten an Erzeugnissen aus USA.-Roherdölen im Jahre 1936[1].

Erzeugnisse aus Roherdöl	Erzeugung	
	in 1000 m³ [2]	in Vol.-%
Roherdöleinsatz	174642	100,0
Benzin	74865	42,9
Destillatbenzin	36770	21,1
Krackbenzin	38095	21,8
Leuchtöl, Traktorenkraftstoff	8916	5,1
Gasöl, Dieselkraftstoff	19976	11,4
Heizöl	45419	26,0
Ofengas	4905	5,0
Schmieröl	11906	2,8
Andere Erzeugnisse und Verlust	8655	6,8

[1] U. S.-Bur. Min., Monthly Petrol. Statements (1937).

Fußnoten zu S. 134.

[1] U. O. P. BOOKLET **207** (1937). — Angaben über Standort und Leistung der Erdölraffinerien der Welt siehe: I. K. TURYN: Petroleum Vademecum, 13. Aufl., **1**, 239ff. Wien 1940.

[2] 158,98 l = 1 USA.-Erdölbarrel.

[3] Zusammengetragen nach Oil and Gas J. **34**, Nr 35, 22 (1936); **35**, Nr 37, 152 (1937).

Wenn diese Zahlen auch nur für amerikanische Öle gelten, so geben sie wegen des überragenden Anteiles dieses Landes an der Erdölförderung einen angenäherten Überblick über die im Mittel aus Rohölen gewinnbaren Volumenanteile an den einzelnen Handelserzeugnissen. An Destillatbenzin erhielt man im Jahre 1936 durchschnittlich 21,1 Vol.-%, Krackbenzin wurden 21,8 Vol.-%, also etwa ebensoviel gewonnen. In den folgenden Jahren hat sich der Raumprozentanteil an Krackbenzin jedoch sowohl wegen der Inbetriebnahme zahlreicher neuer Krack-

Zahlentafel 23. Eigenschaften von Destillat-

Zone	Appalachische Zone	Kalifornien		Golf-
Feld oder Distrikt	Corning, Ohio	Signal Hill	Los Alamos	White Castle Louisiana
Rohöl:				
Spez. Gewicht bei 15,6°	0,850	0,903	0,972	0,910
Destillatbenzin:				
Ausbeute, bezogen auf Rohöl, in Vol.-%	25,2	20,7	12,7	4,6
Spez. Gewicht bei 15,6°	0,745	0,768	0,762	0,795
Oktanzahl, C. F. R.-Motormethode . . .	$\sim$ 42	58	61	$\sim$ 70
Schwefel, Gew.-%	0,03	0,10	—	0,02
Destillationsverlauf:				
Siedebeginn, °C	60	62	47	53
5 Vol.-%	77	94	74	101
10 „	90	104	86	116
20 „	105	116	103	130
50 „	135	139	138	150
90 „	177	176	180	181
Siedeendpunkt, °C	204	204	204	204

anlagen als auch wegen der dauernd vorgenommenen Verbesserung der Krackverfahren beträchtlich erhöht. Gegenüber den 42,9 Vol.-% Destillat- und Krackbenzin beträgt der Gasöl- bzw. Dieselkraftstoffanteil nur 11,4, der an Schmieröl sogar nur 2,8 Vol.-%.

1. Destillatbenzine.

Erdölbenzinanalysen.

Die Eigenschaften der bei der Destillation von Roherdölen anfallenden Benzine sind zum Teil bereits aus Zahlentafel 14 ersichtlich; ein eingehenderes Bild der Benzineigenschaften kann man sich aus den Angaben der Zahlentafel 23 machen. Die Ausbeuten an Benzin, d. h. an bis etwa 200° übergehendem Destillat, bewegen sich bei den hier gekennzeichneten amerikanischen Rohölen zwischen 4,6 und 36,6 Vol.-%. Demgegenüber werden auch Rohöle gefunden, die Benzin praktisch überhaupt nicht enthalten oder deren Benzinanteil bis zu nahezu 100 Vol.-% ansteigt (vgl. Zahlentafel 14).

Spez. Gewicht und A.P.I.-Dichte.

Das spez. Gewicht (g/cm³) der Destillatbenzine bei 20° umfaßt den Bereich zwischen etwa 0,700 bei Hogback (Neumexiko)-Benzin und etwa 0,825 z. B. bei Cottonvalley (Louisiana)-Benzin. Für den weitaus größten Teil der Benzine werden spez. Gewichte zwischen 0,730 und 0,790 gemessen (vgl. Zahlentafel 14). Paraffinische Benzine besitzen niedrige, aromatische Benzine hohe spez. Gewichte. Bis zu einem gewissen Grade wird der Einfluß der Kohlenwasserstoffstruktur durch den gerade vor-

benzinen aus verschiedenen USA.-Roherdölen.

küste	Michigan	Mid-Continent			Arkansas Nord-Louisiana		Rocky Mountains	
Flour Bluff Texas	Mt. Pleasant	Kansas	Ost-Texas	West-Texas	Smackover	Rodessa	Rex Lake	Pondera
0,810	0,822	0,830	0,826	0,879	0,931	0,812	0,850	0,868
26,0	35,9	35,0	35,0	22,3	10,5	36,6	28,1	34,5
0,739	0,729	0,737	0,723	0,759	0,791	0,741	0,739	0,743
46	22	45	55	61	69	33	58	43
0,02	—	0,03	0,02	—	0,06	0,04	0,01	—
49	42	43	32	41	84	54	37	61
77	61	68	50	65	105	75	61	77
86	72	78	61	79	112	85	71	86
100	90	91	78	97	124	99	86	101
131	132	126	113	135	155	138	122	134
163	184	175	175	186	191	182	178	183
190	205	202	205	204	220	203	202	205

liegenden Siedebereich beeinflußt, da das spez. Gewicht innerhalb der einzelnen Kohlenwasserstoffreihen mit steigendem Siedepunkt anwächst. Eine Ausnahme bilden nur die aromatischen Kohlenwasserstoffe.

In Amerika wird vielfach an Stelle des spez. Gewichtes die sog. A.P.I.-Dichte angegeben. Diese bezieht sich auf die Dichte des zu untersuchenden Stoffes bei 15,6°C (60° F). Spez. Gewicht und A.P.I.-Dichte lassen sich nach folgenden Gleichungen ineinander umrechnen (vgl. Tafel S. 531):

$$\text{Spez. Gewicht}\ \frac{15{,}6^\circ}{15{,}6^\circ} = \frac{141{,}5}{131{,}5 + \text{A.P.I.-Dichte}}\,,$$

$$\text{A.P.I.-Dichte} = \frac{141{,}5}{\text{Spez. Gewicht}\ \frac{15{,}6^\circ}{15{,}6^\circ}} - 131{,}5\,.$$

Die Temperaturabhängigkeit des spez. Gewichtes ist von der absoluten Höhe des spez. Gewichtes der Erdölfraktionen abhängig. Auf Grund umfangreicher Untersuchungen stellte die ASTM. (American Society for Testing Materials) folgende Umrechnungstafel[1] auf:

[1] Berichtigte ASTM.-Standard-Korrektionstafel für Erdölerzeugnisse ASTM. Designation D. **206** (1934).

Zahlentafel 24. Temperaturabhängigkeit der spez. Gewichte von Erdölfraktionen.

Spez. Gewicht bei 60° F (15,6°)	Korrekturfaktor je ° F	Spez. Gewicht bei 60° F (15,6°)	Korrekturfaktor je ° F
0,615—0,625	0,00055	0,746—0,756	0,00044
0,625—0,635	0,00054	0,756—0,765	0,00043
0,635—0,645	0,00053	0,765—0,775	0,00042
0,645—0,656	0,00052	0,775—0,786	0,00041
0,656—0,667	0,00051	0,786—0,798	0,00040
0,667—0,680	0,00050	0,798—0,814	0,00039
0,680—0,692	0,00049	0,814—0,830	0,00038
0,692—0,707	0,00048	0,830—0,850	0,00037
0,707—0,720	0,00047	0,850—0,890	0,00036
0,720—0,734	0,00046	0,890—0,960	0,00035
0,734—0,746	0,00045	0,960 u. höher	0,00034

Das entspricht einer Abnahme je ° C von:

Spez. Gewicht	0,600	0,700	0,800	0,900	1,000
Temp.-Koeffizient je ° C	0,00100	0,00087	0,00072	0,00067	0,00061

Speziell für Benzine werden von KISSLING[1] folgende Temperaturkoeffizienten des spez. Gewichtes angegeben:

Zahlentafel 25. Temperaturkoeffizienten des spez. Gewichtes von Destillatbenzinen verschiedener Herkunft.

Spez. Gewicht	Abfall des spez. Gewichtes je ° C Temperaturanstieg			
	Benzinherkunft			
	russisch	pennsylvanisch	polnisch	rumänisch
0,680—0,700	0,00084	0,00091	—	—
0,700—0,720	0,00082	0,00086	—	0,00089
0,720—0,740	0,00081	0,00082	—	—
0,740—0,760	0,00080	0,00077	0,00080	0,00086
0,760—0,780	0,00079	0,00072	0,00078	—

Für Krackbenzine und Benzin-Benzol-Gemische ist die Wärmeausdehnung im allgemeinen größer als für Destillatbenzine[2].

Siedeverhalten.

Der Siedebeginn der Destillatbenzine bewegt sich je nach der zugrunde liegenden Rohölart und je nach der vorgenommenen Fraktionierung zwischen etwa 40 und 60°, geht aber in Einzelfällen auch über diese Grenzen hinaus. Zur Kennzeichnung des Siedeverlaufes trägt man die Destillatmengen in einem Diagramm als Abszissen, die zugehörigen Siedetemperaturen als Ordinaten auf. Man erhält die sog. Siedekurve (Abb. 8), die bei Destillatbenzinen im allgemeinen stetig in S-Form verläuft.

[1] BURSTIN, H.: Untersuchungsmethoden der Erdölindustrie. Berlin 1930.
[2] CRAGOE, C. S., u. E. E. HILL: Bur. Stand. J. Res. 7, 1133 (1931).

Sprünge in der Siedekurve der Benzine treten bei normaler Verarbeitung der Rohöle nicht auf. Der Siedeendpunkt hängt lediglich von dem bei der Destillation gewählten Schnitt ab; er liegt bei Autobenzinen meist zwischen 180 und 205°, bei Flugbenzinen zwischen 140 und 160° (vgl. auch Flüchtigkeit und Dampfblasenbildungsvermögen von Leichtkraftstoffen, S. 158ff.).

Zur Kennzeichnung der Siedekurven ermittelt man die von OSTWALD[1] vorgeschlagene Siedekennziffer (KZ.). Man erhält sie durch Addition der Siedetemperaturen, bei denen 5, 15, 25 usw. bis 95 Vol.-% übergegangen sind, und durch Division der Summe durch 10. Die Siedekennziffer ist somit ein Ausdruck für die mittlere Siedetemperatur eines Benzins. Die üblichen Autobenzine besitzen Siedekennziffern zwischen etwa 100 und 125. Bei Verwendung von Benzinen mit höherer Siedekennziffer sind verhältnismäßig hohe Betriebstemperaturen erforderlich. Zudem verursachen hochsiedende Benzine leicht Schmierölverdünnung[2].

Eine neuartige Auswertung der Destillationsanalyse wurde von MEIER-GROLMAN und WESOLOFSKY[3] vorgeschlagen. Sie besteht darin, daß man auf der Abszisse nach beiden Seiten die von 10 zu 10° übergehenden Destillatmengen, auf der Ordinate die zugehörigen Temperaturen aufträgt. Die dabei auftretenden „rüben- oder zwiebelförmigen" Diagrammflächen vermitteln ebenso wie die von MALLISON (zit. S. 71) vorgeschlagene „Treppenkurve" ein sehr anschauliches Bild des Siedeverhaltens von Kraftstoffen.

Klopffestigkeit.

Die Klopffestigkeit der in den Destillatbenzinen enthaltenen Kohlenwasserstoffe ist außerordentlich verschieden (vgl. S. 362ff.). Das drückt sich auch in der schwankenden Klopffestigkeit von Fraktionen der Benzine aus (s. Zahlentafel 59). Im ganzen nimmt jedoch die Klopffestigkeit der Destillatbenzine mit steigenden Siedegrenzen ab. Die Oktanzahl[4] üblicher Destillatbenzine liegt zwischen etwa 40 und 65. Höhere Oktanzahlen, wie sie z. B. bei Fluggrundbenzinen gefordert werden, erhält man durch Abschneiden der über etwa 140—160° siedenden Fraktionen.

Unter der meist zutreffenden Annahme, daß isoparaffinische Kohlenwasserstoffe hoher Klopffestigkeit in Destillatbenzinen nur in untergeordnetem Maße gefunden werden, geht mit steigendem spez. Gewicht und fallender Siedekennziffer ein Anstieg der Oktanzahl einher[5]. Mit

[1] OSTWALD, WA.: Petroleum **22**, 678 (1926); **23**, 446 (1927).

[2] Hinsichtlich Schmierölverdünnung durch hochsiedende Kraftstoffanteile s. u. a.: H. KIEMSTEDT: Chem. Ztg. **53**, 459 (1929). — ASTM.-Jber. 1932 des Comm. D. 2., S. 77. — BLANK, G.: Motortechn. Z. **1**, 22 (1939).

[3] MEIER-GROLMAN, F. W., u. F. WESOLOFSKY: Öl u. Kohle **37**, 297 (1941).

[4] Näheres über die Oktanzahl S. 157.

[5] HEINZE, R., u. M. MARDER: Angew. Chem. **48**, 335 (1935). — MARDER, M., u. F. SOMMER: Angew. Chem. **50**, 147 (1937).

Hilfe dieser und anderer Konstanten (Parachor, Brechungsindex usw.) lassen sich für Benzine einheitlicher Herkunft, z. B. aus Roherdölen desselben Distriktes, Angaben über die Klopffestigkeit machen.

Für die Klopffestigkeitsprüfung von Kraftstoffen unbekannter Herkunft und Zusammensetzung eignet sich die genannte physikalisch-chemische Prüfmethode nicht. Durch die in den Handelskraftstoffen meist enthaltenen Zusätze von Aromaten, Alkoholen, Äthern, Isoparaffinen, Gegenklopfmitteln usw. werden die für Benzine aus einheitlichen Rohstoffen gültigen Beziehungen der physikalischen Konstanten zur Klopffestigkeit größtenteils aufgehoben oder überdeckt. Möglicherweise gelingt es aber, die von JENTZSCH[1] entwickelte Methode, die das Verhalten der Kraftstoffe im Zündwertprüfer zur Klopffestigkeit in Beziehung setzt, zu einer allgemein brauchbaren Klopffestigkeitsprüfweise auszuarbeiten (Klopffestigkeitsprüfungen von Autokraftstoffen siehe S. 155).

Heizwert und Elementarzusammensetzung.

Der *obere Heizwert* (Verbrennungswärme) eines flüssigen oder festen Stoffes ist die Wärmemenge (in cal bzw. kcal), die bei der völligen Verbrennung von 1 g bzw. 1 kg des Stoffes gemessen wird, nachdem die Verbrennungsprodukte auf die Ausgangstemperatur (20°) gekühlt sind. Für die Praxis ist nicht diese im Kalorimeter[2] gemessene Wärmemenge, sondern der *untere Heizwert* maßgeblich, der um die Kondensationswärme des Wasserdampfes und die bei der Abkühlung der Verbrennungsprodukte auf die Ausgangstemperatur frei werdende fühlbare Wärme kleiner ist. Er errechnet sich aus dem oberen Heizwert (H_o) nach

$$H_u = H_o - 0{,}09 \cdot L \cdot w.$$

In dieser Gleichung ist H_u der untere Heizwert, L die Verdampfungswärme des Wassers bei 20° (585 kcal/kg) und w der Wasserstoffgehalt des Brennstoffes in Gew.% (einschl. des im hygroskopischen Wasser enthaltenen Wasserstoffs).

In USA. und England ist als technisches Wärmemaß die „British Thermal Unit" (B.T.U.) gebräuchlich. Die B.T.U. ist die Wärmemenge, die ein englisches Pfund (453,6 g) Wasser von 39,1° F (3,95° C) auf 40,1° F (4,5° C) zu erwärmen vermag:

$$1 \text{ B.T.U.} = 0{,}252 \text{ kcal}; \quad 1 \text{ kcal} = 3{,}970 \text{ B.T.U.}$$

Der Heizwert der Brennstoffe steht in engem Zusammenhang mit der Elementarzusammensetzung. Besonders bei Brennstoffen, die so wie

[1] JENTZSCH, H.: Z. VDI **68**, 574 (1924); **69**, 1357 (1925). — SCHÄFER, D.: Schiffbau **132**, 185 (1931). — ZERBE, C., u. F. ECKERT: Angew. Chem. **45**, 593 (1932). — KESSLER: Öl u. Kohle **14**, 34 (1938). — Vgl. auch die Beziehungen zwischen Klopffestigkeit und Wandlung. — HERSTAD, O.: Öl u. Kohle **14**, 579, 657 (1938).

[2] Nach DIN DVM 3716.

Benzine praktisch nur aus Kohlenstoff und Wasserstoff zusammengesetzt sind, läßt sich eine verhältnismäßig gute Heizwertberechnung an Hand der Elementaranalyse durchführen[1]. Genaue Werte ergeben die unten genannten Formeln nicht, weil sie die verschiedenen Bindungsarten der Atome in den Molekülen nicht berücksichtigen.

Bessere Werte lassen sich bei flüssigen Kraftstoffen mit Hilfe der Dichte-Beziehungen von MARDER angeben. Für Erdöldestillatbenzine gelten z. B. die folgenden zunächst nur angenähert ermittelten Abhängigkeiten:

Zahlentafel 26. Heizwert, Kohlenstoff- und Wasserstoffgehalt von Erdöldestillatbenzinen in Abhängigkeit vom spez. Gewicht bei 20° (angenähert).

Spez.-Gewicht bei 20°	Unterer Heizwert kcal/kg	Unterer Heizwert kcal/lit	Kohlenstoffgehalt Gew.-%	Wasserstoffgehalt Gew.-%
0,640[2]	10720	6860	84,8	15,10
0,660[2]	10670	7030	85,0	14,80
0,680[2]	10610	7210	85,2	14,55
0,700	10560	7380	85,4	14,25
0,720	10500	7560	85,6	14,00
0,740	10450	7730	85,8	13,70
0,760	10390	7900	86,0	13,40

Da die spez. Gewichte der Destillatbenzine 0,700 kaum unterschreiten und 0,760 kaum übersteigen, liegen die Grenzheizwerte etwa zwischen 10390 und 10560 kcal/kg und zwischen 7380 und 7900 kcal/l.

Der Heizwert legt die in einem Kraftstoff enthaltene Energiemenge fest, nicht aber die mit diesem erzielbare Motorleistung. Die Leistung hängt vielmehr vom Heizwert des angesaugten Kraftstoff-Luft-Gemisches, dem sog. Gemischheizwert, ab. Der Gemischheizwert ist für alle Benzine nahezu gleich (etwa 800 kcal/m³). Sogar für solche Kraftstoffe wie Äthanol und Methanol, deren Kilogrammheizwert sehr niedrig liegt, werden Gemischheizwerte gemessen, die den Wert von 800 kcal/m² fast erreichen[3]. Der Grund ist darin zu sehen, daß die Alkohole bereits Sauerstoff enthalten und infolgedessen einen geringeren Luftbedarf als sauerstofffreie Kraftstoffe haben. Naturgemäß ist der Kraftstoffverbrauch bei Methanol und Äthanol dem niedrigeren Energieinhalt entsprechend größer (vgl. Rennkraftstoffe S. 522).

Die *Elementarzusammensetzung* der Destillatbenzine läßt sich, wie die Zahlentafel 26 andeutet, ebenfalls aus dem spez. Gewicht entnehmen.

[1] Bekannt sind u. a. die sog. Verbandsformel der deutschen Ingenieure sowie die Formeln von MENDELEJEFF sowie von SHERMAN u. KROPFF und von DULONG: s. z. B. H. JENTZSCH: Flüssige Brennstoffe, S. 52. Berlin 1926.

[2] Diese Werte beziehen sich auf Wassergasbenzine.

[3] Siehe u. a.: RICARDO: Schnellaufende Verbrennungsmaschinen, S. 19. Berlin 1926. — WILKE, W.: Öl u. Kohle **13**, 1030 (1937).

Allerdings sind die dort mitgeteilten Werte nur als Annäherungswerte zu betrachten, weil die Zahl der bisher untersuchten Benzine noch nicht ausreicht, um endgültige Beziehungen aufstellen zu können. Wie zu erwarten, steigt der Kohlenstoffgehalt der Benzine mit dem spez. Gewicht an, während der Wasserstoffgehalt in derselben Richtung abnimmt. So-

Zahlentafel 27. Brechungsexponenten (n_D) und Molekularrefraktion (M_D) einiger Kohlenwasserstoffe.

Kohlenwasserstoff	Temperatur °C	Brechungsindex n_D	Molekularrefraktion M_D
n-Pentan	15,7	1,3581	25,33
n-Hexan	14,8	1,3780	29,88
n-Heptan	20	1,3878	34,54
n-Oktan	15,1	1,4007	39,16
n-Dekan	14,9	1,4108	48,49
2-Methylbutan	14,2	1,3576	25,24
2-Methylpentan	15,0	1,3747	29,94
2-Äthylbutan	16,0	1,3792	29,80
2-Methylhexan	20	1,3851	34,57
2,2-Dimethylpentan	20	1,3823	34,61
2,2,3-Trimethylbutan	20	1,3894	34,39
3-Äthylhexan	16,1	1,4038	38,95
2,2,4-Trimethylpentan	20	1,3916	39,25
Isodekan	15,1	1,4112	48,53
2-Methylpenten-2	16	1,4012	29,74
3-Methylpenten-2	14,9	1,4064	29,51
Okten-2	14,9	1,4162	38,87
Zyklopentan	14,7	1,4098	23,14
Zyklohexan	20	1,4268	27,73
Methylzyklohexan	15,5	1,4253	32,46
Zyklohexen	16,6	1,4281	27,72
Benzol	20	1,5014	26,18
Toluol	16,4	1,4978	31,06
o-Xylol	15,5	1,5078	35,77
m-Xylol	15,7	1,4996	35,90
p-Xylol	16,2	1,4973	36,02
Äthylbenzol	14,5	1,4494	35,64

wohl der Kohlenstoff- als auch der Wasserstoffgehalt schwanken innerhalb verhältnismäßig enger Bereiche, und zwar liegt der Gehalt an Kohlenstoff zwischen etwa 85,4 und 86,0 Gew.-%, der an Wasserstoff zwischen etwa 13,40 und 14,25 Gew.-%. Nur die Wassergasbenzine (Fischer-Tropsch — Ruhrchemie) besitzen höhere Wasserstoff- und entsprechend niedrigere Kohlenstoffgehalte (s. Zahlentafel 26, Dichtebereich 0,640—0,700).

Der *Schwefelgehalt* der Destillatbenzine ist meist als gering anzusetzen. Er übersteigt 0,1 Gew.-% nur in verhältnismäßig seltenen Fällen

(s. Zahlentafel 14), so daß die an den Schwefelgehalt von Motorkraftstoffen gestellten Anforderungen in der Regel durch Vornahme einer schwachen Raffination erfüllt werden können. (Näheres über die Art und die Korrosionseigenschaften der in Destillatbenzinen enthaltenen Schwefelverbindungen siehe unter Abschnitt Raffination, Bd. II.)

Brechungsindex, Molekularrefraktion und Dielektrizitätskonstante.

Der Brechungsindex ($n_{D_{20}}$) der Kohlenwasserstoffe steigt innerhalb derselben Kohlenwasserstoffklasse stark an. Dasselbe gilt für die Molekularrefraktion (M_D)[1]. Für Kohlenwasserstoffe mit gleicher Molekulargröße nimmt der Brechungsindex etwa in der Reihenfolge Isoparaffin, Normalparaffin, Olefin, Naphthen, Aromat zu. Eine ähnliche Abhängigkeit läßt sich für die Molekularrefraktion nicht aufstellen. Zumindest wird sie durch den großen Einfluß des Molekulargewichtes auf die Molekularrefraktion stark überdeckt.

Je nach ihrem mehr paraffinischen oder aromatischen Charakter und je nach ihren Siedegrenzen werden für Benzine niedrigere oder höhere Brechungsindizes gemessen. Meist werden für $n_{D_{20}}$ Werte zwischen 1,37 bis 1,46 angegeben[2]. Die Molekularrefraktion ist in erster Näherung nur vom mittleren Molekulargewicht der Benzine abhängig. Ihr Wert bewegt sich meist um 30.

Nach der elektromagnetischen Theorie des Lichtes entspricht das Quadrat des Brechungsindex der Dielektrizitätskonstanten; streng ge-

Zahlentafel 28. Errechnete (n_D^2) und gemessene Dielektrizitätskonstanten einiger Kohlenwasserstoffe und einer Erdölfraktion[3].

Stoff	Temp. °C	Dielektrizitätskonstante n_D^2 [4]	Dielektrizitätskonstante gemessen[5]	Differenz
n-Heptan	20	1,926	1,930	+ 0,004
2-Methylhexan	20	1,918	1,922	+ 0,004
3-Methylhexan	20	1,929	1,930	+ 0,001
3-Äthylpentan	20	1,942	1,942	0,000
2, 2-Dimethylpentan	20	1,911	1,915	+ 0,004
2, 3-Dimethylpentan	20	1,938	1,942	+ 0,004
2, 4-Dimethylpentan	20	1,911	1,917	+ 0,006
3, 3-Dimethylpentan	20	1,935	1,940	+ 0,005
2, 2, 3-Trimethylbutan	20	1,930	1,930	0,000
Erdölfraktion[6]	0	2,31	2,34[7]	+ 0,03
	25	2,27	2,30[7]	+ 0,03
	50	2,23	2,26[7]	+ 0,03

[1] Über die Dispersion $n_F - n_C$ von Benzinkohlenwasserstoffen s. W. BIELENBERG: 2. Welterdölkongreß. Paris 1937.

[2] Vgl. z. B. M. MARDER, J. FRANK, H. HOPF u. F. GOLEMBIEWSKI: Öl u. Kohle **11**, 1, 41, 75, 150, 182, 222 (1935).

[3] SMITH, C. P., u. W. N. STOOPS: J. amer. chem. Soc. **50**, 1885 (1928).

[4] Die Werte für n_D s. Zahlentafel 27.

[5] Für eine Wellenlänge von 600 m.

[6] $d_{30} = 0,8654$; Visk.$_{30°}$ = 11,76 Poises.

[7] Für die Frequenz 0.

nommen sollten beide Werte bei der gleichen Frequenz gemessen werden. Praktisch lassen sich aber schon aus den Brechungsindizes für die *D*-Linie des Natriums (n_D) mit den wirklichen Dielektrizitätskonstanten gut übereinstimmende Werte errechnen (Zahlentafel 28).

Die Dielektrizitätskonstante ist definiert als das Verhältnis der Kapazität eines mit dem Dielektrikum erfüllten Kondensators zu der des gleichen Kondensators im Vakuum oder als das Quadrat des Verhältnisses der Fortpflanzungsgeschwindigkeit elektrischer Wellen im Vakuum zu der im Dielektrikum. Außer durch Messung errechnet sie sich für dipolfreie Stoffe wie Kohlenwasserstoffe aus dem Quadrat des Brechungsindex. Die Dielektrizitätskonstanten der Erdölerzeugnisse bewegen sich in den folgenden verhältnismäßig engen Grenzen:

Zahlentafel 29. Dielektrizitätskonstanten von Erdölfraktionen

Stoff	Dielektrizitätskonstante
Benzin	1,85—2,0
Leuchtöl	2,0 —2,2
Transformatorenöl .	2,1 —2,3
Schmieröl	2,1 —2,6
Vaseline	2,05—2,3 [1]
Paraffinum liquidum	2,05—2,1
Festes Paraffin . . .	2,05—2,4 [1]

Dampfdruck.

Für den *Dampfdruck*[2] der reinen Destillatbenzine werden je nach dem Gehalt an leichtsiedenden Kohlenwasserstoffen Werte zwischen etwa 0,1 bis 0,7 at bei 40° gemessen. Während der Stabilisierung ist es leicht möglich, den Dampfdruck der Leichtbenzine durch Abtrennung genügender Mengen gasförmiger Anteile auf einen bestimmten Höchstwert, meist 0,7 at, zu begrenzen. Demgegenüber läßt sich die Einhaltung des unteren Grenzwertes, im allgemeinen 0,25 at, bei Schwerbenzin häufig nur durch Zumischung niedrigsiedender Zusatzstoffe mit hohem Dampfdruck bewerkstelligen (vgl. Abb. 103).

Verdampfungswärme.

Die *Verdampfungswärmen*[3] (latente Wärmen) der Kohlenwasserstoffe liegen in der Größenordnung von 85—110 cal/g (Dampftemperatur 0° C)[4]. Für Aromaten liegen sie etwas höher als für Paraffinkohlenwasserstoffe. Für den Motorbetrieb interessiert weniger die latente als die totale Verdampfungswärme, d. i. die Wärme, die zur Verdampfung eines flüssigen Stoffes bei einer bestimmten Ausgangstemperatur unterhalb des Siedepunktes erforderlich ist. Zu der latenten Wärme addiert sich

[1] Der genannte weite Bereich ist zum Teil durch die Anwesenheit von Gasblasen bei der Messung hervorgerufen.

[2] Bestimmung nach W. Reid: Nat. Petr. News **20**, Nr 34, 25 (1928).

[3] Bestimmung u. a. nach E. Graefe: Petroleum **2**, 521 (1906/07); **5**, 569 (1909). — Kraussold, H.: Petroleum **28**, Nr 3, 1 (1932).

[4] Vgl. Zahlentafel 30 nebst Anmerkung 1 zu Zahlentafel 30.

also die zur Erhitzung des Stoffes auf die Siedetemperatur benötigte fühlbare Wärme.

Zahlentafel 30. Verdampfungswärme von Kohlenwasserstoffen[1].

Kohlenwasserstoff	Temperatur des Dampfes °C	Verdampfungswärme cal/g	Kohlenwasserstoff	Temperatur des Dampfes °C	Verdampfungswärme cal/g
n-Pentan. .	+ 30	85,8	2-Butylen .	1	96,3
n-Hexan . .	0	89,5	Hexylen . .	0	92,8
n-Heptan .	0	93,8	Zyklohexan	0	96,2
n-Oktan . .	0	85,6			
			Benzol . .	0 (flüss.)	106,1
Isobutan .	0	85,1		0 (fest)	136,7
Isopentan .	0	88,9	Toluol . . .	+ 27	102,1
Diisopropyl	+ 50	77,9	Äthylbenzol	+ 26	93,3

Die totale Verdampfungswärme, bezogen auf die Außentemperatur, ist naturgemäß um so größer, je höher der Siedepunkt der Stoffe liegt. Die mittlere totale Verdampfungswärme der Kraftstoffe ist nach dem Vorhergehenden einerseits von der chemischen Zusammensetzung, andererseits vom mittleren Siedepunkt der Inhaltsstoffe abhängig.

Zahlentafel 31. Totale Verdampfungswärme einiger Kraftstoffe (Anfangstemperatur 20° C)[2].

Kraftstoff	Totale Verdampfungswärme cal/g	Kraftstoff	Totale Verdampfungswärme cal/g
Normalbenzin . .	102,2	B. V. Aral . .	143,0
Shellbenzin . . .	161,8	Gasöl	313,6
Leunabenzin . . .	160,0	Dieselkraftstoff	358,3

Spezifische Wärme.

Die *wahre spezifische Wärme* bei 15° (c_t) liegt bei fast allen Erdölerzeugnissen zwischen 0,4 bis 0,5 cal/g und Grad. Sie läßt sich nach KRAUSSOLD[3] unmittelbar aus dem spez. Gewicht bei 15° errechnen:

$$c_t = 0{,}937 - 0{,}56 \cdot d_{15} + 0{,}0011 \cdot (t - 15)\,, \tag{1}$$

$$c_t = 0{,}711 - 0{,}308 \cdot d_{15} + 0{,}0011 \cdot (t - 15)\,. \tag{2}$$

Formel (1) gilt für Erdölfraktionen mit spez. Gewichten (d_{15}) unter, Formel (2) mit solchen über 0,9 g/cm³.

---

[1] Zusammengestellt nach LANDOLT-BÖRNSTEIN-ROTH-SCHEEL: Physikalisch-chemische Tabellen Bd. 1 u. 2, Erg.-Bd. 1 bis 3 (1923/36).

[2] HOLDE, D.: Kohlenwasserstofföle und Fette, S. 192. Berlin 1933. — Vgl. auch R. S. JESSUP: Bur. Stand. J. Res. **13**, 227 (1935).

[3] KRAUSSOLD, H.: S. 144. — Siehe auch A. R. FORTSCH u. W. G. WHITMAN: Industr. Engng. Chem. **18**, 795 (1926). — SWANN, A. I. E.: Fuel **11**, 113 (1932). — GAUCHER, L. P.: Industr. Engng. Chem. **27**, 57 (1935).

Zahlentafel 32. Oberflächen- und Grenzflächenspannung einiger Benzinkohlenwasserstoffe und Benzinfraktionen[1].

Stoff	Angrenzendes Medium	Temp. °C	Oberflächenspannung erg/cm²	Angewandte Arbeitsweise	Beobachter
n-Hexan	eigener	8,2	18,54	Steighöhe	DUTOIT u.
	Dampf	62,5	13,34	Steighöhe	FRIEDERICH
n-Oktan	eigener	15,5	21,31		RAMSAY u.
	Dampf	46,3	18,56		SHIELDS
		78,3	15,74	Bläschen-	G. JAEGER
Zyklohexan	Stickstoff	9,0	28,3	druck	
		24,6	25,7		
		58,0	20,3		
		80,0	16,9		
Benzol	Luft	12,5	29,86	Steighöhe	VOLKMANN
	Stickstoff	5,4	30,9	Bläschen-	
		25,1	27,7	druck	G. JAEGER
		55,0	23,8		
		74,6	21,6		
	eigener	11,2	29,21	Steighöhe	RAMSAY u.
	Dampf	46,0	24,71		ASTON
		78,0	20,70		
		100	18,02	Steighöhe	RAMSAY u.
		150	12,36		SHIELDS
		200	7,17		
Toluol	Luft	12,5	29,07	Steighöhe	VOLKMANN,
		21,2	27,39		WALDEN u.
		65,3	22,46		SWINNE
	Stickstoff	−71,0	43,7	Bläschen-	G. JAEGER
		−21,0	34,3	druck	
		0,0	31,6		
		66,6	23,6		
		106,0	19,8		
Benzin-Fraktionen:					
70—90° (d_{20} = 0,7015)	Luft	20	20,24	Steighöhe mit	M. MARDER u.
90—110° (d_{20} = 0,7339)			21,89	hängendem	J. FRANK
110—135° (d_{20} = 0,7562)			23,26	Niveau (L.	
135—160° (d_{20} = 0,7734)			24,36	UBBELOHDE)	
160—190° (d_{20} = 0,7958)			25,63		
Benzin-Fraktionen:					
50—60°	Luft	20	17,8	Bügelabreiß-	S. VALEN-
70—80°			20,9	Methode	TINER
100—110°			22,7		
120—130°					
50—60°	Wasser	20	45,7	Bügelabreiß-	S. VALEN-
70—80°			44,6	Methode	TINER
100—110°			42,7		
120—130°			39,9		

[1] Weitere Werte siehe: LANDOLT-BÖRNSTEIN-ROTH-SCHEEL, Physikalisch-chemische Tabellen, 5. Aufl., S. 208ff. (1923).

Oberflächen- und Grenzflächenspannung.

Die Oberflächenspannung ist eine in der Oberfläche einer Flüssigkeit wirkende Kraft, die die Oberfläche auf den kleinstmöglichen Wert herabzusetzen strebt. Es tritt ein sog. Binnendruck auf, der die Moleküle senkrecht zur Oberfläche in das Innere der Flüssigkeit zu ziehen sucht. Die Vergrößerung der Oberfläche beansprucht daher Energie. Diese Energie, die Oberflächenspannung, wird gemessen durch die zum Aufbau von 1 cm² Oberfläche gegenüber einem bestimmten Medium aufzuwendende Arbeit. Je nach dem Medium nimmt die Arbeit verschiedene Werte an. Zur Messung der Oberflächenspannung steht eine Anzahl von Arbeitsweisen[1] zur Verfügung: u. a. die Bügelabreiß-, die Steighöhen-, die Stalagmometer- und die Bläschendruckmethode.

Mit steigender Temperatur fällt die Oberflächenspannung etwa linear ab. Den Aromaten kommt die höchste, den Paraffinen die niedrigste Oberflächenspannung zu. Innerhalb des Benzinsiedebereiches nimmt sie mit ansteigendem mittleren Siedepunkt zu, die Grenzflächenspannung gegenüber Wasser fällt dagegen ab.

Zahlentafel 33. Viskosität-Temperatur-Abhängigkeit einiger Kohlenwasserstoffe des Benzinsiedebereiches[2] (angenähert).

Kohlenwasserstoff	Viskosität in Poise × 10³ bei °C		
	0	30	60
n-Pentan	3,8	2,15	—
n-Hexan	3,95	2,85	2,2
n-Heptan	5,2	3,65	2,75
n-Oktan	10,0	4,75	3,45
i-Pentan	3,75	2,1	—
i-Hexan	3,7	2,7	2,1
i-Heptan	4,7	3,4	2,55
Diisopropyl	4,95	3,4	—
2, 2-Dimethylbutan	4,7	3,3	—
2, 7-Dimethyloktan	—	7,3	4,95
Trimethylisopropylmethan	∾8,0	5,05	—
Zyklopentan	5,7	4,0	—
Methylzyklopentan	6,6	4,5	—
Zyklohexan	∾15	8,0	—
Methylzyklohexan	9,7	6,3	—
Benzol	9,0	5,6	3,9
Toluol	7,7	5,3	3,8
Äthylbenzol	8,7	6,0	4,4
n-Propylbenzol	—	7,5	—
n-Butylbenzol	—	10,0	—

[1] Holde, D.: Kohlenwasserstofföle und Fette, 7. Aufl., S. 38ff. Berlin (1933).

[2] Nach Diagrammen von W. R. Wiggins: The Science of Petroleum **2**, 1083. London 1938.

Viskosität.

Die Viskosität der im mittleren Siedebereich der Benzine übergehenden Kohlenwasserstoffe liegt bei Raumtemperatur höher als 0,002 Poise, entsprechend 1,1° Engler, 31,5° Saybolt oder 30° Redwood[1] (vgl. Zahlentafel 33).

Die Viskosität-Temperatur-Kurven der Normalparaffine verlaufen einigermaßen parallel. Die Einführung einer Seitenkette in die n-Paraffine bewirkt einen schwachen Viskositätsabfall. Die Temperaturabhängigkeit der Viskosität erfährt keine wesentliche Änderung. Paraffine mit zwei und mehr Seitenketten zeigen, soweit ersichtlich, eine höhere Viskosität als die zugehörigen Normalparaffine. Der Viskosität-Temperatur-Abfall nimmt einen steileren Verlauf.

Zahlentafel 34. **Kristallisationspunkte und Siedepunkte einiger Kohlenwasserstoffe des Benzinsiedebereichs**[2].

Kohlenwasserstoff	Kristall.-Punkt °C	Siedepunkt 760 mm °C	Kohlenwasserstoff	Kristall.-Punkt °C	Siedepunkt 760 mm °C
n-Butan	−135	0,6	Zyklobutan	<− 80	11—12
n-Pentan	−130,8	36,2	Zyklopentan	∾− 94	49,5
n-Hexan	− 94,3	68,9	Zyklohexan	6,0	80,8
n-Heptan	− 90,0	98,4	Zykloheptan	∾− 12,5	∾117
n-Oktan	− 56,5	125,8	Zyklooktan	− 14,3	∾150
n-Nonan	− 51,0	149,5	Methylzyklopentan	−140,5	72
n-Dekan	− 32,0	173	Methylzyklohexan .	−126,3	100,3
n-Undekan	− 25,6	195,8	Äthylzyklohexan .	−128,9	131,8
			Zyklohexan	−103,9	—
i-Butan	−145	—10,2	Methylzyklopenten	−127,2	75,5
i-Pentan	∾−159	28,0			
Tetramethylmethan	− 20	9,5	Benzol	+ 5,5	80,5
i-Hexan	−143	60,5	Toluol	− 94,5	110,3
3-Methylpentan . .	−118	63,2	o-Xylol	− 27,1	144,0
i-Heptan	−119,1	90,0	m-Xylol	− 49,3	139,0
2, 2-Dimethylpentan	−125,6	78,9	p-Xylol	+ 15	136,2
2, 4-Dimethylpentan	−119,2	80,8	Äthylbenzol	− 94,4	136,1
3, 3-Dimethylpentan	—135,0	86,0	Mesitylen	− 46	164,6
2, 3-Dimethylbutan.	−135	58			
			Hexen-1	∾−139,5	63,4
2, 2,3-Trimethylbutan	− 25,0	80,9	Hexen-2	−149	68,1
2, 2,4-Trimethylpentan	−107,8	99,3	2, 2-Dimethylbuten-2	−121	55,8
Diisobutyl	− 90,7	109,4			
			2, 2, 4-Trimethylpenten-1	− 93,6	101,2

[1] Bedreag, C. G.: Miniera **10**, 9 (1935). — Über Benzinviskositäten zwischen 40 und 400° C siehe K. M. Watson, J. L. Wien u. G. B. Murphy: Industr. Engng. Chem. **28**, 605 (1936).

[2] Nach Landolt-Börnstein-Roth-Scheel: Physikalisch-chemische Tabellen, 5. Aufl. Berlin 1923.

Von den zyklischen Kohlenwasserstoffen weisen Benzol und Zyklohexan einen besonders hohen Temperaturkoeffizienten der Viskosität auf. Dagegen sind die Temperaturkurven der Viskosität von Toluol, Methylzyklohexan und anderer zyklischer Kohlenwasserstoffe mit Seitenketten denen der Paraffine etwa parallel.

Setzt man die Viskosität des Benzins, wie es z. B. bei der Berechnung der 3000 km langen Rohrleitung von Okmulgie über Mineapolis nach Chikago geschah, gleich 1° E, so gilt nach BEDREAG die Formel

$$q = 18{,}1 \sqrt{\frac{D^5 \cdot h}{L}},$$

worin

q gleich der Strömungsgeschwindigkeit in l/min,
D gleich dem Rohrdurchschnitt und L gleich der Rohrlänge ist.

Kältebeständigkeit.

Die Kältebeständigkeit der im Benzinsiedebereich übergehenden Kohlenwasserstoffe ist außerordentlich verschieden. Irgendein Zusammenhang zwischen der Kohlenwasserstoffstruktur und dem Kristallisationspunkt ist kaum festzustellen. Die meisten Kohlenwasserstoffe beginnen erst unter —50° zu kristallisieren. Bemerkenswerte Ausnahmen sind: Zyklohexan, Benzol und p-Xylol (Zahlentafel 34).

Flammpunkt, Zündpunkt und Zündgrenzen.

Die Beurteilung der Feuergefährlichkeit von Benzinen erfolgt nach der Höhe des *Flammpunktes*. Der Flammpunkt einer brennbaren Flüssigkeit ist die niedrigste Temperatur, bei der diese in einem gegebenen Gerät (Flammpunktprüfer) so viel brennbare Dämpfe entwickelt, daß bei Annäherung einer Flamme an das Luft-Dampf-Gemisch über der Flüssigkeit erstmalig Entzündung eintritt, d. h., daß der Gehalt der über der Flüssigkeit befindlichen Luft an brennbaren Dämpfen die untere Explosionsgrenze erreicht. Die Höhe des Flammpunktes hängt von der Art des verwendeten Gerätes (offen oder geschlossen) und von den Versuchsbedingungen (Luftdruck, Erhitzungsgeschwindigkeit, Zündungsart usw.) ab.

Zur Bestimmung des Flammpunktes sind zahlreiche Geräte entwickelt worden[1]. Man unterscheidet offene und geschlossene Flammpunktprüfer. Bei den ersteren wird die Benzinprobe in einem offenen Tiegel erhitzt, bis eine der Benzinoberfläche genäherte Zündflamme eine vorübergehende Entzündung der Benzindämpfe bewirkt. Demgegenüber bleibt der Tiegel bei den geschlossenen Prüfern während des Erhitzens bedeckt. Der Deckel wird nur zur Einführung der Zündflamme

[1] Vgl. z. B. D. HOLDE: Kohlenwasserstofföle und Fette. 7. Aufl. S. 57ff. Berlin 1933.

geöffnet. Da die Benzindämpfe in den geschlossenen Prüfern am vorzeitigen Entweichen gehindert sind, erhält man in diesen Geräten niedrigere Flammpunkte als in den offenen Prüfern.

In neuerer Zeit verwendet man als Flammpunktprüfer vorzugsweise das offene Gerät von MARCUSSON[1] oder den geschlossenen Prüfer nach PENSKY-MARTENS[2].

Die preußische Polizeiverordnung[3] teilt die feuergefährlichen Flüssigkeiten, für die besondere Transport- und Lagervorschriften bestehen, in 3 Gefahrenklassen:

Klasse 1: Öle mit einem Flammpunkt unter 21°;
Klasse 2: Öle mit einem Flammpunkt von 21—55°;
Klasse 3: Öle mit einem Flammpunkt von 55—100°.

Die Bestimmung des Flammpunktes geschieht dabei im Flammpunktprüfer von ABEL-PENSKY[4] bei einem Barometerstand von 760 mm.

Unter dem *Zündpunkt* (Selbstzündungspunkt) versteht man die niedrigste Temperatur, bei der sich ein brennbarer Stoff in Gegenwart von Sauerstoff oder Luft von selbst entzündet. Ebenso wie der Flammpunkt ist der Zündpunkt erst durch die Angabe der verwendeten Apparatur und der eingehaltenen Versuchsbedingungen festgelegt. Er ist als Maß der thermischen Beständigkeit der Ölinhaltsstoffe anzusehen. Entsprechend besitzen z. B. die thermisch sehr beständigen Aromaten hohe (um 600°), die wärmeempfindlichen n-Paraffinkohlenwasserstoffe niedrige (etwa 300°) Zündpunkte. Da die thermische Beständigkeit der Kohlenwasserstoffe in engstem Zusammenhang mit der Klopffestigkeit im Motor steht, bringt man den Zündpunkt in Beziehung zur Klopffestigkeit (s. S. 140).

Grundsätzlich wird bei den verschiedenen Zündpunktprüfgeräten[5] ein Metalltiegel unter Durchleiten von Luft oder Sauerstoff erhitzt. Der zu untersuchende Stoff wird in kleinen Mengen, z. B. bei Benzin tropfenweise in den Tiegel eingeführt. Die niedrigste Temperatur, bei der noch Explosion eintritt, ist die Zündtemperatur.

---

[1] DIN DVM 3661.

[2] I. P. T. Standard Methods, 2. Aufl. S. 44. London 1929.

[3] Polizeiverordnung über den Verkehr mit brennbaren Flüssigkeiten vom 10. II. 1931. Amtsblatt für den Landespolizeibezirk Berlin, S. 33 — Fassung vom 4. III. 1936. Ebenda, S. 54. — S. auch K. H. v. THÜMEN: Zit. S. 6.

[4] ASTM. Jber. 1927 des Comm. D. 2, 105.

[5] Unter anderem sind zu nennen: Die Zündpunktprüfer von MOORE [WOLLERS und EHMCKE: Krupp. Mh. **2**, 1 (1921)], von JENTZSCH [H. JENTZSCH: Z. VDI **69**, 1353 (1925)] und von FOORD [T. A. FOORD: J. Inst. Petr. Techn. **18**, 533 (1932)].

Für einige reine Kohlenwasserstoffe fanden ZERBE und ECKERT[1] die folgenden Selbstzündungstemperaturen im JENTZSCHschen Zündwertprüfer:

Zahlentafel 35. Selbstzündungstemperaturen (° C) einiger reiner Kohlenwasserstoffe in Sauerstoff.

n-Pentan	300	Benzol	690
n-Hexan	296	Toluol	640
n-Heptan	300	Xylol	610
Isopren	440	Hexamethylbenzol	375
Diallyl	330	Naphthalin	630
Hexen	325	Tetralin	420
Zyklohexan	325	Dekalin	280
Zyklohexen	325	Anthrazen	580
Zyklohexadien	360	Oktahydroanthrazen	315

Nach TANAKA und NAGAI[2] sowie nach WIEZEVICH, WHITELEY und TURNER[3] weisen die Isoparaffinkohlenwasserstoffe noch tiefere Selbstzündungspunkte als die Normalparaffine auf. Im Gegensatz dazu fanden DICKSTRA und EDGAR[4] für 2,2,4-Trimethylpentan einen sehr hohen Selbstzündungspunkt.

Bei der Untersuchung der Selbstzündungseigenschaften von Fraktionen eines West-Virginia-Rohöles ergab sich die in Zahlentafel 36 wiedergegebene Abhängigkeit:

Zahlentafel 36. Im MOOREschen Gerät gemessene Selbstzündungstemperaturen von Fraktionen eines West-Virginia-Rohöles (in Luft).

Mittlere Siedetemperatur der Fraktion ° C	Spez. Gewicht bei 15,6°	Selbstzündungstemperatur ° C
52	0,704	288
135	0,746	293
163	0,762	291
191	0,774	277
213	0,784	263
233	0,797	271
246	0,800	271
260	0,805	260
272	0,810	254
304	0,819	263
318	0,824	249
371	0,841	377
—	0,850	399
—	0,861	421
—	0,871	432

[1] ZERBE, C., u. F. ECKERT: Angew. Chem. **45**, 593 (1932).

[2] TANAKA, Y., u. Y. NAGAI: J. Soc. Chem. Ind. Japan **29**, 266, 272.

[3] WIEZEVICH, P. J., J. M. WHITELEY u. L. B. TURNER: Industr. Engng. Chem. **27**, 152 (1935).

[4] DICKSTRA u. EDGAR: Industr. Engng. Chem. **26**, 509 (1934).

Mit steigendem mittleren Siedepunkt durchläuft die Selbstzündungstemperatur ein Minimum. Bei zwei anderen Ölen trat ein solches Minimum nicht auf.

Nach ZAPS und UNGLAUBE[1] werden die Selbstentzündungsmöglichkeiten brennbarer Flüssigkeiten meist überschätzt. Durch Funkenreißen mit gebräuchlichen Werkzeugen gelang die Entzündung von Benzin nicht. An erhitzten Metallteilen trat Entzündung erst bei Rotglut ein. Benzin, Dieselkraftstoff und Schmieröl zeigten ein nahezu gleiches Verhalten.

Zu ähnlichen Schlußfolgerungen gelangte LINDEMAN[2] auf Grund von Versuchen, in denen ein Glühdraht in Benzinkohlenwasserstoffen eingetaucht (a) oder in einer Entfernung von 0,5 mm über der Flüssigkeitsoberfläche gehalten wurde (b). Die unter diesen Bedingungen gemessenen Entzündungstemperaturen betrugen für n-Pentan 800° (a) und 1150° (b), für n-Hexan 900° und 1075° (b), für verschiedene Benzinsorten 900 bis 950° (a) und für Leuchtöl 925 bis 950° (a).

Die *Zündgrenzen* eines brennbaren Gases oder Dampfes in Mischung mit Luft oder Sauerstoff sind durch die untere und die obere Grenzkonzentration gegeben, bei denen das Gemisch nach Zuführung einer genügend großen Energiemenge gerade noch zur Entzündung gebracht werden kann. Der Zündbereich ist u. a. von den Ausmaßen der Zündgefäße, von der Art der Zündung, vom Druck und von der Temperatur abhängig (Zahlentafel 37).

Je nach den Versuchsbedingungen weichen die Angaben verschiedener Beobachter erheblich voneinander ab. Der Zündbereich der Benzindämpfe bei Normaldruck und Raumtemperatur ist verhältnismäßig klein. Benzine verschiedener Herkunft zeigen im allgemeinen nur geringe Unterschiede in den Zündgrenzen[3].

Gehalt an Harzen und Harzbildnern.

Der Gehalt der Handelsbenzine an *Harzen und Harzbildnern*, die durch Abscheidungen z. B. im Vergaser und an den Ventilen störend wirken, muß durch geeignete Raffinationsmaßnahmen wie Säure- oder Erdenbehandlung, gegebenenfalls unter Zusatz sog. Inhibitoren, auf einen bestimmten Höchstwert herabgesetzt werden (vgl. Raffination, Bd. II). Der Harzgehalt[4] der Handelsbenzine wird gewöhnlich auf 10 mg/100 ccm begrenzt. Das Harzbildungsvermögen wird durch Sauer-

[1] ZAPS u. UNGLAUBE: Feuerschutz **17**, 91 (1937). — Vgl. auch K. SPERLING: Öl und Kohle **37**, 329 (1941).

[2] LINDEMAN, THV.: Norske Vid. Selsk., Forh. **4**, 96 (1931).

[3] LOUIS, M., u. M. EMTEZAM: Ann. Office nat. Combust. liqu. **14**, 21 (1939).

[4] Bestimmung nach BVM., Ziffer 7160; s. S. 495.

Zahlentafel 37. Zündgrenzen verschiedener Dampf-Luft- bzw. Dampf-Sauerstoff-Gemische[1].

Zündgefäß Länge cm	Durchmesser cm	Inhalt ccm	Zündrichtung	Ausgangstemperatur °C	Druck at	Zündgrenzen %	Beobachter
				n-Pentan-Luft			
150	5	—	↑	20	1	1,43—8,0	A. G. White
150	5	—	→	20	1	1,46—6,70	
150	5	—	↓	20	1	1,49—4,56	
				i-Pentan-Luft			
—	—	2000	↓	20	1	1,3	M. J. Burgess u. R. V. Wheeler
				n-Hexan-Luft			
—	—	2000	↓	20	1	1,3	H. Le Chatelier u. O. Boudouard
				n-Heptan-Luft			
—	—	2000	↓	20	1	1,1	..
				n-Oktan-Luft			
—	—	2000	↓	20	1	1,0	..
				n-Nonan-Luft			
—	—	2000	↓	20	1	0,83	..
				Zyklohexan-Luft			
65	5	—	↓	20	1	1,31—4,5	Y. Tanaka u. Y. Nagai
—	—	2500	↓	100	1	1,16—4,34	M. Briand, P. Dumanois u. P. Laffitte
—	—	2500	↓	250	1	0,95—4,98	
				Zyklohexen-Luft			
—	—	2500	↓	100	1	1,25—4,81	M. Briand, P. Dumanois u. P. Laffitte
—	—	2500	↓	250	1		
				Benzol-Luft			
40	9	—	↓	20	1	2,65— 6,5	P. Eitner
91	5,0	—	↓	20	1	1,50— 8,0	
91	5,0	—	→	20	1	1,55— 6,5	
—	1,9	120	↓	20	1	2,6—30,1	E. Terres
				Benzin-Luft			
40	1,9	—	↓	20	1	1,9 —5,1	E. Terres
—	—	100	↑	20	1	1,9 —5,3	G. A. Burrell u. H. T. Boyd
—	—	100	↓	20	1	1,5 —6,4	
—	—	28000	↕→	20	1	1,35 5,4	Redwood u. Blundstone
				Benzin-Sauerstoff			
40	1,9	—	↓	20	1	1,9—28,8	E. Terres

[1] Zusammengestellt nach Landolt-Börnstein-Roth-Scheel: Physikalisch-chemische Tabellen. 5. Aufl., Erg.Bd. 3. Berlin 1936.

stoffbehandlung unter Druck bei erhöhter Temperatur geprüft[1]. Man ermittelt die Induktionszeit, d. i. die Zeit, die bis zu Beginn der durch Druckabfall kenntlichen Sauerstoffaufnahme durch den Kraftstoff verfließt. Außerdem werden der nach 4stündiger Behandlung auftretende Druckabfall und die neu entstandene Harzmenge gemessen. Die Induktionszeit soll mindestens 4 Stunden, der Druckabfall möglichst 0 at betragen. Der Harzgehalt nach der Sauerstoffbehandlung soll 25 mg/100 cm³ nicht überschreiten.

In Deutschland wird meist ausschließlich die Zunahme des Harzgehaltes für die Beurteilung des Harzbildungsvermögens als maßgeblich angesehen[2]. Unter dieser Voraussetzung wurde die bisher zur Lagerfähigkeitsbestimmung benutzte kostspielige amerikanische Apparatur neuerdings durch ein einfaches Gerät[3] ersetzt.

Physiologische Wirkung.

Dämpfe von Benzin und anderen Erdölerzeugnissen haben anästhetische Wirkung. Sie verursachen Kopfschmerz, Schwindel und gelegentlich Rauschzustände unter Anzeichen von Erregung und Hysterie. Benzingeruch ist noch bei einer Konzentration von 0,03% Benzin in Luft merklich[4]. In einer mit 0,07 bis 0,28% Benzindampf geschwängerten Luft wurde einem Mann nach $14^1/_2$ Minuten übel. Erhöhte man die Konzentration auf 1,13 bis 2,22%, so trat der Schwindelzustand bereits nach 3 min ein. Bei einer Konzentration von 2,22 bis 2,60% Benzindampf in Luft genügten schon 10—12 Atemzüge, um Übelsein zu bewirken. Längeres Einatmen von Benzindampf-Luft-Gemischen mit höheren Benzinkonzentrationen verursacht Unempfindlichkeit und führt schließlich zum Tod. Solange der Tod jedoch noch nicht eingetreten ist, lassen sich die Folgen des Benzindampfeinatmens durch Zuführung frischer Luft und Anwendung künstlicher Atmung meist wieder beseitigen. In Einzelfällen werden aber auch chronische Vergiftungen beobachtet, die sich sowohl auf den allgemeinen Gesundheitszustand — Schwindel, Schwäche, Schlaf- und Appetitlosigkeit usw. — als auch auf die Atmungsorgane und das Nervensystem auswirken[5].

---

[1] Conrad, C.: Öl u. Kohle **12**, 728 (1935). — Schildwächter, H.: Kraftstoff **17**, 151, 187 (1941).

[2] Weller, R.: Öl u. Kohle **13**, 935 (1937).

[3] Heinze, R., u. M. Marder: demnächst veröffentlicht.

[4] U. S. Bureau of Mines, Technical Paper Nr 272.

[5] Einzelheiten: Stassens, A.: Ind. chim. belge **8**, 383, 429, 489 (1937); **9**, 3 (1938). — Herbert, E. le Q.: J. Inst. Petr. **25**, 323 (1939). — Tait, E. J. M.: Ebenda **25**, 347 (1939). — McClurkin, T.: Ebenda **25**, 382 (1939). — Vallender, R. B.: Ebenda **25**, 392 (1939).

2. Autokraftstoffe[1].

a) Eigenschaften[2].

Da die meisten Destillatbenzine die hohen Ansprüche, die an Autokraftstoffe, besonders hinsichtlich der Klopffestigkeit, gestellt werden, nicht erfüllen, verwendet man die Destillatbenzine nicht in reinem Zustand, sondern im Gemisch mit anderen Kraftstoffen oder Kraftstoffkomponenten, die sich in erster Linie durch höhere Klopffestigkeit auszeichnen. Als solche kommen vor allem in Frage: Aromaten (Bd. II), Alkohole (Bd. II), Äther (S. 354), Ketone (S. 361) und Gegenklopfmittel (S. 497). In steigendem Maße, vornehmlich bei der Herstellung von Flugkraftstoffen, werden neuerdings auch Isoparaffine zugemischt.

Klopffestigkeit.

Die wichtigste Kenngröße der Eignung von Autokraftstoffen ist die *Klopffestigkeit.* Das „Klopfen“ ist auf eine besondere Art der Verbrennung des Kraftstoffes im Motor zurückzuführen[3]. Nach der Funkenzündung durcheilt die entstehende Flammenfront unter Ausdehnung des verbrennenden Kraftstoff-Luft-Gemisches den Verbrennungsraum. Der vor der Flammenwand liegende noch unverbrauchte Gemischanteil wird dadurch weiter verdichtet und erhitzt. Beim Erreichen bestimmter Grenzwerte bilden sich im Gemischrest selbsttätig neue Zündkerne (Selbstzündung). Das restliche Gemisch verbrennt nahezu augenblicklich und erzeugt dadurch einen im allgemeinen kleinen Druckanstieg, der den ganzen Gaskörper in seiner Eigenschwingung anregt[4]. Da die Schallgeschwindigkeit bei den Verbrennungstemperaturen um 1000 m/sec liegt, macht sich die Eigenschwingung, die bei einem mittleren Durchmesser des Verbrennungsraumes von 10 cm einige tausend Hertz beträgt,

---

[1] Vgl. auch Abschnitt Destillatbenzine, S. 136ff.

[2] Über die Lagerbeständigkeit und die Korrosionseigenschaften der Autokraftstoffe wird im Band II, Abschnitt Raffination, berichtet. Die Prüfverfahren für Kraftstoffe werden in Hinblick auf eine Anzahl kürzlich erschienener Werke, die über Kraftstoffuntersuchungsverfahren eingehend berichten, nur so weit behandelt, als es zum Verständnis der für die Herstellung und Verwendung der Kraftstoffe wichtigen Eigenschaften erforderlich ist. Einzelheiten über Kraftstoffprüfverfahren finden sich u. a. bei F. Spausta: Treibstoffe für Verbrennungsmotoren. Wien 1939. — W. J. Müller u. E. Graf: Kurzes Lehrbuch der Technologie der Brennstoffe. Wien 1939. — A. v. Philippovich in H. List: Die Verbrennungskraftmaschine, Heft 1. Wien 1940. — F. Jantzsch: Kraftstoffhandbuch. Stuttgart 1941. Vgl. auch E. Molnar: Erdöluntersuchungsmethoden. Zusammenstellung und Vergleich von in verschiedenen Ländern praktisch verwendeten Methoden, 1. Folge, Österr. Petrol. Institut (Ö.P.I.). Veröffentlichung Nr 7. Wien 1937.

[3] Reaktionskinetische Betrachtungen zum Klopfvorgang siehe W. Jost und L. v. Müffling: Z. Elektrochem. **45**, 93 (1939).

[4] Weinhart, H.: Luftf.-Forschg. **16**, Lfg. 2, 74 (1939).

nach außen durch einen harten Schlag bemerkbar. Dieser Schlag kann vom Kolben nicht schnell genug aufgenommen werden. Die Motorleistung fällt ab. Die nicht ausgenutzte Energie wird in Wärme umgesetzt. Die Temperaturen der Zylinderwandungen und des Kolbens erhöhen sich dementsprechend. Hoher Ölverbrauch und starker Verschleiß der Werkstoffe sind die Folge. Unter Umständen tritt sogar ein Verkoken des Schmieröles mit nachfolgendem Stecken der Kolbenringe ein.

Das Klopfen ist nicht nur von der chemischen Zusammensetzung des Kraftstoffes, sondern auch von der Motorbauart und von den Betriebsverhältnissen abhängig. Zum Beispiel fördern tote Stellen im Verbrennungsraum das Klopfen. Da die Betriebsverhältnisse in der Praxis durch äußere Bedingungen oder durch die zu erzielende Leistung festgelegt sind, ergeben sich *zwei Möglichkeiten*, der Klopferscheinungen Herr zu werden, und zwar die Entwicklung klopffester Motoren und die Verwendung klopffester Kraftstoffe. Durch zweckmäßige Ausgestaltung des Verbrennungsraumes und durch Wahl geeigneter Werkstoffe gelingt es bereits, Motoren mit geringerer Empfindlichkeit gegen klopfende Kraftstoffe zu bauen. Große Zukunftsaussichten müssen in dieser Beziehung den Drehschiebermotoren zugeschrieben werden, deren Betrieb von der Klopffestigkeit der Kraftstoffe nahezu unabhängig ist. Andererseits waren auch der Kraftstoffchemie bei der Entwicklung klopffester Kraftstoffe große Erfolge beschieden. Eine fast unübersehbare Zahl von Verfahren zur Gewinnung klopffester Kraftstoffe stehen schon heute zur Verfügung der Kraftstoffindustrie.

Die Messung der Klopfeigenschaften der Autokraftstoffe[1] erfolgt grundsätzlich in eigens entwickelten Einzylinderprüfmotoren. In Deutschland sind als Prüfmotoren für Autokraftstoffe amtlich anerkannt[2]:

> *der vom Cooperative Fuel Research Comittee der American Society of Automotive Engineers* entwickelte und von der *Waukesha Motor Co.* (Waukesha, Wisconsin) hergestellte *C.F.R.-Motor*[3] und
>
> der vom *Technischen Prüfstand der I. G. Farbenindustrie AG.*, Ludwigshafen a. Rh., entwickelte und von der *Daimler-Benz AG.*, Mannheim, hergestellte *I. G.-Prüfmotor*[4].

Bei beiden Motoren wird während der Prüfung das Verdichtungsverhältnis durch Auf- und Abschieben des Zylinders gegenüber dem

---

[1] Näheres siehe z. B. K. SIPMANN: Chemiker-Ztg. **62**, 633, 678 (1938).

[2] Neuerdings wird zur einheitlichen Prüfung von Otto- und Dieselkraftstoffen vom *Forschungsinstitut für Kraftfahrwesen und Fahrzeugmotoren an der Techn. Hochsch. Stuttgart* das am F. K. F. S.-Motor (KAMM-Motor) erprobte F. K. F. S.-Zündverzugsverfahren vorgeschlagen. — ERNST, H., u. O. WIDMAIER: Autom.-techn. Z. **43**, 501 (1940).

[3] GIESSMANN, W.: Z. VDI **80**, 833 (1936).

[4] WILKE, W.: Z. VDI **82**, 1135 (1938). — SINGER, E.: Öl u. Kohle **37**, 795 (1941).

Kurbelgehäuse verändert. Das Verdichtungsverhältnis wird bei der Prüfung so eingestellt, daß der Kraftstoff deutlich klopft. Als Maß wird jedoch nicht dieses Verdichtungsverhältnis, sondern die „*Oktanzahl*" angegeben. Man vergleicht die Klopffestigkeit des zu untersuchenden Kraftstoffes mit derjenigen von Eichkraftstoffen. Als solche benutzt man, um die Reproduzierbarkeit der Ergebnisse zu gewährleisten, Gemische aus zwei chemisch reinen Kohlenwasserstoffen, Isooktan (2, 2, 4-Trimethylpentan, vgl. S. 396) und n-Heptan.

Isooktan ist ein klopffester, n-Heptan ein leicht klopfender Kohlenwasserstoff. Dem ersteren wird die Oktanzahl 100, dem letzteren die Oktanzahl 0 zugeordnet. Die Oktanzahl eines Kraftstoffes gibt an, welchen Raumprozentgehalt Isooktan dasjenige Gemisch aus Isooktan und n-Heptan aufweist, das dieselbe Klopffestigkeit wie der zur Untersuchung stehende Kraftstoff besitzt. Wegen der Kostspieligkeit chemisch reiner Kohlenwasserstoffe verwendet man während der laufenden Prüfung Unterbezugskraftstoffe. Als solche dienen Gemische aus bestimmten Benzinen und Benzol bzw. Eichkraftstoff Z (techn. Isooktan), die mit Hilfe von Gemischen aus Isooktan und n-Heptan geeicht wurden.

Bei der Prüfung von Autokraftstoffen arbeitet man in Deutschland nach der *Research*-Arbeitsweise, d. h. bei einer Drehzahl von 600 U/min und einer Kühlmanteltemperatur von 100°. Diese Prüfbedingungen sind gegenüber denen des für die Flugkraftstoffuntersuchung benutzten Motorverfahrens [Drehzahl 900 U/min, Gemischtemperatur 149° (I.G.: 150°) Kühlmanteltemperatur 100° (I.G.: 150°)] gemäßigt. Dementsprechend werden die Kraftstoffe nach der Research- günstiger als nach der Motorarbeitsweise beurteilt. Die Höherbewertung ist jedoch nicht für alle Kraftstoffe gleichmäßig, sondern für Krackbenzine und Aromatengemische stärker als für andere Kraftstoffe, z. B. Destillatbenzine. Es sind deshalb Bestrebungen im Gange, die Motormethode auch für die Prüfung der Autokraftstoffe einzusetzen.

Obwohl die Versuchsbedingungen im Einzylinder-Prüfmotor so gewählt werden, daß sie den im Fahrbetriebe herrschenden so nahe wie möglich kommen, so können mit einer einzigen Bewertungszahl, wie sie die Oktanzahl darstellt, jedoch niemals alle Möglichkeiten des praktischen Betriebes erfaßt werden. In den verschiedensten Wagenbauarten unter den verschiedensten Betriebsbedingungen durchgeführte umfangreiche Straßenklopfversuche bringen die Unzulänglichkeit der Kraftstoffbewertung durch die Oktanzahl deutlich zum Ausdruck[1]. Man neigt deshalb dazu, das heutige Einpunkt- durch ein Mehrpunktprüfverfahren zu ersetzen (s. S. 466).

---

[1] Einzelheiten über Oktanzahl und Kraftstoffbewertung im Fahrbetrieb siehe u. a. F. KNEULE: Z. VDI **85**, 571 (1941).

Flüchtigkeit, Dampfdruck und Dampfblasenbildungsvermögen.

Bevor ein Kraftstoff im Motor verbrennen kann, muß er so weit verdampfen, daß ein zündfähiges Kraftstoff-Luft-Gemisch entsteht, d. h. er muß unter den im Vergaser herrschenden Bedingungen eine bestimmte Flüchtigkeit besitzen. Da die Temperatur im Vergaser beim Start, besonders im Winter, niedriger als während des Dauerbetriebes ist, spielt die Flüchtigkeit der Kraftstoffe vor allem für die Beurteilung der Starteigenschaften eine Rolle. Für sie ist nur der Teil der Kraftstoffe maßgeblich, der unter den Startbedingungen des Motors verdampft. Die Verdampfung des Kraftstoffes im Vergaser erfolgt nicht in einer einfachen Gleichgewichtsdestillation. Sie verläuft weder bei der Temperatur noch beim Druck der Außenluft. Durch die Verdampfung des Kraftstoffes wird Wärme gebunden, die Temperatur im Vergaser und der Verdampfungsgrad des Kraftstoffes nehmen dadurch ab. Dem entgegen wirkt die Herabsetzung des Druckes während der Ansaugperiode, die durch Drosselung noch verstärkt wird. Zudem werden Gleichgewichtsverhältnisse wegen der kurzen zur Verfügung stehenden Ansaugdauer häufig nicht erreicht. Es ist deshalb nicht ohne weiteres möglich, aus den üblichen Destillationskurven das unterschiedliche Verhalten der Kraftstoffe quantitativ zu erfassen.

Man hat versucht, die Destillationsbedingungen den Verhältnissen im Motor dadurch anzugleichen, daß man die Verdampfung der Kraftstoffe kontinuierlich in Gegenwart einer bekannten Luftmenge vornimmt (Luft-Gleichgewichts-Destillation)[1]. Man führt abgemessene Kraftstoff- und Luftmengen einer bei bestimmter Temperatur befindlichen. Verdampfungskammer zu und mißt das nach Gleichgewichtseinstellung nicht verdampfte Kraftstoffvolumen. Die Luft-Gleichgewichts-Verdampfungskurve erhält man, wenn man die bei konstanter Luftzugabe verdampften Kraftstoffvolumina in Abhängigkeit von der Temperatur aufträgt. In Abb. 56 sind die Engler- und die Luft-Gleichgewichts-Verdampfungskurven eines Destillatbenzins und eines reinen Kohlenwasserstoffs (n-Oktan) aufgezeichnet. Die letzteren wurden unter Zusatz einer Luftmenge aufgenommen, die das 15fache Gewicht der zu verdampfenden Flüssigkeitsmenge ausmachte. Bemerkenswert ist, daß die Temperatur, bei der gleiche Mengen verdampfen, für die Luft-Gleichgewichts-Verdampfungskurve bedeutend niedriger als für die Engler-Kurve liegt. Dieser Temperaturenunterschied ist jedoch nicht konstant, mit steigender Verdampfungstemperatur nimmt er im allgemeinen ab. Zu beachten ist ebenfalls, daß die Verdampfungsendtem-

[1] Sligh jr., T. S.: S. A. E. J. **19**, 151 (1926). — Bridgeman, O. C.: S. A. E. J. **22**, 437 (1928).

peratur unter den angegebenen Bedingungen unterhalb des Siedebeginns nach ENGLER liegt. Wählt man höhere Luft-Kraftstoff-Mischungsverhältnisse, so verschiebt sich die Luft-Gleichgewichts-Verdampfungskurve nach niedrigeren Temperaturen und umgekehrt. Die Kurven verlaufen jedoch nicht parallel zueinander.

Eine praktisch brauchbare Beurteilung der Flüchtigkeit von Kraftstoffen läßt sich mit Hilfe der Luft-Gleichgewichts-Verdampfungskurve nur dann vornehmen, wenn man die empirisch gemessenen Verdampfungswerte nach BRIDGEMAN[1] auf die Kraftstoff-Fließgeschwindigkeit Null extrapoliert. Nach BROWN[2] führt jedoch auch die Extrapolation nicht zu exakten Werten, er ermittelt den Verlauf der Luft-Gleichgewichts-Verdampfungskurve unter Zugrundelegung von Molekulargewichtsbestimmungen aus der ohne Luft gemessenen Gleichgewichtsverdampfungskurve.

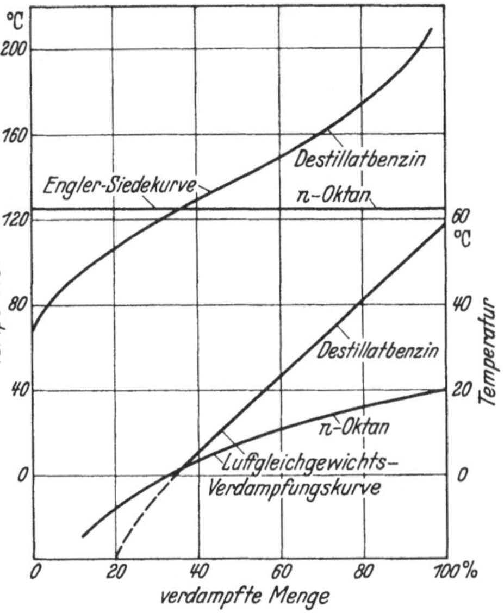

Abb. 56. Engler-Siedekurve und Luft-Gleichgewichts-Verdampfungskurve eines reinen Kohlenwasserstoffes und eines Destillatbenzins.

Eine so berichtigte oder berechnete Luft-Gleichgewichts-Verdampfungskurve gibt grenzwertmäßig das Verdampfungsverhalten eines Kraftstoffes im Vergaser unter der Voraussetzung wieder, daß eine genügend lange Zeit zur Einstellung des Gleichgewichts zur Verfügung steht.

Da die Ermittlung der Luft-Gleichgewichts-Verdampfungskurve in jedem Falle mit erheblichen experimentellen Schwierigkeiten verknüpft ist, hat man versucht, den Einfluß der Flüchtigkeit auf das Startvermögen in anderer Weise zu erfassen. Auf Grund zahlreicher Motorversuche leitete BROWN[2] Gleichungen ab, die es ermöglichen, das Startvermögen von Kraftstoffen bei verschiedenen Temperaturen und verschiedenen Luft-Kraftstoff-Verhältnissen allein an Hand der ASTM.-Destillationskurve angenähert vorauszusagen. Allerdings ist zu berücksichtigen, daß bei diesen Versuchen als Kraftstoffe reine Erdölerzeugnisse Verwendung fanden; denn Kraftstoffe mit Zusätzen, z. B. Benzol-

[1] BRIDGEMAN, O. C.: S. Fußnote S. 158.
[2] BROWN, G. G.: Engng. Res. Bull., Ann. Arbor Nr 14 (1930).

gemische weisen ein anderes Verhalten als Benzine auf, wie u. a. aus Arbeiten von HOFFERT und CLAXTON hervorgeht[1].

Eine noch einfachere Arbeitsweise zur Bestimmung der Starteigenschaften von Erdölbenzinen entwickelten EDGAR, HILL und BOYD[2] auf Grund der Ergebnisse von Motorversuchen des Cooperative Fuel Research Committee. Nach ihnen sind die folgenden Höchstwerte für den ASTM.-10%-Punkt zulässig, um ein leichtes Starten gerade noch zu ermöglichen:

Zahlentafel 38. Höchstwerte für den ASTM.-10%-Punkt[3] zur Ermöglichung eines leichten Motorstartes.

ASTM.-10%-Punkt °C	Grenztemperatur für leichten Start in °C bei den Luft-Kraftstoff-Verhältnissen		
	0,5 : 1	1 : 1	2 : 1
10	−59	−51	−39
20	−52	−44	−32
30	−45	−38	−26
40	−38	−31	−19
50	−31	−25	−13
60	−24	−18	− 6
70	−17	−11	+ 1
80	−10	− 5	+ 7
90	− 3	+ 2	+14
100	+ 4	+ 8	+20

Auch die nach dem Start erzielbare *Motorbeschleunigung* steht in engem Zusammenhang mit der ASTM.- bzw. Engler-Siedekurve[4]. Umfangreiche Prüfstands- und Straßenversuche führten zu der Aufstellung von Diagrammen, mit deren Hilfe Aussagen über die Beschleunigungsfähigkeit durch Kraftstoffe an Hand des Siedeverhaltens gemacht werden können[5]. An sich ist es im Hinblick auf eine gute Start- und Beschleunigungsfähigkeit wünschenswert, möglichst leichtflüchtige Kraftstoffe zu verwenden. Der Flüchtigkeit ist aber dadurch eine Grenze gesetzt, daß die Neigung der Kraftstoffe, in den Zuführungsleitungen unter Bildung von Dampfblasen zu sieden, mit steigender Flüchtigkeit zunimmt.

Durch die Dampfblasenbildung (vapor lock) wird, wenn der Kraftstoff durch eine Membranpumpe zum Vergaser gefördert wird, die Flüssigkeitszufuhr beeinträchtigt oder sogar völlig unterbunden. In Fall-

[1] HOFFERT, W. H. u. G. CLAXTON: Engineering **135**, 300, 374 (1933).

[2] EDGAR, G., I. B. HILL u. T. A. BOYD: Refiner **9**, 129 (1930).

[3] 10% verdampfte Anteile.

[4] Siehe u. a.: I. O. EISINGER: S. A. E. J. **22**, 184 (1927). — BROOKS, D. B.: S. A. E. J. **23**, 235 (1928). — BROOKS, D. B., u. C. S. BRUCE: A.P.I. **11**, 24 (1930) — S. A. E. J. **26**, 471 (1930).

[5] BROWN, G. G.: Zit. S. 159.

Benzinleitungen treten solche Störungen im allgemeinen nicht auf, da das Benzin durch seine eigene Schwere nachströmt und die spezifisch leichteren Dampfblasen meist nach oben steigen läßt. Aber auch in den Ansaugleitungen der Membranpumpen läßt sich die Dampfblasenbildung weitgehend zurückdrängen, wenn man die Ansaugleitungen so verlegt, daß eine unmittelbare Wärmeeinwirkung vom Motor oder vom Auspuffrohr her ausgeschaltet wird. Der hohe Anfall von hochklopffesten C_4-Kohlenwasserstoffen sowohl in Naturgasbenzin- als auch in Hydrier- und Synthese-Betrieben veranlaßt jedoch den Kraftstofferzeuger, den Gehalt der Kraftstoffe an diesen Kohlenwasserstoffen so hoch wie möglich zu bemessen. Es ist deshalb dringend erforderlich, das Dampfblasenbildungsvermögen der Kraftstoffe einwandfrei erfassen zu können.

Von amerikanischer Seite wurden mehrere Gleichungen aufgestellt, nach denen die sog. Vapor locking-Temperatur, d. i. die Temperatur, bei der ein Kraftstoff Schwierigkeiten durch Dampfblasenbildung in üblichen Automotoren zu machen beginnt, errechnet werden kann[1]. Zu nennen ist u. a. die vom *U. S. Bureau of Standards* angegebene Formel:

$$t_v = 259 - 140 \cdot \lg P_r,$$

t_v = Vapour locking-Temperatur,

P_r = Reid-Dampfdruck bei 37,8° (100° F) in lbs. per square inch.

Die Gleichung gilt für Normaldruckverhältnisse. Sie setzt voraus, daß die Destillationskurve des Kraftstoffes einen normalen Verlauf nimmt, und daß Störungen durch Dampfblasen in der Kraftstoffzuleitung erst dann auftreten, wenn Dampf- und Flüssigkeitsvolumen gleich groß sind. Für Benzol- und Alkoholgemische sowie für Kraftstoffe mit hohem Gehalt an leichtflüchtigen Anteilen gilt die Gleichung nicht.

Andere Gleichungen von Brown stützen sich auf die Annahme, daß der ASTM.-10%-Punkt nach Einbeziehung des Destillationsverlustes oder der Reid-Dampfdruck als Maß des Dampfblasenbildungsvermögens anzusehen ist. In ihnen wird deshalb der für verschiedene Außentemperaturen zulässige niedrigste 10%-Punkt oder Dampfdruck festgelegt:

$$\text{Minimum-ASTM.-10\%-Punkt} = \frac{100 - \tfrac{1}{2}\,\text{mittlere Außentemperatur in } {}^\circ\text{F} + 460}{140} = 5{,}167 - \lg P_r.$$

[1] Vgl. in diesem Zusammenhang: O. C. Bridgeman u. E. W. Aldrich: S. A. E. J. **27**, 344 (1930). — Bauer, W. C.: S. A. E. J. **26**, 736 (1930). — White, H. S., u. F. B. Gary: Oil and Gas J. **31**, 62 (1932). — Bridgeman, O. C., u. H. S. White: S. A. E. J. **28**, 315; **29**, 447 (1931); **30**, 129 (1932). — Burk, F. C.: S. A. E. J. **29**, 572 (1931). — Clarke, E. H., H. B. Coats u. G. G. Brown: Industr. Engng. Chem. **22**, 672 (1930).

Neuere Versuche von Hammerich[1], die in einem eigens zum Studium der Dampfblasenbildung entwickelten Gerät durchgeführt wurden, ergaben jedoch, daß der 10%-Punkt oder der Dampfdruck allein nicht genügen, um das Dampfblasenbildungsvermögen der Leichtkraftstoffe zu kennzeichnen. Eine brauchbare Bewertung kann mit Hilfe des Dampfdruckes unter Einbeziehung der Kraftstoffflüchtigkeit vorgenommen werden. Durch den ASTM.-10%-Punkt ist aber die Flüchtigkeit, insbesondere bei Benzol- und Alkoholgemischen, nicht ausreichend charak-

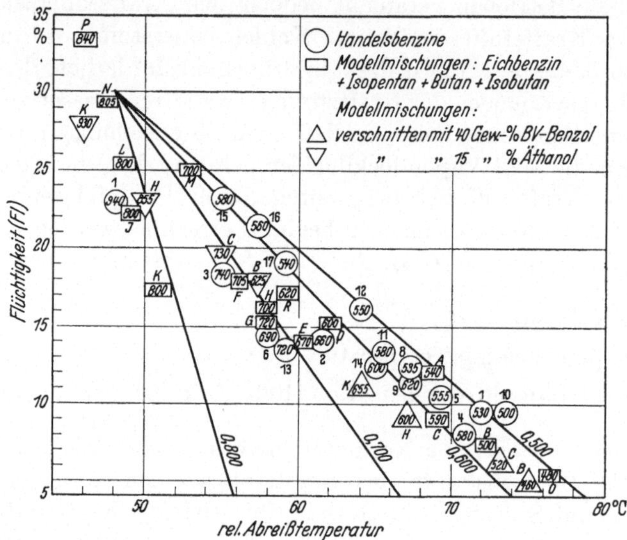

Abb. 57. Abhängigkeit der relativen Abreißtemperatur von der Flüchtigkeit und vom Reid-Dampfdruck.

terisiert. Hammerich benutzt als Maß der Flüchtigkeit (*Fl.*) das Mittel der nach ASTM. zwischen 50 und 70° übergehenden Anteile (Summe der Destillate bis 50, 55, 60, 65 und 70° einschl. Destillationsverlust, dividiert durch 5).

Trägt man die so definierte Flüchtigkeit in Abhängigkeit von der im Hammerichschen Gerät ermittelten „relativen Abreißtemperatur" auf, so erhält man Abhängigkeiten, wie sie in Abb. 57 dargestellt sind. Handelsbenzine und Modellgemische aus den verschiedensten Komponenten (Eichbenzin, Butan, Isobutan, Isopentan, Benzol und Alkohol) ergeben dabei Punkte, die für alle Kraftstoffe gleichen Dampfdruckes auf Geraden liegen. Auf Grund dieses Befundes leitete Hammerich die folgende Formel für die relative Abreißtemperatur T_A ab:

$$T_A = \frac{30 - Fl}{\operatorname{tg} \alpha} + 48\,,$$

[1] Hammerich, Th.: Öl u. Kohle **15**, 570 (1939). — Vgl. auch F. Koch: Kraftstoff **16**, 205 (1940).

wobei $tg\alpha$ die in Abb. 58 wiedergegebene Funktion des Reid-Dampfdruckes darstellt.

Obwohl praktische Erfahrungen im Fahrbetrieb über die Genauigkeit der HAMMERICHschen Gesetzmäßigkeiten noch nicht vorliegen, so scheinen diese doch die Grundlage dafür zu bieten, den Gehalt der Leichtkraftstoffe an leichtflüchtigen Bestandteilen so zu bemessen, daß einerseits Störungen des Fahrbetriebes durch Dampfblasenbildung ausgeschaltet werden, daß andererseits aber den Kraftstoffen ein Maximum an Butankohlenwasserstoffen zugesetzt werden kann.

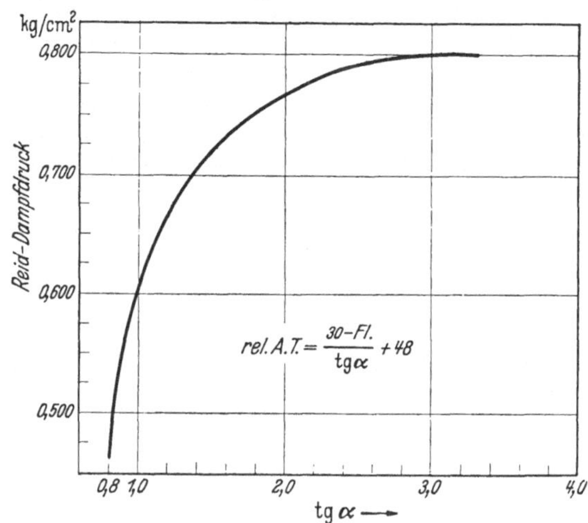

Abb. 58. Beziehung zwischen relativer Abreißtemperatur, Reid-Dampfdruck und Flüchtigkeit.

b) Anforderungen an Autokraftstoffe in verschiedenen Ländern[1].

In USA., dem Hauptverbraucherland für Motorkraftstoffe, waren die Anforderungen, die staatlicherseits an Kraftstoffe gestellt wurden, viele Jahre dauernden Änderungen unterworfen. Es würde zu weit führen, die Entwicklung der Lieferbedingungen hier zu verfolgen[2]. Die nachfolgende Zahlentafel 39 soll lediglich einen Eindruck von den in Amerika an Kraftstoffe gestellten Anforderungen vermitteln:

Zahlentafel 39.
Staatliche Lieferbedingungen für Autokraftstoffe in USA.

I. *Motorbenzin V*, Liefervorschrift V. V. M. 571 vom 21. Juli 1931.
   a) *Korrosion.* Bei Vornahme des Kupferstreifentestes darf nach 3 Stunden bei 50° C nur eine äußerst geringe Korrosion eintreten.
   b) *Schwefel.* Nicht mehr als 0,10 Gew.-%.
   c) *Dampfdruck* (*Reid*). Maximal 0,7 at bei 37,8°.
   d) *Destillation.* 10 Vol.-% verdampfen mindestens bei 70°
      50 „ „ „ „ 125°
      90 „ „ „ „ 180°
      Rückstand maximal 2 Vol.-%.

[1] Ein Verzeichnis der Normen und Richtlinien der verschiedenen Länder für Erdölerzeugnisse findet sich bei I. K. TURYN: Petroleum Vademecum, 13. Aufl., **1**, 46. Wien 1940.

[2] Vgl. z. B.: A. W. NASH u. D. A. HOWES: Prinziples of Motor Fuel Preparation and Application **2**. London 1933.

Zahlentafel 39 (Fortsetzung).

II. *USA.-Regierungs-Motorbenzin*, Liefervorschrift V. V. G. 101 vom 21. Juli 1931.

a) *Korrosion* wie bei I.

b) *Schwefel* „ „ I.

c) *Dampfdruck* (*Reid*). Maximal 0,84 at bei 37,8°.

Die Regierung behält sich das Recht vor, an solchen Orten, deren normale mittlere Temperatur während des Monats Januar größer als —2,8° (27° F) ist, Kraftstoffe, die bei 37,8° einen höheren Dampfdruck als 0,7 at besitzen, zurückzuweisen. Während der Monate Juni, Juli und August können die Kraftstoffe in diesen Orten abgelehnt werden, wenn der Dampfdruck bei 37,8° 0,56 at übersteigt.

d) *Destillation.* Nicht weniger als 10 Vol.-% verdampfen bei 75°
„ „ „ 50 „ „ „ 140°
„ „ „ 90 „ „ „ 200°
Rückstand maximal 2 Vol.-%.

Zahlentafel 40. Mittlere Eigenschaften von USA.-Autobenzinen in den Jahren 1930 bis 1937[1] (umgerechnet).

	1930	1931	1932	1933	1934	1935	1936	1937
Klasse I (*Premium grade*):								
Oktanzahl, C. F. R.-Motormethode	—	72	74	76	75	75	76	77
Siedebeginn, °C	34	34	36	36	34	34	33	34
10 Vol.-%	60	60	63	61	58	55	54	52
20 „	79	77	77	81	73	69	67	66
50 „	124	119	117	114	113	107	106	104
90 „	185	183	178	177	173	170	170	167
Siedeendpunkt, °C	208	206	184	204	201	200	200	197
Reid-Dampfdruck (37,8°), at	—	0,53	0,56	0,63	0,62	0,67	0,71	0,64
Klasse II (*Regular grade*):								
Oktanzahl, C. F. R.-Motormethode	—	60	61	65	69	69	69	70
Siedebeginn, °C	36	36	34	34	33	32	31	32
10 Vol.-%	65	64	62	59	57	53	53	52
20 „	83	83	78	74	73	67	68	66
50 „	127	124	124	119	117	111	113	116
90 „	191	189	192	185	179	178	182	181
Siedeendpunkt, °C	214	211	207	208	206	204	208	205
Reid-Dampfdruck (37,8°), at	—	0,45	0,63	0,67	0,67	0,73	0,78	0,72
Klasse III (*Third grade*):								
Oktanzahl, C. F. R.-Motormethode	—	—	51	53	53	52	51	54
Siedebeginn, °C	31	—	39	36	34	36	37	36
10 Vol.-%	62	—	67	64	63	64	68	62
20 „	81	—	90	83	82	83	85	79
50 „	131	—	135	129	122	128	125	120
90 „	206	—	193	186	186	190	189	183
Siedeendpunkt, °C	225	—	219	219	219	217	213	211
Reid-Dampfdruck (37,8°), at	—	—	0,46	0,53	0,59	0,55	0,56	0,56

[1] Ziegenhain, W. T.: Oil and Gas J. **35**, Nr 38, 11 (1937).

Motorbenzin V (Motor Fuel V) ist ein Spezialkraftstoff für Fahrzeuge der Feuerwehr sowie des Rettungs- und Hilfsdienstes. USA.-Regierungs-Motorbenzin (U. S.-Government Motor Gasoline) ist der übliche Kraftstoff für Automobile, Traktoren, Motorboote usw.

Die Anforderungen des Heeres und der Marine in USA. lehnen sich im wesentlichen eng an die Vorschriften der USA.-Regierung an. So ist die vom *U.S. Navy Department* herausgegebene Liefervorschrift 7 G 2 a mit derjenigen für Motorbenzin V identisch.

Einen guten Überblick über die Eigenschaften von USA.-Handelsbenzinen erlaubt die Aufstellung in Zahlentafel 40. Drei Arten von Kraftstoffen mit der Bezeichnung premium grade, regular grade und third grade werden vertrieben. Ihr wesentlichster Unterschied liegt in der Klopffestigkeit. Ein Vergleich der in den Jahren 1930 bis 1937 gefahrenen Kraftstoffe bringt die Tendenz, die Klopffestigkeit in Anpassung an die dauernde Steigerung der Verdichtungsverhältnisse der Motoren zu erhöhen, deutlich zum Ausdruck.

Die in Zahlentafel 40 angegebenen Analysenwerte geben insofern ein unvollkommenes Bild der Eigenschaften amerikanischer Handelskraftstoffe, als zwischen Sommer- und Winterkraftstoffen erhebliche Unterschiede insbesondere hinsichtlich des Dampfdruckes und der Siedegrenzen bestehen. So wurden im Sommer 1938 und im Winter 1938/39 folgende mittleren Analysenwerte der Kraftstoffe festgestellt[1]:

Zahlentafel 41. Grenzdaten von 90% der im Sommer 1938 in USA. erzeugten Autokraftstoffe[2].

	Klasse I Premium grade	Klasse II Regular grade	Klasse III Third grade
Spez. Gewicht bei 15,6°	0,726—0,751	0,731—0,749	0,725—0,754
Schwefelgehalt, Gew.-%	0,020—0,089	0,026—0,201	0,018—0,150
Reid-Dampfdruck (37,8°), at	0,39—0,57	0,45—0,62	0,38—0,61
Oktanzahl	76,0—81,3	69,1—72,0	50,0—66,0
Siedegrenzen:			
Siedebeginn, °C	35—46	34—42	32—43
10 Vol.-% destill. bei °C	58—70	58—68	58—74
20 „	73—85	72—87	72—92
30 „	83—99	85—102	86—109
50 „	101—124	110—128	110—136
70 „	118—151	136—152	131—163
90 „	144—185	169—187	158—197
Siedeendpunkt, °C	178—213	198—213	189—219
Verlust, Vol.-%	0,8—2,1	1,0—2,4	1,0—2,5

[1] Nach *U. S. Bureau of Mines.*

[2] Die Daten der restlichen 10% Kraftstoffe liegen außerhalb der angegebenen Grenzen.

Zahlentafel 42. Grenzdaten von 90% der im Winter 1938/39 in USA. erzeugten Autokraftstoffe[1].

	Klasse I Premium grade	Klasse II Regular grade	Klasse III Third grade
Spez. Gewicht bei 15,6°	0,713—0,742	0,714—0,742	0,718—0,752
Schwefelgehalt, Gew.-%	0,021—0,087	0,026—0,240	0,020—0,162
Reid-Dampfdruck (37,8°), at.	0,53—0,82	0,59—0,85	0,49—0,77
Oktanzahl	75,9—81,3	69,4—72,5	51,5—70,5
Siedegrenzen:			
Siedebeginn, °C	29—39	28—36	30—39
10 Vol.-% destill. bei °C	48—64	46—61	52—71
20 ,,	59—79	56—79	66—91
30 ,,	70—93	68—94	80—106
50 ,,	95—119	98—124	104—134
70 ,,	113—145	129—151	128—159
90 ,,	143—184	169—188	162—196
Siedeendpunkt, °C	182—212	197—213	196—219
Verlust	1,0—3,2	1,3—3,4	1,0—3,0

Die einzigen bisher in **Großbritannien** aufgestellten Lieferbedingungen wurden 1923 von der *British Engineering Standards Association* herausgegeben (Zahlentafel 43). Diese Bedingungen sind völlig überholt und stehen in keiner Beziehung mehr zu den kurz vor dem Kriege 1939 in England gehandelten Kraftstoffen.

Zahlentafel 43. Anforderungen der British Engineering Standards Association an Motorkraftstoffe (Spezifikation Nr. 121 vom April 1923).

1. Der Kraftstoff soll aus Kohlenwasserstoffen bestehen und frei von sichtbaren Verunreinigungen sein.
2. Der Destillationsbereich ist folgendermaßen begrenzt:
   a) Siedebeginn nicht über 55° C,
   b) 20%-Punkt nicht über 105° C,
   c) Siedeendpunkt nicht über 225° C.
3. Der Kraftstoff soll frei von mineralischer Säure sein.

Bis zum Kriege wurde der englische Markt von drei großen Gesellschaften, und zwar von der *Shell-Gruppe*, der *Anglo-Iranian Oil Co.* und der *Anglo-American Oil Co.* beherrscht. Diese drei Gesellschaften hatten den Absatz quotenmäßig unter sich aufgeteilt und legten in Übereinstimmung miteinander auch die Eigenschaften der zu verkaufenden Kraftstoffe fest.

Im Handel waren bis zu Beginn des Krieges vier Arten von Kraftstoffen (Zahlentafel 44):

a) Bleibenzin,
b) Nr. 1 grade petrol,
c) Nr. 3 grade petrol oder commercial petrol,
d) Benzol-Benzin-Gemisch.

[1] Siehe Anmerkung zu Zahlentafel 41.

Die Unterschiede der Eigenschaften sind bei weitem nicht so groß wie die der USA.-Kraftstoffe (vgl. Zahlentafel 40). Im allgemeinen liegt die Oktanzahl der Nr. 1 grade-Benzine um etwa 5 Einheiten höher als die der Nr. 3 grade-Benzine. Die Benzol-Benzin-Gemische entsprechen in ihrer Klopffestigkeit etwa den Nr. 1 grade-Kraftstoffen. Der Siedeendpunkt übersteigt bei den Nr. 3 grade-Benzinen meist die 200°-Grenze, die von den beiden übrigen Kraftstoffarten nicht erreicht wird. Der 50%-Punkt nimmt gewöhnlich in der Reihenfolge Nr. 3 grade, Nr. 1 grade und Benzolgemisch ab.

In **Sowjetrußland** waren bis 1941 die Liefervorschriften des Beschaffungsamtes der Sowjetwehrmacht gültig. Diese Vorschriften unterscheiden sich von denen anderer Länder einerseits durch die Unterteilung in Lieferbedingungen für Destillat- und Krackbenzine (Zahlentafeln 45 u. 46), andererseits durch die Auslassung von Anforderungen an die Klopffestigkeit. Der naphthenische Charakter der

Zahlentafel 44. Eigenschaften englischer Motorkraftstoffe in den Jahren 1932 und 1936[1].

Benzinart	Blei-Benzin		Nr. 1		Nr. 3		Benzolgemisch	
Jahr	1932	1936	1932	1936	1932	1936	1932	1936
Spez. Gewicht bei 15,6°	0,735	0,738	0,735	0,733	0,737	0,747	0,777	0,784
Engler-Destillation:								
Siedebeginn, °C	34	38	34	35	35	40	50	51
Vol.-% bei 60°	10	9	10	10	8	8	2	2
„ „ 70°	15,5	16	16	17,5	13	14	6,5	9
„ „ 80°	22,5	23	22,5	25	19	20	17,5	23
„ „ 90°	30	30,5	30	32,5	26	26	33	42,5
„ „ 100°	38,5	38,5	38,5	40	33	33	50	58
„ „ 120°	60	57	55,5	58	50,5	43	70	73
„ „ 140°	78	73	72	73,5	68	57,5	80	83
„ „ 160°	88,5	86	83,5	87,5	82,5	72	90	90,5
„ „ 180°	96	95,5	93	94,5	91	87,5	96,5	97
Siedeendpunkt, °C	185	185	196	185	205	201	187	190
Oktanzahl	77	81	69,5	70	65	66	69	70

[1] GARNER, F. H., u. E. W. HARDIMAN: The Science of Petroleum 4, 2409 (1938).

Zahlentafel 45. Liefervorschriften der Sowjet-

Bezeichnung	Nr. der Normbezeichnung O.S.T.	Spez.Gewicht d_4^{20} nicht über	Siedebeginn °C nicht über
Benzin „ε", Grosny „A" leicht	8839	0,725	50
Benzin „ε", Grosny „B" leicht	8839	0,725	50
Benzin „ε", Baku „B" (25%)	8839	0,750	80
Benzin „ε", Baku „W" (20%)	8839	0,755	80
Benzin „ε", Grosny schwer	8839	0,745	55
Grosny-Benzin, leicht. 1. Sorte	413	0,725	52
Grosny-Benzin, schwer. 2. Sorte	413	0,745	60

Bemerkungen:

1. a) Alle Benzine müssen frei von Wasser und von mechanischen Verunreinigungen sein.
   b) Sie dürfen keine wasserlöslichen Säuren oder Alkälien enthalten.
   c) Alle Ausfuhrbenzine müssen dem Doktortest und der Kupferstreifenprobe genügen.
   d) Die Säurezahl, ausgedrückt in mg KOH je 100 cm³ Benzin, darf bei Ausfuhrbenzinen den Wert von 2,0 nicht übersteigen; Schwefelgehalt nicht über 0,1%, Farbe nach SAYBOLT nicht unter 22, nach STAMMER nicht über 1,85.
2. Der Kolbenrückstand (nicht über 1,5%), wird für leichte Grosny-Benzine „ε" bei 175°, für schwere Grosny-Benzine „ε" bei 200° festgestellt.
3. Der Schwefelgehalt wird in Dekaden-Durchschnittsproben bestimmt.
4. Bei inländisch vertriebenen Benzinen können Abweichungen des spez. Gewichtes oder der Farbe von den Liefervorschriften zu Beanstandungen nicht herangezogen werden.

Zahlentafel 46. Technische Liefervorschriften der

Bezeichnung	Nr. der Normbezeichnung O.S.T.	Spez. Gew. d_4^{20} nicht unter	Siede- Siedebeginn °C nicht über	Destillat, Vol.-% bis 100° C mindestens	160° C	195° C
Krack-Ausfuhrbenzin Baku . .	8840	0,745	45	25	72	93
Krack-Ausfuhrbenzin Grosny .	8840	0,745	45	25	72	95
Krackbenzin für Inlandvertrieb	5260	0,755	50	20	60	—

Bemerkungen:

1. a) Alle Benzine müssen frei von Wasser und mechanischen Verunreinigungen sein.
   b) Sie dürfen keine wasserlöslichen Säuren oder Alkalien enthalten.
   c) Ihr Harzgehalt darf 5 mg/100 cm³ nicht überschreiten; sie müssen der Kupferstreifenprobe genügen.
2. Beim Destillieren von Baku-Krackbenzin nach der Standardmethode O. S. T. 7872-MJ-10 w-35 (Eiskühlung) sollen bei 195° mindestens 95% Destillat übergegangen sein; der Destillationsverlust darf nicht mehr als 3,5% betragen.

wehrmacht für Autokraftstoffe (Destillatbenzine)[1].

Siedeverhalten						
Mindestdestillatmenge, Vol.-%, bis					Kolbenrückstand, % nicht über	Destillationsverlust, % nicht über
100° C	160° C	175° C	180° C	200° C		
40	90	96	—	—	1,5	—
35	90	96	—	—	1,5	—
25	—	Siedegrenzen 95—170°	97	—	1,5	—
20	80	—	Siedegrenzen 97—190°		1,5	—
20	75	—	—	96	1,5	—
40	93	Siedeendpunkt 175°			1,5	4,0
20	80	—	—	Siedeendpunkt 200°	1,5	4,0

5. Werden Asneft-Benzine ausgeführt, so wird ihr Siedeverhalten vor dem Verschiffen in Batum bestimmt.
6. Für inländisch vertriebene Benzine sind gewisse Abweichungen von den technischen Lieferbedingungen am Verbrauchsort zulässig. Es ist jedoch zu beachten:
   a) Der Siedeverlust darf bei Fraktionen bis 100° 3% nicht übersteigen.
   b) Der Siedeverlust darf bei Fraktionen von 100—170° 2% nicht übersteigen.
   c) Die Siedeendtemperatur darf den zulässigen Wert nicht mehr als um 3° überschreiten.
   d) Die Erhöhung des Siedebeginnes der Grosny-Leichtbenzine darf nicht mehr als 8°, die der Grosny-Schwerbenzine nicht mehr als 10° und die der Baku-Benzine nicht mehr als 8° betragen.

[1] Technische Normen für Erdölerzeugnisse, herausgegeben vom *Beschaffungsamt für Betriebsstoffe der roten Bauern- und Arbeiterarmee*, Moskau 1940.

Sowjetwehrmacht für Autokraftstoffe (Krackbenzine).

verhalten			Säurezahl, mg KOH je 100 cm³ nicht über	Schwefelgehalt, % nicht über	Doktortest	Farbe	
Siedeende °C nicht über	Kolbenrückstand, % nicht über	Destillationsverlust, % nicht über				nach SAYBOLT nicht weniger als	nach STAMMER nicht mehr als
—	1,5	5,5	2,0	0,1	negativ	21	1,9
—	1,5	3,5	2,0	0,1	negativ	21	1,9
225	1,5	5,5	—	—	—	—	—

3. Der Schwefelgehalt wird in Monatsdurchschnittsproben bestimmt.
4. Ein zu hohes spez. Gewicht der Krackbenzine kann im Inland nicht als Grund für Beanstandungen angeführt werden.
5. Die im Inlandvertrieb zulässigen Abweichungen von den technischen Lieferbedingungen sind am Verbrauchsort folgendermaßen begrenzt:
   a) der Destillationsverlust darf bei Fraktionen bis 100° nicht mehr als 3% betragen.
   b) Das übliche Siedeende darf um nicht mehr als um 3° erhöht werden.

Zahlentafel 46

Bezeichnung	O.S.T.	Spez. Gew. d_4^{20} nicht über	Siedebeginn °C nicht über	Siede- Destillat, Vol.-% bis 100° C mindestens	150° C	225° C
Inhibitor[1]-Krackbenzin (mit α-Naphthol oder Holzinhibitor)	St.Gl. 2 / 4869—39	0,760	50	20	50	93

Bemerkungen:

1. Zu hohes spez. Gewicht genügt nicht als Grund von Beanstandungen.
2. Bei Abgabe an den Verbraucher am Vertriebsort darf der Harzgehalt 10 mg je 100 cm³ nicht überschreiten.
3. Die Induktionsperiode wird nur am Herstellungsort des Benzins ermittelt.

russischen Benzine stellt bei Einhaltung bestimmter Destillationsanforderungen eine ausreichende Klopffestigkeit von vornherein sicher. Interessant ist weiterhin, daß die Ansprüche an im Inland vertriebene Benzine gegenüber denen an ausgeführte Benzine bedeutend herabgesetzt waren.

Vor dem Kriege unterschied man in **Frankreich** laut Gesetz vom 14. November 1935 6 Arten von Autokraftstoffen: „Carburant tourisme", „Supercarburant" oder „Surcarburant", Benzol moteur", „Carburant poids lourds", „Carburant poids lourds benzolé" und „Carburant à base d'huile de houille"[2].

„*Carburant tourisme*" kann bestehen:

a) aus reinem Benzin (essence tourisme);

b) aus einem Gemisch von Benzin und Äthanol;

c) aus einem Gemisch von Benzin und Benzol (oder Homologen),

d) aus einem Gemisch von Benzol (oder Homologen) und Äthanol oder

e) aus Dreier-Gemischen von Benzin, Benzol (oder Homologen) und Äthanol.

In den Dreier-Gemischen kann der Benzin- oder der Benzolanteil durch bis 250° siedende Steinkohlenteeröle ersetzt werden. Der Volumenanteil der Steinkohlenteeröle am Gesamtgemisch darf 25% jedoch nicht überschreiten. Der Äthanolgehalt der Alkoholgemische soll

[1] Über Inhibitoren, siehe Bd. II.

[2] Delehaye, H.: Huiles Minérales (Analyse et Réglementation) S. 296. Paris (1938).

(Fortsetzung).

verhalten		Kupfer-streifen-probe	Harzgehalt mg/100 cm³ nicht über	Bombentest, Induktions-periode, min. nicht unter	Wasser und mechan. Verun-reinigungen	Mineralsäuren und Alkalien
Kolbenrück-stand, % nicht über	Destil-lations-verlust, % nicht über					
1,5	5,5	negativ	6	240	0	0

4. α-Naphthol-Krackbenzin darf nur in den Städten der mittleren und nördlichen Bezirke des Bundes verwendet werden. Es muß spätestens innerhalb eines Monats nach Lieferung an den Verbraucher verbraucht sein.
5. α-Naphthol-Krackbenzin darf nicht gemischt werden mit Destillationsbenzin, mit schwefelsäureraffiniertem Krackbenzin oder mit Krackbenzin, das mit Holzteer stabilisiert wurde. Mischungen von säureraffiniertem Krackbenzin und solchem mit Holzteerzusätzen sind zulässig.

11 bis 15% des im Gemisch enthaltenen Kohlenwasserstoffvolumens ausmachen.

Die Liefervorschriften für „Carburant tourisme" sind:

Engler-Destillationsanalyse (nach der französischen Norm A. F. N. O. R., B 6—11):

10 Vol.-%[1]	bis	65° C[2]
50 Vol.-%	bis	120° C
95 Vol.-%	bis	185° C

Oktanzahl, C. F. R.-Motor-Methode	mindestens 60 (—1)
Wassertoleranz der Gemische, cm³/100 cm³ bei 1° C . . .	0,20
Chemische Reaktion	neutral
Kupferkorrosion	keine

„*Supercarburant*" oder „*Surcarburant*" soll alle an „Carburant tourisme" gestellten Anforderungen erfüllen. Seine Oktanzahl (C. F. R.-Motor-Methode) muß jedoch mindestens 75 (—1) betragen. Der Alkoholgehalt kann 15 Vol.-% der im Kraftstoff enthaltenen Kohlenwasserstoffe überschreiten.

„*Benzol moteur*" soll hauptsächlich aus aromatischen Kohlenwasserstoffen bestehen und ein spez. Gewicht bei 20° von mindestens 0,865 besitzen. Es gelten dieselben Liefervorschriften wie für „Supercarburant". Nur der 10%-Punkt wird von 65 auf 85° erhöht.

„*Carburant poids lourds*" stellt ein Gemisch aus 65 bis 75 Vol.-% Benzin und 25 bis 35 Vol.-% Äthanol mit den folgenden Eigenschaften dar:

[1] Einschl. Verlust.

[2] Bei Benzolgemischen mit wenigstens 15 Vol.-% Benzol: 70°.

Engler-Destillationsanalyse (nach der französischen Norm A. F. N. O. R., B 6—H):

10 Vol.-% (einschl. Verlust)	bis 70°
50 Vol.-%	bis 120°
95 Vol.-%	bis 215°
Oktanzahl, C. F. R.-Motor-Methode	mindestens 62 (—1)
Wassertoleranz, $cm^3/100\ cm^3$ bei 1° C	0,20
Chemische Reaktion	neutral
Kupferkorrosion	keine
Doktortest	negativ

„*Carburant poids lourds benzolé*“ unterscheidet sich vom „Carburant poids lourds“ dadurch, daß 25 bis 35 Vol.-% des Benzins durch entsprechende Mengen Benzol ersetzt wurden. Die Liefervorschriften für beide Kraftstoffarten sind gleich. Der Doktortest wird jedoch bei dem ersteren nicht durchgeführt.

„*Carburant à base d'huile de houille*“ ist ein Gemisch aus Äthanol, Benzol und leichten Steinkohlenteerölen (Siedeendpunkt 250°). Der Anteil jedes Gemischteilnehmers am Gesamtgemisch soll mindestens 25 Vol.-% betragen. Die Gemische müssen klar, neutral und ohne Korrosionswirkung auf Kupfer sein.

Zur besseren Unterscheidung von den übrigen Kraftstoffen sind die „Carburants poids lourds“ und „Carburants poids lourds benzolé“ mit Rhodamin B (5 g je m^3) weinrot mit gelber Fluoreszenz gefärbt.

Für Italien gelten die in Zahlentafel 47 angegebenen vorläufigen Vorschriften für die Lieferung von Autokraftstoffen.

In **Deutschland** ist die Zusammensetzung der zum Verkauf gelangten Kraftstoffe einer der wechselnden Wirtschaftslage entsprechenden dauernden Änderung unterworfen gewesen. Die letzte Regelung der Zusammensetzung und Beschaffenheit der Kraftstoffe vor dem Kriege erfolgte durch die Anordnung Nr. 22 der Überwachungsstelle (Reichsstelle) für Mineralöl vom 22. April 1939. Nach ihr wurden folgende Gemische zugelassen:

1. Benzin-Benzol-Gemisch. Dem Benzin ist die zur Erreichung der vorgeschriebenen Oktanzahl von 80 (C. F. R.-Research-Methode) erforderliche Menge Benzol zuzumischen. Diese darf jedoch 30 Gew.-% nicht unterschreiten.

2. Superbenzin. Dem Benzin sind bis zu 0,4 cm^3 je Liter TEL (TEL = Bleitetraäthyl) zuzumischen, um eine Oktanzahl von 80, oberer Grenzwert 82 (C. F. R.-Research-Methode), zu erreichen. Wird dieser Oktanwert nicht erzielt, so wird außerdem Benzol zugesetzt. Die Benzolmenge darf jedoch nicht über 15 Gew.-% gesteigert werden.

3. Fahrbenzin N. Dem Benzin werden nach den Vorschriften der Reichsmonopolverwaltung für Branntwein 13 Gew.-% Kraftspiritus zugemischt. Wird die für Fahrbenzin N vorgeschriebene Oktanzahl von 74,

Zahlentafel 47.

Italienische Liefervorschriften für Autobenzin,

rein oder vermischt, nach *UNI*, Unterausschuß für Kraftstoffe und Schmiermittel, Entwurf C M 02, Oktober 1940.

I. Zusammensetzung: Gemisch von Kohlenwasserstoffen, frei von Gegenklopfmitteln, gegebenenfalls vermischt mit Äthylalkohol.

II. Anforderungen und Prüfverfahren:

1. Spez. Gewicht bei 15° C, g/l	710 bis 755	UNI-Entwurf CP 01
2. Klopffestigkeit, Oktanzahl	≥ 60	UNI-Entwurf CP 08
3. Bleitetraäthylgehalt	unzulässig	—
4. Unterer Heizwert[1]:		
für Kraftstoffe der OZ mindestens 60	≥ 9700	NOM M 22—38
für Kraftstoffe der OZ mindestens 62	≥ 9400	UNI-Entwurf CP 03
5. Destillation:		
Destillat bis 70° C, Vol.-%	≥ 10	NOM M 15—38
100° C, Vol.-%	≥ 30	
150° C, Vol.-%	≥ 65	
Siedeendpunkt, °C	≤ 205	
Rückstand + Verlust, Vol.-%	≤ 4	
6. Schwefelgehalt, Gew.-%	≤ 0,15	NOM PM 58
7. Vorhand. Harz, mg/100 ccm	≤ 15	UNI-Entwurf CP 04
8. Bromzahl[2]	≤ 4	NOM M 31—38
9. Reaktion mit Plumbit	negativ	NOM M 49—38
10. Mineralsäure	abwesend	NOM M 37—38
11. Organische Säure	Spuren	NOM M 6—38
12. Farbe	keine künstl. Färbung	—
13. Aussehen	klar	—

oberer Grenzwert 75 (C. F. R.-Research-Methode), nicht erreicht, so wird Benzol beigemischt. Die zuzusetzende Benzolmenge darf jedoch 10 Gew.-% nicht überschreiten.

4. Fahrbenzin S. Dem Benzin werden bis zu 0,4 cm³ je Liter TEL zugesetzt. Falls der vorgeschriebene Oktanwert von 74, oberer Grenzwert 75 (C. F. R.-Research-Methode), nicht erreicht wird, so ist Benzol zuzumischen. Ein Zusatz von mehr als 10 Gew.-% Benzol ist nicht zulässig.

Benzin-Benzol-Gemisch und Superbenzin waren für das gesamte Reichsgebiet zugelassen. Das Fahrbenzin N wurde nur in Ostpreußen und in den nördlich folgender Linie liegenden Bezirken ausgegeben: Reichsstraße Nr. 65 von der holländischen Grenze bei Bentheim bis zur Kreuzung mit der Reichsstraße Nr. 1 vor Braunschweig. Reichs-

[1] Die Festlegung einer unteren Heizwertgrenze verfolgt den Zweck, den Gehalt der Kraftstoffe an Äthylalkohol auf höchstens 20% zu beschränken. Dadurch soll die Verwendung der Kraftstoffe auch bei kaltem Motorzustand ohne Änderung der Vergasereinstellung sichergestellt werden.

[2] Die Prüfung der Bromzahl ist nur bei Kraftstoffen, die zur Lagerung bestimmt sind, erforderlich.

straße Nr. 1 bis Helmstedt, von dort Reichsautobahn über Berliner Ring (Südtangente) bis Frankfurt a. d. Oder. Reichsstraße Nr. 167 bis Schwiebus. Reichsstraße Nr. 97 bis zur polnischen Grenze bei Tirschtiegel.

Fahrbenzin S war nur südlich der beschriebenen Linie zugelassen.

Mit dem Beginn des Krieges trat diese Anordnung außer Kraft. Neue, den Kriegsverhältnissen angepaßte Regelungen wurden getroffen.

Ein Bild über die z. Zt. in Großdeutschland an Autokraftstoffe gestellten Anforderungen vermitteln die im folgenden wiedergegebenen Lieferbedingungen des Heereswaffenamtes.

Zahlentafel 48. Anforderungen des Heereswaffenamtes an Autokraftstoffe (Stand September 1941[1]).

Bezeichnung	Sommerkraftstoffe[2]		Winterkraftstoffe[3]	
	OZ 78	OZ 74	OZ 78	OZ 74
1. Allgemeines	Klar, frei von festen Fremdstoffen und ungelöstem Wasser			
2. Verdampfungsrückstand, mg/100 ccm, nicht über	10			
3. Dampfdruck nach Reid bei 40° C, kg/cm²	0,25—0,60	0,20—0,60	0,25—0,70	0,20—0,80
4. Klopffestigkeit, C. F. R.-Research-Oktanzahl, mind.	78	74	78	74
5. Kältebeständigkeit, klar und kristallfrei bis ° C . . .	—25[4]			
6. Unterer Heizwert, kcal/l bei 15° C, mindestens . . .	7700	7400	7700	7400
7. Bleitetraäthylgehalt, ccm/l, höchstens	0,4			
8. Gesamtschwefelgehalt, Gew.-%, höchstens . . .	0,2			
9. Siedeverlauf (ENGLER): Vol.-% bis 75° C höchst. . Vol.-% „ 100° C mindest. Vol.-% „ 200° C[5] mindest.	 25 45 95	 25 30 95	 45 95	 30 95
10. Spez. Gewicht bei 20° C . .	0,715—0,780[6]			

3. Destillat-Dieselkraftstoffe.

a) Verbrauch, besonders in Deutschland.

Die Verwendung von Dieselmotoren und damit auch von Dieselkraftstoffen hat im vergangenen Jahrzehnt überall eine außerordentliche

[1] In den obigen Anforderungen treten je nach der Wirtschaftslage laufend Änderungen ein. [2] Vom 1. III. bis 30. IX. [3] Vom 1. X. bis 29. II. [4] Abweichungen sind nur nach Vereinbarung mit dem O.K.H. (Wa Prüf. 6) zulässig. [5] In Ausnahmefällen bis 220° C. [6] In Ausnahmefällen bis 0,790.

Steigerung erfahren (vgl. Zahlentafel 2). Diese von Jahr zu Jahr zunehmende Bedeutung des Dieselmotors zeigt sich am besten in der Steigerung des deutschen Dieselkraftstoffverbrauches.

In Zahlentafel 49 sind die deutschen Verbrauchszahlen der Jahre 1931 bis 1937 in 1000 t wiedergegeben. Man sieht, welche Mengen aus fremder und aus heimischer Erzeugung stammen und welche Rohstoffquellen und Verfahren zur Deckung des Bedarfes aus heimischer Erzeugung verwandt worden sind.

Um die Steigerung des Bedarfes in den Jahren 1932 bis 1937 zu kennzeichnen, ist der Dieselkraftstoffbedarf im Jahre 1931 = 100% gesetzt. Dieser Bedarf ist im Jahre 1937 auf rund das Dreifache angewachsen.

Das Anwachsen des Verbrauches an Dieselkraftstoffen war, besonders durch die Entwicklung der modernen schnellaufenden Dieselmaschine für Fahrzeuge, mit einer ständigen Erhöhung der Anforderungen an Dieselkraftstoffe verbunden.

Aus diesem Grunde wurden in zahlreichen Fachschriften und -arbeiten die an Dieselkraftstoffe zu stellenden Anforderungen und ihre Angleichung an die verschiedenen Motorkonstruktionen erörtert. Eine Reihe von Firmen, Fachverbänden und Behörden des In- und Auslandes hat *Lieferungsbedingungen* für Dieselkraftstoffe ausgearbeitet, von denen hier nur die wesentlichsten erwähnt werden sollen (S. 189ff.).

Zahlentafel 49. Deutschlands Dieselkraftstoffversorgung 1931 bis 1937 (ohne Ostmark) in 1000 t nach Heinze und Marder[1].

	1931	1932	1933	1934	1935	1936	1937
Dieselkraftstoffe heimischer Erzeugung:							
Deutsches Rohöl	26	30	28	37	31	44	48
Braunkohlenteer	33	30	30	38	32	35	37
Steinkohlenteer	4	3	2	1	—	10	10
Syntheseverfahren	—	—	—	—	—	—	3
Ölschiefer	—	—	—	—	—	—	9
Sa.	63	63	60	76	63	89	107
Dieselkraftstoffe fremder Erzeugung:							
Einfuhr von fertigem Dieselkraftstoff	392	372	481	610	852	1049	1187
Aus eingeführtem Rohöl						60	64
Sa.	392	372	481	610	852	1109	1251
Insgesamt	455	435	541	686	915	1198	1358
Vergleich: 1931 = 100%	100	94,5	119	150	201	264	298

[1] Heinze, R., u. M. Marder: Öl u. Kohle **14**, 833 (1938).

b) Eigenschaften.

Analysen von Erdöldieselkraftstoffen.

Ein Bild der Eigenschaften der in Deutschland 1938 vertriebenen Erdöldieselkraftstoffe vermittelt Zahlentafel 50.

Zahlentafel 50. Eigenschaften in Deutschland 1938 vertriebener Dieselkraftstoffe aus Erdöl[1].

Nr.	1	2	3	4	5	6	7
Herkunft des Rohöles	Deutschland	Deutschland	Venezuela	Iran	Rußland	USA.	Deutschland[2]
Spez. Gew. bei 20° C	0,844	0,839	0,855	0,842	0,854	0,855	0,886
Flammpunkt i. o. T., in °C	80	113	85	113	93	90	96
Flammpunkt nach PENSKY-M., °C	68	90	71	99	73	75	85
Brennpunkt, °C	102	138	103	138	118	113	112
Stockpunkt, °C	—22	—21	—35	—13	—31	<—40	<—40
Zähigkeit bei 20° C in Grad ENGLER	1,437	1,464	1,398	1,556	1,565	1,537	1,270
Wassergehalt, Gew.-%	Spur	Spur	0	0	0	0	0
Aschegehalt, Gew.-%	Spur	Spur	Spur	Spur	Spur	Spur	Spur
Feste Fremdstoffe, Gew.-%	0	0	0	0	0	0	0
Hartasphalt, Gew.-%	0	0	0	0	0	0	0
Verkokungsrückstand nach CONRADSON, Gew.-%	0,01	0,03	0,04	0,02	0,05	0,35	0,20
Elementar-Analyse, Zusammensetzung in Gew.-% C	86,40	85,93	86,64	85,35	86,61	85,90	87,67
H	13,05	13,37	12,75	13,29	13,08	13,04	11,22
O + N	0,35	0,35	0,00	0,70	0,20	0,77	0,32
S	0,20	0,35	0,64	0,66	0,11	0,29	0,79
Verhältnis C : H	6,62	6,43	6,80	6,42	6,62	6,59	7,81
Siedekennziffer	280	279	271	298	291	286	244
Oberer Heizwert in kcal/kg	10780	10860	10730	10830	10800	10750	10430
Unterer Heizwert in kcal/kg	10090	10150	10060	10130	10110	10060	9840
Kreosotgehalt, Differenzmethode, Vol.-%	0,0	0,0	0,0	0,0	0,0	0,0	0,0
Neutralisationszahl	0,2	0,1	1,6	0,2	0,2	2,9	0,0
Esterzahl	0,0	0,0	0,9	0,0	0,2	0,0	0,5
Verseifungszahl	0,2	0,1	2,5	0,2	0,4	2,9	0,5
Jodzahl (Wijs)	10,8	15,0	12,5	7,9	6,0	11,3	54,8
Brechungsindex bei 20° C	1,4719	1,4705	1,4774	1,4720	1,4759	1,4751	1,5039
Spez. Refraktion	0,3320	0,3327	0,3306	0,3324	0,3300	0,3294	0,3342
Paraffingehalt, Gew.-%	Spur	Spur	0	2,5	0	0	0
Oberflächenspannung, erg/cm²	28,5	28,7	28,6	28,8	29,0	28,6	29,6
Dispersion $n_F - n_C$	0,0101	0,0099	0,0107	0,0130	0,0100	0,0100	0,0142
Mittleres Molgewicht	207	208	199	192	202	198	162
Spez. Parachor	2,735	2,758	2,703	2,749	2,715	2,704	2,632
Cetenzahl, C. F. R.-Motor	78	82	62,5	85	71,5	62	41
Aräometer-Methode	76	80	64	81	72	65	37

[1] Untersuchungsergebnisse des Institutes für Braunkohlen- und Mineralölforschung an der Technischen Hochschule Berlin. [2] Krackerzeugnis.

Reinheit, Feuersicherheit und Energieinhalt[1].

Wie alle Kraftstoffe müssen auch Dieselkraftstoffe frei von Unreinheiten wie festen Fremdstoffen und Wasser sein. Unmittelbar nach der Herstellung sind solche Fremdstoffe nur in geringen, kaum meßbaren Mengen in den Kraftstoffen enthalten. Während der Lagerung und des Transportes können sie jedoch in erheblichen Mengen in die Kraftstoffe gelangen. Sie setzen den Wärmeinhalt der Kraftstoffe herab und verursachen neben der Verstopfung von Kraftstoffiltern und -pumpen auch einen hohen Verschleiß der Zylinder und Kolben.

Die Bestimmung des *Wassergehaltes* erfolgt nach der Xylolmethode (DIN DVM 3636, ASTM. D 95—30) durch Destillation des zu untersuchenden Kraftstoffes mit Xylol unter Messung des übergegangenen Wasservolumens in einem angeschlossenen kalibrierten Auffangrohr.

Der Gehalt an unverbrennlichen festen Bestandteilen wird durch die Bestimmung des *Aschegehaltes* nach DIN DVM 3657 ermittelt.

Aus Gründen der Feuersicherheit ist der *Flammpunkt* von Kraftstoffen durch Polizeivorschrift nach unten begrenzt. Der Flammpunkt üblicher Dieselkraftstoffe muß mindestens 55° (131°F) erreichen. Die in den letzten Jahren gepflogene Beimischung von Benzin zum Dieselkraftstoff (s. S. 196) machte jedoch eine Herabsetzung des Flammpunktes bis auf den für Leichtkraftstoffe (21° C) festgesetzten notwendig. Im übrigen kommt dem Flammpunkt bei der Beurteilung der Verwendungsfähigkeit von Dieselkraftstoffen keine Bedeutung zu; vor allem stehen die Zünd- und Verbrennungseigenschaften zum Flammpunkt in keiner Beziehung. Seine Bestimmung kann nach mehreren Arbeitsweisen in offenen (Marcusson[2], Cleveland[3]) oder geschlossenen (Pensky-Martens[4])-Apparaten vorgenommen werden. Im allgemeinen ermittelt man in Deutschland den Flammpunkt im DVM-Flammpunktgerät mit offenem Tiegel nach Marcusson (DIN DVM 3661). Als Flammpunkt wird dabei die niedrigste Temperatur angegeben, bei der sich aus dem zu prüfenden Kraftstoff Dämpfe in einer solchen Menge entwickeln, daß sich das Gemisch aus Kohlenwasserstoffdämpfen und Luft durch Annähern einer Flamme entzündet. In Amerika und England verwendet man den Pensky-Martens-Apparat (ASTM. D 56—21, I. P. T. Serial Des. G. O. 7), in Amerika außerdem den Cleveland-Apparat (ASTM. D 92—33).

Steigert man bei der Flammpunktbestimmung in offenen Tiegeln die Temperatur, bis die sich entwickelnden Dämpfe gleichmäßig weiter brennen, so hat man den *Brennpunkt* erreicht. Er liegt bei Dieselkraft-

[1] Über Anforderungen an Dieselkraftstoffe siehe u. a.: W. Lindner: Z. VDI **83**, 9 (1939) — Brennstoff- u. Wärmew. **21**, 1 (1939).

[2] Holde, D.: Kohlenwasserstofföle und Fette, S. 63. Berlin 1933.

[3] ASTM.-Jber. 1929 des Comm. D 2, S. 120.

[4] I. P. T.-Standard Methods, 2. Aufl., S. 44. London 1929.

stoffen meist 15 bis 30° höher als der Flammpunkt i. o. T. Die Kenntnis des Brennpunktes gestattet jedoch ebensowenig wie die des Flammpunktes eine Voraussage auf das mutmaßliche zündtechnische Verhalten der Kraftstoffe.

Der für die erzielbare Nutzleistung maßgebliche Energieinhalt wird wie bei allen Kraftstoffen durch Verbrennung in der kalorimetrischen Bombe nach BERTHELOT-MAHLER oder BERTHELOT-MAHLER-KRÖCKER (DIN DVM 3617, ASTM. D 240—27, I. P. T. Serial Des. G. O. 6) ermittelt. Man erhält dabei die Verbrennungswärme (den oberen Heizwert), aus der der Heizwert (unterer Heizwert) durch Abzug derjenigen Wärmemenge errechnet wird, die zur Verdampfung des bei der Verbrennung entstehenden Wassers benötigt wird (s. S. 140).

Eine sehr einfache Arbeitsweise zur Bestimmung des Heizwertes von Dieselkraftstoffen leitet sich aus den von MARDER[1] aufgestellten Dichte-Beziehungen des Heizwertes ab. An der Eintauchtiefe entsprechend geeichter Senkspindeln läßt sich der Heizwert der Dieselkraftstoffe mit einer für technische Messungen ausreichenden Genauigkeit[2] unmittelbar ablesen. Bei Kraftstoffen mit höherem Gehalt an Schwefel wird zur Erhöhung der Genauigkeit ein Korrekturfaktor eingesetzt. Für je 1 Gew.-% Schwefel werden 70 Kcal/kg in Abzug gebracht. Bei der Anwendung der Spindeln ist darauf zu achten, daß je nach der Herkunft der Kraftstoffe (Erdöl, Braunkohlenteer, Steinkohlenteer) gesonderte Beziehungen zwischen dem spez. Gewicht und dem Heizwert bestehen. Die Spindeln gelten infolgedessen jeweils nur für Kraftstoffe aus Erdöl, Braunkohlenteer oder Steinkohlenteer.

Ebenso wie der Heizwert können auch der Kohlenstoff- und Wasserstoffgehalt mit Hilfe von Spindeln gemessen werden[1].

Der Kilogrammheizwert nimmt mit steigendem spez. Gewicht ab. Da die Kraftstoffe zumeist in Litern getankt werden, gibt man den Heizwert vielfach auch je Liter an. Der Literheizwert steigt mit zunehmendem spez. Gewicht. Ein hoher Kilogrammheizwert entspricht einem niedrigen Literheizwert. Die beiden Heizwerte gleichen sich um so stärker einander an, je mehr sich ihr spez. Gewicht dem Werte 1,000 nähert.

Wegen des unterschiedlichen Heizwertes der Kraftstoffe verschiedener Herkunft bezieht man sich zur Errechnung des Kraftstoffverbrauches eines Motors auf einen Kraftstoff mit bestimmtem Heizwert. Auf dem europäischen Kontinent benutzt man als Bezugsheizwert 10000 Kcal/kg. In Großbritannien gilt als Bezugskraftstoff ein solcher mit der Verbrennungswärme 10750 Kcal/kg.[3]

---

[1] MARDER, M.: Öl u. Kohle **12**, 1061, 1087 (1936) — Braunkohle **37**, 145 (1938).

[2] VORBERG, G.: Öl u. Kohle **16/35**, 497 (1939) — O. JAURSCH u. G. VORBERG: Brennst.-Chemie **21**, 121 (1940).

[3] BOERLAGE, G. D., u. J. J. BROEZE: The Science of Petroleum **4**, 2491 (1938).

Verkokungsneigung.

Die durch unvollständige Kraftstoffverbrennung hervorgerufene Bildung von Koksrückständen an den Einspritzvorrichtungen und im Zylinder kann verschiedene Ursachen haben. In vielen Fällen ist die Entstehung der Koksrückstände keineswegs auf unzureichende Eigenschaften der Kraftstoffe zurückzuführen. Beispielsweise können koksartige Abscheidungen durch Undichtigkeit oder ungenügende Kühlung der Einspritzorgane, durch ungeeignete Zerteilung des Kraftstoffes beim Einspritzen, durch Überladung der Maschine, mangelhafte Luftzufuhr oder durch Überschmierung der Zylinderwände und Kolben hervorgerufen werden.

Vergleicht man jedoch die Neigung verschiedener Dieselkraftstoffe zur Bildung von Koksabscheidungen unter gleichen motorischen Bedingungen, so stellt man fest, daß die Kraftstoffe je nach ihrer Herkunft und Zusammensetzung ein unterschiedliches Koksbildungsvermögen besitzen. Asphalthaltige und hochsiedende Kraftstoffe ergeben zuweilen so starke Koksablagerungen, daß sie im Dauerbetrieb nicht verwendet werden können; denn die Abscheidung von Koks in und an den Einspritzorganen sowie im Zylinder verursacht eine ungünstige Veränderung der Kraftstoffzufuhr und -zerteilung und damit einen Abfall der Leistung und letzten Endes durch Verstopfung der Einspritzdüsen und Auslaßventile den völligen Stillstand des Motors. Häufig tritt gleichzeitig mit der Koksbildung rauchender Auspuff auf. Es erweist sich somit als notwendig, die Neigung der Dieselkraftstoffe zum Verkoken vor der motorischen Verwendung zu prüfen.

Da asphalthaltige Stoffe eine verhältnismäßig geringe Verbrennungsgeschwindigkeit und deshalb eine erhöhte Neigung zur Bildung von Koks besitzen, hat man gerade die in Dieselkraftstoffen enthaltenen Asphaltstoffe für die Entstehung der Koksabscheidungen im Motor verantwortlich gemacht. Aus diesem Grunde wird der Asphaltgehalt der Kraftstoffe in vielen Liefervorschriften begrenzt. Wirkliche Schwierigkeiten scheint jedoch die Verbrennung der Asphalte nur in schnelllaufenden Fahrzeugdieselmotoren zu machen. In langsamlaufenden ortsfesten Maschinen reicht die zur Verbrennung zur Verfügung stehende Zeit völlig aus, um auch die Asphalte ganz zu verbrennen. Zum Beispiel wurden hochsiedende Kraftstoffe mit bis zu 10 Gew.-% Asphalt in großen ortsfesten Anlagen anstandslos verbrannt.

Zur Bestimmung des *Hartasphaltgehaltes* (DIN DVM 3660, I. P. T. Serial Des. F. O. 12) versetzt man den zu untersuchenden Kraftstoff mit einem großen Überschuß eines Fällungsmittels und gibt den nach 24stündigem Stehen gebildeten, abfiltrierten, gewaschenen und getrockneten Niederschlag als Hartasphaltgehalt in Gew.-% an. Als Fällungsmittel verwendet man Normalbenzin, eine enggeschnittene Erdölfraktion mit bestimmten Eigenschaften, zu deren Gewinnung in den einzelnen Ländern verschiedene Rohöle als Ausgangsstoffe verwendet werden. Da sich das Fällungsvermögen der aus verschiedenen Erdölen hergestellten Normalbenzine unterscheidet, lassen sich die an mehreren Forschungsstellen gemessenen Asphaltwerte häufig nicht ohne weiteres vergleichen. Man hat deshalb vorgeschlagen, an Stelle des Normalbenzins einen einheitlichen Stoff wie Diäthyläther[1] zu benutzen.

Die Ansichten über die Brauchbarkeit der Asphaltwerte als Maßstab der Verkokungsneigung von Dieselkraftstoffen sind nicht einheitlich. Der von einzelnen Prüfstellen vertretenen Auffassung, daß allein der Asphaltgehalt die Verkokungseigenschaften vorauszubestimmen gestattet, stehen die Ergebnisse von Versuchen gegenüber, in denen die Asphalte den Kraftstoffen durch Fällung entzogen wurden. Hochsiedende Kraftstoffe zeigten hierbei lediglich einen teilweisen Rückgang der Koksbildung im Motor. Neuere Versuche[2] ergaben, daß die Neigung zur Koksbildung ganz allgemein von der chemischen Zusammensetzung der Kraftstoffe abhängt. Außer den Asphalten verursachen auch Aromaten und Krackölanteile eine Steigerung der Verkokungsneigung. Im gleichen Sinne wirkt sich auch eine Erhöhung des Siedeendpunktes der Kraftstoffe aus.

Zur Ermittlung der eigentlichen Verkokungsneigung von Dieselkraftstoffen wurde bereits eine ganze Anzahl von Arbeitsweisen entwickelt. Bei den Verkokungstesten nach CONRADSON[3], JENTZSCH[4], MUCK[5] und RAMSBOTTOM[6] werden die flüchtigen Anteile der Kraftstoffe zum Teil unter Sauerstoffeinwirkung unter Zurücklassung eines koksartigen Rückstandes abgetrieben. HAGEMANN und HAMMERICH[7] gleichen die im Laboratorium eingehaltenen Verkokungsbedingunge den im Motor eintretenden dadurch an, daß sie bei einer etwa an den Einspritzdüsen herrschenden Temperatur (150°) unter Preßluftdruck von 20 atü arbeiten. Nach zweistündiger Druck-Wärme-Behandlung wird der durch Normalbenzin fällbare Kraftstoffanteil ermittelt und als Maß der Verkokungsneigung angegeben. WEBER geht noch einen Schritt weiter, indem er den nach HAGEMANN-HAMMERICH bei 150° unter 20 atü Preßluftdruck vorbehandelten Kraftstoff nach der Arbeitsweise von CONRADSON weiter verkokt. An Hand der bisher vorliegenden Ergebnisse

[1] EVERETT, V. N.: Vortrag vor dem „Zirkel englisch sprechender Ingenieure" am 14. III. 1934.
[2] WEBER, P.: Privatmitteilung.
[3] CONRADSON: 8. Internat. Kongr. angew. Chem. **17**, 846 (1904).
[4] SCHÄFER, D.: Schiffbau Nr 20 (1936).
[5] HOLDE, D.: Kohlenwasserstofföle u. Fette, S. 257. Berlin 1933.
[6] KELLY, C. I.: J. Inst. Petr. Techn. **15**, 495 (1929).
[7] HAGEMANN, A., u. TH. HAMMERICH: Öl u. Kohle **12**, 371, 499 (1936).

von Motorversuchen läßt sich eine endgültige Entscheidung über die praktische Brauchbarkeit der einzelnen Laboratoriumsprüfverfahren noch nicht treffen (vgl. auch S. 353).

Korrosionseigenschaften.

Metallanfressungen können theoretisch sowohl durch die Dieselkraftstoffe[1] selbst als auch durch ihre Verbrennungsprodukte hervorgerufen werden.

Die in Tanks, Kraftstoffleitungen und -pumpen auftretenden Korrosionen werden im wesentlichen auf Sauerstoffverbindungen von Säurecharakter zurückgeführt. Die in den Dieselkraftstoffen enthaltenen Schwefelverbindungen besitzen dagegen auf die heute verwendeten Motor- und Tankbaustoffe keine nennenswerte Korrosionswirkung. Es ist deshalb abwegig, die Einwirkung auf Kupferstreifen als Maß der Korrosionseigenschaften von Dieselkraftstoffen zu benutzen. Zur Prüfung sind vielmehr diejenigen Metalle heranzuziehen, die mit den Kraftstoffen während der Lagerung und vor oder nach der Verbrennung im Motor in Berührung kommen. Da die bei erhöhter Temperatur eintretenden Korrosionen denen bei niedriger Temperatur nicht proportional sind, müssen die Einwirkungsbedingungen den praktischen Verhältnissen möglichst eng angeglichen werden[2]. In Hinblick auf den erheblichen Korrosionsangriff, den manche ungenügend raffinierten Dieselkraftstoffe auf das zur Zeit noch häufig als Korrosionsschutz in Kraftstoffbehältern verwendete Zink ausüben, ist vor allem die Prüfung der Korrosionseinwirkung der Kraftstoffe auf Zink von Bedeutung. Der Angriff auf die Kraftstoffbehälter führt weniger zur Zerstörung der Behälter als zu unliebsamen Nebenerscheinungen wie Bildung von Zinkseifen, die einerseits den Aschegehalt der Kraftstoffe erhöhen, andererseits zur Abscheidung in den Kraftstoffleitungen und Einspritzorganen neigen. Aus diesem Grunde ist es möglicherweise zweckmäßiger, die Korrosionsprüfung der Dieselkraftstoffe gegenüber Zink nicht durch die eintretende Gewichtsabnahme[3] des Zinks, sondern durch Bestimmung des vom Dieselkraftstoff als Seife gelösten Zinks zu ermitteln.

Bei der motorischen Verbrennung bilden die in den Kraftstoffen enthaltenen Schwefel- und Stickstoffverbindungen Schwefel- und Stickoxyde. Die früher vielfach vertretene Ansicht, daß sich diese Oxyde mit dem ebenfalls entstandenen Wasser zu stark korrodierenden Säuren um-

---

[1] Heinze, R., M. Marder u. H. v. d. Heyden: Chem. Fabrik **10**, 519 (1937). — Eisenstecken, F., u. H. Roters: Öl u. Kohle **16**/**35**, 129 (1939).

[2] Siehe u. a. G. Beck u. R. Künzelmann: Deutsche Kraftfahrtforschung im Auftrage des Reichsverkehrsministeriums Heft 21 (1939). — Marder, M., u. H. Farnow: ebenda Heft 27 (1939).

[3] DIN E 1 DVM 3763. Öl u. Kohle **16**/**35**, 175 (1939).

setzen, ist längst widerlegt. Bei den hohen im Zylinder und in den Auspuffrohren üblicher Länge herrschenden Temperaturen ist eine Säurebildung nicht zu befürchten. Nur bei Verwendung sehr langer Auspuffrohre, in denen sich die Verbrennungsprodukte zum Teil kondensieren, ist ein Korrosionsangriff durch Verbrennungsprodukte möglich. Aus diesem Grunde wird der Schwefelgehalt in manchen Liefervorschriften gar nicht begrenzt. In allen Fällen aber läßt man Kraftstoffe mit verhältnismäßig hohem Schwefelgehalt (bis zu 2 und 3 Gew.-%) zur Lieferung zu. Eine gewisse Beschränkung des Schwefelgehaltes läßt sich damit begründen, daß die gesundheitsschädigende Wirkung der Auspuffgase mit steigendem Gehalt an Schwefeloxyden zunimmt.

Siede-, Fließ- und Kälteverhalten.

Angaben über den Siedebereich der Dieselkraftstoffe werden in den Liefervorschriften meistens nicht gemacht, weil die Verwendung ungeeigneter Mineralölfraktionen von vornherein durch die Begrenzung der Zähigkeit, des Stockpunktes und der Filtrierfähigkeit ausgeschlossen ist. Überdies tritt bei der Destillation der schweren Dieselkraftstoffe unter Normaldruck bereits eine Spaltung der hochsiedenden Anteile ein, so daß eine eindeutige Bestimmung des Siedeverlaufes in manchen Fällen Schwierigkeiten bereitet.

Im allgemeinen benutzt man die zwischen etwa 180 bis 350° übergehenden Erdölfraktionen als Dieselkraftstoffe, die meist kaum irgendeiner Raffination bedürfen. Neuerdings erweitert man den Bereich auf die Fraktion von etwa 150 bis 400° (siehe S. 188).

Die Zähigkeit der Mineralöle nimmt mit fallender Temperatur etwa logarithmisch zu. Um auch bei niedrigen Außentemperaturen eine genügend schnelle Förderung des Kraftstoffes vom Tank zum Verbrennungsraum zu gewährleisten, wird meist ein Höchstwert der Viskosität bei Raumtemperatur vorgesehen. Dieser Höchstwert kann um so mehr gesteigert werden, je niedriger die Drehzahl des zu verwendenden Motors liegt. Versieht man den Kraftstoffbehälter, wie es besonders bei ortsfesten Maschinen oft durchgeführt wird, mit einem Heizkörper, so kann man sich von einer zu hohen Zähigkeit des Kraftstoffes unabhängig machen.

Für Kraftstoffe mit sehr niedriger Zähigkeit sind die Kraftstoffpumpen nicht völlig dicht. Aus diesem Grunde und um eine ausreichende Schmierung der Kraftstoffpumpe zu bewerkstelligen, setzt man solchen Kraftstoffen einen bestimmten Anteil Schmieröl (etwa 5%) zu. Die Zumischung von Schmieröl kann unterbleiben, wenn der Anteil leichter Fraktionen am Gesamtkraftstoff klein (etwa unter 25%) ist.

Bei Kraftstoffen mit niedriger Zähigkeit ist außerdem die Gefahr einer zu starken Zerteilung während des Einspritzens gegeben, so daß unter Umständen Klopfen eintreten kann. Kraftstoffe mit zu hoher Zähigkeit erfahren möglicherweise keine genügende Teilchenzerlegung beim Einspritzen und damit eine zu langsame Verdampfung. Die Gemischbildung ist in diesem Falle schlecht, so daß, vornehmlich bei schnellaufenden Motoren, eine unvollständige Verbrennung der Kraftstoffladung unter Koksbildung einsetzt[1].

Die Beurteilung des *Kälteverhaltens* von Dieselkraftstoffen erfolgt einerseits durch den *Stockpunkt*, andererseits durch die *Filtriergrenztemperatur*.

Der Stockpunkt ist die Temperatur, bei der der Kraftstoff so zähe wird, daß er unter der Einwirkung der Schwerkraft nicht mehr fließt.

Zu seiner Bestimmung wird heute in Deutschland das vom Deutschen Verband für die Materialprüfungen der Technik genormte Verfahren DIN DVM 3662 benutzt. In England und Amerika kennzeichnet man das Kälteverhalten (cold test) von Mineralölen durch den cloud point (Trübungspunkt), den pour point (Fließpunkt) und den setting point (Stockpunkt). Cloud point und pour point werden nach ASTM. D 97—33, der pour point auch nach dem englischen Verfahren I.P.T. Serial Des. L. O. 11 gemessen.

Der Stockpunkt kennzeichnet die Grenze des Fließvermögens eines Kraftstoffes unter der eigenen Schwere. Er gibt die Temperatur an, bei der ein Nachfließen des Kraftstoffes aus dem Tank zur Förderpumpe unterbunden wird. Da jedoch die Kraftstoffe bereits erheblich oberhalb des Stockpunktes Ausscheidungen z. B. von Paraffin oder Naphthalin ergeben, ist es zweifelhaft, ob der bis zur Kraftstoffpumpe geförderte Kraftstoff auch durch die zum Schutz der Pumpenvorrichtungen eingebauten Kraftstoffilter gelangt; denn diese Filter können bereits durch kleine Mengen von Ausscheidungen verstopft werden. Für die Verwendbarkeit eines Dieselkraftstoffes bei niedrigen Temperaturen ist demnach nicht der Stockpunkt maßgeblich, sondern die Temperatur, bei der eine Verstopfung der Filter gerade noch mit Sicherheit vermieden wird (Grenztemperatur der Filtrierbarkeit).

Zur Messung der Grenztemperatur der Filtrierbarkeit, läßt man in einer von Hagemann und Hammerich entwickelten, von Marder modifizierten Apparatur[2] ein abgemessenes Kraftstoffvolumen unter einem bestimmten Überdruck durch einen Siebsatz treten. Als Grenze der Verwendbarkeit von Dieselkraftstoffen in der Kälte wird vorläufig diejenige Temperatur angegeben, bei der die Filtrierdauer von 200 cm^3 Kraftstoff 60 sec erreicht. Als eigentliche Grenztemperatur der Filtrierfähigkeit ist jedoch diejenige Temperatur anzusehen, bei der die Filtrierdauer unabhängig von ihrer absoluten Größe einen plötzlichen, durch Kristallbildung verursachten Anstieg erfährt. Diese Temperatur

[1] Vgl. auch H. Heinrich: Öl u. Kohle **13**, 802 (1937).

[2] DIN E DVM 3767; Öl u. Kohle **15**, 176 (1939).

ermittelt man am einfachsten durch mehrmalige Filtriermessungen bei konstanter Temperatur z. B. sofort nach der Temperatureinstellung und nach Ablauf weiterer 10 oder 20 min.

Zündwilligkeit.

Der Verbrennungsvorgang wird im Dieselmotor[1] nicht durch Fremdzündung eingeleitet, sondern durch die Verdichtungswärme der hochverdichteten Verbrennungsluft selbsttätig ausgelöst. Aus diesem Grunde müssen die im Dieselmotor verwendeten Kraftstoffe unter den im Motor herrschenden Verhältnissen eine genügende Zündwilligkeit besitzen. Die mehr oder minder große Zündwilligkeit der Kraftstoffe äußert sich in einem bei der motorischen Verbrennung auftretenden mehr oder weniger großen Zündverzug. Unter Zündverzug versteht man die Zeit, die zwischen Einspritzbeginn und Beginn der motorisch wirksamen Verbrennung vergeht. Er hängt ab von der Temperatur und dem Druck der Luft zur Einspritzzeit, von der Einspritzdauer, von dem Zerteilungs- und Turbulenzgrad, von der Einspritzart, der Form der Verbrennungskammer und schließlich von der chemischen Zusammensetzung und der Flüchtigkeit des Kraftstoffes. Die Ergebnisse der Zündwilligkeitsmessungen werden bei allen Verfahren durch Vergleich mit Bezugskraftstoffen[2] in Cetan- oder Cetenzahlen ausgedrückt. Die Cetanzahl (Cetenzahl) gibt den Volumenprozentgehalt Cetan (Ceten) desjenigen Gemisches aus den Bezugskraftstoffen Cetan (Ceten) und α-Methylnaphthalin an, das unter den Prüfbedingungen dieselbe Zündwilligkeit wie der zu untersuchende Kraftstoff besitzt. Wegen der geringen Lagerfähigkeit des Cetens wird heute fast ausschließlich Cetan als Bezugskraftstoff gewählt. Als Unterbezugskraftstoff dient allgemein der von der *Ruhrchemie A.-G.* aus FISCHER-TROPSCH-Synthese-Erzeugnis gewonnene RCH-Bezugskraftstoff. Die wichtigsten bisher vorgeschlagenen Verfahren zur Bestimmung der Zündwilligkeit[3] sind:

1. Zündverzugsverfahren. Die Bewertung der Kraftstoffe auf der Grundlage der Zündverzugsmessung[4] wird grundsätzlich nach zwei verschiedenen Arbeitsweisen vorgenommen. Man ermittelt entweder die Länge des Zündverzuges bei konstantem Verdichtungsverhältnis (A. W. SCHMIDT[5], *Forschungsinstitut für Kraftfahrwesen und Fahrzeugmotoren*,

---

[1] Über die neuzeitliche Auffassung von der dieselmotorischen Verbrennung siehe u. a. K. NEUMANN: Dtsch. Akad. Luftfahrtforsch. Nr. 9, 287 (1939).

[2] Siehe P. WEBER: Öl u. Kohle **14**, 879 (1938).

[3] Vgl. z. B. W. KAMM u. C. SCHMIDT: Das Versuchs- und Meßwesen auf dem Gebiet des Kraftfahrzeugs. Berlin 1938. — SPAUSTA, F.: Treibstoffe für Verbrennungsmotoren. Wien (1938).

[4] BOERLAGE, G. D., u. J. J. BROEZE: Engineering **132**, 603, 687, 755 (1931) — Proc. World Petr. Congress London II. 271 (1933).

[5] SCHMIDT, A. W., u. F. KNEULE: Öl u. Kohle **14**, 1034 (1938).

Techn. Hochsch. Stuttgart [*F. K. F. S.*, W. KAMM[1]]), oder man arbeitet bei konstantem Zündverzug und veränderlicher Verdichtung (*I.G. Farbenindustrie A.G.* [W. WILKE[2]]). Die Zündverzugsverfahren werden bei wissenschaftlichen Entwicklungsarbeiten den nachgenannten Prüfverfahren vorgezogen.

2. C. C. R. (*Critical Compression Ratio*) **-Verfahren nach POPE und MURDOCK[3] und D. V. L.-Aussetzerverfahren.** Beim erstgenannten Verfahren stellt man in einem abgeänderten C. F. R.-Motor dasjenige Verdichtungsverhältnis fest, bei dem gerade noch Zündung des zu prüfenden Kraftstoffes eintritt. Hat man vorher die krit. Verdichtungsverhältnisse der Bezugskraftstoffgemische bestimmt, so ist die Cetanzahl durch das Gemisch aus Cetan und α-Methylnaphthalin gegeben, das bei dem gleichen Verdichtungsverhältnis zu zünden beginnt wie der Kraftstoff.

Beim *D. V. L.-Aussetzerverfahren* ermittelt man im D. V. L.-Dieselprüfmotor (Slowakmotor) dasjenige Verdichtungsverhältnis, bei dem die ersten Zündaussetzer zu beobachten sind.

3. Drosselverfahren. Bei diesem Verfahren wird das Verdichtungsverhältnis durch Drosselung der Einlaßluft verändert und durch den ihm proportionalen Unterdruck in der Ansaugleitung gemessen. Der Prüfmotor (nach LE MESURIER und STANSFIELD ein Einzylinder-Gardner-Motor, nach dem Prüfverfahren des Heereswaffenamtes der H. W. A.-Prüfmotor [*Körting-Motor*][4]) wird mittels eines Elektromotors bei konstanter Drehzahl gehalten. Bei ausgeschalteter Kraftstoffpumpe werden das Kühlwasser und die Ansaugluft auf eine konstante Temperatur vorgewärmt. Für den zu untersuchenden Kraftstoff sowie für zwei geeichte Unterbezugskraftstoffe, deren Zündwilligkeit etwas besser bzw. schlechter als die des Kraftstoffes ist, werden die Unterdrucke in der Ansaugleitung gemessen, bei denen nach Einschaltung der Kraftstoffpumpe die in bestimmter Folge vorgenommenen Einspritzungen gerade zur Zündung oder nicht mehr zur Zündung führen. Der Unterschied der Unterdrucke der drei geprüften Kraftstoffe läßt die Cetanzahl errechnen.

Nach WEBER[5] steht die im HWA-Prüfmotor gemessene Cetanzahl in einem unmittelbaren Zusammenhang mit dem Anlaßverhalten der Dieselkraftstoffe. Die zwischen der HWA-Cetanzahl und der niedrigsten Anlaßtemperatur bestehende Beziehung nimmt einen hyperbolischen Verlauf.

---

[1] MAIER, K.: Z. Ver. dtsch. Ing. **82**, 609 (1938). — WIDMAIER, O.: Deutsche Kraftfahrtforschung im Auftrage des Reichsverkehrsministeriums, Heft 63 (1941).

[2] WILKE, W.: Z. Ver. dtsch. Ing. **82**, 1135 (1938). — PENZIG: Automobiltechn. Z. **44**, 500 (1941).

[3] POPE JR., A. W., u. J. A. MURDOCK: S. A. E. J. **30**, 136 (1932).

[4] HAGEMANN, A., u. TH. HAMMERICH, Öl u. Kohle **12**, 371, 499 (1936).

[5] WEBER, P.: Öl u. Kohle **36**, 78 (1940).

4. Laboratoriumsverfahren. Die bekanntesten physikalisch-chemischen Zündwilligkeitsprüfverfahren sind:

die Zündwertprüfmethode nach JENTZSCH[1];
die Viskosität-Dichte-Methode nach MOORE und KAYE[2];
die Diesel-Index-Methode nach BECKER und FISCHER[3];
die Dichte- und die Parachor-Methode nach HEINZE und MARDER[4].

Nach dem JENTZschen Verfahren bestimmt man im Zündwertprüfer den unteren und den oberen Zündwert, den Kennzündwert und eine Siedezahl. Aus diesen Werten wird mittels eines Nomogrammes für jeden Kraftstoff eine Vergleichszahl errechnet, die eine allgemeine Aussage über das motorische Verhalten der Kraftstoffe machen soll. Bei Vergleichsversuchen an verschiedenen Prüfstellen ergab sich bisher noch keine befriedigende Übereinstimmung der Meßergebnisse.

Nach MOORE und KAYE besteht zwischen der Zündwilligkeit und der Viskosität-Dichte-Konstanten, einer kombinierten Konstanten aus kinematischer Viskosität und spez. Gewicht, eine quantitative Beziehung. Praktische Anwendung zur Bestimmung der Zündwilligkeit von Dieselkraftstoffen fand die Viskosität-Dichte-Konstante auf dem europäischen Kontinent bisher nicht.

BECKER und FISCHER benutzen als Maß der Zündwilligkeit den sog. *Dieselindex*, der das Produkt aus dem in ° F gemessenen Anilinpunkt und dem in A. P. I.-Graden ausgedrückten spez. Gewicht, dividiert durch 100, darstellt. Der Dieselindex wird von zahlreichen Prüfstellen häufig in Ermangelung motorisch ermittelter Werte zur vorläufigen Kennzeichnung der Zündwilligkeit angegeben.

HEINZE und MARDER gehen in ihrer Parachor- bzw. Dichtemethode von der Überlegung aus, daß die Zündwilligkeit der Kraftstoffe unter gleichen motorischen Bedingungen im wesentlichen von zwei Faktoren, nämlich von der chemischen Zusammensetzung und von der mittleren Molekülgröße der Kraftstoff-Inhaltsstoffe, abhängig ist. Bei Kraftstoffen mit gleicher mittlerer Molekülgröße, d. h. mit gleichem mittleren Molekulargewicht, hängt die Zündwilligkeit nur von dem mehr paraffinischen oder mehr aromatischen Charakter der im Kraftstoff enthaltenen Kohlenwasserstoffe ab. Die Art der vorhandenen Kohlenwasserstoffe findet einen summarischen Ausdruck im spez. Gewicht. So besitzen Paraffine und Olefine ein niedriges, Naphthene ein mittleres und Aromaten ein hohes spez. Gewicht. Diese Reihenfolge entspricht an-

---

[1] U. a. C. ZERBE, F. ECKERT u. H. JENTZSCH: Angew. Chem. **46**, 659 (1933). — KESSLER: Öl u. Kohle **15**, 255 (1939).

[2] MOORE JR., C. C., u. G. R. KAYE: Oil and Gas J. **33**, 108 (1934).

[3] BECKER, A. E., u. H. G. M. FISCHER: S. A. E. J. **35**, 376 (1934).

[4] HEINZE. R., u. M. MARDER: Brennst.-Chem. **16**, 286 (1935) — Öl u. Kohle **11**, 724 (1935).

genähert der Zündwilligkeitseinstufung. Für Kraftstoffe gleichen mittleren Molekulargewichtes ist somit das spez. Gewicht ein unmittelbares Maß der Zündwilligkeit. Um Kraftstoffe jeder mittleren Molekülgröße bewerten zu können, wird ein Berichtigungswert für die dem mittleren Molekulargewicht etwa proportionale Siedekennziffer eingesetzt. Die Brauchbarkeit dieser Arbeitsweise wurde bereits in einer Anzahl von Arbeiten[1] nachgewiesen.

Eine noch bessere Übereinstimmung zwischen der motorisch gemessenen und der laboratoriumsmäßig bestimmten Cetanzahl erhält man, wenn man an Stelle des spez. Gewichtes den spez. Parachor, den Quotienten aus der vierten Wurzel der Oberflächenspannung und dem spez. Gewicht, benutzt.

Die Anwendbarkeit der Laboratoriumsprüfverfahren ist insofern beschränkt, als Kraftstoffe mit Zündzusätzen nach ihnen nicht bewertet werden können. Allerdings finden Zündzusätze (s. S. 347) bisher praktisch noch keine nennenswerte Verwendung.

Lagerfähigkeit und Mischbarkeit.

Solange nur Erdöldestillate als Dieselkraftstoffe verwendet wurden, wie es z. B. in Amerika noch heute der Fall ist, war die Frage der Lagerfähigkeit und Mischbarkeit ohne Bedeutung; denn Erdöldieselkraftstoffe bilden weder für sich noch in Gemischen miteinander nennenswerte Ausscheidungen[2]. In Europa, besonders in Deutschland, werden aber in steigendem Maße Dieselkraftstoffe auch aus anderen Rohstoffen als aus Erdöl, z. B. durch Schwelung von Kohlen und Oelschiefer sowie durch Hochdruck- und Kohlenoxydhydrierung, hergestellt.

Die aus verschiedenen Rohstoffen und nach verschiedenen Verfahren gewonnenen Dieselkraftstoffe werden stets so raffiniert, daß sie für sich als völlig lagerfähig anzusprechen sind. Mischt man jedoch Dieselkraftstoffe verschiedener Herkunft, besonders solche stark unterschiedlicher chemischer Zusammensetzung, so treten unter Umständen Ausscheidungen auf, die die motorische Verwendung der Kraftstoffgemische unterbinden. Um mit allen auf dem Markt befindlichen Kraftstoffen einen einwandfreien motorischen Betrieb gewährleisten zu können, ist es deshalb notwendig, für jeden Kraftstoff völlige Mischbarkeit mit allen übrigen Handelskraftstoffen zu verlangen. Die stärksten Ausscheidungen bilden die zu Asphaltniederschlägen neigenden Dieselkraftstoffe im Gemisch mit rein paraffinischen Kraftstoffen. Eine einfache

---

[1] Marder, M., u. P. Schneider: Automobiltechn. Z. **39**, 195 (1937). — Vorberg, G.: Öl u. Kohle **16/35**. 497 (1939). — Widmaier, O.: Öl u. Kohle **16/35**, 761 (1939).

[2] Heinze, R., u. M. Marder: Brennst.-Chem. **18**, 177 (1937).

Arbeitsweise[1] zur Vorausbestimmung der Mischbarkeit, die gleichzeitig auch die Lagerfähigkeit erfaßt, besteht darin, daß man den zu prüfenden Kraftstoff mit einem großen Überschuß eines paraffinischen Dieselkraftstoffes, und zwar mit RCH (Ruhrchemie-A.G.)- Bezugsdieselkraftstoff versetzt. Der nach bestimmter Zeit, z. B. nach 24 Stunden, gebildete Niederschlag wird in Gew.-% ermittelt und unmittelbar als Maß der Lagerfähigkeit und Mischbarkeit benutzt. Ein eindeutiger Nachweis der völligen Mischbarkeit ist bei diesen Fällungsuntersuchungen jedoch nur dann gegeben, wenn nach 24 Stunden Niederschläge praktisch nicht entstanden sind; denn ROELEN[2] fand, daß beispielsweise manche Steinkohlenteeröle im Gemisch mit Syntheseölen trotz eines geringen „Maximalfällungswertes" nach mehrmonatiger Lagerung Ausscheidungen bilden[3]. Er schlägt deshalb vor, neben der beschriebenen eine zweite einstündige Prüfung bei 200° vorzunehmen. Es ist jedoch zu beachten, daß, wie neuerdings an zahlreichen Beispielen festgestellt werden konnte, zwischen den in kurzen Zeiten bei erhöhter Temperatur und den während langer Lagerzeiten bei Raumtemperatur entstehenden Ausscheidungen nur qualitative Beziehungen bestehen.

Leicht- und Schweröle als Dieselkraftstoffe.

Neben den eigentlichen Dieselkraftstoffen (Mineralölfraktion 150 bis 400°) lassen sich im Dieselmotor auch Leuchtöle, Traktorenkraftstoffe und unter bestimmten Voraussetzungen aushilfsweise auch Benzine und schwere Rückstandsöle verwenden[4]. Allgemein ist zu beachten, daß Mineralölfraktionen mit vorwiegend paraffinisch-olefinischen Inhaltsstoffen als zündwillige, solche mit aromatischen Inhaltsstoffen als schlecht zündende Dieselkraftstoffe anzusehen sind. Das gilt auch für Leicht- und Schweröle. Klopffeste Kohlenwasserstoffe wie Isoparaffine und Aromaten zünden im Dieselmotor nicht. Die Eignung der Leichtkraftstffe für die Verwendung im Dieselmotor nimmt zu in der Reihenfolge: Alkoholkraftstoffe, Benzolgemische, Krackbenzine, Destillatbenzine. Auf Grund von Gleichungen, die vom Technischen Prüfstand der *I.G. Farbenindustrie A.G.*[5] abgeleitet wurden, läßt sich die Zündwilligkeit von Kraftstoffen angenähert errechnen, wenn ihre Oktanzahl bekannt ist, und umgekehrt:

$$\text{Cetanzahl} = 60 - 0{,}5 \cdot \text{Oktanzahl},$$
$$\text{Oktanzahl} = 120 - \text{Cetanzahl}.$$

---

[1] MARDER, M., u. E. KÜHL: Öl u. Kohle **13**, 1162 (1937).
[2] ROELEN, O.: Öl u. Kohle **14**, 1077 (1938).
[3] Siehe auch H. KÖLBEL: Öl u. Kohle **14**, 1042 (1939).
[4] BOKEMÜLLER, A.: Automobiltechn. Z. **43**, 13 (1940).
[5] WILKE, W.: Automobiltechn. Z. **43**, 148 (1940).

Einige hiernach errechnete Oktan- und Cetanzahlen sind in Zahlentafel 51 angegeben:

Zahlentafel 51. Oktan- und Cetanzahlen einiger Kraftstoffe und Einzelkohlenwasserstoffe.

Kraftstoff	Oktanzahl	Cetanzahl	Kraftstoff	Cetanzahl	Oktanzahl
Flüssiggas	120	0	Cetan	100	−80
Motorenbenzol	115	2,5	Erdölgasöl	60	0
Isooktan.	100	10	Traktorkraftstoff . . .	55	10
Butan	95	12,5	Braunk.-Hydrieröl . .	45	30
Markenbenzin	74	23	Braunk.-Schwelteeröl .	40	40
Destillatbenzin . . .	52	34	Steink.-Schwelteeröl .	20	80
n-Heptan	0	60	Steink.-Teeröl	0	120

Trotz gleicher Cetanzahl verhalten sich niedrigsiedende Mineralölfraktionen im Motor nicht völlig wie hochsiedende. In der Druckabhängigkeit und im Verbrennungsablauf sind deutliche Unterschiede feststellbar. Die Verbrennung von Benzin ist weicher, das Zündgeräusch schwächer[1].

Will man aushilfsweise mit Leichtkraftstoffen fahren, so sind Umstellungen an den Einrichtungen des Motors nicht erforderlich. Man erhält eine etwas geringere Höchstleistung, da die Einspritzpumpen ohne Nachstellung der Füllungsbegrenzung gleiche Gewichtsmengen Benzin oder Dieselkraftstoff wegen des unterschiedlichen spez. Gewichtes der Kraftstoffe nicht einspritzen können. Der Leistungsunterschied beträgt 10 bis 15%. Um in der warmen Jahreszeit die Gefahr der Dampfblasenbildung in den Kraftstoffleitungen auszuschalten, sind bei Benzinbetrieb im Dieselmotor Maßnahmen zur Kühlung der Einspritzpumpe, zum Entlüften des Pumpensaugraumes und zur Erhöhung des Saugraumdruckes zu treffen[2].

Betreibt man Dieselmotoren mit sehr hochsiedenden Mineralölfraktionen oder mit Rückstandsölen, so ist fast immer mit einer Neigung zu unsauberer Verbrennung unter Rückstandsbildung zu rechnen. Aus diesem Grunde sollten solche Öle nur in Notfällen und kurzzeitig im Dieselmotor verwendet werden. (Flugdieselkraftstoffe s. S. 480.)

c) Anforderungen in verschiedenen Ländern.

USA.

In den Vereinigten Staaten ist im Jahre 1937 von der *Universal Oil Products Co.* eine Rundfrage über die Anforderungen an Dieselkraftstoffe veranstaltet worden, deren Ergebnisse in Zahlentafel 52 zusammengestellt sind.

---

[1] WILKE, W.: Motortechn. Z. **2**, 43 (1939).

[2] BOKEMÜLLER, A.: a. a. O. — FIEBELKORN, H.: Kraftstoff **16**, 18 (1940).

Zahlentafel 52. Anforderungen an Dieselkraftstoffe aus Erdöl für Schnell-, Mittel- und Langsamläufer nach den ASTM.-Vorschriften und nach der Ansicht amerikanischer Dieselmotorhersteller (umgerechnet)[1].

Eigenschaften	Schnelläufer (über 1000 Umdrehungen)		Mittelläufer (500—1000 Umdrehungen)		Langsamläufer (unter 500 Umdrehungen)	
	25 Hersteller im Mittel	ASTM.-Vorschrift Nr. 1—D	26 Hersteller im Mittel	ASTM.-Vorschrift Nr. 3—D	33 Hersteller im Mittel	ASTM.-Vorschrift Nr. 4—D
Viskosität bei 37,8° in ° E						
Minimum	1,21	1,18	1,33	1,18	1,33	—
Maximum	2,34	1,60	2,59	2,14	3,10	7,12
Spez. Gewicht bei 15,6°						
Minimum	0,850		0,845		0,855	
Maximum	0,898		0,904		0,910	
Schwefelgehalt, Gew.-%, Maximum	0,9	1,5	1,0	1,5	1,1	2,0
Hartasphalt, Gew.-%, Maximum	0,51		0,62		0,43	
Conradson-Wert, Gew.-%, Maximum	0,6	0,2	1,0	0,5	1,7	3,0
Asche, Gew.-%, Maximum	0,03	0,02	0,04	0,02	0,04	0,04
Wasser und Verunreinigungen, Gew.-%, Maximum	0,4	0,05	0,6	0,1	0,8	0,6
Flammpunkt, ° C, Minimum	65	66	67	66	67	66
Fließpunkt, ° C, Maximum	[2]	2[3]	[2]	2[3]	[2]	2[2]
Destillationseigenschaften:						
10 Vol.-%, maximal bei ° C	241	—	252	—	—	—
90 „ „ „ ° C	371	—	369	—	374	—
Siedeendpunkt, ° C, Maximum	360[4]	—			371[4]	—
Zündeigenschaften:						
Cetenzahl, C.C.R., minimal	42	—	45	—	43	—
Cetanzahl, „ „	45	—	45	—		
Cetanzahl, Zündverzug, minimal	37	45	40	35	37	30

[1] U. O. P. Booklet Nr. 228 (1938).

[2] 10 bis 15° F (etwa 5 bis 8° C) unter der äußeren Betriebstemperatur.

[3] Je nach den örtlichen Bedingungen werden auch niedrigere Fließpunkte gefordert.

[4] Der gegenüber dem 90%-Punkt niedrigere Siedeendpunkt ergibt sich daraus, daß manche Hersteller nur den ersteren, andere nur den letzteren angeben; sinngemäß trifft dasselbe für Ceten- und Cetanzahlen nach der C. C. R.- (Critical Compression Ratio-) Methode zu.

Die Angaben erstrecken sich auf Kraftstoffe für hochtourige und mitteltourige Dieselmaschinen sowie auf solche für Motoren mit niedriger Drehzahl. In der Zahlentafel sind lediglich die Mittelwerte und nicht die Grenzwerte verzeichnet, die sich in dem Originalbericht befinden. Diese Mittelwerte sind in Vergleich gesetzt zu den Anforderungen der *American Society for Testing Materials.*

Der Unterausschuß D 2 der ASTM. unterscheidet fünf Klassen Dieselkraftstoffe, bezeichnet mit 1—D und 3—D bis 6—D. Von diesen Klassen sind in Zahlentafel 52 nur drei Klassen (1—D, 3—D und 4—D) zum Vergleich herangezogen.

Klasse 1—D umfaßt Kraftstoffe für Maschinen mit direkter Einspritzung und hoher Umdrehungszahl ($n > 1000$).

Klasse 3—D betrifft Kraftstoffe für Dieselmaschinen mit direkter Einspritzung und mittlerer Geschwindigkeit von 500 bis 1000 Umdrehungen/min.

Klasse 4—D bezieht sich auf Kraftstoffe für Zwei- und Viertaktdieselmotoren mit Lufteinspritzung und weniger als 500 Umdrehungen/min. Diese Klasse umfaßt auch Maschinen mit direkter Einspritzung bei Zylinderdurchmessern über 16 Zoll und Geschwindigkeiten unter 240 Umdrehungen/min, doch werden hier erprobte Heizvorrichtungen empfohlen, die von der Maschinenfabrik mitzuliefern sind.

Die Klassen 5—D und 6—D enthalten Kraftstoffe für ausgesprochene Langsamläufer:

Zahlentafel 53. Anforderungen der ASTM. an Dieselkraftstoffe für Langsamläufer.

Bezeichnung		5—D	6—D[1]
Flammpunkt °C	mindestens	66	66
Wasser u. Verunreinigungen, Gew.-%	höchstens	1,0	2,0
Viskosität bei 50° C in °E	höchstens	28,3	85,5[2]
Conradson-Wert, Gew.-%	höchstens	6,0	—
Asche, Gew.-%	höchstens	0,08	—
Fließpunkt, °C	höchstens	2	—
Basen, Säuren		keine[3]	keine[3]
Zündeigenschaften: Cetanzahl		—	—

Die von der u. s.-amerikanischen Wehrmacht gestellten Lieferbedingungen für Dieselkraftstoffe weichen von den Anforderungen der ASTM. zum Teil erheblich ab.

[1] Gleiche Anforderungen wie für ASTM.-Heizöl Nr. 6.

[2] Mindestens 28,3° E.

[3] Das gleiche gilt für Kraftstoffe der Klassen 1—D, 3—D und 4—D (Zahlentafel 52).

Zahlentafel 54. Lieferbedingungen der u. s.-amerikanischen Wehrmacht für Dieselkraftstoffe.

Militärische Dienststelle	USA.-Marine	USA.-Marine-luftfahrt	USA.-Flieger-korps	USA.-Landheer
Verwendungszweck	Sub-marine	Luft-fahrt	Luft-fahrt	ver-schieden
Lieferbedingung Nr.	7—0—2c	M—306	X—3579	2—43 D
Ausgabedatum	8. 1. 1936	5. 1. 1936	6. 8. 1936	3. 5. 1929
Viskosität bei 37,8° C				
Minimum				
Saybolt, sec	35(a)	35(a)	35(a)	—
Engler, Grad	1,15	1,15	1,15	—
Maximum				
Saybolt, sec	45	45	45	(b)
Engler, Grad	1,47	1,47	1,47	—
Schwefelgehalt, Gew.-%, Maximum	1,0	0,75	0,75	1,5
Conradson-Wert, Gew.-%, Maximum	0,2	0,1	0,1	—
Asche, Gew.-%, Maximum	0,01	0,01	0,01	—
Wasser und Verunreinigungen, Gew.-%, Maximum	0,05	0,05	0,05	1,0
Flammpunkt, ° C, Minimum	66	66	66	66
Fließpunkt, ° C, Maximum	—	—34	—34	—
Stockpunkt, ° C, Maximum	—18	—40	—40	—
Destillationseigenschaften:				
10 Vol.-% nicht unter ° C	—	204	204	—
90 ,, ,, über ° C	357	316	316	—
Zündeigenschaften:				
Dieselindex, nicht unter	45	60	60	—
Anilinpunkt, ° C, nicht unter		66	66	—

(a) 38 sec erwünscht. (b) 100 sec bei 25°.

Großbritannien.

Zahlentafel 55 gibt die Anforderungen an Dieselkraftstoffe für englische Verhältnisse wieder. Nach der *British Standard Institution* werden drei Klassen von Dieselkraftstoffen unterschieden:

Klasse A für Fahrzeugdieselmotoren und ähnliche hochleistungsfähige Motorbauarten mit kleinen Zylindern. Umdrehungszahl/min größer als 800.

Klasse B für Maschinen mit mittlerer Drehzahl und Leistung (nicht unter 25 abgebremsten PS/Zylinder), z. B. für industrielle ortsfeste Maschinen und für Haupt- und Hilfsmaschinen der Marine.

Klasse C für große langsamlaufende Dieselmaschinen, die mit ausreichenden Vorrichtungen zur Vorwärmung und Reinigung des Kraftstoffes ausgestattet sind.

Zahlentafel 55. Anforderungen an Dieselkraftstoffe nach Vorschrift der British Standard Institution[1].

	Klasse A	Klasse B	Klasse C
Wassergehalt in Gew.-% . . . . . höchstens	0,1	0,5	1,0
Aschegehalt in Gew.-% . . . . . . ,,	0,01	0,05	0,10
Flammpunkt (Pensky-Martens) in °C mindestens	66	66	66
Verbrennungswärme in kcal/kg . . ,,	10560	10430	10160
Viskosität bei 38° C in cSt . . . . höchstens	7,75	24,2	185
,, ,, 38° C ,, E° . . . . ,,	1,63	3,36	24,4
Stockpunkt in °C . . . . unter	−6,7	−1,0[2]	—[3]
Conradson-Wert in Gew.-% . . . . höchstens	0,2	4,0	8,0
Hartasphalt in Gew.-% . . . . . . ,,	0,01	2,0	4,0
Schwefelgehalt in Gew.-% . . . . ,,	1,5	2,0	—
Siedeverhalten: es destillieren über bis 350° C. .	85%	—	—
Anilinpunkt in °C . . . . . . mindestens	60	45	—

Sowjetrußland.

In Sowjetrußland wurden die schweren Kraftstoffe (Zahlentafel 56) eingeteilt in Gasöle[4] mit verhältnismäßig niedrigem spez. Gewicht und niedrigen Siedegrenzen, in Solaröl mit besonders hohem Flammpunkt, in Sommer- und Winterdieselkraftstoffe sowie in schwere Motorenkraftstoffe mit hohem Stockpunkt und hoher Viskosität (insbesondere für ortsfeste Maschinen).

Die ausgedehnte Verwendung von Traktoren in Sowjetrußland gab Veranlassung, auch für Traktorenkraftstoffe Lieferbedingungen festzulegen (Zahlentafel 57).

Bemerkungen zu Zahlentafel 56:

1. Gasöl „ε" soll einen Heizwert von mindestens 10600 kcal/kg besitzen. Gasöl Baku muß bei 0°, Gasöl Grosny bei + 10° C klar sein. Die Farbe der Gasöle „ε" soll nach Dübosk nicht unter 22 mm, nach N. R. A. nicht über 3,5 liegen. Schwefelgehalt, Aschegehalt, Heizwert und Conradsonwert werden an Monatsdurchschnittsproben ermittelt.

2. Abweichungen des spez. Gewichtes von den Lieferbedingungen können nicht als Grund für Beanstandungen dienen.

3. Soll der Winterdieselkraftstoff bei Temperaturen unter —17° C verwendet werden, so empfiehlt es sich, ihm je nach der Außentemperatur 15 bis 30%

[1] Le Mesurier, L. J.: Petrol. Times (N. S.) **37**, 85 (1937).

[2] Gültig nur für gemäßigte Zone, sonst besondere Vereinbarungen.

[3] Ohne Zahlenangabe, aber nach Vereinbarung zwischen Kraftstoffhändler und Käufer.

[4] Der Name Gasöl rührt von der Verwendung des Gasöles als Krackausgangsstoff zwecks Herstellung von Ölgas für Gasbeleuchtung her.

Traktorenkraftstoff (Leuchtöl) beizumischen. Der Winterkraftstoff ist auch im Sommer verwendbar.

4. Der Raffinerie Tuapse ist erlaubt, die Motorenkraftstoffe „M 3", „M 4" und „M 5" an Verbraucher in südlichen Bezirken während der Monate Mai bis August mit einem Stockpunkt von +10° C zu liefern. Der Schwefel-

Zahlentafel 56. Technische Lieferbedingungen für

Bezeichnung	Nr. der Normbezeichnung O.S.T.	Spez. Gew. d_4^{20}	Flammpunkt nach Pensky-Martens ° C	Flammpunkt nach Brenken ° C	Viskosität nach Engler bei		Stockpunkt ° C nicht über
					20°	50°	
Gasöl „ε" Grosny . .	8842	nicht unter 0,835	70	—	—	nicht über 1,4	—10
Gasöl „ε" Baku . . .	8842	nicht über 0,876	70	—	—	nicht über 1,4	—20
Solaröl	3177	0,871 bis 0,881	—	130	—	1,3—1,75	—20
Sommerdieselkraftstoff	1938	nicht über 0,875	65	—	1,2—3,0	—	—10
Winterdieselkraftstoff .	8111	nicht über 0,875	65	—	1,2—3,0	—	—25
Motorenkraftstoff „M 2"	3709—39	—	—	65	—	1,15—2,5	—15
Motorenkraftstoff „M 3"	3709—39	—	65	—	—	nicht über 5	— 5
Motorenkraftstoff „M 4"	3709—39	—	65	—	—	nicht über 7,5	5
Motorenkraftstoff „M 5"	3709—39	—	90	—	—	nicht über 9,0	Baku und Batum + 5° Grosny + 36°

Zahlentafel 57. Liefervorschriften der

Bezeichnung	Norm O. S. T.	Spez. Gew. d_4^{20}	Destillat,						
			150° C	190° C	200° C	230° C	245° C	250° C	270° C
			mindestens						
Ligroin	4193	nicht über 0,795	12	—	90	98	—	—	—
Traktorenpetroleum, 1. Sorte	6460	nicht unter 0,826	—	—	10	—	—	—	80
Traktorenpetroleum, 2. Sorte	6460	nicht unter 0,826	—	—	20	—	—	—	80
Gemisch von Traktoren- u. Krackpetroleum	3970	uicht unter 0,826	—	—	10	—	50	—	—
Gemisch von Petroleum mit Ligroin des Tuapsewerkes	WTU 23/IV—39	nicht unter 0,805	—	10		—	—	50	—

gehalt von Motorkraftstoffen, die aus hochschwefelhaltigen Rohölen (aus Uchtin, Sterlitamak, Chaudag, Tschusow und Schorsin) gewonnen werden, ist für „M 3" auf 1%, für „M 4" und „M 5" auf 2,5% begrenzt, vorausgesetzt, daß Schwefelwasserstoff nicht vorhanden ist. Für Motorenkraftstoffe der Raffinerie Tuapse ist ein Schwefelgehalt bis zu 0,7% zulässig.

schwere Motorenkraftstoffe der Sowjetwehrmacht[1].

Trübungspunkt °C nicht über	Siedeverhalten: Destillat, Vol.-% bis 250° höchstens	300° mindestens	350° mindestens	360° mindestens	Mech. Verunreinigungen % nicht über	Aschegehalt % nicht über	Wassergehalt % nicht über	Schwefelgehalt % nicht über	Conradsonwert % nicht über	Schwefelwasserstoff	Wasserlösliche Säuren und Alkalien
—	—	60	—	95	0	0,008	0	0,2	—	—	0
—	—	60	—	—	0	0,008	0	0,2	0,1	—	0
—	—	—	—	—	0	—	0	—	—	—	0
— 5	—	40	80	—	0	0,01	0	0,2	0,1	0	0
—20	—	60	85	—	0	0,01	0	0,2	0,1	0	0
—	10	—	50	—	0,02	—	0,5	0,5	1,0	—	0
—	10	—	—	—	0,1	0,04	1	0,5	3	—	0
—	10	—	—	—	0,1	0,08	2	0,5	3,5	—	0
—	10	—	—	—	0,1	0,08	2	0,5	4	—	0

[1] Technische Normen für Erdölerzeugnisse, herausgegeben vom Beschaffungsamt für Betriebsstoffe der roten Bauern- und Arbeiterarmee, Moskau 1940.

Sowjetarmee für Traktorenkraftstoffe.

Vol.-% bis 280° C	285° C	300° C	315° C	Oktanzahl	Kupferstreifenprobe	Organ. Säuren in mg KOH/100 cm³	Wasserlösliche Säuren und Alkalien	Mechan. Verunreinigungen und Wasser	Farbe nach STAMMER; nicht dunkler als	Natronprobe n. CHARITSCHKOFF nicht über	Harzgehalt mg 100/cm³ nicht über	Flammpunkt °C ABEL-PENSKY nicht über
—	—	—	—	54	neg.	4,0	keine	keine	—	—	—	—
—	—	98	—	40	—	—	—	,,	4,5	2	—	28
—	—		98	40	—	—	—	,,	4,5	2	—	28
—	90	98	—	40	—	—	keine	,,	—	—	25	28 nach PENSKY-MARTENS
90	—	98	—	40	—	—	,,	,,	—	—	25	28

Bemerkungen zu Zahlentafel 57:

1. Die Oktanzahl des Petroleums aus den Batumer Werken darf 38 nicht unterschreiten.

2. Beim Mischen von Petroleum, Sorte 1, mit Petroleum, Sorte 2 (nach O.S.T. 6460), müssen bestimmte Destillationsanforderungen eingehalten werden.

Das Siedeende ist durch den Gehalt an Destillat bis 200° wie folgt festgelegt:

Gehalt an Dest. bis 200° %	Siedeende °C (Gesamtdest. 98%) nicht über	Gehalt an Dest. bis 200° %	Siedeende °C (Gesamtdest. 98%) nicht über
10	300	16	310
11	303	17	311
12	305	18	312
13	307	19	313
14	308	19,5	314
15	309	20	315

Destillatanteil bis 270° mindestens 80%.

3. Die Gemische von Tuapse bestehen aus Ligroin, Krackpetroleum von Grosny und Leuchtpetroleum. Der Ligroinanteil darf nicht mehr als 45% betragen.

4. Das von den Lieferbedingungen abweichende spez. Gewicht des Tuapse-Gemisches gibt keine Begründung für Beanstandungen.

5. Das Tuapse-Gemisch wird nur nach Tuapse, Noworossijsk und Odessa verladen, wo es vor dem Löschen, also vor Abgabe an den Verbraucher, mit normalem Traktorenpetroleum gemischt wird.

Großdeutschland.

In Großdeutschland sind die vom *Heereswaffenamt* aufgestellten Liefervorschriften für Kraftstoffe von Fahrzeugdieselmotoren maßgeblich. Da neben Dieselkraftstoffen aus Erdöl auch solche aus der Hochdruckhydrierung, der Kohlenoxydhydrierung sowie aus der Kohlen- und Ölschieferschwelung verwendet werden, erstrecken sich die deutschen Anforderungen über die im Ausland gestellten Bedingungen hinaus auch auf die Filtrierbarkeit, die Korrosionseigenschaften, die Verkokbarkeit und die Mischbarkeit der Dieselkraftstoffe.

Zahlentafel 58. Technische Lieferbedingungen des Heereswaffenamtes für Dieselkraftstoffe sowie für die Sonderdieselkraftstoffe I und II. (Stand Oktober 1941.)

Bezeichnung	Dieselkraftstoff	Sonderdiesel-kraftstoff II	Sonderdiesel-kraftstoff I
1. Allgemeines	Frei von festen Fremdstoffen		
2. Unterer Heizwert, kcal/kg, mindestens	9900		
3. Spez. Gewicht bei 20°	0,805 bis 0,860		mindestens 0,765
4. Flammpunkt im geschl. Tiegel[1] °C, mindestens	35	21	—
5. Wassergehalt, Gew.-%, höchst.	0,5		
6. Aschegehalt, Gew.-%, höchst.	0,5		

[1] Nach PENSKY-MARTENS.

Zahlentafel 58 (Fortsetzung).

Bezeichnung	Dieselkraftstoff	Sonderdieselkraftstoff II	Sonderdieselkraftstoffe I
7. Zähigkeit, °E bei 20° C[1]	1,1 bis 2,0		
8. Stockpunkt nach DVM, °C, nicht höher als	−20[2]		
9. Filtrierbarkeit, Fließzeit (min) von 200 cm³ bei −15° C, höchstens	60		
10. Trübungspunkt, °C, nicht höher als	−15[2]		
11. Korrosionstest: Gewichtsabnahme von Zink, mg, höchstens	4,0		
12. Neutralisationszahl, höchstens	0,4		
13. Verkokbarkeit nach HAGEMANN-HAMMERICH, Koks + Hartasphalt, Gew.-%, höchstens	2,0		
13a. Verkokbarkeit[3] CONRADSON-Test, Gew.-%, höchstens	0,05		
14. Zündwilligkeit, Cetanzahl, mind.	45		
15. Gesamtschwefelgehalt, Gew.-%, höchstens	1		
16. Mischbarkeit	Den Anforderungen entsprechend		
17. Siedeverhalten	Bis 360° C mehr als 60 Vol.-% Destillat		Bis 360° höchstens 95 Vol.-% Destillat
18. Dampfdruck nach REID bei 40° C, kg/cm², höchstens	—		0,25
19. Flüchtigkeit bei 80° C, Vol.-%, höchstens	—		10

4. Klopffeste Destillatbenzine durch Fraktionierung oder Extraktion.

Es hat nicht an Bemühungen gefehlt, die geringe Klopffestigkeit der normalen Destillatbenzine ohne chemische Umwandlung durch einfache physikalische oder physikalisch-chemische Maßnahmen heraufzusetzen. Man versucht dieses Ziel entweder durch Destillation oder durch Extraktion mit sog. selektiv wirkenden Lösungsmitteln zu erreichen.

Im ersteren Falle geht man von dem praktischen Befund aus, daß die Klopffestigkeit der einzelnen Fraktionen der Destillatbenzine nicht einheitlich ist. Die n-Paraffine, deren Klopffestigkeit mit steigendem Siedepunkt stark absinkt (siehe Abb. 107), machen häufig den Hauptteil der Destillatbenzine aus. Infolgedessen fällt auch die Klopffestigkeit der Destillatbenzine mit zunehmendem Siedepunkt der Fraktionen ab. Die Stetigkeit des Abfalles wird jedoch durch die Anwesenheit klopf-

[1] Messung im VOGEL-OSSAG-Viskosimeter.

[2] Ab 10. III. werden Dieselkraftstoffe mit einem Stockpunkt von −15° C und einer Filtriergrenztemperatur von −10° C, vom 1. IV. bis 1. VIII. mit einem Stockpunkt von −10° C und einer Filtriergrenztemperatur von −5° C zur Lieferung an die Truppe zugelassen.

[3] Die Bestimmung der Verkokbarkeit wird nach HAGEMANN-HAMMERICH oder nach CONRADSON durchgeführt.

festerer ungesättigter, aromatischer oder in untergeordnetem Maße auch isoparaffinischer Kohlenwasserstoffe unterbrochen. Zur Gewinnung klopffester Kraftstoffe kann man also einfach so vorgehen, daß man die klopffesteren Fraktionen für sich abtrennt (vgl. Zahlentafel 59). FEIGIN und KOLOMATZKI[1] gewannen beispielsweise durch Auswahl bestimmter niedrigsiedender Fraktionen eines Grosny-Benzins nach Zusatz von 3 cm^3 Bleitetraäthyl je Liter einen Kraftstoff mit der Oktanzahl 99.

Zahlentafel 59. Klopffestigkeit von Fraktionen eines Destillatbenzins aus pennsylvanischem Bradford-Erdöl[2] (Oktanzahl 48, $d_{15,6} = 0{,}7316$).

Fraktion Nr.	Anteil am Gesamtbenzin Vol.-%	Siedegrenzen °C[3]	Oktanzahl C.F.R.-Motormethode
1	15,8	36,1— 92,2	61
2	8,0	92,8— 98,9	47
3	8,9	99,4—117,8	58
4	4,0	118,3—121,1	46
5	8,7	121,7—131,1	39
6	5,7	131,7—140,0	58
7	6,5	140,6—148,9	20
8	6,8	149,4—158,9	20
9	5,9	159,4—167,8	41
10	7,9	168,3—177,8	19
11	4,5	178,3—190,0	22
12	6,6	Rückstand	16

Bei der Extraktion mit Lösungsmitteln macht man sich die große Löslichkeit der Aromaten und Ungesättigten in manchen Lösungsmitteln zunutze. Diese Lösungsmittel, u. a. flüssiges Schwefeldioxyd, Phenol, Furfurol und Duosol (Propan-Kresol), bilden mit Erdölfraktionen zwei übereinanderstehende Schichten. Die untere Schicht, der Extrakt, enthält den Hauptteil des Lösungsmittels, die aromatischen und ungesättigten Erdölbestandteile sowie den größten Teil der Sauerstoff-, Stickstoff- und Schwefelverbindungen; das darüberstehende, also leichtere Raffinat besteht hauptsächlich aus gesättigten Kohlenwasserstoffen und dem restlichen Teil des Lösungsmittels. Dieses Verhalten der genannten Lösungsmittel hat eine außerordentliche Bedeutung für die Raffination von Schmierölen. Dagegen ist die Anwendung selektiver Lösungsmittel auf die Verbesserung der motorischen Eigenschaften von Kraftstoffen erst in der Entwicklung begriffen. Bekannte Arbeiten auf diesem Gebiet wurden von der *Deutschen Erdöl-A. G.*[4], der *Edeleanu-Gesellschaft m. b. H.*[5],

[1] FEIGIN, E. L., u. D. J. KOLOMATZKI: Petrol. Ind. **1937**, Nr 70, 45.
[2] Die Siedegrenzen gelten für einen Druck von 737 mm Q.S. (umgerechnet).
[3] TONGBERG, C. O., D. QUIGGLE, u. M. R. FENSKE, Industr. Engng. Chem. **28**, 201 (1936).
[4] SCHICK, F.: DRP. 423444 (1923) — Öl u. Kohle **1**, 176 (1933).
[5] SAEGEBARTH, E., A. I. BROGGINI u. E. STEFFEN: Oil and Gas J. **36**, Nr 3, 49 (1937) — Nat. Petr. News **29**, Nr 22, 51 (1937).

der *Universal Oil Products Co.*[1] und vom Institut für Braunkohlen- und Mineralölforschung, Techn. Hochschule Berlin[2], durchgeführt (vgl. Band II, Dieselkraftstoffe aus Braunkohlenschwelteer).

Das erste Verfahren, das Lösungsmittel verwandte, das *Edeleanu-Verfahren*, bezog sich zunächst darauf, die bei der Verbrennung stark rußenden Leuchtölfraktionen rumänischer Erdöle durch Abtrennung der aromatischen Bestandteile zu verbessern. Als Lösungsmittel wird dabei flüssiges Schwefeldioxyd verwendet, dessen Wirkung durch Zusätze, z. B. von Benzol[3], noch verstärkt wurde. Später erkannte man die hervorragende Eignung des flüssigen Schwefeldioxyds als Raffinationsmittel für Schmierölfraktionen. Seitdem wurde die Raffination von Schmierölen mit Lösungsmitteln zu hoher Vollkommenheit entwickelt. Außer flüssigem Schwefeldioxyd werden zahlreiche andere Lösungsmittel und Lösungsmittelgemische angewandt.

Behandelt man Benzine mit selektiven Lösungsmitteln[4], z. B. mit flüssigem Schwefeldioxyd, so erhält man ebenfalls ein vorwiegend paraffinisches Raffinat und einen mit Aromaten angereicherten Extrakt. Im Gegensatz zur Raffination von Schmierölen ist hier jedoch nicht das Raffinat, sondern der Extrakt das wertvollere Erzeugnis.

Die Zahlentafeln 60 bis 64 enthalten die bei der Extraktion von Mid-Continent- und Süd-Texas-Benzinen erzielten Ergebnisse von SAEGEBARTH, BROGGINI und STEFFEN. Beide Benzine wurden bei verschiedenen Temperaturen mit gleichen Mengen Schwefeldioxyd (40 bzw. 70 Vol.-%) behandelt. Mit sinkender Umsetzungstemperatur nimmt die Ausbeute an Extrakt ab, dagegen steigt der Gehalt an Aromaten und Ungesättigten im Extrakt an. Parallel mit der Anreicherung dieser Kohlenwasserstoffe läuft eine Zunahme des spez. Gewichtes, des Schwefelgehaltes und der Klopffestigkeit. Auch die Siedegrenzen werden bis zu einem gewissen Grade erhöht.

Beim Mid-Continent-Destillatbenzin (Zahlentafel 60) wurde bei $-18°$ eine Extraktausbeute von 12,5 Vol.-% gewonnen, während bei $-51°$ nur 9,1 Vol.-% Extrakt erhalten wurden. Dieser Ausbeuteverlust ist aber mit einer Zunahme des Aromaten- und Ungesättigtengehaltes von 70,7 auf 89,1 Vol.-% verbunden. Entsprechend steigt das spez. Gewicht des Extraktes von 0,841 auf 0,864, die C. F. R.-Motor-Oktanzahl erhöht sich von 82,6 auf 91,0, der 50%-Siedepunkt von 153 auf 157°. Es

---

[1] DRYER, C. G., I. A. CHENICEK, G. EGLOFF, u. J. C. MORRELL: Industr. Engng. Chem. **30**, 813 (1938).

[2] MARDER, M., u. S. IKI: Mitt. Ges. Braunk. u. Mineralölforschg., Techn. Hochsch. Berlin **12**, 46 (1936). — HEINZE, R., M. MARDER u. H. WELZ: Kraftfahrtforschung im Auftrag des Reichsverkehrsministeriums, H. 7 (1938).

[3] GROTE, W.: Öl u. Kohle **1**, 173 (1933).

[4] Edeleanu-Gesellschaft m. b. H. (TERRES, E., u. Mitarbeiter): u. a. F. P. 824008/9, 824242 (1937); E. P. 491996 (1937), 505740 (1938).

Zahlentafel 60. Extraktion von Mid-Continent-Destillatbenzin mit flüssigem Schwefeldioxyd, Eigenschaften der Extrakte.

	Ausgangsstoff	Versuch Nr.			
		1	2	3	4
Angew. Schwefeldioxydmenge, Vol.-%		40	40	40	40
Extraktionstemp., °C . .		−18	−29	−40	−51
Extraktausbeute, Vol.-% .		12,5	10,6	9,6	9,1
Spez. Gewicht bei 15,6° .	0,767	0,841	0,851	0,858	0,864
Ungesättigte u. Aromaten, Vol.-%	9,5	70,7	78,6	84,3	89,1
Naphthene, Vol.-% . . .	15,6	7,3	5,9	4,8	3,4
Paraffine, „ . . .	74,9	22,0	15,5	10,9	7,5
Schwefel, „ . . .	0,03				0,10
Destillationseigenschaften:					
Siedebeginn, °C	107	118	122	122	124
10 Vol.-%	125	133	135	135	137
50 „	150	153	156	156	157
90 „	181	183	183	183	184
Siedeendpunkt, °C . . .	202	211	212	213	213
Oktanzahl, C.F.R.-Motormethode	unter 41	82,6	86,2	89,0	91,0

Zahlentafel 61. Extraktion von Süd-Texas-Schwerbenzin mit flüssigem Schwefeldioxyd[1], Eigenschaften der Extrakte.

	Ausgangsstoff	Versuch Nr.				
		7	8	9	10	11
Angew. Schwefeldioxydmenge, Vol.-%		70	70	70	70	70
Extraktionstemp., °C . .		−18	−29	−40	−51	−18 bis −51
Extraktausbeute, Vol.-% .		46,5	39,5	35,9	34,0	34,0
Spez. Gewicht bei 15,6° .	0,794	0,830	0,842	0,850	0,856	0,857
Ungesättigte u. Aromaten, Vol.-%	31,2	63,1	73,5	80,2	84,0	84,7
Naphthene, Vol.-% . . .	19,8	13,2	10,1	8,0	6,2	5,8
Paraffine, „	49,0	23,7	16,4	11,8	9,8	9,5
Schwefel, Gew.-%	unt. 0,01	0,01			0,01	0,01
Destillationseigenschaften:						
Siedebeginn, °C	111	115	114	117	119	119
10 Vol.-%	124	126	126	128	130	130
50 „	144	143	142	142	144	144
90 „	174	170	169	169	169	169
Siedeendpunkt, °C . . .	194	202	199	199	201	200
Oktanzahl, C.F.R.-Motormethode	57,9	80,0	84,4	88,2	91,1	90,8

[1] SAEGEBARTH, E., A. J. BROGGINI u. E. STEFFEN: Proc. Amer. Petr. Inst. 7th Mid-Year Meeting, Section III, 56 (1937). — STEFFEN, E. u. E. SAEGEBARTH: Refiner **17**, 12 (1938).

ist nun eine Frage der Wirtschaftlichkeit, ob man bei höherer Behandlungstemperatur ein weniger klopffestes Erzeugnis in größerer Ausbeute oder bei tiefer Extraktionstemperatur ein klopffesteres Benzin in geringerer Ausbeute erzeugen will.

Ähnliche Verhältnisse ergaben sich bei der Behandlung eines Süd-Texas-Schwerbenzins. Der höhere Gehalt dieses Ausgangsstoffes an Aromaten und Ungesättigten drückt sich in einer Steigerung der Extraktausbeute aus. Erniedrigt man die Extraktionstemperatur hier von —18 auf —51°, so sinkt die Ausbeute um 12,5 Vol.-% von 46,5 auf 34,0 Vol.-%. Demgegenüber ist der Gewinn an Oktanzahleinheiten mit 11,1 verhältnismäßig gering. Der Schwefelgehalt ist in den Extrakten beider Benzine niedrig. Trotzdem ist die Anreicherung der Schwefelverbindungen im Extrakt aus den angegebenen Daten zu erkennen. Die Aufarbeitung stark schwefelhaltiger Benzine mit selektiven Lösungsmitteln ist deshalb weniger anzuraten.

In den zugehörigen Raffinaten sind die Naphthene und besonders die Paraffine stark angereichert, und zwar um so mehr, je niedriger die Extraktionstemperatur gewählt wurde (Zahlentafel 62). Dieselbe Wirkung kann auch durch Erhöhung der Lösungsmittelmenge erreicht werden; diese Möglichkeit ist jedoch aus den mitgeteilten Versuchsergebnissen nicht zu ersehen. Naturgemäß liegt die Oktanzahl der Raffinate meist außerordentlich niedrig, bei den angeführten Beispielen unter 41. Die Raffinate besitzen deshalb unmittelbar geringe Eignung

Zahlentafel 62. Extraktion von Destillatbenzinen mit flüssigem Schwefeldioxyd, Eigenschaften der Raffinate[1].

	Benzinherkunft			
	Mid-Continent		Süd-Texas	
Versuch Nr.	1	4	7	11
Extraktionstemperatur, °C	—18	—51	—18	—51
Raffinatausbeute, Vol.-%	87,5	90,9	53,5	66,0
Raffinateigenschaften:				
Spez. Gewicht bei 15,6°	0,760	0,758	0,764	0,763
Ungesättigte und Aromaten, Vol.-%	—	1,5	3,5	1,3
Naphthene, Vol.-%	—	16	24,5	25,1
Paraffine, „	—	82,5	72,0	73,6
Siedebeginn, °C	106		114	
10 Vol.-%	124		126	
50 „	151		148	
90 „	183		177	
Siedeendpunkt, °C	203		201	
Oktanzahl, C.F.R.-Motormethode	unter 41		unter 41	

[1] Saegebarth, E., A. J. Broggini u. E. Steffen: Oil and Gas J. **36**, Nr 3, 45, 55 (1937) — Nat. Petr. News **29**, Nr 22, 51 (1937).

als Kraftstoffe, sie werden als Lösungsmittel verwendet oder einem Krackprozeß (reforming) unterworfen und dadurch ebenfalls in klopffeste Benzine überführt. Durch die vorherige Abtrennung der klopffesten Benzinbestandteile durch Lösungsmittelbehandlung wird einerseits die Krackanlage entlastet, andererseits die Gesamtausbeute an klopffestem Benzin erhöht und die an Koks und Gas herabgesetzt. Es handelt sich in diesem Falle um eine Art von Selektivkracken (s. S. 255).

Zerlegt man einen Edeleanu-Extrakt in einzelne Fraktionen (Zahlentafel 63), so macht man die Feststellung, daß die Klopffestigkeit im Gegensatz zu anderen Benzinen mit steigendem Siedepunkt zunimmt. Der Grund ist darin zu sehen, daß die höhersiedenden Extraktfraktionen mehr Aromaten als die niedrigersiedenden enthalten. Lösungsmittelextrakte von Benzinen eignen sich also hervorragend zur Herstellung sog. Sicherheitsbenzine (safety fuels), d. h. solcher Benzine, die trotz hoher Siedelage und entsprechend hoher Flammpunkte hohe Klopffestigkeit besitzen.

Zahlentafel 63. Fraktionierung eines Schwefeldioxydextraktes aus Süd-Texas-Schwerbenzin.

Eigenschaften	Fraktion					
	0—100%	0—20%	20—40%	40—60%	60—80%	80—100%
Spez. Gewicht bei 15,6°	0,847	0,817	0,846	0,847	0,861	0,863
Doctortest	süß	süß	süß	süß	süß	süß
Ungesättigte und Aromaten, Vol.-%	78,2	53,2	81,3	82,0	92,7	92,0
Oktanzahl, C.F.R.-Motormethode	89,9	81,1	92,2	94,1	>99,5	>99,5
Destillationseigenschaften:						
Siedebeginn, °C	106	90	107	119	134	140
10 Vol.-%	115	94	108	122	136	143
50 ,,	126	99	109	128	137	146
90 ,,	144	107	111	135	138	156
Siedeendpunkt, °C	167	118	123	143	147	168

Die Eignung der Lösungsmittelextrakte als Mischkomponenten zur Erhöhung der Klopffestigkeit von Destillatbenzinen geht aus der folgenden Aufstellung hervor:

Zahlentafel 64. Oktanzahlen von Gemischen eines Destillatbenzins mit SO_2-Extrakten und mit Isooktan.

Vol.-% Benzin im Gemisch	Oktanzahl der Gemische mit		
	SO_2-Extrakt 1	SO_2-Extrakt 2	Isooktan
100	63,4	63,4	63,4
75	70,0	71,5	71,0
50	77,5	79,0	79,7
25	83,1	86,5	88,5
0	91,1	98,0	100,0

Die Oktanzahlzunahme ist dem prozentualen Zusatz an Extrakt etwa proportional. Dasselbe gilt für Isooktan. Der 98,0-Oktan-Extrakt zeitigt praktisch dieselbe Wirkung wie Isooktan.

SULLIVAN[1] erhielt bei der Behandlung eines Krackbenzins mit einem Gemisch von flüssigem Schwefeldioxyd und Kohlendioxyd bei —82° sogar eine Fraktion mit einer C. F. R.-Research-Oktanzahl von 109. Ähnliche Ergebnisse erzielte FITZSIMONS[2] mit einem Lösungsmittelgemisch aus flüssigem Schwefeldioxyd und Pyridin oder anderen heterozyklischen Stickstoffbasen.

Bei der Beurteilung der Anwendbarkeit der Lösungsmittelverfahren zur Gewinnung klopffester Benzine darf jedoch nicht außer acht gelassen werden, daß die erzielbaren Erfolge weitgehend von der Zusammensetzung des Ausgangsbenzins abhängen. Benzine mit einem sehr geringen Gehalt an Aromaten und Ungesättigten können notwendigerweise eine merkliche Ausbeute an klopffestem Extrakt nicht ergeben.

D. Naturgas und Naturgasbenzin.

1. Vorkommen, Zusammensetzung und Eigenschaften von Naturgasen.

Unter „Naturgas" versteht man die Anhäufung von Gasen in porösen geologischen Formationen. Es besteht im wesentlichen aus Kohlenwasserstoffgasen und ist häufig mit dem Erdöl vergesellschaftet.

Die bei weitem größten Naturgasvorkommen befinden sich in Nordamerika (vgl. Zahlentafel 65). Die erste industrielle Verwendung fanden Naturgase bereits 1863 in East Liverpool, Ohio. Die ersten Naturgasleitungen (natural-gas pipelines) wurden 1876 zur Versorgung von Titusville mit Leucht- und Brenngas gebaut. Heutzutage sind die Naturgas- und Ölfelder über Hunderte von Kilometern mit den großen Industriezentren verbunden. Die Gesamtlänge der amerikanischen Naturgasrohrleitungen betrug 1930 etwa 105000 km. Die Naturgasausnutzung[3] in USA. erreichte 1931 angenähert 50000 Millionen m^3; nach Abzug von 62 Millionen m^3, die nach Kanada und Mexiko ausgeführt wurden, sind hiervon 34% im Eigenbetrieb der Öl- und Gasfelder, 23% für Haushalts- und Handelszwecke, 17% für allgemeine industrielle Zwecke, 12% zur Erzeugung von Ruß, 8% in der Elektrizitätswirtschaft, 4% in Erdölraffinerien und 2% in Zementfabriken verbraucht worden. Die

[1] SULLIVAN, F. W.: A. P. 2034495 (1936).

[2] FITZSIMONS, O.: A. P. 2063597 (1936).

[3] HOPKINS, G. R., u. H. BACKUS: Natural Gas in 1931. U. S.-Bur. Min. 2, 24 (1933).

Naturgasreserven der USA. werden von THOM[1] auf über 2,83 Billionen m³ geschätzt, betragen aber möglicherweise das Doppelte und mehr. Die reichsten Gasquellen besitzt Amerika in der Appalachischen Zone und im Mid-Continent.

Weitere Vorkommen wurden in fast allen Ländern, besonders in Rumänien, Rußland, Kanada, Polen, Mexiko, Argentinien, Japan, Niederländisch-Indien und Italien erschlossen.

Zahlentafel 65. Naturgasausnutzung in den wichtigsten Produktionsländern (Millionen m³)[2].

Jahr	1930	1931	1932	1933	1934	1935	1936	1937
USA.	50030	47753	44060	44045	50140	53095	60215	67109
Rumänien	1206	1383	1456	1500	1814	1915	2010	2000
USSR.	415	597	702	751	1080	1205	1375	1500
Kanada	832	732	663	643	621	705	775	838
Mexiko	—	—	150	315	350	300	250	250
Argentinien	—	—	137	134	127	158	151	157
Japan	44	77	51	47	48	41	45	50
Niederländisch-Indien	11	13	18	20	21	22	25	25
Italien	9	12	13	14	15	12	13	15
Jugoslawien	1,2	1,8	0,6	0,2	0,1	0,2	0,2	—

Man unterscheidet „trockenes“ (dry oder gas well gas) und „feuchtes“ oder Reich-Naturgas (wet oder casinghead gas). Das erstere wird aus Gasquellen, die Erdöl nicht enthalten, gewonnen. Es besteht hauptsächlich aus niedrigsiedenden, bei gewöhnlicher Temperatur gasförmigen gesättigten Kohlenwasserstoffen. Feuchtes Naturgas tritt in mehr oder minder enger Verbindung mit Erdöl auf. Aus den Erdölbohrlöchern tritt es in dem Zwischenraum zwischen äußerer Verrohrung (casing) und innerer Ölförderleitung meist mit erheblichem Druck zutage. Es sammelt sich am Bohrlochkopf (casinghead) und wird als casinghead gas der Verwendung zugeführt. Feuchtes Naturgas enthält außer den gasförmigen auch im Benzinsiedebereich übergehende Kohlenwasserstoffe, die ihm nach verschiedenen Verfahren als Naturgasbenzin entzogen werden. Als trockene Gase werden im allgemeinen solche angesprochen, deren Benzingehalt weniger als 0,1 gal je 1000 cu.ft. (0,0134 l/m³) beträgt. Feuchte Gase sollen mehr als 0,3 gal je 1000 cu.ft. (0,0402 l/m³) enthalten. Gase mit Benzingehalten zwischen 0,1 und 0,3 gal/cu.ft. werden als Magergase („lean“ gases) bezeichnet.

Hauptbestandteile der Naturgase sind die Kohlenwasserstoffe der Paraffinreihe, sodann Kohlendioxyd, Stickstoff, Sauerstoff und in manchen Fällen Helium und Schwefelwasserstoff.

---

[1] THOM, W. T.: Proc. 3. Int. Conf. Bit. Coal **1**, 84 (1931).

[2] Kraftstoff **16**, 176 (1940). — Erzeugung in Polen siehe S. 222.

In Zahlentafel 66 sind Analysen von Naturgasen aus den Hauptfeldern der Vereinigten Staaten nach R. CROSS[1] zusammengestellt.

Zahlentafel 66. Analysen von Naturgasen aus den Hauptfeldern der USA., umgerechnet.

Staat	Grafschaft	Methan %	Äthan und höhere KW %	Kohlendioxyd %	Stickstoff %	kcal/m³ 0° C	Spez. Gew. (Luft = 1)
Arkansas	Pulsalski	96,7	0,0	1,0	2,3	9170	0,57
Kalifornien	Los Angeles	77,5	16,0	6,5	0,0	10000	0,70
,, ...	,, ,,	59,2	13,9	26,2	0,7	7910	0,88
Illinois	Laurence	37,5	59,6	0,0	1,7	14160	0,86
,, ...	Crawford	95,6	0,0	0,5	3,9	9060	0,58
Kansas	Allen	96,4	1,3	0,9	1,4	9350	0,58
,, ...	Butler	10,5	1,6	—	87,7	1150	—
,, ...	,,	62,2	18,4	—	18,6	8280	—
,, ...	Shawnee	88,8	6,7	0,8	3,7	9520	0,61
Kentucky	Fayette	76,4	22,6	0,0	1,0	10980	0,67
Louisiana	De Soto	97,3	0,0	0,4	2,3	9490	0,59
Missouri.	Jasper	92,6	4,3	0,6	2,5	9480	0,59
New York.	Alleghani	59,8	37,6	0,4	2,2	11890	0,75
,, ...	Genesee	91,9	6,8	0,0	1,3	9840	0,59
Ohio	Erie	83,5	12,5	0,2	3,8	9990	0,63
Oklahoma	Creek	93,1	5,7	0,4	0,8	9770	0,59
,, ...	Kay	70,7	18,7	—	9,3	9120	—
Pennsylvania	Blair	90,0	9,0	0,2	0,8	10020	0,60
,, ...	Mc Kean	32,3	67,0	0,0	0,7	14160	0,89
Texas.	Dallas	50,6	10,9	0,1	38,4	6600	0,77
,, ...	Gray Co.	84,0	12,0	—	2,5	9430	—
,, ...	Navarre	98,0	0,0	0,7	1,3	9290	0,57
,, ...	Tarrant	50,6	10,9	0,1	38,4	6600	0,77
Westvirgina	Harrison	66,6	32,7	0,0	0,7	11730	0,72
,, ...	Marion	82,0	17,0	0,1	0,9	10580	0,64

Heliumhaltige Gase finden sich beispielsweise im Staate Kansas auf den Ölfeldern Dexter (1,8%) und Augusta (2,1%), auf den Feldern Pearson in Oklahoma (0,5%), Petrolia in Texas (1,0%) und Model in Colorado (7,2%[2]).

Die Zusammensetzung einiger Naturgase anderer Länder ist in Zahlentafel 67 wiedergegeben.

Im Jahre 1936 standen bei restloser Ausnutzung der Vorkommen nach einer Schätzung[3] insgesamt 62 Milliarden m³ Methan und Äthan aus USA.-Naturgasen zur Verfügung. Dazu kommen etwa 8,5 Milliarden m³ dieser Gase aus Raffinerien. Man hätte daraus zusammen etwa 208 Mil-

[1] CROSS, R.: Kansas City Testing Laboratory Bull. **25** (1931).

[2] DOBBIN, C. E.: United States and other American Gases, Geology of Natural Gas. Amer. Assoc. Petrol. Geol. (1935).

[3] Chem. Reviews **22**, 208 (1938).

Zahlentafel 67.
Zusammensetzung von Naturgasen in Ländern außer USA.

Land, Fundort oder Bezeichnung	Methan %	Äthan und höhere KW %	Kohlendioxyd und Sauerstoff %	Stickstoff %	Edelgase %
Kanada[1]:					
Stony Creek Mouckton, N. B.	80,0	7,2	—	12,8	0,06
Simcoe, Ont.	80,3	7,6	0,3	11,8	—
Tilbury tp., Askew well	84,4	10,8	(H_2S: 0,3)	4,5	0,18
Sheep River	72,0	16,7	—	11,3	—
Medicine Hat	97,8	0,3	0,4	1,5	—
Turner Valley	67,2	30,3	1,7	0,8	—
Iran[2]:					
Hochdruckgas	71,0	21,0	(H_2S: 5,5)	—	—
Niederdruckgas	35,5	54,0	10,5	—	—
Rußland[3]:					
Surakhani	77,5	3,3	18,2	Luft: 1,0	—
Bibi-Eybat	90,7	2,5	6,3	0,5	—
Dagestan Ogni	89,0	2,5	7,6	1,0	—
Neu-Grosny	54,9	45,1	—	—	—
Ehemaliges Polen:					
Bitkow Gusher	85,2	5,3	5,7	3,8	—
Borislaw Well Bank 18	70,7	27,8	1,5	0,0	—
Rumänien[4]:					
Moreni	74,0	24,0	2,0	—	Spur
Australien[5]:					
Queensland, Roma	87,2	9,0		3,5	Spur
,, ,,	85,3	11,4	1,7	1,6	—
England[6]:					
Heathfield (Sussex)	93,2	2,9	(CO) 1,0	2,9	0,2
Hardstoft (Derbyshire)	94,0	1,9	0,2	3,9	—
Deutschland[7, 8]:					
Volkenroda	54,5	27,3	0,1	18,0	0,1 (CO)
Pechelbronn	98,4		Spur	1,6	0,04
Kutzenhausen	89,2		1,5	9,1	0,16

[1] ELWORTHY, R. T.: Mines branch. Dept. of Mines, Canada, Report Nr. 586 (Ottawa 1923); Nr. 616 A. (1924).

[2] AULD, S. J. M.: J. Inst. Petr. Techn. **14**, 190 (1928).

[3] NAMETKIN, S. S., A. S. ZABRODINA, A. S. KARKONAS, D. W. KURSANOV, V. A. SOKOLOV u. S. P. USPENSKI: Rept. Govt. Petr. Research Inst. Moskow, S. 124. 1932.

[4] GARDESCU, I. I.: Bull. Amer. Assoc. Petr. Geol. **18**, 871 (1934).

[5] WOOLNOUGH, W. G.: Bull. Amer. Assoc. Petr. Geol. **18**, 226 (1934).

[6] BOWDEN, A. R.: The Science of Petroleum **2**, 1500 (1938).

[7] MOUREN: J. C. S. **123**, 1905 (1923).

[8] STILLE, H., u. H. SCHLÜTER: Bull. Amer. Assoc. Petr. Geol. **18**, 719, 736 (1934). — GROTENSOHN, C.: Petroleum **30**, Nr 5 u. 9 (1934).

lionen m³ verflüssigten Motoren-Methan-Äthans gewinnen können. An Propan und Butan wären während des gleichen Jahres in USA. aus Naturgasen schätzungsweise 30,3 Millionen und aus Spaltanlagen ungefähr 22,7 Millionen m³ (flüss.) verfügbar gewesen.

Die Verwendung verflüssigter Gase als Kraftstoffe für Verbrennungskraftmaschinen bietet manche Vorteile[1]. So kann das Verdichtungsverhältnis wegen der ausgezeichneten Klopffestigkeit der niedrigsiedenden paraffinischen Kohlenwasserstoffe (vgl. Zahlentafel 68) erheblich (bis auf 9:1) erhöht werden. Entsprechend steigt der thermische Wirkungsgrad. Der Motor läuft weicher und steigert seine Leistung. Der niedrige Siedepunkt der verflüssigten Gase gewährleistet eine ausgezeichnete Vergasung. Eine Schmierölverdünnung oder eine Bildung von Kohlerückständen im Zylinder findet nicht statt. Die Lebensdauer der Maschinen wird erhöht. Schlechter Auspuffgeruch wird beseitigt. Die Vorteile der Flüssiggase als Motorkraftstoffe haben die Erzeugung von Jahr zu Jahr ansteigen lassen. Fast alle Naturgasbenzinerzeuger sind dazu übergegangen, mit dem Benzin einen möglichst hohen Anteil des in den Naturgasen enthaltenen Butans und Propans abzutrennen und zu Flüssiggas zu verarbeiten. Große Mengen Flüssiggas fallen ebenfalls bei der Hochdruck- und bei der Kohlenoxydhydrierung an (s. Bd. II).

Zahlentafel 68. Physikalische und motortechnische Daten verschiedener Kraftstoffe[2] (flüssig).

Kraftstoff	Spez. Gewicht bei 15,6° C	Siedepunkt °C	Verbrennungswärme kcal/kg	Verbrennungswärme kcal/l	Oktanzahl[3], C.F.R.-Motormethode	Kritische Daten Temp. °C	Kritische Daten Druck kg/cm²
Methan[4]	0,247	−161,5	13290	3280	125[6]	−82,5	52,6
Äthan[4]	0,410	− 89,4	12250	5020	125[6]	32,1	48,2
Propan[4]	0,511	− 42,2	12060	6160	125[6]	95,6	45,0
i-Butan[4]	0,576	− 12,2	11840	6820	99	134	37
n-Butan[4]	0,585	− 0,5	11860	6940	91	153	36
Flugbenzin	0,711	98	11200	7960	87	—	—
Autobenzin	0,740	90—110[5]	11090	8210	74	—	—
Leuchtöl	0,805	180—220[5]	11000	8860	—	—	—
Dieselkraftstoff	0,876	240—280[5]	10850	9500	—	—	—

Der Literheizwert der Kohlenwasserstoffgase ist zum Teil außerordentlich niedrig. Trotzdem ist der Kraftstoffverbrauch bei der motorischen Verwendung wegen des angewandten höheren Verdichtungsverhältnisses nicht größer als bei anderen Kraftstoffen.

---

[1] FRIEND, W. Z.: Handbook Propane-Butane Gases, 2. Ausg., S. 175. 1936.
[2] Chem. Reviews **22**, 175 (1938).
[3] EGLOFF: Oil and Gas J. **35**, Nr 22, 58 (1936).
[4] Errechnet nach Ergebnissen von F. D. ROSSINI und G. B. KISTIAKOWSKY.
[5] Siedekennziffer nach WA. OSTWALD: Autotechn. **13**, Nr 9, 10 (1924).
[6] Geschätzt.

2. Gewinnung von Naturgasbenzin.

a) Bestimmung des Benzingehaltes von Naturgasen.

Feuchte Naturgase finden sich nahezu stets in Verbindung mit Erdöl. Der Benzingehalt der Gase ist je nach den herrschenden Umständen weitgehend verschieden. Ist der im begleitenden Erdöl enthaltene Benzinanteil, der im allgemeinen zwischen etwa 0 und 60% schwankt, groß, so wird auch das zugehörige Gas reich an Benzinkohlenwasserstoffen sein und umgekehrt. Eine unmittelbare Beziehung zwischen dem Benzingehalt von Erdöl und Naturgas der gleichen Herkunft besteht jedoch nicht; neben anderen Faktoren sind vor allem die mehr oder minder große Berührung von Gas und Erdöl in der Lagerstätte sowie der in ihr herrschende Gasdruck von Einfluß. Mit fortschreitender Ölgewinnung nimmt der in der Lagerstätte herrschende Gasdruck ab, während der Benzingehalt des Gases ansteigt. Diese Abhängigkeit ergibt sich aus der Gültigkeit des RAOULT-DALTONschen Gesetzes (vgl. S. 66):

$$p_A = P_A \cdot x,$$
$$= \pi \cdot y.$$

p_A = Partialdruck des Teilnehmers A (Benzinkohlenwasserstoff) im Naturgas,
P_A = Dampfdruck des Teilnehmers A bei der herrschenden Temperatur,
π = Gesamtdruck des Gases,
x = Molprozent des Teilnehmers A in der flüssigen Phase,
y = Molprozent des Teilnehmers A in der gasförmigen Phase.

Bei gleichbleibender Temperatur sind die Werte von P_A und x für ein bestimmtes Erdöl konstant; unter diesen Voraussetzungen sind auch der Partialdruck p_A und das Produkt $\pi \cdot y$ konstant:

$$p_A = \pi \cdot y = \text{konstant}.$$

Mit fallendem Gasdruck steigt also y, der molprozentische Anteil des Teilnehmers A am Gas, an.

Die aus einem gegebenen Naturgas gewinnbare Benzinmenge berechnet sich aus dem Prozentgehalt des Gases an den Kohlenwasserstoffen mit vier und mehr Kohlenstoffatomen und aus den im folgenden gegebenen angenäherten Benzinmengen, die bei quantitativer Verflüssigung der einzelnen Kohlenwasserstoffe erhalten werden können. Wird nicht die gesamte Menge, sondern nur ein Teil der Butane in das Benzin überführt, so muß ein entsprechender Abzug bei der Benzinmengenberechnung gemacht werden.

Kohlenwasserstoff	Gewinnbare Benzinmenge in l aus 1 m³ der gasförmigen Kohlenwasserstoffe (Annäherungswerte)
Propan	3,55
Butan	4,20
Isobutan	4,35
Pentane	4,85
Hexane und höhere Kohlenwasserstoffe (Mittelwert)	5,75

Enthält ein Gas z. B. 8% Normal- und Isobutan, 5% Pentane und 1% Hexane und höhere Kohlenwasserstoffe, so lassen sich maximal folgende Benzinmengen gewinnen:

Benzin aus den	Benzinmenge l/m³
Butanen	$\frac{4{,}20}{100} \cdot 8 = 0{,}3360$
Pentanen	$\frac{4{,}85}{100} \cdot 5 = 0{,}2425$
Hexanen usw.	$\frac{5{,}75}{100} \cdot 1 = 0{,}0575$
Gesamtmenge	0,6360

Die vier ersten Kohlenwasserstoffe der Paraffinreihe sind für sich als Kraftstoffe für Otto-Motoren ausgezeichnet geeignet. Im Gemisch mit den höhersiedenden Kohlenwasserstoffen des Benzinsiedebereiches sind sie jedoch ungeeignet, da sie in den Benzinleitungen wegen ihrer hohen Flüchtigkeit die Bildung von Dampfblasen bewirken, die eine geregelte Kraftstoffzufuhr zum Vergaser unterbinden. Aus dem gleichen Grunde entstehen untragbar hohe Verdampfungsverluste in den mit der Außenluft in Verbindung stehenden Tanks. Die Aufarbeitung der den Erdölquellen entströmenden feuchten Naturgase besteht deshalb in einer Trennung der bei Außentemperaturen flüssigen von den bei diesen Temperaturen gasförmigen vier ersten Kohlenwasserstoffen der Paraffinreihe. Neuerdings wird ein Teil des abgetrennten Butans dem stabilisierten Benzinenderzeugnis zur Erhöhung seiner Flüchtigkeit wieder zugemischt. Das geschieht besonders dann, wenn das Naturgasbenzin verhältnismäßig hochsiedenden Benzinen anderer Herkunft, z. B. dem hochklopffesten Isooktan, zugemischt werden soll.

b) Abtrennung des Naturgases vom Erdöl.

Die Art der Trennung des am Bohrloch anfallenden Gases vom Erdöl richtet sich nach dem jeweiligen Druck, unter dem das Gas-Öl-Gemisch zutage tritt[1].

[1] Kraftstoff **16**, 176 (1940).

Erdölsonden, an denen das Gas in größerer Menge unter erheblichem Druck anfällt, werden mit Gas-Öl-Abscheidern verbunden. Diese bestehen aus senkrecht stehenden zylindrischen Kesseln, die im Innern durch waagerechte Querwände unterteilt sind. Das eingeführte Öl-Gas-Gemisch prallt gegen die Querwände und entmischt sich. Das aufsteigende Gas wird an einem am Kopf des Abscheiders befindlichen Auslaßventil abgenommen, während das vom Gas befreite Öl unten abfließt. Die

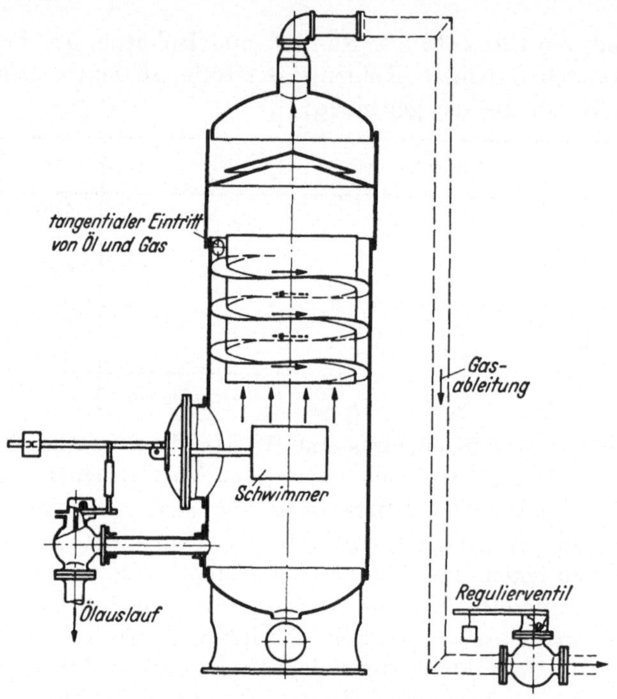

Abb. 59. Gas-Öl-Abscheider.

sich gleichzeitig am Boden des Abscheiders ansammelnden Verunreinigungen wie Schlamm, Sand und Wasser werden von Zeit zu Zeit durch ein unterhalb des Ölaustrittes befindliches Mannloch entfernt. Bei dem in Abb. 59 schematisch dargestellten Abscheider der Bauart TRUMBLE tritt das Öl-Gas-Gemisch tangential in den mittleren Teil des Kessels ein. Unter stetigem Anprall an entsprechend angeordneten Blechen nimmt es im Abscheider einen schraubenförmig nach unten verlaufenden Weg. Durch die schwache Ausdehnung, die die Gase beim Eintritt in den Abtreiber erfahren, und durch die Wirkung der Fliehkraft wird die Absonderung des Gases vom Öl eingeleitet. Gelangt das Öl-Gas-Gemisch von dem äußeren ringförmigen Raum in den inneren Hohlzylinder, so tritt eine weitere Expansion ein, die die völlige Abtrennung des Gases bewirkt. Das Gas steigt im Hohlzylinder hoch und gibt vor dem Austritt beim Anprall an dachförmig ausgebildeten Blechen etwa mitgeführte Öltröpfchen ab.

Tritt das Rohöl aus der Sonde wie beim Schöpf- und Pumpbetrieb nicht selbsttätig aus, so legt man Sammelbehälter vor, aus deren oberen Teil das frei werdende Gas abgesaugt wird. Das so abgetrennte Gas wird den Naturgasbenzin-Gewinnungsanlagen zugeführt.

Die Abtrennung des Benzins vom Naturgas wird nach verschiedenen Verfahren vorgenommen, und zwar durch Absorption, Verdichtung, Tiefkühlung, Adsorption oder durch gleichzeitige Verwendung mehrerer der genannten Arbeitsweisen[1].

Die meisten modernen Anlagen in USA. sind kombinierte Absorptions-Verdichtungs-Anlagen, in Europa werden dagegen Adsorptionsbetriebe bevorzugt.

c) Naturgasaufarbeitung durch Absorption.

Theoretische und praktische Grundlagen.

Der maximale Prozentsatz a, der von einem Kohlenwasserstoff durch ein Öl absorbiert werden kann, ist dem Absorptionsdruck P, der Absorptionsölmenge m, die je Zeiteinheit den Absorber durchläuft, und dem spez. Gewicht d des Öles direkt proportional, dagegen dem Dampfdruck p des Kohlenwasserstoffs bei der herrschenden Temperatur, dem Gasvolumen V, das je Zeiteinheit durch den Absorber geleitet wird, und dem mittleren Molekulargewicht des Absorptionsöles umgekehrt proportional:

$$a = K \cdot \frac{P \cdot m \cdot d}{p \cdot V \cdot M} \,. \tag{1}$$

K = Proportionalitätsfaktor.

Aus dieser Gleichung errechnet sich, daß die zur quantitativen Absorption des Propans benötigte Absorptionsölmenge fast das 11fache derjenigen beträgt, die zur völligen Abscheidung des Pentans und der höhersiedenden Kohlenwasserstoffe notwendig ist.

Zur Bestimmung des anzuwendenden Waschöl-Gas-Verhältnisses ist zunächst der im Endbenzin zulässige Butangehalt festzulegen, der sich nach dem gewünschten Dampfdruck des Enderzeugnisses richtet. Soll außer Benzin auch Flüssiggas hergestellt werden, so ist auf Grund des einsetzbaren Flüssiggaspreises der wirtschaftlich gewinnbare Anteil Propan und Butan festzusetzen. Sodann errechnet man aus der obigen Gleichung die Waschölmenge, die zur Absorption der zugehörigen Butan-

[1] Die theoretischen Grundlagen sind, soweit sie nicht Naturgas speziell betreffen, in ihrer Anwendung auf die Benzolgewinnung aus Stadt- und Kokereigas behandelt (Bd. II: Verkokung).

menge je m³ Gas benötigt wird. Aus der so festgelegten Waschölmenge berechnet sich umgekehrt der Prozentsatz der unter den zugrunde gelegten Bedingungen absorbierten Mengen an Pentanen, Hexanen usw. Entsprechend den wesentlich geringeren Dampfdrucken ist der absorbierte Anteil dieser Kohlenwasserstoffe bedeutend höher als der des Butans. Im allgemeinen wird die Absorption der oberhalb des Butans siedenden Kohlenwasserstoffe nahezu vollständig sein. Dagegen wird das Propan nur zu einem geringen Bruchteil absorbiert.

BURRELL und TURNER[1] führen ein Beispiel an, das die auftretenden Verhältnisse gut wiedergibt:

In einer Raffinerie fallen täglich 28320 m³ (= 1000000 cu.ft.) Raffineriegas der folgenden Zusammensetzung an:

C_1[2]	33,0 Vol.-%
C_2	29,0 ,,
C_3	21,3 ,,
C_4	8,2 ,,
C_5, C_6 usw.	8,5 ,,

Unter Berücksichtigung des Olefingehaltes des Raffineriegases errechnet sich, daß aus dem Gas bei völliger Absorption der mehr als drei Kohlenstoffatome enthaltenden Kohlenwasserstoffe flüssig gewonnen werden können:

Propan, Propylen	21,12 m³
Butane, Butylen	9,54 m³
Pentane, Hexane usw.	12,87 m³

Nach Gleichung (1) sind zur restlosen Absorption der Kohlenwasserstoffe mit fünf und mehr Kohlenstoffatomen 106 m³ Waschöl notwendig. Die mit dieser Waschölmenge gleichzeitig ausgewaschene Menge an C_3- und C_4-Kohlenwasserstoffen ergibt sich zu

Propan, Propylen	2,11 m³
Butane, Butylen	3,18 m³

Von den vorhandenen C_4-Kohlenwasserstoffen wird also nur etwa $^1/_3$, von den C_3-Kohlenwasserstoffen sogar nur $^1/_{10}$ absorbiert. Insgesamt erhält man 12,87 + 3,18 + 2,11 = 18,16 m³ flüssiges Erzeugnis, d. h. je 1 l Waschöl werden 0,171 l flüssige Kohlenwasserstoffe gewonnen.

Verdreifacht man die Waschölmenge, so werden die Butane und Butylene ebenso wie die höheren Kohlenwasserstoffe vollständig, das

---

[1] BURRELL, G. A., u. N. C. TURNER: Handbook Butane-Propane Gases. II. Ausgabe, S. 86. Los Angeles 1935.

[2] Die Abkürzungen C_1, C_2, C_3 usw. beziehen sich auf Kohlenwasserstoffe mit 1, 2, 3, usw. Kohlenstoffatomen je Molekül.

Propan und Propylen aber nur zu etwa 30% aus dem Gas entfernt. Die absorbierte Gesamtmenge beträgt

C_5, C_6 usw.	12,87 m³
C_4	9,54 m³
C_3	6,35 m³
	28,76 m³

Durch Steigerung der Waschölmenge von 106 auf 318 m³ erhöht sich die Menge der absorbierten Kohlenwasserstoffe von 18,16 auf 28,76 m³. Je Liter zusätzliches Waschöl wächst also die gewonnene Benzinmenge nur um 0,041 l. Wollte man das gesamte Propan im Waschöl absorbieren, so müßte man ungefähr 1000 m³ Waschöl einsetzen. Je Liter erzeugtes Benzin wären in diesem Falle fast 23 l Waschöl nötig. Will man also mit dem eigentlichen Naturgasbenzin auch das Butan und Propan, das zur Herstellung von Flüssiggas dient, dem Gas entziehen, so muß die Waschölmenge außerordentlich gesteigert werden. Die Betriebskosten erhöhen sich entsprechend. Die Erzeugung von Flüssiggas aus Naturgasen nach dem Absorptionsverfahren richtet sich deshalb weniger nach der Höhe des Propan-Butan-Anteiles am Ausgangsgas als nach den bei der Absorption auftretenden Kosten. Aus den im Naturgas zur Verfügung stehenden Propan-Butan-Mengen kann nur so viel zu Flüssiggas verarbeitet werden, daß die Herstellungskosten bei der jeweiligen Marktlage einen angemessenen Gewinn beim Verkauf zulassen.

Als Waschöl[1] wird bei der Absorption durchweg sog. *mineral-seal oil,* eine hochraffinierte Erdölfraktion mit einem zwischen dem von Leucht- und Gasöl liegenden Siedebereich, verwendet. Ihr Siedebeginn liegt über dem Siedeendpunkt des zu gewinnenden Naturgasbenzins, damit es von diesem bei der Destillation gut getrennt werden kann. Neben einem niedrigen Stockpunkt und einer geringen Viskosität soll es hohe Beständigkeit, niedrige spez. Wärme und keine oder nur schwache Neigung zur Bildung von Emulsionen besitzen.

Der Hauptteil einer Absorptionsanlage ist der Absorber. Die früher verwendeten Sprüh- und Vertikalabsorber sind heute fast völlig durch Absorptionstürme mit Glockenböden verdrängt. Das Waschöl fließt vom Kopf dieser Türme über die einzelnen Glockenböden zum Boden und reichert sich dabei mit den Bestandteilen des von unten nach oben geführten Naturgases an.

Die höchste, praktisch nicht erreichte Absorptionswirkung tritt auf den Kolonnenböden dann ein, wenn die Konzentration der Kohlenwasserstoffe im aufsteigenden Gas mit der im Waschöl herrschenden auf jedem Kolonnenboden im Gleichgewicht steht. Die Zahl der erforderlichen

[1] Vgl. auch Absorption von Benzol, Bd. II.

Kolonnenböden, das Waschöl-Gas-Verhältnis, die herrschende Absorptionstemperatur und der angewandte Absorptionsdruck stehen in Wechselbeziehung zur erzielten Absorptionswirkung. Mit zunehmender Zahl von Kolonnenböden tritt eine höhere Selektivwirkung ein, die Absorption der Pentane und höheren Kohlenwasserstoffe steigt, dagegen fällt die des Propans. Mit abnehmender Temperatur und steigendem Druck läßt sich das zur Erreichung einer bestimmten Absorptionswirkung erforderliche Öl-Gas-Verhältnis oder die benötigte Kolonnenbodenzahl herabsetzen.

Verfahrensgang in Absorptionsanlagen.

Das benzinhaltige Naturgas (vgl. Abb. 60) wird zunächst gekühlt und je nach dem mehr oder weniger großen Gehalt an höhersiedenden Kohlenwasserstoffen zur Erhöhung der Absorptionswirkung und zur Herabsetzung der Anlagengröße auf einen mehr oder minder hohen Druck, der in modernen Anlagen zwischen etwa 2 und 40 kg/cm² liegt, gebracht. Häufig verwendet man in den einzelnen Absorptionstürmen verschiedene Druckstufen. Das komprimierte Gas wird durch die Absorptionstürme geleitet, von den in ihm enthaltenen Kohlenwasserstoffen mit drei und mehr Kohlenstoffatomen, soweit erwünscht, befreit und dem Verbrauch als Heiz- und Leuchtgas oder Motorkraftstoff, wenn nötig, nach Reinigung von Schwefelwasserstoff, zugeführt.

Das mit Kohlenwasserstoffen angereicherte Waschöl gelangt durch Wärmeaustauscher in einen heißen Windtank, in dem der Druck entlastet wird. Die mit den höheren Kohlenwasserstoffen absorbierten Gase entweichen größtenteils. Da auch ein Teil der höhersiedenden Anteile von den Gasen mitgeführt wird, wird das entweichende Gas häufig erst zur Rückgewinnung dieser Anteile nach Durchgang durch einen Kompressor oder durch einen weiteren Absorber in die Heizgasleitung eingeleitet.

Das mit Benzin beladene Waschöl wird durch Wärmeaustauscher im Gegenstrom zu dem von Benzin befreiten heißen Waschöl in einen dampfgeheizten Ofen geleitet, in dem die niedrigsiedenden Kohlenwasserstoffe ausgetrieben werden. Das heiße Waschöl gibt seine Wärme an das nachfließende Benzin-Waschöl-Gemisch ab, wird in Kühlern auf die bei der Absorption eingehaltene Temperatur gekühlt und erneut in den Absorptionsgang zurückgeführt.

In älteren Anlagen erfolgt die Austreibung der Benzindämpfe bei schwachem Überdruck. Durch die anschließende Kühlung wird nur ein Teil des Benzins, das sog. look-box gasoline, kondensiert. Die Kondensation der übrigen Anteile geschieht in zwei der Kühlung folgenden Druckstufen bei etwa 5 und 20 kg/cm². Man erhält das „low stage compressor gasoline“ und das „high stage compressor gasoline“. Die drei Kondensate besitzen eine unterschiedliche Zusammensetzung. Mit steigendem Kondensationsdruck verschiebt sie sich zur Seite der niedrigmolekularen Kohlenwasserstoffe:

Kohlenwasserstoff	Look box gasoline Vol.-%	Low stage gasoline Vol.-%	High stage gasoline Vol.-%
Methan	3	4	8
Äthan	6	10	13
Propan	20	25	28
Butane	52	50	46
Höhere Kohlenwasserstoffe	19	11	5
	100	100	100

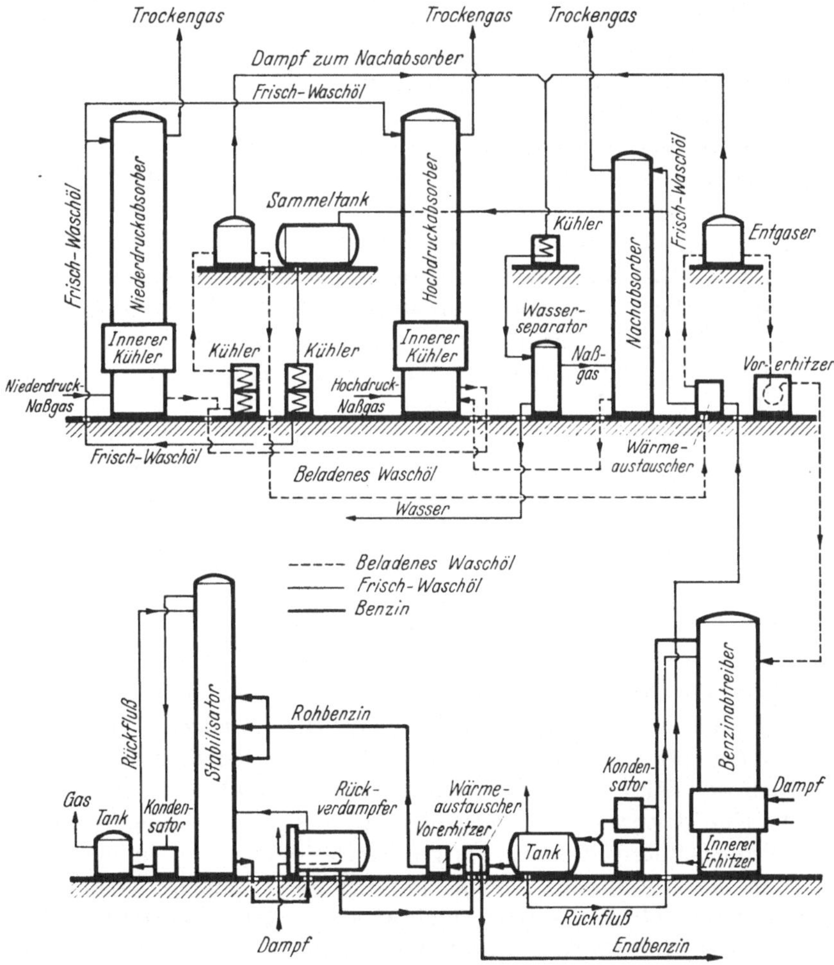

Abb. 60. Fließdiagramm des Waschöl-Absorptionsverfahrens zur Gewinnung von Naturgasbenzin.

In neuzeitlichen Anlagen wird das angereicherte Öl zuerst einem unter Druck (∾5 atü) arbeitenden Ofen zugeführt, der mit einer Rückflußkolonne ausgerüstet ist. Durch die Anwendung des erhöhten Druckes können die hier abgetrennten leichten Benzinanteile quantitativ kondensiert werden, so daß eine zweite Druckstufe für die Kondensation nicht mehr benötigt wird. Bei der Druckabtrennung bleibt ein kleiner Teil des Benzins im Waschöl, der in einem zweiten bei niedrigem Überdruck (∾0,5 atü) arbeitenden Ofen aus dem Öl entfernt wird.

Das erhaltene Benzin entspricht jedoch keineswegs den an Handelsbenzine gestellten Anforderungen. Vor allen Dingen enthält es noch erhebliche Anteile von Methan, Äthan und besonders Propan und Butan, die ein hohes Dampfblasenbildungsvermögen bewirken. In einem weiteren Verfahrensgang müssen diese Anteile dem Benzin entzogen werden.

Früher wurden die aus der Absorption gewonnenen Rohbenzine in offenen Tanks gelüftet, bis ein genügend niedriger Dampfdruck erreicht war. Dieses Verfahren, das mit großen Verlusten an höhersiedenden Benzinkohlenwasserstoffen arbeitet, ist heute zugunsten der Stabilisierung in besonderen Kolonnen verlassen.

Das durch Wärmeaustauscher und Vorwärmer erhitzte Rohbenzin wird etwa in der Mitte der verhältnismäßig hohen Stabilisierkolonne, die durch Kolonnenböden in 30 bis 40 Abteile unterteilt ist, aufgegeben. Die höhersiedenden Benzinkohlenwasserstoffe sammeln sich im unteren Teil der Kolonne und gelangen über einen U-Trapp in einen dampfgeheizten Kessel. Die letzten Reste niedrigsiedender Kohlenwasserstoffe entweichen durch eine Rohrverbindung in die Kolonne. Das stabilisierte Naturgasbenzin läuft durch Wärmeaustauscher und wird nach dem Süßen den Lagertanks als Fertigerzeugnis zugeführt.

Am oberen Ende der unter ungefähr 12 at stehenden Kolonne werden die leichteren Fraktionen abgenommen und kondensiert. Ein Teil wird als Rückfluß in die Kolonne zurückgegeben, während die nicht verflüssigten Dämpfe als Heizgase abgeführt werden. Durch Veränderung des Druckes, des Rückflußverhältnisses und der Temperaturen am Fuß und am Kopf der Kolonne läßt sich die Zusammensetzung des erzeugten Naturgasbenzins in beliebiger Weise einstellen. Im allgemeinen arbeitet man auf ein propanfreies Erzeugnis, während der Gehalt an den Butanen je nach der Jahreszeit und der Marktlage schwankt.

Ist eine gleichzeitige Gewinnung von Flüssiggas, d. h. der verflüssigten Propan-Butan-Fraktion, vorgesehen, so stellt man in der ersten Kolonne ein butanfreies Benzin her. Für die Trennung der am Kopf der Kolonne übergegangenen und kondensierten Kohlenwasserstoffe n- und i-Butan, Propan, Äthan und Methan werden gegebenenfalls weitere Kolonnen eingesetzt (vgl. Destillation, S. 133). Je nach der gewünschten Reinheit der Enderzeugnisse benutzt man hierzu eine oder mehrere zusätzliche Kolonnen. Wird nur eine Kolonne zur Trennung der niedrigsiedenden Kohlenwasserstoffe voneinander verwendet, so werden solche Destillationsbedingungen gewählt, daß die Butane unten, das Propan oben die Kolonne verlassen. Durch Einsatz weiterer Kolonnen wird es möglich, n-Butan, i-Butan und Propan gesondert zu gewinnen.

Um die aus Primärdestillations-, Spalt- und Tankanlagen entweichenden Kohlenwasserstoffdämpfe nicht verlorengehen zu lassen, werden in USA. sog. Dampfgewinnungsanlagen (vapor recovery systems) eingesetzt. Man saugt die in den einzelnen Anlageteilen entstehenden Kohlenwasserstoffgase an und verflüssigt sie wieder durch Verwendung von Absorptions- oder Kompressionsanlagen. Um die Verluste möglichst gering zu halten, befreit man die zu destillierenden Rohöle oder Rohdruckdestillate zunächst in einem „Debutanisator" von allen gasförmigen Kohlenwasserstoffen einschließlich Butan. Erst dann gelangen die so stabilisierten Rohstoffe zur eigentlichen Destillation. Diese zur Debutanisierung benutzten Kolonnen unterscheiden sich von den zur Stabilisierung von Naturgasbenzin verwendeten praktisch nicht.

d) Naturgasbenzingewinnung durch Verdichtung.

Das Verdichtungsverfahren eignet sich hauptsächlich für die Aufarbeitung von Gasen mit hohem Gehalt an Benzinkohlenwasserstoffen. Für solche Gase ist es wirtschaftlicher als das Absorptionsverfahren, das in diesem Falle ein hohes Öl-Gas-Verhältnis benötigt. Dagegen ist die Absorption der Kompression für die Aufarbeitung von benzinarmen Naturgasen überlegen. Häufig werden kombinierte Kompressions-Absorptions-Anlagen erstellt, in denen das durch Verdichtung nicht erfaßte Benzin durch nachfolgende Absorption in Öl gewonnen wird; denn die Rückstandsgase von Kompressionsanlagen enthalten häufig 0,4 bis 0,5 l Benzin je Kubikmeter, während durch Ölabsorption noch Gase mit 0,3 l/m³ wirtschaftlich verarbeitet werden können.

Unterhalb der kritischen Temperatur läßt sich jedes Gas durch Anwendung genügend hohen Druckes verflüssigen. Zur Verflüssigung von Gasen durch Verdichtung ist es deshalb notwendig, eine so niedrige Temperatur zu wählen, daß die kritische Temperatur aller zu verflüssigenden Gasgemischteilnehmer unterschritten wird. Da sich nach dem DALTONschen Gesetz, das hier nur angenähert Gültigkeit besitzt, jedes Gas im Gemisch mit anderen Gasen so verhält, als wenn es allein vorhanden wäre, benötigt man zur Einleitung der Verflüssigung jedes Gemischteilnehmers einen so hohen Druck, daß der Partialdruck des Gases seinen Dampfdruck bei der herrschenden Temperatur überschreitet. Die Zusammenstellung der kritischen Daten von Kohlenwasserstoffen in Zahlentafel 68 zeigt, daß alle Kohlenwasserstoffe mit Ausnahme von Methan bereits bei gewöhnlichen Außentemperaturen verflüssigt werden können. Allerdings beträgt der zur Verflüssigung von Äthan bei 32° anzuwendende Druck bereits etwa 48 at. Liegt Äthan nicht allein, sondern im Gemisch mit anderen Gasen vor, so erhöht sich der Verflüssigungsdruck. Ein Naturgas mit einem Gehalt von 10% Äthan erfordert bei 32° theoretisch einen Druck von über 480 at, um das Äthan in die flüssige Phase zu überführen. Der so errechnete Druck entspricht jedoch nicht dem praktisch anzuwendenden, um die Verflüssigung zu erreichen, weil die Kohlenwasserstoffgase die Gasgesetze nur in grober Annäherung erfüllen. Die wirklich aufzuwendenden Drucke liegen bedeutend niedriger als die theoretisch errechneten, so daß man bei der Konstruktion von Kompressionsanlagen

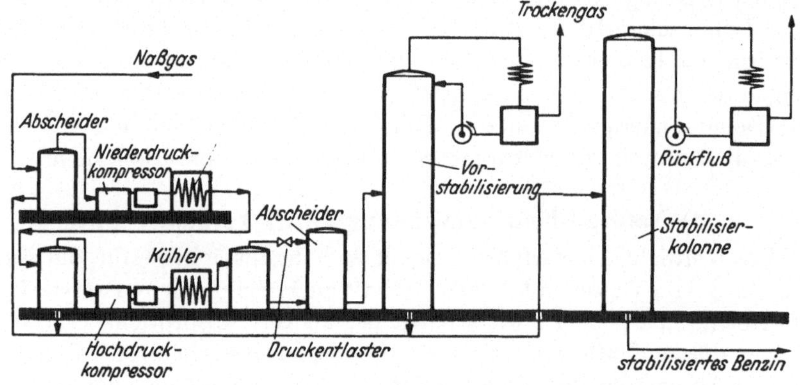

Abb. 61. Naturgas-Benzingewinnung nach dem Verdichtungsverfahren.

in erster Linie auf die praktische Erfahrung in alten Anlagen angewiesen ist.

Kleinanlagen der Naturgasbenzingewinnung durch Verdichtung bestehen lediglich aus Kompressor, Kühlern und Tanks.

Neuzeitliche Großanlagen (vgl. Abb. 61) verwenden mehrere Verdichtungsstufen, z. B. in der ersten 2 bis 4 und in der zweiten 25 atü. Die komprimierten und gekühlten Gase scheiden die höhersiedenden Kohlenwasserstoffe flüssig aus. Die gewonnene Flüssigkeit wird einer Kolonne zugeführt, in der die mitgeführten leichten Anteile abgetrennt werden. Am Boden der Kolonne wird ein Rohbenzin abgenommen, das die Pentane und höheren Kohlenwasserstoffe sowie einen Teil der Butane enthält. Das Rohbenzin wird mit dem in der ersten Kompressionsstufe angefallenen Benzin zusammen in einer zweiten Kolonne stabilisiert, sodann gesüßt und in die Lagertanks geleitet. Die den Kopf der Kolonne verlassenden niedrigmolekularen Kohlenwasserstoffe werden von mitgeführten leichten Benzinkohlenwasserstoffen durch Kühlung befreit. Das dabei gewonnene flüssige Produkt wird als Rückfluß in die Kolonne zurückgegeben. Propan und Butan können durch Nachschaltung von Kolonnen ebenso wie in Absorptionsanlagen auf Flüssiggas verarbeitet werden.

e) Benzinerzeugung durch Tiefkühlung von Naturgas.

Ebenso wie beim Verdichtungsverfahren lohnt sich die Benzingewinnung durch Tiefkühlung nur bei Gasen mit hohem Gehalt an Benzinkohlenwasserstoffen. Nur untergeordnete Mengen von Naturgasbenzin werden durch Tiefkühlung gewonnen.

Bereits 1917 errichtete die *Gesellschaft für Lindes Eismaschinen A.G.*[1] in Galizien eine Tiefkühlanlage, in der eine kombinierte Kühl-

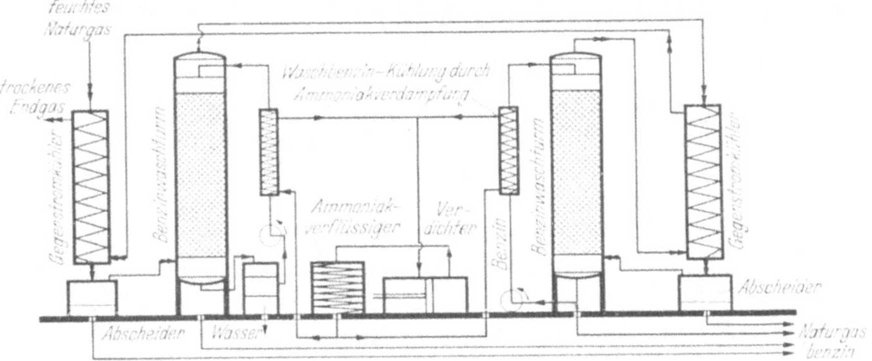

Abb. 62. Gewinnung von Naturgasbenzin durch Tiefkühlung nach dem Verfahren der *Gesellschaft für Lindes Eismaschinen A.G.*

und Absorptionsarbeitsweise angewandt wird. Die ersten Anteile des bei der Kühlung verflüssigten Benzins werden als Waschflüssigkeit zum Ausbringen des Restbenzins benutzt.

Das im Gegenstrom mit benzinfreiem kaltem Gas gekühlte nasse Gas wird in einem Waschturm mit bereits verflüssigtem Benzin bei etwa —3 bis —5° C berieselt (Abb. 62). Das im Gas enthaltene Wasser sowie ein von der Gaszusammensetzung abhängender Teil des Benzins werden ausgeschieden. Nach weiterer Kühlung in Gegenstromkühlern werden die restlichen Benzindämpfe bei etwa —20° in einem zweiten Waschturm ebenfalls durch Berieselung mit Benzin ausgewaschen. Die Abkühlung des Waschbenzins erfolgt durch Verdampfung verflüssigten Ammoniaks.

In Anlehnung an das in großem Umfange angewandte Propan-Entparaffinierungsverfahren für Schmieröle verflüssigt die *M. W. Kellogg Co.*[2] das im Naturgas enthaltene Benzin durch Verdampfen ver-

[1] Pollitzer, F.: Z. ges. Kälteindustr. **39**, 90 (1932).
[2] The Kelloggramm Nr 7 (1938).

flüssigten Propans. Das Verfahren arbeitet ebenfalls in zwei Stufen. Das zunächst bis auf annähernd 0° C gekühlte Gas wird zwecks Entfernung von Wasser durch ein geeignetes Trockenmittel geleitet. In der zweiten Stufe wird das Gas durch Verdampfen von flüssigem Propan auf eine solche Temperatur gekühlt, daß alle zu verflüssigenden Gasanteile kondensiert werden. Das erhaltene Rohbenzin wird in üblicher Weise stabilisiert.

Als Vorteile des Tiefkühlverfahrens gegenüber anderen Arbeitsweisen werden genannt: niedrige Anlagekosten, geringer Bedarf an Dampf, Kühlwasser und Unterfeuerung, hohe Anpassungsfähigkeit an verschiedene Arten von Naturgas und einfache Anlagenvergrößerung bei höherem Gasanfall.

f) Adsorptionsverfahren in Anwendung auf die Benzinabtrennung aus Naturgas.

Die Kenntnisse über die Adsorptionseigenschaften der aktiven Kohle gehen bis auf SCHEELE (1777) zurück. Die erste technische Anwendung fand Aktivkohle jedoch erst während des Weltkrieges durch RUNKEL von *F. Bayer & Co.*[1] als Adsorptionsmittel für Giftgase in Gasmasken sowie für die Gewinnung flüssiger Kohlenwasserstoffe aus Steinkohlengas. Seit dieser Zeit wurden zahlreiche Anlagen zur Gewinnung flüssiger Kohlenwasserstoffe aus Gasen, insbesondere von Benzol-Kohlenwasserstoffen aus Koksofengas, errichtet. Auch die Naturgasbenzinindustrie bedient sich in steigendem Maße dieses Verfahrens, obwohl in Amerika heute noch das Waschölverfahren weit stärker als die Adsorptionsarbeitsweise benutzt wird.

Nach dem Weltkriege begann man auch in Europa, namentlich in Rumänien und Galizien, aus den in den Erdölgebieten anfallenden Naßgasen Benzin abzuscheiden. Die hier errichteten Betriebe arbeiten fast ausschließlich nach dem Adsorptionsverfahren in von der *Carbo-Union Ges.*, Frankfurt a. M., erbauten Anlagen.

Der Arbeitsgang in einer solchen Anlage ist in Abb. 63 angedeutet[2].

Das vom Erdöl getrennte benzinhaltige Naturgas tritt von unten in eine der beiden Adsorptionskammern (*I* und *II*) ein, deren Zahl je nach Bedarf vermehrt wird. Die Kammern enthalten zwei Schichten von Aktivkohle. Sie werden abwechselnd mit Benzin beladen und mit Wasserdampf ausgedämpft. Ist der erste Adsorber mit Benzin gesättigt, so wird auf den zweiten umgeschaltet. Gleichzeitig wird in den ersten Adsorber von oben Sattdampf eingeleitet und das von der Kohle adsor-

---

[1] ENGELHARDT, A.: Gas- u. Wasserfach **65**, 473 (1922). — REISEMANN, E.: Die neueren Fortschritte der Gasolingewinnung mit dem Aktivkohleverfahren. Berlin-Wien 1932 — Öl und Kohle, **13**, 107 (1937).

[2] Kraftstoff **16**, 180 (1940).

bierte Benzin ausgetrieben. Das Gemisch von Benzin- und Wasserdampf wird im Kondensator (*2*) kondensiert und im Separator (*3*) voneinander getrennt. Das flüssige Benzin wird im Behälter (*4*) gesammelt. Nach dem Ausdämpfen wird der Adsorber mit warmem Gas getrocknet, das von oben und unten in das Gefäß eintritt, die Kohleschichten durch-

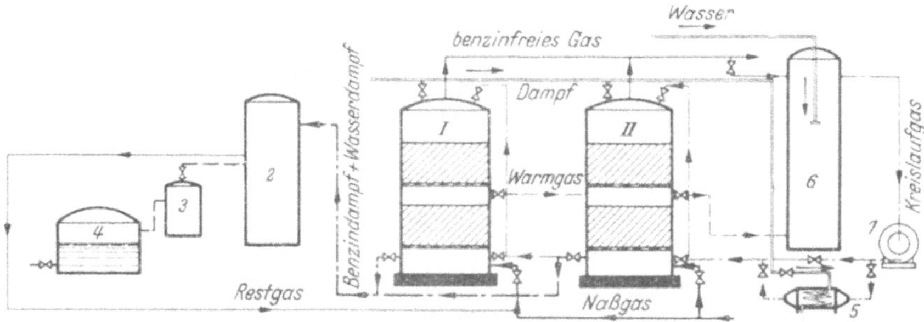

Abb. 63. Fließdiagramm des Adsorptionsverfahrens in Anwendung auf die Naturgas-Benzingewinnung (Aktiv-Kohleverfahren der *Carbo-Union Ges.*).

strömt und mit Wasserdampf beladen in der Gefäßmitte austritt. Im angeschlossenen Kühler (*6*) wird das Gas durch Kühlung von dem mitgeführten Wasser befreit, vom Gebläse (*7*) angesaugt und nach dem Durchgang durch den Gaserhitzer (*5*) erneut zur Trocknung der Adsorber benutzt.

3. Bedeutung, Eigenschaften und Verwendung von Naturgasbenzin.

Benzin aus Naturgas wurde in technischem Ausmaße erstmalig 1903 in Sisterville, West-Virginia[1], gewonnen. Das Benzin wurde dem Gas durch Kühlung entzogen und durch Stehenlassen an der Luft stabilisiert. Später wurden Kompressoren zur Erzielung größerer Ausbeuten herangezogen. Erst ab 1915 wurde das Absorptionsverfahren eingeführt, das jedoch die Aufarbeitung durch Kompression allmählich übertraf. Schon im Jahre 1928 wurden ungefähr 85% des erzeugten Naturgasbenzins nach dem Absorptionsverfahren hergestellt.

Seit 1920 wird ein kleiner Teil des Naturgasbenzins durch Adsorption an Aktivkohle gewonnen.

1936 gab es in USA. 840 Naturgasbenzin-Gewinnungsanlagen mit einer täglichen Gesamtleistung von etwa 38000 m³ rohen Benzins, das nach der Stabilisierung etwa 18000 m³ Fertigbenzin ergibt[2]. 1936 betrug die Naturgasbenzinerzeugung der USA. 6,585 Millionen m³, das entspricht etwa 8% der Benzingesamterzeugung der USA. im genannten Jahr.

[1] Westcott, H. P.: Handbook of Casinghead Gas, S. 13. 1922.

[2] Starmont, D. H.: Oil and Gas J. **34** (1936).

Zahlentafel 69[1]. Naturgasbenzinerzeugung in USA. 1916—1937.

Jahr	Millionen m^3	Proz. der Benzin-gesamterzeugung
1916	0,390	5
1920	1,457	7
1925	4,267	10
1930	8,366	12
1935	6,178	8
1936	6,585	8
1937	7,768	—

Europäische Naturgasbenzinanlagen[2] befinden sich im ehemaligen Polen und Rumänien. In Polen werden in 28 Anlagen monatlich etwa 22,5 Millionen m^3 Gas, und zwar hauptsächlich in Adsorptionsbetrieben verarbeitet. Von den 28 Anlagen befinden sich 15 im Bezirk Drohobicz, 7 im Bezirk Jaszlo und 6 im Bezirk Stanislawow. Die jährliche polnische Naturgasbenzinerzeugung betrug 1936 rund 40000 t. Sie stieg 1937 nur wenig, und zwar auf etwa 41000 t.

In den gleichen Jahren wurden in Rumänien 282000 und 304000 t Naturgasbenzin gewonnen.

Naturgasbenzin wird hauptsächlich zur Herstellung von Motorkraftstoffen durch Mischen mit Erdölerzeugnissen verwendet.

Nach den Vorschriften der *National Gasoline Association of America* sollen Naturgasbenzine folgenden Bedingungen entsprechen:

Zahlentafel 70. Anforderungen der National Gasoline Association of America an Naturgasbenzin für motorische Zwecke seit dem 1. 1. 1932.

Dampfdruck nach REID bei 100° F (37,8° C)	0,70 bis 2,39 kg/cm²
Verdampfte Anteile bei 140° F (60° C) . . .	25 bis 85 Vol.-%
„ „ „ 275° F (135° C) . . .	nicht unter 90 Vol.-%
Siedeendpunkt	„ über 375° F (190° C)
Korrosion	„ korrosiv
Doctortest	negativ
Farbe	nicht unter +25 (Saybolt)

Die angegebenen Grenzwerte beziehen sich auf die nach folgenden Analysenverfahren erzielten Ergebnisse:

Reid-Dampfdruck ASTM.[3] D 323—31 T,
Korrosionstest ASTM. D 130—30,
Farbuntersuchung ASTM. D 156—23 T,
Destillationsverfahren ASTM. D 216—32 T.

[1] BUCHANAN, D. E.: 2. Welterdölkongreß Paris 1937.

[2] SPAUSTA, F.: Treibstoffe für Verbrennungsmotoren, S. 23. Wien 1939.

[3] *American Society for Testing Materials*, 1315 Spruce Street, Philadelphia, Pa.

Darüber hinaus werden Handels-Naturgasbenzine je nach ihrem Dampfdruck bei 37,8° und je nach dem Gehalt an bis 60° Verdampfendem in 24 Klassen eingeteilt:

Zahlentafel 71. Naturgasbenzineinteilung der National Gasoline Association of America.

Reid-Dampfdruck bei 37,8° lbs/sq. inch	Bis 60° bei 740 mm Hg verdampfte Anteile, Vol.-%			
	25—40	40—55	55—70	70—85
30—34	34/25	34/40	34/55	34/70
26—30	30/25	30/40	*30/55*	*30/70*
22—26	26/25	26/40	*26/55*	*26/70*
18—22	22/25	*22/40*	*22/55*	*22/70*
14—18	18/25	*18/40*	*18/55*	*18/70*
10—14	*14/25*	*14/40*	*14/55*	14/70

Die wichtigsten Klassen sind kursiv gedruckt. Die Dampfdrucke 10, 14, 18, 22, 26, 30 und 34 lbs per square inch entsprechen 0,70, 0,98, 1,27, 1,55, 1,83, 2,11 und 2,39 kg/cm². Jede Klasse ist durch einen bestimmten Bereich des Dampfdruckes bei 37,8° und der verdampften Anteile bei 60° definiert. Beispielsweise besitzen Naturgasbenzine der Klasse 22/55 einen zwischen 18 und 22 lbs per square inch (1,27 bis 1,55 at) liegenden Reid-Dampfdruck, bis 60° verdampfen 55 bis 70 Vol.-%.

Die ASTM.-Destillationskurven sind dabei auf einen Druck von 740 mm Hg bezogen. Bei anderen Drucken ist ein Berichtigungswert

Zahlentafel 72. Typische Analysen von Naturgasbenzinen aus Texas[1].

Eigenschaften und Zusammensetzung des Benzins	Herkunft			
	Ost-Texas		Nord-Texas	
Reid-Dampfdruck bei 37,8°, kg/cm²	1,83	1,27	1,83	1,27
Spez. Gewicht bei 15,6°	0,636	0,649	0,646	0,661
Destillation (ASTM.), Vol.-%:				
bis 38°	55,0	33,0	40,0	27,5
„ 60°	85,0	77,5	72,5	65,0
„ 100°	96,0	95,5	92,5	91,5
Siedeendpunkt, °C	151	154	157	160
Oktanzahl, C.F.R.-Motormethode . .	84	78	82	75
Kohlenwasserstoffanalyse, Vol.-%:				
Propan	—	—	0,08	—
Isobutan	1,23	—	1,54	1,04
n-Butan	35,26	14,42	30,95	14,05
Isopentan	24,15	31,66	10,59	13,25
n-Pentan	20,37	28,06	20,25	25,45
Hexan	10,22	13,97	—	—
Hexan und höhere Kohlenwasserstoffe	8,77	11,89	36,59	46,21

[1] Buchanan, D. E.: 2. Welterdölkongreß Paris 1937.

Zahlentafel 73. Typische Analysen von Mid-Continent-Naturgasbenzinen mit verschiedener Flüchtigkeit[1].

Eigenschaften und Zusammensetzung des Benzins	Flüchtigkeit			Flüchtigkeit		
	niedrig	mittel	hoch	niedrig	mittel	hoch
Reid-Dampfdruck bei 37,8° in kg/cm²	1,83	1,83	1,83	1,27	1,27	1,27
Spez. Gewicht bei 15,6°	0,660—0,673	0,651—0,660	0,636—0,654	0,663—0,676	0,654—0,667	0,642—0,654
Destillation (ASTM.), Vol.-%:						
bis 38° C	5—10	20—30	30—45	5—10	15—25	30—40
„ 60° C	35—45	55—70	70—85	30—40	50—65	68—80
„ 100° C	70—80	85—92	93—97	70—80	82—90	91—96
Siedeendpunkt, °C	185	176	166	185	176	166
Oktanzahl, C.F.R.-Motormethode	bis 72	74—78	80—85	65—70	71—74	75—78
Kohlenwasserstoffanalyse, Vol.-%:						
Butane	—	—	—	18—20	16	16
Pentane	—	—	—	25—30	35—40	55—60
Hexane und höhere Kohlenwasserstoffe	—	—	—	50—57	44—49	25—30

einzuführen. Für je 14,5 mm Hg Druckerhöhung ist die Destillationsbezugstemperatur von 140° F (60° C) um 1° F zu erhöhen.

Die mittleren Eigenschaften der amerikanischen Naturgasbenzine lassen sich aus den Zahlentafeln 72 und 73 entnehmen, die typische Analysen von Naturgasbenzinen von der Golfküste und aus dem Mid-Continent, den wichtigsten Produktionsländern, wiedergeben.

Bemerkenswert ist die hohe Klopffestigkeit der Naturgasbenzine. Mit steigender Flüchtigkeit nimmt die C.F.R.-Motoroktanzahl von etwa 65 bis 85 zu. Zwischen dem 10%-Siedepunkt (ASTM.) oder dem Reid-Dampfdruck und der Oktanzahl[2] lassen sich sogar annähernd gültige Beziehungen aufstellen. Außerdem kann man mit Hilfe der durch Destillation ermittelten Flüchtigkeit bemerkenswerte Rückschlüsse auf das Verhalten der Benzine im Motor ziehen:

Nach Brown[3] läßt sich der ASTM.-10%-Siedepunkt zu der niedrigsten Motortemperatur, bei der noch ausreichender Start eintritt, sowie zu der niedrigsten Außentemperatur, bei der der Motor noch arbeitet, in Be-

[1] Buchanan, D. E.: 2. Welterdölkongreß Paris 1937.

[2] Alden, R. C.: Nat. Petr. News **24**, 32 (1932) — Oil and Gas J. **30**, 22 (1932).

[3] Brown, G. G.: The Relation of Motor Fuel characteristics to Engine Performance, Univ. Michigan, Engineering Research Bulletin Nr. 7, S. 14.

ziehung setzen. Der 35%- und der 65%-Punkt weisen Beziehungen zu der zur Aufwärmung des kalten Motors benötigten Zeit bzw. zur niedrigsten Gemischtemperatur, bei der die volle Leistung erzielt wird, auf. Alle drei Punkte (10-, 35- und 65%-Punkt) sollten so niedrig wie möglich liegen, um ausreichendes Startvermögen, kurze Aufwärmzeiten und gute Motorleistung zu erhalten. Eine Grenze hat die Herabsetzung des Siedebereiches der Benzine jedoch durch das mit steigender Flüchtigkeit zunehmende Dampfblasenbildungsvermögen (vgl. S. 158ff.).

Wegen seiner hohen Klopffestigkeit und Flüchtigkeit ist das Naturgasbenzin sowohl für sich als auch im Gemisch mit wenig klopffesten Kraftstoffen, z. B. mit Destillatbenzin, ausgezeichnet als Motorkraftstoff geeignet. Je nach den Anforderungen kann es in verschiedenen Flüchtigkeits- und damit auch Klopffestigkeitsklassen hergestellt werden (vgl. Zahlentafel 71, S. 223). Außerdem lassen sich diese beiden Werte durch Zumischung von Destillatbenzinen, denen meist geringe Flüchtigkeit und Klopffestigkeit zukommen, weitgehend einstellen. Seinem paraffinischen Charakter entsprechend besitzt Naturgasbenzin eine hervorragende Bleiempfindlichkeit (s. S. 505ff.), die es zum Teil auf die mit Benzinen anderer Herkunft hergestellten Gemische überträgt. Auf Änderungen der motorischen Betriebsbedingungen spricht es im Gegensatz zu aromatischen Kraftstoffen sehr wenig an. Seine Verbrennungswärme liegt sehr hoch (um 11400 kcal), ein Umstand, der besonders bei der Herstellung von Flugbenzin wichtig ist.

4. Mischen von Naturgasbenzin.

Destillatbenzine (straight-run gasolines) besitzen häufig neben einer unzureichenden Klopffestigkeit eine zu geringe Flüchtigkeit. Beide Eigenschaften lassen sich durch Zumischen von Naturgasbenzin in jeder erwünschten Weise verbessern, eine Möglichkeit, von der die Naturgasbenzinhersteller weitgehenden Gebrauch machen. Um zu Gemischen mit bestimmten Eigenschaften zu kommen, ist es zweckmäßig, sich einer der von verschiedener Seite aufgestellten Mischkarten zu bedienen, die auf Grund einer Anzahl analytischer Daten der Mischteilnehmer die Eigenschaften der Endgemische zu berechnen gestatten. Zublin[1] legt seinen Berechnungen z. B. den 10%- und 50%-ASTM.-Siedepunkt, den Verdampfungsverlust bei der Destillation sowie den Dampfdruck und die Oktanzahl zugrunde.

Alden und Blair[2] entwickelten eine sehr einfache Mischkarte, mit deren Hilfe sie aus Destillat- und Naturgasbenzinen Gemische mit

[1] Zublin, E. W.: Annual Convention, Natural Gasoline Association of America Proc. **9**, 37 (1930).

[2] Alden, R. C., u. M. G. Blair: Nat. Petr. News **22**, Nr 46, 107 (1930).

bestimmtem Dampfdruck herstellen. Gleichzeitig vermögen sie die bis 100° übergehende Destillatmenge der Gemische in Vol.-% anzugeben. Gegebenenfalls können die Gemische nicht nur auf einen festgelegten Dampfdruck, sondern auch auf eine bestimmte, bis 100° übergehende Destillatmenge eingestellt werden.

Grundlage der Mischkarte ist ein empirisch aufgestellter Ausdruck des RAOULTschen Gesetzes:

$$P_g = \frac{P_s \cdot G_s \cdot V_s + P_1 \cdot G_1 \cdot V_1}{G_s \cdot V_s + G_1 \cdot V_1}.$$

In dieser Gleichung bedeuten:

P = Dampfdruck, s = schweres Benzin,
G = A.P.I.-Dichte, l = leichtes Benzin,
V = Vol.-%, g = Gemisch.

Die Gleichung setzt voraus, daß die A. P. I.-Dichte der in den Benzinen vorherrschenden Kohlenwasserstoffe dem Quotienten aus spez. Gewicht und Molekulargewicht ungefähr proportional ist. Eine weitere, durch zahlreiche praktische Untersuchungen begründete Annahme ist, daß zwischen A.P.I.-Dichte bzw. spez. Gewicht und Dampfdruck von Destillat- und Naturgasbenzinen eine einfache Abhängigkeit besteht:

	Spez. Gewicht bei 15,6°	A.P.I.-Dichte	Reid-Dampfdruck bei 37,8°	
			lbs/squ. inch	kg/cm²
Destillatbenzin	0,7711	52	1,8	0,13
	0,7547	56	5,4	0,38
	0,7389	60	9,0	0,63
	0,7238	64	12,6	0,89
Naturgasbenzin	0,6886	74	9	0,63
	0,6628	82	18	1,26
	0,6446	88	27	1,89
	0,6275	94	36	2,52

Auf der Abszisse der in Abb. 64 wiedergegebenen Mischkarte ist der Vol.-%-Gehalt des Naturgasbenzins im Gemisch, auf der linken Ordinate die Differenz zwischen dem Dampfdruck des Gemisches und des als Mischteilnehmer benutzten Destillatbenzins aufgetragen.

Die Dampfdruckdifferenzen sind in pounds per square inch (0,0703 kg/cm²) angegeben; bei den mit Hilfe der Mischtafel angestellten Berechnungen sind deshalb die Dampfdrucke und Dampfdruckdifferenzen stets in pounds per square inch einzusetzen. Ist die Differenz zwischen Gemisch und Destillatbenzin gleich Null, so befindet man sich in der linken oberen Ecke des Diagrammes, d. h. dieser Punkt stellt den Dampfdruck des herzustellenden Gemisches dar. Die Differenz zwischen dem Dampfdruck des Naturgasbenzins und des Gemisches wird auf dem von der oberen linken Ecke ausgehenden Kurvenbündel abgelesen. Auf der rechten Ordinate ist außerdem der bis 100° (212° F) verdampfende Destillatbenzinanteil angegeben.

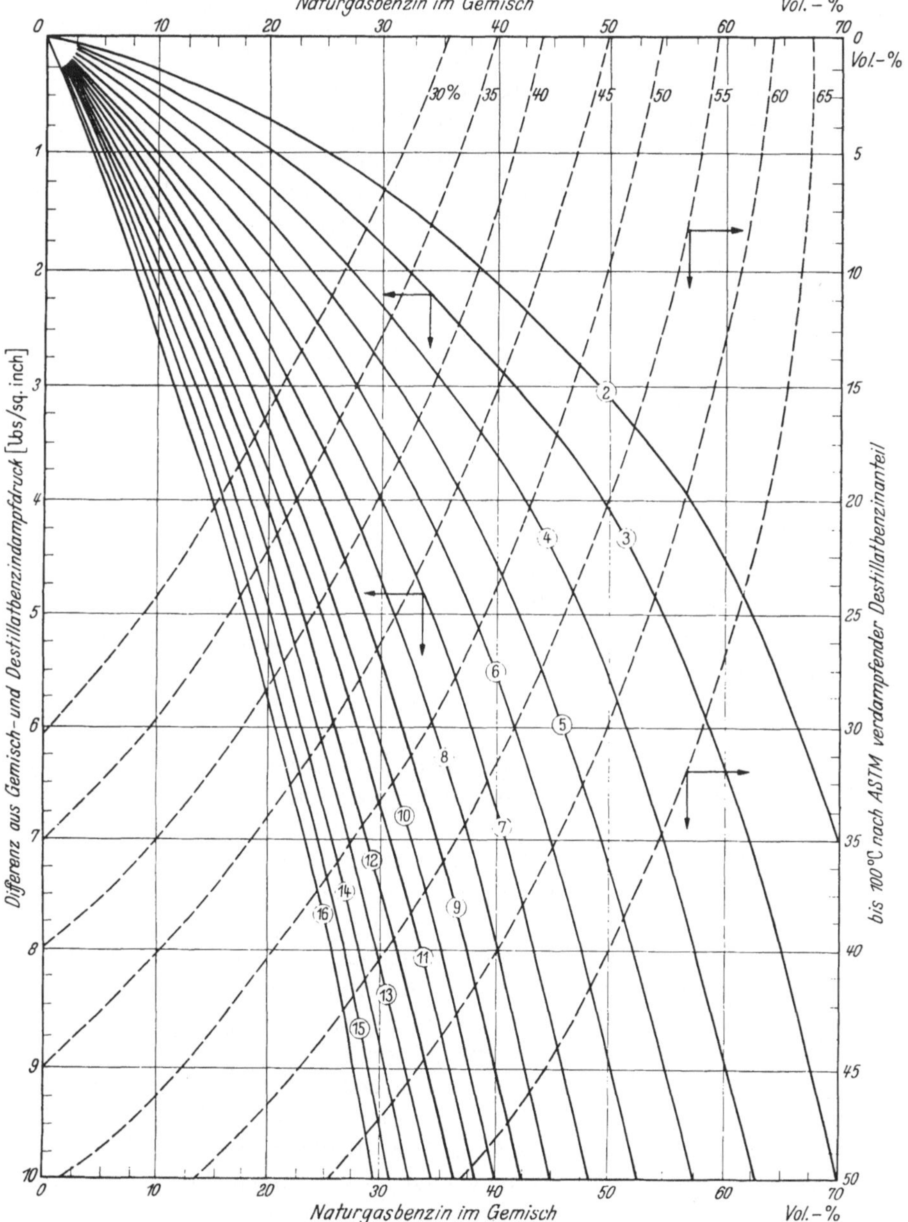

Abb. 64. Mischkarte zur Herstellung von Gemischen aus Naturgas- und Destillatbenzinen mit bestimmten Eigenschaften.

Die Benutzung der Mischkarte soll an einigen Beispielen deutlich gemacht werden:

1. Aus einem Destillatbenzin (Dampfdruck bei 37,8°: 6 lbs/sq.inch) und einem Naturgasbenzin (Dampfdruck bei 37,8°: 15 lbs/sq.inch) ist ein Gemisch mit einem Dampfdruck von 10 lbs/sq.inch herzustellen.

Die Differenz zwischen dem Dampfdruck des anzusetzenden Gemisches und dem des Destillatbenzins beträgt 4, die Dampfdruckdifferenz zwischen Naturgas- und Gemischbenzin 5 lbs/sq.inch. Man erhält daraus das anzuwendende Mischungsverhältnis, wenn man in der Ordinatenhöhe (*4*) so weit nach rechts geht, bis man die Kurve ⑤ schneidet. Die diesem Punkt zugeordnete Abszisse gibt den Vol.-%-Gehalt des Naturgasbenzins im herzustellenden Gemisch an. Im vorliegenden Falle genügt ein Gemisch aus 37 Vol.-% Naturgasbenzin und 63 Vol.-% Destillatbenzin der gestellten Bedingung.

2. Ein Gemisch aus 70 Vol.-% eines Destillat- und 30 Vol.-% eines Naturgasbenzins mit einem Dampfdruck von 8 lbs/sq.inch liegt vor. Der Dampfdruck des Destillatbenzins ist bekannt; er beträgt 5 lbs/sq.inch, der des Naturgasbenzins ist gesucht.

Die Dampfdruckdifferenz Gemisch-Destillatbenzin ist 3 lbs/sq.inch. Steigt man vom 30 Vol.-%-Punkt der Abszisse bis zur Ordinatenhöhe (*3*), so kann man aus der Lage dieses Punktes innerhalb der konvergierenden Kurvenschar den Dampfdruck des zugemischten Naturgasbenzins unmittelbar bestimmen. Der Punkt liegt zwischen den Kurven ⑤ und ⑥ bei *5,3*, d. h. die Differenz zwischen dem Dampfdruck des Naturgasbenzins und dem des Gemisches beträgt 5,3 lbs/sq.inch. Da der Dampfdruck des Gemisches gleich 8 lbs/sq.inch ist, errechnet sich der Dampfdruck des Naturgasbenzins zu 13,3 lbs/sq.inch.

In entsprechender Weise geht man vor, wenn der Dampfdruck des Destillatbenzins aus den Dampfdrucken des Naturgasbenzins und des Gemisches zu berechnen ist.

3. Eine weitere Anwendungsmöglichkeit der Mischkarte besteht darin, den Dampfdruck von Gemischen aus Komponenten mit bekanntem Dampfdruck vorauszusagen. Der Dampfdruck eines Destillatbenzins sei beispielsweise 4, der eines Naturgasbenzins 16 lbs/sq.inch. Wie hoch ist der Dampfdruck eines Gemisches, das zu gleichen Volumenanteilen aus den beiden Benzinen zusammengesetzt ist?

Die Dampfdruckdifferenz Naturgasbenzin-Destillatbenzin ist 12 lbs/sq.inch, d. i. die Summe der Dampfdruckdifferenz Naturgasbenzin-Gemisch und Gemisch-Destillatbenzin. Der Dampfdruck des Gemisches läßt sich dadurch ermitteln, daß man vom 50 Vol.-%-Punkt der Abszisse so lange senkrecht steigt, bis die beiden auf der Ordinate bzw. innerhalb der Kurvenschar abzulesenden Dampfdruckdifferenzen die Summe 12 besitzen. Das ist in der Ordinatenhöhe *7,1* der Fall, die Dampfdruckdifferenz Naturgasbenzin-Gemisch beträgt für diesen Punkt 4,9 lbs. Der Dampfdruck des Gemisches ergibt sich daraus zu 4 + 7,1 oder 16 − 4,9 = 11,1 lbs/sq.inch.

4. Um einen Anhaltspunkt für den Gehalt der hergestellten Gemische an niedrigsiedenden Anteilen zu geben, wurde eine weitere von links nach rechts verlaufende, gestrichelte Kurvenschar in die Mischkarte eingezeichnet. Diese Kurvenschar gibt die Abhängigkeit des bis 100° verdampfenden Gemischanteiles vom Zusatz an Naturgasbenzin wieder. Bei der Berechnung des Kurvenverlaufes ging man von der Annahme aus, daß Naturgasbenzine durchschnittlich bei 100° zu 89 Vol.-% überdestillieren, eine Annahme, die angeblich für die meisten Naturgasbenzine des Handels innerhalb enger Grenzen richtig ist. Die Benutzung dieser zweiten Kurvenschar für die Herstellung von Gemischen ist aus folgendem Beispiel ersichtlich:

Ein Destillatbenzin mit einem Dampfdruck von 5 lbs/sq.inch, das bei 100° zu 20 Vol.-% übergeht, soll mit Naturgasbenzin so gemischt werden, daß der Gemisch-Dampfdruck 10 lbs beträgt, und daß bis 100° mindestens 40 Vol.-% destillieren.

Man stellt zunächst fest, wieviel Naturgasbenzin mindestens zugesetzt werden muß, damit bis 100° 40 Volumenanteile des Gemisches übergehen. Zu diesem Zweck geht man in der Höhe des 20%-Punktes der rechten Ordinate horizontal bis zum Schnittpunkt mit der gestrichelten 40%-Kurve. Die zugehörige Abszisse gibt den zuzumischenden Mindestanteil an Naturgasbenzin (rund 30 Vol.-%) an.

Sodann ist zu ermitteln, welchen Dampfdruck das zuzumischende Benzin besitzen muß, damit der Gemisch-Dampfdruck den Wert von 10 lbs aufweist. Die Differenz aus Gemisch-Dampfdruck und Destillatbenzin-Dampfdruck ist 5 lbs. Man bestimmt also einfach den Schnittpunkt der durch den 30%-Punkt der Abszisse gelegten Vertikalen mit der durch den Punkt (5) der linken Ordinate gezogenen Horizontalen. Man erhält so die Dampfdruckdifferenz Naturgasbenzin-Gemisch mit 8,4 lbs. Der Dampfdruck des Naturgasbenzins muß demnach 8,4 + 10 = 18,4 lbs/sq.inch sein.

5. Isopentan aus Naturgas.

Einer der Hauptbestandteile des Naturgasbenzins ist Isopentan (s. Zahlentafel 72), das durch Fraktionierung leicht für sich abgetrennt werden kann. Aus Naturgas ließen sich auf diese Weise etwa 720000 m³ Isopentan jährlich gewinnen[1]. Isopentan besitzt weit mehr noch als das normale Naturgasbenzin hervorragende Eigenschaften als Misch-

[1] Neptune, F. B., H. M. Trimble u. R. C. Alden: Nat. Petr. News **28**, Nr 19, 25 (1936).

teilnehmer für die Gewinnung hochklopffester Flugbenzine. Für sich allein ist es wegen seines niedrigen Siedepunktes von 28° und seines entsprechend hohen Dampfbildungsvermögens nicht als Vergaserkraftstoff brauchbar. Als Mischpartner für Kraftstoffe mit geringer Flüchtigkeit ist es dagegen hervorragend geeignet. Seine C.F.R.-Oktanzahl beträgt 90.

Mit Isopentan lassen sich Flugkraftstoffe sowohl aus dem für sich zu wenig flüchtigen Isooktan als auch aus Destillatbenzin herstellen. Isopentan und Isooktan ergänzen sich besonders gut. Die Dampfdrucke und Oktanzahlen einer Anzahl von Isopentan-Isooktan-Gemischen sind in Zahlentafel 74 aufgeführt.

Zahlentafel 74[1]. Dampfdrucke und angenäherte Oktanzahlen von Isopentan-Isooktan-Gemischen.

Isopentan Vol.-%	Isooktan Vol.-%	Reid-Dampfdruck kg/cm²	Angenäherte C.F.R.-Oktanzahl
100	0	1,434	90
85	15	0,855	92
70	30	0,580	93
50	50	0,366	95
0	100	0,155	100

Zur Herstellung von 100-Oktan-Kraftstoffen für die Luftfahrt werden Isopentan und Isooktan gewöhnlich mit Flugdestillatbenzinen unter Zusatz von Bleitetraäthyl verschnitten. Der Anteil des Isopentans wird dabei wegen des hohen Dampfdruckes auf etwa 15% beschränkt, obwohl es möglich ist, 100-Oktan-Kraftstoffe ebenso gut auch mit höherem Gehalt an Isopentan zu erzeugen, wie es für Sonderzwecke gelegentlich geschieht (s. Zahlentafel 75).

Zahlentafel 75. 100-Oktan-Kraftstoffe aus Isopentan, Isooktan und Flugbenzin mit einem Gehalt von 3 cm³ Bleitetraäthyl je USA.-Gallone[2] (= 3,785 l).

Isopentan Vol.-%	Isooktan Vol.-%	Flugbenzin[3] Vol.-%	Reid-Dampfdruck bei 37,8° kg/cm²
0	62,0	38,0	0,28
10	52,8	37,2	0,41
17	46,3	36,7	0,49
20	43,6	36,4	0,54
30	34,3	35,7	0,67
40	25,1	34,9	0,80
50	15,9	34,1	0,94

[1] Radulesco, G.: Science et Industrie, Nr. hors série: La Technique des Industries du Pétrole. 1938.

[2] Neptune, Trimble u. Alden: a. a. O.

[3] Oktanzahl 74, Reid-Dampfdruck bei 37,8°: 0,49 kg/cm².

Isopentan besitzt wie alle paraffinischen Kohlenwasserstoffe eine besonders hohe Bleiempfindlichkeit; es erhöht daher die Bleiempfindlichkeit der ihm zugemischten Kraftstoffe beträchtlich. In Abb. 65 ist die Abhängigkeit der C.F.R.-Oktanzahl eines Destillatbenzins der Oktanzahl 70 vom Zusatz an Bleitetraäthyl und Isopentan wiedergegeben.

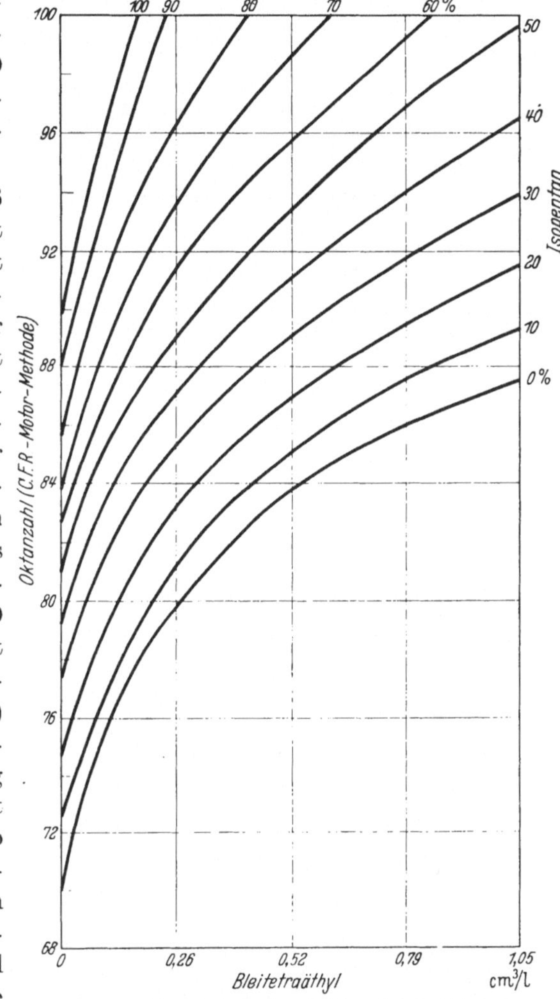

Abb. 65. Abhängigkeit der C.F.R.-Motor-Oktanzahl eines Benzins vom Zusatz an Isopentan und Bleitetraäthyl.

Es ist ersichtlich, daß die Oktanzahlzunahme mit steigendem Bleigehalt einen um so steileren Verlauf nimmt, je mehr der Isopentanzusatz erhöht wird. Die hohe Bleiempfindlichkeit läßt das Isopentan dem Isooktan in der Klopffestigkeit fast gleichwertig erscheinen. Um den Klopfwert eines Gemisches aus gleichen Teilen Isopentan und Isooktan auf 100 heraufzusetzen, sind nicht mehr als 0,1 cm³ Bleitetraäthyl je Liter (= $^1/_{10\,000}$%) erforderlich. Die durch Isopentan bewirkte Erhöhung der Bleiempfindlichkeit ist im übrigen meist um so größer, je niedriger die Oktanzahl des zugemischten Benzins ist. Um drei Kraftstoffe mit der Oktanzahl 100, 105 und 110, die mit je 50% Isopentan vermischt wurden, auf die ursprüngliche Klopffestigkeit zurückzubringen, benötigte man nur 0,0001, 0,0005 bzw. 0,0014 Vol.-% Bleitetraäthyl. Isopentan eignet sich somit in hervorragender Weise als Zusatz zur Erhöhung der Klopffestigkeit, der Bleiempfindlichkeit und der Flüchtigkeit.

Der wesentliche Unterschied zwischen üblichen amerikanischen Flugbenzinen und solchen aus Naturgasbenzin besteht in dem hohen

Gehalt der letzteren an Pentanen. Er beträgt etwa 30 Vol.-%, während Flugbenzine aus Erdöl nur ungefähr 15 Vol.-% Pentane und einen entsprechend höheren Hundertsatz an Heptanen und höhersiedenden Kohlenwasserstoffen aufweisen. Dieser Unterschied äußert sich im spez. Gewicht und vor allem in den Destillationseigenschaften (vgl. Zahlentafel 76).

Zahlentafel 76. Vergleich der Eigenschaften amerikanischer Flugbenzine aus Naturgas[1] und Erdöl.

	Flugbenzin aus	
	Naturgas	Erdöl
Spez. Gewicht bei 15,6°	0,685	0,710
Siedebeginn, °C	39	41
5 Vol.-%-Destillat bei °C	45	52
10 ,, ,, ,, ,,	47	57
20 ,, ,, ,, ,,	50	68
30 ,, ,, ,, ,,	53	71
40 ,, ,, ,, ,,	58	80
50 ,, ,, ,, ,,	64	85
60 ,, ,, ,, ,,	71	92
70 ,, ,, ,, ,,	80	95
80 ,, ,, ,, ,,	91	104
90 ,, ,, ,, ,,	109	130
95 ,, ,, ,, ,,	130	142
Siedeendpunkt, °C	165	176
Destillat, Vol.-%	98,0	98,7
Rückstand, Vol.-%	0,8	0,6
Verlust, Vol.-%	1,2	0,7

Der Pentangehalt der Naturgasbenzine ist sowohl für die Destillationseigenschaften als auch für den Reid-Dampfdruck ziemlich ausschlaggebend[1].

E. Herstellung von Kraftstoffen durch Kracken.

Unter Kracken versteht man die thermische Zersetzung von Kohlenwasserstoffen ohne oder mit Anwendung von Druck oder Katalysatoren. Höhermolekulare Kohlenwasserstoffe werden zu niedrigermolekularen, wertvolleren aufgespalten.

Der erste Vorschlag zur Spaltung schwerer Öle stammt aus dem Jahre 1865 von Young[2]. Andere Verfahren wurden u. a. von Krey[3] und von Benton[4] entwickelt. Die Verfahren bezweckten die Steigerung

[1] Oberfell, G., T. W. Legatski u. B. Parker: Nat. Petr. News **22**, 77 (1930).

[2] Young, J.: E. P. 3345 (1865) — Dinglers Polytechn. J. **183**, 151 (1867).

[3] Krey, H.: A. Riebecksche Montanwerke A.G., DRP. 37728 (1885) — Dinglers Polytechn. J. **264**, 336 (1887).

[4] Benton, L.: A. P. 342564/5 (1886).

der aus Roherdölen oder aus Teeren gewinnbaren Ausbeute an Leuchtpetroleum. Der nach dem Abdestillieren des Leuchtöles verbleibende Blasenrückstand wurde einer destruktiven Destillation unterworfen, bei der ein Teil der höhersiedenden Fraktionen in Kohlenwasserstoffe von Leuchtölcharakter überführt wurde.

Der Anreiz für die Weiterentwicklung der Spaltverfahren schwand jedoch mit der Verdrängung der Petroleumlampe durch Gas und Elektrizität. Erst der Jahrzehnte später einsetzende steigende Bedarf an Benzin ließ diese Verfahren wieder an Bedeutung gewinnen. Die Entwicklung der ersten technisch durchgebildeten Arbeitsweisen zur Gewinnung von Krackbenzin setzte etwa kurz vor Beginn des Weltkrieges ein. 1913 kam das erste nach dem Burton-Verfahren[1] gewonnene Krackbenzin in den Handel. Bis 1925 wurden Krackbenzine fast ausschließlich nach diesem Verfahren hergestellt. Erst dann traten die heute bekannten technischen Großverfahren hervor, die zum Teil bereits die Vorzüge des katalytischen Krackens ausnutzen.

In den letzten Jahren beginnt auch die thermische und katalytische Umsetzung der bei gewöhnlicher Temperatur gasförmigen Paraffinkohlenwasserstoffe zu ungesättigten stark an Bedeutung zu gewinnen. Die dabei erzeugten ungesättigten Kohlenwasserstoffgase werden als Ausgangsstoffe für die Herstellung von Polymerbenzin und von Isoparaffinen verwendet. Letzten Endes werden Spaltverfahren zur Herabsetzung des Stockpunktes und der Viskosität („viscosity breaking“) von Rückstandsölen und zur Umwandlung von Destillatbenzinen („reforming“) eingesetzt, um handelsfähige Heizöle und klopffeste Benzine zu gewinnen.

1. Allgemeine thermodynamische und reaktionskinetische Betrachtungen.

Obgleich die bei der thermischen Spaltung von Erdöl oder dessen Fraktionen auftretenden Reaktionen wegen der komplizierten Zusammensetzung der Ausgangsstoffe sehr schwer erfaßbar sind, so ist es auf Grund der Ergebnisse, die bei der Durchführung von Spaltreaktionen an reinen Kohlenwasserstoffen erhalten wurden, doch möglich, die Reaktionsgeschwindigkeit und die Zusammensetzung der Enderzeugnisse bei Einhaltung bestimmter Spaltbedingungen angenähert vorauszusagen.

Die bei der thermischen Spaltung von Kohlenwasserstoffen eintretenden Umsetzungen werden gewöhnlich in Primär- und Sekundärreaktionen eingeteilt. Als primäre Reaktionen werden alle Umsetzungen der Ausgangsstoffe selbst bezeichnet, unabhängig davon, ob die Reak-

[1] BURTON: A. P. 1049667 (1913).

tionsprodukte mit den Ausgangsstoffen im Gleichgewicht stehen oder aus ihnen irreversible Bruchstücke bilden. Die Reaktionsprodukte der Primärreaktionen setzen sich in sekundären Reaktionen weiter um. Die Möglichkeit der Umsetzung der Sekundärreaktionserzeugnisse in Tertiärreaktionen usw. soll im folgenden in dem Ausdruck „Sekundärreaktion" einbegriffen sein.

a) Bruch der Kohlenstoff-Wasserstoff-Bindung.

Als Primärreaktionen kommen in erster Linie die Abspaltung von Wasserstoff (Bruch der Kohlenstoff-Wasserstoff-Bindung) und die Aufspaltung der Kohlenstoff-Kohlenstoff-Bindung in Frage (vgl. auch S. 278):

$$C_nH_{2n+2} \rightleftarrows C_nH_{2n} + H_2$$
$$C_nH_{2n+2} \rightarrow C_mH_{2m+2} + C_{m'}H_{2m'}$$
$$(m + m' = n).$$

Die erstgenannte Reaktion ist an sich eine Gleichgewichtsreaktion. Bei der Spaltung von Kohlenwasserstoffölen kann deshalb je nach der Gleichgewichtslage eine Umwandlung paraffinischer Kohlenwasserstoffe in olefinische einsetzen oder umgekehrt. Die in solchen Reaktionen angestrebte Gleichgewichtslage läßt sich nach dem Massenwirkungsgesetz von GULDBERG und WAAGE berechnen. Für eine Gleichgewichtsreaktion

$$A + B \rightleftarrows AB + U_p\,\mathrm{cal}$$

gilt z. B.

$$Kp = \frac{p_A \cdot p_B}{p_{AB}} = \frac{\alpha^2 \cdot \pi}{1 - \alpha^2}\,, \tag{1}$$

wobei Kp die Gleichgewichtskonstante, p_A, p_B und p_{AB} die Partialdrucke der Reaktionsteilnehmer, π der Gesamtdruck und α der Dissoziationsgrad sind. Der Dissoziationsgrad α ist definiert als die Zahl der zerfallenen Mole AB, dividiert durch die Zahl der Mole AB vor dem Zerfall.

Der für konstante Temperatur konstante Wert von Kp ermöglicht die Berechnung des nach Einstellung des Gleichgewichtes eingetretenen chemischen Umsatzes. Kp läßt sich entweder auf Grund experimenteller Messungen oder angenähert aus der Reaktionswärme U_p nach der NERNSTschen Näherungsformel errechnen:

$$\lg Kp = \frac{-U_p}{4{,}57\,T} + \Sigma\nu \cdot 1{,}75 \lg T + \Sigma\nu j'\,, \tag{2}$$

$\Sigma\nu$ = Molzahländerung, d. i. die Zahl der Mole der Anfangsteilnehmer, vermindert um die Zahl der Mole der Endteilnehmer.

T = absolute Temperatur.

$\Sigma \nu j'$ = Summe der konventionellen chemischen Konstanten der Anfangs- abzüglich derjenigen der Endteilnehmer der Reaktion.

Die konventionelle chemische Konstante ist eine Stoffkonstante, die sich durch die Ableitung der Näherungsformel aus der Gleichung des 3. Hauptsatzes und der VAN T' HOFFschen Affinitätsgleichung ergibt[1]. Sie beträgt z. B. für Wasserstoff 1,6, für Methan 2,5 und für alle übrigen Kohlenwasserstoffe 3,0.

Beispiel:

$$C_4H_8 + H_2 \rightleftharpoons C_4H_{10} + 32000 \text{ cal/Mol}$$ [2].

$$Kp = \frac{p_{C_4H_8} \cdot p_{H_2}}{p_{C_4H_{10}}};$$

$$\Sigma \nu j' = 3 + 1,6 - 3,$$

$$= 1,6;$$

$$\Sigma \nu = 1;$$

$$\lg Kp = -\frac{32000}{4,57\,T} + 1,75 \lg T + 1,6.$$

Für den Temperaturbereich von 200 bis 700° C ergeben sich daraus folgende Werte:

Temp., ° C	200	300	400	500	600	700
lg *Kp*	−8,0	−5,8	−3,8	−2,4	−1,3	−0,4

Mit steigender Temperatur erfährt *Kp* eine starke Zunahme. Das bedeutet, daß die Wasserstoffabspaltung durch Temperaturerhöhung begünstigt wird. Bei 200° steht das Produkt der Partialdrucke der Zerfallsstücke ($p_{C_4H_8} \cdot p_{H_2}$) zum Partialdruck des C_4H_{10} nach Gleichgewichtseinstellung im Verhältnis $1:10^{8,0}$; bei 700° hat sich dieses Verhältnis schon so weit verschoben ($1:10^{0,4}$), daß das Produkt der Partialdrucke der Zerfallsstoffe fast gleich dem Partialdruck des Ausgangsstoffes geworden ist.

Obwohl das Gleichgewicht bei niedrigen Temperaturen, z. B. bei Raumtemperatur, völlig zur Seite der Wasserstoffanlagerung (Hydrierung) verschoben ist, so findet unter diesen Bedingungen eine Umsetzung olefinischer Kohlenwasserstoffe zu Paraffinen praktisch nicht statt, weil die Reaktionsgeschwindigkeit bei diesen Temperaturen nahezu

---

[1] Vgl. z. B. J. EGGERT: Lehrbuch der Physikalischen Chemie, 4. Aufl., S. 419, Leipzig 1937.

[2] Es ist üblich, die Gleichgewichte so zu schreiben, daß auf der rechten Gleichungsseite die Wärmetönung positiv wird.

gleich Null ist. Die Gleichgewichtskonstante gibt demnach nicht über den wirklich eintretenden, sondern über den theoretisch möglichen Umsetzungsgrad Auskunft. Dabei ist vorausgesetzt, daß Sekundärreaktionen nicht stattfinden.

Je größer die Gleichgewichtskonstante der Spaltreaktionen bei bestimmter Temperatur ist, um so mehr liegt das Gleichgewicht auf seiten der Wasserstoffabspaltung, und um so begünstigter ist diese. Durch Einsetzen entsprechender Werte des Gesamtdruckes π in Gleichung (1) ist es möglich, auch die durch Druckerhöhung hervorgerufene Gleichgewichtsverschiebung zu bestimmen. Von vornherein ergibt sich, daß bei der Durchführung von Spaltreaktionen, die wegen der eintretenden Molzahlerhöhung stets mit einer Volumenzunahme verbunden sind, eine Druckerhöhung nach dem Prinzip vom kleinsten Zwang stets eine Verschiebung des Gleichgewichtes zur Seite der Wasserstoffanlagerung bewirkt.

Durch Vergleich der Gleichgewichtskonstanten der bei der thermischen Spaltung von Kohlenwasserstoffen möglichen Reaktionen läßt sich die Häufigkeit des Eintritts dieser Reaktionen abschätzen.

b) Spaltung der Kohlenstoff-Kohlenstoff-Bindung.

Eine bei weitem größere Bedeutung kommt der *Aufspaltung der Kohlenstoff-Kohlenstoff-Bindung* zu. Zur Erklärung des Reaktionsmechanismus wurden mehrere Theorien aufgestellt, von denen keine endgültig anerkannt ist. Die Schwierigkeit bei der Erklärung des Reaktionsmechanismus liegt darin, daß die beim Bruch der Kohlenstoff-Kohlenstoff-Bindung entstehende Bildung eines Paraffins und eines Olefins die Wanderung eines Wasserstoffatoms von einem zum anderen Bruchstück der Ausgangsverbindung voraussetzt:

```
     H  H  H               H       H [H]
     |  |  |               | ↙     |  |
R—C—C—C—R'     →     R—C—  |  —C—C—R'
     |  |  |               |       |  |
     H  H  H               H       H  H

          H            ·H
          |             |
   →  R—C—H     +     C=C—R'
          |             |  |
          H             H  H
      Paraffin       Olefin
```

Diese an sich unwahrscheinliche Wanderung des Wasserstoffatoms versucht BURK[1] durch eine partielle Ionisierung zu erklären. KASSEL[2] nimmt die Bildung von mehr als zwei Bruchstücken bei der Primär-

[1] BURK, R. E.: J. Phys. Chem. **35**, 2446 (1931).
[2] KASSEL, L. S.: J. Chem. Phys. **1**, 749 (1933).

zersetzung an, während RICE[1] die intermediäre Entstehung freier Radikale (vgl. S. 244) voraussetzt.

Die größere Häufigkeit der Spaltung von Kohlenstoff-Kohlenstoff-Bindungen ergibt sich theoretisch aus den für die Spaltreaktionen errechneten Aktivierungswärmen. Die Aktivierungswärme ist diejenige Energie, die einem Mol der Ausgangsmoleküle oberhalb der Durchschnittsenergie bei bestimmter Temperatur zugeführt werden muß, um die Umsetzung zu bewirken; denn nach der heutigen Auffassung vermögen nur diejenigen Moleküle zu reagieren, die einen höheren Energieinhalt als die Durchschnittsmoleküle besitzen. Die Bindungsenergie der aliphatischen Kohlenstoff-Kohlenstoff-Bindung beträgt 71 kcal, die der aromatisch-aliphatischen Kohlenstoff-Kohlenstoff-Bindung 80 kcal und die der aliphatischen Kohlenstoff-Wasserstoff-Bindung 93,3 kcal/Mol[2]. Da für die Vereinigung zweier Radikale (Rückreaktion) etwa 8 kcal angegeben werden[3], sind die zugehörigen Aktivierungsenergien der Spaltung um 8 kcal höher anzusetzen.

c) Freie Bildungsenergie als Maß der thermischen Beständigkeit von Kohlenwasserstoffen.

Einen weiteren Maßstab der thermischen Beständigkeit der Kohlenwasserstoffe vermittelt die „Freie Bildungsenergie", die häufig in die Berechnung von Spaltreaktionen einbezogen wird. Sie ist mit der von VAN T' HOFF definierten Normalaffinität der Bildungsreaktion eines Stoffes aus den Elementen identisch:

$$A_{\text{norm.}} = -RT \ln Kp\,.$$

In dieser Gleichung ist Kp die Gleichgewichtskonstante der Bildungsreaktion. Die Beständigkeit eines Kohlenwasserstoffes bei bestimmter Temperatur ist um so größer, je kleiner seine Freie Energie bei dieser Temperatur ist. Chemische Reaktionen verlaufen stets unter Abnahme der Freien Energie. Eine Umwandlung von Kohlenwasserstoffen in solche anderer Molekülgröße oder anderer Struktur ist deshalb nur dann möglich, wenn die Freie Energie der Ausgangsstoffe größer als die der Endstoffe ist.

Die Berechnung der Freien Energie ermöglicht es, zahlenmäßige Angaben über die relative thermische Beständigkeit von Kohlenwasser-

---

[1] RICE, F. O., u. K. K. RICE: The Aliphatic Free Radicals. Baltimore 1935. — RICE, F. O., u. K. F. HERZFELD: J. amer. chem. Soc. **56**, 284 (1934).

[2] EUCKEN, A.: Lehrbuch der chemischen Physik, S. 882. Leipzig 1930. — RICE, F. O.: J. amer. chem. Soc. **53**, 1959 (1931).

[3] ROBERTI, G., u. L. KÜCHLER in EUCKEN-JAKOB: Der Chemie-Ingenieur **3**, Teil 4, 212. Leipzig 1939.

stoffen zu machen[1]. Dabei ist es nicht nötig, die Freien Bildungsenergien aller Kohlenwasserstoffe zu kennen, um allgemeingültige Aussagen machen zu können. Es genügt vielmehr, einige Glieder einer homologen Reihe zu untersuchen, um quantitative Rückschlüsse auf die gesamte Reihe zu ziehen. Aus Abb. 66, in der die Freie Bildungsenergie einer Anzahl von Kohlenwasserstoffen bei Normaldruck in Abhängigkeit von der Temperatur aufgetragen wurde, ist diese Möglichkeit, wie der Verlauf der Linien für Kohlenwasserstoffe der gleichen Reihe, z. B. der Paraffine, zeigt, klar ersichtlich. Um vergleichbare Verhältnisse zu schaffen, wurde die Freie Bildungsenergie je Kohlenstoffatom eingesetzt. Die Null-Linie der Freien Energie gilt für die freien Elemente $C + H_2$. Alle Kohlenwasserstoffe, die bei bestimmter Temperatur eine positive Freie Energie aufweisen, neigen zum Zerfall in die Elemente. Die Aromaten z. B. sind bei gewöhnlicher Temperatur thermodynamisch unbeständig. Wenn sie bei dieser Temperatur trotzdem völlig stabil sind, so ist das lediglich auf die äußerst geringe Zerfallsgeschwindigkeit zurückzuführen. Oberhalb einer Temperatur von 480° C, bei der die Freie Energie des Methans den Nullpunkt durchschreitet, sind alle Kohlenwasserstoffe thermodynamisch unbeständig. Eine Ausnahme bildet Azetylen, dessen Freie Bildungsenergie bei sehr hohen Temperaturen negativ wird[2].

Mit steigender Temperatur nimmt die Freie Bildungsenergie aller Kohlenwasserstoffe zu, die thermische Beständigkeit entsprechend ab. Das umgekehrte Verhalten zeigt, wie erwähnt, nur Azetylen. Mit wachsender Kohlenstoffatomanzahl innerhalb einer homologen Reihe verringert sich die thermische Beständigkeit gleichfalls gesetzmäßig, jedoch nicht proportional. Ebenso wie bei den einfachen physikalisch-chemischen Konstanten, z. B. beim spez. Gewicht oder beim Brechungsindex, ist die Änderung, die von Glied zu Glied der homologen Reihe eintritt, um so größer, je niedriger die Gesamtzahl der Kohlenstoffatome im Molekül ist.

Die Temperaturabhängigkeit der Freien Bildungsenergie ist innerhalb einer homologen Reihe in erster Näherung gleich, für verschiedene Kohlenwasserstoffklassen jedoch verschieden. Daher kommt es, daß sich die relative Beständigkeit der Kohlenwasserstoffe verschiedener Struktur mit der Temperatur verschiebt. Z. B. wird Benzol bei Temperaturen oberhalb von etwa 400° C „beständiger" als Hexan.

Die Olefine werden erst bei verhältnismäßig hohen Temperaturen beständiger als die zugehörigen Paraffine. Die Dehydrierung der letzteren

[1] Vgl. auch H. G. GRIMM u. H. WOLFF: Angew. Chem. **48**, 133 (1935). — SCHULTZE, G. R.: Öl und Kohle **13**, 267 (1937).

[2] Vgl. die Synthese von Azetylen bei hohen Temperaturen: F. FISCHER u. H. PICHLER: Brennst.-Chem. **19**, 377 (1938).

gelingt deshalb am besten bei hohen Temperaturen. Die unmittelbare Gewinnung höherer Paraffine aus solchen mit niedrigerem Molekular-

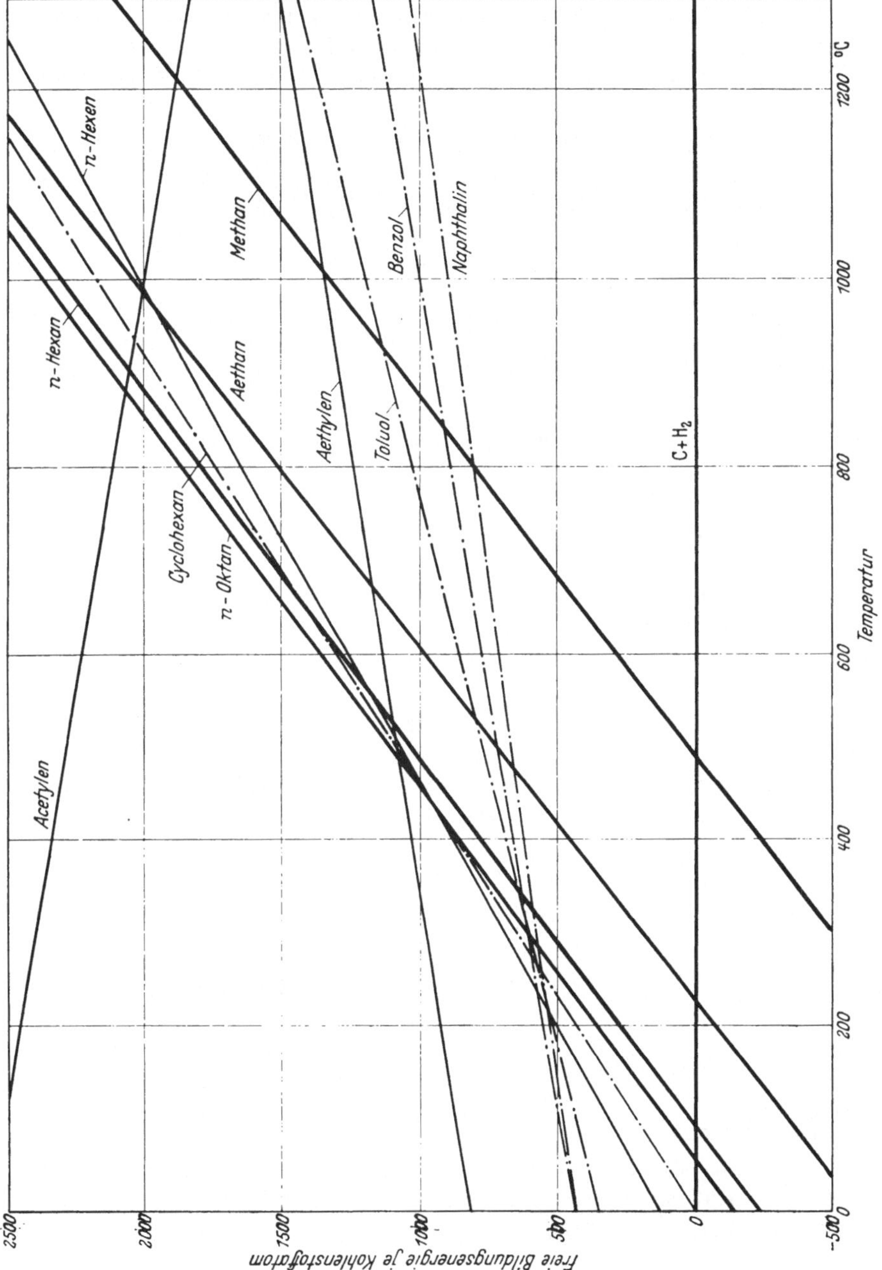

Abb. 66. Freie Bildungsenergie je Kohlenstoffatom von Kohlenwasserstoffen verschiedener Struktur und Molekülgröße nach FRANCIS.

gewicht unter Wasserstoffaustritt ist wegen der mit steigendem Molekulargewicht zunehmenden Freien Bildungsenergie thermodynamisch nicht möglich. Azetylen ist im Bereiche der üblichen Spalttemperaturen (400 bis 600°) bedeutend unbeständiger als alle übrigen Kohlenwasserstoffe; es tritt deshalb weder als Zwischenglied noch als Endstoff irgendwelcher unter 600° ablaufenden Spaltreaktionen in merklichem Ausmaße auf.

Bei diesen Überlegungen darf nicht außer acht gelassen werden, daß die in Abb. 66 dargestellten Abhängigkeiten nur unter der Voraussetzung gelten, daß der Teildruck jedes Anfangsstoffes vor der Reaktion sowie der jedes Endstoffes nach Reaktionsablauf je 1 kg/cm² beträgt, eine Voraussetzung, die der Normalaffinitätsgleichung von VAN T' HOFF zugrunde liegt. Eine Veränderung des Teildruckverhältnisses der Anfangs- und Endstoffe bzw. des Gesamtdruckes verursacht eine Verschiebung der Affinität und damit der Umwandlungsverhältnisse nach der allgemeingültigen Affinitätsgleichung:

$$A = RT\left[\ln \frac{P_{\text{Anfang}}}{P_{\text{End}}} - \ln K_p\right].$$

P_{Anfang} = Produkt der Teildrucke der Anfangsstoffe vor der Umsetzung.
P_{End} = Produkt der Teildrucke der Endstoffe nach Reaktionsablauf.

d) Die Reaktionsgeschwindigkeit von Spaltumsetzungen.

Homogene Reaktionen werden in solche erster, zweiter und dritter Ordnung eingeteilt. Ist die Umsetzungsgeschwindigkeit proportional der ersten Potenz der Konzentration nur eines Reaktionsteilnehmers, so spricht man von einer Reaktion erster Ordnung. Reaktionen zweiter Ordnung sind solche, deren Geschwindigkeit der Konzentration zweier Reaktionsteilnehmer oder der zweiten Potenz der Konzentration eines Teilnehmers proportional ist. Reaktionen dritter Ordnung sind entsprechend definiert; sie treten verhältnismäßig selten auf.

Als relatives Maß der Geschwindigkeit von Reaktionen verwendet man entweder die Reaktionsgeschwindigkeitskonstante k oder die Halbwertszeit τ.

Für Reaktionen erster Ordnung gilt bei konstanter Temperatur:

$$-\frac{dc}{dt} = k_1 c \qquad (3)$$

oder

$$\frac{dc}{c} = -k_1 \cdot dt.$$

In dieser Gleichung ist c die Konzentration des Ausgangsstoffes nach der Zeit t und dc/dt die Änderung der Konzentration je Zeiteinheit. Durch Integration erhält man die Konzentration des Ausgangsstoffes nach einer beliebigen Zeit t:

$$\ln c = -k_1 t + \text{konst.} \qquad (4)$$

Für die Zeit $t = 0$ ist die Konzentration gleich der Anfangskonzentration c_0 und dementsprechend $\ln c_0 = \text{konst.}$:

$$\ln c = \ln c_0 - k_1 t$$

oder

$$c = c_0 \cdot e^{-k_1 t}. \tag{5}$$

Die Reaktionsgeschwindigkeitskonstante k_1 ist daraus:

$$k_1 = -\frac{1}{t} \cdot \ln \frac{c}{c_0}. \tag{6}$$

Aus (6) errechnet sich die Halbwertszeit τ_1, das ist diejenige Zeit, in der die Anfangskonzentration auf den halben Wert abgefallen ist:

$$k_1 = -\frac{1}{\tau_1} \cdot \ln \frac{1}{2},$$

$$\tau_1 = \frac{1}{k_1} \cdot \ln 2. \tag{7}$$

Die Halbwertszeit τ_1 der Reaktion erster Ordnung ist demnach von der Anfangskonzentration unabhängig. Für diese Reaktionen gilt also, daß die Hälfte einer gegebenen Ausgangsstoffmenge bei konstanter Temperatur stets in der gleichen Zeit umgesetzt wird. Die Zeit, in der die Hälfte von 100 g eines in Reaktion erster Ordnung zerfallenden Stoffes, also 50 g, umgesetzt werden, ist dieselbe, die benötigt wird, damit 25 g der restlichen 50 g des Stoffes zerfallen. Voraussetzung ist, daß Sekundärreaktionen nicht auftreten.

Für Reaktionen zweiter Ordnung lassen sich analoge Gleichungen aufstellen:

$$-\frac{dc}{dt} = k_2 \cdot c^2; \tag{8}$$

$$-\frac{dc}{c^2} = k_2 \cdot dt.$$

Durch Integration ergibt sich:

$$\frac{1}{c} = k_2 \cdot t + \text{konst.}$$

Setzt man $t = 0$, so errechnet sich für $\text{konst.} = \frac{1}{c_0}$:

$$\frac{1}{c} = k_2 \cdot t + \frac{1}{c_0},$$

$$c = \frac{c_0}{k_2 \cdot t \cdot c_0 + 1}, \tag{9}$$

$$k_2 = \frac{c_0 - c}{t \cdot c_0 \cdot c}. \tag{10}$$

Die Halbwertszeit τ_2 ist daraus:

$$\tau_2 = \frac{c_0 - c_0/2}{k_2 \cdot c_0 \cdot c_0/2},$$

$$= \frac{1}{k_2 \cdot c_0}. \tag{11}$$

Die Halbwertszeit der Reaktion zweiter Ordnung ist der Anfangskonzentration umgekehrt proportional. Die Zeit, in der sich eine beliebige Anfangsmenge der Ausgangsstoffe zur Hälfte umsetzt, fällt linear mit steigender Anfangskonzentration ab.

Reaktionen dritter Ordnung lassen sich ebenso wie solche erster oder zweiter Ordnung erfassen. Sie besitzen in diesem Zusammenhang wenig Interesse und werden deshalb nicht näher behandelt.

Die Bestimmung der Ordnung einer Reaktion kann entweder durch Ermittlung der Reaktionsgeschwindigkeitskonstanten nach verschiedenen Reaktionszeiten oder durch Messung der Halbwertszeit bei verschiedenen Anfangskonzentrationen vorgenommen werden.

Reaktionen erster Ordnung müssen die Gleichungen (6) und (7) erfüllen; die Konstante k_1 behält denselben Wert, wenn man die nach verschiedenen Zeiten t vorliegenden Konzentrationen c des Ausgangsstoffes in (6) einsetzt. Ebenso muß die Halbwertszeit τ_1 in (7) bei Verwendung verschiedener Anfangskonzentrationen c_0 gleichbleiben.

Für Reaktionen zweiter Ordnung gelten entsprechend die Gleichungen (10) und (11). Nach verschiedenen Reaktionszeiten errechnet sich aus (10) ein konstanter Wert k_2; die Halbwertszeit τ_2 in (11) ist dagegen von der Anfangskonzentration c_0 der Teilnehmer abhängig. Erhöht man die Anfangskonzentration c_0 auf das Doppelte, so fällt τ_2 auf den halben Wert und umgekehrt.

Geniesse und Reuter[1] errechneten die Geschwindigkeitskonstanten beim Spalten von Mid-Continent-Gasöl. Sie stellten fest, daß die Spaltreaktionen nach der ersten Ordnung verlaufen. Im Gegensatz dazu gelten für die Polymerisation der bei der Primärreaktion erzeugten Olefine die Gleichungen für Reaktionen zweiter Ordnung, deren Geschwindigkeit wegen der dabei eintretenden Erhöhung der Zahl der Molekülzusammenstöße mit dem Druck steigt. Daher kommt es, daß die Polymerisation bei der unter niedrigem Druck durchgeführten Dampfphase-Spaltung weniger als bei der unter höherem Druck erfolgenden Flüssigphase-Spaltung hervortritt (vgl. S. 258). Bei der ersteren tritt infolgedessen eine verhältnismäßig geringe Koks- und Gasbildung auf. Bei der letzteren werden die ungesättigten Spaltstücke der Primärreaktion größtenteils zu größeren Molekülen polymerisiert, die unter den herrschenden Spaltbedingungen ebenfalls unbeständig sind und erneut aufgespalten werden. Die ungesättigten Spaltstücke dieser Umsetzung polymerisieren sich wiederum, usw. Bei jeder der einzelnen Spaltreaktionen werden ungesättigte Kohlenwasserstoffe gebildet, die weniger Wasserstoff als die zugehörigen Ausgangsstoffe besitzen. Mit steigender Verweilzeit im Reaktionsraum entstehen also mehr und mehr komplexe

[1] Geniesse, J. C., u. R. Reuter: Industr. Engng. Chem. **24**, 219 (1932).

Verbindungen mit abnehmendem Wasserstoff-Kohlenstoff-Verhältnis, bis schließlich Koksbildung eintritt.

Erhöht man den Spaltdruck, so nimmt die Koksbildung zunächst stark zu. Mit weiterer Drucksteigerung durchläuft der Koksanfall jedoch ein Maximum. Diese Abhängigkeit der Koksbildungsreaktionen vom Druck folgt aus der Druckabhängigkeit der nach der zweiten Ordnung verlaufenden sekundären Polymerisationsreaktion (vgl. S. 257). Erhöhung des Spaltdruckes verursacht eine Erhöhung der Partialdrucke der ungesättigten Primärspaltprodukte, begünstigt also die letzten Endes bis zur Koksbildung fortschreitende Polymerisation dieser Stoffe. Bei weiterer Drucksteigerung werden die Spaltprodukte teilweise kondensiert oder in der flüssigen Phase gelöst. Dadurch werden insbesondere die leicht reagierenden höhermolekularen Ungesättigten der Dampfphase entzogen. In der flüssigen Phase ist die Geschwindigkeit der Polymerisationsreaktion wesentlich niedriger, so daß die durch Polymerisation eingeleitete Koksbildung ebenfalls herabgesetzt wird.

Außer vom Spaltdruck hängt die Koksbildung von der chemischen Zusammensetzung und der mittleren Molekülgröße des Ausgangsstoffes ab. Aromatische und asphalthaltige Öle ergeben viel mehr Koks als paraffinische. Destillate neigen weniger als Rückstandsöle zur Koksbildung.

e) Berechnung der Spaltdestillatausbeute.

Gleichung (5) läßt sich umwandeln zu

$$c_0 - c = c_0(1 - e^{-k_1 t}).$$

Diese Gleichung erlaubt, die Ausbeute an Spalterzeugnissen $(c_0 - c)$ unter der Voraussetzung zu errechnen, daß die Primärreaktionserzeugnisse unmittelbar nach der Bildung aus der Reaktionszone entfernt werden.

Will man die Spaltdestillatausbeute unter Berücksichtigung der zur Gas- statt zur Benzinbildung führenden Spalt- sowie der sekundären Polymerisationsreaktionen errechnen, so sind weitere Geschwindigkeitskonstanten k_2 und k_3 für diese Reaktionen einzuführen. Man erhält in diesem Falle nach KISS[1] folgende Endgleichung:

$$c_0 - c = c_0 \cdot \frac{k_1}{k_1 + k_2 - k_3} \cdot (e^{-k_3 t} - e^{-(k_1 + k_2) t}), \tag{12}$$

in der $(c_0 - c)$ die Ausbeute an flüssigem Spaltdestillat darstellt.

Ein Vergleich der im praktischen Versuch erhaltenen und der errechneten Spaltdestillatausbeute ergab eine verhältnismäßig gute Übereinstimmung, wie z. B. aus der folgenden Zahlentafel hervorgeht.

[1] KISS, S. H.: Industr. Engng. Chem. **22**, 10 (1930).

Zahlentafel 77.
Ergebnisse beim Spalten von festem Paraffin im Autoklaven bei 450°[1].

Spaltdauer	Rückstand über 300°, Gew.-%		Benzin + Gas bis 220°, Gew.-%	
min	gefunden	berechnet	gefunden	berechnet
3	93,6	93,7	2,5	3,2
17	69,1	69,1	16,7	16,7
32	48,8	49,9	30,4	29,1
47	35,2	36,0	41,4	39,7
62	25,3	25,9	53,0	48,7
122	10,2	7,1	70,1	73,1
242	6,7	0,5	74,8	92,6

Berechnet man die Benzin- und Gasausbeute gesondert, so findet man sowohl experimentell als auch durch Rechnung nach (12), daß die Benzinausbeute mit steigender Spaltdauer ein Maximum durchläuft. Setzt man demgemäß das Differential der Gleichung (12) gleich Null, so läßt sich die günstigste Spaltdauer t_g angeben:

$$t_g = \frac{1}{k_1 + k_2 - k_3} \cdot \ln \frac{k_1 + k_2}{k_3} . \tag{13}$$

Ähnliche Gleichungen wie (12) lassen sich für die Berechnung der Umsetzung je Einzeldurchgang (conversion per pass) aufstellen, wenn die nicht umgesetzten oder sekundär gebildeten hochsiedenden Anteile des ersten Durchganges in bestimmtem Verhältnis mit frischem Ausgangsstoff gemischt und erneut durch die Spaltzone geschickt werden[2].

Für die Spaltung reiner Kohlenwasserstoffe läßt sich eine angenäherte Berechnung der Ausbeute an Spalterzeugnissen auch auf Grund der Radikaltheorie von Rice durchführen.

Nach dieser Theorie[3] wird der thermische Zerfall organischer Verbindungen durch einen Bruch von Kohlenstoff-Kohlenstoff-Bindungen unter Entstehung freier Radikale eingeleitet. Hieran schließt sich eine Kettenreaktion an, die schließlich durch Rekombination oder Disproportionierung der Radikale beendet wird. Die auftretenden Reaktionen lassen sich durch das folgende vereinfachte Schema[4] wiedergeben:

$$M_1 \rightarrow 2\,R_1 , \tag{14}$$

$$R_1 + M_1 \rightarrow R_1H + R_2 , \tag{15}$$

$$R_2 \rightarrow M_2 + R_1 , \tag{16}$$

$$2\,R_1 \rightarrow R_1\text{—}R_1 . \tag{17}$$

[1] Waterman, H. J., u. J. N. J. Perquin: J. Inst. Petr. Techn. **11**, 36 (1925).

[2] Nash, A. W., u. D. A. Howes: The Principles of Motor Fuel Preparation and Application, 2. Aufl., S. 80. London 1938.

[3] Rice, F. O., u. K. K. Rice: The Aliphatic Free Radicals. Baltimore 1935.

[4] Rice, F. O., u. O. L. Polly: Trans. Faraday Soc. **35**, 850 (1939).

Die primär aus dem Ausgangsstoff M_1 nach (14) gebildeten Radikale gleicher oder unterschiedlicher Größe können sich in verschiedener Weise umsetzen. Entweder reagiert ein Radikal mit einem noch ungespaltenen Molekül durch Übernahme eines Wasserstoffatoms unter Bildung eines kleineren Moleküls und eines größeren Radikals (15), oder die Radikale zerfallen weiter in ein ungesättigtes Molekül und ein neues Radikal (16). Letzten Endes vermögen zwei beliebige Radikale miteinander zu rekombinieren (17). Im obigen Schema sind die durch die verschiedene Größe der Radikale gegebenen Möglichkeiten nur andeutungsweise zum Ausdruck gebracht.

Da die Rekombination der Radikale erst nach Ablauf einer großen Zahl (im Mittel nach mehr als 20 oder 30) Reaktionen erfolgt, spielen die Endprodukte der Ketten gegenüber den in Zwischenreaktionen entstehenden Erzeugnissen R_1H (15) und M_2 (16) eine untergeordnete Rolle. Als Kettenträger wirken dabei nur „stabile Radikale", das sind solche, deren Lebensdauer ausreicht, um eine Reaktion mit Molekülen nach (15) zu ermöglichen. Nach RICE kommen als Kettenträger nur H, CH_3 und bis zu einem gewissen Grade auch C_2H_5 in Frage. Größere Radikale zerfallen fast ausschließlich nach (16).

Die RICEsche Forderung, daß der Primärzerfall der Moleküle stets in einem Bruch von Kohlenstoff-Kohlenstoff-Bindungen besteht, wird dadurch begründet, daß die Aktivierungsenergie für die Spaltung der aliphatischen C-H-Bindung die der Spaltung der aliphatischen C-C-Bindung stark übertrifft (s. S. 237).

Errechnet man die unter gegebenen Verhältnissen eintretende Bildungswahrscheinlichkeit der verschiedenen Radikale, so ist es möglich, die Zerfallsprodukte aliphatischer Kohlenwasserstoffe nach Art und Menge vorauszusagen. Die so errechneten Ausbeuten an den einzelnen Reaktionserzeugnissen stimmen mit den experimentell gefundenen befriedigend überein[1] (vgl. auch S. 424 und 430).

f) Die Temperaturabhängigkeit der Spaltreaktionsgeschwindigkeit.

Die Reaktionsgeschwindigkeit steigt in erheblichem Maße mit der Temperatur an. Nach VAN T' HOFF ist die Temperaturabhängigkeit der Reaktionsgeschwindigkeit durch die folgende Gleichung gegeben:

$$\frac{d \ln k}{dt} = \frac{A}{RT^2} \tag{18}$$

oder

$$\ln k = \frac{-A}{RT} + \text{konst.} \tag{19}$$

[1] Vgl. z. B.: M. NEUHAUS u. L. F. MAREK: Industr. Engng. Chem. **24**, 400 (1932). — SCHULTZE, G. R., u. K. L. MÜLLER: Öl u. Kohle **12**, 923 (1936). — SCHULTZE, G. R., u. H. WELLER, Öl u. Kohle **14**, 998 (1938). — MARSCHNER, R. F.: Industr. Engng. Chem. **30**, 554 (1938).

In diesen Gleichungen ist A die Aktivierungsenergie, die als Maß der Temperaturabhängigkeit der Reaktionsgeschwindigkeit gelten kann.

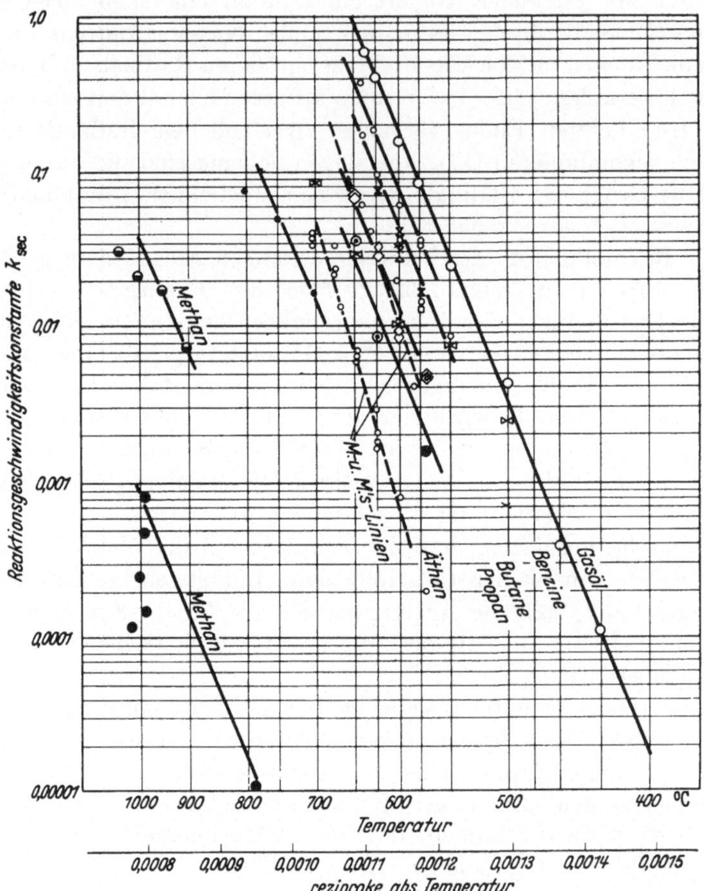

Abb. 67. Geschwindigkeitskonstanten der Krackreaktion von Kohlenwasserstoffen und Erdölfraktionen.

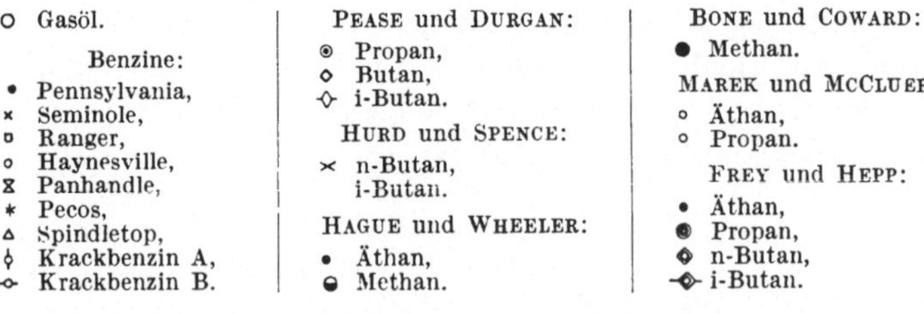
○ Gasöl.

Benzine:
• Pennsylvania,
× Seminole,
▫ Ranger,
∘ Haynesville,
⧖ Panhandle,
∗ Pecos,
△ Spindletop,
⌽ Krackbenzin A,
-o- Krackbenzin B.

PEASE und DURGAN:
◉ Propan,
◇ Butan,
-◇- i-Butan.

HURD und SPENCE:
⤫ n-Butan,
i-Butan.

HAGUE und WHEELER:
• Äthan,
◒ Methan.

BONE und COWARD:
● Methan.

MAREK und MCCLUER:
∘ Äthan,
∘ Propan.

FREY und HEPP:
• Äthan,
◉ Propan,
◈ n-Butan,
-◈- i-Butan.

Trägt man den Logarithmus der Konstanten k gegen den reziproken Wert der absoluten Temperatur auf, so erhält man eine lineare Beziehung [vgl. (19)]. Die Steilheit der auftretenden Geraden ist durch die

Aktivierungswärme A gegeben. GENIESSE und REUTER ermittelten die Aktivierungsenergie bei der Spaltung sowohl von reinen Kohlenwasserstoffen als auch von Erdölfraktionen aus der von verschiedenen Bearbeitern gemessenen Temperaturabhängigkeit der Reaktionsgeschwindigkeitskonstanten. Wie aus Abb. 67 zu ersehen ist, verlaufen die für die verschiedenen Kohlenwasserstoffe sowie für Erdölfraktionen gefundenen Abhängigkeiten der Reaktionsgeschwindigkeitskonstanten angenähert parallel zueinander. Für alle diese Spaltausgangsstoffe ist infolgedessen die Aktivierungsenergie etwa gleich. Sie beträgt ungefähr 53400 cal/Mol[1].

Der senkrechte Abstand der für die einzelnen Kohlenwasserstoffe und Erdölfraktionen geltenden Geraden vermittelt ein Bild von der mit steigendem Molekulargewicht des Spaltausgangsstoffes zunehmenden Zersetzungsgeschwindigkeit bei gleicher Temperatur.

2. Spalt- und Umlagerungsreaktionen der einzelnen Kohlenwasserstoffklassen.

a) Spaltung der Kettenkohlenwasserstoffe.

Die Primärzersetzung der Paraffine kann nach HAGUE und WHEELER[2] durch Bruch der Kohlenstoff-Kohlenstoff-Kette an jeder beliebigen

$$\underset{\text{Äthan}}{CH_3{-}CH_3} \rightarrow \underset{\text{Äthylen}}{CH_2{=}CH_2} + \underset{\text{Wasserstoff}}{H_2}$$

$$\underset{\text{Propan}}{CH_3{-}CH_2{-}CH_3} \begin{cases} \nearrow \underset{\text{Propylen}}{CH_2{=}CH{-}CH_3} + \underset{\text{Wasserstoff}}{H_2} \\ \searrow \underset{\text{Äthylen}}{CH_2{=}CH_2} + \underset{\text{Methan}}{CH_4} \end{cases}$$

$$\underset{\text{n-Butan}}{CH_3{-}CH_2{-}CH_2{-}CH_3} \begin{cases} \nearrow \underset{\text{1-Butylen}}{CH_2{=}CH{-}CH_2{-}CH_3} + \underset{\text{Wasserstoff}}{H_2} \\ \nearrow \underset{\text{2-Butylen}}{CH_3{-}CH{=}CH{-}CH_3} + \underset{\text{Wasserstoff}}{H_2} \\ \searrow \underset{\text{Propylen}}{CH_2{=}CH{-}CH_3} + \underset{\text{Methan}}{CH_4} \\ \searrow \underset{\text{Äthylen}}{CH_2{=}CH_2} + \underset{\text{Äthan}}{CH_3{-}CH_3} \end{cases}$$

$$\underset{\text{i-Butan}}{(CH_3)_2{>}CH{-}CH_3} \begin{cases} \nearrow \underset{\text{i-Butylen}}{(CH_3)_2{>}C{=}CH_2} + \underset{\text{Wasserstoff}}{H_2} \\ \searrow \underset{\text{Propylen}}{CH_2{=}CH{-}CH_3} + \underset{\text{Methan}}{CH_4} \end{cases}$$

[1] Von anderen Forschern werden höhere Werte der Aktivierungsenergie (bis zu 59200 cal/Mol) angegeben. — HUNTINGTON, R. L., u. G. G. BROWN: Industr. Engng. Chem. 27, 699 (1935).

[2] HAGUE, E. N., u. R. V. WHEELER: Fuel 8, 560 (1929).

Stelle der Moleküle erfolgen. In jedem Falle entsteht ein Olefin und ein Paraffin. Im Grenzfall, bei der Dehydrierung, tritt neben dem Olefin nur Wasserstoff auf. In Übereinstimmung hiermit findet man bei der Pyrolyse der unteren Glieder der Paraffinreihe vorstehende typischen Reaktionen.

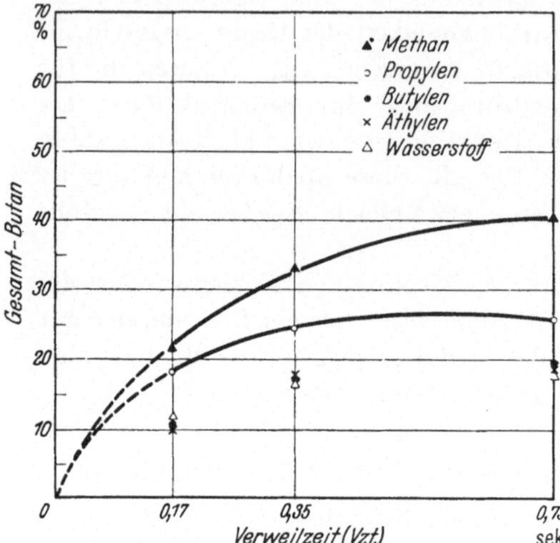

Abb. 68. Abhängigkeit der Spaltproduktmengen in Proz. des *Gesamtbutans* von der Verweilzeit bei 730°.

Erst bei höheren Temperaturen finden auch andere Umsetzungen, z. B. der Zerfall von n-Butan in zwei Äthylenmoleküle und Wasserstoff, statt:

$$\underset{\text{n-Butan}}{CH_3{-}CH_2{-}CH_2{-}CH_3} \rightarrow \underset{\text{Äthylen}}{2\,CH_2{=}CH_2} + \underset{\text{Wasserstoff}}{H_2}$$

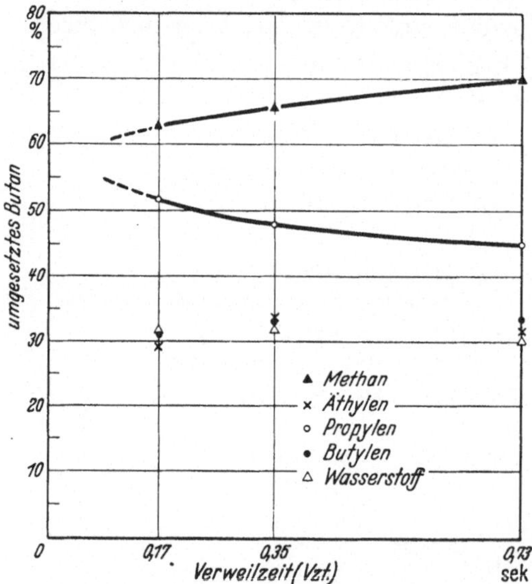

Abb. 69. Abhängigkeit der Spaltproduktmengen in Proz. des *umgesetzten Butans* von der Verweilzeit bei 730°.

Mit zunehmender Kohlenstoffatomanzahl in den Molekülen wird es immer schwieriger, den Reaktionsverlauf an Hand der Art und Menge der entstehenden Erzeugnisse abzuleiten. Die Zusammensetzung der Endprodukte oder mit anderen Worten der Reaktionsverlauf hängt zudem stark von den äußeren Bedingungen wie Temperatur, Verweilzeit und Druck ab. In den Abb. 68 und 69 ist z. B. für die n-Butanspaltung die Abhängigkeit der Zusammensetzung der Reaktionserzeugnisse von der Verweilzeit, in Abb. 70 die von der Temperatur dargestellt[1].

Auf Grund der in Abb. 68 und 69 graphisch wiedergegebenen Ver-

[1] Schultze, G. R., u. K. L. Müller: Öl u. Kohle **12**, 923 (1936). — Schultze, G. R.: Z. Elektrochem. **42**, 674 (1936). — Schultze, G. R., u. H. Weller: Öl u. Kohle **14**, 998 (1938).

suchsergebnisse nehmen G. R. SCHULTZE und K. L. MÜLLER folgende Primärreaktionen des n-Butanzerfalls an:

$$\begin{array}{llllll} \text{Ia} & C_4H_{10} & \rightarrow & C_3H_6 & + & CH_4 & - & 18{,}45\,\text{kcal}, \\ \text{Ib} & C_4H_{10} & \rightarrow & C_4H_8 & + & H_2 & - & 31{,}4\,\text{kcal}, \\ \text{Ic} & C_4H_{10} & \rightarrow & 2\,C_2H_4 & + & H_2 & - & 50{,}1\,\text{kcal}. \end{array}$$

Diese Primärreaktionen ergeben sich einerseits aus der Zusammensetzung der Spaltprodukte, andererseits aus der in Abb. 69 gezeichneten Abhängigkeit der in Prozent des *umgesetzten* Butans berechneten Spaltproduktmengen von der Verweilzeit. Trägt man nämlich den Anteil der einzelnen Spalterzeugnisse am Gesamtprodukt nicht in Prozent des eingesetzten Gesamtbutans (Abb. 68), sondern in Prozent des jeweils umgesetzten Butans (Abb. 69) auf, so schneiden primär entstehende Zerfallsprodukte die Ordinate bei endlichen Werten (vgl. SCHNEIDER und FROLICH[1]); denn selbst bei unendlich kleinen Umsätzen besitzt die Ausbeute an den einzelnen Endstoffen, bezogen auf das umgesetzte Butan, einen endlichen Wert; nur der Prozentsatz der aus den Primärerzeugnissen entstehenden Sekundärstoffe fällt bei Extrapolation auf die Verweilzeit Null auf 0% herab. Abb. 69 zeigt, daß alle Umsetzungsprodukte Primärreaktionen entstammen. Keine Kurve schneidet die Ordinate im Nullpunkt. Durch Extrapolation der an den verschiedenen Kohlenwasserstoffen angefallenen Ausbeuten auf die Verweilzeit Null errechnet sich der Anteil der drei Primärreaktionen an der Gesamtumsetzung bei 730° zu etwa:

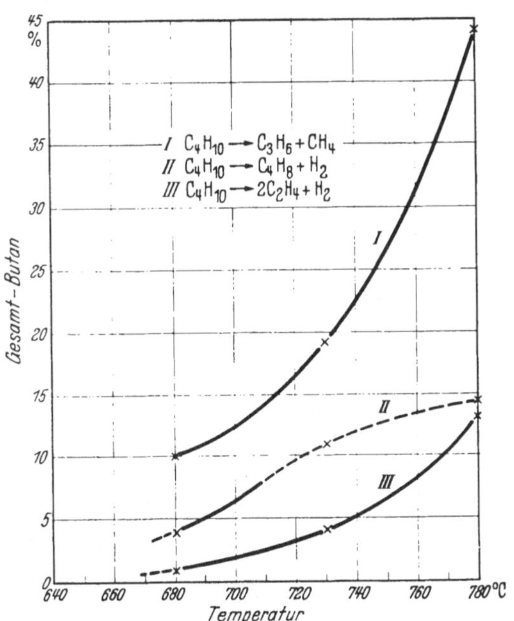

Abb. 70. Abhängigkeit der Primärreaktionen in Proz. des Gesamtbutans von der Temperatur (Verweilzeit 0,17 Sek.).

(Ia) 57,0%
(Ib) 30,5%
(Ic) 11,5%

Die Temperaturabhängigkeit der Butan-Spaltreaktionen in Abb. 70 verdeutlicht, daß sich das Verhältnis der drei Reaktionen zueinander

[1] SCHNEIDER, V., u. P. K. FROLICH: Industr. Engng. Chem. **23**, 1405 (1931).

mit der Temperatur verschiebt. Ein bestimmter Reaktionsablauf läßt sich deshalb nur für enge Temperaturbereiche angeben. Weiter ergibt sich, daß die Aufspaltung zu zwei Äthylenmolekülen und einem Wasserstoffmolekül bereits ab etwa 650° einzusetzen beginnt (vgl. auch „Pyrolysereaktionen gasförmiger Kohlenwasserstoffe", S. 438). Der verhältnismäßig hohe Anteil der Dehydrierungsreaktion an der Gesamtumsetzung erklärt sich aus der hohen Festigkeit der Kohlenstoff-Kohlenstoff-Bindung bei den niedrigmolekularen Paraffinen. Mit zunehmendem Molekulargewicht des Ausgangskohlenwasserstoffs tritt die Kohlenstoff-Wasserstoff-Spaltung zugunsten der Kohlenstoff-Kohlenstoff-Spaltung zurück.

Unterhalb von 400° ist die Zerfallsgeschwindigkeit der Paraffine sehr gering. Oberhalb dieser Temperatur nimmt sie schnell zu. Bei etwa 600° steigt sie bei einer Temperaturerhöhung um 25° auf das 2,5- bis 3fache.

Bei Temperaturen bis zu 650° werden praktisch nur Primärreaktionen der paraffinischen Kohlenwasserstoffe gefunden. Sekundärreaktionen, z. B. die Bildung aromatischer Kohlenwasserstoffe, setzen erst oberhalb von 650 bis 700° ein, und zwar liegt der Beginn der Aromatisierung um so höher, je geringer die Kohlenstoffatomzahl je Molekül des Ausgangsstoffes ist (katalytische Aromatisierung s. S. 278ff.).

Als Zwischenprodukte bei der Bildung von Aromaten aus paraffinischen Kohlenwasserstoffen entstehen Olefine, die sich zu höheren Olefinen mit konjugierten Doppelbindungen zusammenlagern und unter Ringschluß aromatische Kohlenwasserstoffe bilden (vgl. S. 252). Bei den Paraffinen ist im allgemeinen die Spaltung in ungleiche Bruchstücke begünstigt, und zwar ist nach der HABERschen Spaltregel[1] das kleinere Spaltstück paraffinisch, das größere olefinisch. Mit steigendem Molekulargewicht und wachsendem Druck nimmt die Neigung der Paraffine, in der Mitte der Kette zu spalten, zu. Beispielsweise bildet Hexadekan bei niedrigen Spalttemperaturen fast ausschließlich Oktan und Okten[2]. Mit zunehmender Temperatur werden die Spaltreaktionen verwickelter. In keinem Falle tritt jedoch eine Kondensation der Paraffine zu höheren Paraffinen unter Austritt von Wasserstoff ein. Eine solche Reaktion wird durch die Zunahme der Freien Bildungsenergie mit steigender Kohlenstoffatomanzahl innerhalb der Paraffinreihe verboten (Abb. 66).

Bei niedrigen Temperaturen sind die Paraffine beständiger als die Olefine mit derselben Zahl von Kohlenstoffatomen. Bei hohen Spalttemperaturen ist es umgekehrt. Diese Umkehr erklärt sich thermodynamisch aus dem für Olefine geringeren Temperaturkoeffizienten der Freien Energie (vgl. Abb. 66).

---

[1] HABER, F.: Ber. dtsch. chem. Ges. **29**, 2694 (1896).

[2] SACHANEN, A. N., u. M. D. TILICHEYEW: Chemistry and Technology of Cracking. New York 1932.

Obwohl die *Olefine* in den Roherdölen nicht oder nur in unbedeutender Menge vorkommen, spielen sie doch beim Kracken eine wichtige Rolle, da sie bei der Aufspaltung der Paraffine und der Ringkohlenwasserstoffe mit Seitenketten in erheblichen Mengen gebildet werden.

Ebenso wie die Paraffine vermögen die Olefine Wasserstoff abzuspalten. Im wesentlichen gilt, daß der Bruch der Kohlenstoff-Kohlenstoff-Bindung auch bei den Olefinen viel häufiger als der der Kohlenstoff-Wasserstoff-Bindung vor sich geht, eine Neigung, die mit steigendem Molekulargewicht noch zunimmt.

Die Aufspaltung der Kohlenstoff-Kohlenstoff-Bindung in Olefinen führt theoretisch zur Bildung entweder eines Diolefins und eines Paraffins oder zweier Monoolefine, z. B. nach den folgenden Gleichungen:

$$CH_2{=}CH{-}CH_2{-}CH_2{-}CH_2{-}CH_2{-}CH_3 \rightarrow CH_2{=}CH{-}CH{=}CH_2 + CH_3{-}CH_2{-}CH_3$$

$$CH_2{=}CH{-}CH_2{-}CH_2{-}CH_2{-}CH_2{-}CH_3 \rightarrow CH_2{=}CH{-}CH_3 + CH_2{=}CH{-}CH_2{-}CH_3$$

Für den Spaltvorgang in der Kette eines ungesättigten Kohlenwasserstoffs gilt allgemein die *Spaltregel von* O. SCHMIDT[1]: „Bei der Spaltung einer Kohlenstoffkette, die auch geschlossen sein kann, wird die unmittelbar neben der mehrfachen Kohlenstoffbindung oder einem freien Valenzelektron stehende einfache Kohlenstoffbindung bei mäßigen Versuchsbedingungen nicht gesprengt, wohl aber die darauffolgende, so daß die erstere verstärkt, die letztere geschwächt erscheint. Der Wechsel von Verstärkung und Schwächung setzt sich mit abnehmender Intensität alternierend durch das ganze Molekül fort.“

Diese Regel schließt die von CRIEGEE[2] aufgestellte *Radikalregel* ein: „Diradikale mit ungepaarten Elektronen in 1, 4-Stellung sind nicht existenzfähig; sie brechen in der Mitte auseinander.“ Beispiel:

$$\cdot CH_2{-}CH_2{-}CH_2{-}CH_2\cdot \rightarrow 2\ CH_2{=}CH_2$$

O. SCHMIDT[3] erklärt dieses Verhalten der Olefine und der Diradikale durch die Annahme zweier verschiedener Arten von Valenzelektronen des Kohlenstoffs, „nichtfreie (A-)Elektronen“ und „freie oder locker gebundene (B-)Elektronen“. Die A-Elektronen werden als in Räumen mit hohen Potentialwänden untergebracht betrachtet. Dagegen können die B-Elektronen eine solche Geschwindigkeit erreichen, daß sie die Potentialwände durchbrechen und sich aus dem Bereich der zugehörigen Kohlenstoffatome entfernen. Dadurch tritt im „Kasten“ (innerhalb der Potentialwände) ein Unterschuß von negativer bzw. ein Überschuß

---

[1] SCHMIDT, O.: Z. physik. Chem. A **159**, 337 (1932) — Z. Elektrochem. **39**, 969 (1933); **40**, 211 (1934); **42**, 175 (1936) — Ber. dtsch. chem. Ges. **67**, 1870 (1934); **68**, 60, 1658 (1935).

[2] CRIEGEE, R.: Ber. dtsch. chem. Ges. **68**, 665 (1935).

[3] SCHMIDT, O.: Z. Elektrochem. **43**, 238 (1937).

von positiver Ladung auf. Die Folge ist, daß im benachbarten Kasten ein Überschuß an negativer Ladung entsteht, und daß sich diese abwechselnde Verdichtung und Verdünnung der Elektronenladungen zwischen den Kohlenstoff-Kohlenstoff-Bindungen durch das ganze Molekül fortpflanzt. Mit wachsender Entfernung von der Übertrittsstelle nehmen die Dichteunterschiede ab. Die Bruchstelle der Olefine und Diradikale bei der Spaltung wird dadurch vorgeschrieben.

Die Spaltung z. B. des α-Butylens wird von O. SCHMIDT durch die folgende Gleichung wiedergegeben:

$$2\,CH_2{=}CH{-}CH_2{-}CH_3 \rightarrow CH_2{=}CH{-}CH_3 + CH_4 + CH_2{=}CH{-}CH{=}CH_2$$

Beim Zusammenstoß zweier Butylenmoleküle (Reaktion zweiter Ordnung) wird die Kette des einen Butylenmoleküls gesprengt, während das zweite die zur Bildung der obigen Spaltstücke erforderlichen zwei Wasserstoffatome unter Übergang in Butadien liefert.

Die während der Pyrolyse entstehenden Olefine sind besonders stark befähigt, Sekundärreaktionen einzugehen; sie polymerisieren sich zu höheren Olefinen oder reagieren zu zyklischen Kohlenwasserstoffen. Die Annahme, daß zyklische Kohlenwasserstoffe durch Polymerisation von Azetylen entstehen, hat sich nicht aufrechterhalten lassen; denn Azetylen wird bei Spalttemperaturen unter 850° praktisch nicht gebildet[1] (vgl. Abb. 66), während die Spaltreaktionsprodukte von Paraffinen und Olefinen zyklische Kohlenwasserstoffe bereits bei bedeutend niedrigeren Temperaturen enthalten. In einer Anzahl von Arbeiten[2] wurde dementsprechend nachgewiesen, daß die Bildung zyklischer Kohlenwasserstoffe bei technischen Spaltreaktionen nicht vom Azetylen, sondern von den Olefinen[3] ausgeht. Als Sekundärerzeugnis tritt bei der Spaltung nach SCHNEIDER und FROLICH[2] z. B. Butadien unter gleichzeitiger Entstehung von Wasserstoff oder Paraffinen auf. Dieses Ergebnis läßt sich erklären, wenn man als Reaktionsmechanismus die Polymerisation von zwei Äthylen- oder Propylenmolekülen annimmt. Die Umwandlung zu zyklischen Kohlenwasserstoffen erfolgt durch Zusammenschluß des zunächst gebildeten *Butadiens* mit Äthylen zu Zykloolefinen, die sich unter Dehydrierung zu Aromaten umsetzen:

$$\begin{aligned} 2\,C_2H_4 &\rightarrow C_4H_6 + H_2 \\ 2\,C_3H_6 &\rightarrow C_4H_6 + C_2H_6 \\ C_2H_4 + C_4H_6 &\rightarrow C_6H_8 + H_2 \\ C_6H_8 &\rightarrow C_6H_6 + H_2 \end{aligned}$$

---

[1] FRANCIS, A. W.: Industr. Engng. Chem. **20**, 272 (1928).

[2] Vgl. z. B.: V. SCHNEIDER u. P. K. FROLICH: Industr. Engng. Chem. **23**, 1405 (1931). — SCHULTZE, M., u. G. R. SCHULTZE, Öl u. Kohle **16/35**, 193 (1939).

[3] Vgl. auch den Reaktionsmechanismus der katalytischen Aromatisierung von Kettenkohlenwasserstoffen, S. 279ff.

Der Zusammenschluß der Olefinmoleküle zu Zykloolefinen ist, wie erwähnt, nicht die einzige Reaktion der Olefine. Häufig findet eine Polymerisation zu höheren Olefinen statt. Sie ist bei niedrigen Temperaturen bis zu etwa 400° C begünstigt. Oberhalb dieser Temperatur tritt sie rasch zurück (Abb. 71). Druckerhöhung wirkt im Sinne des Prinzips vom kleinsten Zwang polymerisationsfördernd. Interessant ist, daß die in Abb. 71 dargestellte Temperaturabhängigkeit des Molprozentgehaltes an Polymerisat für das Gleichgewicht

$$2\,C_nH_{2n} \rightleftarrows C_{2n}H_{4n}$$

in erster Näherung von der Molekülgröße der Olefine unabhängig ist[1].

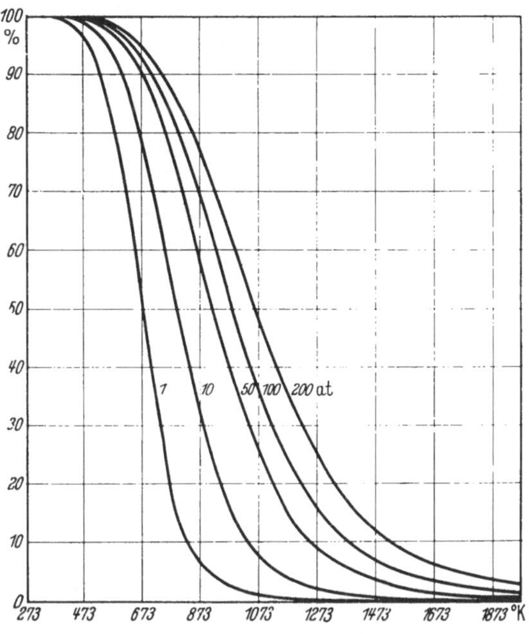

Abb. 71. Temperaturabhängigkeit des Molprozentgehaltes an Polymerisat für das Gleichgewicht $2\,C_nH_{2n} \rightleftarrows C_{2n}H_{4n}$ (G. R. SCHULTZE).

b) Spaltung zyklischer Kohlenwasserstoffe.

Zyklische Kohlenwasserstoffe ohne Seitenkette besitzen eine hohe thermische Beständigkeit. Wird eine Zersetzung bei hohen Temperaturen erzwungen, so tritt Ringspaltung ein. Die gebildeten Primärreaktionserzeugnisse sind aber so unbeständig, daß eine weitere Umwandlung der ungesättigten Primärerzeugnisse unmittelbar folgt. Besonders der Zyklopentanring ist sehr stabil; selbst bei hohen Temperaturen ist er noch beständig, übereinstimmend mit der Tatsache, daß die in Krackbenzinen enthaltenen Naphthene hauptsächlich Zyklopentane sind. Die Spaltreaktionen der zyklischen Kohlenwasserstoffe sind je nach der Zahl der Kohlenstoffatome im Ring erheblich verschieden.

Zyklohexen zerfällt nach KÜCHLER[2] bei etwa 525° C in einer Reaktion erster Ordnung primär zu Äthylen und Butadien. Der Sechsring wird demnach leichter aufgespalten als zu Benzol dehydriert. Für den Zyklohexanzerfall wurden zwei Primärreaktionen festgestellt. Zum Teil tritt eine Wasserstoffabspaltung unter Bildung von Zyklo-

[1] SCHULTZE, G. R.: Z. Elektrochem. **42**, 674 (1936).
[2] KÜCHLER, L.: Trans. Faraday Soc. **35**, 874 (1939).

hexen (1) ein, zum Teil erfolgt eine Aufspaltung in zwei Propylenmoleküle (2):

$$C_6H_{12} \rightarrow H_2 + C_6H_{10} \rightarrow H_2 + C_2H_4 + C_4H_6 \quad (1)$$

$$C_6H_{12} \rightarrow 2\,C_3H_6 \quad (2)$$

Eine Dehydrierung zu Benzol oder eine Isomerisierung zu Methylzyklopentan wurde praktisch nicht beobachtet (katalytische Dehydrierung von Naphthenen s. S. 286).

Zykloheptan erfährt eine Umwandlung zu Methylzyklohexan, während Zyklooktan zu Bizyklooktan polymerisiert.

Aromatische Kohlenwasserstoffe sind bei den technisch angewandten Spalttemperaturen im allgemeinen beständig. Die Beständigkeit substituierter Naphthene oder Aromaten ist dagegen von der Stabilität der aliphatischen oder olefinischen Seitenkette abhängig.

Kondensierte Ringe besitzen höhere thermische Beständigkeit als Einzelringe. Bei der Erhitzung substituierter Ringverbindungen auf Spalttemperaturen tritt daher meist Ringschluß unter Bildung kondensierter Ringe ein (vgl. in diesem Zusammenhang die Temperaturabhängigkeit der Freien Bildungsenergie von Benzol und Naphthalin in Abb. 66).

c) Relative Beständigkeit der Kohlenwasserstoffklassen.

Faßt man die Ergebnisse der zahlreichen Arbeiten auf dem Gebiete der thermischen Spaltung reiner Kohlenwasserstoffe zusammen, so findet man nach FROLICH[1], daß die Stabilität der Kohlenwasserstoffe von annähernd gleichem Molekulargewicht im Bereich technischer Spalttemperaturen von etwa 400 bis 600° in der folgenden Reihenfolge zunimmt:

Paraffine	C_nH_{2n+2}
Olefine	C_nH_{2n}
Diolefine	C_nH_{2n-2}
6-Ring-Naphthene	C_nH_{2n} (Ringe)
	C_nH_{2n-m} (kondensierte Ringe)
5-Ring-Naphthene	C_nH_{2n} (Ringe)
	C_nH_{2n-m} (kondensierte Ringe)
Aromaten	C_nH_n (Ringe)
	C_nH_{n-m} (kondensierte Ringe)

Für Kohlenwasserstoffe mit Seitenketten gilt, daß die Seitenketten stets eine höhere thermische Beständigkeit als gleich lange Enden geradliniger Kohlenwasserstoffe aufweisen. Wie aus der angegebenen Reihenfolge der Kohlenwasserstoffklassen ersichtlich ist, steigt die Stabilität im Bereich technischer Spalttemperaturen mit abnehmendem Wasserstoff-Kohlenstoff-Verhältnis. Eine Ausnahme bilden die Diolefine.

[1] FROLICH, P. K.: Chem. metall. Engng. **38**, Nr 5 u. 6 (1931).

Die angegebene Stabilitätsreihenfolge gilt jedoch nur für die Temperaturspanne von 400 bis 600°. Steigert man die Spalttemperatur über 600 bis auf 700°, so werden die Diolefine stabiler als die Naphthene[1]. Durch Anwendung so hoher Temperaturen gelingt es infolgedessen, Naphthene und andere Kohlenwasserstoffe in Diolefine zu spalten, die durch nachfolgende Polymerisation unter Abtrennung von Wasserstoff in Aromaten übergehen.

Bei vielen technischen Spaltverfahren ist es üblich, die nicht aufgespaltenen Ölanteile und die bei der Spaltung sekundär gebildeten hochmolekularen Kohlenwasserstoffe (recycle stock) zusammen mit frischem Ausgangsöl in die Spaltzone zwecks weiterer Aufspaltung zurückzuführen. Da sich bei mehrmaligem Durchgang eines Öles durch den Spaltofen die beständigeren Inhaltsstoffe, d. h. die Aromaten und Naphthene, mehr und mehr anreichern, besitzen die im zweiten und dritten Durchgang gewonnenen Benzine eine höhere Klopffestigkeit als die des ersten Durchganges. Andererseits nimmt die Bildung von Koks und Gas zu.

Je nach ihrem chemischen Aufbau und ihrer Molekülgröße kommt den Kohlenwasserstoffen also eine verschiedene thermische Beständigkeit zu. Die günstigsten Spaltbedingungen sind deshalb für die einzelnen Kohlenwasserstoffe verschieden. Diese Erkenntnis führte zur Einführung des sog. *Selektivspaltens*, bei dem ein Spaltausgangsstoff in eine Anzahl von Fraktionen zerlegt wird, die einzeln der Spaltung zugeführt werden. Jede der Fraktionen wird den für sie berechneten oder experimentell ermittelten günstigsten Temperatur- und Druckbedingungen ausgesetzt[2]. Auf diese Weise erhält man die höchstmögliche Ausbeute an klopffesten Benzinen.

Das in ständig steigendem Maße vorgenommene *Reformieren* („reforming") von Benzinen zur Erhöhung der Klopffestigkeit kann wegen der verhältnismäßig engen Siedegrenzen des Spaltausgangsstoffes als ein solches Selektivspalten angesprochen werden. Die Steigerung der Oktanzahl wird bei diesem Verfahren nur zum Teil auf Primär- und Sekundärreaktionen beim Spalten zurückgeführt. Außer den genannten

---

[1] Frolich, P. K., R. Simard u. A. White: Industr. Engng. Chem. **22**, 240 (1930).

[2] Vgl. z. B.: *Gasoline Products Co., Inc.*, übert. von P. C. Keith: A. P. 2210549 (1933). — *Universal Oil Products Co.*, übert. von K. Swartwood: A. P. 2206135 (1935); dieselbe, übert. von I. G. Alther: A. P. 2211999 (1936); dieselbe, übert. von L. C. Huff: A. P. 2212023 (1937); dieselbe, übert. von Ch. H. Angell: A. P. 2206071 (1937); dieselbe, übert. von J. C. Morrell: A. P. 2203025 (1938); dieselbe, übert. von R. Pyzel u. C. G. Gerhold: A. P. 2210257 (1939), dieselbe, übert. von I. D. Segny, A. P. 2210265 (1939). — *Standard Oil Co. of Indiana*, übert. von R. F. Ruthruff: A. P. 2207598 (1937). — *Process Management Co., Inc.*, übert. von E. D. Phinney: A. P. 2205434 (1937).

Umsetzungen, die je nach den eingehaltenen Bedingungen zur Bildung von Olefinen, Naphthenen und Aromaten führen, treten Isomerisierungsreaktionen auf.

d) Einfluß der Temperatur, des Druckes und der Verweilzeit auf die Spaltreaktionen der Kohlenwasserstoffe.

Für die beim thermischen Spalten eintretenden Umsetzungen sind in erster Linie die Reaktionsgeschwindigkeit und, soweit ein solches vorliegt, die Lage des chemischen Gleichgewichtes maßgeblich. Beide sind von der Temperatur in starkem Maße abhängig. Nach VAN T' HOFF besitzt sowohl die Reaktionsgeschwindigkeits- als auch die Gleichgewichtskonstante eine logarithmische Temperaturabhängigkeit [vgl. Gleichung (19) und S. 235]. Dementsprechend wurde in einem Beispiel die Spaltreaktionsgeschwindigkeit von Gasöl bei 450° durch Steigerung der Temperatur um 14° bereits auf das Doppelte erhöht[1].

Verweilzeit und Temperatur stehen in enger Beziehung zueinander. Bei hoher Temperatur und kurzer Verweilzeit lassen sich innerhalb gewisser Grenzen dieselben Ergebnisse wie bei niedrigen Temperaturen und längeren Verweilzeiten erzielen. Dies gilt jedoch ebenfalls nur für den Bereich technischer Spalttemperaturen. Außerhalb dieser Grenzen findet entweder wegen der mit sinkender Temperatur zunehmenden Stabilität der Kohlenwasserstoffe keine merkliche Reaktion statt, oder die Reaktion kann bei hohen Temperaturen trotz Einhaltung äußerst kurzer Verweilzeiten wegen der außerordentlich großen Umsetzungsgeschwindigkeit nicht mehr kontrolliert werden. Eine Steigerung der zulässigen Spalttemperaturen ist dann möglich, wenn man dem Spaltausgangsstoff erheblich beständigere Stoffe, z. B. Propan und Butan, zumischt (vgl. in diesem Zusammenhange die Grundgedanken zum Polyformverfahren, S. 314).

Da die Polymerisationsgeschwindigkeit der Olefine wegen der geringeren Aktivierungswärme [etwa 40000 cal/Mol; vgl. auch Gleichung (18)] mit steigender Temperatur schwächer als die Zerfallsgeschwindigkeit der Kohlenwasserstoffe anwächst, läßt sich voraussagen, daß die Gas- und Benzinbildung bei hohen Temperaturen und kurzen Verweilzeiten begünstigt ist.

Wählt man niedrige Spaltdrucke, so erhält man durch Steigerung der Spalttemperatur eine Zunahme des Olefingehaltes des Spalterzeugnisses als Folge der größeren Geschwindigkeitserhöhung der Primär- gegenüber der der Sekundärreaktionen. Drucksteigerung bewirkt eine erhebliche Veränderung der Reaktionserzeugnisse; sie fördert die Polymerisation der Olefine zu höheren Olefinen unter Herabsetzung

---

[1] GENIESSE, J. C., u. R. REUTER: Industr. Engng. Chem. **24**, 219 (1932).

der Gasbildung (vgl. die Druckabhängigkeit der Olefinpolymerisation, S. 243). Z. B. entsteht bei der Spaltung von Äthylen und Propylen unter Atmosphärendruck viel Wasserstoff neben Benzol und höhersiedenden aromatischen Erzeugnissen. Wird der Druck bei gleicher Spalttemperatur erhöht, so wird die Wasserstoffbildung zurückgedrängt. Das entstehende Reaktionserzeugnis ist selbst bei Temperaturen von 600° nicht aromatisch[1].

Auf die Reaktionsgeschwindigkeit der bei der Spaltung einsetzenden Primärreaktionen hat die Anwendung erhöhten Druckes, da es sich im wesentlichen um Reaktionen erster Ordnung handelt, keinen Einfluß. Einen indirekten Einfluß auf die Reaktionsgeschwindigkeit übt der Druck jedoch dadurch aus, daß er die Siedepunkte der Ausgangsstoffe erhöht und die Anwendung höherer Reaktionstemperaturen ermöglicht.

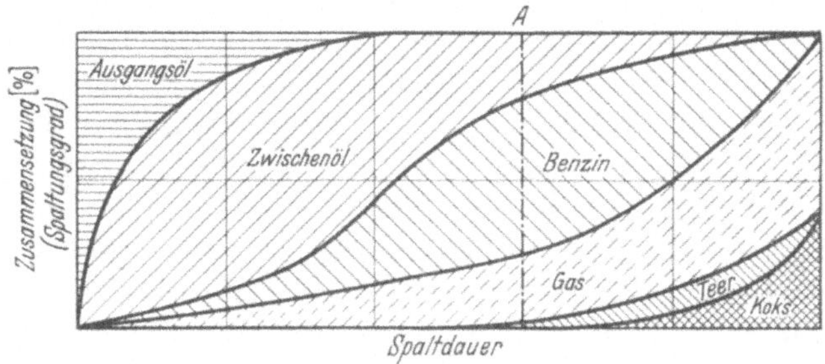

Abb. 72. Die Verschiebung der Ausbeuten an Spalterzeugnissen mit der Spaltdauer.

Ein anschauliches Bild des Einflusses der Reaktionsdauer auf die Zusammensetzung der Spalterzeugnisse gibt das Schema in Abb. 72[2]. Zunächst tritt vorwiegend die Bildung eines Zwischenöles mittlerer Siedegrenzen ein, das mit fortschreitender Verweilzeit im Reaktionsraum mehr und mehr zu Benzin und Gas aufgespalten wird. Unter den üblichen Spaltbedingungen sind auch die entstandenen Benzinkohlenwasserstoffe unbeständig. Sie werden weiter gespalten. Gleichzeitig setzt eine Polymerisation der gebildeten olefinischen Kohlenwasserstoffe zu höheren Olefinen ein, die wiederum, zum Teil unter Bildung wasserstoffärmerer Kohlenwasserstoffe gespalten werden. Diese polymerisieren und kracken erneut und ergeben unter dauernder Verminderung des Wasserstoff-Kohlenstoff-Verhältnisses schließlich Teer und Koks. Die günstigste Verweilzeit für die Gewinnung hoher Benzinmengen ist dann erreicht, wenn die je Zeiteinheit spaltende der aus Zwischenöl entstehenden Benzinmenge gleichkommt (Verweilzeit *A* in Abb. 72). Dagegen steigt die Klopffestigkeit des Benzins mit der

[1] Frolich, P. K.: Chem. metall. Engng. **38**, 343 (1931).
[2] Strout, A. L.: Refiner **8**, 64 (1929).

Spaltdauer laufend an; denn mit zunehmender Verweilzeit im Spaltraum werden mehr und mehr thermisch unbeständige, zum Klopfen neigende Kohlenwasserstoffe zugunsten der beständigen, klopffesten aufgespalten. An sich ist es möglich, hohe Erträge an Benzin dadurch zu gewinnen, daß man kurze Verweilzeiten, d. h. geringe Umsetzungsgrade je Durchgang wählt und die nicht oder ungenügend gespaltenen Ausgangsölanteile nach Abtrennung des Benzins in den Spaltkreislauf zurückführt. Die Klopffestigkeit des Benzins ist in diesem Falle niedrig. Die wirklich eingehaltene Reaktionszeit hängt deshalb auch von der zu erzielenden Klopffestigkeit des Enderzeugnisses ab.

Die technischen Krackverfahren wurden bis vor kurzem in Flüssigphase- und Dampfphase-Verfahren eingeteilt. Die ersteren arbeiten bei erhöhten Drucken, die zwischen etwa 10 und 70 at liegen. Bei den über 400° liegenden Spalttemperaturen erhält man jedoch meist nicht eine Flüssigphase-, sondern eine Gemischtphase-Spaltung; denn bei diesen Temperaturen befindet sich die Hauptmenge der erzeugten Benzinkohlenwasserstoffe bereits oberhalb der kritischen Temperatur[1]. Wirkliche Flüssigphase-Spaltung tritt angenähert nur bei den unter hohen Drucken arbeitenden Verfahren auf, und zwar werden bei genügend hohen Drucken die über der kritischen Temperatur befindlichen leichten Kohlenwasserstoffe in den sich verflüssigenden höheren Fraktionen gelöst. Mit steigender Temperatur muß der Druck, um die gasförmigen Anteile in der flüssigen Phase zu halten, stark erhöht werden. Die meisten technischen Flüssigphase-Verfahren arbeiten deshalb in Wirklichkeit in gemischter Phase.

Die technische Gasphase-Spaltung erfolgt bei Temperaturen um 600° unter nicht oder nur wenig erhöhtem Druck in sehr kurzen Verweilzeiten. Unter diesen Bedingungen wird die Polymerisation der primär gebildeten Olefine zurückgedrängt (vgl. Abb. 71). Die Gasphase-Spaltung führt infolgedessen zu Spalterzeugnissen von stark ungesättigtem Charakter.

e) Wärmebedarf technischer Krackreaktionen.

Die Spaltreaktionen der Kohlenwasserstoffe sind sämtlich endotherm; die Polymerisations- und Zyklisierungsumsetzungen der Olefine dagegen exotherm. So wurden für die hauptsächlich vorkommenden Reaktionen nach dem HESSschen Gesetz folgende Reaktionswärmen berechnet[2]:

[1] McKEE, R. H., u. H. H. PARKER: Industr. Engng. Chem. **20**, 1169 (1928).

[2] KHARASCH, M. S.: Bur. Stand. J. Res. **2**, 359 (1929). — ROSSINI, F. D.: Bur. Stand. J. Res. **12**, 735; **13**, 25 (1934): **19**, 249, 339 (1937). — ROBERTI, G., in EUCKEN-JAKOB: Der Chemie-Ingenieur **3**, 4. Teil, 229 (1939).

$$\begin{aligned}
C_n H_{2n+2} &= C_n H_{2n} + H_2 - (33400 - 500n)\\
C_{m+n} H_{2(m+n)+2} &= C_m H_{2m+2} + C_n H_{2n} - (18700 - 500n)\\
2\,C_n H_{2n} &= C_{2n} H_{4n} + 18700\\
3\,C_2H_4 &= C_6H_{12}\ (\text{zykl.}) + 51000\\
C_6H_{12} &= C_6H_{12}\ (\text{zykl.}) + 13000
\end{aligned}$$

Der Wärmebedarf beim technischen Kracken wird also um so größer sein, je mehr die eigentlichen Spaltreaktionen überwiegen. Tatsächlich nimmt der Wärmebedarf ab, wenn Bedingungen vorliegen, die die Polymerisationsumsetzungen begünstigen. In diesem Sinne bewirken die

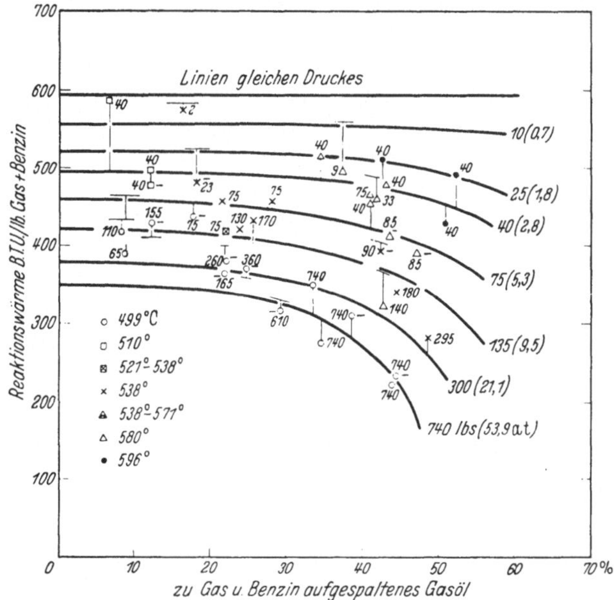

Abb. 73. Beziehung zwischen Reaktionswärme und Krackgrad von Ost-Texas-Gasöl[1].

Erhöhung des Spaltdruckes und die Verlängerung der Reaktionsdauer einen Abfall des Wärmeverbrauches. Die in Abb. 73 wiedergegebenen Versuchsergebnisse[2] mit einem Gasöl aus Ost-Texas lassen diese Abhängigkeiten deutlich erkennen. Bei kleinen Drucken ist der Abfall der aufgenommenen Wärme mit der Reaktionstiefe sehr schwach. Er tritt um so mehr in Erscheinung, je größer der angewandte Druck ist. Die zur Gewinnung von 1 kg Benzin + Gas erforderliche Wärmemenge liegt zu Beginn der Reaktion zwischen ungefähr 211 (bei 21,1) und 290 kcal (bei 1,8 at), entsprechend etwa 380 und 520 B.T.U./lb. Nach 50proz. Umsatz des Ausgangsöles ist der Wärmebedarf bei einem Druck

[1] 1 lb./square inch. = 0,07031 kg/cm²,
1 B.T.U./lb. = 0,556 kcal/kg.

[2] Weir, H. M., u. G. L. Eaton: Industr. Engng. Chem. **29**, 346 (1937).

von 21,1 at auf ungefähr 139 kcal/kg Benzin + Gas (250 B.T.U./lb.) gesunken, während er bei einem Versuchsdruck von 1,8 at nur um schätzungsweise 11 kcal/kg (20 B.T.U./lb.) abfällt.

f) Katalytisches Kracken.

Bei rein thermischer Behandlung läßt sich die Zersetzung der hochmolekularen Kohlenwasserstoffe nur in untergeordnetem Maße lenken. Das Auftreten unerwünschter Nebenreaktionen ist unvermeidlich, und es ist nicht möglich, die Spaltung der Kohlenstoff-Kohlenstoff-Bindung auf bestimmte Molekülstellen zu beschränken. Eine solche Möglichkeit eröffnet sich aber, wenn die Zersetzung in Gegenwart bestimmter Katalysatoren vorgenommen wird. Es findet in diesem Falle eine selektive Kettenspaltung z. B. in der Molekülmitte statt. Gleichzeitig tritt eine erhebliche Isomerisierung sowohl des Ausgangsstoffes als auch der Bruchstücke ein. Eine solche Spaltung ist wegen des stärkeren Anfalles an erwünschten Reaktionserzeugnissen und wegen der höheren Klopffestigkeit der Endstoffe bedeutend vorteilhafter als die meist angewandte Druckwärmespaltung ohne Katalysatoren.

Olefine.

Neuere Arbeiten über die katalytische Spaltung und die gleichzeitige Isomerisierung n-olefinischer und n-paraffinischer Kohlenwasserstoffe

Zahlentafel 78. Katalytische Spaltung und Isomerisation von n-Butenen.

Versuch Nr.	1	3	4	6	7
Ofentemperatur, ° C.	385	450	500	600	600
Versuchsdauer, Stunden	0,75	2	2	2	0,5
Raumgeschwindigkeit (Gas)[1]	525	230	230	205	1160
Flüssiges Enderzeugnis, Gew.-%	14	24,3	20,5	8,9	12,7
Gasförmiges Enderzeugnis, Gew.-%	86	75,7	79,5	91,1	87,3
Davon C_1—C_3-Fraktion, Gew.-%	2,8	13,1	17,1	31,4	15,7
„ Isobuten, Gew.-%	8,0	14,1	15,9	14,2	17,1
Proz. Isobuten in der C_4-Fraktion	9,6	22,6	25,6	23,8	23,8
Verhältnis Isobuten/n-Butene	0,11	0,33	0,40	0,38	0,34
Gasanalyse, Vol.-%:					
H_2	0,0	0,0	0,0	17,5	1,3
CH_4	0,0	0,0	0,0	18,6	3,1
C_2H_4	0,0	0,0	0,1	2,8	0,4
C_2H_6	0,0	0,0	1,1	3,4	1,6
C_3H_6	3,5	17,9	22,6	14,0	17,3
C_3H_8	0,7	3,9	3,3	2,5	1,8
i-C_4H_8	9,2	17,7	18,7	9,8	17,8
n-C_4H_8		53,0	46,5		52,9
	85,6			25,7	
C_4H_6		0,2	0,4		0,9
C_4H_{10}	1,0	7,3	7,4	5,6	3,0

[1] Volumen n-Butene je Volumen Katalysator je Stunde.

stammen u. a. von EGLOFF, MORRELL, THOMAS und BLOCH[1]. Sie unterwarfen n-Butene, n-Pentene, n-Oktene und Ceten sowie n-Oktan und Cetan der Krackung über Silizium-Aluminium-Kontaktmassen.

Bei der katalytischen Spaltung eines n-Buten-Gemisches fand neben einer Isomerisierung zu i-Buten und einer Spaltung zu kleineren Bruchstücken eine Polymerisation zu Benzinkohlenwasserstoffen statt.

Die Ausbeute an flüssigen Erzeugnissen erreichte bei 450° und bei einer Raumgeschwindigkeit von 230 ein Maximum von 24,3 Gew.-%, bezogen auf die Ausgangs-Butenmenge. Mit steigender Reaktionstemperatur wächst der Anfall an C_1- bis C_3-Gasen ständig; erhöht man jedoch auch die Durchflußgeschwindigkeit, so tritt die Bildung leichter Gase wieder zurück (vgl. Zahlentafel 78, Versuch 7).

In früheren Versuchen an Phosphorsäurekatalysatoren auf verschiedenen Trägern hatten FROST, RUDKOWSKII und SEREBRIAKOVA[2] gefunden, daß die Isomerisation des 1- und des 2-Butens zu Isobuten reversibel nach der folgenden Gleichung verläuft:

$$\lg K_p = \frac{304}{T} \cdot 0{,}528 \pm 0{,}020\,.$$

Das Gleichgewicht enthält bei etwa 300° gleiche Mengen n- und i-Buten, um sich mit zunehmender Temperatur zur Seite des n-Butens zu verschieben. Bei den in Zahlentafel 78 beschriebenen Versuchen wurde das Gleichgewicht der n-Buten-Isomerisierung in keinem Falle erreicht; denn das Verhältnis iso- zu normal-Buten bewegt sich zwischen 0,11 und 0,40, während das errechnete Gleichgewichtsverhältnis von 1,0 bei 300° auf nur 0,66 bei 600° fällt.

Die katalytische Zersetzung der *n-Pentene* bei 400° ergab eine Umwandlung von 53% n-Pentene in Methylbutene, daneben entstanden etwa 17% höhersiedende Kohlenwasserstoffe und 8% Gas[3].

Im Gegensatz zu den Ergebnissen rein thermischer Versuche von HUGEL und SZAYNA[4], in denen bei 375° nur 0,4% n-Oktene aufspalteten, wurden bei der katalytischen Umsetzung etwa 20% Oktene gekrackt. Die Ausbeute an i-Okten liegt um 60 Gew.-%. Das Endgas enthält vorwiegend ungesättigte C_4-Kohlenwasserstoffe (Zahlentafel 79). Auch dieser Befund steht in starkem Gegensatz zu den Resultaten der genannten thermischen Versuche, die bei 438 bis 444° ein zu über 90% aus

[1] EGLOFF, G., J. C. MORRELL, C. L. THOMAS u. H. S. BLOCH: J. amer. chem. Soc. **61**, 3571 (1939).

[2] FROST, A. V., D. M. RUDKOVSKII u. E. K. SEREBRIAKOVA: C. r. Acad. Sci. USSR (N. S.) **4**, 373 (1936). — SEREBRIAKOVA, E. K., u. A. V. FROST: J. Gen. Chem. (USSR) **7**, 122 (1937).

[3] Vgl. auch C. D. HURD: Industr. Engng. Chem. **26**, 51 (1934). — HURD, C. D., G. H. GOODYEAR u. A. R. GOLDSBY: J. amer. chem. Soc. **58**, 235 (1936). — NORRIS, J. F., u. R. REUTER: J. amer. chem. Soc. **49**, 2626 (1927).

[4] HUGEL, G., u. A. SZAYNA: Ann. combust. liqu. **1**, 781 (1926).

Zahlentafel 79. Katalytisches Kracken der n-Oktene.

Ofentemperatur, ° C.	375	385	400
Versuchsdauer, Stunden	2,45	0,5	0,5
Raumgeschwindigkeit (flüssig)	4,1	4,2	4,1
Einsatz an n-Oktenen, Gramm	720	151	148
Flüssigkeitsausbeute, Gramm	646	125	117
Ausbeute in Gew.-%:			
$C_5 + C_6 + C_7$, *Kp*: 10—95°	10,9	8,3	—
i-C_8, *Kp*: 95—121,5°	58,2	60,5	—
n-C_8, *Kp*: >121,5°	20,6	14,7	—
Gase:			
Gew.-%, bezogen auf n-Oktene	8,5	14,4	17,5
Mittleres Molekulargewicht	50,6	51,5	51,3
H_2, Vol.-%	0,1	0,0	0,0
CH_4	0,8	0,0	0,0
C_3H_6	35,7	27,5	32,4
C_3H_8	2,1	1,7	1,9
i-C_4H_8	30,6	32,5	27,8
n-C_4H_8	22,4	32,3	28,9
C_4H_{10}	8,3	6,0	9,0
Rest	1,8	2,1	3,4

Paraffinen und Wasserstoff bestehendes Gas ergaben. Dieser Umstand ist besonders für die Olefingewinnung aus höheren Kohlenwasserstoffen zwecks Erzeugung von Polymerbenzin von Bedeutung. Die Destillationskurve der hydrierten i-Okten-Fraktion läßt die Anwesenheit folgender Kohlenwasserstoffe erkennen: 2, 3, 4-Trimethylpentan, 2-Methylheptan, 4-Methylheptan und 3-Methylheptan.

Beim *thermischen* Kracken von *Ceten* werden bei Anwendung niedriger Temperaturen hauptsächlich flüssige Olefine, bei höheren Temperaturen bevorzugt alizyklische und aromatische Kohlenwasserstoffe gebildet[1]. Die höchste Ausbeute an olefinischen Gasen (66 bis 68% der gasförmigen Produkte) wurde zwischen 575 und 700° erzeugt. Je nach der Verweilzeit begann die Krackreaktion bei 450 bis 550°.

Metallische Katalysatoren setzen die Temperatur, bei der das Kracken beginnt, herab. Egloff, Morrell, Thomas und Bloch[2] fanden schon bei 300° (Raumgeschwindigkeit 4,0) eine schwache Umsetzung, in der 0,07% Gase entstanden. Außerdem fand eine teilweise Isomerisation des Cetens zu niedrigersiedenden Isohexadecenen statt. Mit steigender Reaktionstemperatur nimmt die Gasentwicklung unter sonst gleichen Bedingungen stark zu. Dasselbe gilt für die Benzinbildung, die bei 300° noch nicht in Erscheinung tritt. Dagegen durchläuft die Umsetzung zu Isohexadecenen bei etwa 350° ein Maximum. Krackt

[1] Gault, H., F. A. Hessel u. Y. Altchidjian: C. r. Acad. Sci. Paris **178**, 1562 (1924).

[2] Egloff, G., J. C. Morrell, C. L. Thomas u. H. S. Bloch: Zit. S. 261.

man die Isohexadecenfraktion bei 350° ein zweites Mal (Zahlentafel 80), so tritt eine dreimal so große Benzinbildung wie bei der Cetenspaltung ein. Die Gaszusammensetzung verschiebt sich beim katalytischen Cetenkracken mit zunehmender Temperatur zur Seite der olefinischen Kohlenwasserstoffe. So bestand das bei 450° erhaltene Gas zu etwa 90 Vol.-% aus Olefinen. Eine fast ebenso hohe Olefinausbeute (83,8 Vol.-%) wurde beim Kracken der Isohexadecenfraktion gewonnen.

Zahlentafel 80. Katalytisches Kracken von Ceten.

Ofentemperatur, °C	300	350	350 [1]	400	450
Versuchsdauer, Stunden	3,93	4,0	2,67	4,0	2,78
Raumgeschwindigkeit [2]	4,0	4,0	4,0	4,1	4,0
Einsatz an Ceten, Gramm	1230	1255	830	1270	885
Flüssige Erzeugnisse:					
Gesamtausbeute, Gew.-%	99	99,5	98,5	95	84
Davon Benzin, 10—200°	0,0	5,1	15,1	43,0	59,5
Zwischenfraktion 200° (750 mm) bis 125° (14 mm)	0,0	0,6	1,1	5,8	8,0
Niedrigsiedende Hexadecene	8,0	44,9	70,9	26,9	13,0
Ceten und Rückstand	91,0	47,5	9,9	18,3	1,1
Gasförmige Erzeugnisse:					
Ausbeute, Gew.-%	0,07	0,44	1,1	4,5	14,1
Mittleres Molekulargewicht	49,2	51	51,5	51	51,2
Zusammensetzung, Vol.-%:					
H_2	0,0	0,0	1,5	0,0	0,0
CH_4	0,0	0,0	1,2	0,0	0,0
C_2H_4	20,3 (} C_2H_4 + C_2H_6)	0,7	0,0	3,9	0,0
C_2H_6		7,3	0,9	0,9	0,0
C_3H_6	3,5	12,2	18,1	25,8	32,8
C_3H_8	29,7	17,0	4,6	2,1	3,2
i-C_4H_8	5,6 (} i- + n-C_4H_8)	14,6	29,5	28,6	27,4
n-C_4H_8		16,8	36,2	29,2	29,8
C_4H_{10}	41,0	31,4	8,0	9,4	6,9
Oktanzahl (ASTM.) des Benzins	—	—	—	77,8	80,6
„ nach der Hydrierung	—	—	—	34,1	51,6

Aus der molprozentischen Zusammensetzung der Enderzeugnisse wurde der in Zahlentafel 81 wiedergegebene Reaktionsablauf abgeleitet.

Demnach erfolgt der Zerfall des Cetens fast ausschließlich in Primärreaktionen, Sekundärreaktionen treten nur in untergeordnetem Maße ein. Bedeutende Unterschiede des Reaktionsablaufes bei 350° und bei 400° bestehen nicht.

Nimmt man an, daß auch die in Klammern stehenden Sekundärreaktionen am Reaktionsverlauf bei 400° teilnehmen, so verschieben sich die Anteile der Einzelreaktionen am Gesamtreaktionsablauf auf die in den Klammern angegebenen Werte.

[1] Ausgangsstoff: 90% niedrigsiedende Hexadecene + 10% Ceten.

[2] Volumen Ceten (flüss.) je Volumen Katalysator je Stunde.

Zahlentafel 81. Anteil der Einzelreaktionen am Gesamtreaktionsverlauf beim katalytischen Cetenkracken.

Primärreaktionen	Umgesetzte Mole je 100 Mole Ceten bei 350°	Umgesetzte Mole je 100 Mole Ceten bei 400°	Sekundärreaktionen	Umgesetzte Mole Primärprodukt je 100 Mole Ceten bei 400°
$C_{16} \rightarrow H_2 + C_{16}$	0	0		
$C_{16} \rightarrow C_1 + C_{15}$	0	0		
$C_{16} \rightarrow C_2 + C_{14}$	2	2		
$C_{16} \rightarrow C_3 + C_{13}$	9	10		
$C_{16} \rightarrow C_4 + C_{12}$	20	12 (17)		
$C_{16} \rightarrow C_5 + C_{11}$	16	17	$C_{11} \rightarrow C_5 + C_6$	6
$C_{16} \rightarrow C_6 + C_{10}$	15	19 (17)	$C_{10} \rightarrow C_4 + C_6$ ($C_{12} \rightarrow 2C_6$)	2 (2)
$C_{16} \rightarrow C_7 + C_9$	22	24		
$C_{16} \rightarrow C_8 + C_8$	17	16 (13)	$C_8 \rightarrow C_4 + C_4$ ($C_{12} \rightarrow 3C_4$)	6 (3).

Paraffine.

Neben olefinischen Kohlenwasserstoffen wurden von EGLOFF, MORRELL, THOMAS und BLOCH auch n-Oktan und Cetan katalytisch gekrackt. Die mit *n-Oktan* erzielten Ergebnisse sind in Zahlentafel 82 zusammengestellt.

Zahlentafel 82. Katalytisches Kracken von n-Oktan.

Ofentemperatur, ° C.	525	540	555	570
Versuchsdauer, Stunden	0,5	0,5	0,5	0,5
Raumgeschwindigkeit[1]	4,1	4,3	4,2	4,2
Einsatz an n-Oktan, Gramm	144	152	147	147
Flüssiges Enderzeugnis, Gramm	141	148	142	138
Gasförmiges Enderzeugnis[2]:				
Ausbeute, Vol.-%	1,8	2,7	4,0	5,4
Mittleres Molekulargewicht	34,5	36,8	36,5	36,7
Zusammensetzung:				
H_2	16,3	15,1	12,9	9,0
CH_4	34,9	32,5	8,8	6,1
C_2H_4	20,3	15,0	13,3	12,6
C_2H_6			7,2	7,0
C_3H_6	} 26,7[3]	32,4[3]	20,4	34,5
C_3H_8			16,5	11,5
$i\text{-}C_4H_8$	2,0	7,3	5,1	6,1
$n\text{-}C_4H_8$			12,4	8,5
C_4H_{10}			3,5	4,9
Unberücksichtigt, Gew.-%	0,0	−0,7	−1,0	0,0

[1] Volumen n-Oktan (flüss.) je Volumen Katalysator je Stunde.

[2] Das im flüssigen Endprodukt gelöste Gas (etwa 1 bis 2 Vol.-%) ist nicht eingerechnet.

[3] Einschließlich n-Butene.

Mit über 540° steigender Reaktionstemperatur ist ein leichter Abfall der Flüssigkeitsausbeute zugunsten des Gasanfalles zu verzeichnen. Die Gaszusammensetzung verschiebt sich von niedrig- zu höhermolekularen Kohlenwasserstoffen. Gleichzeitig erhöht sich der Gesamtertrag an Olefinen.

Unter ähnlichen Bedingungen durchgeführte Versuche von MARSCHNER[1] ohne Katalysatoren ergaben größere Ausbeuten an Methan, Äthan und Äthylen als die oben beschriebenen Versuche, während die Ausbeuten an C_5-, C_6- und C_7-Kohlenwasserstoffen sowie an Wasserstoff geringer waren.

Die mit der Molekülgröße abnehmende thermische Stabilität der Paraffine kommt auch beim katalytischen Kracken zum Ausdruck. So wurde Cetan schon bei 500° zu etwa 20% zersetzt, während n-Oktan noch bei 570° eine bedeutend schwächere Spaltung in kleinere Bruchstücke aufwies.

Zahlentafel 83. Katalytisches Kracken von Cetan bei 500°.

Versuchsdauer, Stunden	8,74
Raumgeschwindigkeit, l/l Katal./h	4,0
Einsatzmenge Cetan, Gramm	2728
Flüssiges Erzeugnis:	
(Siedepunkt >10°), Gew.-%	88,5
Davon Benzin, 10—200°	6,9
Zwischenfraktion 200° (750 mm) bis 144° (13 mm)	3,6
Cetan, 144—147° (13 mm)	76,4
Rückstand	1,6
Gasförmiges Erzeugnis:	
Ausbeute, Gew.-%	11,1
Mittleres Molekulargewicht	48

Da nur eine geringe Menge Cetan zur Verfügung stand und der Umsetzungsgrad gering war, wurde das nach dem ersten Durchgang noch unveränderte Cetan einer nochmaligen Umsetzung unter denselben Bedingungen unterworfen. Das beim zweiten Durchgang nicht umgesetzte Cetan wurde ein drittes Mal zurückgeführt. Die niedriger als Cetan siedenden flüssigen Erzeugnisse aus allen drei Durchgängen wurden vereinigt und hydriert. Die Gase wurden getrennt analysiert, zeigten jedoch im wesentlichen die gleiche Zusammensetzung (Zahlentafel 84).

Da 100 Mole Cetan etwa 350 Mole Krackprodukt ergeben, ist zu folgern, daß außer Primär- auch Sekundärreaktionen eintreten. Die Festlegung des Reaktionsmechanismus ist dadurch sehr erschwert. Im gasförmigen Endprodukt überwiegt der Anteil der ungesättigten Kohlenwasserstoffe. Je Mol reagierenden Cetans entstehen je etwa 1 Mol

[1] MARSCHNER, R. F.: Industr. Engng. Chem. **30**, 554 (1938).

Zahlentafel 84. Enderzeugnisse beim katalytischen Cetankracken.

Erzeugnis	Ausbeute Vol.-%		Ausbeute in Molen je 100 Mole Cetan
H_2	1,5	Gas	3,7
CH_4	1,7		4,2
C_2H_4	1,0		2,4
C_2H_6	2,0		4,9
C_3H_6	32,8		80
C_3H_8	12,6		31
i-C_4H_8	11,5		28
n-C_4H_8	21,0		51
C_4H_{10}	16,0		39
C_5	42	Benzin	41
C_6	28		25
C_7	11		8,3
C_8—C_{12} [1]	19		11,4
C_{13}—C_{15} [2]			18,5

C_3- und C_4-Kohlenwasserstoffe. Der angewandte Katalysator führt demnach bevorzugt zur Spaltung in C_3- und C_4-Bruchstücke.

GAULT und Mitarbeiter[3] erhielten bei rein thermischen Cetan-Krackversuchen einen bedeutend geringeren Spaltgrad. In erster Linie fand eine Abspaltung von Endgruppen unter Bildung von Methan und Äthylen statt.

Das hydrierte Benzin aus der katalytischen Cetanspaltung wies eine ASTM.-Oktanzahl von 70 auf. Durch fraktionierte Destillation wurde die Anwesenheit folgender Kohlenwasserstoffe festgestellt: Isopentan, n-Pentan, 2-Methylpentan, n-Hexan, 2-Methylhexan, 3-Methylhexan und 2,3-Dimethylpentan. n-Heptan schien nicht vorhanden zu sein. Die Zusammensetzung des über 100° siedenden Benzinanteiles konnte wegen der geringen verfügbaren Benzinmenge nicht ermittelt werden.

Spaltkatalysatoren.

Außer den bereits genannten wurden zahlreiche andere Stoffe als Katalysatoren für die Spaltung von Kohlenwasserstoffgemischen vorgeschlagen. Unter anderen werden angegeben: Aluminiumchlorid[4], Chrom-Nickel-Eisen-Legierungen, Verbindungen von Molybdän, Tantal, Magnesium, Kalzium, Kobalt und ähnlichen Metallen[5], Alkalimetalle[6],

[1] Angenommenes mittleres Molekulargewicht 130.

[2] Angenommenes mittleres Molekulargewicht 196.

[3] GAULT, H., u. BARMANN: Ann. combust. liqu. **1**, 77 (1926). — GAULT, H., u. HESSEL: C. r. Acad. Sci. Paris **179**, 171 (1924) — Ann. Chim. (10) **2**, 319 (1924).

[4] U. a. siehe G. FRIEDEL u. J. M. CRAFTS: Chem. Industr. **1**, 411 (1878). — GUSTAVSON: J. prakt. Chem. **68**, 209 (1903). — MCAFEE: Industr. Engng. Chem. **7**, 737 (1915).

[5] OCON, E. A.: A. P. 2052148 (1933); 2052721 (1935).

[6] WAIT, J. F.: A. P. 2050722 (1933).

Aluminiumchlorid mit Nickeloxyd[1], beheizte Metalloberflächen[2], Kalziumhydroxyd[3], geschmolzene Metalle wie Blei und Aluminium oder deren Legierungen[4], Borverbindungen[5], Sulfomolybdate[6], Nitride[7], Neonlicht[8], Nickel auf Aktivkohle[8], Metalle oder Sulfide von Metallen der 5. bis 8. Gruppe des periodischen Systems[9], Ultraschallwellen[10], geschmolzenes Natrium[11], Sulfide der Schwermetalle auf Trägern[12], geschmolzenes Blei[13], Tone, Oxyde von Aluminium, Magnesium, Silizium, Oxyde oder Sulfide von Metallen der 6. Gruppe des periodischen Systems, diese jedoch zusammen mit den Oxyden von Kalzium, Magnesium, Aluminium und Silizium[14], adsorbierend wirkende Stoffe[15], Quarzgefäße mit Aluminiumoxyd unter Einstrahlung von Kurz- oder Ultrakurzwellen[16], Mischkatalysatoren, die mindestens je einen sauerstoff- und einen wasserstoffübertragenden Bestandteil enthalten, z. B. Magnesium, Kalzium und Zink oder deren Oxyde oder Phosphate als Oxydationsbeschleuniger, Aluminium, Zinn, Vanadium, Molybdän, Wolfram, Mangan, Eisen, Kobalt und Nickel oder deren Sulfide als Hydrierkatalysatoren[17], Gemische von Eisen- und Aluminiumoxyd unter Zusatz von Kaliumhydroxyd[18], mit Natriumsilikat imprägnierte Tief- und Hochtemperaturkokse sowie Bimsstein, Brauneisenerz, Minette und Bauxit[19], Legierungen von Zinn, Eisen, Nickel u. a. Metallen[20], mit Naphthalin, Anthrazen u. a. bei Raumtemperatur festen zyklischen Kohlenwasserstoffen gemischte Tone und Bleicherden[21], Adsorptionskatalysatoren, gegebenenfalls imprägniert mit

---

[1] DUBBS, L. A.: A. P. 2051471 (1932).

[2] TROTTER, J. W.: Can. P. 354506 (1935).

[3] *Standard Oil Co. (Indiana)*, übert. von H. R. SNOW: A. P. 2053209 (1933).

[4] *Standard Oil Co. (Indiana)*, übert. von D. S. VILLARS: A. P. 2053211 (1934).

[5] ROBERTS, A.: F. P. 810571 (1936).

[6] *E. I. du Pont de Nemours et Co.*, übert. von W. A. LAZIER u. J. V. VAUGHEN: A. P. 2094128 (1934).

[7] *The Dow Chemical Co.*, übert. von W. C. STOESSER: A. P. 2099350 (1935).

[8] *Neon Research Corp.*, übert. von W. O. MITSCHERLING: A. P. 2097769 (1931).

[9] *I. G. Farbenindustrie A.G.:* F. P. 823262 (1937); It. P. 352074 (1937).

[10] *Friedr. Krupp A. G.:* F. P. 823231 (1937); It. Pat. 351854 (1937).

[11] *Phillips Petroleum Co.*, übert. von M. P. YOUKER: A. P. 2104285 (1934).

[12] *I. G. Farbenindustrie A.G.:* F. P. 824232 (1937).

[13] *Oilco Corp.*, übert. von CH. A. EDWARDS: A. P. 2112149 (1931).

[14] *Standard Oil Development Co.:* F. P. 829582 (1937).

[15] *Soc. An. Française pour la Fabrication des Essences et Pétrols*, übert. von A.E. PEW JR.: F. P. 829559 (1937).

[16] BORJYMSKY, TH. DE: F. P. 829355 (1937).

[17] *Gewerkschaft Handel und Industrie, Berlin:* E. P. 491312 (1936).

[18] KUENTZEL, W. E., T. A. GEISSMAN u. H. R. BATCHELDER: A. P. 2129142 (1936).

[19] TOVOTE, H. G.: F. P. 830194 (1937).

[20] FORWOOD, G. F.: DRP. 668732 (1932).

[21] *Standard Oil Development Co.*, übert. von G. L. MATHESON: A. P. 2139026 (1937).

Metallen[1], Aluminiumchlorid mit niedrigsiedenden Chlorkohlenwasserstoffen z. B. Tetrachlorkohlenstoff bei Temperaturen um 100° [2], durch Erhitzen von porösen Stoffen wie Silikagel mit aufgeschlossenen Phosphatmineralien, z. B. Apatit, hergestellte Massen[3], Gemische von feuchtem Tonerdegel mit Borsäure[4], Zeolithe mit Ammoniumsalzen der Sauerstoffsäuren von Molybdän, Vanadium, Wolfram oder Phosphor[5], Tonerde mit geringen Mengen von Verbindungen der Metalle der 6. Gruppe des periodischen Systems[6], mit Wasserdampf aktivierte entaschte Verkokungsrückstände mineralischer Kohlen[7], Gele von Salzen der Elemente der 3. oder 4. Gruppe des periodischen Systems gemischt mit Metallsalzen[8], entwässerte Gemische aus Aluminiumoxyd und Kieselsäuregel[9], mit Säure behandelte Tone der Montmorillonitgruppe[10], Nickelammoniumsulfat[11], SiO_2 oder Silikate[12], mit Kaliumkarbonat imprägnierter Kalk[13], Aluminiumsilikate unter Zusatz solcher organischer Bromide oder Jodide, die leicht Brom- oder Jodwasserstoff abspalten[14], Metalloxyde in SiO_2- und $Al(OH)_3$-Gelen[15], im Kreislauf durch Krack- und Regenerier-Anlagen geführte Bleicherden[16], Metalle der 2. bis 8. Gruppe des periodischen Systems oder deren Verbindungen[17], fein verteilte Adsorptionsmassen[18], aktive oder aktivierte Tone[19], Silikagel und Metalloxyde[20] sowie Boraluminiumsilikate[21].

Besonders zum *Reformieren von Benzinen* geeignete Katalysatoren

---

[1] *Process Management Co., Inc.*, übert. von P. C. KEITH JR.: A. P. 2143949 (1936).

[2] *Socony Vacuum Oil Co., Inc.*, übert. von H. G. BERGER: A. P. 2143050 (1936).

[3] MALISHEV, B.: F. P. 837431 (1938).

[4] *I. G. Farbenindustrie A. G.*: E. P. 501736 (1937).

[5] *Standard Oil Development Co.*: F. P. 838848 (1938).

[6] *I. G. Farbenindustrie A. G.*: F. P. 838010 (1938).

[7] SCHICK, F., u. E. EMILIUS: *Deutsche Erdöl-A. G.*, DRP. 677188 (1932); F. P. 756922 (1933).

[8] *I. G. Farbenindustrie A.G.*: F. P. 841898; Belg. P. 429626 (1938).

[9] *Standard Oil Development Co.*: It. P. 372579 (1939).

[10] *Universal Oil Products Co.*: Holl. P. 48562 (1937).

[11] COOK, J. T.: A. P. 2201965 (1937).

[12] *I. G. Farbenindustrie A.G.*: F. P. 855812 (1939).

[13] *Gyro Process Co.*, übert. von C. M. ALEXANDER: A. P. 2200463 (1924).

[14] *Standard Oil Co. (Indiana)*, übert. von R. F. MARSCHNER: A. P. 2213345 (1938).

[15] *I. G. Farbenindustrie A. G.*: It. P. 364563 (1938).

[16] *Standard Oil Development Co.*: F. P. 845196 (1938).

[17] *I. G. Farbenindustrie A. G.*: E. P. 507999 (1937).

[18] *Jenkins Petroleum Process Co.*, übert. von U. S. JENKINS: A. P. 2167211 (1924).

[19] *Standard Oil Development Co.*: F. P. 845197 (1938).

[20] *Standard Oil Co.*, übert. von E. W. THIELE: A. P. 2205607 (1938).

[21] *Universal Oil Products Co.*, übert. von F. H. BLUNCK: A. P. 2206021 (1937).

sind u. a. Nickel, Palladium, Platin, Kupfer, Kobalt, Eisen, Zink, Titan, Aluminium, Wolfram, Molybdän und Thorium, Sulfide von Kobalt, Eisen, Nickel, Zink, Mangan und Wolfram, Oxyde von Kalzium, Magnesium, Barium, Aluminium, Chrom, Zink, Mangan und Silizium, Hydroxyde von Chrom und Alkalimetallen, Säuren von Molybdän, Wolfram, Chrom, Arsen, Phosphor, Silizium und Bor, Aluminate, Chromate, Phosphate, Wolframate, Uranate und Vanadate von Aluminium, Zink, Chrom und Erdalkalimetallen, Aluminiumsulfat und Adsorptionserden[1] sowie ein Gemisch aus 65% Aluminiumoxyd, 30% Chromoxyd und 5% Nickel[2].

g) Isomerisieren von Kohlenwasserstoffen.

Neben dem Kracken und dem Alkylieren (vgl. S. 402ff.) beginnt auch das Isomerisieren von Kohlenwasserstoffen zwecks Gewinnung hochklopffester Kraftstoffe aus wenig oder nichtklopffesten mehr und mehr an Interesse zu gewinnen; denn die Versuchsergebnisse einer Anzahl von Arbeiten, die in den letzten Jahren durchgeführt wurden, beweisen, daß es möglich ist, eine innere Umlagerung der Kohlenwasserstoffmoleküle unter Einwirkung bestimmter Katalysatoren zu erreichen. Wenn diese Umsetzungen bisher in manchen Fällen auch nur als Nebenreaktionen z. B. bei katalytischen Dehydrier- und Krackverfahren in Erscheinung treten, so ist doch zu erwarten, daß das weitere Studium der verschiedenartigen Reaktionsmöglichkeiten zu Verfahren führen wird, die die technische Umwandlung z. B. n-paraffinischer oder n-olefinischer Kohlenwasserstoffe in solche mit mehr oder weniger Seitenketten oder mit Ringen durchführen lassen (vgl. RCH-Verfahren, S. 320). Eine kurze Übersicht soll über die bemerkenswerten Arbeiten und Erfahrungen auf diesem Gebiet Auskunft geben.

Paraffinkohlenwasserstoffe.

Die Isomerisierung von n-Paraffinkohlenwasserstoffen erfolgt durch Auswechselung von Wasserstoff und Alkyl unter Einwirkung eines Katalysators. Ob dieser Wechsel nach vollständigem Bruch von C—C- und C—H-Bindungen eintritt oder nicht, und ob etwaige Bruchstücke Ionen- oder freien Radikalcharakter tragen, läßt sich zur Zeit noch nicht entscheiden.

Nach Egloff, Komarewsky und Hulla[3] geht die Isomerisierung nach einem oder mehreren der folgenden Prozesse vor sich:

[1] *Union Oil Co. of California*, übert. von P. Subkov: A. P. 2201306 (1935).

[2] *Universal Oil Products Co.*, übert. von V. Komarewsky: A. P. 2203825 (1938).

[3] Egloff, G., V. I. Komarewsky u. G. Hulla: Amer. Chem. Soc. Meeting Baltimore Teil 1, S. I 1 (1939).

1. durch Dealkylierung in ein Olefin und ein Paraffin, gefolgt von einer Alkylierung oder einer Rekombination des Olefins und des gebildeten Paraffins:

$$\begin{array}{lll} CH_3{-}CH_2{-}CH_2{-}CH_2{-}CH_3 & \rightleftarrows & [CH_3{-}CH{=}CH_2 + C_2H_6] \\ & & \qquad\qquad ? \\ & \rightleftarrows & CH_3{-}\underset{\substack{|\\ CH_3}}{CH}{-}CH_2{-}CH_3 \end{array}$$

2. durch Dehydrierung und Zyklisierung mit anschließender Dezyklisierung und Hydrierung:

$$\begin{array}{lll} CH_3{-}CH_2{-}CH_2{-}CH_3 & \rightleftarrows & \left[\begin{array}{c} H_2C{-}{-}CH{-}CH_3 + 2\,H \\ \diagdown\ \diagup \qquad ? \\ C \qquad\quad \\ H_2 \qquad\quad \end{array}\right] \\ & \rightleftarrows & H_3C{-}\underset{\substack{|\\ CH_3}}{CH}{-}CH_3 \end{array}$$

3. durch Bildung freier Radikale mit nachfolgender Rekombination:

$$\begin{array}{rcl} CH_3{-}CH_2{-}CH_2{-}CH_3 & \rightleftarrows & CH_3{-}CH_2{-}\overset{/}{C}H_2 + \overset{/}{C}H_3 \\ CH_3{-}CH_2{-}\overset{/}{C}H_2 & \rightleftarrows & \overset{/}{C}H_2{-}\overset{/}{C}H_2 + \overset{/}{C}H_3 \\ \overset{/}{C}H_2{-}\overset{/}{C}H_2 & \rightleftarrows & CH_3CH\langle \\ CH_3{-}CH\langle + \overset{/}{C}H_3 & \rightleftarrows & CH_3{-}\overset{/}{C}H{-}CH_3 \\ CH_3{-}\overset{/}{C}H{-}CH_3 + \overset{/}{C}H_3 & \rightleftarrows & CH_3{-}\underset{\substack{|\\ CH_3}}{CH}{-}CH_3 \end{array}$$

Bei weitem am häufigsten werden Aluminiumchlorid und -bromid als Katalysatoren für die Isomerisierung von Paraffinen verwendet[1]. Weiter werden Halogenide von Zink, Zinn, Eisen, Chrom, Beryllium, Niob, Tantal und Bor vorgeschlagen[1]. Die Umsetzungen gehen meist

[1] GRIGNARD, V., u. R. STRATFORD: C. r. Acad. Sci. Paris **178**, 2149 (1924). — SCHNEIDER, V.: Thesis, Massachusetts, Inst. of Technology **1928**. — NENITZESCU, C. D., u. A. DRAGAN: Ber. dtsch. chem. Ges. **66** B, 1892 (1933). — CALINGAERT, G., u. D. T. FLOOD: J. amer. chem. Soc. **57**, 956 (1935). — PETROV, A. D., A. P. MESHCHERIAKOV u. D. N. ANDREJEV: Ber. dtsch. chem. Ges. **68**, 1 (1935). — MOLDAWSKY, B. L., M. V. KOBILSKAJA u. S. E. LIVSCHITZ: J. Gen. Chem. (USSR) **5**, 1791 (1935). — GLASEBROOK, A. L., N. E. PHILLIPS u. W. G. LOVELL: J. Amer. chem. Soc. **58**, 1944 (1936). — IPATIEFF, V. N., u. A. v. GROSSE: Industr. Engng. Chem. **28**, 461 (1936). — CALINGAERT, G., u. H. A. BEATTY: J. amer. chem. Soc. **58**, 51 (1936). — MONTGOMERY, G. W., J. H. MCATEER u. N. W. FRANKE: J. amer. chem. Soc. **59**, 1768 (1937). — *Universal Oil Products Co.:* F. P. 823595 (1937). — *N. V. de Bataafsche Petroleum Maatchappij:* F. P. 842204 (1937), 841979 (1938); Belg. P. 429747/8 (1938); F. P. 854936 (1939); It. P. 373514 (1939).

am besten bei Überdruck vor sich. Kleine Mengen von Halogenwasserstoffen, Alkylchloriden und Wasser wirken unter bestimmten Bedingungen als Aktivatoren.

In anderen Arbeiten wurden Metalloxyde und -sulfide sowie reine Metalle mit Hydrierungs-Dehydrierungs-Aktivität als Isomerisierungskatalysatoren benutzt[1]. Auch Gemischkatalysatoren wie Borfluorid, Nickel und Wasser oder Gemische von Oxyden und Sulfiden, z. B. aus Kupferoxyd und Molybdänsulfid, wurden vorgeschlagen[2].

Die unter verschiedenen Bedingungen mit verschiedenen Katalysatoren vorgenommenen Umwandlungen ergaben neben den Isomeren der n-paraffinischen Ausgangsstoffe niedriger- und höhersiedende Produkte. Die Bildung dieser unerwünschten Nebenprodukte wurde unter den von MONTGOMERY, MCATEER und FRANKE[2] angewandten Arbeitsbedingungen (Umsetzung von n-Butan bei Raumtemperatur in der flüssigen Phase in Gegenwart von 5 Mol-% wasserfreiem Aluminiumbromid) zurückgedrängt. Die Isomerisierung verlief reversibel, es stellte sich ein bei etwa 75 bis 80% Isobutan liegendes Gleichgewicht ein. Erst nach einer Reaktionszeit von über 1000 Stunden wurden Spuren von niedriger- und höhersiedenden Kohlenwasserstoffen gefunden.

Olefine, Diolefine und Acetylene.

Die Isomerisierung der Olefine kann in vier, möglicherweise sogar fünf verschiedenen Richtungen verlaufen[3]:

1. Die Isomerisierung besteht in einer Wanderung der Doppelbindung[4]:

$$H_2C{=}CH{-}CH_2{-}CH_3 \rightleftarrows [H_2C{-}\dot{C}H{-}\dot{C}H{-}CH_3 + H]$$
$$\rightleftarrows H_3C{-}CH{=}CH{-}CH_3$$

---

[1] PETROV, A. D., A. MESHCHERIAKOV u. D. N. ANDREJEV: Ber. dtsch. chem. Ges. **68**, 1 (1935). — MOLDAWSKY, B. L., M. V. KOBILSKAJA u. S. E. LIVSCHITZ: J. Gen. Chem. (USSR) **6**, 616 (1936). — YURIEV, Y. K., u. P. I. PAVLOV: J. Gen. Chem. (USSR) **7**, 97 (1937).

[2] MONTGOMERY, G. W., J. H. MCATEER u. N. W. FRANKE: Amer. Chem. Soc. Meeting Baltimore Teil 1 (1939).

[3] EGLOFF, G., V. I. KOMAREWSKY u. G. HULLA: Zit. S. 269.

[4] GILLET, A.: Bull. Soc. Chim. Belg. **29**, 192 (1920). — HUGEL, G., u. A. SZAYNA: Ann. combust. liqu. **1**, 781 (1926). — *I. G. Farbenindustrie A.G.:* E. P. 340513 (1930); A. P. 1914674 (1933). — IPATIEFF, V. N., H. PINES u. R. E. SCHAAD: J. amer. chem. Soc. **56**, 2696 (1934). — HURD, C. D., u. A. R. GOLDSBY: J. amer. chem. Soc. **56**, 1812 (1934). — HURD, C. D.: Industr. Engng. Chem. **26**, 51 (1934). — PETROV, A. D., A. P. MESHCHERIAKOV u. D. N. ANDREJEV: Ber. dtsch. chem. Ges. **68**, 1 (1935). — FROST, A. V., D. M. RUDKOVSKY u. E. K. SEREBRIAKOVA: C. r. Acad. Sci. (USSR) **4**, 373 (1936). — HURD, C. D., G. H. GOODYEAR u. A. R. GOLDSBY: J. amer. chem. Soc. **58**, 235 (1936). — SEREBRIAKOVA, E. K., u. A. V. FROST: J. Gen. Chem. (USSR) **7**, 122 (1937). — PETROV, A. D., u. M. A. CHELTSOVA: C. r. Acad. Sci. (USSR) **15**, 79 (1937). — VELDE, H.: Öl u. Kohle **37**, 143 (1941).

2. Isomerisierung mit Kettenverzweigung[1]:

$$H_2C\ \ CH-CH_2-CH_3 \rightarrow \left[H_2C{=}\overset{/}{C}-\overset{/}{C}H_2 + H + \overset{/}{C}H_3\right]$$
$$\rightarrow H_2C{=}\underset{\displaystyle CH_3}{\underset{|}{C}}-CH_3$$

3. Cis-trans-Isomerisierung[2]:

$$\begin{matrix} H_3C-CH \\ \| \\ H_3C-CH \end{matrix} \rightleftarrows \left[\begin{matrix} H_3C-CH- \\ | \\ H_3C-CH- \end{matrix}\right] \rightleftarrows \begin{matrix} H_3C-CH \\ \| \\ HC-CH_3 \end{matrix}$$

4. Isomerisierung durch „innere Alkylierung" oder Zyklisierung[3]:

$$H_2C{=}CH-CH_3 \rightleftarrows H_2C\overset{\displaystyle H_2 \atop C}{\diagup\diagdown}CH_2$$

5. Kombinierte Isomerisierung nach 2 und 4, bestehend in einer Zyklisierung mit anschließender Dezyklisierung und Wasserstoffauswechslung[3]:

$$H_2C{=}CH-CH_2-CH_2-CH_3 \rightleftarrows H_2C\underset{\displaystyle C \atop H_2}{\diagdown\diagup}CH-CH_2-CH_3 \rightleftarrows H_2C{=}\underset{\displaystyle CH_3}{\underset{|}{C}}-CH_2-CH_3$$
$$\downarrow\uparrow$$
$$H_2C\underset{\displaystyle \underset{\displaystyle CH_3}{\underset{|}{C \atop H}}}{\diagdown\diagup}CH-CH_3 \rightleftarrows H_3C-CH{=}CH-CH_2-CH_3 \rightleftarrows \begin{matrix} H_2C-CH-CH_3 \\ |\quad\ \ | \\ H_2C-CH_2 \end{matrix}$$
$$\downarrow\uparrow$$
$$H_3C-\underset{\displaystyle CH_3}{\underset{|}{C}}{=}CH-CH_3 \rightleftarrows H_2C\underset{\displaystyle C \atop H_2}{\diagdown\diagup}\overset{}{C}\underset{\displaystyle C \atop H_3}{\diagdown}-CH_3 \rightleftarrows H_2C\ \ CH-\underset{\displaystyle CH_3}{\underset{|}{C}H}-CH_3$$

Die bisherigen Arbeiten über die Isomerisierung von Olefinen lassen folgende Ergebnisse erkennen:

Reine Isomerisierung unter Ausschluß von Nebenreaktionen gelingt nur bei Wasserstoffaustausch zwischen den einzelnen Kohlenstoffatomen, also bei cis-trans-Isomerisierung oder beim Wandern von Doppelbindungen. Bei der Leichtigkeit, mit der verzweigte Olefine

---

[1] HUGEL, G., u. A. SZAYNA: Ann. combust. liqu. **1**, 781 (1926). — *N. V. de Bataafsche Petroleum Maatchappij:* F. P. 823545 (1938). — SEREBRIAKOVA, E. K., u. A. V. FROST: J. Gen. Chem. (USSR) **7**, 122 (1937). — EGLOFF, G., J. C. MORRELL, C. L. THOMAS u. H. S. BLOCH: Amer. Chem. Soc. Meeting Baltimore, Teil 1 (1939).

[2] HURD, C. D., u. A. R. GOLDSBY: J. amer. chem. Soc. **56**, 1812 (1934). — IPATIEFF, V. N., H. PINES u. R. E. SCHAAD: J. amer. chem. Soc. **56**, 2696 (1934). — BROCKWEY, L. O., u. P. C. CROSS: J. amer. chem. Soc. **58**, 2407 (1936). — KISTIAKOWSKY, G. B., G. R. RUHOFF, H. A. SMITH u. W. E. VAUGHAN: J. amer. chem. Soc. **58**, 144 (1936). — CARR, E. P., u. H. STÜCKLEN: J. amer. chem. Soc. **59**, 2138 (1937).

[3] ASCHAN, O.: Liebigs Ann. **324**, 12 (1902). — ENGLER, K. O. V., u. W. ROGOWSKI, in C. ENGLER: Die neueren Ansichten über die Entstehung des Erdöls, S. 23. Berlin 1907. — WILSON, E.: Chem. Revs. **21**, 129 (1937).

polymerisieren, ist die mit Kettenverzweigung verbundene Isomerisierung stets von Nebenreaktionen begleitet. Zudem liegen die Temperaturen für katalytisches Isomerisieren nahe bei denen für katalytisches Kracken und Polymerisieren.

Dementsprechend werden vorzugsweise mild wirkende Katalysatoren für die Olefinisomerisierung verwendet. Zu nennen sind z. B. Lösungen von Zinkchlorid, Benzolsulfosäure oder Perchlorsäure[1], die bereits bei Temperaturen unter 100° wirksam sind; sodann Phosphorsäure[1], Kalk, Aluminiumphosphat, Bimsstein oder Bauxit[2], Aluminiumsulfat[3], Phosphorsäure auf Adsorbentien[4], Molybdäntrisulfid[5], Zinkchlorid[6], Phosphorpentoxyd auf Silikagel[7] und Palladium-Asbest[8].

Diolefine zeigen ein unterschiedliches Verhalten. Nichtkonjugierte Diolefine reagieren durch Verlagerung der Doppelbindungen in die Mitte des Moleküls (Allen- oder konjugierte Stellungen)[9]. Typische Katalysatoren sind Floridin und alkoholische Kalilauge.

Behandlung mit Schwefelsäure bewirkt Zyklisierung[10].

Allene isomerisieren unter Bildung von Azetylenen[9] oder von konjugierten Diolefinen[11]. Als Katalysatoren wirken Floridin, alkoholische Kalilauge und Natriummetall. Die Umwandlung zu konjugierten Diolefinen tritt ohne Anwendung von Katalysatoren bereits in der Hitze ein[12].

Azetylene verlagern unter dem Einfluß von Isomerisierungskatalysatoren — als solche wirken alkoholische Kalilauge, Äthanol und Ton — ihre Dreifachbindung oder verwandeln diese in zwei Doppelbindungen[13]. Auch in der Hitze finden diese Umsetzungen statt[14].

---

[1] Ipatieff, V. N., V. I. Komarewsky u. R. E. Schaad: J. amer. chem. Soc. **56**, 2696 (1934).

[2] *I. G. Farbenindustrie A. G.:* E. P. 340513 (1930); A. P. 1914674 (1933).

[3] Gillet, A.: Bull. Soc. chim. Belg. **29**, 192 (1920). — Norris, J. F., u. R. Reuter: J. amer. Chem. Soc. **49**, 2626 (1927).

[4] *N. V. de Bataafsche Petroleum Maatchappij:* F. P. 823545 (1938).

[5] Wilson, E.: Chem. Revs. **21**, 129 (1937).

[6] Petrov, A. D., u. M. A. Cheltsova: C. r. A. Sci (URSS.) **15**, 79 (1937).

[7] Laughlin, K. C., C. W. Nash u. F. C. Whitmore: J. amer. chem. Soc. **56**, 1395 (1934).

[8] Zelinsky, N. D., u. R. Y. Levina: Ber. dtsch. chem. Ges. **62**B, 1861 (1929).

[9] Faworsky, A.: J. prakt. Chem. (2) **44**, 208 (1891). — Levina, R. Y.: J. Gen. Chem. (USSR) **6**, 1092 (1936). — Slobodin, Y. M.: J. Gen. Chem. (USSR) **7**, 1664 (1937).

[10] Semmler, F. W.: Ber. dtsch. chem. Ges. **27**, 2521 (1894). — Tiemann, F., u. F. W. Semmler: Ber. dtsch. chem. Ges. **26**, 2708 (1893). — Tiemann, F.: Ber. dtsch. chem. Ges. **33**, 3710 (1910).

[11] Slobodin, Y. M.: J. Gen. Chem. (USSR) **5**, 48 (1935).

[12] Mereshkovski, B. K.: J. Russ. Phys.-Chem. Soc. **45**, 1940 (1913).

[13] Faworsky, A.: Ber. dtsch. chem. Ges. **20**, 781 (1887); **40**, 4863 (1907) — J. prakt. Chem. **37**, 382, 417, 531 (1888); **44**, 208 (1891).

[14] Hurd, C. D., u. R. E. Christ: J. amer. chem. Soc. **59**, 2161 (1937).

Zykloparaffine und Zykloolefine.

Von den Isomerisierungsmöglichkeiten der Zykloparaffine mit und ohne Seitenketten beanspruchen die folgenden praktisches Interesse[1]:

1. Ringspaltung und Bildung von Olefinen:

$$\begin{array}{c} H_2 \\ C \\ H_2C\text{—}CH_2 \end{array} \rightarrow H_2C{=}CH\text{—}CH_3$$

2. Veränderung der Ringgröße:

$$\begin{array}{ccc} & H_2 & \\ & C & \\ H_2C & & CH_2 \\ | & & | \\ H_2C & & CH_2 \\ & C & \\ & H_2 & \end{array} \rightleftarrows \begin{array}{ccc} & H_3 & \\ & C & \\ & | & \\ & C\text{—}H & \\ H_2C & & CH_2 \\ | & & | \\ H_2C & \text{—} & CH_2 \end{array}$$

3. Austausch von Seitenketten:

$$\begin{array}{ccc} & H_2C\text{—}CH_3 & \\ & | & \\ & C\text{—}H & \\ H_2C & & CH_2 \\ | & & | \\ H_2C & & CH_2 \\ & C & \\ & H_2 & \end{array} \rightarrow \begin{array}{ccc} & CH_3 & \\ & | & \\ & C\text{—}H & \\ H_2C & & CH_2 \\ | & & | \\ H_2C & & CH\text{—}CH_3 \\ & C & \\ & H_2 & \end{array} \leftarrow \begin{array}{ccc} & CH_3 & \\ & | & \\ & C\text{—}H & \\ H_2C & & CH\text{—}CH_3 \\ | & & | \\ H_2C & & CH_2 \\ & C & \\ & H_2 & \end{array}$$

Entsprechend gelingt es, Zykloparaffine und alkylierte Zykloparaffine umzuwandeln in

Olefine[2],

Zykloparaffine mit kleinerer Ringgröße und entsprechend erhöhter Zahl von Kohlenstoffatomen in den Seitenketten[3],

Zykloparaffine mit höherer Kohlenstoffatomanzahl im Ring auf Kosten der Seitenketten[3] oder

---

[1] Egloff, G., V. I. Komarewsky u. G. Hulla: Zit. S. 269.

[2] Tanatar, S.: Ber. dtsch. chem. Ges. **29**, 1297 (1896) — Z. physik. Chem. **41**, 735 (1902). — Berthelot, M. P. E.: C. r. Acad. Sci. Paris **129**, 483 (1899) — Ann. chim. phys. **20**, 27 (1900). — Ipatieff, V. N., u. W. Huhn: Ber. dtsch. chem. Ges. **36**, 2014 (1903). — Ipatieff, V. N.: Ber. dtsch. chem. Ges. **35**, 1063 (1902). — Rozanov, N. A.: J. Russ. Phys.-Chem. Ges. **48**, 168 (1916); **61**, 2291 (1929). — Trautz, M., u. K. J. Winkler: J. prakt. Chem. **104**, 53 (1922). — Dojarenko, M.: Ber. dtsch. chem. Ges. **59**, 2933 (1926). — Roginski, S. Z., u. F. H. Rathmann: J. amer. chem. Soc. **55**, 2800 (1933). — Chambers, T. S., u. G. B. Kistiakowsky: J. amer. chem. Soc. **56**, 399 (1934). — Rice, O. K., u. H. Gershinowitz: J. chem. Phys. **3**, 479 (1935). — Ipatieff, V. N., H. Pines u. L. Schmerling: Amer. Chem. Soc. Meeting Milwaukee 1938.

[3] Aschan, O.: Liebigs Ann. **324**, 12 (1902). — Willstätter, R., u. T. Kametaka: Ber. dtsch. chem. Ges. **41**, 1480 (1908). — Ipatieff, V. N., u. N. Dowgelwitsch: Ber. dtsch. chem. Ges. **44**, 2988 (1911). — Grignard, V., u. R. Strat-

Zykloparaffine mit veränderter Anordnung der Seitenketten[1].

Zykloparaffine mit ungesättigten Seitenketten isomerisieren durch Umwandlung in Diolefine, Zykloolefine oder Zykloparaffine mit veränderter Stellung der Doppelbindungen in den Seitenketten[2]. Die ungesättigten Seitenketten verhalten sich wie die korrespondierenden ungesättigten Kettenkohlenwasserstoffe.

Bei Zykloolefinen verlaufen Isomerisationsreaktionen unter Veränderung der Ringdoppelbindung-Stellung innerhalb desselben oder eines anderen Ringes, unter Übernahme der Doppelbindungen von Seitenketten in den Ring, unter Zyklisierung über einer Doppelbindung oder durch Verschieben von Seitenketten-Doppelbindungen in Stellungen größerer Ringnähe[3].

Aromatische Kohlenwasserstoffe.

Die Aromaten vermögen zahlreiche Arten von Isomerisationsreaktionen einzugehen. Benzol selbst spaltet jedoch unter geeigneten Umsetzungsbedingungen (z. B. 48 Stunden bei 180 bis 200° mit 17% $AlCl_3$) und bildet Toluol und Äthylbenzol[4]. Von monozyklischen Benzolabkömmlingen sind die folgenden fünf Isomerisationsarten bekannt:

FORD: C. r. Acad. Sci. Paris **178**, 2149 (1924). — ZELINSKY, N. D., u. M. B. TUROVA-POLLAK: Ber. dtsch. chem. Ges. **62 B**, 1658 (1929); **65 B**, 1171 (1932). — ZELINSKY, N. D., u. M. G. FREIMANN: Ber. dtsch. chem. Ges. **63 B**, 1485 (1930). — NENITZESCU, C. D., u. I. P. CANTUNIARI: Ber. dtsch. chem. Ges. **66 B**, 1097 (1933). — IPATIEFF, V. N., u. V. I. KOMAREWSKY: J. amer. chem. Soc. **56**, 1926 (1934). — TUROVA-POLLAK, M. B., u. N. D. ZELINSKY: Ber. dtsch. chem. Ges. **68 B**, 1781 (1935). — NENITZESCU, C. D., E. CIORANESCU u. I. P. CANTUNIARI: Ber. dtsch. chem. Ges. **70 B**, 277 (1937). — PUCKOW, P. V., u. A. F. NIKOLAEVA: J. Gen. Chem. (USSR) **8**, 1153 (1938). — PINES, H., u. V. N. IPATIEFF: Amer. Chem. Soc. Meeting Milwaukee 1938.

[1] GRIGNARD, V., u. R. STRATFORD: C. r. Acad. Sci. Paris **178**, 2149 (1924). — STRATFORD, R.: Ann. combust. liqu. **4**, 83, 317 (1929). — TUROVA-POLLAK, M. B., u. N. D. ZELINSKY: Ber. dtsch. chem. Ges. **68 B**, 1781 (1935).

[2] IPATIEFF, V. N., u. N. TICHOTSKY: J. Russ. Phys.-Chem. Ges. **36**, 760 (1904). — FILIPOV, O.: J. Russ. Phys.-Chem. Ges. **46**, 1141 (1914). — FAWORSKY, A., u. I. BORGMANN: Ber. dtsch. chem. Ges. **40**, 4863 (1907). — EGOROVA, V.: J. Russ. Phys.-Chem. Ges. **43**, 1116 (1911). — BOURGUEL, M.: Ann. Chim. **3**, 325 (1925). — DOJARENKO, M.: Ber. dtsch. chem. Ges. **59**, 2933 (1926).

[3] AUWERS, K. v., u. K. ZIEGLER: Liebigs Ann. **425**, 217 (1921). — GILLAM, A. E., u. M. S. EL RIDI: Nature **136**, 914 (1935). — SLOBODIN, Y. M.: J. Gen. Chem. (USSR) **6**, 129 (1936). — HIBBIT, D. C., R. P. LINSTEAD u. A. F. MILLIDGE: J. Chem. Soc. 476 (1936). — LINSTEAD, R. P., A. G. WANG, J. H. WILLIAMS u. K. D. ERRINGTON: J. Chem. Soc. 1136 (1937). — STAVELY, H. E., u. W. BERGMANN: J. Org. Chem. **1**, 575 (1937). — DURLAND, J. R., u. H. ADKINS: J. amer. chem. Soc. **60**, 1501 (1938).

[4] FRIEDEL, G., u. J. M. CRAFTS: C. r. Acad. Sci. Paris **100**, 692 (1885). — Vgl. auch V. N. IPATIEFF u. V. I. KOMAREWSKY: J. amer. chem. Soc. **56**, 1926 (1934).

1. Isomerisierung unter Stellungswechsel der Alkylgruppen[1]:

```
     CH3                  CH3                 CH3
      |                    |                   |
      C                    C                   C
    /   \\               /   \\              /   \\
  HC     C—CH3         HC     CH            HC     CH
  ||     |      →      ||     |       ←     ||     |
  HC     CH            HC     C—CH3         HC     CH
    \   //               \   //               \   //
      C                    C                    C
      H                    H                    |
                                               CH3
```

Alkylgruppen in ortho- und para-Stellung gehen meist in meta- (1, 3, 5-) Stellung über[1], längs des Naphthalinringes werden beta- (2, 3, 6, 7-) Stellungen bevorzugt[2].

2. Isomerisierung unter Wanderung gleicher oder veränderter Alkylgruppen längs des Ringes:

```
      CH3                                          CH3
       |                                            |
       C                                            C
     /   \\                                       /   \\
   HC     CH           →                        HC     CH
   ||     |                                     |      |
   HC     C—CH3               CH3—CH2—CH—C      C—CH3
     \   //                           |    \\  //
       C                             CH3     C
       |                                     H
   CH2—CH2—CH2—CH3
```

Auch in diesem Falle werden meist meta-Stellungen eingenommen[3].

3. Isomerisierung unter Stellungswechsel der doppelten oder dreifachen Bindung innerhalb ungesättigter Seitenketten:

```
CH2—CH2—CH=CH2         CH2—CH=CH—CH3           CH=CH—CH2—CH3
|                      |                        |
C                      C                        C
/   \\                  /   \\                   /   \\
HC     CH              HC     CH                HC     CH
||     |        →      ||     |          →      ||     |
HC     CH              HC     CH                HC     CH
\   //                  \   //                   \   //
C                      C                        C
H                      H                        H
```

Die ungesättigten Bindungen treten bei den Umsetzungen in größere Ringnähe[4].

---

[1] JAKOBSEN, O.: Ber. dtsch. chem. Ges. **18**, 338 (1885). — HEISE, R., u. A. TOHL: Liebigs Ann. **270**, 155 (1892). — BERTHELOT, M. P. E.: Les Carbures d'Hydrogen. 1901. — SMITH, L. I., u. O. W. CASS: J. amer. chem. Soc. **54**, 1603, 1609, 1614 (1932). — BADDELEY, G., u. J. KENNER: J. Chem. Soc. 303 (1935). — EGLOFF, G., E. WILSON, G. HULLA u. P. M. VAN ARSDELL: Chem. Revs. **20**, 345 (1937).

[2] STRAUS, F.: Ber. dtsch. chem. Ges. **46**, 1051 (1913). — STRAUS, F., u. L. LEMMEL: Ber. dtsch. chem. Ges. **46**, 236 (1913). — MAYER, F., u. R. SCHIFFNER: Ber. dtsch. chem. Ges. **67**, 67 (1934).

[3] NIGHTINDALE, D., u. L. I. SMITH: J. amer. chem. Soc. **61**, 101 (1939).

[4] KLAGES, A.: Ber. dtsch. chem. Ges. **37**, 2301 (1904). — FICHTER, F.: J. prakt. Chem. **74**, 335 (1906). — RAMART-LUCAS, P., u. M. AMAGAT: C. r. Acad. Sci. Paris **188**, 638 (1929). — HURD, C. D.: Industr. Engng. Chem. **26**, 51 (1934). — LEVINA, R. Y., u. A. D. PETROV: J. Gen. Chem. (USSR) **7**, 684, 747 (1937). — FIESER, L. F., u. E. B. HERSHBERG: J. amer. chem. Soc. **60**, 1658 (1938).

4. Cis-trans-Isomerisation in ungesättigten Seitenketten[1]:

```
   H  H                    H  H
   C—C                     C—C
HC      C—CH            HC      C—CH
   C  C                    C=C
   H  H        ⇄           H  H

   H  H                          H  H
   C—C                           C—C
HC      C—CH            HC—C        CH
   C  C                      C  C
   H  H                      H  H
```

5. Zyklisierung durch Ringschluß über einer ungesättigten Seitenkette mit starken Säuren oder Phosphorpentachlorid als Katalysator[2].

```
      H3  H3                    H3  H3
    H C   C                   H C   C
    C   C                     C   C
 HC   CH                   HC   C
          CH      →                 CH2
 HC   C                    HC   C
    C   C                     C   C
    H   H2                    H   H2
```

Außer diesen Isomerisationsmöglichkeiten können unter ungewöhnlichen Bedingungen theoretisch die folgenden eintreten:

6. Ringbruch unter Bildung äußerst unbeständiger ungesättigter Kettenkohlenwasserstoffe, die sich unmittelbar nach der Bildung weiter umsetzen:

```
    H
    C
 HC   CH
           →  HC  C—CH  CH—CH=CH2
 HC   CH
    C
    H
```

7. Ringöffnung mit nachfolgendem Ringschluß unter Verringerung der Kohlenstoffatomanzahl im Ring:

```
    H               CH2
    C                C
 HC   CH       →  HC    CH
 HC   CH
    C               C—C
    H               H H
```

[1] STRAUS, F.: Liebigs Ann. **342**, 201 (1905). — STOERMER, R.: Ber. dtsch. chem. Ges. **42**, 4865 (1909). — KELBER, C., u. A. SCHWARZ: Ber. dtsch. chem. Ges. **45**, 1951 (1912). — STOERMER, R., u. G. VOIGT: Liebigs Ann. **409**, 36 (1915). — KISTIAKOWSKY, G. B., u. W. R. SMITH: J. amer. chem. Soc. **56**, 638 (1934). — SMAKULA, A.: Z. physik. Chem. **25 B**, 90 (1934). — TAYLOR, T. W. J., u. A. R. MURRAY: J. Chem. Soc. 2078 (1938).

[2] KLAGES, A.: Ber. dtsch. chem. Ges. **37**, 2301 (1904). — BOGERT, M. T., C. DAVIDSON u. R. O. ROBBIN JR.: J. amer. chem. Soc. **56**, 185, 248 (1934); **57**, 151 (1936).

8. Umwandlung der Bindungsarten innerhalb des Ringes:

```
                                          H2
                                          C
                                       HC   CH2
     H            H2                   ||    |
     C            C                 ↗  HC    C
  HC   CH      HC   CH                   C
  ||    |   →  ||    ||                  H2
  HC   CH      HC    C                   C
     C            C                 ↘  HC    C
     H            H
                                       HC    C
                                          C
                                          H2
```

9. Auswechslung von Doppelbindungen vom Kern in die Seitenketten:

```
     CH—CH3          C—CH3           C—CH3
     |               ||              ||
     C               C               C
  HC   CH   →     HC   CH2   →    HC   CH
  ||    |         ||    |          |    ||
  HC   CH         HC   CH         HC   CH
     C               C               C
     H               H               H2
```

h) Zyklisieren und Aromatisieren.

Paraffine und Olefine.

Theoretisch vermögen Paraffinkohlenwasserstoffe in verschiedenster Weise zu zerfallen. Beispielsweise könnten aus n-Hexan gebildet werden:

1. ein Olefin- und ein Wasserstoffmolekül:

$$C_6H_{14} \rightarrow C_6H_{12} + H_2$$

2. ein Paraffin- und ein Olefinmolekül, z. B.

$$C_6H_{14} \rightarrow CH_4 + C_5H_{10}$$
$$\rightarrow C_2H_6 + C_4H_8$$

3. ein kleineres und ein größeres Paraffinmolekül (Disproportionierung):

$$2\,C_6H_{14} \rightarrow C_5H_{12} + C_7H_{16}$$

4. ein größeres Paraffinmolekül und Wasserstoff (thermodynamisch unzulässig):

$$2\,C_6H_{14} \rightarrow C_{12}H_{26} + H_2$$

5 Kohlenstoff und Wasserstoff:

$$C_6H_{14} \rightarrow 6\,C + 7\,H_2$$

6. ein Zykloparaffin- und ein Wasserstoffmolekül:

$$C_6H_{14} \rightarrow C_6H_{12} + H_2$$

7. ein Zykloolefin- und zwei Wasserstoffmoleküle:

$$C_6H_{14} \rightarrow C_6H_{10} + 2\,H_2$$

8. ein Benzol- und vier Wasserstoffmoleküle:

$$C_6H_{14} \rightarrow C_6H_6 + 4\,H_2$$

Die Zahl der möglichen Reaktionen wird noch dadurch wesentlich erweitert, daß sich die Reaktionserzeugnisse Wasserstoff, Paraffine, Olefine, Naphthene, Zykloolefine und Aromaten sowohl miteinander als auch mit den Ausgangsparaffinen weiter umsetzen können. So treten die obengenannten Reaktionserzeugnisse bei rein thermischer Behandlung nicht als Primärerzeugnisse, sondern erst nach Ablauf einer Anzahl von Reaktionen auf (vgl. z. B. den Reaktionsmechanismus der Aromatenbildung aus Olefinen auf S. 252).

Bei einem Vergleich der Freien Bildungsenergien der einzelnen Reaktionsausgangs- und -endstoffe (vgl. S. 237 und Abb. 66) ergibt sich folgendes:

Eine Bildung höherer Paraffine unter Austritt von Wasserstoff nach 4. findet, wie bereits erörtert (S. 239), nicht statt. In Übereinstimmung hiermit steht die Tatsache, daß die umgekehrte Reaktion, die Spaltung von Paraffinkohlenwasserstoffen unter Anlagerung von Wasserstoff, in der destruktiven Hydrierung verwirklicht wird. Bei Temperaturen oberhalb von etwa 350° C wird nach dem Diagramm Abb. 66 eine Umsetzung von Hexan zu Benzol möglich. Bei 400° ist das Gleichgewicht schon fast völlig zur Seite des Benzols verschoben. Die Dehydrierung des Hexans zu Hexen oder zu Zyklohexan beginnt erst oberhalb von 550 bis 650°; dagegen setzt die Umwandlung des Hexans zu Methylzyklopentan bereits ab ungefähr 80° ein[1]; allerdings ist die zugrunde gelegte Temperaturabhängigkeit der Freien Bildungsenergie von Methylzyklopentan noch nicht genügend sichergestellt, um endgültige Schlußfolgerungen ziehen zu können[2]. Da Zyklohexan, Hexen und Methylzyklopentan oberhalb von 350° unbeständiger als Benzol sind, wird die Umsetzung im allgemeinen zum Benzol als Endstoff führen. Zyklohexan, Hexen und Methylzyklopentan treten vorzugsweise als Zwischenprodukte auf.

Die Spaltung zu Olefin und Paraffin, die Disproportionierung zu höher- und niedrigermolekularen Paraffinen sowie die völlige Zersetzung zu Kohlenstoff und Wasserstoff nehmen im Temperaturbereich, in dem die unmittelbare Aromatisierung der Paraffine möglich ist, bereits ein erhebliches Ausmaß an. Es ist deshalb sehr schwierig, diese Nebenreaktionen einfach durch Verschiebung der Reaktionstemperatur auszuschalten[3]. Bei rein thermischer Arbeitsweise ist eine Beeinträchtigung der Aromatenausbeute durch sie unvermeidlich. Die Ausschaltung dieser Nebenreaktionen wird aber durch geeignete Wahl von Katalysatoren ermöglicht; denn ein wichtiger Unterschied zwischen den vorgenannten Neben-

---

[1] TAYLOR, H. S., u. J. TURKEVICH: Trans. Faraday Soc. **35**, 921 (1939).

[2] Die Freie Bildungsenergie von Methylzyklohexan wurde deshalb in Abb. 66 nicht berücksichtigt.

[3] Vgl. z. B.: H. PICHLER: Brennst.-Chem. **16**, 404 (1935).

reaktionen und den Zyklisierungs- bzw. Aromatisierungsreaktionen besteht darin, daß den ersteren ein Bruch von Kohlenstoff-Kohlenstoff-Bindungen zugrunde liegt, während die letzteren lediglich in einer Dehydrierung mit nachfolgendem Ringschluß bestehen. Als Aromatisierungskatalysatoren eignen sich demnach vornehmlich Hydrierungs-Dehydrierungs-Kontakte; dagegen ist die Anwesenheit aller Stoffe, die die eigentlichen Krackreaktionen (C—C-Spaltung) beschleunigen, weitmöglich auszuschalten.

Eine Anzahl bekannter Dehydrierungskatalysatoren sind in Zahlentafel 170 zusammengestellt. Die wichtigsten Gruppen sind Metalle und Metalloxyde. Die Dehydrierungsaktivität der Metalle ist hauptsächlich auf niedrige Temperaturen beschränkt, bei denen das Gleichgewicht Paraffin—Aromat noch weit zur Seite des Paraffins verschoben ist. Im Gegensatz dazu halten die Oxydkatalysatoren auch bei höheren Temperaturen ihre Aktivität bei. Diese sind demnach die gegebenen Aromatisierungskatalysatoren. Besonders Chromoxyd zeigt ein ausgesprochenes Adsorptionsvermögen für Paraffine oberhalb von 300°. Der durch Dehydrierung an der Kontaktoberfläche entstehende Wasserstoff wird bei etwa 450° leicht desorbiert.

Der Reaktionsmechanismus der katalytischen Aromatisierung von Paraffinkohlenwasserstoffen steht noch nicht endgültig fest. Sicher ist, daß Zykloparaffine als Zwischenglieder nicht beteiligt sind (vgl. S. 253). Ungeklärt ist, ob die Aromatenbildung über Olefine als Zwischenglieder oder über einen „halbdehydrierten Zustand" der Paraffin-Kohlenwasserstoffe verläuft.

Im ersten Falle[1] läßt sich der Reaktionsablauf z. B. für die Aromatisierung von n-Heptan folgendermaßen formulieren:

$$C_7H_{16} \rightleftarrows C_7H_{14} + H_2$$
$$C_7H_{14} \rightarrow C_6H_5{-}CH_3 + 3\,H_2$$

Nach PITKETHLY und STEINER[2] ist das mit der Gasphase im Gleichgewicht stehende adsorbierte Hepten Zwischenglied nach der folgenden Gleichung:

```
                 CH2—CH2             + H2           CH2—CH2             + H2
               /         \                         /        \
Heptan  →    CH2          CH2—CH3         →      CH2         CH—CH3
               \                                   \        /
                CH—CH2                              CH—CH
                |   |                               |   |
                X   X                               X   X
                 ↓↑                                   ↓
          Hepten (desorbiert)                  Toluol + 2 H2
```

X stellt eine aktive Stelle auf der Katalysatoroberfläche dar.

---

[1] HOOG, H., J. VERHEUS u. F. J. ZUIDERWEG: Trans. Faraday Soc. **35**, 993 (1939).

[2] PITKETHLY, R. C., u. H. STEINER: Trans. Faraday Soc. **35**, 979 (1939).

Im zweiten Falle[1] lehnt sich der Reaktionsmechanismus an ein von TWIGG und RIDEAL[2] für die Austauschreaktion zwischen Äthylen und Deuterium nachgewiesenes Umsetzungsschema an:

$$D_2 + \begin{array}{cc} CH_2\text{—} & CH_2 \\ | & | \\ X & X \end{array} \rightarrow \begin{array}{cc} CH_2D & \\ CH_2 & D \\ | & | \\ X & X \end{array} \rightarrow \begin{array}{cc} CH_2\text{—} & CHD \\ | & | \\ X & X \end{array} + HD$$

„halbhydrierter Zustand"

In gleicher Weise verläuft die Hepten- und die Toluolbildung nach PITKETHLY und STEINER[1] sowie TWIGG[2] über einen „halbdehydrierten" Zustand des Heptans:

$$\text{Heptan} \rightarrow \begin{array}{ccc} & CH_2 & \\ H_2C & & CH_2\text{—}CH_3 \\ | & & \\ H_2C & & CH_3 \\ & CH & H \\ & | & | \\ & X & X \end{array} \rightarrow \begin{array}{ccc} & CH_2 & \\ H_2C & & CH_2\text{—}CH_3 \\ | & & \\ H_2C & & \\ & CH\text{—} & CH_2 \\ & | & | \\ & X & X \end{array} + H_2 \rightarrow$$

halbdehydrierter Zustand

$$\begin{array}{ccc} & CH_2 & \\ H_2C & & CH\text{—}CH_3 \\ | & & | \\ H_2C & & CH_2 \\ & CH & H \\ & | & | \\ & X & X \end{array} \rightarrow \text{Toluol} + 3\,H_2$$

Eine große Zahl von Arbeiten befaßt sich mit der Zyklisierung und Aromatisierung von Kettenkohlenwasserstoffen. Unter anderem stellten KASANSKY und PLATE[3] fest, daß an Aktivkohle mit 25% Platin bei 300 bis 315° nicht nur Zykloparaffine, sondern auch Paraffine wie Diisobutyl, n-Oktan und Diisoamyl teilweise in Aromaten umgewandelt werden. MOLDAWSKY, LIVSCHITZ und KAMUSHER[4] führten Aromatisierungsreaktionen mit Paraffinen und Olefinen an verschiedenen Dehydrierungskatalysatoren durch. Als solche verwandten sie Chromoxyd, Molybdänsulfid, Aktivkohle, Zinkoxyd, Tonerde, Thoriumoxyd, Uranoxyd, Floridin und Nickelchromat. An Chromoxyd wurde n-Oktan bei 460° zu 63% in Aromaten, vorwiegend o-Xylol, umgewandelt. 2, 5-Dimethylhexan und n-Heptan ergaben unter ähnlichen Bedingungen ebenfalls Aromaten. Nach MOLDAWSKY, KAMUSHER und KOBILSKAJA[5] eignen sich Zinkoxyd, Titanoxyd, Molybdänoxyd, Molybdänsulfid,

[1] PITKETHLY, R. C., u. H. STEINER: Zit. S. 280.

[2] TWIGG, G. H.: Trans. Faraday Soc. **35**, 934, 1006 (1939).

[3] KASANSKY, M., u. H. PLATE: Ber. dtsch. chem. Ges. **69**, 1862 (1936).

[4] MOLDAWSKY, B., S. E. LIVSCHITZ u. H. KAMUSHER: C. r. Acad. Sic. (USSR.) **10**, 343 (1936). — J. Gen. Chem. **7**, 169 (1937).

[5] MOLDAWSKY, B., H. KAMUSHER u. M. KOBILSKAJA: J. Gen. Chem. USSR **7**, 169, 1835, 1840 (1937).

Aktivkohle und Koks aus der Spaltung von Kohlenwasserstoffen als Katalysatoren für die Aromatisierung von n-Oktan. Glas und Silikagel zeigten keine Wirkung. Eine weitgehende Aromatisierung von n-Dekan trat bei 500° an Chrom-Kupfer-Phosphor-Katalysatoren[1], eine solche von Leuchtölfraktionen an Uran-, Thorium- und Titanoxyden ein[2]. KOMAREWSKY und RIES[3] aromatisierten n-Oktan und n-Dekan an Nickel-Aluminiumoxyd-Katalysatoren.

TAYLOR und TURKEVICH[4] wiesen nach, daß es möglich ist, n-paraffinische Kohlenwasserstoffe in einem Durchgang quantitativ in Aromaten umzuwandeln. An Katalysatoren aus Chromoxydgel, das sie durch langsame Fällung verdünnter Chromnitratlösungen mit Ammoniak herstellten[5], setzten sie n-Heptan in langen Reaktionszeiten völlig in Toluol um (vgl. Zahlentafel 85).

Zahlentafel 85. Aromatisierung von n-Heptan an Chromoxydgel sowie an Thorium- und an Aluminiumoxyd.

Katalysator	Temperatur °C	Flüssigkeitsdurchsatz cm³/h/15 g Katalysator	Erzeugnisse				
			Mole Gas je Mol Heptan	Gaszusammensetzung % Wasserstoff	Flüss. Produkt in Proz.		
					Aromaten	Olefine	Gesättigte
Chromoxyd	468	3	3,75	95	100	0	0
Chromoxyd	468	9	3,77	94	100	0	0
Chromoxyd	468	18	3,03	92	92,3	1,8	5,9
Chromoxyd	468	27	2,75	98	69	6	25
Thoriumoxyd	468	3	0,05	1	0	0,5	99,5
Aluminiumoxyd (Gel) .	540	3	0,05	4	0	0,3	99,7
Aluminiumoxyd (aktiv.)	540	3	0,4	42	2	16,0	82

Die ausgezeichnete Dehydrierwirkung des Chromoxydgels tritt um so mehr hervor, je längere Umsetzungszeiten gewählt werden. Auch bei höheren Temperaturen und kürzeren Verweilzeiten wirkt Chromoxydgel, wie aus anderen, in Zahlentafel 85 nicht aufgeführten Versuchsergebnissen hervorgeht, im wesentlichen nur dehydrierend-aromatisierend. Demgegenüber rückt die Wirkung anderer Katalysatoren wie die des aktivierten Aluminiumoxyds völlig in den Hintergrund. Aluminiumoxydgel und Thoriumoxyd können unter den angewandten Bedingungen als unwirksam gelten.

Mit steigendem Umsatz tritt eine Abnahme der Katalysatoraktivität ein, die auf eine Vergiftung durch gleichzeitig entstehende Neben-

[1] KHARZHEV, W. C., M. G. SEVERJANOVA u. A. N. SSIOVA: Khimia Tverdovo Topliva **7**, 559 (1936) — Oil and Gas J. **37**, Nr 4, 50 (1938).

[2] KASANSKY, M., u. H. PLATE: Zit. S. 281.

[3] KOMAREWSKY, V. I., u. C. H. RIES: J. amer. chem. Soc. **61**, 2524 (1939).

[4] TAYLOR, H. S., u. J. TURKEVICH: Zit. S. 279.

[5] KOHLSCHÜTTER, H. W.: Z. anorg. Chem. **220**, 370 (1934).

erzeugnisse zurückgeführt wird. Zugabe von Toluol zum Heptan verursachte keinen Abfall der Kontaktwirksamkeit. Verbrauchte Kontaktstoffe können durch Behandlung mit sauerstoffhaltigen Gasen bei der Reaktionstemperatur regeneriert werden. Die am Katalysator adsorbierten Giftstoffe werden dabei zu Kohlendioxyd und Wasser oxydiert. Letzteres darf im Ausgangskohlenwasserstoff während der Umsetzung zu Aromat nicht enthalten sein, da es vom Chromoxydgel ebenfalls stark adsorbiert wird und dessen Aktivität sehr beeinträchtigt. Beispielsweise wurde die Wasserstoffentwicklung aus n-Heptan nach Zusatz von 3% Wasser zum Ausgangsstoff auf ein Fünftel des ursprünglichen Wertes herabgesetzt. Die durch Wasserdampf hervorgerufene Vergiftung wird jedoch wieder aufgehoben, wenn man den Zutritt des Wassers zum Katalysator unterbindet. Als eigentliche Katalysatorgifte sind die in Nebenreaktionen aus Olefinen entstehenden Polymerisationsprodukte anzusehen. Leitet man z. B. über aktives Chromoxydgel Äthylen, so sinkt die Dehydrierwirkung des Katalysators auf Null herab. Durch Oxydation des dabei entstandenen, am Katalysator adsorbierten Polymerisates wird sie wiederhergestellt.

Zahlentafel 86. Umwandlung von Olefinen in aromatische Kohlenwasserstoffe an Chromoxydgel (Flüssigkeitsdurchsatz 18 cm³/h/15 g Katalysator) nach TAYLOR und TURKEVICH.

Ausgangsstoff	Temperatur °C	Mole flüssige Erzeugnisse					Gaszusammensetzung, %			Abfall der Kontaktaktivität auf 50 % min.
		Gas je Mol Olefin	Spez. Gew. 15,6°	Aromaten %	Ungesättigte %	Gesättigte %	Wasserstoff	Gesättigte	Ungesättigte	
2-Methylpenten-2	424	0,8	0,720	20	20	60	93	6	1	10
	474	1,0	0,755	32	7	70	56	34	10	30
3-Methylpenten-2	424	0,6	0,780	21	18	61	95	4	1	10
	474	1,0	0,760	32	5	72	55	38	7	30
2-Äthylbuten-2	424	0,6	0,720	20	20	60	93	6	1	10
	474	1,0	0,759	32	6	62	57	35	8	30
Hepten-1	424	1,0	0,775	45	13	42	93	7	0	10
	474	2,2	0,840	90	2	8	90	4	6	40
Hepten-3	420	1,5	0,78	48	12	40	—	—	—	10
5-Methylhexen-2	424	2,0	0,78	50	12	38	31	57	12	10
Okten-1	474	2,6	0,849	84	1	15	94	3	3	—

Bei Olefinen ist der Umsetzungsgrad zu Aromaten zunächst größer als bei Paraffinen, durch stärkeren Abfall der Katalysatorwirkung mit der Zeit nimmt er jedoch schnell ab. Nebenreaktionen, die unter Spaltung von Kohlenstoff-Kohlenstoff-Bindungen verliefen, wurden ebenfalls beobachtet. Bei den Olefinen mit Seitenketten, deren Struktur eine Aromatenbildung eigentlich begünstigen sollte, ist die Neigung zu solchen Spaltreaktionen noch ausgesprochener als bei den geradkettigen Olefinen (Zahlentafel 86).

HOOG, VERHEUS und ZUIDERWEG[1] führten Versuche mit einer großen Zahl von Kohlenwasserstoffen an einem Chromoxydkatalysator bei 465° und einer Reaktionsdauer von 20 sec unter Atmosphärendruck aus. Ihre wesentlichsten Ergebnisse sind im folgenden kurz zusammengefaßt:

Unter den angegebenen Bedingungen werden alle Kohlenwasserstoffe, deren Struktur die unmittelbare Bildung von 6-Kohlenstoffringen zuläßt, in erheblichem Ausmaße aromatisiert (Zahlentafel 87). Bei anderen Kohlenwasserstoffen tritt eine nennenswerte Aromatisierung nicht ein. Sie werden nur dehydriert. Je nach den herrschenden Bedingungen polymerisieren die entstehenden Olefine.

Zahlentafel 87. Aromatisierung paraffinischer Kohlenwasserstoffe an einem Chromoxydkatalysator bei 465° (Atm.-Druck, Verweilzeit 20 sec)[1].

Ausgangsstoff	Erzielter Aromatisierungsgrad %	Durch unmittelbaren Ringschluß gewinnbare Aromaten	Experimentell nachgewiesene Aromaten
n-Hexan	19,5	Benzol	~ 100% Benzol
n-Heptan	36	Toluol	> 95% Toluol
2-Methylhexan . .	31	Toluol	~ 100% Toluol
n-Oktan	46	Äthylbenzol o-Xylol	> 95% C_8-Aromaten, davon > 80% o-Xylol
3-Methylheptan .	35	Äthylbenzol o-Xylol p-Xylol	~ 100% C_8-Aromaten, davon 5% Äthylbenzol, 35% o-Xylol, 5% m-Xylol, 55% p-Xylol
2,5-Dimethylhexan	52	p-Xylol	~ 100% C_8-Aromaten, davon > 80% p-Xylol
n-Nonan	58	n-Propylbenzol o-Methyläthylbenzol	~ 80% C_9-Aromaten, davon > 90% o-Methyläthylbenzol

Der Aromatisierungsgrad nimmt unter gleichen Verhältnissen bei Kohlenwasserstoffen gleicher Kohlenstoffatomanzahl in der Reihenfolge n-Paraffin, n-Olefin, 6-Ring-Naphthen, 6-Ring-Zykloolefin zu. Innerhalb derselben Kohlenwasserstoffgruppe wächst die Aromatisierungsneigung mit steigender Kohlenstoffatomanzahl je Molekül (vgl. Zahlentafel 87).

Bei den Paraffinen und Olefinen mit 8 und mehr Kohlenstoffatomen wurden in geringerem oder stärkerem Ausmaße auch Krackreaktionen beobachtet. Der Anteil der Krackreaktionen am Gesamtreaktionsablauf

[1] HOOG, H., J. VERHEUS u. F. J. ZUIDERWEG: Trans. Faraday Soc. **35**, 993 (1939).

erhöhte sich mit zunehmender Molekülgröße der Ausgangskohlenwasserstoffe. Je nach dem Sitz der Seitenketten wurden Isoparaffine stärker oder schwächer als die zugehörigen n-Paraffine aromatisiert (Zahlentafel 87). Der Aromatisierungsgrad der Olefine war weitgehend von der Stellung der Doppelbindung im Molekül abhängig (Zahlentafel 88). Zum Teil trat eine Hydrierung zu den entsprechenden Paraffinen ein. Die Krackneigung war stärker als bei den Paraffinen gleicher Molekülgröße. Die Naphthene erlitten keine Aufspaltung.

Zahlentafel 88. Aromatisierung von Olefinen bei 465° und Atmosphärendruck (Reaktionsdauer 20 sec) nach HOOG, VERHEUS und ZUIDERWEG.

Olefin	Reaktionsmöglichkeiten	Aromatisierungsgrad %	Hydrierungsgrad %
n-Hexen-1	C C—C—C—C—C	31	30
n-Hexen-2	C—C C—C—C—C	18	15
n-Hepten-1	C C—C—C—C—C—C	69	22
n-Hepten-2	C—C C—C—C—C—C	65	24

Die Untersuchung des olefinischen Anteiles der Reaktionserzeugnisse ergab, daß Chromoxyd unter den angewandten Bedingungen auch eine Verschiebung der Doppelbindungen zur Molekülmitte hin katalysiert (vgl. RCH-Isomerisierungsverfahren, S. 320).

Weitere Aromatisierungsversuche wurden mit Benzinen verschiedener Herkunft angestellt. Destillatbenzin aus rumänischem Moreni-Erdöl wurde an Aktivkohlekatalysatoren in Kupferrohren bei 600° günstigstenfalls zu 20% in Aromaten umgesetzt[1]. Von KOCH[2] durchgeführte Versuche an Fraktionen von olefinischem Kogasin (Fischer-Tropsch-Primärbenzin) mit Vanadium und Chromoxyd auf Aluminiumoxyd führten bei Temperaturen zwischen 400 und 530° zu einer bedeutenden Aromatenbildung. Eine zwischen 92 und 95° siedende Kogasinfraktion mit 68% Heptenen ergab nach einmaligem Überleiten über den Kontakt maximal 55% Aromaten. Neben der Aromatisierung, d. h. der Dehydrierung und Zyklisierung, traten in Übereinstimmung mit den Ergebnissen von TAYLOR und TURKEVICH an reinen Olefinen (Zahlentafel 86) auch Molekülspaltungen unter Bruch von Kohlenstoff-Kohlenstoff-Bindungen ein.

[1] CANDEA, C., u. L. SAUCINE: Bull. Sci. École polytechn. Timisoara **7**, 308 (1937).

[2] KOCH, H.: Brennst.-Chem. **20**, 1 (1939).

Außer den auf S. 447 genannten Dehydrierungskatalysatoren wurden u. a. die folgenden Stoffe als Katalysatoren für die Aromatisierung von Kettenkohlenwasserstoffen patentamtlich geschützt:

Kalziniertes Aluminiumoxyd mit 5 bis 10% Wasser ($Al_2O_3 \cdot H_2O$)[1], Titan-, Zirkon-, Cer-, Hafnium- und Thoriumverbindungen auf Trägern wie Aluminiumoxyd, Magnesiumoxyd oder natürlichen Mineralien[2], Verbindungen von Chrom, Molybdän, Wolfram, Uran in Gruppe VI, von Vanadium, Niob, Tantal in Gruppe V und von Titan, Zirkon, Zer, Hafnium und Thorium in Gruppe IV ohne und mit Zusatz von Oxyden und Trägerstoffen[3], Magnesiumoxyd mit einem bis 10proz. Zusatz einer Mischung von Bleichromat und Zinksulfat[4] sowie Gemische aus Aluminiumoxyd, Chromoxyd und reduziertem Nickel, in denen ersteres überwiegt[5].

Naphthene.

Hydroaromaten werden in Gegenwart von Katalysatoren wie aktiviertes Chrom- oder Kupferoxyd[6], Platin und Nickel auf Aktivkohle oder Nickel auf Aluminiumoxyd[7] bei 500 bis 550° zu Aromaten dehydriert. Bei den Hydronaphthalinen tritt zum Teil auch eine Ringspaltung unter Aromatenbildung ein[6]. Aus Tetralin erhielt man z. B. ein Reaktionsprodukt (Siedegrenzen 120 bis 215°) in einer Ausbeute von 86 bis 98%, das zu 90 bis 95% aus Aromaten bestand.

Naphthenreiche Benzine des Bakudistriktes lassen sich mit Hilfe der angegebenen Katalysatoren bereits bei 300 bis 310° dehydrieren[7]. Da man mit Nickel-Aktivkohle eine bedeutend höhere Aromatenausbeute (84%) erhielt, als dem Naphthengehalt des Ausgangsbenzins entsprach, ist es wahrscheinlich, daß neben den Dehydrierungs- auch Zyklisierungsreaktionen stattgefunden haben (vgl. auch: Aromaten durch Pyrolyse gasförmiger Paraffine und Olefine, S. 368ff.).

---

[1] *Universal Oil Products Co.*, übert. von H. Tropsch: A. P. 2096769 (1934).

[2] *Universal Oil Products Co.:* F. P. 825815 (1937).

[3] *Universal Oil Products Co.*, übert. von J. C. Morrell u. A. v. Grosse: A. P. 2124567, 2124583 bis 2124586 (1936); vgl. auch It. P. 351078, 352747 (1937); F. P. 820112 (1937).

[4] *Universal Oil Products Co.:* E. P. 478996 (1937); It. P. 352497 (1937); F. P. 825206 (1937).

[5] *Universal Oil Products Co.*, übert. von V. I. Komarewsky: A. P. 2203826 (1937).

[6] Kharzhev, V. I., M. G. Severjanova u. A. N. Ssiova: Oil and Gas J. **37**, Nr 4, 50 (1938).

[7] Zelinsky, N. D., u. N. I. Schuikin: Chimitscheski Shurnal Sser. B. Shurnal prikladnoi Chimii **9**, 260 (1936) — Ref. C. **1936 II**, 1281 — Industr. Engng. Chem. **27**, 1209 (1935). — Zelinsky, N. D., u. J. K. Jurjew: Doklady Akademii Nauk USSR **2**, 225 (1935) — Ref. C. **1936 I** 2663.

3. Technische Spaltverfahren.

Von den zahllosen in die Technik eingeführten Spaltverfahren sollen nur wenige besonders bekannte oder bemerkenswerte beschrieben werden.

a) Alte Verfahren.

Burton-Clark-Verfahren.

Das erste großtechnisch verwendete Spaltverfahren war das von BURTON[1], das später mehrfach, vor allem von CLARK[2], verbessert wurde.

Das Verfahren wurde in seiner ersten Ausführungsform diskontinuierlich betrieben. Der Ausgangsstoff, Gasöl, wurde auf etwa 400° erhitzt. Unter dem dabei erzeugten Eigendruck der entstehenden Spaltkohlenwasserstoffe wurde langsam destilliert. Man erhielt ungefähr 50% Druckdestillat. Nach der Destillation wurde der gebildete Koks aus der Blase entfernt und eine neue Druckdestillation angesetzt. Bereits 1914 gestaltete CLARK das Verfahren kontinuierlich. Bei der als Burton-Clark-Verfahren bekannten Arbeitsweise erfolgt die Erhitzung in einem System von Röhren, die schräg unter der Spaltblase gelagert sind und mit dieser nur thermosyphonartig verbunden sind (vgl. Abb. 74). Gleichzeitig schützen die Rohre die Spaltblase vor Überhitzung. Durch die entstehende Bewegung im beheizten Rohrsystem soll eine Ablagerung von Koks an den Rohrwandungen verhindert und etwaiger ausgeschiedener Koks in die nichtbeheizte Blase gespült werden, aus der er wesentlich leichter entfernt werden kann. Mehrere Blasen werden zu einer Batterie zusammengefaßt, die eine vereinfachte Betriebskontrolle ermöglicht. Auf diese Weise erreicht man eine durchgehende Betriebsdauer bis zu 74 Stunden. Sodann muß der Betrieb zum Entfernen des Spaltkokses vorübergehend unterbrochen werden.

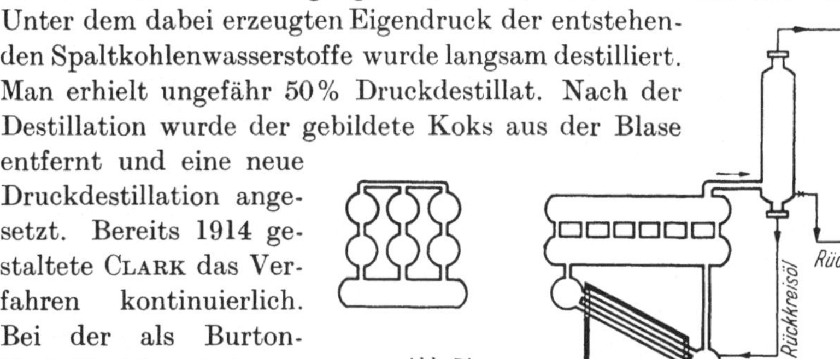

Abb. 74. Burton-Clark-Krackverfahren.

Andere ältere Verfahren.

In ähnlicher Weise wie der Burton-Clark-Prozeß arbeiteten zahlreiche andere alte Verfahren, z. B. die von JENKINS[3], ISOM[4], FLEMING[5], COAST-COSDEN[6] und SNODGRASS.

[1] BURTON: A. P. 1049667 (1913).
[2] CLARK, E. M.: A. P. 1129034, 1132163 (1914); 1388514 (1921) u. a.
[3] JENKINS: A. P. 1226526.
[4] ISOM: A. P. 1285200.
[5] FLEMING: A. P. 1324766 u. a.
[6] COAST-COSDEN: A. P. 1252999, 1253000 (1918).

Noch 1930/31 spielten die alten Verfahren, wie aus der Aufstellung in Zahlentafel 89 hervorgeht, eine erhebliche Rolle.

Zahlentafel 89[1]. Anzahl der Einheiten und Leistung der in USA. 1930—1931 betriebenen Krackverfahren.

Anzahl der Krackeinheiten	Arbeitsweise	Durchschnittsleistung in t/Tag	Durchschnittliche Tagesleistung in t sämtl. Anlagen
118	Tube and Tank (Ellis)	467	55000
185	Dubbs	194	36000
150	Cross	233	35000
115	Holmes-Manley	290	33400
115	Isom	224	25600
793	Burton-Clark	30	23500
3	Vapour-Phase	200	600
2	True-Vapour-Phase	258	515
2	Shelly-Rittman[2]	178	354

Diese ersten Verfahren, die sich aus der einfachen Blasendestillation entwickelten, wiesen große Nachteile auf. Die Bildung von Koks war wegen der schlechten Wärmeübertragung in den Blasen außerordentlich groß. Um einigermaßen wirtschaftlich arbeiten zu können, konnten deshalb nur die weniger zur Koksbildung neigenden Destillate verarbeitet werden. Die Ausbeute an Benzin betrug trotzdem höchstens 30%.

Allmählich ging man von der Erhitzung in Blasen ab. Man führte Röhrenerhitzer ein, lernte, die Wärmewirtschaftlichkeit der Anlagen durch Einsatz besonderer Wärmerückgewinnungseinrichtungen heraufzusetzen, übernahm die Fraktioniertürme aus der Rohöldestillation, um schließlich zu den heutigen modernen Spaltverfahren zu gelangen, in denen die Spaltung beliebiger Mineralölausgangsstoffe zu hochklopffesten Benzinen in höchster Ausbeute vorgenommen werden kann.

b) Neuzeitliche Flüssig(Gemischt)-Phase-Verfahren.

Entspannungs- und Verkokungs-Arbeitsweise.

Bei den neuzeitlichen Spaltverfahren treten grundsätzlich zwei verschiedene, auch in Übergängen angewandte Arbeitsweisen hervor, die Entspannungs(„*Flashing*")- und die Verkokungs(„*Coking*")-Arbeitsweise. Manche Spaltverfahren arbeiten nur nach der einen oder der anderen Arbeitsweise, bei anderen kann man wahlweise von Verkokungs- auf Entspannungsspaltung umstellen oder gleichzeitig beide Verfahren anwenden.

[1] Petroleum **27**, H. 49 (1931).

[2] RITTMAN, W. F., C. B. DUTTON u. E. W. DEAN: U. S.-Bur. Min. Bull. **1915**, Nr 114; s. auch S. 300.

Nach dem Entspannungsverfahren spaltet man unter verhältnismäßig milden Bedingungen so, daß unter möglichst starker Zurückdrängung der Koks- und Gasbildung in erster Linie Benzin und Heizöl entstehen. Die unter diesen Umständen anfallende Benzinausbeute ist gegenüber der beim Verkokungsverfahren gewinnbaren geringer, man erhält aber den Vorteil einer wesentlich längeren reibungslosen Betriebsdauer der Anlagen.

Die Entspannungs-Arbeitsweise geht von dem praktischen Befund aus, daß die Koksbildung bei jedem Krackausgangsstoff erst nach einer bestimmten Spaltdauer einsetzt, da ja der Koks als Enderzeugnis erst

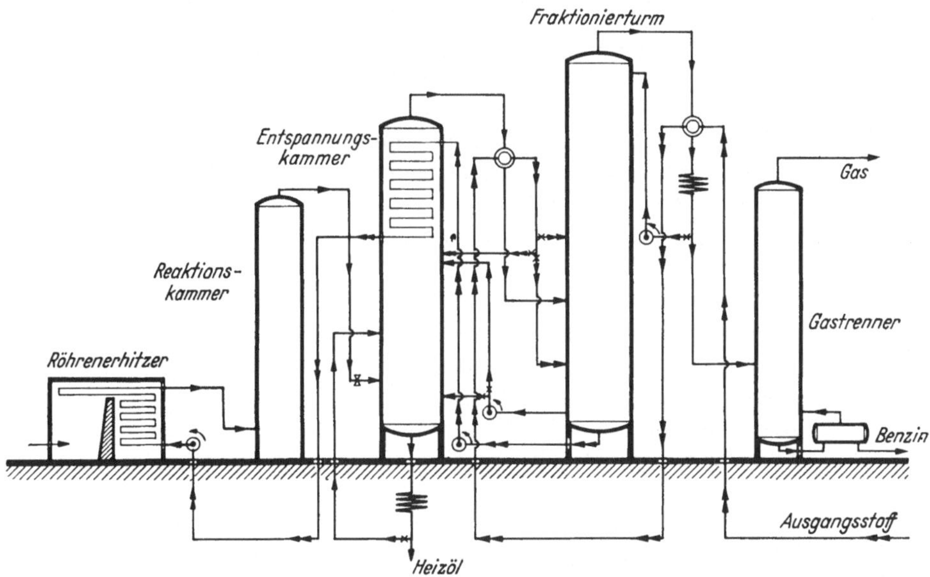

Abb. 75. Kracken unter Anwendung der Entspannungsarbeitsweise.

nach Ablauf einer großen Zahl von Spalt- und Polymerisationsreaktionen auftritt. Zur Vermeidung der Koksbildung ist es deshalb erforderlich, den Spaltvorgang nach bestimmter Dauer, die von der Zusammensetzung des Ausgangsstoffes abhängt, plötzlich abzubrechen. Praktisch erreicht man die Beendigung der Spaltumsetzungen zu einem bestimmten Zeitpunkt durch plötzliches Entspannen des unter ziemlich hohem Druck stehenden Spaltgutes. Durch die dabei einsetzende Verdampfung aller leichtsiedenden Anteile unter Verbrauch von Verdampfungswärme fällt die Temperatur so stark ab, daß die weitere Umsetzung des Spalterzeugnisses unterbunden wird. Am besten eignet sich diese Methode für die Spaltung von Destillaten.

In Abb. 75 ist die zur Durchführung des Entspannungs-Spaltens erforderliche Einrichtung schematisch wiedergegeben. Man arbeitet in diesen Anlagen grundsätzlich in der folgenden Weise:

Das durch Wärmeaustausch weitgehend vorgewärmte Ausgangsöl wird durch einen Röhrenerhitzer geleitet, in dem die zur Spaltung benötigten Temperaturen und Drucke eingestellt werden. Die Spaltreaktion findet im wesentlichen in der angeschlossenen, meist nicht geheizten, aber stark isolierten Reaktionskammer statt. Hinter der Kammer, in der das Krackgut eine festgelegte Zeit hindurch verbleibt, wird der Druck plötzlich bis auf einige Atmosphären entspannt. Das Spalterzeugnis gelangt dabei in die Entspannungskammer (flash-chamber). Die bei der dort eingestellten Temperatur destillierbaren Anteile verdampfen unter Bindung von Verdampfungswärme. Die Temperatur im Entspanner sinkt dadurch bis auf 300 bis 340° ab. Bei dieser Temperatur ist die Geschwindigkeit der Spaltreaktionen bereits so gering, daß die Umsetzungen zum Stillstand kommen. Die sich bei der Entspannung bildenden Kohlenwasserstoffdämpfe treten am oberen Teil des Entspanners aus und werden in nachgeschalteten Fraktioniertürmen in Gas, Benzin und Rücklauföl (recycle oil) getrennt. Das Rücklauföl wird mit frischem, in den Hauptfraktionierturm eintretendem Ausgangsöl gemischt zur weiteren Spaltung in den Röhrenerhitzer zurückgeführt.

Die am Boden des Entspanners abfließenden schweren Spalterzeugnisse würden bei erneuter Spaltung ein sehr schlechtes Anfallverhältnis Benzin: Koks ergeben. Sie werden deshalb nicht weitergespalten, sondern als Heizöl abgezogen.

Nach dem Verkokungsverfahren wird im Gegensatz hierzu Heizöl praktisch nicht erzeugt. Man krackt das Ausgangsöl fast völlig zu Benzin, Koks und Gas.

Wie das in Abb. 76 gezeichnete Schema zeigt, unterscheidet sich die Verkokungs- von der Entspannungs-Spaltanlage äußerlich durch das Fehlen des Entspanners. Dagegen findet man meist zwei bis drei Reaktionskammern (Verkokungskammern), die abwechselnd in Betrieb genommen werden, während die anderen stillgelegten Kammern von angesammeltem Koks befreit werden. Die Verkokungsspaltung verläuft folgendermaßen:

Das vorgewärmte Ausgangsöl wird mit hoher Geschwindigkeit durch einen Röhrenerhitzer und von dort in eine der Reaktionskammern geschickt. Die Umsetzungsbedingungen werden so gewählt, daß nur eine sehr geringe Menge Rückstandsöl entsteht. Man erhält infolgedessen eine verhältnismäßig hohe Benzin-, aber auch eine hohe Koks- und Gasausbeute. Wegen des angewandten ziemlich niedrigen Spaltdruckes sind die erzeugten niedrigsiedenden Anteile stets gasförmig. Sie treten aus der Reaktionskammer unmittelbar in einen Fraktionierturm ein, in dem sie von den oberhalb des Benzinsiedebereiches übergehenden Anteilen befreit werden. Die letzteren gelangen in den Spaltkreislauf zurück.

In der Reaktionskammer reichert sich der Koks mehr und mehr an. Erfüllt er den größten Teil des Kammerinnern, so wird die Kammer außer Betrieb gesetzt und von Koks befreit. In der Zwischenzeit wird eine zweite Reaktionskammer an den Röhrenerhitzer angeschlossen, die nach Füllung mit Koks ebenfalls ersetzt und gesäubert wird.

Eine Gewinnung von Heizöl ist meist nicht vorgesehen. Es hat sich jedoch als günstig erwiesen, von Zeit zu Zeit die geringen, in der Reaktionskammer gebildeten Rückstandsölmengen unten abzulassen; denn dieses

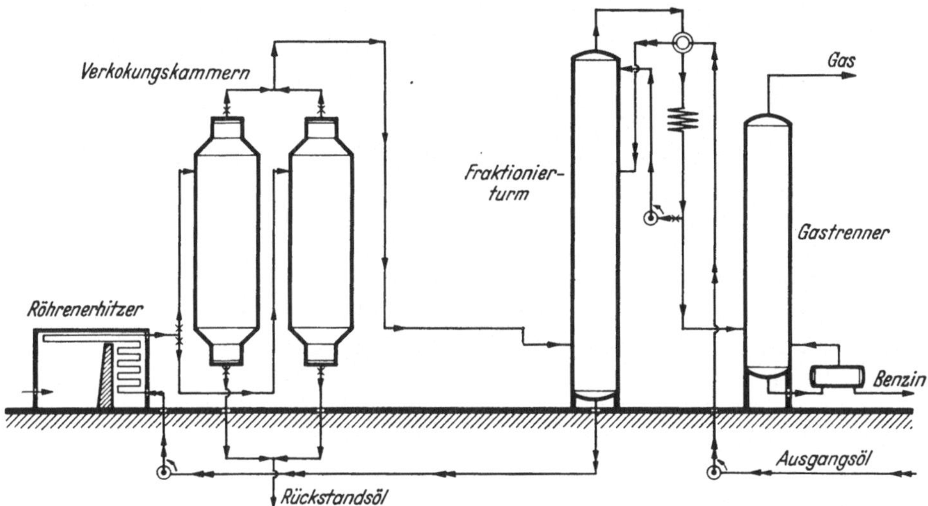

Abb. 76. Kracken unter Anwendung der Verkokungsarbeitsweise.

durch langes Verweilen in der Spaltzone stark aromatisierte Öl liefert eine besonders geringe Ausbeute an Benzin im Verhältnis zur anfallenden Koksmenge und trägt deshalb in erhöhtem Maße zur Koksanhäufung in den Verkokungskammern bei.

Tube and Tank (Ellis)-Verfahren.

Das *Tube and Tank*-Spaltverfahren wurde von der *Standard Oil Co. of New Jersey*[1] entwickelt. Der Name leitet sich von der ursprünglich benutzten Apparatur ab, die aus einem Röhrenerhitzer (tubes) und aus einem im Ofenraum angeordneten Reaktionsgefäß (tank) bestand[2].

Das Verfahren verwendet besonders hohe Drucke (50 bis 70 at), um eine möglichst vollständige Flüssigphase-Spaltung zu erreichen.

Das Spaltausgangsgut wird durch Niederdruck-Wärmeaustauscher und Teilkondensatoren mit dem während der Umsetzung anfallenden Rücklauföl (recycle stock) in Sammeltanks gepumpt. Durch eine Hoch-

[1] Ellis: A. P. 1415232; E. P. 174089.

[2] Heinze, R.: Veredlung flüssiger Brennstoffe, S. 25. Leipzig 1934.

druck-Heißöl-Pumpe wird das Gemisch vom Sammeltank durch eine Reihe von Hochdruck-Wärmeaustauschern und Teilkondensatoren in den Röhrenofen gedrückt. Nach Einstellung der gewünschten Temperaturen (480 bis 500°) und Drucke gelangt das Öl (vgl. Abb. 77) in eine stehende Hochdruck-Reaktionskammer (soaker). In einer angeschlossenen Entspannungskammer (flash-chamber) werden die verdampfbaren

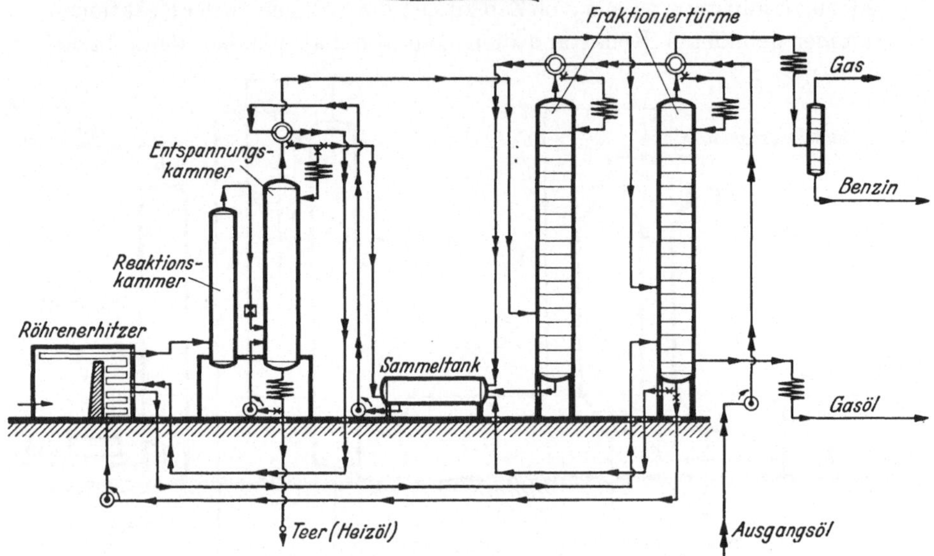

Abb. 77. Arbeitsweise in Tube and Tank (Ellis)-Krackbetrieben.

Spalterzeugnisse durch Druckverminderung verdampft und von dem sich unten abscheidenden Teer getrennt. Die aus dem Entspanner entweichenden Kohlenwasserstoffdämpfe werden in Wärmeaustauschern gekühlt und teilweise kondensiert. Der nichtkondensierte Teil der Dämpfe wird in den ersten Fraktionierturm unten eingeleitet. Die hier kondensierten, höher als Benzin siedenden Öle werden zusammen mit dem Kondensat aus den Hochdruck-Wärmeaustauschern zur weiteren Spaltung in den Sammeltank für Frischöl zurückgeführt. Zur Erzeugung eines Benzins mit bestimmtem Siedeendpunkt (Endpunktbenzin) durchlaufen die nichtkondensierten Anteile des Druckdestillates einen zweiten Fraktionierturm, der eine Trennung in Gasöl und Endpunktbenzin bewirkt. Die für die Kondensation der Kohlenwasserstoffe in den beiden Fraktioniertürmen erforderliche Kühlung wird zu einem großen Teil durch die in die Köpfe der Türme eingebauten Niederdruck-Wärmeaustauscher, die mit dem kalten Ausgangsöl beschickt werden, bewirkt. Die sich in diesen Wärmeaustauschern verflüssigenden Destillatanteile laufen als Rückfluß zur Verbesserung der Fraktionierwirkung in die Türme zurück.

Ist statt der Gewinnung von Heizöl eine solche von Koks vorgesehen, so arbeitet man in Übereinstimmung mit dem Fließdiagramm (Abb. 76) in folgender Weise:

Das durch Wärmeaustausch vorgewärmte Ausgangsöl wird im Röhrenerhitzer auf eine Endtemperatur von etwa 500° bei einem Druck um 40 at gebracht und in den unteren Teil der wechselnd in Betrieb befindlichen Verkokungskammern eingeleitet. Die Dämpfe der hier entstehenden leichtsiedenden Kohlenwasserstoffe werden am Kopf der Kammern abgenommen und in zwei hintereinander geschalteten Verdampfern auf 3 bis 4 at entspannt. Das sich in geringer Menge in der Kokskammer abscheidende Rückstandsöl findet als Heizöl Verwendung. Die nichtkondensierten Dämpfe werden in Fraktioniertürmen zu Benzin und Spaltrücklauföl zerlegt.

Cross-Verfahren.

Das Cross-Verfahren wurde zunächst von den Brüdern Cross[1] entwickelt und später von der *Gasoline Products Co.* ausgebaut. Das Fließdiagramm einer neuzeitlichen Cross-Anlage ist in Abb. 78 wiedergegeben. Äußerlich ist eine solche Anlage durch die liegend angeordneten Reaktionskammern gekennzeichnet. Wie beim *Tube and Tank*-Verfahren arbeitet man zur Erzielung einer möglichst einheitlichen Flüssigphase-Spaltung bei hohen Drucken.

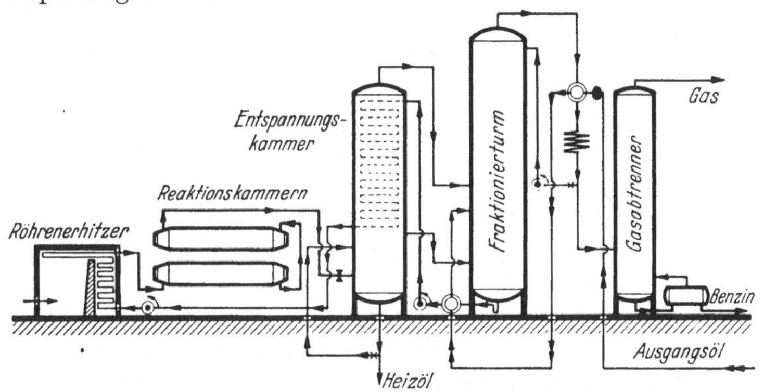

Abb. 78. Schematische Darstellung des Cross-Krackverfahrens (Entspannungsarbeitsweise).

Das Spaltausgangsgut wird durch Wärmeaustauscher, die zum Teil als Kondensatoren in den Fraktionierkolonnen ausgebildet sind, vorgewärmt und dann unter Drucken zwischen 42 und 60 at durch den Röhrenerhitzer in die Reaktionskammern geleitet. Die Temperatur in den selbst nichtgeheizten, aber gegen Wärmeverluste geschützten

---

[1] Cross, R.: A. P. 1255138 (1918) u. a. — Cross, W. M.: A. P. 1203312 (1916), 1326851 (1919) u. a.

Reaktionskammern beträgt 450 bis 480°. Es bildet sich ein sog. „synthetisches Rohöl" mit hohem Benzingehalt, das durch Druckverminderung in einer angeschlossenen Entspannungskammer verdampft wird. Die nichtverdampfenden schweren Öle werden als Heizöle aus der Kammer unten abgezogen. Die Dämpfe treten in einen Fraktionierturm ein und werden in Benzin und Rücklauföl getrennt. Mit dem ebenfalls in den unteren Teil der Kolonne eingeleiteten frischen Ausgangsöl wird das noch über dem Benzinsiedebereich übergehende Rücklauföl erneut der Spaltzone zugeführt. Das am Kopf und gegebenenfalls an den Seiten der Kolonne abgenommene Benzin fließt durch Kondensatoren über eine Stabilisieranlage zum Lagertank.

Holmes-Manley-Verfahren.

Das Holmes-Manley-Verfahren wurde durch die *Texas Co.* entwickelt, die 1917 die erste Anlage dieser Art baute. Die alte Bauweise war an einer Batterie von vier Reaktionskammern kenntlich, die miteinander durch Rohre unterhalb und oberhalb des Flüssigkeitsspiegels verbunden waren. Die Verbindungsrohre am oberen Teil der Kammern bewirkten den Druckausgleich innerhalb der Reaktionskammern. Da verhältnismäßig lange Verweilzeiten bei gemäßigten Spalttemperaturen gewählt werden, sind die Reaktionskammern mit Gasbrennern beheizt. Auf diese Weise vermeidet man eine Überhitzung der Öle im Röhrenerhitzer über die in den Reaktionskammern gewünschte Temperatur hinaus; denn bei Verwendung nichtbeheizter Reaktionskammern geht trotz bester Isolierung ein Teil der im Röhrenofen erzeugten Wärme verloren, so daß das Krackgut im Ofen stets über die eigentliche Spalttemperatur in der Reaktionskammer hinaus erhitzt werden muß. Als Erhitzer werden solche der Bauart DE FLOREZ benutzt. In alten Anlagen arbeitete man bei Drucken um 18 at, in den neueren verwendet man Drucke von 25 bis 30 at. Außerdem wurde die Zahl der Reaktionskammern von 4 auf 2 herabgesetzt.

Das Ausgangsöl, meist Gasöl, wird bei der neuzeitlichen Holmes-Manley-Arbeitsweise (s. Abb. 79) nach dem Durchgang durch Wärmeaustauscher als Rückfluß durch einen Fraktionierturm geleitet. Es vermischt sich mit den sich hier kondensierenden Dämpfen des Krackerzeugnisses, mit denen zusammen es dem de Florez-Erhitzer zugeleitet wird. Aus dem Erhitzer gelangt das heiße Öl in die Reaktionskammern. Die bei den Krackumsetzungen entstehenden Dämpfe treten nach teilweiser Entspannung über Wärmeaustauscher in den Fraktionierturm 1, in dem die höhersiedenden Anteile kondensiert werden, während sich die Benzindämpfe in nachgeschalteten Kühlern und Kondensatoren verflüssigen. Das Benzin wird nach der Entgasung den Lagertanks zugeleitet, die im Fraktionierturm 1 kondensierten höhersiedenden Öle werden in den Spaltkreislauf zwecks weiterer Aufspaltung zu Benzin zurückgeführt.

Die unten an den Reaktionskammern abgenommenen nichtverdampften Öle gelangen in einen zweiten Fraktionierturm, in dem sie unter Verwendung von Benzin bzw. Frischöl als Rückfluß von restlichen verdampfbaren Anteilen getrennt werden. Der Rückstand wird am Boden des Turmes als Heizöl abgezogen. Die leichtflüchtigen Benzindämpfe

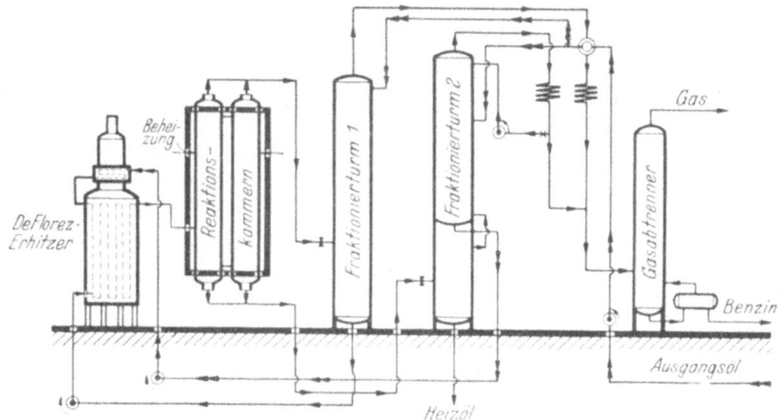

Abb. 79. Fließdiagramm des Holmes-Manley-Krackverfahrens.

treten am Turmkopf aus, werden gekühlt, kondensiert und mit dem übrigen Benzin vereinigt. Die oberhalb des Benzinsiedebereiches siedenden Ölanteile mischen sich mit dem als Rückfluß wirkenden Frischöl und werden mit diesem zum Spaltofen gepumpt.

Dubbs-Verfahren.

Eines der bekanntesten und am meisten angewandten Krackverfahren ist das *Dubbs-Verfahren.* Seine erste Entwicklung geht von J. A. Dubbs aus, der 1915 ein Patent[1] auf die Entwässerung von Erdölemulsionen durch Druckerhitzung nahm. Die bei der Druckerhitzung in Erscheinung tretende Benzinbildung durch Spalten veranlaßte die Ausbildung des eigentlichen Krackverfahrens. Die erste technische Anlage wurde in Wood River, Illinois, im Jahre 1921 errichtet. Das Dubbs-Verfahren verarbeitete als erstes schwere Rückstandsöle. Diese Möglichkeit wurde dadurch geschaffen, daß man je Durchgang durch die Spaltzone nur 6 bis 10% des Öles umsetzte. Zudem baute man große Reaktionskammern, in denen die heißen Rückstände trotz der starken Koksentstehung ohne Störung gekrackt werden konnten.

[1] Dubbs, J. A.: A. P. 1123502 (1915).

Im letzten Jahrzehnt wurde das Dubbs-Verfahren zu hoher Vollkommenheit entwickelt. Man schuf die „Dubbs full-flashing selective cracking unit“, eine Anlage, die aus irgendeinem Mineralölausgangsstoff die größtmögliche Ausbeute an hochklopffestem Benzin neben einem brauchbaren Heizöl oder einem guten Petrolkoks zu gewinnen gestattet. Als Ausgangsstoffe können Roherdöle, getoppte Roherdöle, schwere Rückstände und Asphalte ebenso eingesetzt werden wie Gas- und Heizöle sowie Schwerbenzine. Zur Erhöhung der Ausbeute an klopffestem Benzin wird die Spaltung der leichten Öle gesondert von der der schweren Öle vorgenommen (Selektivkracken). Durch diese Maßnahme wird ermöglicht, daß man für den niedrig- und den hochsiedenden Anteil des Ausgangsstoffes die günstigsten Spaltbedingungen einhalten kann, die voneinander wesentlich verschieden sind. Ein weiterer großer Fortschritt liegt darin, daß man die Entspannungs- und die Verkokungs-Arbeitsweise je nach der Marktlage des Heizöles und Petrolkokses für sich oder nebeneinander betreiben kann.

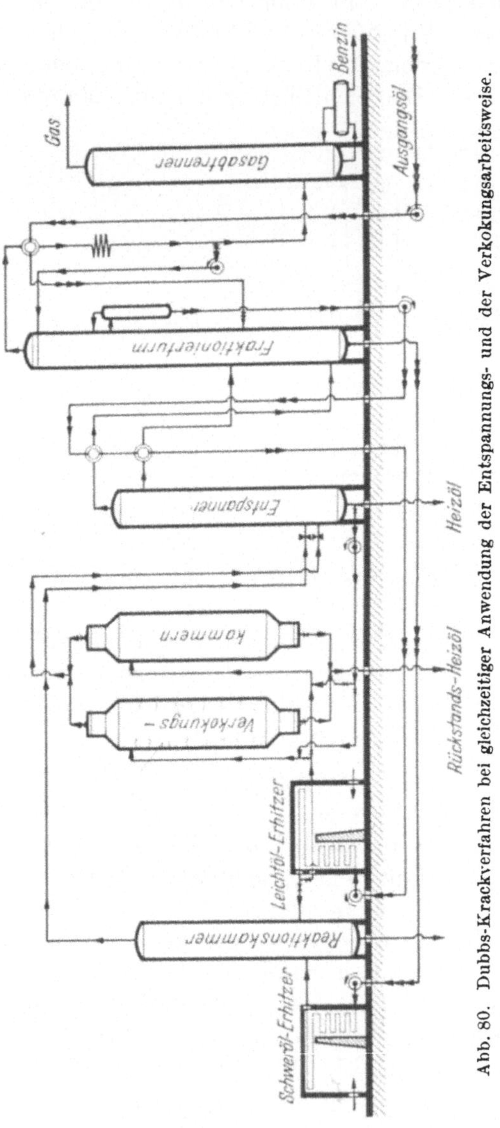

Abb. 80. Dubbs-Krackverfahren bei gleichzeitiger Anwendung der Entspannungs- und der Verkokungsarbeitsweise.

In modernen Dubbs-Anlagen arbeitet man in verschiedener Weise. Eine von vielen Möglichkeiten ist im folgenden beschrieben (Abb. 80):

Das Ausgangsöl wird auf einen der unteren Kolonnenböden eines Fraktionierturmes gepumpt, von dem es im Gegenstrom zu den unten eintretenden Druckdestillatdämpfen herunterfließt. Die schweren Anteile der Dämpfe werden unter gleichzeitiger Anwärmung des Frischöles kondensiert und mit diesem zusammen durch einen Röhrenerhitzer (heavy oil heater) in eine Reaktionskammer geleitet. Die Temperaturen und Drucke werden so eingestellt, daß eine störende Koksbildung nicht einsetzt. Im allgemeinen werden Temperaturen von 420 bis 465° und Drucke von 12 bis 20 at angewandt. Im nachgeschalteten Entspanner wird der Druck bis auf einige Atmosphären entlastet. Die entstehenden Benzin- und Öldämpfe treten in den nachfolgenden Fraktionierturm ein, während die hochmolekularen Bestandteile des Krackerzeugnisses im Entspanner zurückbleiben. Die Benzin- und Öldämpfe werden im Fraktionierturm in ein am Boden des Turmes zusammen mit dem Frischöl ablaufendes schweres Kondensat, in ein seitlich abgenommenes Leichtöldestillat und ein am Turmkopf übergehendes Benzin getrennt. Der Rückstand in der Entspannungskammer kann entweder als Heizöl abgezogen oder in den ebenfalls vorhandenen Verkokungskammern zu Benzin, Gas und Koks aufgespalten werden. Das vom Fraktionierturm seitlich abgezogene Leichtöl tritt nach dem Durchgang durch Wärmeaustauscher in einen zweiten Röhrenerhitzer (light oil heater) ein, in dem schärfere Bedingungen als im Schwerölerhitzer herrschen. Für beide Erhitzer ist die gleiche Reaktionskammer vorgesehen. Schweröl und Leichtöl werden also in derselben Reaktionskammer aufgespalten. Ihre Umsetzungserzeugnisse treten gemeinsam in den Entspanner und in den Fraktionierturm ein, so daß sich eine gesonderte Aufarbeitung erübrigt.

Verarbeitet man den Rückstand aus der Entspannungskammer auf Koks, so benötigt man zusätzliche Wärmeenergie. Man leitet das Rückstandsöl deshalb zusammen mit einem Teil des im Leichtölerhitzer stark erhitzten Leichtöles in die Verkokungskammern. Durch Veränderung der zugeführten Leichtölmenge ist man in der Lage, die Temperatur in den Kammern genau einzustellen. Die flüchtigen Destillate aus den Verkokungskammern gelangen ebenso wie die Destillate aus der Reaktionskammer in den Entspanner und den Fraktionierturm. Das am Kopf des Fraktionierturmes übergehende Spaltbenzin wird in wassergekühlten Kondensatoren niedergeschlagen, in einer Stabilisierkolonne (Gasabtrenner) von gasförmigen Kohlenwasserstoffen, soweit erforderlich, befreit und zur Verhütung der Harzbildung mit Inhibitoren versetzt. Eine Raffination mit Säuren oder Erden ist nicht notwendig.

Carburolverfahren.

Bei den bisher beschriebenen Verfahren läßt man die Ablagerung von Koks in besonderen Reaktionskammern vor sich gehen. Beim

Carburolverfahren arbeitet man nach H. Wolf[1] durch Wahl entsprechender Verweilzeiten und Temperaturen im Erhitzer so, daß die Krackumsetzungen nahezu völlig im Röhrenerhitzer erfolgen. Dabei sind natürlich besondere Maßnahmen zur Verhinderung der Koksabscheidung zu treffen.

Das zu behandelnde Öl wird aus einem Tank, der von einem zweiten höherliegenden Tank gespeist wird, und in dem durch ein Schwimmerventil eine unveränderliche Flüssigkeitshöhe gehalten wird, durch einen im Fraktionierturm befindlichen Vorwärmer gepumpt. Um eine bestimmte Temperatur im vorgewärmten Öl einstellen zu können, wird ein wechselnder Teil des Öles vor dem Eintritt in den Vorwärmer umgeleitet (s. Abb. 81). Die hinter dem Vorwärmer wieder vereinigten Ölanteile werden mit bestimmter Ausgangstemperatur in den Erhitzer geleitet, in dem das Öl eine Endtemperatur von etwa 480° erreicht. Der Maximaldruck vor dem Erhitzer beträgt 60 at, der am Erhitzeraustritt auf etwa 40 at absinkt. Das Krackgut strömt durch eine möglichst kurze Rohrleitung in einen Fraktionierturm, dessen unterer Teil als Entspannungskammer eingerichtet ist. Durch ein in besonderer Weise ausgebildetes Ventil wird der Druck auf ungefähr 0,5 atü entlastet und das Öl in der Kammer versprüht. Gleichzeitig wird frisches Ausgangsöl eingepumpt (s. Weaver, S. 300). Die Temperatur sinkt dadurch so stark ab, daß die Spaltumsetzungen zum Stillstand kommen. Die entstandenen Benzinkohlenwasserstoffe durchlaufen die Fraktioniersäule und werden in nachgeschalteten Kondensatoren verflüssigt. Ein Teil des Benzins wird als Rücklauf in den Kolonnenkopf zurückgegeben. Die schweren Krackölanteile sammeln sich am Boden des Fraktionierturmes und werden als Rücklauföl verwendet. Das in der Entspannungskammer zurückbleibende, nichtverdampfende Öl wird als Rückstandsöl abgezogen.

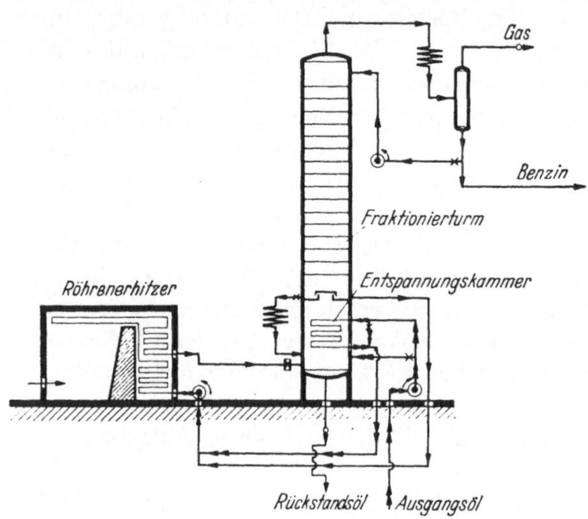

Abb. 81. Carburol-Krackverfahren.

[1] Wolf, H.: DRP. 514623 (1927). — Bender, K.: Petroleum **25**, 1187 (1929); **27**, 53 (1931). — Vgl. auch Durst, B.: DRP. 600445 (1932).

Winkler-Koch-Spaltverfahren.

Ebenso wie das *Carburol-* ist das Winkler-Koch-Verfahren durch das Fehlen einer gesonderten Reaktionskammer gekennzeichnet. Durch geeignete Temperaturführung wird das Kracken vollständig im Röhrenerhitzer (Erhitzerart 2, S. 112) vorgenommen. Eigentlicher Krackausgangsstoff ist eine Gasölfraktion. Höher als Gasöl siedende Ausgangsstoffanteile werden lediglich destilliert.

Das Fließdiagramm in Abb. 82 veranschaulicht die Winkler-Koch-Arbeitsweise in den Grundzügen. Der Ausgangsstoff, z. B. ein Roherdöl, wird nach dem Durchgang durch Wärmeaustauscher in einem Röhrenofen so erhitzt, daß alle leichten Anteile in einem nachgeschal-

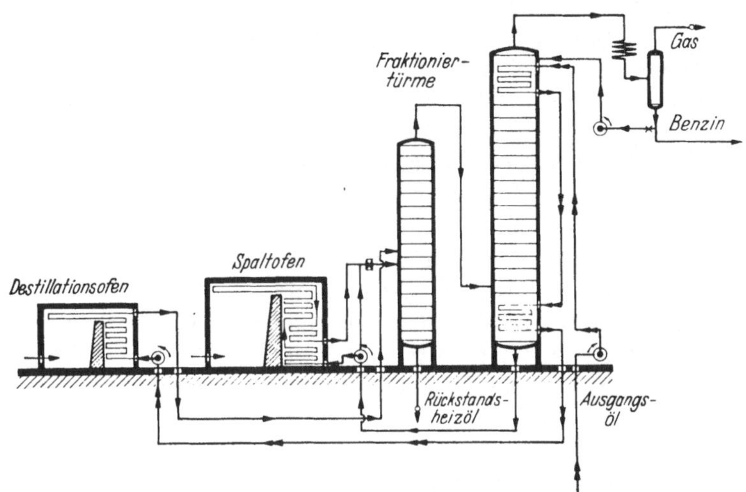

Abb. 82. Krackverfahren nach WINKLER-KOCH.

teten Fraktionierturm als Kopfprodukt abgenommen werden. Der verbleibende Rückstand wird aus dem Sumpf des Fraktionierturmes als Heizöl abgezogen oder gegebenenfalls zu Schmieröl aufgearbeitet. In einem zweiten Fraktionierturm wird die Benzinfraktion von der als Krackausgangsstoff verwendeten Gasölfraktion getrennt. Diese tritt in den Spalterhitzer ein, dessen Heizrohre so angeordnet sind, daß die erwünschten Spaltumsetzungen während der Verweilzeit im Erhitzer völlig ablaufen. Hinter dem Ofen werden die Spaltreaktionen durch Zumischung kalten Gasöles zum Stillstand gebracht. Spalterzeugnis und Gasöl werden zusammen mit dem Ausgangsrohöl in den bereits genannten beiden Fraktioniertürmen zerlegt. Man erhält neben Rückstandsheizöl und Gas ein Benzin, das sich aus den ursprünglich im Rohöl enthaltenen Benzin und aus Krackbenzin zusammensetzt.

c) Gas(Gemischt)-Phase-Verfahren.

Mit der zunehmenden Erkenntnis, daß die Klopffestigkeit die bedeutendste Eigenschaft eines guten Motorkraftstoffes ist, wurde das Interesse für Gasphase-Krackverfahren geweckt. Diese bei mäßigen Drucken und hohen Temperaturen arbeitenden Verfahren ergeben Benzine, deren gute Klopffestigkeit auf einen hohen Gehalt an ungesättigten Kohlenwasserstoffen zurückzuführen ist.

Technische Gasphase-Spaltverfahren wurden bereits frühzeitig entwickelt. Zu nennen sind die Arbeitsweisen von Cowper-Coles, Hall, Greenstreet und Rittman[1]. Die drei letztgenannten wurden während des Weltkrieges angewandt. Die Gasphaseverfahren hatten zunächst mit großen Schwierigkeiten zu kämpfen, die ihre Wirtschaftlichkeit stark herabsetzten. Neben hohen Gasverlusten erhielt man ein nur schwer raffinierbares Benzin. Die größte Schwierigkeit wurde jedoch durch das Auftreten starker Koksabscheidungen in den Erhitzern hervorgerufen. Erhöhte man die Durchlaufgeschwindigkeit durch den Erhitzer, so wurde zwar die Koksablagerung in den Erhitzern vermieden, dafür aber wurden die angeschlossenen Leitungen und selbst die Fraktioniertürme mit Koks versetzt. Eine Abstellung dieser Mängel trat erst ein, als man nach einem Vorschlag von Weaver[2] einen Teil des kalten Frischöles in das aus dem Erhitzer kommende heiße Öl versprühte. Dadurch erzielt man dieselbe abschreckende Wirkung, wie man sie bei den unter hohem Druck arbeitenden Verfahren durch die Druckentspannung erreicht. Durch das eingespritzte Frischöl wird die Temperatur des krackenden Öles ebenfalls so stark herabgesetzt, daß die zur Koks- und Gasbildung führenden Sekundärreaktionen nicht mehr ablaufen können. Dieses Arbeitsprinzip wurde erstmalig 1925 von der *Gyro Process Co.* angewandt und bald von zahlreichen anderen in der Gasphase arbeitenden Spaltbetrieben übernommen.

De Florez-Verfahren.

Beim de Florez-Verfahren[3] werden je nach dem Krackausgangsstoff und je nach den zu gewinnenden Endstoffen erheblich verschiedene Temperaturen und Drucke angewandt. Daher kommt es, daß man in manchen Anlagen mehr in der dampfförmigen, in anderen mehr in der flüssigen Phase krackt. Das Verfahren steht infolgedessen auf der Grenze zwischen den Gasphase- und Flüssigphaseverfahren. Meist werden jedoch hohe Temperaturen und niedrige Drucke verwendet, so daß die de Florez-Arbeitsweise mehr als Gasphaseverfahren angesprochen wird.

---

[1] Rittman, W. F., C. B. Dutton u. E. W. Dean: U. S.-Bur. Min. Bull. Nr 114 (1915).

[2] Weaver, J. B.: A. P. Re. 17681.

[3] De Florez, L.: Nat. Petr. News **21** (49), 33 (1929).

Das de Florez-Verfahren, bei dem sowohl die Entspannungs- als auch die Verkokungs-Arbeitsweise angewandt werden kann, wird von der *Gasoline Products Co.* und von der *M. W. Kellogg Co.* lizensiert. Als Ausgangsstoffe werden Destillate und Rückstände von Roherdölen eingesetzt.

Das Fließdiagramm in Abb. 83 erläutert den Arbeitsgang bei Anwendung der Entspannungsmethode auf ein Mid-Continent-Roherdöl.

Das getoppte Rohöl wird nach dem Durchgang durch Wärmeaustauscher zunächst in einen Verdampfer eingeleitet, wo es durch Berührung mit den durch Entspannung gebildeten Dämpfen eines Reaktionskammer-Teilerzeugnisses vorgeheizt wird. Mit den dabei kondensierten Dampfanteilen wird das Öl in den oberen Teil des ersten Fraktionierturmes gepumpt. Die in diesen ebenfalls eingeführten Dämpfe aus der Reaktionskammer werden zum Teil kondensiert, verdampfen ihrerseits aber die Hauptmenge der Gasölfraktion des Ausgangsstoffes. Das nichtverdampfte Ausgangsöl und die verflüssigten schweren Kracköle werden mit den aus dem Erhitzer kommenden heißen Ölen zusammengeleitet und in die Reaktionskammer überführt. Die den ersten Fraktionierturm verlassenden Dämpfe treten in einen zweiten Fraktionierturm ein, in dem sie in ein oben als Dampf abgehendes Benzin und eine unten abfließende Gasölfraktion getrennt werden. In den Turmkopf wird so viel des anschließend kondensierten Benzins als Rückfluß zurückgegeben, daß man ein Destillat von bestimmtem Siedeendpunkt erhält. In einer angeschlossenen Stabilisierkolonne wird durch Abtrennung der noch enthaltenen gasförmigen Kohlenwasserstoffe der Siedebeginn und der Dampfdruck eingestellt.

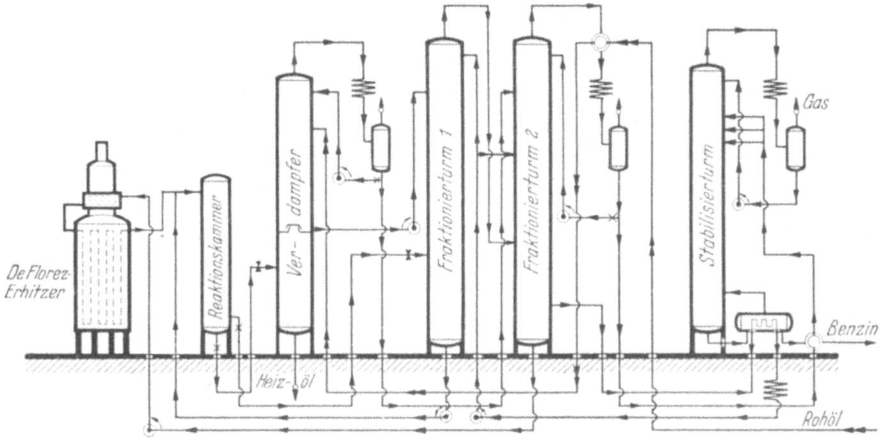

Abb. 83. De Florez-Krackverfahren (Entspannungsarbeitsweise).

Mittels einer Heißölpumpe wird das Gasöl in den de Florez-Erhitzer gedrückt und auf eine Temperatur um 560° bei Drucken von etwa 14 at gebracht. Im Gemisch mit dem zur Zurückdrängung unerwünschter Sekundärreaktionen zugegebenen Rückstand aus dem ersten Fraktionierturm durchläuft es die Reaktionskammer, in der ein möglichst niedriger Flüssigkeitsspiegel gehalten wird. Die sich bildenden Dämpfe der leichteren Spaltanteile verlassen die Reaktionskammer seitlich, die flüssigen schweren Anteile werden unten abgezogen. Die Dämpfe treten, wie bereits beschrieben, im ersten Fraktionierturm mit dem Frischöl aus dem Verdampfer in Berührung und werden zu Fertigbenzin verarbeitet.

Das flüssige Erzeugnis der Reaktionskammer wird im Verdampfer auf nahezu Atmosphärendruck entspannt. Die dabei verdampfenden Anteile werden teilweise durch das eingeführte Frischöl kondensiert und weggeführt; der Rest wird außerhalb des Verdampfers kondensiert und in den zweiten Fraktionierturm gepumpt. Die leichtsiedenden Benzinanteile gehen über, die höhersiedenden Anteile treten mit der Gasölfraktion in den Spaltgang zurück. Das aus dem Verdampfer abfließende flüssige Produkt wird als Heizöl abgenommen.

Arbeitet man auf Koks statt auf Heizöl, so werden an Stelle der Reaktionskammer und des Verdampfers mehrere große Verkokungskammern verwendet.

Das Ausgangsöl gelangt aus dem ersten Fraktionierturm unmittelbar in die Verkokungskammern, in denen eine Temperatur zwischen 427 bis 482° herrscht. Die benötigte Wärme wird dadurch erzeugt, daß man die bei der Spaltung gewonnene, im zweiten Fraktionierturm vom Benzin getrennte Gasölfraktion wie bei der Entspannungs-Arbeitsweise durch den de Florez-Erhitzer schickt und ebenfalls in die Verkokungskammern einleitet. Die in diesen Kammern entstehenden Dämpfe treten in den ersten Fraktionierturm und werden nach Kondensation der zu hoch siedenden Anteile zu Fertigbenzin verarbeitet. Von Zeit zu Zeit werden die Verkokungskammern aus dem Betrieb gezogen, um den darin angesammelten Koks zu entfernen. Zur dauernden Aufrechterhaltung des Spaltbetriebes werden deshalb mehrere Kammern benötigt.

Gyro-Verfahren.

Das Gyro-Spaltverfahren unterscheidet sich vom de Florez-Verfahren hauptsächlich dadurch, daß es die Verdampfung und Spaltung in zwei gesonderten Apparaturen durchführt. Da nur die verdampften Teile des Ausgangsöles in den Spaltofen gelangen, ist es möglich, jeden Mineralölrohstoff als Krackausgangsöl einzusetzen. Im Gegensatz dazu ist es beim de Florez-Verfahren, das die Verdampfung und Spaltung in einem einzigen Gang vornimmt, erforderlich, ein sehr reines Ausgangsgut mit verhältnismäßig niedrigen Siedegrenzen durch die eigentliche Krackanlage zu schicken. Die erste technische Gyro-Anlage wurde 1927 in Cabin Creek, W. Va., von der *Pure Oil Co.* gebaut und in Betrieb genommen. Bereits 1929 hatte sich die Zahl der Gyro-Anlagen auf fünf erhöht.

Beim Gyro-Spalten (vgl. Abb. 84) wird das Ausgangsöl im Hauptfraktionierturm von der etwa vorhandenen Benzinfraktion unter gleichzeitiger Aufnahme der nur teilweise gespaltenen höhersiedenden Spalterzeugnisse befreit. Eine Pumpe befördert es dann in die Vorwärm- und Verdampfungszone des Erhitzers, in der bereits eine schwache Spaltung, verbunden mit einer Viskositätsherabsetzung (viscosity breaking), stattfindet. Mit einem Druck von 5 bis 7 at tritt das Öl sodann in einen Verdampfer ein. Die gebildeten Dämpfe gelangen in die eigentliche Heizzone des Ofens, in der sie eine Temperatur von ungefähr 590° erreichen. In einem Mischturm (arrestor) wird die bei

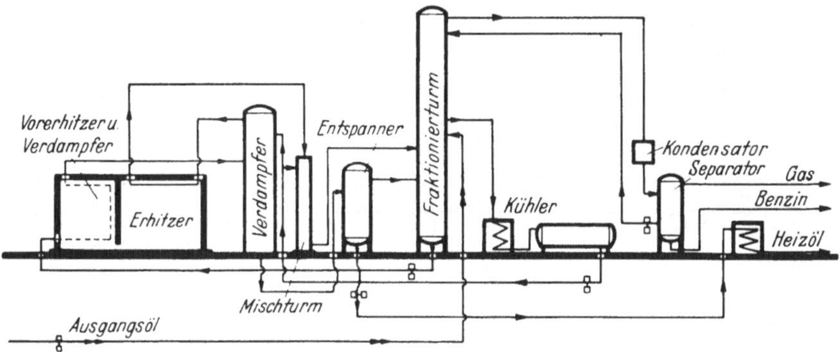

Abb. 84. Gyro-Krackverfahren.

dieser Temperatur eintretende starke Spaltung durch Einsprühen eines leichten Gasöles zum Stillstand gebracht. Dieses Gasöl (quench oil), das als Seitenstrom dem Hauptfraktionierturm entnommen wird, hat einen Siedeendpunkt von etwa 275°. Beim Verdampfen hinterläßt es keinen Koksrückstand.

Krackerzeugnis und Gasöl gelangen in den Hauptfraktionierturm, der eine Aufteilung in schwere, mittlere und leichte Anteile bewirkt. Die schweren Anteile vermischen sich mit dem Ausgangsöl und gehen mit diesem in den Spaltgang zurück. Die mittlere Fraktion wird seitlich abgenommen und zum Teil mit dem Gut aus dem Vorerhitzer verdampft, zum Teil als Sprühöl im Mischturm verwendet. Die leichten Fraktionen treten am Kopf des Turmes aus und werden in den üblichen Anlagen kondensiert. Man gewinnt ein Benzin mit festgelegtem Siedeendpunkt und ein trockenes Spaltgas. Ein Teil des kondensierten Benzins wird wie üblich als Rückfluß in den Turm zurückgeführt.

Die im Verdampfer verbleibenden Rückstände des Ausgangsöles werden nach Entspannung in einer gesonderten Kammer von der noch enthaltenen Gasölfraktion getrennt. Diese tritt in den Hauptfraktionierturm ein und wird damit in den Spaltkreislauf zurückgeführt. Der Rückstand aus dem Verdampfer geht als Heizöl zum Lagertank.

True Vapor Phase (T.V.P.)-Verfahren.

Wie schon der Name ausdrückt, arbeitet das T.V.P.-Verfahren[1] in der Dampfphase. Es geht in seiner ersten Entwicklung auf KNOX zurück und ist deshalb auch als Knox-Verfahren bekannt. Die erste halbtechnische Anlage wurde 1924 in Texas City, Texas, von der *Petroleum Conversion Corp.*, New Jersey, errichtet.

In neuzeitlichen Anlagen verfährt man in der folgenden Weise (Abb. 85):

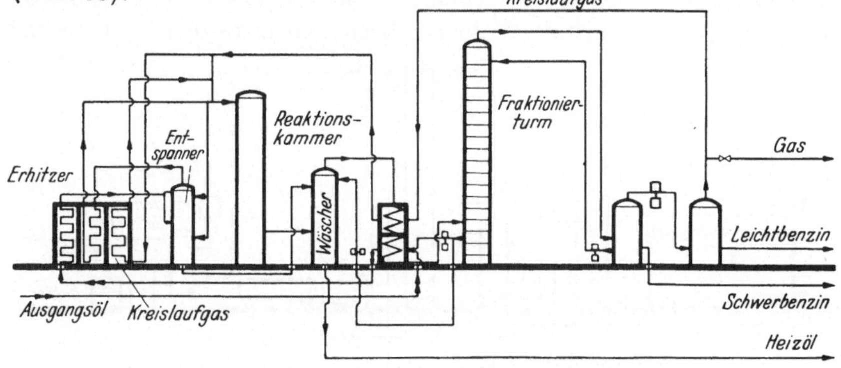

Abb. 85. True Vapor Phase (T.V. P.)-Krackverfahren.

Das durch Austauscher vorgewärmte Ausgangsöl wird in einem besonderen Erhitzer verdampft und in eine Entspannungskammer geleitet. Um die Verdampfung zu vervollständigen und die Dämpfe zu trocknen, wird außerdem auf etwa 620° überhitztes Spaltgas zugeführt (vgl. S. 314). Die gasförmigen Ölkohlenwasserstoffe werden durch ein zweites Erhitzerabteil geschickt. Die Endtemperatur von 540° wird dadurch eingestellt, daß man hinter dem Ofen weiterhin überhitztes Spaltgas zumischt. Da das zu krackende Öl im Erhitzer nur eine gemäßigte Temperatur erreicht, vermeidet man die Koksabscheidung im Erhitzer fast völlig. Zudem erlaubt die Zumischung des überhitzten Spaltgases eine viel schnellere Einstellung der Endtemperatur, als sie durch Außenbeheizung erreicht werden kann. Die Erhitzung des im Eigenbetrieb gewonnenen Spaltgases erfolgt in einem dritten Abteil des Röhrenerhitzers. Das heiße Spaltgut tritt zusammen mit dem als Wärmeüberträger dienenden Gas für eine bestimmte Zeit in eine Reaktionskammer ein. Das zugesetzte Gas, das eine genaue Temperatur-

[1] ZECHETMAYR, O.: Mitt. Forsch.-Anst. Gutehoffnungshütte-Konzern **5**, 167 (1937).

einstellung gewährleistet, übt dabei einen stark mäßigenden Einfluß auf die eintretenden Spaltreaktionen aus. Neben der Aufspaltung großer Moleküle findet eine erhebliche Polymerisation der kurzen Spaltbruchstücke statt, deren weitere Umsetzung zu Aromaten bei den herrschenden Bedingungen (hohe Temperatur und niedriger Druck) sehr begünstigt ist. Die Reaktionserzeugnisse gelangen aus der Reaktionskammer in einen Wäscher (scrubber), von dessen Boden der Heizölrückstand abgezogen wird. Die Dämpfe treten oben aus und werden über Wärmeaustauscher einem Fraktionierturm zugeführt. In den Wäscher wird das im unteren Teil des Turmes kondensierte Öl zum Teil als Rücklauf zurückgepumpt. Auch der nichtverdampfte Teil des Ausgangsöles aus der Entspannungskammer wird in den Wäscher zur Steigerung der Trennwirkung eingeleitet. Der größte Teil des Bodenkondensates aus dem Fraktionierturm wird dem Ausgangsöl zur weiteren Spaltung zugemischt (recycle oil). Die im Fraktionierturm nichtkondensierten leichten Dämpfe werden in angeschlossenen Kondensatoren verflüssigt und in Tanks gesammelt. Vom ersten Sammeltank führt eine Rücklaufleitung in den Turmkopf, durch die ein Teil des Benzins ständig zurückgepumpt wird.

Das am oberen Teil des ersten Sammeltanks abgehende Gas, das noch eine beträchtliche Menge Benzinkohlenwasserstoffe enthält, wird komprimiert, gekühlt und in einem zweiten Tank von ausgeschiedenem leichtem Benzin getrennt. Das von Benzin befreite Gas kehrt als Trägergas (cycle gas) in den Kreislauf zurück. Überschüssiges Gas verläßt die Anlage durch ein automatisches Druckkontrollventil und dient meist als Ausgangsstoff für die Herstellung von Polymerbenzin.

Andere Gasphaseverfahren.

Außer den eingehender beschriebenen bekanntesten Gasphaseverfahren ist eine Anzahl anderer Krackarbeitsweisen entwickelt worden, die unter bestimmten Verhältnissen besondere Vorteile bieten. Zu nennen sind z. B. die der de Florez-Methode nachgebildete Pratt-Arbeitsweise[1] und das Clark-Verfahren[2], bei dem heiße Verbrennungsgase als Wärmeüberträger benutzt werden.

d) Katalytische Krackverfahren.

Schon frühzeitig wurde versucht, Katalysatoren für die Benzingewinnung durch Kracken nutzbar zu machen. Die ersten Vorschläge, die Eingang in die Technik fanden, stammen von McAfee[3].

[1] Pratt, C. J.: Refiner **11**, 26 (1932).

[2] Albright, J. C.: Refiner **14**, 43 (1935).

[3] McAfee, A. M.: Industr. Engng. Chem. **7**, 737 (1915). — Nash, A. W., u. J. Mason: Industr. Engng. Chem. **26**, 45 (1934). — *I. G. Farbenindustrie A.G.* (H. Zorn): Can. P. 300569 (1927). — Weiteres Schrifttum siehe: G. Kränzlein u. P. Kränzlein: Aluminiumchlorid in der Organischen Chemie, 3. Aufl. Berlin 1939.

McAfee-Aluminiumchloridverfahren.

Das Verfahren bezweckt die Spaltung von Gasölen unter dem Einfluß der katalytischen Wirkung von wasserfreiem Aluminiumchlorid. Bereits 1915 errichtete die *Gulf Refining Co.* in Port Arthur, Texas, eine Großanlage, die nach dem Mc Afee-Verfahren arbeitete. Das zu spaltende Öl wurde mit fein gemahlenem wasserfreiem Aluminiumchlorid gemischt und in großen Kesseln zur Einleitung der Krackumsetzung erhitzt. Das benötigte Aluminiumchlorid wurde aus Bauxit, Koks und Chlor gewonnen. Der gebrauchte Katalysator wurde nicht regeneriert. Die beim Kracken angefallenen Koksrückstände wurden nach ausgiebiger Wasserwäsche als Unterfeuerung benutzt.

Das McAfee-Verfahren wurde von anderen Raffinerien nicht übernommen. Es wird heute nicht mehr angewandt.

Die ersten bekannten Versuche, die Dampf-Phasen-Spaltung katalytisch zu beeinflussen, wurden von LEAMON durchgeführt[1]. Auf seinen Gedankengängen fußend, entwickelte HOUDRY das nach ihm benannte neuzeitliche katalytische Krackverfahren.

Houdry-Verfahren.

Die Houdry-Arbeitsweise[2] wurde seit etwa 1930 in den USA. entwickelt. Die erste technische Anlage wurde in Paulsboro, New Jersey, erbaut. Das Verfahren wird von der Houdry-Process Corp., an der neben HOUDRY u. a. die *Socony Vacuum Co., Inc.*, und die *Sun Oil Co.* beteiligt sind, kontrolliert. Baufirma ist die *E. B. Badger and Sons Co.* Bis Mitte 1939 waren insgesamt 15 Großanlagen in Betrieb oder in Bau. Davon befinden sich 12 Anlagen in USA., 2 Anlagen in Frankreich (Raffinerie Vacuum Oil S. A. F. in Gravenchon und Raffinerie de Berre in Berre l'Etang) und 1 Anlage in Italien (Raffinerie di Napoli, Neapel).

Das Charakteristische des Houdry-Verfahrens ist die Anwendung fester Katalysatoren für den Krackbetrieb, der, wie alle neuzeitlichen Anlagen, mit Destillations- und gegebenenfalls Polymerisationsanlagen verbunden ist. Die große Zukunft, die den katalytischen Krackverfahren zugeschrieben werden muß, gibt Veranlassung, auf das Houdry-Verfahren näher einzugehen.

Als Katalysatoren[3] werden hydratisierte Aluminiumsilikate mit sehr geringem Gehalt an Unreinheiten wie Kalzium-, Magnesium- und Eisenoxyden verwendet. Das Verhältnis Aluminium zu Silikat beträgt 4:1. Die katalytische Wirkung der Silikate wird je nach der zu er-

---

[1] TRUESDELL, P.: Nat. Petr. News **21**, Nr 11, 69 (1929).

[2] Siehe u. a.: Génie civ. **114**, 403 (1939). — WILLCOX, O. W.: World Petroleum, Annual Refinery Issue **10**, 51 (1939).

[3] HOUDRY, E. J., u. a.: A. P. 2078247 (1932); 2078946, 2082801 (1933); 2136382 (1936); 2161676/7 (1937).

zielenden Umsetzung durch Zusätze von Metallen wie Nickel, Kupfer und Mangan verstärkt oder in der Richtung verändert. Die Herstellung der Katalysatormassen erfolgt so, daß man das trockene Gemisch aus natürlichen oder säurebehandelten Erden und den jeweils zugemischten Stoffen zu einem feinen Pulver zermahlt und nach dem Anfeuchten zu plastischen Massen anrührt. Aus diesen werden kleine röhrenförmige oder massive Zylinder geformt, die bei geeigneten Temperaturen getrocknet und gebrannt werden. Eine eigene Gesellschaft, die *Catalytic Development Co.*, wurde gegründet, die die Katalysatormassen für alle Houdry-Anlagen einheitlich herstellt. Die Regenerierung der Katalysatoren wird einfach dadurch bewerkstelligt, daß man die während des Betriebes entstandenen Kohlenstoffablagerungen im Luftstrom verbrennt. Zu diesem Zweck werden die Katalysatorkammern nacheinander außer Betrieb gesetzt. Im allgemeinen wird den Houdry-Katalysatoren eine nahezu unbegrenzte Lebensdauer zugeschrieben. Selbst nach Tausenden von Regenerationen war ein bemerkenswerter Abfall der Wirksamkeit nicht eingetreten. Trotzdem rechnet man zur Zeit noch mit einer etwa alle 6 Monate stattfindenden Auswechslung des Katalysators.

Die Verwendung eines fest angeordneten Katalysators und die Notwendigkeit häufiger Regenerationen machte die Entwicklung besonderer Katalysatorkammern nötig. Die umzusetzenden Kohlenwasserstoffe werden in Dampfform durch die mit Katalysatormassen gefüllten Kammern bei einer Temperatur von ungefähr 450° C geleitet. Die Regenerierung wird dagegen bei etwa 510° mit Luft von 3,5 at Druck durchgeführt. Da die Ablagerung von Kohlenstoff und die damit verbundene Herabsetzung der Katalysatorwirksamkeit ziemlich schnell eintreten, ist eine häufige Regenerierung notwendig. Durch den ständigen Temperaturwechsel werden die Katalysatorkammern naturgemäß stark beansprucht. Die zu ihrem Bau benutzten Werkstoffe müssen dementsprechend ausgewählt werden.

Die Katalysatorkammern werden meist als große Zylinder mit einem Durchmesser von etwa 3,7 m und einer Höhe von über 9 m gebaut (Abb. 86)[1]. Die Katalysatormasse M erfüllt die Zwischenräume zwischen den Rohren D. Sie hat eine sehr geringe Wärmeleitfähigkeit. Würde man vom Krackvorgang unmittelbar auf die Regenerierung schalten oder umgekehrt, so würde die Aufheizung bzw. Abkühlung sehr viel Zeit beanspruchen. Zur Abkürzung der Anheiz- oder Kühldauer beschickt man die Rohre D bei der Umschaltung mit Wasserdampf oder einem flüssigen Gemisch leicht schmelzender Salze von der jeweils neu einzustellenden Temperatur. Die Wärmeübertragung wird noch dadurch

---

[1] Houdry, E. J.: A. P. 2078949.

verbessert, daß man die Rohre rundherum mit Fortsätzen versieht, die die Durchdringung der Katalysatormassen mit Wärme beschleunigen (Abb. 87).

Die Houdry-Arbeitsweise ermöglicht die Durchführung zahlreicher katalytischer Umsetzungen, so das Kracken von Rohölen oder ihrer Destillate, Viskositätsbrechen schwerer Rückstände, Behandeln von Krackbenzinen zwecks Verbesserung der Eigenschaften, Entschwefeln von Gasen und Polymerisieren von Butenen in flüssiger Phase. Je nach der Marktlage können Rohöle und Destillate zu den verschiedensten Erzeugnissen aufgearbeitet werden. Besonders gut werden sich voraussichtlich die Fischer-Tropsch-Primärerzeugnisse als Ausgangsstoffe für das Kracken nach Houdry eignen.

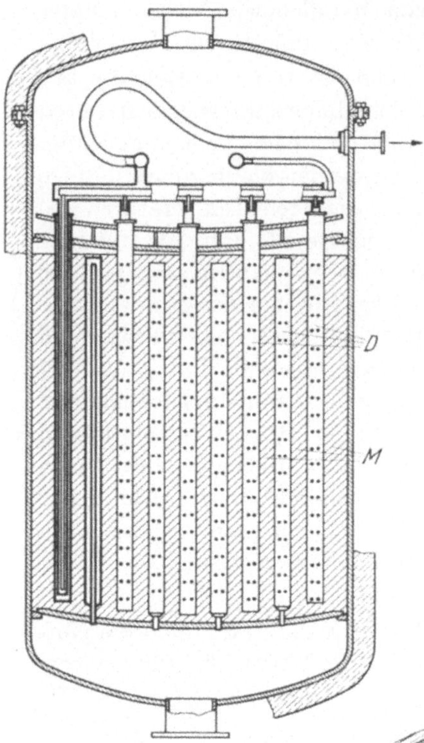

Abb. 86. Vertikalschnitt durch eine Houdry-Kontaktkammer.

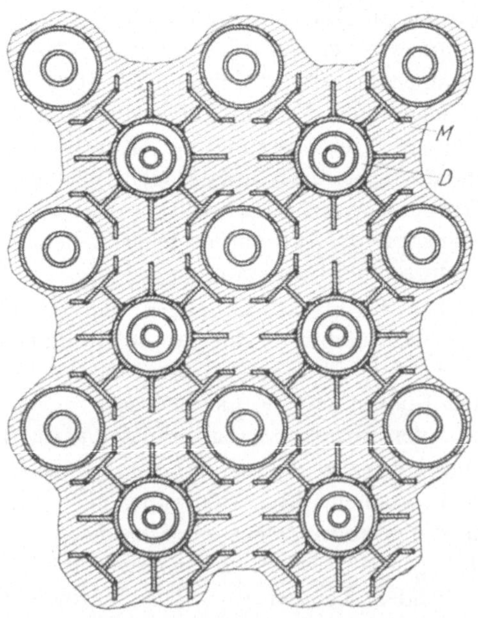

Abb. 87. Horizontalschnitt durch eine Houdry-Kontaktkammer.

Im allgemeinen werden Houdry-Anlagen als kombinierte Anlagen (vgl. Abbildung 95 und 96) erstellt. Ein solcher Mitte 1939 vollendeter Betrieb der *Sun Oil Co.* in Marcus Hook mit einem täglichen Durchsatz von etwa 4500 t Rohöl arbeitet beispielsweise in der folgenden Weise:

Das Rohöl (Abb. 88) gelangt nach Durchgang durch Wärmeaustauscher in einen Verdampfer (flash tower). Die entstehenden Dämpfe treten in den oberen Teil des Rohöl-Fraktionierturmes ein. Der Verdampfungsrückstand wird in zwei Teilen in Wärmeaustauschern weiter erhitzt und ebenfalls dem Rohöl-Fraktionierturm zugeführt. Am Kopf des Turmes wird ein Benzin abgenommen, das in einem Separator von anhaftendem Gas getrennt wird. Der Seitenstrom ist ein schweres Benzin, das als Ausgangsstoff für eine Reformieranlage benutzt wird. Am Turmboden läuft ein reduziertes Rohöl ab, das nach dem Durchgang

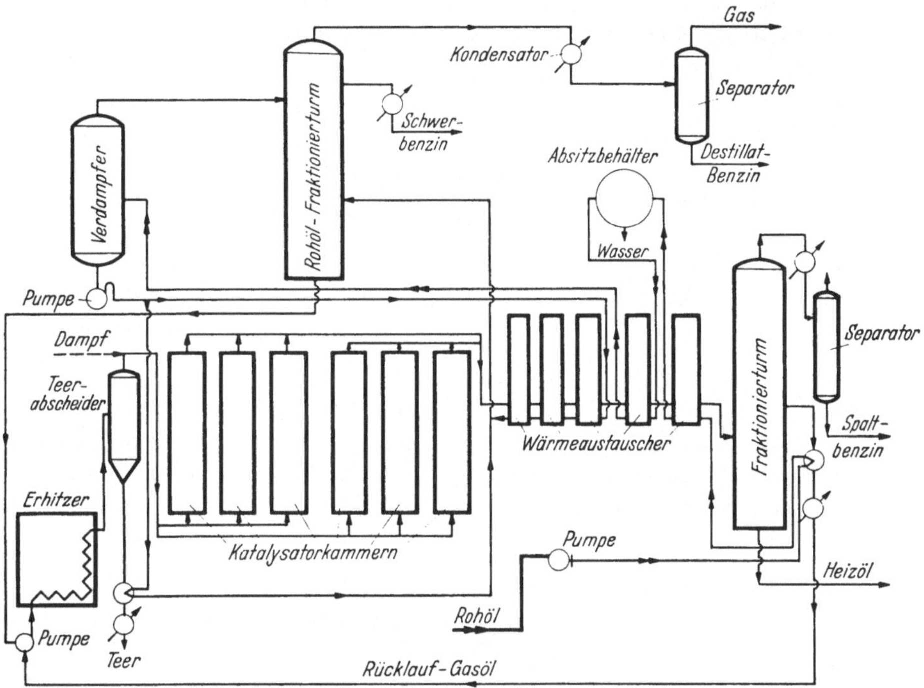

Abb. 88. Fließdiagramm einer kombinierten Houdry-Anlage.

durch einen Erhitzer der eigentlichen Houdry-Aufarbeitung zufließt. Beim Eintritt in den zunächst folgenden Teerabscheider erreicht das Öl eine Temperatur von 454° (850° F). Der beim Entspannen (Flashing) zurückbleibende Teer fließt unten ab und wird nach Kühlung in Wärmeaustauschern und Kühlern abgezogen. Den Öldämpfen wird eine kleine Menge überhitzten Wasserdampfes zugesetzt, um jegliche Kondensation in den angeschlossenen Katalysatorkammern zu vermeiden. Jedesmal zwei Kammern sind zu einer Einheit zusammengeschlossen. Alle 10 Minuten wird eine Einheit für 10 Minuten in Betrieb genommen. 5 Minuten werden zur Erreichung der Regenerationstemperatur und 10 Minuten für die Regeneration benötigt. Hat man die Kammern in weiteren 5 Minuten auf die eigentliche Betriebstemperatur zurückgebracht, so beginnt der Arbeitsgang von vorn. Auf diese Weise sind stets zwei der sechs vorhandenen Kammern in den Krackbetrieb eingeschaltet. Die aus den Kontaktkammern entweichenden Kohlenwasserstoffdämpfe treten in den Hauptfraktionierturm ein und werden dort in Benzin, Gasöl und leichtes Heizöl zerlegt. Das Benzin wird stabilisiert und ebenso wie das Heizöl als Fertigerzeugnis abgezogen. Das Gasöl gelangt zwecks weiterer Aufspaltung über den Erhitzer in die Kontaktkammern zurück.

Von einer anderen Anlage, in der Mirando-Rohöl verarbeitet wird, werden die Ausbeuten und Eigenschaften der Erzeugnisse angegeben.

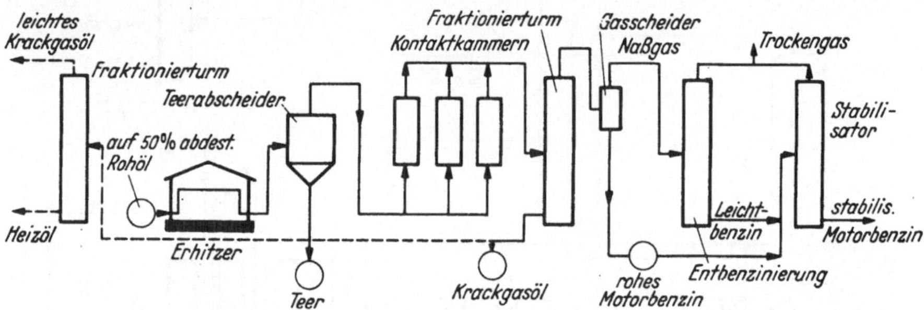

Abb. 89. Fließdiagramm des Houdry-Verfahrens beim Arbeiten auf Autobenzin und Heizöl.

Als Ausgangsstoff für diese in Abb. 89 schematisch wiedergegebene Houdry-Anlage wird das zu 50% reduzierte Rohöl benutzt. Als Fertigerzeugnisse werden neben 49,4 Vol.-% hochklopffesten Benzins entweder 51,0 Vol.-% Krackgasöl oder 41,3 Vol.-% Heizöl und 9,7 Vol.-% leichtes

Zahlentafel 90.
Eigenschaften der Ausgangs- und Endstoffe einer Houdry-Anlage.

Eigenschaften	Um 50% reduz. Rohöl	Teer	Kontakt-Kammer Charge	Kondens. rohes Benzin	Krackgasöl
Spez. Gewicht bei 15,6°	0,954	0,984	0,952	0,765	0,948
Siedebeginn, °C	277	—	180	33	228
10 Vol.-%	315	—	304	66	252
30 ,,	348	—	330	94	274
50 ,,	365	—	354	131	295
70 ,,	—	—	438	155	320
90 ,,	—	—	457	190	369
Siedeendpunkt, °C	>374	—	493	216	387
Destillat, Vol.-%	68	—	98,5	97,0	95,0
Schwefelgehalt, Gew.-%	0,51	0,60	0,17	0,05	0,1
C.F.R.-Oktanzahl (Motormethode)	—	—	—	79,0	—
Reid-Dampfdruck (37,8°) in at	—	—	—	7,4	—
Harzgehalt, mg/100 cm³	—	—	—	1	—

Krackgasöl gewonnen. Diese Zahlen sind auf die den Kontaktkammern zugeführte Charge, den 50- bis 94,6%-Schnitt, bezogen. Außer den genannten Stoffen werden aus dem den Kontaktkammern vorgeschalteten Separator 4,4 Vol.-% Teer abgeschieden. Zahlentafel 90 vermittelt ein Bild von den Eigenschaften der Erzeugnisse.

Von den vielen sonstigen Möglichkeiten soll im folgenden nur noch der Arbeitsgang in einer Houdry-Anlage beschrieben werden, die Schwerbenzin zu Flug- und Autobenzin verarbeitet (Abb. 90):

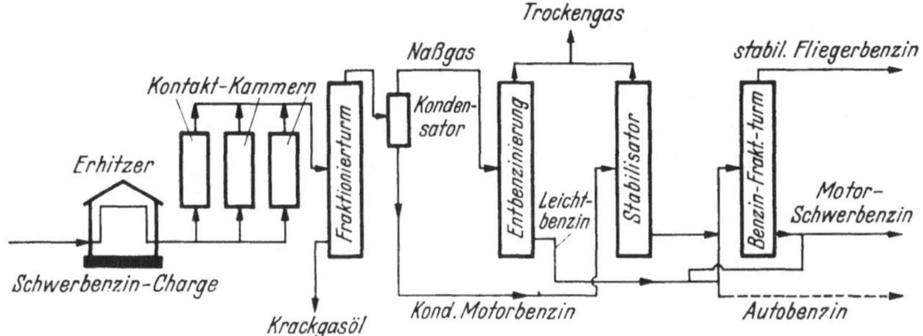

Abb. 90. Fließdiagramm des Houdry-Verfahrens bei gleichzeitiger Erzeugung von Flug- und Autobenzin.

Der Schwerbenzinschnitt, z. B. aus der S. 309 erläuterten Anlage, tritt durch einen Erhitzer in die Kontaktkammern ein. Nach der Umsetzung wird das Reaktionserzeugnis in einem Fraktionierturm in gashaltiges Benzin und Krackgasöl zerlegt. Letzteres wird in die Lagertanks überführt. Das Benzin wird kondensiert und in einem System

Zahlentafel 91. Erzeugung von Flug- und Autobenzin durch Reformieren von Schwerbenzin nach Houdry (umgerechnet).

Eigenschaften	Schwerbenzin Charge	Stabilis. Flugbenzin	Motorschwerbenzin	Kondens. Motorbenzin	Krackgasöl
Spez. Gewicht bei 15,6°	0,792	0,739	0,828	0,748	0,903
Siedebeginn, °C	68	40	155	40	211
10 Vol.-%	106	62	161	71	221
30 „	137	84	167	102	227
50 „	168	101	171	124	234
70 „	198	117	178	146	247
90 „	224	135	193	178	284
Siedeendpunkt, °C	240	165	213	200	368
Destillat, Vol.-%	98	98	98	97	98
Harzgehalt, mg/100 cm³		—	—	0	—
Reid-Dampfdruck bei 37,8°, in at	0,17	0,49	0,1	—	—
Schwefelgehalt, Gew.-%	0,03	—	0,01	0,01	0,07
C.F.R.-Oktanzahl	57,2	77,6	70,9	76,5	—

von Stabilisierkolonnen in leicht siedendes Flugbenzin, schwerer siedendes Autobenzin und Gas getrennt. Die Eigenschaften des Ausgangsstoffes und der in einer solchen Anlage gewonnenen Enderzeugnisse sind aus vorstehender Zahlentafel 91 zu entnehmen.

Je nachdem, ob man auf Flug- oder auf Autobenzin arbeitet, gewinnt man die folgenden Ausbeuten:

Ausbeuten an stabilisierten Erzeugnissen in Vol.-%.

a) *Bei Herstellung von Flugbenzin* (Reid-Dampfdruck bei 37,8° 0,50 at).

Flugbenzin	58,75
Motorschwerbenzin	21,40
Krackgasöl	9,1
Trockengas	12,14
Verlust durch Kohlenstoffabscheidung am Kontakt	1,71
	103,10

b) *Bei Herstellung von Autobenzin* (Reid-Dampfdruck bei 37,8° 0,7 at).

Autobenzin	83,42
Krackgasöl	9,1
Trockengas	8,22
Verlust durch Kohlenstoffabscheidung am Kontakt	1,71
	102,45

Mit Metallbädern arbeitende Verfahren.

Eine von der üblichen Art abweichende Erhitzung wird nach dem Verfahren von BLÜMNER[1] vorgenommen. Das Ausgangsöl wird unter einem Druck von 35 bis 42 at bei 450° in einen stehenden zylindrischen Autoklaven eingepreßt, der mit geschmolzenem Blei gefüllt ist. Im Bleibad befinden sich zur besseren Verteilung und zur Vergrößerung des Weges, den das Öl vom Boden des Autoklaven bis zur Badoberfläche zurückzulegen hat, Raschig-Ringe oder andere Füllkörper, die entweder aus katalytisch wirkenden Metallen hergestellt oder mit Überzügen solcher Metalle versehen sind. Durch die Verwendung eines Metallbades mit hoher Wärmekapazität als Wärmeüberträger wird eine besonders leichte Einhaltung der Spalttemperatur ermöglicht.

Nach dem Melamid-Verfahren[2] wird an Stelle eines Bleibades ein solches aus Zinn vorgeschlagen, das den Spaltvorgang unter gleichzeitiger Einleitung von Wasserstoff katalytisch beeinflussen soll. Technische Anlagen nach den Arbeitsweisen BLÜMNERS oder MELAMIDS wurden nicht gebaut.

---

[1] BLÜMNER: DRP. 338846, 439712.

[2] MELAMID: Ö. P. 100209; E. P. 121367 u. a.

e) Unter Aromatisierungs- oder Alkylierungsbedingungen arbeitende Krackverfahren.

Sarmiza-Verfahren.

Das vor einiger Zeit bekanntgewordene rumänische Verfahren „*Sarmiza*"[1] vereinigt die thermische Selektivspaltung mit der Aromatisierung. Als Ausgangsstoffe werden oberhalb des Benzinsiedebereiches übergehende Mineralöl- oder Synthesekraftstoff-Fraktionen verwendet.

Die Ausgangsstoffe werden bei diesem Verfahren in einer ersten Arbeitsstufe bei etwa 300° C völlig verdampft und in einer zweiten Arbeitsstufe bei annähernd 500° zu niedrigsiedenden Olefinen und Paraffinen aufgespalten. Die Olefine polymerisieren sich in einem dritten Ofen bei etwa 600° zu Zykloolefinen, die in der vierten Stufe bei etwa 720° zu aromatischen Kohlenwasserstoffen dehydriert werden. Das Verfahren arbeitet ohne Druck und ohne Katalysator; jede Teilreaktion geht unter genau festgelegten günstigsten Bedingungen, die vom Ausgangsstoff abhängen, in einem besonderen Ofen vor sich. Ein paraffinbasisches Leuchtöl (spez. Gewicht 0,809 bei 15°, Siedegrenzen 155 bis 290°) ergab bei der Umsetzung folgende Reaktionsprodukte:

Zahlentafel 92. Reaktionserzeugnisse bei der thermischen Umwandlung eines Leuchtöles nach dem Sarmiza-Verfahren.

Benzin	64,4%	Naphthalin	1,0%
Schwere Fraktion	4,0%	Äther, Alkohole	2,0
Öl	4,6%	Gas	10,0%
Asphalt	9,7%	Verlust	4,3%

Für das in einer Ausbeute von 64,4% angefallene Benzin werden folgende Analysendaten angegeben:

Zahlentafel 93. Eigenschaften eines nach dem Sarmiza-Verfahren gewonnenen Benzins.

Spez. Gewicht bei 15°	0,838	Kohlenwasserstoffanalyse:	
Engler-Destillation:		Aromaten, %	85,3
58—70°	3 Vol.-%	Olefine, %	2,0
bis 80°	11	Paraffine, %	12,7
„ 90°	30	Naphthene, %	
„ 100°	52	Oktanzahl (C. F. R.-Motor)	92
„ 120°	74,5	Harzgehalt, mg/100 cm³	1,6
„ 130°	82	Dampfdruck (Reid),	
„ 150°	94,5	kg/cm²	0,23
„ 160°	96,5	Doctortest	negativ
„ 167°	98	Erstarrungspunkt, °C	unter −40

[1] Sarmiza: Soc. anon. de Pétrole, Rumänien, F. P. 828251 (1937) u. a. — Rev. Pétrolif. Nr 797, 1001 (1938).

Aus dem Benzin „*Sarmiza*" wurden 15% eines 96,6proz. Benzols und 10% eines 97,8proz. Toluols gewonnen.

Syntheseerzeugnisse nach *Fischer-Tropsch-Ruhrchemie* können nach dem Sarmiza-Verfahren ebenfalls in hochklopffeste Kraftstoffe umgewandelt werden. So wurden bei der Behandlung von Kogasin II (Dieselkraftstoffraktion) nach der Sarmiza-Arbeitsweise 57% eines Benzins mit den folgenden Eigenschaften erhalten:

Zahlentafel 94. Eigenschaften eines aus Kogasin II nach dem Sarmiza-Verfahren hergestellten Benzins.

Spez. Gewicht bei 15°	0,821		
Engler-Destillation:		Kohlenwasserstoffanalyse:	
50—60°	1,5 Vol.-%	Aromaten, %	78—81
bis 70°	7	Olefine, %	~ 6
„ 80°	26	Paraffine, %	13—16
„ 90°	58,5	Naphthene, %	
„ 100°	72,5	Oktanzahl	83
„ 110°	77,5	Harzgehalt, mg/100 cm³	0,7
„ 120°	83	Dampfdruck (Reid), kg/cm²	0,38
„ 130°	86,5		
„ 140°	89,5		
„ 150°	92		
„ 160°	95		
„ 170°	96		
„ 177°	96,5		

Das Verfahren „Sarmiza" wurde in einer halbtechnischen Anlage fast zwei Jahre erprobt und befindet sich zur Zeit in der großtechnischen Entwicklung.

Gulf Polyform- oder Gasumlaufverfahren.

Das Gulf Polyform- oder Gasumlaufverfahren der *Gulf Oil Corp.* und der *Phillips-Petroleum Co.*[1] führt gleichzeitig Spalt- und Alkylierungsumsetzungen durch. Den Spaltausgangsstoffen werden thermisch beständigere Raffineriegase, insbesondere Propan-Butan-Gemische, zugesetzt (vgl. T. V. P.-Verfahren, S. 304). Diese Zusätze ermöglichen es, bedeutend höhere Spalttemperaturen als für die Spaltausgangsstoffe allein zu wählen. Der Umsetzungsgrad je Durchgang (conversion per pass) wird unter Erhöhung der Klopffestigkeit des Endbenzins heraufgesetzt (vgl. S. 256ff). Bei den angewandten Temperaturen wird außerdem ein Teil des Propans und Butans aufgespalten; die Bruchstücke polymerisieren oder addieren sich an andere Kohlenwasserstoffe unter Bildung verzweigter klopffester Kohlenwasserstoffe. Die Folge ist eine erhöhte Ausbeute an Spaltbenzin von höherer Klopffestigkeit als derjenigen gewöhnlicher Spaltbenzine.

[1] Ostergaard, P., u. E. R. Smoley: Refiner **19**, 301 (1940).

Die Menge der zuzugebenden Propan-Butan-Gase ist von der kritischen Temperatur des Ausgangsstoffes abhängig. Es stellte sich nämlich heraus, daß die Zumischung niedrigsiedender Kohlenwasserstoffe die Anwendung schärferer Spaltbedingungen erst dann erlaubt, wenn man oberhalb der kritischen Temperatur des Gemisches arbeitet. Als Erklärung für diesen Befund wird folgendes angegeben:

Unterhalb der kritischen Temperatur liegt das Spaltausgangsgut als Dampf-Flüssigkeits-Gemisch vor, und zwar ist die Flüssigkeit in Form kleinster Tröpfchen in der Dampfphase verteilt. Bei der in den Rohren des Spaltofens stattfindenden starken Durchwirbelung werden die Flüssigkeitstropfen an die inneren Rohrwandungen geschleudert. Es entsteht ein dünner Ölfilm, in dem die zugesetzten niedrigsiedenden Kohlenwasserstoffe kaum gelöst sind. Das Öl wird also genau so gespalten, als ob Propan und Butan gar nicht zugemischt worden wären. Erhöht man den Propan-Butan-Anteil, so wird die kritische Temperatur des Gesamtgemisches herabgesetzt. Man erhält schließlich ein Gemisch, dessen kritische Temperatur bei derjenigen Temperatur liegt, bei der der Spaltausgangsstoff gespalten werden soll. Dieses Gemisch bildet bei der Einstellung der Spalttemperatur im Ofen nur eine gasförmige Phase, in der alle Gemischteilnehmer im Mischverhältnis homogen verteilt sind. Die den Ablauf von Sekundärreaktionen hindernde Wirkung der thermisch beständigen niedrigmolekularen Kohlenwasserstoffe tritt erst jetzt in Erscheinung. Die Koksbildung wird zurückgedrängt, die Spaltbedingungen können verschärft werden. Nebenher laufen die Spalt- und Polymerisationsreaktionen der niedrigmolekularen Kohlenwasserstoffe. Aus dem Vorstehenden geht hervor, daß die Zusatzmenge an diesen Kohlenwasserstoffen um so größer sein muß, je höher der Siedeendpunkt des Spaltausgangsgutes heraufreicht (vgl. Zahlentafel 95).

Zahlentafel 95. Kritische Daten einiger Paraffinkohlenwasserstoffe.

Kohlenwasserstoff	Siedepunkt (760 mm) °C	Kritische Temperatur °C	Kritischer Druck at	Spez. Gewicht beim krit. Punkt g/cm^3
Methan	−161,5	−82,5	52,6	0,162
Äthan	−89,4	32,1	48,2	0,21
Propan	−42,2	95,6	45,0	—
n-Butan	−0,5	153	36	—
i-Butan	−12,2	134	37	—
n-Pentan	36,1	197,2	33,0	0,232
i-Pentan	28,0	187,8	32,8	0,234
n-Hexan	68,8	234,8	29,5	0,234
Diisopropyl	58,0	227,4	30,6	0,241
n-Heptan	98,4	266,8	26,8	0,234
n-Oktan	125,7	296	24,6	0,234
Diisobutyl	109,4	277	24,5	0,237

Da Propan und Butan während der üblichen Verweilzeiten erst bei Temperaturen oberhalb von 500° in merklichem Ausmaße gespalten werden, wirken sie bei solchen Spaltausgangsstoffen, die so hohen Spalttemperaturen nicht ausgesetzt werden können, lediglich als Verdünnungsmittel. Aber auch in diesem Falle erzielt man wesentliche Verbesserungen durch Steigerung des Umsetzungsgrades je Durchgang und die damit verbundene Erhöhung der Klopffestigkeit des Spaltbenzins.

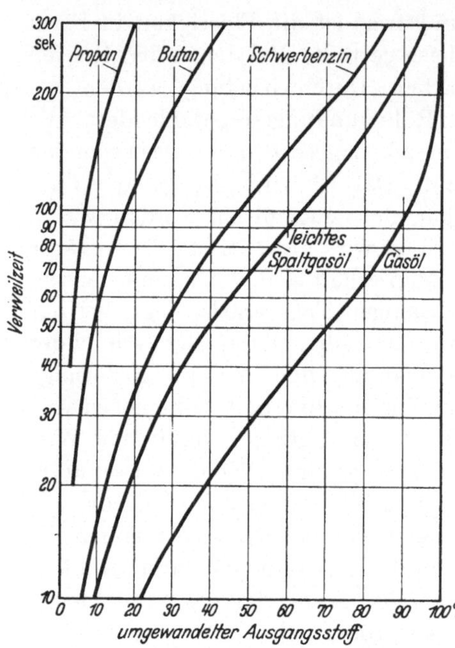

Abb. 91. Umsetzungsgrad von Erdölfraktionen beim Spalten unter gleichem Druck (70,3 at) und gleicher Temperatur (549°) in Abhängigkeit von der Spaltdauer.

Wird die untere Grenze des Zusatzes von Propan-Butan durch die kritische Temperatur des Spaltgutes festgelegt, so ist eine Grenze nach oben durch die anwachsende Rückkreisgasmenge gesetzt. Beim Spalten von Propan, Butan, Schwerbenzin, Spaltgasöl und Gasöl in verschiedenen Verweilzeiten bei gleicher Temperatur (549°) und gleichem Druck (70,3 at) erhielt man die in Abb. 91 wiedergegebenen Abhängigkeiten. Wählt man beispielsweise eine Verweilzeit von 150 sec, so beträgt der Umsetzungsgrad je Durchgang für Propan 10, für Butan 25 und für das Schwerbenzin 60%. Da von den Gasen beim Reformieren des Schwerbenzins also nur 10 bzw. 25% umgesetzt werden, sind die restlichen Gasmengen laufend in den Spaltkreislauf zurückzupumpen. Das Rückkreisverhältnis (umlaufendes Gas zu frisch zugesetztem Gas) ist demnach für Propan 9 : 1, für Butan 3 : 1.

Benutzt man einen thermisch weniger beständigen Ausgangsstoff als Schwerbenzin, z. B. leichtes Spaltgasöl, so erhöht sich das Rückkreisverhältnis für Propan und Butan noch beträchtlich; denn der Umsetzungsgrad je Durchgang konnte in Gegenwart von Propan und Butan bei diesem Öl auf höchstens 45% gesteigert werden, wenn man Schwierigkeiten durch Koksabsetzungen vermeiden wollte. Ein Umsetzungsgrad von 45% wird bei einer Verweilzeit von 60 sec erreicht (Abb. 91). Während der gleichen Verweilzeit setzen sich Propan zu 4 und Butan zu 10% um. Das Rückkreisverhältnis ist danach für Propan mit 24 : 1 und für Butan mit 9 : 1 anzusetzen. Die umlaufenden Gasmengen sind also verhältnismäßig hoch. Den Ölen, die sich in Lösung von Propan-Butan nur unter 500° spalten lassen, braucht frisches Gas fast überhaupt nicht zugesetzt zu werden. In diesem Falle fragt es sich, wie hoch der Propan-Butan-Anteil im Ausgangsgut bemessen werden kann, ohne die Grenze der Wirtschaftlichkeit des Verfahrens zu überschreiten.

Das Polyformverfahren kann man ebenso wie andere neuzeitliche Verfahren nach der Entspannungs- oder nach der Verkokungs-Arbeitsweise betreiben. Äußerlich unterscheiden sich Polyformspaltanlagen kaum von Spaltanlagen üblicher Bauart. Der Arbeitsgang in einer

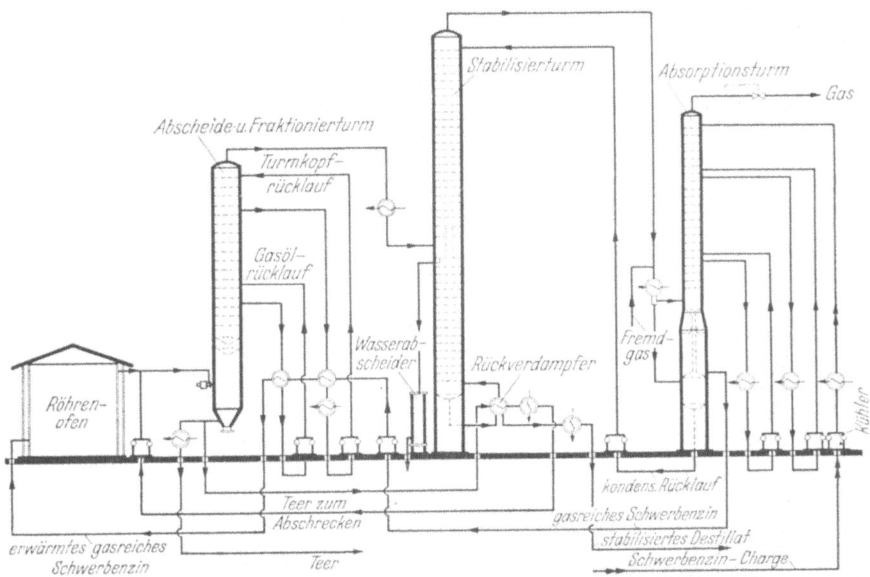

Abb. 92. Verfahrensgang in einer Polyformanlage.

Polyformanlage wird durch das Fließdiagramm in Abb. 92 erläutert. Die dort schematisch dargestellte Anlage verarbeitet Schwerbenzine, Kerosin oder leichte Heizöle. Der Spaltausgangsstoff tritt zunächst in einen Absorptionsturm, in dem er die ihm entgegenströmenden Propan-Butan-Gase aufnimmt. Der Absorptionsturm ist zwecks Abführung der frei werdenden Absorptionswärme mit Seitenstromkühlern ausgerüstet, mit deren Hilfe der Absorptionsvorgang kontrolliert und gesteuert wird. Das mit Gas angereicherte Ausgangsöl wird mit Hilfe von Wärmeaustauschern auf 260 bis 290° vorgewärmt und dem Erhitzer zugeführt. In diesem wird sowohl die Aufheizung auf die Endtemperatur als auch die Spaltumsetzung vorgenommen. Eine besondere Reaktionskammer ist nicht vorgesehen. Die Ofenaustrittstemperatur liegt zwischen etwa 550 und 610°, der Enddruck bei 70 bis 105 at. Im nachgeschalteten

Zahlentafel 96. Ausbeuten und Eigenschaften der aus verschiedenen Rohstoffen nach dem Polyformverfahren gewonnenen Erzeugnisse (umgerechnet).

Ausgangsstoff	Destillatschwerbenzin		Rohöl	
	Ost-Venezuela	Mid-Continent	Venezuela	West-Texas
Erzeugnisse in %, bezogen auf Krackrohstoff:				
Rückstandsgas	9,0	80,7	4,9	3,9
Destillatbenzin	—	—	8,8	29,6
Spaltbenzin	83,9	95,3	32,7	29,8
Rückstand (Heizöl)	7,4	9,2	56,8	36,2
Gesamt	100,3	185,2	103,2	99,5
Zugeführtes Fremdgas,				
m^3/m^3 Charge	0	79,86	0	0
in % der Charge	0	83,8	0	0
Rückstandsgas,				
m^3/m^3 Charge	14,33[1]	90,62	6,77	5,44
Eigenschaften der Ausgangs- u. Endstoffe Schwerbenzin- bzw. Rohölcharge:				
Spez. Gew. bei 20°	0,789	0,779	0,947	0,853
Schwefel, Gew.-%	0,03	0,04	1,92	1,50
ASTM.-Destillation:				
Siedebeginn, °C	130	69	92	51
10%-Punkt	143	119	222	116
50%-Punkt	155	174	361	290
Siedeendpunkt	222	257	—	—
Vol.-% bei 371° (700° F)	—	—	65	76
Stabil. Polyformdestillat:				
Spez. Gew. bei 20°	0,771	0,742	0,757	0,747
Schwefel, Gew.-%	0,01	—	0,39	0,44
Dampfdruck bei 37,8°, at	0,58	0,78	0,78	0,67
ASTM.-Destillation:				
Siedebeginn, °C	38	30	28	31
10%-Punkt	67	49	55	52
50%-Punkt	139	107	131	122
90%-Punkt	176	189	200	194
Siedeendpunkt	207	216	217	217
Oktanzahl (C. F. R.-ASTM.)	76,1	76,5	74,9	74,8
Oktanzahl (C. F. R.-Research)	86,4	87,0	—	—
Rückstand (Heizöl):				
Spez. Gew. bei 20°	0,917	>1,000	>1,000	0,986
Viskosität, °E, bei 37,8°	1,36	86,0	—	—
Schwefel, Gew.-%	0,13	0,10	2,90	2,00
Wasser und Fremdstoffe, Gew.-%	0,2	0,1	0,1	0,2

[1] In manchen Fällen arbeitet man ohne Einführung von Fremdgas unter Rückleitung des erzeugten Spaltgases (Rückstandsgas).

Zahlentafel 96 (Fortsetzung).

Ausgangsstoff	Destillatschwerbenzin		Rohöl	
	Ost-Venezuela	Mid-Continent	Venezuela	West-Texas
Rückstandsgas, Mol.-% (Podbielniak-Analyse):				
Wasserstoff und Methan	61,7	40,6	55,9	54,2
Äthan und Äthylen	35,3	29,0	32,8	33,4
Propan und Propylen	3,0	22,3	10,2	11,3
Butane und höhere K.W.-Stoffe . .	-	1,8	1,1	1,1
Gesamtgehalt an Ungesättigten . . .	10,7	10,5	6,4	5,6
Spez. Gew. (Luft = 1)	0,700	0,935	0,819	0,837

Fraktionierturm herrscht ein Druck von 21 bis 28 at. Um die Bildung von Koks in der Dämpfeleitung zwischen Ofen und Fraktionierturm zu vermeiden, wird ein Teil des im Turm abgeschiedenen Teerrückstandes nach Wärmeentzug im Rückverdampfer des Stabilisierturmes den aus dem Ofen tretenden heißen Dämpfen zugemischt. Das am Turmkopf anfallende Destillat wird stabilisiert und als Fertigbenzin abgenommen. Das im Stabilisator abgetrennte Gemisch aus Krackgas und nicht umgesetztem Propan und Butan tritt, gegebenenfalls unter Zusatz von frischem Propan-Butan, unten in den Absorptionsturm ein, um im Ausgangsgut gelöst erneut den Spaltkreis zu durchlaufen.

Sollen thermisch unbeständige, hochsiedende Destillations- oder Spaltrückstände verarbeitet werden, so führt man sie ebenso wie den Fraktionierrückstand der Anlage in Abb. 92 in die Dämpfeleitung hinter dem Röhrenofen ein. Durch den Röhrenofen wird ein mit Propan-Butan beladenes Destillat geschickt, das einerseits selbst aufgespalten wird, andererseits die zugesetzten Rückstände so weit aufheizt, daß auch diese in angeschlossenen Verkokungskammern zu Gas, Benzin und Koks gespalten werden. Will man schwere Rückstände nur zu Heizöl aufarbeiten, so werden sie im Gemisch mit Propan und Butan als Verdünnungsmittel einer schwachen Spaltung (Viskositätsbrechen) in einem gesonderten Abteil des Röhrenerhitzers unterzogen.

Die beim Polyformieren einiger unterschiedlich zusammengesetzter Ausgangsstoffe erhaltenen Ergebnisse sind in Zahlentafel 96 zusammengestellt.

Wie bei den üblichen thermischen Verfahren hängt die Oktanzahl des Spaltbenzins von der Art des Spaltausgangsstoffes ab. Die höchste ASTM.-Oktanzahl besitzen Polyformdestillate aus schwefelarmen naphthenischen, die niedrigste Oktanzahl solche aus paraffinischen Rohstoffen mit hohem Schwefelgehalt. Im allgemeinen liegt die Oktanzahl bei 75 bis 77. Der Mischoktanwert ist gut, die Bleiempfindlichkeit etwas niedriger als die gewöhnlicher Spaltbenzine.

Arbeitet man unter aromatisierenden Bedingungen, so lassen sich hochklopffeste aromatenreiche Flugbenzine (ASTM., Oktanzahl 77 bis 79, gebleit mit 0,8 cm^3 TEL/l 90) neben ebenfalls aromatischen Sicherheitsflugbenzinen (ASTM.-Oktanzahl 80, Siedebereich 150 bis 220° C) gewinnen.

f) Isomerisierungsverfahren der Ruhrchemie-A.G.

Das erste technische Verfahren, dessen Wirkungsweise allein auf Isomerisierungsreaktionen zurückgeführt wird, wurde kürzlich von der *Ruhrchemie-A.G.* beschrieben[1] (RCH-Isomerisierung). Es wird zur Steigerung der Klopffestigkeit gekrackter Synthese-Primärbenzine be-

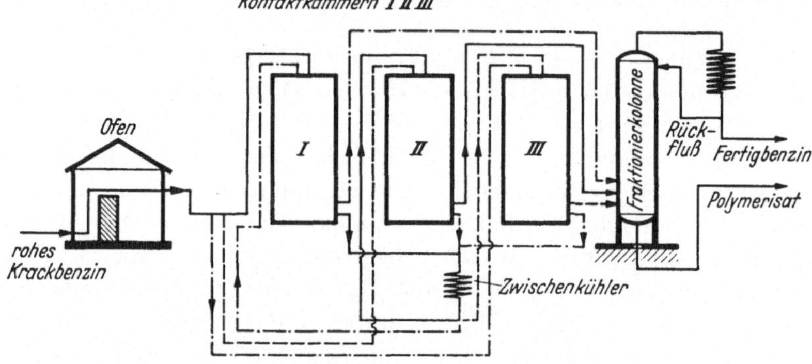

Abb. 93. Arbeitsgang beim RCH-Isomerisieren.
——— Kontaktkammer III außer Betrieb, —•—•— Kontaktkammer II außer Betrieb, – – – – Kontaktkammer I außer Betrieb.

nutzt, scheint aber grundsätzlich auf alle nach rein thermischen Verfahren hergestellten Krackbenzine anwendbar zu sein.

Das rohe, am besten bereits stabilisierte Krackbenzin wird bei einer Temperatur, die kurz unter der des Krackbeginns liegt, über einen Spezialkatalysator geleitet (Abb. 93). Die Dämpfe werden sodann in einem Zwischenkühler schwach gekühlt und bei der hier eingestellten etwas niedrigeren Temperatur durch eine zweite Kontaktkammer geschickt, die denselben Katalysator wie die erste Kammer enthält. Anschließend wird fraktioniert. Eine geringe Menge bei der Umwandlung gebildeten Polymerisates wird dabei von dem wasserhell anfallenden Benzin getrennt.

Praktisch werden 3 Kontaktkammern erstellt, von denen stets eine zwecks Füllung mit frischem Katalysator außer Betrieb ist. Zwischenregenerierungen, wie sie z. B. beim katalytischen Kracken erforderlich sind, werden nicht vorgenommen. Es wird jedoch empfohlen, in gewissen Zeitabständen zur Entfernung hochsiedender Polymerisate mit Wasserdampf durchzublasen.

[1] Velde, H.: Öl u. Kohle **37**, 143 (1941).

Die unter den beschriebenen Bedingungen eintretenden Umwandlungen bestehen einerseits in einer Isomerisierung der Kohlenwasserstoffe unter Erhöhung der Klopffestigkeit, andererseits in einer Umsetzung der Harzbildner zu Polymerisat. Das durch Fraktionierung von diesem getrennte Benzin ist ohne Nachbehandlung verkaufsfertig. Der Gewinn an Oktanzahleinheiten richtet sich nach der Art des Ausgangsbenzins (Zahlentafel 97). Die Oktanzahl des Ausgangsbenzins ist auf die eintretende Oktanzahlerhöhung ohne Einfluß. Maßgeblich ist der Olefingehalt des Ausgangsbenzins. In manchen Fällen, z. B. bei Synthese-Primärbenzin, kann man die Endoktanzahl unmittelbar aus dem Olefingehalt voraussagen.

Zahlentafel 97. C.F.R.-Research-Oktanzahlen gekrackter Synthese-Primärbenzine vor und nach der RCH-Isomerisation.

Benzin Nr.	Oktanzahl vor der Isomerisation	Oktanzahl nach der Isomerisation	Oktanzahl-unterschied
1	61,0	72,0	11
2	62,0	73,0	11
3	62,5	77,5	15
4	57,0	81,0	24
5	66,0	74,0	8
6	56,0	66,0	10

In Abb. 94 ist die von der *Ruhrchemie-A.G.* aufgestellte Abhängigkeit zwischen dem Olefingehalt von Synthese-Primärbenzinen (Siedekennziffer 115) und der Endoktanzahl wiedergegeben. Krackbenzine mit hohem Olefingehalt, also z. B. solche aus der thermischen Dampfphasenspaltung, scheinen danach ebenfalls als Ausgangsstoffe für die RCH-Isomerisation brauchbar zu sein.

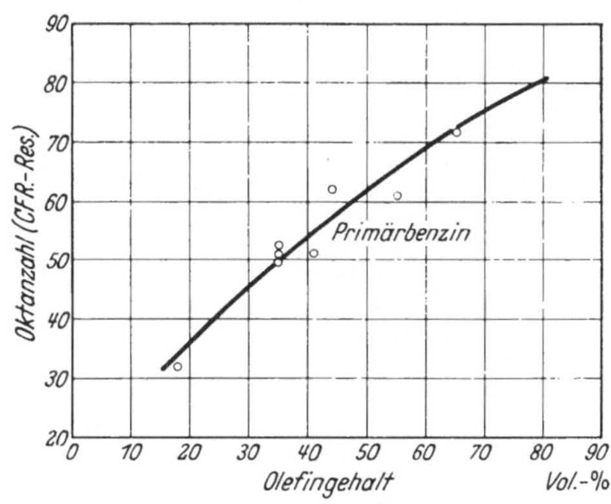

Abb. 94. Beziehung zwischen dem Olefingehalt von Synthesebenzinen und der Oktanzahl des nach dem RCH-Verfahren behandelten Benzins.

Die Klopffestigkeitserhöhung wird zum Teil auf eine Verzweigung von Kohlenwasserstoffketten, zum Teil auf eine Umlagerung von Doppelbindungen innerhalb der Olefinmoleküle zurückgeführt. Einen einfachen Beweis für den Eintritt von Verzweigungen erhält man, wenn man die Oktanzahlen der *hydrierten* Ausgangs- und Endbenzine der RCH-Umsetzung miteinander vergleicht. Die meist erheblich höhere Klopffestigkeit kann unter den vorliegenden Bedingungen nur auf eine Verzweigung olefinischer oder paraffinischer Kohlenwasserstoffe zurückgeführt werden. Die Umlagerung von Doppelbindungen der Olefine kann ebenfalls zu einer beträchtlichen Klopffestigkeitsverbesserung führen; denn die

Lage der Doppelbindung beeinflußt die Klopffestigkeit der Olefine, wie aus Zahlentafel 98 hervorgeht, außerordentlich stark. Besonders die für die Herstellung von Kraftstoffgemischen wichtige Mischoktanzahl (vgl. S. 459) ist von dem Sitz der Doppelbindung stark abhängig.

Zahlentafel 98. Eigenschaften einiger geradkettiger Olefine und Paraffine nach VELDE.

Olefin	Oktanzahl OZ	Misch-oktanzahl	Siedepunkt °C	Spez. Gewicht bei 20°
1-Penten	92	98,5	30,0	0,641
2-Penten	98	125,0	36,0	0,651
n-Pentan	60	60,0	36,0	0,626
1-Hexen	80	82,0	64,0	0,673
2-Hexen	89	100,0	68,0	0,681
3-Hexen	—	—	66,8	0,682
n-Hexan	34	34,0	69,0	0,664
1-Hepten	54	57,0	94,9	0,699
2-Hepten	—	—	98,2	0,703
3-Hepten	84	95,0	95,9	0,704
n-Heptan	±0	±0	98,0	0,684
1-Okten	39 (?)	25,0	119,3	0,716
2-Okten	—	55,0	124,4	0,722
3-Okten	—	73,0	122,8	0,719
4-Okten	—	91,0	120,7	0,717
n-Oktan	−24	−24,0	126,0	0,703

Unter unbedeutender Änderung des spez. Gewichtes und des Siedepunktes tritt bei Verschiebung der Doppelbindung vom Ende zur Mitte des Moleküls eine zum Teil starke Zunahme der Oktanzahl und noch mehr der Mischoktanzahl ein. Die Annahme solcher Umsetzungen unter den beim RCH-Verfahren angewandten Bedingungen ist naheliegend.

Zahlentafel 99. Veränderung der Eigenschaften eines Erdölkrackbenzins nach dem RCH-Verfahren.

Eigenschaften	Krackbenzin vor Umsetzung	Krackbenzin nach Umsetzung
Spez. Gewicht bei 15°	0,762	0,757
Siedebeginn, °C	36	38
Destillat bis 100°, Vol.-%	25	25,5
95%-Siedepunkt, °C	208	215
Siedekennziffer	140	138
Dampfdruck, at	0,71	0,70
Olefine und Aromaten, Vol.-%	59,5	52,5
C. F. R.-Research-Oktanzahl	66	71,5

Ein von VELDE angegebenes Beispiel der Isomerisation eines Erdölkrackbenzins zeitigte das vorstehende Ergebnis.

Das RCH-Verfahren scheint danach in seiner jetzigen Ausführungsform am besten für Synthesebenzine brauchbar zu sein, für die es auch entwickelt wurde.

Gute Aussichten eröffnet die Verbindung des RCH-Verfahrens mit der Dehydrierungsarbeitsweise der *Universal Oil Products Co.* (S. 449) zwecks Gewinnung hochklopffester olefinischer Kraftstoffe aus n-Paraffinen.

g) Kombinierte Anlagen.

Früher war es üblich, Destillations- und Spaltvorgänge streng voneinander zu trennen. Neuerdings ist man jedoch dazu übergegangen, alle Maßnahmen, die zur Verarbeitung von Rohölen zu Fertigerzeugnissen erforderlich sind, in einer einzigen großen Anlage durchzuführen. Diese sog. kombinierten Anlagen (combination units) verbinden die Destillation der Rohöle mit dem Viskositätsbrechen, dem eigentlichen Spaltprozeß, dem Reformieren der Destillatbenzine sowie mit der Aufarbeitung der Spaltgase durch Polymerisieren, Aromatisieren, Alkylieren usw. (vgl. Abb. 95). Alle in den verschiedenen Arbeitsstufen gewonnenen Erzeugnisse werden bis zur Fertigware aufgearbeitet. Solche Anlagen bieten zahlreiche Vorteile vor den älteren getrennt arbeitenden Betrieben; insbesondere sind zu erwähnen die geringeren Investierungskosten je Tonne Rohöleinsatz, die größere Wärmewirtschaftlichkeit wegen der besseren Ausnutzung der Abhitze, die Verringerung der Arbeiten mit Zwischenprodukten und die hohen Erträge an klopffestem Benzin durch Einführung des Selektivkrackens.

Kombinierte Anlagen werden heutzutage von fast allen großen Baufirmen der Erdölindustrie errichtet. Die Spaltung wird in diesen Anlagen nach irgendeinem der technischen Spaltverfahren durchgeführt.

Im Fließdiagramm Abb. 96 ist z. B. der Arbeitsgang einer neuzeitlichen Anlage angedeutet, in der die Rohöldestillation mit dem Gyro-Kracken und dem Reformieren des Destillatschwerbenzins und dem Polymerisieren der Spaltgase vereinigt ist.

Das Ausgangsrohöl fließt durch Wärmeaustauscher zum Rohölfraktionierturm, in dem Leichtbenzin, Schwerbenzin und Leuchtöl abgetrennt werden. Das Schwerbenzin geht zum Reformierofen und wird nach dem Aufspalten dem Gyro-Fraktionierturm zugeführt.

Das getoppte Rohöl wird in einen Schweröl-Fraktionierturm gepumpt und durch Spaltöldämpfe aus dem Schweröl-Spaltofen so erhitzt, daß alle Gasölanteile überdestillieren. Das zurückbleibende Öl mischt sich mit schweren Krackdestillaten und läuft durch die Schwerölkrackzone des Erhitzers in den unteren Teil des Schweröl-Fraktionierturmes zurück. Die gebildeten leichteren Anteile werden verdampft, im Gegenstrom zum

Abb 95. Ansicht einer nach dem Houdry-Verfahren arbeitenden kombinierten Anlage in USA. mit einem Tagesdurchsatz von etwa 1600 t Rohöl.

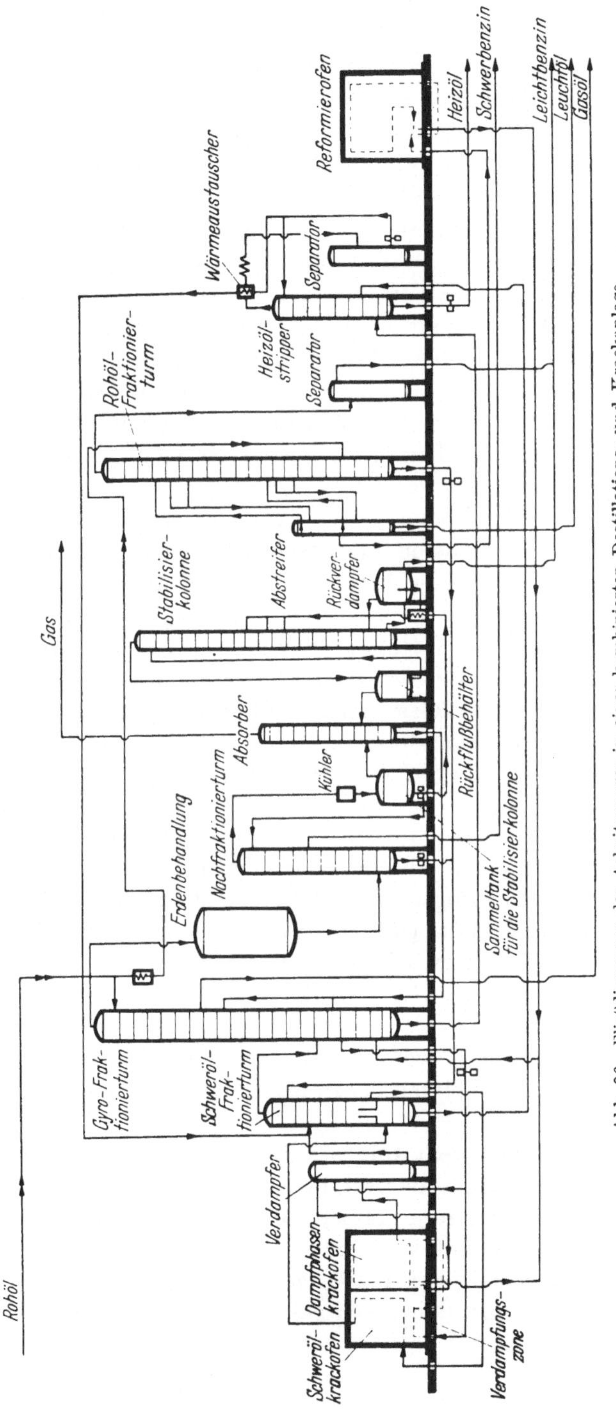

Abb. 96. Fließdiagramm des Arbeitsganges in einer kombinierten Destillations- und Krackanlage.

oben eintretenden getoppten Rohöl von mitgerissenen schweren Ölanteilen befreit und in den angeschlossenen Gyro-Fraktionierturm eingeleitet. Hier findet eine Trennung in Benzin, Gasöl, Ausgangsöl für die Gyro-Spaltung und Heizöl statt. Das Spaltausgangsöl wird mittels einer Heißölpumpe durch die Verdampfungszone des Gyro-Ofens gedrückt. Die hier herrschende Temperatur und die Verweilzeit des Öles werden so gewählt, daß bei der Druckverminderung im nachfolgenden Verdampfer alle in den Gyro-Spaltgang einzubeziehenden Ölanteile verdampfen. Ein kleiner Teil des für die Verdampfung eingesetzten Ölgemisches wird vor dem Eintritt in die Verdampfungszone abgezweigt und als Rückfluß zur Zurückhaltung schwerer Dämpfe unmittelbar in den Verdampfer eingeleitet. Die den Verdampferkopf verlassenden Dämpfe werden im Gyro-Ofen bei festgelegter Temperatur und Verweilzeit gekrackt. Die nach dem Austritt aus dem Spaltofen unverzüglich durch Zumischung kalten Öles abgeschreckten Krackerzeugnisse werden in das unterste Abteil des Gyro-Fraktionierturmes überführt. Der sich abscheidende Teer wird unten abgelassen und nach Abtrennung noch anhaftender leichter Anteile als Heizöl der Anlage entnommen. Die übrigen Reaktionserzeugnisse der Gyro-Spaltung verdampfen, Gasöl und Rückkreisöl kondensieren im Mittelteil des Turmes. Ein Teil von ihnen wird, soweit benötigt, als Seitenstrom zur Verwendung als Heizöl für den Erhitzer abgenommen. Gas und Benzin verlassen den Turmkopf, sie werden einer Erdenbehandlung nach Gray unterworfen und in einen dritten Fraktionierturm (After-fractionating Tower) überführt. Die bei der Gray-Umsetzung gebildeten höhersiedenden Polymeren werden als Sumpfprodukt abgezogen, dem Schweröl-Fraktionierturm zugeleitet und dadurch erneut in den Spaltgang eingeschaltet. Ein Schwerbenzin wird an der Turmseite abgezogen, während das erst in nachgeschalteten Kondensatoren verflüssigte Leichtbenzin in einer Stabilisierkolonne, soweit erforderlich, von Propan und Butan befreit wird. Die aus dem Nachfraktionierturm und aus der Stabilisierkolonne entweichenden Gase treten durch eine Absorptionsanlage, in der die mitgeführten Benzinkohlenwasserstoffe abgetrennt werden. Die trockenen Gase werden für die Flüssiggas- und die Polymerbenzinherstellung als Ausgangsstoffe verwendet.

Eine andere nach dem Dubbs-Verfahren arbeitende Großanlage ist in Abb. 97 schematisch dargestellt[1]. Es handelt sich um eine mit vier Erhitzereinheiten ausgestattete Anlage, die für die wahlweise Verarbeitung von Mid-Continent- oder Michigan-Rohöl errichtet wurde. Wird Mid-Continent-Rohöl als Ausgangsstoff eingesetzt, so bleibt der zum Reformieren von Benzin vorgesehene Erhitzer *4* außer Tätigkeit. Das Öl wird im Rohöl-Fraktionierturm *1* in etwa 26,8 Vol.-% eines

[1] Oil and Gas J. **35** (45), 89 (1937). — U. O. P.-Booklet 225 (1938).

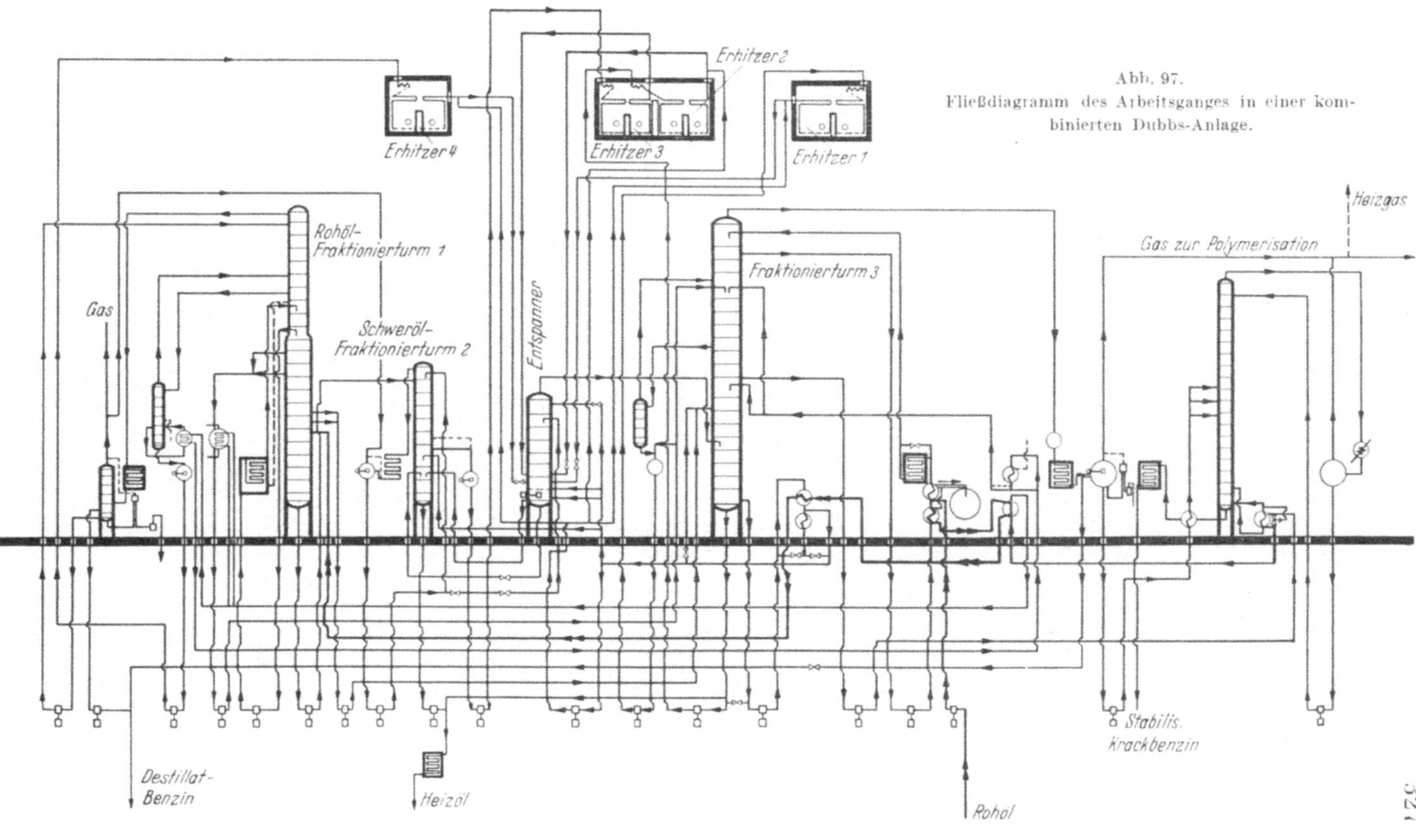

Abb. 97.
Fließdiagramm des Arbeitsganges in einer kombinierten Dubbs-Anlage.

55-Oktan-Benzins (Siedeendpunkt 185°), 16,2 Vol.-% leichtes Gasöl (Siedeendpunkt 248°) und 57 Vol.-% reduziertes Rohöl zerlegt. Der Gasölschnitt wird im Leichtgasölerhitzer *1* zu Benzin aufgespalten, das reduzierte Rohöl wird im Schweröl-Fraktionierturm weiter destilliert. Seitlich wird eine schwere Fraktion abgenommen, die dem Erhitzer *3* zur Herabsetzung der Viskosität (viskosity breaking) zugeführt wird. Das am Turmkopf anfallende Produkt wird als Rückfluß für diesen Turm und den nachfolgenden Entspanner benutzt. Am Boden wird Heizöl abgezogen. Der den Erhitzer *3* verlassende Schnitt gelangt in den Entspanner. Das hier entweichende Kopfprodukt wird in einem angeschlossenen Fraktionierturm *3* in Benzin, Zwischengasöl und Schwerölrückstand getrennt. Das Benzin wird nach der Stabilisierung zur Raffination gegeben. Das Zwischengasöl wird im Leichtgasölerhitzer *1*, der Schwerölrückstand im Erhitzer *2* weiter aufgespalten. Die Arbeitsbedingungen im Leichtölerhitzer *1* sind 527° und 42 at, im Erhitzer *3* (beim Viskositätsbrechen) 427° und 18,5 at sowie im Schwerölerhitzer *2* 496° und 28 at. Bei einem täglichen Durchsatz von rund 800 t werden 68,3% stabilisiertes 66-Oktan-Benzin, 25,2% Heizöl und 6,5% Krackgas hergestellt. Schaltet man den zum Reformieren von Schwerbenzin bestimmten Erhitzer *4* in den Arbeitsgang ein, so läßt sich der Tagesdurchsatz auf etwa 1125 t erhöhen, die Ausbeuten und Eigenschaften der Erzeugnisse bleiben angenähert dieselben.

Verwendet man Michigan-Rohöl als Ausgangsstoff, so gewinnt man bei gleichzeitigem Einsatz des Reformiererhitzers *4* 64,2% 63-Oktan-Benzin, 25,1% Heizöl und 10,7% Krackgas. Dabei führt die Aufspaltung niedrigsiedender Fraktionen im Reformiererhitzer *4* zu höheren Ausbeuten an Krackgas, das wiederum als Rohstoff für den Polymerisationsbetrieb Verwendung findet.

Kombinierte Anlagen dieser und ähnlicher Bauart befinden sich z. B. in Toledo und Heath (Ohio), in Smiths Bluff (Texas) und in Beaumont (Texas). Das letztgenannte Werk der *Magnolia-Petroleum Co.* verarbeitet täglich etwa 5300 t Rohöl.

F. Kraftstoffe aus Krackverfahren.

1. Krackbenzine.

a) Erzeugung.

1936 wurden in den Krackanlagen der Welt 125 Millionen m³ Rohöl umgesetzt, die 48 Millionen m³ klopffestes Krackbenzin ergaben. An Stelle des wirklichen Weltbedarfes an Rohöl von 277 Millionen m³ hätte man ohne Krackverfahren 573 Millionen m³ Rohöl benötigt, um den Weltverbrauch an Kraft- und Schmierstoffen decken zu können. Durch

Anwendung der Krackverfahren wurden infolgedessen allein im Jahre 1936 insgesamt 296 Millionen m³ Rohöl eingespart[1].

Der ungeheure Aufschwung, den die Krackindustrie in den letzten Jahrzehnten genommen hat, kommt besonders gut in einem Vergleich der in USA. gewonnenen Destillat- und Krackbenzinmengen zum Ausdruck (Zahlentafel 100).

Zahlentafel 100. Destillat- und Krackbenzinerzeugung in USA.[1].

	Gesamtjahreserzeugung in m³			Mittlere Tageserzeugung in m³	
	Einsatz an Rohöl	Destillatbenzin	Krackbenzin	Destillatbenzin	Krackbenzin
1920	68983810	15597240	2383080	42720	6540
1921	70485850	15930850	3176480	43640	8710
1922	79602240	18125430	4769290	49680	13050
1923	92405220	21179280	6358600	42740	16810
1924	102338450	23603810	7966430	66230	20270
1925	117632480	27243680	10905950	74630	29890
1926	123887390	28345430	14903170	77660	40830
1927	131768190	31321410	16098140	85850	44070
1928	145195640	34846840	19480130	95310	53530
1929	157025820	38926700	22856270	103510	62580
1930	147445520	35711310	26143200	97850	71670
1931	142224780	34973070	28045630	95650	77010
1932	130863120	31065530	27150320	85140	74400
1933	136922160	31095020	28702340	85220	78660
1934	142435910	32806240	28992170	89890	79450
1935	153613310	34816620	32973480	94530	91690
1936	169092720	36770010	38070830	84850	104360

Selbst während des großen Abfalles der Produktion in den Jahren 1930/32 erlitt die Steigerung der Krackbenzinerzeugung keine Einbuße. Seit den Tagen ihrer ersten Anwendung fand diese einen ununterbrochenen Aufstieg, der bereits 1936 dazu führte, daß die Welterzeugung an Krackbenzin die an Destillatbenzin überschritt.

Zahlentafel 101. Ausbeuten an Destillat- und Krackbenzin in USA.[1].

Jahr	Gesamtausbeute an Benzin[2] %	Anteil an der Gesamtausbeute, %	
		Destillatbenzin	Krackbenzin
1920	20,06	86,73	13,27
1922	28,76	79,20	20,80
1924	32,73	76,57	23,43
1926	34,91	65,54	34,46
1928	37,42	64,16	35,86
1930	41,95	57,74	42,26
1932	44,67	53,37	46,63
1934	43,41	53,08	46,92
1936	44,27	49,12	50,88

[1] U. O. P.-Booklet Nr 207 (1937). [2] Bezogen auf Rohöl.

Der außerordentlich hohe Anteil, den die Krackverfahren an der Verbesserung der Erdölverarbeitung haben, ist also außer in einer Erhöhung der Benzinklopffestigkeit in einer erheblichen Steigerung der Benzinausbeuten zu sehen. Die mittlere Benzinausbeute, bezogen auf Rohöl, betrug z. B. im Jahre 1920 nur 20,06%, im Jahre 1936 war sie auf 44,27% gestiegen. Der Anteil der Krackverfahren an der Benzinerzeugung erhöhte sich in demselben Zeitraum von 13,27 auf 50,88% (vgl. vorstehende Zahlentafel 101).

Die Ausbeuten an Krackbenzin sind sowohl von der Art des Ausgangsöles als auch von der Verfahrensart wesentlich abhängig. Allerdings sind alle neuzeitlichen Krackverfahren weitgehend flexibel. Die Ausbeute an Benzin kann auf Kosten des Heizölanfalles und der Heizölbeschaffenheit erhöht werden. Die Klopffestigkeit der Benzine ist wiederum von der Benzinausbeute abhängig. Einen gewissen Vergleich der üblicherweise bei verschiedenen Verfahren anfallenden Erzeugnisse gestattet die folgende Aufstellung:

Zahlentafel 102. Ergebnisse verschiedener Krackverfahren bei gleichem bzw. ähnlichem Ausgangsstoff (Mid-Continent-Gasöl)[1].

	Dubbs	Tube and Tank	De Florez	Gyro
Spez. Gewicht des Ausgangsöles bei 15,6°	0,853	0,853	0,871	0,871
Krackbedingungen:				
Ofenaustrittstemperatur, °C	51,9	504	549	—
Reaktionsdruck, at	24,5	14	10,5	—
Erzeugnisse:				
Benzin				
Ausbeute, Vol.-%	65,2	63	60	65
Siedeendpunkt, °C	200	204	204	204
Oktanzahl	80	70 [2]	70 [2]	72 [3]
Heizöl				
Ausbeute, Vol.-%	15,1	30,5	28	15
Spez. Gewicht	1,02	1,00	1,00	~1,02
Gas				
Gew.-%	19,7	11	15	12—14

b) Eigenschaften der Krackbenzine.

Zwischen Destillat- und Krackbenzin aus gleichem Rohstoff bestehen bemerkenswerte Unterschiede (vgl. Zahlentafel 103). Das spez. Gewicht und die Siedegrenzen liegen beim Krackbenzin niedriger, der Dampfdruck dementsprechend höher als beim Destillatbenzin. Technisch wichtig ist in erster Linie der große Oktanzahlunterschied der Benzine, der

[1] S. 329, Anmerkung 1. [2] C.F.R.-Research-Methode.
[3] C.F.R.-Motor-Methode.

in diesem Falle 15 Oktaneinheiten beträgt. Eine weitere Aufstellung der Oktanzahlen von Destillat- und Krackbenzinen aus gleichen Rohölen findet sich in Zahlentafel 104, die allerdings ein sehr optimistisches Bild der Krackwirkung entwirft.

Zahlentafel 103. Eigenschaften der beim Toppen und Kracken von kalifornischem Rohöl gewonnenen Erzeugnisse.

	Rohöl	Destillatbenzin	Krackbenzin	Krackrückstand
Spez. Gewicht bei 15,6°	0,874	0,771	0,741	1,035
Siedebeginn, °C	69	52	39	
10 Vol.-%	136	92	61	
30 „	228	120	84	
50 „	306	141	117	
90 „	364	198	173	
Siedeendpunkt, °C	—	219	195	
Vol.-%-Destillat bei 149° C	12			
„ „ „ 204° C	26			
Oktanzahl, C.F.R.-Motormethode		56	71	
Reid-Dampfdruck bei 37,8°, at		0,35	0,65	
Schwefel, Gew.-%	0,65	0,06	0,37	
Viskosität bei 50°, °E				6,83
Flammpunkt, °C				90

Zahlentafel 104. Oktanzahlen (C.F.R.-Research) von Destillat- und Krackbenzinen aus gleichen Roherdölen nach Egloff.

Roherdöl		Destillatbenzin	Krackbenzin
Land	Feld oder Distrikt		
Kalifornien	Kettlemen Hills	60	80
„	Ellwood-Santa Fé	52	74
Ost-Texas	—	57	70
„	Joiner	56	73
Texas	Yates	62	81
„	Van Zandt	43	71
„	Refugio	58	90
Kansas	—	45	73
„	—	40	71
Michigan	Mt. Pleasant	19	64
Mid-Continent	—	51	77
Montana	Kevon Sunburst	54	81
Neumexiko	Hobbs	55	76
Oklahoma	Allen	61	78
„	Oklahoma City	47	72
Pennsylvania	—	50	74
„	—	43	72
Wyoming	Lost Soldier	71	81
	Mittel	51	75

Die Eigenschaften der Krackerzeugnisse hängen naturgemäß von der Art des angewandten Ausgangsstoffes, des gewählten Krackverfahrens und von den eingehaltenen Betriebsbedingungen ab. Betriebsergebnisse beim Kracken europäischer, asiatischer und amerikanischer Rohöle, Gasöle und Erdölrückstände nach Dubbs sind in den Zahlentafeln 105 bis 108 zu-

Zahlentafel 105. Ergebnisse beim

Land	Deutschland		
Bezirk	Nienhagen	Edesse	
Art des Ausgangsstoffes	Rohöl	Rohöl	Kerosin
Analyse des Ausgangsstoffes:			
Spez. Gewicht bei 15,6°	0,895	0,852	0,811
Engler-Siedebeginn, °C		60	179
Vol.-% bis 300° C	27,0	45,0	100,0
Bodensatz und Wasser, %	1,2	0,4	0,0
Ausbeuten, % der Charge:			
Benzin	57,4	68,8	78,5
Rückstandsöl	34,1	20,7	9,5
Koks, Gas und Verlust	8,5	10,5	12,0
Gas, m^3/m^3	93,9	81,6	82,3
Eigenschaften der Erzeugnisse:			
Benzin			
Spez. Gewicht bei 15,6°	0,737	0,729	0,752
ASTM.-Siedebeginn, °C	36	32	31
20 Vol.-%	82	76	93
50 „	123	113	157
90 „	169	167	196
Siedeendpunkt, °C	193	187	201
ASTM.-Research-Oktanzahl	75 [2]	73 [2]	70
Rückstandsöl			
Spez. Gewicht bei 15,6°	1,046	1,088	1,025
Flammpunkt i. o. T., °C	96	88	54
Viskosität bei 50° C, °E	13,8	10,7 [3]	<1° E
Bodensatz und Wasser, %	0,6	1,0	0,7
Stockpunkt, °C	13	27	−18
Betriebsbedingungen:			
Leichtölerhitzer-Austrittstemperatur, °C	509	510	510
Druck in der Reaktionskammer, at	17,5	24,5	28

[1] U. O. P.-Booklet **207** (1937). [2] C.F.R.-Motormethode. [3] bei 100° C.

sammengestellt. Die aufgeführten Ausbeuten und Analysendaten lassen sowohl den Einfluß des Ausgangsstoffes als auch der Betriebsbedingungen (z. B. bei Entspannungs- oder Verkokungs-Arbeitsweise) klar erkennen.

Zahlentafel 109 bringt eine Übersicht über Betriebsergebnisse beim Reformieren ungenügend klopffester Benzine.

Kracken europäischer Rohöle (DUBBS)[1].

Rumänien			Italien	Estland	Böhmen u. Mähren
			Sizilien		Egbell
Gasöl	Heizöl	Rohöl	Rohöl	Roh. Schieferöl	Rohöl
0,838	0,914	0,846	0,973	0,945	0,936
227	288	59	212	73	236
65,0	2,0	47,0	18,5	47,0	26,0
Spur	0,8	3,6	0,1	0,4	0,2
68,5	52,0	71,1	45,6	43,7	55,9
17,4	37,4	21,6	44,4	49,9	36,5
14,1	10,6	7,3	10,0	6,4	7,6
112,6	79,7	71,0	106,4	50,2	103,3
0,733	0,735	0,738	0,768	0,768	0,772
37	32	40	36	39	33
76	82	86	87	92	89
124	132	131	139	132	143
187	193	193	190	183	199
197	200	200	202	201	207
72	69	68	87	73	89
1,059	1,013	1,024	1,113	1,072	1,082
91	110	—	—	88	96
1,09	9,14	8,66	30,9	7,79	9,60
0,4	1,5	0,3	0,4	0,4	0,6
—12	21	—	—	18	21
510	509	510	499	493	505
24,5	14	24,5	14	24,5	24,5

Zahlentafel 106. Ergebnisse beim

Land	USSR.		
Bezirk	Grosny		Ural, Mt. Bashkis
Art des Ausgangsstoffes oder der Verarbeitung	getopptes Rohöl		Gasöl [1]
	Entspannen	Verkoken	
Analyse des Ausgangsstoffes:			
Spez. Gewicht b. 15,6°	0,906	0,906	0,896
Engler-Siedebeginn, °C	303	303	188
Siedeendpunkt, °C	—	—	404
Vol.-% bei 300°	—	—	—
Bodensatz und Wasser, %	0,2	0,2	0,2
Ausbeuten, %:			
Benzin	47,0	70,3	53,6
Rückstandsöl	36,7	0,0	25,6
Koks, Gas und Verlust	16,3	29,7	20,8
Koks, kg/m³	—	176,7	—
Gas, m³/m³ Ausgangsöl	110,4	151,6	125,7
Eigenschaften der Erzeugnisse:			
Benzin			
Spez. Gewicht bei 15,6°	0,726	0,740	0,747
ASTM.-Siedebeginn, °C	33	41	38
20 Vol.-%	71	84	79
50 ,,	109	130	123
90 ,,	—	186	179
Siedeendpunkt, °C	—	200	202
ASTM.-Motor-Oktanzahl	71	66	72
Rückstandsöl			
Spez. Gewicht bei 15,6° C	1,024	—	1,066
Viskosität bei 50° C, °E	18,6	—	5,93
,, ,, 50° C, cSt	141,5	—	44,5
Bodensatz und Wasser, %	1,0	—	0,4
Flammpunkt i. o. T., °C	107	—	49
Kältetest, °C	16	—	−1
Betriebsbedingungen:			
Temperatur am Austritt des Leichtölerhitzers, °C	504 [4]	510 [4]	499
Temperatur am Austritt des Schwerölerhitzers, °C			521
Druck in der Reaktionskammer, at.	14	14	17,5

[1] Normalkracken. [2] Selektivkracken unter Verwendung von zwei Erhitzern.

Kracken asiatischer Erdöle (DUBBS).

Iran		Irak	Nieder-Ostindien		Birma	Bahrein	
		Babor Gurgur	Sumatra	Pladjoe	Syriam	getopptes Rohöl	
get. Rohöl	Schwerbenzin	get. Rohöl	1	2	Kerosin	Verkoken	Entspannen
0,896	0,775	0,935	0,874	0,874	0,862	0,951	
161	129	258	292	292	245	193	
—	208	—					
—	—	6,5	0,5	0,5	40,0	6,0	
—	—	—	Spur	Spur	Spur	0,2	
52,2	91,2	44,2	55,9	51,4	61,0	45,9	28,5
29,5	1,0	43,8	33,6	29,6	23,8	0,0	62,2
18,3	7,8	12,0	10,5	19,0	15,2	43,4	8,8
				—	—	244,2	—
		101,2	96,3	121,6	88,9	113,3	59,6
0,735	0,762	0,738	0,722	0,722	0,747	0,742	0,738
30		34	34	34	32	40	39
68	—	79	75	64	87	—	—
113	149	122	120	101	141	126	119
175	185	174	179	156	209	179	172
202	194	194	189	189	225	204	203
71 [3]	67 [3]	67	64	68	68	66	67
1,066	0,857	1,048	0,999	0,992	1,034	—	1,027
33,2	—	11,0	1,72	1,87	1,57	—	4,14
252,7	—	83,8	8,67	10,4	7,13	—	30,4
0,7	—	0,3	1,6	0,3	0,7	—	0,5
79	—	91	—	—	107	—	—
16	—	7	—	—	1	—	—
493—525	513 [4]	507 [4]	511 [4]	502	510 [4]	—	—
				524			
14	53,5	14,5	14	10,5/24,5	24,5	—	—

[3] C.F.R.-Research-Methode. [4] Nur ein Erhitzer vorhanden.

Zahlentafel 107. Ergebnisse beim Kracken von

Land	Kanada	Mexiko	Venezuela	
Bezirk	TurnerValley	Poza Rica	Lagunillas	
			Rohöl	
Art des Ausgangsöles oder der Verarbeitung	Rohöl-Rückstand	Destillatbenzin	Entspannen	Verkoken
Analyse des Ausgangsstoffes:				
Spez. Gewicht bei 15,6°	0,898	0,739	0,954	
Engler-Siedebeginn, °C	301	59	102	
% bis 204°	—	—	7,4	
% „ 300°	—	—	9,5	
Siedeendpunkt, °C	über 404	209	—	
Oktanzahl	—	37	—	
Ausbeuten, %:				
Benzin	60,3	76,0	46,5	67,0
Rückstandsöl	26,9	3,7	46,9	0,0
Koks, Gas und Verlust	12,8	20,3	6,6	33,0
Gas, m^3/m^3 Ausgangsöl	109,2	110,2	77,6	136
Koks, kg/m^3 Ausgangsöl	—	—	—	237
Eigenschaften der Erzeugnisse:				
Benzin				
Spez. Gewicht bei 15,6° C	0,743	0,734	0,756	0,760
ASTM.-Siedebeginn, °C	46	37	41	37
20 Vol.-%	—	78	91	91
50 „	121	117	134	136
90 „	173	176	184	187
Siedeendpunkt, °C	203	201	206	204
ASTM.-Motor-Oktanzahl	68	66	71	71
Rückstandsöl				
Spez. Gewicht bei 15,6°	1,046	0,907	1,072	—
Viskosität bei 50° C, °E	6,62	—	9,57 b. 100°	—
Flammpunkt i. o. T., °C	—	—	168	—
Kältetest, °C	4	—	41	—
Betriebsbedingungen:				
Erhitzer-Austrittstemperatur, °C	—	513	499	499
Druck in der Reaktionskammer, at.	—	52,5	14	14

[1] C.F.R.-Research-Methode.

amerikanischen Erdölen (ohne USA.) (DUBBS).

Venezuela La Rosa Rohöl		Trinidad		Ekuador	Peru Lobitos	Argentinien
Entspannen	Verkoken	Destillatbenzin	Schwerbenzin	reduz. Rohöl	getopptes Rohöl	Destillatbenzin
0,914		0,801	0,840	0,892	0,889	0,761
74		124	121	301	222	120
15,0		—	—	—	—	—
30,0		—		—	38,0	—
—		224	295		—	197
—		—	—		—	48
44,5	60,1	59,5	64,7	60,7	61,4	84,0
52,8	0,0	9,7	15,7	28,1	28,2	0,0
2,9	39,9	31,8	19,6	11,2	10,4	16,0
36,2	170,4	190,5	—	107,4	109,8	91,0
—	181,8	—		—	—	—
0,746	0,741	0,788	0,764	0,742	0,746	0,752
35	43	39	36	30	31	37
91	79	102	88	79	79	98
136	113	138	126	128	127	129
189	169	169	159	191	189	167
203	193	177	174	202	204	194
69	74	78	77	70	83 [1]	67
0,997	—	1,050	1,049	1,030	1,019	—
6,11	—	<1	<1	8,12	4,21	—
102	—	49	59	66	88	—
—9	—	—	—	2	—1	—
499	483—512	523	510	502	512	549
17,5	17,5—28	52,5	35	18,6	24,5	52,5

Zahlentafel 108. Ergebnisse beim Kracken ver-

Land	Pennsylvanien	Louisiana (Boscoe)	Ost-Texas	
Ausgangsstoff	Kerosin	Rohöl	Rohöl	getopptes Rohöl
Analyse des Ausgangsöles:				
Spez. Gewicht bei 15,6°	0,802	0,859	0,832	0,878
Engler-Destillation:				
Siedebeginn, ° C	161	258	45	119
Vol.-% bis 300° C	92,0	30,0	53,0	41,0
Bodensatz und Wasser, %	0,0	0,2	Spur	0,7
Ausbeuten, %:				
Benzin, %	69,8	64,8	70,6	63,3
Rückstandsöl, %	7,0	20,1	18,6	25,7
Koks, Gas + Verlust, %	23,2	15,1	10,6	11,0
Gas, m^3/m^3, Charge	112,6	123,0	68,8	94,1
Eigenschaften der Erzeugnisse:				
Benzin				
Spez. Gewicht bei 15,6° C	0,725	0,737	0,781	0,752
ASTM.-Siedebeginn, ° C	29	39	39	38
20 Vol.-%	77	76	82	94
50 ,,	120	121	126	143
90 ,,	169	179	194	196
Siedeendpunkt, ° C	179	205	207	204
ASTM.-Motor-Oktanzahl	71	68	68	68
Rückstand				
Spez. Gewicht bei 15,6° C	1,019	1,023	1,042	1,048
Viskosität bei 50° C, ° E	—	3,56	8,83	9,85
,, bei 50° C, cSt	—	25,8	67,2	75
Bodensatz und Wasser, %	0,5	—	0,1	0,6
Betriebsbedingungen:				
Erhitzer-Austrittstemperatur, ° C	503	504	510	510
Druck in der Reaktionskammer, at	25,2	17,5	24,5	21

[1] U. O. P.-Booklet Nr 207, Tafel 12 (1937).

schiedener u. s.-amerikanischer Öle (DUBBS)[1].

Nord-Texas	West-Texas	Texas, Golfküste, Placedo	Mid-Continent		Michigan	Süd-Kalifornien
getopptes Rohöl	getopptes Rohöl	Rohöl	Gasöl	getopptes Rohöl	getopptes Rohöl	Heizöl
0,906	0,929	0,908	0,832	0,893	0,892	0,946
261	241	187	227	216	227	230
9,0	17,5	55,5	93,5	26,0	24,5	14,5
0,1	0,2	Spur	Spur	0,8	Spur	0,01
52,1	47,6	58,6	72,8	62,2	61,8	40,2
32,5	44,9	22,2	11,9	28,8	24,8	52,6
15,4	7,5	19,2	15,3	9,0	13,4	7,2
114,3	82,0	150,7	109,8	83,3	107,4	71,4
0,730	0,739	0,774	0,735	0,753	0,737	0,747
34	31	35	29	32	37	31
64	78	89	77	85	81	79
103	120	136	122	144	136	128
162	171	189	181	213	188	193
201	191	205	197	218	204	206
73	72	77	74	70	65	68
1,037	1,027	1,075	1,032	1,037	1,050	1,015
6,91	3,07	2,19	<1	9,03	13,7	7,12
52,3	21,7	13,7	<1	68,7	103,9	53,8
0,2	0,5	—	0,1	0,6	1,6	0,2
502—518	496	510	510	510	504	496
14—24,5	14	14	24,5	17,5	14	14

Zahlentafel 109. Reformieren von Benzinen; Betriebsbedingungen sowie

Zone und Feld des Ausgangsrohöls	Appalachien, Pennsylvanien			Michigan, Mt. Pleasant	Mid-Continent	
Schnitt	Leicht-	Mittel-	Schwer-	Benzin	Benzin	Schwerbenzin
	Benzin					
Reformierausgangsstoff:						
Spez. Gewicht bei 15,6°	0,722	0,746	0,781	0,732	0,740	0,765
Schwefel, Gew.-%	—	—	—	0,04	—	—
Oktanzahl, C.F.R.-Motor W	49	38	27	20	42	34
Siedebeginn, °C	47	67	133	67	46	105
10 Vol.-%	76	102	157	88	81	129
50 „	89	138	165	137	136	153
90 „	150	179	230	182	119	179
Siedeendpunkt, °C	180	202	248	198	195	196
Betriebsbedingungen:						
Druck, at	53	35	34	70	35	35
Ofenaustrittstemperatur, °C	524	524	524	530	538	538
Reaktionskammertemp., °C	497	498	496	502	510	511
Durchsatz, l/h	7,47	2,88	3,94	7,50	7,24	7,69
Reformiererzeugnisse:						
Benzin						
Ausbeute, Vol.-%	72,2	66,5	64,0	65,5	74,7	74,3
Spez. Gewicht bei 15,6°	0,726	0,750	0,761	0,735	0,742	0,757
Oktanzahl, C.F.R.-Motor W	70	74	74	67	70	70
Siedebeginn, °C	37	29	31	34	32	33
10 Vol.-%	65	68	63	61	64	73
20 „	78	87	89	90	82	95
50 „	109	122	142	113	126	138
90 „	160	195	202	182	180	181
Siedeendpunkt, °C	184	206	210	202	192	194
Rückstand						
Ausbeute, Vol.-%	2,5	4,6	7,6	4,3	1,3	2,5
Spez. Gewicht bei 15,6°	0,966	1,053	0,952	1,011	1,082	1,114
Benzingehalt, Vol.-%	3,5	—	—	0,5	—	—
Verluste						
Flüssigkeit, Vol.-%	25,3	28,9	28,4	30,2	24,0	23,2
Gas, m^3/m^3	111,8	163,9	159,2	136,7	105,8	132,0

[1] Umgerechnet nach Chem. Revs. **22**, 184 (1938).

Eigenschaften der Ausgangs- und Enderzeugnisse (umgerechnet)[1].

Ost-West-Texas						West-Texas			Rocky Mountains	Kalifornien	
Benzin						Benzin	Schwerbenzin		Benzin	Leicht-	Schwer-
										Benzin	
0,744						0,746	0,773		0,740	0,795	0,814
0,14						0,18	0,19		0,11	0,10	0,09
54						60	50		51	50	48
37						35	104		52	151	148
75						71	128		85	155	163.
128						134	155		100	160	183
182						184	188		171	171	204
208						200	210		194	184	219
53	53	53	52	53	53	53	53	53	35	53	53
507	516	524	534	535	535	510	510	510	519	524	521
481	487	496	533	535	534	480	481	482	491	496	494
7,62	7,35	7,50	14,89	11,45	7,81	12,13	8,07	5,99	7,39	5,19	7,66
8,7	82,7	76,0	62,8	48,9	37,9	88,1	81,1	77,4	79,5	69,2	70,5
,744	0,744	0,746	0,770	0,781	0,799	0,741	0,761	0,762	0,736	0,787	0,791
68	71	72	76	78	80	72	73	75	72	77	77
39	36	36	39	38	41	36	33	38	36	34	31
66	64	64	68	70	70	64	78	76	64	81	80
81	80	79	85	85	84	81	101	95	80	113	113
119	117	115	123	118	112	123	138	136	118	147	157
184	189	179	202	183	181	186	192	187	169	177	193
206	211	202	225	214	220	204	206	198	197	194	209
0,0	0,6	3,5	1,1	5,3	5,7	2,1	5,7	4,8	3,8	8,2	12,8
—	0,929	0,959	1,021	1,054	1,074	0,980	0,988	0,984	0,969	1,006	0,948
—	5,0	2,0	3,0	1,8	2,0	3,5	4,0	3,0	3,0	3,0	2,0
1,3	16,7	20,5	36,1	45,8	56,4	9,8	13,2	17,8	16,7	22,6	16,7
5,8	97,2	110,9	194,8	247,7	308,3	639,2	92,7	110,7	134,8	120,4	127,4

c) Chemische Zusammensetzung von Krackbenzinen.

Während in Destillatbenzinen ungesättigte Kohlenwasserstoffe kaum enthalten sind, steigt ihr Anteil in Krackbenzinen je nach der Art des Ausgangsöles und der Krackarbeitsweise stark an (vgl. Zahlentafel 110).

Zahlentafel 110. Chemische Zusammensetzung von Krackbenzinen nach SACHANEN[1] in Gew.-%.

Herkunft und Art des Krackausgangsstoffes	Ungesättigte	Aromaten	Naphthene	Paraffine
Gemischtphase-Kracken:				
Paraffinbasisches Surachany-Heizöl .	39	4	13	44
„ Grosny-Gasöl . . .	31	7	16	45
Oklahoma City-Gasöl	39	10	16	35
Gemischtbasisches leichtes Gasöl . .	30	8,5	15	46,5
„ schweres Gasöl .	41	6,5	9	43,5
Gemischtbasischer Rückstand . . .	45	6	8	41
Naphthenbasisches Kerosin	24	9	35	32
Dampfphase-Kracken:				
Gemischtbasisches Gasöl	49	16	25	10
Gasöl	45	23	14	19
Katalytisches Kracken (HOUDRY):				
Gasöl	18	15	23	44

Der Gehalt der Krackbenzine an Ungesättigten liegt zwischen etwa 20 und 50 Gew.-%. Er ist meist um so größer, je höher die angewandte Kracktemperatur liegt. Dementsprechend weisen die angeführten Dampfphase-Benzine mit 45 bis 49 Gew.-% den höchsten Gehalt an Ungesättigten auf. Aber auch die Siedegrenzen der Krackausgangsstoffe sind von gewissem Einfluß auf die chemische Zusammensetzung der Reaktionserzeugnisse. Im allgemeinen nimmt der ungesättigte Charakter der Krackbenzine mit steigenden Siedegrenzen der Ausgangsstoffe zu. Bemerkenswert ist der geringe Ungesättigtengehalt in dem durch katalytisches Kracken hergestellten Houdry-Benzin.

Untersucht man die Zusammensetzung der Kohlenwasserstoffe verschiedener Fraktionen von Krackbenzinen, so findet man meist einen etwas stetigen Abfall des Gehaltes an Ungesättigten und Paraffinen mit zunehmendem Siedepunkt; der Anteil der Aromaten und Naphthene erhöht sich entsprechend. Zwei Beispiele hierfür von SACHANEN sind in Zahlentafel 111 aufgeführt. Gewisse Abweichungen von den dort zum Ausdruck kommenden Abhängigkeiten werden gelegentlich gefunden.

[1] SACHANEN, A. N.: Refiner **18**, 521 (1939).

Zahlentafel 111. Chemische Zusammensetzung von Fraktionen zweier durch Gemischtphase-Kracken hergestellter Benzine in Gew.-%.

Siedegrenzen °C	Ungesättigte	Aromaten	Naphthene	Paraffine
1. Krackbenzin aus paraffinbasischem Grosny-Gasöl:				
unter 60	53	0	0	47
60— 95	33	1	14	52
95—122	29	5	18	48
122—150	29	8	16	47
150—200	25	12	22	41
2. Krackbenzin aus paraffinbasischem Surachany-Heizöl:				
unter 60	45	0	10	55
60— 95	36	1	10	53
95—122	40	1	16	43
122—150	37	5	18	40
150—200	37	8	17	38

Der *Schwefelgehalt* der Krackbenzine steht in engstem Zusammenhange mit dem der Krackrohstoffe. In Zahlentafel 112 sind die Schwefelgehalte einer Anzahl Rohöle sowie der aus ihnen gewonnenen Destillat- und Krackbenzine nebeneinander gestellt.

Zahlentafel 112. Schwefelgehalt von Roherdölen und der aus ihnen gewonnenen Destillat- und Krackbenzine (SACHANEN).

Rohölherkunft	Schwefelgehalt in Gew.-%		
	Rohöl	Destillatbenzin	Krackbenzin[1]
Pennsylvanien	0,04	0,005	0,02
Oklahoma City	0,20	0,01	0,04
Seminole	0,4	0,015	0,015
Ost-Texas	0,3	0,010	0,012
West-Texas	0,8	0,12	0,12
Texas, Panhandle	0,50	0,055	0,21
Golf-Küste, Placedo	0,15	0,02	0,08
Kalifornien:			
Huntington Beech	1,3	0,17	0,8
Santa Fé Springs	0,4	0,05	0,2
Smackover	2,0	0,04	0,19
Mexiko, Panuco	5,2	0,06	1,4
„ Poza Rica	1,8	0,05	0,8
Venezuela, La Rosa	1,8	0,07	0,7
Rußland, Grosny	0,2	0,015	0,018
„ Surachany	0,3	0,017	0,066
Iran	0,8	0,08	0,16
Irak	2,0	0,10	0,34

[1] Nicht raffiniert.

Es ist klar ersichtlich, daß die niedrigsiedenden Anteile der Rohöle wenig Schwefel enthalten. Der Schwefelgehalt der Destillatbenzine beträgt meist nur einen geringen Bruchteil desjenigen der Rohöle. Beim Kracken werden aber die stark schwefelhaltigen hochmolekularen Ölbestandteile zu Bruchstücken von Benzincharakter aufgespalten; ihr Schwefel überträgt sich dabei auf die Krackbenzine, die deshalb einen verhältnismäßig hohen Gehalt an Schwefelverbindungen besitzen. Es handelt sich dabei in erster Linie um Merkaptane, Mono- und Disulfide sowie Thiophene. Elementarer Schwefel ist nach SACHANEN primär nicht vorhanden. Er bildet sich erst bei der Oxydation von Schwefelwasserstoff durch den Sauerstoff der Luft.

Einen Anhaltspunkt für die Art der in Krackbenzinen vorhandenen Schwefelverbindungen erhält man aus der folgenden Aufstellung, die amerikanischen Arbeiten über den Schwefelgehalt von Krackbenzinen[1] entnommen ist:

Zahlentafel 113. Art der Schwefelverbindungen in Krack- und Destillatbenzinen (Gehalt in Gew.-%).

Art der Schwefelverbindungen	Krackbenzin aus		Destillatbenzin aus Panhandle-Rohöl
	Midway-Rohöl	Smackover Rohöl	
Elementarschwefel	0,00	0,00	0,05
Merkaptane	0,02	0,02	0,04
Disulfide	0,11	0,03	0,00
Sulfide	0,02	0,00	0,00
Rest	0,95	0,15	0,00
Schwefelwasserstoff	vorhanden	vorhanden	vorhanden

Im Gegensatz hierzu und zu SACHANEN fanden FARAGHER, MORRELL und MONROE[1] bei thermischen Zerfallsversuchen mit Merkaptanen neben

Zahlentafel 114. Verbleib des Schwefels beim Kracken eines mexikanischen Gasöls[2].

Ausgangs- und Endstoffe	Schwefelgehalt	
	in Gew.-% der Einzelstoffe	in Proz. des Schwefels im Ausgangsöl
Ausgangsöl	2,19	100
Krackbenzin	1,40	23,05
Rückstand	3,84	62,08
Koks	5,22	2,01
Gas	8,5	12,9

[1] FARAGHER, W. F., J. C. MORRELL u. G. S. MONROE: Industr. Engng. Chem. 49, 1281 (1927). — FARAGHER, W. F., J. C. MORRELL u. S. COMAY: Industr. Engng. Chem. 20, 5, 27 (1928).

[2] EGLOFF, G., u. J. C. MORRELL: Chem. Met. Eng. 28, 633 (1923) — Oil and Gas J. 25, 150, 157 (1927).

Schwefelwasserstoff auch elementaren Schwefel. Aus den Sulfiden wurden Schwefelwasserstoff, Merkaptane und Thiophene, aus Disulfiden elementarer Schwefel, Schwefelwasserstoff, Sulfide und Thiophene gebildet. Thiophene sind thermisch sehr beständig, selbst bei 760° C wurde ein Zerfall nicht beobachtet.

Die Verteilung des Schwefels eines Krackausgangsstoffes auf die einzelnen Krackerzeugnisse zeigt das vorstehende Beispiel.

2. Krack-Dieselkraftstoffe.

a) Eigenschaften[1].

Beim Kracken fallen ebenfalls Destillate des Dieselsiedebereiches an. Als Dieselkraftstoffe sind sie jedoch wegen ihrer verhältnismäßig geringen Zündwilligkeit ziemlich wenig geeignet. Die niedrige Zündwilligkeit rührt daher, daß als höhersiedende Anteile beim Kracken nur diejenigen Bestandteile der Ausgangsöle übrigbleiben, die eine hohe thermische Stabilität besitzen, also auch bei den im Dieselmotor herrschenden Bedingungen wenig zur Zündung neigen. Der hohe Unterschied der Cetanzahlen von Destillat- und Krack-Dieselkraftstoffen aus denselben Rohstoffen ist aus Zahlentafel 115 ersichtlich. Die Zündwilligkeit der letzteren liegt, an den in Deutschland geltenden Anforderungen gemessen, bestenfalls an der Grenze der Verwendbarkeit im schnelllaufenden Dieselmotor. Zur Erhöhung der Zündwilligkeit stehen jedoch mehrere Möglichkeiten zur Verfügung.

Zahlentafel 115. Mittlere Cetanzahlen von Destillat- und Krack-Dieselkraftstoffen aus u. s.-amerikanischen Rohölen.

Rohölherkunft	Wahrscheinliche mittlere Cetanzahlen nach der Zündverzugsmethode[2]	
	Destillat	Krack
Appalachische Zone:		
Pennsylvanien	62	29
Kentucky	52	35
Michigan, Lima (Ohio) und Nordwest-Indiana	68	37
Mid-Continent:		
Ost-Texas	55	40
West-Texas und südöstl. Neumexiko	45	30
Oklahoma, Kansas und Nord-Texas	56	35
Golf-Küste	58	41
Felsengebirge	51	38
Kalifornien	47	32
Mittlere Cetanzahl	54	35

[1] Vgl. Zahlentafel 50, Kraftstoff Nr. 7.
[2] U. O. P.-Booklet Nr 189 (1937).

Durch Säure-Lauge-Behandlung (Zahlentafel 116) lassen sich Cetanzahlerhöhungen um eine Reihe von Einheiten erzielen. Allerdings ist der Säureverbrauch hoch; zudem tritt gleichzeitig eine Steigerung des Stockpunktes ein.

Zahlentafel 116.
Wirkung der Säurebehandlung auf die Zündwilligkeit und die Kältebeständigkeit von Destillat- und Krack-Dieselkraftstoffen[1].

	Destillat-Dieselkraftstoff			Krack-Dieselkraftstoff		
Säure, kg/m³	0	28,5	142,5	0	28,5	142,5
Behandlungsverlust, %	0	7	25	0	6	27
Dieselindex	38	41	48	45	48	55
Cetanzahl	39[2]	40	44	42	44	49
Stockpunkt, °C	−46	−43	−34	−31	−31	−23

Bessere Ergebnisse lassen sich durch Umsetzung von Krack-Dieselkraftstoffen mit sog. selektiv, d. h. auswählend wirkenden Lösungsmitteln gewinnen. Als solche selektive Lösungsmittel wirken u. a. flüssiges Schwefeldioxyd, Phenol, Furfurol, Anilin, Kresol oder auch

Zahlentafel 117.
Wirkung der Lösungsmittelbehandlung (flüss. SO_2) auf die Zündwilligkeit und die Kältebeständigkeit von Dieselkraftstoffen[1].

	Schwefeldioxydzusatz, %			
	0	100	300	500
Krack-Dieselkraftstoff 1:				
Raffinatausbeute, Vol.-%	100	76	59	44
Extraktausbeute, Vol.-%	0	24	41	56
Dieselindex	43	57	68	71
Cetanzahl	41	51	62	66
Stockpunkt, °C	−40	−37	−34	−21
Krack-Dieselkraftstoff 2:				
Raffinatausbeute, Vol.-%	100	75	57	41
Extraktausbeute, Vol.-%	0	25	43	59
Dieselindex	38	53	66	70
Cetanzahl	39	48	60	65
Stockpunkt, °C	−46	−46	−37	−26[3]
Destillat-Dieselkraftstoff:				
Dieselindex	45	49	57	63
Cetanzahl[2]	42	45	51	56
Stockpunkt, °C	−31	−31	−29	−18

[1] Woods, G. M.: Petrol. Engng. 8, Nr 3, 50 (1936).

[2] Die Cetanzahl dieses Destillat-Dieselkraftstoffes ist ungewöhnlich niedrig. Meist werden für Destillatkraftstoffe aus Erdöl Cetanzahlen zwischen 50 und 75, für Krack-Dieselkraftstoffe solche von 35 bis 45 gemessen.

[3] Durch Zusatz von 0,5% Paraflow wird der Stockpunkt dieses Raffinates von −26° auf −46° C herabgesetzt.

Gemische wie Duosol (Propan + Kresol). Man erhält ein Raffinat und einen Extrakt (vgl. auch S. 198). Die Raffinatausbeute fällt mit zunehmender Lösungsmittelmenge ab. Gleichzeitig steigt die Eignung des Raffinates als Dieselkraftstoff; nur verursacht die Anreicherung paraffinischer Kohlenwasserstoffe im Raffinat wie bei der Säurebehandlung eine Zunahme des Stockpunktes. Krackerzeugnisse sprechen auf die Lösungsmittel im allgemeinen besser als Destillatkraftstoffe an (Zahlentafel 117).

Die Herabsetzung der Zündwilligkeit durch Kracken wächst mit steigender Kracktemperatur und mit Verlängerung der Verweilzeit, die Kältebeständigkeit nimmt dagegen in derselben Richtung zu.

Zahlentafel 118. Wirkung des Krackens auf die Cetanzahl und den Stockpunkt von Dieselkraftstoffen[1] (umgerechnet).

Kracktemperatur, °C	—	371	371	427	427
Krackdauer, min	0	2	8	2	8
Krackverlust, %	0	2	7	7	19
Gewonnener Dieselkraftstoff:					
Cetanzahl (Zündverzugmeth.)	56	55	48	51	46
Stockpunkt, °C	2	−18	−26	−21	−29

b) Zusatzstoffe zur Erhöhung der Zündwilligkeit von Dieselkraftstoffen.

Wie für Ottokraftstoffe die Klopffestigkeit ist für Dieselkraftstoffe die Zündwilligkeit (s. S. 184) die wichtigste Kenngröße. Es hat deshalb nicht an Versuchen gefehlt, die ungenügende Zündwilligkeit mancher Kraftstoffe durch Zusatz sog. Zündbeschleuniger („dopes") zu verbessern. Die Zahl der als solche vorgeschlagenen Stoffe ist außerordentlich groß. Im wesentlichen handelt es sich um folgende Stoffgruppen, die meist in Mengen von 0,5 bis 5 Gew.-% Zusatz wirksam sein sollen:

Alkylnitrate[2], z. B. Äthyl-, Isopropyl-, Butyl- und Amylnitrat,

Alkylnitrite[3], z. B. Äthyl-, Isopropyl-, Butyl- und Amylnitrit,

Nitroverbindungen[4], z. B. Nitrobenzol, Nitrotoluol, Nitroxylol, Trinitrotoluol, Nitroglyzerin und Nitropentan,

---

[1] Woods, G. M.: Petr. Engng. **8**, 50 (1936).

[2]* *Imperial Chemical Industries Ltd.*, Dän. P. 48216 (1932); DRP. 616917 (1933); F. P. 757326 (1935). — Woodburg, C. A., u. W. A. Lawson: *E. I. du Pont de Nemours et Co.*, A. P. 2066506 (1932). — Bereslavsky, E. V.: F. P. 821211 (1937). — Howes, D. A.: *Imperial Chemical Industries Ltd.*, A. P. 2065588 (1933). — Marvel, C. S.: *E. I. du Pont de Nemours et Co.*, A. P. 2031497 (1933). — Wesely, P. L., u. R. Peterson: *Imperial Chemical Industries Ltd.*, E. P. 404682 (1935).

[3] Howes, D. A.: *Imperial Chemical Industries Ltd.*, A. P. 2065588 (1933).

[4] Hofmann, F., u. K. Giesler: DRP. 574678 (1931).

* Das Schrifttum über Zündbeschleuniger erhebt keinen Anspruch auf Vollständigkeit.

Nitrosoverbindungen[1], z. B. Nitrosodibutyl-amin, Nitroso-isopropyl-paratoluidin und Nitroso-N-Methylurethan,

Halogen-Nitro- und -Nitrat-Verbindungen[2], z. B. Chlordinitrobenzol und Äthylenchlorhydrinnitrat,

Bromalkylverbindungen[3], z. B. Benzyl-, Butyl- und Butylenbromid sowie Isobutylendibromid,

Oxydationskatalysatoren[4], z. B. Stickstoff dioxyd, Perkarbonate, harzsaures Blei und oleinsaures Kupfer,

Furfurol[5],

Peroxyde[6], z. B. Benzoyl-, Tetralin- und Zyklodiazeton-peroxyd,

Ungesättigte Kohlenwasserstoffe[7], z. B. Allylen, Diazetylen, Butadien und Dipenten,

Polysulfide[8], z. B. Diäthyl- und Diphenyl-tetrasulfid,

Merkaptide aus der Alkalibehandlung von Erdölmerkaptanen[9],

Aldehyde und Ketone[10], z. B. Benzaldehyd und Benzoylazeton,

Chinone und Oxime[11], z. B. Formaldoxim, Azetaldoxim und Zyklohexanon-oxim,

von 100 bis 300° siedende aliphatische Äther (5 bis 100%)[12],

Organische Verbindungen von Metallen der zweiten und fünften Gruppe, insbesondere Quecksilberalkylnitrate, Bariumdiphenylaminsulfonat und Tributylantimon[13],

Freier Schwefel sowie an *Phosphor oder an Aminogruppen gebundener*

---

[1] SALZBURG, P., P. L. WESELY u. R. PETERSON: *E. J. Dupont de Nemours et Co.*, A. P. 2009818 (1932).

[2] GRIFFITH, R. H., u. S. G. HILL: *Gas Light and Coke Co.*, E. P. 436027 (1934). — BRISTOW, W. A., u. C. BUIST: E. P. 461320 (1935).

[3] HOWES, D. A.: *Imperial Chemical Industries Ltd.*, A. P. 2065588 (1933). — *Imperial Chemical Industries Ltd.*, DRP. 616917 (1933); F. P. 757326 (1933).

[4] HAGEMANN, A.: DRP. 612073 (1931).

[5] KLASSEN, I.: DRP. 622087 (1933).

[6] HOCK, H.: DRP. 651771 (1934). — *N. V. de Bataafsche Petroleum Maatchappij*, F. P. 774099 (1934). — *Texaco Development Corp.*, F. P. 817326 (1937). — *Imperial Chemical Industries*, A. P. 1849051 (1932). — MOSER, F. R.: *Shell Development Co.*, A. P. 2218135 (1937).

[7] *I. G. Farbenindustrie A.G.*, E. P. 399150 (1932).

[8] *Texas Co., New York*, A. P. 2034643 (1933). — CRANDALL, G. S., R. C. MORAN u. H. G. BERGER: *Socony Vacuum Oil Co.*, A. P. 2167345 (1936); 2137410 (1937). — *N. V. de Bataafsche Petroleum Maatchappij*, F. P. 764721 (1933). — *Standard Oil Development Co.*, A. P. 2205126 (1937); F. P. 855535 (1939).

[9] SEELEY, C. H., u. M. H. ARVESON: *Standard Oil Co.*, A. P. 2205126 (1937).

[10] HAGEMANN, A.: DRP. 612073 (1931). — HOWES, D. A.: *Imperial Chemical Industries Ltd.*, E. P. 403124 (1932).

[11] HAGEMANN, A.: DRP. 612073 (1931). — *E. I. du Pont de Nemours et Co.*, E. P. 429763 (1933). — MILLER, P., u. G. H. CLOUD: *Standard Oil Development Co.*, A. P. 2223181 (1939).

[12] LIPKIN, D.: *Atlantic Refining Co.*, A. P. 2221839 (1936).

[13] *Standard Oil Development Co.*, F. P. 853719 (1939).

Schwefel, z. B. P_4S_3 und S_6N_2, *Arylkerne enthaltende Triazene* sowie *Pentazdiene* u. a. Diphenyltriazen und 3-Methyl-1, 5-diphenylpentazdien[1],

Aliphatische Thiamine, z. B. Butylthiamin[2],

Chlorpikrin[3] und *Schwefelstickstoff*[4].

Die durch Azeton- und Tetralinperoxyd sowie durch Äthylnitrat hervorgerufene Erhöhung der Zündwilligkeit wurde von HUBNER und EGLOFF[5] in Abhängigkeit von der Zusatzmenge verfolgt (Abb. 98 und 99). Je nach der angewandten Prüfmethode erhielten sie verschieden

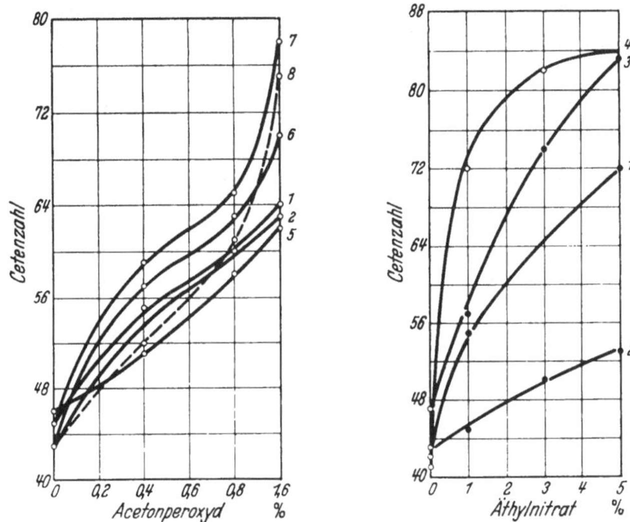

Abb. 98 und 99. Wirkung von Acetonperoxyd- bzw. Äthylnitrat-Zusätzen auf die Zündwilligkeit eines Dieselkraftstoffes bei Anwendung verschiedener Motorprüfweisen.

große Verbesserungen der Cetenzahl, die beispielsweise bei 0,4proz. Zusatz von Azetonperoxyd zwischen 5 und 14 Cetenzahleinheiten schwankten. Bei Verwendung von Äthylnitrat als Zündzusatz in Mengen von 1 bis 5% ergaben sich noch größere Unterschiede des Ansprechvermögens auf verschiedene Motorprüfweisen.

Die Wirkung organischer Peroxyde[6] hängt nach A. W. SCHMIDT und MOHRY sowohl von der Struktur der Peroxyde als auch von der chemischen Zusammensetzung der Kraftstoffe ab (vgl. auch Abb. 100).

[1] MORAN, R. C., E. W. FULLER u. G. S. CRANDALL: *Socony Vacuum Oil Co.*, A. P. 2136456 (1937), 2136455 (1936), 2188262 (1938).

[2] BADERTSCHER, D. E., u. M. S. ALTAMURA: *Socony Vacuum Oil Co.*, A. P. 2218447 (1938).

[3] BURTON, A. A.: *Standard Oil Co.*, A. P. 2200260 (1939).

[4] *N. V. de Bataafsche Petroleum Maatchappij*, F. P. 764721 (1933).

[5] HUBNER, W. H., u. G. EGLOFF: U. O. P.-Booklet Nr 209 (1937).

[6] SCHMIDT, A. W., u. F. MOHRY: Öl u. Kohle **36**, 122 (1940).

Das beste Verhalten weisen die einfachen Dialkylperoxyde wie Dimethyl- und Diäthylperoxyd auf. Mit zunehmender Molekülgröße und mit der Einführung von Oxygruppen nimmt die Wirksamkeit ab. Aromatisch-aliphatische Peroxyde verhalten sich besser als rein aromatische. Von den Hydroperoxyden erwies sich nur das Tetralinperoxyd als brauchbar.

HEINZE, MARDER und VEIDT[1] stellten in einer Studie über die Anwendbarkeit von Zündbeschleunigern verschiedener Struktur fest:

Als wirksamste Zündbeschleuniger sind die Nitrate und Nitrite anzusehen. Von den untersuchten Stoffen wurden Cetanzahlerhöhungen auch durch Tetralinperoxyd, Äthylenchlorhydrin-N-Nitrat, Nitrosomethylurethan und Diäthyltetrasulfid verursacht (Zahlentafel 119).

Zahlentafel 119. Cetanwerte (H. W. A.-Motor) eines Erdöl-Krack-Dieselkraftstoffes (Cetanzahl 37) nach Zusatz von Zündbeschleunigern nach HEINZE, MARDER und VEIDT.

Zündbeschleuniger	Zugesetzte Menge in Gew.-%			
	0,5	1	2	3
Amylnitrat	41,5	45,0	52,0	59,0[2]
Amylnitrat + 0,1% Butylbromid	41,0	44,0	50,0	—
Amylnitrat + 1% Butylbromid	—	—	52,5	—
Amylnitrat + 2% Butylbromid	—	—	—	60,0
Amylnitrit	38,0	38,5	41,0	57,0[3]
Amylnitrit + 0,1% Butylbromid	38,0	39,0	41,0	54,5
Amylnitrit + 0,1% Butylbromid + Kupferstearat[4]	38,0	39,0	41,0	54,0
Äthylnitrat	40,0	43,0	49,0	—
Äthylnitrat + 0,1% Benzylbromid	40,0	43,5	49,5	—
Tetralinperoxyd	38,5	40,5	45,0	49,0
Äthylenchlorhydrinnitrat	—	44,0	50,0	—
Nitrosomethylurethan	—	44,0	48,0	—
Diäthyltetrasulfid	—	44,0	49,5	—
Chlordinitrobenzol	—	37,0	38,5	—
Trinitrotoluol	—	37,0	37,0	—
Benzoylazeton	—	37,5	38,0	—
Zyklohexanonoxim	—	38,5	38,5	—
Nitrosodimethylanilin	—	37,5	38,0	—
Dipenten (Limonen)	—	36,5	37,0	—
Terpen	—	37,0	38,0	—

Zusätze von Chlordinitrobenzol, Trinitrotoluol, Benzoylazeton, Zyklohexanonoxim, Nitrosodimethylanilin-para, Dipenten (Limonen) und Terpen zeigten praktisch keinen Einfluß auf die Zündwilligkeit der Kraft-

[1] HEINZE, R., M. MARDER u. M. VEIDT: Jahresvers. d. Dtsch. Ges. f. Mineralölforschung, Wien, am 13. XII. 1940. — Öl u. Kohle 37, 422 (1941).

[2] Bei 5proz. Zusatz 72,5.

[3] Bei 5proz. Zusatz 72,0.

[4] Schwer löslich, gelöst bis zur Sättigung.

stoffe (Zahlentafel 119). Diazetyldioxim, harzsaures Blei und Benzoylperoxyd erwiesen sich als in Dieselkraftstoffen praktisch unlöslich.

Der Grund für die Unwirksamkeit mancher Zündbeschleuniger ist darin zu sehen, daß für die Auswahl der Zündstoffe in zahlreichen Fällen nicht die Verkürzung des Zündverzuges im Motor, sondern die Herabsetzung des sog. Zündpunktes in Zündwertprüfern maßgeblich war. Der Zündpunkt allein ist aber, wie auch die Versuchsergebnisse von JENTZSCH[1] beweisen, kein eindeutiger Maßstab für die Cetanzahl. Nur diejenigen Stoffe bewirken eine Verkürzung des Zündverzuges im Motor und damit eine Zunahme der Cetanzahl, die Einfluß auf die Größe

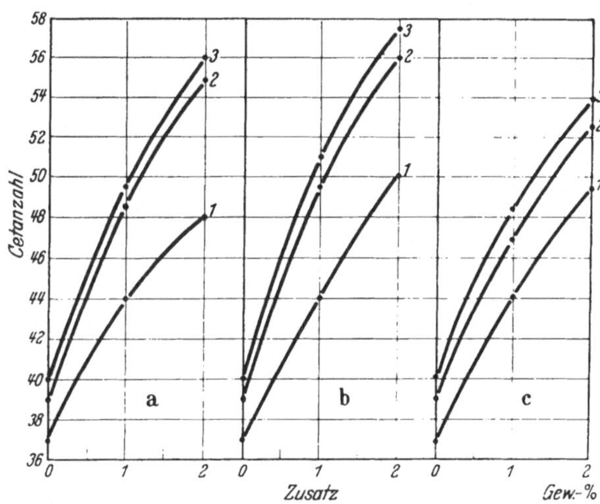

Abb. 100. Erhöhung der Zündwilligkeit von Dieselkraftstoffen (*1* Erdölkrack-, *2* Braunkohlenteer-, *3* Braunkohlenteer-Krack-Dieselkraftstoff) durch Zusatz von Zündbeschleunigern.
a) Nitrosomethylurethan, b) Äthylenchlorhydrinnitrat, c) Diäthyltetrasulfid.

und die Geschwindigkeit der Umsetzung des Kraftstoffes mit dem Luftsauerstoff nehmen. Das sind diejenigen Stoffe, die zufolge ihrer geringen thermischen Stabilität unter den im Motor herrschenden Bedingungen zerfallen und durch die dabei frei werdende Zerfallsenergie die Einleitung des Verbrennungsvorganges verkürzen, d. h. solche Stoffe, die quasi als Initialzünder anzusprechen sind.

Die Steigerung der Cetanwerte durch kleine Zusätze ist der zugegebenen Menge meist ungefähr proportional. In manchen Fällen nimmt jedoch die Cetanzahlzunahme je Prozent Zusatz mit der Konzentration der Zündbeschleuniger ab (vgl. Abb. 100). Eine Erhöhung der zündverbessernden Wirkung von Nitraten und Nitriten durch Zugabe von Butylbromid, Benzylbromid oder Kupferstearat, wie sie in der Patentliteratur angegeben ist[2], wurde nicht beobachtet (Zahlentafel 119).

[1] JENTZSCH, H.: Z. Ver. dtsch. Ing. **69**, 1357 (1925).
[2] A. P. 2065588 (1933); E. P. 404682 (1935).

Bei einigen Zündbeschleunigern besteht die Möglichkeit, daß die Kraftstoffe mit ihnen unter Bildung von Niederschlägen reagieren. Diese Erscheinung trat z. B. bei Zusatz von Amylnitrit und Tetralinperoxyd zu Braunkohlenteeröl ein.

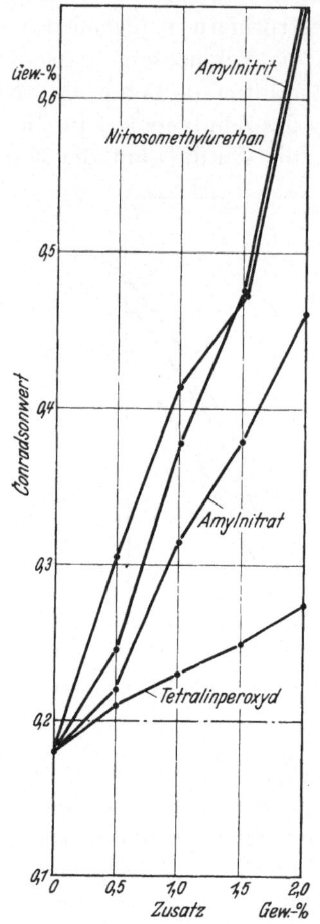

Abb. 101. Steigerung der Verkokungsneigung (nach CONRADSON) eines Erdöl-Dieselkraftstoffes durch Zusätze von Zündbeschleunigern.

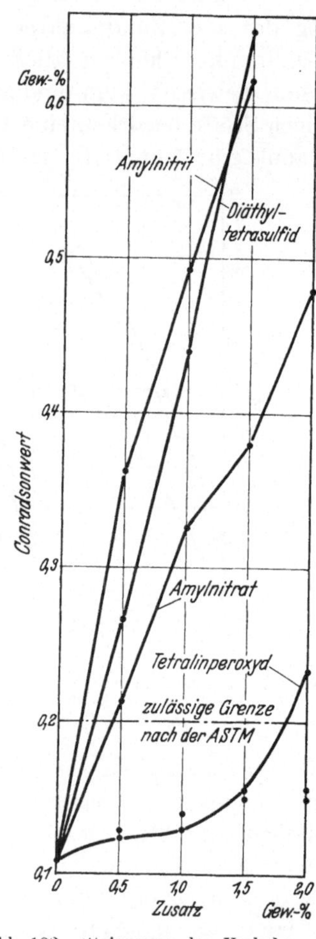

Abb. 102. Steigerung der Verkokungsneigung (nach CONRADSON) eines Braunkohlenteer-Dieselkraftstoffes durch Zusätze von Zündbeschleunigern.

Bei der Beurteilung der Wirksamkeit von Zündbeschleunigern darf nicht außer acht gelassen werden, daß sich die Bewertung der Dieselkraftstoffe nicht nur auf die Zündwilligkeit beschränkt. Die Einwirkung der Zusätze auf die Lagerfähigkeit, die Verkokungsneigung und die Angriffsfähigkeit der Kraftstoffe gegenüber Metallen sind ebenfalls zu prüfen. Die von HEINZE, MARDER und VEIDT angestellten

Untersuchungen behandeln den Einfluß von Zündbeschleunigern auch auf diese Kraftstoffeigenschaften. Danach wird die Lagerfähigkeit der Dieselkraftstoffe durch die Anwesenheit der Zusatzstoffe praktisch nicht herabgesetzt, die Zündwilligkeitssteigerung ändert sich beim Lagern nicht. Dagegen wird die Verkokungsneigung, gemessen nach CONRADSON, in jedem der angezogenen Fälle verstärkt (s. Abb. 101 und 102). Setzt man voraus, daß die Conradson-Verkokungswerte, wie A. W. SCHMIDT und KNEULE[1] durch Vergleichsversuche am Motor feststellten, in engem Zusammenhang mit der im Dieselmotor eintretenden Verkokung stehen, so kann man den Schluß ziehen, daß die Zündbeschleuniger das Verkokungsverhalten der Kraftstoffe nachteilig beeinflussen. Ein Vergleich[2] neuerer Ergebnisse von Motorversuchen mit den üblichen im Laboratorium gemessenen Verkokungswerten nach CONRADSON, JENTZSCH oder HWA deutet jedoch an, daß die letzteren leicht verkokende Kraftstoffe unterbewerten. Tatsächlich riefen Zusätze von Zündbeschleunigern in einigen Fällen nur eine geringe oder keine Erhöhung der Koksabscheidungen im Motor hervor. Trotzdem bleibt zu beachten, daß Kraftstoffe mit niedriger Zündwilligkeit, z. B. solche aus Kohleteeren, schon von Haus aus eine hohe Verkokungsneigung besitzen, die durch Zusatz von Zündbeschleunigern leicht über die zulässige Grenze hinaus vergrößert werden kann[3].

Die Wirkung der Zündbeschleuniger auf die Angriffsfähigkeit der Dieselkraftstoffe gegenüber Metallen wurde bisher nur gegenüber dem vielfach als Korrosionsschutz von Kraftstoffbehältern benutzten Zink geprüft.

Zahlentafel 120.
Gewichtsverlust von Zinkstreifen beim Korrosionstest.

Zündbeschleuniger	Zugesetzte Menge in Gew.-% zu							
	Erdölkracköl				Braunkohlenteeröl			
	1	1,5	2	3	1	1,5	2	3
Amylnitrat	1,2			1,8		0,7		0,9
Amylnitrat + 0,1% Butylbromid	1,4			1,7		0,5	0,7	
Äthylnitrat	0,5		0,5		0,6		0,8	
Amylnitrit	0,8		2,7	3,8		3,5		6,1
Tetralinperoxyd		4,7			1,6		5,2	
Nitrosomethylurethan	0,2		0,4		0,4		1,3	
Diäthyltetrasulfid	1,0		1,8		0,7		1,8	
Äthylenchlorhydrinnitrat	1,6		1,4		2,1		3,5	

[1] SCHMIDT, A. W., u. F. KNEULE: Öl u. Kohle **14**, 1034 (1939).
[2] MARDER, M., u. P. WEBER in Gemeinschaft mit der *Versuchsanstalt und amtlichen Prüfstelle für Kraftfahrzeuge, Techn. Hochsch. Berlin*, unveröffentlicht.
[3] Gewichtsverlust in mg/16 cm² Oberfläche bei 100°.

Die nach der Prüfweise des DVM (DIN E DVM 3763) ermittelten Korrosionswerte (Zahlentafel 120) zeigen, daß die Zündzusätze in fast jedem Falle eine Erhöhung der Korrosion des Zinks durch die Kraftstoffe verursachen. Die Steigerung ist jedoch in den meisten Fällen, z. B. bei Zugabe von Äthyl- und Amylnitrat, unbedeutend. Dagegen wird der zur Zeit zulässige Gewichtsverlust von 4 mg/16 cm^2 Oberfläche durch Zusatz von Tetralinperoxyd und von Amylnitrit ziemlich bald überschritten. Aus diesem Grunde ist anzuraten, Dieselkraftstoffe mit Zündbeschleunigern auch hinsichtlich ihres Korrosionsverhaltens gegenüber den mit ihnen in Berührung kommenden Werkstoffen zu überprüfen[1].

3. Aus Krackgasen gewinnbare sauerstoffhaltige Kraftstoffe.

a) Diisopropyläther.

Ein hervorragend wirksamer Zusatz zu Kraftstoffen zwecks Erhöhung der Klopffestigkeit ist Diisopropyläther[2]. Als Ausgangsstoff für seine Herstellung dient Propylen[3]. Die Umsetzung erfolgt in zwei Arbeitsgängen:

a) Sulfonierung des Propylens zu Isopropylsulfat,

b) Umsetzung des Isopropylsulfates zu Diisopropyläther und Schwefelsäure.

Der Reaktionsverlauf wurde bereits 1855 von BERTHELOT angegeben:

$$CH_3—CH{=}CH_2 + SO_4H_2 \rightarrow \begin{matrix} CH_3 \\ CH_3 \end{matrix}\!\!>CH—SO_4H$$

$$2\,\begin{matrix} CH_3 \\ CH_3 \end{matrix}\!\!>CH—SO_4H + H_2O \rightarrow \begin{matrix} CH_3 \\ CH_3 \end{matrix}\!\!>CH—O—CH<\!\!\begin{matrix} CH_3 \\ CH_3 \end{matrix} + 2\,H_2SO_4$$

Zum Teil wird der Ester zu Isopropylalkohol verseift:

$$\begin{matrix} CH_3 \\ CH_3 \end{matrix}\!\!>CH—SO_4 + H_2O \rightarrow \begin{matrix} CH_3 \\ CH_3 \end{matrix}\!\!>CH—OH + H_2SO_4$$

Die Sulfonierung von Propylen wird in den Vereinigten Staaten schon seit dem Weltkriege zwecks Gewinnung von Isopropylalkohol in großtechnischem Maßstabe durchgeführt. 1931 wurden beispielsweise 6000 m^3 Isopropylalkohol über den Schwefelsäureester hergestellt.

Technisch wird als Ausgangsstoff der C_3-Schnitt der Krackgase, gegebenenfalls mit Anteilen niedrigermolekularer Kohlenwasserstoffe,

[1] Über den Einfluß schlechter Dieselkraftstoffe auf das Schmierölverhalten im Motor, vgl. H. KORN, Öl u. Kohle **14**, 389 (1938).

[2] HAGUE, P.: Sci. et Ind. Nr 278, hors de série, 73 (1938).

[3] BUC, H. E., u. E. E. ALDRIN: Oil and Gas J. **35**, 41 (1936).

verwendet. Durch die Anwesenheit von Äthylen werden keine Störungen hervorgerufen; denn nach DAVIS und SCHÜLER (1930) wird Propylen in der Kälte durch Schwefelsäure 300mal schneller als Äthylen absorbiert.

Nach der Sulfonierungsarbeitsweise von ELLIS[1] wird das Ausgangsgas in Schwefelsäure (spez. Gewicht 1,8) oberhalb von 20° in Gegenwart einer das Gas lösenden, aber mit der Säure nicht mischbaren Flüssigkeit eingeleitet. Die saure Flüssigkeit wird dem Einleitungsapparat entnommen, wenn ihr spez. Gewicht auf 1,3 bis 1,4 gesunken ist.

Technisch wird die Sulfonierung nach dem von BROOKS und CARDARELLI (1933) entwickelten Verfahren vorgenommen: Man führt das Gas bei 10 bis 30° C einer 75- bis 80proz. Schwefelsäure mit so großer Geschwindigkeit zu, daß der Teildruck des Propylens über der Säure höher als 7 kg/cm² ist. Statt mit einer 75- bis 80proz. Säure bei 10 bis 30° kann man auch mit 70- bis 75proz. Säure bei 40° und höher arbeiten.

Zur weiteren Umsetzung wird die bei der Sulfonierung erhaltene Flüssigkeit auf 100 bis 125° erhitzt. Mit dem Äther bildet sich gleichzeitig Isopropylalkohol. Nicht umgesetztes Propylen wird in den Arbeitsgang zurückgeführt, Diisopropyläther und Isopropylalkohol werden durch Destillation voneinander getrennt.

Das Arbeitsschema entspricht dem für das Kaltsäureverfahren zur Erzeugung von Diisobutylen angegebenen (s. S. 337). Man kann voraussagen, daß die Entwicklung des Verfahrens dahin gehen wird, die Sulfonierung und die Ätherbildung unter entsprechender Änderung der Temperatur und Konzentration in einem Arbeitsgang durchzuführen (Heißsäureverfahren wie bei der Diisobutylenherstellung).

Diisopropyläther kann auf Grund der beschriebenen einfachen Herstellungsweise wesentlich preiswerter als die meisten anderen hochklopffesten Kraftstoffe und Kraftstoffzusätze gewonnen werden. Den bei der Herstellung von Diisopropyläther ebenfalls anfallenden Isopropylalkohol könnte man an sich ebenso wie den Äther als Kraftstoffzusatz benutzen. Sein Mischoktanwert liegt um 110, also ebenso hoch wie der des Diisopropyläthers (100 bis 120). Ein wesentlicher Nachteil des Alkohols ist jedoch sein fast doppelt so hoher Sauerstoffgehalt, der seinen Heizwert beträchtlich herabsetzt (s. auch S. 141). Man ist deshalb bestrebt, die Arbeitsbedingungen bei der Diisopropyläthergewinnung so abzuändern, daß die Isopropylalkoholbildung möglichst unterbunden wird. Eine Möglichkeit besteht z. B. in der Rückführung des Alkohols in die Säurephase. MANN JR.[2] benutzt als Ausgangsstoff für die Diisopropylätherherstellung Isopropylalkohol.

[1] ELLIS, C.: The Chemistry of Petroleum Derivatives. 1928.
[2] MANN JR., M. D.: A. P. 1482804 (1924).

Diisopropyläther ist durch folgende Eigenschaften gekennzeichnet:

Zahlentafel 121. Eigenschaften von technischem Diisopropyläther.

Spez. Gewicht bei 15°	0,730
Erstarrungspunkt, °C	—87
Viskosität bei 20°, cPoise	0,322
Reid-Dampfdruck bei 38°, at	0,360
Latente Verdampfungswärme, kcal/kg	68,5
Oberer Heizwert, kcal/kg	9500
Unterer „ „	8750
„ „ + Verdampfungswärme, kcal/kg	8818,5
kcal/l	6400
Mischoktanwert	100—120
ASTM.-Destillation:	
Siedebeginn, °C	65
5 Vol.-% destillieren bis	65
10 „ „ „	65
50 „ „ „	66
90 „ „ „	66
Siedeendpunkt, °C	75

Alle Daten des Diisopropyläthers, mit Ausnahme des Heizwertes und des Dampfdruckes, sind als hervorragend anzusprechen. Da der Äther jedoch in erster Linie als Zusatz zu Kraftstoffen in Frage kommt, sind die verhältnismäßig niedrigen Daten für den Heizwert und den Dampfdruck ohne große Bedeutung. Immerhin liegt der Heizwert um etwa 2400 kcal/kg höher als der des Äthanols (oberer Heizwert 7100 kcal/kg) und sogar um 4170 kcal/kg über dem des Methanols (5330 kcal/kg).

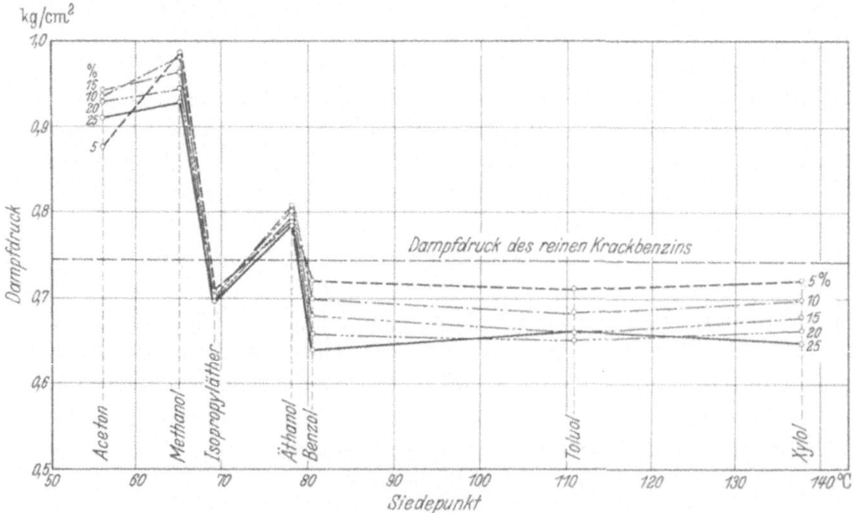

Abb. 103. Reiddampfdrucke von Krackbenzin bei 40° in Abhängigkeit von den Siedepunkten und der Menge an Zusatzstoffen.

Im Gemisch mit Benzin, besonders solchem mit einem höheren Olefingehalt, bildet Diisopropyläther im Gegensatz zu Methanol und Äthanol ein azeotropisches Gemisch mit Dampfdruckminimum[1]. In

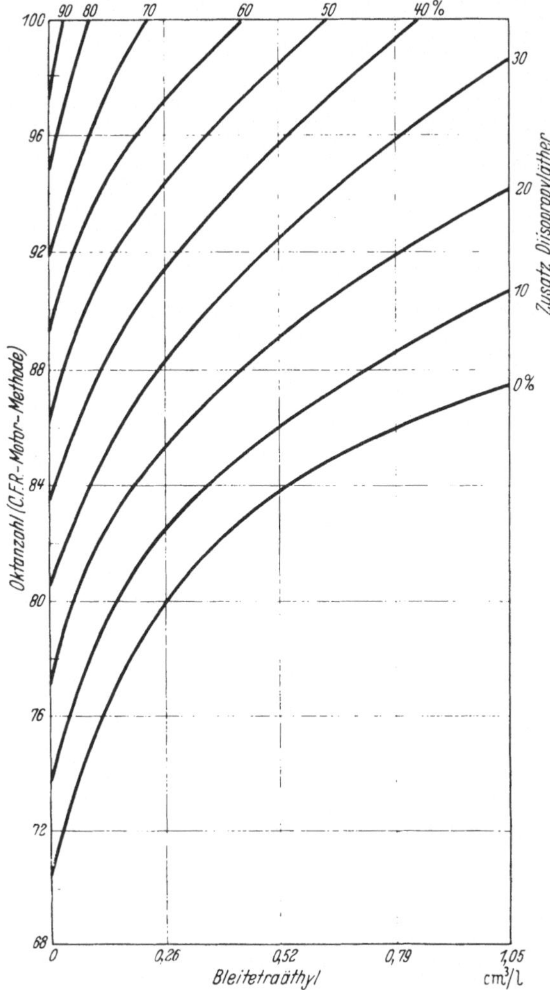

Abb. 104. Abhängigkeit der Klopffestigkeit eines 70-Oktan-Destillatbenzins vom Zusatz an Diisopropyläther und Bleitetraäthyl.

Abb. 103 sind z. B. die Dampfdrucke (40°) eines Dubbs-Krackbenzins in Abhängigkeit von den Siedepunkten einiger Zusätze aufgetragen. Es ist deutlich zu erkennen, daß der Dampfdruck des Benzins mit steigendem Zusatz an Azeton, Methanol und Äthanol ein Maximum durch-

[1] Heinze, R., M. Marder u. Fürst N. Trubetzkoy: Deutsche Kraftfahrtforschung im Auftrage des Reichsverkehrsministeriums. VDI-Verlag, H. 47 (1940).

läuft, dagegen wird durch Diisopropyläther eine von der Zusatzmenge fast unabhängige Erniedrigung des Dampfdruckes unter den Dampfdruck des reinen Benzins hervorgerufen. Beim Ansetzen von Mischungen ist diese Eigenschaft des Äthers zu berücksichtigen.

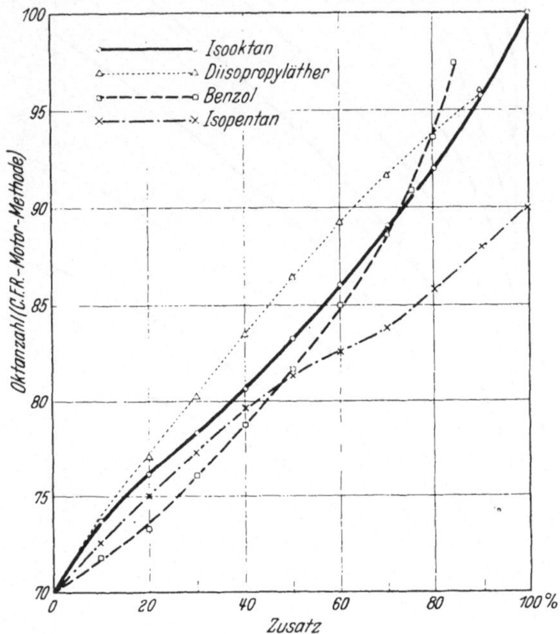

Abb. 105. Einfluß verschiedener Zusätze auf die Oktanzahl eines Destillatbenzins.

Die Einwirkung des Diisopropyläthers auf die Klopffestigkeit von Destillatbenzin mit und ohne Zugabe von Blei ist aus Zahlentafel 122

Zahlentafel 122. Klopffestigkeit eines Destillatbenzins ohne und mit Zusatz von Diisopropyläther und Bleitetraäthyl[1].

Iranisches Destillatbenzin	Diisopropyläther	Oktanzahl nach Zusatz von Ethyl-Fluid		
Vol.-%	Vol.-%	0,0%	0,02%	0,08%
100	—	52	60	70
80	20	60	71	82
60	40	70	80,5	91
	Mischoktanwert	115	115	120

und aus den Abb. 104 und 105 zu ersehen. In dem angeführten Beispiel Abb. 105 zeigt Diisopropyläther ein bedeutend besseres Mischverhalten als Benzol, Isopentan oder Isooktan.

[1] MINARD, P.: Rev. pétrolif. Nr 779, 401 (1938).

Durch Zusatz von Diisopropyläther und Ethyl-Fluid lassen sich aus normalen Destillatbenzinen leicht 100-Oktan-Kraftstoffe herstellen. Aus einem kolumbischen Destillatbenzin (Oktanzahl 68) wurden u. a. 100-Oktan-Kraftstoffe nebenstehender Zusammensetzung erhalten.

Zahlentafel 123. 100-Oktan-Kraftstoffe aus Destillatbenzin, Diisopropyläther und Bleitetraäthyl.

Benzin Vol.-%	Diisopropyläther Vol.-%	Ethyl-Fluid Vol.-‰
78	22	0,15
70	30	0,10

Bei den auf Blei nicht so gut ansprechenden Spaltbenzinen erreicht man zwar eine etwas geringere Wirkung. Trotzdem ist die Verbesserung des Klopfwertes auch dieser Benzine sehr gut. Für Gemische eines iranischen Spaltbenzins der Oktanzahl 70 mit Isopropyläther und Ethyl-Fluid wurden folgende Oktanwerte ermittelt:

Zahlentafel 124. Oktanzahlen eines Spaltbenzins vor und nach Zusatz von Diisopropyläther und Bleitetraäthyl.

Iranisches Spaltbenzin	Diisopropyläther	Oktanzahl nach Zusatz von Ethyl-Fluid in ‰		
Vol.-%	Vol.-%	0	0,5	1,0
100	0	70	79	81,5
80	20	76	84,5	88,5
75,5	24,5	77,5	86	90
60	40	82	90	—
Mischoktanwert		100	105	116

Die hohe Bleiempfindlichkeit, die Zusätze von Diisopropyläther den Destillatbenzinen verleihen, wird durch die in Abb. 106 wiedergegebenen Abhängigkeiten verdeutlicht[1].

Den Vorteilen der Preiswürdigkeit und der Klopffestigkeit stehen jedoch einige Nachteile des Diisopropyläthers gegenüber: der bereits erwähnte niedrige Heizwert und die verhältnismäßig leichte Mischbarkeit mit Wasser. Der Heizwert des Diisopropyläthers (unterer Heizwert 8750 kcal/kg) liegt um etwa 20% niedriger als der von Destillatbenzinen, so daß die Vorzüge der hohen Oktanzahl zum Teil durch den dadurch verursachten höheren Verbrauch ausgeglichen werden. Wasser ist in Diisopropyläther und in Gemischen aus Benzin und Diisopropyl-

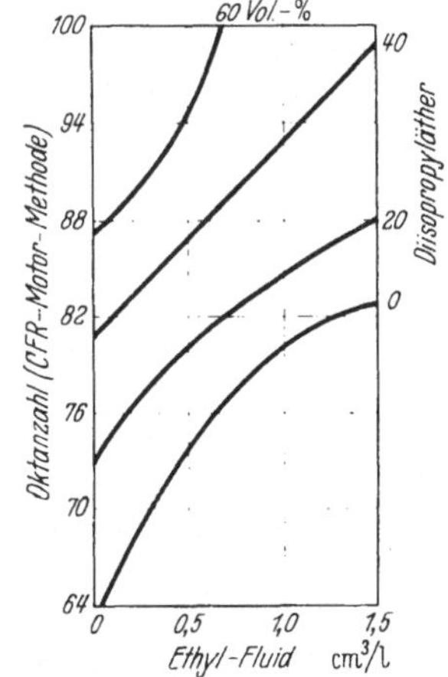

Abb. 106. Steigerung der Bleiempfindlichkeit von Destillatbenzin durch Zusatz von Diisopropyläther[1].

[1] Widmaier, O.: Automobiltechn. Z. **43**, 67 (1940).

äther wesentlich leichter löslich als in reinen Benzinen (vgl. Zahlentafel 125).

Zahlentafel 125. Wasseraufnahmevermögen von Gemischen aus Benzin und Diisopropyläther.

Benzin	Diisopropyläther	Wasseraufnahmevermögen in Vol.-%	
Vol.	Vol.	bei 0°	bei 25°
100	—	0,006	0,007
100	10	0,008	0,020
100	20	0,012	0,040
100	40	0,055	0,085

Wegen der verhältnismäßig geringen Löslichkeit von Diisopropyläther in Wasser (etwa 2 ccm je 100 ccm Wasser bei 20°) besteht eine eigentliche Entmischungsgefahr für Benzin-Diisopropyläther-Gemische im Motorbetrieb nicht. Der Neigung des Diisopropyläthers zur Bildung explosibler Peroxyde, die wiederum ein erhöhtes Harzbildungsvermögen verursachen, läßt sich durch Zugabe sehr kleiner Mengen von Antioxydantien ebenfalls leicht begegnen.

b) Andere Äther.

Neben Diisopropyläther kommen auch andere Äther, besonders solche mit verzweigten Radikalen, als Kraftstoffzusätze in Frage. Man gewinnt sie z. B. durch Addition von Olefinen an Alkohole in Gegenwart von Katalysatoren wie Schwefelsäure[1]. Die Klopffestigkeit einer größeren Anzahl im Siedebereich 30 bis 150° C übergehender Äther wurde von Hofmann, Lapeyrouse und Sweeney[2] untersucht. Die in der Zahlentafel 126 aufgeführten Äther wurden im Verhältnis 25 : 75 mit einem Flugbenzin der Oktanzahl 74 gemischt. Aus der im C. F. R.-Motor nach der Motorarbeitsweise gemessenen Oktanzahl der Gemische wurde additiv die Oktanzahl (Mischoktanwert) der reinen Äther errechnet. Die Mischoktanwerte der mit 1 cm³ Ethyl-Fluid (TEL) je 380 l versetzten Gemische wurden ebenfalls ermittelt.

Die in die Untersuchungen einbezogenen Äther ergaben größtenteils ausgezeichnete Oktanzahlen. Die Bleiempfindlichkeit ist bei den hochklopffesten Äthern schlecht; die Klopffestigkeit des Methyl-tert. Butyl- und des Äthyl-tert. Amyläthers wird durch Bleizugabe sogar merklich herabgesetzt. Im Gegensatz dazu sprechen andere Äther wie der tert. Butyl-n-Amyläther auf Bleitetraäthyl hervorragend an.

[1] Evans, T. W., u. K. R. Edlund: Industr. Engng. Chem. **28**, 1186 (1936).

[2] Hofmann, E., M. Lapeyrouse u. W. J. Sweeney: 2. Welt-Erdölkongreß Paris 1937.

Zahlentafel 126. Mischoktanwerte von Äthern.

Bezeichnung der Äther	Siedepunkt °C	Spez. Gew.[1] bei 15,6°	C.F.R.-Oktanzahl ohne Bleizusatz	C.F.R.-Oktanzahl mit 1 cm³ TEL/380 l
Diisopropyl	68,4	0,722	101	105
Methyl-isopropyl	31,5	0,735	73	90
Methyl-tert. Butyl	55,3	0,735	111	106
Methyl-tert. Amyl	86	0,754	108	108
Äthyl-isopropyl	54	0,720	75	87
Äthyl-sek. Butyl	81,3	0,738	63	73
Äthyl-tert. Butyl	72,3	0,736	115	114
Äthyl-tert. Amyl	101,5	0,759	112	106
Isopropyl-tert. Butyl	87,6	0,736	112	118
n-Propyl-tert. Butyl	98	0,747	103	106
Di-sek. Butyl	114	0,756	95	—
Sek. Butyl-tert. Butyl	114	—	106	105
Tert. Butyl-n-Butyl	123	0,758	81	92
Tert. Butyl-n-Amyl	143	0,770	63	80

Nach BUC und ALDRIN würden die in USA. zur Verfügung stehenden Propylen- bzw. Propanmengen ausreichen, um jährlich 1300000 m³ Diisopropyläther, entsprechend 3 bis 4000000 m³ 100-Oktan-Benzin, zu erzeugen. Dagegen betrug der Weltverbrauch an Flugkraftstoffen im Jahre 1936 nur 930000 m³.

Über die Verwendung von Azetalen, insbesondere Dimethylazetal, als Motorkraftstoff wird im Abschnitt Alkoholkraftstoffe, Bd. II, berichtet.

c) Ketone.

Die heute bereits technisch durchgeführte Herstellung von *Azeton* und *Methyläthylketon* aus Krackgasen gibt Veranlassung, auch die Eigenschaften dieser Ketone als Motorkraftstoffe kurz zu behandeln.

Azeton läßt sich außer aus Äthanol und durch Gärung von Melasse oder Korn usw. auch aus dem in Krackgasen enthaltenen Propylen gewinnen. Methyläthylketon wird durch katalytische Dehydrierung von Butanol-2 hergestellt. Als Ausgangsstoff für Butanol-2 kann das Butylen der Krackgase herangezogen werden.

Die niedrigen Schmelz- und Siedepunkte sowie die hohe Klopffestigkeit und die gute Bleiempfindlichkeit lassen die Ketone ausgezeichnet als Mischkomponenten zur Verbesserung der Klopffestigkeit und der Flüchtigkeit von Destillatbenzinen geeignet erscheinen.

Ein Zusatz von Azeton zu Flugbenzin verbessert das Startvermögen der Flugmaschinen erheblich; z. B. konnte das Aufsteig-Ladegewicht von Flugzeugen durch Verwendung von Isooktan-Azeton-Kraftstoffen

[1] Die von EVANS und EDLUND (a. a. O.) angegebenen spez. Gewichte der Äther weichen von den hier mitgeteilten zum Teil erheblich ab.

Zahlentafel 127. Physikalisch-chemische und motortechnische Eigenschaften von Azeton und Methyläthylketon (umgerechnet)[1].

	Azeton	Methyläthylketon
Spez. Gewicht bei 15,6°	0,795	0,808
Brechungsindex bei 20°	1,359	1,379
Schmelzpunkt, ° C.	−94,3	−86,4
Siedepunkt, ° C.	56,1	79,6
Verdampfungswärme, kcal/kg	132	106
Oberer Heizwert, kcal/kg	7319	8073
Unterer Heizwert, kcal/kg	6772	7486
Oktanzahl (C.F.R.-Motormethode) unvermischt	100,0	98,5
Im Gemisch mit 50% 70-Oktan-Destillatbenzin	84,5	86,5
+ 1 cm³ Ethyl-Fluid/gall. (3,78 l)	92,5	93,0
+ 2 ,, ,, ,,	95,5	95,0
+ 3 ,, ,, ,,	97,5	96,0
+ 4 ,, ,, ,,	98,5	96,5
Oktanzahl (U. S.-Army-Methode) unvermischt	100,0	99,0
Im Gemisch mit 50% 70-Oktan-Destillatbenzin	86,5	86,5
+ 1 cm³ Ethyl-Fluid/gall. (3,78 l)	94,5	93,5
+ 2 ,, ,, ,,	98,0	96,5
+ 3 ,, ,, ,,	100,0	98,0
+ 4 ,, ,, ,,	>100,0	99,0

um 15 bis 30% erhöht werden[2]. Wegen des durch den Sauerstoffgehalt bedingten verhältnismäßig niedrigen Heizwertes kommen die Ketone für sich allein als Motorkraftstoffe weniger in Frage.

G. Pyrolyse-, Polymerisierungs- und Alkylierungsverfahren zur Herstellung klopffester Kraftstoffe aus Kohlenwasserstoffgasen.

Struktur und Klopffestigkeit von Kohlenwasserstoffen.

Die unterschiedliche Klopffestigkeit der aus verschiedenen Rohstoffen und nach verschiedenen Verfahren hergestellten Kraftstoffe lenkte bereits frühzeitig darauf hin, daß die in den Kraftstoffen enthaltenen Kohlenwasserstoffe eine wesentlich verschiedene Klopfneigung im Motor besitzen. Da die Kenntnis der Klopffestigkeit der die Benzine zusammensetzenden Einzelkohlenwasserstoffe für die Kraftstoffindustrie von großer Bedeutung ist, wurden von zahlreichen Forschern systematische Untersuchungen über das Klopfverhalten von Kohlenwasserstoff-

[1] Hubner, W. H., u. G. Egloff: Oil and Gas J. **36**, Nr 46, 103 (1937).

[2] Egloff, G.: J. Inst. Petr. Techn. **23**, 645 (1937).

individuen für sich oder im Gemisch mit Standardkraftstoffen angestellt. Bemerkenswert sind u. a. die Arbeiten von CAMPBELL, SIGNAIGO, LOVELL und BOYD[1], GARNER und Mitarbeitern[2], HOFMANN, LANG, BERLIN und SCHMIDT[3], NEPTUNE und TRIMBLE[4], THORNCROFT und FERGUSON[5] sowie von HOWES und NASH[6].

Eine eindeutige Festlegung der Klopffestigkeit der einzelnen Kohlenwasserstoffe, z. B. durch das kritische Verdichtungsverhältnis[7] oder durch die Oktanzahl, erwies sich als unmöglich, weil die Klopffestigkeit der Kohlenwasserstoffe außer von ihrer Struktur auch von der Motorbauart und den Motorbetriebsbedingungen abhängig ist. Je nach der gewählten Motorbauart und den angewandten Betriebsbedingungen (Ansaugluft- und Kühlwassertemperatur, Zündeinstellung, Drehzahl usw.) verschiebt sich die Bewertung der Kohlenwasserstoffe bei der Klopffestigkeitsbestimmung[8]. Gewöhnlich sind jedoch die sich dabei ergebenden Unterschiede im Verhältnis zu denen, die durch die verschiedene Struktur der Kohlenwasserstoffe gegeben sind, gering. Es ist infolgedessen möglich, zum mindesten allgemeine Richtlinien für die Klopffestigkeitsbeurteilung von Kohlenwasserstoffen verschiedener Struktur aufzustellen (vgl. auch S. 155ff.).

Ein klares Bild der zwischen der Struktur und der Klopffestigkeit von Kohlenwasserstoffen bestehenden Beziehungen vermitteln die von LOVELL, CAMPBELL und BOYD aufgestellten Diagramme (Abb. 107 bis 109). Die in diesen Diagrammen in Abhängigkeit von der Kohlenstoffatomanzahl je Molekül der untersuchten Kohlenwasserstoffe aufgetragenen kritischen Verdichtungsverhältnisse wurden im C.F.R.-Motor (Motor des *C*o-operative *F*uel *R*esearch Committee) nach der Research-Methode (Drehzahl 600/min, Kühlwassertemperatur 100° C) gemessen.

[1] LOVELL, W. G., J. M. CAMPBELL u. T. A. BOYD: Industr. Engng. Chem. **23**, 26, 555 (1931); **25**, 1107 (1933); **26**, 475, 1105 (1934). — CAMPBELL, J. M., F. K. SIGNAIGO, W. G. LOVELL u. T. A. BOYD: Industr. Engng. Chem. **27**, 593 (1935).

[2] GARNER, F. H., u. E. B. EVANS: J. Inst. Petr. Techn. **18**, 751 (1932). — GARNER, F. H., R. WILKINSON u. A. W. NASH: J. Soc. chem. Ind. **51**, 265 T (1932). — GARNER, F. H., E. B. EVANS, C. H. SPRAKE u. W. E. S. BROOM: Proc. World Petr. Congress London **2**, 170 (1933).

[3] HOFMANN, F., K. F. LANG, K. BERLIN u. A. W. SCHMIDT: Brennst.-Chemie **14**, 103 (1933).

[4] NEPTUNE, F. B., u. H. M. TRIMBLE: Oil and Gas J. **32**, Nr 51, 44 (1932).

[5] THORNCROFT, O., u. A. FERGUSON: J. Inst. Petr. Techn. **18**, 329 (1932).

[6] NASH, A. W., u. D. A. HOWES: Nature **123**, 276 (1929). — HOWES, D. A., u. A. W. NASH: J. Soc. chem. Ind. **49**, 16 T (1930).

[7] Das kritische Verdichtungsverhältnis ist dasjenige Verdichtungsverhältnis, bei dem ein zu untersuchender Kraftstoff zu klopfen beginnt (s. S. 507).

[8] Vgl. z. B. A. W. SCHMIDT u. F. SEEBER: Proc. World Petr. Congress London II, 160 (1933). — SCHMIDT, A. W.: Proc. World Petr. Congress London II, 181 (1933). — MARDER, M.: Öl u. Kohle **11**, 923 (1935).

Abb. 107 zeigt deutlich, daß die Klopfneigung der Normalparaffine mit steigender Kohlenstoffatomanzahl im Molekül stark zunimmt. Die Klopffestigkeit der Paraffine mit höherem Molekulargewicht als Pentan liegt bereits unterhalb des ebenfalls eingezeichneten Bereiches der Handelsbenzine. Sie sind deshalb als Inhaltsstoffe von Kraftstoffen wenig geschätzt. Durch Einführung von Seitenketten in die Paraffine wird die Klopffestigkeit verbessert. Je größer die Zahl der Seiten-

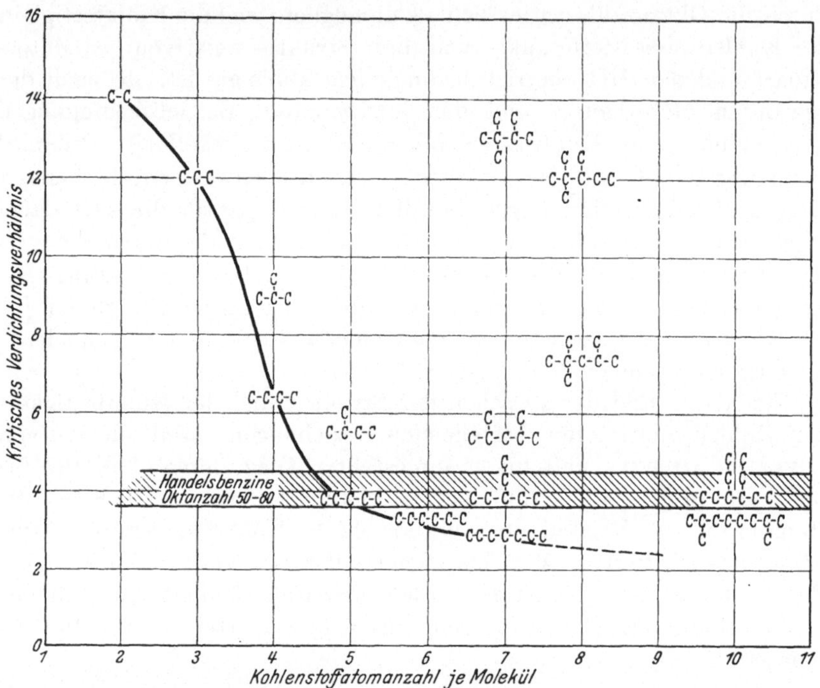

Abb. 107. Das kritische Verdichtungsverhältnis einer Anzahl paraffinischer Kohlenwasserstoffe in Abhängigkeit von der Kohlenstoffatomanzahl je Molekül.

ketten ist, um so höher liegt allgemein auch die Klopffestigkeit der Isoparaffine. Ein hoher Gehalt an stark verzweigten Paraffinen in den Motorkraftstoffen ist deshalb sehr erwünscht.

Ungesättigten Kohlenwasserstoffen kommt meist eine höhere Klopffestigkeit zu als den zugehörigen Paraffinen. Abb. 108, die die kritischen Verdichtungsverhältnisse der Olefine neben denen der Paraffine wiedergibt, läßt das gut erkennen. Die Pfeilausgangspunkte geben jeweilig die kritischen Verdichtungsverhältnisse der Paraffine, die Endpunkte die der korrespondierenden Olefine an. Eine Ausnahme von der genannten Regel bilden z. B. Azetylen, Äthylen und Propylen, Kohlenwasserstoffe, die wegen ihres niedrigen Siedepunktes als Inhaltsstoffe von Kraftstoffen nicht in Frage kommen. Die im allgemeinen durch Einführung von

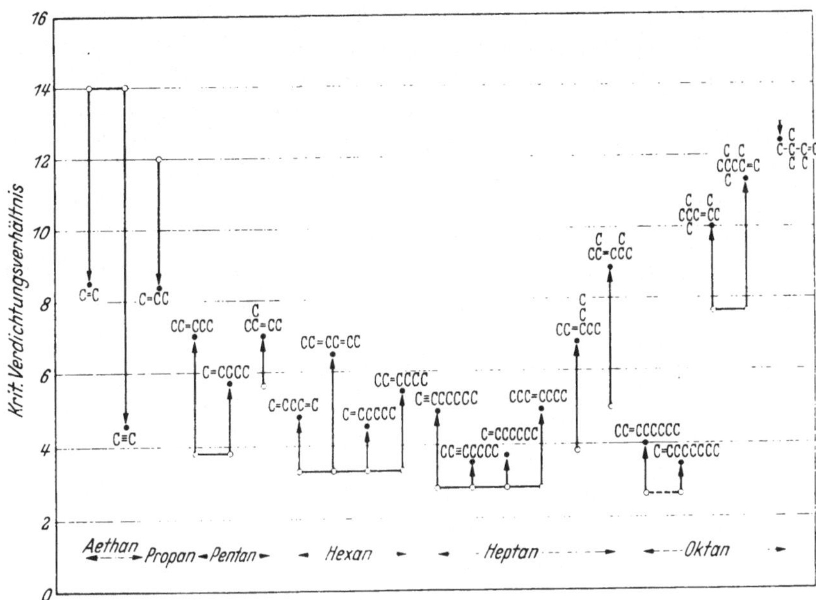

Abb. 108. Der Unterschied des kritischen Verdichtungsverhältnisses gesättigter und ungesättigter Kettenkohlenwasserstoffe.

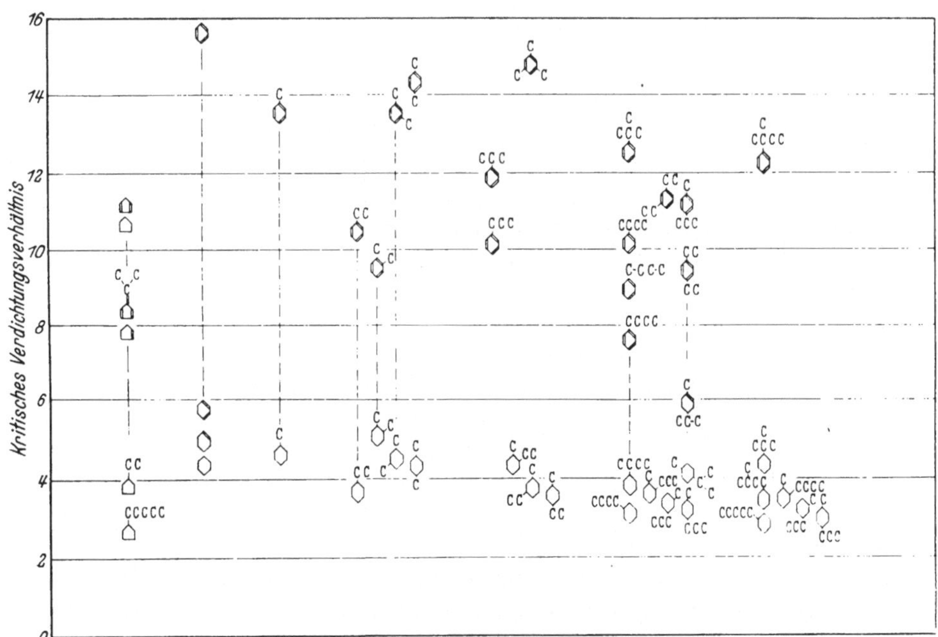

Abb. 109. Vergleich des kritischen Verdichtungsverhältnisses naphthenischer, zykloolefinischer und aromatischer Kohlenwasserstoffe.

Doppelbindungen hervorgerufene Klopffestigkeitssteigerung ist meist um so größer, je mehr sich die Doppelbindung in die Mitte des Moleküls verschiebt. Sie liegt zwischen 0 bis 4 Einheiten des Verdichtungsverhältnisses, ist also kleiner als die durch Einführung von Seitenketten im Durchschnitt bewirkte Klopffestigkeitserhöhung (bis zu 10 Einheiten). Niedrigsiedende Kohlenwasserstoffe sind dabei ausgenommen (s. S. 322).

Für Naphthene und Aromaten gilt, wie aus Abb. 109 ersichtlich ist, daß die Klopffestigkeit mit dem Grade der Wasserstoffsättigung abfällt. Die kritischen Verdichtungsverhältnisse der Naphthene liegen nahezu in der gleichen Größenordnung, nämlich im Bereich der kritischen Verdichtungsverhältnisse von Handelsbenzinen (vgl. Abb. 107). Die Einführung einer Doppelbindung in den Kern hat meist eine wesentlich geringere Gegenklopfwirkung als die Einführung der zweiten und dritten Doppelbindung. Aromaten und Naphthene mit Seitenketten sind meist weniger klopffest als die zugehörigen Verbindungen ohne Seitenketten. Mit zunehmender Länge der Seitenketten nimmt die Klopffestigkeit weiter ab.

Die dargestellten Beziehungen zwischen der Struktur und der Klopffestigkeit von Kohlenwasserstoffen setzen die Kraftstoffindustrie in die Lage, durch Auswahl der klopffesten Kraftstoffanteile, durch Sonderherstellung der als klopffest erkannten Kohlenwasserstoffe, durch Umwandlung der zum Klopfen neigenden in klopffeste Kohlenwasserstoffe usw. die Klopffestigkeit der Handelskraftstoffe mehr und mehr zu erhöhen.

Technische Möglichkeiten der Pyrolyse, Polymerisation und Alkylierung von Kohlenwasserstoffgasen.

Die Umwandlung der in den Natur- und Raffineriegasen enthaltenen gasförmigen Kohlenwasserstoffe in hochklopffeste, flüssige Kraftstoffe hat in den letzten Jahren in USA. eine außerordentliche Bedeutung erlangt und beginnt sich zur Zeit auch in Europa durchzusetzen. Die starke Entwicklung dieser auf Pyrolyse-, Polymerisations- und Alkylierungsreaktionen aufgebauten Umwandlungsverfahren hat ihre Ursache einerseits in dem hohen Anfall an früher nur als Heizgase ausgenutzten gasförmigen Kohlenwasserstoffen in Naturgasfeldern und Destillationsbetrieben, andererseits in dem Bestreben, die Klopffestigkeit der Kraftstoffe und damit die Leistung der Motoren mehr und mehr zu erhöhen. Verwendet man beispielsweise statt eines 87-Oktan-Kraftstoffes einen solchen der Oktanzahl 100, so erzielt man je nach der Motorbauart und je nach den Betriebsbedingungen Leistungserhöhungen von 20 bis 30%. Die durch Pyrolyse, Polymerisation und Alkylierung hergestellten Benzine besitzen eine außerordentlich hohe Klopffestigkeit, die durch Tetraäthylbleizusatz weiter (bis zu Oktanzahlen über 120) erhöht werden kann.

Man ist infolgedessen in der Lage, durch Verwendung von Pyrolyse-, Polymerisations- oder Alkylierungserzeugnissen allein oder im Gemisch mit anderen Benzinen Kraftstoffe der Oktanzahl 100 und höher herzustellen.

Die in USA. jährlich aus Kohlenwasserstoffgasen herstellbaren Mengen an Polymerbenzin werden auf 34 Millionen t geschätzt, wobei der Anteil an technischem Isooktan (Oktanzahl 95 bis 100) mit 1 Million t angesetzt ist. Die ungeheure Menge an Natur- und Raffineriegasen lenkte die Aufmerksamkeit der technisch-wissenschaftlichen Forschung in so starkem Maße auf sich, daß seit 1936 innerhalb weniger Jahre eine Anzahl großtechnischer Verfahren zur Umwandlung der Gase in hochwertige flüssige Kraftstoffe entwickelt wurde. Die Verfahren unterscheiden sich je nach der Zusammensetzung der Ausgangsstoffe und je nach der Art der zu gewinnenden Erzeugnisse.

Die Umsetzung der *ungesättigten* Anteile der Ausgangsgase (Krackgase) kann erfolgen:

1. durch Pyrolyse zu Aromaten nach dem *Alco-Pyrolyse-Verfahren*

2. durch thermische Polymerisation ohne Anwendung von Katalysatoren nach den Verfahren der *Pure Oil Co.* und *Alco Products Co., Inc.*, sowie der *M. W. Kellogg Co.-Gruppe*,

3. durch katalytische Polymerisation

a) nach dem *Universal Oil Products-* (U.O.P.-) *Verfahren*,

b) nach dem Verfahren der *Shell Development Co.*

4. durch Addition an Paraffine

a) nach dem thermischen Verfahren der *Phillips Petroleum Co.*,

b) nach dem Säure-Alkylierungsverfahren.

Für die technische Umwandlung *paraffinischer* Gase bestehen die folgenden Möglichkeiten:

5. Pyrolyse zu Aromaten nach dem *Alco-Pyrolyse-Verfahren*,

6. Pyrolyse zu Olefinen mit nachfolgender Polymerisation in getrennten Anlagen

a) nach dem *Multiple Coil-Verfahren* der *Alco Products Co., Inc.*,

b) nach dem *Universal Oil Products-Verfahren*,

7. Pyrolyse zu Olefinen und Polymerisation in einem Arbeitsgang nach dem *Unitary-Verfahren* der *M. W. Kellogg Co.*,

8. Dehydrierung zu Olefinen mit anschließender Polymerisation oder Addition an Paraffine,

9. unmittelbare Alkylierung mit Olefinen

a) thermisch (Umsetzung von n- und Isoparaffinen),

b) mit Säure als Katalysator (Umsetzung nur von Isoparaffinen).

Die technischen Verfahren werden zweckmäßig eingeteilt in:

A. *Pyrolyseverfahren*; olefinische und paraffinische Gase werden unter scharfen Bedingungen durch thermische Spaltung zu aromatischen Kohlenwasserstoffen umgesetzt.

B. *Polymerisationsverfahren*; die Olefine werden unter verhältnismäßig milden Bedingungen thermisch oder katalytisch polymerisiert. Die im Ausgangsgas enthaltenen Paraffine gehen unverändert aus der Umsetzung hervor.

C. *Alkylierungsverfahren*; olefinische und paraffinische Gase werden entweder ohne Kontakt bei hohen Temperaturen und Drucken oder mit Schwefelsäure als Katalysator bei niedrigen Temperaturen und ohne Anwendung erheblicher Drucke zu Isoparaffinen alkyliert.

D. *Pyrolyse-Polymerisations-Verfahren*: unter Reaktionsbedingungen, bei denen eine Aromatisierung noch nicht eintritt, werden die paraffinischen Kohlenwasserstoffe einer Pyrolyse unterworfen und gleichzeitig mit den primär vorhandenen Olefinen zu Polymerbenzin umgewandelt. In anderen Verfahren wird die Pyrolyse der Paraffine getrennt von der Polymerisation der primär vorhandenen und der pyrolytisch gebildeten Olefine vorgenommen.

1. Pyrolyseverfahren.

a) Aromaten durch Pyrolyse gasförmiger Paraffine und Olefine.

Paraffinische Kohlenwasserstoffgase erfahren bei genügend hohen Temperaturen eine Aufspaltung unter Bruch von C—H- und C—C-Bindungen. Die olefinischen Bruchstücke reagieren in Sekundärreaktionen weiter und bilden z. B. nach dem Reaktionsschema S. 252 vornehmlich Aromaten. Die thermische Umwandlung gasförmiger paraffinischer und olefinischer Kohlenwasserstoffe in flüssige Kraftstoffe von aromatischem Charakter wird Benzolpyrolyse genannt, weil ein wesentlicher Teil des Enderzeugnisses tatsächlich aus Benzol besteht.

Abb. 110 gibt die Ausbeuten an flüssigen Produkten wieder, wie sie von Hague und Wheeler[1] bei der Pyrolyse reiner Paraffine und Olefine unter verschiedenen Reaktionsbedingungen erhalten wurden. Mit steigender Temperatur durchläuft der Ertrag an flüssigen Produkten ein Maximum, das bei um so höheren Temperaturen liegt, je niedriger das Molekulargewicht des Ausgangskohlenwasserstoffes ist. Nur etwa die Hälfte der entstehenden flüssigen Kohlenwasserstoffe sieden im Benzinbereich (vgl. die gestrichelten Linien in Abb. 110, die die Ausbeuten an bis 170° siedenden Kohlenwasserstoffen angeben). Die Maximumausbeute an Benzinkohlenwasserstoffen liegt um 20 bis 50° unter der für die Gesamtflüssigkeit. Mit zunehmendem Molekulargewicht des Ausgangsstoffes steigt die Flüssigkeitsausbeute stark an. Bei den Olefinen wird eine erheblich höhere Ausbeute als bei den zugehörigen Paraffinen erzielt.

---

[1] Hague, E. N., u. R. V. Wheeler: Fuel 8, 512, 560 (1929). — Vgl. auch S. Iki, u. M. Ogawa: J. Soc. chem. Ind. Japan **30**, 435 (1927).

Die aus *Methan* gewonnene Flüssigkeitsmenge ist sehr klein; z. B. wurden bei einer Umsetzungstemperatur von 1000° nur etwa 0,04 l flüssige Kohlenwasserstoffe je m³ Methan erhalten. Nach der Kondensation der höheren Kohlenwasserstoffe enthielt das Endgas bis zu ~4% Äthylen und bis zu ~1% höhere Olefine.

Äthan ergibt bei etwa 890° die höchste Ausbeute an flüssigen Kohlenwasserstoffen (0,304 l/m³), bei 860° wurde die optimale Ausbeute (0,15 l/m³) an bis 170° siedenden Kohlenwasserstoffen gefunden.

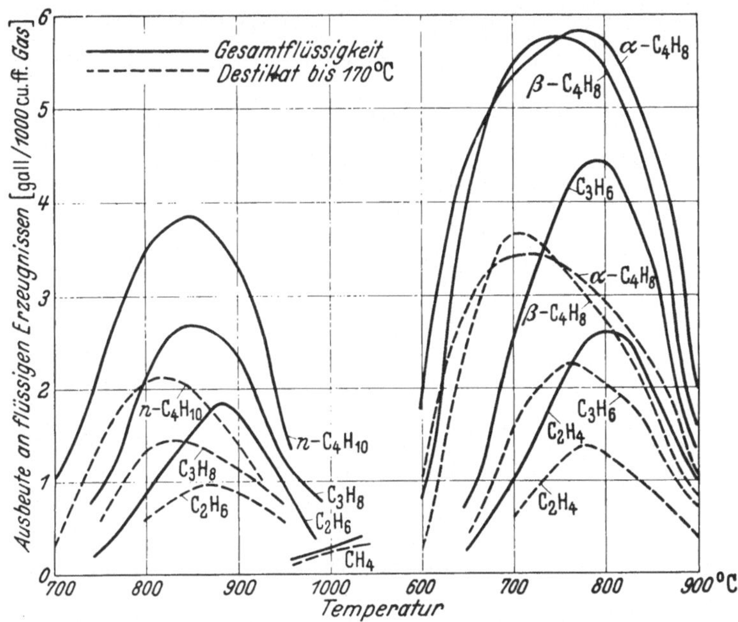

Abb. 110. Ausbeuten an flüssigen Erzeugnissen bei der Pyrolyse gasförmiger Paraffine und Olefine nach HAGUE und WHEELER.

Aus *Propan* wurde bei 850° die Höchstausbeute an Flüssigkeit (0,44 l/m³) und bei 830° an Benzin (0,23 l/m³) gewonnen. Bei 850° war der Gehalt des Endgases an höheren Olefinen 2,3%, der an Äthylen 14,5%.

Mit *n-Butan* wurde die Maximalausbeute an flüssigen Kohlenwasserstoffen (0,62 l/m³) ebenfalls bei annähernd 850° erzielt. Die Höchstausbeute an Benzin (170° Siedeendpunkt) wurde bei 820° mit 0,34 l/m³ ermittelt.

Bei den *Olefinen* fällt die günstigste Reaktionstemperatur zur Gewinnung flüssiger Erzeugnisse weniger stark mit dem Molekulargewicht des Ausgangsgases. Äthylen, Propylen und Butylen ergeben z. B. bei etwa 800° die Höchstausbeute an flüssigen Kohlenwasserstoffen (0,42, 0,71 bzw. 0,92 l/m³). Für die Umwandlung in Kohlenwasserstoffe des

Benzinsiedebereiches sind als günstigste Umsetzungstemperaturen jedoch 780, 760 bzw. 700° anzusetzen. Die Ausbeuten an diesen Kohlenwasserstoffen betragen bei den genannten Temperaturen 0,22, 0,36 bzw. 0,56 l/m³. Verwendet man statt des 1- das 2-Butylen als Ausgangsstoff, so tritt nur eine sehr geringe Verschiebung in den optimalen Reaktionsbedingungen und in den Ausbeuten ein.

Zahlentafel 128. Maximalausbeuten an flüssigen Erzeugnissen bei der Benzolpyrolyse gasförmiger Kohlenwasserstoffe in konstanten Reaktionszeiten bei Normaldruck[1] (Raumgeschwindigkeit 49,0[2]).

Ausgangs-kohlenwasserstoff	Reaktions-temperatur °C	Gesamtausbeute		Destillat bis 200°		Rückstand über 200°	
		l/m³	Gew.-%	l/m³	Gew.-%	l/m³	Gew.-%
Paraffine:							
Methan	1050	0,06	8,8	0,04	4,7	0,02	4,1
Äthan	900	0,28	21,9	0,20	16,9	0,08	5,0
Propan	850	0,44	23,1	0,32	18,4	0,12	4,7
Butan	850	0,62	24,6	0,46	19,8	0,16	4,8
Olefine:							
Äthylen	800	0,42	36,1	0,32	28,8	0,10	7,3
Propylen	800	0,71	40,6	0,54	31,2	0,17	9,4
Butylen	800	0,92	39,6	0,68	30,7	0,24	8,9

In Zahlentafel 128 sind die wichtigsten von HAGUE und WHEELER gefundenen Ergebnisse, umgerechnet auf metrische Einheiten, nochmals zusammengestellt. Der Anteil der bis 200° destillierenden Endkohlenwasserstoffe am Gesamterzeugnis ist naturgemäß höher als der früher angegebene bis 170° siedende Anteil. Im Durchschnitt gehen etwa 75% des Gesamterzeugnisses bis 200° über.

Zahlreiche andere Forscher befaßten sich ebenfalls mit der Gewinnung flüssiger Kohlenwasserstoffe durch Pyrolyse gasförmiger Paraffine und Olefine. Einige bekannte Arbeiten sollen kurz erörtert werden.

F. FISCHER und Mitarbeiter[3] erhielten bei Versuchen in Porzellanrohren mit einem 93% *Methan* und 1,8% höhere Kohlenwasserstoffe enthaltenden Gas bei Temperaturen zwischen 900 und 1150° kleine Mengen flüssiger Kohlenwasserstoffe. Bessere Ausbeuten wurden bei Verwendung von Quarzrohren erzielt, die den Zerfall des Methans in die Elemente bei hohen Temperaturen nicht beschleunigen. Die Ausbeuten an Leichtöl und Teer stiegen bis zu 12 Gew.-%, bezogen auf die

[1] Benzolpyrolyse von Acetylen: KRCZIL, F.: Zit. S. 376.

[2] *Volumen Ausgangsgas* je Stunde und Volumen Reaktionsraum.

[3] FISCHER, F., u. H. PICHLER: Brennst.-Chemie **9**, 309 (1928). — FISCHER, F., u. K. PETERS: Brennst.-Chemie **10**, 108 (1929). — FISCHER, F. u. Mitarbeiter: Gesammelte Abh. Kenntn. Kohle **9**, 603 (1930); **10**, 233, 602 (1932).

eingesetzte Methanmenge. Durch Einführung von Katalysatoren, z. B. von Eisen- oder Molybdändrähten in den Reaktionsraum, oder durch Verdünnung des Methans mit inerten Gasen, wurde ein günstiger Einfluß nicht hervorgerufen.

Die niedrigstsiedende Fraktion der durch Methanpyrolyse gewonnenen Öle (∾8%) bestand im wesentlichen aus ungesättigten Kohlenwasserstoffen. In der von 55 bis 85° siedenden Fraktion wurde hauptsächlich Benzol gefunden. Die höheren Fraktionen enthielten Toluol, Xylol, Naphthalin und Anthrazen. Im Endgas wurden neben nicht umgesetztem Methan Wasserstoff und Azetylen nachgewiesen.

Ähnliche Ergebnisse fanden STANLEY und NASH[1]. Unter den von ihnen angewandten kurzen Reaktionszeiten erhielten sie die höchsten Ausbeuten an höheren Kohlenwasserstoffen aus *Methan* bei 1150°. Die Ausbeute an Leichtöl und Teer betrug 11%, an Äthylen und Azetylen etwa 9%. Nur 6% Methan wurden in die Elemente zerlegt. Versuche bei verschiedenen Temperaturen in verschiedenen Reaktionszeiten ergaben, daß zwischen der Reaktionstemperatur, der Verweilzeit und der Ausbeute an höheren Kohlenwasserstoffen Wechselbeziehungen bestehen. Mit steigender Temperatur muß der Durchsatz erhöht werden, um die gleichen Ausbeuten zu erhalten. Bei gegebener Temperatur durchläuft die Ausbeute mit steigendem Durchsatz ein Maximum. Das Verhältnis Azetylen zu Äthylen im Endgas besitzt bei demselben Durchsatz ebenfalls ein Maximum. Koksabscheidungen im Reaktionsrohr verursachen einen Abfall der Ausbeuten.

Weitere Arbeiten über die Pyrolyse von Methan zu höheren Kohlenwasserstoffen stammen z. B. von CHAMBERLIN und BLOOM[2], VYSOKY[3], BOOMER[4] sowie von PADOVANI[5]. SMITH, GRANDONE und RALL[6] gaben eine zusammenfassende Darstellung der Arbeiten des *United States Bureau of Mines* auf diesem Gebiet.

Aufschlußreich für die Gewinnung flüssiger Kohlenwasserstoffe aus gasförmigen Paraffinen sind vor allen Dingen die Arbeiten von FROLICH und WIEZEVICH[7] (vgl. auch S. 431). Bei der Erzeugung flüssiger Kohlenwasserstoffe aus paraffinischen Gasen in einem Arbeitsgang werden die Paraffine zunächst aufgespalten. Die sich bildenden Olefine polymerisieren dann bei genügend langer Ausdehnung der Reaktionszeit zu höheren Kohlenwasserstoffen. Die für die Spaltung der Paraffine anzu-

[1] STANLEY, H. M., u. A. W. NASH: J. Soc. chem. Ind. **48**, 1 T (1929).

[2] CHAMBERLIN, D. S., u. E. B. BLOOM: Industr. Engng. Chem. **21**, 945 (1929).

[3] VYSOKY, A.: Paliva a. Topeni **11**, 53 (1929).

[4] BOOMER: Research Council of Alberta, 11th Ann. Rept., S. 72. 1930.

[5] PADOVANI, C.: Proc. 3rd Intern. Conf. Bitumenous Coal **1**, 910 (1932).

[6] SMITH, H. M., P. GRANDONE u. T. H. RALL: U. S.-Bur. Min., Rep. of Investigations Nr 3143 (1931).

[7] FROLICH, P. K., u. P. J. WIEZEVICH: Industr. Engng. Chem. **27**, 1055 (1935).

wendenden Temperaturen sind aber so hoch, daß die sekundären Polymerisationsreaktionen mit zu hoher Geschwindigkeit verlaufen. Infolgedessen besteht ein beträchtlicher Teil des flüssigen Reaktionsproduktes aus unerwünschten hochmolekularen Teerkohlenwasserstoffen.

Es erscheint deshalb aussichtsreich, die Spaltung der Paraffingase und die Polymerisation der dabei entstehenden Olefine getrennt vorzunehmen und bei jedem der beiden Vorgänge die jeweils günstigsten Bedingungen einzustellen.

Bei der Umsetzung von Propan zu flüssigen Erzeugnissen in einem Arbeitsgang erhielten FROLICH und WIEZEVICH bei 880° die Höchstausbeute von 0,59 l/m³ (4,4 gall./1000 cft.). Davon waren 0,21 l/m³ (1,52 gall./1000 cft.) Leichtöl. Diese Ausbeuten stimmen annähernd mit den von HAGUE und WHEELER gefundenen überein. Höhere Ausbeuten wurden nur von CAMBRON und BAYLEY[1] gewonnen, die in einer Zweistufenbehandlung des Propans in quer unterteilten Rohren insgesamt 0,34 l/m³ (1,8 gall./1000 cft.) Leichtöl erzeugten (s. auch S. 436). In diesen Versuchen wurde das in der ersten Arbeitsstufe hergestellte Leichtöl vor dem Eintritt des Gases in die zweite Stufe abgetrennt.

Von FROLICH und WIEZEVICH wurde der Versuch unternommen, die Erträge an flüssigen Erzeugnissen aus der Propanpyrolyse dadurch zu erhöhen, daß sie die Spaltreaktion für sich bei Normaldruck und anschließend die nach dem Prinzip vom kleinsten Zwang durch Druck begünstigte Polymerisation unter erhöhtem Druck, aber bei niedrigerer Temperatur vornahmen. Es zeigte sich, daß die Bildung von Teer auf diese Weise fast völlig vermieden werden kann. Trotzdem sanken die Ausbeuten an flüssigen Produkten erheblich unter die beim Einstufenverfahren erzielten. Die höchste Ausbeute an flüssigen Kohlenwasserstoffen (0,26 l/m³ = 1,95 gall./1000 cft.) wurde bei Durchführung der Polymerisation des gekrackten Propans bei 650°, 45 at Druck und 17 sec Reaktionszeit erhalten. 0,17 l/m³ (1,29 gall./1000 cft.) siedeten unterhalb von 200°. Durch die Anwendung des Druckes wurde die Reaktionstemperatur herabgesetzt und die Teerbildung zurückgedrängt; gleichzeitig wurde aber auch die Hydrierung der Olefine zu gasförmigen Paraffinen durch Wasserstoffanlagerung begünstigt. Die Ausbeuten an flüssigen Kohlenwasserstoffen werden infolgedessen beträchtlich vermindert. Außerdem wurde festgestellt, daß das flüssige Enderzeugnis mit steigendem Druck bei der Polymerisationsreaktion seinen aromatischen Charakter mehr und mehr verliert.

Die Vorteile des höheren Druckes bei der sekundären Polymerisation der Olefine lassen sich jedoch dann ausnutzen, wenn man den die Polymerisation verhindernden Wasserstoff vor der Umsetzung entfernt[2].

---

[1] CAMBRON, A., u. C. H. BAYLEY: Canad. J. Res. **9**, 175, 583 (1933).
[2] REID, E. E.: A. P. 1912009 (1929).

WHITE und FROLICH[1] entwickelten ein einfaches Verfahren, den Wasserstoff durch selektive Oxydation mit Sauerstoff oder Luft in Gegenwart von Stoffen wie Kupferoxyd ohne nennenswerten Verlust an Olefinen abzutrennen. Führten sie die Polymerisation des gekrackten Propans nach vorheriger Entfernung (90%) des Wasserstoffs durch, so gewannen sie die höchste Flüssigkeitsausbeute von 1,04 l/m^3 (7,75 gall./1000 cft.) mit 0,76 l/m^3 (5,7 gall./1000 cft.) Leichtöl bei 400° und 170 at Druck. Die großen Vorteile, die durch die intermediäre Abtrennung des beim Kracken gebildeten Wasserstoffs hervorgerufen werden, kommen in Zahlentafel 129, die die bemerkenswerten Ergebnisse zusammengestellt enthält, klar zum Ausdruck (vgl. auch Zahlentafel 128).

Zahlentafel 129. Erzeugung flüssiger Kohlenwasserstoffe aus Propan nach verschiedenen Arbeitsweisen.

Günstigste Reaktionsbedingungen	Gleichzeitiges Kracken und Polymerisieren	Getrenntes Kracken und Polymerisieren: ohne Wasserstoffentfernung	Getrenntes Kracken und Polymerisieren: mit Wasserstoffentfernung
Temperatur, °C:			
beim Kracken	880	840	840
„ Polymerisieren	880	650	400
Druck, at:			
beim Kracken	1	1	1
„ Polymerisieren	1	45	170
Höchstausbeute, l/m^3:			
an Gesamtflüssigkeit	0,59	0,26	1,04
„ Leichtöl	0,21	0,17	0,76
Höchstausbeute, gall./1000 cft.:			
an Gesamtflüssigkeit	4,4	1,95	7,75
„ Leichtöl	1,52	1,29	5,73

Um möglichst hohe Erträge an Benzol und Benzolhomologen zu erhalten, sind verhältnismäßig hohe Temperaturen einzuhalten. Arbeitet man bei niedrigeren Temperaturen, so gewinnt man hauptsächlich ungesättigte Kohlenwasserstoffe mit ziemlich niedriger Oktanzahl. Je nach den angewandten Bedingungen lassen sich der Erstarrungspunkt, die Siedegrenzen und der Gehalt des Reaktionserzeugnisses an Ungesättigten beliebig ändern. Durch Druckerhöhung kann man den Durchsatz steigern und die Reaktionstemperatur herabsetzen (vgl. auch: Aromatisierung von Kohlenwasserstoffen, S. 278ff.).

b) Alco-Benzol-Pyrolyse-Verfahren.

Das bekannteste Benzol-Pyrolyse-Verfahren wurde von der *Pure Oil Co., Chicago,* entwickelt. Lizenzvergeber ist ebenso wie bei den *Pure Oil-Polymerisationsverfahren* die *Alco Products Inc.*

[1] WHITE, A., u. P. K. FROLICH: A. P. 1911780 (1930).

Als Ausgangsstoffe werden sowohl gesättigte als auch ungesättigte Kohlenwasserstoffgase in gasförmigem oder verflüssigtem Zustand eingesetzt. Die Verwendung verflüssigter Ausgangsstoffe, wie sie in den Stabilisatoren der Krack- und der Naturgasbenzinanlagen gewonnen werden, hat den Vorteil, daß man an Stelle der in Anschaffung und Unterhaltung kostspieligen Kompressoren einfache Flüssigkeitspumpen benutzen kann.

In Abb. 111 ist der Arbeitsgang des *Alco-Benzol-Pyrolyse-Verfahrens* bei Verwendung von Flüssiggas als Ausgangsstoff schematisch erläutert. Das Flüssiggas wird aus einem Sammeltank durch den Röhrenerhitzer

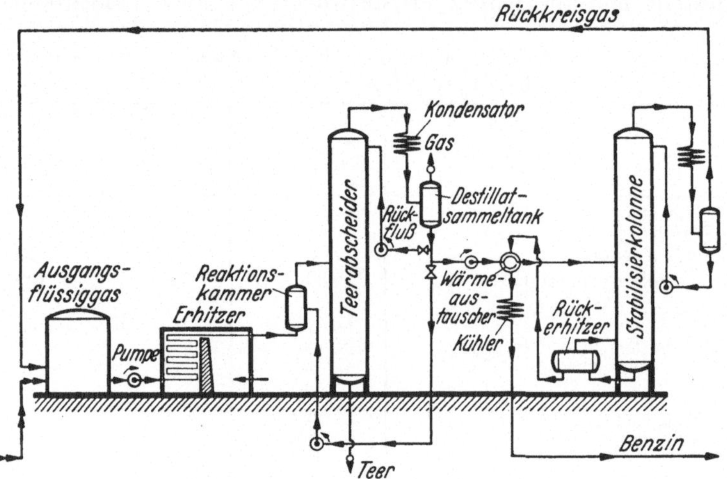

Abb. 111. Fließdiagramm des Alco-Benzol-Pyrolyse-Verfahrens.

in eine Reaktionskammer gepumpt. Im Erhitzer werden Temperaturen zwischen etwa 620 bis 705° bei Drucken von 3,5 bis 18 at eingestellt. Die angeschlossene Reaktionskammer ist nicht beheizt, sie liegt außerhalb des Erhitzers. Die aus der Reaktionskammer entweichenden Gase werden durch Mischung mit bereits kondensierten Reaktionserzeugnissen abgeschreckt. Die Umsetzung kommt zum Stillstand; bei der Druckentlastung im nachgeschalteten Separator scheiden sich die entstandenen hochsiedenden Teere ab. Der Teer wird unten abgezogen. Die oben abgehenden Dämpfe werden kondensiert. Ein Teil des Kondensates wird zur Abschreckung der frischen Reaktionserzeugnisse in den Arbeitsgang zurückgeführt. Der Rest wird der Stabilisieranlage zugeleitet. Zur Gewinnung der letzten im Gas enthaltenen verflüssigbaren Anteile werden die nichtkondensierten Gase durch eine Absorptionsanlage geschickt. Das noch verbleibende Gase (Rückkreisgas) wird nach der Verflüssigung erneut in den Pyrolysekreislauf eingeschaltet (s. S. 376).

Die bei der Benzol-Pyrolyse verwendeten Erhitzerrohre bestehen, soweit sie den benötigten hohen Endtemperaturen ausgesetzt sind, aus Sonderstählen mit einem hohen Gehalt an Nickel und Chrom. Als ausgezeichnet verwendbar erwiesen sich 25/20-Chrom-Nickel-Stähle, z. B. Krupp N. C. T. 3 und Hadfields H. R. 3. Ausbeuten und Eigenschaften der in Alco-Benzol-Pyrolyse-Anlagen gewinnbaren Erzeugnisse sind in Zahlentafel 130 angegeben.

Zahlentafel 130. Ausbeuten und Eigenschaften der Reaktionserzeugnisse des Alco-Benzol-Pyrolyse-Verfahrens[1] nach einmaligem Durchsatz.

Ausgangsgas	Absorber-rückstandsgas	Stabilisatorgas
Eigenschaften des Ausgangsstoffes:		
Spez. Gewicht (Luft = 1)	0,79	1,352
Ungesättigte, %	39,4	79,6
Reaktionsbedingungen:		
Temperatur, °C	685	635
Druck, at	4,2	3,9
Rückstandsgas:		
Spez. Gewicht (Luft = 1)	0,72	0,86
Ungesättigte, %	29	34,5
m^3/m^3, Einsatz	0,85	0,46
Erzeugtes Destillat:		
Ausbeute, l/m^3	0,23	1,31
Spez. Gewicht bei 15,5°	0,929	0,896
Destillat bis 176,7° (350° F), Vol.-%	76	68
Eigenschaften des bis 176,7° übergehenden Destillates:		
Anfangssiedepunkt, °C	—	49
50%-Siedepunkt, °C	—	96
Endsiedepunkt, °C	—	178
Oktanzahl, C.F.R.-Motor	102	86
Geschätzte Destillatausbeute bei Rückkreis-Arbeitsweise, l/m^3	0,53	1,46

Das im Benzinsiedebereich übergehende Destillat besitzt eine hohe Oktanzahl, die zwischen 85 und 105 (C.F.R.-Motormethode) liegt. Der Mischoktanwert beträgt für kleine Zusätze zu niedrigoktanigen Benzinen 105 bis 125. Der Gehalt an Benzol ist etwa 25 bis 30, der an Toluol annähernd 20 bis 25% (vgl. Abb. 112).

Das über 200° siedende Destillat besteht fast ausschließlich aus mehrkernigen Benzolkohlenwasserstoffen. Das bei Raumtemperatur wegen seines hohen Naphthalin- und Anthrazengehaltes feste Produkt ist ein ausgezeichneter Ausgangsstoff für die Hochdruckhydrierung zur Erzeugung hochklopffester aromatischer Benzine mit niedrigem Erstarrungspunkt[2].

[1] Cooke, M. B., H. R. Swanson u. C. R. Wagner: Refiner **14**, 506 (1935) — Oil and Gas J. **34** (26), 56 (1935).

[2] Dunstan, A. E., u. D. A. Howes: J. Inst. Petr. Techn. **22**, 347 (1936).

Das nach der Pyrolyse verbleibende Restgas hat beispielsweise folgende Zusammensetzung in Vol.-%[1]:

Wasserstoff	10—25
Methan	50—60
Äthan	0—10
Äthylen	20—25

Dieses Gas wurde nach der Behandlung von C_3- und C_4-Kohlenwasserstoffen bei Temperaturen von 750 bis 900° C und Drucken von

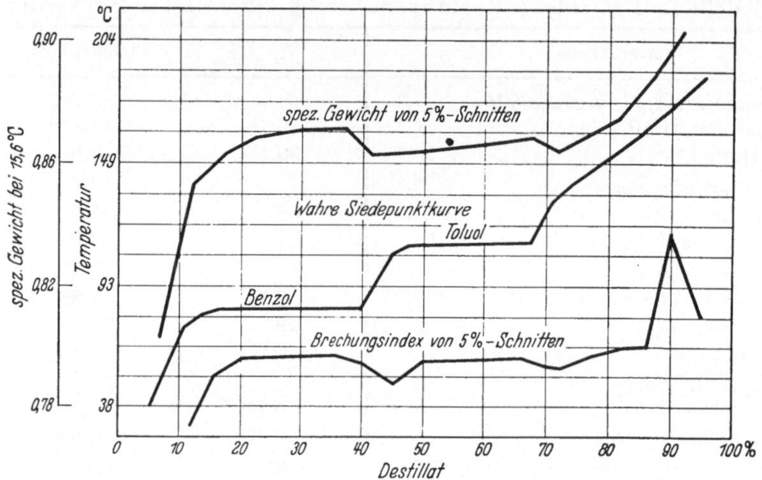

Abb. 112. Eigenschaften der Erzeugnisse aus der Alco-Benzol-Pyrolyse[2].

0,4 bis 7 at bei einmaligem Durchsatz gewonnen. Man kann es zwecks weiterer Umsetzung zu Benzolkohlenwasserstoffen in die Pyrolyseanlage zurückführen. Andererseits ist die Wasserstoff-Methan-Fraktion, die durch fraktionierte Kondensation der Äthan-Äthylen-Fraktion leicht abgetrennt werden kann, ein für die Wasserstoffgewinnung gut geeigneter Ausgangsstoff. Die Äthan-Äthylen-Fraktion ließe sich sowohl für die Pyrolyse als auch wegen des hohen Äthylengehaltes für die Polymerisation einsetzen.

2. Polymerisierungs- und Alkylierungsverfahren[3].

a) Thermische Polymerisation von Olefinen.

Anreicherung von Olefinen in Krackgasen.

Für die unmittelbare Polymerisation der Krackgase ist ein Ausgangsstoff mit einem möglichst hohen Gehalt an olefinischen C_3- und C_4-Kohlenwasserstoffen und einem geringen Gehalt an Paraffinen,

[1] DUNSTAN, A. E., E. N. HAGUE u. R. V. WHEELER: Industr. Engng. Chem. **26**, 307 (1934).

[2] Petroleum Times **35**, 792 (1936).

[3] Ausführliche Darstellung: F. KRCZIL: Kurzes Handbuch der Polymerisationstechnik, Leipzig 1940/41.

Äthylen und Wasserstoff erwünscht. Aus diesem Grunde werden die C_3- und C_4-Olefine in manchen Fällen im Ausgangsgas vor der Polymerisation angereichert. Die Konzentrierung kann in verschiedener Weise geschehen, und zwar:

durch *fraktionierte Destillation und Kondensation,* z. B. nach der Linde-Bronn-Arbeitsweise,

durch *chemische Umsetzungen,* z. B. durch Bildung von Komplexverbindungen mit Kupfer-, Silber- oder Quecksilbersalzen,

durch Umwandlung zu Alkoholen oder Estern,

durch Selektivpolymerisation,

durch *Absorption in selektiven Lösungsmitteln,* u. a. in Erdölfraktionen mittleren Siedebereiches oder

durch *Adsorption,* z. B. an Aktivkohle oder Silica-Gel.

Alco-Polymerisations-Verfahren.

Bei der *Alco-Polymerisations-Arbeitsweise* werden wesentlich niedrigere Temperaturen und erheblich höhere Drucke als bei der *Alco-Benzol-Pyrolyse* angewandt. Man arbeitet zwischen etwa 480 und 540° bei Drucken von 42 bis 56 at[1], während die Benzol-Pyrolyse bei 620 bis 705° unter Drucken von 3,5 bis 18 at durchgeführt wird. Infolgedessen findet eine Aromatisierung der Reaktionserzeugnisse der Alco-Polymerisations-Arbeitsweise nicht oder nur in untergeordnetem Maße statt. Paraffinische Kohlenwasserstoffe werden unter den genannten Bedingungen nicht umgesetzt.

Als Ausgangsstoff für die Alco-Polymerisation wird der möglichst reine C_3—C_4-Schnitt von Krackgasen eingesetzt, in dem die olefinischen Anteile u. U. durch eines der oben beschriebenen Verfahren angereichert wurden. Die Gewinnung des C_3—C_4-Schnittes aus den Krackgasen erfolgt meist durch Fraktionierung unter Druck, wobei Methan, Äthan und Äthylen praktisch vollständig als Gase abgetrennt werden. Eine andere Arbeitsweise besteht darin, die höhermolekularen Anteile der Krackgase in Gasölfraktionen (mineral seal oil) zu absorbieren.

Die technischen Anlagen und der Arbeitsgang unterscheiden sich von denen der Alco-Pyrolyse fast nicht. Lediglich die Reaktionsbedingungen und die Anfangs- und Endprodukte sind verschieden. Wie bei der Pyrolyse wird das Ausgangsgas in einem Röhrenerhitzer auf die gewünschten Reaktionsbedingungen gebracht (vgl. Abb. 111) und in der nachgeschalteten Reaktionskammer umgesetzt. Die Reaktionskammer wird zur Abführung der frei werdenden Reaktionswärme gekühlt. Nach Erreichung eines Umsatzes von 60 bis 70% wird das

[1] Nach einem anderen ebenfalls ohne Katalysator arbeitenden Verfahren der *I. G. Farbenindustrie A.G.* [F. P. 835242/3 (1938)] sind Temperaturen zwischen 500 und 550° bei Drucken von 100 bis 150 at vorgesehen.

Reaktionsgut durch Einspritzen kalter gasförmiger Anfangs- oder flüssiger Endprodukte abgeschreckt und der Destillation und Stabilisation zugeführt. Die nicht umgewandelten Olefine werden in den Kreislauf zurückgegeben. Aus der bei jedem Durchgang eingetretenen Umsetzung (conversion per pass) von 60 bis 70% ergibt sich ein Rückkreisverhältnis (recycle ratio = Mengenverhältnis des mit Rücklauf gemischten Ausgangsstoffes zum Frischgut) von etwa 1,5:1.

Die Ausbeute an Polymerbenzin wird durch den Gehalt des Ausgangsgases an Propylen und Butylenen sowie durch das Verhältnis Propylen: Butylen bestimmt. Mit steigendem Gehalt des Gases an diesen Kohlenwasserstoffen erhöht sich die Benzinausbeute, und zwar um so stärker, je mehr der Anteil der Butylene den des Propylens übersteigt.

Zahlentafel 131 vermittelt ein Bild der aus zwei Spaltgasen verschiedener Herkunft gewonnenen Ausbeuten und Erzeugnisse.

Zahlentafel 131.
Typische Erzeugnisse einer Alco-Polymerisations-Anlage.

Ausgangsgas	Gyro-Rückstandsgas	Verflüssigtes Krackgas
Eigenschaften des Ausgangsgases:		
Spez. Gewicht (Luft = 1)	1,06	1,51
Ungesättigte, %	47,2	49,4
Rückkreisverhältnis	einmaliger Durchsatz	1,75
Restgas:		
Spez. Gewicht (Luft = 1)	0,87	1,01
Ungesättigte, %	18,4	22,0
m^3/m^3 Einsatz	0,80	—
Flüssige Reaktionserzeugnisse:		
l/m^3 Einsatz	0,59	1,57
Polymerbenzin:		
l/m^3 Einsatz	0,49	1,18
Spez. Gewicht bei 15,6°	0,769	0,759
Anteil am Gesamtprodukt in %	84,0	75,0
Siedebeginn, °C	36	32
10% Destillat bis °C	57	41
30% „ „ °C	—	63
50% „ „ °C	104	83
80% „ „ °C	150	—
90% „ „ °C	—	162
Endsiedepunkt in °C	216	203
Oktanzahl (C.F.R.-Motor)	—	76
Heizöl:		
Spez. Gewicht bei 15,6°	—	1,04
Ausbeute, l/m^3	0,09	0,40
Zu flüssigen Erzeugnissen umgesetzte Ungesättigte, %	78,0	86,7
Zu Benzin umgesetzte Ungesättigte, %	63,0	—

Die Oktanzahl (C.F.R.-Motormethode) des Alco-Polymerbenzins bewegt sich zwischen 75 und 80. Seine Bleiempfindlichkeit ist gering. Außer einem Benzin entsteht bei der Alco-Polymerisation eine höhersiedende Fraktion von Heizölcharakter, die sich als Ausgangsstoff für Krack- und Hydrierverfahren eignet.

b) Katalysatoren für die Olefinpolymerisation.

Einen wesentlichen Fortschritt in der Polymerbenzinherstellung bedeutete die Einführung von Katalysatoren; denn ein wirksamer Katalysator ermöglicht die Anwendung wesentlich niedrigerer Temperaturen und Drucke. Unerwünschte Sekundärreaktionen, z. B. die Umsetzung der olefinischen Polymerisationsprodukte in gesättigte Kohlenwasserstoffe, werden vermieden.

Als Polymerisationskatalysatoren für Olefine werden vornehmlich angegeben:

Metalle und *Metalloxyde*,
Adsorbentien,
neutrale anorganische Salze mehrbasischer Säuren und *Metallhalogenide*,
anorganische Säuren und *saure anorganische Salze*.

Metalle und Metalloxyde.

Von den Metallen wird bereits *Natrium* technisch als Katalysator bei der Polymerisation von Diolefinen und Azetylenabkömmlingen zu synthetischen Harzen verwendet. Aber auch die Polymerisation von Olefinen wird durch seine Gegenwart beschleunigt[1]. *Eisen* wirkt bei erhöhter Temperatur zum Teil als Polymerisations-, zum Teil als Spaltkatalysator[1]. *Nickel* beschleunigt die Polymerisation von Azetylen in Gegenwart von Wasserstoff bei Temperaturen über 300°[2]. Äthylen reagiert in Gegenwart von *Kobalt* bei 250 bis 290° zu flüssigen Polymeren. *Silber* und *Kupfer* wirken als Aktivatoren. Mit steigendem Aktivatorzusatz verschiebt sich die Polymerenzusammensetzung zu den niedrigen gasförmigen Polymeren[3] (vgl. auch S. 387/88). Als Aktivatoren werden u. a. auch die Metalle der achten Gruppe des periodischen Systems angegeben[4].

Metalloxyde sind im allgemeinen bessere Spalt- (Dehydrier-) als Polymerisationskatalysatoren. Eine bestimmte Polymerisationswirkung ist aber dem Aluminiumoxyd zuzuschreiben. IPATIEFF[5] fand eine ausgesprochene Aktivität des Aluminiumoxyds bei der Polymerisation von

---

[1] WALKER, H. W.: J. Phys. Chem. **31**, 961 (1927).
[2] PETROV, A. D., u. L. I. ANTZUS: C. r. Acad. Sci. (URSS) **4**, 295, 303 (1934).
[3] KONAKA, Y.: J. Soc. chem. Ind. Japan **40** (Suppl.), 21 (1937).
[5] *Pure Oil Co.*, übert. von C. R. WAGNER: A. P. 1913691 (1928).
[5] IPATIEFF, V. N.: Ber. dtsch. chem. Ges. **44**, 2978 (1911).

Äthylen bei 375° und 70 at. DUNSTAN und HOWES[1] wiesen die beschleunigende Wirkung einer Anzahl von Metalloxyden bei der Polymerisation eines Stabilisatorrückflusses nach. Im Verhältnis zu den bekannten Polymerisationskatalysatoren ist die Wirksamkeit der Metalloxyde jedoch gering.

Adsorbentien.

Adsorptionsstoffe wie Aktivkohle, Silica-Gel u. a. sind seit langem als Polymerisationskatalysatoren bekannt. Als erster berichtete GURWITSCH[2] über die polymerisierende Wirkung von Silica-Erden auf die Amylene bei Raumtemperatur. Isobutylen wird ebenfalls leicht polymerisiert, während Propylen durch Floridin u. a. Adsorbentien erst in langen Zeiten zu Polymerisationsprodukten umgesetzt wird[3]. Allgemein gilt für die Olefinpolymerisation durch Adsorbentien bei niedrigen Temperaturen, daß nur die Abkömmlinge der asymmetrisch di- und trisubstituierten Äthylene ($RR'C{=}CH_2$ und $RR'C{=}CHR''$) reaktionsfähig sind; VAN WINKLE[4] bestätigte diese Ergebnisse. Nach mehrmonatiger Einwirkung von Floridin erhielt er jedoch auch aus Propylen Di- und Trimere, die sich mit der Zeit zu immer höhermolekularen Produkten umsetzten. Bei 350° besitzt dehydratisiertes Floridin eine erhebliche Polymerisationsaktivität für Propylen, die durch Behandlung mit Salzsäure noch erhöht wird[5]. Z. B. ergaben Floridine, die zwischen 300 und 500° dehydratisiert wurden, bei 350° und Atmosphärendruck 6 Gew.-% Polymererzeugnis, während ein- oder zweimal vor der Dehydratisierung mit konz. Salzsäure behandelte Floridine Ausbeuten von 24 bzw. 32 Gew.-% lieferten. Die von GAYER gewonnenen Polymerisate gingen zu 84 Gew.-% bis 250° über. Die Oktanzahl dieser Destillate liegt um 90 (C.F.R.-Research-Methode). Der Olefingehalt schwankte zwischen 52 und 100%.

Die Anwendung von Adsorptionsstoffen als Polymerisationskatalysatoren zur Herstellung klopffester Kraftstoffe wurde in einer großen Zahl von Patenten geschützt[6]; meist werden die Adsorptionsstoffe jedoch in Verbindung mit anderen Polymerisationskatalysatoren benutzt (vgl. S. 387).

Die Polymerisation des Isobutylens in Gegenwart von Adsorbentien verläuft bis zu einem gewissen Grade reversibel[7]. Die größte Reaktions-

---

[1] DUNSTAN, A. E., u. D. A. HOWES: J. Inst. Petr. Techn. **22**, 347 (1936).

[2] GURWITSCH, L.: Z. physik. Chem. A **107**, 235 (1923).

[3] LEBEDEW, S. V., u. E. P. FILONENKO: Ber. dtsch. chem. Ges. **58**, 163 (1925).

[4] VAN WINKLE: Chem. Abstr. **23**, 90 (1929).

[5] GAYER, F. H.: Industr. Engng. Chem. **25**, 1122 (1933).

[6] Siehe z. B.: *Gray Process Corp.*, übert. von T. S. KENYON, u. *Union County Trust Co.*, übert. von T. T. GRAY, A. P. 2034575 (1934).

[7] LEBEDEW, S. V., u. G. G. KOBLIANSKI: Ber. dtsch. chem. Ges. **63**, 103, 1432 (1930).

geschwindigkeit wurde bei —60° gefunden. Bei dieser Temperatur erhält man Polymere von sehr hohem Molekulargewicht. Mit steigender Temperatur nimmt die Polymerisationsgeschwindigkeit ab. Bei 200° tritt bereits eine starke Verzögerung der Reaktion ein, die Polymeren des Isobutylens werden unter diesen Bedingungen bereits in beträchtlichem Umfange depolymerisiert. Die Dissoziation des Triisobutylens in Gegenwart von aktiviertem Floridin beginnt bereits bei 50° merklich zu werden. Das stabilste Polymere ist das Diisobutylen.

Neutrale anorganische Salze mehrbasischer Säuren und Metallhalogenide.

Von den *neutralen Salzen* mehrbasischer Säuren wird dem Kaliumdichromat, dem Zinkantimonat, dem Kupferborat und den Phosphaten polymerisierende Wirkung zugeschrieben[1]. Kupferchlorid wird bei der Umwandlung von Azetylen zu Vinylazetylen als Katalysator verwendet[2].

Bekannte Polymerisationskatalysatoren sind die *Metallhalogenide*[3], und zwar in erster Linie *Aluminiumchlorid, Zinkchlorid* und *Borfluorid.* Ihre Einwirkung auf Olefine ist sehr heftig. Die Polymerisationserzeugnisse sind deshalb meist hochmolekular. Zudem wirken die Metallhalogenide metallkorrodierend; sie sind giftig und schwer zu lagern. Zur Herabsetzung ihrer Korrosionswirkung und ihrer zu hohen Reaktionsfähigkeit werden sie gelegentlich auch in Form von Doppelverbindungen mit organischen Säuren, Äthern, Alkoholen usw. angewandt[4]. Als Katalysatoren für die technische Herstellung von Benzinen aus gasförmigen Olefinen haben sie sich bisher nicht durchsetzen können.

Bei der Einwirkung von *Aluminiumchlorid* auf Äthylen finden verwickelte Umsetzungen statt, die von STANLEY[5] auf drei Grundreaktionen zurückgeführt werden, und zwar auf die Polymerisation zu höheren Olefinen, deren Isomerisierung zu Zykloparaffinen und die Spaltung der Primärerzeugnisse zu Paraffinen und Olefinen von geringerer Molekül-

---

[1] A. P. 1884093 (1932). — DUNSTAN, A. E., u. D. A. HOWES: J. Inst. Petr. Techn. **22**, 347 (1936).

[2] TRIGGS, W. W.: E. P. 401678 (1933).

[3] *Universal Oil Products Co.*, übert. von J. C. MORRELL: A. P. 2055875 (1934). — *I. G. Farbenindustrie A.G.:* E. P. 478601 (1936); F. P. 823373 (1937). — *Universal Oil Products Co.:* F. P. 823593 (1937); It. P. 351889 (1937). — *Standard Oil Co.:* F. P. 823270 (1937). — *I. G. Farbenindustrie A.G.*, übert. von H. HAEUBER u. J. HIRSCHBECK: E. P. 498526 (1937); F. P. 839874 (1938); A. P. 2159148 (1938).

[4] MEERWEIN, H.: J. prakt. Chem. **141**, 123 (1927). — *Standard Oil Co. (Indiana)*, übert. von W. E. KUENTZEL u. T. A. GEISSMAN: A. P. 2040658 (1934). — *Standard Oil Co. (Indiana)*, übert. von W. E. KUENTZEL u. R. F. RUTHRUFF: A. P. 2082454, 2082500, 2082518/20 (1934), 2160287 (1934). — *Process Management Co., Inc.*, übert. von H. V. ATWELL: A. P. 2125235 (1934), 2146667 (1936).

[5] STANLEY, H. M.: J. Soc. Chem. Engng. **49**, 349T (1930).

größe. Polymerisation und Isomerisation sind bei verhältnismäßig niedrigen Temperaturen vorherrschend; bei höherer Temperatur setzt die Spaltung ein, die z. B. im McAfee-Verfahren (vgl. S. 305) technisch ausgenutzt wird. Nach STANLEY ist der Mechanismus der Äthylenpolymerisation mit Aluminiumchlorid folgender:

Zunächst tritt Polymerisation des Äthylens zu höheren Olefinen ein, die sich mit dem Aluminiumchlorid zu Additionsverbindungen umsetzen. Anschließend findet die Isomerisation der höheren Olefine zu den korrespondierenden Zykloparaffinen statt. Die entstehenden Zykloparaffine bilden keine Additionsverbindungen mit Aluminiumchlorid; sie stellen das bei der Äthylenumsetzung mit Aluminiumchlorid entstehende „freie Öl" dar. Das durch die Zykloparaffinbildung frei werdende Aluminiumchlorid reagiert mit weiterem Äthylen zu höheren Olefinen, die sich wiederum zu Aluminiumchlorid-Additionsverbindungen umsetzen.

Die ebenfalls durch Aluminiumchlorid erzielbare Spaltung tritt erst bei höheren Temperaturen ein, die bei der Äthylenpolymerisation nicht angewandt werden. Sie wird erst bei Temperaturen ab 120° beobachtet. Dabei tritt gleichzeitig eine Isomerisierung ein. Z. B. entsteht aus Oktan, Dekan oder Heptadekan nicht das normale, sondern das Iso-Butan[1]. Versuche von IPATIEFF und v. GROSSE[2] ergaben, daß Spuren von Chlorwasserstoff oder Feuchtigkeit zur Einleitung der Polymerisation von Äthylen mit Aluminiumchlorid notwendig sind. IPATIEFF und v. GROSSE nehmen an, daß die Polymerisation des Äthylens durch Addition von Chlorwasserstoff über Äthylchlorid erfolgt. Äthylchlorid reagiert mit einem zweiten Äthylenmolekül oder mit einem höheren Olefin unter Abspaltung von Chlorwasserstoff. Die dabei gebildeten Monoolefine wandeln sich durch zyklische oder intramolekulare Alkylierung in Naphthene um, aus denen weiter durch Hydrierung, Dehydrierung oder Wasserstoffproportionierung Paraffine und Zykloolefinkohlenwasserstoffe entstehen. Die Zykloolefine bilden Aluminiumchlorid-Additionsverbindungen. Übereinstimmend hiermit konnte man aus dem Additionsprodukt Terpene abtrennen, während das über den Additionsverbindungen stehende „freie Öl" im Gegensatz zu der Annahme von STANLEY (s. oben) aus Paraffinkohlenwasserstoffen bestand.

Bei höheren Temperaturen[3] und unter Druck geht die Umsetzung des Äthylens in Gegenwart von Aluminiumchlorid mit großer Ge-

---

[1] IPATIEFF, V. N., u. A. v. GROSSE: Industr. Engng. Chem. **28**, 461 (1936).

[2] IPATIEFF, V. N., u. A. v. GROSSE: J. amer. chem. Soc. **58**, 915 (1936).

[3] NASH, A. W., H. M. STANLEY u. H. R. BOWEN: J. Inst. Petr. Techn. **16**, 830 (1930). — WATERMAN, H. J., u. A. J. TULLENERS: Chim. et Ind., Sonder-Nr 496 (1933). — WAGNER, C. R.: A. P. 1934896 (1933).

schwindigkeit vor sich. Die Reaktionserzeugnisse unterscheiden sich erheblich von den bei niedriger Temperatur und Atmosphärendruck erhaltenen. Die aus dem Aluminiumchlorid-Additionsprodukt gewinnbaren Kohlenwasserstoffe besitzen ein sehr hohes Kohlenstoff-Wasserstoff-Verhältnis. Bei Reaktionen über 150° ergibt die Additionsverbindung nicht mehr ein Öl, sondern einen schweren, schwarzen Teer. Das „freie Öl" enthält mehr niedrigsiedende Anteile als das bei niedriger Temperatur hergestellte. Die untere Fraktion des „freien Öles" besteht aus Paraffinen, die obere Fraktion wahrscheinlich aus mehrkernigen Naphthenkohlenwasserstoffen.

Waterman, Leendertse und Mitarbeiter[1] unterwarfen Isobutylen und andere höhere Olefine der Einwirkung von Aluminiumchlorid bei verschiedenen Temperaturen unter Verwendung von Pentan als Lösungsmittel. Aus Isobutylen wurden olefinische und zyklische Kohlenwasserstoffe im Molekulargewichtbereich 132 bis 4800 gewonnen. Die Reaktion verläuft bei niedrigen Temperaturen (−78°) am heftigsten, und zwar unter Bildung hochmolekularer viskoser Kohlenwasserstoffe. Bei dieser Temperatur wird die Ringbildung begünstigt[2]. Verschiedene Pentene reagierten mit Aluminiumchlorid in Abwesenheit von Chlorwasserstoff bei −80° ziemlich schwach. In Gegenwart von Chlorwasserstoff wurden sie zu Chloriden umgesetzt. Zyklohexen reagierte in Pentanlösung mit Aluminiumchlorid zwischen −78 und 0° nicht. Bei 70° entstanden Zyklohexylverbindungen. Bei Zugabe von Chlorwasserstoff wurden aus Zyklohexen bei −78° Chlorzyklohexen und ein Gemisch von Chlor-Poly-Zyklohexyl-Verbindungen gebildet[3].

Die polymerisierende Wirkung von Aluminiumchlorid auf Olefine bildet die Grundlage zahlreicher Patente. Eine besondere Bedeutung besitzt Aluminiumchlorid für die Herstellung von Schmierölen aus niedrigersiedenden Kohlenwasserstoffen durch Polymerisation und Kondensation[4].

Häufig wird als Polymerisationskatalysator neben Aluminiumchlorid auch Zinkchlorid genannt. Der Mechanismus der Polymerisation von Äthylen mit *Zinkchlorid* ist aller Wahrscheinlichkeit nach dem bei der Umwandlung mit Aluminiumchlorid auftretenden sehr ähnlich. Bemerkenswerte Polymerisationsreaktionen mit Zinkchlorid wurden von

---

[1] Waterman, H. J., J. J. Leendertse u. a.: Rec. trav. Chem. **53**, 699, 715, 1151 (1934); **54**, 79, 245 (1935).

[2] Waterman, H. J., J. J. Leendertse u. J. B. Nieman: Rec. trav. Chem. **56**, 59 (1937).

[3] Leendertse, J. J., A. J. Tulleners u. H. J. Waterman: Rec. trav. Chem. **53**, 715 (1934).

[4] Vgl. z. B.: F. Fischer u. H. Koch: Brennst.-Chem. **14**, 463 (1933). — Fischer, F., H. Koch u. K. Wiedeking: Brennst.-Chem. **15**, 229 (1934). — Koch, H.: Brennst.-Chem. **18**, 121 (1937).

Brandes, Gruse und Lowy[1] durchgeführt. Bei diesen Versuchen wurde Propylen in einem Autoklaven bei Temperaturen zwischen 150 und 310° unter Enddrucken von etwa 105 bis 240 at in Gegenwart von Zinkchlorid umgesetzt. Die Reaktionsdauer lag zwischen 1 bis 6 Stunden, das Molverhältnis Propylen : Zinkchlorid war 1 : 0,10 bis 0,12. Unter solchen Bedingungen wurden aus Propylen 43,5 bis 74,2 Gew.-% flüssige Polymere gewonnen. Die Katalysatoraktivität nahm jedoch rasch ab. Durch Steigerung der Reaktionstemperatur erhielt man höhermolekulare Erzeugnisse. Z. B. gingen von den bei 150 bis 160° erzeugten Polymeren 92%, von dem bei 290 bis 310° hergestellten nur 74,5% im Benzinsiedebereich über. Die chemische Zusammensetzung der Reaktionsprodukte ist vorwiegend paraffinisch-olefinisch, Naphthene wurden nur in geringen Mengen gefunden.

Bortrifluorid[2] vermag Äthylen unter normalen Drucken bis zu 200° nicht zu polymerisieren; dagegen werden Propylen und Butylen bereits bei Raumtemperatur leicht zu höheren Kohlenwasserstoffen umgesetzt[3]. Unter erhöhtem Druck setzt sich außer den höheren Olefinen auch Äthylen schon bei Raumtemperatur um[4]. Die Polymerisationskraft des Borfluorids wird durch Zusatz von Halogenwasserstoff oder von fein verteilten Metallen noch erhöht. Die sich bildenden Polymerisationserzeugnisse sind hochmolekular und sehr viskos. Borfluorid wird deshalb in erster Linie als Katalysator für die Gewinnung von Schmierölen aus gasförmigen Olefinen vorgeschlagen[5]. Aber auch die Polymerisation von Äthylen zu Butylen in Gegenwart von Borfluorid ist bei gewöhnlicher Temperatur durch Anwendung von 50 bis 60 at möglich[6].

Anorganische Säuren und saure anorganische Salze.

Die bisher einzigen in der Kraftstoffindustrie großtechnisch angewandten Polymerisationskatalysatoren sind Säuren, und zwar *Schwefelsäure* sowie insbesondere *Phosphorsäure*.

Salzsäure eignet sich als Katalysator für die Olefinpolymerisation wegen ihrer chlorierenden Wirkung nicht. Als Aktivator spielt sie jedoch

---

[1] Brandes, O. L., W. A. Gruse u. A. Lowy: Industr. Engng. Chem. **28**, 554 (1936).

[2] Eingehende Ausführungen über Borfluorid als Katalysator bei chemischen Reaktionen: O. Kästner: Angew. Chem. **54**, 273 (1941).

[3] Butlerov, A., u. B. Gorianov: Liebigs Ann. **169**, 147 (1873) — Ber. dtsch. chem. Ges. **6**, 561 (1873).

[4] Otto, M.: Brennst.-Chem. **8**, 321 (1927). — Hofmann, F., u. M. Otto: F. P. 632768 (1927).

[5] *I. G. Farbenindustrie A.G.*, übert. von J. Y. Johnson: E. P. 432196 (1935).

[6] *I. G. Farbenindustrie A. G.*, E. P. 326222 (1930). — *I. G. Farbenindustrie A. G.*, übert. von M. Otto u. L. Bub: A. P. 1989425 (1935).

eine gewisse Rolle z. B. bei Umsetzungen mit Aluminiumchlorid und mit Adsorbentien (S. 380 u. 382).

Die polymerisierende Wirkung der *Salpetersäure* tritt neben der oxydierenden Wirkung stark in den Hintergrund.

Isobutylen wird durch konz. *Schwefelsäure*[1] bereits bei Raumtemperatur zu Di- und Triisobutylen polymerisiert. Bei höherer Temperatur (80°) wird neben Isobutylen auch n-Butylen umgesetzt. Gleichzeitig wird die Bildung des Trimeren weitgehend zurückgedrängt. Unter dem Einfluß der Schwefelsäure laufen nach NAMETKIN u. a.[2] neben der einfachen Polymerisations- auch Hydro- und Dehydro-Polymerisationsreaktionen mit den Olefinen ab. Für Isobutylen werden z. B. folgende Umsetzungen angegeben:

$$HOSO_2{-}OC_4H_9 + C_4H_8 \rightarrow H_2SO_4 + C_8H_{16}$$

$$HOSO_2{-}OC_4H_9 + C_8H_{16} \rightarrow HOSO_2{-}OC_4H_7 + C_8H_{18}$$

$$n(HOSO_2{-}OC_4H_7) \rightarrow n\,H_2SO_4 + (C_4H_6)_n$$

Das Schwefelsäure-Polymerisationsverfahren der *Shell Development Co.* bedient sich dieser Reaktionen zur Erzeugung von Isookten (Diisobutylen), das durch Hydrierung in Isooktan überführt wird (S. 397).

Phosphorsäuren und *saure phosphorsaure Salze* sind als beste Katalysatoren für die Olefinpolymerisation bekannt. Die Wirkung flüssiger und fester Phosphorsäurekatalysatoren auf Olefine wurde in einer Reihe von Arbeiten untersucht.

Äthylen wurde u. a. von IPATIEFF und CORSON[3] mit einem festen Phosphorsäurekontakt bei 36,6 at und 296 bis 324° polymerisiert (siehe Zahlentafel 132).

Durch Wasserdampfdestillation wurde aus dem rohen Polymererzeugnis ein Benzin mit den folgenden Eigenschaften gewonnen:

Spez. Gewicht bei 15,6°	0,711
Siedebeginn, °C	41
50%-Siedepunkt, °C	93
Siedeendpunkt, °C	203
Reid-Dampfdruck (37,8°), kg/cm²	0,46
Oktanzahl (C.F.R.-Motormethode)	82

Das niedrige spez. Gewicht und die hohe Oktanzahl dieses Benzins deuten auf eine stark isoolefinisch-isoparaffinische Zusammensetzung hin.

---

[1] *Standard Oil Development Co. (Delaware)* u. *I. G. Farbenindustrie A.G.*: E. P. 457158 (1936); F. P. 822790 (1937). — *Standard Alcohol Co.*, E. P. 456315 (1936); F. P. 806611 (1936). — *Standard Oil Development Co.*: F. P. 827123, 49047 (1937), 833081 (1938). — *Universal Oil Products Co.*, übert. von V. N. IPATIEFF u. H. PINES: A. P. 2181942 (1938).

[2] NAMETKIN, S. S., S. M. ABAKUMOVSKAJA u. M. G. RUDENKO: J. Gen. Chem. (USSR) **7**, 759 (1937) — Chem. Zbl. **1937 II**, 31.

[3] IPATIEFF, V. N., u. B. B. CORSON: Industr. Engng. Chem. **28**, 860 (1936).

Zahlentafel 132. Polymerisation von Äthylen an einem festen Phosphorsäurekatalysator unter Druck (36,6 at).

Versuch	A	B	C
Versuchsbedingungen:			
Temperatur, °C	296	324	324
Verweilzeit, sec	790	420	320
Einsatzgasmenge, l/h und kg Katalysator	94	156	212
Äthylenumsatz zu flüssigen Polymeren:			
Umgesetztes Äthylen, %	73	72	65
Benzin bis 204°, l je m^3	0,63	0,63	0,63
Gesamtpolymere, l/m^3	1,07	1,06	0,95
Eigenschaften des rohen Polymererzeugnisses:			
Spez. Gewicht bei 15,6°	0,785	0,785	0,785
Siedebeginn, °C	37	42	44
10% sieden bei °C	57	63	70
50% „ „ °C	178	169	157
90% „ „ °C	314	303	279
Siedeendpunkt, °C	340	335	329
Reid-Dampfdruck (37,8°), kg/cm^2	0,62	0,58	0,57

Propylen ergab bei der katalytischen Polymerisation an einem flüssigen Phosphorsäurekontakt bei 204° ein fast völlig aus verzweigten Monoolefinen bestehendes Polymerisat mit einem Endsiedepunkt von etwa 230°[1]. Durch Erhöhung der Reaktionstemperatur auf 330 bis 370° und entsprechender Drucksteigerung auf 100 bis 140 at nahm der Olefingehalt von etwa 100 auf annähernd 85% ab. Die restlichen 15% bestanden im wesentlichen aus niedrigsiedenden Paraffinen, aus Naphthenen des mittleren Siedebereiches und einer kleinen Menge hochsiedender Aromaten[2].

Die Butylene polymerisieren in Gegenwart von flüssiger Phosphorsäure mit verschiedener Geschwindigkeit. Am leichtesten setzt sich Isobutylen, am schwersten 1-Butylen um. Die Polymerisationsgeschwindigkeit von 1- und 2-Butylen wird durch die Anwesenheit von Isobutylen beschleunigt (vgl. die Schwefelsäurepolymerisation der Butylene nach dem *Shell*-Verfahren, S. 397). Die Reaktionserzeugnisse bestehen fast ganz aus olefinischen Kohlenwasserstoffen. Die Zusammensetzung der entstehenden Erzeugnisse ist um so verwickelter, je höher die Reaktionstemperatur gewählt wird. Bei niedriger Temperatur (30°) entstehen nur Di- und Triisobutylen.

[1] IPATIEFF, V. N.: Industr. Engng. Chem. **27**, 1067 (1935). — IPATIEFF, V. N., u. H. PINES: Industr. Engng. Chem. **28**, 684 (1936).

[2] Vgl. auch JOSTES, F., u. W. BARTELS: Öl u. Kohle **13**, 1166 (1937).

Mischkatalysatoren und Maßnahmen zur Verbesserung der Katalysatorwirkung.

Die ausgedehnte Zahl von Polymerisationskatalysatoren verschiedener Art lenkte sehr bald darauf hin, die Wirkung der Einzelkatalysatoren durch Mischen miteinander zu verstärken. Zahlreiche Schutzrechte für Mischkatalysatoren zur Polymerisation von Olefinen wurden erteilt. Als Mischkatalysatoren werden u. a. genannt:

Säuren und Salze auf Trägern, die häufig als Adsorbentien die Polymerisationswirkung verstärken[1],

Säuren und Salze in Lösungs- oder Suspensionsmitteln[2],

Halogenide zusammen mit Metallen[3].

Außerdem versucht man, die Polymerisation mit der Hydrierung der olefinischen Polymerisate (Hydropolymerisation)[4] oder mit der Aufspaltung der im Ausgangsstoff enthaltenen Paraffinkohlenwasserstoffe[5] zu vereinigen.

Maßnahmen zur Verbesserung der Katalysatorwirkung bestehen z. B. darin, daß man zur Vermeidung von Kohlenstoffabscheidungen auf dem Kontakt die im Ausgangsgas enthaltenen Diolefine und Acetylene vor der Polymerisation abtrennt[6], oder daß man die Katalysatoren wie Schwefelsäure oder Phosphorsäure in Türmen mit Füllkörpern im Gegenstrom zum aufsteigenden Gas herabrieseln läßt[7]. Höhere Ausbeuten an erwünschten Dimeren erzielt man durch Zusatz von depoly-

---

[1] *Standard Oil Development Co*: F. P. 806886 (1936). — *Universal Oil Products Co.*, übert. von V. N. Ipatieff u. R. E. Schaad: A. P. 2101857 (1936); 2102073 (1935); 2102074 (1936); It. P. 351246 (1937); Can. P. 371511 (1936); 2157208 (1937); 2202104 (1936). — *Universal Oil Products Co.*, übert. von V. N. Ipatieff u. B. B. Corson: A. P. 2116151 (1936). — *I. G. Farbenindustrie A.G.*: F. P. 48524 (1936). — *General Motors Corp.*, übert. von F. H. Gayer: A. P. 2068016 (1933). — *N. V. de Bataafsche Petroleum Maatschappij*: F. P. 836721 (1938). — *Standard Oil Co. of California*, übert. von L. C. Brooke: A. P. 2135793 (1936). — *Phillips Petroleum Co.*, übert. von P. V. McKinney: A. P. 2142324 (1936). — *I. G. Farbenindustrie A. G.*: F. P. 839850 (1938); E. P. 502475 (1937). — Rose, I. R.: A. P. 2158154, 2163155 (1937); 2173374, 2173376 (1939). — *Union Oil Co. of California*, übert. von P. Subkov: A. P. 2201306 (1935). — *Standard Oil Development Co.*, übert. von S. C. Fulton u. T. Cross jr.: A. P. 2204673 (1935); 2129649, 2129732/3 (1936); F. P. 826790 (1937).

[2] *Shell Development Co.*, übert. von B. Malishev: A. P. 2055415 (1933). — *Standard Oil Development Co.*: F. P. 798929 (1935).

[3] *Shell Development Co.*, übert. von R. M. Deanesly u. A. Wachter: A. P. 2181640 (1935).

[4] *Universal Oil Products Co.*: F. P. 820579, 821136 (1937).

[5] *Pure Oil Co.*, übert. von H. C. Schutt: A. P. 2157220 (1934). — *I. G. Farbenindustrie A. G.*: F. P. 825085 (1937). — *Texas Co.*, übert. von T. A. Mangelsdorf u. du Bois Eastman: A. P. 2208100 (1936).

[6] *I. G. Farbenindustrie A. G.*: F. P. 835680 (1938).

[7] *I. G. Farbenindustrie A. G.*: F. P. 844022 (1938).

merisierend wirkenden Stoffen zum Polymerisationskatalysator. Die Entstehung der hochsiedenden Polymeren wird dadurch zurückgedrängt. Depolymerisierend in diesem Sinne wirken u. a. Metalle wie Nickel, Molybdän, Vanadium, Mangan und Eisen[1]. Eine selektive Polymerisation der Isoolefine kann man durch Behandlung der Ausgangsolefine mit trockenem Chlorwasserstoffgas erreichen. Es bilden sich Isoolefinchloride, die von den nicht reagierenden normalen Olefinen getrennt und für sich polymerisiert werden[2].

c) Katalytische Olefinpolymerisation.

Entwicklung der Olefinpolymerisation mit Phosphorsäuren.

Die Anwendbarkeit von Phosphorsäuren als Katalysatoren für die Olefinpolymerisation wurde erstmalig in Patenten der *I. G. Farbenindustrie A.G.*[3] ab 1927 zum Ausdruck gebracht. Die Entwicklungsarbeit anderer Gesellschaften setzte erst mehrere Jahre später ein. Die ersten Patente der *Universal Oil Products Co.*[4], die später das heute bedeutendste Polymerisationsverfahren entwickelte, wurden erst im Jahre 1933 angemeldet. Nach den zahlreichen Patenten, die seit dieser Zeit von verschiedener Seite genommen wurden, werden fast alle Phosphorsäuren und phosphorsauren Salze für sich und in Gemischen bei verschiedenen Temperaturen und Drucken angewendet[5]. Als Zusatzstoffe werden genannt: Träger wie Bimsstein, Silica-Gel u. a., Chloride oder Oxyde von Erdalkalimetallen, Zink, Kupfer- und Silbersalze und viele andere.

Bemerkenswert ist, daß für die Olefinpolymerisation dieselben Stoffe und Stoffgemische als Katalysatoren brauchbar sind, die auch bei der Hydratation der Olefine zu den zugehörigen Alkoholen verwendet werden.

Von den verschiedenen Phosphorsäuren eignet sich die Orthophosphorsäure am besten. Die Pyrosäure ist erheblich teurer, die Metasäure ist verhältnismäßig inaktiv und ergibt ein Polymerisat von zu

---

[1] *N. V. Internationale Hydrogeneeringsoctrooien Maatchappij:* F. P. 855602 (1939).

[2] *Texas Co.*, übert. von W. A. McMillan, A. P. 2181642 (1937).

[3] *I. G. Farbenindustrie A. G.*, übert. von J. Y. Johnson: E. P. 291137 (Anmeldung vom 22. 2. 1927), 340513 (1930) u. a. — Mittasch, A., W. Frankenburger u. F. Winkler: A. P. 1884093 (1932).

[4] Ipatieff, V. N.: A. P. 2060871 (1933); 1960631 (1934); 1993512 (1935) u. a.

[5] Vgl. u. a.: *Universal Oil Products Co*: F. P. 797584 (1935); Can. P. 360570 (1935). — *Universal Oil Products Co.:* übert. von V. N. Ipatieff u. V. I. Komarewsky: A. P. 2051859 (1934). — *Anglo-Iranian Oil Co., Ltd.* u. A. E. Dunstan: E. P. 460659 (1935); F. P. 810846 (1936). — *Universal Oil Products Co.:* F. P. 818930 (1937); It. P. 351643 (1937); E. P. 477128 (1937); F. P. 834170 (1938); It. P. 374940 (1939). — *N. V. de Bataafsche Petroleum Maatchappij:* F. P. 823242 (1937); E. P. 479657 (1937). — *Universal Oil Products Co.*, übert. von J. C. Morrell: A. P. 2116157 (1936); 2127001 (1936). — *I. G. Farbenindustrie A. G.:* F. P. 837702 (1938); E. P. 496267 (1938).

niedrigem Dampfdruck[1]. Die übrigen Phosphorsäuren sind entweder zu flüchtig oder zu zersetzlich. Auch die Phosphoroxyde besitzen eine zu hohe Flüchtigkeit. Die an sich brauchbarste Säure, die Orthophosphorsäure, hat wiederum den Nachteil, daß sie bei Temperaturen oberhalb 150° zu Pyro- und Metasäure dehydratisiert wird. Erhitzt man eine verdünnte Orthophosphorsäure auf 150°, so erhält man eine sirupartige Flüssigkeit, die sehr langsam ihr Wasser abgibt. Aller Wahrscheinlichkeit nach stellt sich ein Gleichgewicht zwischen den drei Hydraten des Phosphorpentoxyds (ortho: $P_2O_5 \cdot 3\,H_2O$; pyro: $P_2O_5 \cdot 2\,H_2O$; meta: $P_2O_5 \cdot H_2O$) ein. Bei 260° ist die Umwandlung der Orthosäure zu Pyrosäure nahezu vollständig. Metasäure bildet sich oberhalb von 300°. Die Dehydratisierung der Orthophosphorsäure muß im technischen Betrieb wegen der geringen Aktivität der letzten Endes stets entstehenden Metasäure und wegen der größeren Flüchtigkeit der niederen Säuren verhindert werden. Verluste an Katalysatorsubstanz entstehen aber nicht nur durch Bildung flüchtigerer Säuren aus Orthophosphorsäure, sondern auch durch Verdampfung der bei der Polymerisation als Zwischenverbindungen auftretenden Alkylphosphate, die bei den Polymerisationstemperaturen bereits sehr flüchtig sind. Praktisch ergab sich jedoch, daß die Katalysatorverluste durch Verdampfung der Alkylphosphate nur dann beträchtlich sind, wenn der Phosphorsäurekontakt auf Trägern wie Aktivkohle, die selbst nicht als Katalysator wirken, aufgetragen ist. Belädt man den inerten Träger mit weniger als 20% des Katalysators, so sind auch in diesem Fall keine merklichen Verdampfungsverluste zu befürchten.

Die Dehydratation der Orthophosphorsäure läßt sich durch ständige Zufuhr von Wasserdampf auch bei höheren Temperaturen vermeiden. Die zuzusetzende Wassermenge beträgt je nach der Reaktionstemperatur 2 bis 10 Vol.-% der durchgesetzten Ausgangsgasmenge[2]. Steigert man den Wasserzusatz über die zur Verhütung der Dehydratation benötigte Menge, so tritt eine Addition des Wassers an die Olefine unter Bildung von Alkoholen ein. Außerdem wird die mechanische Festigkeit des meist in fester Form verwendeten Katalysators herabgesetzt. Auch durch Umwandlung der Ortho- in Metasäure wird die Festigkeit des Katalysators verringert.

Reaktionsmechanismus der Olefinpolymerisation an Phosphorsäurekatalysatoren.

Nach Ipatieff[3] tritt bei der Olefinpolymerisation an aktiven Phosphorsäurekatalysatoren eine intermediäre Bildung von Alkylphosphaten

[1] Dunstan, A. E., u. D. A. Howes: J. Inst. Petr. Techn. **22**, 347 (1936).
[2] Ipatieff, V. N.: A. P. 2018066 (1935).
[3] Ipatieff, V. N.: Industr. Engng. Chem. **27**, 1067 (1935).

ein. Erhitzt man z. B. Propylen mit o-Phosphorsäure, so entsteht eine homogene Flüssigkeit, die bei weiterem Erhitzen polymere verzweigte Kohlenwasserstoffe abgibt[1]:

$$CH_3{-}CH{=}CH_2 + (HO)_3P{=}O \quad (CH_3)_2CH{-}O{-}P(=O)(OH)_2$$

$$O{=}P(OH)_2{-}O{-}CH(CH_3)_2 + (CH_3)_2CH{-}O{-}P(=O)(OH)_2 \rightleftarrows$$

$$2\,O{=}P(OH)_3 + (CH_3)_2CH{-}C(=CH_2){-}CH_3$$

Universal Oil Products (U. O. P.)-Polymerisationsverfahren.

Das bekannteste in die Großtechnik eingeführte katalytische Olefinpolymerisationsverfahren ist das der *Universal Oil Products Co.* (U. O. P.), Chicago. Die von ihr angewandten Katalysatoren sind Gemische aus Phosphorsäure mit Oxyden, Chloriden, Karbonaten, Silikaten, Aluminaten usw. Diese Gemische werden unter Phosphatbildung auf Temperaturen zwischen 180 und 250° erhitzt und dadurch in feste Massen überführt. Für die Wirksamkeit der Katalysatoren ist die Anwesenheit einer genügenden Menge freier Phosphorsäure, am besten Orthosäure, von Bedeutung. Es ist deshalb wichtig, daß das während des Polymerisationsvorganges verdampfende Hydratwasser dauernd ersetzt wird, um die Umwandlung der Orthosäure in das Di- und Monohydrat des Oxyds zu verhindern. Die Bedeutung dieser Maßnahme wird noch dadurch unterstrichen, daß der Gehalt der Katalysatoren an Phosphorsäure wegen der abnehmenden Katalysatorfestigkeit begrenzt werden muß. In bestimmten Fällen gelingt es jedoch, den Gesamtsäuregehalt bis auf 80% zu steigern. Die Zusammensetzung der Phosphate nimmt ebenfalls erheblichen Einfluß auf die Kontaktaktivität. Manche Phosphate sind nahezu inaktiv, andere besitzen höchste Wirksamkeit.

Von der *Universal Oil Products Co.* werden als Katalysatoren Gemische von Phosphorsäure mit Chloriden und Oxyden der Erdalkalien und mit siliziumhaltigen Stoffen wie Kieselgur bevorzugt. U. a. werden folgende Katalysatorengemische angegeben:

---

[1] Über die Kinetik der Olefinpolymerisationsreaktion vgl. G. V. SCHULTZ u. E. HUSEMANN: Angew. Chem. **50**, 767 (1937).

73,7 Gew.-% 89proz. Phosphorsäure
6,3 ,, Zinkoxyd
10,4 ,, Zinkchlorid
9,6 ,, Aluminiumhydrat
Kalziniert bei 180—200°

72 Gew.-% 100proz. Phosphorsäure
6 ,, Magnesiumchlorid
2 ,, Aluminium
5 ,, Magnesia
5 ,, Stärke
10 ,, Kieselgur
Kalziniert bei 250°

82 Gew.-% 89proz. Phosphorsäure
18 ,, Kieselgur
Kalziniert bei 250°

Die bei der Polymerisation eingehaltenen Temperaturen betragen 150 bis 300°, die Drucke etwa 8 bis 20 at.

Der Arbeitsgang beim U.O.P.-Verfahren ist z. B. folgender (vgl. Abb. 113)[1]:

Die olefinhaltigen Ausgangsgase, z. B. die der Spaltvorlage, dem Stabilisator und Debutanisator einer Krackanlage entstammenden Krackgase, werden in einem Erhitzer auf eine Temperatur von 175 bis 204° vorerhitzt. Enthält das Ausgangsgas Schwefelwasserstoff in größeren Mengen, so wird es vorher im Gegenstrom mit Trikaliumphosphatlösung behandelt. Zur Verhütung der Dehydratation des Phosphorsäurekatalysators wird dem Gas eine bestimmte Menge Wasser oder Wasserdampf zugesetzt. Das erhitzte Gas-Wasserdampf-Gemisch wird durch vier Kontakt-

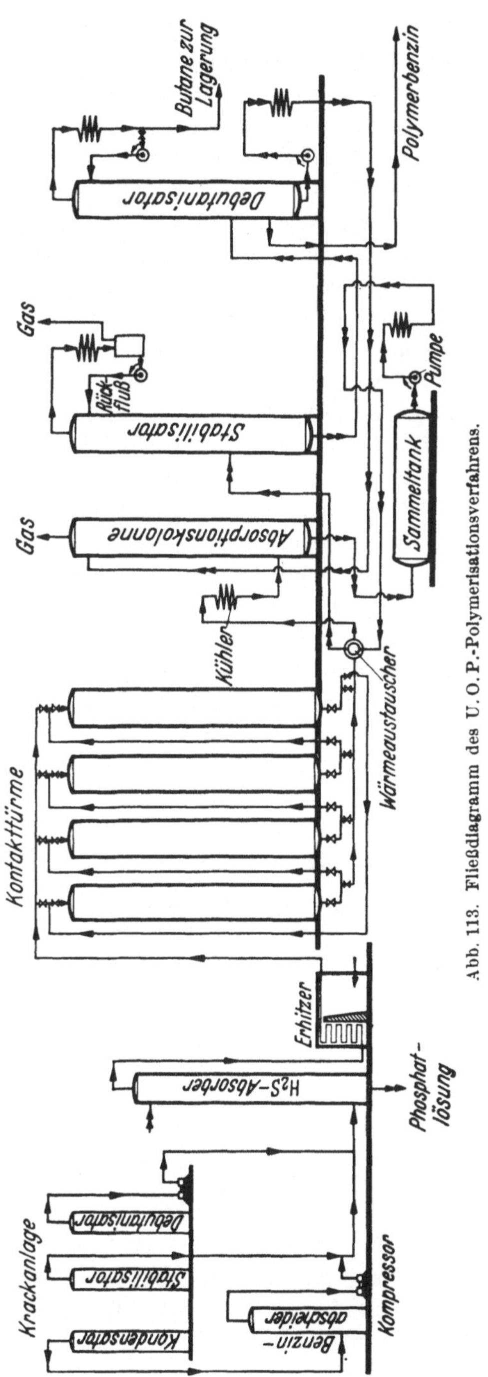

Abb. 113. Fließdiagramm des U. O. P.-Polymerisationsverfahrens.

[1] U.O.P.-Booklet Nr 215 (1937).

türme geschickt, die den fest angeordneten Katalysator enthalten. Die Temperatur steigt in den Türmen durch die frei werdende Reaktionswärme um etwa 70°. Die Türme sind so nebeneinander angeordnet, daß jeder von ihnen zur Regeneration des Katalysators abgeschaltet werden kann.

Das Reaktionsprodukt und die nicht umgesetzten Gase treten durch Wärmeaustauscher und Kühler in eine Absorptionskolonne, die bei einem Druck von ungefähr 16 at arbeitet. Als Absorptionsöl dient ein Teil des verflüssigten Polymererzeugnisses. Die Restgase entweichen am oberen Ende der Kolonne, das flüssige Produkt wird einer Stabilisierkolonne zugeführt. Die hier abgetrennten Gase finden entweder ebenso wie das den Absorptionsturm verlassende Gas als Heizgas Verwendung, oder sie werden in die Kontakttürme zwecks weiterer Umsetzung zurückgeführt. Das unten an der Stabilisierkolonne abfließende Polymerbenzin wird in einem Debutanisator von der C_4-Fraktion, die noch eine erhebliche Menge Butylen enthält, befreit. Das Endpolymerbenzin wird als Seitenstrom dem Debutanisator entnommen. Das am Boden ablaufende höhersiedende Polymererzeugnis wird als Absorptionsöl in den Arbeitsgang zurückgegeben.

Auf dem Katalysator lagert sich mit der Zeit ein kohlenstoffhaltiger Überzug ab, der dessen Wirksamkeit herabsetzt. Die einzelnen Kontakttürme werden deshalb periodisch, und zwar nach etwa 60tägiger Betriebszeit, abgeschaltet. Die Regeneration geschieht durch Oxydation des Kohlenstoffüberzuges mit anschließender Wasserdampfbehandlung.

Das U. O. P.-Polymerbenzin ist z. B. durch folgende Daten gekennzeichnet:

Zahlentafel 133. Eigenschaften des rohen U. O. P.-Polymerbenzins.

Spez. Gewicht bei 15,6°	0,731
Siedebeginn, °C	72
10 Vol.-% gehen über bei °C .	87
20 ,, ,, ,, ,, °C .	92
50 ,, ,, ,, ,, °C .	107
80 ,, ,, ,, ,, °C .	143
90 ,, ,, ,, ,, °C .	167
Siedeendpunkt, °C	219
Reid-Dampfdruck (37,8° C), kg/cm²	0,2
Oktanzahl	82

Das Polymerbenzin wird gesüßt und entweder unmittelbar zur Erhöhung des Dampfdruckes mit Leichtbenzin oder Butan verschnitten oder zur Verbesserung der Farbe vorher redestilliert.

Ein redestilliertes, gesüßtes und mit Butan versetztes Polymerbenzin ergibt z. B. folgende Analysendaten:

Zahlentafel 134. Eigenschaften eines redestillierten, gesüßten und mit Butan verschnittenen U. O. P.-Polymerbenzins.

Spez. Gewicht bei 15,6°	0,713
Siedebeginn, ° C	35
10 Vol.-% gehen über bei ° C .	69
20 ,, ,, ,, ,, ° C .	85
50 ,, ,, ,, ,, ° C .	105
80 ,, ,, ,, ,, ° C .	138
90 ,, ,, ,, ,, ° C .	165
Siedeendpunkt, ° C	191
Reid-Dampfdruck (37,8° C), kg/cm²	0,76
Farbe (Saybolt)	30
Induktionszeit, min	135
Kupferschalentest, mg Harz	6
Schwefel, Gew.-%	0,2
Oktanzahl	82

Eine U. O. P.-Polymerisationsanlage, die täglich etwa 400000 m³ eines Krackgases mit einem 25,4proz. Gehalt an Propylen-Butylen durchsetzt, erzeugt je Tag etwa 248 m³ eines Polymerbenzins mit den in Zahlentafel 134 angegebenen Eigenschaften.

Eine eingehendere Beschreibung der Durchsätze und Erträge der genannten Anlage ist in Zahlentafel 135 wiedergegeben.

Zahlentafel 135. Durchsätze und Erträge einer technischen U. O. P.-Polymerisationsanlage.

	m³	Propylen-Butylen-Gehalt %
Ausgangsgas, Gesamtvolumen	393000	25,4
Bei der Polymerisation anfallende Gase:		
Absorbergas	143000	
Stabilisatorgas	114000	
Butane	46000	
Gesamtgasanfall	303000	4,6
Polymerisiertes Propylen-Butylen, % . . .		86,5
Flüssige Reaktionserzeugnisse, m³:		
Butane zur Lagerung	169,2	
,, ,, Mischung	14,0	
Gesamtbutanmenge	183,2	
Polymerbenzin (Reid-Dampfdruck 0,15 bis 0,22 kg/cm²)	234,4	
Polymerbenzin (Reid-Dampfdruck 0,76 kg/cm²)	248,4	
Rücklaufpolymer-Erzeugnis	232,8	
Rücklaufrückstand	1,6	
Polymerbenzinanfall in l/m³ Gas	0,60	

Die Polymerbenzinausbeute ist wie bei den anderen Polymerisationsverfahren vom Propylen-Butylen-Gehalt des Ausgangsgases abhängig. Zahlentafel 136 zeigt die Ausbeuten, die mit technischen Krackgasen verschiedener Zusammensetzung nach der U. O. P.-Arbeitsweise erhalten wurden[1].

Zahlentafel 136. Ausbeuten an U. O. P.-Polymerbenzin (Reid-Dampfdruck 0,70 at) aus Krackgasen verschiedenen Propylen-Butylen-Gehaltes[1] (umgerechnet)

Gehalt des Ausgangsgases an Propylen und Butylenen Vol.-%	Polymerbenzinausbeute l/m³	Gehalt des Ausgangsgases an Propylen und Butylenen Vol.-%	Polymerbenzinausbeute l/m³
14,1	0,32	27,1	0,71
17,8	0,40	27,5	0,78
18,0	0,41	33,3	0,93
18,9	0,49	34,3	0,98
21,3	0,56	41,0	1,23
24,1	0,65		

Da die Benzinausbeute nicht nur vom Gehalt an Propylen und Butylenen, sondern auch von dem Verhältnis Propylen: Butylen abhängig ist, ergibt sich eine nur angenähert lineare Beziehung für die Werte der Zahlentafel 136.

Die destillative Untersuchung zeigte, daß im U. O. P.-Polymerbenzin nur verhältnismäßig wenige Kohlenwasserstoffe enthalten sind[2]. Der Anteil der verschiedenen Kohlenwasserstoffe am Gesamtbenzin, geordnet nach der Kohlenstoffatomzahl, ist z. B.:

Zahlentafel 137. Gehalt des U. O. P.-Polymerbenzins an verschiedenen Kohlenwasserstoffen[2].

Zahl der Kohlenstoffatome	Polymerbenzin Vol.-%	Zahl der Kohlenstoffatome	Polymerbenzin Vol.-%
3—4	0,0	9	0,0
5	1,7	10	0,0
6	5,6	11	
7	48,1	und höher	12,3
8	15,2	Verlust	17,1[3]

Bemerkenswert ist, daß fast die Hälfte (48,1%) des untersuchten Benzins aus C_7-Kohlenwasserstoffen besteht. Die Bromzahlen der zwischen 94,8 bis 97,8° geschnittenen C_7-Fraktionen liegen bei 177 bis

[1] U. O. P.-Booklet Nr 207 (1937).

[2] Tongberg, C. O., I. E. Nickels, S. Lavorski u. M. R. Fenske: Industr. Engng. Chem. 29, 571 (1937).

[3] Der hohe Verlust wird auf einen Leitungsbruch in der Destillationsapparatur nach Erreichen von etwa 125° zurückgeführt.

195, d. h. höher als die der Monoolefine. Da zudem die Brechungsindexkurve mit steigendem Siedepunkt der Fraktionen einen kontinuierlichen Verlauf nimmt, wird angenommen, daß die im Polymerbenzin vorliegenden Kohlenwasserstoffe sämtlich eine sehr ähnliche Struktur haben. Die analytischen Daten der Benzine und ihrer Fraktionen deuten darauf hin, daß der Gehalt an Aromaten, Diolefinen und zyklischen Olefinen gering ist. Dagegen ist die Anwesenheit erheblicher Mengen *verzweigter* Olefine höchstwahrscheinlich.

Die Klopffestigkeit der mit Phosphorsäure- und Phosphatkatalysatoren verschiedener Zusammensetzung erzeugten Polymerbenzine ist etwa gleich (C. F. R.-Motoroktanzahl 78—82), wie überhaupt alle Anteile solcher Polymerbenzine unabhängig von ihrem Siedepunkt angenähert dieselbe Klopffestigkeit besitzen (s. Zahlentafel 138).

Zahlentafel 138.
Oktanzahlen von Fraktionen eines katalytisch erzeugten Polymerbenzins für sich und im Gemisch mit Destillatbenzin[1].

Fraktionen eines katalytisch gewonnenen Polymerbenzins °C	Oktanzahlen (C.F.R.-Motormethode)		
	der reinen Polymerbenzinfraktionen	des Gemisches aus 30% Polymerbenzinfraktion und 100% 52,5-Oktan-Benzin	des Gemisches aus 70% Polymerbenzinfraktion und 100% 52,5-Oktan-Benzin
25—50	—	70,4	89,6
50—75	83,2	69,8	78,7
75—100	81,9	71,2	79,3
100—125	81,9	72,2	78,9
125—150	80,8	72,2	78,5
150—175	82,3	70,5	79,0
175—200	80,6	69,6	78,4
200—225	80,2	68,2	78,5

Die hervorragende Eignung des Polymerbenzins für die Zumischung zu klopfenden Benzinen zwecks Erhöhung der Klopffestigkeit zeigt die umstehende Zusammenstellung.

Die Berechnung der Mischoktanwerte erfolgt so, daß man aus den im Prüfmotor gemessenen Oktanzahlen des Grundbenzins und der jeweiligen Mischung die Oktanzahl des Zusatzstoffes nach der Mischungsregel errechnet. Da sich die Oktanzahl von Gemischen jedoch nicht additiv verhält, sondern sowohl nach unten als auch nach oben von den additiven Werten abweichen kann, erhält man bei der Mischoktanzahl-Errechnung meist Werte, die sich von der wirklichen Oktanzahl des reinen Zusatzstoffes unterscheiden. Für die Zumischung im technischen Betrieb ist nicht diese, sondern der vom Mischungsverhältnis abhängige Mischoktanwert maßgeblich (s. S. 459).

---

[1] Robinson, P. M.: Nat. Petr. News **28**, Nr 18, 24 (1936).

Zahlentafel 139. Mischoktanwerte von Polymerbenzin im Vergleich zu denen von Isooktan und Benzol[1].

Vol.-%-Gehalt Zusatzstoff im Gemisch	5	10	15	20	25
Mischoktanwerte von *Polymerbenzin*					
in 45-Oktan-Benzin.	125	125	121	120	117
55-Oktan-Benzin.	125	120	115	113	111
65-Oktan-Benzin.	105	105	103	105	103
Mischoktanwerte von *Isooktan*					
in 45-Oktan-Benzin.	94	94	94	96	96
55-Oktan-Benzin.	90	91	95	98	97
65-Oktan-Benzin.	90	90	95	97	97
Mischoktanwerte von *Benzol*					
in 45-Oktan-Benzin.	84	85	84	84	86
55-Oktan-Benzin.	84	85	88	90	89
65-Oktan-Benzin.	84	85	88	90	91

Oktanzahlen der *reinen* Zusatzstoffe

Polymerbenzin	81
Isooktan	100
Benzol	97

Aus Zahlentafel 139 ist ersichtlich, daß sich Polymerbenzin zum Beimischen zu Benzinen verschiedener Klopffestigkeit noch besser eignet als Isooktan oder Benzol. Während die letzteren in Benzingemischen eine geringere Klopffestigkeitserhöhung verursachen, als ihrer Oktanzahl entspricht, verhält sich Polymerbenzin bedeutend besser, als seine Oktanzahl erwarten läßt.

U. O. P.-Selektiv-Polymerisations-Verfahren.

Der Typ des klopffesten Kohlenwasserstoffes ist das Isooktan[2] (2,2,4-Trimethylpentan). Seine Oktanzahl ist definitionsgemäß 100. Aber nicht nur die ausgezeichnete Oktanzahl, sondern auch der hohe Heizwert (10580 kcal/kg), der niedrige Erstarrungspunkt (— 108° C) und das geringe Harzbildungsvermögen geben dem Isooktan eine hervorragende Eignung als Flugkraftstoff. Lediglich die Flüchtigkeit des Isooktans entspricht nicht den an Flugkraftstoffe zu stellenden Anforderungen (Kp. 99,5°, Dampfdruck nach Reid [37,8°] 0,155 at). Demgegenüber besitzt es neben einer guten Bleiempfindlichkeit eine vorzügliche Wirkung auf die Klopffestigkeit niedrigoktaniger Benzine, so daß es als idealer Zusatz zur Erhöhung der Klopffestigkeit von Benzinen anzusprechen ist.

[1] U. O. P.-Booklet Nr 207 (1937).

[2] Diese Bezeichnung der Kraftstoffindustrie steht im Gegensatz zu der allgemeinen Gepflogenheit des organischen Chemikers, die 2-Methyl-Paraffine als Isoparaffine anzusprechen. Isooktan ist danach 2-Methylheptan. 2, 2, 4-Trimethylpentan wäre besser als Neoisooktan zu bezeichnen (s. S. 417).

Isooktan[1] wird bereits nach mehreren Verfahren, den sog. Selektiv-Polymerisations-Verfahren, in technischem Ausmaß hergestellt. Als Ausgangsstoff für die Isooktangewinnung dient die sog. B-B-Fraktion (Butan-Butylen-Fraktion) des Stabilisatorgases von Spaltanlagen. Diese Fraktion enthält z. B. etwa 15% Isobutylen, 30% n-Butylen und 55% n- und i-Butane.

Nach der Arbeitsweise der *Universal Oil Products Co.* (katalytische Selektiv-Polymerisation) wird der Ausgangsstoff in einem Ätznatronwäscher von den vorhandenen Schwefelverbindungen befreit und nach Erhitzung auf etwa 177° C bei einem Druck von etwa 42 at über einen festen Phosphorsäurekatalysator geschickt. Die frei werdende Reaktionswärme wird durch äußere Ölkühlung abgeführt. Das Polymerprodukt (katalytisches Selektiv-Polymerbenzin) wird stabilisiert und in die Isooktene (Dimere) und die Dodecene (Trimere), die als Nebenprodukte in einer Ausbeute von etwa 15% des Polymerisates anfallen, fraktioniert. Die Ausbeute an Polymerprodukt beträgt etwa 30% der eingesetzten B-B-Fraktion, wenn das Verhältnis Isobutylen zu Butylen im Ausgangsgas 1:1 beträgt. Die zwischen 90 und 130° siedende Isooktenfraktion wird durch milde katalytische Hydrierung in Isooktane der Oktanzahl 90 bis 100 umgewandelt. Die Ausbeute an Isooktan bei der Polymerisation ist von dem Butylen-Isobutylen-Anteil der B-B-Fraktion, die Klopffestigkeit des Enderzeugnisses Isooktan von dem Mischungsverhältnis n-Butylen : i-Butylen abhängig.

Die technische Hydrierung der Olefinpolymerisate wird z. B. in *Baton Rouge, La.*, mit Wasserstoff bei 200 at vorgenommen. Der Wasserstoff wird durch katalytische Umsetzung von Natur- oder Raffineriegas mit Wasserdampf gewonnen. Das so hergestellte Gas enthält 77% Wasserstoff; es wird durch Wasserwäsche von Kohlendioxyd befreit und dadurch auf 95% Wasserstoff angereichert. Die katalytische Hydrierung der Olefinpolymeren erfolgt in zwei Stufen. Zur Aufrechterhaltung bestimmter Hydriertemperaturen wird kaltes Rückkreisgas in die Reaktionskammern eingeleitet.

Selektiv-Polymerisations-Verfahren mit Schwefelsäure.

Das von der *Shell Development Co.* entwickelte Verfahren[2] der Schwefelsäurepolymerisation der B-B-Fraktion arbeitet entweder bei 20 bis 35° C (Kaltsäureverfahren) oder bei 80 bis 90° C (Heißsäureverfahren) mit

---

[1] Thermodynamische Betrachtungen über die Möglichkeiten der Isooktangewinnung aus C_4-Kohlenwasserstoffen: G. S. PARKS u. S. S. TODD: Industr. Engng. Chem. **28**, 418 (1936).

[2] MCALLISTER, S. H.: Oil and Gas J. **36**, 139 (1937) — Refiner **16**, 493 (1937) — Nat. Petr. News **29**, Refin. Technol. 332 (1937) — World Petr. (Los Angeles) **34**, Nr 12, 46 (1937).

einer Schwefelsäurekonzentration von bzw. 60 bis 70%. Die verflüssigte B-B-Fraktion der Spaltgase wird im Gegenstrom mit der Säure zusammengeführt. Bei niedrigen Temperaturen wird nur das Isobutylen selektiv von der Säure absorbiert. Die mit etwa 90% des vorhandenen Isobutylens beladene Säurephase wird abgetrennt und zur Polymerisation durch eine auf 100° C erhitzte Rohrschlange geleitet. Die Reaktion ist bereits nach einer Minute beendet. Reaktionsprodukt und Säure trennen sich in zwei Schichten; das Polymerisat wird gewaschen und destilliert, die Säure kehrt in den Arbeitsgang zurück. 75% des Polymerisates bestehen aus Diisobutylen (Isookten), die restlichen 25% aus Triisobutylen

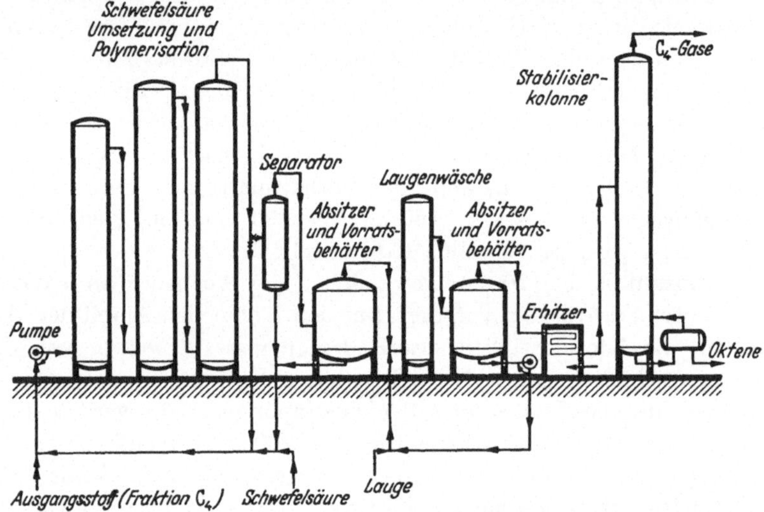

Abb. 114. Selektiv-Polymerisationsverfahren der Shell Devel. Co. (Heiß-Säure-Prozeß).

(Dodeken). Durch nachfolgende Hydrierung wird das Isookten in Isooktan übergeführt. Etwa 67% des im Ausgangsgas enthaltenen Isobutylens werden in Isooktan (2, 2, 4-Trimethylpentan) umgewandelt. Durch Zusatz von schwerlöslichen Phosphaten, Sulfaten, Chloriden oder Azetaten von Cadmium, Zink, Quecksilber, Silber, Kupfer oder Barium (1 bis 10%) zur Schwefelsäure soll die Triisobutylen-Bildung zurückgedrängt werden[1].

Verwendet man zur Absorption der Butan-Butylen-Fraktion heiße Säure (vgl. Abb. 114), so wird auch ein Teil des n-Butylens absorbiert, das mit dem i-Butylen zu Polymeren reagiert. Absorption und Polymerisation erfolgen praktisch gleichzeitig. Das gebildete Dimere geht wegen seiner geringen Löslichkeit in die Kohlenwasserstoffphase über;

[1] *Union Oil Co. of California*, übert. von W. E. Bradley: A. P. 2201823 (1938).

die Bildung des trimeren Dodekens wird dadurch weitgehend zurückgedrängt. Das Polymerisationserzeugnis besteht zu 85 bis 90% aus Isooktenen. Das mit Lauge gewaschene und redestillierte Polymerisat ergibt nach der Hydrierung ein nahezu ebenso klopffestes Benzin wie das der Kaltsäurebehandlung. Die bei Kalt- und Heißsäureabsorption erhaltenen Unterschiede sind aus der Zahlentafel 140 ersichtlich.

Zahlentafel 140. Vergleich des Kalt- und Heißsäureverfahrens zur Herstellung von Isookten aus Spaltgasen[1].

	Kaltsäure 30—35°	Heißsäure 80°
Zusammensetzung des Ausgangsgases,		
Gew.-% i-Butylen	18,5	18,5
n-Butylen	28,0	28,0
Butane	53,5	53,5
Zusammensetzung des Endgases,		
Gew.-% i-Butylen	2,4	0
n-Butylen	26,6	15,1
Butane	53,5	53,5
Polymere	17,5	31,4
Polymerisation der Ausgangsstoffe,		
Gew.-% i-Butylen	87	100
n-Butylen	5	46
Insgesamt polymerisierte Olefine, Gew.-%	37,5	67,5
Oktengehalt des Polymerisates, Gew.-%	75	88
Oktanzahl der hydrierten Oktene	100	99,2

Durch das Heißsäureverfahren wird eine wesentlich höhere Ausbeute an Isooktan gewonnen als durch die Kaltsäurearbeitsweise. Die Oktanzahl des hydrierten Enderzeugnisses ist in beiden Fällen etwa 100.

Der geringe Dampfdruck des Isooktans sowie sein guter Mischoktanwert veranlassen, daß das Isooktan weniger für sich als in Gemischen verwendet wird. In Abb. 115 und 116 sind beispielsweise die Oktanzahlen eines 1 bis 4 cm^3 je U.S.-Gallone Ethyl-Fluid (0,26 bis 1,05 cm^3/l) enthaltenden Benzins der Oktanzahl 70 in Abhängigkeit von der zugesetzten Isooktanmenge (Oktanzahl 95 bzw. 100) dargestellt.

Um dem Isooktankraftstoff die nötige Flüchtigkeit zu verleihen, wird neben Benzin und Bleitetraäthyl auch Isopentan zugesetzt. Aus den genannten Komponenten lassen sich 100-Oktan-Kraftstoffe mit jeder gewünschten Flüchtigkeit herstellen (vgl. S. 230).

[1] McAllister, S. H.: Zit. S. 397.

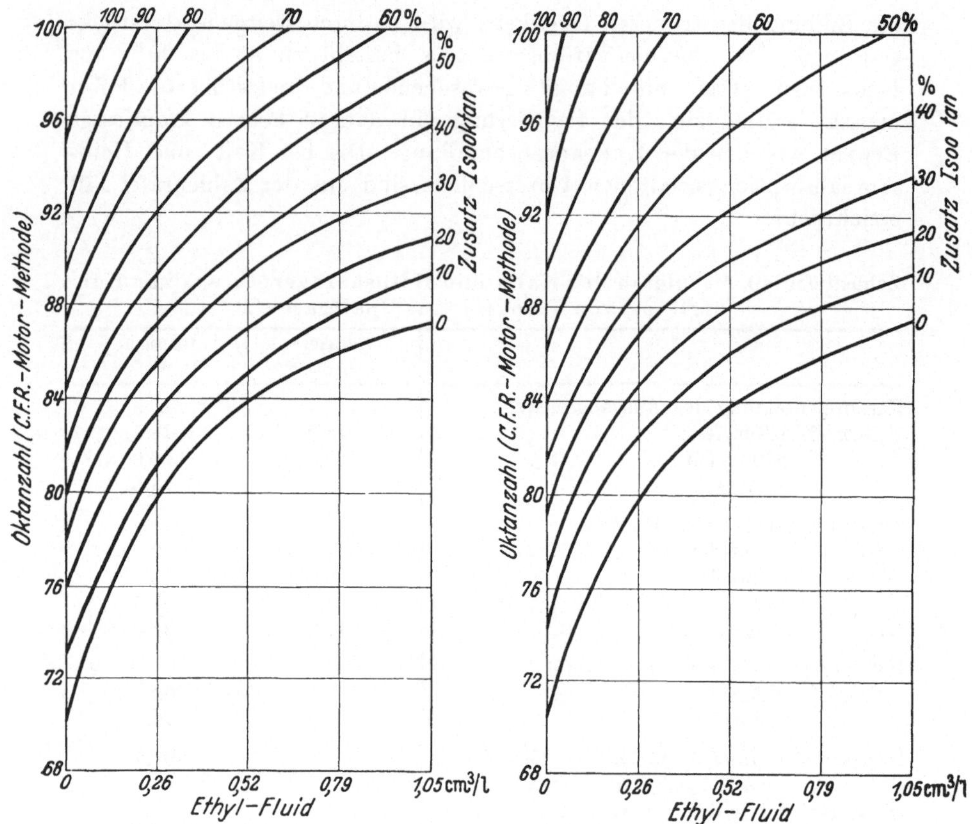

Abb. 115 und 116. Oktanzahlen von Gemischen aus einem Destillatbenzin (Oktanzahl 70) und technischem Isooktan (Oktanzahl 95 bzw. 100) unter Zusatz von Ethyl-Fluid.

Isodekan.

Die Möglichkeit, klopffeste Dekane durch Polymerisation von Amylenen zu Diamylenen mit anschließender Hydrierung herzustellen, wurde ebenfalls überprüft[1].

Die Amylene wurden aus den zugehörigen Alkoholen gewonnen und durch Polymerisation und Hydrierung in die entsprechenden Dekane umgesetzt. Die Klopfeigenschaften und die Bleiempfindlichkeit der verzweigten Dekane erwiesen sich als sehr gut. Die Oktanzahlen reichten bis zu 97 (ASTM.-Methode) herauf (vgl. Zahlentafel 141).

Die Mischoktanwerte des durch Olefinpolymerisation erzeugten Isodekans liegen höher als die des Isooktans. In Abb. 117 sind z. B. die Oktanzahlen von Gemischen aus einem Destillatbenzin und Isooktan (Oktanzahl 100) bzw. Isodekan (Oktanzahl 94) in Abhängigkeit vom Mischungs-

[1] CRAMER, P. L., u. J. M. CAMPBELL: Industr. Engng. Chem. **29**, 234 (1937).

Zahlentafel 141. Eigenschaften einiger Diamylene und Dekane nach CRAMER und CAMPBELL.

Ausgangsstoff bei der Herstellung	Schwefelsäure Gew.-%	Diamylene (Zwischenprodukt) Ausbeute %	Siedegrenzen °C	n_D^{25}	d_4^{23}	Dekane Siedegrenzen °C	n_D^{25}	d_4^{23}	K.V.V.[1]
Diäthylkarbinol	81	29	155—173	1,4303	0,760	155—170	1,4160	0,744	4,9
Methylisopropylkarbinol, synthetisch . . .	75	70	145—170	1,4346	0,766	145—165	1,4198	0,751	9,5
Dimethyläthylkarbinol, synthetisch	70	90	152—158	1,4357	0,771	156—159	1,4227	0,755	11,2
technisch .	60—75	72	145—165	1,4358	0,770	147—163	1,4218	0,756	10,0
Unsymmetrisches Methyläthyläthylen . . .	75	43	150—158	1,4367	0,772	156—159	1,4235	0,760	10,8
Trimethyläthylen . . .	75	85	151—158	1,4353	0,769	153—160	1,4210	0,754	10,9
Isopropyläthylen	81	26	143—162	1,4303	0,754	142—165	1,4125	0,738	6,6

verhältnis dargestellt. Bei Zusätzen bis zu 70 Vol.-% verhält sich Isodekan merklich besser als Isooktan. Allerdings wurde festgestellt, daß

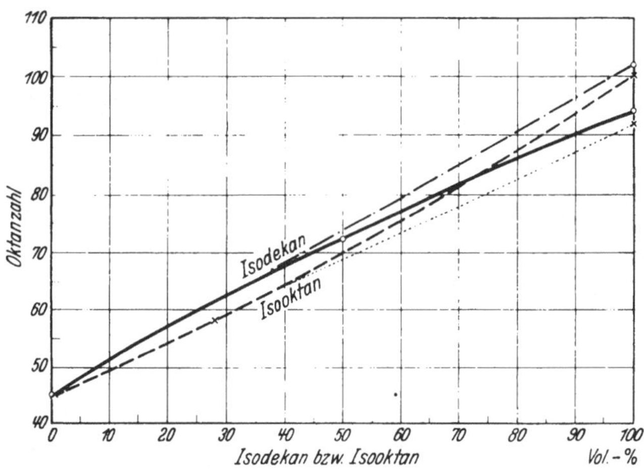

Abb. 117. Steigerung der Klopffestigkeit eines 45-Oktan-Destillatbenzins durch Zusätze von Isodekan und Isooktan.

sich Isodekan unter anderen als den bei der Prüfung angewandten Motorbedingungen dem Isooktan nicht immer überlegen zeigt.

In technischem Ausmaße wird Isodekan zur Zeit noch nicht hergestellt.

[1] Kritisches Verdichtungsverhältnis.

d) Alkylierung zyklischer Kohlenwasserstoffe.

Alkylierte Aromaten sind etwa ebenso klopffest wie Benzol selbst. Aus diesem Grunde und wegen ihres hohen Siedepunktes und des damit verbundenen hohen Flammpunktes eignen sie sich insbesondere als Sicherheitskraftstoffe für Flugmotoren.

Benzol und seine Homologen addieren in Gegenwart von Katalysatoren leicht Olefine. Schon 1890 alkylierten KRAEMER und SPILKER[1] Aromaten mit Schwefelsäure als Katalysator. Erst um 1932 wurden diese Versuche wieder aufgenommen[2]. So gewinnen IPATIEFF und v. GROSSE[2] beim Einleiten von Olefinen (Krackgasen) in Benzol oder dessen Homologe in Anwesenheit von konzentrierter Schwefelsäure bei erhöhter Temperatur alkylierte Aromaten. Weiterhin werden als Katalysatoren angegeben: Phosphorpentoxyd bei 150 bis 300°[3] und Borfluorid bei 25 bis 250°[4]. Mit Hilfe von konzentrierter Schwefelsäure werden bei —10 bis +30° auch Aromaten mit Zykloparaffinen zu Additionsverbindungen umgesetzt[5]. Unter Einwirkung von Aluminiumchlorid oder Borfluorid lassen sich Naphthene bei 50 bis 75° und 1 bis 15 at Druck durch Olefine alkylieren[6]. Behandelt man Aromaten, insbesondere Benzol, bei etwa 350 bis 480° und 1 bis 100 at mit niedrigsiedenden Paraffinen wie Äthan in Gegenwart von 10% Phosphorsäure, so erhält man neben wenig Olefinen alkylierte Aromaten[7]. Ebenso bewirkt Aluminiumchlorid unter Zusatz von Chlorwasserstoffgas, jedoch in Abwesenheit von Olefinen, eine Alkylierung von Aromaten und Naphthenen[8]. Als Katalysatoren für die Naphthenalkylierung bei — 60 bis +20° werden auch genannt: Salzsäure in Gegenwart von Metallen wie Aluminium, Zink, Mangan, Chrom, Eisen, Kadmium, Kobalt, Nickel, Zinn, Blei oder von Legierungen wie Messing oder Bronze[9].

Eine erhebliche Klopffestigkeitserhöhung von Benzinen läßt sich dadurch erzielen, daß man die in ihnen enthaltenen oder zugesetzte Aromaten mit anderen Inhaltsstoffen, vornehmlich Olefinen, alkyliert.

---

[1] KRAEMER, G., u. A. SPILKER: Ber. dtsch. chem. Ges. **23**, 3169, 3269 (1890).

[2] *Universal Oil Products Co.*, übert. von V. N. IPATIEFF u. A. v. GROSSE: A. P. 1994249 (1932).

[3] *Shell Development Co.*, übert. von B. MALISHEV: A. P. 2141611 (1933).

[4] IPATIEFF, V. N., u. A. v. GROSSE: J. amer. chem. Soc. **58**, 2339 (1936).

[5] *Universal Oil Products Co.*, übert. von V. N. IPATIEFF u. H. PINES: A. P. 2199564 (1937).

[6] IPATIEFF, V. N., V. I. KOMAREWSKY u. A. v. GROSSE: J. amer. chem. Soc. **57**, 1722 (1935).

[7] *Universal Oil Products Co.*, übert. von V. N. IPATIEFF u. V. I. KOMAREWSKY: A. P. 2098045/6 (1935). — IPATIEFF, V. N., V. I. KOMAREWSKY u. H. PINES: Industr. Engng. Chem. **28**, 222 (1936).

[8] *Universal Oil Products Co.*, übert. von V. N. IPATIEFF u. A. v. GROSSE: A. P. 2088598 (1935).

[9] *Universal Oil Products Co.*, übert. von J. C. MORRELL: A. P. 2202115 (1937).

IPATIEFF[1] verbessert z. B. Spaltbenzine durch Umsetzung mit Benzol unter Verwendung von Alkylierungsmitteln wie konzentrierte Schwefelsäure. KOMAREWSKY[2] erhitzt das Gemisch aus dem zu verbessernden Benzin und Benzol oder anderen Aromaten etwa 20 Stunden in Gegenwart von 10% Aluminiumchlorid und 0,5% Chlorwasserstoff auf 100°. Eine Anreicherung von Aromaten in aromatenhaltigen Benzinen erreicht man durch eine Behandlung mit konzentrierter Schwefelsäure und Kaliumdichromat[3].

Unter Einwirkung eines Phosphorsäurekatalysators läßt sich eine „*destruktive Alkylierung*" von Benzol mit Paraffinen wie n-Hexan oder 2, 2, 4-Trimethylpentan hervorrufen. Die dabei aus den Paraffinen primär entstehenden Olefine werden an Benzol addiert[4].

$$2\,n\text{-}C_6H_{14} + 2\,C_6H_6 \xrightarrow{H_3PO_4} C_2H_6 + C_3H_8 + C_6H_5\text{—}CH(CH_3)_2 + C_6H_5\text{—}C_4H_9$$

$$(CH_3)_3C\text{—}CH_2\text{—}CH(CH_3)_2 + C_6H_6 \xrightarrow{H_3PO_4} (CH_3)_3CH + C_6H_5\text{—}C(CH_2)_3$$

Reaktionserzeugnisse einer destruktiven Alkylierung wurden u. a. auch bei einem Versuch gefunden, in dem Zyklohexan an einem Nickel-Aluminiumoxyd-Katalysator dehydriert werden sollte[5].

Setzt man aromatische Kohlenwasserstoffe in Gegenwart von Schwefelsäure, Phosphorsäure, Aluminium-, Zink- oder Eisenchlorid bei 0 bis 50° mit höheren Olefinen (mit mehr als 6 Kohlenstoffatomen je Molekül) um, so tritt eine Aufspaltung der Olefine mit anschließender Alkylierung der Aromaten durch die Bruchstücke ein („Depolyalkylierung")[6].

e) Isoparaffinische Benzine durch Addition von Olefinen an Paraffine.

Laboratoriumsarbeiten.

Ein hervorragendes technisches Interesse nehmen neuerdings auch Paraffinalkylierungsreaktionen in Anspruch; bereits von verschiedenen Forschungsstellen wurde die Umsetzung gasförmiger n- und Isoparaffine mit Olefinen zu höheren Isoparaffinen in Gegenwart von Katalysatoren vorgeschlagen. Zahlreiche Versuchsanlagen wurden errichtet, mehrere technische Anlagen sind bereits in Betrieb oder in Bau.

---

[1] *Universal Oil Products Co.*, übert. von V. N. IPATIEFF: A. P. 2081357 (1932).

[2] *Universal Oil Products Co.*, übert. von V. I. KOMAREWSKY: A. P. 2096813 (1934).

[3] GERME, A. E. J. L., u. L. LARGUIER: F. P. 822565 (1936).

[4] IPATIEFF, V. N., V. I. KOMAREWSKY u. H. PINES: J. amer. chem. Soc. **56**, 1926 (1934); **57**, 2415 (1935); **58**, 918 (1936).

[5] IPATIEFF, V. N., u. V. I. KOMAREWSKY: J. amer. chem. Soc. **58**, 922 (1936).

[6] *Universal Oil Products Co.*, übert. von V. N. IPATIEFF u. H. PINES: A. P. 2187034 (1936).

Erstmalig setzten Ipatieff und v. Grosse[1] isoparaffinische Kohlenwasserstoffe mit Olefinen zu höheren Isoparaffinen um. Die Reaktion wurde bei nahezu Raumtemperatur (25°) und 5 bis 20 at Druck unter Verwendung eines aus Borfluorid, fein verteiltem Nickel und Wasser bestehenden Katalysators durchgeführt. Auch Halogenide von Aluminium, Bor, Beryllium, Hafnium, Tantal, Titan und Zirkon erwiesen sich als für die Beschleunigung der Alkylierungsreaktion brauchbar. Während mit Borfluorid als Katalysator nur Isoparaffine alkyliert werden, setzen sich in Gegenwart von Aluminiumchlorid sowohl Iso- als auch Normalparaffine mit den Olefinen um[2].

Blunck und Carmody[3] benutzten Alkali-Aluminium-Halogenide als Katalysatoren bei Temperaturen zwischen etwa 155 und 290° C sowie bei Drucken um 70 at. Die beste Wirkung zeigten Natrium- und Lithium-Aluminiumchlorid. Isobutan wurde als paraffinischer und Äthylen, Propylen und Isobutylen als olefinische Ausgangsstoffe verwendet. Unter den genannten Bedingungen trat eine reine Alkylierung nicht ein. Das Enderzeugnis war zum Teil ungesättigt und deutet somit auf eine ebenfalls stattgefundene Polymerisation der Olefine hin. Bei der Umsetzung von Isobutan mit Propylen wurden beispielsweise die in Zahlentafel 142 zusammengestellten Ergebnisse erzielt.

Neben der Alkylierung und der Polymerisierung finden weitere Umsetzungen der Reaktionserzeugnisse statt, so daß ein Endprodukt mit weiten Siedegrenzen entsteht (s. S. 409). Zu Beginn der Umsetzungen ist der Anteil der Alkylierung verhältnismäßig groß. Die Aktivität der Katalysatoren für die Alkylierung nimmt jedoch mit dem Fortschreiten der Reaktion schnell ab. Das wird durch Vergleich der nach verschiedenen Zeiten gewonnenen Endstoffe, in denen der Alkylatanteil mehr und mehr abnimmt, augenscheinlich. Nach dem Gebrauch sind die Katalysatoren mit einem dicken Kohlenstoffüberzug bedeckt, der auch in das Innere der Katalysatorpartikelchen eintritt. Die Leichtigkeit der Alkylierung von Isobutan fällt in der Reihenfolge Isobutylen, Propylen, Äthylen. Da aber die Neigung zur Polymerisation in derselben Reihenfolge noch stärker abnimmt, wächst das Ausmaß der Alkylierung im Verhältnis zu dem der Polymerisierung an. Versuche mit Lithium-Aluminiumchlorid bei verschiedenen Temperaturen zeigen, daß die Ausbeute an flüssigen Enderzeugnissen bei bestimmter Temperatur ein Maximum

---

[1] Ipatieff, V. N., u. A. v. Grosse: J. amer. chem. Soc. **57**, 1916 (1935). — *Universal Oil Products Co.:* F. P. 823594 (1937); A. P. 2170306 (1937).

[2] Ipatieff, V. N., A. v. Grosse, H. Pines u. V. Komarewsky: J. amer. chem. Soc. **58**, 913 (1936). — *Universal Oil Products Co.:* F. P. 823592 (1937); It. P. 351888 (1937). — Vgl. auch *Standard Oil Development Co.:* A. P. 2180374 (1938); F. P. 851032 (1939); It. P. 371202 (1939).

[3] Blunck, F. H., u. D. R. Carmody: Amer. Chem. Soc., Petr. Div., Meeting Baltimore H. 1, S.G. 1 (1939).

Zahlentafel 142. Alkylierung von Isobutan mit Propylen über $NaAlCl_4$ auf Bimsstein.

Versuch Nr.	7	8	9
Ausgangsstoff (Mol-%)			
Isobutan	80	80	50
Propylen	20	20	50
Temperatur, ° C	204	219	219
Druck, at	70	70	70
Fließgeschwindigkeit[1]	3,7	3,6	3,8
Versuchsdauer, Stunden	2,2	2,0	2,4
Gesamtausbeute, Gew.-%[2]	46	56	25
C_5-Kohlenwasserstoffe, %[3]	13,0	11,8	12,0
davon ungesättigt, %	< 2,0	< 2,0	5
$n_{D_{20}}$	1,3560	1,3615	1,3615
C_6-Kohlenwasserstoffe, %	9,3	8,5	10,0
davon ungesättigt, %	0	< 2,0	7
$n_{D_{20}}$	1,3746	1,3740	1,3754
C_7-Kohlenwasserstoffe, %	17,1	15,8	12,0
davon ungesättigt, %	0	< 2	8
$n_{D_{20}}$	1,3850	1,3879	1,3865
C_8-Kohlenwasserstoffe, %	14,5	11,0	11,0
davon ungesättigt, %	0	< 2	8
$n_{D_{20}}$	1,3890	1,3879	1,3990
Rückstand (C_9 usw.), %	46,1	52,9	55,0

durchläuft. Bei Verwendung eines Ausgangsstoffes von 35 bis 40 Mol-% Propylen in Isobutan bei 70 bis 84 at lag diese optimale Temperatur bei 227° C. Allgemein wurde gefunden, daß die Lebensdauer des Katalysators und der Ertrag an flüssigen Enderzeugnissen mit zunehmender Temperatur abfällt, während die alkylierende Wirkung der Katalysatoren steigt. Führt man die Versuche bei verschiedenen Durchflußgeschwindigkeiten aus, so macht man die Beobachtung, daß die Alkylierungs- um so mehr hinter der Polymerisierungsreaktion zurücktritt, je mehr der Durchsatz gesteigert wird. Daraus ergibt sich eine erheblich geringere Reaktionsgeschwindigkeit für die Alkylierung als für die Polymerisierung.

Bei genügend hohen Drucken und Temperaturen geht die Alkylierung der Paraffine auch ohne Katalysator vor sich. So erhielten FREY und

[1] Flüssiges Ausgangsvolumen/Katalysator-Volumen und Std.

[2] Bezogen auf das Gewicht Heptan, das bei Umsetzung des gesamten Propylens entstanden wäre.

[3] Bezogen auf die Gesamtausbeute.

HEPP[1] aus Gemischen von Propan und i-Butan mit Äthylen bei 510° und 175 bis 335 at höhere n- und i-Paraffine. Die Alkylierung von Propan führte zu einem Erzeugnis, das zu 50% aus i- und zu 25% aus n-Pentan bestand. Die restlichen 25% waren Paraffine und Olefine mit 6 bis 8 Kohlenstoffatomen.

Ein ausgezeichneter Katalysator für die Alkylierung von Isoparaffinen ist konz. Schwefelsäure. Die ersten Vorschläge der Alkylierung von Isoparaffinen mit Olefinen in Gegenwart von Schwefelsäure stammen von BIRCH, DUNSTAN, FIDLER, PIM und TAIT[2]. Die von ihnen entwickelte Arbeitsweise fußt auf der verhältnismäßig hohen Reaktionsfähigkeit der in den Isoparaffinen enthaltenen tertiären Kohlenstoffatome[3]. Man versetzt ein Gemisch aus 97proz. Schwefelsäure und Isoparaffin, z. B. i-Butan, unter kräftigem Rühren und unter Einhaltung einer Temperatur von 20° allmählich mit dem zu addierenden Olefin. Der Druck fällt bei dieser Addition von anfänglich 3,0 bis 3,5 at auf Normaldruck. Nach Zugabe des Olefins rührt man noch weitere 30 Minuten. Sodann wird das Kondensationsprodukt von der Säurephase getrennt, neutralisiert und durch Destillation in einen nicht umgesetzten, niedrigsiedenden Anteil (unter 27° siedend), eine Benzinfraktion (27 bis 185°) und einen Rückstand zerlegt. Die günstigste Reaktionstemperatur liegt bei 20°, bei höherer Temperatur tritt Oxydation ein, bei niedrigerer Temperatur fällt die Ausbeute an Benzin zugunsten des Rückstandes ab. Zahlentafel **143** zeigt die bemerkenswerten Daten der mit verschiedenen Ausgangsstoffen in dieser Weise erhaltenen Reaktionserzeugnisse.

Die Alkylierungsverfahren sind den Olefin-Polymerisations-Verfahren insofern überlegen, als sie nicht nur die Olefine, sondern auch die Isoparaffine umzusetzen gestatten. Die Ausbeute an Benzin ist infolgedessen höher als bei der einfachen Polymerisation der Olefine. Die Oktanzahlen der Alkylierungsbenzine liegen zwischen etwa 77 und 90. Der paraffinische Charakter der Benzine erklärt die hohe Bleiempfind-

---

[1] FREY, F. E., u. H. J. HEPP: Industr. Engng. Chem. **28**, 1439 (1936) — Oil and Gas J. **35**, Nr 34, 40 (1937).

[2] BIRCH, S. F., F. B. PIM u. T. TAIT: J. Soc. Chem. Ind. **55**, 335 T (1936). — BIRCH, S. F., A. E. DUNSTAN, F. A. FIDLER, F. B. PIM u. T. TAIT: J. Inst. Petr. Techn. **24**, 303 (1938) — Industr. Engng. Chem. **31**, 884, 1079 (1939). — *Anglo Iranian Oil Co., Ltd.*, übert. von A. E. DUNSTAN u. S. F. BIRCH: E. P. 479345 (1936); F. P. 824329, 824914 (1937); dieselbe, übert. von A. E. DUNSTAN, u. F. E. A. THOMPSON: E. P. 515039 (1938); F. P. 850726 (1939). — Weitere Schutzrechte u. a.: *Texaco Development Corp.*: F. P. 839280, 840717 (1938); 849654, 851592, 853721 (1939); It. P. 363130 (1938); 373595 (1939). — *Universal Oil Products Co.*, übert. von J. C. MORRELL: A. P. 2169809 (1939). — *Standard Oil Development Co.*, übert. von E. E. STAHLY u. E. M. HATTOX: A. P. 2204194 (1938); dieselbe, F. P. 851031/2 (1939); It. P. 371201/2 (1939).

[3] SCHAARSCHMIDT, A.: Petroleum **28**, Nr 12, 1 (1932). — SCHAARSCHMIDT, A., u. M. MARDER: Angew. Chem. **46**, 151 (1933).

lichkeit. Durch Zusatz von 1,5 cm³ Ethyl-Fluid zu 4,54 l (= 1 imp. Gall.) des Benzins steigt die Oktanzahl um 7,5 bis 12,4 Einheiten. Auch Spalt- und Reformiergase eignen sich zur Addition an Isoparaffine.

Weitere Arbeiten über die Alkylierung der Isoparaffine mit Olefinen in Schwefelsäure wurden von GARD, BLOUNT und KORPI[1] durchgeführt. Sie fanden, daß man einen hohen Überschuß von Isoparaffin verwenden und die Zugabe des Olefins möglichst langsam vornehmen muß, um die Polymerisation der Olefine zugunsten der Alkylierung der Isoparaffine zurückzudrängen. Die günstigste Reaktionstemperatur hängt nach ihnen von der Zusammensetzung der Ausgangsolefine ab. Bestehen diese nur aus Propylen, so arbeitet man zweckmäßig bei etwa 27° C, Butylene ergeben die besten Ausbeuten an höheren Isoparaffinen bei −1°. Wird als Ausgangsstoff ein Gemisch aus Propylen und Butylenen, z. B. Krackgas, eingesetzt, so sind Temperaturen einzuhalten, die entsprechend dem Mischungsverhältnis der beiden Olefine zwischen

[1] GARD, E. W., A. L. BLOUNT u. K. KORPI: Refiner **18**, 525 (1939).

Zahlentafel 143.

Eigenschaften der durch Addition von Olefinen an Isoparaffine gewonnenen Erzeugnisse nach A. E. DUNSTAN.

Ausgangsstoffe		Angewandte H_2SO_4-Konzentration	Gesamtausbeute in Proz. der Olefin-Ausgangsmenge	Benzinfraktion 27—185°					Rückstand		
				Ausbeute in Proz. der Olefin-Ausgangsmenge	Spez. Gewicht bei 15,6° C	Oktanzahl		Bromzahl, Francis	Ausbeute in Proz. der Olefin-Ausgangsmenge	Spez. Gewicht bei 15,6° C	Bromzahl, Francis
Paraffine	Olefine					ohne	mit 1,5 cm³ TEL je 4,54 l				
Isobutan	Diisobutylen	96,9	165	136	0,705	90,5	98	<1	22	0,783	14
,,	Triisobutylen	96,9	163	138	0,704	88,7	98,9	<1	20,5	0,782	3,5
,,	B.I.B.[1]	97	158	135	0,707	87,0	97,9	<1	20	0,784	15
,,	B.I.B.[1]	97	164	137	0,703	89,4	99,5	<1	22,9	0,781	14
,,	Polymerbenzin (80 bis 120°)	97	—	—	—	84,6	99,5[2]	—	—	—	—
,,	Propylen	100,6	150	122	0,698	82,5	93,3	<1	23	0,774	2,5
,,	Butylen-2	97	164	148	0,706	90,2	100,3[3]	<1	14,8	0,785	10
,,	Butylen-1	97	159	139	0,708	89,1	98,1	2	20,5	—	—
,,	Trimethyläthylen	97	152	121,5	0,706	86,1	98,5	1	26,5	0,786	19
Isopentan	Diisobutylen	97	159	120	0,712	79,7	90,4	<1	38,4	0,787	23
Isohexan	Diisobutylen	97	217	159,5	0,695	77,6	—	<1	54,3	0,785	20

[1] Butylen-Isobutylen-Fraktion. [2] 2 cm³ TEL/4,54 l. [3] 1 cm³ TEL/4,54 l.

-1 und 27° liegen. Mit ansteigender Konzentration des Isoparaffins in der Schwefelsäure wächst die Ausbeute an gasfreiem Benzin bis zu einem Maximum. Dieses Maximum war z. B. bei der Alkylierung von i-Butan erreicht, als die der Schwefelsäure zugesetzte i-Butanmenge etwa 2,5mal so groß wie die theoretisch zur Umsetzung der Olefine benötigte i-Butanmenge war.

An sich eignen sich als Ausgangsstoffe für die Säurealkylierung Olefine und Isoparaffine eines weiten Siedebereiches[1]. Praktisch gelangen bei dem heutigen Stande des Verfahrens die Olefine mit 3 bis 8 Kohlenstoffatomen und von den Isoparaffinen nur Isobutan und Isopentan zur Anwendung. Aber auch Isohexan (2-Methylpentan) reagiert leicht, während sich Neoisooktan (2,2,4-Trimethylpentan) mit den Olefinen nicht umsetzt.

Reaktionsmechanismus der Alkylierung.

Das Endprodukt der Olefin-Isoparaffin-Umsetzungen stellt ein kompliziertes Gemisch von Isoparaffinen und kleinen Mengen Olefinen dar, die etwa von 25 bis 250° sieden. Aus diesem Befund geht hervor, daß die Reaktion nicht einfach in einer Addition von Olefin und Isoparaffin besteht. Zur Erklärung des Reaktionsmechanismus gehen Birch und Dunstan[2] von der Annahme[3] aus, daß sich zwischen der Säure und dem Isoparaffin intermediär eine Additionsverbindung bildet:

$$\begin{array}{c} HO \\ HO \end{array}\!\!>\overset{++}{S}<\!\!\begin{array}{c} O^- \\ O^- \end{array} + \begin{array}{c} CH_3^{\delta+} \\ \downarrow \\ CH^{\delta-} \leftarrow CH_3^{\delta+} \\ \uparrow \\ CH_3^{\delta+} \end{array} \longrightarrow \begin{array}{c} HO \\ HO \end{array}\!\!>\overset{++}{S}<\!\!\begin{array}{c} O^- \cdots CH_3^{\delta+} \\ CH^{\delta-}-CH_3^{\delta+} \\ O^- \cdots CH_3^{\delta+} \end{array}$$

Nähert sich ein Olefinmolekül diesem Komplex, so entsteht durch Übernahme eines Protons von der Säure ein aktives Bruchstück, z. B.

$$\begin{array}{c} CH_3 \\ | \\ CH_3-C \\ \| \\ CH_2 \end{array} + \begin{array}{c} HO \\ HO \end{array}\!\!>S<\!\!\begin{array}{c} O\cdots CH_3 \\ CH-CH_3 \\ O\cdots CH_3 \end{array} \longrightarrow \begin{array}{c} CH_3 \\ | \\ CH_3-C^{\oplus} \\ | \\ CH_3 \end{array} \quad \begin{array}{c} {}^{\ominus}O \\ HO \end{array}\!\!>S<\!\!\begin{array}{c} O\cdots CH_3 \\ CH-CH_3 \\ O\cdots CH_3 \end{array}$$

Die Säure hat das Bestreben, das verlorene Proton zurückzugewinnen. Sie erhält es von dem assoziierten Isoparaffinmolekül, das sich sodann zu dem positiven Bruchstück addiert:

$$\begin{array}{c} HO \\ HO \end{array}\!\!>S<\!\!\begin{array}{c} O\cdots CH_3 \\ CH-CH_2^{\ominus} \\ O\cdots CH_3 \end{array} + \begin{array}{c} CH_3 \\ | \\ {}^{\oplus}C-CH_3 \\ | \\ CH_3 \end{array} \longrightarrow \begin{array}{c} \quad CH_3 \qquad\qquad\quad CH_3 \\ \quad | \qquad\qquad\qquad | \\ CH_3-CH-CH_2-C-CH_3 \\ \qquad\qquad\qquad\quad | \\ \qquad\qquad\qquad\quad CH_3 \end{array} + H_2SO_4$$

---

[1] Mackenzie, K. G.: Refiner **18**, 494 (1939).

[2] Birch, S. F., u. A. E. Dunstan: Trans. Faraday Soc. **35**, 1013 (1939).

[3] Ingold, Raisin u. Wilson: J. chem. Soc. **138**, 1643 (1936).

Diese Additionsreaktion ist bis zu einem gewissen Grade reversibel; denn man erhält beispielsweise bei der Säurebehandlung von 2,2,4-Trimethylpentan merkliche Mengen von Isobutan neben Butenen. Diese Umkehrbarkeit der Reaktion liefert den Schlüssel für die Entstehung der verschiedensten Isoparaffine. So geben Birch und Dunstan folgendes Reaktionsschema für die Umsetzung von Butylen mit Isobutan:

$$C_4H_8 + i\text{-}C_4H_{10} \rightleftarrows (CH_3)_3C{-}CH_2{-}CH(CH_3)_2 \rightleftarrows C_3H_6 + i\text{-}C_5H_{12}$$

$$i\text{-}C_5H_{12} + C_4H_8 \rightleftarrows (CH_3)_3C{-}CH_2{-}CH_2{-}CH(CH_3)_2 \rightleftarrows C_3H_6 + i\text{-}C_6H_{14}$$

$$C_3H_6 + i\text{-}C_4H_{10} \rightleftarrows \begin{matrix}(CH_3)_2CH{-}CH_2{-}CH(CH_3)_2\\(CH_3)_2CH{-}CH(CH_3){-}CH_2{-}CH_3\end{matrix}$$

$$C_3H_6 + i\text{-}C_5H_{12} \rightleftarrows \begin{matrix}(CH_3)_2CH{-}CH_2{-}CH_2{-}CH(CH_3)_2\\(CH_3)_2CH{-}CH_2{-}CH(CH_3){-}CH_2{-}CH_3\end{matrix}$$

Einfluß der Reaktionsbedingungen auf den Reaktionsablauf.

Als Quelle für die Olefine kommen Destillations-, Krack- und Dehydriergase in Frage. Häufig enthalten die olefinischen Gase Diene, Aromaten, Merkaptane, Thiophene und andere die Alkylierung störende Anteile. Diese Stoffe werden ebenfalls von der Säure absorbiert und setzen deren Alkylierungswirkung für Olefine und Isoparaffine herab. Die Ausbeute an Alkylat nimmt ab, der Bedarf an Säure zu. Grundsätzlich besteht die Möglichkeit, alle unerwünschten Gasbestandteile durch eine Vorbehandlung zu entfernen. Praktisch sind jedoch wirtschaftliche Gesichtspunkte maßgeblich. Die Kosten der Vorbehandlung sind gegen den erzielbaren Gewinn durch Säureeinsparung abzuwägen. Meist begnügt man sich mit einer einfachen Alkali- und Wasserwäsche.

Folgende Veränderliche nehmen Einfluß auf die Ausbeuten und Eigenschaften der Reaktionserzeugnisse:

das Verhältnis Isoparaffin zu Olefin,
die Reaktionsdauer,
die Säurestärke,
die Temperatur,
das Verhältnis Säure zu Kohlenwasserstoff,
die Rührgeschwindigkeit.

Das *molare Verhältnis Isoparaffin zu Olefin* ist ausschlaggebend sowohl für die Lebensdauer des Katalysators als auch für die Ausbeute und die Eigenschaften des Enderzeugnisses. Je mehr das Verhältnis zur Seite des Isoparaffins verschoben ist, um so günstiger verläuft die Reaktion in jeder Beziehung[1]. Verwendet man als Ausgangsstoff ein Gemisch aus Isobutan und C_4-Olefinen, so wirkt sich eine Veränderung

[1] Vgl. *Texaco Development Corp.*: F. P. 844719 (1938); F. P. 855624 (1939); Holl. P. 49137 (1939).

des Isoparaffin-Olefin-Verhältnisses, vorausgesetzt, daß alle übrigen Bedingungen konstant gehalten werden, in der in Abb. 118 dargestellten Weise aus. Mit steigendem Verhältnis ist eine bemerkenswerte Zunahme der Gesamtausbeute an Alkylat und an der Flugbenzinfraktion verbunden. Die Klopffestigkeit des Alkylates wächst, gleichzeitig fällt

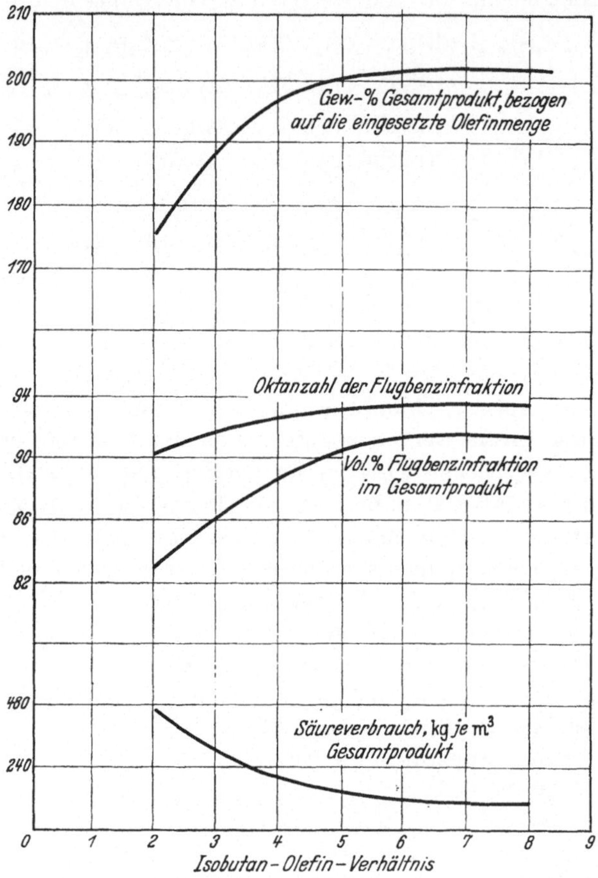

Abb. 118. Der Einfluß des Verhältnisses Isobutan : Olefin auf die Versuchsergebnisse beim Säurealkylieren.

der Verbrauch an Säure. Am günstigsten arbeitet man bei einem Isoparaffin-Olefin-Verhältnis von 5 : 1. Eine weitere Verschiebung zur Seite des Isoparaffins bringt keinen Vorteil, erhöht aber die Zahl der Einzeldurchsätze, die zur Umsetzung einer bestimmten Olefinmenge erforderlich sind. Olefine mit fünf und mehr Kohlenstoffatomen je Molekül sind weniger reaktionsfähig als C_4-Olefine; bei ihnen erhöht man daher gewöhnlich das Isoparaffin-Olefin-Verhältnis über 5 : 1 hinaus.

Die *Reaktionsdauer* wird als verhältnismäßig kurz angegeben. Beim Einsatz von C_4-Olefinen hält man Umsetzungszeiten bis zu 5 Minuten herab ein. Meist beträgt sie 20 bis 40 Minuten. Erniedrigt man die Reaktionsdauer auf weniger als 5 Minuten, so wird die Qualität des Alkylates verschlechtert. Dieselbe Wirkung tritt bei anderen Ausgangsstoffen ein; die untere Grenze der Verweilzeit im Reaktionsraum liegt jedoch meist höher.

Bei Umsetzungstemperaturen unter 21° (70° F) werden mit einer *Säurekonzentration* von 98 bis 100% die besten Ergebnisse erzielt. Bei höheren Temperaturen ist die Konzentration zu ermäßigen. Im Reaktionsraum selbst herrscht eine niedrigere Säurekonzentration durch die Zuführung von Kohlenwasserstoffen sowie durch die Ansammlung mitgerissenen Wassers. Auch die in Nebenreaktionen entstehenden Sauerstoffverbindungen erniedrigen die Säurestärke. Unter gewöhnlichen Betriebsbedingungen beträgt die Säurekonzentration im Reaktionsraum 88 bis 90%, die durch dauernde Zuführung frischer Säure von hoher Konzentration aufrechterhalten wird.

Die einzuhaltende *Temperatur* steht in engster Verbindung mit der angewandten Säurestärke. Mit zunehmender Säurekonzentration fällt die günstigste Umsetzungstemperatur. C_4-Olefine werden am besten bei Temperaturen zwischen 0 und 10° C umgesetzt. Höhere Olefine erfordern eine höhere Reaktionstemperatur. Steigert man die Temperatur bei hoher Säurekonzentration (98 bis 100%) über 21° hinaus, so wird eine zunehmende Oxydation der Kohlenwasserstoffe bei wachsendem Säureverbrauch und entsprechender Abnahme der Alkylatausbeute beobachtet.

Die Einhaltung eines bestimmten *Verhältnisses Säure: Kohlenwasserstoff* ist ebenfalls wichtig. Für die meisten Zwecke liegt es um 1:1, erhöht sich aber in Sonderfällen auf 2:1. Veränderungen des Verhältnisses innerhalb dieser Grenzen sind ohne wesentliche Bedeutung; die Anwendung niedrigerer oder höherer Verhältnisse führt zu schlechteren Ergebnissen.

Das zunächst in die Säurephase überführte Isoparaffin löst sich nicht. Es ist deshalb, um einen guten Umsetzungsgrad zu erhalten, notwendig, das Isoparaffin mit der Säure durch starke Bewegung in Emulsion zu bringen. Je größer die dabei erreichte Aufteilung ist, um so besser verläuft die nachfolgende Alkylierungsreaktion.

Säurealkylierungsverfahren.

Auf Grund der gewonnenen Erfahrungen wurde bereits eine größere Zahl technischer Anlagen errichtet, deren grundsätzlicher Aufbau aus Fließdiagramm Abb. 119 ersichtlich ist. Die Alkylierung erfolgt in drei Stufen. Frisches durch Fraktionierung aus dem C_4-Schnitt, z. B.

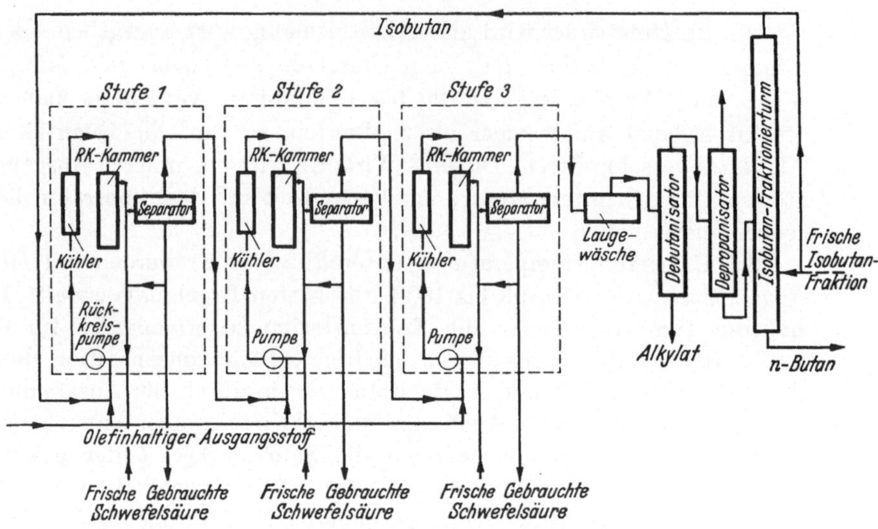

Abb. 119. Fließdiagramm einer dreistufigen Säurealkylierungsanlage.

Zahlentafel 144.
Alkylierung von Isobutan mit olefinischen Krackerzeugnissen.

Olefinischer Ausgangsstoff	Krackgas, C_3-Fraktion	Krackgas, C_4-Fraktion	C_4-Fraktion aus der Isooktanherstellg.	Krackgas, C_5-Fraktion	21—71° C Krackbenzin-Fraktion	21—99° C Krackbenzin-Fraktion
Olefingehalt, Gew.-%	30[1]	48[2]	24[3]	55	52	50
Isoparaffinischer Ausgangsstoff	Isobutan	Isobutan	Isobutan	Isobutan	Isobutan	Isobutan
Molverhältnis Isoparaffin : Olefin	8	5	5	8	8	8
Frischsäurekonzentration, Gew.-% Schwefelsäure	98—100	98—100	98—100	98—100	98—100	98—100
Vol.-Verhältnis Säure : Kohlenwasserstoff	1	1	1	1	1	1
Reaktionstemperatur, ° C	29	0—10	0—10	10	10	10
Reaktionsdauer, min	20—40	20—40	20—40	20—40	20—40	20—40
Titrierbare Azidität der gebrauchten Säure, Gew.-% Schwefelsäure	88—90	88—90	88—90	88—90	88—90	88—90
Ausbeute an Ges.-Alkylat, bez. auf die angew. Olefinmenge, Gew.-%	185	190—200	200—215	134[4]	126[4]	115[4]
Ebenso, Vol.-%	138	158—166	168—180	125[4]	119[4]	113[4]
Flugbenzin-Fraktion (Siedeende 149° C) im Gesamtalkylat, %	92—95	88—90	89—91	90	85	77
Frischsäureeinsatz, kg/m³ Gesamtalkylat[5]	312	120	<120	180	204	396

[1] Mit gemischten C_3—C_4-Fraktionen werden bessere Ergebnisse erzielt.
[2] Der Isobutylengehalt beträgt etwa 18%. [3] Hauptsächlich Butylen-2.
[4] Ausbeute, bezogen auf den Olefin-Ausgangsstoff einschließlich der gesättigten Kohlenwasserstoffe. [5] 1 pound/gallon (USA.) = 120 kg/m³.

von Krackgasen, gewonnenes Isobutan wird nur der ersten Stufe zugeführt. Das Olefin wird dagegen in drei etwa gleichen Teilen auf die drei Stufen verteilt. Das Reaktionsprodukt aus der ersten Stufe wird im angeschlossenen Separator von der Säure getrennt und in der zweiten Stufe mit dem zweiten Drittel Olefin umgesetzt. Entsprechend wird in der dritten Stufe das Erzeugnis der zweiten Stufe mit dem letzten Olefinanteil in Reaktion gebracht. Diese Arbeitsweise ermöglicht es, das benötigte hohe Mischungsverhältnis Isoparaffin zu Olefin einzuhalten, ohne unnötig große Isoparaffinmengen unausgenutzt umlaufen zu lassen. Das Endalkylat wird entbutanisiert. Die abgetrennten C_4-Kohlenwasserstoffe werden von niedrigersiedenden Anteilen befreit und gelangen über die Isobutan-Fraktionierkolonne in den Arbeitsgang zurück.

Zahlentafel 145.

Eigenschaften der Alkylate aus Isobutan und Krackgasen.

Olefinischer Ausgangsstoff	Krackgas, C_3-Fraktion	Krackgas, C_4-Fraktion	C_4-Rückstands-Fraktion aus der Isooktanherstellg.	Krackgas, C_5-Fraktion	21—71° C Krackbenzin-Fraktion	21—99° C Krackbenzin-Fraktion
Isoparaffinischer Ausgangsstoff	Isobutan	Isobutan	Isobutan	Isobutan	Isobutan	Isobutan
Eigenschaften des Ges.-Alkylates (C_4-frei):						
Spez. Gewicht bei 15,6°	0,695	0,705	0,705	0,680	0,895	0,700
Bromzahl, g/100 cm³	0,1—0,4	0,3—0,5	0,3—0,5	0,5—0,1	0,5—0,1	1—2
Schwefel, Gew.-%	0,001	< 0,001	< 0,001	< 0,005	< 0,005	< 0,005
Reid-Dampfdruck (37,8°), at	0,28	—	0,21	0,56	—	—
Oktanzahl (ASTM.-C.F.R.)	88,0	91,5	92,5	87,0	83,0	79,0
ASTM.-Destillation:						
Siedebeginn, °C	67	49	47	42	52	53
Siedeendpunkt	197	206	192	230	235	213
10%	82	83	84	62	70	72
20%	85	92	95	73	76	80
30%	88	98	101	88	84	88
40%	89	102	105	106	94	98
50%	*90*	*105*	*107*	*117*	*104*	104
60%	92	110	109	123	113	113
70%	94	113	111	127	121	120
80%	100	117	113	136	132	130
90%	132	131	121	152	158	164
95%	174	171	157	187	190	196
Eigenschaften der Flugbenzin-Fraktion (Endpunkt 149° C):						
Ungesättigte, Vol.-%			*vernachlässigbar*			
Schwefel, Gew.-%			„			
50%-Punkt, °C	88	104	105	98	93	96
Reid-Dampfdruck bei 37,8°, at	—	0,25	0,21	0,63	0,81	0,52
Oktanzahl (ASTM.-C.F.R.)	89	92	93	87	82	78

Die Aufstellungen in den Zahlentafeln 144 und 145 geben einen Überblick über die aus verschiedenen Ausgangsgasen gewinnbaren Ausbeuten und Eigenschaften der Enderzeugnisse (s. S. 412 und 413).

Die Alkylierungserzeugnisse eignen sich wegen ihrer isoparaffinischen Struktur hervorragend als Flugkraftstoffe. Sie besitzen bei hoher

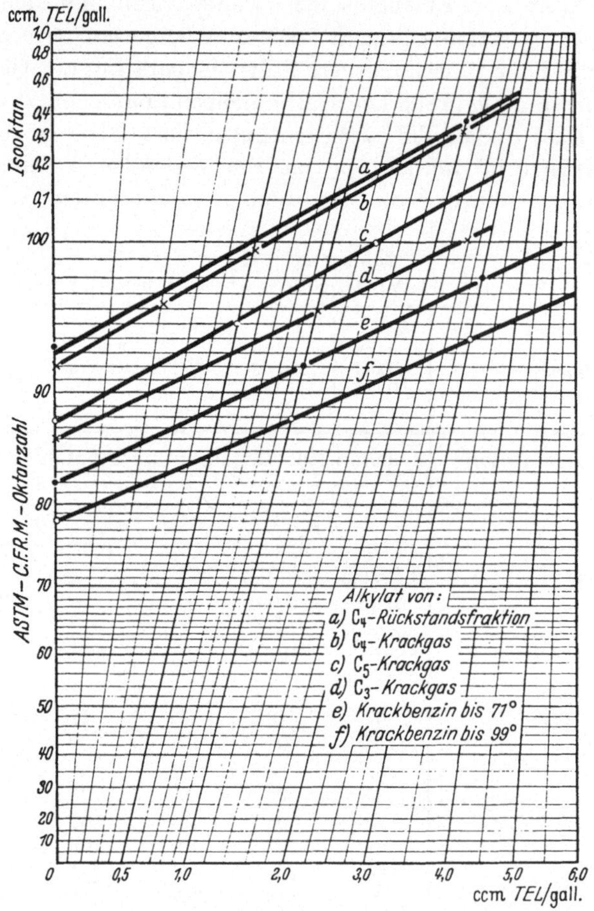

Abb. 120. Bleiempfindlichkeit einer Anzahl aus verschiedenen Rohstoffen gewonnener Säurealkylat-Fraktionen.

Klopffestigkeit eine ausgezeichnete Bleiempfindlichkeit, sehr niedrigen Schwefelgehalt, hohen Heizwert und sind gegen Veränderungen der Motorbedingungen wenig empfindlich. Die Ausbeuten an Alkylat entsprechen bei Verwendung von C_4-Olefinen als Ausgangsstoffe praktisch den theoretisch errechneten. Die höheren Olefine aus Krackbenzinen ergeben geringere Ausbeuten, weil mit ihnen auch Aromaten, Diene und andere Kohlenwasserstoffe absorbiert werden. Entfernt man diese vor der Reaktion, so erhält man auch aus Krackbenzinen die theoretischen Ausbeuten.

Die hohe Bleiempfindlichkeit der bis 149° (Zahlentafel 145) abgeschnittenen Alkylatfraktionen kommt in Abb. 120 zum Ausdruck. Alle Erzeugnisse sprechen annähernd gleichmäßig auf Ethyl-Fluid an. Ein Zusatz von 3 cm^3 TEL/gall. (3 cm^3/3,79 l) bewirkt eine Oktanzahlerhöhung von ungefähr 16 Einheiten. Es ist infolgedessen leicht, mit Alkylaten als Mischteilnehmer 100-Oktan-Benzine herzustellen. Beispielsweise erhielt man durch Mischen von je 50 Vol.-% 77-Oktan-Benzin und Alkylatflugbenzin (Endpunkt 149°) unter Zusatz von 3 cm^3 TEL/gall. einen 100-Oktan-Kraftstoff mit folgenden Eigenschaften:

Spez. Gewicht bei 15,6°	0,696
Harzgehalt (Kupferschale), mg/100 cm^3.	1
Kristallisationspunkt, ° C.	unter −60
Reid-Dampfdruck (37,8°), at	0,49
50%-Punkt, ° C	97
Siedeendpunkt, ° C.	153
Oktanzahl (ASTM.) ohne TEL	85
„ „ mit „	100

Eine größere Zahl technischer Anlagen zur Erzeugung von Benzinen nach dem Säurealkylierungsverfahren ist bereits in Betrieb. Schon Anfang 1940 waren 14 Anlagen in USA. (11), Iran (1), Niederländisch-Westindien (1) und auf Sumatra betriebsfertig oder in Bau.

Thermische Alkylierung.

Auf systematischen Versuchen von Frey und Hepp fußend, wurde von der *Phillips Petroleum Co.* ein technisches Verfahren der thermischen Alkylierung von Paraffinen mit Olefinen entwickelt[1]. Man unterwirft das Gemisch aus niedrigmolekularen Paraffinen und Olefinen Temperaturen, die die Kracktemperaturen dieser Kohlenwasserstoffe nahezu erreichen. Der dabei angewandte Druck liegt zwischen 210 bis 350 at. Unter solchen Bedingungen neigen die Olefine außerordentlich stark zur Polymerisation. Hält man jedoch die Konzentration der Olefine im Verhältnis zu der der Paraffine sehr niedrig, so läßt sich die Polymerisation der Olefine zugunsten der Olefin-Paraffin-Umsetzung stark zurückdrängen.

Bei der Alkylierung mit Schwefelsäure reagieren Isobutylen, die n-Butylene und Propylen leicht, Äthylen dagegen schwer. Bei der thermischen Alkylierung ist es umgekehrt; Äthylen setzt sich am leichtesten um, die Reaktionsfähigkeit von Propylen und der n-Butylene ist mittelmäßig; Isobutylen tritt schwerer in Reaktion. Die Säurealkylierung ist auf die Umsetzung der Isoparaffine beschränkt.

[1] Oberfell, G. G., u. F. E. Frey: Refiner 18, 486 (1939). — S. 406, Anm. 1.

Dagegen werden beim thermischen Verfahren sowohl die Iso- als auch die Normalparaffine durch die Olefine alkyliert. Nur Methan und Äthan reagieren schwer. Die thermische Alkylierung eröffnet somit einen Weg, die paraffinischen Kohlenwasserstoffgase mit drei und vier Kohlenstoffatomen in Motorkraftstoffe mit hoher Klopffestigkeit umzuwandeln. Auch Äthan läßt sich umsetzen, wenn man es in der ersten Stufe krackt oder dehydriert und in der zweiten Stufe mit Propan oder Butan alkyliert.

Die thermische Alkylierung ergibt als Primärerzeugnisse die Additionsprodukte aus je einem der Paraffin- und Olefinmoleküle, die sich zum Teil in Sekundärreaktionen weiter umsetzen. Äthylen und Propan bilden hauptsächlich Isopentan neben geringen Mengen n-Pentan. Aus

Zahlentafel 146. Erzeugnisse bei der Umsetzung von Paraffinen mit Olefinen unter Alkylierungsbedingungen ohne Katalysator[1].

Ausgangsstoffe, Gew.-%	C_2H_4 8.9 C_3H_8 91,1	C_2H_4 25 C_3H_8 75	C_2H_4 25,6 i-C_4H_{10} 74,4	C_3H_6 12,8 C_3H_8 87,2
Druck, at	315	315	315	441
Temperatur, °C	510	510	505	506
Gesamtreaktionszeit, min	4,1	5,6	4	7,4
Zahl der Olefinzugaben	20	10	10	10
Benzinausbeute, bezogen auf das Gesamtprodukt	11,2	32,8	35,4	20,5
Zusammensetzung des Enderzeugnisses, Gew.-%:				
H_2	0,004	2,29	0,84	1,59
CH_4	0,716	2,29	0,84	1,59
C_2H_4	1,23	0,69	2,30	0,09
C_2H_6	0,53	4,10	1,44	2,64
C_3H_6	0,16	0,88	0,63	2,05
C_3H_8	84,40	54,17	2,04	69,29
iso-C_4H_8	0,21	1,92	0,89	0,89
n-C_4H_8	0,80	1,92	0,98	0,85
iso-C_4H_{10}	0,70	3,17	56,37	2,09
n-C_4H_{10}	0,70	3,17	56,37	2,09
C_5H_{10}	0,29	1,24	0,78	1,01
iso-C_5H_{12}	6,20	9,38	1,11	1,36
n-C_5H_{12}	1,82	4,22	0,97	1,79
C_6H_{12}	0,22	0,80	0,95	0,82
2,2-Dimethylbutan	0,81	3,67	11,10	0,56
2,3-Dimethylbutan	0,81	3,67	3,49	3,67
2-Methylpentan	0,81	3,67	3,49	3,54
n-Hexan	0,81	3,67	3,49	1,07
C_7H_{14}	0,20	0,76	0,71	0,54
C_7H_{16}	1,12	3,60	1,45	1,74
C_8H_{16}	0,12	0,62	1,03	0,50
C_8H_{18}	0,37	2,95	4,84	1,23
C_9, C_{10} usw.	0,30	6,54	8,97	8,04
Gesamt	103,43	119,39	165,08	109,04

[1] Zit. S. 415.

Äthylen und n-Butan entsteht vorwiegend 3-Methylpentan, aus Äthylen und Isobutan 2, 2-Dimethylbutan, sog. Neohexan[1], und aus Propylen und Propan 2, 3-Dimethylbutan und 2-Methylpentan. Die Zykloparaffine reagieren ähnlich, z. B. setzt sich Zyklohexan mit Äthylen zu Äthylzyklohexan um.

Die Zusammensetzung einiger in einem Laboratoriumsapparat gewonnener Alkylierungserzeugnisse ist in Zahlentafel 146 wiedergegeben.

Die vorstehende Zahlentafel kann lediglich einen Eindruck der entstehenden Erzeugnisse vermitteln. Die angegebenen Mengenverhältnisse treffen sicher nicht zu; denn die Summe der Ausbeuten ergibt nicht wie gefordert, 100%.

Neohexanverfahren.

Auf Grund der im Laboratorium und in halbtechnischen Versuchsanlagen erzielten Ergebnisse entwickelte die *Phillips Petroleum Co.* das

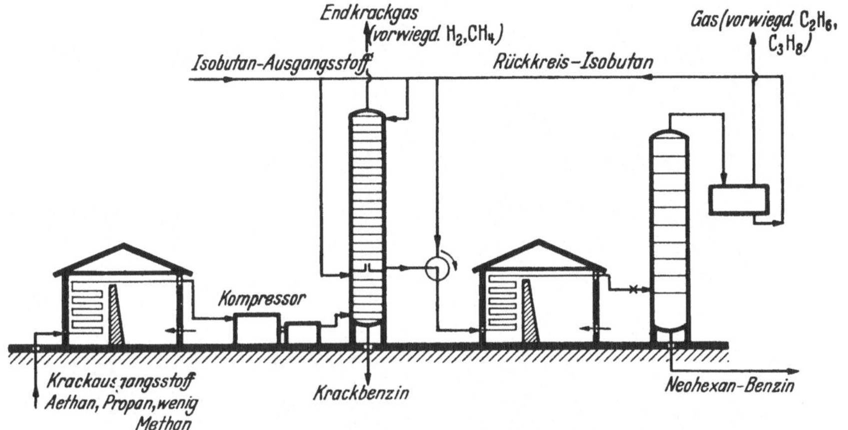

Abb. 121. Arbeitsgang in einer Neohexan-Anlage.

sog. *Neohexan-Verfahren* (Abb. 121). Es besteht darin, daß man zunächst ein Äthan-Propan-Gemisch bei etwa 775° C unter geringem Überdruck krackt. Diese Bedingungen entsprechen den günstigsten Umsetzungsverhältnissen der Äthandehydrierung. Das gasförmige Reaktionserzeugnis wird gekühlt, komprimiert und mit kleinen Mengen flüssigen Isobutans zwecks Entfernung der beim Kracken entstandenen geringen Leichtölanteile gewaschen. Sodann werden die ungesättigten Krackgasanteile durch weiteres verflüssigtes Isobutan absorbiert (vgl. Abb. 121). Das Olefin-Isobutan-Gemisch gelangt darauf in den

[1] Nach SCHORLEMMER unterscheidet man zwischen geradkettigen Normalparaffinen, Isoparaffinen mit einer Seitenkette, Mesoparaffinen mit mehreren Seitenketten und Neoparaffinen mit zwei Seitenketten am selben Kohlenstoffatom (quaternäres Kohlenstoffatom).

Alkylierungsofen. Im Erhitzer wird es unter Zugabe großer Mengen dauernd umlaufenden flüssigen Isobutans auf einen so hohen Druck gebracht, daß der bei der Umsetzungstemperatur von etwa 510° herrschende Druck zwischen 210 und 350 at liegt. Das gewonnene flüssige Produkt wird nach der Druckentlastung in üblichen Fraktioniertürmen von den nicht umgesetzten Kohlenwasserstoffen getrennt[1].

Das „Neohexan-Benzin" enthält neben Neohexan auch andere, meist höher als dieses siedende Kohlenwasserstoffe, die in Sekundärreaktionen entstehen. Über dem Benzinbereich (200°) siedende Kohlenwasserstoffe fallen in um so kleinerer Menge an, je geringer die Äthylenkonzentration im Ausgangsgemisch gehalten wird. Zahlentafel 147 gibt einen Überblick über die Eigenschaften des beim Neohexanverfahren erzeugten Alkylates:

Zahlentafel 147. Eigenschaften der bei der Alkylierung von Isobutan mit Äthylen-Propylen anfallenden Erzeugnisse.

Erzeugnis	A Debutanisiertes Alkylat	B A ohne seinen Neohexangehalt
Oktanzahl, ASTM.	82,5	78,4
Spez. Gewicht bei 15,6°	0,691	0,710
Reid-Dampfdruck (37,8°) in at	0,53	0,48
ASTM.-Destillation:		
Siedebeginn, °C	48	46
5 Vol.-% verdampfen bei °C	53	63
10 „ „ „ „	57	65
20 „ „ „ „	61	70
30 „ „ „ „	63	74
40 „ „ „ „	66	80
50 „ „ „ „	69	85
60 „ „ „ „	74	92
70 „ „ „ „	82	102
80 „ „ „ „	96	113
90 „ „ „ „	131	133
95 „ „ „ „	154	163
Siedeendpunkt, °C	188	203

Demgegenüber wurden für reines Neohexan die folgenden Daten gemessen:

Zahlentafel 148. Eigenschaften von Neohexan (2,2-Dimethylbutan)[2].

Spez. Gewicht bei 20°/4°	0,6494
Siedepunkt, °C	49,7
Schmelzpunkt, °C	−98,2
Brechungsindex n_D bei 20°	1,36887
Oktanzahl, ASTM.	94

[1] ALDEN, R. C.: Nat. Petr. News **32**, Nr 26, Ref. Techn. 234 (1940).

[2] OBERFELL, G. G., u. F. E. FREY: Zit. S. 415.

Bemerkenswert ist, daß Neohexan eine sehr hohe Bleiempfindlichkeit besitzt, die der des Isooktans überlegen ist. Es eignet sich daher ausgezeichnet als Mischteilnehmer für die Herstellung von Flugkraftstoffen. Seine hohe Flüchtigkeit kommt ihm dabei zustatten. Zahlentafel 149 enthält eine Zusammenstellung über die Klopffestigkeit und das Siedeverhalten einer Anzahl aus Flugbenzin, Isooktan, Isopentan und Neohexan hergestellter Gemische mit festgelegtem Dampfdruck.

Zahlentafel 149. Eigenschaften von Gemischen aus Benzin, Isooktan, Isopentan und Neohexan[1].

Zusammensetzung, Gew.-%				ASTM.-Destillation					Oktanzahl[2]	Reid-Dampfdruck bei 37,8° at
Benzin	Isooktan	Neohexan	Isopentan	10	30	50	70	90		
				Vol.-% verdampfen bei °C						
100	—	—	—	80	87	94	103	119	75	0,26
—	100	—	—	107	110	112	116	129	94	0,10
—	—	100	—	49	49	50	50	50	94	0,69
—	—	—	100	28	28	28	28	28	90	1,47
90,5	—	—	9,5	69	81	91	102	118	76,4	0,39
60,3	27,2	—	12,5	70	86	99	107	121	82,0	0,39
60,3	18,4	15,0	6,3	68	79	91	104	119	82,3	0,39
30,2	54,3	—	15,5	70	91	104	113	124	87,5	0,39
30,2	36,7	30,0	3,1	67	74	89	107	120	88,1	0,39
—	81,5	—	18.5	70	99	110	115	126	93,3	0,39
—	72,7	15,0	12,3	69	90	106	113	125	93,5	0,39
—	63,8	30,0	6,2	67	79	99	113	124	93,8	0,39
—	55,0	45,0	—	65	72	88	108	121	94,0	0,39
81,5	—	—	18,5	60	72	88	100	116	77,8	0,49
54,4	24,8	—	20,8	60	77	95	106	119	82,8	0,49
54,4	12,3	21,0	12,3	60	69	82	100	117	83,2	0,49
27,2	49,7	—	23,1	59	81	102	111	123	87,8	0,49
27,2	24,7	42,0	6,1	59	66	74	96	118	88,6	0,49
—	74,5	—	25,5	59	88	107	114	124	93,0	0,49
—	62,0	21,0	17,0	59	74	99	113	123	93,3	0,49
—	37,0	63,0	—	57	60	69	88	119	94,0	0,49
—	49,5	42,0	8,5	59	67	82	107	121	93,7	0,49
—	37,0	63,0	—	57	60	69	88	119	94,0	0,49

3. Kombinierte Pyrolyse oder Dehydrierung und Polymerisation.

Da die Krackgase nur zu einem Teil aus ungesättigten Kohlenwasserstoffen bestehen, gewinnt man bei den Olefin-Polymerisations-Verfahren nur verhältnismäßig niedrige Ausbeuten an Benzin. Eine Ausbeuteerhöhung läßt sich aber einfach dadurch erzielen, daß man die in den

[1] Zit. S. 415.

[2] Arithmetisch aus der Oktanzahl der Gemischteilnehmer errechnet.

Krackgasen enthaltenen paraffinischen Kohlenwasserstoffe aufspaltet bzw. dehydriert und die sich dabei bildenden Olefine ebenso wie die primär vorhandenen zu Benzin polymerisiert. Auf diese Weise lassen sich auch die Naturgase zu einem großen Teil in Polymerbenzin umwandeln. Man kann dabei so vorgehen, daß man die Spaltung der Paraffine und die Polymerisation der Olefine in einem Arbeitsgang oder getrennt vornimmt.

Beide Wege wurden großtechnisch beschritten. Die gleichzeitige Spaltung der Paraffine und Polymerisation der Olefine wird im *Unitary-Verfahren* der *Polymerization Process Corp.* durchgeführt. Die Spaltung der Paraffine und die Polymerisation der Olefine in gesonderten Anlagen wird sowohl im *Multiple Coil-Verfahren* der *Alco Products Inc.* ohne Verwendung von Katalysatoren als auch nach einem kombinierten Pyrolyse-Polymerisations-Verfahren der *Universal Oil Products Co.* unter Anwendung von Katalysatoren vorgenommen.

Anlagen, in denen Pyrolyse- bzw. Dehydrierungsreaktionen mit Alkylierungsumsetzungen gekuppelt werden, sind ebenfalls errichtet worden (vgl. *Polyform-*, S. 314, und *Neohexan*-Verfahren S. 417).

a) Ungesättigte Kohlenwasserstoffe aus gasförmigen Paraffinen.

Einer Beschreibung der technischen Verfahren zur Umwandlung gasförmiger Paraffine in Olefine zwecks Gewinnung von Polymerbenzin soll eine kurze Erörterung bekannter Arbeiten über die Pyrolyse und die Dehydrierung reiner Paraffine unter verschiedenen Reaktionsbedingungen vorangestellt werden (vgl. auch S. 232ff.).

Methan[1].

In Abwesenheit von Katalysatoren beginnt Methan zwischen 650 und 700° in Kohlenstoff und Wasserstoff zu zerfallen. Unter der Einwirkung von Katalysatoren wie Palladium, Nickel u. a. wird der Zerfallsbeginn bereits bei 250 bis 350° erreicht. Bei jeder Temperatur stellt sich ein Gleichgewicht zwischen Methan einerseits und Kohlenstoff und Wasserstoff andererseits ein. Bei 200° ist dieses Gleichgewicht nahezu völlig zur Seite der Methanbildung, bei 1000° umgekehrt zur Seite des Methanzerfalles verschoben. Da diese Reaktion nicht zur Bildung von Olefinen führt, soll sie an dieser Stelle nicht näher behandelt werden. Eine eingehende Beschreibung des Gleichgewichtes $CH_4 \rightleftharpoons C + 2\,H_2$ findet sich im Abschnitt Wasserstoffgewinnung (Bd. II).

Der Zerfall des Methans in die Elemente ist von einer Anzahl Sekundärreaktionen begleitet, die zur Bildung höhermolekularer Kohlenwasserstoffe führen. Neben geringen Mengen von aromatischen Kohlenwasserstoffen wie Benzol, Toluol und Xylol sowie von Naphthalin und An-

[1] Klopffestigkeit.

thrazen werden Äthan, Äthylen, Propylen, Butadien und Azetylen im Reaktionsprodukt gefunden.

Es gibt mehrere Erklärungen für die Entstehung der höheren Kohlenwasserstoffe bei der Methanpyrolyse. Nach KASSEL[1] wird zunächst ein Wasserstoffmolekül abgespalten. Das sich bildende Methylenradikal setzt sich mit einem zweiten Methanmolekül zu Äthan um, das durch Dehydrierung in Äthylen, Azetylen und schließlich in Kohlenstoff und Wasserstoff übergeht. Aromatische Kohlenwasserstoffe werden durch weitere Umsetzung von Äthylen in früher beschriebener Weise (S. 252) über Butadien als Zwischenprodukt gebildet:

$$CH_4 \rightarrow CH_2 + H_2$$
$$CH_2 + CH_4 \rightarrow C_2H_6$$
$$C_2H_6 \rightarrow C_2H_4 + H_2$$
$$C_2H_4 \rightarrow C_2H_2 + H_2 \qquad 2C_2H_4 \rightarrow C_4H_6 + H_2$$
$$C_2H_2 \rightarrow 2C + H_2 \qquad C_4H_6 + C_2H_4 \rightarrow C_6H_6 + 2H_2$$

RICE[2] nimmt als Primärreaktion den Zerfall des Methans in ein Methylradikal und ein Wasserstoffatom an. Der entstehende atomare Wasserstoff vereinigt sich mit einem zweiten zu Wasserstoffmolekülen, oder er reagiert mit einem weiteren Methanmolekül zu Methylradikal und Wasserstoffmolekül. Die Methylradikale schließen sich zu Äthanmolekülen zusammen, die sich anschließend, wie bereits beschrieben, umsetzen:

$$CH_4 \rightarrow CH_3 + H$$
$$H + CH_4 \rightarrow CH_3 + H_2$$
$$CH_3 + CH_3 \rightarrow C_2H_6$$

Die Bildung aromatischer Kohlenwasserstoffe aus Paraffinen wurde bereits früher (s. S. 368) behandelt. In diesem Zusammenhange soll nur die Umsetzung des Methans in ungesättigte Kohlenwasserstoffe erörtert werden.

Bei geringen Durchsatzgeschwindigkeiten und Reaktionstemperaturen zwischen 900 und 1050° C liegen die Ausbeuten an Olefinen in der Größenordnung weniger Prozente. Z. B. enthielt das von HAGUE und WHEELER[3] erzeugte Endgas nach der Kondensation der höheren Kohlenwasserstoffe 0,3 bis 0,9% höhere Olefine und 2,1 bis 3,7% Äthylen. STANLEY und NASH[4] fanden nach der bei 1000° C vorgenommenen Methanumsetzung im Endgas 1,1% Äthylen und 0,8% Azetylen. Durch Steigerung der Durchsatzgeschwindigkeit läßt sich die Ausbeute

[1] KASSEL, L. S.: J. amer. chem. Soc. **54**, 3949 (1932).
[2] RICE, F. O., u. M. D. DOOLEY: J. amer. chem. Soc. **56**, 2747 (1934).
[3] HAGUE, E. N., u. R. V. WHEELER: Fuel **8**, 512, 560 (1929). — Vgl. S. 368.
[4] STANLEY, H. M., u. A. W. NASH: J. Soc. Chem. Ind. **48**, 1 T (1929).

an Ungesättigten erhöhen. So setzte CAMBRON[1] eine Naturgasfraktion, die neben geringen Mengen höherer Kohlenwasserstoffe etwa 90 Vol.-% Methan und 5 Vol.-% Äthan enthielt, bei 1020° C durch Einhaltung kurzer Reaktionszeiten zu 13,5% in Äthylen und zu 3,0% in Azetylen um. Unter schärferen Bedingungen nahm die Äthylenausbeute zugunsten der an Azetylen ab. Bei sehr hohen Temperaturen wird ausschließlich Azetylen gewonnen (vgl. S. 238 u. Abb. 66).

Die bisher erzielten Ergebnisse lassen eine wirtschaftliche Gewinnung von Olefinen aus Methan nicht zu. Methan dient zur Erzeugung von Ruß und Wasserstoff[2] (vgl. Bd. II) und als Motorkraftstoff[3]. Die Herstellung von Azetylen bei hohen Temperaturen erscheint aussichtsreich[4].

Äthan.

Der thermische Zerfall von Äthan beginnt unter Normalbedingungen bei etwa 500°; die hierbei hauptsächlich einsetzende Dehydrierung zu Äthylen wird aber erst bei annähernd 650° bemerkenswert. Die Dehydrierung des Äthans erfolgt in einer Gleichgewichtsreaktion. Die Gleichgewichtskonstanten

$$K_c = \frac{C_{C_2H_4} \cdot C_{H_2}}{C_{C_2H_6}}$$

wurden sowohl von PEASE und DURGAN[5] als auch von FREY und HUPPKE[6] berechnet. Die Logarithmen der von FREY und HUPPKE angegebenen Werte sind in Abb. 122 in Abhängigkeit von $1/T$ neben den ebenfalls ermittelten K-Werten für die Dehydrierung von Propan sowie von n- und i-Butan aufgetragen. Mit steigender Temperatur wird die Dehydrierung der Kohlenwasserstoffe in ungefähr gleicher Weise begünstigt. Bei gleicher Temperatur ist der Dehydrierungsgrad im Gleichgewicht um so größer, je höher das Molekulargewicht des Ausgangskohlenwasserstoffs ist.

Ebenso wie beim Zerfall des Methans ist auch bei dem des Äthans die Primär- von Sekundärreaktionen begleitet. Erhitzt man Äthan längere Zeit auf Dehydrierungstemperaturen, so stellt sich allmählich das Methangleichgewicht $CH_4 \rightleftharpoons C + 2\,H_2$ ein. Entsprechend werden bei der thermischen Zersetzung des Äthans nicht nur Äthylen

[1] CAMBRON, A.: Can. J. Res. **1**, 646 (1932).

[2] Siehe z. B. A. THAU: Z. Ver. dtsch. Ing. **82**, 862 (1938).

[3] Vgl. FERRETTI, P.: Kraftstoff **17**, 71, 107 (1941).

[4] Vgl. K. PETERS u. K. MEYER: Brennst.-Chem. **10**, 324 (1929). — FROLICH, P. K., A. WHITE u. H. P. DAYTON: Industr. Engng. Chem. **22**, 20 (1930). — DE RUDDER, F., u. H. BIEDERMANN: C. r. Acad. Sci. Paris **190**, 1194 (1930). — FISCHER, F., u. H. PICHLER: Brennst.-Chem. **13**, 381 (1932). — STORCH, H. H., u. P. L. GOLDEN: Industr. Engng. Chem. **25**, 768 (1933). — FISCHER, F., u. H. PICHLER: Brennst.-Chem. **19**, 377 (1938).

[5] PEASE, R. N., u. E. S. DURGAN: J. amer. chem. Soc. **50**, 2715 (1928).

[6] FREY, F. E., u. W. F. HUPPKE: Industr. Engng. Chem. **25**, 54 (1933).

und Wasserstoff, sondern alle beim Methanzerfall auftretenden Erzeugnisse gefunden. So erhielten HAGUE und WHEELER bei ihren

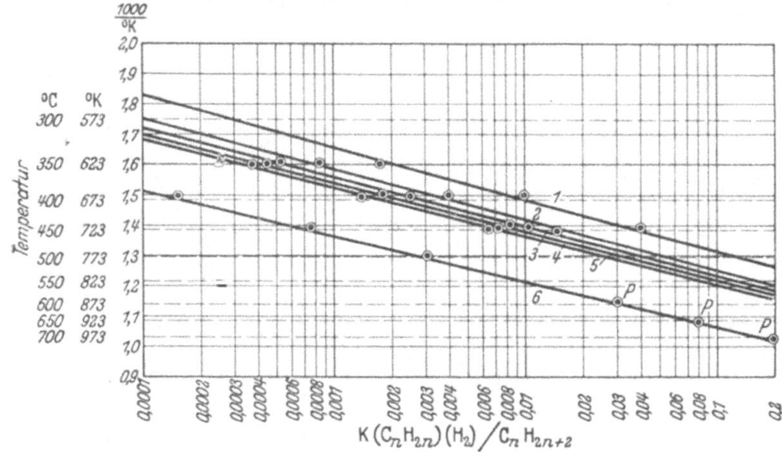

Abb. 122. Temperaturabhängigkeit der Gleichgewichtskonstanten für die Dehydrierung einiger paraffinischer Kohlenwasserstoffe

1 $(CH_3)_2CHCH_3 \rightleftharpoons (CH_3)_2C = CH_2 + H_2$

2 $CH_3CH_2CH_2CH_3 \rightleftharpoons CH_3CH = CHCH_3$ (trans) $+ H_2$

3 $CH_3CH_2CH_2CH_3 \rightleftharpoons CH_3CH = CHCH_3$ (cis) $+ H_2$

4 $CH_3CH_2CH_2CH_3 \rightleftharpoons CH_3CH_2CH = CH_2 + H_2$

5 $CH_3CH_2CH_3 \rightleftharpoons CH_3CH = CH_2 + H_2$

6 $CH_3CH_3 \rightleftharpoons CH_2 = CH_2 + H_2$

bereits früher angeführten Versuchen folgende Zersetzungsprodukte des Äthans (vgl. auch Zahlentafel 128):

Zahlentafel 150. Erzeugnisse beim Äthanzerfall nach HAGUE und WHEELER. Durchsatz: 4 l/h.

Temp. °C	Öl-ausbeute Gew.-%	Koks Gew.-%	Zusammensetzung des Endgases, Vol.-% höhere Olefine	Azetylen	Äthylen	Wasserstoff	Methan	Äthan
700	0	6	1,7	2,8	21,3	21,9	2,7	49,6
750	2,13	—	4,7	4,3	24,3	32,3	13,3	21,1
800	9,70	—	3,7	3,0	21,1	38,4	21,1	12,7
850	17,93	—	1,7	2,3	14,7	41,4	32,4	7,5
900	21,90	3,1	1,6	1,8	5,0	44,3	38,9	8,4
950	12,83	13,9	0,4	1,0	3,8	52,6	40,8	1,4
1000	6,53	16,2	0,3	0,8	2,4	58,5	33,9	4,1

HAGUE und WHEELER arbeiteten in Porzellanrohren von 70 cm Länge und 2,2 cm innerem Durchmesser bei einem Durchsatz von 4 l Ausgangsgas je Stunde. Die höchste Ausbeute an Äthylen trat bei 750° auf.

Die Theorien zur Erklärung des Äthanzerfalles gehen bis auf BERTHELOT[1] zurück. Nach ihm zerfällt Äthan entweder in Äthylen und Wasserstoff oder in Azetylen, Methan und Wasserstoff:

$$CH_3CH_3 \rightarrow CH_2{=}CH_2 + H_2$$
$$2\,CH_3CH_3 \rightarrow 2\,CH_4 + CH{\equiv}CH + H_2$$

Eine Anzahl von Forschern[2] nimmt die intermediäre Bildung von $CH\equiv$, $CH_2=$ oder CH_3- an, die sich in verschiedener Weise zu Azetylen, Äthylen, Methan usw. umsetzen.

Nach der „Freien Radikal"-Theorie von RICE und Mitarbeitern[3] ergeben sich für den Äthanzerfall folgende Reaktionen:

Primärreaktion:	CH_3CH_3	$\rightarrow$	$2\,CH_3—$
Sekundärreaktionen:	$CH_3— + CH_3CH_3$	$\rightarrow$	$CH_4 + CH_3CH_2—$
	$CH_3CH_2—$	$\rightarrow$	$CH_2{=}CH_2 + H$
Kettenreaktion:	$CH_3CH_3 + H$	$\rightarrow$	$CH_3CH_2— + H_2$
		$\rightarrow$	$CH_2{=}CH_2 + H_2 + H$

Das Interesse für die Umwandlung gasförmiger Paraffine in Olefine wuchs naturgemäß mit der technischen Entwicklung der Polymerbenzinerzeugung. Die bemerkenswerten Arbeiten über die Pyrolyse gasförmiger Paraffine wurden deshalb hauptsächlich in der Zeit um 1935, dem Einführungsjahr der Polymerbenzin-Herstellungsverfahren in die Technik, durchgeführt.

SULLIVAN, RUTHRUFF und KUENTZEL[4] unterwarfen Äthan und Propan (vgl. Abschnitt „Propan") der Pyrolyse bei Normaldruck in KA 2 S-Spiralrohren (18/8 Cr-Ni-Stahl) von 5,5 m Länge und 8 mm innerem Durchmesser. Die Verweilzeiten im Rohr wurden in Hinblick auf technische Belange wesentlich kürzer als in den Versuchen von HAGUE und WHEELER gewählt. Die Reaktionszeiten betrugen 0,5 bis 2,6 sec, die Raumgeschwindigkeiten 270 bis 1440. Die unter verschiedenen Reaktionsbedingungen mit Äthan erzielten Versuchsergebnisse sind in Zahlentafel 151 wiedergegeben.

Die aus den angegebenen Werten zu ziehenden Schlußfolgerungen lassen sich am besten aus den Diagrammen in den Abbildungen 123 bis 124 entnehmen.

---

[1] BERTHELOT: Liebigs Ann. **123**, 207 (1862) — Ann. Chim. Phys. **67**, 59 (1863) — Les Carbures d'Hydrogène **1**, 79 (1901); **2**, 15 (1901).

[2] BONE, W. A., u. H. F. COWARD: J. Chem. Soc. **93**, 1197 (1908). — WILLIAMS-GARDNER, A.: Fuel **4**, 430 (1925). — HAGUE, E. N., u. R. V. WHEELER: a. a. O.

[3] RICE, F. O.: J. amer. chem. Soc. **55**, 3035 (1933) u. a. — Siehe S. 244.

[4] SULLIVAN JR., F. W., R. F. RUTHRUFF u. W. E. KUENTZEL: Industr. Engng. Chem. **27**, 1072 (1935). — Vgl. auch M. W. TRAVERS u. J. A. HAWKES: Trans. Faraday Soc. **35**, 864 (1939).

Zahlentafel 151. Ergebnisse bei der Pyrolyse von Äthan nach SULLIVAN, RUTHRUFF und KUENTZEL.

Lauf. Nr.	Mittlere Reaktionstemperatur °F	Mittlere Reaktionstemperatur °C	Reaktionsdauer sec	Ausgangsgas l/min	Endgas l/min	Endgas Ungesätt. %	Endgas Molekulargewicht	Volumenzunahme %	Umwandlg. Vol.-%
55	1436	780	0,80	3,98	5,59	28,1	20,9	40,5	39,5
50	1440	782	0,85	3,83	5,60	29,6	21,0	46,2	43,3
58	1436	780	1,38	2,22	3,35	31,9	20,0	50,7	48,1
54	1430	777	1,47	2,12	3,11	31,5	19,8	46,8	46,2
53	1445	785	1,48	2,13	3,18	34,2	19,5	49,0	51,1
51	1436	780	1,69	1,82	2,88	32,6	19,0	58,0	51,5
56	1421	772	2,5	1,28	1,83	30,2	19,3	42,5	43,0
52	1445	785	2,6	1,14	1,94	28,2	17,5	70,0	47,8
57	1423	773	2,6	1,17	1,81	31,2	19,4	55,0	48,3
42	1494	812	0,50	6,06	9,60	33,2	20,0	58,0	52,6
40	1502	817	0,54	4,94	8,15	34,1	19,8	65,0	56,2
54	1494	812	0,65	4,55	7,06	33,6	19,5	55,0	52,1
43	1490	810	0,73	4,04	6,66	35,5	—	64,6	58,5
49	1496	813	0,76	3,78	6,44	34,9	18,8	70,5	59,5
39	1500	816	0,85	3,32	5,54	35,6	—	66,5	59,3
44	1496	813	1,42	1,94	3,51	37,5	17,5	80,5	67,7
45	1550	843	0,47	5,89	10,42	39,2	18,3	77,0	69,4
47	1552	844	0,65	4,00	7,60	39,0	16,8	90,0	74,1
46	1530	832	0,66	4,06	7,45	38,8	17,7	83,0	71,3
48	1571	855	1,27	1,99	3,89	32,2	15,4	96,0	63,1

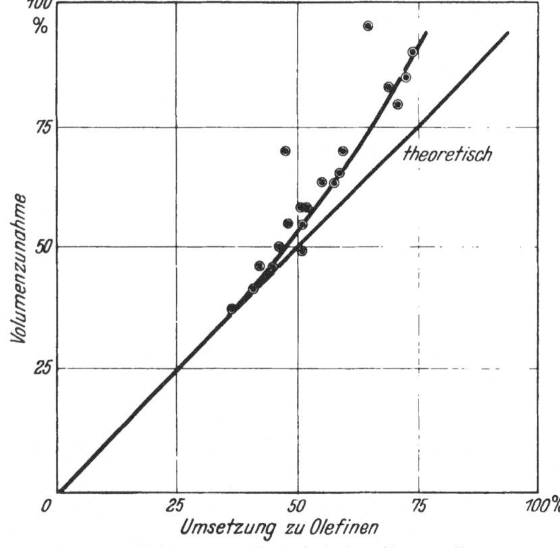

Abb. 123. Volumenzunahme bei der Umwandlung von Äthan in Äthylen in Abhängigkeit vom Umsetzungsgrad.

In Abb. 123 ist die stattgefundene Umwandlung von Äthan zu Äthylen in Vol.-% gegen die eingetretene Volumenzunahme in Prozent aufgetragen. Nimmt man an, daß Sekundärreaktionen bei den gewählten kurzen Reaktionszeiten nicht aufgetreten sind, so ist die Volumenzunahme (in Prozent) der Äthylenausbeute in Vol.-% gleichzusetzen. In diesem Falle müßte die Volumenzunahme der Umwandlung zu Äthylen direkt proportional sein. Abb. 123 zeigt, daß die Abweichungen der experimentell gemessenen Punkte von der theoretischen Linie verhältnismäßig klein sind, mit zunehmender Olefinausbeute aber anwachsen. Innerhalb der angewandten Reaktionstemperaturen (772 bis 855°) und -zeiten (0,5 bis 2,6 sec) fanden mit Ausnahme zweier Fälle Sekundärreaktionen nur in untergeordnetem Maße statt.

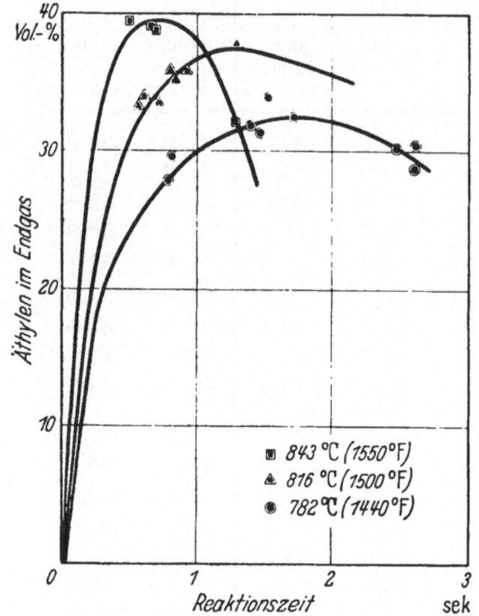

Abb. 124. Der Äthylengehalt des aus Äthan gewonnenen Endgases in Abhängigkeit von der Reaktionsdauer und der Reaktionstemperatur.

Abb. 124 zeigt die Abhängigkeit des Äthylengehaltes des Endgases von der Reaktionsdauer. Bei jeder Umsetzungstemperatur durchläuft der Äthylengehalt im Endgas ein Maximum, das um so größere Werte annimmt, je höher die Reaktionstemperatur liegt. Die günstigste Reaktionsdauer nimmt mit steigender Temperatur ab. Bei Erhöhung der Temperatur von 782 auf 843° fällt sie z. B. von etwa 1,8 auf 0,7 sec. Bei der Umwandlung von Äthan in Äthylen ist also die Reaktionsdauer der angewandten Reaktionstemperatur anzupassen.

Überschreitet man die optimale Verweilzeit, so treten Sekundärreaktionen auf, die die Olefinausbeute wieder herabsetzen. Ein Teil des primär gebildeten Äthylens zerfällt in Methan, Kohlenstoff und Wasserstoff, ein anderer Teil wird in aromatische Kohlenwasserstoffe überführt.

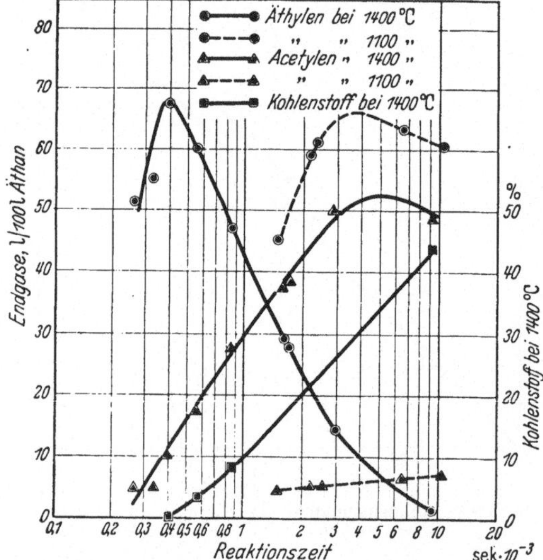

Abb. 125. Azetylen- und Äthylenausbeute bei der Äthanumsetzung in Abhängigkeit von der Verweilzeit (Reaktionstemperatur 1100° und 1400°).

Tropsch und Egloff[1] setzten Äthan bei sehr hohen Temperaturen (1100 und 1400° C) und 50 mm Hg-Druck unter Verwendung von Porzellanröhren in sehr kurzen Reaktionszeiten um. Die von ihnen erhaltenen Ergebnisse sind in Zahlentafel 152 zusammengestellt.

Sowohl bei 1100 als auch bei 1400° nimmt die Azetylenbildung im wesentlichen

[1] Tropsch, H., u. G. Egloff: Industr. Engng. Chem. 27, 1063 (1935).

Zahlentafel 152. Ergebnisse der Äthanpyrolyse bei hohen Temperaturen nach TROPSCH und EGLOFF.

a) Pyrolyse bei 1100° und 50 mm Hg-Druck.

Versuch Nr.	1	2	3	4	5
Reaktionsdauer, 10^{-3} sec .	1,53	2,22	2,48	5,85	10,5
Verhältnis Endgas zu Ausgangsgas (Vol.)	1,59	1,83	1,86	2,13	2,21
Endgasanalyse, %:					
Azetylen	3,4	2,2	2,2	4,0	4,8
Äthylen.	28,4	32,2	33,4	30,6	27,4
Propylen	4,2	4,2	2,2	2,4	2,8
Sauerstoff.	0,4	0,6	0,6	1,4	1,4
Kohlenoxyd	0,8	0,4	0,4	1,0	0,8
Kohlendioxyd	0,2	0,2	0,0	0,0	0,0
Endgase in Liter je 100 l Ausgangsäthan:					
Azetylen	5,4	4,0	4,1	8,5	10,6
Äthylen.	45,2	59,0	62,0	64,5	60,7
Propylen	6,7	7,7	4,1	5,1	6,2

b) Pyrolyse bei 1400° und 50 mm Hg-Druck.

Versuch Nr.	6	7	8	9	10	11	12	13	14
Reaktionsdauer, 10^{-3} sec .	0,28	0,33	0,41	0,56	0,88	1,61	1,64	3,04	9,50
Verhältnis Endgas zu Ausgangsgas (Vol.)	1,72	1,73	2,05	2,14	2,27	2,61	2,70	2,86	3,10
Endgasanalyse, Vol.-%:									
Azetylen	3,2	3,0	4,8	7,8	12,0	13,8	13,6	17,8	15,4
Äthylen.	30,2	31,6	32,8	28,2	20,6	11,2	10,6	5,0	0,4
Propylen	2,2	2,8	1,4	1,0	0,6	0,0	0,0	0,0	0,0
Höhere Paraffine . .	25,8	—	13,4	13,2	12,2	—	—	—	4,9
Wasserstoff	34,6	—	41,2	46,8	5,2	—	—	—	70,7
Sauerstoff.	0,6	0,4	0,4	0,6	0,4	0,8	0,4	0,6	1,4
Kohlenoxyd	0,6	0,2	0,6	0,6	0,6	0,8	1,0	0,0	0,6
Stickstoff	2,8	—	5,4	1,4	2,0	—	—	—	6,6
Endgase in Liter je 100 l Ausgangsäthan:									
Azetylen	5,5	5,2	9,8	16,7	27,3	36,0	36,7	50,9	47,8
Äthylen.	52,0	54,6	67,3	60,6	46,8	29,3	28,6	14,3	1,2
Propylen	3,8	4,8	2,9	2,1	1,4	0,0	0,0	0,0	0,0
Koks in Gew.-% des eingesetzten Äthankohlenstoffs	0,0	—	0,3	4,7	8,0	—	—	—	44,0

mit steigender Reaktionsdauer zu (vgl. Abb. 125). Bei 1400° wurde nach dem Überschreiten einer Reaktionsdauer von $5 \cdot 10^{-3}$ sec ein schwacher Abfall der Azetylenausbeute gemessen. Die Äthylenbildung durchschreitet innerhalb des untersuchten Temperaturbereiches bei einer Verweilzeit von 0,004 bis 0,005 sec ein etwa gleichbleibend großes

Maximum von 67 Vol.-%. Allerdings ist der Umwandlungsverlauf bei 1400° bedeutend stärker von der Verweilzeit abhängig als bei 1100°. Zudem tritt bei 1400° bereits eine erhebliche Koksbildung ein, die mit zunehmender Reaktionsdauer ungefähr linear ansteigt (Abb. 125).

Führt man die Pyrolyse ohne Verwendung von Katalysatoren durch, so wird die eigentlich erwünschte Dehydrierung, z. B. im Falle des Äthans zu Äthylen, nur in kleinem Ausmaße hervorgerufen. Die vorherrschende Reaktion ist, besonders bei den höheren Kohlenwasserstoffen, die Spaltung der C—C-Bindung. Eine Verbesserung der Erträge an Dehydrierungserzeugnissen über die vorstehend angegebenen Werte hinaus lassen sich nur durch Anwendung von Dehydrierungskatalysatoren erreichen (vgl. S. 448).

Die Dehydrierung der Paraffine erfolgt, wie bereits erwähnt, in einer Gleichgewichtsreaktion. Es ist deshalb möglich, die maximale Umsetzung der Paraffine zu Olefinen bei einmaligem Durchsatz aus den Gleichgewichtskonstanten zu berechnen. Für Äthan errechnen sich aus der in Abb. 122 wiedergegebenen Temperaturabhängigkeit der Gleichgewichtskonstanten die nebenstehenden Umsetzungsgrade bei Gleichgewichtseinstellung.

Zahlentafel 153. Maximale Äthylengewinnung aus Äthan bei Gleichgewichtseinstellung nach FREY und HUPPKE[1].

Temperatur °C	Äthylen im Gleichgewicht Vol.-%
400	1,0
450	2,8
500	5,8
550	9,4
600	17,6
650	28,2
700	40,6

Da bei Verwendung geeigneter Katalysatoren Nebenreaktionen nicht stattfinden, kann man durch Rückführung des nichtumgesetzten Äthans schließlich fast das gesamte Äthan in Äthylen und Wasserstoff umwandeln. Bei einer Temperatur von 607° erhält EGLOFF[2] auf diese Weise unter Verwendung von Chrom-Aluminiumoxyd-Kontakten über 95 Gew.-% Äthylen aus einer gegebenen Menge Äthan.

Propan.

Mit steigendem Molekulargewicht fällt die Thermostabilität der paraffinischen Kohlenwasserstoffe in Übereinstimmung mit thermodynamischen Forderungen (s. Abb. 66) ab. Die Höchstausbeuten an ungesättigten Kohlenwasserstoffen werden deshalb unter sonst gleichen Bedingungen bei um so niedrigeren Temperaturen gewonnen, je höher das Molekulargewicht des Ausgangsgases ist.

Unter den schon angegebenen Bedingungen wurden von HAGUE

[1] FREY, F. E., u. W. F. HUPPKE: Industr. Engng. Chem. **25**, 54 (1933).
[2] EGLOFF, G.: The Mines Magazine **29**, 277 (1939).

und WHEELER[1] neben flüssigen Anteilen die folgenden Ausbeuten an gasförmigen Ungesättigten erhalten:

Zahlentafel 154.
Erzeugnisse beim Propanzerfall nach HAGUE und WHEELER[1].
Durchsatz 4 l/h; Porzellanrohr 70 cm Länge; 2,5 cm innerer Durchmesser.

Temp. °C	Ausbeute an flüss. Kohlenwasserstoffen Gew.-%	Koks Gew.-%	Zusammensetzung des Endgases, Vol.-%				
			Höhere Olefine	Azetylen	Äthylen	Wasserstoff	Methan
700	1,01	—	14,2	3,4	19,7	11,8	14,1
750	6,87	—	13,3	7,1	20,5	13,3	26,8
800	16,98	—	3,4	2,9	19,7	20,8	38,8
850	23,09	0,89	2,3	2,5	14,5	26,6	46,2
900	20,10	4,98	1,4	1,8	9,8	33,4	45,8
950	10,35	11,32	0,5	1,1	6,1	44,0	41,5
1000	5,54	18,32	0,5	1,1	5,8	51,3	36,1

Während die günstigste Temperatur bei den angewandten langen Reaktionszeiten für die Herstellung von flüssigen Kohlenwasserstoffen bei annähernd 850° liegt, erhält man die höchste Ausbeute an gasförmigen Ungesättigten bereits bei ungefähr 750°, und zwar wurden maximal 7,1 Vol.-% Azetylen, 20,5 Vol.-% Äthylen und 13,3 Vol.-% höhere Olefine gewonnen. Bei optimaler Erzeugung flüssiger Kohlenwasserstoffe enthält demnach das Endgas nur verhältnismäßig geringe Mengen von ungesättigten Kohlenwasserstoffgasen.

Auf Grund ihrer Untersuchungsergebnisse nehmen HAGUE und WHEELER folgenden Reaktionsmechanismus an:

$$\text{Primärreaktionen}\begin{cases} CH_3CH_2CH_3 \rightarrow CH_2{=}CH_2 + CH_4 \\ CH_3CH_2CH_3 \rightarrow CH_3{-}CH{=}CH_2 + H_2 \end{cases}$$

Die Bildung von Aromaten führt in früher beschriebener Weise (S. 252) über das oberhalb 700° aus Äthylen entstehende Butadien. Das im Reaktionsprodukt auftretende Naphthalin entsteht durch Umsetzung von Butadien mit Benzol unter Austritt von Wasserstoff. In gleicher Weise setzen sich Naphthalin und Butadien zu Anthrazen um, usw.:

```
      H
      C
   //   \
 HC       CH
  |       ||     +  CH2=CH—CH=CH2  →
 HC       CH
   \\   /
      C
      H

           H     H
           C     C
        //   \ /   \\
      HC      C      CH
       |      ||     |      + H2
      HC      C      CH
        \\   / \   //
           C     C
           H     H
```

[1] HAGUE, E. N., u. R. V. WHEELER: Fuel 8, 560 (1929).

Schneider und Frolich[1] führten interessante Versuche zur Erkennung der Primärzerfallsprodukte von Propan und anderen Kohlenwasserstoffen durch. Sie untersuchten die bei verschiedenen Zerfallsgraden entstandenen Endgase. Der Gehalt der Endgase an den einzelnen Kohlenwasserstoffen wurde in Abhängigkeit vom Zerfallsgrad aufgetragen und auf den Zerfallsgrad Null extrapoliert. Wie Abb. 126 zeigt, wurden bei 650° primär nahezu 40% Propan in Äthylen und Methan und ungefähr 50% Propan in Propylen und Wasserstoff umgewandelt. Außer diesen Kohlenwasserstoffen erscheinen Äthan und Butan als Primärerzeugnisse:

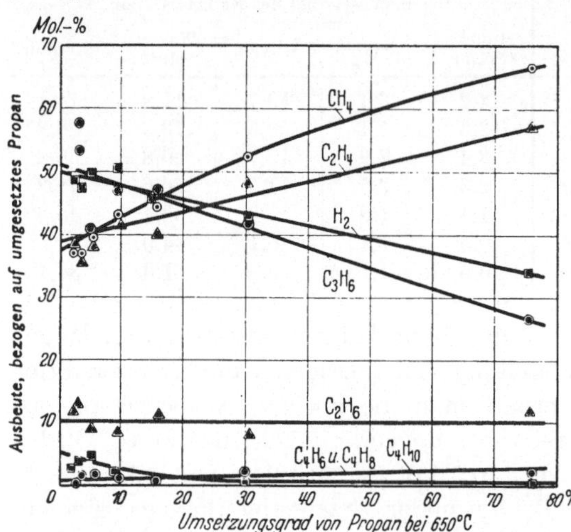

Abb. 126. Ausbeute an Enderzeugnissen beim Propanzerfall (650°) in Abhängigkeit vom Umsetzungsgrad.

$$2\,C_3H_8 \rightarrow C_4H_{10} + C_2H_6$$

Butadien tritt nur als Sekundärprodukt auf (vgl. S. 249). Bei einer Reaktionstemperatur von 750° wurden neben Butadien auch andere höhere Kohlenwasserstoffe als Sekundärprodukte gefunden.

Rice[2] nimmt nach seiner Radikaltheorie den folgenden Reaktionsablauf an:

Primärreaktion: $CH_3CH_2CH_3 \rightarrow CH_3CH_2— + CH_3—$

Sekundärreaktionen: $CH_3CH_2— \rightarrow CH_2{=}CH_2 + H$

$$CH_3CH_2— + CH_3CH_2CH_3 \rightarrow C_2H_6 + CH_3CH_2CH_2—$$
$$\rightarrow C_2H_6 + CH_2{=}CH_2 + CH_3—$$

$$CH_3CH_2— + CH_3CH_2CH_3 \rightarrow C_2H_6 + CH_3\overset{|}{C}HCH_3$$
$$\rightarrow C_2H_6 + CH_3CH{=}CH_2 + H$$

Der sich anschließende Kettenmechanismus, der von H- und CH_3-Radikalen (R) ausgeht, verläuft dann wie folgt:

$$CH_3CH_2CH_3 + R \rightarrow RH + CH_3CH_2CH_2—$$
$$\rightarrow RH + CH_2{=}CH_2 + CH_3—$$

$$CH_3CH_2CH_3 + R \rightarrow RH + CH_3\overset{|}{C}HCH_3$$
$$\rightarrow RH + CH_3CH{=}CH_2 + H$$

[1] Schneider, V., u. P. K. Frolich: Industr. Engng. Chem. **23**, 1405 (1931).

[2] Rice, F. O.: J. amer. chem. Soc. **53**, 1958 (1931); **55**, 3035 (1933). — Rice, F. O., W. R. Johnson u. B. L. Evening: J. amer. chem. Soc. **54**, 3529 (1932).

Mit den von PEASE und DURGAN[1] experimentell erzielten Meßergebnissen steht die RICEsche Theorie in guter Übereinstimmung.

Andere Forscher[2] benutzen die NEFsche Dissoziationstheorie[3] als Grundlage des Paraffinkohlenwasserstoffzerfalles. NEF geht von der Annahme aus, daß organisch-chemische Verbindungen in zwei verschiedenen Zuständen, dem inaktiven und dem aktiven Zustand, existieren. Beide Zustände stehen miteinander in Gleichgewicht, z. B. ergibt sich bei Propan:

$$\underset{\text{inaktiv}}{CH_3-CH_2-CH_3} \rightleftharpoons \underset{\text{aktiv}}{CH_3-\underset{|}{C}H-\underset{|}{C}H_2} \quad (\text{H an den beiden letzten C})$$

Mit steigender Temperatur verschiebt sich das Gleichgewicht zur Seite der aktiven Moleküle, die in verschiedener Weise entweder für sich oder zu zweien kombiniert aufgespalten oder dehydriert werden.

Außer von HAGUE und WHEELER wurden umfangreiche Untersuchungen über den Propanzerfall zwecks Gewinnung ungesättigter Kohlenwasserstoffe u. a. von FROLICH und WIEZEVICH, EBREY und ENGELDER, von SULLIVAN, RUTHRUFF und KUENTZEL sowie von TROPSCH und EGLOFF angestellt.

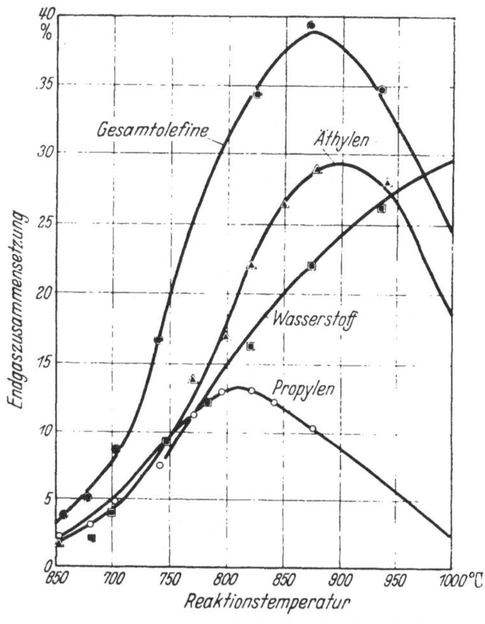

Abb. 127. Temperaturabhängigkeit der Endgaszusammensetzung beim Propanzerfall.

FROLICH und WIEZEVICH[4] arbeiteten in Quarzrohren von 6,4 mm innerem Durchmesser und 60,8 cm Länge mit einer Durchlaufgeschwindigkeit von 150 l/h entsprechend einer Kontaktzeit von 0,4 sec. Die Höchstkonzentration von Propylen (13,2 Vol.-%) im Endgas trat bei einer niedrigeren Reaktionstemperatur (810°) als der Höchstgehalt an Äthylen (29,4 Vol.-% bei 890°) auf (s. Abb. 127). Das Maximum der Olefinausbeute (Äthylen + Propylen) liegt bei etwa 870°. Bis ungefähr 750° steigen die Konzentrationen von Äthylen und Propylen im

[1] PEASE, R. N., u. E. S. DURGAN: J. amer. chem. Soc. **50**, 2715 (1929).
[2] LANG, J. W., u. J. J. MORGAN: Industr. Engng. Chem. **27**, 937 (1935).
[3] NEF, J. V.: J. amer. chem. Soc. **30**, 645 (1908).
[4] FROLICH, P. K., u. P. J. WIEZEVICH: Industr. Engng. Chem. **27**, 1055 (1935).

Endgas nahezu gleichmäßig an. Von dieser Temperatur ab beginnt das Propylen bereits Sekundärreaktionen einzugehen, so daß die Ausbeute bei wesentlich niedrigerer Temperatur ein Maximum durchläuft als diejenige an Äthylen.

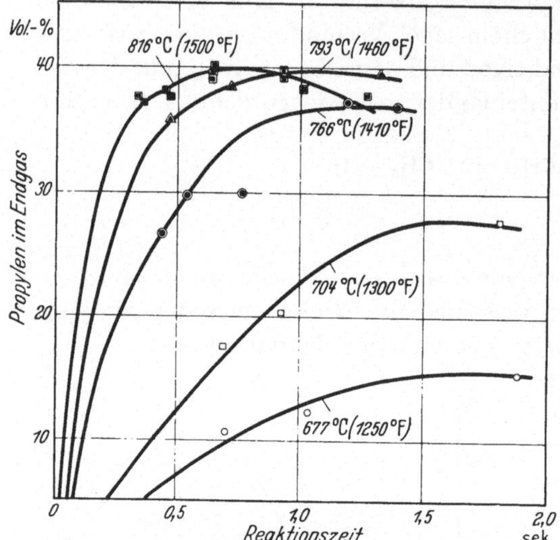

Abb. 128. Propylenausbeute aus Propan in Abhängigkeit von der Verweilzeit und der Temperatur.

Bei vollständiger Aufspaltung des Propans ergab sich über einen weiten Temperaturbereich ein Gehalt von Äthylen + Propylen im Endgas von rund 40 Vol.-%. Da das Volumen beim Zerfallsvorgang ungefähr verdoppelt wird, so ist die Ausbeute an Olefinen auf 80 Vol.-% (56 Gew.-%), bezogen auf das Ausgangspropan, anzusetzen.

Bei etwas geringeren Durchsatzgeschwindigkeiten (98 l/l Reaktionsraum und Stunde) erhielten EBREY und ENGELDER[1] nur 33,7 Vol.-% Äthylen + Propylen bei einer optimalen Temperatur von 760°. Dieses Ergebnis steht demnach zwischen denen von HAGUE und WHEELER und von FROLICH und WIEZEVICH, die mit geringeren bzw. höheren Durchsatzgeschwindigkeiten arbeiteten.

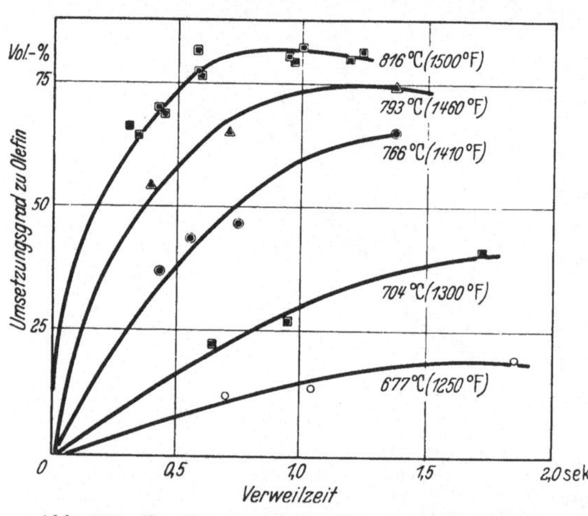

Abb. 129. Umsetzungsgrad des Propans in Abhängigkeit von der Verweilzeit und der Reaktionstemperatur.

Von SULLIVAN, RUTHRUFF und KUENTZEL[2] wurden Zerfallsversuche mit Propan sowohl in Abhängigkeit von der Temperatur als auch von der Reaktionsdauer durchgeführt. Ihre Ergebnisse sind aus der folgenden Zahlentafel und aus den Abb. 128, 129 und 130 ersichtlich (Versuchsdurchführung s. unter „Äthan"):

[1] EBREY, G. O., u. C. J. ENGELDER: Endustr. Engng. Chem. **23**, 1033 (1931).
[2] SULLIVAN, F. W., R. F. RUTHRUFF u. W. E. KUENTZEL: Industr. Engng. Chem. **27**, 1072 (1935).

Zahlentafel 155. Ergebnisse bei der Pyrolyse von Propan nach SULLIVAN, RUTHRUFF und KUENTZEL.

Lauf. Nr.	Mittlere Reaktionstemperatur		Reaktionsdauer	Ausgangsgas	Endgas			Ungesättigte, Molekulargewicht	Volumenzunahme	Umwandlung	
	° F	° C	sec	l/min	l/min	Ungesättigte %	Molekulargewicht		%	Vol.-%	Gew.-%
3	1260	682	0,71	5,96	6,82	11,0	35,7	34,6	14,5	12,6	9,9
2	1246	674	1,03	3,98	4,61	11,7	35,8	—	14,8	13,6	—
1	1247	675	1,90	2,01	2,46	15,0	34,0	—	22,2	18,3	12,7
4	1310	710	0,67	5,72	7,36	17,4	—	31,6	28,6	22,4	16,1
5	1305	707	0,94	4,02	5,16	20,4	—	31,6	28,5	26,2	18,8
6	1313	712	1,78	1,96	2,81	24,4	—	32,1	43,4	39,3	28,7
7	1407	764	0,42	8,30	11,40	27,1	30,0	32,8	37,5	37,2	27,7
8	1412	767	0,53	6,30	9,18	29,7	28,5	32,2	45,6	43,3	31,7
9	1410	766	0,53	6,34	9,14	29,9	28,5	32,2	44,6	43,3	—
10	1403	762	0,77	4,20	6,40	30,1	27,0	33,5	53,5	46,2	35,2
11	1412	767	1,39	2,13	3,72	37,0	23,8	31,6	74,5	64,6	—
12	1466	797	0,46	6,59	10,62	36,0	25,0	30,3	61,1	58,0	40,0
13	1465	796	0,71	4,13	7,06	38,5	24,3	32,4	71,0	65,8	48,5
14	1460	793	1,25	2,17	4,13	39,6	22,5	31,5	90,2	75,2	53,4
15	1498	814	0,35	8,28	14,48	37,6	25,5	32,3	75,0	65,8	48,3
16	1494	812	0,43	6,36	11,71	38,4	24,8	34,1	84,3	70,8	54,8
17	1495	813	0,62	4,24	8,29	39,5	22,6	30,2	95,4	77,1	53,0
18	1497	814	1,21	2,07	4,31	38,2	20,4	30,4	108,0	79,5	55,0
19	1491	811	0,95	2,73	5,47	39,6	21,6	29,8	100,2	79,3	—
32	1503	817	0,34	8,16	14,70	38,0	25,0	—	80,0	68,4	—
33	1497	813	0,62	4,23	8,26	39,2	22,2	—	95,2	76,4	—
34	1505	818	0,94	2,71	5,54	39,4	20,6	—	104,0	80,1	—
35	1505	818	1,14	2,17	4,56	37,6	19,8	—	110,0	79,0	—
36	1486	808	0,45	6,19	11,33	37,9	ca. 25	—	83,0	69,4	—
37	1499	815	0,62	4,13	8,30	40,2	23,0	—	101,0	80,8	—
38	1508	820	1,01	2,43	5,18	38,5	ca. 22	—	113,0	82,1	—

Die für den Propanzerfall erzielten Ergebnisse sind den für die Äthanpyrolyse gefundenen außerordentlich ähnlich. Mit steigender Verweilzeit wird ein Maximum der Ungesättigtenausbeute durchschritten, das sich mit zunehmender Reaktionstemperatur nach immer kürzeren Umsetzungszeiten hin verschiebt (s. Abb. 128 und 129). Erhöht man die Reaktionstemperatur von niedrigen Werten an, so wird zunächst eine starke Zunahme der Maximalausbeute an Ungesättigten erreicht, mit weitersteigender Temperatur wird die Ausbeuteerhöhung geringer (s. Abb. 129). Wie bei der Äthanumwandlung zu Äthylen sind die Höchstausbeuten an Olefinen bei hohen Temperaturen und kurzen Reaktionszeiten zu erwarten.

Der Reaktionsverlauf ist ebenfalls (s. Äthanzerfall) von der Temperatur, dem Umsetzungsgrad und der Verweilzeit weitgehend unabhängig;

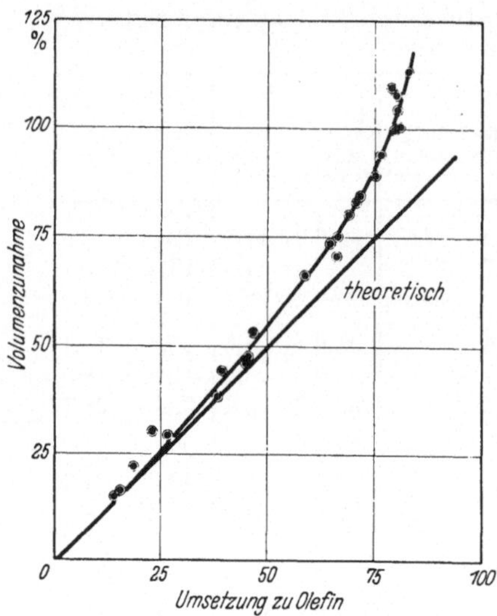

Abb. 130. Volumenzunahme bei der Pyrolyse von Propan in Abhängigkeit vom Umsetzungsgrad.

denn die Volumenerhöhung, die unter den verschiedensten Versuchsbedingungen erhalten wurde, entspricht bei geringen Umsetzungsgraden der theoretisch errechneten, d. h. Sekundärreaktionen verlaufen nicht. Bei hohen Umsetzungsgraden treten zwar Abweichungen auf, d. h. es finden Sekundärreaktionen statt; aber diese Abweichungen sind nur vom Umsetzungsgrad, nicht von den Versuchsbedingungen abhängig (s. Abb. 130).

TROPSCH und EGLOFF[1] unterwarfen Propan unter denselben Bedingungen (1100 und 1400°, 50 mm Hg-Druck, Verweilzeiten ∾10^{-1} bis 10^{-3} sec) wie Äthan (s. Äthanzerfall) der Pyrolyse.

Zahlentafel 156. Ergebnisse der Propanpyrolyse bei hohen Temperaturen nach TROPSCH und EGLOFF.

a) Pyrolyse bei 1100° und 50 mm Hg-Druck.

Versuch Nr.	15	16	17	18	19	20	21	22
Reaktionsdauer, 10^{-3} sec	0,88	1,01	1,25	2,10	3,20	5,13	11,5	56,4
Verhältnis Endgas zu Ausgangsgas (Vol.)	1,17	1,26	1,49	1,96	2,09	2,28	2,39	2,86
Endgasanalyse (Vol.-%):								
Azetylen	0,0	0,0	1,3	1,8	4,1	6,9	7,2	8,1
Äthylen	8,1	12,1	18,7	26,7	29,5	29,2	28,4	17,8
Propylen	5,2	5,8	7,7	7,6	6,2	3,8	2,4	0,0
Paraffine	74,7	67,8	51,9	31,3	30,2	29,3	27,4	24,8
Wasserstoff	7,8	11,2	17,4	23,6	25,8	28,0	31,2	40,6
Sauerstoff	0,3	0,0	0,6	0,6	0,4	0,6	0,4	0,9
Kohlenoxyd	0,0	0,3	0,2	1,1	0,4	0,4	0,2	1,2
Kohlendioxyd	0,0	0,0	0,0	0,0	0,0	0,3	1,0	0,4
Stickstoff	3,9	2,8	2,2	7,3	3,4	1,5	1,8	6,2
Mittlere C-Atomanzahl der Paraffine	3,03	2,85	2,47	2,01	1,71	1,44	1,22	1,05
Endgase in Liter je 100 l Ausgangspropan:								
Azetylen	0,0	0,0	1,9	3,5	8,6	15,8	17,2	23,2
Äthylen	9,5	15,2	27,9	52,3	61,8	66,6	68,0	51,0
Propylen	6,1	7,3	11,5	14,9	13,0	8,7	9,1	0,0
Koks in Gew.-% des eingesetzten Propankohlenstoffs	0,0	0,0	1,8	2,0	3,0	5,0	7,7	21,5

[1] TROPSCH, H. u. G. EGLOFF: Industr. Engng. Chem. 27, 1063 (1935).

b) Pyrolyse bei 1400° und 50 mm Hg-Druck.

Versuch Nr.	23	24	25	26	27	28	29	30
Reaktionsdauer, 10^{-3} sec	0,39	0,55	0,85	1,29	1,83	2,67	3,40	5,23
Verhältnis Endgas zu Ausgangsgas (Vol.)	2,27	2,59	2,84	3,09	3,30	3,39	3,46	3,67
Endgasanalyse (Vol.-%):								
Azetylen	7,0	9,4	12,6	16,4	17,4	18,4	20,2	20,6
Äthylen	28,2	27,0	20,2	13,4	10,4	6,8	3,2	1,8
Propylen	6,4	2,4	1,2	0,0	0,0	0,0	0,0	0,0
Paraffine	27,8	24,6	22,4	—	—	—	15,8	11,8
Wasserstoff	27,0	32,6	39,4	—	—	—	57,4	61,2
Sauerstoff	0,6	0,4	0,6	0,4	0,4	0,2	0,6	0,0
Kohlenoxyd	0,6	0,8	0,8	0,4	0,4	0,4	0,8	1,6
Stickstoff	2,4	1,8	2,8	—	—	—	2,0	2,1
Mittlere C-Atomanzahl der Paraffine	1,4	1,1	1,0	—	—	—	1,0	1,0
Endgase in l/100 Ausgangspropan:								
Azetylen	15,9	24,4	35,8	50,8	57,5	62,4	70,0	75,7
Äthylen	64,0	70,0	57,5	41,5	34,4	23,1	11,1	5,6
Propylen	14,5	6,2	3,4	0,0	0,0	0,0	0,0	0,0
Koks in Gew.-% des eingesetzten Propankohlenstoffs	2,3	7,1	11,9	—	—	—	26,4	28,1

Bei den angewandten hohen Temperaturen ist die günstigste Reaktionsdauer für die Gewinnung der Primärzerfallsprodukte Äthylen und Propylen naturgemäß sehr kurz. Sie beträgt für die Erzeugung von Äthylen bei 1100° 0,008 sec (s. Abb. 131), ist also doppelt so groß wie für die Äthylengewinnung aus Äthan (s. Äthanzerfall). Der Grund hierfür ist voraussichtlich auf den verschiedenen Reaktionsverlauf im Falle des Äthans (Dehydrierung) und des Propans (Demethanisierung) zurückzuführen. Bei 1400° lag das Maximum der Äthylenbildung jedoch ebenso wie für den Äthanzerfall bei etwa 4 bis $5 \cdot 10^{-4}$ sec Verweilzeit (Abb. 132). Die Ausbeute an Äthylen aus Äthan und Propan war unabhängig von der Reaktionstemperatur bei günstigster Verweilzeit etwa gleich (~ 70 l/100 l Äthan bzw. Propan).

Die günstigste Reaktionsdauer für die Bildung von *Propylen* ist noch kürzer als die für Äthylen. Bei 1100° sind als günstigste Reaktionsdauer 0,002 sec anzusetzen (Ausbeute: 15 l/100 l Propan). Bei 1400° liegt das Maximum noch unterhalb der angewandten kürzesten Verweilzeit von 0,00039 sec (gemessene Höchstausbeute: 14,5 l/100 l Propan). Unter den von FROLICH und WIEZEVICH (s. S. 431) gewählten Versuchsbedingungen wurden also höhere Propylenausbeuten (~ 26,4 l/100 l Propan) gewonnen. Bei den hohen Temperaturen von 1100 bis 1400° ist das Propylen bereits so instabil, daß selbst in sehr kurzen Reaktionszeiten Sekundärreaktionen nicht völlig vermieden werden können.

Der Ertrag an *Azetylen* wächst in gleicher Weise wie beim Äthanzerfall mit zunehmender Reaktionsdauer (Abb. 131 und 132). In diesen Ergebnissen kommt die mit der Temperatur steigende Stabilität des Azetylens zum Ausdruck. Allerdings ist der mit der Temperatur zunehmende Koksanfall zu beachten, der bei 1400° und 0,005 sec Verweilzeit fast 30%, bezogen auf den Kohlenstoffgehalt des Propans, beträgt.

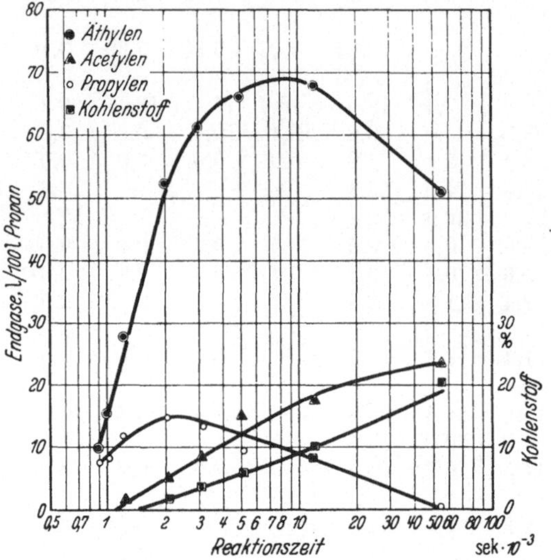

Abb. 131. Erzeugnisse bei der Propan-Pyrolyse (1100°).

Von technischem Interesse sind auch die Versuchsergebnisse von CAMBRON und BAYLEY[1], die durch Anbringung von Querwänden Turbulenzströmung im Reaktionsrohr erzeugten und dadurch erheblich höhere Erträge an Ungesättigten als bei geradlinigem Durchfluß der Reaktionsgase erzielen konnten.

Durch Anwendung von Turbulenzströmung wird der Ablauf der Sekundärreaktionen offensichtlich zum Teil unterbunden. Die dadurch erreichte Erhöhung der Olefinausbeute beträgt nach Zahlentafel 157 im Mittel etwa 20 Vol.-%. Bei geringeren Raumgeschwindigkeiten scheint die Ausbeuteerhöhung hauptsächlich dem Äthylen zugute zu kommen.

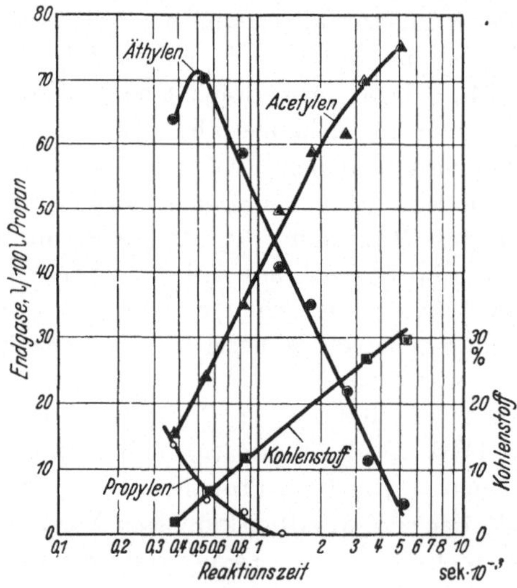

Abb. 132. Erzeugnisse bei der Propan-Pyrolyse (1400°).

In jüngeren Versuchen von BIELENBERG und SCHMIEDEN[2] in Sichromalrohren wurden die höchsten Ausbeuten an ungesät-

[1] CAMBRON, A., u. C. H. BAYLEY: Can. J. Res. **9**, 175, 583 (1933) — E. P. 425606 (1935).

[2] BIELENBERG, W., u. W. SCHMIEDEN: Angew. Chem. **50**, 56 (1937). — SCHMIEDEN, W.: Öl u. Kohle **12**, 930 (1936).

Zahlentafel 157. Höchstausbeuten an Olefinen bei der Propanpyrolyse bei geradliniger und bei Turbulenzströmung nach CAMBRON und BAYLEY.

Versuch Nr.	15	18	36	84	81	97
Durchflußart	a	b	b	a	b	b
Reaktionsrohr aus	Quarz	Quarz	Quarz	KA 2 S	KA 2 S	Cr-Stahl
Reaktionstemp., ° C.	1050	950	1087	977	949	860
Raumgeschwindigkeit[1]	3560	3560	4100	1236	1250	1295
Volumenzunahme, %	78,3	99,6	76,4	66,9	81,2	84,0
Olefinausbeute:						
Vol.-%	47,4	78,0	65,8	54,0	70,0	72,8
Gew.-%	31,7	54,7	50,0	38,8	50,2	50,2
Olefingehalt im Endgas, Vol.-%:						
Äthylen	21,8	30,4	—	22,5	28,0	28,3
Propylen	4,8	8,8	—	9,8	9,6	11,4

a = geradliniger Durchfluß, b = Turbulenzströmung.

tigten Kohlenwasserstoffen (75%) bei Reaktionstemperaturen von 730 bis 790° erhalten. Bei Verweilzeiten von 2 sec entstand die größte Ausbeute an Propylen und höheren Olefinen (25%) bei 760°.

TROPSCH, THOMAS und EGLOFF[2] untersuchten den Propanzerfall bei erhöhtem Druck (50,9 kg/cm²).

Zahlentafel 158. Propanpyrolyse unter erhöhtem Druck nach TROPSCH, THOMAS und EGLOFF.

Versuch Nr.	A	B	C	D
Temperatur, ° C	555	555	585	585
Reaktionsdauer, sec.	95	144	52,5	86,8
Umgesetztes Propan, %	13,0	17,6	21,6	39,9
Flüssiges Erzeugnis:				
l/m³ Ausgangspropan	0,113	0,54	0,67	1,21
Gasförmige Erzeugnisse in Vol.-% des umgesetzten Propans:				
Wasserstoff	6,1	4,9	9,8	6,6
Methan	48,4	50,5	83,5	57,9
Äthan	36,3	20,5	20,5	30,8
Äthylen	25,2	32,3	27,8	16,3
Propylen	32,4	28,8	35,6	23,5
Mittl. Molekulargewicht der Olefine	35,9	34,6	35,9	36,4
Olefinausbeute, bezogen auf umgesetztes Propan:				
Vol.-%	57,6	61,1	63,4	39,8
Gew.-%	47,0	48,1	51,8	33,2
Olefinausbeute, bezogen auf Ausgangspropan:				
Vol.-%	7,5	10,8	13,7	15,9
Gew.-%	6,1	8,5	11,2	13,2

[1] l Ausgangsgas/h und l Reaktionsraum.

[2] TROPSCH, H., C. L. THOMAS u. G. EGLOFF: Industr. Engng. Chem. 28, 324 (1936).

Durch Anwendung erhöhten Druckes werden Sekundärreaktionen begünstigt. Man erhält neben gasförmigen auch flüssige Erzeugnisse. Der Gehalt der Endgase an Paraffinkohlenwasserstoffen ist verhältnismäßig hoch. Der Umsetzungsgrad ist unter den verwendeten Versuchsbedingungen ziemlich gering.

Ebenso wie beim Äthan ist die rein thermische Dehydrierung beim Propan von zahlreichen Nebenreaktionen begleitet, durch die die Ausbeute an Propylen vermindert wird. Bei Einsatz geeigneter Katalysatoren (s. S. 447), die eine Umsetzung bei wesentlich niedrigeren Temperaturen gestatten, läßt sich jedoch nahezu die theoretische Ausbeute an Propylen durch Rückführung des nicht dehydrierten Propans erreichen. Dabei liegen die für die Dehydrierung anzusetzenden Temperaturen bedeutend niedriger als die bei der Äthandehydrierung benötigten, wie die nebenstehend angegebenen Propylengehalte des Endgases nach Gleichgewichtseinstellung erkennen lassen.

Zahlentafel 159.
Maximale Propylengewinnung durch Dehydrierung von Propan bis zur Gleichgewichtseinstellung[1].

Temperatur °C	Propylen im Gleichgewicht Vol.-%
350	1,9
400	4,7
450	8,7
500	16,3
550	28,2
600	43,9

Durch Rückführung des nicht umgesetzten Propans in den Arbeitsgang werden bereits heute technisch über 95 Gew.-% Propylen aus Propan gewonnen. Als Katalysatoren verwendet man Chrom-Aluminium-Oxyd bei einer Reaktionstemperatur von etwa 550° (vgl. S. 428).

n-Butan und i-Butan.

Die Aufspaltung der Butane ohne Einsatz von Katalysatoren führt zur Bildung von Paraffinen, Olefinen, Aromaten, Azetylen, Kohlenstoff und Wasserstoff. Die Mengenverhältnisse der Erzeugnisse sind wesentlich von den Spaltbedingungen abhängig (vgl. auch G. R. Schultze und K. L. Müller, S. 248).

Hague und Wheeler fanden bei ihren grundlegenden Arbeiten über die Pyrolyse der Kohlenwasserstoffgase ein Maximum an höheren gasförmigen Olefinen (24,6 Vol.-%) aus n-Butan bei 650°. Die Höchstmenge an Äthylen im Endgas (23,6 Vol.-%) wurde bei 750° gemessen. Bei diesen Versuchen wurde bei einem Durchsatz von nur 4 l je Stunde gearbeitet (s. S. 368).

Den Einfluß der Verweilzeit, der Temperatur und der Gegenwart von Wasserstoff und Stickstoff auf die n-Butan-Spaltung in einem Pyrex-Rohr untersuchte Pease[2]:

[1] Zit. S. 422, Anm. 5.
[2] Pease, R. N.: J. amer. chem. Soc. **50**, 1779 (1928).

Zahlentafel 160.
n-Butan-Spaltung bei Normaldruck; Einfluß der Verweilzeit, der Temperatur und der Gegenwart von Wasserstoff und Stickstoff.

Versuch	Verweilzeit	Temperatur	Durchsatzvolumen cm³/10 min		Vol.-Zunahme
	sec	°C	Butan	Reaktionsgas	%
1	7[1]	650	248	310	25,0
2	7[2]	650	248	309	24,6
3	8	650	226	295	30,6
4	10	650	248	329	32,7
5	21	650	242	348	43,8
6	24	625	242	308	27,3

Zahlentafel 160 (Fortsetzung).

Versuch	Zusammensetzung des Enderzeugnisses, Vol.-%				Verlust	Proz. Butan umgesetzt zu	
	Butan	Olefine	Methan	Wasserstoff	%	Methan	Wasserstoff
1	51,9	22,9	19,7	5,4[3]	3	25	7
2	52,4	23,3	20,4	3,9	3	25	5
3	55,6	22,7	18,3	3,4	−1	24	4
4	43,8	26,8	25,0	4,6	3	33	6
5	40,2	30,2	24,7	4,9	0	36	7
6	53,6	22,4	20,4	3,6	1	26	5

Mit steigender Verweilzeit ergibt sich eine zunehmende Umsetzung des Butans, die mit einer Erhöhung der Olefinausbeute verbunden ist. Durch Wasserstoffzusatz wurden ebenso wie durch Zugabe von Stickstoff Sekundärreaktionen nicht induziert. Beide Gase wirkten lediglich als Verdünnungsmittel.

Zahlentafel 161. n-Butan-Spaltung nach Hurd und Spence.

Reaktionstemperatur, °C	600	600	700	700
Durchsatz, cm³/min (20°, 760 mm)	345	430	390	350
Verweilzeit, sec	30	24	18	20
Endvolumen aus 1000 cm³ n-Butan, cm³	1155	1150	1870	1820
Zerfallsgrad, %	22	20	75	76
Analyse des Endgases, Vol.-%:				
Azetylen	0,2	—	1,2	—
Isobutylen	0,6	—	2,0	—
Propylen und höhere n-Olefine	7,7	—	16,2	—
Äthylen	6,1	—	19,0	—
Wasserstoff	2,0	1,0	8,5	7,8
Summe der ungesättigten Gase, Vol.-%	14,6	19,2	38,4	41,6

[1] Zusatz von 1 Vol. Wasserstoff zu 2 Vol. Butan.
[2] Zusatz von 1 Vol. Stickstoff zu 2 Vol. Butan.
[3] Ohne Berücksichtigung von 125 cm³ eingeführtem Wasserstoff.

HURD und SPENCE[1] erhielten bereits bei 600° eine 20- bis 22proz. Umsetzung des n-Butans (Verweilzeit 24 bis 30 sec, Pyrexrohr), während bei 700° 75% Butan schon in 18 sec aufgespalten wurden (Zahlentafel 161).

Folgender Reaktionsverlauf wird von ihnen angenommen:
Zerfall von n-Butan bei 600°:

$$CH_3{-}CH_2{-}CH_2{-}CH_3 \rightarrow CH_4 + CH_3{-}CH{=}CH_2$$
$$CH_3{-}CH_2{-}CH_2{-}CH_3 \rightarrow CH_3{-}CH_3 + CH_2{=}CH_2$$

Die erste Reaktion verläuft schneller als die zweite. Die Umsetzung bei 700° wird durch die folgenden Gleichungen ausgedrückt:

$$CH_3{-}CH_2{-}CH_2{-}CH_3 \rightarrow CH_3{-}CH_3 + CH_2{=}CH_2$$
$$CH_3{-}CH_2{-}CH_2{-}CH_3 \rightarrow CH_4 + CH_3{-}CH{=}CH_2$$
$$CH_3{-}CH_2{-}CH_2{-}CH_3 \rightarrow H_2 + \text{Butylene}$$
$$CH_3{-}CH_2{-}CH_2{-}CH_3 \rightarrow 2H_2 + CH_2{=}CH{-}CH{=}CH_2$$

Der Zerfall nach den beiden ersten Gleichungen verläuft in etwa gleichem Ausmaße, die beiden letzten Reaktionen treten nur als Nebenreaktionen auf.

Die von den gleichen Bearbeitern durchgeführte Spaltung von iso-Butan ergab:

Zahlentafel 162. i-Butan-Spaltung nach HURD und SPENCE.

Temperatur °C	Verweilzeit sec	Durchsatz cm³/min	Zerfallsgrad %	Dehydrier.-Grad %	Analyse des Endgases % Ungesättigte	Wasserstoff
400	30	310	1,1	0,9	1,1	0,9
500	27	295	7,4	1,1	6,9	1,3
500	8	1000	1,5	0,5	1,4	0,5
550	8	900	5,4	1,3	5,1	1,3
550	10	720	7,5	0,5	7,0	0,4
600	21	320	19,5	7,2	16,3	6,2
600	17	400	13,2	6,1	11,7	5,5
600	9	800	11,0	2,3	9,9	2,0
650	7	920	19,4	7,2	16,2	5,8
700	6	1040	38,6	15,2	27,8	10,7

Bei 600° wird für den i-Butan-Zerfall von HURD und SPENCE zu 90% folgender Reaktionsverlauf angenommen:

$$(CH_3)_2CHCH_3 \rightarrow CH_3CH{=}CH_2 + CH_4$$
$$(CH_3)_2CHCH_3 \rightarrow (CH_3)_2C{=}CH_2 + H_2$$

[1] HURD, C. D., u. L. U. SPENCE: J. amer. chem. Soc. **51**, 3353 (1929).

Bei 700° treten außerdem Sekundärreaktionen des primär gebildeten Wasserstoffs ein:

$$2H + CH_3CH{=}CH_2 \rightarrow CH_4 + CH_2{=}CH_2$$

$$4H + (CH_3)_2C{=}CH_2 \rightarrow 2CH_4 + CH_2{=}CH_2$$

Versuche über die Pyrolyse von n- und i-Butan wurden ebenfalls von FREY und HEPP[1] angestellt. Ihre Ergebnisse entsprechen etwa den von HURD und SPENCE gefundenen. Bemerkenswert sind die Untersuchungen von CAMBRON und BAYLEY[2] bei der Butanpyrolyse in quer unterteilten und nichtunterteilten Rohren (vgl. S. 436). Unter sonst gleichen Bedingungen wird eine erheblich höhere Olefinbildung bei Turbulenzströmung als bei geradlinigem Durchleiten des Butans erzielt.

Zahlentafel 163. n-Butan-Pyrolyse nach CAMBRON und BAYLEY.

Versuch Nr.	Temp. °C	Durchsatz l/h	Volumenzunahme %	Endgasanalyse, Vol.-%					Olefinausbeute g/h
				Azetylen	Äthylen	Propylen	Butylen	Wasserstoff	
a) Bei geradlinigem Gasdurchfluß.									
21	852	203,8	24,2	0,4	8,9	10,2	1,4	6,2	85,4
22	910	204,6	45,2	0,6	12,4	10,9	1,7	8,1	94,7
23	950	202,1	63,0	0,9	15,8	10,5	2,7	10,7	152,1
23a	990	204,6	78,4	1,6	19,1	10,0	2,2	13,0	175,7
b) Bei Turbulenzströmung.									
24	840	205,4	43,1	0,4	11,8	13,9	2,9	8,1	141,5
25	868	202,1	56,3	0,5	13,7	15,1	2,6	9,8	164,2
26	895	203,8	67,6	0,8	14,9	17,0	1,8	11,2	189,2
27	922	203,8	83,3	1,3	18,3	15,0	2,1	12,6	210,4

Weitere Arbeiten über die n-Butan-Spaltung in Abhängigkeit von der Temperatur stammen von FROLICH und WIEZEVICH[3]. Die von ihnen erhaltenen Versuchsergebnisse kommen am besten in Abb. 133 zum Ausdruck. Die Spaltversuche wurden bei einer Verweilzeit von 0,4 sec (Raumgeschwindigkeit 340) vorgenommen. Die höchste Ausbeute an Propylen (11,1%) wurde bei 650°, an Butylen (8,1%) bei 670° und an Äthylen (29,0%) bei 730° gewonnen. Die höchste Konzentration an Ungesättigten im Reaktionsgas ergab sich bei 690°.

WITHAM[4] untersuchte die n-Butan-Spaltung über einen weiten Temperaturbereich (600 bis 1050°) unter besonderer Berücksichtigung der Olefingewinnung ohne und mit Zusatz von Wasserdampf. In Zahlentafel 164 sind typische Ergebnisse dieser umfangreichen Arbeit bei Verwendung von Silicarohren wiedergegeben.

[1] FREY, F. E., u. H. J. HEPP: Industr. Engng. Chem. **25**, 441 (1933).

[2] CAMBRON, A., u. C. H. BAYLEY: Can. J. Res. **9**, 175 (1933).

[3] FROLICH, P. K., u. P. J. WIEZEVICH: Industr. Engng. Chem. **27**, 1055 (1935).

[4] WITHAM, W. C.: Pyrolysis of n-butane with steam, Ph. D. Thesis. New York: Columbia University 1934.

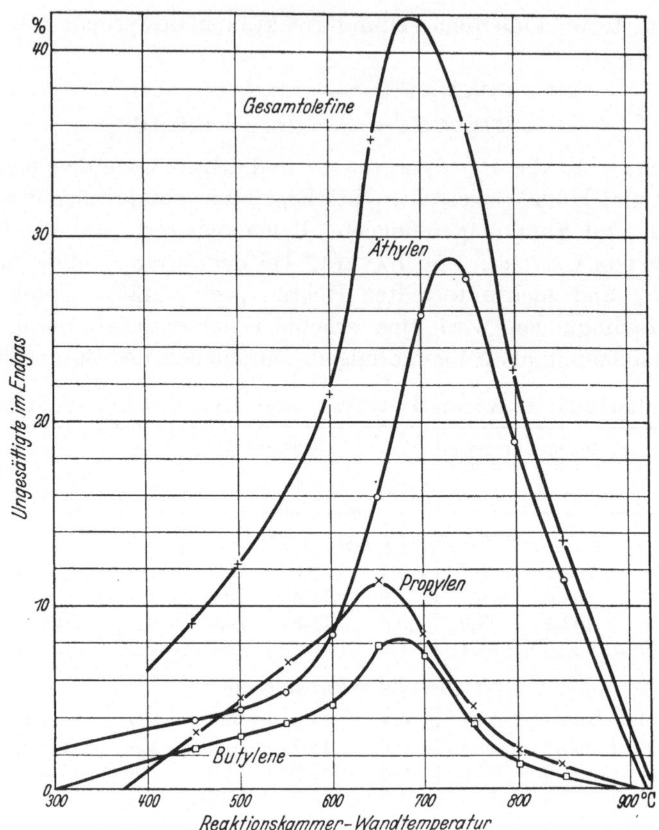

Abb. 133. Zusammensetzung des Endgases bei der Pyrolyse von n-Butan in Abhängigkeit von der Temperatur.

Zahlentafel 164.
Kracken von Butan ohne und mit Wasserdampf nach WITHAM.

Temperatur °C	Verweilzeit sec	Ungesättigte %	Vol.-Zunahme %	l Ungesättigte/l Butan	Verhältnis Dampf/Butan	Geschw.-Konst. K
600	7,3	9,1	12,7	0,103	0,0	0,0145
600	21,8	17,1	19,7	0,205	0,0	0,0106
600	58,1	25,8	26,3	0,324	0,0	0,0074
600	114,0	28,2	51,3	0,427	0,0	0,0044
600	161,2	29,3	50,6	0,441	0,0	0,0033
600	210,5	26,3	54,6	0,406	0,0	0,0021
650	11,0	30,5	37,9	0,421	0,0	0,0598
650	27,0	36,4	49,0	0,542	0,0	0,0338
650	37,4	35,5	60,1	0,569	0,0	0,0263
650	76,5	31,0	43,3	0,444	0,0	0,0098
700	3,0	36,6	73,5	0,636	0,0	0,2820
700	12,0	37,5	124,5	0,841	0,0	0,0725
700	50,3	27,8	92,1	0,534	0,0	0,0097

Zahlentafel 164 (Fortsetzung).

Temperatur °C	Verweilzeit sec	Ungesättigte %	Vol.-Zunahme %	l Ungesättigte/l Butan	Verhältnis Dampf/Butan	Geschw.-Konst. *K*
600	4,3	6,0	23,4	0,074	0,6	0,0155
600	108,2	30,1	66,3	0,501	0,4	0,0052
600	210,0	32,0	74,1	0,556	0,4	0,0030
650	8,5	34,1	36,4	0,465	0,3	0,0862
650	26,3	36,5	48,5	0,542	0,3	0,0369
650	47,3	36,6	28,9	0,655	0,3	0,0173
650	77,7	37,4	50,0	0,561	0,3	0,0108
650	4,8	29,7	47,2	0,437	0,9	0,1530
650	26,3	39,2	77,4	0,696	1,2	0,0386
650	53,4	39,5	119,0	0,865	1,3	0,0198
650	74,7	36,8	134,0	0,860	1,3	0,0117
650	7,2	36,1	44,9	0,523	4,1	0,1162
650	24,6	38,1	91,5	0,730	3,8	0,0389
650	68,6	38,2	138,5	0,911	4,3	0,0141
700	5,7	38,2	97,1	0,762	0,3	0,1765
700	13,2	40,5	113,0	0,862	0,3	0,0841
700	34,3	31,6	102,3	0,640	0,2	0,0177
700	73,6	24,8	112,5	0,527	0,3	0,0055
700	4,6	40,1	79,1	0,718	1,3	0,2401
700	9,4	44,0	112,2	0,933	1,0	0,1643
700	31,8	35,3	132,6	0,821	1,1	0,0248
700	60,7	27,5	139,2	0,658	1,0	0,0078
700	3,1	39,1	59,3	0,623	1,8	0,3320
700	13,8	41,6	137,1	0,984	2,1	0,0903
700	22,6	39,8	141,4	0,960	2,3	0,0480
700	3,6	37,3	63,4	0,610	3,5	0,2610
700	24,4	39,8	150,3	0,995	3,6	0,0443
700	41,8	39,9	138,8	0,953	3,9	0,0261
675	8,9	37,7	58,5	0,598	1,0	0,1058
675	20,9	41,1	119,3	0,906	1,0	0,0595
675	44,6	36,9	119,3	0,827	1,0	0,0198
890	13,4	6,7	186,6	0,192	0,0	—
890	15,7	2,1	263,0	0,076	0,0	—
950	1,9	0,8	247,0	0,028	0,0	—
950	16,2	0,0	335,0	0,000	0,0	—
1000	16,9	0,0	357,0	0,000	0,0	—
1050	7,5	0,0	359,0	0,000	0,0	—
800	14,2	9,1	182,7	0,257	1,0	—
890	8,4	4,9	233,0	0,163	1,0	—
950	1,1	2,0	229,0	0,066	1,0	—
950	12,2	0,4	386,0	0,019	1,0	—
1000	9,0	0,0	427,0	0,000	1,0	—
1050	3,0	0,0	983,0	0,000	5,0	—

Zusatz von Wasserdampf bewirkt eine bemerkenswerte Steigerung der Konzentration des Reaktionsproduktes an Ungesättigten. Die höchste Ausbeute an Ungesättigten mit 99,5 l/100 l Butan wurde von WITHAM bei einer Temperatur von 700°, bei einer Verweilzeit von 24,4 sec und einem Wasserdampfzusatz von 3,6 Vol. auf 1 Vol. Butan erzielt. Die Gegenwart von Wasserdampf verhindert den Eintritt von sekundären Polymerisationsreaktionen der Olefine; oberhalb von 700° nimmt jedoch die polymerisationsverhindernde Wirkung des Wasserdampfes wieder ab.

Zahlentafel 165. Pyrolyse von n-Butan nach TROPSCH und EGLOFF bei 1100° und 50 mm Hg-Druck.

Verweilzeit, 10^{-3} sec	0,921	1,26	2,56	8,44
Verhältnis der Austritts- zur Eintrittsgasmenge	1,40	1,96	2,58	2,72
Endgasanalyse, %:				
Azetylen	2,8	2,5	6,8	9,5
Äthylen	17,1	28,4	35,8	33,2
Propylen	13,2	11,3	7,6	3,2
Paraffinkohlenwasserstoffe	54,7	38,6	24,9	24,7
Wasserstoff	11,5	17,4	22,7	27,0
Sauerstoff	0,5	0,4	0,4	0,2
Kohlenoxyd	0,2	0,2	0,2	0,4
Kohlendioxyd	0,0	0,0	0,0	0,5
Stickstoff	0,0	1,2	1,6	1,3
Mittlere Kohlenstoffatomanzahl der Paraffinmoleküle	3,56	2,73	1,43	1,26
Endgase in l/100 l Ausgangsbutan:				
Azetylen	3,9	4,9	17,5	25,8
Äthylen	24,9	55,5	92,3	90,3
Propylen	18,6	22,2	19,6	8,7
Koks in Gew.-% des eingesetzten Butankohlenstoffs	0,0	1,2	2,5	5,7

Zahlentafel 166. Pyrolyse von i-Butan nach TROPSCH und EGLOFF bei 1100° und 50 mm Hg-Druck.

Verweilzeit, 10^{-3} sec	1,14	2,03	2,50	8,85	19,8
Verhältnis der Austritts-zur Eintrittsgasmenge	1,58	2,22	2,42	2,71	2,32
Endgasanalyse, %:					
Azetylen	6,9	10,8	11,0	10,6	8,8
Äthylen	7,4	11,0	14,6	14,0	11,0
Propylen	19,0	18,8	16,6	10,8	4,0
i-Butylen	4,8	0,0	0,0	0,0	0,0
Endgase in l/100 l Ausgangsisobutan:					
Azetylen	10,9	24,0	26,6	28,7	20,4
Äthylen	11,7	24,4	35,4	37,9	25,5
Propylen	30,0	41,7	40,2	29,3	9,3
i-Butylen	7,6	0,0	0,0	0,0	0,0

TROPSCH und EGLOFF[1] setzten n- und i-Butan bei 1100° und 50 mm Hg-Druck um (Zahlentafel 165 und 166).

Die höchsten Ausbeuten an Azetylen, Äthylen und Propylen aus n- und i-Butan wurden bei den folgenden sehr kurzen Verweilzeiten gefunden:

Zahlentafel 167.

	Höchstausbeute Vol.-%	Verweilzeit 10^{-3} sec
n-Butan:		
Azetylen	25,8	8,44
Äthylen	92,3	2,56
Propylen	22,2	1,26
i-Butan:		
Azetylen	28,7	8,85
Äthylen	37,9	8,85
Propylen	41,7	2,03

Während die Höchstausbeute an Azetylen aus n- und i-Butan etwa unter gleichen äußeren Bedingungen gewonnen wird, benötigt man für die Erzeugung einer größten Äthylen- und Propylenausbeute aus i-Butan wesentlich längere Kontaktzeiten als aus n-Butan. Zudem wird bei i-Butan mehr Propylen auf Kosten des Äthylens erhalten.

In einer Studie über die Druckpyrolyse gasförmiger Paraffinkohlenwasserstoffe behandeln TROPSCH, THOMAS und EGLOFF[2] u. a. die Pyrolyse von n- und i-Butan im Temperaturbereich von 525 bis 585° bei 51 at.

Zahlentafel 168. Pyrolyse von n- und i-Butan bei 51 at nach TROPSCH, THOMAS und EGLOFF.

Ausgangsstoff	n-Butan				i-Butan	
Versuch Nr.	E	F	G	H	I	J
Verweilzeit, sec	99,0	173,0	82,3	47,0	51,0	86,5
Temperatur, °C	525	525	555	555	555	555
Eingesetzte Gasmenge, l	199,0	176,5	186,0	180,0	176,0	146,3
Umgesetzte Gasmenge, l.	51,0	68,0	103,0	78,0	38,0	37,7
Gasförmige Erzeugnisse, l/100 l des umgesetzten Gases:						
Wasserstoff	1,5	1,9	2,2	0,0	5,5	6,4
Methan	35,1	58,5	52,5	52,2	45,8	42,2
Äthylen	12,5	6,9	7,4	10,3	2,9	4,5
Äthan	45,8	29,5	30,6	27,7	1,3	5,0
Propylen	18,2	21,3	25,1	31,0	37,1	38,5
Propan	19,6	16,7	14,4	13,1	19,2	20,7
n-Butylen	23,2	18,3	17,8	16,6	—	—
i-Butylen	—	—	—	—	20,3	20,9
Flüssiges Erzeugnis, l/m³ Einsatzgas	0,10	0,17	0,29	0,71	0,04	0,05

[1] TROPSCH, H., u. G. EGLOFF: Industr. Engng. Chem. **27**, 1063 (1935).

[2] TROPSCH, H., C. L. THOMAS u. G. EGLOFF: Industr. Engng. Chem. **28**, 324 (1936).

n-Butan scheint sich unter den genannten Bedingungen nach den folgenden Reaktionen umzusetzen:

$$n\text{-}C_4H_{10} \rightleftarrows n\text{-}C_4H_8 + H_2$$
$$n\text{-}C_4H_{10} \rightarrow C_3H_6 + CH_4$$
$$n\text{-}C_4H_{10} \rightarrow C_2H_4 + C_2H_6$$
$$2\,n\text{-}C_4H_{10} \rightarrow n\text{-}C_4H_8 + C_3H_8 + CH_4$$
$$2\,n\text{-}C_4H_{10} \rightarrow n\text{-}C_4H_8 + 2\,C_2H_6$$

Durch die Druckerhöhung wird im Gegensatz zu den von HURD und SPENCE bei Normaldruck gefundenen Ergebnissen eine stärkere Umsetzung zu gesättigten Kohlenwasserstoffen und zu flüssigen Erzeugnissen hervorgerufen.

Für den i-Butanzerfall unter 51 at wurden folgende Reaktionen angenommen:

$$i\text{-}C_4H_{10} \rightleftarrows i\text{-}C_4H_8 + H_2$$
$$i\text{-}C_4H_{10} \rightarrow C_3H_6 + CH_4$$
$$2\,i\text{-}C_4H_{10} \rightarrow i\text{-}C_4H_8 + C_3H_8 + CH_4$$

Die Ergebnisse der Zahlentafel 168 zeigen eindeutig eine wesentlich höhere thermische Zerfallsneigung des n-Butans gegenüber dem i-Butan unter gleichen äußeren Bedingungen. Sowohl in den angegebenen Werten der umgesetzten Gasmengen als auch in den Ausbeuten an flüssigen Erzeugnissen kommt das unterschiedliche Verhalten der beiden Kohlenwasserstoffe zum Ausdruck.

Ein Handelsbutan (80% n-Butan + 20% i-Butan) wurde der Pyrolyse unter denselben Bedingungen unterworfen. Auf Grund der gewonnenen Enderzeugnisse wird geschätzt, daß man bei Rückkreisarbeitsweise (recycle) aus 1 m³ Handelsbutan etwa 850 l Methan und Äthan, 100 l Äthylen, 400 l Propylen und Butylen und 0,67 l flüssige Kohlenwasserstoffe gewinnen kann.

Von größter technischer Bedeutung ist die unmittelbar als Gleichgewichtsreaktion verlaufende *Dehydrierung* der Butane. Aus der in Abb. 122 dargestellten Temperaturabhängigkeit der Gleichgewichtskonstanten ergibt sich folgende maximale Umsetzung der Butane zu den Butenen bei Gleichgewichtseinstellung:

Zahlentafel 169. Maximale Umsetzung der Butane zu Butenen bei Gleichgewichtseinstellung unter Normaldruck[1].

Temperatur	Dehydrierung von	
	n-Butan	i-Butan
°C	Vol.-% n-Buten im Gleichgewicht	Vol.-% i-Buten im Gleichgewicht
350	3,8	4,2
400	9,4	10,0
450	19,1	20,1
500	32,5	32,8
550	52,3	—

[1] Zit. S. 422, Anm. 5.

Dehydrierungskatalysatoren.

Als Katalysatoren für die Dehydrierung von Kohlenwasserstoffen eignen sich vornehmlich Metalle und Metalloxyde vgl. auch S. 280), daneben auch Kokse, Aktivkohle und ähnliche Stoffe (Zahlentafel 170).

Zahlentafel 170. Katalysatoren für die Dehydrierung von Paraffinkohlenwasserstoffen (vgl. auch S. 286).

Katalysator	Bearbeiter	Schrifttum
Palladium	J. TAUSZ und N. v. PUTNOKY	Ber. dtsch. chem. Ges. **52 B**, 1573 (1919)
Kupfer, Porzellan	P. E. HAYNES und G. O. CURME	A. P. 1524355 (1925)
Eisen, Kobalt	R. SCHENCK, F. KRÄGELOH, F. EISENSTECKEN und H. KLAS	Z. anorg. u. allg. Chem. **164**, 145, 313 (1927)
Molybdän, Wolfram, Kupfer, Oxyde von Zink, Molybdän, Chrom, Thor, Zer; Kupferborat, Aktivkohle, akt. Tonerde und Aluminiumborat	R. WIETZEL und C. PFAUNDLER	A. P. 1910910 (1925)
Oxyde von Metallen der 6. Gruppe allein oder im Gemisch mit anderen Stoffen wie Aktivkohle	A. MITTASCH, M. PIER und R. WIETZEL	A. P. 1913940/41 (1926)
Aktivkohle	C. KRAUCH und M. MÜLLER-CUNRADI	F. P. 637410 (1927) A. P. 1881692 (1937)
Metalle der 5., 6. und 7. Gruppe mit Metalloiden oder Oxyden der 5. Gruppe sowie mit Blei, Zinn, Zink, Kadmium und ihren Verbindungen	M. PIER und E. DONATH	DRP. 578567 (1929) A. P. 1975476 (1929)
Chromoxyd-Zinkoxyd	P. K. FROLICH	A. P. 1869681 (1932)
Chromoxyd-Gel	F. E. FREY und W. F. HUPPKE	Industr. Engng. Chem. **25**, 54 (1933)
Verschiedene Metalle (u. a. Kalzium) und Legierungen	W. O. HERRMANN und E. BAUM	A. P. 1898301 (1933)
Reaktionskammern aus Chromstahl	E. E. REID	A. P. 1912009 (1933)
Zinkoxyd und Oxyde zwei- und mehrwertiger Metalle	P. K. FROLICH und B. C. BOECKELER	A. P. 1944419 (1934)
Schwere Metalle der ersten Gruppe Stähle mit Metallüberzügen	F. WINKLER und H. HÄUBER	A. P. 1945960 (1934), 1973834 (1934)
Zink-, Aluminium- und Nickeloxyd auf Trägern	C. C. TOWNE	A. P. 1943246 (1934)

Zahlentafel 170 (Fortsetzung).

Katalysator	Bearbeiter	Schrifttum
Hochtemperaturkoks	P. Feiler und H. Häuber	A. P. 2007754 (1935)
Quecksilber-, Zink-, Zinn- und Bleidämpfe	F. Winkler und H. Häuber	A. P. 1986238/9 (1935)
Silikate, Phosphate, Borate von Magnesium, Blei und Kupfer	F. Winkler, P. Feiler und H. Weigman	A. P. 1987092 (1935)
Siliziumkarbid	P. Feiler	A. P. 2022279 (1935)
Molybdän-Magnesium-Zinkoxyd-Gemische auf Trägern	A. E. Dunstan u. D. A. Howes	J. Inst. Petr. Techn. **22**, 347 (1936)
Chromoxydgel und Gele aus wässerigem Chromoxyd mit schwer reduzierbaren Oxyden von Aluminium, Zirkon, Titan, Silizium, Thor und Magnesium	F. E. Frey und W. F. Huppke	A. P. 1905383 (1930), 2098959 (1934)
Mit Chromnitrat imprägniertes Aluminiumoxyd	*Universal Oil Products Co.*	It. P. 352085 (1937) F. P. 822690 (1937)
Verbindungen von Elementen der linken Reihe der 4. Gruppe des period. Systems	*Universal Oil Products Co.*	It. P. 351947 (1937) F. P. 822520 (1937)
Oxyde der Elemente der linken Spalte der 5. und 6. Gruppe des period. Systems	*Universal Oil Products Co.*	It. P. 351120, 352327 (1937)
Mit Kupfer- oder Eisenchlorür getränkter, gekörnter Koks bei gleichzeitiger Einwirkung hochfrequenter Magnetfelder	E. C. Mills	A. P. 2139969 (1937)
Silber, Kupfer, Eisen, Nickel, Kobalt, Aluminium sowie deren Legierungen und Oxyde oder Sulfide von Eisen, Nickel, Kobalt, Zink, Zäsium, Aluminium, Blei, Wismut, Zinn und Vanadium, Oxyde und Sulfide der Metalle der 6. Gruppe	*N. V. de Bataafsche Petroleum Maatchappij*	F. P. 824535 (1937)

Die praktische Gewinnung von Olefinen aus den Paraffinen hängt nur von der Anwendung geeigneter Katalysatoren ab (s. unter Äthan). Durch laufende Rückführung des nicht umgesetzten Ausgangsstoffes in die Dehydrierungszone ist es dann möglich, nahezu den gesamten Paraffinkohlenwasserstoff in Olefin zu überführen.

Katalytisches Dehydrierungsverfahren.

Auf Grund der Ergebnisse zahlreicher Dehydrierungsversuche mit gasförmigen Paraffinkohlenwasserstoffen entwickelte die *Universal Oil Products Co.*[1] ein technisches Verfahren der katalytischen Dehydrierung.

Als Ausgangsstoffe werden z. B. die Butane, Propan oder Gemische von C_3- und C_4-Paraffinen eingesetzt. Nach dem Durchgang durch einen Röhrenofen tritt das erhitzte Ausgangsgas in einen mit Katalysator (Chromoxyd auf Tonerde) angefüllten Reaktionsraum, in dem die Umwandlung stattfindet (Abb. 134). Die Reaktionskammern sind wie Wärmeaustauscher gebaut; ihre Rohre sind mit Katalysator gefüllt.

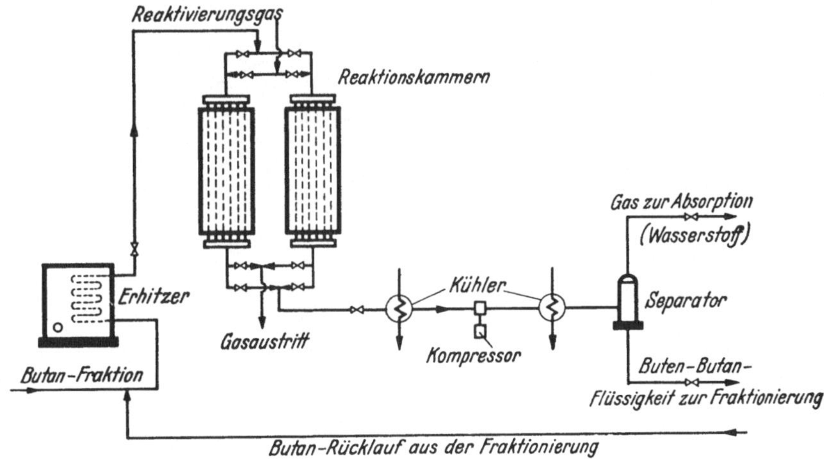

Abb. 134. Arbeitsgang beim katalytischen Dehydrieren von Butan.

Während der Dehydrierung bedeckt sich der Katalysator mit Kohlenstoff. Seine Aktivität wird dadurch herabgesetzt. Die Reaktionskammern werden deshalb periodisch und selbsttätig aus dem Betrieb zwecks Reaktivierung des Kontaktes herausgenommen. Bemerkenswert für das Verfahren ist die kurze Zeit, während der der Katalysator wirksam bleibt; denn bereits nach einer Betriebsdauer von etwa 1 Stunde wird auf die nächste Reaktionskammer umgeschaltet. Durch die erste Kammer werden sauerstoffhaltige heiße Gase geleitet, die die Kohlenstoffniederschläge verbrennen und den Katalysator reaktivieren. Typische Ergebnisse, wie sie z. B. bei der n-Butan-Dehydrierung in Abhängigkeit von der Reaktionstemperatur und der Raumgeschwindigkeit erhalten wurden, sind in Abb. 135 anschaulich dargestellt. Mit steigender Temperatur und fallender Raumgeschwindigkeit wächst der Umsatz zu Butylen stark an.

---

[1] GROSSE, A. v., V. N. IPATIEFF, G. EGLOFF u. J. C. MORRELL: Refiner **18**, 478 (1939).

Das Erzeugnis der katalytischen Dehydrierung von Butan besteht hauptsächlich aus n- und iso-Butylen sowie aus geringen Mengen von Methan, Äthan, Äthylen, Propan und Propylen neben nichtumgesetztem Butan. Das Reaktionsprodukt wird stetig aus der Reaktionskammer abgezogen, sodann gekühlt und verdichtet. Die verdichteten Gase werden weiter gekühlt und in eine größtenteils aus den Butenen und

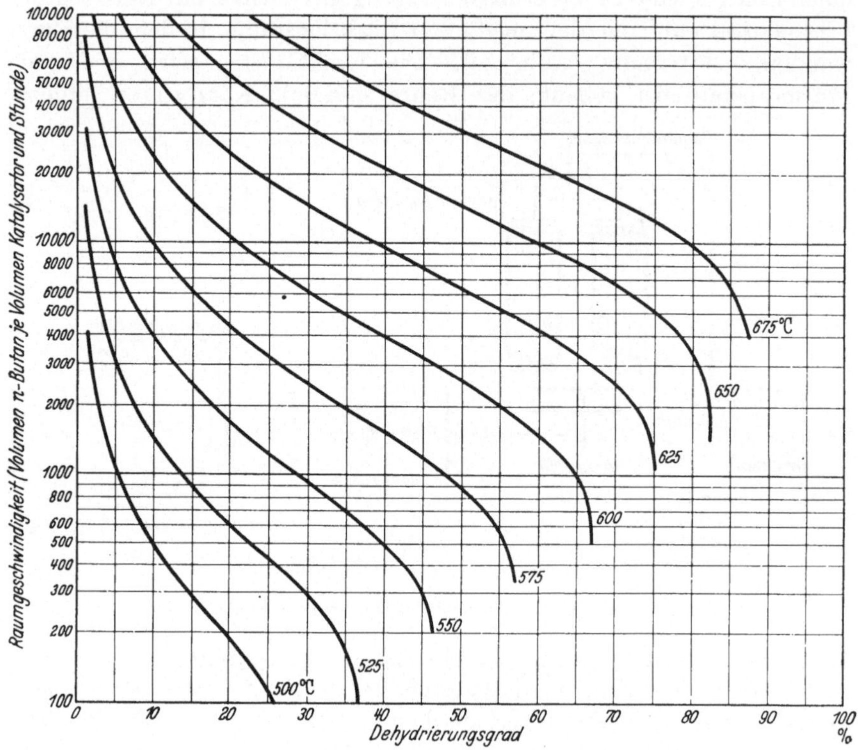

Abb. 135. Dehydrierungsgrad von n-Butan bei verschiedenen Temperaturen in Abhängigkeit von der Raumgeschwindigkeit.

Butan bestehende flüssige und eine Wasserstoff und leichte Kohlenwasserstoffe enthaltende gasförmige Fraktion getrennt. Das durch Fraktionierung von Butan und von leichten Gasen befreite Butylen dient als Ausgangsstoff für die Herstellung von Polymerbenzin. Die Gasfraktion wird durch einen Absorber geleitet, in dem restliche Mengen von Butan und Butylen zurückgehalten werden. Das Restgas ist reich an Wasserstoff und dient als Wasserstoffquelle bei der Hydrierung des in der Polymeranlage gewonnenen Isooktens.

Versuchsergebnisse aus einer halbtechnischen Dehydrierungsanlage sind in Zahlentafel 171 wiedergegeben:

Zahlentafel 171. Katalytische Dehydrierung von C_4-Paraffinen in einer halbtechnischen Anlage (U.O.P.).

Ausgangsstoff	Vorwiegend n-Butan			n- und i-Butan-Gemisch			Vorwiegend i-Butan		
Raumgeschwindigkeit[1]	1,460	1,465	1,450	1,440	1,465	1,395	1,320	1,360	1,385
Mittlere Katalysatortemperatur, °C	528	524	530	537	536	536	538	549	550
Anfangsdruck, at	3,7	3,7	3,7	3,7	3,6	3,7	4,2	4,4	4,9
Enddruck, at	1,4	1,3	1,3	1,4	1,4	1,4	0,4	0,4	0,4
Ausgangsgas, Mol-%:									
C_3H_8	0,8	—	1,0	2,7	3	3,5	4,6	8,8	9,4
$i\text{-}C_4H_{10}$	13,1	16,8	16,7	58,8	40	42,0	77,1	78,7	79,0
$n\text{-}C_4H_{10}$	86,1	82,3	82,3	37,2	56	54,2	18,3	12,5	11,6
C_5H_{12}	—	0,9	—	1—3	1	0,3	—	—	—
Endgas, Mol-%:									
H_2	17,3	18,0	18,1	21,2	18,8	20,2	18,4	21,6	20,1
CH_4	1,4	1,6	1,7	1,9	1,8	3,2	1,8	2,0	1,2
$C_2H_4 + C_2H_6$	0,5	0,5	0,19	0,2	0,1	0,5	—	—	0,7
C_3H_6	0,4	0,3	0,9	1,0	1,0	0,8	1,2	1,8	1,6
C_3H_8	1,5	1,3	1,5	4,4	5,2	3,4	4,4	7,4	8,1
$i\text{-}C_4H_8$	3,3	2,9	3,2	10,9	7,0	6,9	13,3	12,7	11,6
$n\text{-}C_4H_8$	15,9	15,7	17,0	9,9	12,2	12,1	3,4	5,9	5,5
C_4H_{10}	59,7	59,7	56,7	50,4	53,3	52,7	57,5	48,6	51,2
Umwandlung:									
Mole C_4H_8 je 100 Mole C_4H_{10}-Charge	25,7	24,9	28,1	31,6	29,5	29,0	24,9	30,8	28,1
Mole C_4H_8 je 100 Mole umgesetztes C_4H_{10}	93	94	91	89	86	88	88	86	86
Ausbeute je Durchgang (Mole C_4H_8 je 100 Mole C_4H_{10}-Charge)	24	23	26	28,2	25,4	25,6	21,8	26,5	24,0

b) Technische kombinierte Verfahren.

Unitary-Verfahren.

Zu den Verfahren, die die Pyrolyse der gasförmigen Paraffine mit der Polymerisation der Olefine verbinden, gehört das *Unitary-Verfahren.*

Der „*Unitary Thermal Polymerization Process*" der *Polymerization Process Corp.* wurde gemeinsam von der *Phillips Petroleum Co.*, der *Standard Oil Co. of Indiana*, der *Standard Oil Co. of New Jersey*, der *Texas Co.* und der *M. W. Kellogg Co.* entwickelt. Lizenzvergeber und Baufirma ist die *M. W. Kellogg Co.*[2].

Bei diesem Verfahren werden die Paraffinpyrolyse und die Olefinpolymerisation in einem einzigen Arbeitsgang durchgeführt:

[1] Volumen Butane je Volumen Katalysator je Stunde.

[2] KEITH JUN., P. C., u. J. T. WARD: Nat. Petr. News **27** (47), 52 (1935) — Process Handbook Section, 5. Ausgabe, 334 (1938).

Die der Anlage (Abb. 136) zur Verarbeitung zugeführten Raffinerie- oder Naturgase werden zunächst von Wasserstoff, Methan und einem Teil des Äthans befreit. Das restliche Gemisch von C_2-, C_3- und C_4-Verbindungen mit beliebigem Olefingehalt gelangt in den Hochtemperatur-Polymerisationsofen. Die hier herrschenden Bedingungen sind von der Zusammensetzung des Ausgangsgases abhängig. Die Temperatur schwankt zwischen 510 und 600°, der Druck beträgt 70 bis 210 at. Früher wurden auch niedrigere Temperaturen und Drucke angewandt (bis zu 427° und 56 at). In den nachgeschalteten Fraktioniertürmen und im Gas-Rückgewinnungssystem wird das Reaktionserzeugnis in Restgas, Polymerbenzin und Gasöl zerlegt.

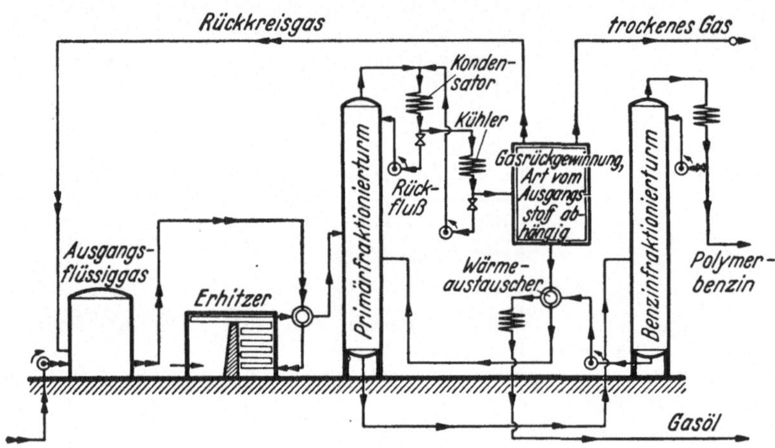

Abb. 136. Arbeitsgang beim Pyrolyse-Polymerisations-Verfahren der Polymerization Process Corp. (Unitary-Verfahren).

Die Ausbeute an Polymerbenzin wird mit 1,9 l/m³ Ausgangsgas und höher angegeben. In jedem Fall ist die Ausbeute wesentlich größer als die aus der Olefinumsetzung errechnete. Die Beteiligung der Paraffine an der Reaktion ist aus den nachfolgend beschriebenen Ergebnissen einer *Unitary*-Versuchsanlage klar ersichtlich (s. Zahlentafel 172).

Die in Zahlentafel 172 angestellten Berechnungen fußen auf der Erfahrung, daß Olefine zu etwa 90 Gew.-% zu flüssigem Erzeugnis polymerisiert werden, und daß die Paraffine bei der Pyrolyse ungefähr 60 Gew.-% Olefine ergeben. Die praktisch erhaltene Ausbeute an flüssigem Produkt liegt höher als die für die Umsetzung der Olefine und der aufgespaltenen Paraffine errechnete. KEITH und WARD schließen daraus, daß neben den Pyrolyse- und Polymerisationsreaktionen auch Alkylierungsumsetzungen (Addition von Olefinen an Paraffine) stattfinden. Ein endgültiger Beweis für die Richtigkeit dieser Annahme wurde bisher jedoch nicht erbracht.

Zahlentafel 172. Unitary-Thermal-Polymerisations-Verfahren. Ergebnisse aus einer Versuchsanlage bei einmaligem Durchsatz.

Lauf. Nr.	1	2	3
Reaktionsbedingungen:			
Druck, kg/cm².	56	56	56
Temperatur, °C	427	427	427
Ausgangsgasmenge, g/Std.	667	635	1327
Einzelgasdurchsatz, g/Std.:			
Methan	1	1	2
Äthan	19	18	37
Propan	170	162	339
Butan	85	81	169
Pentan und höhere Kohlenwasserstoffe	19	18	39
Äthylen	5	4	9
Propylen	155	148	309
Butylen	172	163	342
Amylen	41	39	81
Flüssige Erzeugnisse, g/Std.	213	211	546
Gasförmige Erzeugnisse, g/Std.	454	424	781
Einzelgasausbeute, g/Std.:			
Wasserstoff	2	1	2
Methan	6	5	12
Äthan	14	17	13
Propan	120	113	161
Butan	68	71	120
Pentan und höhere Kohlenwasserstoffe	19	18	39
Äthylen	5	3	4
Propylen	92	79	123
Butylen	109	109	228
Amylen	19	8	79
Umgesetzte ungesättigte Kohlenwasserstoffe, g/Std.	148	155	307
Flüssiges Erzeugnis in Gew.-% der umgesetzten Olefine	144	136	178
Flüssigkeitsausbeute aus der Umsetzung der Paraffine, g/Std.	65	56	239
Errechnete Flüssigkeitsausbeute bei Umsetzung der insgesamt vorhandenen Paraffine, g/Std.	55	46	197

Die Eigenschaften der Unitary-Benzine (vgl. Zahlentafel 173) sind von der Zusammensetzung der Ausgangsgase wesentlich abhängig. Stark ungesättigte Ausgangsgase ergeben olefinisch-aromatische Benzine mit verhältnismäßig hohem spezifischem Gewicht und guter Klopffestigkeit (C. F. R.-Motor-Oktanzahl 82). Verwendet man Stabilisatorgase aus Krackanlagen mit einem Ungesättigtengehalt von 30 bis 40% als Ausgangsstoff, so gewinnt man Benzine mit einem spezifischen Gewicht zwischen etwa 0,720 bis 0,740 (Reid-Dampfdruck 0,70 kg/cm²). Diese Benzine sind sehr leicht flüchtig, bis 100° gehen 70 bis 80 Vol.-% über. Ihre Klopffestigkeit ist höher als die der Benzine aus reiner Olefinpolymerisation (C. F. R.-Motor-Oktanzahl 79 bis 82).

Zahlentafel 173. Eigenschaften von Unitary-Polymerbenzinen.

	Polymerisation von Stabilisatorgas in einer Versuchsanlage		Polymerisation von Stabilisatorgas in einer großtechnischen Anlage	
	Rohprodukt	Endbenzin nach der Erdebehandlung	C_4-Fraktion	C_3-Fraktion
Spez. Gewicht bei 15,6°	0,720	0,715	0,734	0,721
Siedebeginn, °C	38	41	35	34
5% destillieren bei °C	47	49	46	44
10% „ „ „	51	52	49	47
20% „ „ „	57	57	56	50
30% „ „ „	63	61	64	56
40% „ „ „	69	67	73	62
50% „ „ „	73	72	82	68
60% „ „ „	81	78	95	78
70% „ „ „	91	85	109	93
80% „ „ „	108	98	133	117
90% „ „ „	147	126	183	162
95% „ „ „	192	148	218	211
Endsiedepunkt, °C	212	157	232	253
Reid-Dampfdruck (37,8°), at	10,7	—	—	11,7
Induktionszeit, min	—	—	120	—
Induktionszeit nach Zusatz von Inhibitor, min	—	—	> 240	—
Oktanzahl, C.F.R.-Motormethode	—	—	79	—
Mischoktanzahl bei 50proz. Zusatz zu einem 43,6-Oktan-Benzin	92	90	—	91

Im Gegensatz zu der Unitary-Arbeitsweise werden die Pyrolyse der Paraffine und die Polymerisation der Olefine beim „*Multiple Coil*"-*Verfahren* der *Pure Oil Co.* und *Alco-Products Inc.* und beim kombinierten *Universal Oil Products-* (*U. O. P.*-) *Verfahren* getrennt vorgenommen.

Mehrstufen (Multiple Coil)-Pyrolyse-Polymerisations-Verfahren.

Das Ausgangsgas, z. B. Stabilisator-Krackgas mit einem bestimmten Ungesättigtengehalt, wird zunächst einer Polymerisation in einer normalen Alco-Anlage bei Temperaturen zwischen 480 und 530° und Drucken zwischen 42 und 56 at unterworfen (vgl. Abb. 137). Die aus der ersten Polymerisationsstufe entweichenden, nichtkondensierten Gase gelangen in die Pyrolyseanlage, wo sie zu Olefinen aufgespalten bzw. dehydriert werden. Die in der Pyrolyseanlage eingehaltene Temperatur beträgt etwa 705°. Die Verweilzeit wird so kurz wie möglich gewählt, um zu verhindern, daß die primär entstandenen Olefine Sekundärreaktionen eingehen. Das Reaktionserzeugnis wird beim Austritt aus dem Pyrolyseofen abgeschreckt. Das nach dem Durchgang durch einen

Teerabscheider und einen Kondensator noch gasförmige Produkt wird der zweiten Polymerisationsstufe zugeführt, in der es sich bei hohen Temperaturen (620 bis 700 °) und niedrigen Drucken (3 bis 5 at) polymerisiert.

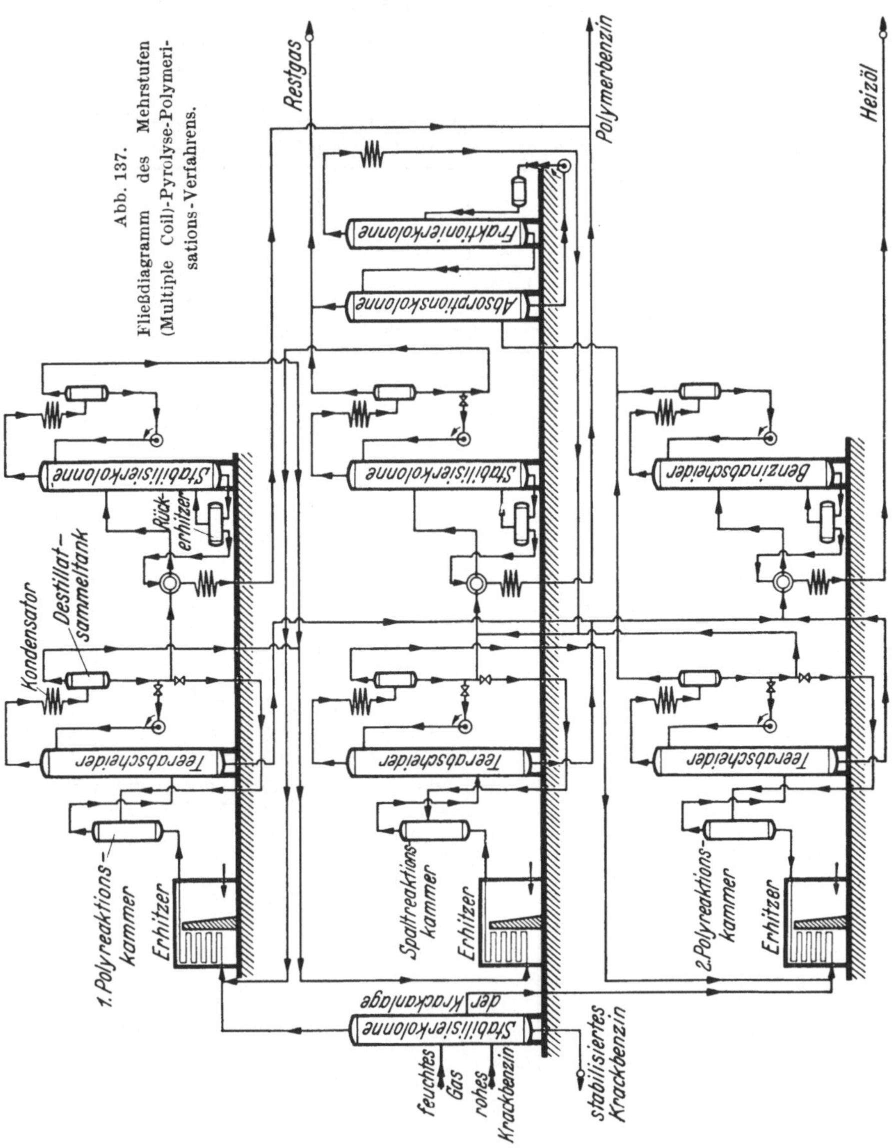

Abb. 137. Fließdiagramm des Mehrstufen (Multiple Coil)-Pyrolyse-Polymerisations-Verfahrens.

Die aus einer gegebenen Menge Raffineriegas nach diesem Verfahren erzielten Benzinausbeuten sind naturgemäß wesentlich höher als die nach der einfachen Alco-Polymerisationsarbeitsweise erhaltenen. Die

Eigenschaften der Multiple Coil-Benzine gleichen denen der Alco-Polymerbenzine. Genaue Angaben sind bisher nicht gemacht worden.

U. O. P.-Pyrolyse-Polymerisations-Verfahren.

Die Universal Oil Products Co. kombiniert ihre Polymerisationsanlagen zum Teil ebenfalls mit Spaltanlagen. Das der Spaltanlage

Zahlentafel 174. Ergebnisse von Mischuntersuchungen mit Polymerbenzinen verschiedener Herkunft und mit Handelsbenzol[1].

		Multiple Coil		U. O. P.			
	Unitary-Polymerbenzin	Hochdruck-Polymerbenzin	Hochoktan-Polymerbenzin	Normal. Polymerbenzin	Selektivpolymerbenzin	Isooktan (hydriertes Diisobutylen)	Handelsbenzol
Spez. Gewicht bei 15,6° . . .	0,734	0,760	0,868	0,713	0,722	0,699	0,880
Destillationseigenschaften:							
Siedebeginn, °C	35	39	76	39	100	97	79
10%	49	64	91	69	100	98	79
20%	56	73	94	81	101	98	79
50%	82	98	107	100	101	99	80
90%	183	170	163	157	101	101	80
Siedeendpunkt, °C	232	205	200	209	115	118	100
Oktanzahl von Gemischen aus Benzin OZ 43,6 und Zusatzstoffen:							
Vol.-% Zusatz im Gemisch							
5	47,0	47,0	46,5	48,0	49,0	46,0	45,0
10	49,5	49,5	49,5	52,0	54,5	48,5	47,0
15	52,0	52,0	52,0	55,5	58,5	51,5	49,0
20	54,5	54,0	55,5	59,5	62,5	53,5	51,0
25	56,5	56,5	58,0	62,5	66,0	56,5	53,0
50	66,0	66,0	70,0	73,5	77,5	70,5	66,5
75	74,0	71,0	82,5	79,0	82,0	84,5	85,0
100	82	73	94	83	84	99	>100
Mischoktanwerte[2] in den Gemischen mit 43,6-Oktan-Benzin:							
Vol.-% Zusatz im Gemisch							
5	112	112	102	132	152	92	72
10	105	103	103	128	153	93	78
15	101	99	99	123	143	96	80
20	97	96	103	123	138	93	81
25	95	95	101	119	133	95	81
50	88	88	96	103	111	97	89
75	85	80	96	91	95	98	99
100	82	73	94	83	84	99	>100

[1] U. O. P.-Booklet 207 (1937). [2] Vgl. S. 459 u. H. BÜTEFISCH: Deutsche Akad. d. Luftfahrtforschg. Heft 9, S. 18 (1939).

zugeführte vorwiegend aus Butanen bestehende Gas wird unter einem Druck von etwa 52,5 at und bei einer Temperatur von 574 bis 579° C umgesetzt. Die Verweilzeit im Erhitzer wird so gewählt, daß etwa 50% der Beschickung aufgespalten werden. Neben Spaltgas entsteht eine bestimmte Menge pyrolytisches Benzin mit einer Oktanzahl um 74. Die Spaltgase werden nach dem normalen U. O. P.-Verfahren zu Polymerbenzin verarbeitet. Aus 1090 Faß (1 Faß = 159 l) der Butanfraktion einer Naturgasbenzinanlage (Zusammensetzung: 3,5% Propan, 83,0% n-Butan, 12,2% i-Butan und 1,3% Pentan) wurden z. B. 109 Faß pyrolytisches Benzin (C. F. R.-Motor-Oktanzahl 74, Dampfdruck nach REID 0,33 at, $d_{16} = 0{,}786$) und 293 Faß U. O. P.-Polymerbenzin (C. F. R.-Motor-Oktanzahl 81, Dampfdruck nach REID 0,58 at, $d_{16} = 0{,}709$) gewonnen.

Neuerdings werden die U. O. P.-Polymerisations-Anlagen mit Butandehydrierungsanlagen (S. 449) gekoppelt.

Vergleich von Polymerbenzinen verschiedener Herstellungsweise.

Die sich aus der verschiedenen Arbeitsweise der einzelnen Verfahren herleitenden Eigenschaftsunterschiede der Polymererzeugnisse sind aus

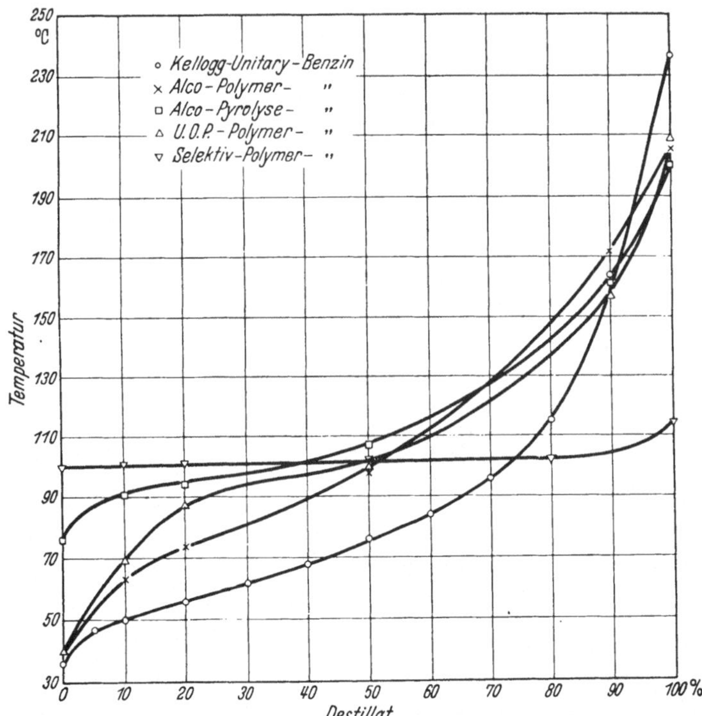

Abb. 138. ASTM.-Siedekurven von Pyrolyse- und Polymerbenzinen verschiedener Herstellungsweise.

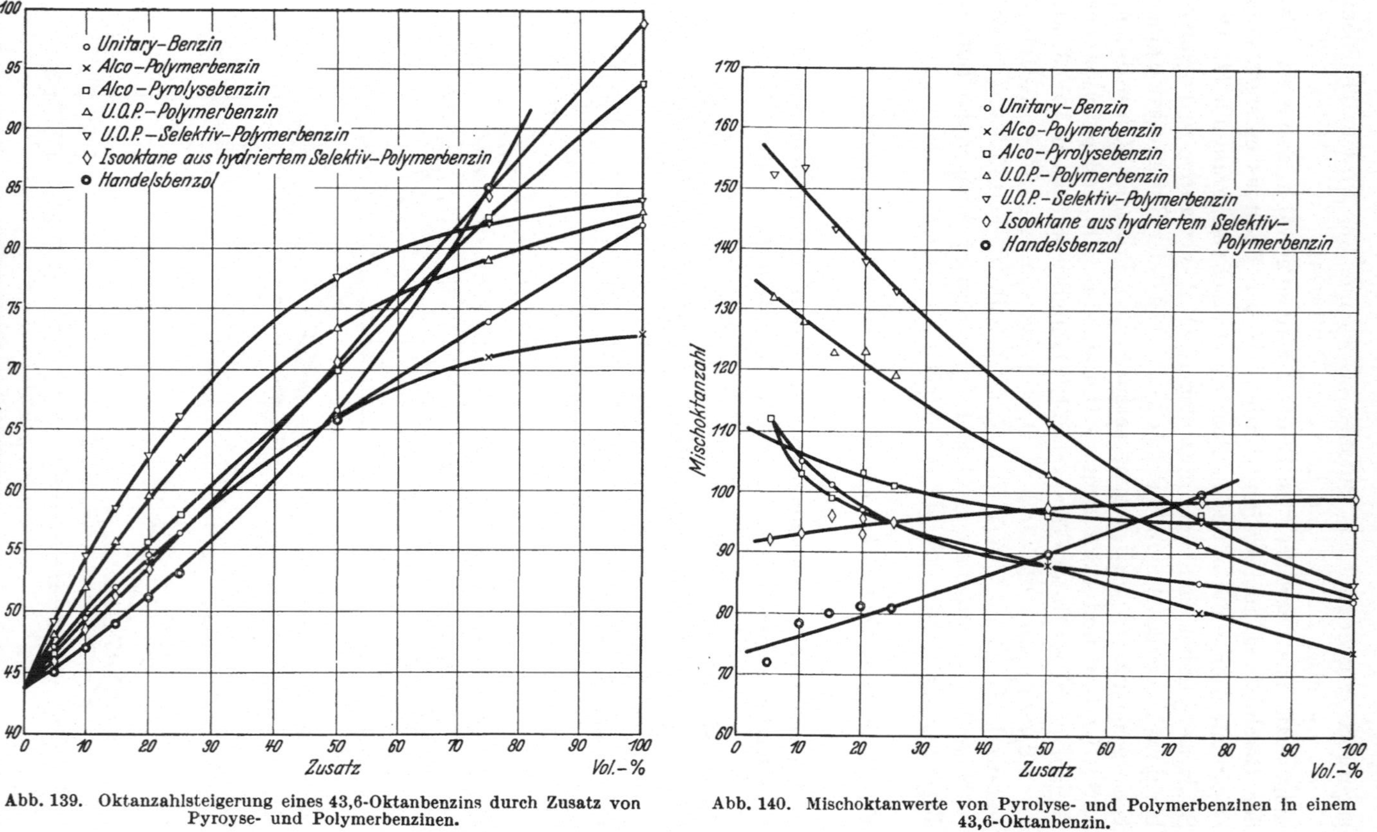

Abb. 139. Oktanzahlsteigerung eines 43,6-Oktanbenzins durch Zusatz von Pyroyse- und Polymerbenzinen.

Abb. 140. Mischoktanwerte von Pyrolyse- und Polymerbenzinen in einem 43,6-Oktanbenzin.

Zahlentafel 174 ersichtlich. Im Gegensatz zu den normalen Polymerbenzinen besitzen das Selektiv-Polymerbenzin und das technische Isooktan sehr enge Siedegrenzen. Ein klares Bild des Siedeverhaltens der verschiedenen Arten von Polymererzeugnissen vermittelt Abb. 138. Je nach der mehr isoparaffinischen oder mehr aromatischen Zusammensetzung findet man ein mehr oder minder hohes spezifisches Gewicht der Benzine. Die Klopffestigkeit ist je nach Art der Benzine sehr verschieden (vgl. Abb. 139). Da die Polymerbenzine häufig auch als Zusatzstoffe zu Kraftstoffen mit geringer Klopffestigkeit verwendet werden, ist auch ihre Mischoktanzahl[1] von Bedeutung. Aus Zahlentafel 174 geht hervor, daß dem Selektiv-Polymerbenzin die höchsten Mischoktanwerte zukommen. Das technische Isooktan erweist sich als verhältnismäßig schlechter Mischteilnehmer. Bei den besonders in Frage kommenden kleinen Zusätzen bis zu etwa 30% liegen allerdings die zum Vergleich ebenfalls angegebenen Mischoktanwerte des Benzols noch viel niedriger (vgl. auch Abb. 140).

H. Hochleistungskraftstoffe.

1. Flugkraftstoffe.

a) Anforderungen an die Eigenschaften.

Verlangt schon der Automobilmotor Kraftstoffe mit besonders eingestellten Eigenschaften, so sind an Flugkraftstoffe noch viel schärfere Anforderungen zu stellen. Die Sicherheit der Luftfahrt erfordert einen Kraftstoff, der alle von diesem drohenden Gefahren vollkommen ausschließt. Einschneidende Änderungen in der Kraftstoffbeschaffenheit wurden zudem durch die neuzeitliche Entwicklung der Flugmotoren hervorgerufen. Die wichtigsten Anforderungen an Flugkraftstoffe sollen kurz erörtert werden.

[1] Der Mischoktanwert [neuerdings Mischwert, vgl. F. JANTZSCH: Öl u. Kohle **37**, 799 (1941)] eines Kraftstoffes wird nach folgender Gleichung errechnet:

$$OZ_m = OZ_g \cdot C_g + MOZ \cdot C_z.$$

OZ_m = Oktanzahl der untersuchten Mischung,
OZ_g = Oktanzahl des Grundbenzins,
MOZ = Mischoktanzahl,
C_g = Anteil des Grundbenzins am Gemisch,
C_z = Anteil des Zusatzes am Gemisch. — Der Mischoktanwert ist also von der Konzentration des Zusatzstoffes abhängig. Angaben von Mischoktanwerten, in denen der %-Gehalt an Zusatz nicht mitgeteilt wird, beziehen sich im allgemeinen auf das Mischklopfverhalten bei 25proz. Zusatz.

Beispiel: Die Oktanzahl des Grundbenzins beträgt 44, bei 25proz. Zusatz von Pyrolysebenzin steigt die Oktanzahl auf 58. Wie groß ist die Mischoktanzahl des Pyrolysebenzins?

$$58 = 44 \cdot 0{,}75 + MOZ \cdot 0{,}25,$$
$$MOZ = 100\,.$$

Spezifisches Gewicht und Heizwert.

Sowohl für die Militär- als auch für die Handelsluftfahrt ist es zweckmäßig, einen Kraftstoff mit möglichst hohem *Kilogrammheizwert* zu verwenden; denn von der Höhe des Heizwertes ist, gleiches Tankgewicht vorausgesetzt, einerseits der Aktionsradius, anderseits die mitführbare Last, z. B. an Bomben, abhängig. In der zivilen Luftfahrt kann die zahlende Zuladung um so mehr gesteigert werden, je höher der Kraftstoffheizwert je Kilogramm ist. Bei der Beurteilung des Energieinhaltes verschieden zusammengesetzter Kraftstoffe darf jedoch die Klopffestigkeit nicht außer acht gelassen werden. Ein niedriger

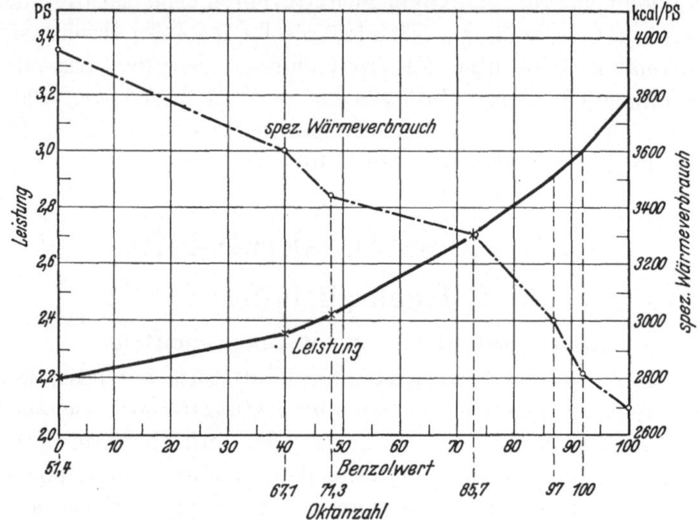

Abb. 141. Leistung und Verbrauch eines C. F. R.-Motors in Abhängigkeit von der Kraftstoffklopffestigkeit[1].

Heizwert kann sehr wohl durch eine höhere Klopffestigkeit wettgemacht werden, da mit zunehmender Oktanzahl der spezifische Kraftstoffverbrauch abfällt (s. Abb. 141). Eine Steigerung der Klopffestigkeit um zwei Oktanzahleinheiten entspricht nach Barnard[2] einer Zunahme des Heizwertes um annähernd 1%. Strenggenommen können daher die Energieinhalte nur unter gleichzeitiger Berücksichtigung der Klopffestigkeit verglichen werden.

Der Heizwert hängt von der Art der in den Kraftstoffen enthaltenen Kohlenwasserstoffe ab. Den höchsten Heizwert weisen die Paraffine auf, ihnen folgen die Olefine und Naphthene. Den bei weitem niedrigsten Heizwert besitzen die Aromaten. Für die Destillatbenzine gilt, daß Heizwert und spez. Gewicht einander etwa umgekehrt proportional sind (vgl. Zahlentafel 26).

[1] Philippovich, A. v.: Jahrbuch deutscher Luftfahrtforschung **II**, 234 (1937).
[2] Barnard, D. P.: S. A. E. J. **41**, 415 (1937).

Zieht man nur den Heizwert und das spez. Gewicht in Betracht, so kommt den paraffinischen Kohlenwasserstoffen die beste Eignung als Flugkraftstoffen zu. Die Paraffine haben aber im allgemeinen eine sehr geringe Klopffestigkeit. Nur die Isoparaffine bilden eine Ausnahme. Ihre Klopffestigkeit liegt z. T. sogar an der oberen Grenze der Klopffestigkeit von Kohlenwasserstoffen überhaupt. Sie sind infolgedessen als ideale Inhaltsstoffe von Flugkraftstoffen anzusprechen. Die niedrigsiedenden n-Paraffine, z. B. Butan und Pentan, besitzen ebenfalls eine gute Klopffestigkeit. Wegen ihres besonders niedrigen spez. Gewichtes und ihres dementsprechend hohen Heizwertes sind sie ebenso wie die Isoparaffine als Bestandteile von Flugbenzinen erwünscht. Sie haben nur den Nachteil, daß sie wegen ihres niedrigen Siedepunktes und wegen der damit verbundenen hohen Flüchtigkeit die Bildung von Dampfblasen in den Kraftstoffleitungen begünstigen. Ihr Anteil an den Kraftstoffen muß deshalb auf ein bestimmtes Maß beschränkt werden (s. auch unter Isopentan).

Sauerstoffhaltige Kohlenwasserstoffverbindungen sind gegenüber reinen Kohlenwasserstoffen von vornherein wegen ihres bedeutend niedrigeren Heizwertes stark benachteiligt, der auch durch hohe Klopffestigkeit nicht völlig aufgehoben wird. Sauerstoffhaltige, hochklopffeste Kraftstoffe finden aus diesem Grunde nur Verwendung, wenn der Kraftstoffverbrauch keine große Rolle spielt, wie es z. B. beim Starten der Flugzeuge oder bei Jagdflugzeugen der Fall ist, für die die Erzielung hoher Geschwindigkeiten wichtiger als die Einschränkung des Kraftstoffverbrauches ist.

Siedeverhalten.

Die Festlegung der *Siedegrenzen* von Flugkraftstoffen ist bis zu einem gewissen Grade umstritten. In den meisten Ländern werden der 10-, 50- und 90%-Punkt nach oben begrenzt. Die Lieferbedingungen der einzelnen Länder sehen jedoch sehr unterschiedliche Grenzwerte für die genannten Siedepunkte vor. Der Höchstwert für den 10%-Punkt wechselt zwischen 60 und 75°, der für den 50%-Punkt zwischen 85 und 105° und der für den 90%-Punkt zwischen 110 und 175°. Der Grund für diese weiten Unterschiede in den Anforderungen an das Siedeverhalten ist darin zu sehen, daß einerseits eine leichte Vergasung des Kraftstoffes im Vergaser gewährleistet sein muß, und daß andererseits die Vereisung des Vergasers oder eine Bildung von Dampfblasen in den Kraftstoffleitungen zu vermeiden ist. Will man eine leichte und gleichmäßige Vergasung erzielen, so erhöht man die Flüchtigkeit durch Erniedrigung der Siedegrenzen. Demgegenüber werden aber die Vereisung des Vergasers sowie Störungen der Kraftstoffzufuhr durch Dampfblasenbildung um so leichter hervorgerufen, je niedriger der 10- und 50%-Punkt liegen.

Flüchtigkeit, Dampfdruck und Dampfblasenbildungsvermögen.

Die Einstellung der Flüchtigkeit von Flugkraftstoffen zwecks Vermeidung der Dampfblasenbildung (vapor lock) in den Kraftstoffleitungen ist mit erheblich größeren Schwierigkeiten als bei Autokraftstoffen verbunden (vgl. S. 158ff.).

Beim Aufsteigen in größere Höhen tritt ein Abfall sowohl des Außendruckes als auch der Temperatur ein. Die Abhängigkeit des Außendruckes und der Temperatur von der Höhe über dem Meeresspiegel ist in der folgenden Aufstellung wiedergegeben:

Zahlentafel 175. Veränderung von Temperatur, Druck und Luftdichte mit zunehmender Höhe über dem Meeresspiegel[1].

Höhe	Sommer			Winter		
	Temperatur	Druck	Luftdichte (trocken)	Temperatur	Druck	Luftdichte (trocken)
km	°C	mm Q.S.	g/l	°C	mm Q.S.	g/l
0,0	+15,7	760,0	1,223	+ 0,7	760,0	1,290
0,5	+14,5	716,3	1,157	0,0	714,0	1,215
1,0	+12,0	674,8	1,100	− 1,3	670,6	1,146
2,0	+ 7,5	598,0	0,990	− 4,7	590,8	1,023
3,0	+ 2,4	528,9	0,892	− 9,3	519,7	0,915
4,0	− 3,0	466,6	0,803	−15,0	455,9	0,821
6,0	−15,1	360,2	0,649	−28,1	347,5	0,659
8,0	−29,7	274,3	0,524	−43,0	260,6	0,526
10,0	−45,5	205,1	0,419	−54,5	192,0	0,408
12,0	−51,0	151,2	0,316	−57,0	140,0	0,301
14,0	−51,0	111,1	0,232	−57,0	102,1	0,220
16,0	−51,0	81,7	0,171	−57,0	74,0	0,160
18,0	−51,0	60,0	0,126	−57,0	54,2	0,117
20,0	−51,0	44,1	0,092	−57,0	39,5	0,085

Durch die häufige und schnelle Änderung der Bedingungen während des Fluges werden die Möglichkeiten der Bildung von Dampfblasen vervielfacht. Dampfblasenstörungen treten insbesondere unter den drei nachfolgenden Bedingungen auf[2]:

a) Steht ein Flugzeug am Boden, so vermag, besonders bei starker Sonnenbestrahlung, die Temperatur in den Kraftstoffleitungen der Motoren unter Umständen so hoch zu steigen, daß der Flüssigkeitsstrom durch Bildung von Dampfblasen zeitweilig unterbrochen wird. In diesem Falle reicht die Kraftstoffzufuhr häufig für den Leerlaufbetrieb der Motoren aus. Sobald das Flugzeug aber zu starten versucht, wird eine genügende Kraftstoffzufuhr verhindert, die Motoren setzen aus.

[1] Humphreys Handbook of Chemistry and Physics, 22. Ausg., Cleveland, Ohio (USA.) 1937/38.

[2] Bridgeman, O. C., C. H. Ross u. H. S. White: S. A. E. J. **29** (2), 121 (1931).

b) Erreicht die Temperatur in den Kraftstoffleitungen eines am Boden stehenden Flugzeuges die Grenztemperatur der Bildung von Dampfblasen nicht völlig, so kann beim Aufsteigen des Flugzeuges Dampfblasenbildung dadurch eintreten, daß die Grenztemperatur durch den Abfall des äußeren Druckes unter die in den Kraftstoffleitungen herrschende Temperatur abfällt.

c) Überwindet ein Flugzeug während des Aufstieges sehr schnell große Höhenunterschiede, so fällt die Temperatur im Kraftstofftank bedeutend langsamer als die der Außenluft. Infolgedessen wird die Grenztemperatur der Dampfblasenbildung mit fallendem Außendruck ziemlich bald erreicht.

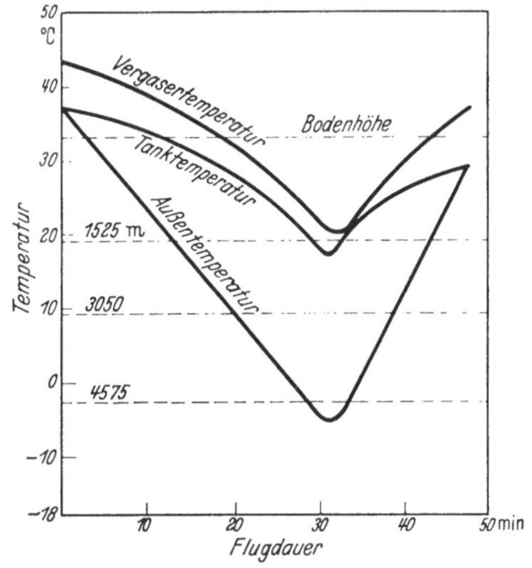

Abb. 142. Temperaturverlauf im Kraftstoffsystem eines Flugmotors während des Fluges.

Das Entstehen von Dampfblasen äußert sich zunächst in einem unregelmäßigen Lauf der Motoren und einem damit verbundenen Leistungsabfall. Um dieser Erscheinung zu begegnen, ist man gehalten, um 100 und mehr Meter tiefer zu gehen. Tritt die Dampfblasenbildung kurz nach dem Start (Fall b) ein, so hilft lediglich eine sofortige Landung.

In diesem Zusammenhang ist der Temperaturverlauf im Tank und im Vergaser in Abhängigkeit von der Temperatur der Außenluft von Interesse. Bridgeman, Ross und White führten Temperaturmessungen an verschiedenen Flugzeugmustern der amerikanischen Luftwaffe und Marine aus. Beim Start der Maschinen war die Kraftstofftemperatur im Tank praktisch gleich der der Außenluft, die des Vergasers lag dagegen infolge Wärmezufuhr vom Motor um einige Grade darüber.

Beim Aufsteigen blieb der Temperaturabfall im Tank und im Vergaser weit hinter dem der Außenluft zurück. Senkte sich das Flugzeug wieder, so stieg die Temperatur des Tanks und des Vergasers, um bei der Landung den Stand der Außentemperatur nahezu wieder zu erreichen. Es entstanden Abhängigkeiten, wie sie beispielsweise in Abb. 142 dargestellt sind.

Bridgeman und Mitarbeiter berechnen die Grenztemperatur der Dampfblasenbildung für verschiedene Höhen entweder aus dem Reid-Dampfdruck (37,8° C) oder aus dem ASTM.-10%-Siedepunkt:

$$t = 259 - 140 \lg \frac{p_r \cdot 14{,}7}{p},$$

$$t = \frac{4 \cdot t_{10\%} + 460 \lg \frac{p}{14{,}7}}{4 - \lg \frac{p}{14{,}7}}.$$

t = Grenztemperatur der Dampfblasenbildung in ° F,

p_r = Reid-Dampfdruck in pounds per square inch (1 pound per square inch = 0,0703 kg/cm³),

p = Außendruck in pounds per square inch in der gegebenen Höhe,

$t_{10\%}$ = ASTM.-10%-Siedepunkt in ° F.

Die für verschiedene Höhen bei einem gegebenen Dampfdruck oder 10%-Siedepunkt hiernach errechneten Grenztemperaturen der Dampfblasenbildung lassen sich aus dem Diagramm Abb. 143 unmittelbar ablesen. Wie neuere Untersuchungsergebnisse von HAMMERICH an Autokraftstoffen beweisen, können die obigen Gleichungen und Beziehungen jedoch höchstens zu Annäherungswerten für die Grenztemperatur der Dampfblasenbildung führen (s. S. 162).

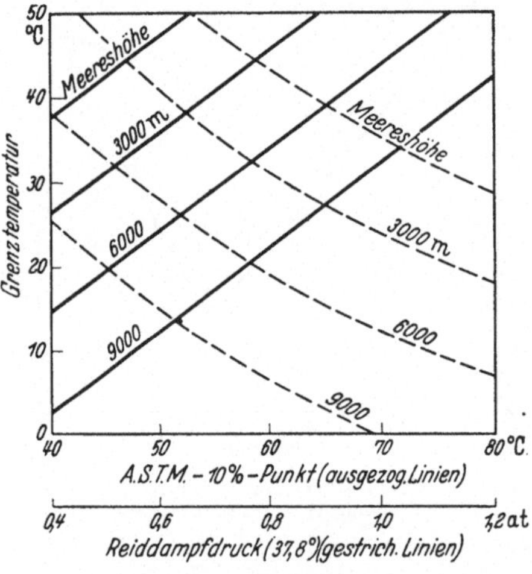

Abb. 143. Grenztemperaturen der Dampfblasenbildung für verschiedene Flughöhen in Abhängigkeit vom ASTM.-10%-Punkt bzw. Reid-Dampfdruck.

Da die Grenztemperatur der Dampfblasenbildung nach den Untersuchungsergebnissen von BRIDGEMAN und Mitarbeitern durch den Reid-Dampfdruck[1] bei 37,8° oder den ASTM.-10%-Siedepunkt gegeben ist, wird meist einer der beiden Werte in den Lieferbedingungen für Flugkraftstoffe begrenzt. Z. B. darf der Reid-Dampfdruck nach den Anforderungen der U. S.-amerikanischen Luftwaffe 0,49 at (7 lbs per square inch) nicht überschreiten. Um trotzdem der Forderung einer ausreichenden Flüchtigkeit gerecht zu werden, müssen bei 75° mindestens 10 Vol.-% des Kraftstoffes verdampft sein. Eine leichte Verdampfbarkeit wird auch dadurch gewährleistet, daß man die Siedegrenzen bedeutend stärker als bei Autokraftstoffen begrenzt. Bei 100° sollen mindestens 50, bei 135° wenigstens 90 Vol.-% verdampft sein. In den meisten Ländern wird auch der Siedeendpunkt festgelegt. Gewöhnlich

[1] Vgl. auch M. OEMICHEN: Automobiltechn. Z. **44**, 54 (1941).

werden Höchsttemperaturen zwischen 150 und 160° angegeben. Die Begrenzung des Siedeendpunktes ist auch in Hinblick auf die durch hochsiedende Kraftstoffraktionen begünstigte Schmierölverdünnung erwünscht. Zudem bewirkt die leichtere Verdampfbarkeit niedrigsiedender Kraftstoffe eine bessere Verteilung des Kraftstoffes im Gemisch.

Von der Flughöhe ist u. a. auch der Kraftstoffverbrauch abhängig[1].

Klopffestigkeit.

Die bei weitem wichtigste Eigenschaft für die Beurteilung der Eignung von Flugkraftstoffen ist unzweifelhaft die Klopffestigkeit. Ihre Messung erfolgt im C. F. R.-Motor nach der *ASTM.*-, der *British Air Ministry-*, der *U. S. Army Air Corps-* oder der I. G.-Arbeitsweise (vgl. S. 156). Auf die bei den verschiedenen Verfahren angewandten Betriebsbedingungen sprechen die Kraftstoffe je nach Art und Zusammensetzung verschieden an[2].

Bei der *ASTM.-Methode*[3], der sog. *Motormethode,* werden eine Drehzahl von 900 Umdr./min, eine Kühlwassertemperatur von 100° (212° F) und eine Gemischtemperatur von 149° (300° F) eingehalten. Die ASTM.-Methode wird von allen Methoden am meisten zur Prüfung von Flugkraftstoffen angewandt und ist auch in den Lieferbedingungen fast aller Länder vorgeschrieben. Sie legt an Krackbenzine und Aromatengemische einen besonders strengen Maßstab. Im Bereiche hoher Oktanzahlen ergibt sie bei niedrigen Bleikonzentrationen mittlere und bei hohen Bleizusätzen geringe Bleiempfindlichkeit.

Die *British Air Ministry*-Methode ist mit dem ASTM.-Verfahren fast identisch: nur die Gemischtemperatur wird auf 127° (260° F) herabgesetzt. Die nach dieser Arbeitsweise gemessenen Oktanzahlen für Krackbenzine und Aromatengemische sind etwas höher als die ASTM.-Oktanzahlen. Gebleite Destillatbenzine mit Oktanzahlen um 87 werden nach dem B. A. M.-Verfahren meist besser, zuweilen schlechter als nach der ASTM.-Methode bewertet.

Die Betriebsbedingungen bei der *U. S. Army Air Corps-Methode* sind: Drehzahl 1200 Umdr./min, Kühlmitteltemperatur 166° (330° F); die Gemischtemperatur wird nicht besonders geprüft. Der Motor erhält einen besonders eng gebohrten C. F. R.-Spezialzylinder. Die nach dieser Arbeitsweise gefundenen Oktanzahlen stimmen für gebleite und ungebleite Destillat- und Krackbenzine sowie für Benzol-Destillatbenzin-Gemische mit Oktanzahlen bis zu 80 mit den ASTM.-Oktanzahlen

---

[1] Vgl. F. A. F. Schmidt: Verbrennungsmotoren, S. 167. Berlin 1939. — Lauer, F., u. L. Richter: Automobiltechn. Z. **44**, 129 (1941).

[2] Heron, S. D., u. H. A. Beatty: J. Aeronaut. Sci. **5**, 463 (1938).

[3] Tentative Method of Test for Knock Characteristics of Motor Fuels, ASTM.-Designation D. 357—34 T.

überein. Bei gebleiten Kraftstoffen ist der Unterschied zwischen beiden Oktanzahlen um so größer, je mehr der Oktanwert über 80 steigt. Ein 2,5 bis 3 cm^3 TEL/U. S. gall. enthaltendes Destillatbenzin mit einer ASTM.-Oktanzahl von 87 besitzt beispielsweise gewöhnlich nach der U. S. Army-Methode eine Oktanzahl von 90 bis 92.

Die *I. G.-Motormethode* (Drehzahl 900 Umdr./min, Gemischtemperatur 150°, Kühlmanteltemperatur 150°) ergibt mit der ASTM.-Methode in engen Grenzen übereinstimmende Werte.

Eine einwandfreie und allgemein gültige Bewertung der Klopffestigkeit läßt sich nach den genannten Prüfverfahren nicht durchführen. Das gilt besonders für Kraftstoffe, deren Klopffestigkeit die des Isooktans erreicht oder sogar überschreitet. Es sind deshalb Bestrebungen im Gange, die bisherige Einpunkt- in eine Mehrpunktprüfung abzuwandeln.

Da der Klopfvorgang als Folge chemischer Reaktionen auftritt, wird er in erster Linie durch die Temperatur beeinflußt. In der Mehrpunktprüfung versucht man deshalb, die Temperaturabhängigkeit der Oktanzahl z. B. durch Ermittlung einer Oktanzahlkurve über die Ansaugluft- oder Gemischtemperatur zu erfassen. Zu einem allgemein brauchbaren Ergebnis führt jedoch eine solche Bewertung deshalb nicht, weil man die Temperatur- und Druckbedingungen, unter denen die Kraftstoffe im Motor verbrennen, nicht kennt. Die Abhängigkeit der Kraftstoffklopffestigkeit von der Motorbauart bleibt unberücksichtigt. Es müßte zusätzlich, wie WA. OSTWALD schon 1926 forderte, „Klopffestigkeit der Motoren" bestimmt werden; v. PHILIPPOVICH[1] macht deshalb den Vorschlag, eingehende Untersuchungen über die Temperatur- und Druckbedingungen in den Motoren gleichzeitig mit der Aufstellung von Oktanzahldiagrammen vorzunehmen. Die Ergebnisse dieser Untersuchungen würden voraussichtlich eine bessere Auswertung der Oktanzahldiagramme für das Klopfverhalten der Kraftstoffe in der Praxis ermöglichen.

Die zahlreichen Unstimmigkeiten, die sich besonders bei der Klopffestigkeitsbewertung von Flugkraftstoffen ergaben, führten bereits zur Entwicklung einer Anzahl von Prüfverfahren, die von der üblichen Oktanzahlbestimmung abgehen. Man wählt als Maß die Motorleistung bzw. eine von ihr abhängige Größe[1]. Um sicher zu gehen, daß der Motorzustand einwandfrei ist, verwendet man wie bisher Bezugskraftstoffe. Als Meßergebnis stellt man die Leistung in Abhängigkeit vom Luftüberschuß (Verbrauch/Stunde) und von der Temperatur dar, vorausgesetzt, daß mit Hilfe der Bezugskraftstoffe ein einwandfreier Motorzustand nachgewiesen wurde. Andererseits läßt sich auch angeben, welche Gemische aus den Bezugskraftstoffen bei den angewandten

[1] PHILIPPOVICH, A. v.: Öl u. Kohle **15**, 551 (1939).

Prüfbedingungen die gleichen Werte wie der zu untersuchende Kraftstoff liefern. Ein Diagramm, wie man es beispielsweise nach dem in der beschriebenen Weise arbeitenden D. V. L.-Überladeverfahren erhält, ist in Abb. 144 angegeben[1].

Bei diesem Verfahren wird als Prüfmotor ein Flugmotor-Einzylinder verwendet. Die Prüfbedingungen werden so gewählt, daß die Verhältnisse des Flugvollmotors weitmöglich berücksichtigt werden. Beurteilungsmaßstab ist der zulässige abs. Ladedruck oder der mittlere wirksame Kolbendruck bei beginnendem Klopfen in Abhängigkeit von den Betriebsbedingungen. Der Klopfbeginn wird durch Abhören festgestellt oder nach der zweiten elektrischen Differentiation aus dem Druck-Zeit-Diagramm abgelesen[2]. Der bis zum Erreichen der kritischen Luftüberschußzahl erforderliche Ladedruck wird durch einen ortsfesten, fremd angetriebenen Verdichter erzeugt. Mit Hilfe des Überladeverfahrens lassen sich Kraftstoffe in jedem Flugmotor-Einzylinder ohne Vornahme wesentlicher baulicher Veränderungen bei beliebigen Betriebsverhältnissen prüfen.

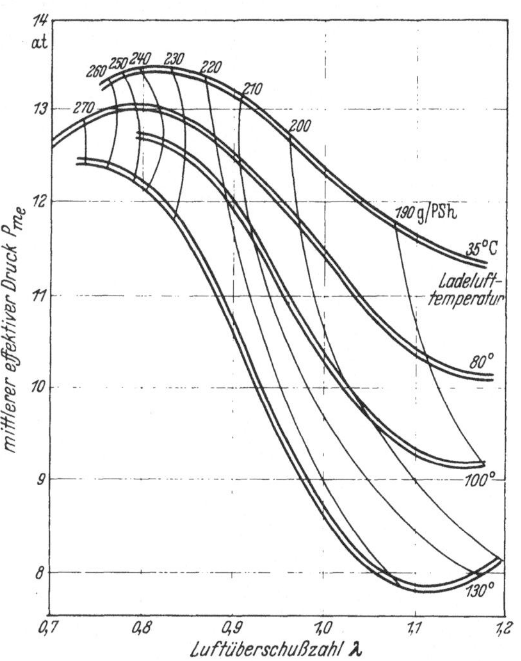

Abb. 144. Prüfung eines 87-Oktan-Kraftstoffes nach dem D.V.L.-Überladeverfahren.

Aus der Abhängigkeit des mittleren wirksamen Kolbendruckes p_{me} in at und des zulässigen abs. Ladedruckes in mm Q.-S. von der Luftüberschußzahl λ läßt sich das Kraftstoffverhalten bei Start- und Reiseflugbedingungen beurteilen. Mit steigender Luftüberschußzahl tritt in jedem Falle eine Abnahme des mittleren wirksamen Kolbendruckes, d. h. der Leistung, ein; dieser Abfall ist um so größer, je höher die Ladelufttemperatur gewählt wurde. An den Verlauf der dargestellten Abhängigkeiten werden bestimmte Bedingungen gestellt, die von den Flugkraftstoffen erfüllt werden müssen.

[1] Seeber, F.: Luftfahrtforschung **16**, 18 (1939). — Vgl. auch H. H. Berg, Automobiltechn. Z. **42**, 41 (1939).

[2] Seeber, F., u. F. Lichtenberger: Kraftstoff **17**, 173 (1941).

Der Einfluß des chemischen Aufbaues der Kraftstoffmoleküle auf die Überladbarkeit der Kraftstoffe kommt in Abb. 145 zum Ausdruck[1]. Obwohl die dort hinsichtlich ihrer Überladbarkeit gekennzeichneten Kraftstoffe die gleiche C. F. R.-Motor-Oktanzahl (87) aufweisen, zeigen sie nach dem D. V. L.-Überladeverfahren ein unterschiedliches Verhalten. Mit abnehmendem Aromatengehalt fällt die Überladbarkeit ab. Andererseits ist der mit steigender Luftüberschußzahl eintretende Abfall um so stärker, je aromatischer die Kraftstoffzusammensetzung ist. Die Unzulänglichkeit der Oktanzahl wird durch diese Versuchsergebnisse augenscheinlich.

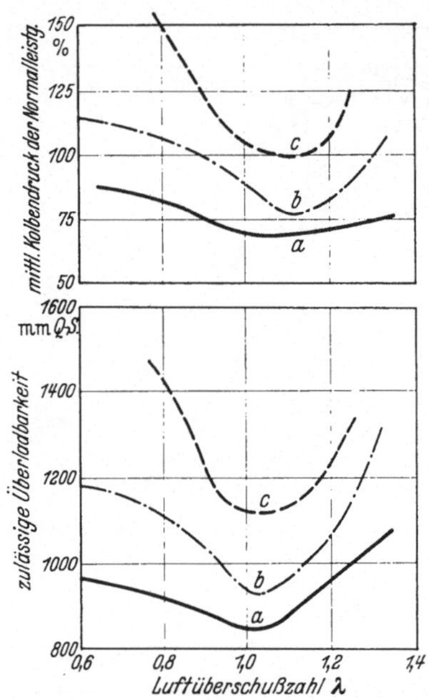

Abb. 145. Überladbarkeit von Kraftstoffen gleicher Oktanzahl (87), aber verschiedener chemischer Zusammensetzung: *a* paraffinisch-naphthenisch, *b* 30% aromatisch, *c* 75% aromatisch.

Wie sehr die Ergebnisse der verschiedenen Oktanzahl-Bestimmungsmethoden in manchen Fällen voneinander abweichen, zeigen die Vergleichswerte in Zahlentafel 176.

Die Entwicklung der Flugkraftstoffe geht bereits seit einer Anzahl von Jahren dahin, die Klopffestigkeit mehr und mehr zu erhöhen. Die Steigerung der Klopffestigkeit bietet zwei Vorteile: erhöhte Motorleistung und verringerten Kraftstoffverbrauch. Die Leistungssteigerung wird dadurch ermöglicht, daß der mittlere effektive Druck z. B. durch Überladung dank der höheren Klopffestigkeit vergrößert werden kann (vgl. Abb. 141). Die Verringerung des Verbrauches ist darauf zurückzuführen, daß bei Verwendung von Kraftstoffen größerer Klopffestigkeit das Verdichtungsverhältnis erhöht oder das Kraftstoff-Luft-Verhältnis, d. h. die zulässige Vermagerung, ohne Leistungsabfall herabgesetzt werden kann.

Klein[2] fand z. B. bei vergleichenden Untersuchungen mit 92- und 100-Oktan-Kraftstoffen (Army-Methode) je nach der verwendeten Motorbauart und den angewandten Betriebsbedingungen Leistungsunterschiede zwischen 12 und 30%. Es ist jedoch zu berücksichtigen, daß sich die durch Klopffestigkeitssteigerung erzielbaren Leistungsverbesserungen ermäßigen, wenn die klopffesteren Kraftstoffe einen ge-

[1] Weise, E.: Z. Ver. dtsch. Ing. **85**, 369 (1941).

[2] Klein, F. D.: J. Aeronaut. Sci. **2** (1935). — Vgl. auch S. D. Heron: Nat. Petr. News **29**, 307 (1937).

ringeren Heizwert (kcal/kg) als der weniger klopffeste Vergleichskraftstoff aufweisen. Eine Heizwertabnahme um 1% äußert sich so, als ob der Kraftstoff eine um zwei Oktanzahleinheiten geringere Klopffestigkeit besäße (s. unter Heizwert, S. 460).

Zahlentafel 176.
Klopffestigkeit von Benzinen und reinen Kohlenwasserstoffverbindungen nach verschiedenen Prüfverfahren (HERON und BEATTY).

Kraftstoff	Oktanzahl nach			
	ASTM.	C. F. R.-Res.	B. A. M.	U. S. Army
1. *Benzine:*				
)estillat-	77 max.	—	78 max.	77 max.
:rack-	65—80	90+ max.	—	65—80
[ydrier- oder katalyt. gekrackt	76—79	etwa 79 max.	etwa 79 max.	75—78
2. *Verzweigte Paraffine:*				
. 2, 4-Trimethylpentan . .	100	100	100	100
:andelsgemisch von Isooktan	95—99	—	—	95—99
ıopentan (2-Methylbutan)	etwa 90	—	—	—
2-Dimethylbutan	95	—	—	—
2, 3-Trimethylbutan . . .	100 + 1 cm^3 [1]	—	—	100 + 1 cm^3 [1]
ıododekan-Gemisch	—	—	—	etwa 95
3. *Aromaten:*				
enzol	100 + 0,6 cm^3 [1]	weit über 100	—	88
oluol	100 + 2,0 cm^3 [1]	weit über 100		98
ylol	100 + 2,0 cm^3 [1]	—	—	99
ynthetische Aromaten mit Seitenketten	—	—	—	etwa 95
4. *Olefine:*				
emischte Diisobutylene . .	84	über 100	—	84
5. *Äther:*				
iisopropyl	—	—	—	98—99
ertiärer Butyläthyl . . .	—	—	—	100 + 0,1 cm^3 [1]
6. *Alkohole:*				
ethanol	98	—	—	87—90
:hanol	99	—	—	—
opropanol	—	—	—	um 100
7. *Ketone:*				
:eton	100	—	—	100
ethyläthyl	100	—	—	100
8. *Naphthene:*				
·klohexan	75	85	—	—

[1] Oktanzahlen wie 100 + 1 cm^3 geben an, daß sich der betreffende Kraftstoff wie Isooktan + 1 cm^3 TEL/U. S. gall. verhält. — Vgl. W. WITSCHAKOWSKI: Öl u. Kohle **37**, 801 (1941)

Die mit der Verwendung hochklopffester Kraftstoffe verbundene Leistungszunahme findet im Flugbetrieb ihren Ausdruck in einer gesteigerten Höchst- und Steiggeschwindigkeit, in einer Erhöhung der zahlenden Zuladung, der Reichweite oder der Flughöhe. Die Start- und Landestrecken auf dem Rollfeld werden erheblich verkürzt, so daß die Flugfeldausmaße entsprechend verkleinert werden können[1].

.Die unmittelbare destillative Aufarbeitung von Erdöl führt nicht zu den heute erwünschten hochklopffesten Kraftstoffen. Größtenteils

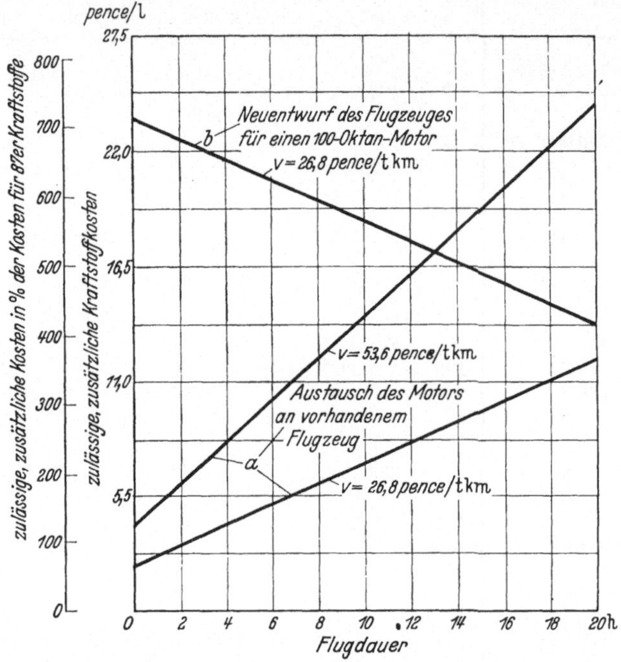

Abb. 146. Grenzwerte der Wirtschaftlichkeit von Preiserhöhungen bei Verwendung hochklopffester Kraftstoffe.

sind besondere Umwandlungen wie z. B. bei der Herstellung von Polymerbenzin, Isooktan und Diisopropyläther durchzuführen, die zusätzliche Kraftstoffkosten verursachen. Will man einen wirtschaftlichen Betrieb aufrechterhalten, so dürfen diese Mehrkosten einen bestimmten Betrag natürlich nicht überschreiten. Angaben über die Preiserhöhung, die unter verschiedenen Betriebsverhältnissen bei Ersatz von 87-Oktan- durch 100-Oktan-Kraftstoffe zugelassen werden kann, wurden von Bass[2]

[1] Vgl. in diesem Zusammenhang W. R. Hopkins: Aero Dig. **26**, 27 (1935). — Bass, E. L.: Petrol. Times **37**, 773 (1936). — Du Bois, R. N., u. V. Cronstedt: S. A. E. J. **40**, 225 (1936). — Young, R. W.: Trans. Soc. Automotive Eng. **36**, 6 (1936). — Mead, G. J.: S. A. E. J. **41**, 455 (1937). — Heron, S. D.: Refiner **16**, 521 (1937).

[2] Bass, E. L.: Shell Aviation News H. 69 (1937).

gemacht. Es wird dabei angenommen, daß sich der 87-Oktan- von einem 100-Oktan-Kraftstoff im Betrieb folgendermaßen unterscheidet:

Kraftstoff	87-Oktan	100-Oktan
Spez. Gewicht bei 15,6°	0,750	0,715
Nennleistungsgewicht, kg/PS	0,52	0,47
Spez. Kraftstoffverbrauch, kg/PS u. h	0,206	0,190

Setzt man weiterhin den Preis für den 87-Oktan-Kraftstoff mit 3,3 pence/l, die Fluggeschwindigkeit mit 257 km/h und den Wert der Zuladung v mit 26,8 pence/t/km für Normalflug und mit dem doppelten Betrag für Langstreckenflug an, so sind die in Abb. 146 ablesbaren zusätzlichen Kosten für 100-Oktan-Kraftstoffe zulässig. Bei Austausch des Motors an einem vorhandenen Flugzeug kann ein um so höherer Mehrpreis gezahlt werden, je länger die zurückzulegende Flugstrecke bzw. Flugdauer ist. Bei eigens für 100-Oktan-Kraftstoffe gebauten Flugzeugen sind die zulässigen Mehrkosten bedeutend höher, mit zunehmender Flugdauer fällt der Vorteil solcher Flugzeugkonstruktionen gegenüber den durch Motoraustausch umgeänderten jedoch mehr und mehr ab.

Eigenschaften von Flugkraftstoffzusätzen.

Als Flugkraftstoffe oder als Zusätze zu solchen kommen zahlreiche Kraftstoffarten und reine Kohlenwasserstoffverbindungen in Frage. Die physikalisch-chemischen Eigenschaften der bekanntesten Kraftstoffe und Kraftstoffzusätze wurden bereits in früheren Abschnitten beschrieben. Die wichtigsten Daten sind nochmals in Zahlentafel 177 zusammengefaßt.

Um den Verbrauch an hochklopffesten Kraftstoffen der Oktanzahl 100 und darüber einzuschränken, ist man vielfach dazu übergegangen, im Langstreckenflug den normalen Flugkraftstoff mit einer Oktanzahl von 87 (C. F. R. — ASTM.) zu benutzen. Nur vorübergehend, z. B. beim Start oder im Luftkampf, wird ein Sonderkraftstoff mit hoher Oktanzahl aus einem zweiten Tank zusätzlich eingespritzt[1]. Die Zugabe erfolgt dabei hinter dem Vergaser unmittelbar in die Saugleitung. Man ist dadurch in der Lage, den für die Höchstleistung erforderlichen Kraftstoffüberschuß einzustellen. Zudem werden Vergaserstörungen durch die hohe Verdampfungswärme mancher Zusatzkraftstoffe, z. B. der Alkohole, vermieden. Gleichzeitig umgeht man alle durch einen etwaigen Wassergehalt der Alkohole verursachten Schwierigkeiten. Letzten Endes wird durch die während der Verdampfung eintretende Gemischkühlung eine gewisse Klopffestigkeitssteigerung hervorgerufen, die zwischen 1 bis 4 Oktanzahleinheiten betragen soll.

[1] THIEMANN, A. E.: Automobiltechn. Z. **44**, 124 (1941).

Zahlentafel 177. Physikalisch-chemische Eigenschaften verschiedener

Kraftstoffart	Siedepunkt °C bei 760 mm Hg	Reid-Dampfdruck bei 37,8 °C (100 °F)[2]	Gefrierpunkt °C
1. *Benzine:*			
Destillat (straight run)-	—	0,49[3]	unter −60
Krack-	—	0,49[3]	unter −60
Hydrier- oder katalytisch gekrackt	—	0,49[3]	unter −60
2. *Verzweigte Paraffine:*			
2, 2, 4-Trimethylpentan (Isooktan)	99,5	0,16	−108
Handelsgemisch von Isooktanen	96—119	0,09—0,18	—
Isopentan (2-Methylbutan)	28	1,43	−160
2, 2-Dimethylbutan (Neohexan)	50	0,67	− 98
2, 2, 3-Trimethylbutan	81	0,23	− 9
Isododekane (hydrierte Triisobutylene)	166—204	~ 0,07	unter −18
3. *Aromaten:*			
Benzol	79	0,22	+ 5,5
Toluol	110	0,09	−95
Xylole	138—143	0,03	−47 bis +13
Synthetische Aromaten mit Seitenketten am Ring	—	niedrig	—
4. *Olefine:*			
Gemischte Diisobutylene	102	~ 0,11	−101
5. *Äther:*			
Diisopropyl-	68	0,37	− 87
Tertiärer Butyläthyl	69	—	tief
6. *Alkohole:*			
Methanol	65	0,37	− 98
Äthanol	78	0,20	− 117
Isopropanol	82	—	− 89
7. *Ketone:*			
Azeton	55	0,53	− 94
Methyläthyl	79	0,22	− 87
8. *Naphthene:*			
Zyklohexan	81	—	+ 6,5

[1] Die physikalisch-chemischen Daten der Kohlenwasserstoffe werden an anderen beziehen sich stets auf Meßergebnisse verschiedener Autoren.

[2] Bei einigen reinen Kohlenwasserstoffen wurden an Stelle des Reid-Dampf- übereinstimmen.

[3] Mittelwert.

[4] Trifft für Methanol nicht ganz zu *.

* Siehe z. B. R. Heinze, M. Marder und G. Elsner: Angew. Chem. Beiheft

Kraftstoffarten und Kraftstoffzusätze nach HERON und BEATTY[1].

Spez. Gewicht bei 15,6°	Oberer Heizwert kcal/kg	Verdampfungswärme kcal/kg	Wasserbeständigkeit. Löslichkeit von Wasser im Kraftstoff Gew.-%	Kraftstoff in Wasser Gew.-%
0,69—0,76	11120—11450	78—83	0,005 (20°)	0,0006 (20°)
0,70—0,74	~ 11120	78—83	niedrig	niedrig
0,70—0,72	11120—11450	78—83	,,	,,
0,696	11430	78	niedrig	niedrig
0,70—0,72	11430	~ 78	,,	,,
0,625	11560	89		,,
0,654	11510	~ 83	,,	,,
0,694	11450	~ 78	,,	,,
0,75—0,76	11340	—	,,	,,
0,884	10010	95	0,062 (20°)	—
0,871	10170	89	0,046 (20°)	—
0,865—0,884	10290	83	—	
0,86—0,89	—	~ 78	—	
0,715	11290	78	—	—
0,729	9400	68	0,25 (25°)	0,65 (25°)
0,740	9400	—	—	—
0,797	5280	263	vollständig mischbar[4]	
0,792	7060	205		
0,791	8010	160		
0,796	7280	124		
0,810	8060	—	wahrscheinlich sehr hoch	
0,781	11180	~ 89	—	—

Stellen des Buches zum Teil etwas abweichend angegeben; die verschiedenen Werte

druckes die wahren Dampfdrucke angegeben, die mit den ersteren in engen Grenzen

Die durch das Einspritzen von Zusatzkraftstoffen erzielbare Klopffestigkeitssteigerung eines Flugbenzins der C. F. R.-Motor-Oktanzahl 77 kommt in Abb. 147 zum Ausdruck. Die Zusätze sind um so wirksamer, je höher ihre Mischoktanzahl ist. Benzol besitzt im Verhältnis zu seiner Klopffestigkeit niedrige Mischoktanwerte und eignet sich dementsprechend wenig als Zusatz. 80proz. Äthylalkohol wirkt fast ebenso gut wie absoluter Alkohol; Zugabe von Bleitetraäthyl ruft erwartungsgemäß eine weitere erhebliche Klopffestigkeitssteigerung hervor. Durch Zusatz von 20% eines Gemisches aus 80proz. Alkohol

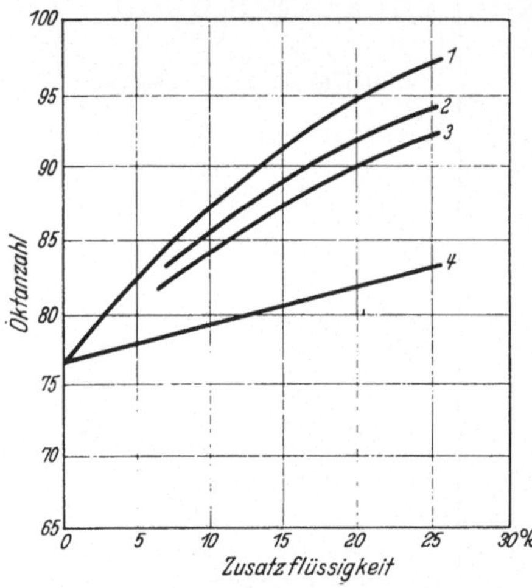

Abb. 147. Wirkung verschiedener Zusätze auf die Klopffestigkeit eines 77-Oktan-Benzins. 1 80proz. Alkohol + 0,08% TEL, 2 100proz. Alkohol, 3 80proz. Alkohol, 4 Benzol.

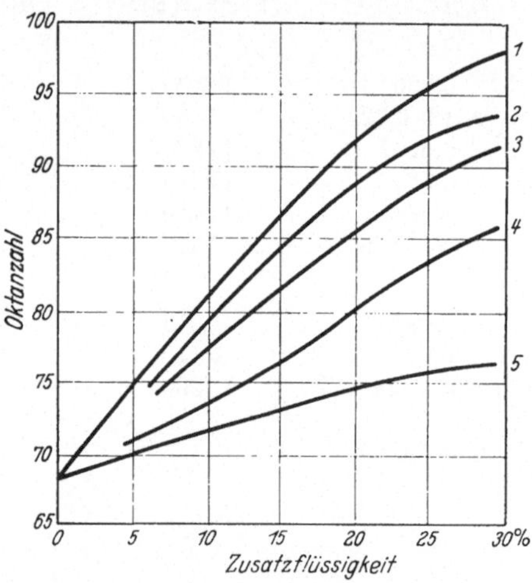

Abb. 148. Wirkung verschiedener Zusätze auf die Klopffestigkeit eines 69-Oktan-Benzins. 1 80proz. Alkohol + 0,08% TEL, 2 100proz. Alkohol, 3 80proz. Alkohol, 4 Azeton, 5 Wasser.

mit 0,08% Bleitetraäthyl erhöht sich die Oktanzahl des als Beispiel angeführten Flugbenzins von 77 auf 95.

Die zu erwartende Klopffestigkeitssteigerung ist um so größer, je niedriger die Oktanzahl des Grundbenzins ist. Z. B. wurde ein 69-Oktan-Benzin durch den letztgenannten Zusatz auf eine Oktanzahl von 92 gebracht. Interessant ist, daß auch durch Einspritzen von Wasser eine nennenswerte Erhöhung der Klopffestigkeit eintritt (vgl. Abb. 148 und S. 505).

Ein Teil der vorgenannten Stoffe und Stoffgemische kommt in erster Linie als Zusatz zu Kraftstoffen zwecks Erhöhung der Klopffestigkeit in Frage. Für sie ist deshalb weniger die Oktanzahl als die Oktanzahlerhöhung, die durch sie erzielt werden kann, maßgeblich. In Ergänzung früherer Ausführungen über den Mischoktanwert von Kraftstoffzusätzen ist aus diesem Grunde in Zahlentafel 178 das Klopfverhalten solcher Verbindungen im Gemisch mit 70-Oktan-Destillatbenzin (sog. Fluggrundbenzin) ohne und mit Zusatz von Bleitetraäthyl an Hand von ASTM.- und U. S. Army-Oktanzahlen wiedergegeben.

Zahlentafel 178. Klopffestigkeit der bekanntesten Flugkraftstoffzusätze im Gemisch mit Destillatbenzin ohne und mit Bleitetraäthyl[1].

Oktanzahl	Isopentan	Isooktan		Aromaten				Diisopropyläther	Ketone		Alkohole		
		100-Oktan	95-Oktan	Benzol	Toluol	Xylol	Äthylbenzol		Azeton	Methyläthyl	Äthyl	Methyl	Tert. Butyl
C.F.R.-Motor- (ASTM.-) Methode:													
Kraftstoff in reinem Zustand	90	100	95	100+	100+	100+	96	98	100	99	99	98	—
50% gemischt mit 70-Oktan-Destillatbenzin	80	84	82	81	82	84	85	86	85	86	88	89 [2]	83
+ 1 cm³ TEL/gall.	87	90	89	85	87	88	89	93	93	93	89	91 [2]	91
+ 2 ,, ,,	91	94	92	88	90	90	92	96	96	95	89	93 [2]	95
+ 3 ,, ,,	94	97	95	90	92	93	93	99	98	96	89	95 [2]	97
+ 4 ,, ,,	95	99	97	91	93	93	94	100	99	97	89	96 [2]	99
U. S. Army-Methode:													
Kraftstoff in reinem Zustande	90	100	95	88	98	99	94	98	100	99	—	—	—
50% gemischt mit 70-Oktan-Destillatbenzin	81	85	83	80	82	85	85	88	87	86	86	85 [2]	85
+ 1 cm³ TEL/gall.	90	93	91	85	89	91	90	94	95	94	87	87 [2]	93
+ 2 ,, ,,	93	96	95	88	92	94	92	98	98	96	87	88 [2]	97
+ 3 ,, ,,	96	99	97	89	94	96	94	100	100+	98	87	89 [2]	99
+ 4 ,, ,,	98	100+	98	90	95	97	95	100+	100+	99	87	89 [2]	100

[1] Nach U. O. P.-Booklet 220, Tafel 7 (1938).
[2] Gemisch enthält 50% 70-Oktan-Benzin, 40% Methylalkohol und 10% Äthylalkohol.

Eine nähere Beschreibung der Herstellungsweise und Eigenschaften der verschiedenen Kraftstoffarten findet sich in den jeweils die einzelnen Kraftstoffe behandelnden Abschnitten.

Gehalt an Harz, Wasser und anderen Fremdstoffen.

Wirken Fremdstoffe wie Harz, Wasser, Staub usw. schon im Automobilbetrieb sehr störend, so führt ihre Anwesenheit im Flugkraftstoff zu schwersten Zwischenfällen im Flugbetrieb. Im Landverkehr ist es leicht möglich, verstopfte Kraftstoffleitungen und Vergaserdüsen zu reinigen; diese Möglichkeit entfällt während des Fluges. Eine Verstopfung der Kraftstoffleitungen, Kraftstoffilter und Vergaserdüsen oder gar ein Festsitzen der Einlaßventile durch Harzabscheidungen erzwingt unter Umständen eine sofortige Landung. Die damit verbundenen Gefahren gaben Veranlassung, den Gehalt der Flugkraftstoffe an solchen Fremdstoffen eng zu begrenzen. In den Lieferbedingungen mancher Länder wird sogar die Anwesenheit geringster Mengen von Harzstoffen im Flugkraftstoff abgelehnt. Neben dem vorhandenen Harz (existent gum) wird häufig auch die Neigung der Kraftstoffe, beim Lagern Harz (potential gum) neu zu bilden, z. B. durch den sog. Bombentest[1], ermittelt. Wegen der Leichtigkeit, mit der ungesättigte Kraftstoffe zur Harzbildung neigen, werden Krackbenzine, Polymerbenzine und Benzine aus Schwelteeren trotz ihrer zum Teil hohen Klopffestigkeit als Bestandteile von Flugkraftstoffen bisher meist ausgeschlossen.

Die Anwesenheit von *Wasser* im Kraftstoff wirkt sich besonders bei niedrigen Temperaturen aus. Es kann durch Ausfrieren z. B. im Vergaser ebenfalls die Kraftstoffzufuhr behindern oder unterbinden.

Kälteverhalten.

Die niedrigen Temperaturen, denen der Kraftstoff während des Fluges ausgesetzt ist, verlangen, daß Flugkraftstoffe bis zu sehr tiefen Temperaturen (bis etwa $-60°$) weder Kristallausscheidungen noch Entmischungen zeigen. Die Gefrierpunkte der meisten Kohlenwasserstoffe liegen weit unter dieser Temperatur. Destillatbenzine besitzen Gefrierpunkte zwischen etwa -80 bis $-120°$. Bei diesen Temperaturen bildet sich gewöhnlich ein teigartiger Brei, der bei weiterem Temperaturabfall um 20 bis 30° häufig in eine hornartige, feste Masse übergeht. Einzelne Kohlenwasserstoffe kristallisieren aber schon bei verhältnismäßig sehr hohen Temperaturen. Insbesondere sind die nebenstehenden zu nennen.

Kohlenwasserstoff	Kristallpunkt, ° C
p-Xylol	+13,2
Zyklohexan	+ 6,5
Benzol	+ 5,5

[1] Vgl. S. 152.

Der Gehalt der Flugkraftstoffe an solchen Kohlenwasserstoffen ist infolgedessen eng begrenzt.

Obwohl *Alkoholkraftstoffe* Kristallausscheidungen erst bei sehr tiefen Temperaturen ergeben, sind sie von der Verwendung im Flugmotor in vielen Ländern ausgeschlossen. Bei ihnen besteht neben anderen Nachteilen wie niedrigem Heizwert und erheblicher Korrosionswirkung die Gefahr, daß sie sich unter der Einwirkung von Wasser in eine wäßrige Alkohol- und eine wenig Alkohol enthaltende Benzinschicht entmischen. Die dabei entstehenden Einzelschichten sind jede für sich als Kraftstoffe ungeeignet. Die Alkoholschicht ist zu energiearm, die darüberstehende Benzinschicht besitzt eine unzureichende Klopffestigkeit. Andererseits haben Alkoholkraftstoffe die Eigenschaft, verhältnismäßig große Mengen Wasser ohne Entmischung zu lösen und dadurch die Vereisungsgefahr für den Vergaser zu bannen. Als Kraftstoffzusatz, der gleichzeitig als Mittel zur Verhütung der Vereisung und zur Erhöhung der Klopffestigkeit (s. unter Gegenklopfmittel, S. 504) dient, wird Anilol, ein Gemisch aus Anilin und verschiedenen Alkoholen, verwendet. Es wird z. B. in Amerika in einem besonderen Tank auf dem Fluge mitgeführt und dem Kraftstoff während des Flugzeugaufstieges automatisch beim Durchgang durch den Vergaser beigemischt (vgl. auch S. 471).

Schwefel- und Säuregehalt.

Wie bei Autokraftstoffen ist auch der zulässige Gehalt der Flugkraftstoffe an Schwefel und Säure begrenzt. Zur Vermeidung jeglicher Korrosion in Kraftstoffbehältern, Leitungen, Vergasern sowie im Motor selbst schreiben die meisten Länder für Flugkraftstoffe noch kleinere Höchstwerte an Schwefel und Säure als bei Autokraftstoffen vor.

Anforderungen an Flugkraftstoffe für große Höhen.

Die Anforderungen an Kraftstoffe für Flüge in große Höhen[1] lassen sich an Hand der bisher vorliegenden Erfahrungen nur andeutungsweise wiedergeben. Da man für Höhenflüge unter allen Umständen Maschinen mit hohem Steigvermögen einsetzen wird, ergibt sich die Notwendigkeit, Kraftstoffe mit bester Verdichtungsfähigkeit und hoher Überladbarkeit zu verwenden. Trotz der niedrigen Außentemperaturen ist auch in großer Höhe mit hohen Zylinderwandtemperaturen zu rechnen; denn der Abfall der Lufttemperatur wird durch die eintretende Dichteabnahme der Kühlluft mehr als aufgewogen. Erreicht man Höhen von 12 km, so findet ein weiterer Temperaturabfall überhaupt nicht mehr statt, während die zur Verfügung stehenden Kühlluftmassen infolge der fortschreitenden Luftdichteverringerung immer kleiner werden (Zahlentafel 175). Die Ansprüche an die Klopffestigkeit der Kraftstoffe können

[1] Bass, E. L.: Petrol. Times 773 (1936).

erst dann bis zu einem gewissen Grade herabgesetzt werden, wenn die Endflughöhe erreicht ist, und der Hauptvorteil der Stratosphärenflüge, nämlich die Erhöhung der Geschwindigkeit, ausgenutzt werden kann.

Auf den ersten Blick scheinen Kraftstoffe mit hoher Verdampfungswärme, z. B. Alkoholkraftstoffe, als Stratosphärenflugkraftstoffe besonders geeignet zu sein. Aber ihr geringer Energieinhalt je Gewichtseinheit und ihre Eigenschaft, sich bei niedrigen Temperaturen leicht zu entmischen, schließen die Alkoholkraftstoffe sowie alle übrigen sauerstoffhaltigen Kraftstoffe von vornherein von der Verwendung in großen Höhen aus. Praktisch kommen nur Kohlenwasserstoffe mit hoher Klopffestigkeit und guter Bleiempfindlichkeit, z. B. die Isoparaffine, in Betracht. Unter Umständen ist auch daran zu denken, zwei Kraftstoffe mit verschiedener Klopffestigkeit in dem auf S. 471 beschriebenen Sinne zu verwenden.

Die günstigste Einstellung des *Dampfdruckes* der Höhenflugkraftstoffe ist vom Außendruck und von der Kraftstofftemperatur, d. h. von den Bedingungen abhängig, denen die Kraftstoffe während des Fluges ausgesetzt sind. Der Außendruck läßt sich mit Hilfe der Zahlentafel 175 unmittelbar aus der Höhenlage angeben. Größere Schwierigkeiten macht es, die Temperatur im Kraftstofftank vorauszusagen (S. 463). Da der Kraftstoff im Tank wegen der geringen Luftdichte nur schwach gekühlt, in den Kraftstoffleitungen infolge Wärmestrahlung und -leitung vom Motor her aber ziemlich stark erwärmt wird, ist mit verhältnismäßig hohen Temperaturen in den Kraftstoffzuführungen zu rechnen. Nimmt man z. B. nach Bass eine Temperatur von 15° C in der Kraftstoffleitung an, so darf der Reid-Dampfdruck des Kraftstoffes (37,8°) nicht höher als 0,21 at liegen, wenn eine Überschreitung der Grenztemperatur der Dampfblasenbildung nach Bridgeman (S. 464) vermieden werden soll. Auf alle Fälle wird der Dampfdruck der Höhenflugkraftstoffe gegenüber dem der normalen Kraftstoffe niedrig zu wählen sein. Trotzdem müssen die üblichen Anforderungen an die *Flüchtigkeit* der Kraftstoffe erfüllt bleiben. Das bedeutet, daß der bei niedrigen Temperaturen, etwa bis 75°, übergehende Kraftstoffanteil klein gehalten werden muß; um trotzdem eine ausreichende Flüchtigkeit zu erhalten, muß die Fraktion von 75 bis 150° vergrößert werden. Unter Umständen ist auch der Endsiedepunkt herabzusetzen. Die durch die Wegnahme der leichten Anteile bewirkte schlechte Startfähigkeit der Motoren wird am besten durch Verwendung eines zweiten flüchtigeren Kraftstoffes vor dem Start ausgeglichen.

Besondere Ansprüche sind vor allen Dingen an den *Kristallisationspunkt* der Höhenflugkraftstoffe zu stellen. Auch die geringste Kristallbildung in irgendeinem Teil des Kraftstoffsystems kann zu den schwersten Folgen führen. Wahrscheinlich wird man, um sicher zu gehen, die Temperatur der beginnenden Kristallisation auf höchstens −70 bis −80° ansetzen müssen.

Sicherheitskraftstoffe.

Der ungewöhnlich niedrige Flammpunkt (etwa −35°) und die hohe Flüchtigkeit der Flugbenzine erhöhen die Gefahren des Flugbetriebes in starkem Maße. Das gilt insbesondere für den Militärflugbetrieb während des Krieges. Ein beträchtlicher Anteil der Flugzeugverluste ist darauf zurückzuführen, daß der Kraftstoff außerordentlich leicht in Brand gerät, wenn irgendwelche Flugzeugteile bei Beschuß getroffen werden. Man ist deshalb seit langem bestrebt, sog. Sicherheitskraftstoffe (safety fuels) mit hohem Flammpunkt zu entwickeln. Die Forderung eines hohen Flammpunktes läßt sich einfach durch Auswahl von Kraftstoffen mit höheren Siedegrenzen als den für Flugkraftstoffe üblichen erfüllen; denn der Flammpunkt steigt mit dem Siedepunkt der Kohlenwasserstoffe an. Die Lösung des Problems wird aber dadurch erschwert, daß bei normalen Erdölerzeugnissen mit dem Anstieg der Siedegrenzen ein Abfall der Klopffestigkeit und der Flüchtigkeit verbunden ist.

Um die geringe Flüchtigkeit der verhältnismäßig hochsiedenden Sicherheitskraftstoffe auszugleichen, kann man in verschiedener Weise vorgehen. Man verwendet entweder beheizte Vergaser oder spritzt den Kraftstoff in das zum Zylinder führende Saugrohr oder in den Zylinder selbst ein. Bei Versuchen von SCHEY[1] erwies sich die Zylindereinspritzung von den genannten Möglichkeiten als am günstigsten. Der volumetrische Wirkungsgrad war bei Vergasung am geringsten und bei Zylindereinspritzung am höchsten.

Die Kraftstoffeinspritzung bringt außerdem folgende Vorteile mit sich:

da ein Vergaser nicht vorhanden ist, können Schwierigkeiten durch Vergaservereisung nicht entstehen,

der Motor spricht schneller auf Veränderungen in der Kraftstoffzufuhr an, weil der durch äußere Vergasung bedingte Zeitverzug entfällt,

Störungen in der Kraftstoffzufuhr bleiben, da jeder Zylinder mit einem gesonderten Einspritzorgan versehen wird, jeweils nur auf einen Zylinder beschränkt,

die Einspritzung ermöglicht eine bessere Verteilung des Kraftstoffes auf die einzelnen Zylinder, als es bei Benutzung von Vergasern möglich ist.

Da das Erdöl Kohlenwasserstoffe mit hohem Flammpunkt und gleichzeitig hoher Klopffestigkeit im allgemeinen nicht enthält, war es notwendig, Sonderwege zur Herstellung von Sicherheitskraftstoffen zu be-

[1] SCHEY, O. W., bearbeitet von U. SCHMIDT: Z. Ver. dtsch. Ing. **85**, 229 (1941).

schreiten. Grundsätzlich werden heutzutage zwei Arten von Sicherheitskraftstoffen erzeugt, aromatische und isoparaffinische Kraftstoffe. Die ersteren können durch Hochdruckhydrieren (Bd. II), durch Alkylieren (S. 402), Zyklisieren und Aromatisieren (S. 278) oder mittels selektiver Lösungsmittel (S. 202), die letzteren durch Polymerisieren (S. 376) und Alkylieren (S. 403) gewonnen werden. Am weitesten vorgeschritten ist zur Zeit die Erzeugung von Sicherheitskraftstoffen durch Hochdruckhydrieren.

Der Siedebereich der Sicherheitskraftstoffe liegt meist zwischen 150 und 210°, der Flammpunkt um 40° und die Oktanzahl (C. F. R.-Motormethode) zwischen 90 und 100 (s. auch Bd. II, Sicherheitskraftstoffe aus der Hochdruckhydrierung). Der Heizwert, besonders der aromatischen Kraftstoffe, ist etwas niedriger als der der normalen Flugkraftstoffe. Dieser Nachteil wird jedoch zum Teil durch den Fortfall von Verdampfungsverlusten während des Fluges aufgehoben.

Bei Verwendung aromatischer Kraftstoffe ist ferner zu beachten, daß diese beim Erreichen des Klopfgrenzgebietes hohe Zylindertemperaturen hervorrufen. Diese Neigung aromatischer Kohlenwasserstoffe zur Überhitzung der Zylinder muß unbedingt vermieden werden, da die Abführung zusätzlicher Wärmemengen durch das Kühlaggregat auf Schwierigkeiten stößt. Aus diesem Grunde und wegen der meist besseren Bleiempfindlichkeit werden isoparaffinische den aromatischen Sicherheitskraftstoffen vorgezogen.

Zum Starten eines mit Sicherheitskraftstoffen zu betreibenden Motors werden gasförmige oder leichtflüchtige Kraftstoffe wie Propan, Butan, Äthyläther, Petroläther oder Flugbenzin eingesetzt; denn schon bei 10 bis 15° macht der Start mit hochsiedenden Kraftstoffen Schwierigkeiten. Einen zufriedenstellenden Start erhielt Schey z. B. durch Einspritzen geringer Mengen von Flugbenzin in das Saugrohr bei einer Drehzahl von 120 Umdr./min. Nach derartigem Start lief die Maschine sofort mit hochsiedendem Kraftstoff weiter. Dagegen mußte ein bei −30° mit Propangas gestarteter Motor längere Zeit mit Propan betrieben werden, bevor auf einen Sicherheitskraftstoff umgestellt werden konnte.

Um das Mitführen eines zweiten, leichtflüchtigen und leicht entflammbaren Kraftstoffes zu vermeiden, wurde auch vorgeschlagen, kleine elektrisch beheizte Krackanlagen in die Flugzeuge einzubauen. in denen vor dem Start entweder Sicherheitskraftstoff oder Schmieröl in Leichtkraftstoff aufgespalten werden soll[1].

Flugdieselkraftstoffe.

Vor einigen Jahren setzte allenthalben eine lebhafte Entwicklungstätigkeit auf dem Gebiete des Dieselflugmotorbaues ein. Über das reine

[1] Vgl. z. B. M. G. van Voorhis: Petroleum **35**, 635 (1930).

Versuchsstadium ist man jedoch bisher nur in Deutschland und kürzlich auch in USA. hinausgekommen. Der deutsche Junkers-Dieselmotor hat sich inzwischen bereits jahrelang im Ozeanflugbetrieb bewährt[1].

Neben den bereits genannten Vorzügen, die die Kraftstoffeinspritzung mit sich bringt (S. 479), sind als weitere Vorteile zu nennen[2]:

die auch bei Verwendung von Sicherheitskraftstoffen eintretende Verringerung der Feuersgefahr,

die Herabsetzung des spezifischen Kraftstoffverbrauches und daraus folgend eine Vergrößerung der Reichweite,

die Ausschaltung der die Funkverbindungen störenden Zündeinrichtungen,

die Vermeidung der zur Einlagerung der Kraftstoffe auf Flughäfen getroffenen Sicherheitsvorkehrungen und letzten Endes

die Herabsetzung des Kraftstoffpreises.

Trotz dieser bemerkenswerten Vorteile spielt der Flugdieselmotor zur Zeit nur in Deutschland eine Rolle. Der Hauptgrund ist das hohe Gewicht des Dieselmotors, dessen Triebwerksteile wegen der auftretenden hohen Drucke zum Teil sehr stark bemessen werden müssen. Die Entwicklung im Flugdieselmotorenbau geht deshalb dahin, das Gewicht der Motoren zu senken. Eine Möglichkeit hierzu besteht z. B. darin, daß man beim Starten die Ladeluft mit Sauerstoff aus mitgeführten Sauerstofflaschen anreichert. Dadurch entfällt die Anwendung der sonst erforderlichen hohen Ladedrucke beim Starten. Die Triebwerksteile brauchen infolgedessen nicht mehr nach den sonst beim Starten auftretenden hohen Maximaldrucken bemessen zu werden[2].

Als Kraftstoffe für Flugdieselmotoren kommen Erdöldestillate sowie Synthese- und Hydrierkraftstoffe von guter Zündwilligkeit (etwa z 50 bis 60), hohem Heizwert, niedriger Verkokungs- und Korrosionsneigung und ausgezeichneten Kälteeigenschaften in Frage (s. S. 496ff.).

b) Lieferbedingungen für Flugkraftstoffe.

In den folgenden Zahlentafeln sind die von der u. s.-amerikanischen Wehrmacht sowie die von den Luftfahrtministerien und der Verkehrsluftfahrt einer Anzahl von Staaten gestellten Anforderungen an Flugkraftstoffe nach dem Stande von 1937 zusammengestellt. Wesentliche Änderungen sind seit dieser Zeit nur hinsichtlich der Klopffestigkeit eingetreten. Man neigt allenthalben dazu, Kraftstoffe von höherer Oktanzahl zu verwenden: so ist die amerikanische Wehrmacht dazu übergegangen, ausschließlich 100-Oktan-Kraftstoffe einzusetzen.

[1] WITTEKIND, F.: Automobiltechn. Z. **44**, 216 (1941).
[2] Vgl. A. E. THIEMANN: Automobiltechn. Z. **44**, 217 (1941).

Zahlentafel 179. Liefervorschriften für Flugkraftstoff

	Liefer-vorschrift Nr.	Ausgabe-datum	Klopfprüf-methode	cm³ TEL je U. S.-Gall. maximal	Reid-Dampf-druck at, max.	Spez. Gewich bei 15,6° max.
95-Oktan-Kraftstoffe:				(3,75 min.)		
Wright (USA.)	5805 A	3. 2. 37	C.F.R.-M.	4,0	0,49	—
Royal Dutch Air Lines	95 oct.	—	C.F.R.-M.	3,0	0,49	—
Schweiz	95 oct.	—	C.F.R.-M.	3,0	0,49	—
93-Oktan-Kraftstoffe:						
American Air Lines	933	24. 1. 36	C.F.R.-M.	3,0	0,49	—
92-Oktan-Kraftstoffe:						
Allison Engineering (USA.)	keine besonderen Lieferbedingungen					
90-Oktan-Kraftstoffe:						
Sowjetruss. Luftfahrt[3]	Kalinsk	—	C.F.R.-M.	1,5	—	0,74
Wright	5804	2. 2. 37	C.F.R.-M.	4,0	0,49	—
87-Oktan-Kraftstoffe:						
Deutsche Luftfahrt[2]	87 Okt.		C.F.R.-M.	3,4 (p)	0,50	0,76
Belg. Min. f. nat. Verteidigung	SCL 7,01	1. 2. 35	—	3,79 (l)	—	0,79
Brit. Luftfahrtmin.	DTD 230	1. 8. 33	BAM. (k)	3,2 (j)	0,49	0,79
Canadian Airways	87 oct.	—	C.F.R.-M.	2,5	0,49	—
Imperial Airways	DTD 230	1. 8. 33	BAM. (k)	3,2 (j)	0,49	0,79
Royal Dutch Air Lines	87 oct.		C.F.R.-M.	3,0	0,49	—
Sowjetruss. Luftfahrt[3]	Baku		C.F.R.-M.	1,5	0,35	0,75
Schwed. Luftfahrtmin.	Type 1937		—	—	—	—
Schweiz	87 oct.		C.F.R.-M.	3,0	0,49	—
Allison Engineering	keine besonderen Lieferbedingungen					
American Air Lines	872	24. 1. 36	C.F.R.-M.	2,0	0,49	—
American Air Lines	873	24. 1. 36	C.F.R.-M.	3,0	0,49	—
Wright	5803 E	12. 2. 36	C.F.R.-M.	3,0	0,49	—
85-Oktan-Kraftstoffe:						
Air France	Qualité 3	—	C.F.R.-M.	3,0 (t)	—	0,77
Französ. Luftfahrtmin.	Aero. B	11. 2. 36	C.F.R.-M.	3,0 (q)	0,50	0,78
80-Oktan-Kraftstoffe:						
Deutsche Luftfahrt[2]	80 Okt.		C.F.R.-M.	1,5 (r)	0,50	0,76
Canadian Airways	80 oct.		C.F.R.-M.	1,0	0,49	—
Royal Dutch Air Lines	80 oct.		C.F.R.-M.	2,0	0,49	—
Sowjetruss. Luftfahrt[3]	Grozny		C.F.R.-M.	1,5	0,35	0,72
Schweiz	80 Okt.		C.F.R.-M.	2,0	0,49	—
American Air Lines	800	24. 1. 36	C.F.R.-M.	0,0	0,49	—
Wright	5802 E	12. 2. 36	C.F.R.-M.	2,0	0,49	—
77-Oktan-Kraftstoffe:						
Belg. Min. f. nat. Verteidigung	SCL 6,03	1. 6. 35	—	0,0	—	0,79
Brit. Luftfahrtmin.	DTD 224	1. 1. 34	BAM. (k)	0,0	0,49	0,79
Imperial Airways	DTD 224	1. 1. 34	BAM. (k)	0,0	0,49	0,79
74-Oktan-Kraftstoffe:						
Sowjetruss. Luftfahrt[3]	Kalinsk	—	C.F.R.-M.	0,0		0,74
73-Oktan-Kraftstoffe:						
Air France	Qualité 1	-	C.F.R.-M.	0,0	—	0,77
Air France	Qualité 2		C.F.R.-M.	0,0	—	0,77
Royal Dutch Air Lines	73 oct.	—	C.F.R.-M.	1,0	0,49	—
Schwed. Luftfahrtmin.	Type B		—	—	—	—
Schweiz	73 oct.		C.F.R.-M.	1,0	0,49	—
American Air Lines	730	24. 1. 36	C.F.R.-M.	0,0	0,49	—
Wright	5801 E	12. 2. 36	C.F.R.-M.	1,0	0,49	—
72-Oktan-Kraftstoffe:						
Sowjetruss. Luftfahrt[3]	Baku	—	C.F.R.-M.	0,0	0,35	0,75
70-Oktan-Kraftstoffe:						
Französ. Luftfahrtmin.	Aero A	11. 2. 36	C.F.R.-M.	0,0	0,50	0,78
Italien. Luftfahrt[2] (w)	—	-	C.F.R.-M.	0,0	—	—
Sowjetruss. Luftfahrt[3]	Grozny		C.F.R.-M.	0,0	0,35	0,72
69-Oktan-Kraftstoffe:						
Schwed. Luftfahrtmin.	Type A	—	—	-	—	—

[1] U. O. P.-Booklet Nr 208 (1937). [2] Hinsichtlich der heute in Deutschland und
[3] Die neuesten, bis zum Zusammenbruch der UdSSR. in Rußland geltenden Liefervor-

verschiedenen Ländern (Stand 1937)[1], umgerechnet.

	Destillationseigenschaften °C Maximum 10%	50%	90%	96%	EP.	10 + 50% °C min.	% Dest. min.	% Verlust max.	% Rückstand max.	Harz, mg/100 cm³ gemessen max.	Harz, mg/100 cm³ vorgebildet max.	Gefrierpunkt °C max.	Säuretest °F max.	Verbrennungswärme kcal/kg min.	Schwefel Gew.-% max.	Bemerkungen
		(80 min.)														
	75	100	135			153		2	1		10 (b)	−60	(d)	11,400 (e)	0,10	(1)
	75	100	135			153		2	1		10 (b)	−60	(d)	11,400 (e)	0,10	(1)
	75	100	135			153		2	1		10 (b)	−60	(d)	11,400 (e)	0,10	(1)
a)	75 (a)	100 (a)	130 (a)	155 (a)		153 (a)	96	2	2		10 (b)	60	20	—	0,10	(2)
	85	95	—	135		—	—	—	—	2—3	—	—	—	—	0,01	
	75	100	135	—		153	—	2	1	—	10 (b)	−60	(d)	11,400 (e)	0,10	(1)
		(80 min.)														
	70 (a)	100 (a)	—	150 (a)	165 (a)	—	—	2	—	5 (u)	15 (u)	−60	(u)		0,10	—
)	(n)	(n)	(n)	180 (a)	—	—	96	(n)	(n)	7,5 (o)	7,5 (o)	−60	—	—	0,10	(4)
	75 (a)	100 (a)	150 (a)	—	180 (a)	—	96	2	—	10 (n)	10 (n)	−60	—	—	0,15	(3)
	75	100	135		—	153	—	—	2	—	10 (b)	−60	—	(c)	0,10	—
	75 (a)	100 (a)	150 (a)		180 (a)	—	96	2	—	10 (n)	10 (n)	−60	—	—	0,15	(3)
	75	100	135	—	—	153	—	2	1	—	10 (b)	−60	20		0,10	(1)
	85	110	—	165	—	—		2	—	2—4	—	—	—		0,005	—
	70 (a)	100 (a)	—	160 (a)		—		—	—	—	—	—	—		—	(5)
	75	100	135	—	—	153		2	1		10 (b)	−60	20	—	0,10	—
a)	75 (a)	100 (a)	130 (a)	155 (a)		153 (a)	96	2	2	—	10 (b)	−60	20		0,10	(2)
a)	75 (a)	100 (a)	130 (a)	155 (a)		153 (a)	96	2	2		10 (b)	−60	20		0,10	(2)
	75	100	135	—		153	—	2	1		10 (b)	−60	20		0,10	(1)
	75 (a)	100 (a)	150 (a)	—	180 (a)	—	96	—	2	5,0	(v)	−50			—	(7)
	60	100	150		180	—	96	—	2	6,0	10	−45			0,15	(6)
	70 (a)	100 (a)		150 (a)	165 (a)	—	—	2	—	5 (u)	15 (u)	−60	(u)		0,10	—
	75	100	135	—	—	153	—	—	2	—	10 (b)	−60	—	(c)	0,10	—
	75	100	135	—		153	—	2	1	—	10 (b)	−60	20	—	0,10	(1)
	75	100	—	145		—	—	4	—	0	—	—	—	—	0,00	—
	75	100	135	—	—	153	—	2	1	—	10 (b)	−60	20		0,10	(1)
a)	75 (a)	100 (a)	130 (a)	155 (a)		153 (a)	96	2	2	—	10 (b)	−60	20	—	0,10	(2)
	75	100	135	—		153	—	2	1	—	10 (b)	−60	20		0,10	(1)
	(n)	(n)	(n)	180 (a)	—		96	(n)	(n)	7,5 (o)	7,5 (o)	−60			0,10	(4)
	75 (a)	100 (a)	150 (a)	—	180 (a)		96	2	—	10 (n)	10 (n)	−50	—	—	0,15	(3)
	75 (a)	100 (a)	150 (a)	—	180 (a)		96	2	—	10 (n)	10 (n)	−50		—	0,15	(3)
	85	95		135			—			2—3		—			0,01	(9)
	75 (a)	100 (a)	150 (a)	—	180 (a)		96	—	2	5,0	(v)	−50			—	(8)
	75 (a)	100 (a)	150 (a)	—	180 (a)		96	—	2	5,0	(v)	−50			—	(7)
	75	100	135	—	—	153	—	2	1	—	10 (b)	−60	20	—	0,10	(1)
	70 (a)	100 (a)	—	160 (a)	—	—	—	—	—		—	—	—	—	—	—
	75	100	135	—	—	153	—	2	1		10 (b)	60	20		0,10	(1)
a)	75 (a)	100 (a)	130 (a)	155 (a)	—	153 (a)	96	2	2	—	10 (b)	60	20		0,10	(2)
	75	100	135	—		153	—	2	1		10 (b)	60	20		0,10	(1)
	85	110		165				2	—	2—4	—	—		—	0,005	(10)
	60	100	150	—	180	—	96	—	2	6,0	10 (v)	−45			0,15	(6)
	(w)	(w)	(w)	(w)	160 (a)		—		2	(w)	(w)	−50			0,10	(12)
	75	100	—	145	—			4	—	0	—	—		—	0,00	(11)
	70 (a)	100 (a)	—	160 (a)			—	—		—	—	—	—		—	—

…ien geltenden Liefervorschriften vgl. die Zahlentafeln 186 bis 189.

…iften für Flugkraftstoffe sind in den Zahlentafeln 181 bis 185 mitgeteilt.

Zahlentafel 180. Anforderungen an Flugkraftstoffe der u. s.-amerikanischen Wehrmacht.

Verwendungszweck	U.S.-Heer				U.S.-Marine					
	Schulung	Kampf	Kampf	Kampf						
Bezeichnung	2—93[1]	2—95[1]	2—90[2]	2—92[2]	M 222				M 302	
Oktanzahl	65 (a)	92 (a)	92 (a)	100 (a)	73[3]	80 (b)[4]	83 (b)[4]	87 (b)[4]	87 (b)[5]	100 (a)[5]
Bleitetraäthyl (max.), cm^3/U. S. gall.	—	6	0	3	0	1,63	2,29	3,27	0,5	3
Farbe	—	blau	—	blau	+25 (c)	blau	blau	blau	blau oder farblos	blau
Reid-Dampfdruck (37,8°) (max.), at	0,49				0,49				0,49	
Schwefel (max.), Gew.-%	0,1				0,1				0,1	
Wassertoleranz (max.), cm^3/80 cm^3	±2[6]				—				±2[6]	
Harzzunahme, mg/100 cm^3 (e)	—	10	10	10	10				10	
Korrosion (Kupferschale)	keine				keine				keine	
Harz (Kupferschale), mg/100 cm^3	3	—	—	—	—				—	
Destillation:										
10 Vol.-% verdampfen bei °C	70	75	75	75	75				75	
50 ,, ,, ,, ,,	110	100	100	100	100				100	
90 ,, ,, ,, ,,	160	135	135	135	135				135	
Rückstand, Vol.-%, max.	2				2				2	
Oberer Heizwert	(f)				(f)				(f)	
Erstarrungspunkt, °C	—60				—60				—60	
Säuretest, °F-Unterschied	—				20 (d)				20 (d)	

(a) Oktanzahl nach der U. S. Army-Methode. (b) Oktanzahl nach der C. F. R.-Motormethode. (c) Saybolt. (d) Siehe Anmerkung d zu Zahlentafel 179. (e) Bombenmethode (break down test). (f) Das Produkt aus oberem Heizwert (B. t. u./pound) und spez. Gewicht bei 15,6° soll nicht unter 13700 sein.

[1] Aromatische Kohlenwasserstoffe dürfen zugesetzt werden. [2] Soll völlig aus Kohlenwasserstoffverbindungen bestehen.

[3] Aromatische Kohlenwasserstoffe oder gesättigte Kohlenwasserstoffe von hoher Klopffestigkeit können zugegeben werden.

[4] Nur Benzine, bestehend aus raffinierten Erdölfraktionen ohne oder mit Zusatz von Naturgasbenzin, werden verwendet.

[5] Isooktan-Kraftstoff, bestehend aus Handels-Isooktan und Destillatbenzin. Andere als Mischteilnehmer gebräuchliche Kohlenwasserstoffe können zugesetzt werden. [6] Beim Schütteln von 80 cm^3 Kraftstoff mit 20 cm^3 dest. Wasser bei Raumtemperatur

Bemerkungen zu Zahlentafel 179: Flugkraftstoff-Anforderungen.

(a) Die angegebenen Temperaturen beziehen sich auf Vol.-% wiedergewonnenes Destillat; in allen anderen Fällen sind die Temperaturen festgelegt, bei denen entsprechende Volumina Kraftstoff verdampfen.

(b) Als Prüfverfahren wird die sog. Bombenmethode (break down test)[1] angewandt. Die bei 100° mit 7 at Sauerstoff über 4 Stunden gealterte Probe (200 cm^3) wird zweimal mit 20 cm^3 Azeton-Benzol-Gemisch aus dem Alterungsgefäß ausgewaschen. Bei der Verdampfung von 100 cm^3 des Kraftstoff-Lösungsmittel-Gemisches darf die zurückbleibende Rückstandsmenge 10 mg nicht überschreiten.

(c) Das Produkt aus oberem Heizwert in B. t. u. per lb. (British thermal unit je pound) und spez. Gewicht bei 15,6° soll nicht unter 13700 liegen.

(d) An Stelle des üblichen Säuretestes wird ein Nitrierungstest verwendet, der sich von dem ersteren folgendermaßen unterscheidet: Bei der Säureprüfung werden 30 cm^3 Schwefelsäure (66° Bé) zu 150 cm^3 Kraftstoff gegeben; dagegen setzt man beim Nitrierungstest 20 cm^3 Nitriersäure (75% konz. Schwefelsäure + 25% konz. Salpetersäure) zu 50 cm^3 Kraftstoff. In beiden Fällen wird der Temperaturunterschied vor und nach der Säurezugabe gemessen. Der Temperaturanstieg darf bei der Schwefelsäureprüfung nicht mehr als 20° F, bei der Nitrierprüfung nicht mehr als 40° F betragen.

(e) Oberer Heizwert. (j) 4,0 cm^3 TEL/Imperial gallon = 0,88 cm^3/l.

(l) 1,0 cm^3 TEL/l. (k) Modifizierte C. F. R.-Motor- (ASTM.-) Methode.

(n) Siedebeginn nicht unter 30° C; zwischen 30 und 70° sollen 5 bis 25 Vol.-%, zwischen 70 und 110° wenigstens 40 Vol.-% destillieren; zwischen 110 und 150 dürfen höchstens 30 Vol.-%, oberhalb von 150° höchstens 10 Vol.-% übergehen. Verlust + Rückstand nicht über 4 Vol.-%. Es ist erwünscht, daß ein möglichst hoher Hundertsatz etwa bei 100° destilliert.

(o) Vorhandenes Harz (actual gum) 0,01 Gew.-%; zusätzlich 0,01 Gew.-% vorgebildetes Harz (potential gum).

(p) 0,9 cm^3 TEL/l. (q) 0,8 cm^3 TEL/l.

(r) 0,4 cm^3 TEL/l. (t) Bleizusatz so gering wie möglich.

(u) Verdampfungsrückstand: Verdampft man 100 cm^3 frischen Kraftstoff in einer Glasschale von 9 cm Durchmesser, so darf der Rückstand nicht mehr als 5 mg betragen (Trocknung der Glasschale bei 110° C). Wird die Verdampfung nach einer 6monatigen Lagerung nochmals vorgenommen, so darf der Rückstand auf nicht mehr als 15 mg/100 cm^3 angestiegen sein (vgl. S. 495). Olefine: Die Jodzahl nach WIJS darf 3 nicht übersteigen.

(v) Um die Bildung von Harz (potential gum) zu vermeiden, soll der Gehalt an Äthylen-Kohlenwasserstoffen niedriger als 2% sein.

(w) Oktanzahl: Nicht unter 67, möglichst um 70.

Verdampfungsrückstand: Werden 100 cm^3 Kraftstoff auf einem Wasserbad in einer Platin- oder Glasschale (etwa 25 cm^3 Inhalt) verdampft und bei 100° getrocknet, so darf der Rückstand nicht größer als 0,005 g sein.

Bromzahl: Maximal 3.

Destillation:

Bei 50° nicht mehr als 5 Vol.-%	Bei 127° nicht weniger als 80 Vol.-%
„ 100° „ weniger als 60 „	„ 150° „ „ „ 93 „

(1) Benzol und ähnl. aromatische Kohlenwasserstoffe dürfen zugesetzt werden.

(2) Aromatische Kohlenwasserstoffe können zugegeben werden.

(3) Soll aus hochgradigem Destillatbenzin aus Erdöl, Steinkohlenteerleichtöl oder Gemischen derselben bestehen. Zusätze aromatischer Kohlenwasserstoffe sind erlaubt.

[1] Vgl. C. CONRAD: Öl u. Kohle **12**, 728 (1935).

(4) Destillat- oder Krackbenzin oder Gemische aus beiden. Zusätze von Steinkohlenbenzol sind ebenfalls zugelassen.

(5) Enthält 20% Benzol.

(6) Als Grundbenzin wird grundsätzlich Erdöldestillatbenzin verwendet. Versuchsweise können jedoch auch, nachdem der Nachweis der Brauchbarkeit erbracht ist, Gemische von Erdöldestillatbenzin mit Krack-, Polymer- oder Hydrierbenzin eingesetzt werden.

(7) Für luftgekühlte hochverdichtete Maschinen. Benzol darf nicht zugesetzt werden; die im Kraftstoff befindlichen Aromaten müssen von Natur aus in dem als Ausgangsstoff verwendeten Erdöl enthalten sein.

(8) Für bestimmte wassergekühlte Maschinen. Mindestens 18% natürliche aromatische Kohlenwasserstoffe sollen im Kraftstoff enthalten sein. Wenn nötig, können bis zu 15% Benzol zugesetzt werden.

(9) Nach Zusatz von 1,5 cm³ TEL/gall. (3,79 l) muß die Oktanzahl auf mindestens 90 ansteigen.

Zahlentafel 181. Flugkraftstoffe

Bezeichnung	Nr. der Normbezeichnung O. S. T.	C. F. R.-Oktanzahl, Motormethode mindestens	Spez. Gewicht d_4^{20}	Siedebeginn °C	Siede- Destillat, 10	50
					nicht	
Flugbenzin „B-78“ . .	WTU Nr. 2—39	78	0,700—0,740	nicht unter 40	82	95
Flugbenzin „B-74“ . .	WTU Nr. 3—39	74	0,715—0,745	nicht unter 40	86	106
Flugbenzin „B-70“ . .	WTU Nr. 4—39	70	0,730—0,755	nicht über 75	88	106
Flugbenzin „B-59“ . .	WTU Nr. 5—39	59	0,705—0,725	nicht unter 35	77	105
Bakmaikop-Flugbenzin	WTU J. 1937	70	0,730—0,738	nicht über 55	75	100
Flugkrackbenzin KB-70	WTU 15/V—39	70	0,720—0,730	35—45	70	110

Bemerkungen:

1. Das Benzin „B-78“ wird mit der Oktanzahl 77 zugelassen, wenn die Oktanzahl durch Zusatz von 2 cm³ Ethyl-Fluid je Kilogramm Benzin auf mindestens 92 erhöht wird; dabei darf der Dampfdruck 375 mm Q.-S. nicht übersteigen.

2. Das Benzin „B-74“ wird mit der Oktanzahl 73 abgenommen, wenn durch einen Zusatz von 2 cm³ Ethyl-Fluid je Kilogramm Benzin eine Steigerung der Oktanzahl auf mindestens 87 hervorgerufen wird.

Der Doctortest wird beim Benzin „B-74“ der Orski-Raffinerie nicht vorgenommen. Die Kupferstreifenprobe muß auch bei ihm negativ ausfallen; der Gesamtgehalt an Schwefel darf höchstens 0,05% betragen.

3. Ein von den Lieferbedingungen abweichendes spez. Gewicht des Bakmaikoper Benzins kann nicht als Begründung von Beanstandungen herangezogen

(10) Nach Zusatz von 1,5 cm³ TEL/gall. (3,79 l) muß die Oktanzahl auf mindestens 87 ansteigen.

(11) Nach Zusatz von 1,5 cm³ TEL/gall. (3,79 l) muß die Oktanzahl auf mindestens 80 ansteigen.

(12) Krackbenzine und Benzol oder andere Aromaten können zugesetzt werden, vorausgesetzt, daß alle gestellten Anforderungen erfüllt werden.

Ein eingehenderes Bild der neuerdings in Italien und Großdeutschland geltenden Liefervorschriften für Flugkraftstoffe und deren Bestandteile vermitteln die Zahlentafeln 186 bis 189. Die in der ehemaligen UdSSR. an Flugkraftstoffe gestellten Anforderungen sind, da sie die Art der in Rußland zur Verfügung stehenden Kraftstoffarten gut kennzeichnen, in den Zahlentafeln 181 bis 185 wiedergegeben.

(Benzine) der Sowjetwehrmacht (vgl. S. 168ff.).

verhalten Vol.-% 90 unter °C	97	97,5	98	Rückstand und Verlust, % nicht über	Rückstand, % nicht über	Reid-Dampfdruck mm Q.S. nicht über	Doctortest und Kupferstreifenprobe	Säurezahl, mg KOH je 100 cm³ nicht über	Reaktion des wässerigen Auszuges	Mechanische Verunreinigungen und Wasser	Farbe und Durchsichtigkeit
110	130	—	—	3	1,7	350	negativ	1,2	neutral	keine	farblos u. klar
135	—	165	—	2,5	1,5	350	negativ	1,2	neutral	keine	farblos u. klar
138	—	-	170	2,0	1,5	350	negativ	1,2	neutral	keine	farblos u. klar
133	—	150	—	2,5	1,5	375	negativ	1,2	neutral	keine	farblos u. klar
140	165	—		3	1,5	350	negativ	2,0	neutral	keine	
145	175	—	—	3	1,2	350	negativ; nur Kupferstreifenprobe	1,5		keine	

werden. Der Schwefelgehalt dieses Benzins darf nicht mehr als 0,05% betragen (Bestimmung in Monatsdurchschnittsproben).

4. Bei jeder Lieferung von „KB-70"-Benzin wird eine Oktanzahlmessung vorgenommen. Eine Abweichung des spez. Gewichtes von den Bedingungen wird nicht als nachteilig angesehen.

Der Höchstgehalt an Schwefel ist für „KB-70"-Benzin auf 0,06% festgesetzt: wasserlösliche Säuren oder Laugen dürfen nicht vorhanden sein. Die am Herstellungsort ermittelte Induktionsperiode muß mindestens 850 min betragen. Der Gehalt an Harzen darf nicht mehr als 2 mg/100 cm³ betragen.

Die technischen Bedingungen werden alle 3 Monate auf Grund der vom Hersteller herausgegebenen Richtlinien neu festgesetzt.

5. Bei Erhöhung der Inhibitorkonzentration des Benzins „KB-70" müssen der Harzgehalt und die Säurezahl nachgeprüft werden.

Zahlentafel 182. Liefervorschriften der Sowjetarmee für Flugkraftstoffe, Startbenzine.

Bezeichnung	Nr. der Norm-bezeichnung O.S.T.	Spez. Gewicht d_4^{20}	Verdunstungs-temperatur ° C	Siedeverhalten: Siedebeginn ° C	Siedeverhalten: Siedeende ° C	Reid-Dampfdruck (37,8°) in mm Q.S. nicht unter	Mechan. Verunreinigungen und Wasser	Verdunstbarkeit
Startbenzin „PGB“, Grosny . .	WTU Nr. 6—39	0,565—0,650	— 5 — 10	—	—	1000	keine	—
Startbenzin „PKB“, Krasnodar .	WTU Nr. 7—39	0,700	—	nicht über 40	nicht über 100	500	keine	restlos

Bemerkungen:

1. „PGB“ ist ein Spezialstartbenzin, das nach Sonderbestimmungen verwendet wird.
2. Die Bestimmung der Verdunstungstemperatur wird im offenen Dewargefäß nach der Thermometer-Eintauchmethode durchgeführt.
3. Lieferzeit Oktober bis März. Transport durch Eisenbahn in Fässern „L 100“.
4. „PKB“ stellt ein Grund-Startbenzin dar.

Zahlentafel 183. Liefervorschriften der Sowjetarmee für Flugkraftstoffe, Pyrobenzole.

Bezeichnung	O.S.T	Spez. Gewicht d_4^{20} nicht unter	Farbe und Tranzparenz	Raffinationsgrad: Schwefelsäurereaktion nach KRAEMER bei 15—20° C. nicht mehr als	Siedeverhalten: Siedebeginn, ° C. nicht unter	Destillat, Vol.-%, bis 100° mindestens	120°	140°	175°	Kolbenrückstand, %. nicht über	Destillationsverlust, %, nicht über	Mechanische Verunreinigungen	Trübungspunkt, ° C (Wassergehalt), nicht über	Erstarrungspunkt, ° C, nicht über	Sulfurierung mit Schwefelsäure (Anhydridgehalt 5%). %, nicht unter	Reaktion des Wasserauszuges	Verdunstbarkeit
Pyrobenzol „S“ Winter	3255	0,845	farblos und klar	2 Teilstriche	82	32	58	70	98	1,0	1,0	keine	— 5	— 32	80	neutral	restlos, ohne Hinterlassung eines Ölfleckes
Pyrobenzol „L“ Sommer	3255	0,845	farblos und klar	2 Teilstriche	82	32	58	70	98	1,0	1,0	keine	— 5	— 20	80	neutral	restlos, ohne Hinterlassung eines Ölfleckes

Zahlentafel 184. Technische Lieferbedingungen der Sowjetarmee für Winter- und Sommerflugbenzole (aus Steinkohle).

Bezeichnung	Wintersorte „S"	Sommersorte „L"
Spez. Gewicht bei 15	0,871—0,876	0,865—0,880
Farbe und Transparenz	farblos oder hellgelb	
Verdunstbarkeit	restlos	
Reaktion des wässerigen Auszuges	neutral	
Raffinationsgrad nach KRAEMER nicht über	3 Teilstriche	
Engler-Destillation:		
Siedebeginn, °C, nicht unter	81	78
Destillat bis 90°, Vol.-%	7—12	—
Destillat bis 100°, Vol.-%	54—58	nicht unter 83
Destillat bis 120°, Vol.-%	80—84	nicht unter 90
Destillat bis 140°, Vol.-% nicht unter	95	95
Siedeende, °C, nicht über	155	155
Kolbenrückstand, %, nicht über	1,2	1,2
Destillationsverlust, %, nicht über	1,0	1,0
Mechanische Verunreinigungen	keine	
Schwefelgehalt, %, nicht über	0,18	0,18
Trübungspunkt, °C, nicht über	−5	−5
Erstarrungspunkt, °C (Beginn der Kristallbildung in der Flüssigkeit)	−26	−8
Sulfurierungsgrad, %, nicht unter	96	—

Zahlentafel 185. Technische Lieferbedingungen der Sowjetwehrmacht für Benzol-Flugkraftstoffe (abgekürzt „BT").

Bezeichnung	BT-74	BT-76	BT-79
Zusammensetzung	50% B-59 50% Winter-pyrobenzol	50% B-70 50% Winter-pyrobenzol	50% B-70 50% Winter-flugbenzol
Oktanzahl, C. F. R.-Motormethode, ohne Zusatz von Ethyl-Fluid nicht unter	74	76	79
Oktanzahl, C. F. R.-Motormethode, nach Zusatz von 2 cm³ Ethyl-Fluid je Kilogramm nicht unter	84	87	91
Spez. Gewicht d_4^{20}	0,775—0,790	0,787—0,797	0,800—0,812
Siedeverhalten:			
Siedebeginn, °C, nicht über	75	75	75
10% Destillat, nicht über °C	80	82	85
50% Destillat, nicht über °C	100	100	100
98% Destillat, nicht über °C	160	160	160
Kolbenrückstand, %, nicht über	1	1	1
Destillationsverlust, %, nicht über	1	1	1
Reaktion des wässerigen Auszuges	neutral		

Zahlentafel 185 (Fortsetzung).

Bezeichnung	BT-74	BT-76	BT-79
Mechanische Verunreinigungen und Wasser		keine	
Trübungspunkt, °C, nicht über	−5	−5	−5
Erstarrungspunkt, °C, nicht über	−47	−47	−41
Raffinationsgrad nach KRAEMER	nicht mehr als 1,0 Teilstrich		

Zahlentafel 186. Italienische Liefervorschriften für Flugbenzin (Benzine per Motori da Aviazione[1]) nach UNI, Unterausschuß Kraftstoffe und Schmiermittel, Entwurf CM 02.

I. Zusammensetzung: Als Flugbenzine gelten Gemische von Kohlenwasserstoffen, gegebenenfalls zur Erzielung höherer Klopffestigkeit unter Zusatz von Gegenklopfgemisch AD 1 Avio (Zahlentafel 187). Sie müssen ein einwandfreies Arbeiten der üblichen Flugmotoren mit Vergaser- oder Einspritzeinrichtung gewährleisten.

II. Anforderungen:

Benzinbezeichnung	72[2]	87	95	100	Prüfverfahren
1. Spez. Gewicht bei 15° C, g/l	710—755		bei der Stabilisierung		UNI-Entwurf CP 01
2. Klopffestigkeit, Oktanzahl	72	87	95	100	UNI-Entwurf CP 08[3]
3. Bleitetraäthylgehalt, cm³/l, höchstens	0	0,8	1	1	UNI-Entwurf CP 10
4. *Destillation:*					
Siedebeginn, °C (Toler. −3°)	≧ 40				NOM M 15—38
Destillat (Kondensat), Vol.-% 75°	≧ 10				
100°	≧ 50				
150°	≧ 90				
Siedeendpunkt, °C	≦ 170				
Gesamtdestillat, Vol.-%	≧ 98				
Rückstand[4], Vol.-%	≦ 1				
5. Dampfdruck bei 37,8° C, kg/cm²	≦ 0,500				NOM PM 57
6. Verhalten bei niedr. Temperatur	noch klar bei −50°				UNI-Entwurf CP 07
7. Schwefelgehalt, Gew.-%	≦ 0,10				NOM PM 58
8. Reaktion mit Plumbit	negativ				NOM M 49—38

[1] Auszug aus „Progretti e Tabelle di Unificazione", Anfia 1941 — XIX.

[2] Zur Zeit ist außerdem die Verwendung eines Benzins mit der Oktanzahl 80 behördlich zugelassen. Dieser Kraftstoff wird durch Zugabe von höchstens 0,4 cm³ Bleitetraäthyl je Liter eines 72-Oktan-Benzins hergestellt.

[3] Die Klopffestigkeit der Benzine 87, 95 und 100 ist im normalen Motor (su motore in vera scala) gemäß UNI-Entwurf CP 09 nachzuprüfen.

[4] Ein etwaiger Rückstand soll bei der Prüfung mit Lackmus neutral reagieren.

Zahlentafel 186 (Fortsetzung).

Benzinbezeichnung	72	87	95	100	Prüfverfahren
9. Korrosion (Kupferstreifenprüfung)	negativ				NOM M13—38
10. Harzgehalt mg/100 cm³ — vorhandenes Harz	≤ 6				UNI-Entwurf CP 04
10. Harzgehalt mg/100 cm³ — vorgebildetes Harz[1]	≤ 10				UNI-Entwurf CP 05
11. Bromzahl[2]	≤ 3				NOM M31—38
12. Mineralsäure	abwesend				NOM M37—38
13. Organische Säure	abwesend				NOM M 6—38
14. Farbe (Saybolt) — reines Benzin	≥ 21				UNI-Entwurf CP 07
14. Farbe (Saybolt) — verbleit. Benzin	blau				
15. Aussehen	klar				

III. Erwünschte Angaben:

1. Kohlenwasserstoffanalyse: Gehalt an ungesättigten, aromatischen, naphthenischen und paraffinischen Kohlenwasserstoffen.
2. Oberer Heizwert (∾ 10900 kcal/kg); unterer Heizwert (∾ 10100 kcal/kg).
3. Herkunft der Rohstoffe.
4. Herstellungsweise.

Zahlentafel 187. Zusammensetzung und Eigenschaften des italienischen Gegenklopfgemisches AD 1 Avio nach UNI, Unterausschuß für Kraftstoffe und Schmiermittel, Entwurf CM 04, Oktober 1940.

I. Zusammensetzung und Verwendungszweck: Das Gegenklopfmittel AD 1 Avio stellt gegenwärtig ein Gemisch aus Bleitetraäthyl und Bromäthylen dar. Es dient zur Erhöhung der Klopffestigkeit von Flugbenzinen.

II. Eigenschaften:

1. Spez. Gewicht bei 15° C, g/l	1720 ± 20
2. Zusammensetzung Gew.-% — Bleitetraäthyl, $Pb(C_2H_5)_4$	59,5 ± 0,5
Bromäthylen $C_2H_4Br_2$	34,5 ± 0,5
Farbstoff	$\leq 0,15$
3. Verhältnis der Raumteile, cm³ Bleitetraäthyl: cm³-Mischung	1,63
4. Löslichkeit in Benzin, Alkohol und Flugkraftstoffen	vollständig
5. Aussehen	blau gefärbt und klar
6. Reaktion	neutral oder schwach alkalisch. Höchst zulässige Alkalinität 0,2%, ausgedrückt in NaOH.

[1] Die Prüfung auf vorgebildetes Harz braucht nur bei Benzinen mit einer Bromzahl über 3 zu erfolgen.

[2] Für Benzine, die nach katalytischen Krackverfahren hergestellt wurden, ist eine Bromzahl über 3 zugelassen. Ihr Gehalt an vorgebildetem Harz darf jedoch den oben angegebenen Grenzwert nicht übersteigen.

III. Bemerkungen:

1. *Klopffestigkeit:* Zur Prüfung der Klopffestigkeit wird angeraten, die Wirkung des Gegenklopfgemisches auf sekundäre Bezugskraftstoffe im C. F. R.-Motor zu ermitteln. Z. B. soll das Gegenklopfgemisch AD 1 Avio die Oktanzahl des Bezugskraftstoffes C_{10} (OZ 78,8) auf 87 erhöhen, wenn es in einer Menge von 0,278 cm³/l, bezogen auf den Bleitetraäthylgehalt, zugefügt wird.

2. *Färbung:* Die Färbung eines Benzins, das mit 0,8 cm³/l Bleitetraäthyl versetzt wurde, muß der Farbe eines Benzins entsprechen, dem 3,3 mg/l Alizaringrün Basis G zugesetzt wurden.

3. *Verbleiung:* Die Vornahme der Verbleiung erfolgt nach UNI-Entwurf CM 05.

Zahlentafel 188. Technische Lieferbedingungen des Reichsluftfahrtministeriums für ausländisches Flugbenzin „VT 100", inländisches Flugmotorenbenzol „VHT 302", inländisches Flugbenzin „VT 702" und für die Flugkraftstoffe „A 3" und „B 4".

I. Allgemeines.

1. Die Kraftstoffe oder die Kraftstoffbestandteile sind in dicht verschlossenen und reinen Fässern, Tankwagen oder Kesselwagen anzuliefern.

2. Die Kraftstoffe oder die Kraftstoffbestandteile müssen den Beschaffenheitsbedingungen unter II entsprechen.

3. Für Güteprüfung und Abnahme sind die Prüfverfahren unter III anzuwenden.

4. Zusammensetzung:

a) Ausländisches Flugbenzin VT 100 $\left(\frac{\text{TL 147--100}}{2}\right)$ muß ein reines Destillatbenzin aus Erdöl sein; es darf keine Zusätze von Krack- oder Polymerbenzin enthalten. Zur Einhaltung der Beschaffenheitsbedingungen ist die Zumischung von Spezialbenzol VHT 302 bis zu 10 Gew.-% zulässig. Die Zugabe von chemischen Gegenklopfmitteln, Gegenkorrosionsmitteln und Hemmstoffen gegen Harzbildung ist unstatthaft.

b) Flugmotorenbenzol VHT 302 $\left(\frac{\text{TL 147—150}}{1}\right)$ muß ein rein deutsches Steinkohlen-Erzeugnis sein. Besondere chemische Zusätze sind nicht zulässig. Der Gehalt an Toluol und Xylolen muß insgesamt etwa 25% betragen.

c) Inländisches Flugbenzin VT 702 muß ein rein deutsches Braunkohlenerzeugnis sein, das mittels des Hochdruckhydrierverfahrens der I. G. Farbenindustrie A. G. hergestellt ist. Es darf keine Zusätze von Erdöldestillat-, Krack- oder Polymerbenzin enthalten und muß frei sein von chemischen Gegenklopfmitteln, Gegenkorrosionsmitteln und Hemmstoffen gegen Harzbildung.

d) Zur Herstellung der Kraftstoffe A 3 und B 4 $\left(\frac{\text{TL 147—256}}{2}\right.$ und $\left.\frac{\text{TL 147—302}}{1}\right)$ sind ausländisches Flugbenzin VT 100 oder inländisches Flugbenzin VT 702 und Ethyl-Fluid zu verwenden. Zum Krattstoff „A 3" aus VT 100, sind mindestens 0,03, höchstens 0,04 Vol.-%, zum Kraftstoff „A 3" aus VT 702 mindestens 0,045, höchstens 0,05 Vol.-% und zum Kraftstoff „B 4" mindestens 0,115, höchstens 0,120 Vol.-% Bleitetraäthyl zuzusetzen. Andere chemische Zusätze sind unzulässig. Das Ethyl-Fluid muß von einem Hersteller bezogen werden, der vom Reichsluftfahrtministerium besonders zugelassen ist. Zur Zeit ist nur die Ethyl G.m.b.H., Berlin, zugelassen.

II. Beschaffenheitsbedingungen.

1. Ausländisches Flugbenzin „VT 100".

a) Reinheit: Das Benzin muß frei von Säure und ungelöstem Wasser sein und darf keine festen Fremdstoffe enthalten.

b) Klopffestigkeit: Oktanzahl ohne Bleizusatz mindestens 72. Durch Zusatz von höchstens 0,4 cm³ Bleitetraäthyl je Liter Benzin muß eine Oktanzahl von mindestens 80 und bei Zusatz von 0,9 cm³ Bleitetraäthyl je Liter Benzin eine solche von mindestens 87 erreicht werden.

c) Spez. Gewicht bei 15° C:

mindestens 0,720 kg/l
höchstens 0,755 kg/l

d) Siedeverhalten: Es müssen überdestillieren:

bis 70° C wenigstens 10 Vol.-%
bis 100° C wenigstens 50 Vol.-%
bis 150° C wenigstens 90 Vol.-%

Siedeende unter 170° C; Destillationsverlust nicht über 2 Vol.-%.

e) Dampfdruck: nicht über 0,5 at (37,8° C).

f) Säuregehalt: Der nach der Destillation verbleibende Rest darf nicht sauer sein.

g) Schwefelgehalt: nicht über 0,05 Gew.-%.

h) Verdampfungsrückstand: höchstens 5 mg/100 cm³ Benzin.

i) Jodzahl: nicht über 5 g/100 g.

k) Schmelzpunkt: Der Schmelzpunkt des bis zur Kristallisation abgekühlten Benzins darf nicht über —60° C liegen.

l) Korrosion: keine grauen oder schwarzen Flecke oder Anfressungen beim Kupferblechstreifenverfahren.

2. Inländisches Flugmotorenbenzol „VHT 302".

a) Reinheit: Das Flugmotorenbenzol muß klar und frei von Säure, ungelöstem Wasser, festen Fremdstoffen, Naphthalin, akt. Schwefel und Schwefelwasserstoff sein.

b) Spez. Gewicht bei 15° C: nicht unter 0,875 kg/l.

c) Siedeverhalten: Siedebeginn nicht unter 80° C. Es müssen überdestillieren:

bis 100° C mindestens 75 Vol.-%
bis 145° C mindestens 95 Vol.-%

d) Säuregehalt: Der nach der Destillation im Kolben verbleibende Rest darf nicht sauer sein.

e) Verdampfungsrückstand: höchstens 5 mg/100 cm³.

f) Harzbildnerprüfung: höchstens 10 mg/100 cm³.

g) Schwefelgehalt: nicht über 0,08 Gew.-%.

h) Gehalt an ungesättigten Verbindungen: Bromzahl nicht über 1,0.

i) Schmelzpunkt: Der Schmelzpunkt des bis zur Kristallisation abgekühlten Kraftstoffes darf nicht über —10° C, der Trübungsbeginn nicht über —7° C liegen.

k) Korrosion: keine grauen oder schwarzen Flecke oder Anfressungen beim Kupferblechstreifenverfahren.

3. Inländisches Flugbenzin „VT 702".

a) Reinheit: Das Benzin muß wasserklar, frei von Säure und ungelöstem Wasser sein und darf keine festen Fremdstoffe enthalten.

b) Klopffestigkeit: Oktanzahl ohne Bleizusatz mindestens 70. Durch Zusatz von höchstens 0,3 cm³ Bleitetraäthyl je Liter Benzin muß eine Oktanzahl von mindestens 80 und bei Zusatz von höchstens 0,9 cm³ Bleitetraäthyl je Liter Benzin eine solche von mindestens 87 erreicht werden.

c) Spez. Gewicht bei 15° C: zwischen 0,715 und 0,725 kg/l.

d) Siedeverhalten: Siedebeginn etwa 45° C. Es müssen überdestillieren:

10 Vol.-% bei 60— 70° C
30 Vol.-% bei 70— 80° C
50 Vol.-% bei 85— 95° C
70 Vol.-% bei 105—115° C
90 Vol.-% bei 120—130° C

Siedeende 135—145° C. Destillationsverlust nicht über 2 Vol.-%.

e) Dampfdruck: nicht über 0,5 at bei 37,8° C (Reid).

f) Säuregehalt: Der nach der Destillation im Kolben verbleibende Rest darf nicht sauer reagieren.

g) Schwefelgehalt: nicht über 0,05 Gew.-%.

h) Verdampfungsrückstand: höchstens 5 mg/100 cm³ Benzin.

i) Jodzahl: nicht über 3 g/100 g.

k) Schmelzpunkt: Der Schmelzpunkt des bis zur Kristallisation abgekühlten Benzins darf nicht über —60° C liegen.

l) Korrosion: keine grauen oder schwarzen Flecke oder Anfressungen beim Kupferblechstreifenverfahren.

m) Anilinpunkt: zwischen 49 und 51° C.

4. Flugkraftstoff „A 3“ aus ausländischem Flugbenzin.

a) Reinheit: Der Kraftstoff muß klar und frei von Säuren und ungelöstem Wasser sein und darf keine festen Fremdstoffe enthalten.

b) Klopffestigkeit: Oktanzahl mindestens 80.

c) Färbung: Die Blaufärbung des Kraftstoffes „A 3“ muß einem Zusatz von 2,0 mg Sudanblau G je Liter des ungefärbten Kraftstoffes entsprechen. Wird diese Färbung durch den Ethyl-Fluid-Zusatz nicht erzielt, so ist sie durch Zugabe von Sudanblau G einzustellen.

d) Spez. Gewicht bei 15° C:

mindestens 0,720 kg/l
höchstens 0,755 kg/l

e) Siedeverhalten: Es müssen überdestillieren:

bis 70° C mindestens 10 Vol.-%
bis 100° C mindestens 50 Vol.-%
bis 150° C mindestens 90 Vol.-%

Siedeende unter 170° C. Destillationsverlust höchstens 2 Vol.-%.

f) Dampfdruck: höchstens 0,5 at (37,8° C).

g) Säuregehalt: Der nach der Destillation im Kolben verbleibende Rest darf nicht sauer reagieren.

h) Verdampfungsrückstand: höchstens 8 mg/100 cm³.

i) Schwefelgehalt: nicht über 0,05 Gew.-%.

k) Jodzahl: nicht über 5 g/100 g.

l) Schmelzpunkt: Der Schmelzpunkt des bis zur Kristallisation abgekühlten Kraftstoffes darf nicht über —60° C liegen.

m) Korrosion: keine grauen oder schwarzen Flecke oder Anfressungen beim Kupferblechstreifenverfahren.

5. Flugkraftstoff „A 3“ aus inländischem Flugbenzin.

Die Anforderungen an Kraftstoff „A 3“ hinsichtlich Reinheit, Dampfdruck, Säuregehalt, Verdampfungsrückstand, Schwefelgehalt, Jodzahl, Schmelzpunkt und Korrosionseigenschaften entsprechen den an „Kraftstoff A 3 aus ausländischem Flugbenzin“ gestellten Lieferbedingungen. Abweichungen bestehen in folgendem:

a) Spez. Gewicht bei 15° C:

mindestens 0,715 kg/l
höchstens 0,750 kg/l

b) Siedeverhalten: Es müssen überdestillieren:

bis 70° C mindestens 10 Vol.-%
bis 100° C mindestens 50 Vol.-%
bis 130° C mindestens 90 Vol.-%

Siedeende unter 150° C. Destillationsverlust höchstens 2 Vol.-%.

6. Flugkraftstoff „B 4“.

Die Beschaffenheitsbedingungen für den Kraftstoff „B 4“ sind gleichlautend mit denen für Kraftstoff „A 3“ aus ausländischem oder inländischem Flugbenzin. Abweichungen bestehen nur für die folgenden Eigenschaften:

a) Klopffestigkeit: Oktanzahl mindestens 87.

b) Färbung: Die Blaufärbung des Kraftstoffes „B 4“ muß einem Zusatz von 3,6 mg Sudanblau G zu 1 l des ungefärbten Kraftstoffes entsprechen. Wird diese Färbung durch den Ethyl-Fluid-Zusatz nicht erzielt, so ist sie durch Zugabe von Sudanblau G einzustellen.

III. Güteprüfung bei Abnahme.

a) Die Güteprüfung bei Abnahme erfolgt bei den *Flugbenzinen* und *Flugkraftstoffen* nach folgenden Prüfverfahren:

1. Klopffestigkeit: Oktanzahlbestimmung im C. F. R.- oder im I. G.-Prüfmotor nach dem Motorverfahren gemäß BVM[1] Ziff. 7070—7094.
2. Spez. Gewicht: DIN DVM 3653.
3. Siedeverhalten: BVM Ziff. 7100—7113.
4. Säuregehalt: Indikator Lackmus.
5. Dampfdruck: BVM, Ziff. 7130—7138.
6. Schwefelgehalt: BVM, Ziff. 7190—7191.
7. Verdampfungsrückstand: BVM, Ziff. 7160.
8. Jodzahl: BVM, Ziff. 7220.
9. Schmelzpunkt: BVM, Ziff. 7150.
10. Korrosion: BVM, Ziff. 7200.
11. Gehalt an Bleitetraäthyl: BVM, Ziff. 7211.

b) *Flugmotorenbenzol* wird nach folgenden Prüfverfahren untersucht:

1. Spez. Gewicht: DIN DVM 3653.
2. Siedeverhalten: nach Kraemer und Spilker (Holde: Kohlenwasserstofföle und Fette, S. 574. Berlin 1933).
3. Säuregehalt: Indikator Lackmus.
4. Verdampfungsrückstand: 100 cm³ Kraftstoff werden in einer bis zum Kraftstoffspiegel von Dampf umströmten Glasschale (halbkugelförmig 9 cm Durchmesser, 30—35 g) auf dem Wasserbad verdampft. Dabei wird durch ein senkrecht zum Kraftstoffspiegel in der Mitte angeordnetes Glasrohr von 0,6 cm lichter Weite ein Luftstrom von solcher Stärke auf den Kraftstoff geblasen, daß dieser in längstens 20 min verdampft ist. Das Watte als Filter enthaltende Glasrohr endet in einer Höhe von 1 cm über dem Flüssigkeitsspiegel. Je Sekunde werden 1—2 l Luft auf den Kraftstoff geblasen. Anschließend wird die Schale 1,5 h in einem

[1] Die Bauvorschriften für Flugmotoren (BVM) „Prüfvorschriften für Flugmotoren-Kraftstoffe zur Verwendung in Otto-Motoren“ können bei der Zentrale für wissenschaftliches Berichtswesen (ZWB) bei der Deutschen Versuchsanstalt für Luftfahrt (DVL), Berlin-Adlershof, Rudower Chaussee 16/25, bezogen werden.

Trockenschrank bei 110° getrocknet. Darauf wird die Schale in einem $CaCl_2$-Exsikkator 45 min lang gekühlt. Der ausgewogene Schaleninhalt gibt den Verdampfungsrückstand in mg/100 cm³ an.

5. Harzbildnerprüfung: Ausführungsform des Benzolverbandes, Bochum, (HOLDE: Kohlenwasserstofföle und Fette, S. 220. Berlin 1933). Abweichend von der dortigen Beschreibung wird der Rückstand bei 110° statt bei 105° getrocknet.

6. Schwefelgehalt: Arbeitsweise nach GROTE und KREKELER (HOLDE: Kohlenwasserstofföle und Fette, S. 102. Berlin 1933).

7. Gehalt an Ungesättigten: Bromzahlbestimmung nach KRAEMER und SPILKER (HOLDE: Kohlenwasserstofföle und Fette, S. 577. Berlin 1933).

8. Schmelzpunkt: Arbeitsweise nach DIN, Entwurf 1 DVM 3673 [Öl u. Kohle **13**, 7 (1937)].

9. Korrosion: Kupferblechstreifenverfahren: Ein blank geschmirgelter Kupferblechstreifen (100×10×1 mm), der in der Mitte mit 4 gleichmäßig über die ganze Länge des Bleches verteilten Aluminiumnieten von 2 mm ⌀ versehen ist, wird zur Hälfte in ein mit Kraftstoff gefülltes Reagenzglas von etwa 20 cm Länge und 2,5 cm lichter Weite eingetaucht. Das Reagenzglas wird mit einem Korken verschlossen, in den mit der Unterkante des Korkens abschließend ein Glasrohr von etwa 40 cm Länge und 5 mm lichter Weite eingeführt ist.

Das Reagenzglas mit dem Kupferblech wird 3 Stunden in einem Wasserbad auf 50° erhitzt. Nach der Behandlung darf der Kupferstreifen keine grauen oder schwarzen Flecke oder Anfressungen aufweisen. Anlauffarben bleiben unberücksichtigt.

Zahlentafel 189. Technische Lieferbedingungen des Reichsluftfahrtministeriums für Flugdieselkraftstoff DT 100.

1. Cetenzahl, etwa	55—70
Cetanzahl, mindestens	50
2. Siedeverhalten (ASTM.-Methode): Es müssen übergehen	
bis 300° C, Vol.-%, mindestens	70
bis 350° C, Vol.-%, mindestens	90
3. Spez. Gewicht bei 20° C, kg/l	0,840—0,880
4. Hartasphalt, höchstens	Spuren
5. Säurezahl:	
a) Mineralsäuren	keine
b) Organische Säuren, umgerechnet in SO_3, Gew.-%, höchstens	0,12
6. Schwefelgehalt, Gew.-%, unter	1,0
7. Zusammensetzung:	
a) Aromaten, Vol.-%, nicht über	30
b) Anilinpunkt, °C, mindestens	55
8. Kristallisations- und Trübungsbeginn, °C, nicht über	—20
9. Flammpunkt (P.-M.), °C, über	65
10. Stockpunkt, °C, nicht über	—20
11. Viskosität, °E	
bei 20° C	1,2—1,8
bei 50° C, mindestens	1,1
12. Aschegehalt, Gew.-%, höchstens	Spuren
13. Conradson-Wert, Gew.-%, höchstens	0,1
14. Wassergehalt, Gew.-%, höchstens	0,5
15. Heizwert, WE/kg, mindestens	9800
16. Korrosionstest (Cu- und Zn-Streifen)	negativ

c) Gegenklopfmittel und ihre Anwendung auf die Herstellung klopffester Kraftstoffe.

Als Gegenklopfmittel werden solche Stoffe bezeichnet, die, in geringen Mengen zugesetzt, eine erhebliche Steigerung der Klopffestigkeit von Motorkraftstoffen hervorrufen. Zu ihnen gehören insbesondere Stoffe von der Art des Bleitetraäthyls, dessen günstigste Wirksamkeit bei Zusätzen um 0,03 bis 0,15% liegt. Klopffeste Zusatzstoffe wie Benzol, Alkohol, Isoparaffine und Diisopropyläther sind nicht als Gegenklopfmittel, sondern als klopffeste Gemischteilnehmer von Kraftstoffen zu bezeichnen. Ihre Wirkung beginnt meist erst bei Zusatzmengen von 5% an ein technisch verwertbares Ausmaß anzunehmen.

Die Entdeckung der Gegenklopfmittel ist MIDGLEY und BOYD[1] zu verdanken, die auf Anregung von KETTERING seit etwa 1920 den Einfluß zahlreicher organisch-chemischer Stoffe und Stoffgruppen auf die Klopffestigkeit von Kraftstoffen untersuchten und dabei die hervorragenden Eigenschaften des Bleitetraäthyls als Gegenklopfmittel auffanden.

Organo-metallische Verbindungen.

Außer Bleitetraäthyl sind viele andere Stoffe grundsätzlich als Gegenklopfmittel brauchbar. Die bei weitem wichtigste Gruppe besteht aus organischen Verbindungen von Metallen und Nichtmetallen, deren Wirkung vornehmlich auf das enthaltene metallische oder nichtmetallische Element und erst in zweiter Linie auf den begleitenden organischen Rest zurückzuführen ist. Die relative Wirkung einer größeren Zahl solcher Verbindungen ist aus Zahlentafel 190 zu entnehmen. Die klopfhindernde Wirkung wird dabei in Zahlen ausgedrückt, die den reziproken Wert derjenigen Molzahl des Stoffes angeben, die dieselbe Wirkung wie 1 Mol Anilin ausüben. Die von mehreren Forschern in anderen Maßen ausgedrückten Gegenklopfwerte wurden, um einen besseren Vergleich zu ermöglichen, auf dieses Maß umgerechnet. Allerdings ist zu berücksichtigen, daß von den verschiedenen Forschungsstellen unterschiedliche motorische Bedingungen bei der Prüfung der Gegenklopfmittel angewandt wurden. Ein exakter Vergleich der Ergebnisse ist deshalb nur bei den von ein und derselben Prüfstelle unter gleichen Bedingungen erhaltenen Werten möglich.

Den stärksten Einfluß auf den Verbrennungsablauf im Motor nehmen unzweifelhaft die organischen Bleiverbindungen, an ihrer Spitze Bleitetraäthyl. Der maßgebliche Bestandteil dieser Stoffe ist offenkundig das Blei. Trotzdem nimmt die mit dem Blei verbundene Gruppe einen erheblichen Einfluß auf die Wirksamkeit der jeweiligen Verbindung.

[1] MIDGLEY JUN., T., u. T. A. BOYD: S. A. E. J. **15**, 659 (1920) — Industr. Engng. Chem. **14**, 589, 849, 894 (1922); **15**, 421 (1923). — BOYD, T. A.: Industr. Engng. Chem. **16**, 894 (1924).

Zahlentafel 190. Relative Gegenklopfwirkung organischer Verbindungen von Metallen und Nichtmetallen.

Stoff	Gegenklopf-wirkung	Bearbeiter
Bleiäthylxanthogenat	8,3	CHARCH, MACK u. BOORD[1]
Bleithioazetat	10	
Bleidibutyldiphenyl	39	
Bleidi-isobutyldiphenyl	45	GILMAN u. BALASSA[2]
Bleidi-sek.butyldiphenyl	53	
Bleitetraphenyl	70	
Bleidiphenyldibromid	71	
Bleitri-p-xylol	77	
Bleidiäthyldichlorid	79	
Bleidiphenyldichlorid	85	
Bleidiphenyldijodid	94	CHARCH, MACK u. BOORD[1]
Bleidiphenyldiäthyl	109	
Bleidiphenyldimethyl	115	
Bleitetraäthyl	118	
Wismuttriphenyl	21	
Wismuttriäthyl	24	
Wismuttrimethyl	24	
Zinntetraäthyl	4,0	MIDGLEY u. BOYD[3]
Zinnchlorid	4,1	
Zinndiäthyldijodid	14,5	
Zinnjodid	15,1	
Kadmiumdimethyl	1,2	CHARCH, MACK u. BOORD[1]
Arsenmonophenyl	1,6	
Arsentriphenyl	1,6	
Titantetrachlorid	3,2	
Selendiäthyl	6,9	
Tellurdiäthyl	26,6	MIDGLEY u. BOYD[3]
Nickelkarbonyl	35	
Eisenkarbonyl	50	CALINGAERT[4]
Jodäthyl	1,1	
Jodphenyl	0,9	
Selenäthyl	6,9	MIDGLEY u. BOYD[3]
Selenphenyl	5,2	
Telluräthyl	26,8	
Tellurphenyl	22,0	

Mit zunehmender Kohlenstoffatomanzahl im organischen Rest scheint häufig ein Wirkungsabfall einherzugehen. Vergleicht man z. B. die Gegenklopfwerte der verschiedenen Bleidiphenylverbindungen, so stellt man eine Abnahme in der Richtung Dimethyl-, Diäthyl-, Di-sek. Butyl-, Di-isobutyl-, Dibutyl-diphenylblei fest. Im gleichen Sinne liegen die

[1] CHARCH, W. H., E. MACK u. C. E. BOORD: Industr. Engng. Chem. **18**, 335 (1926).

[2] GILMAN, H., u. L. BALASSA: Jowa State Coll. J. Sci. **3**, 105 (1929).

[3] MIDGLEY JUN., T., u. T. A. BOYD: Zit. S. 497.

[4] CALINGAERT, G.: The Science of Petroleum **4**, 3024 (1938).

Ergebnisse der mit den Äthyl- und Phenylverbindungen von Jod, Selen und Tellur angestellten Versuche.

Besonders niedrige Gegenklopfwerte findet man, wenn der organische Rest Schwefel enthält. Die hemmende Wirkung des Schwefels tritt auch dann auf, wenn der in seinen Klopfeigenschaften zu verbessernde Kraftstoff Schwefel oder Schwefelverbindungen in größeren Mengen enthält (vgl. S. 516).

Die eigentlichen Träger der Gegenklopfwirkung in den beschriebenen Verbindungen sind die anorganischen Elemente, das geht u. a. daraus hervor, daß Nebel oder Dämpfe von Blei, Eisen, Zinn, Thallium u. a. Metallen ebenfalls eine ausgesprochene Gegenklopfwirkung ausüben[1].

Aminoverbindungen.

Die Gegenklopfwirkung der Aminoverbindungen, der zweiten großen Gruppe von Gegenklopfmitteln, ist erheblich geringer als die der organometallischen Verbindungen. Trotzdem sind sie als wirkliche Gegenklopfmittel anzusprechen, da sie großenteils bereits bei Zusätzen um 0,5% wirksam werden. Im Gegensatz zu den Stoffen von der Art des Bleitetraäthyls, deren maßgeblicher Bestandteil der anorganische Teil ist, ist die Wirkung der Aminoverbindungen nicht an die Gegenwart des Stickstoffatoms geknüpft; denn andere Stickstoffverbindungen wie Ammoniak, Nitrite und Nitroverbindungen besitzen eine ausgesprochen klopfsteigernde Wirkung. Zahlentafel 191 gibt einen Überblick über die auf Anilin bezogene Gegenklopfwirkung verschiedener Aminoverbindungen.

Eine allgemeine Beziehung zwischen dem chemischen Aufbau und der Gegenklopfwirkung der Aminoverbindungen läßt sich nicht ableiten. Eine gewisse Richtung der Zu- und Abnahme ist jedoch bei den Anilin-

Zahlentafel 191. Gegenklopfwirkung von Aminoverbindungen (Wirksamkeit von Anilin gleich 1,00).

Verbindung	Wirksamkeit	Verbindung	Wirksamkeit
Ammoniak	0,09	Mono-n-propylanilin	0,75
Triphenylamin	0,09	Anilin	1,00
Triäthylamin	0,14	Monoäthylanilin	1,02
Äthylamin	0,20	n-Propylaminobenzol	1,10
Dimethylanilin	0,21	n-Butylaminobenzol	1,11
Diäthylanilin	0,24	Aminobiphenyl	1,14
Diäthylphenylamin	0,24	Äthylaminobenzol	1,14
Mono-isoamylanilin	0,25	Amylaminobenzol	1,15
Di-n-propylanilin	0,27	Toluidin	1,22
Diäthylamin	0,50	m-Xylidin	1,40
Mono-n-butylanilin	0,52	Monomethylanilin	1,40
Äthyldiphenylamin	0,58	Diphenylamin	1,50

[1] Berl, E., u. K. Winnacker: Chal. and Ind. **11**, 23 (1920). — Egerton, A. C.: J. Inst. Petr. Techn. **13**, 244 (1927). — Midgley jun., T.: A. P. 1573846 (1926).

abkömmlingen zu erkennen (Abb. 149). Ersetzt man ein Wasserstoffatom der Aminogruppe durch Alkylreste mit steigender Kohlenstoffatomanzahl, so tritt zunächst bei Monomethylanilin eine Steigerung der Gegenklopfwirkung gegenüber Anilin ein, die aber schon beim Monoäthylanilin vollkommen aufgehoben ist. Beim Übergang zu den monosubstituierten Anilinen mit größeren Alkylresten nimmt die Gegenklopf-

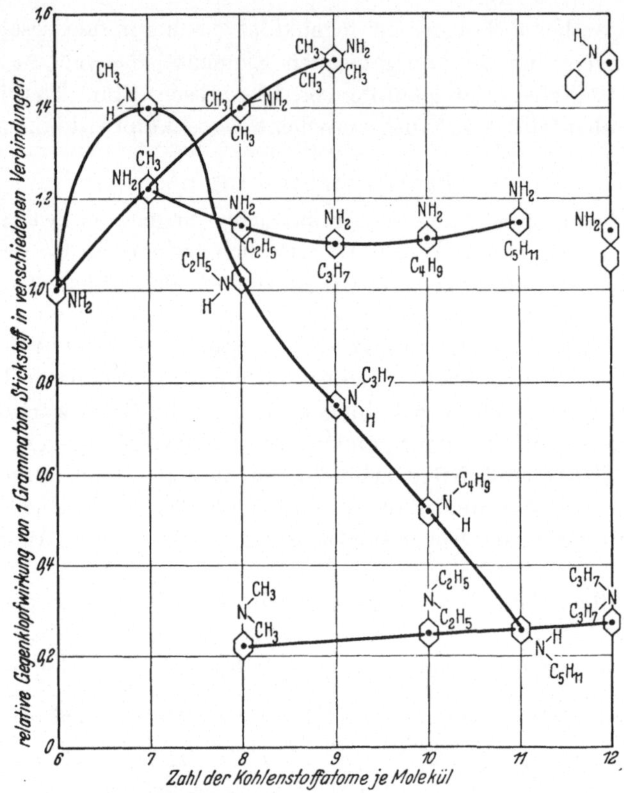

Abb. 149. Die Gegenklopfwirkung von Anilinabkömmlingen verschiedener Struktur.

wirkung weiter etwa linear ab. Ersetzt man beide Wasserstoffatome in der Aminogruppe durch Alkyle, so erhält man nahezu unabhängig von der Art und Größe der Alkylreste eine sehr geringe Gegenklopfwirkung. Methylgruppen am Benzolring verursachen dagegen eine Steigerung des Effektes, die nach Abb. 149 auch erhalten bleibt, wenn man die Methylgruppen durch größere Alkylreste ersetzt.

Angewandte Gegenklopfmittel.

Von den vielen möglichen Gegenklopfmitteln wird heute praktisch nur das Bleitetraäthyl (Tetraethyl Lead, TEL), dieses aber in ausgedehntem Maße, angewandt. Es ist eine farblose Flüssigkeit mit einem spezifischen Gewicht von 1,65 bei 15°. Bei Normaldruck destilliert es unter schwacher Zersetzung bei etwa 200°. Zu seiner Herstellung stehen mehrere Methoden zur Verfügung: u. a. gewinnt man es durch Umsetzung einer Blei-Natrium-Legierung mit Äthylchlorid oder durch Einwirkung von Bleichlorür auf Zinkäthyl oder auf eine Organo-Magnesium-Verbindung, z. B. Brom-Magnesium-Äthyl. Technisch verwendet man die erstgenannte Arbeitsweise[1]. Durch Elektrolyse von Kochsalz werden zunächst Chlor und Natrium gewonnen. Das Natrium wird mit Blei in gußeisernen Kästen zusammengeschmolzen. Die dabei erhaltene Legierung wird in Stücke von Erbsengröße zerschlagen und in Autoklaven bei mäßigen Temperaturen und Drucken mit Äthylchlorid zu Bleitetraäthyl umgesetzt[2]: $4\,PbNa + 4\,C_2H_5Cl = Pb(C_2H_5)_4 + 4\,NaCl + 3\,Pb$.

Durch anschließende Wasserdampfdestillation wird das Bleitetraäthyl von dem in den Arbeitsgang zurückgehenden Bleimetall getrennt. Auf die genaue Einhaltung der in langwierigen Arbeiten festgelegten Umsetzungsbedingungen ist äußerste Sorgfalt zu legen, einerseits um den unter Umständen mit hoher Geschwindigkeit verlaufenden Zerfall des Bleialkyls zu verhindern[3], andererseits um Nebenreaktionen soweit wie möglich zurückzudrängen.

Das bei der Reaktion benötigte Äthylchlorid kann, wie das folgende Fließdiagramm andeutet, in zweifacher Weise gewonnen werden.

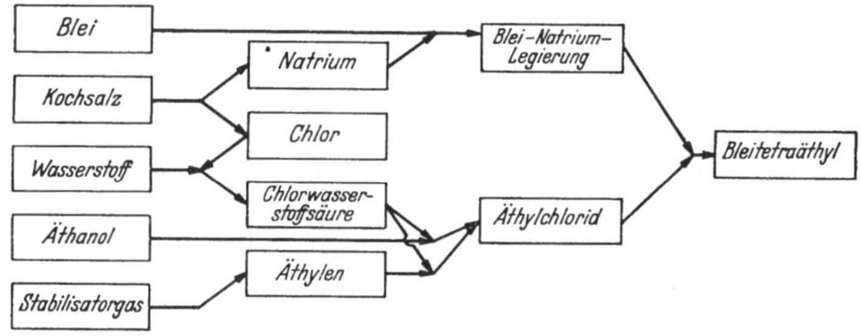

Abb. 150. Rohstoffe und Arbeitsgang bei der Herstellung von Bleitetraäthyl.

Das durch Elektrolyse erzeugte Chlor wird mit Wasserstoff in gasförmige Chlorwasserstoffsäure umgewandelt. Diese wird entweder mit Äthanol oder mit Äthylen in Gegenwart von Katalysatoren unter Bildung von Äthylchlorid zur Reaktion gebracht. Das Äthylen wird durch Kracken von Stabilisatorgas aus Erdölraffinerien hergestellt.

In den Handel kommt nicht das reine Bleitetraäthyl, sondern sog. *Ethyl-Fluid*, eine Mischung aus Bleitetraäthyl mit Äthylendibromid, der

[1] Kraus, C. A., u. C. C. Callis: A. P. 1612131 (1926).
[2] Edgar, G.: Industr. Engng. Chem. **31**, 1439 (1939).
[3] Zscharn, A.: Chem.-Ztg. **64**, 498 (1940).

zuweilen noch eine Chlorverbindung wie Äthylendichlorid sowie ein benzinlöslicher Farbstoff zugesetzt wird. Die Anwesenheit dieser Zusätze bewirkt eine Herabsetzung von Bleioxydablagerungen an den Zündkerzen und Ventilen im Motor. Das Bleioxyd setzt sich in Gegenwart der organischen Brom- und Chlorverbindungen zu flüchtigem Bleibromid und -chlorid um. Zusätze von Monochlornaphthalin zu Ethyl-Fluid zwecks Verbesserung der Schmierung an den Auslaßventilen haben sich als überflüssig erwiesen. Man ist deshalb von der Zugabe von Monochlornaphthalin wieder abgegangen.

Die Zusammensetzung des Ethyl-Fluids ist je nach dem Verwendungszweck in den einzelnen Ländern verschieden. In Deutschland werden von der *Ethyl G. m. b. H.*, Berlin, zwei Arten von Ethyl-Fluid erzeugt:

Zahlentafel 192. Zusammensetzung und Eigenschaften von Ethyl-Fluid in Deutschland[1].

	„1 T-Fluid" für Flugkraftstoffe	„Q-Fluid" für Autokraftstoffe
Zusammensetzung, Gew.-%:		
Bleitetraäthyl (TEL)	61,42	63,30
Äthylendibromid	35,68	25,75
Äthylendichlorid	—	8,72
Farbstoff, Petroleum u. a. Beimischungen	2,90	2,23
Volumenverhältnis Fluid/TEL . .	1,531	1,561
Spez. Gewicht bei 20°	1,755	1,671
Gefrierpunkt, °C.	−10,5	−23
Flammpunkt, °C.	>110	>110

Die Polizeivorschriften über den Verkehr mit brennbaren Flüssigkeiten finden wegen des über 110° liegenden Flammpunktes auf reines Ethyl-Fluid keine Anwendung.

Die Korrosionseigenschaften des Ethyl-Fluids[2] machen die Einhaltung bestimmter Vorschriften für die Auswahl der Werkstoffe von Tanks, Rohrleitungen, Pumpen usw. für Bleibenzine nicht notwendig. In der Regel können für die Anlagen und Geräte dieselben Werkstoffe wie für unverbleites Benzin benutzt werden. Als solche kommen in Frage: Eisen, Gußeisen, Stahl und Bronze. Auch für die Dichtungen läßt sich das gleiche Material wie für gewöhnliches Benzin verwenden. Nur gummihaltiges Material eignet sich nicht. Verzinkte und verbleite Fässer haben sich zur Aufbewahrung gebleiter Kraftstoffe nicht bewährt. Reines Ethyl-Fluid wird in starken galvanisierten Eisenfässern mit doppelter Verschraubung versandt. Bei der Verwendung solcher Fässer ist darauf zu achten, daß der galvanische Überzug in einwand-

[1] Szczepanski: Kraftstoffe **16**, 52 (1940). — Vgl. S. 491.
[2] Kraftstoffe **16**, 54 (1940).

freiem Zustand ist. Liegt in schlecht galvanisierten Fässern das Eisen bei Anwesenheit von Wasser frei, so kann durch Lösen von Halogenverbindungen im Wasser eine elektrolytische Wirkung und damit eine erhebliche Korrosion eintreten.

Beim Lagern bleihaltiger Kraftstoffe[1] scheidet sich mit der Zeit ein Niederschlag aus, dessen Bildung durch Einwirkung von Licht gefördert wird. Nach langdauernder Belichtung erreichen die Rückstandsmengen einen Höchstwert, während die Oktanzahl in entsprechender Weise bis auf den Wert des nicht gebleiten Kraftstoffes absinkt. Bei der üblichen Lagerung im Dunkeln tritt die Bildung von Niederschlägen jedoch erst nach sehr langen Zeiträumen ein. Zudem läßt sich die Neigung der Bleikraftstoffe zur Rückstandsbildung durch Zusatz einer 1proz. Lösung von Alkalifluorid in Methanol[2] oder von Alkoholen[1] überhaupt erheblich zurückdrängen.

Eine gewisse Rückstandsbildung wird nach längerem Lauf auch bei der motorischen Verwendung von Bleikraftstoffen z. B. am Kolbenboden und an den Ventilen und Zündkerzen beobachtet (s. S. 502).

Bei der Handhabung reiner Bleialkylverbindungen ist Vorsicht geboten. Bleitetraäthyl z. B. verpufft bisweilen sogar bei der Destillation im Vakuum unter heftigen Erscheinungen[3].

Obwohl die Giftigkeit des Bleitetraäthyls seit langem bekannt war[3], hatte man bei Beginn der Großerzeugung von Gegenklopfmitteln in USA. 1923 keine Vorsichtsmaßnahmen zur Verhütung von Gesundheitsschädigungen getroffen. Die unvermeidliche Folge war das Eintreten zahlreicher Unglücksfälle, die der Verwendung und weiteren Einführung des Bleitetraäthyls starken Abbruch taten. Die in der Folgezeit von technischen und medizinischen Fachkreisen angestellten Untersuchungen haben jedoch Wege gewiesen, das Bleitetraäthyl gefahrlos herzustellen und dem Benzin beizumischen. Darüber hinaus wurde der Nachweis erbracht, daß bei vorschriftsmäßigem Gebrauch von gebleiten Benzinen sowohl durch das Bleibenzin selbst als auch durch Motorabgase besondere Gesundheitsgefahren nicht geschaffen werden.

Praktische Anwendung als Gegenklopfmittel fand in Deutschland einige Jahre das *Eisenpentakarbonyl* [$Fe(CO)_5$][4], eine farblose, giftige Flüssigkeit mit einem spez. Gewicht von 1,45 bei 20° und einem Siede-

---

[1] Vgl. u. a. O. WIDMAIER: Automobiltechn. Z. **43**, 67 (1940).

[2] *I. G. Farbenindustrie A. G.:* DRP. 675410 (1939).

[3] KRAUSE, E., u. A. v. GROSSE: Die Chemie der metallorganischen Verbindungen, S. 383, 388 u. a., Berlin 1937.

[4] *I. G. Farbenindustrie A. G.:* MÜLLER-CUNRADI, M., u. W. WILKE: DRP. 448620 (1924); F. P. 583027 (1924); Ö. P. 21743 (1925). — *I. G. Farbenindustrie A. G.:* GAUS, W.: DRP. 508917 (1925). — *I. G. Farbenindustrie A. G.:* WILKE, W., E. KUSS u. G. RITTER: DRP. 518232 (1926). — Vgl. auch DRP. 508918 (1930); A. P. 1765692 (1930). — OSTWALD, WA.: Autotechn. **15**, 5 (1926).

punkt von 104°. Es wird durch Umsetzung von Eisenschwamm mit Kohlenoxyd bei 200° unter hohem Druck (100 bis 200 at) gewonnen. In gleichen Teilen mit Petroleum gemischt kam es als „Motyl" in den Handel, von dem bis zu etwa 0,5% den hinsichtlich der Klopffestigkeit zu verbessernden Benzinen zugesetzt wurde. Das mit Eisenkarbonyl versetzte Benzin führte den Namen „Motalin". Nachteilig für die Verwendung des Eisenkarbonyls ist die Bildung von Eisenoxydniederschlägen (Fe_3O_4) an den Zündkerzen sowie seine Eigenschaft, sich am Licht zu zersetzen. Zur Zeit wird Eisenkarbonyl als Gegenklopfmittel nicht verwendet.

Die große Gruppe der als Gegenklopfmittel wirksamen *Aminoverbindungen*, besonders der aromatischen Amine, findet nur in untergeordnetem Maße oder gar nicht Anwendung. Hinderungsgründe sind u. a. die geringe Löslichkeit der meisten Aminoverbindungen in den besonders leicht klopfenden paraffinischen Benzinen, die verhältnismäßig hohe Zusatzmenge (2 bis 6%) zur Erzielung einer ausreichenden Wirkung und ihr meist unangenehmer Geruch. Zudem sind die Kosten, die Amine zur Erzielung einer bestimmten Gegenklopfwirkung machen, höher als die bei Verwendung von Bleitetraäthyl entstehenden. Wie dieses wirken sie gesundheitsschädigend.

Als Gegenklopfmittel empfohlen wird *Anilöl*, ein Gemisch aus Anilin, Butyl- und Äthyl- oder Methylalkohol. Wegen seiner verhältnismäßig geringen Löslichkeit in Benzin wird es häufig gesondert in das Kraftstoffsystem eingeführt. Sein Wasserlösungsvermögen macht es gleichzeitig als Mittel zur Verhütung der Vereisung geeignet. Die klopffestigkeitssteigernde Wirkung des Anilols sowie des Anilins[1] und Äthanols ist aus folgenden Werten ersichtlich:

Zahlentafel 193. Klopffestigkeitssteigernde Wirkung von Anilol, Anilin und Äthanol auf Benzine.

	Oktanzahl (C. F. R.-Motormethode)		
	ungebleit	mit Ethyl-Fluid/U. S.-Gall.	
		1 cm³	3 cm³
Destillatbenzin	70	79	84
+2% Anilol	76	83	86
+2% Anilin	78	85	88
+2% Äthanol	71	80	85
Isooktan-Destillatbenzin	87	95	>100
+2% Anilol	90	97	>100
+2% Anilin	91	98	>100
+2% Äthanol	88	96	>100

[1] Vgl. auch C. O. Tongberg, D. Quiggle, E. M. Fry u. M. R. Fenske: Industr. Engng. Chem. **28**, 792 (1936).

Auch *Wasser*[1] wurde als Gegenklopfmittel vorgeschlagen. Die Wirkung dieses Zusatzes ist wahrscheinlich zum Teil auf die durch Verdampfung des Wassers benötigte Wärme, zum Teil auf eine Umsetzung des Wassers zu Wassergas unter Bildung von klopffestem Kohlenoxyd zurückzuführen. Das erforderliche Wasser könnte möglicherweise ohne Steigerung der Kraftstoffladung den Verbrennungsgasen entnommen werden[2].

Einfluß der Motorbedingungen auf die Gegenklopfwirkung.

Für die Beurteilung der Wirksamkeit von Gegenklopfmitteln ist die Kenntnis der angewandten Motorbauart und der eingehaltenen Motorbedingungen von Bedeutung. Die von verschiedenen Bearbeitern an verschiedenen Motorarten oder unter verschiedenen Betriebsbedingungen am gleichen Motor erzielten Ergebnisse sind nicht ohne weiteres vergleichbar. Ändert man z. B. nur die Kühlwassertemperatur des Motors, so wird bereits eine beträchtliche Verschiebung der relativen Gegenklopfwirkung des Bleitetraäthyls z. B. gegenüber Benzol hervorgerufen. Im allgemeinen bedingt die Steigerung der Kühlwassertemperatur eine Erhöhung des Benzoläquivalents eines bestimmten Bleizusatzes, d. h. die dem ungebleiten Benzin zuzusetzende Menge Benzol zur Erreichung der durch Bleizugabe erzielten Wirkung steigt an. Bei einem bestimmten Motor nahm z. B. das Benzoläquivalent für 5 cm^3 Bleitetraäthyl je U. S.-Gallone Benzin (3,79 l) durch Erhöhung der Kühlwassertemperatur von 102 auf 177° um 20% (von 50 auf 70%) Benzol zu[3]. Ähnliche Unterschiede treten auf, wenn man an Stelle der Kühlwassertemperatur das Kraftstoff-Luft-Verhältnis, die Drehzahl, die Temperatur der Ansaugluft, die Zündeinstellung oder andere Betriebsbedingungen ändert[4]. Die im folgenden gebrachten Ausführungen über die Bleiempfindlichkeit von Kohlenwasserstoffen und Kraftstoffen gelten also strenggenommen nur für die jeweilig eingehaltenen motorischen Versuchsbedingungen.

Bleiempfindlichkeit reiner Kohlenwasserstoffe.

Je nach ihrem chemischen Aufbau sprechen die Kohlenwasserstoffe verschieden stark auf Gegenklopfmittel, z. B. Bleitetraäthyl, an. Die große Bedeutung, die das letztere für die neuzeitliche Kraftstofferzeugung gewonnen hat, berechtigt dazu, diesen Punkt eingehender zu betrachten.

[1] Eingehende Ausführungen über die Wirkung von Wasserzusätzen auf den Verbrennungsvorgang im Motor finden sich bei W. RIEDEL: Automobiltechn. Z. **43**, 25 (1940).

[2] HERON, S. D.: Air Transp. Assoc. of America, Meeting Dallas (Tex.) (1938).

[3] CALINGAERT, G.: The Science of Petroleum **4**, 3027 (1938).

[4] Vgl. auch F. FISCHER u. H. POHL: Brennst.-Chemie **19**, 458 (1938).

Zahlentafel 194. Die Erhöhung des kritischen Verdichtungsverhältnisses als Maß der Bleiempfindlichkeit von Kohlenwasserstoffen verschiedener Struktur.

Stoff	Kritisches Verdichtungsverhältnis	Zunahme des krit. Verdichtungsverhältnisses durch Zusatz von 1 cm^3 $Pb(C_2H_5)_4$ je U. S.-Gallone (3,79 l)
Paraffinkohlenwasserstoffe:		
n-Pentan	3,8	0,50
2-Methylbutan	5,7	0,95
n-Hexan	3,3	0,20
n-Heptan	2,8	0,20
3-Äthylpentan	3,9	0,20
2, 4-Dimethylpentan	5,0	0,80
2, 2, 4-Trimethylpentan	7,7	2,10
2, 7-Dimethyloktan	3,3	0,20
3, 4-Diäthylhexan	3,9	0,30
Ungesättigte Kettenkohlenwasserstoffe:		
1-Penten	5,8	0,30
2-Penten	7,0	0,50
2-Methyl-2-Buten	7,0	0,70
Dimethylbutadien	8,6	0,10
2, 4-Hexadien	6,6	0,10
1, 5-Hexadien	4,8	0,25
n-Amylazetylen	4,9	0,33
Diäthylazetylen	3,4	0,10
1-Hepten	3,7	0,25
3-Hepten	4,9	0,80
3-Äthyl-2-Penten	6,6	0,50
2, 4-Dimethyl-2-Penten	8,8	0,70
2-Methyl-5-Hexen	4,7	0,25
3-Methyl-5-Hexen	5,0	0,20
n-Hexylazetylen	4,0	0,10
1-Okten	3,4	0,15
2, 2, 4-Trimethyl-3-Penten	10,0	0,35
2, 2, 4-Trimethyl-4-Penten	11,3	0,25
Naphthenkohlenwasserstoffe:		
Zyklopentan	10,8	2,70
Zyklohexan	4,5	0,65
Methylzyklohexan	4,6	0,30
Zyklohexylazetylen	4,6	0,21
1, 2-Dimethylzyklohexan	5,1	0,35
1, 3-Dimethylzyklohexan	4,4	0,21
1, 2-Methyl-Äthyl-Zyklohexan	4,3	0,16
1, 3-Methyl-Äthyl-Zyklohexan	3,8	0,12
1, 4-Methyl-Äthyl-Zyklohexan	3,7	0,13
1, 2-Methyl-n-Propyl-Zyklohexan	3,6	0,12
1, 3-Methyl-n-Propyl-Zyklohexan	3,4	0,12

Zahlentafel 194 (Fortsetzung).

Stoff	Kritisches Verdichtungsverhältnis	Zunahme des krit. Verdichtungsverhältnisses durch Zusatz von 1 cm^3 $Pb(C_2H_5)_4$ je U. S.-Gallone (3,79 l)
	Naphthenkohlenwasserstoffe:	
1, 4-Methyl-n-Propyl-Zyklohexan	3,3	0,12
1, 4-Methyl-isopropyl-Zyklohexan	4,0	0,26
1, 2-Methyl-n-Butyl-Zyklohexan	3,4	0,10
1, 3-Methyl-n-Butyl-Zyklohexan	3,3	0,10
1, 4-Methyl-n-Butyl-Zyklohexan	3,2	0,10
1, 2-Methyl-n-Amyl-Zyklohexan	3,2	0,10
Dekahydronaphthalin	3,6	0,13
	Aromatische Kohlenwasserstoffe:	
Phenylazetylen	12,4	−0,80
Äthylbenzol	10,5	2,00
Benzylazetylen	7,4	0,12
Methylphenylazetylen	11,8	−0,30
1, 4-Methylisopropylbenzol	11,1	1,00
1-Phenylbutadien	9,5	0,00
Tert. Amylbenzol	12,1	2,00
Trimethylphenylallen	8,3	−0,20
	Ungesättigte zyklische Kohlenwasserstoffe:	
Zyklopentadien	10,9	−0,90
Dimethylfulven	9,2	−0,13
Inden	11,2	−0,10
Dizyklopentadien	11,0	−0,30
Zyklopenten	7,9	0,20
1, 3-Zyklohexadien	5,9	−0,02
Zyklohexen	4,8	0,20
Dipenten	5,9	0,25

Eine eingehende Untersuchung über die Abhängigkeit der Bleitetraäthylwirksamkeit von der Kohlenwasserstoffstruktur wurde u. a. von CAMPBELL, SIGNAIGO, LOVELL und BOYD[1] angestellt. Eine große Zahl von Kohlenwasserstoffen der verschiedenen Klassen wurde von ihnen rein dargestellt. Von diesen Kohlenwasserstoffen wurde in einem Einzylindermotor mit veränderlichem Verdichtungsverhältnis das sog. kritische Verdichtungsverhältnis gemessen. Als kritisches Verdichtungsverhältnis wurde bei diesen Messungen dasjenige Verdichtungsverhältnis angesehen, bei dem in einem ruhigen Raum unter festgelegten Betriebsbedingungen (Vollast, Drehzahl 600/min, Kühlwassertemperatur gleich Siedetemperatur, Gemischzusammensetzung und Zündzeit auf größte

[1] CAMPBELL, J. M., F. K. SIGNAIGO, W. G. LOVELL u. T. A. BOYD: Industr. Engng. Chem. 27, 593 (1935).

Leistung eingestellt) das Klopfen gerade hörbar wird. Die Klopfmessungen wurden mit den reinen Kohlenwasserstoffen ohne und mit Zusatz von 1 cm³ Bleitetraäthyl je U. S.-Gallone (3,79 l) durchgeführt. In Einzelfällen war die Wirkung des Bleizusatzes so gering, daß sie nicht unmittelbar gemessen werden konnte. In diesem Falle wurde die Erhöhung des kritischen Verdichtungsverhältnisses aus der durch größere Bleizusätze bewirkten unter der Voraussetzung einer linearen Abhängigkeit errechnet. Unter diesen Bedingungen wurden umstehende Ergebnisse bei der Prüfung der sog. Bleiempfindlichkeit der Kohlenwasserstoffe erhalten (Zahlentafel 194).

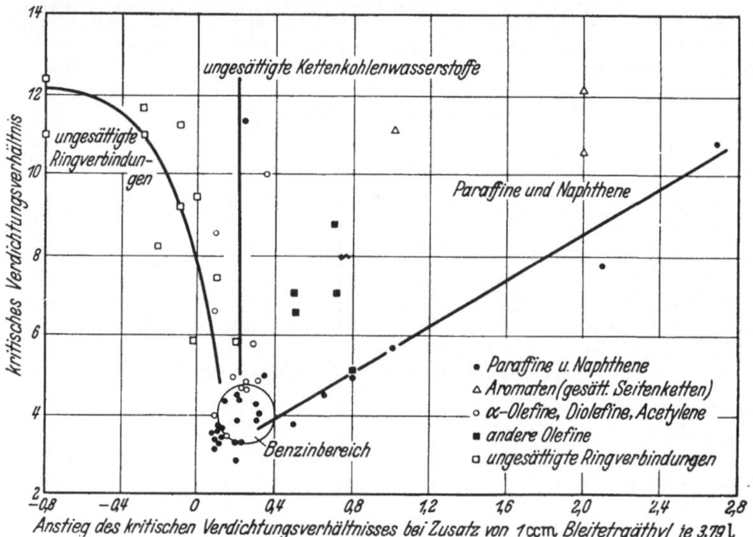

Abb. 151. Wirkung von Bleitetraäthyl auf das kritische Verdichtungsverhältnis von Kohlenwasserstoffen verschiedener Struktur.

Abb. 151 bringt die wichtigsten Schlußfolgerungen für das Verhalten der Kohlenwasserstoffklassen zum Ausdruck. Bei den Paraffin- und Naphthenkohlenwasserstoffen ist die Zunahme des kritischen Verdichtungsverhältnisses und damit der Klopffestigkeit durch den Bleizusatz um so größer, je höher das Verdichtungsverhältnis des reinen Kohlenwasserstoffs ist. Im Durchschnitt sprechen Kohlenwasserstoffe der beiden genannten Klassen verhältnismäßig gut auf Bleitetraäthyl an. Dasselbe gilt für die untersuchten aromatischen Kohlenwasserstoffe mit aliphatischen Seitenketten. α-Olefine, Diolefine und Azetylene werden durch Bleitetraäthyl in ihrer Klopffestigkeit etwa gleich, und zwar in demselben Maße beeinflußt wie Benzine. Ein besonders bemerkenswertes Verhalten zeigen gewisse ungesättigte zyklische Verbindungen, deren Klopffestigkeit ebenso wie die einiger Aromaten mit ungesättigten

Seitenketten durch Bleitetraäthyl herabgesetzt wird. Im Durchschnitt ist die Abnahme um so stärker, je klopffester der unverbleite Kohlenwasserstoff ist. Die Hauptmenge der überprüften Kohlenwasserstoffe

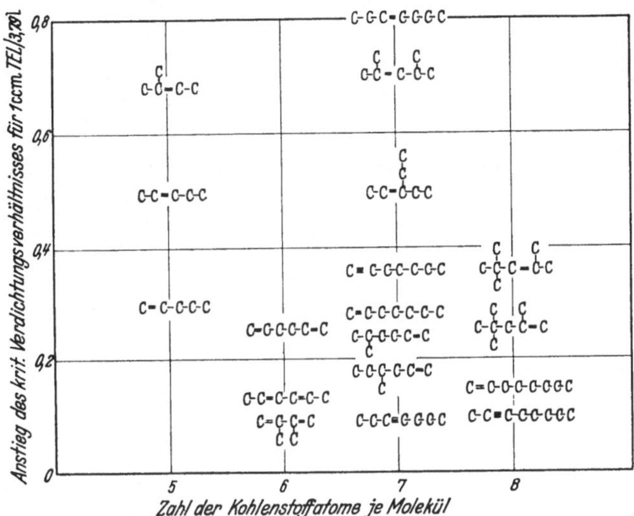

Abb. 152. Einfluß der Struktur ungesättigter Kettenkohlenwasserstoffe auf die Wirksamkeit von Bleitetraäthyl.

liegt ungefähr in dem durch einen Kreis angedeuteten Bereich der Bleiempfindlichkeit, die üblicherweise Benzine aufweisen.

Bei ungesättigten Verbindungen wird die Bleiempfindlichkeit durch den Sitz der Doppelbindung beeinflußt. In Abb. 152 ist das kritische Verdichtungsverhältnis als Maß der Bleiempfindlichkeit in Abhängigkeit von der Kohlenstoffatomanzahl ungesättigter aliphatischer Verbindungen aufgetragen. Die Bleiwirksamkeit ist in weiten Grenzen verschieden. Im allgemeinen nimmt sie zu, wenn die Doppelbindungen vom Ende in die Mitte der Moleküle treten. Mehr als eine

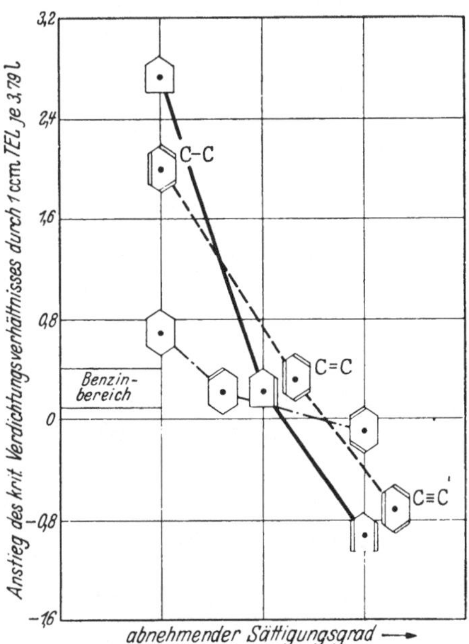

Abb. 153. Einfluß des Sättigungsgrades zyklischer Kohlenwasserstoffe auf die Wirkung von Bleitetraäthyl.

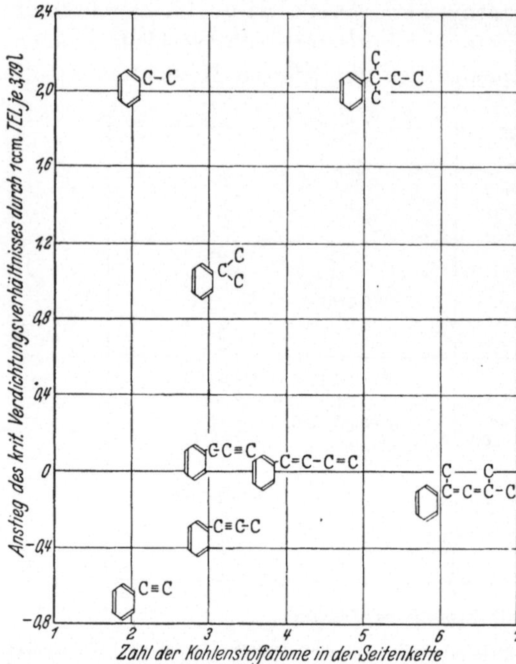

Abb. 154. Die klopffestigkeitssteigernde Wirkung von Bleitetraäthyl in Abhängigkeit von der Art der Seitenketten des Benzolringes.

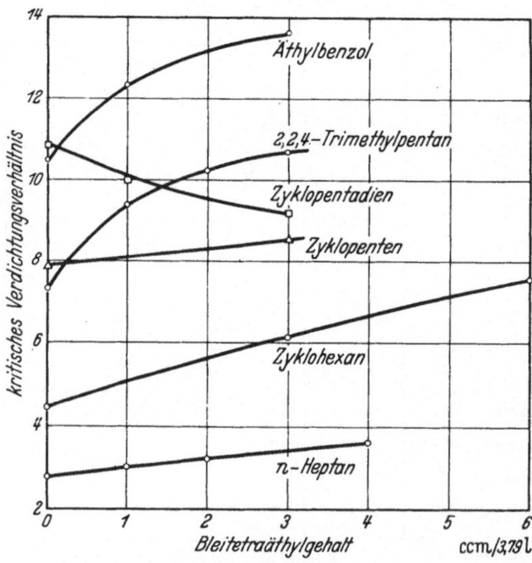

Abb. 155. Änderung des kritischen Verdichtungsverhältnisses einiger Kohlenwasserstoffe mit zunehmender Konzentration an Bleitetraäthyl.

grobe Regel läßt sich jedoch in dieser Hinsicht nicht aufstellen (vgl. RCH-Isomerisierung, S. 320).

Das Verhalten zyklischer Verbindungen ist summarisch in Abb. 153 dargestellt. Führt man in Zyklopentan oder Zyklohexan Doppelbindungen ein, so wird die Bleiempfindlichkeit herabgesetzt. Am stärksten tritt das beim Übergang von Zyklopentan zu Zyklopenten und Zyklopentadien hervor; während Zyklopentan durch Blei außerordentlich stark in der Klopffestigkeit gesteigert wird, wirkt dieses auf Zyklopentadien geradezu als Klopfvermittler. Das Klopfverhalten von Zyklopenten wird durch Bleizusatz fast gar nicht beeinflußt. Ein ähnliches Verhalten wie bei diesen Kohlenwasserstoffen, nur weniger ausgesprochen, findet man beim Übergang von Zyklohexan zu Zyklohexen und Zyklohexadien. Die Einführung von Doppel- und Dreifachbindungen in die Seitenketten aromatischer Kohlenwasserstoffe bewirkt den gleichen Abfall der Bleiempfindlichkeit. So ist

z. B. Äthylbenzol (Phenyläthan) höchst und Phenyläthylen schwach bleiempfindlich, während Phenylazetylen durch Bleitetraäthyl in seiner Klopffestigkeit geschwächt wird (vgl. auch Abb. 154).

Auf Grund von Oktanzahluntersuchungen an reinen Kohlenwasserstoffen geben KOBAYASHI und KAJIMOTO[1] Durchschnittszahlen der Bleiempfindlichkeit verschiedener Kohlenwasserstoffklassen an. Nach ihnen beträgt die durch 1% TEL hervorgerufene Klopffestigkeitserhöhung (aus der Wirkung geringerer Zusatzmengen errechnet) bei Aromaten 139, Olefinen 168, Naphthenen 215 und bei Paraffinen 283 Oktanzahleinheiten.

Auch die Konzentration an Bleitetraäthyl nimmt auf die relative Bleiempfindlichkeit Einfluß. Bei den meisten Kohlenwasserstoffen, insbesondere bei solchen mit hoher Bleiempfindlichkeit, liegt die günstigste Wirkung bei Zusätzen bis zu etwa 1,0 cm³ Bleitetraäthyl je Liter. Trotzdem ist die Abhängigkeit der Gegenklopfwirkung von der Bleikonzentration keineswegs einheitlich, wie Abb. 155 veranschaulicht. In Einzelfällen wird sogar eine Abnahme der Klopffestigkeit durch den Bleizusatz hervorgerufen [s. S. 510).

Für einige bemerkenswerte Kohlenwasserstoffe wurden folgende Oktanwerte vor und nach Zusatz verschiedener Bleikonzentrationen gemessen[2]:

Zahlentafel 195. Die klopffestigkeitssteigernde Wirkung von Bleitetraäthyl auf Kohlenwasserstoffe wechselnder Struktur.

Gemische von 50% eines 70-Oktan-Destillatbenzins mit 50% der folgenden Kohlenwasserstoffe	Oktanzahl, C. F. R.-Motormethode			
	des ungebleiten Gemisches	mit Bleitetraäthyl je U. S.-Gallone		
		1 cm³	2 cm³	3 cm³
Isooktan (2, 2, 4-Trimethylpentan)	84	92	96	98
Diisopropyläther	86	94	99	100+
Isopentan	81	90	93	96
Benzol	82	88	90	92
Toluol	82	88	90	92
o-Xylol	79	82	—	84
m-Xylol	83	89	—	92
p-Xylol	83	89	—	92
Äthylbenzol	85	90	93	95
n-Butylbenzol	82	—	—	91
Tert. Butylbenzol	88	—	—	97
Sek. Butylbenzol	78	—	—	90
Isopropylbenzol	87	—	—	98
Mesitylen	85	—	—	96
Zyklohexan (ungemischt)	77	78	79	80
Hexan (ungemischt)	62	74	79	81

[1] KOBAYASHI, R., u. S. KAJIMOTO: J. Soc. chem. Ind. Japan (Suppl.) **39**, 307 (1936).

[2] HUBNER, W. H., G. EGLOFF u. G. B. MURPHY: Nat. Petr. News **29**, Nr 30, R 57 (1937).

Bleiempfindlichkeit von Benzinen.

Ebenso wie die reinen Kohlenwasserstoffe sprechen die Benzine je nach ihrer Herkunft und Zusammensetzung in verschiedener Weise auf Bleitetraäthyl an. Auf Grund von Untersuchungen an zahlreichen Benzinen unterschiedlicher Herkunft definierten HEBL und RENDEL[1] die Bleiempfindlichkeit von Benzinen durch den folgenden Ausdruck:

$$S = \frac{I}{K \cdot N}.$$

Darin ist S ein Maß für die Steilheit der Klopffestigkeitskurve, d. h. für die Bleiempfindlichkeit, I der Anstieg des kritischen Verdichtungsverhältnisses, N die Zahl der cm³ Bleitetraäthyl je U. S.-Gallone (3,79 l) Benzin und K eine Konstante, deren Wert 0,75 beträgt.

Dieser Ausdruck wurde später[1] durch verwickeltere Gleichungen ersetzt. Die Umständlichkeit dieser Gleichungen führte zur Entwicklung

Zahlentafel 196. Bleiempfindlichkeit von Benzinen verschiedener Herkunft und Herstellungsweise.

Benzin	Oktanzahl, C. F. R.-Motormethode	Bleiempfindlichkeit
Destillatbenzine:		
Mid-Continent	46,1	1,28
West-Texas	54,1	0,77
Hendricks	59,8	0,73
Yates	58,8	0,77
Texas Panhandle	60,7	0,85
Okmulgee (Okla.)	45,2	0,97
California	69,5	1,31
Pennsylvania	50,0	0,95
Kansas	44,7	0,77
Krackbenzine:		
Okmulgee (Okla.)	67,0	1,33
Mid-Continent und Texas, doctorbehandelt	70,5	0,78
Kansas	62,6	1,00
Texas Panhandle	58,5	0,76
Naturgas- und Flugbenzine:		
Naturgasbenzin, Spezialschnitt mit einem Reid-Dampfdruck von 0,68 at	64,1	2,00
Stabilisiertes Naturgasbenzin	69,3	1,81
Stabilisiertes Naturgasbenzin mit einem Reid-Dampfdruck von 0,91 at	67,2	1,46
Naturgasbenzin, Reid-Dampfdruck 0,7 at	60,5	1,38
Black Bayon White Castle-Flugbenzin	79,0	1,59
Smackover-Flugbenzin	70,0	1,55
Gulf Coast-Flugbenzin	62,1	1,55
West-Texas-Flugbenzin	71,0	1,66

[1] HEBL, L. E., u. T. B. RENDEL: J. Inst. Petr. Techn. **18**, 187 (1932).

sog. Ethylmischtafeln, die es ermöglichen, die Klopffestigkeit von Bleibenzinen unter bestimmten Voraussetzungen zu errechnen.

Die unterschiedliche Bleiempfindlichkeit von Benzinen verschiedener Herkunft und Herstellungsweise kommt in der vorstehenden Aufstellung[1] (Zahlentafel 196) zum Ausdruck. Die dort angegebenen Bleiempfindlichkeitswerte wurden nicht nach der obigen Gleichung, sondern nach einer der erwähnten komplizierteren Gleichungen[1] ermittelt; sie sind also lediglich als Verhältniszahlen zu werten.

Die Bleiempfindlichkeit der Benzine wechselt in ziemlich weiten Grenzen. Es ist allerdings zu berücksichtigen, daß die oben angegebenen Unterschiede innerhalb eines kleinen Abschnittes des kritischen Verdichtungsverhältnisses liegen (vgl. Abb. 153). Die Aufstellung in Zahlentafel 196 ist insofern unvollständig, als analytische Kennziffern für die Benzine z. B. über den Siedeverlauf nicht mitgeteilt werden. Es ist deshalb nicht ersichtlich, wie weit ein hoher oder niedriger Wert der Bleiempfindlichkeit auf die mehr oder weniger große Flüchtigkeit der Benzine zurückzuführen ist; denn Leichtbenzine besitzen eine größere Bleiempfindlichkeit als Schwerbenzine. Im allgemeinen sprechen Krackbenzine schlechter als Destillatbenzine auf Blei an; Naturgas- und Flugbenzine zeigen wegen ihrer Leichtflüchtigkeit und ihres meist paraffinischen Charakters eine starke Klopffestigkeitssteigerung durch Bleitetraäthyl.

Ethylmischtafeln.

Eine der bereits erwähnten Ethylmischtafeln, und zwar zur Berechnung der C. F. R.-Motor-Oktanzahl von Bleibenzinen nach Hebl, Rendel und Garton, ist in Abb. 156 wiedergegeben. Es würde zu weit führen, die der Tafel zugrunde liegenden Rechnungen zu erläutern. Lediglich die Anwendung der Tafel und eine graphische Methode zur Ableitung von Ethylmischtafeln für andere Klopfmeßverfahren sollen erklärt werden.

Sind die C. F. R.-Motor-Oktanzahlen eines gegebenen Benzins bei mindestens zwei Konzentrationen von Bleitetraäthyl z. B. für einen Zusatz von 0 und 2 cm^3 Bleitetraäthyl je U. S.-Gallone (3,79 l) bekannt, so läßt sich die C. F. R.-Motor-Oktanzahl für jede andere Konzentration bis zu 6 cm^3 Bleitetraäthyl je Gallone angeben (vgl. Abb. 156). Man trägt die bekannten Oktanzahlen zu diesem Zweck in Abhängigkeit von der Bleikonzentration in die Tafel ein und zieht durch die so erhaltenen Punkte eine gerade Linie. Von dieser Linie lassen sich die Oktanzahlen für jede Bleikonzentration ablesen. Die Bleiempfindlichkeit ermittelt man, indem man zu der gezeichneten Linie eine Parallele

---

[1] Hebl, L. E., T. B. Rendel u. F. L. Garton: Industr. Engng. Chem. **25**, 190 (1933); **31**, 863 (1939).

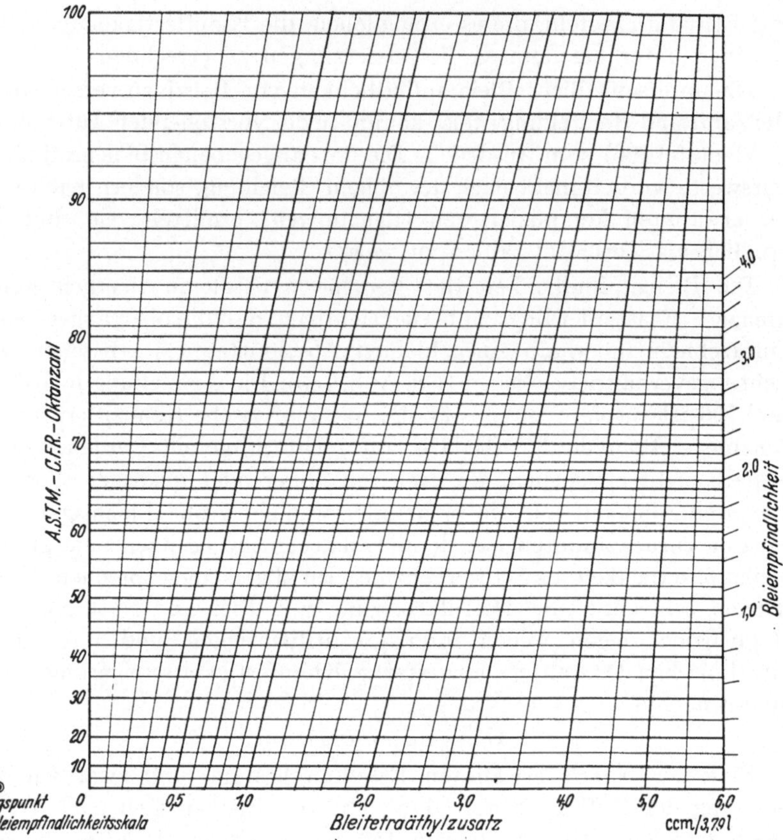

Abb. 156. Ethyl-Fluid-Mischtafel für die C. F. R.-ASTM.-Methode nach HEBL, RENDEL und GARTON.

durch den links unten an der Tafel angebrachten Kreispunkt legt. Der Schnittpunkt mit der rechten Ordinate gibt die Bleiempfindlichkeit, d. h. die Neigung der Geraden, an. Die Einheit der Bleiempfindlichkeit

Zahlentafel 197.

Beziehung zwischen der Bleiempfindlichkeit, dem kritischen Verdichtungsverhältnis und der C. F. R.-Motor-Oktanzahl von Benzinen mit einem Zusatz von 2 cm³ Bleitetraäthyl (TEL) je U. S.-Gallone.

Bleiempfindlichkeit	Verdichtungsverhältnis nach Zusatz von 2 cm³ TEL	Oktanzahl[1] nach Zusatz von 2 cm³ TEL
0	5,50	70,0
1	6,00	79,3
2	6,50	85,5
3	7,00	90,1
4	7,50	93,2

[1] Oktanzahl ohne Blei 70,0.

ist dabei wie folgt definiert: Ein Benzin mit der C. F. R.-Motor-Oktanzahl 70, dessen kritisches Verdichtungsverhältnis durch einen Zusatz von 2 cm^3 Bleitetraäthyl je U. S.-Gallone um 0,5 erhöht wird, besitzt die Bleiempfindlichkeit 1. Dementsprechend steigen das kritische Verdichtungsverhältnis und die zugehörigen Oktanzahlen durch Zusatz von 2 cm^3 Bleitetraäthyl je U. S.-Gallone (3,79 l) mit zunehmender Bleiempfindlichkeit in der vorstehenden Weise (Zahlentafel 197).

Die Genauigkeit, mit der der Bleizusatz zur Erzielung einer bestimmten Klopffestigkeit aus der Tafel errechnet werden kann, ist aus nachfolgender Aufstellung zu ersehen. Die Einteilung der Mischkarte wurde auf Grund von Ergebnissen an 17 C. F. R.-Motoren gewählt. Zahlentafel 198 gibt an, welche Unterschiede maximal bei der Errechnung der Bleizusätze bei verschiedenen Maschinen auftraten:

Zahlentafel 198. Ergebnisse in C. F. R.-Maschinen mit verschiedenem Ansprechvermögen auf Bleitetraäthyl.

	Höchstwert	Mittelwert von 17 Maschinen	Mindestwert
Oktanzahl des Grundbenzins	78,8	78,7	78,2
cm^3 TEL zur Erreichung einer Oktanzahl von			
82	0,22	0,32	0,37
85	0,48	0,66	0,74
87	0,74	1,08	1,29
90	1,35	2,02	2,62

Die angegebenen Mittelwerte des Bleizusatzes sind der Mischtafel zugrunde gelegt. Die aus ihr abgelesenen Oktanwerte sind deshalb angeblich so genau, daß Unterschiede zwischen den abgelesenen und den an einem C. F. R.-Motor gemessenen Oktanzahlen darauf hinweisen, daß die Motorwerte den im Mittel in C. F. R.-Motoren gemessenen Oktanzahlen nicht entsprechen.

Will man eine Ethylmischtafel für irgendein anderes Motorprüfverfahren entwickeln, so geht man am einfachsten nach einer graphischen Arbeitsweise vor:

Für eine möglichst große Zahl von Kraftstoffen mit unterschiedlicher Klopffestigkeit werden die kritischen Verdichtungsverhältnisse in Abhängigkeit vom Bleizusatz gemessen und in der in Abb. 157 angedeuteten Weise in ein Diagramm eingetragen. Die Endpunkte der dabei erhaltenen Kurven, z. B. ABC, $A'B'C'$ usw., werden miteinander verbunden. Sodann werden von den Schnittpunkten der Kurven mit den Konzentrationen 1, 2, 3, 4 und 5 cm^3 TEL/Gall. horizontale Linien bis zum Schnitt mit den Linien AC, $A'C'$ usw. gezogen. Für die Konzentration 2 cm^3 TEL/Gall. erhält man auf diese Weise die Punkte D, D' usw., die, miteinander verbunden, die Linie EF ergeben. Dasselbe

Verfahren wird bei anderen TEL-Konzentrationen angewandt. Die Konzentration des Bleitetraäthyls kann naturgemäß anstatt in cm³ TEL/U. S.-Gallone auch in cm³/l angegeben werden[1]. Sind die Linien *EF* für die einzelnen Konzentrationen festgelegt, so ersetzt man die kritischen Verdichtungsverhältnisse durch die zugehörigen Oktanzahlen auf Grund einer zu diesem Zweck aufgestellten Abhängigkeit. Sodann wird willkürlich ein Punkt auf der linken Seite der Mischtafel — in Abb. 156 durch einen Kreispunkt gekennzeichnet — gewählt, der als Ausgangspunkt zur Feststellung der Bleiempfindlichkeit dient. Auf der rechten Ordinate wird die Skala für die Bleiempfindlichkeit unter Verwendung der Bleiempfindlichkeit eines 70-Oktan-Benzins und der zugehörigen Oktanzahlen bei Zusatz von 2 cm³ TEL/Gall. entsprechend der für die C. F. R.-Motormethode geltenden Zahlentafel 197 aufgetragen.

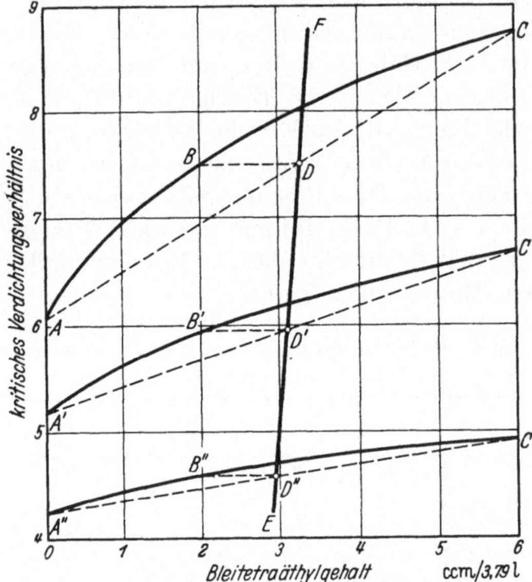

Abb. 157. Graphische Ableitung einer Ethyl-Fluid-Mischtafel.

Wirkung des Schwefelgehaltes und der Raffinationsart auf die Bleiempfindlichkeit.

Die Anwesenheit von Schwefelverbindungen setzt die Bleiempfindlichkeit der Benzine meist beträchtlich herab. Dabei spielt die Struktur der Schwefelverbindungen eine erhebliche Rolle. Nach Birch und Stansfield[2] nimmt die hemmende Wirkung etwa in der Reihenfolge Trisulfid, Disulfid, Merkaptan, Sulfid, Thiophen, Schwefelkohlenstoff ab (vgl. Zahlentafel 199).

Von Graves[3] wurden Beziehungen zwischen der Bleiempfindlichkeit und dem Schwefelgehalt von Destillat-, Krack- und aromatischen Benzinen abgeleitet, die bis zu einem gewissen Grade Allgemeingültigkeit haben (Abb. 158). Die durch die Ethylmischtafel festgelegte Bleiempfindlichkeit läßt sich danach unmittelbar an Hand des Schwefel-

[1] Siehe E. Singer: Öl u. Kohle **37**, 804 (1941).
[2] Birch, S. F., u. R. Stansfield: Industr. Engng. Chem. **28**, 668 (1936).
[3] Graves, F. G.: Industr. Engng. Chem. **31**, 850 (1939).

Zahlentafel 199. Schwefelgehalt und Bleiempfindlichkeit.

Gemisch	Oktanzahl, C. F. R.-Motormethode		
	nicht gebleit	mit TEL je Gallone	
		1 cm³	3 cm³
Venezuela-Destillatbenzin	64,4	73,8	82,3
+ 0,1% Schwefel als C_2H_5SH	63,6	68,7	74,3
+ 0,1% Schwefel als $(C_2H_5)_2S$	64,6	70,5	76,6
+ 0,1% Schwefel als $(C_2H_5)_2S_2$	64,0	68,8	73,4
+ 0,1% Schwefel als $(C_2H_5)_2S_3$	62,0	66,6	73,0
Iran-Benzin	55,3	66,3	75,6
+ 0,1% Schwefel als C_2H_5SH	55,0	61,7	68,2
+ 0,1% Schwefel als $(C_2H_5)_2S$	55,4	62,8	69,8
+ 0,1% Schwefel als $(C_2H_5)_2S_2$	55,4	61,5	68,2
+ 0,1% Schwefel als $(C_2H_5)_2S_3$	52,5	59,7	66,3
Heptan-Oktan-Gemisch	55,3	68,3	77,8
+ 0,1% Schwefel als $(C_2H_5)_2S_2$	55,3	61,4	67,3

Zahlentafel 200. Beeinflussung der Bleiempfindlichkeit durch Zusatz von 0,05 % Schwefelverbindungen.

Gemisch	Oktanzahl, C. F. R.-Motormethode	
	nicht gebleit	mit 2 cm³ TEL/Gal.
Bezugskraftstoff	44	58
+ freier Schwefel	41	54
+ Äthylsulfat	43	47
+ Äthylsulfid	—	56
+ Diäthylsulfid	42	—
+ Äthylmerkaptan	42	—
+ Butylsulfid	43	56
+ Diphenylsulfid	44	57
+ Isoamylsulfid	—	56
+ Diphenyldisulfid	43	53
+ Isoamyldisulfid	42	—
+ Isoamylmerkaptan	43	53
+ Thiophen	44	57
+ Thiophenol	—	54

gehaltes ablesen. Zahlreiche von GRAVES untersuchte Destillat- und Krackbenzine erfüllten die dargestellten Abhängigkeiten ausnahmslos innerhalb enger Grenzen. Der für aromatische Benzine geltenden Kurve (3) liegen erst verhältnismäßig wenig praktische Messungen zugrunde, so daß die aus ihr abgelesenen Werte der Bleiempfindlichkeit nur als Annäherungswerte anzugeben sind. An Hand der Abhängigkeiten läßt sich eine weitere bemerkenswerte Feststellung machen. Die Herabsetzung der Bleiempfindlichkeit durch Schwefelverbindungen steigt in der Richtung Destillat-, Krack-, Aromatenbenzin, d. h. etwa in der Richtung Paraffine, Olefine, Aromaten. Aus diesem Grunde ist die geringe Empfindlichkeit aromatischer Benzine für Bleitetraäthyl

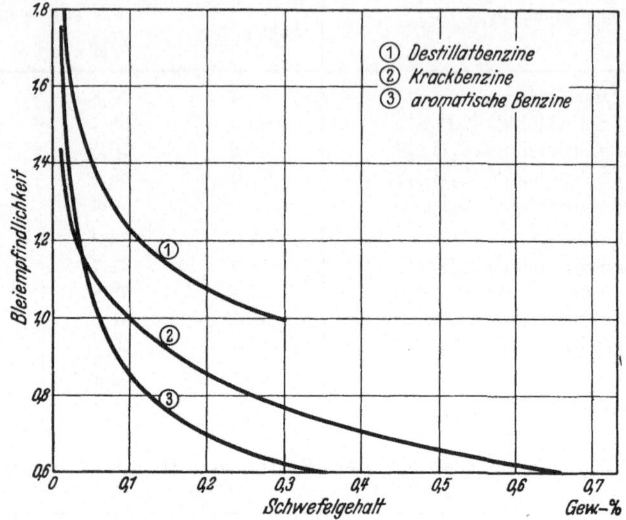

Abb. 158. Beziehungen zwischen der Bleiempfindlichkeit und dem Schwefelgehalt von Benzinen verschiedener Art.

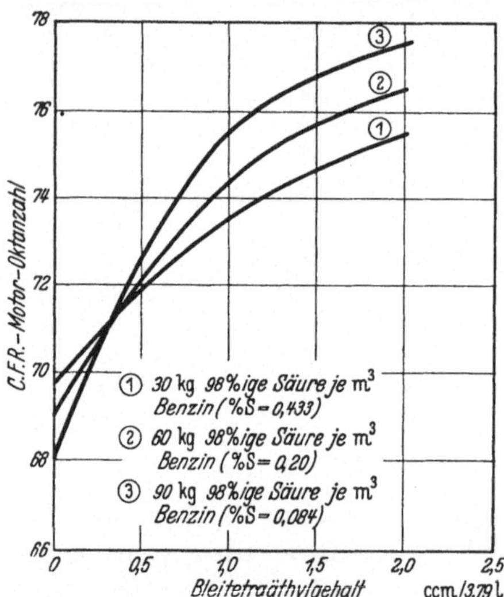

Abb. 159. Wirkung der Säurebehandlung auf die Klopffestigkeit und die Bleiempfindlichkeit eines Krackbenzins.

in vielen Fällen auf die enthaltenen Schwefelverbindungen zurückzuführen.

Da die Bleiempfindlichkeit durch die Anwesenheit von Schwefelverbindungen stark beeinträchigt wird, ist es natürlich, daß sie durch Raffinationsmaßnahmen verbessert werden kann[1]. Typisch für die Veränderung der Bleiempfindlichkeit von Krackbenzinen durch Säurebehandlung sind die in Abb. 159 dargestellten Versuchsergebnisse von Graves. Die Klopffestigkeit des untersuchten Krackbenzins nimmt mit steigendem Raffinationsgrad ab, dagegen steigt die Bleiempfindlichkeit infolge des Abfalles des Schwefelgehaltes an. Man erhält nach dem Bleizusatz um so klopffestere Kraftstoffe, je stärker die

[1] Schulze, W. A., u. W. E. Buell: Nat. Petr. News 27, Nr 41, 25 (1935).

Raffination durchgeführt worden war. Hat man die Absicht, ein Benzin zu verbleien, so ist also unter Umständen eine gründliche Raffination lohnend.

Das häufig zur Entfernung der übelriechenden Merkaptane vorgenommene „Doktorsüßen“ (Behandlung mit Natriumplumbit und Schwefel) hat ebenfalls einen erheblichen Einfluß auf die Bleiempfindlichkeit der Benzine. Bei dieser Arbeitsweise werden die Merkaptane zu Disulfiden umgesetzt, die die Bleiempfindlichkeit im Durchschnitt stärker herabsetzen als die ersteren. Die Folge ist ein Abfall der Bleiempfindlichkeit durch Doktorsüßen. Entsprechend gewannen HENDERSON, ROSS und RIDGWAY[1] durch Natronlaugewäsche Krackbenzine mit höherer Bleiempfindlichkeit als durch Behandlung mit Doktorlösung und Schwefel (vgl. Abb. 160).

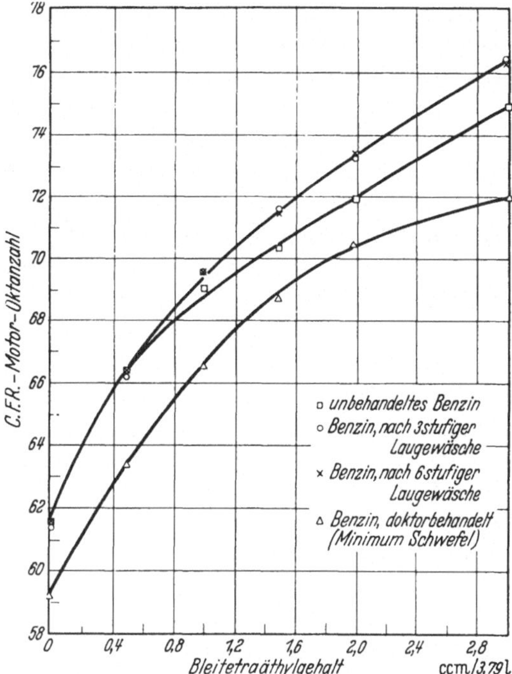

Abb. 160. Einfluß verschiedener Raffinationsmaßnahmen auf die Bleiempfindlichkeit eines Benzins.

2. Rennkraftstoffe.

Die in Land-, Wasser- und Luftrennen benutzten Kraftstoffe sind im wesentlichen darauf abgestellt, für die kurze Rennzeit höchste Leistung zu erzielen. Viele andere Forderungen, die sonst an Kraftstoffe gestellt werden, z. B. der Preis, die Neigung zur Harzbildung und die Korrosionswirkung, spielen entweder keine oder nur eine untergeordnete Rolle.

Die größte Motorleistung wird nicht durch den Heizwert, sondern durch die erreichbare Beanspruchung des Kraftstoffes begrenzt. Für die Beurteilung der höchstmöglichen Leistung kann man die zulässige Verdichtung oder Überladung heranziehen, die Oktanzahl ist nur beschränkt maßgeblich[2]. Laboratoriumsmäßig läßt sich die Verdampfungswärme als Maß der Eignung von Rennkraftstoffen verwenden.

[1] HENDERSON, L. M., W. B. ROSS u. C. M. RIDGWAY: Industr. Engng. Chem. **31**, 27 (1939).

[2] PHILIPPOVICH, A. v.: Brennst.-Chemie **21**, 15 (1940).

Spez. Gewicht, Verbrauch und Heizwert stehen in Wechselbeziehung zueinander. Bei gleichem Heizwert wird der Kraftstoff mit höherem spez. Gewicht dem leichteren vorgezogen; denn eine um so größere Energiemenge kann in dem zur Verfügung stehenden Tankraum mitgeführt werden. Der Verbrauch ist wiederum vom Heizwert des Kraftstoffes abhängig. Man ist infolgedessen bei längeren Rennen gezwungen, um den Verbrauch innerhalb bestimmter Grenzen zu halten, Kraftstoffe mit verhältnismäßig hohem Heizwert zu benutzen.

Wie bei allen anderen Kraftstoffen ist der Dampfdruck so zu wählen, daß Dampfblasenbildung durch zu hohe Flüchtigkeit und ungenügendes Startvermögen bei niedrigen Außentemperaturen infolge unzureichender Verdampfbarkeit vermieden werden.

Die zur Herstellung der Rennkraftstoffe benutzten Grundstoffe besitzen zum Teil eine ziemlich geringe Mischbarkeit miteinander. Besonders in der Kälte oder in Gegenwart von Wasser tritt infolgedessen unter Umständen Entmischung ein. Die Kälte- und Wasserbeständigkeit ist deshalb stets zu prüfen und so einzustellen, daß das Mischungsverhältnis der Kraftstoffkomponenten möglichst weit von den innerhalb der Mischungslücke liegenden Verhältnissen entfernt ist[1].

Von jeher wurden Alkoholkraftstoffe, zunächst Alkohol-Benzin-, später wegen des geringeren Verbrauches Alkohol-Benzol-Gemische bevorzugt. Die hohe Verdampfungswärme der Alkohole ermöglicht es, das Füllungsgewicht der Zylinder gegenüber anderen Kraftstoffen unter Einhaltung günstiger Zylinderwandtemperaturen stark zu steigern und dementsprechend höhere Leistungen zu erzielen. Zahlentafel 201 bringt eine Zusammenstellung der Zusammensetzung und Eigenschaften verschiedener praktisch verwendeter Rennkraftstoffe.

Kraftstoff 1 wurde beim Schneidercup 1929 benutzt. CAMPBELL und EYSTON gebrauchten für ihre Rekorde zu Lande und zu Wasser die Kraftstoffe 2 und 3. Kraftstoff 4 wurde von den Italienern (2008 PS Fiat) zur Überbietung des Weltschnelligkeitsrekordes verwendet. 5, 6 und 7 sind Kraftstoffe für sehr hochbeanspruchte wassergekühlte Motoren. Kraftstoff 8 wurde von *Alfa Romeo* und *Maserati*, Kraftstoff 9 von *Mercedes-Benz* und von der *Auto-Union* als Rennkraftstoff benutzt.

Die ausgezeichnete Leistungssteigerung, die der Alkoholzusatz durch Erniedrigung der Temperatur des angesaugten Kraftstoff-Luft-Gemisches bewirkt, ist aus Abb. 161 klar ersichtlich. Die Leistung und der mittlere effektive Druck sind bei dem 60% Alkohol enthaltenden Kraftstoff 3 (Zahlentafel 201) erheblich höher als bei den nur 10% bzw. gar keinen Alkohol aufweisenden Kraftstoffen 2 und 1. Naturgemäß ist der Verbrauch bei Kraftstoff 3 wegen des geringen Energieinhaltes des Alkohols

[1] HEINZE, R., M. MARDER u. G. ELSNER: Weltchemiekongreß, Rom 1938. Angew. Chem. Beiheft Nr 30 (1938).

Zahlentafel 201.

Zusammensetzung und Eigenschaften von Rennkraftstoffen nach BANKS und CANESTRINI.

Kraftstoff Nr.	1	2	3	4	5	6	7	8	9
Flug-Benzin OZ 74 Vol.-%	—	—	—	55	—	—	—	—	—
Leichtbenzin 25—65° C (Petroläther), Vol.-%	—	—	—	—	20	20	—	—	5
Motorenbenzol, Vol.-%	78	70	30	22	60	60	70	—	22
Methanol, Vol.-%	—	10	60	—	20	20	10	34,5	60
Äthanol, Vol.-%	—	—	—	23	—	—	—	49,5	10
Reinazeton, Vol.-%	—	—	10	—	—	—	—	—	—
Leichtbenzin, Vol.-% (0,680)	22	20	—	—	—	—	20	—	—
Zusätze (Toluol, Rizinusöl, Nitrobenzol), Vol.-%	—	—	—	—	—	—	—	1,2—1,5	3
Wasser, Vol.-%	—	—	—	—	—	—	—	0,5—3	—
Denaturierungsmittel, Vol.-%	—	—	—	—	—	—	—	0,5	—
cm^3 Bleitetraäthyl im Liter	0,88	0,88	1,10	1,54	2,20	0,88	1,54	—	—
Spez. Gew. bei 15,5°	0,8330	0,8285	0,8245	0,7705	0,8135	0,8135	0,8285	—	—
Wassertoleranz, $cm^3/100\ cm^3$	0	0,5	14,3	1,7	1,1	1,1	0,5	—	—
Oktanzahl, C. F. R.-Motormethode	96	95	92	90,5	96	95	96	—	—
Oktanzahl, ungebleit	91,5	92,5	92	88	93	93	92,5	—	—
Oberer Heizwert:									
kcal/l	8573	8145	5804	7758	7610	7610	8145	—	—
kcal/kg	10305	9838	7047	10077	9366	9366	9838	—	—
Verdampfungswärme:									
kcal/l	76,4	89,6	160,2	84,5	93,1	93,1	89,6	—	—
kcal/kg	92,2	108,3	194,3	110,0	114,4	114,4	108,3	—	—

größer als bei 2 und 1. Gelegentlich versucht man, die kühlende Wirkung der Alkohole durch Einspritzen von Wasser zu ersetzen (vgl. S. 505).

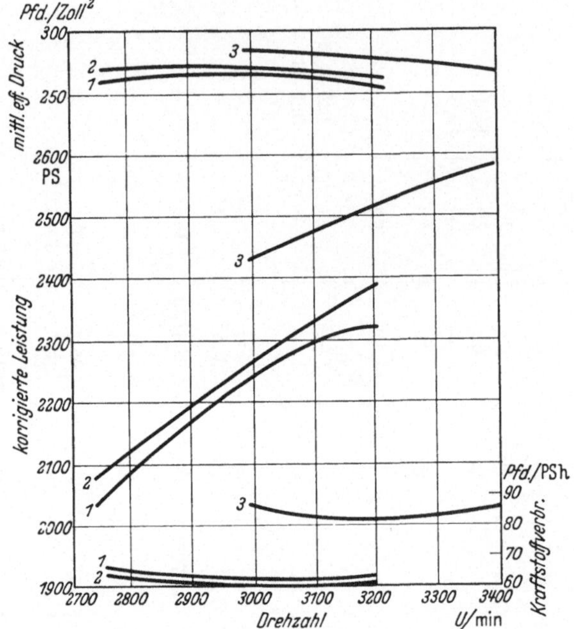

Abb. 161. Mittlerer wirksamer Druck, Leistung und Verbrauch von drei Kraftstoffen (Zahlentafel 201) in Abhängigkeit von der Drehzahl.

Einen Leistungsvergleich bei verschiedenen Kraftstoffen ermöglicht Zahlentafel 202.

Zahlentafel 202. Leistungssteigerung durch Verwendung von Alkoholgemischen nach HOWES. Versuchsbedingungen: Vierzylindermotor, Verdichtung 5:1, 6000 Umdr./min.

Kraftstoff	Leistung PS	Relative Leistung
Benzin-Benzol 50:50	38,7	100
Äthanol-Benzin 50:50	44,0	113,6
Methanol-Benzol 50:50	44,7	115,5
Methanol	49,3	127,4

Dieselben Ergebnisse wie bei den vorgenannten Kraftstoffen würde man bei anderen Kraftstoffen mit denselben Verdampfungswärmen erhalten.

Der kühlende Einfluß der Alkohole gestattet eine Erhöhung der Zylinderfüllung und eine verstärkte Aufladung oder Verdichtung. Trotz der Kühlung können deshalb die Zylindertemperaturen höher als diejenigen liegen, die bei Verwendung von Benzin auftreten. Die Höchstleistung wird infolgedessen auch durch die Beanspruchbarkeit der Motorbaustoffe und des Schmieröles begrenzt[1].

Von anderer Seite[2] wird die Zusammensetzung der Rennkraftstoffe bekannter Autofirmen angegeben. Danach verwendet man für die Acht- und Zwölfzylinder von *Mercedes-Benz* sowie für die Sechzehnzylinder-Rennmotoren der *Autounion* das Hochleistungsgemisch „Faust". Es besteht aus:

30% Methanol	10% Äthyläther
30% Äthanol	8% Leichtbenzin
20% Benzol	2% Azeton, Nitrobenzol und Petroleum

Andere zur Anwendung gekommene Rennkraftstoffe sind z. B. „Discol" aus 50% Alkohol, 25% Benzin und 25% Petroleum, „Natalite" aus 60% Alkohol und 40% Äther oder „Dynamin Alfa" aus 82% Methanol und 18% Benzin-Benzol-Gemisch unter Zusatz von 1% Rizinusöl. Die Motortypen B 2900, 8 C und 12 C von *Alfa Romeo* erhielten als Kraftstoffe ebenfalls Alkoholgemische, und zwar u. a.:

Dynamin A. 36:	84% Methanol	*Dynamin A. 37:*	78% Methanol
	15% Petroläther		16% Benzol
	1% Rizinusöl		5% Flugbenzin
Dynamin F. R.:	82% Äthanol		1% Rizinusöl
	17% Flugbenzin		
	1% Rizinusöl		

Die beste Leistung erzielte man mit Dynamin A. 36, das aber auch den höchsten Verbrauch (500 g/PSh) ergab. Dagegen betrug der Verbrauch bei Dynamin A. 37 450 und bei Dynamin F. R. 380 g/PSh. Bei anderen Alkoholgemischen konnte er sogar bis zu 250 g/PSh herabgedrückt werden. Das 1937 von *Alfa Romeo* benutzte Kraftstoffgemisch hatte folgende Zusammensetzung:

40% Methanol	15% Benzol
40% Äthanol	5% Äther

mit geringen Beimengungen von Rizinusöl.

Außer den genannten Stoffen werden gelegentlich auch Farb- und Geruchstoffe zwecks leichterer Unterscheidung der Gemische oder zur Erschwerung der Analyse zugesetzt.

Es ist nicht möglich, allgemein einen in jeder Beziehung besten Kraftstoff für Rennmotoren anzugeben; die mehr oder weniger hohe Eignung ist von der Motorbauart abhängig. Will man also für eine neue Motorbauart einen Kraftstoff entwickeln, so kann man wohl auf allgemeine Richtlinien wie Einsatz möglichst hoher Anteile von Alkoholen u. dgl. zurückgreifen. Die genaue Zusammensetzung des Kraftstoffes läßt sich aber erst auf Grund praktischer Versuche festlegen.

---

[1] Philippovich, A. v.: Zit. S. 519.

[2] Penther, H.: Kraftstoffe **16**, 20 (1940).

J. Umrechnungstafeln.

1. Tafel zur Umrechnung englisch-amerikanischer in deutsche Maße und umgekehrt.

Aufgeführt sind	unter dem Namen	Aufgeführt sind	unter dem Namen
cwt	hundredweight	Quadrat-Fuß	square foot
Fuß^2	square foot	Quadrat-Zoll	square inch
Fuß^3	cubic foot	Unze	ounce
inch^2	square inch	Zoll	inch
inch^3	cubic inch	Zoll^2	square inch
lb	pound	Zoll^3	cubic inch

Umzurechnen	in	Multiplizieren mit
acre	m^2	4046,7
Atmosphäre phys.	inch Hg	29,922
Atmosphäre phys.	inches of Water	407,364
Atmosphäre phys.	pound (Av.)/square inch	14,696
Atmosphäre techn. = kg/cm^2	inch Hg	28,958
Atmosphäre techn. = kg/cm^2	inches of Water	393,4
Atmosphäre techn. = kg/cm^2	pound (Av.)/square inch	14,223
B.Th.U.	kcal	0,2521
B.Th.U.	mkg	107,56
B.Th.U./s.	k Watt	1,054
B.Th.U./s.	PS	1,43
B.Th.U./cubic foot	kcal/m^3	8,90
B.Th.U./h/square foot/°F/inch	kcal/h/m^2/° C/m	192,1
B.Th.U./long ton	kcal/t	0,248
B.Th.U./net ton	kcal/t	0,278
B.Th.U./pound (Av.)	kcal/kg	0,556
B.Th.U./square foot	kcal/m^2	2,713
B.Th.U./square inch	kcal/m^2	390,8
bushel	l	36,3
C°	F°	C° · 1,8 + 32
cm	inch	0,3937
cm^2	square foot	0,00108
cm^2	square inch	0,155
cm^3	cubic foot	0,00003532
cm^3	cubic inch	0,061025
cm^3	fluid ounce	0,03527
cubic foot	l	28,315
cubic foot	m^3	0,02832
cubic foot/long ton	m^3/t	0,02787
cubic foot/net ton	m^3/t	0,03122
cubic foot/pound (Av.)	m^3/kg	0,0624
cubic inch	cm^3	16,386
cubic yard	m^3	0,76453
dram	g	1,77184
F°	C°	(F° − 32) · 0,5555
fluid ounce	cm^3	28,35
foot	m	0,30479
foot pound (Av.)	Joule	1,355

Umrechnungstafel (Fortsetzung).

Umzurechnen	in	Multiplizieren mit
foot pound (Av.)	m kg	0,138
foot pound (Av.)	PS	0,00184
foot pound (Av.)	Watt	1,355
foot pound (Av.)/cubic foot	m kg/m³	4,8807
foot ton (engl.)	m kg	310
foot ton (U.S.A.)	m kg	277
g	dram	0,5645
g	grain (Av. u. Troy)	15,4323
g	ounce (Av.)	0,0353
g	ounce (Troy)	0,0322
g	pennyweight	0,643
g	pound (Av.)	0,002205
g	pound (Troy)	0,00268
g/cm³	pound (Av.)/cubic foot	62,4
g/l	grain/gallon (engl.)	70,0
g/l	grain/gallon (U.S.A.)	58,4
g/l	pound/gallon (engl.)	0,01
g/l	pound/gallon (U.S.A.)	0,0083
g/m³	grain/cubic foot	0,4372
gallon (engl.)	l	4,5435
gallon (U.S.A.)	l	3,7854
gallon (engl.)/cubic foot	l/l	0,16
gallon (U.S.A.)/cubic foot	l/l	0,134
gallon (engl.)/long ton	l/t	4,472
gallon (U.S.A.)/net ton	l/t	4,173
gallon (engl.)/square yard	l/m²	5,44
gallon (U.S.A.)/square yard	l/m²	4,57
grain (Av. und Troy)	g	0,0648
grain/cubic foot	g/m³	2,289
grain/gallon (engl.)	g/l	0,01429
grain/gallon (U.S.A.)	g/l	0,01713
horse power (HP)	kcal	0,1782
horse power (HP)	k Watt	0,7453
horse power (HP)	m kg	76,043
horse power (HP)	PS	1,0139
hundredweight (cwt)	kg	50,8024
inch	mm	25,3995
inch Hg	Atmosphäre phys.	0,0334
inch Hg	Atmosphäre techn. = kg/cm²	0,03455
inch of Water	Atmosphäre phys.	0,002454
inch of Water	Atmosphäre techn. = kg/cm²	0,002541
Joule	foot pound (Av.)	0,738
kcal	B.Th.U.	3,970
kcal	horse power	5,61
kcal	therm	0,0000397
kcal/h/m²/° C/m	B.Th.U./h/squarefoot/°F/inch	0,005205
kcal/kg	B.Th.U./pound (Av.)	1,800
kcal/kg	therm/long ton	0,0403
kcal/kg	therm/net ton	0,03608

Umrechnungstafel (Fortsetzung).

Umzurechnen	in	Multiplizieren mit
kcal/m²	B.Th.U./square foot	0,369
kcal/m²	B.Th.U./square inch	0,002559
kcal/m³	B.Th.U./cubic foot	0,1124
kcal/t	B.Th.U./long ton	4,033
kcal/t	B.Th.U./net ton	3,60
kg	hundredweight (cwt)	0,01969
kg	lb = s. u. pound	
kg	long ton (engl.)	0,0009842
kg	net ton = short ton (U.S.A.)	0,0011023
kg	ounce (Av.)	35.27
kg	ounce (Troy)	32,15
kg	pound = lb (Av.)	2,2046
kg	pound = lb (Troy)	2,67923
kg/cm²	pound (Av.)/square inch	14,223
kg/m	pound (Av.)/foot	0,6710
kg/m	pound (Av.)/inch	0,0561
kg/m²	pound (Av.)/square foot	0,2048
kg/m²	pound (Av.)/square yard	1,843
kg/m³	pound (Av.)/gallon (engl.)	0,01
kg/m³	pound (Av.)/gallon (U.S.A.)	0,0083
kg/t	pound (Av.)/long ton	2,241
kg/t	pound (Av.)/net ton	2,00
km	Mile (stat)	0,6214
km	Mile (Sea)	0,5395
k Watt	B.Th.U./s.	0,949
k Watt	foot pound (Av.)	738
k Watt	horse power	1,342
l	bushel	0,0275
l	cubic foot	0,0353165
l	gallon (engl.)	0,2201
l	gallon (U.S.A.)	0,2643
l	pinte (engl.)	1,762
l	pinte (U.S.A.)	2,114
l	quart (engl.)	0,8804
l	quart (U.S.A.)	1,0572
l	quarter (engl.)	0,00344
l	quarter (U. S.A.)	0,00413
l/km	quart (U.S.A.)/mile	1,696
l/km	gallon (engl.)/mile	0,355
l/km	gallon (U.S.A.)/mile	0,424
l/l	gallon (engl.)/cubic foot	6,25
l/l	gallon (U.S.A.)/cubic foot	7,45
l/m²	gallon (engl.)/square yard	0,184
l/m²	gallon (U.S.A.)/square yard	0,221
l/t	gallon (engl.)/long ton	0,2237
l/t	gallon (U.S.A.)/net ton	0,2397
lb	s. u. pound	
long ton (engl.)	kg	1016,048
m	foot	3,281

Umrechnungstafel (Fortsetzung).

Umzurechnen	in	Multiplizieren mit
m	inch	39,37
m	rod (pole, perch)	0,1988
m	yard	1,094
m^2	acre	0,000247
m^2	square foot	10,764
m^2	square inch	1550,05
m^2	square yard	1,196
m^3	cubic foot	35,3165
m^3	cubic inch	61026,2
m^3	cubic yard	1,30786
m^3	gallon (engl.)	220,10
m^3	gallon (U.S.A.)	264,17
m^3	register ton	0,3532
m^3/kg	cubic foot/pound (Av.)	16,01
m^3/t	cubic foot/long ton	35,9
m^3/t	cubic foot/net ton	32,03
Mile (statute)	km	1,60934
Mile (Sea)	km	1,853
m kg	B.Th.U.	0,00929
m kg	foot pound (Av.)	7,24
m kg	foot ton (engl.)	0,0032
m kg	foot ton (U.S.A.)	0,0036
m kg	horse power	0,01315
mm	inch	0,03937
net ton = short ton (U.S.A.)*	kg	907,185
ounce (Av.)	g	28,349
ounce (Troy)	g	31,1
pennyweight (dwt)	g	1,5552
pound (Av.)	kg	0,45359
pound (Troy)	kg	0,373242
pound (Av.)/cubic foot	$g/cm^3 = kg/l = t/m^3$	0,01602
pound (Av.)/foot	kg/m	1,488
pound (Av.)/gallon (engl.)	$g/l = kg/m^3$	100
pound (Av.)/gallon (U.S.A.)	$g/l = kg/m^3$	120
pound (Av.)/inch	kg/m	17,85
pound (Av.)/long ton	kg/t	0,4463
pound (Av.)/net ton	kg/t	0,500
pound (Av.)/square foot	kg/m^2	4,8825
pound (Av.)/square inch	kg/cm^2 = Atmosphäre techn.	0,07031
pound (Av.)/square inch	Atmosphäre phys.	0,0681
pound (Av.)/square yard	kg/m^2	0,5425
PS	B.Th.U.	0,6975
PS	foot pound (Av.)	544
PS	horse power	0,986
pinte (engl.)	l	0,568
pinte (U.S.A.)	l	0,473

* In USA. werden die Gewichte von Rohprodukten in long ton, von Endprodukten in short ton angegeben.

Umrechnungstafel (Fortsetzung).

Umzurechnen	in	Multiplizieren mit
quart (engl.)	l	1,136
quart (U.S.A.)	l	0,946
quart/mile (U.S.A.)	l/km	0,59
quarter (engl.)	l	290,7813
quarter (U.S.A.)	l	242,1
register ton	m^3	2,8316
rod (pole, perch)	m	5,0291
short ton = net ton (U.S.A.)*	kg	907,185
square foot	m^2	0,0929
square inch	cm^2	6,45148
square yard	m^2	0,8361
t	long ton	0,9842
t	net ton	1,1023
therm	kcal	25,210
therm/long ton	kcal/kg	24,81
therm/net ton	kcal/kg	27,72
ton long (engl.)	s. u. long ton	
ton net oder short (U.S.A.)*	s. u. net ton oder short ton	
yard	m	0,9144
Watt	foot pound (Av.)	0,738

2. Temperaturumrechnungstafel.

Von A. Sauveur.

−459,4 bis 0					
C		F	C		F
−273	**−459,4**		−146	**−230**	−382
−268	**−450**		−140	**−220**	−364
−262	**−440**		−134	**−210**	−346
−257	**−430**		−129	**−200**	−328
−251	**−420**		−123	**−190**	−310
−246	**−410**		−118	**−180**	−292
−240	**−400**		−112	**−170**	−274
−234	**−390**		−107	**−160**	−256
−229	**−380**		−101	**−150**	−238
−223	**−370**		− 95,6	**−140**	−220
−218	**−360**		− 90,0	**−130**	−202
−212	**−350**		− 84,4	**−120**	−184
−207	**−340**		− 78,9	**−110**	−166
−201	**−330**		− 73,3	**−100**	−148
−196	**−320**		− 67,8	**− 90**	−130
−190	**−310**		− 62,2	**− 80**	−112
−184	**−300**		− 56,7	**− 70**	− 94
−179	**−290**		− 51,1	**− 60**	− 76
−173	**−280**		− 45,6	**− 50**	− 58
−169	**−273**	−459,4	− 40,0	**− 40**	− 40
−168	**−270**	−454	− 34,4	**− 30**	− 22
−162	**−260**	−436	− 28,9	**− 20**	− 4
−157	**−250**	−418	− 23,3	**− 10**	14
−151	**−240**	−400	− 17,8	**0**	32

* Zit. S. 527.

Temperaturumrechnungstafel (Fortsetzung).

0 bis 100						100 bis 1000					
C		F	C		F	C		F	C		F
−17,8	**0**	32	10,0	**50**	122,0	38	**100**	212	260	**500**	932
−17,2	**1**	33,8	10,6	**51**	123,8	43	**110**	230	266	**510**	950
−16,7	**2**	35,6	11,1	**52**	125,6	49	**120**	248	271	**520**	968
−16,1	**3**	37,4	11,7	**53**	127,4	54	**130**	266	277	**530**	986
−15,6	**4**	39,2	12,2	**54**	129,2	60	**140**	284	282	**540**	1004
−15,0	**5**	41,0	12,8	**55**	131,0	66	**150**	302	288	**550**	1022
−14,4	**6**	42,8	13,3	**56**	132,8	71	**160**	320	293	**560**	1040
−13,9	**7**	44,6	13,9	**57**	134,6	77	**170**	338	299	**570**	1058
−13,3	**8**	46,4	14,4	**58**	136,4	82	**180**	356	304	**580**	1076
−12,8	**9**	48,2	15,0	**59**	138,2	88	**190**	374	310	**590**	1094
−12,2	**10**	50,0	15,6	**60**	140,0	93	**200**	392	316	**600**	1112
−11,7	**11**	51,8	16,1	**61**	141,8	99	**210**	410	321	**610**	1130
−11,1	**12**	53,6	16,7	**62**	143,6	100	**212**	413	327	**620**	1148
−10,6	**13**	55,4	17,2	**63**	145,4	104	**220**	428	332	**630**	1166
−10,0	**14**	57,2	17,8	**64**	147,2	110	**230**	446	338	**640**	1184
− 9,44	**15**	59,0	18,3	**65**	149,0	116	**240**	464	343	**650**	1202
− 8,89	**16**	61,8	18,9	**66**	150,8	121	**250**	482	349	**660**	1220
− 8,33	**17**	63,6	19,4	**67**	152,6	127	**260**	500	354	**670**	1238
− 7,78	**18**	65,4	20,0	**68**	154,4	132	**270**	518	360	**680**	1256
− 7,22	**19**	67,2	20,6	**69**	156,2	138	**280**	536	366	**690**	1274
− 6,67	**20**	68,0	21,1	**70**	158,0	143	**290**	554	371	**700**	1292
− 6,11	**21**	69,8	21,7	**71**	159,8	149	**300**	572	377	**710**	1310
− 5,56	**22**	71,6	22,2	**72**	161,6	154	**310**	590	382	**720**	1328
− 5,00	**23**	73,4	22,8	**73**	163,4	160	**320**	608	388	**730**	1346
− 4,44	**24**	75,2	23,3	**74**	165,2	166	**330**	626	393	**740**	1364
− 3,89	**25**	77,0	23,9	**75**	167,0	171	**340**	644	399	**750**	1382
− 3,33	**26**	78,8	24,4	**76**	168,8	177	**350**	662	404	**760**	1400
− 2,78	**27**	80,6	25,0	**77**	170,6	182	**360**	680	410	**770**	1418
− 2,22	**28**	82,4	25,6	**78**	172,4	188	**370**	698	416	**780**	1436
− 1,67	**29**	84,2	26,1	**79**	174,2	193	**380**	716	421	**790**	1454
− 1,11	**30**	86,0	26,7	**80**	176,0	199	**390**	734	427	**800**	1472
− 0,56	**31**	87,8	27,2	**81**	177,8	204	**400**	752	432	**810**	1490
0	**32**	89,6	27,8	**82**	179,6	210	**410**	770	438	**820**	1508
0,56	**33**	91,4	28,3	**83**	181,4	216	**420**	788	443	**830**	1526
1,11	**34**	93,2	28,9	**84**	183,2	221	**430**	806	449	**840**	1544
1,67	**35**	95,0	29,4	**85**	185,0	227	**440**	824	454	**850**	1562
2,22	**36**	96,8	30,0	**86**	186,8	232	**450**	842	460	**860**	1580
2,78	**37**	98,6	30,6	**87**	188,6	238	**460**	860	466	**870**	1598
3,33	**38**	100,4	31,1	**88**	190,4	243	**470**	878	471	**880**	1616
3,89	**39**	102,2	31,7	**89**	192,2	249	**480**	896	477	**890**	1634
4,44	**40**	104,0	32,2	**90**	194,0	254	**490**	914	482	**900**	1652
5,00	**41**	105,8	32,8	**91**	195,8				488	**910**	1670
5,56	**42**	107,6	33,3	**92**	197,6				493	**920**	1688
6,11	**43**	109,4	33,9	**93**	199,4				499	**930**	1706
6,67	**44**	111,2	34,4	**94**	201,2				504	**940**	1724
7,22	**45**	113,0	35,0	**95**	203,0				510	**950**	1742
7,78	**46**	114,8	35,6	**96**	204,8				516	**960**	1760
8,33	**47**	116,6	36,1	**97**	206,6				521	**970**	1778
8,89	**48**	118,4	36,7	**98**	208,4				527	**980**	1796
9,44	**49**	120,2	37,2	**99**	210,2				532	**990**	1814
			37,8	**100**	212,0				538	**1000**	1832

Temperaturumrechnungstafel (Fortsetzung).

1000 bis 2000						2000 bis 3000					
C		F	C		F	C		F	C		F
538	**1000**	1832	816	**1500**	2732	1093	**2000**	3632	1371	**2500**	4532
543	**1010**	1850	821	**1510**	2750	1099	**2010**	3650	1377	**2510**	4550
549	**1020**	1868	827	**1520**	2768	1104	**2020**	3668	1382	**2520**	4568
554	**1030**	1886	832	**1530**	2786	1110	**2030**	3686	1388	**2530**	4586
560	**1040**	1904	838	**1540**	2804	1116	**2040**	3704	1393	**2540**	4604
566	**1050**	1922	843	**1550**	2822	1121	**2050**	3722	1399	**2550**	4622
571	**1060**	1940	849	**1560**	2840	1127	**2060**	3740	1404	**2560**	4640
577	**1070**	1958	854	**1570**	2858	1132	**2070**	3758	1410	**2570**	4658
582	**1080**	1976	860	**1580**	2876	1138	**2080**	3776	1416	**2580**	4676
588	**1090**	1994	866	**1590**	2894	1143	**2090**	3794	1421	**2590**	4694
593	**1100**	2012	871	**1600**	2912	1149	**2100**	3812	1427	**2600**	4712
599	**1110**	2030	877	**1610**	2930	1154	**2110**	3830	1432	**2610**	4730
604	**1120**	2048	882	**1620**	2948	1160	**2120**	3848	1438	**2620**	4748
610	**1130**	2066	888	**1630**	2966	1166	**2130**	3866	1443	**2630**	4766
616	**1140**	2084	893	**1640**	2984	1171	**2140**	3884	1449	**2640**	4784
621	**1150**	2102	899	**1650**	3002	1177	**2150**	3902	1454	**2650**	4802
627	**1160**	2120	904	**1660**	3020	1182	**2160**	3920	1460	**2660**	4820
632	**1170**	2138	910	**1670**	3038	1188	**2170**	3938	1466	**2670**	4838
638	**1180**	2156	916	**1680**	3056	1193	**2180**	3956	1471	**2680**	4856
643	**1190**	2174	921	**1690**	3074	1199	**2190**	3974	1477	**2690**	4874
649	**1200**	2192	927	**1700**	3092	1204	**2200**	3992	1482	**2700**	4892
654	**1210**	2210	932	**1710**	3110	1210	**2210**	4010	1488	**2710**	4910
660	**1220**	2228	938	**1720**	3128	1216	**2220**	4028	1493	**2720**	4928
666	**1230**	2246	943	**1730**	3146	1221	**2230**	4046	1499	**2730**	4946
671	**1240**	2264	949	**1740**	3164	1227	**2240**	4064	1504	**2740**	4964
677	**1250**	2282	954	**1750**	3182	1232	**2250**	4082	1510	**2750**	4982
682	**1260**	2300	960	**1760**	3200	1238	**2260**	4100	1516	**2760**	5000
688	**1270**	2318	966	**1770**	3218	1243	**2270**	4118	1521	**2770**	5018
693	**1280**	2336	971	**1780**	3236	1249	**2280**	4136	1527	**2780**	5036
699	**1290**	2354	977	**1790**	3254	1254	**2290**	4154	1532	**2790**	5054
704	**1300**	2372	982	**1800**	3272	1260	**2300**	4172	1538	**2800**	5072
710	**1310**	2390	988	**1810**	3290	1266	**2310**	4190	1543	**2810**	5090
716	**1320**	2408	993	**1820**	3308	1271	**2320**	4208	1549	**2820**	5108
721	**1330**	2426	999	**1830**	3326	1277	**2330**	4226	1554	**2830**	5126
727	**1340**	2444	1004	**1840**	3344	1282	**2340**	4244	1560	**2840**	5144
732	**1350**	2462	1010	**1850**	3362	1288	**2350**	4262	1566	**2850**	5162
738	**1360**	2480	1016	**1860**	3380	1293	**2360**	4280	1571	**2860**	5180
743	**1370**	2498	1021	**1870**	3398	1299	**2370**	4298	1577	**2870**	5198
749	**1380**	2516	1027	**1880**	3416	1304	**2380**	4316	1582	**2880**	5216
754	**1390**	2534	1032	**1890**	3434	1310	**2390**	4334	1588	**2890**	5234
760	**1400**	2552	1038	**1900**	3452	1316	**2400**	4352	1593	**2900**	5252
766	**1410**	2570	1043	**1910**	3470	1321	**2410**	4370	1599	**2910**	5270
771	**1420**	2588	1049	**1920**	3488	1327	**2420**	4388	1604	**2920**	5288
777	**1430**	2606	1054	**1930**	3506	1332	**2430**	4406	1610	**2930**	5306
782	**1440**	2624	1060	**1940**	3524	1338	**2440**	4424	1616	**2940**	5324
788	**1450**	2642	1066	**1950**	3542	1343	**2450**	4442	1621	**2950**	5342
793	**1460**	2660	1071	**1960**	3560	1349	**2460**	4460	1627	**2960**	5360
799	**1470**	2678	1077	**1970**	3578	1354	**2470**	4478	1632	**2970**	5378
804	**1480**	2696	1082	**1980**	3596	1360	**2480**	4496	1638	**2980**	5396
810	**1490**	2714	1088	**1990**	3614	1366	**2490**	4514	1643	**2990**	5414
			1093	**2000**	3632				1649	**3000**	5432

3. Spezifisches Gewicht und A. P. I.-Dichte.

Grad A. P. I.	Spez. Gewicht bei 15,6°	Grad A. P. I.	Spez. Gewicht bei 15,6°	Grad A. P. I.	Spez. Gewicht bei 15,6°	Grad A. P. I.	Spez. Gewicht bei 15,6°	Grad A. P. I.	Spez. Gewicht bei 15,6°
10,0	1,0000	14,5	0,9692	19,0	0,9402	23,5	0,9129	28,0	0,8871
10,1	0,9993	14,6	0,9685	19,1	0,9396	23,6	0,9123	28,1	0,8866
10,2	0,9986	14,7	0,9679	19,2	0,9390	23,7	0,9117	28,2	0,8860
10,3	0,9979	14,8	0,9672	19,3	0,9383	23,8	0,9111	28,3	0,8855
10,4	0,9972	14,9	0,9665	19,4	0,9377	23,9	0,9106	28,4	0,8849
10,5	0,9965	15,0	0,9659	19,5	0,9371	24,0	0,9100	28,5	0,8844
10,6	0,9958	15,1	0,9652	19,6	0,9365	24,1	0,9094	28,6	0,8838
10,7	0,9951	15,2	0,9646	19,7	0,9358	24,2	0,9088	28,7	0,8833
10,8	0,9944	15,3	0,9639	19,8	0,9352	24,3	0,9082	28,8	0,8827
10,9	0,9937	15,4	0,9632	19,9	0,9346	24,4	0,9076	28,9	0,8822
11,0	0,9930	15,5	0,9626	20,0	0,9340	24,5	0,9071	29,0	0,8816
11,1	0,9923	15,6	0,9619	20,1	0,9334	24,6	0,9065	29,1	0,8811
11,2	0,9916	15,7	0,9613	20,2	0,9328	24,7	0,9059	29,2	0,8805
11,3	0,9909	15,8	0,9606	20,3	0,9321	24,8	0,9053	29,3	0,8800
11,4	0,9902	15,9	0,9600	20,4	0,9315	24,9	0,9047	29,4	0,8794
11,5	0,9895	16,0	0,9593	20,5	0,9309	25,0	0,9042	29,5	0,8789
11,6	0,9888	16,1	0,9587	20,6	0,9303	25,1	0,9036	29,6	0,8783
11,7	0,9881	16,2	0,9580	20,7	0,9297	25,2	0,9030	29,7	0,8778
11,8	0,9874	16,3	0,9574	20,8	0,9291	25,3	0,9024	29,8	0,8772
11,9	0,9868	16,4	0,9567	20,9	0,9285	25,4	0,9018	29,9	0,8767
12,0	0,9861	16,5	0,9561	21,0	0,9279	25,5	0,9013	30,0	0,8762
12,1	0,9854	16,6	0,9554	21,1	0,9273	25,6	0,9007	30,1	0,8756
12,2	0,9847	16,7	0,9548	21,2	0,9267	25,7	0,9001	30,2	0,8751
12,3	0,9840	16,8	0,9541	21,3	0,9260	25,8	0,8996	30,3	0,8745
12,4	0,9833	16,9	0,9535	21,4	0,9254	25,9	0,8990	30,4	0,8740
12,5	0,9826	17,0	0,9529	21,5	0,9248	26,0	0,8984	30,5	0,8735
12,6	0,9820	17,1	0,9522	21,6	0,9242	26,1	0,8978	30,6	0,8729
12,7	0,9813	17,2	0,9516	21,7	0,9236	26,2	0,8973	30,7	0,8724
12,8	0,9806	17,3	0,9509	21,8	0,9230	26,3	0,8967	30,8	0,8718
12,9	0,9799	17,4	0,9503	21,9	0,9224	26,4	0,8961	30,9	0,8713
13,0	0,9792	17,5	0,9497	22,0	0,9218	26,5	0,8956	31,0	0,8708
13,1	0,9786	17,6	0,9490	22,1	0,9212	26,6	0,8950	31,1	0,8702
13,2	0,9779	17,7	0,9484	22,2	0,9206	26,7	0,8944	31,2	0,8697
13,3	0,9772	17,8	0,9478	22,3	0,9200	26,8	0,8939	31,3	0,8692
13,4	0,9765	17,9	0,9471	22,4	0,9194	26,9	0,8933	31,4	0,8686
13,5	0,9759	18,0	0,9465	22,5	0,9188	27,0	0,8927	31,5	0,8681
13,6	0,9752	18,1	0,9459	22,6	0,9182	27,1	0,8922	31,6	0,8676
13,7	0,9745	18,2	0,9452	22,7	0,9176	27,2	0,8916	31,7	0,8670
13,8	0,9738	18,3	0,9446	22,8	0,9170	27,3	0,8911	31,8	0,8665
13,9	0,9732	18,4	0,9440	22,9	0,9165	27,4	0,8905	31,9	0,8660
14,0	0,9725	18,5	0,9433	23,0	0,9159	27,5	0,8899	32,0	0,8654
14,1	0,9718	18,6	0,9427	23,1	0,9153	27,6	0,8894	32,1	0,8649
14,2	0,9712	18,7	0,9421	23,2	0,9147	27,7	0,8888	32,2	0,8644
14,3	0,9705	18,8	0,9415	23,3	0,9141	27,8	0,8883	32,3	0,8639
14,4	0,9698	18,9	0,9408	23,4	0,9135	27,9	0,8877	32,4	0,8633

Spezifisches Gewicht und A. P. I.-Dichte (Fortsetzung).

Grad A. P. I.	Spez. Gewicht bei 15,6°	Grad A. P. I.	Spez. Gewicht bei 15,6°	Grad A. P. I.	Spez. Gewicht bei 15,6°	Grad A. P. I.	Spez. Gewicht bei 15.6°	Grad A. P. I.	Spez. Gewicht bei 15,6°
32,5	0,8628	37,0	0,8398	41,5	0,8179	46,0	0,7972	50,5	0,7775
32,6	0,8623	37,1	0,8393	41,6	0,8174	46,1	0,7967	50,6	0,7770
32,7	0,8618	37,2	0,8388	41,7	0,8170	46,2	0,7963	50,7	0,7766
32,8	0,8612	37,3	0,8383	41,8	0,8165	46,3	0,7958	50,8	0,7762
32,9	0,8607	37,4	0,8378	41,9	0,8160	46,4	0,7954	50,9	0,7758
33,0	0,8602	37,5	0,8373	42,0	0,8155	46,5	0,7949	51,0	0,7753
33,1	0,8597	37,6	0,8368	42,1	0,8151	46,6	0,7945	51,1	0,7749
33,2	0,8591	37,7	0,8363	42,2	0,8146	46,7	0,7941	51,2	0,7745
33,3	0,8586	37,8	0,8358	42,3	0,8142	46,8	0,7936	51,3	0,7741
33,4	0,8581	37,9	0,8353	42,4	0,8137	46,9	0,7932	51,4	0,7736
33,5	0,8576	38,0	0,8348	42,5	0,8132	47,0	0,7927	51,5	0,7732
33,6	0,8571	38,1	0,8343	42,6	0,8128	47,1	0,7923	51,6	0,7728
35,7	0,8565	38,2	0,8338	42,7	0,8123	47,2	0,7918	51,7	0,7724
33,8	0,8560	38,3	0,8333	42,8	0,8118	47,3	0,7914	51,8	0,7720
33,9	0,8555	38,4	0,8328	42,9	0,8114	47,4	0,7909	51,9	0,7715
34,0	0,8550	38,5	0,8324	43,0	0,8109	47,5	0,7905	52,0	0,7711
34,1	0,8545	38,6	0,8319	43,1	0,8104	47,6	0,7901	52,1	0,7707
34,2	0,8540	38,7	0:8314	43,2	0,8100	47,7	0,7896	52,2	0,7703
34,3	0,8534	38,8	0,8309	43,3	0,8095	47,8	0,7892	52,3	0,7699
34,4	0,8529	38,9	0,8304	43,4	0,8090	47,9	0,7887	52,4	0,7694
34,5	0,8524	39,0	0,8299	43,5	0,8086	48,0	0,7883	52,5	0,7690
34,6	0,8519	39,1	0,8294	43,6	0,8081	48,1	0,7879	52,6	0,7686
34,7	0,8514	39,2	0,8289	43,7	0,8076	48,2	0,7874	52,7	0,7682
34,8	0,8509	39,3	0,8285	43,8	0,8072	48,3	0,7870	52,8	0,7678
34,9	0,8504	39,4	0,8280	43,9	0,8067	48,4	0,7865	52,9	0,7674
35,0	0,8498	39,5	0,8275	44,0	0,8063	48,5	0,7861	53,0	0,7669
35,1	0,8493	39,6	0,8270	44,1	0,8058	48,6	0,7857	53,1	0,7665
35,2	0,8488	39,7	0,8265	44,2	0,8054	48,7	0,7852	53,2	0,7661
35,3	0,8483	39,8	0,8260	44,3	0,8049	48,8	0,7848	53,3	0,7657
35,4	0,8478	39,9	0,8256	44,4	0,8044	48,9	0,7844	53,4	0,7653
35,5	0,8473	40,0	0,8251	44,5	0,8040	49,0	0,7839	53,5	0,7649
35,6	0,8468	40,1	0,8246	44,6	0,8035	49,1	0,7835	53,6	0,7645
35,7	0,8463	40,2	0,8241	44,7	0,8031	49,2	0,7831	53,7	0,7640
35,8	0,8458	40,3	0,8236	44,8	0,8026	49,3	0,7826	53,8	0,7636
35,9	0,8453	40,4	0,8232	44,9	0,8022	49,4	0,7822	53,9	0,7632
36,0	0,8448	40,5	0,8227	45,0	0,8017	49,5	0,7818	54,0	0,7628
36,1	0,8443	40,6	0,8222	45,1	0,8012	49,6	0,7813	54,1	0,7624
36,2	0,8438	40,7	0,8217	45,2	0,8008	49,7	0,7809	54,2	0,7620
36,3	0,8433	40,8	0,8212	45,3	0,8003	49,8	0,7805	54,3	0,7616
36,4	0,8428	40,9	0,8208	45,4	0,7999	49,9	0,7800	54,4	0,7612
36,5	0,8423	41,0	0,8203	45,5	0,7994	50,0	0,7796	54,5	0,7608
36,6	0,8418	41,1	0,8198	45,6	0,7990	50,1	0,7792	54,6	0,7603
36,7	0,8413	41,2	0,8193	45,7	0,7985	50,2	0,7788	54,7	0,7599
36,8	0,8408	41,3	0,8189	45,8	0,7981	50,3	0,7783	54,8	0,7595
36,9	0,8403	41,4	0,8184	45,9	0,7976	50,4	0,7779	54,9	0,7591

Spezifisches Gewicht und A. P. I.-Dichte (Fortsetzung).

Grad A. P. I.	Spez. Gewicht bei 15,6°	Grad A. P. I.	Spez. Gewicht bei 15,6°	Grad A. P. I.	Spez. Gewicht bei 15,6°	Grad A. P. I.	Spez. Gewicht bei 15,6°	Grad A. P. I.	Spez. Gewicht bei 15,6°
55,0	0,7587	59,5	0,7408	64,0	0,7238	68,5	0,7075	73,0	0,6919
55,1	0,7583	59,6	0,7405	64,1	0,7234	68,6	0,7071	73,1	0,6916
55,2	0,7579	59,7	0,7401	64,2	0,7230	68,7	0,7068	73,2	0,6913
55,3	0,7575	59,8	0,7397	64,3	0,7227	68,8	0,7064	73,3	0,6909
55,4	0,7571	59,9	0,7393	64,4	0,7223	68,9	0,7061	73,4	0,6906
55,5	0,7567	60,0	0,7389	64,5	0,7219	69,0	0,7057	73,5	0,6902
55,6	0,7563	60,1	0,7385	64,6	0,7216	69,1	0,7054	73,6	0,6899
55,7	0,7559	60,2	0,7381	64,7	0,7212	69,2	0,7050	73,7	0,6896
55,8	0,7555	60,3	0,7377	64,8	0,7208	69,3	0,7047	73,8	0,6892
55,9	0,7551	60,4	0,7374	64,9	0,7205	69,4	0,7043	73,9	0,6889
56,0	0,7547	60,5	0,7370	65,0	0,7201	69,5	0,7040	74,0	0,6886
56,1	0,7543	60,6	0,7366	65,1	0,7197	69,6	0,7036	74,1	0,6882
56,2	0,7539	60,7	0,7362	65,2	0,7194	69,7	0,7033	74,2	0,6879
56,3	0,7535	60,8	0,7358	65,3	0,7190	69,8	0,7029	74,3	0,6876
56,4	0,7531	60,9	0,7354	65,4	0,7186	69,9	0,7026	74,4	0,6872
56,5	0,7527	61,0	0,7351	65,5	0,7183	70,0	0,7022	74,5	0,6869
56,6	0,7523	61,1	0,7347	65,6	0,7179	70,1	0,7019	74,6	0,6866
56,7	0,7519	61,2	0,7343	65,7	0,7175	70,2	0,7015	74,7	0,6862
56,8	0,7515	61,3	0,7339	65,8	0,7172	70,3	0,7012	74,8	0,6859
56,9	0,7511	61,4	0,7335	65,9	0,7168	70,4	0,7008	74,9	0,6856
57,0	0,7507	61,5	0,7332	66,0	0,7165	70,5	0,7005	75,0	0,6852
57,1	0,7503	61,6	0,7328	66,1	0,7161	70,6	0,7001	75,1	0,6849
57,2	0,7499	61,7	0,7324	66,2	0,7157	70,7	0,6998	75,2	0,6846
57,3	0,7495	61,8	0,7320	66,3	0,7154	70,8	0,6995	75,3	0,6842
57,4	0,7491	61,9	0,7316	66,4	0,7150	70,9	0,6991	75,4	0,6839
57,5	0,7487	62,0	0,7313	66,5	0,7146	71,0	0,6988	75,5	0,6836
57,6	0,7483	62,1	0,7309	66,6	0,7143	71,1	0,6984	75,6	0,6832
57,7	0,7479	62,2	0,7305	66,7	0,7139	71,2	0,6981	75,7	0,6829
57,8	0,7475	62,3	0,7301	66,8	0,7136	71,3	0,6977	75,8	0,6826
57,9	0,7471	62,4	0,7298	66,9	0,7132	71,4	0,6974	75,9	0,6823
58,0	0,7467	62,5	0,7294	67,0	0,7128	71,5	0,6970	76,0	0,6819
58,1	0,7463	62,6	0,7290	67,1	0,7125	71,6	0,6967	76,1	0,6816
58,2	0,7459	62,7	0,7286	67,2	0,7121	71,7	0,6964	76,2	0,6813
58,3	0,7455	62,8	0,7283	67,3	0,7118	71,8	0,6960	76,3	0,6809
58,4	0,7451	62,9	0,7279	67,4	0,7114	71,9	0,6957	76,4	0,6806
58,5	0,7447	63,0	0,7275	67,5	0,7111	72,0	0,6953	76,5	0,6803
58,6	0,7443	63,1	0,7271	67,6	0,7107	72,1	0,6950	76,6	0,6800
58,7	0,7440	63,2	0,7268	67,7	0,7103	72,2	0,6946	76,7	0,6796
58,8	0,7436	63,3	0,7264	67,8	0,7100	72,3	0,6943	76,8	0,6793
58,9	0,7432	63,4	0,7260	67,9	0,7096	72,4	0,6940	76,9	0,6790
59,0	0,7428	63,5	0,7256	68,0	0,7093	72,5	0,6936	77,0	0,6787
59,1	0,7424	63,6	0,7253	68,1	0,7089	72,6	0,6933	77,1	0,6783
59,2	0,7420	63,7	0,7249	68,2	0,7086	72,7	0,6929	77,2	0,6780
59,3	0,7416	63,8	0,7245	68,3	0,7082	72,8	0,6926	77,3	0,6777
59,4	0,7412	63,9	0,7242	68,4	0,7079	72,9	0,6923	77,4	0,6774

Spezifisches Gewicht und A. P. I.-Dichte (Fortsetzung).

Grad A. P. I.	Spez. Gewicht bei 15,6°	Grad A. P. I.	Spez. Gewicht bei 15,6°	Grad A. P. I.	Spez. Gewicht bei 15,6°	Grad A. P. I.	Spez. Gewicht bei 15,6°	Grad A. P. I.	Spez. Gewicht bei 15,6°
77,5	0,6770	82,0	0,6628	86,5	0,6491	91,0	0,6360	95,5	0,6233
77,6	0,6767	82,1	0,6625	86,6	0,6488	91,1	0,6357	95,6	0,6231
77,7	0,6764	82,2	0,6621	86,7	0,6485	91,2	0,6354	95,7	0,6228
77,8	0,6761	82,3	0,6618	86,8	0,6482	91,3	0,6351	95,8	0,6225
77,9	0,6757	82,4	0,6615	86,9	0,6479	91,4	0,6348	95,9	0,6223
78,0	0,6754	82,5	0,6612	87,0	0,6476	91,5	0,6345	96,0	0,6220
78,1	0,6751	82,6	0,6609	87,1	0,6473	91,6	0,6342	96,1	0,6217
78,2	0,6748	82,7	0,6606	87,2	0,6470	91,7	0,6340	96,2	0,6214
78,3	0,6745	82,8	0,6603	87,3	0,6467	91,8	0,6337	96,3	0,6212
78,4	0,6741	82,9	0,6600	87,4	0,6464	91,9	0,6334	96,4	0,6209
78,5	0,6738	83,0	0,6597	87,5	0,6461	92,0	0,6331	96,5	0,6206
78,6	0,6735	83,1	0,6594	87,6	0,6458	92,1	0,6328	96,6	0,6203
78,7	0,6732	83,2	0,6591	87,7	0,6455	92,2	0,6325	96,7	0,6201
78,8	0,6728	83,3	0,6588	87,8	0,6452	92,3	0,6323	96,8	0,6198
78,9	0,6725	83,4	0,6584	87,9	0,6449	92,4	0,6320	96,9	0,6195
79,0	0,6722	83,5	0,6581	88,0	0,6446	92,5	0,6317	97,0	0,6193
79,1	0,6719	83,6	0,6578	88,1	0,6444	92,6	0,6314	97,1	0,6190
79,2	0,6716	83,7	0,6575	88,2	0,6441	92,7	0,6311	97,2	0,6187
79,3	0,6713	83,8	0,6572	88,3	0,6438	92,8	0,6309	97,3	0,6184
79,4	0,6709	83,9	0,6569	88,4	0,6435	92,9	0,6306	97,4	0,6182
79,5	0,6706	84,0	0,6566	88,5	0,6432	93,0	0,6303	97,5	0,6179
79,6	0,6703	84,1	0,6563	88,6	0,6429	93,1	0,6300	97,6	0,6176
79,7	0,6700	84,2	0,6560	88,7	0,6426	93,2	0,6297	97,7	0,6174
79,8	0,6697	84,3	0,6557	88,8	0,6423	93,3	0,6294	97,8	0,6171
79,9	0,6693	84,4	0,6554	88,9	0,6420	93,4	0,6292	97,9	0,6168
80,0	0,6690	84,5	0,6551	89,0	0,6417	93,5	0,6289	98,0	0,6166
80,1	0,6687	84,6	0,6548	89,1	0,6414	93,6	0,6286	98,1	0,6163
80,2	0,6684	84,7	0,6545	89,2	0,6411	93,7	0,6283	98,2	0,6160
80,3	0,6681	84,8	0,6542	89,3	0,6409	93,8	0,6281	98,3	0,6158
80,4	0,6678	84,9	0,6539	89,4	0,6406	93,9	0,6278	98,4	0,6155
80,5	0,6675	85,0	0,6536	89,5	0,6403	94,0	0,6275	98,5	0,6152
80,6	0,6671	85,1	0,6533	89,6	0,6400	94,1	0,6272	98,6	0,6150
80,7	0,6668	85,2	0,6530	89,7	0,6397	94,2	0,6269	98,7	0,6147
80,8	0,6665	85,3	0,6527	89,8	0,6394	94,3	0,6267	98,8	0,6144
80,9	0,6662	85,4	0,6524	89,9	0,6391	94,4	0,6264	98,9	0,6141
81,0	0,6659	85,5	0,6521	90,0	0,6388	94,5	0,6261	99,0	0,6139
81,1	0,6656	85,6	0,6518	90,1	0,6385	94,6	0,6258	99,1	0,6136
81,2	0,6653	85,7	0,6515	90,2	0,6382	94,7	0,6256	99,2	0,6134
81,3	0,6649	85,8	0,6512	90,3	0,6380	94,8	0,6253	99,3	0,6131
81,4	0,6646	85,9	0,6509	90,4	0,6377	94,9	0,6250	99,4	0,6128
81,5	0,6643	86,0	0,6506	90,5	0,6374	95,0	0,6247	99,5	0,6126
81,6	0,6640	86,1	0,6503	90,6	0,6371	95,1	0,6244	99,6	0,6123
81,7	0,6637	86,2	0,6500	90,7	0,6368	95,2	0,6242	99,7	0,6120
81,8	0,6634	86,3	0,6497	90,8	0,6365	95,3	0,6239	99,8	0,6118
81,9	0,6631	86,4	0,6494	90,9	0,6362	95,4	0,6236	99,9	0,6115
								100,0	0,6112

Namenverzeichnis.

Sachverzeichnis.